W0260135

Arthur Schoenflies

Krystallsysteme und Krystallstructur

Reprint

Springer-Verlag
Berlin Heidelberg New York Tokyo 1984

Reprographischer Nachdruck mit freundlicher Genehmigung des Verlags B.G. Teubner, Stuttgart

ISBN-13: 978-3-642-61741-6 e-ISBN-13 : 978-3-642-61740-9

DOI: 10.1007/978-3-642-61740-9

CIP-Kurztitelaufnahme der Deutschen Bibliothek:

Schoenflies, Arthur: Krystallsysteme und Krystallstructur/Arthur Schoenflies. - Reprint d. Ausg. Leipzig, Teubner, 1891. - Berlin; Heidelberg; New York; Tokyo: Springer, 1984.

Softcover reprint of the hardcover 1st edition 1984

Reprographischer Nachdruck: Proff GmbH & Co. KG., Bad Honnef
Bindearbeiten: Graphischer Betrieb Konrad Triltsch, Würzburg
2141/3014-5 4 3 2 1

KRYSTALLSYSTEME

UND

KRYSTALLSTRUCTUR

VON

DR. ARTHUR SCHOENFLIES,

PRIVATDOCENT DER MATHEMATIK AN DER UNIVERSITÄT GÖTTINGEN.

MIT 73 IN DEN TEXT GEDRUCKTEN FIGUREN.

LEIPZIG,

DRUCK UND VERLAG VON B. G. TEUBNER.

1891.

Vorwort.

In der Behandlung derjenigen Fragen, welche die Eintheilung der Krystalle nach den Symmetrieeigenschaften, sowie die Theorie der Structur betreffen, ist man in den letzten Jahrzehnten mehr und mehr von der empirischen zur deductiven Methode übergegangen. Wir verdanken diesem Schritt die Erkenntniss, dass sich die Systematik der Krystalle aus einem einzigen Grund*gesetz* und die Theorie der Structur aus einer einzigen fundamentalen *Hypothese* in mathematischer Weise ableiten lässt.

Nach moderner Ansicht tritt die Eigenart der Krystallsubstanz in der Abhängigkeit des physikalischen Verhaltens von der Richtung in die Erscheinung. Das Grundgesetz, welches das physikalische Verhalten regelt, ist das *Symmetriegesetz*. Wie Hessel[1]) zuerst gelehrt hat, kann es im Ganzen genau 32 durch ihre Symmetrie von einander verschiedene Krystallclassen geben. Diese 32 Classen mit durchaus elementaren Hilfsmitteln aufzustellen bildet die Aufgabe, deren Lösung ich in dem ersten Theil dieser Schrift unternommen habe.

Der zweite Theil enthält eine ausführliche Erörterung der Theorieen der Krystallstructur. Die Structurtheorieen knüpfen bekanntlich an Bravais und Sohncke an; sie gehen von der allseitig angenommenen Hypothese aus, dass die

---

1) Vgl. hierüber die während des Druckes dieser Schrift erschienene Arbeit von Sohncke, Die Entdeckung des Eintheilungsprincips der Krystalle durch J. F. C. Hessel, Zeitschr. f. Kryst., Bd. 18, S. 486.

Structur der Krystalle ihren Ausdruck in der regelmässigen Anordnung der Molekeln findet. Hieran anschliessend habe ich mir die Aufgabe gesetzt, zu erörtern, welche Structurtheorieen auf Grund der eben genannten Hypothese überhaupt möglich sind, und in welchem Verhältniss die verschiedenen Structurauffassungen zu einander stehen. Ferner ist die Frage eingehend geprüft worden, welche speciellen Annahmen über Form und Qualität der Molekel den einzelnen Theorieen zu Grunde liegen, und welche weiteren Folgerungen implicite mit ihnen verbunden sind. Durch ausführliche Untersuchung dieser Fragen hoffe ich das abschliessende Urtheil über den Werth oder Unwerth der einzelnen Structurvorstellungen erleichtert zu haben. Eine mathematische Entscheidung, welcher Theorie der Vorzug gebührt, ist allerdings unmöglich; hierfür können nur physikalische oder speciell krystallographische Gesichtspunkte massgebend sein. Um so mehr scheint es aber geboten, die geometrische Seite des Problems zu erledigen und auf alle diejenigen mathematischen und krystallographischen Consequenzen hinzuweisen, welche jeder einzelnen Theorie eigenthümlich sind.

Bei dem besonderen Interesse, welches seit kurzer Zeit den Theorieen der Krystallstructur entgegengebracht wird, gebe ich mich der Hoffnung hin, einen günstigen Zeitpunkt für meine Arbeit gewählt zu haben.

Göttingen, August 1891.

A. Schoenflies.

Inhaltsverzeichniss.

Erster Abschnitt.

Die Krystallsysteme und ihre Unterabtheilungen.

Einleitung.

Cap. I. Allgemeine Sätze über Operationen und ihre Zusammensetzung.

Cap. II. Das Rechnen mit Operationen.

Cap. III. Der Gruppenbegriff.

Cap. IV. Die Drehungsgruppen und die ihnen entsprechenden Krystallclassen.

Cap. V. Die Gruppen zweiter Art.

Cap. VI. Die Krystallsysteme.

Cap. VII. Die Krystallformen.

Cap. VIII. Analytische Darstellung der Symmetrieverhältnisse.

Cap. IX. Physikalische Consequenzen.

Zweiter Abschnitt.

Theorie der Krystallstructur.

Cap. I. Die fundamentalen Hypothesen.

Cap. II. Raumgitter und Translationsgruppen.

Cap. III. Symmetrische Punktnetze und Raumgitter.

Cap. IV. Die Bravais'sche Theorie.

Cap. V. Die Zusammensetzung beliebiger räumlicher Operationen.

Cap. VI. Gruppentheoretische Hilfssätze.

Cap. VII. Die Gruppen des triklinen und monoklinen Systems.

Cap. VIII. Die Gruppen des rhombischen Systems.

Cap. IX. Die Gruppen des rhomboedrischen Systems.

Cap. X. Das tetragonale System.

Cap. XI. Das hexagonale System.

Cap. XII. Das reguläre System.

Cap. XIII. Die regelmässigen Molekelhaufen.

Cap. XIV. Das Gesetz der rationalen Indices.

Verzeichniss der Berichtigungen am Schluss des Buches.

ERSTER ABSCHNITT.

DIE KRYSTALLSYSTEME UND IHRE UNTERABTHEILUNGEN.

Einleitung.

Dasjenige Naturgesetz, welches es möglich macht, die Lehre von den Krystallsystemen deductiv mathematisch zu entwickeln, ist das *Symmetriegesetz*. Den erfahrungsgemässen Inhalt desselben genauer auseinander zu setzen, und zu zeigen, dass auf Grund desselben die Eintheilung der Krystalle nach den Symmetrieeigenschaften auf ein mathematisches Problem hinausläuft, bildet den Gegenstand der nachfolgenden Einleitung.

§ 1. **Definition der Krystalle.** Die homogenen festen Körper kommen theils in *krystallinischem*, theils in *amorphem* Zustand vor. Der Unterschied zwischen beiden Körperclassen beruht auf ihrer Structur[1]) und tritt in ihrem physikalischen Verhalten in die Erscheinung.

Als *Krystalle* bezeichnet man vielfach nur solche Stücke krystallinischer Materie, welche eine mehr oder weniger vollkommen entwickelte, regelmässige äussere Form besitzen. Den unregelmässig geformten krystallinischen Partikeln wird dabei der einzelne Krystall als selbstständiges *Individuum* gegenübergestellt. Die Structur erscheint bei dieser Auffassung nur als allgemeines Kennzeichen des krystallinischen Zustandes, während für den einzelnen Krystall ausserdem die wesentliche äussere Form als characteristisch angesehen wird. In neuerer Zeit wird jedoch von vielen Autoren jedes beliebige Stück krystallinischer Masse mit dem Namen *Krystall* belegt. Zwischen einem allseitig gut entwickelten Krystall und einem beliebigen

1) Das Nähere hierüber im zweiten Abschnitt.

Stück krystallinischer Substanz kommen nämlich so viele und so mannigfache Zwischenformen vor, dass es schwierig ist, eine bestimmte Grenze zu fixiren.

Da in der vorliegenden Schrift nur solche Fragen behandelt werden, welche sich auf das Verhalten jedes beliebigen Stückes krystallinischer Substanz beziehen, so scheint es im Interesse der Darstellung zweckmässig zu sein, wenn wir uns ebenfalls dem neueren Sprachgebrauch anschliessen.

§ 2. Untersuchen wir die Ausdehnung, welche ein homogener Krystall durch die Wärme erfährt, so zeigt sich der Ausdehnungscoefficient in allen parallelen Geraden als constant; dagegen hängt er im Allgemeinen von der Richtung ab, in welcher er gemessen wird. Dasselbe gilt von den elastischen Kräften, ebenso von der Brechung, welche das Licht beim Durchgang durch den Krystall erleidet, von den electrischen Spannungen, welche durch Erwärmung auftreten u. s. w. Alle physikalischen Eigenschaften, welche ein Krystall zeigt, stimmen längs paralleler Geraden überein, sind aber im übrigen in verschiedenen Richtungen im Allgemeinen auch unter einander verschieden.

Die homogenen amorphen Körper verhalten sich dagegen im wesentlichen physikalisch isotrop; d. h. in welcher Richtung man sie auch untersucht, man findet stets die nämlichen physikalischen Erscheinungen. Keine ihrer Richtungen ist vor einer andern ausgezeichnet. Körper wie Glas, Opal, u. s. w. besitzen in ihrer ganzen Ausdehnung und nach allen Richtungen dieselbe physikalische Beschaffenheit.

Die vorstehenden Sätze sind jedoch nicht ausnahmslos giltig. Einerseits giebt es auch für die Krystalle verschiedene Richtungen, in denen sie die gleichen physikalischen Eigenschaften aufweisen, andrerseits kommt es aber auch vor, dass sich amorphe Körper nicht in allen Zuständen isotrop verhalten. Um die Krystalle von ihnen zu sondern, reicht daher der blosse Hinweis auf die Abhängigkeit des physikalischen Verhaltens von der Richtung nicht aus; in der That liegt erst *in der besonderen Art dieser Abhängigkeit* das unterscheidende Merkmal.

Die Art, in welcher die physikalischen Eigenschaften eines Krystalles mit der Richtung wechseln, ist durch feste einfache *Grundgesetze* geregelt. Diese Gesetze sind, wie alle Naturgesetze, durch Beobachtung und Experiment gefunden worden; man pflegt sie als die *Symmetriegesetze* (§ 8) zu bezeichnen. Hiernach dürfen wir die Definition der homogenen Krystalle folgendermassen präcisiren: *Ein Krystall ist ein homogener fester Körper, dessen physikalische Eigenschaften in verschiedenen Richtungen im Allgemeinen verschieden sind und sich nach festen Symmetriegesetzen mit der Richtung ändern.*

Die äussere Form der Krystalle ist, wie bereits oben erwähnt, vielfach durch eine mehr oder weniger stark ausgeprägte Regelmässigkeit der Begrenzungsflächen ausgezeichnet. Diese Eigenthümlichkeit bildet das *geometrische* Merkmal, welches für die Krystalle characteristisch ist. Da aber die Ausbildung bestimmter ebener Grenzflächen bei jedem Krystall offenbar in den molecularen Gesetzen der Krystallisation, d. h. also wieder in den physikalischen Eigenschaften der Krystallsubstanz begründet ist, so leuchtet ein, dass sich in den regelmässigen Gestalten der Krystalle ebenfalls eine physikalische Eigenart documentirt; so dass die obenstehende Definition auch die geometrische Regelmässigkeit der äusseren Form einschliesst.

Die geometrische Form wurde lange Zeit als das wesentliche, resp. ausschliessliche Unterscheidungsmerkmal der Krystalle angesehen. Von dieser Ansicht scheint sich in voll bewusster Weise zuerst Franz Neumann losgesagt zu haben; er hat ganz ausdrücklich auf die Nothwendigkeit „des physikalischen Verständnisses von Structur und Gestaltung" hingewiesen.[1]) Mit der fortschreitenden Erkenntniss der physikalischen Eigenschaften der Krystalle, besonders im Gebiete der Optik und Elasticität, traten die physikalischen Gesichtspunkte mehr und mehr in den Vordergrund; augenblicklich ist die Auffassung, dass im physikalischen Verhalten der wesentliche und unzerstörbare Character der Krystallsubstanz zu Tage tritt, während die äussere Form, weil von den Umständen des Krystallwachsthums abhängig, nur eine zufällige

---

1) Beiträge zur Krystallonomie, 1823. Vorrede, S. 3 u. 4. Dort heisst es auch: Die Krystallflächen sind nicht als etwas ursprünglich seiendes im Krystall zu betrachten, sondern nur als Erscheinung, als Resultat der Thätigkeiten in den Flächenrichtungen.

Eigenschaft repräsentirt, so gut wie allgemein angenommen. Bei Naumann-Zirkel werden die Formulirungen noch von dem oben erwähnten Gegensatz zwischen Krystallindividuen und Krystallsubstanz beherrscht; die ersteren werden im wesentlichen geometrisch, die letztere rein physikalisch definirt.[1]) Eine Definition der Krystalle, welche *ausschliesslich* auf das physikalische Verhalten basirt ist, wurde zuerst von P. Groth aufgestellt.[2])

§ 3. **Gleichwerthige Richtungen.** Es seien g und h zwei Geraden, welche das Innere eines Krystalles durchdringen. Besitzt der Krystall in der Richtung von g und h denselben Elasticitätscoefficienten, so stimmen in diesen Richtungen auch die optischen Kräfte überein. Dagegen braucht das umgekehrte nicht der Fall zu sein. Ueberhaupt zieht die Uebereinstimmung gewisser physikalischer Eigenschaften längs gegebener Richtungen durchaus nicht die Uebereinstimmung aller übrigen Eigenschaften nach sich.

Es giebt aber in jedem Krystall zu einer beliebigen Geraden g andere Geraden von bestimmter Richtung so, dass längs derselben der Krystall *in jeder Beziehung* dasselbe physikalische Verhalten zeigt, also sowohl die gleiche Elasticität, als auch die gleiche Wärmeleitung, die gleichen optischen Eigenschaften u. s. w. Solche Geraden existiren sowohl im Innern, wie auf der Oberfläche des Krystalles, sie heissen *krystallographisch gleichwerthig*, oder kurz *gleichwerthig.*

Die Erfahrung lehrt, dass alle parallelen Geraden als gleichwerthig zu betrachten sind. Um die Abhängigkeit der physikalischen Eigenschaften von der Richtung zu studiren, ist es daher ausreichend, wenn wir uns auf solche Richtungen beschränken, welche von einem und demselben Punkt ausgehen.

---

1) Lehrbuch der Mineralogie, § 3. Krystall ist jeder starre anorganische Körper, welcher eine wesentliche und ursprüngliche, mehr oder weniger regelmässige, polyedrische Form besitzt, die mit seinen physikalischen Eigenschaften zusammenhängt. Ferner, § 5, Denjenigen physikalischen Zustand der Materie, welcher sowohl deu normal ausgebildeten Krystallen, als nicht minder auch den in ihrer äusseren Formentwickelung gehemmten Individuen eigen ist, bezeichnet man als den krystallinischen.

2) Ein Krystall ist ein homogener fester Körper, dessen Elasticität sich mit der Richtung ändert. Ber. d. Berl. Akad. 1875. S. 549.

Ein solcher Punkt O kann beliebig im Innern der Krystallmasse gewählt werden; um alle Punkte herum verhält der Krystall sich gleichartig.

Jede Gerade, welche durch den eben genannten festen Punkt O geht, hat zwei entgegengesetzte Richtungen. Dieselben müssen auch krystallographisch von einander geschieden werden. Besitzt z. B. ein Krystall Pyroelectricität, so zeigen die beiden Enden der electrischen Axe bekanntlich entgegengesetzte Polarität, sie spielen daher nicht die Rolle von krystallographisch gleichwerthigen Richtungen. Wir werden in Folge dessen die durch den Punkt O gehenden Geraden immer nur als *einseitig unbegrenzt* voraussetzen. Die meisten physikalischen Eigenschaften, wie Elasticität, Lichtbrechung u. s. w. sind allerdings für entgegengesetzte Richtungen identisch; es ist auch an sich klar, dass z. B. die Ausdehnung eines Krystalles durch die Wärme in der einen Richtung genau dieselbe Intensität zeigen muss, wie in der entgegengesetzten. Eine Verschiedenheit kann offenbar nur für solche physikalischen Erscheinungen auftreten, welche wie Electricität, magnetisches Verhalten u. s. w. polarer Natur sind.

Wenn zwei Ebenen, die im Innern oder auf der Oberfläche eines Krystalles verlaufen, in der Beziehung zu einander stehen, dass zu jeder durch einen Punkt O gehenden Geraden der einen Ebene eine durch einen gewissen Punkt O_1 gehende Gerade der andern Ebene existirt, welche ihr gleichwerthig ist, so heissen auch diese Ebenen krystallographisch gleichwerthig. Parallele Ebenen sind stets gleichwerthig, ebenso solche, welche auf gleichwerthigen Geraden senkrecht stehen u. s. w.

§ 4. Ist O irgend ein beliebiger Punkt im Innern der Krystallmasse und g eine durch ihn gehende Gerade, so giebt es, wie die Erfahrung gelehrt hat, für jeden Krystall eine bestimmte Anzahl anderer durch O gehender Geraden, g_1, g_2, ... g_{N-1}, welche mit g krystallographisch gleichwerthig sind. Die Zahl N dieser gleichwerthigen Geraden ist bei einem und demselben Krystall im Allgemeinen constant, welches auch die Richtung der beliebig gezogenen Geraden g sein mag. Nur für einzelne specielle Richtungen kann — aber auch dies nur scheinbar — eine Ausnahme eintreten. Welcher Art diese Ausnahmeerscheinung ist, und worauf sie beruht, wird Cap. VII, 2 erwähnt werden.

Denken wir uns für irgend einen Krystall die zugehörige einfache Krystallform und fällen von dem Mittelpunkte derselben die N Lothe auf die N Begrenzungsflächen, so *bilden dieselben das einfachste, resp. anschaulichste Beispiel für N gleichwerthige Geraden*, und die zu ihnen senkrechten Flächen der Krystallform bilden ihrerseits ein Beispiel für eine Gruppe von N gleichwerthigen Ebenen des Krystalles. Im Allgemeinen pflegt man die theoretischen geometrischen Erörterungen an die Krystallform, d. h. also an die Grenzflächen derselben anzuknüpfen. Hier sind jedoch aus verschiedenen Gründen statt dessen die N Lothe oder genauer gesprochen solche N Geraden gewählt worden, für welche die N Lothe ein einfaches Beispiel abgeben; und zwar besonders deshalb, weil die nachfolgenden Entwickelungen sich im Allgemeinen leichter an die Figur der N gleichwerthigen Geraden, wie an die Krystallform anknüpfen lassen. Gleichzeitig ist aber ersichtlich, dass der Uebergang von der einen Betrachtungsweise zur andern unmittelbar und ohne die geringste Schwierigkeit ausgeführt werden kann.[1])

§ 5. **Symmetrieeigenschaften und Deckoperationen.** Die Lage der N Geraden im Raum gehorcht in allen Fällen einem einfachen Grundgesetz. Um dasselbe möglichst einfach zu formuliren, ist es zweckmässig zuvor auf einige elementare geometrische Thatsachen hinzuweisen.

Wird eine ebene oder räumliche Figur F durch Bewegung in eine Lage F_1 gebracht, so sind die beiden Figuren F und

1) Die Einführung einseitig begrenzter Geraden, statt der Grenzflächen der Krystallform findet sich wohl zuerst bei Hessel; vgl. den Artikel über Krystallographie in Gehlers physikalischem Wörterbuch, S. 1062 ff. Vgl. ferner Gadolin, Mémoire sur la déduction d'un seul principe de tous les systèmes cristallographes, Acta soc. scient. fennicae, Helsingfors, Bd. 9, S. 1 u. 2, sowie V. v. Lang, Lehrbuch der Krystallographie, S. 17 und Minnigerode, Untersuchungen über die Symmetrieverhältnisse und die Elasticität der Krystalle, Nachrichten v. d. Götting. Ges. d. Wiss. 1884, S. 195.

F_1 offenbar *congruent.* Umgekehrt, sind F und F_1 irgend zwei congruente Figuren, so lassen sie sich durch Bewegung mit einander zur Deckung bringen.

Wird eine räumliche Figur F an irgend einer Ebene gespiegelt, so geht sie dadurch in ihr Spiegelbild F' über. Die beiden Figuren F und F' heissen *spiegelbildlich* (*oder symmetrisch*) *gleich;* congruent dagegen sind sie im Allgemeinen nicht. Die Figuren F und F' bleiben natürlich spiegelbildlich gleich, wenn eine oder jede von ihnen noch in eine andere Lage gebracht wird.

Sind umgekehrt F und F' zwei räumliche Figuren, die einander spiegelbildlich gleich sind, so haben sie entweder eine solche Lage, dass die eine direct das Spiegelbild der andern in Bezug auf eine gewisse Ebene ist, oder wenn dies nicht der Fall ist, so kann jedenfalls F' in eine solche Lage gebracht werden, dass F und F' als Spiegelbilder von einander erscheinen. Um daher F mit F' zur Coincidenz zu bringen, bedarf es entweder nur einer Spiegelung oder einer Spiegelung in Verbindung mit einer Bewegung.

§ 6. Es giebt Figuren, welche die besondere Eigenschaft haben, *sich selbst* auf verschiedene Weise congruent oder spiegelbildlich gleich zu sein. Solche Figuren heissen *symmetrische*[1])

---

1) Die Bedeutung des Wortes „Symmetrie" ist leider keine einheitliche. Es gehen im wesentlichen zwei verschiedene Bedeutungen neben einander her. Im Gegensatz zu „congruent" heisst „symmetrisch" resp. „symmetrisch gleich" soviel wie „spiegelbildlich gleich", und dies ist (vgl. oben § 5) derjenige Begriff der „Symmetrie", welcher in der reinen Geometrie vorwiegend auftritt. Seiner Natur nach bezieht er sich im Allgemeinen auf *zwei verschiedene* räumliche Objecte; in diesem Sinn bezeichnet man z. B. linke und rechte Gliedmassen als symmetrisch. Hiervon ist der mehr krystallographische Begriff der „Symmetrie" wesentlich verschieden. Seine genauere Bedeutung wird oben im Text gegeben. Er bezieht sich im Unterschied zum vorigen stets auf *eine und dieselbe* Raumfigur, und ist immer das Kennzeichen für eine gewisse Regelmässigkeit derselben.

In dieser Schrift wird der Symmetriebegriff durchgehends nur in der zweiten Bedeutung angewandt. Wo ein Hinweis auf die erste Bedeutung nöthig ist, wie z. B. oben, wird dies stets besonders hervorgehoben werden.

Figuren; man sagt, dass sie durch *Symmetrieeigenschaften* ausgezeichnet sind.

Derartige Figuren, ebene wie räumliche, sind uns aus der Anschauung in Menge geläufig; einige Beispiele mögen hier folgen.

Beispiel 1. Das gleichschenklige Dreieck ABC kommt (Fig. 1) durch Umklappung um die Höhe AD mit sich zur Coincidenz. Es ist sich daher selbst congruent, nämlich

$$ABC \cong ACB,$$

wo die Buchstaben, wie üblich, so geordnet sind, dass die entsprechenden Punkte an entsprechender Stelle stehen.

Fig. 1. Fig. 2.

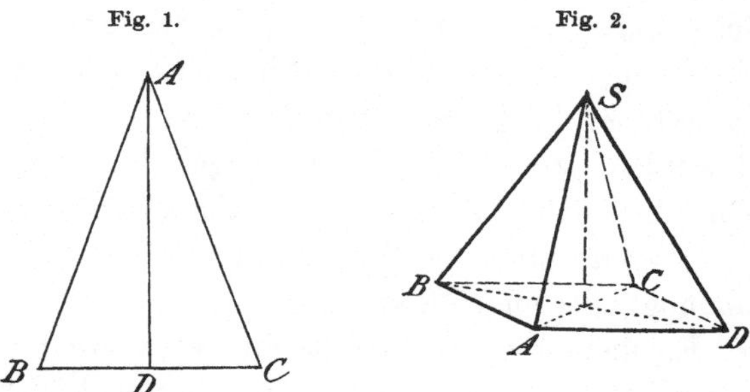

Ist ABC gleichseitig, so kommt es durch Umklappung um jede der drei Höhen, sowie durch Drehung um seinen Mittelpunkt mit sich zur Deckung. Es ist also beispielsweise

$$ABC \cong BCA \cong CAB.$$

Beispiel 2. Eine gerade Pyramide, deren Grundfläche das Parallelogramm $ABCD$ ist (Fig. 2). Da die Pyramide, wenn sie um 180^0 um ihre Axe gedreht wird, mit sich selbst zur Deckung gelangt, so ist

$$SABCD \cong SCDAB.$$

Auf andere Art ist die Pyramide nicht mit sich selbst congruent, abgesehen von der Beziehung, dass jeder Punkt sich selbst entspricht, was natürlich für *jede* Raumfigur gilt. Ebenso wenig ist die Pyramide in irgend einer Weise sich selbst spiegelbildlich gleich. Dies tritt aber ein, wenn $ABCD$ ein Rhombus ist, denn in diesem Fall wird die Pyramide durch die Ebene SAC so in zwei Theile $SABC$ und $SADC$ getheilt, dass jeder das Spiegelbild des andern in Bezug auf die Ebene SAC ist. Durch Spiegelung an dieser Ebene geht daher die Pyramide in sich selbst über. Dasselbe gilt für die Ebene SBD.

Beispiel 3. Es ist zweckmässig, noch eine etwas complicirtere Raumfigur ins Auge zu fassen. Wir denken uns dazu ein reguläres Dreieck ABC und über und unter demselben je eine gerade Pyramide von derselben Höhe. Nun drehen wir die obere Pyramide um 180^0 um ihre Axe, so dass ihre Grundfläche, wie die nebenstehende Figur 3 zeigt, in die Lage $A_1B_1C_1$ kommt. Die so entstandene Figur ist sich mehrfach selbst congruent und spiegelbildlich gleich; im besondern auch so, dass die obere und untere Pyramide sich entsprechen. Beispielsweise geht durch Umklappung um die Gerade u die Grundfläche ABC in $C_1B_1A_1$ über, während die Axen der unteren und oberen Pyramide sich vertauschen; es ist daher

Fig. 3.

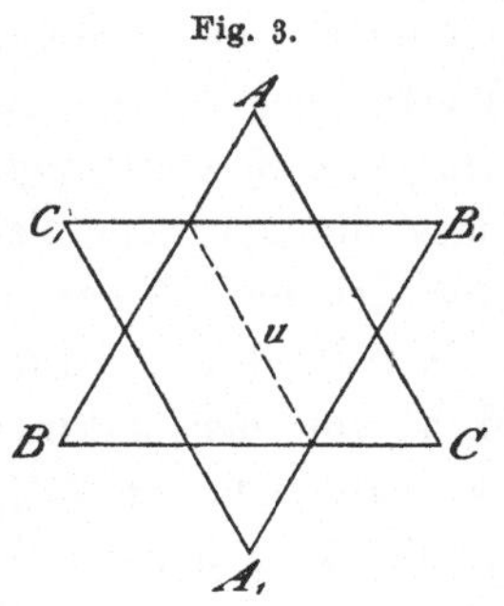

$$SABCS_1A_1B_1C_1 \cong S_1C_1B_1A_1SCBA.$$

Die Doppelpyramide ist sich aber in dem angegebenen Sinn auch spiegelbildlich gleich. Allerdings giebt es keine Spiegelung, welche die obere und untere Pyramide mit einander vertauscht. Wenn wir aber ausser der Spiegelung gegen die Grundfläche noch eine Drehung um 60^0 um die Axe vornehmen, so gelangt die Figur dadurch ebenfalls mit sich zur Coincidenz. Wir lernen daraus, dass in manchen Fällen wirklich erst Spiegelung und Bewegung zusammen die Coincidenz der Figur herbeiführen, während die bezügliche Spiegelung oder Bewegung allein dies nicht leistet.

Beispiel 4. Fällen wir in den beiden zuletzt betrachteten Beispielen von der Mitte der Grundfläche die Lothe auf die Seitenflächen, so bilden auch diese N einseitig begrenzten Geraden stets eine Figur, die sich auf mehrfache Art selbst congruent resp. spiegelbildlich gleich ist. In der That ist unmittelbar einleuchtend, dass wenn z. B. die gerade rhombische Pyramide (Bsp. 2) auf irgend eine Art in sich übergeht, dies auch von den vier Lothen gilt, die sich vom Centrum der Grundfläche auf die Seitenflächen fällen lassen, und das Gleiche gilt für die Doppelpyramide.

§ 7. Ist F irgend eine räumliche Figur, die sich auf gewisse Art selbst congruent ist, so giebt es stets eine oder mehrere Bewegungen, welche sie in sich überführen. Die hierin ausgedrückte Regelmässigkeit der Figur bezeichnen wir als eine *Symmetrieeigenschaft der ersten Art.* Es ist evident, dass die specielle Natur solcher Symmetrieeigenschaften von der Art und Weise abhängen wird, auf welche sich die einzelnen Punkte und Linien derselben unter einander vertauschen, d. h. von der Natur der bezüglichen Bewegungen. Dasselbe ist natürlich der Fall, wenn die Figur aus N von demselben Punkt ausgehenden Geraden besteht.

Hat zweitens die Figur F die Eigenschaft sich selbst spiegelbildlich gleich zu sein, so geht sie, wie das obige zeigt, entweder durch blosse Spiegelung oder durch Spiegelung und Bewegung in sich über (vgl. Beispiel 3). Ist im besondern F die Figur der N gleichwerthigen Geraden $g, g_1, g_2, \ldots$, und gehen aus ihnen durch Spiegelung an irgend einer Ebene die Geraden $g', g_1', g_2', \ldots$ hervor, so müssen dieselben entweder mit den Geraden $g, g_1, g_2, \ldots$ in irgend einer Reihenfolge identisch sein, oder sie müssen durch Bewegung mit $g, g_1, g_2, \ldots$ zur Deckung gebracht werden können. Das letztere ist z. B. für die sechs Geraden der Fall, welche von der Mitte der Doppelpyramide (Bsp. 3) auf die Seitenflächen gefällt werden können.

Die hierin ausgedrückte Regelmässigkeit der Figur F, resp. der N gleichwerthigen Geraden bezeichnen wir als eine *Symmetrieeigenschaft der zweiten Art.* Die besondere Natur dieser Symmetrieeigenschaft ist durch die Lage der spiegelnden Ebene ε und die Natur der Bewegung characterisirt.

Wir bezeichnen nunmehr eine Bewegung, welche eine Figur F in sich überführt, als eine *Deckbewegung*, resp. eine *Deckoperation der ersten Art.* Ebenso werden wir jede Spiegelung, oder die Verbindung einer Spiegelung mit einer Bewegung, welche eine Figur F in sich überführt, eine *Deckoperation der zweiten Art* nennen.

Alsdann folgt sofort, dass jede Symmetrieeigenschaft der ersten oder zweiten Art einer Figur durch eine gewisse Deckoperation der ersten oder zweiten Art veranschaulicht werden kann, und dass die besondere Art der Symmetrieeigenschaft durch die Natur der zugehörigen Deckoperation genau und sicher characterisirt ist. *Nach der Art der Deckoperationen können daher die Symmetrieeigenschaften unterschieden resp. eingetheilt werden.* In welcher Weise dies stattzufinden hat, werden wir später ausführlicher erörtern.

§ 8. **Symmetrie der Krystalle.** Die Gesammtheit aller Symmetrieeigenschaften einer Figur bezeichnen wir als ihren *Symmetriecharacter* oder kurz als ihre *Symmetrie.* In diesem Sinne kommt, wie wir aus der Erfahrung wissen, den N gleichwerthigen Geraden eines Krystalles stets ein bestimmter Symmetriecharacter zu und ebenso der Krystallform, resp. dem Polyeder, welches (§ 4) von den zu diesen Geraden senkrechten Ebenen gebildet wird. Die Erfahrung lehrt aber noch mehr. Der Symmetriecharacter der N Geraden $g, g_1, g_2, \ldots$ ist nämlich ganz unabhängig davon, wie die Ausgangsrichtung g innerhalb der Krystallmasse angenommen wird. Er erhält sich überdies während der wechselnden physikalischen Zustände, in denen sich der Krystall befinden kann; natürlich vorausgesetzt, dass die auf den Krystall wirkenden Kräfte nicht etwa seine Structur wesentlich ändern oder gar zerstören. Diese Thatsache bildet den Inhalt des sogenannten *Symmetriegesetzes* (§ 2), des obersten Grundgesetzes der physikalischen Krystallographie. Es zeigt, dass die im Symmetriecharacter vereinigten Symmetrieeigenschaften eine bleibende Eigenschaft des Krystalles selbst vorstellen; sie repräsentiren dasjenige, was man in Folge dessen *die Symmetrie resp. den Symmetriecharacter des Krystalles* zu nennen pflegt.

Da jede Symmetrieeigenschaft ihren Ausdruck in einer gewissen Deckoperation findet, so kann die Symmetrie des Krystalles stets durch gewisse Deckoperationen definirt werden, nämlich durch die Gesammtheit derjenigen, welche die dem Krystall zugehörigen N gleichwerthigen Geraden in sich überführen. Ausdrücklich möge noch bemerkt werden, dass wie unmittelbar ersichtlich, jede dieser Deckoperationen den Punkt O unverändert lässt.

Es kann vorkommen, dass bei Anwendung geeigneter äusserer Kräfte der Krystall seine physikalische Eigenart ändert; beispielsweise kann ein optisch einaxiger Krystall unter gewissen Umständen in einen optisch zweiaxigen übergehen, und damit eine geringere Symmetrie annehmen. Im allgemeinen bleibt das Symmetriegesetz dabei erfüllt; von denjenigen Zuständen, in denen dies nicht der Fall ist, sehen wir ab.

§ 9. **Eintheilung der Krystalle.** Krystalle, welche dieselben Symmetrieverhältnisse aufweisen, werden zu einer und derselben Classe gerechnet. Die Frage ist, wie viele solcher Classen es giebt, und durch welche Symmetrieeigenschaften jede derselben characterisirt ist. Wie das Vorstehende zeigt, führt diese Aufgabe auf das geometrische Problem, auf die verschiedenste Weise N durch einen Punkt gehende Geraden so zu ziehen, dass sie durch gewisse Deckoperationen in sich übergeführt werden können. Ist dieses Problem gelöst, so ist damit die Frage nach den möglichen Krystallclassen von selbst erledigt.

Construiren wir die Ebenen, welche auf den N Geraden in gleichem Abstand vom Punkt O senkrecht stehen, so geht diese Ebenenschaar, resp. das von ihnen begrenzte Polyeder durch dieselben Deckoperationen in sich über, wie die Figur der N Geraden; beide besitzen daher die gleiche Symmetrie. Dies findet statt, in welcher Entfernung vom Punkt O die Ebenen auch liegen mögen. Die so bestimmten Raumfiguren sind keineswegs die einzigen, welche durch dieselben Symmetrieeigenschaften characterisirt sind, wie die N Geraden, vielmehr giebt es stets eine unbegrenzte Zahl noch anderer Gebilde dieser Art. Um dies an einem Beispiel anschaulich zu machen, betrachten wir die in § 5, 2 erwähnte rhombische gerade Pyramide. Zunächst ist evident, dass *jede* Pyramide dieser Art durch die gleichen Deckoperationen in sich übergeht. Dasselbe gilt aber auch von jeder derartigen abgestumpften Pyramide mit parallelen Grundflächen, ferner auch von zwei derartigen Pyramiden oder Pyramidenstumpfen, die auf derselben Grundfläche stehen, ebenso aber auch, wenn wir noch auf jede Seitenfläche analoge Körpertheile aufsetzen, u. s. w. u. s. w.

Wir wollen alle Körper, welche durch die gleichen Deckoperationen zur Coincidenz mit sich gebracht werden können, zu *einer Classe symmetrischer Polyeder rechnen*, alsdann ist das oben genannte Problem, wie übrigens auch aus § 4 unmittelbar hervorgeht, in der Aufgabe enthalten, alle symmetrischen Polyeder zu ermitteln. Diese Aufgabe kann durch geometrische Betrachtungen ohne Schwierigkeit erledigt werden. Die Lösung derselben bildet den Inhalt der nächstfolgenden Entwickelungen. Das *geometrische* Resultat lautet, dass es unendlich viele Classen symmetrischer Polyeder giebt, so dass also eine aus N Geraden bestehende symmetrische Figur auf unendlich viele Arten construirt werden kann. Aber nur einer ganz beschränkten Zahl von ihnen entspricht eine Krystallclasse. Der Grund hierfür liegt in dem sogenannten Gesetz der rationalen Indices[1]). Es bedingt, dass unter der unendlichen Zahl von Classen symmetrischer Figuren nur 32 existiren, welche eine Krystallclasse liefern können. Ob alle diese Krystallclassen in der Natur wirklich vertreten sind, ist eine Frage, die natürlich nur an der Hand der Erfahrung geprüft werden kann[2]). Andere Krystallclassen dagegen können, wie sich aus dem Vorstehenden schliessen lässt, nicht existiren; wir dürfen sicher sein, dass es in der Natur keinen Krystall giebt, der bezüglich seiner Symmetrieverhältnisse nicht in eine der genannten 32 Classen fiele.

Als Schlussresultat können wir demnach die höchst bemerkenswerthe Thatsache aussprechen, dass unter Voraussetzung der er-

---

1) Vgl. das letzte Capitel dieses Abschnittes.

2) Man hat bisher noch nicht Krystalle einer jeden der 32 Classen kennen gelernt.

fahrungsmässigen Grundgesetze der geometrischen Krystallographie die Aufgabe, alle Krystallclassen zu finden, einer rein mathematischen Behandlung fähig ist.

§ 10. Die Definition resp. Ableitung der Symmetrieverhältnisse, welche wir in den vorstehenden Paragraphen gegeben haben, weicht von der in den krystallographischen Lehrbüchern sonst üblichen ziemlich erheblich ab. Man pflegt gewöhnlich diejenigen Symmetrieelemente, welche durch die Anschauung unmittelbar gegeben sind, nämlich Axe, Ebene, Centrum der Symmetrie zu Grunde zu legen, und von ihnen aus weiter zu operiren. Es hat sich aber gezeigt, dass man auf diese Weise zu allen theoretisch möglichen Krystallclassen nicht gelangen kann; es ist nöthig, ausserdem noch die sogenannten Symmetrieaxen zweiter Art einzuführen (vgl. Cap. III, 6). Wollten wir nun, unter Anlehnung an die gewöhnlichen krystallographischen Darstellungen, die oben genannten drei Symmetrieeigenschaften ohne weitere Begründung durch die Axen zweiter Art ergänzen, und von dieser Grundlage aus die Untersuchung durchführen, so würden doch wiederum Zweifel entstehen müssen, ob mit den so erhaltenen Krystallclassen alle überhaupt theoretisch denkbaren Symmetrieverhältnisse erschöpft sind. Die Frage, welches diejenigen elementaren Symmetrieeigenschaften sind, auf welche sich alle Symmetrieverhältnisse zurückführen lassen, muss ja selbst erst ein Gegenstand der Untersuchung sein. Aus diesem Grunde ist es nöthig, einen Weg einzuschlagen, welcher von einer ganz allgemeinen Definition der Krystallsymmetrie ausgeht, wie sie die vorstehende Einleitung enthält.

Wir erlangen hierdurch die Gewissheit, dass uns bei richtiger Deduction keine Krystallclasse entgehen kann; allerdings werden wir zu diesem Zweck die Mühe nicht scheuen dürfen, zunächst einige rein mathematische Hilfsbetrachtungen durchzuführen. Es wird in erster Linie nöthig sein, dass wir uns mit den wichtigsten Gesetzen über Deckoperationen vertraut machen und eine Methode kennen lernen, nach welcher sie der Rechnung unterworfen werden können. Wenn diese Vorbereitungen getroffen sind, lässt sich die Lösung des Problems, alle denkbaren Krystallclassen aufzustellen, in einfacher und elementarer Weise durchführen.

Die Kenntniss der Krystallsysteme und ihrer Unterabtheilungen ist ursprünglich das Resultat empirischer Beobachtung. Die sieben auch jetzt noch gebräuchlichen Krystallsysteme wurden von Weiss eingeführt[1]). Die Einsicht in das gesetzmässige Verhältniss ihrer Unterabtheilungen zu den Hauptabtheilungen lenkte das Augenmerk der Krystallographen schon früh auf die Aufgabe, auch diejenigen Unterabtheilungen aufzufinden, welche zunächst nur als theoretisch möglich erscheinen. Man verfuhr dabei im wesentlichen inductiv und liess sich meist von Analogieverhältnissen leiten; allerdings haben sich auf diese Weise mehrfach irrthümliche Folgerungen ergeben[2]). Der erste, welcher in der Aufzählung aller Symmetriearten ein geometrisches Problem erkannte, und die Nothwendigkeit begriff, dasselbe deductiv mathematisch zu behandeln, war Hessel[3]). Ohne in der oben angegebenen Weise von der Aufsuchung der einfachsten Symmetrieelemente auszugehen, ist er auf originellem, wenn auch nach heutiger Auffassung umständlichem Wege, zur Aufstellung aller möglichen Symmetriearten, resp. der 32 Krystallclassen gelangt. Die Nomenclatur allerdings ist wenig durchsichtig; in einer zweiten, später erschienenen Darstellung hat er sie selbst durch eine sachgemässere ersetzt[4]). Dieser äussere Umstand scheint bedauerlicher Weise veranlasst zu haben, dass seiner Arbeit nicht diejenige Aufmerksamkeit zu Theil wurde, welche sie verdiente[5]). Zwanzig Jahre nachher wurde das Problem, und zwar unabhängig von Hessel, von neuem der Behandlung unterworfen. Dies geschah durch Bravais' Arbeit über die symmetrischen Polyeder[6]). Diese mit vielem Scharfsinn und in klarer Darstellung durchgeführte Untersuchung ist jedoch leider nicht erschöpfend; eine der möglichen Symmetrieclassen, nämlich diejenige, welche durch eine $4n$-zählige Axe zweiter Art characterisirt ist, ist Bravais

1) Chr. S. Weiss, Uebersichtliche Darstellung der verschiedenen natürlichen Abtheilungen der Krystallisationssysteme. Abhandlg. d. Berl. Akad. 1815, S. 289.

2) Vgl. hierzu z. B. die oben S. 8 erwähnte Arbeit von Gadolin, besonders S. 29, 36, 39.

3) Vgl. das oben S. 8 befindliche Citat.

4) Ueber gewisse merkwürdige statische und mechanische Eigenschaften des Raumes. Marburg 1862. Universitätsschrift.

5) Auch der Verfasser wurde erst von befreundeter Seite auf dieselbe aufmerksam gemacht.

6) Mémoire sur les polyèdres de forme symétrique. Journal de math. par Liouville, Bd. 14, S. 141—180.

entgangen[1]). Dem Ausgangspunkt seiner Betrachtungen haftet nämlich noch der empirische Character an; er glaubte, dass man mit den drei elementaren Symmetrieelementen, Axe, Ebene, Centrum der Symmetrie auskomme, und ist in Folge dessen zu der eben genannten Krystallclasse nicht gelangt. Die zweite erschöpfende Erledigung der Aufgabe, alle theoretisch denkbaren Krystallclassen aufzustellen, verdanken wir Gadolin[2]); er hat von neuem, und zwar wie es scheint, ohne die Bravaisschen Arbeiten zu kennen, die 32 Krystallclassen geometrisch abgeleitet. In jüngster Zeit ist dasselbe und zwar nach wesentlich verschiedener Methode auch von Fedorow[3]), P. Curie[4]) und Minnigerode[5]) geschehen[6]).

Ausser den eben genannten Autoren hat sich auch Möbius eingehend mit der Theorie der symmetrischen Polyeder beschäftigt. Seine erste Arbeit hierüber[7]) erschien im Jahre 1849; sie betrifft im wesentlichen nur die Ableitung der Krystall*systeme*. Wie Möbius selbst mittheilt[8]), war sie bereits abgefasst, ehe die Bravaisschen Untersuchungen vorlagen. Diese Untersuchungen bestimmten ihn aber, die Theorie der symmetrischen Figuren von neuem eingehender in Angriff zu nehmen. Ueber die erste Hälfte seiner Resultate hat Möbius im Jahre 1851 in der sächsischen Gesellschaft der Wissenschaften einen kurzen Bericht erstattet; er bekämpft den oben skizzirten empirischen Standpunkt von Bravais, stellt dem gegenüber die allgemeine Definition der Symmetrieeigenschaften auf, und gelangt in Folge dessen auch zu den Symmetrieaxen zweiter Art[9]). Das Gesammtergebniss seiner Untersuchungen

---

1) Vgl. die Bemerkung auf S. 79 dieser Schrift.

2) a. a. O. S. 2.

3) Fedorow hat seine Resultate bereits im Jahre 1883 in der Petersburger mineralogischen Gesellschaft bekannt gemacht; vgl. Verhdlg. v. Jahre 1884, Bd. 20, S. 334.

4) Sur les questions d'ordre, Bull. de la soc. min. de France, Bd. 7, S. 89 u. 418, 1884.

5) Untersuchungen über die Symmetrieverhältnisse der Krystalle, Neues Jahrb. f. Min. Beilageb. 5, S. 145, 1887.

6) Mit den oben erwähnten Problemen hängt auch Hess, Lehre von der Kugeltheilung, vielfach zusammen. Vgl. übrigens auch Cap. VII dieser Schrift.

7) Ueber das Gesetz der Symmetrie der Krystalle, Ber. d. Sächs. Ges. d. Wiss. 1849, Bd. 1, S. 65.

8) Ueber symmetrische Figuren, Ber. d. Sächs. Ges. d. Wiss. 1851. Bd. 3, S. 19.

9) Vgl. die vorstehende Abhandlung, sowie die auf folgender Seite citirte nachgelassene Arbeit, Vorrede, S. 564.

hat Möbius nicht mehr selbst veröffentlicht, obwohl sie im Jahre 1851 schon so gut wie vollständig fertiggestellt waren. In der von F. Klein besorgten Gesammtausgabe seiner Werke sind sie von Reinhardt aus dem Nachlass herausgegeben worden[1]). Vgl. die Vorrede, S. 563 ff. Uebrigens ist zu bemerken, dass Möbius in Folge einer irrigen Annahme bei dem Ausgangspunkt seiner Ableitung nicht zu sämmtlichen Arten von Symmetrie, resp. von symmetrischen Figuren gelangt. Vgl. hierüber die Bemerkungen am Ende von Cap. V, S. 100.

---

1) Werke, herausgegeben auf Veranlassung der königl. sächs. Ges. d. Wiss., Bd. II, S. 567. Die Erörterungen, welche sich auf die den Axen zweiter Art entsprechende Symmetrie beziehen, finden sich besonders § 14 und 15. Vgl. auch die unter Anm. 8 der vorigen Seite citirte Abhandlung, § 4.

Erstes Capitel.

Allgemeine Sätze über Operationen und ihre Zusammensetzung.

§ 1. **Aequivalente Bewegungen.** Die Deckoperationen erster Art sind Bewegungen, welche einen festen Punkt O unverändert lassen. Diese wollen wir jetzt ins Auge fassen. Als Objekt der Bewegung betrachten wir fürs erste irgend einen festen Körper S. Die Bewegung eines solchen Körpers um einen festen Punkt ist uns zwar aus der Anschauung unmittelbar vertraut, aber doch wird es zweckmässig sein, auf diejenigen Verhältnisse, welche für uns in Frage kommen, nochmals in präciser Form hinzuweisen.

Wir bezeichnen im Folgenden durchgehends den beweglichen Körper durch einen einfachen Buchstaben ohne Index, wenn es sich nur darum handelt, ihn von andern Körpern zu unterscheiden, ihm also gleichsam einen Namen zu geben. Während er sich bewegt, kommt er in verschiedene Lagen; diese Lagen sollen durch Indices angedeutet werden. S_1, S_2, S_3 u. s. w. werden daher irgend welche Lagen bedeuten, die der Körper S bei der Drehung um den festen Punkt O annehmen kann.

Was von dem ganzen Körper gilt, soll auch von den einzelnen Punkten desselben gelten. Wir bezeichnen durch den Buchstaben A ohne Index irgend einen seiner Punkte, um ihn aus der Gesammtheit der Punkte herauszuheben, und verstehen unter A_1, A_2, A_3 u. s. w. verschiedene Lagen, in welche A in Folge der Bewegungen gelangen mag.

Es seien nun S_1 und S_2 irgend zwei Lagen des beweglichen Körpers; S_1 wollen wir als Anfangslage, S_2 als Endlage betrachten. Der Weg, welchen der Körper zu durchlaufen hat, um von S_1 nach S_2 zu gelangen, kann offenbar sehr mannigfaltig gewählt werden. Es giebt daher eine grosse Zahl von Bewegungen, welche den Uebergang aus einer Lage S_1 in die Lage S_2 vermitteln können.

Alle diese Bewegungen sollen als *äquivalent* betrachtet werden; d. h. wir stellen folgende Definition auf:

Zwei Bewegungen heissen äquivalent, wenn sie einen Körper aus derselben Anfangslage in dieselbe Endlage überführen.

§ 2. **Drehung um eine Axe.** Für den Zweck, den wir einzig und allein im Auge haben, handelt es sich bei der Bewegung niemals um den Weg, den der Körper zurücklegt, sondern immer nur um Anfangslage und Endlage. Den Uebergang aus der Anfangs- in die Endlage können wir uns so einfach wie möglich denken; es sind daher immer nur die einfachsten Bewegungsvorgänge, auf welche wir unsere Aufmerksamkeit zu lenken haben.

Wir betrachten zunächst die Drehung um eine durch O gehende Axe. Während der Drehung beschreibt jeder Punkt P von S einen Kreisbogen, dessen Mittelpunkt auf der Axe a liegt. Die Länge des Kreisbogens bestimmt den zugehörigen Drehungswinkel. Ist l eine durch O gehende Gerade des Körpers S, und sind l_1 und l_2 ihre Lagen vor und nach der Drehung, so bilden auch die Ebenen (al_1) und (al_2) den Drehungswinkel. Der Drehungswinkel ist daher bestimmt, sobald ausser der Axe Anfangs- und Endlage irgend einer durch O gehenden Geraden l bekannt sind. In dem besonderen Fall, dass der Drehungswinkel 180^0 resp. π beträgt, bezeichnen wir die Drehung als *Umklappung* oder *Umwendung.*

Gelangt der Körper S durch Drehung um a aus einer Lage S_1 in eine Lage S_2, so bleibt die Axe a unbeweglich; d. h. ihre Lagen a_1 und a_2 sind identisch. Es ist aber auch das umgekehrte richtig; d. h. sind S_1 und S_2 zwei Lagen des Körpers S, und weiss man, dass Anfangs- und Endlage einer gewissen Geraden a coincidiren, *so bedarf es nur einer Drehung um a, um den Uebergang des Körpers S aus der Lage S_1 in die Lage S_2 zu vermitteln.*

Es sei α der Winkel einer Drehung, die um die Axe a stattfindet. Lassen wir nicht eine Drehung um α, sondern eine Drehung um den Winkel $\alpha + 2\pi$ eintreten, so nimmt der bewegte Körper dieselbe Endlage ein; das gleiche findet statt, wenn der Drehungswinkel die Grösse $\alpha + 4\pi$ besitzt, u. s. w. Alle diese Drehungen sind in dem oben definirten Sinn äquivalent; d. h. es gilt der Satz:

Lehrsatz I. *Drehungen um dieselbe Axe sind äquivalent, wenn sie sich um eine oder mehrere volle Umdrehungen unterscheiden, d. h. wenn die Differenz der Drehungswinkel ein Vielfaches von 2π ist.*

Bemerkung 1. Es kann in bestimmten Fällen vorkommen, dass die beiden Lagen S_1 und S_2, die wir zu betrachten haben, identisch sind. In diesem Fall kann von einer eigentlichen Drehung nicht mehr die Rede sein. Es ist aber zweckmässig, auch dann noch von einer Drehung zu sprechen, und zwar von einer solchen, für welche sich der Drehungswinkel auf Null reducirt. Dies wird auch durch den vorstehenden Satz nahe gelegt; denn diese uneigentliche Drehung ist ja einer wirklichen Drehung von der Grösse 2π, resp. $4\pi \ldots$ äquivalent.

Bemerkung 2. Der Uebergang aus der Anfangslage S_1 in die Endlage S_2 lässt sich auch dadurch vermitteln, dass wir den Körper S um die Axe a im entgegengesetzten Sinn drehen, und zwar um den Winkel $2\pi - \alpha$; auch hier dürfen ausserdem noch eine oder mehrere volle Umdrehungen um die Axe a vorgenommen werden.

Im Gegensatz zu den vorher betrachteten Drehungen pflegt man solche Drehungen als negativ zu bezeichnen; es ist ersichtlich, dass jede Ortsveränderung des Körpers S sowohl durch positive, als durch negative Drehungen herbeigeführt werden kann. Da aber unter allen äquivalenten Drehungen immer nur eine zu berücksichtigen ist, so werden wir, um die Darstellung möglichst einfach zu halten, immer nur mit positiven Drehungen operiren und die negativen ganz aus dem Spiele lassen.

§ 3. **Zusammensetzung von Drehungen.** Es seien a und b zwei durch den Punkt O gehende Axen. Eine Drehung um

a von der Grösse α möge den Körper S aus der Lage S_1 in eine Lage S_2 bringen. Sodann trete eine zweite Drehung um die Axe b ein, vermöge deren der Körper S aus der Lage S_2 in die Lage S_3 übergeht; der bezügliche Drehungswinkel sei β. Wie nun auch die Axen a und b liegen mögen, so lässt sich beweisen, dass es stets möglich ist, den Körper S aus der Anfangslage S_1 in die Endlage S_3 durch *eine einzige Drehung* um eine Axe c überzuführen.

Fig. 4.

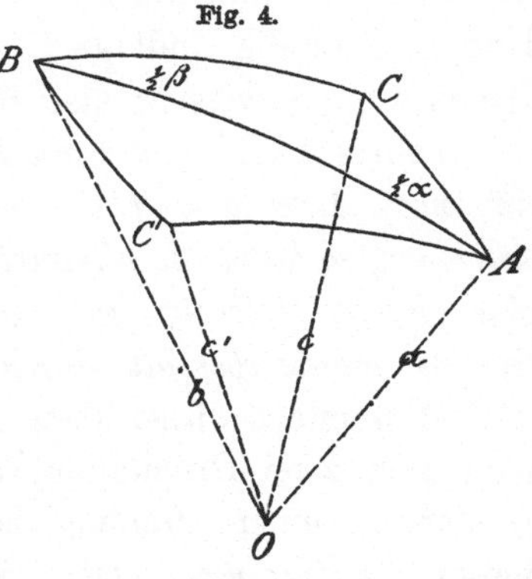

In dem einfachen Fall, dass die beiden Axen a und b mit einander zusammen fallen, ist die Behauptung unmittelbar evident; alsdann fällt auch c mit a und b zusammen. Wenn dagegen a und b verschiedene Axen sind, so ist (Fig. 4) c so zu bestimmen, dass in der aus a, b, c gebildeten Ecke dem Sinn und der Grösse nach

$$\sphericalangle cab = \tfrac{1}{2}\alpha \quad \text{und} \quad \sphericalangle abc = \tfrac{1}{2}\beta$$ [1]

ist.

Der Beweis ist leicht zu führen. Wir ziehen noch diejenige durch O gehende Gerade c', welche das Spiegelbild von c in Bezug auf die Ebene (ab) ist, so folgt, dass die Bogen

1) $$ac = ac' \quad \text{und} \quad bc = bc'$$

sind, und dass auch

$$\sphericalangle bac' = \tfrac{1}{2}\alpha \quad \text{und} \quad \sphericalangle c'ba = \tfrac{1}{2}\beta$$

ist. Daher ist nach Sinn und Grösse

$$\sphericalangle cac' = \alpha \quad \text{und} \quad \sphericalangle c'bc = \beta.$$

Wir wollen nun diejenige Gerade des Körpers S ins Auge fassen, welche bei der Anfangslage S_1 mit der Axe c zusammenfällt. Da $ac = ac'$ und $\sphericalangle cac' = \alpha$ ist, so gelangt sie in

---

1) Die Bezeichnungen der Winkel sind stets so gewählt, dass durch die bezügliche Drehung die zuletzt genannte Gerade aus der zuerst genannten hervorgeht. Die Figur enthält auch die Schnittpunkte der Geraden mit einer um O als Mittelpunkt construirten Kugel.

Folge der Drehung um a nach c', und da auch $bc = bc'$ und $\sphericalangle c'bc = \beta$ ist, so kommt sie von hier aus in Folge der Drehung um b wieder nach c zurück; ihre erste Lage fällt also mit ihrer Endlage zusammen. Gemäss § 2 bedarf es daher in der That nur einer Drehung um diese Axe c, um den Körper S in die Endlage S_3 zu bringen. Damit ist die obige Behauptung erwiesen; also folgt:

Lehrsatz II. *Führt ein Körper S nach einander Drehungen um zwei Axen a und b aus, welche sich in einem Punkte O schneiden, so kann die hierdurch bestimmte Ortsveränderung durch eine einzige Drehung um eine ganz bestimmte Axe c vermittelt werden, welche ebenfalls durch O geht*[1]).

Man pflegt diesen Satz oftmals kurz dahin auszusprechen, dass sich zwei Drehungen, deren Axen sich schneiden, stets wieder zu einer Drehung zusammensetzen lassen. Dieselbe heisst die *zusammengesetzte* oder *resultirende* Drehung und die Drehungen um a und b heissen ihre *Componenten.*

---

1) Der Winkel der um c stattfindenden Drehung spielt zwar für die Zwecke der vorliegenden Schrift keine Rolle, im Interesse der Vollständigkeit des obigen Satzes möge jedoch die Bestimmung desselben hier eine Stelle finden.

Wir haben (§ 2) Anfangs- und Endlage einer durch O gehenden Geraden ins Auge zu fassen. Wir wählen dazu diejenige Gerade von S, welche in der Anfangslage mit der Axe a coincidirt. Bei der Drehung um a bleibt sie in Ruhe, d. h. a und a_1 sind identisch, durch Drehung um b gelangt sie in die Endlage a_2, so dass

$$\sphericalangle a b a_2 = \beta$$

und Bogen

$$ab = a_2 b$$

ist. Der Winkel der resultirenden Drehung ist daher

$$\sphericalangle a c a_2 = \gamma.$$

Denken wir uns nun wieder die Schnittpunkte A, B, C, A_2 der Geraden a, b, c, a_2 mit einer um O als Mittelpunkt gelegten Kugel, so sind die Dreiecke ABC und A_2BC congruent. Daher halbirt der Bogen BC den Winkel ACA_2; d. h. es ist

$$\sphericalangle ACB = \tfrac{1}{2}(\pi - \gamma);$$

aus dem Dreieck ABC folgt daher noch die symmetrisch gebaute Gleichung

$$\sin bc : \sin ca : \sin ab = \sin \tfrac{1}{2}\alpha : \sin \tfrac{1}{2}\beta : \sin \tfrac{1}{2}\gamma.$$

Es folgt nun sofort, dass sich auch beliebig viele Drehungen, deren Axen sämmtlich durch O gehen, zu *einer* Drehung zusammensetzen lassen, d. h. es gilt der

Lehrsatz III. *Drehungen um Axen a, b, c ..., die durch einen und denselben Punkt O gehen, lassen sich stets zu einer einzigen Drehung um eine bestimmte Axe z zusammensetzen, die gleichfalls durch O geht.*

§ 4. Wenn erst die Drehung um b vom Winkel β und dann erst die Drehung um a vom Winkel α erfolgt, so ist auch die so bestimmte Bewegung einer einzigen Drehung um eine durch O gehende Axe äquivalent. Es entsteht aber die Frage, ob diese Axe d mit der Axe c identisch ist oder nicht. Wir betrachten zunächst wieder den einfachen Fall, dass a dieselbe Gerade ist wie b. Alsdann ist auch d mit a und b identisch, also auch mit c. Sind a und b verschiedene Axen, so construiren wir d nach den oben angegebenen Vorschriften. Da aber jetzt die erste Drehung um b stattfindet, so haben wir gemäss § 3 d so zu zeichnen, dass in der aus b, a, d gebildeten Ecke (vgl. Fig. 2) nach Sinn und Grösse

$$\sphericalangle(dba) = \tfrac{1}{2}\beta \quad \text{und} \quad \sphericalangle(bad) = \tfrac{1}{2}\alpha$$

ist. Diese Gleichungen, mit den Gleichungen des § 3 verglichen, ergeben unmittelbar, dass d mit c' identisch ist; d. h. *c und d sind verschiedene Geraden*, und zwar ist d das Spiegelbild von c in Bezug auf die durch a und b gehende Ebene.

Die letzte Bemerkung gestattet übrigens auch die Frage zu beantworten, unter welchen Bedingungen die Axen c und d identisch werden. Dies kann offenbar nur für solche Geraden c eintreten, welche mit ihrem Spiegelbild zusammenfallen, bei verschiedenen Axen a und b also nur, wenn die Axe c auf der Ebene (ab) senkrecht steht.

Das Vorstehende führt zu dem

Lehrsatz IV. *Bei der Zusammensetzung von Drehungen hängt die resultirende Drehung im Allgemeinen von der Reihenfolge ab, in welcher die einzelnen Drehungen ausgeführt werden.*

§ 5. **Der Eulersche Satz.** Es seien S_1 und S_2 irgend zwei beliebige Lagen des beweglichen Körpers, so sagt der

Eulersche Satz aus, dass es stets möglich ist den Körper S aus der Anfangslage S_1 in die Endlage S_2 durch Drehung um eine *einzige* durch O gehende Axe überzuführen. Um dies zu beweisen, fassen wir Anfangslage und Endlage irgend einer durch O gehenden Geraden l von S ins Auge und bezeichnen sie durch l_1 und l_2. Diese Geraden bestimmen (Fig. 5) eine Ebene; sei n die durch O gehende Normale dieser Ebene und ν der Winkel $(l_1 l_2)$. Wir nehmen nun den Körper S zunächst in der Anfangslage an, und lassen um die Gerade n eine Drehung vom Winkel ν eintreten. Dadurch gelangt offenbar l_1 nach l_2, d. h. die Gerade l in ihre Endlage; gemäss § 2 bedarf es daher nur noch einer gewissen Drehung um die Gerade l_2, um den Körper S in die Endlage S_2 zu bringen.

Fig. 5.

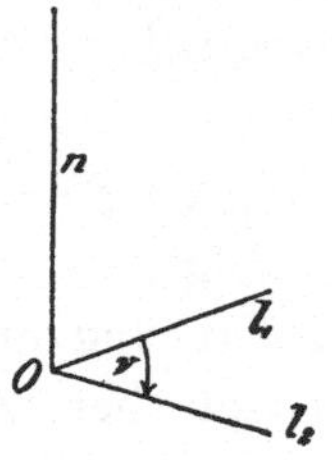

Der Uebergang des Körpers S aus der Lage S_1 in die Lage S_2 kann daher durch zwei auf einander folgende Drehungen um resp. n und l_2 vermittelt werden. Diese beiden Drehungen sind aber, wie eben (§ 5) bewiesen, stets einer einzigen Drehung um eine durch O gehende Axe c äquivalent; also folgt:

Lehrsatz V. *Ein um einen festen Punkt O beweglicher Körper S kann aus einer beliebigen Anfangslage S_1 in eine beliebige Endlage S_2 stets vermittelst einer Drehung um eine einzige durch O gehende Axe übergeführt werden.*

§ 6. **Die Operationen zweiter Art.** Die Deckoperation zweiter Art ist entweder eine Spiegelung an einer durch O gehenden Ebene, oder sie ist aus einer solchen Spiegelung und einer Bewegung um den Punkt O zusammengesetzt. Jede Spiegelung, sowie jede mit einer Spiegelung verbundene Bewegung bewirkt, dass ein Körper S in einen ihm spiegelbildlich gleichen Körper S' übergeht. Den Vorgang, welcher einen Körper S in einen ihm spiegelbildlich gleichen Körper S' verwandelt, wollen wir allgemein als eine *Operation der zweiten Art* bezeichnen, und analog dazu die Bewegungen auch *Operationen erster Art* nennen.

Für die Operationen zweiter Art lässt sich in ähnlicher Weise, wie für die Bewegungen, der Begriff der Aequivalenz einführen, und zwar stellen wir folgende Definition auf:

Operationen zweiter Art heissen äquivalent, wenn sie einen Körper S in denselben ihm spiegelbildlich gleichen Körper S′ überführen.

Es handelt sich daher auch hier in erster Linie darum, die einfachsten unter den Operationen zweiter Art ausfindig zu machen.

Die allgemeine Operation zweiter Art besteht aus einer Spiegelung und einer Bewegung[1]), welche Punkt O unverändert lässt. Aber nach dem Eulerschen Satz kann jede Bewegung durch eine Drehung um eine durch O gehende Axe ersetzt werden; folglich ist jede Operation zweiter Art durch eine Spiegelung und eine Drehung ausführbar, und zwar so, dass die spiegelnde Ebene und die Drehungsaxe beide durch den Punkt O gehen.

§ 7. Ueber die Lage der Drehungsaxe zu der Spiegelungsebene lässt sich aus dem Vorstehenden keine Folgerung ziehen. Dies ist daher noch besonders zu untersuchen.

Fig. 6.

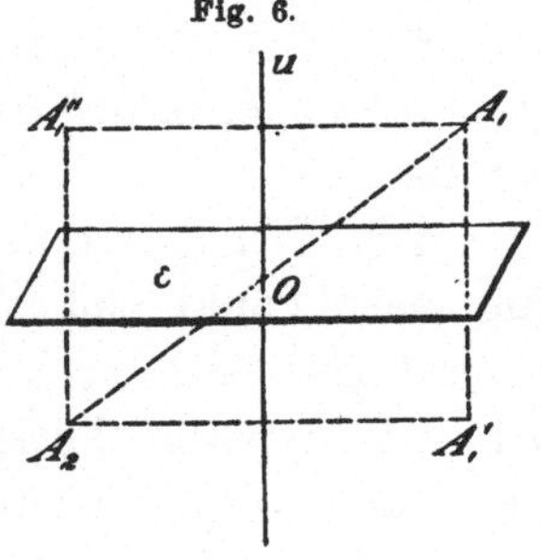

Den einfachsten Fall repräsentirt diejenige Operation, bei welcher eine Drehung nicht auftritt, d. h. die Spiegelung selbst. Jeder Punkt und jede Gerade geht durch sie in ihr Spiegelbild über.

Nehmen wir ferner an, dass (Fig. 6) die Drehungsaxe u auf der spiegelnden Ebene ε senkrecht steht, und dass der zugehörige Drehungswinkel die Grösse π hat, d. h. dass die Drehung eine *Umklappung* um u ist, so erhalten wir ebenfalls einen einfachen Typus einer Operation zweiter Art, nämlich

1) Ist eine Bewegung nicht vorhanden, so können wir, wie oben, wieder von einer Drehung vom Winkel Null sprechen. Alsdann ist die reine Spiegelung wieder mit einbegriffen.

denjenigen, welcher als *Inversion* bezeichnet wird. Ist nämlich A_1 irgend ein Punkt in der Anfangslage, so gelangt er in Folge der Spiegelung an ε in die Lage A_1' und von da in Folge der Umklappung um u in die Endlage A_2; und zwar geht $A_1 A_2$ durch O und O ist der Mittelpunkt dieser Strecke. *Die Inversion ersetzt daher jeden Punkt durch denjenigen Punkt, welcher ihm in Bezug auf O diametral gegenüber liegt.* Der Punkt O wird das *Centrum der Inversion* genannt.

Wenn wir annehmen, dass zuerst die Umklappung um die Axe u und dann die Spiegelung gegen die Ebene ε eintritt, so gelangt A_1 zunächst nach A_1'' und dann ebenfalls nach A_2; die Reihenfolge, in welcher die Umklappung und die Spiegelung eintreten, ist daher für die Endlage aller Punkte völlig gleichgiltig. Beachten wir ferner, dass die Endlage A_2 ausser von A_1 nur von O abhängt, so ist ersichtlich, dass wir stets zu demselben Punkt A_2 gelangen müssen, welche Lage auch die Ebene ε haben möge. Also folgt:

Lehrsatz VI. *Die Inversion kann durch eine Spiegelung und eine Umklappung um die zur spiegelnden Ebene senkrechte Axe ersetzt werden. Die Lage der spiegelnden Ebene ist beliebig, ebenso die Reihenfolge, in welcher Spiegelung und Umklappung ausgeführt werden.*

§ 8. Wir hatten oben (§ 5) gefunden, dass *jede* Bewegung um einen Punkt einer Drehung um eine Axe äquivalent ist; ebenso lässt sich auch für die allgemeine Operation zweiter Art eine typische Form angeben. Die bezügliche Operation möge den Körper S aus der Lage S_1 in den ihm spiegelbildlich gleichen Körper S_2' überführen. Diesen Process denken wir uns etwas abweichend von der früheren Art in folgender Weise ausgeführt. Zunächst möge eine Inversion gegen O eintreten. Dieselbe verwandelt den Körper S_1 in den ihm spiegelbildlich gleichen Körper S_1'. Nun ist noch S_1' mit S_2' zur Deckung zu bringen, und dies geschieht, da beide Körper congruent sind, vermittelst einer Drehung um eine bestimmte durch O gehende Axe. Die Operation zweiter Art kann demnach in eine Inversion gegen O und eine Drehung um eine Axe u aufgelöst werden; ω sei der zugehörige Drehungswinkel.

Nun lässt sich aber die Inversion in der oben angegebenen Weise durch eine Spiegelung an einer *beliebigen* Ebene und eine Umklappung ersetzen. Diesen Umstand wollen wir so ausnützen, dass wir (vgl. Fig. 6) die spiegelnde Ebene ε senkrecht auf der eben genannten Drehungsaxe u annehmen, also die Umklappung um die Axe u stattfindet. Alsdann folgt unmittelbar, dass die bezügliche Operation zweiter Art der Spiegelung gegen ε und derjenigen Drehung um u äquivalent ist, deren Winkel $\pi + \omega$ ist.

Der Herleitung nach hat zuerst die Spiegelung einzutreten; es ist aber leicht ersichtlich, dass dieselbe Operation erzielt wird, wenn zuerst die Drehung und dann die Spiegelung ausgeführt wird. In der That gelten die Betrachtungen, die an der Hand von Fig. 6 eben für die Inversion angestellt wurden, in derselben Weise auch hier, nur dass die Geraden $A_1 A_1''$ und $A_1' A_2$ nicht mehr mit der Drehungsaxe in einer Ebene liegen. Wir erhalten demnach folgendes Resultat:

Lehrsatz VII. *Die Operation zweiter Art kann so durch eine Spiegelung und eine Drehung ersetzt werden, dass die Drehungsaxe auf der spiegelnden Ebene senkrecht steht. Die Reihenfolge, in welcher Spiegelung und Drehung ausgeführt werden, ist beliebig.*

Für die so aus Spiegelung und Drehung bestehende Operation möge die Bezeichnung *Drehspiegelung* eingeführt werden.

Die oben bereits erörterten einfachsten Operationen zweiter Art, Spiegelung und Inversion, entsprechen den besonderen Fällen, dass der Drehungswinkel resp. den Werth Null oder π hat.

§ 9. **Die typischen Formen der Bewegungen und Operationen zweiter Art.** Das Ergebniss der vorstehenden Erörterungen lässt sich dahin aussprechen, dass *wir für Operationen erster und zweiter Art je eine einfachste typische Form ermittelt haben.* Die typische Form der Operationen erster Art, d. h. der Bewegungen, ist die Drehung um eine Axe; jede Bewegung um einen festen Punkt ist einer solchen Drehung äquivalent. Als typische Form für die Operationen zweiter Art hat sich die Drehspiegelung ergeben; d. h. die Verbindung einer Drehung mit einer Spiegelung, deren Ebene senkrecht auf der Drehungsaxe steht. Jede Operation zweiter Art, die einen Punkt unverändert lässt, kann durch eine Drehspiegelung bewirkt werden.

Für die Praxis ist es zweckmässig, die beiden einfachsten Fälle der Drehspiegelung, die den Winkeln Null und π entsprechen, d. h. die reine Spiegelung und die Inversion, besonders herauszuheben. Der Grund ist ein doppelter. Einerseits sind diese Operationen, wenn wir ihre Anschaulichkeit ins Auge fassen, viel einfacher als die allgemeine Drehspiegelung, andrerseits aber, und das ist die Hauptsache, pflegt man in den meisten Fällen mit Spiegelung und Inversion vollkommen auszureichen.

§ 10. **Zusammensetzung beliebiger Operationen.** Wir schliessen das vorstehende Capitel, indem wir den Begriff der Zusammensetzung auf beliebige Operationen übertragen. Es ist unmittelbar evident, dass irgend zwei Operationen erster oder zweiter Art hinter einander ausgeführt, wieder einer Operation erster resp. zweiter Art äquivalent sind. Wir werden später für verschiedene specielle Fälle die Art der resultirenden Operation genauer bestimmen. An dieser Stelle beschränken wir uns darauf, einen einzigen Satz allgemeineren Inhalts abzuleiten. Derselbe lautet:

Lehrsatz VIII. *Zwei Operationen zweiter Art, die einen Punkt O unverändert lassen, sind zusammen in allen Fällen einer Drehung um eine durch O gehende Axe äquivalent.*

Die erste Operation zweiter Art verwandelt nämlich einen Körper S_1 in einen ihm spiegelbildlich gleichen Körper S_1'. Unterwerfen wir nunmehr den Körper S_1 einer zweiten Operation zweiter Art, so geht aus ihm offenbar ein Körper S_2 hervor, welcher mit S_1 congruent ist. Aber S_1 und S_2 lassen sich durch blosse Bewegung, resp. Drehung um eine durch O gehende Axe zur Deckung bringen, und damit ist der Satz bewiesen.

Zweites Capitel.

Das Rechnen mit Operationen.

§ 1. **Einführung neuer Bezeichnungen.** Die im vorstehenden Capitel abgeleiteten Sätze knüpften sich an die Existenz eines Körpers S, welcher gewissen Drehungen oder Operationen zweiter Art unterworfen wird. Die Gestalt dieses Körpers blieb ganz willkürlich, sie spielt weder bei den Beweisen noch im Wortlaut der Lehrsätze irgend eine Rolle. In Folge dessen ist es zweckmässig, den Körper S ganz und gar ausser Acht zu lassen. Wir werden daher, um die Darstellung zu kürzen, im Folgenden in einer etwas mehr abstracten Form von den Operationen selbst handeln, ohne uns darum zu kümmern, welches die Raumgebilde sind, die denselben unterworfen werden.

Dasjenige, was wir für die Zwecke der Krystallographie über Drehungen und Operationen zweiter Art zu wissen nöthig haben, betrifft ausschliesslich die Zusammensetzung derselben. Die Ableitung der hierauf bezüglichen Gesetze wird durch einen bemerkenswerthen Umstand ausserordentlich vereinfacht. Bei der Zusammensetzung der Operationen kann nämlich, wie wir sofort erkennen werden, mit gutem Erfolg eine Rechnungssymbolik benutzt werden, welche Aehnlichkeit mit der Multiplikation der Zahlen hat. Dies wollen wir zunächst erläutern.

Im Interesse einer einfachen Darstellung scheint es zweckmässig zu sein, wenn wir uns vorläufig allein auf Drehungen beschränken, also zunächst nur die Zusammensetzung der Drehungen selbst ins Auge fassen.

Eine Drehung um die Axe a, deren Winkel α ist, bezeichnen wir von nun an durch $\mathfrak{A}(\alpha)$ oder kurz durch $\mathfrak{A}$. Unter

$$\mathfrak{A}(\alpha),\quad \mathfrak{B}(\beta),\quad \mathfrak{C}(\gamma)\ldots$$

resp.

$$\mathfrak{A},\quad \mathfrak{B},\quad \mathfrak{C}\ \ldots$$

sind daher Drehungen zu verstehen, deren Axen resp. a, b, c sind, und deren Grösse durch die Winkel $\alpha, \beta, \gamma\ldots$ bestimmt ist. Für diese Winkel gelten die oben Cap. I, 2 getroffenen Festsetzungen. Wir nehmen dieselben also stets als positiv an; im übrigen können sie jede beliebige Grösse haben; wie schon oben bemerkt, wird es ja bisweilen nöthig sein, auch solche Drehungen ins Auge zu fassen, die aus mehr als einer vollen Umdrehung bestehen.

§ 2. **Potenzen von Drehungen.** Betrachten wir nun die Drehungen, welche resp. durch

$$\mathfrak{A}(\alpha),\ \mathfrak{A}(2\alpha),\ \mathfrak{A}(3\alpha)\ldots\ldots\mathfrak{A}(n\alpha)\ldots.$$

dargestellt sind. Wir können uns vorstellen, dass die Drehung $\mathfrak{A}(2\alpha)$ entsteht, wenn die Drehung $\mathfrak{A}(\alpha)$ um die Axe a zweimal hinter einander ausgeführt wird. Ebenso ergiebt sich $\mathfrak{A}(3\alpha)$ bei einer dreimaligen Wiederholung der Drehung $\mathfrak{A}$, und allgemein $\mathfrak{A}(n\alpha)$, wenn die Drehung $\mathfrak{A}$ $n$mal hinter einander erfolgt. Im Anschluss an diese Ueberlegungen soll jetzt eine neue Bezeichnung eingeführt werden. *Wir bezeichnen nämlich die vorstehenden Drehungen kurz durch*

$$\mathfrak{A},\quad \mathfrak{A}^2,\quad \mathfrak{A}^3,\ldots\ldots\mathfrak{A}^n,$$

so dass also ganz allgemein für jede positive ganze Zahl n

$$\mathfrak{A}(n\alpha) = \mathfrak{A}^n$$

gesetzt ist. Die Drehung $\mathfrak{A}(\alpha)$ $n$mal hinter einander ausgeführt, wird also genau so bezeichnet, als ob sie die $n$te Potenz von $\mathfrak{A}$ wäre.

In dieser Bezeichnung steckt aber nicht allein eine äusserliche Analogie zu den Potenzen; vielmehr — und hierauf beruht ihre Zweckmässigkeit — *kann bei der neuen Bezeichnungsweise mit den Drehungen genau so gerechnet werden, als ob sie Potenzen wären.* Dies werden wir sofort erweisen.

Es seien h und k irgend zwei positive ganze Zahlen, so dass also

$$\mathfrak{A}(h\alpha) = \mathfrak{A}^h \text{ und } \mathfrak{A}(k\alpha) = \mathfrak{A}^k$$

gesetzt werden kann. Sind nun $\mathfrak{A}^h$ und $\mathfrak{A}^k$ wirkliche Potenzen, so besteht die Gleichung

1) $$\mathfrak{A}^h \cdot \mathfrak{A}^k = \mathfrak{A}^{h+k}.$$

Die Frage ist, ob diese Gleichung auch für die Drehungen einen wirklichen Sinn hat. Dies ist in der That der Fall. Die Drehungen $\mathfrak{A}^h$ und $\mathfrak{A}^k$ sind nämlich zusammen einer Drehung um den Winkel $(h + k)\alpha$, d. h. eben der Drehung $\mathfrak{A}^{h+k}$ äquivalent; die obige Gleichung gilt daher in dem Sinne, dass die Multiplication die Zusammensetzung der bezüglichen Drehungen bedeutet und beide Seiten der Gleichung *äquivalente* Drehungen repräsentiren. Auf Grund dessen dürfen wir mit den Drehungen

$$\mathfrak{A}, \quad \mathfrak{A}^2, \quad \mathfrak{A}^3 \ldots\ldots$$

genau so rechnen, wie mit Potenzen; in der That ist

$$\mathfrak{A} \cdot \mathfrak{A}^2 = \mathfrak{A}^3, \quad \mathfrak{A}^2 \cdot \mathfrak{A}^2 = \mathfrak{A} \cdot \mathfrak{A}^3 = \mathfrak{A}^3 \cdot \mathfrak{A} = \mathfrak{A}^4 \text{ u. s. w.}$$

§ 3. **Die Identität.** Die in der Krystallographie auftretenden Drehungswinkel stehen sämmtlich in einem rationalen Verhältniss zu 2π. Ist beispielsweise $\alpha = 120^0$, so ist $\mathfrak{A}^2$ eine Drehung um 240^0 und $\mathfrak{A}^3$ eine Drehung um 360^0, d. h. eine volle Umdrehung. Eine volle Umdrehung ist aber einer Drehung vom Winkel Null äquivalent; es ergiebt sich also auch hier die Nothwendigkeit, die Drehung vom Winkel Null ins Auge zu fassen. Wir bezeichnen sie durch $\mathfrak{A}(0)$.

Wenn wir versuchen, die Analogie mit den Potenzen auch auf die Drehung von der Grösse Null auszudehnen, so können wir dafür nur das Symbol $\mathfrak{A}^0 = 1$ einführen. Dies ist in der That nothwendig, wenn wir im Einklang mit den obigen Bezeichnungen bleiben wollen. Setzen wir nämlich die Drehung $\mathfrak{A}(0)$ mit irgend einer andern Drehung $\mathfrak{A}^h = \mathfrak{A}(h\alpha)$ zusammen, so ergiebt sich als resultirende Drehung natürlich wieder $\mathfrak{A}^h$ selbst; das Zeichen für $\mathfrak{A}(0)$ muss daher so gewählt werden, dass es mit $\mathfrak{A}^h$ multiplicirt wieder $\mathfrak{A}^h$ giebt; und dies ist gerade für die Zahl 1 resp. für die Potenz $\mathfrak{A}^0$ der Fall. Wir beschliessen diese Erörterungen durch folgende Definition:

Die Drehung von der Grösse Null heisst Identität. Das Zeichen für dieselbe ist 1.

§ 4. **Producte von Drehungen.** Die im vorstehenden entwickelte Methode, die Zusammensetzung von gewissen Drehungen, die um dieselbe Axe stattfinden, symbolisch durch die Multiplication von Potenzen auszudrücken, lässt sich auf Drehungen um beliebige durch denselben Punkt gehende Axen übertragen und zwar auf folgende Weise. Sind $\mathfrak{A}$ und $\mathfrak{B}$ irgend zwei Drehungen, deren Axen durch den Punkt O gehen, und $\mathfrak{C}$ die ihnen äquivalente resultirende Drehung, so wollen wir von nun an diese Beziehung durch die Gleichung

$$\mathfrak{A}\mathfrak{B} = \mathfrak{C}$$

characterisiren, und nennen $\mathfrak{C}$ *das Product von* $\mathfrak{A}$ *und* $\mathfrak{B}$. Offenbar wird diese Bezeichnung durch die eben erörterte Anwendbarkeit des Potenzbegriffes nahe gelegt.

Die Berechtigung der vorstehenden Definition ist nunmehr zu prüfen. Dazu haben wir zu untersuchen, ob und wie sich mit solchen Producten rechnen lässt.

Zunächst springt ein wesentlicher Unterschied gegen die aus Zahlen gebildeten Producte in die Augen. In dem aus $\mathfrak{A}$ und $\mathfrak{B}$ gebildeten Product ist nämlich die Reihenfolge der Drehungen, gemäss Cap. I, IV im Allgemeinen *nicht* gleichgiltig; die resultirende Drehung ist davon abhängig, ob erst die Drehung $\mathfrak{A}$ und dann $\mathfrak{B}$, oder erst die Drehung $\mathfrak{B}$ und dann $\mathfrak{A}$ ausgeführt wird. Es ist daher festzusetzen, welche Reihenfolge gemeint ist, wenn wir dem aus $\mathfrak{A}$ und $\mathfrak{B}$ gebildeten Product die Form $\mathfrak{A}\mathfrak{B}$ geben. Dies geschieht folgendermassen.

Unter dem Product $\mathfrak{A}\mathfrak{B}$ *verstehen wir diejenige Ortsveränderung, welche eintritt, wenn zuerst die Drehung* $\mathfrak{A}$ *und dann die Drehung* $\mathfrak{B}$ *ausgeführt wird.*[1])

---

1) Der hier benutzte Productbegriff deckt sich also nicht vollständig mit dem arithmetischen Productbegriff. Darin liegt natürlich kein Hinderniss, das Wort „Product" für den oben angegebenen Zweck zu benutzen.

Die Reihenfolge, in welcher die Drehungen vor sich gehen, entspricht also in den Formeln der Richtung von links nach rechts. Dass in speciellen Fällen die resultirende Drehung sich nicht ändert, wenn die Reihenfolge der Componenten vertauscht wird, haben wir bereits oben bemerkt. Für Drehungen, die um dieselbe Axe stattfinden, ist dies immer der Fall, daher war es auch nicht nöthig, in den vorhergehenden Paragraphen beim Rechnen mit Potenzen auf die Reihenfolge Rücksicht zu nehmen.

§ 5. Die einzige Operation, die wir für unsere Zwecke mit den Drehungen vorzunehmen haben, ist die wiederholte Zusammensetzung derselben. Dieselbe führt auf Producte von beliebig vielen Factoren, so dass jeder Factor eine Drehung repräsentirt. Wir wollen nunmehr untersuchen, wann diese Producte derselben resultirenden Drehung äquivalent sind, resp. welche formalen Aenderungen die Producte gestatten, ohne dass sie aufhören, derselben Ortsveränderung äquivalent zu bleiben.

Sind a, b, c Zahlgrössen, so besteht die fundamentale Gleichung

$$(ab)c = a(bc).$$

Sie bewirkt, dass in einem Zahlenproducte, ohne dass der Werth desselben sich ändert, Factoren beliebig in Klammern eingeschlossen werden können, und umgekehrt derartige Klammern sich tilgen lassen. Das Grundgesetz, welches sich darin ausspricht, ist auf Drehungen übertragbar; d. h. es gilt die Gleichung

$$(\mathfrak{A}\mathfrak{B})\mathfrak{C} = \mathfrak{A}(\mathfrak{B}\mathfrak{C}).$$

In der That, die linke Seite repräsentirt diejenige Ortsveränderung, welche eintritt, wenn erst die Drehungen $\mathfrak{A}$ und $\mathfrak{B}$, und dann noch $\mathfrak{C}$ ausgeführt wird. Die rechte Seite verlangt, dass erst die Drehung $\mathfrak{A}$, und dann noch nacheinander die Drehungen $\mathfrak{B}$ und $\mathfrak{C}$ ausgeführt werden; d. h. aber in beiden Fällen sollen der Reihe nach die drei Drehungen $\mathfrak{A}$, $\mathfrak{B}$, $\mathfrak{C}$ vor sich gehen. Damit ist die obige Gleichung als richtig nachgewiesen. Daraus folgt, dass wir in den beiden obigen Producten genau wie bei Zahlen die Klammern ganz und gar weglassen können; jedes dieser Producte kann einfach durch

$$\mathfrak{A}\mathfrak{B}\mathfrak{C}$$

bezeichnet werden. Dies gilt natürlich auch für beliebig viele Drehungen. Beispielsweise ist

$$\mathfrak{A}(\mathfrak{B}\mathfrak{C})\mathfrak{D} = (\mathfrak{A}\mathfrak{B})\mathfrak{C}\mathfrak{D},$$

denn beide Producte sagen aus, dass hinter einander die vier Drehungen $\mathfrak{A}$, $\mathfrak{B}$, $\mathfrak{C}$, $\mathfrak{D}$ ausgeführt werden sollen u. s. w. Wir haben daher für die Rechnung mit Drehungen folgende beiden Hauptgesetze gewonnen:

Lehrsatz I. *In einem Product von Drehungen darf die Reihenfolge derselben im Allgemeinen nicht geändert werden.*

Lehrsatz II. *Jedes Product von Drehungen bleibt ungeändert, wenn man beliebig viele auf einander folgende derselben in eine Klammer einschliesst, resp. derartige Klammern tilgt.*

§ 6. **Producte und Potenzen von beliebigen Operationen.** Die vorstehenden Definitionen und Sätze haben wir aus dem Grunde zunächst für Drehungen allein abgeleitet, weil bei dieser Beschränkung die Darstellung einfacher und anschaulicher ist. Es ist aber unmittelbar evident, dass die Definition der Potenz, resp. des Products und die von demselben giltigen Lehrsätze I und II auf beliebige Operationen übertragbar sind. In der That sind ja irgend zwei Operationen erster oder zweiter Art, die nach einander eintreten, stets wieder einer gewissen Operation erster oder zweiter Art äquivalent; es lässt sich also in demselben Sinne von einem Product von beliebigen Operationen sprechen, wie von einem Product von Drehungen. Ist z. B. $\mathfrak{S}$ eine Spiegelung und $\mathfrak{U}$ eine Umklappung um eine zur spiegelnden Ebene senkrechte Axe, so ist das Product beider Operationen diejenige Operation, welche ihnen beiden zusammen äquivalent ist, also (Cap. I, VI) eine Inversion $\mathfrak{J}$; es besteht daher die Gleichung

$$\mathfrak{J} = \mathfrak{S}\mathfrak{U} = \mathfrak{U}\mathfrak{S}.$$

Andrerseits bleiben aber offenbar alle die Schlüsse, welche zu den beiden Sätzen des vorstehenden Paragraphen führten, unverändert bestehen, wenn wir statt der Drehungen beliebige Operationen erster oder zweiter Art betrachten; wir sind daher zu folgenden Aussprüchen berechtigt.

Unter einem Product von beliebigen Operationen $\mathfrak{L}$ *und* $\mathfrak{M}$ *versteht man diejenige Operation* $\mathfrak{N}$, *welche eintritt, wenn erst die Operation* $\mathfrak{L}$ *und dann* $\mathfrak{M}$ *ausgeführt wird.*

$$\mathfrak{L}\mathfrak{M} = \mathfrak{N}.$$

Lehrsatz III. *In einem Product von Operationen darf die Reihenfolge derselben im Allgemeinen nicht geändert werden.*

Lehrsatz IV. *Jedes Product von Operationen bleibt ungeändert, wenn man beliebig viele derselben in Klammern einschliesst, oder solche Klammern tilgt.*

$$(\mathfrak{L}\mathfrak{M})\mathfrak{N} \cdots = \mathfrak{L}(\mathfrak{M}\mathfrak{N}) \cdots = \mathfrak{L}\mathfrak{M}\mathfrak{N} \cdots.$$

Es ist zweckmässig, an der Hand dieser Sätze auf diejenigen Rechnungsregeln hinzuweisen, von denen im Folgenden immer Gebrauch gemacht werden wird.

1) In jedem Product von Operationen ist es gestattet, eine beliebige Operation durch andere ihr äquivalente zu ersetzen und umgekehrt. Beispielsweise kann man in jedem Product die Inversion $\mathfrak{J}$ durch $\mathfrak{U}\mathfrak{S}$ ersetzen und umgekehrt.

2) Jede Gleichung zwischen Operationen darf in der Weise mit derselben Operation multiplicirt werden, dass die Multiplication auf beiden Seiten gleichzeitig von rechts oder gleichzeitig von links erfolgt. Denn sind $\mathfrak{R}$, $\mathfrak{L}$, $\mathfrak{L}_1$, $\mathfrak{M}$, $\mathfrak{M}_1$, ... beliebige Operationen, und ist

$$\mathfrak{L}\mathfrak{M} \cdots = \mathfrak{L}_1\mathfrak{M}_1 \cdots,$$

so ist offenbar auch

$$\mathfrak{L}\mathfrak{M} \cdots \mathfrak{R} = \mathfrak{L}_1\mathfrak{M}_1 \cdots \mathfrak{R}$$

und ebenso ist, wie leicht ersichtlich, auch

$$\mathfrak{R}\mathfrak{L}\mathfrak{M} \cdots = \mathfrak{R}\mathfrak{L}_1\mathfrak{M}_1 \cdots.$$

Wir sagen, dass die letzten beiden Gleichungen aus der ersten durch rechtsseitige resp. linksseitige Multiplication mit $\mathfrak{R}$ hervorgehen.

3) Enthalten die beiden in einer Gleichung stehenden Producte rechts resp. links dieselbe Operation, so kann die

Gleichung durch diese Operation dividirt werden. D. h. bestehen die Gleichungen

$$\mathfrak{L}\mathfrak{M}\cdots\mathfrak{R} = \mathfrak{L}_1\mathfrak{M}_1\cdots\mathfrak{R}$$

oder

$$\mathfrak{R}\mathfrak{L}\mathfrak{M}\cdots = \mathfrak{R}\mathfrak{L}_1\mathfrak{M}_1\cdots,$$

so ist in beiden Fällen

$$\mathfrak{L}\mathfrak{M}\cdots = \mathfrak{L}_1\mathfrak{M}_1\cdots$$

Bezeichnen wir nämlich die im umgekehrten Sinn ausgeführte Operation $\mathfrak{R}$ durch $\mathfrak{R}'$, so ist evident, dass $\mathfrak{R}$ und $\mathfrak{R}'$ sich gegenseitig aufheben, d. h. es ist

$$\mathfrak{R}\mathfrak{R}' = \mathfrak{R}'\mathfrak{R} = 1.$$

Wenn wir nun die ersten beiden Gleichungen rechts resp. links mit $\mathfrak{R}'$ multipliciren, so ergiebt sich die dritte Gleichung.

Um die vorstehende Rechnungssymbolik auf ein Beispiel anzuwenden, wollen wir den Cap. I, VII bewiesenen Satz, dass jede Operation zweiter Art einer gewissen Drehspiegelung äquivalent ist, hier nochmals ableiten. Wir hatten gesehen (S. 28), dass eine Operation zweiter Art — wir bezeichnen sie durch $\mathfrak{L}$ — durch eine Inversion und eine Drehung vermittelt werden kann. Nennen wir die Drehung $\mathfrak{A}$ und die Inversion $\mathfrak{J}$, so besteht in Folge dessen die Gleichung

$$\mathfrak{L} = \mathfrak{J}\mathfrak{A}(\alpha).$$

Die Inversion $\mathfrak{J}$ ist aber, wie Cap. I, VI bewiesen, gleich dem Product aus der Spiegelung $\mathfrak{S}$ an der zu a senkrechten Ebene und einer Umklappung um a; d. h. es ist

$$\mathfrak{J} = \mathfrak{S}\mathfrak{A}(\pi),$$

und wird dies eingesetzt, so folgt

$$\begin{aligned}\mathfrak{L} &= \mathfrak{S}\mathfrak{A}(\pi)\mathfrak{A}(\alpha)\\ &= \mathfrak{S}\mathfrak{A}(\pi+\alpha)\end{aligned}$$

und dies ist die Behauptung.

Wir bezeichnen von nun an eine Operation der zweiten Art, deren Axe a und deren Winkel α sein möge, durchgehends durch

$$\overline{\mathfrak{A}}(\alpha), \text{ resp. } \overline{\mathfrak{A}}.$$

Für $\alpha = 0$, resp. $\alpha = \pi$ erhalten wir die Spiegelung und Inversion. Für diese beiden Operationen wollen wir, da sie vielfach gebraucht werden, besondere einfache Zeichen einführen, nämlich $\mathfrak{S}$ für die Spiegelung und $\mathfrak{J}$ für die Inversion, so dass die Gleichungen gelten

$$\mathfrak{S} = \overline{\mathfrak{A}}(0), \ \mathfrak{J} = \overline{\mathfrak{A}}(\pi).$$

§ 7. **Specielle Fälle.** Es ist in vielen Fällen nothwendig zu wissen, welche Operation durch das Product gewisser einfacher Operationen wie Drehung, Spiegelung u. s. w. repräsentirt wird. Diejenigen hierauf bezüglichen Sätze, von denen wir im Folgenden Gebrauch zu machen haben, sollen nachstehend abgeleitet werden.

Wir beginnen mit zwei einfachen Gleichungen, deren Richtigkeit unmittelbar ersichtlich ist, nämlich es ist

1) $$\mathfrak{S}^2 = 1 \quad \text{und} \quad \mathfrak{J}^2 = 1;$$

in der That heben sich ja zwei Spiegelungen an derselben Ebene gegenseitig auf und ebenso zwei Inversionen gegen denselben Punkt; d. h.

Lehrsatz V. *Das Quadrat einer Spiegelung oder Inversion giebt die Identität.*

Sind ferner $\mathfrak{S}$ und $\mathfrak{S}_1$ zwei Spiegelungen an verschiedenen Ebenen ε und ε_1, die den Winkel α mit einander bilden, und ist a ihre Schnittlinie, so ist, wie wir sofort zeigen werden,

2) $$\mathfrak{S}\mathfrak{S}_1 = \mathfrak{A}(2\alpha); \qquad \text{d. h.}$$

Lehrsatz VI. *Das Product von zwei Spiegelungen ist eine Drehung um die Schnittlinie der spiegelnden Ebenen.*

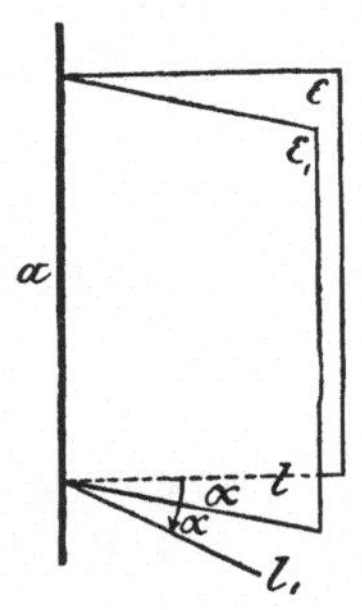

Fig. 7

Zunächst nämlich ist evident, dass (Fig. 7) jeder Punkt der Geraden a bei beiden Spiegelungen seinen Platz nicht ändert; daher ist das Product eine Drehung um a. Ist nun l irgend eine auf a senkrechte Gerade der Ebene ε, so bleibt dieselbe bei der Spiegelung gegen ε ebenfalls unverändert; und tritt alsdann die Spiegelung $\mathfrak{S}_1$ ein, so geht l in die Gerade l_1 über, welche ihr Spiegelbild in Bezug auf die Ebene ε_1 ist. Der Winkel

$(ll_1) = 2\alpha$ ist demnach der Drehungswinkel. Wie die Herleitung zeigt, ist genauer gesprochen α derjenige spitze Winkel, um welchen die Ebene ε gedreht werden muss, um mit ε_1 zusammenzufallen. Die Reihenfolge der Spiegelungen ist daher im Allgemeinen nicht vertauschbar.

Stehen die spiegelnden Ebenen senkrecht auf einander, so ist das Product eine Umklappung. In diesem besonderen Fall ist übrigens die Reihenfolge, in welcher die Spiegelungen vor sich gehen, gleichgiltig.

Aus dem eben abgeleiteten Satz fliesst eine wichtige Folgerung. Wir multipliciren die Gleichung 2) und zwar beide Seiten von links mit $\mathfrak{S}$, so folgt wegen $\mathfrak{S}^2 = 1$, dass

3) $$\mathfrak{S}_1 = \mathfrak{S}\mathfrak{A}$$

ist. In derselben Weise ergiebt sich, wenn wir Gleichung 2) rechtsseitig mit $\mathfrak{S}_1$ multipliciren,

4) $$\mathfrak{S} = \mathfrak{A}\mathfrak{S}_1.$$

Dies giebt den

Lehrsatz VII. *Das Product aus einer Drehung und einer Spiegelung, deren Ebene die Drehungsaxe enthält, ist wieder eine Spiegelung, deren Ebene durch die Drehungsaxe geht.*

Der Winkel der spiegelnden Ebenen ist, wie das vorstehende zeigt, gleich dem halben Drehungswinkel.

Lehrsatz VIII. *Ist $\mathfrak{J}$ eine Inversion, $\mathfrak{S}$ eine Spiegelung und $\mathfrak{U}$ eine Umklappung, deren Axe auf der spiegelnden Ebene senkrecht steht, so ist das Product von zweien der drei Operationen $\mathfrak{J}$, $\mathfrak{S}$, $\mathfrak{U}$ stets der dritten äquivalent.*

Wir wissen nämlich bereits, dass

$$\mathfrak{J} = \mathfrak{S}\mathfrak{U} \quad \text{und} \quad \mathfrak{J} = \mathfrak{U}\mathfrak{S}$$

ist. Hieraus folgt durch linksseitige, resp. rechtsseitige Multiplication mit $\mathfrak{S}$, da ja $\mathfrak{S}^2 = 1$ ist,

$$\mathfrak{S}\mathfrak{J} = \mathfrak{S}^2\mathfrak{U} = \mathfrak{U},$$
$$\mathfrak{J}\mathfrak{S} = \mathfrak{U}\mathfrak{S}^2 = \mathfrak{U}.$$

Wenn die ersten beiden Gleichungen von rechts resp. links mit $\mathfrak{U}$ multiplicirt werden, so ergiebt sich, da auch $\mathfrak{U}^2 = 1$ ist,

$$\mathfrak{J}\mathfrak{U} = \mathfrak{S}\mathfrak{U}^2 = \mathfrak{S},$$
$$\mathfrak{U}\mathfrak{J} = \mathfrak{U}^2\mathfrak{S} = \mathfrak{S}.$$

Diese Gleichungen sind übrigens sämmtlich in der einen Gleichung

$$\mathfrak{J}\mathfrak{S}\mathfrak{U} = 1$$

enthalten, welche mittelst der vorstehenden leicht verificirt werden kann.

Wir beweisen schliesslich noch einen Lehrsatz allgemeineren Characters, der sich auf jedes Product bezieht, das von der Reihenfolge der Operationen unabhängig ist. Er lautet:

Lehrsatz IX. *Ist das aus $\mathfrak{L}$ und $\mathfrak{M}$ gebildete Product von der Reihenfolge der Operationen unabhängig, so ist die n^{te} Potenz von $\mathfrak{L}\mathfrak{M}$ dem Product aus $\mathfrak{L}^n$ und $\mathfrak{M}^n$ äquivalent.*

Nach Voraussetzung ist nämlich

$$\mathfrak{L}\mathfrak{M} = \mathfrak{M}\mathfrak{L}.$$

Daher wird gemäss Lehrsatz IV

$$\begin{aligned}(\mathfrak{L}\mathfrak{M})^2 &= (\mathfrak{L}\mathfrak{M})(\mathfrak{L}\mathfrak{M}) \\ &= \mathfrak{L}(\mathfrak{M}\mathfrak{L})\mathfrak{M} \\ &= \mathfrak{L}(\mathfrak{L}\mathfrak{M})\mathfrak{M} = \mathfrak{L}^2\mathfrak{M}^2.\end{aligned}$$

Ebenso folgt nun

$$\begin{aligned}(\mathfrak{L}\mathfrak{M})^3 &= (\mathfrak{L}\mathfrak{M})^2(\mathfrak{L}\mathfrak{M}) \\ &= \mathfrak{L}^2\mathfrak{M}^2\mathfrak{L}\mathfrak{M} \\ &= \mathfrak{L}^2\mathfrak{M}(\mathfrak{M}\mathfrak{L})\mathfrak{M} \\ &= \mathfrak{L}^2\mathfrak{M}(\mathfrak{L}\mathfrak{M})\mathfrak{M} \\ &= \mathfrak{L}^2(\mathfrak{M}\mathfrak{L})\mathfrak{M}^2 \\ &= \mathfrak{L}^2(\mathfrak{L}\mathfrak{M})\mathfrak{M}^2 = \mathfrak{L}^3\mathfrak{M}^3.\end{aligned}$$

In derselben Weise kann man weiter schliessen und erhält

$$(\mathfrak{L}\mathfrak{M})^n = \mathfrak{L}^n\mathfrak{M}^n.$$

Beispiel. Die Drehspiegelung ist gemäss der Definition dem Product aus einer Drehung und einer Spiegelung äquivalent; d. h. es ist

$$\overline{\mathfrak{A}} = \mathfrak{S}\mathfrak{A} = \mathfrak{A}\mathfrak{S}.$$

Daher folgt aus dem obigen Satz

$$\overline{\mathfrak{A}}^2 = \mathfrak{S}^2\mathfrak{A}^2 = \mathfrak{A}^2\mathfrak{S}^2,$$

$$\overline{\mathfrak{A}}^3 = \mathfrak{S}^3\mathfrak{A}^3 = \mathfrak{A}^3\mathfrak{S}^3,$$

u. s. w.

§ 8. **Schlussbemerkung.** Das fundamentale Princip, welches das vorstehend definirte Rechnen mit Operationen ermöglicht, beruht auf dem Euler'schen Satz. Aus ihm folgt nämlich, dass jede Folge von Operationen erster oder zweiter Art immer wieder einer *einzigen* Operation äquivalent ist, und dies allein ist in Wirklichkeit diejenige Thatsache, welche die Uebertragung des Productbegriffes auf die Zusammensetzung von Operationen gestattet. Wie nämlich erstens das Product zweier Zahlen wieder eine Zahl ist, d. h. ein Ding derselben Art, so ist auch, was wir oben § 4 und 6 als Product zweier Operationen definirt haben, immer wieder eine bestimmte Operation. Ist ferner c das Product der Zahlen a und b, also

$$ab = c,$$

so ist es gleichgiltig, ob ich dieses Product durch c oder durch ab bezeichne, und ebenso ist es, wenn

$$\mathfrak{L}\mathfrak{M} = \mathfrak{N}$$

gesetzt wird, völlig gleichbedeutend, ob die resultirende Ortsveränderung durch die Operation $\mathfrak{N}$ oder durch die Aufeinanderfolge der Operationen $\mathfrak{L}$ und $\mathfrak{M}$ vermittelt wird.

Dies sind in der That diejenigen Analogieen, welche die Uebertragung des Productbegriffes veranlasst haben. Gleichzeitig ist ersichtlich, worauf schliesslich noch kurz hingewiesen werden möge, dass es noch viele andere Gebiete giebt, auf welche sich die Productbegriffe ebenso übertragen lassen. Beispielsweise gehört die Zusammensetzung der Kräfte hierher, ebenso die Zusammensetzung beliebiger räumlicher Bewegungen, u. s. w. u. s. w.

Drittes Capitel.

Der Gruppenbegriff.

§ 1. **Die Symmetrieeigenschaften.** Jede Deckoperation, welche eine Figur in sich überführt, definirt eine Symmetrieeigenschaft derselben (Einleitung, § 7).

Gemäss den Erörterungen des ersten Capitels zerfallen die Deckoperationen in vier verschiedene Typen, nämlich in Drehung, Spiegelung, Inversion und Drehspiegelung. Es muss daher auch vier verschiedene Typen von Symmetrieeigenschaften geben. Wie definiren dieselben wie folgt.

Wenn eine Figur durch Inversion gegen einen Punkt in sich übergeht, so sagt man, sie besitze *Symmetrie gegen einen Punkt* und nennt diesen Punkt ihr *Symmetriecentrum.*

Ist die Operation, welche die Figur in sich überführt, eine Spiegelung an einer Ebene, so sagt man, die Figur besitze *Symmetrie gegen eine Ebene* und nennt diese Ebene *eine Symmetrieebene.*

Wenn die Figur durch einfache Drehung um eine Axe in sich übergeführt werden kann, so sagt man, sie besitze *Symmetrie gegen eine Axe* und nennt diese Axe *eine Symmetrieaxe,* oder genauer *eine Symmetrieaxe der ersten Art.*

Ist endlich die Deckoperation eine allgemeine Operation zweiter Art, d. h. eine wirkliche Drehspiegelung, so sagen wir, die Figur besitze *gemischte Symmetrie* und nennen die zugehörige Axe eine *Symmetrieaxe der zweiten Art*[1]).

---

1) P. Curie gebraucht für die bezügliche Symmetrie den Ausdruck *plan de symétrie alterne* (a. a. O. S. 430), Hessel bezeichnet die Axe als *gegenstellig* (a. a. O. S. 1058), Gadolin und Fedorow sagen *symétrie sphenoidale* (a. a. O. S. 17, resp. 30) und Minnigerode nennt die Axe *einseitig von der zweiten Art* (a. a. O. S. 151).

Jeder Krystall ist durch gewisse Symmetrieeigenschaften ausgezeichnet; die Besonderheit der Symmetrieeigenschaften bildet das specifische Merkmal jeder Krystallclasse. Statt ihrer werden jedoch nach wie vor die Deckoperationen in erster Linie den Gegenstand der mathematischen Betrachtung ausmachen. In ihnen besitzen wir nämlich dasjenige Substrat, welches, wie wir sahen, mit besonderem Vortheil der Rechnung unterworfen werden kann. Haben wir die für die Deckoperationen giltigen Sätze abgeleitet, so ist es allemal ein leichtes, diese Sätze auf die Symmetrieeigenschaften zu übertragen; die eben zwischen ihnen angegebenen Beziehungen sind hierzu vollständig ausreichend.

§ 2. **Die Potenzen und Producte der Deckoperationen.** Die Bedeutung der Deckoperation für einen Krystall besteht darin, dass sie die N gleichwerthigen Geraden $g, g_1, g_2 \ldots$ in sich überführt. Geht die Figur der N Geraden durch irgend welche Deckoperationen in sich über, so giebt es nach § 9 der Einleitung noch andere Raumfiguren, denen dieselbe Eigenschaft zukommt. Natürlich sind die Gesetze, denen die Deckoperationen folgen, durchaus unabhängig davon, welches die Figur ist, die bei den Deckoperationen in sich übergeht; wir können daher, um diese Gesetze abzuleiten, statt der N Geraden auch jede andere Art solcher Figuren ins Auge fassen, wie z. B. die regelmässigen Polyeder, die Krystallformen u. s. w.

Lehrsatz I. *Jede Potenz einer Deckoperation ist selbst eine Deckoperation.*

Geht nämlich eine Figur durch eine Operation $\mathfrak{L}$ in sich über, so thut sie es offenbar auch dann, wenn die Operation $\mathfrak{L}$ zweimal oder mehrmals hinter einander ausgeführt wird. Mit anderen Worten, ist $\mathfrak{L}$ eine Deckoperation, so sind auch $\mathfrak{L}^2$, $\mathfrak{L}^3$, $\mathfrak{L}^4 \ldots$ Deckoperationen.

Beispielsweise kommt eine gerade sechsseitige Pyramide mit regulärer Basis, wenn sie um 60^0 um die Axe gedreht wird, mit sich selbst zur Deckung, und es ist evident, dass dies auch bei Drehungen um 120^0, $180^0 \ldots$ geschieht.

Der vorstehende Satz ist ein specieller Fall desjenigen fundamentalen Theorems, welches die Gesammtheit der Deckoperationen, welche eine und dieselbe Figur in sich überführen, mit einander verknüpft. Dasselbe lautet:

Lehrsatz II. *Sind 𝔏 und 𝔐 irgend zwei Deckoperationen einer Figur, so ist auch das Product 𝔏𝔐 eine Deckoperation derselben.*

Der Beweis folgt unmittelbar aus der Definition. Lassen wir nämlich die Operation 𝔏 eintreten, so geht die Figur nach Annahme in sich über; tritt nun 𝔐 ein, so findet dasselbe statt; es führt also in der That auch das Product 𝔏𝔐 die bezügliche Figur in sich über.

So einfach und durchsichtig dieser Satz ist, so ist er doch, wie bereits erwähnt, von fundamentaler Bedeutung. Um dies ins rechte Licht zu setzen, erinnern wir daran, dass ja das Product 𝔏𝔐 stets einer einzigen, von 𝔏 und 𝔐 verschiedenen Operation 𝔑 äquivalent ist. In ihr haben wir dem Satze gemäss eine *neue* Deckoperation der Figur zu erblicken. Nunmehr lässt sich der Satz auf jede der Operationen 𝔏, 𝔐, 𝔑 anwenden; wir sehen also, dass durch die Deckoperationen 𝔏 und 𝔐 sofort eine ganze Reihe weiterer Deckoperationen der Figur bestimmt wird.

Betrachten wir z. B. ein gerades quadratisches Parallelepipedon und die acht Geraden, welche den Mittelpunkt desselben mit den acht Ecken verbinden. Dasselbe gestattet einerseits eine Spiegelung 𝔖 gegen eine Ebene, welche parallel zu den Grundflächen durch den Mittelpunkt geht, andrerseits eine Umklappung 𝔘 um die Höhe des Parallelepipedons. Es muss daher dem vorstehenden Satze zufolge auch das aus 𝔖 und 𝔘 gebildete Product eine Deckoperation sein. Dieses Product ist aber (Cap. I, VI) einer Inversion gegen die Mitte des Parallelepipedons äquivalent, und in der That führt die Inversion das Parallelepipedon und die acht Geraden in sich über.

§ 3. **Die Symmetrieaxen erster Art.** Die Symmetrieaxen erster und zweiter Art bedürfen einer eingehenderen Betrachtung. Wir beginnen mit den Symmetrieaxen erster Art.

Wir haben bisher den Drehungswinkel ganz beliebig gelassen, wollen aber nun die eigentlich krystallographischen Zwecke ins Auge fassen. Nach dem Gesetz der rationalen

Indices[1]) kommen in der Krystallographie nur solche Winkel in Frage, die in einem einfachen rationalen Verhältniss zu 2π stehen, nämlich diejenigen, welche durch eine Gleichung von der Form

$$\alpha = \frac{m}{n} 2\pi$$

bestimmt sind, wo n nur die vier Werthe 2, 3, 4, 6 haben kann und m kleiner als n ist. Auf diese werden wir uns von nun an beschränken. Ich bemerke noch, dass es natürlich genügt, solche ganzen Zahlen m und n ins Auge zu fassen, die keinen gemeinsamen Theiler haben.

Wir bilden die unendliche Reihe von Drehungen, welche aus den sämmtlichen positiven Potenzen der Drehung $\mathfrak{A}$ besteht, die wir überdies um die Identität vermehren. Diese Reihe ist

$$1, \mathfrak{A}, \mathfrak{A}^2, \mathfrak{A}^3, \cdots \text{ in inf.}$$

Von dieser Reihe gilt folgender

Lehrsatz III. *In der unendlichen Reihe* $1, \mathfrak{A}, \mathfrak{A}^2 \cdots$ in inf. *giebt es genau* n *einander nicht äquivalente Drehungen, nämlich die Drehungen* $1, \mathfrak{A}, \mathfrak{A}^2 \cdots \mathfrak{A}^{n-1}$. *Jede Drehung der Reihe ist einer dieser* n *Drehungen äquivalent.*

Beweis. Es sei zunächst $m = 1$, also

$$\alpha = \frac{2\pi}{n}.$$

Die Drehung

$$\mathfrak{A}^n = \mathfrak{A}(n\alpha) = \mathfrak{A}(2\pi)$$

ist eine volle Umdrehung, sie führt die bewegliche Figur wieder in ihre Anfangslage zurück und ist daher gemäss Cap. II, 3 der Identität äquivalent; d. h. es ist

1) $$\mathfrak{A}^n = 1.$$

Daraus folgt nun unmittelbar, dass

2) $$\mathfrak{A}^{n+1} = \mathfrak{A}, \quad \mathfrak{A}^{n+2} = \mathfrak{A}^2, \cdots$$

ist; die sämmtlichen in der obigen Reihe enthaltenen Drehungen sind also in der That einer der n Drehungen

3) $$1, \mathfrak{A}, \mathfrak{A}^2, \cdots \mathfrak{A}^{n-1}$$

---

1) Hierüber vgl. das letzte Capitel dieses Abschnittes.

äquivalent. Es ist jetzt nur noch zu zeigen, dass diese n Drehungen auch wirklich n verschiedene Ortsveränderungen repräsentiren. Dazu beachten wir die Drehungswinkel; diese sind resp.

4) $$0,\quad \frac{1}{n}2\pi,\quad \frac{2}{n}2\pi,\quad \cdots \frac{n-1}{n}2\pi;$$

alle diese Winkel sind aber, da jeder kleiner als 2π ist, von einander verschieden, also sind es auch die zugehörigen Drehungen.

§ 4. Dieselben Schlüsse bestehen, wenn $m > 1$ ist. In diesem Fall ist

1a) $$\mathfrak{A}^n = \mathfrak{A}\left(n\cdot\frac{m}{n}2\pi\right) = \mathfrak{A}(2m\pi),$$

also besteht die Drehung $\mathfrak{A}^n$ aus m vollen Umdrehungen. Sie ist demnach ebenfalls der Identität äquivalent, und es bestehen auch hier die Gleichungen

2a) $$\mathfrak{A}^{n+1} = \mathfrak{A},\quad \mathfrak{A}^{n+2} = \mathfrak{A}^2,\quad \cdots,$$

alle Drehungen $\mathfrak{A}^\lambda$ sind also wieder einer der n Drehungen

3a) $$1,\quad \mathfrak{A},\quad \mathfrak{A}^2,\cdots \mathfrak{A}^{n-1}$$

äquivalent. Es ist wieder zu beweisen, dass diese n Drehungen auch wirklich verschieden von einander sind. Die Drehungswinkel sind

4a) $$0,\quad \frac{m}{n}2\pi,\quad \frac{2m}{n}2\pi,\quad \cdots \frac{(n-1)m}{n}2\pi;$$

dieselben sind aber in diesem Fall nicht sämmtlich kleiner als 2π. Nun sind zwei Drehungen um dieselbe Axe nur dann äquivalent, wenn (Cap. I, Lehrsatz I) die Drehungswinkel sich um ein ganzes Vielfaches von 2π unterscheiden. Wäre dies für die Winkel

$$\frac{hm}{n}2\pi \quad\text{und}\quad \frac{km}{n}2\pi,$$

wo $h < k$ sein möge, der Fall, so müsste ihre Differenz

$$\frac{(k-h)m}{n}2\pi$$

ein ganzes Vielfaches von 2π sein. Es müsste also $(k-h)m$ durch n theilbar sein. Da nun m und n nach Voraussetzung keinen gemeinsamen Theiler haben, so müsste $k-h$ durch n

theilbar sein und dies ist, da $h < n$ und $k < n$ ist, nicht möglich, den einen selbstverständlichen Fall ausgenommen, dass $h = k$ ist. Damit ist der obige Satz bewiesen.

Nennen wir noch zwei Winkel, die sich um ein ganzes Vielfaches von 2π unterscheiden, äquivalent, so lässt sich behaupten, dass die unter 4a) stehenden Winkel in irgend einer Reihenfolge den n Winkeln 4) äquivalent sind.

Die Winkel 4a) sind nämlich sämmtlich Vielfache von $2\pi : n$. Einige von ihnen sind sicher grösser als eine volle Umdrehung. Lassen wir aber die eventuellen vollen Umdrehungen unberücksichtigt, so reduciren sie sich auf einfache Vielfache von $2\pi : n$ und da sie sämmtlich verschieden von einander sind, so müssen sie in der That in irgend einer Reihenfolge den n Winkeln 4) äquivalent sein. Es sind also auch die zugehörigen Drehungen in derselben Reihenfolge äquivalent, und es folgt

Lehrsatz IV. *Sind $\mathfrak{A}$ und $\mathfrak{A}_1$ zwei Drehungen um dieselbe Axe, deren Drehungswinkel resp.*

$$\alpha = \frac{1}{n} 2\pi \quad \text{und} \quad \alpha_1 = \frac{m}{n} 2\pi$$

sind, wo m und n keinen gemeinsamen Theiler haben, so sind die n Drehungen $1, \mathfrak{A}, \mathfrak{A}^2 \cdots \mathfrak{A}^{n-1}$ in irgend einer Reihenfolge den Drehungen $1, \mathfrak{A}_1, \mathfrak{A}_1^2 \cdots \mathfrak{A}_1^{n-1}$ äquivalent.

Ist z. B. $n = 6$ und $m = 5$, so sind die Drehungswinkel, welche den Potenzen von $\mathfrak{A}$ entsprechen, resp.

$$0, \quad \frac{1}{6} 2\pi, \quad \frac{2}{6} 2\pi, \quad \frac{3}{6} 2\pi, \quad \frac{4}{6} 2\pi, \quad \frac{5}{6} 2\pi,$$

und diejenigen, welche den Potenzen von $\mathfrak{A}_1$ entsprechen,

$$0, \quad \frac{5}{6} 2\pi, \quad \frac{10}{6} 2\pi, \quad \frac{15}{6} 2\pi, \quad \frac{20}{6} 2\pi, \quad \frac{25}{6} 2\pi,$$

diese letzteren sind äquivalent zu

$$0, \quad \frac{5}{6} 2\pi, \quad \frac{4}{6} 2\pi, \quad \frac{3}{6} 2\pi, \quad \frac{2}{6} 2\pi, \quad \frac{1}{6} 2\pi.$$

§ 5. Aus den vorstehenden Erörterungen ziehen wir noch eine wichtige Folgerung. Weiss man nämlich, dass irgend eine Figur, also z. B. die N gleichwerthigen Geraden $g, g_1, g_2, \cdots$ die Deckoperation

$$\mathfrak{A}_1 = \mathfrak{A}\left(\frac{m}{n}\, 2\pi\right)$$

gestatten, so ist auch

$$\mathfrak{A} = \mathfrak{A}\left(\frac{2\pi}{n}\right)$$

eine Deckoperation. In der That muss es ja unter den Potenzen von $\mathfrak{A}_1$ genau eine geben, deren Winkel die Grösse $2\pi : n$ hat, und damit ist die Behauptung bewiesen.

Für jede Symmetrieaxe giebt es daher stets einen kleinsten Drehungswinkel α, so dass $\alpha = 2\pi : n$ ist. *Eine solche Symmetrieaxe heisst n-zählig;* die in der Krystallographie auftretenden Symmetrieaxen müssen daher gleichfalls alle von dieser Art sein. Wir hätten die eben bewiesene Thatsache auch als eine solche einführen können, die aus der Erfahrung stammt. In der That kann man sie implicite als einen Theil des Gesetzes von der Rationalität der Indices betrachten. Wenn wir vorgezogen haben, dies nicht zu thun, so liegt der Grund darin, dass sie sich einerseits, wie das Vorstehende zeigt, ohne Mühe deductiv ableiten lässt, und dass andrerseits die in dieser Schrift enthaltene Ableitung aller möglichen Krystallclassen gerade von dem Gesichtspunkt aus unternommen ist, zu zeigen, welches die nothwendigen und hinreichenden Erfahrungsthatsachen sind, auf die sich das Gebäude der geometrischen Krystallographie mathematisch aufbauen lässt[1]).

§ 6. **Die Symmetrieaxen zweiter Art.** Die für die Axen zweiter Art characteristische Deckoperation ist das Product aus einer Drehung und einer Spiegelung. Von der Drehung dürfen wir nach dem Vorhergehenden die beschränkende Voraussetzung machen, dass ihr Winkel $\alpha = 2\pi : n$ ist. Daher dürfen wir die Deckoperation in der Form

$$\overline{\mathfrak{A}} = \overline{\mathfrak{A}}\left(\frac{2\pi}{n}\right)$$

voraussetzen. Wir nennen dieselbe *eine n-zählige Symmetrieaxe der zweiten Art.* Gemäss dem Gesetz der rationalen Indices kann n wieder nur die Werthe 2, 3, 4, 6 haben.

---

1) Möbius und Gadolin haben gleichfalls den obigen Standpunkt eingenommen; vgl. a. a. O. § 51 ff resp. S. 8.

Wir bilden wieder die unendliche Reihe von Operationen

$$1,\ \overline{\mathfrak{A}},\ \overline{\mathfrak{A}}^2,\ \overline{\mathfrak{A}}^3,\ \cdots \text{ in inf.}$$

und beweisen, dass auch sie nur eine endliche Zahl nicht äquivalenter Operationen enthalten kann. Wir wissen bereits (Cap. I, VIII), dass alle geraden Potenzen von $\overline{\mathfrak{A}}$ Bewegungen sind, und demnach die ungeraden Potenzen Operationen zweiter Art repräsentiren. An der Hand der Anschauung lässt sich im besondern leicht erkennen, dass $\overline{\mathfrak{A}}^2$ eine Drehung um a ist, deren Winkel 2α ist, dass $\overline{\mathfrak{A}}^3$ aus einer Spiegelung und einer Drehung um a vom Winkel 3α besteht u. s. w. Dasselbe ergiebt sich auch leicht mittelst unserer Formeln. Gemäss der Definition ist

$$\overline{\mathfrak{A}} = \mathfrak{A}\mathfrak{S} = \mathfrak{S}\mathfrak{A},$$

daher folgt aus dem für vertauschbare Operationen bestehenden Lehrsatz (Cap. II, IX), wenn wir noch beachten, dass $\mathfrak{S}^2 = 1$ ist,

$$\overline{\mathfrak{A}}^2 = \mathfrak{A}^2\mathfrak{S}^2 = \mathfrak{A}^2,$$

$$\overline{\mathfrak{A}}^3 = \mathfrak{A}^3\mathfrak{S}^3 = \mathfrak{A}^3\mathfrak{S},$$

$$\overline{\mathfrak{A}}^4 = \mathfrak{A}^4\mathfrak{S}^4 = \mathfrak{A}^4,$$

u. s. w.

Die Operation $\overline{\mathfrak{A}}^\lambda$ ist demnach, wenn λ eine gerade Zahl ist, eine einfache Drehung um den Winkel $\lambda\alpha$; während, wenn λ ungerade ist, zu der Drehung noch eine Spiegelung gegen die zu a senkrechte Ebene hinzukommt.

Ist nun im Besondern n eine gerade Zahl, so folgt sofort, dass

$$\overline{\mathfrak{A}}^n = \mathfrak{A}^n = 1, \quad \overline{\mathfrak{A}}^{n+1} = \overline{\mathfrak{A}}, \quad \cdots$$

ist, d. h. in diesem Fall können nur die ersten n Glieder der obigen Reihe unter einander verschieden sein. Dass sie es auch wirklich sind, beruht auf denselben Gründen, wie im vorhergehenden Paragraphen für die Reihe 3); also folgt:

Lehrsatz V. *In der unendlichen Reihe* $1, \overline{\mathfrak{A}}, \overline{\mathfrak{A}}^2, \cdots$ in inf. *giebt es, wenn n eine gerade Zahl ist, genau n einander nicht äquivalente Operationen, nämlich* $1, \overline{\mathfrak{A}}, \overline{\mathfrak{A}}^2, \cdots \overline{\mathfrak{A}}^{n-1}$. *Keine derselben ist eine reine Spiegelung.*

Ist dagegen n eine ungerade Zahl, so ist $n + 1$ gerade, $n + 2$ ungerade u. s. w.; also ist

$$\overline{\mathfrak{A}}^n = \mathfrak{A}^n \mathfrak{S}^n = \mathfrak{S},$$

$$\overline{\mathfrak{A}}^{n+1} = \mathfrak{A}^{n+1}\mathfrak{S}^{n+1} = \mathfrak{A},$$

$$\overline{\mathfrak{A}}^{n+2} = \mathfrak{A}^{n+2}\mathfrak{S}^{n+2} = \mathfrak{A}^2\mathfrak{S},$$

u. s. w.;

bis wir schliesslich zu der Relation

$$\overline{\mathfrak{A}}^{2n} = \mathfrak{A}^{2n}\mathfrak{S}^{2n} = 1$$

gelangen. In diesem Fall sind, wie die Vergleichung unmittelbar zeigt, die Operationen $\overline{\mathfrak{A}}^n$, $\overline{\mathfrak{A}}^{n+1} \ldots$ von den Operationen

$$1, \ \overline{\mathfrak{A}}, \ \overline{\mathfrak{A}}^2 \ldots \overline{\mathfrak{A}}^{n-1}$$

wirklich verschieden. Ferner ist ersichtlich, dass sich diese $2n$ Operationen in der Form

$$\begin{array}{llll} 1, & \mathfrak{A}\mathfrak{S}, & \mathfrak{A}^2, & \mathfrak{A}^3\mathfrak{S} \ldots, \\ \mathfrak{S}, & \mathfrak{A}, & \mathfrak{A}^2\mathfrak{S}, & \mathfrak{A}^3 \ldots \end{array}$$

darstellen lassen, resp. wenn wir die zweiten, vierten u. s. w. Glieder beider Reihen vertauschen, in der übersichtlicheren Anordnung

$$\begin{array}{llll} 1, & \mathfrak{A}, & \mathfrak{A}^2 & \ldots \mathfrak{A}^{n-1}, \\ \mathfrak{S}, & \mathfrak{A}\mathfrak{S}, & \mathfrak{A}^2\mathfrak{S} & \ldots \mathfrak{A}^{n-1}\mathfrak{S}. \end{array}$$

Dies führt zu folgendem Resultat:

Lehrsatz VI. *In der unendlichen Reihe* $1, \overline{\mathfrak{A}}, \overline{\mathfrak{A}}^2, \ldots$ in inf. *giebt es, wenn n ungerade ist, genau $2n$ einander nicht äquivalente Operationen, nämlich die ersten $2n$ Glieder. Eine dieser Operationen ist eine reine Spiegelung.*

Wir wollen die beiden Sätze durch Beispiele illustriren. Es sei zunächst $n = 4$, so giebt es vier nicht äquivalente Operationen, nämlich

$$1, \ \mathfrak{A}\mathfrak{S}, \ \mathfrak{A}^2, \ \mathfrak{A}^3\mathfrak{S}.$$

$\mathfrak{A}^2$ ist eine Umklappung, $\mathfrak{A}\mathfrak{S}$ und $\mathfrak{A}^3\mathfrak{S}$ sind Drehspiegelungen, deren Winkel resp 90^0 und 270^0 sind. Eine reine Spiegelung kommt nicht vor.

Ist dagegen $n = 3$, so giebt es sechs nicht äquivalente Operationen, nämlich drei Bewegungen um resp. 0°, 120° und 240°, d. h.

$$1, \mathfrak{A}, \mathfrak{A}^2$$

und drei Operationen zweiter Art

$$\mathfrak{S}, \mathfrak{A}\mathfrak{S}, \mathfrak{A}^2\mathfrak{S}.$$

Die eine von ihnen ist eine reine Spiegelung; die anderen sind Drehspiegelungen mit den Winkeln 120°, resp. 240°.

§ 7. **Die Abhängigkeit der Symmetrieeigenschaften von einander.** Zwischen den Symmetrieeigenschaften, durch welche eine und dieselbe Figur ausgezeichnet ist, besteht eine gesetzmässige Abhängigkeit. Dies ist eine unmittelbare Folgerung des Lehrsatzes II. Sowohl jede der beiden Deckoperationen $\mathfrak{L}$ und $\mathfrak{M}$, wie auch das Product $\mathfrak{L}\mathfrak{M}$ definirt ja eine gewisse Symmetrieeigenschaft der Figur, und zwar wird im Allgemeinen durch $\mathfrak{L}\mathfrak{M}$ eine neue Symmetrieeigenschaft derselben repräsentirt. Dies gilt daher im besondern auch von der Figur der N gleichwerthigen Geraden; die Symmetrieeigenschaften, welche einer und derselben Krystallclasse entsprechen, sind also dergestalt mit einander verbunden, dass irgend zwei derselben im Allgemeinen eine dritte von ihnen verschiedene nach sich ziehen. So entspricht in dem oben (Cap. II, 6) betrachteten Beispiel den Operationen $\mathfrak{L}$ und $\mathfrak{M}$ eine zweizählige Symmetrieaxe und eine zu ihr senkrechte Symmetrieebene, dem Product dagegen ein Symmetriecentrum; eine zweizählige Symmetrieaxe und eine zu ihr senkrechte Symmetrieebene bedingen also mit Nothwendigkeit die Existenz eines Symmetriecentrums.

Die Existenz von Gesetzen, welche die einer und derselben Figur resp. einer und derselben Krystallclasse zugehörigen Symmetrieeigenschaften unter einander verknüpfen, ist diejenige fundamentale Thatsache, welche eine mathematische Ableitung aller theoretisch möglichen Krystallclassen gestattet. Wir haben uns nur die Frage vorzulegen, welche Symmetrieeigenschaften gleichzeitig neben einander auftreten können; wenn es uns gelingt, diese erschöpfend zu beantworten, so kennen wir damit alle

Verbindungen von Symmetrieen, die geometrisch möglich sind, wir müssen also auch zu allen theoretisch denkbaren Krystallclassen gelangen.

§ 8. Ehe wir zur eigentlichen Lösung dieser Aufgabe übergehen, ist es zweckmässig, für gewisse specielle Fälle diejenigen neuen Symmetrieeigenschaften zu bestimmen, welche durch die gleichzeitige Existenz von irgend zwei Symmetrieeigenschaften bedingt sind. Die bezüglichen Sätze ergeben sich unmittelbar aus denjenigen, die wir im letzten Capitel über Producte von Operationen abgeleitet haben. Wir brauchen diese Sätze nur auf unsere Deckoperationen anzuwenden, und dann von den Deckoperationen zu den durch sie characterisirten Symmetrieeigenschaften überzugehen.

Da das Product von zwei Spiegelungen eine Drehung um die Schnittlinie derselben ist (Cap. II, VI), so folgt:

Lehrsatz VII. *Die Schnittlinie von zwei Symmetrieebenen ist eine Symmetrieaxe*[1]). Bilden die Ebenen den Winkel $\alpha = \pi : n$ mit einander, so ist die Symmetrieaxe n-zählig.

Aus Cap. II, VII folgt, dass wenn eine Symmetrieebene eine Symmetrieaxe enthält, dadurch noch eine zweite durch letztere gehende Symmetrieebene bedingt ist. Ist die Symmetrieaxe n-zählig, so schliessen beide Ebenen den Winkel $\alpha = \pi : n$ ein. Indem wir diesen Satz wiederholentlich anwenden, ergiebt sich:

Lehrsatz VIII. *Enthält eine Symmetrieebene eine n-zählige Symmetrieaxe, so gehen durch sie n Symmetrieebenen.* Je zwei auf einander folgende Ebenen bilden den Winkel $\alpha = \pi : n$ mit einander.

Im besondern ergiebt sich für $n = 2$, dass die Schnittlinie von zwei zu einander senkrechten Symmetrieebenen eine zweizählige Symmetrieaxe ist, und dass umgekehrt eine zweizählige Symmetrieaxe, die in einer Symmetrieebene liegt, noch eine zweite durch sie gehende Symmetrieebene bedingt, die auf der ersten senkrecht steht, d. h.:

---

1) Hier, wie in den folgenden Sätzen, sind stets Axen erster Art gemeint.

Lehrsatz IX. *Eine zweizählige Symmetrieaxe und zwei durch sie gehende senkrechte Symmetrieebenen kommen stets vereinigt vor; d. h. enthält eine Krystallclasse zwei dieser Symmetrieelemente, so enthält sie auch das dritte.*

Ferner erhalten wir schliesslich aus den Gleichungen 4—6 den folgenden Satz:

Lehrsatz X. *Ein Symmetriecentrum, eine Symmetrieebene und eine zu dieser senkrechte geradzählige Symmetrieaxe sind drei Symmetrieelemente, die stets verbunden vorkommen; d. h. enthält eine Krystallclasse zwei derselben, so enthält sie auch das dritte.*

Da nämlich die Symmetrieaxe geradzählig ist, so existirt unter den zugehörigen Deckoperationen immer eine Umklappung.

Einige analoge Sätze über Symmetrieaxen zweiter Art werden wir später an geeigneter Stelle besonders mittheilen.

§ 9. **Der Gruppenbegriff.** Die eben erörterte gesetzmässige Verbindung, welche die für eine Krystallclasse characteristischen Symmetrieeigenschaften und Deckoperationen umschliesst, lässt sich dahin aussprechen, dass dieselben einen geschlossenen Kreis bilden, so dass irgend zwei derselben immer eine dritte bedingen, welche wiederum diesem Kreise angehört. Dieser Umstand ist von ausserordentlicher Wichtigkeit. Er bewirkt, dass wir für die Aufgabe, alle denkbaren Krystallclassen zu ermitteln, mit grossem Vortheil von einem mathematischen Grundbegriff Gebrauch machen können, der, wenn auch erst in neuerer Zeit in die Wissenschaft eingeführt, doch seiner Einfachheit und Anwendbarkeit wegen einen elementaren Character besitzt, und daher in einer elementaren Darstellung mit vollem Recht eine Stelle findet. Dieser Begriff ist der „Gruppenbegriff". Wir knüpfen ihn an die Deckoperationen an und stellen über ihn folgende Definition auf:

Unter einer endlichen Gruppe von Operationen verstehen wir eine endliche Reihe nicht äquivalenter Operationen von der besonderen Beschaffenheit, dass das Product von irgend zweien derselben stets einer Operation der Reihe äquivalent ist.

Wie die Fassung der Definition zeigt, soll die Zahl der Operationen, welche die Gruppe enthält, eine endliche sein. Ferner ist zu beachten, dass alle äquivalenten Operationen wieder als identisch betrachtet werden; sie sind in der Gruppe durch *eine* Operation repräsentirt. Wenn wir ferner irgend zwei dieser Operationen zusammensetzen, so verlangt die Definition, dass die resultirende Operation selbst in der Gruppe vorkommt, oder doch einer Operation der Gruppe äquivalent ist.

Denken wir uns nun *alle* Deckoperationen aufgestellt, durch welche irgend eine räumliche Figur F, also im besondern die N gleichwerthigen Geraden in sich übergehen. Nach Satz II ist das Product von irgend zweien derselben immer wieder einer dieser Deckoperationen äquivalent. Es ist daher unmittelbar evident, dass die *Gesammtheit* der Deckoperationen, welche die Figur der N Geraden resp. die Figur F in sich überführen, stets eine solche Gruppe bilden. In der That, sind

$$\mathfrak{L},\ \mathfrak{M},\ \mathfrak{N} \cdots$$

die *sämmtlichen* Deckoperationen, so muss ja, wenn wir irgend zwei derselben multipliciren, die dem Product äquivalente Operation sicher in der obigen Reihe enthalten sein. Diese Thatsache ist die Basis der nachfolgenden Entwicklungen; wir sprechen sie in folgendem Hauptsatz aus:

Hauptsatz. *Alle Deckoperationen, welche eine symmetrische Raumfigur in sich überführen, bilden eine endliche Gruppe von Operationen.*

Insbesondere ergiebt sich

Lehrsatz XI. *Für jeden Krystall bildet die Gesammtheit der Deckoperationen, welche die zugehörigen N gleichwerthigen Geraden in sich überführen, eine endliche Gruppe von Operationen.*

§ 10. Die innige Beziehung, in welcher die Krystallclassen und der Gruppenbegriff zu einander stehen, tritt durch diesen Satz deutlich hervor. Die Aufgabe, alle theoretisch möglichen Krystallclassen zu finden, ist offenbar in dem allgemeineren Problem enthalten, alle endlichen Gruppen von Operationen aufzustellen. Dieses Problem werden wir in den beiden folgenden Capiteln erledigen. Vorher mögen jedoch noch einige Bemerkungen allgemeiner Natur über endliche Gruppen von Operationen eine Stelle finden. Die Definition sagt aus, dass wenn wir irgend zwei Operationen $\mathfrak{L}$ und $\mathfrak{M}$

der Gruppe hinter einander ausführen, die resultirende Operation ebenfalls der Gruppe angehört. Diese Bestimmung gilt natürlich auch, wenn 𝔐 dieselbe Operation ist, wie 𝔏. Ist daher 𝔏 eine Operation der Gruppe, so gehören auch alle Potenzen von 𝔏 der Gruppe an. Es handelt sich aber bei jeder Gruppe nur um die nicht äquivalenten Operationen, also folgt:

Lehrsatz XII. *Enthält eine endliche Gruppe von Operationen eine Operation 𝔏, so enthält sie auch sämmtliche nicht äquivalente Potenzen von 𝔏.*

Wie wir oben bewiesen haben, giebt es immer eine Potenz von 𝔏, welche der Identität äquivalent ist. Also folgt:

Lehrsatz XIII. *Jede endliche Gruppe von Operationen enthält die Identität.*

Viertes Capitel.

Die Drehungsgruppen und die ihnen entsprechenden Krystallclassen.

§ 1. **Definition der Drehungsgruppen.** Die Aufgabe, alle endlichen Gruppen von Operationen abzuleiten, soll auf die Weise behandelt werden, dass wir zunächst solche Gruppen suchen, die nur Drehungen enthalten, und dann diejenigen, welche auch mit Operationen zweiter Art gebildet sind. Die erstere Classe von Gruppen nennen wir *Gruppen erster Art* oder *Drehungsgruppen*, die andern bezeichnen wir als *Gruppen zweiter Art*. Die Krystallclassen, welche den *Gruppen erster Art* entsprechen, sind dadurch ausgezeichnet, dass sie nur Symmetrieaxen erster Art besitzen.

Da zwei Drehungen um einen Punkt O mit einander zusammengesetzt stets wieder einer Drehung um den Punkt O äquivalent sind, so ist klar, dass es Drehungsgruppen wirklich geben kann, und damit ist die Berechtigung unseres Verfahrens dargelegt.

§ 2. **Die Krystallclassen mit einer einzigen Symmetrieaxe.** Als den einfachsten Fall bezeichnen wir denjenigen, in welchem nur eine einzige Symmetrieaxe a vorhanden ist. Die Existenz einer solchen Symmetrieaxe bewirkt (Cap. III, 5), dass es unter den bezüglichen Deckoperationen stets eine Drehung giebt, deren Winkel die Grösse $\alpha = 2\pi : n$ hat. Es muss daher in den Drehungsgruppen, welche wir suchen, jedenfalls die Drehung

$$\mathfrak{A} = \mathfrak{A}\left(\frac{2\pi}{n}\right)$$

vorkommen. In diesem Fall gilt der folgende

Lehrsatz I. *Ist der Drehungswinkel $\alpha = 2\pi : n$, so bilden die n Drehungen* $1, \mathfrak{A}, \mathfrak{A}^2, \cdots \mathfrak{A}^{n-1}$ *eine Drehungsgruppe.*

Der Satz ist eine unmittelbare Folge der in Cap. III bewiesenen Theoreme. In der That sind ja erstens die n Drehungen sämmtlich von einander verschieden und zweitens ist auch das Product von irgend zwei Potenzen $\mathfrak{A}^\lambda$ und $\mathfrak{A}^\mu$ stets wieder einer in der obigen Reihe enthaltenen Potenz von $\mathfrak{A}$ äquivalent; es sind daher die in der Definition einer Gruppe enthaltenen Bedingungen wirklich erfüllt.

Gleichzeitig folgt, dass es andere Drehungsgruppen, bei welchen alle Drehungen um dieselbe Axe stattfinden, nicht geben kann. Die Gruppen, deren Existenz wir eben nachgewiesen haben, heissen *cyclische Gruppen.* Wir bezeichnen sie durch das Symbol C_n. Sie sind durch die Drehung $\mathfrak{A}$ vollständig bestimmt. Dies wollen wir dadurch ausdrücken, dass wir die Bezeichnung

$$C_n = \left\{\mathfrak{A}\left(\frac{2\pi}{n}\right)\right\}$$

einführen.

Die Krystallclassen, für welche sämmtliche Deckoperationen durch die n Drehungen der Gruppe C_n repräsentirt werden, besitzen nur eine Symmetrieaxe. Dieselbe ist n-zählig. Nun kann, wie aus dem Gesetz der rationalen Indices folgt, n nur die Werthe 2, 3, 4, 6 haben. Also folgt:

Lehrsatz II. *Es sind vier Krystallclassen möglich, deren Symmetrie durch die Existenz einer einzigen Symmetrieaxe erster Art characterisirt ist. Die Axe ist resp. zwei-, drei-, vier- oder sechszählig.*

Die zugehörigen Drehungsgruppen sind resp.

$$C_2 = \{\mathfrak{A}(\pi)\}, \quad C_3 = \left\{\mathfrak{A}\left(\frac{2\pi}{3}\right)\right\}, \quad C_4 = \left\{\mathfrak{A}\left(\frac{\pi}{2}\right)\right\}, \quad C_6 = \left\{\mathfrak{A}\left(\frac{\pi}{3}\right)\right\},$$

§ 3. Die Krystallclassen mit einer Hauptaxe und mehreren Nebenaxen. Unter den Krystallclassen, welche mehr als eine Symmetrieaxe besitzen, fassen wir zuerst denjenigen einfachen Fall ins Auge, dass zwei zweizählige Axen u und u_1 vorhanden sind. Dieselben mögen den Winkel ω einschliessen. Die zugehörige Drehungsgruppe, wenn eine solche existirt, enthält jedenfalls die Umklappungen $\mathfrak{U}$ und $\mathfrak{U}_1$, also auch das Product derselben. Sei nun a diejenige Gerade, welche (Fig. 8) auf der von u und u_1 gebildeten Ebene (Zeichnungsebene) im Punkt O senkrecht steht. Tritt zunächst die Umklappung $\mathfrak{U}$ ein, so vertauschen sich die beiden Hälften von a mit einander, und wenn jetzt die Umklappung $\mathfrak{U}_1$ erfolgt, so gelangt jeder Punkt von a wieder an seinen ursprünglichen Platz. Das Product $\mathfrak{U}\mathfrak{U}_1$ ist daher einer Drehung um a äquivalent; d. h. die betrachtete Krystallclasse enthält auch eine zu u und u_1 senkrechte Symmetrieaxe. Es handelt sich nur noch um die Bestimmung des bezüglichen Drehungswinkels.

Fig. 8.

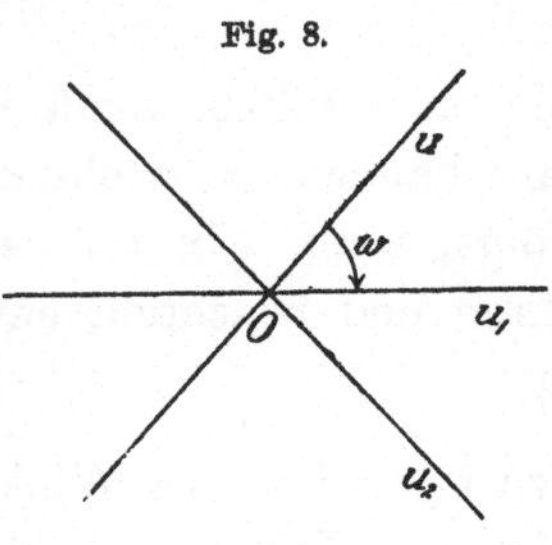

Zu diesem Zwecke suchen wir die Endlage der Geraden u. Während der Umklappung $\mathfrak{U}$ bleibt sie unverändert und gelangt dann, wie leicht zu sehen, in Folge der Umklappung $\mathfrak{U}_1$ in eine Lage u_2, so dass nach Sinn und Grösse

$$\sphericalangle (u u_1) = \sphericalangle (u_1 u_2)$$

ist. Daher ist der Drehungswinkel

$$\alpha = 2\omega$$

und es besteht die Relation

$$\mathfrak{U}\mathfrak{U}_1 = \mathfrak{A}(2\omega). \tag{1}$$

§ 4. Eine Krystallclasse, welche die Symmetrieaxen u und u_1 enthält, enthält, wie bewiesen, auch die Symmetrieaxe a. Wir können daher die zugehörige Drehungsgruppe auch dadurch zu bestimmen suchen, dass wir von der Drehung $\mathfrak{A}$ und einer der beiden Umklappungen, z. B. $\mathfrak{U}$ ausgehen. Dies soll nunmehr geschehen[1]). Es sei a eine n-zählige Symmetrieaxe, so enthält die fragliche Gruppe jedenfalls die Drehungen

$$1,\ \mathfrak{A},\ \mathfrak{A}^2 \dots \mathfrak{A}^{n-1}, \tag{A}$$

1) Eine andere, noch einfachere Ableitung der bezüglichen Drehungsgruppe findet sich S. 67.

wo der Winkel $\alpha = 2\pi : n$ ist. Ferner enthält sie die Drehung $\mathfrak{U}$, also auch alle diejenigen, welche durch Multiplication der Potenzen $\mathfrak{A}^\lambda$ mit $\mathfrak{U}$ entstehen, nämlich:

U) $$\mathfrak{U},\ \mathfrak{U}\mathfrak{A},\ \mathfrak{U}\mathfrak{A}^2 \cdot \cdot \mathfrak{U}\mathfrak{A}^{n-1}.$$

Es ist nützlich, wenn wir uns auch von diesen letzteren eine anschauliche Vorstellung bilden. Aus der obigen Gleichung 1) folgt, wenn wir auf beiden Seiten von links mit $\mathfrak{U}$ multipliciren und beachten, das $\mathfrak{U}^2 = 1$ ist,

2) $$\mathfrak{U}_1 = \mathfrak{U}\mathfrak{A}(2\omega),$$

wo u_1 und u den Winkel ω einschliessen, übrigens ω ein beliebiger Winkel sein kann. Zeichnen wir nun die Axen

$$u_2,\ u_3,\ \cdots\ u_{n-1}$$

senkrecht zu a so, dass

$$\sphericalangle(u_1 u) = \sphericalangle(u_2 u_1) = \cdots = \sphericalangle(u u_{n-1}) = \frac{1}{2}\alpha = \frac{\pi}{n}$$

ist, so folgt

$$\mathfrak{U}\mathfrak{A}(\alpha) = \mathfrak{U}_1,$$
$$\mathfrak{U}\mathfrak{A}^2(\alpha) = \mathfrak{U}\mathfrak{A}(2\alpha) = \mathfrak{U}_2,$$
$$\cdots\cdots\cdots\cdots$$
$$\mathfrak{U}\mathfrak{A}^{n-1}(\alpha) = \mathfrak{U}\mathfrak{A}((n-1)\alpha) = \mathfrak{U}_{n-1}$$

und zwar sind $\mathfrak{U}_1,\ \mathfrak{U}_2 \cdots \mathfrak{U}_{n-1}$ Umklappungen um die Axen $u_1,\ u_2 \cdots u_{n-1}$, so dass sich die Reihe U) auch folgendermassen schreiben lässt

U$_1$) $$\mathfrak{U},\ \mathfrak{U}_1,\ \mathfrak{U}_2,\ \cdots\ \mathfrak{U}_{n-1}.$$

Die $2n$ Drehungen A) und U) resp. U$_1$) bilden eine Gruppe. Zunächst ist offenbar, dass sie sämmtlich von einander verschieden sind. Es ist daher nur noch der Gruppencharacter nachzuweisen. Nun ist das Product zweier Potenzen von $\mathfrak{A}$ stets einer Drehung um a äquivalent, und dasselbe gilt gemäss Gleichung 1) von dem Product zweier Umklappungen $\mathfrak{U}_\lambda$ und $\mathfrak{U}_\mu$. Ferner ist aber auch, wie aus Gleichung 2) folgt, das aus einer Umklappung und einer Potenz von $\mathfrak{A}$ gebildete Product stets einer Umklappung der Reihe U) äquivalent, und damit ist die Behauptung erwiesen.

Wir gelangen daher zu folgendem Resultat:

Lehrsatz III. *Wenn die n-zählige Axe a und die zweizählige Axe u senkrecht auf einander stehen, so bilden die 2n Drehungen*

$$1,\quad \mathfrak{A},\quad \mathfrak{A}^2 \cdots \mathfrak{A}^{n-1},$$
$$\mathfrak{U},\quad \mathfrak{U}\mathfrak{A},\quad \mathfrak{U}\mathfrak{A}^2 \cdots \mathfrak{U}\mathfrak{A}^{n-1}$$

eine Gruppe von Drehungen.

Die Krystalle, welche diesen Gruppen entsprechen, besitzen ausser einer n-zähligen Symmetrieaxe noch n auf derselben senkrechte zweizählige Axen, so dass je zwei auf einander folgende denselben Winkel $\pi : n$ einschliessen; a heisst *Hauptaxe*, $u, u_1 \cdots u_{n-1}$ heissen *Nebenaxen.* Die bezüglichen Gruppen sollen *Diëdergruppen* heissen und durch D_n bezeichnet werden. Sie sind, wie das Vorstehende zeigt, durch $\mathfrak{A}$ und $\mathfrak{U}$ bestimmt. Dies drücken wir aus, indem wir die Formel

$$D_n = \left\{\mathfrak{A}\left(\frac{2\pi}{n}\right),\ \mathfrak{U}\right\}$$

einführen. Auch hier kann n die Werthe 2, 3, 4, 6 erhalten. Also folgt:

Lehrsatz IV. *Es giebt vier Krystallclassen, welche durch eine n-zählige Symmetrieaxe und n zu ihr senkrechte zweizählige Symmetrieaxen characterisirt sind; sie entsprechen den Zahlen* $n = 2, 3, 4, 6$.

Fig. 9.

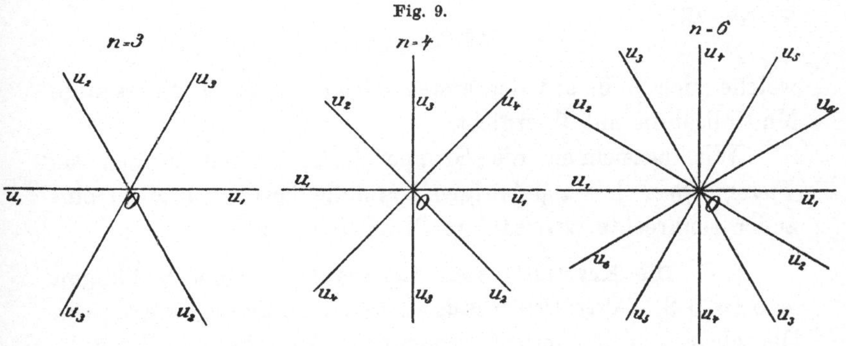

Die zugehörigen Drehungsgruppen sind (vgl. Fig. 9):

$$D_2 = \{\mathfrak{A}(\pi), \mathfrak{U}\},\quad D_3 = \left\{\mathfrak{A}\left(\frac{2\pi}{3}\right), \mathfrak{U}\right\},\quad D_4 = \left\{\mathfrak{A}\left(\frac{\pi}{2}\right), \mathfrak{U}\right\},$$
$$D_6 = \left\{\mathfrak{A}\left(\frac{\pi}{3}\right), \mathfrak{U}\right\}.$$

§ 5. Wenn n den Werth 2 hat, also die Drehungsaxe a ebenfalls zweizählig ist, so ergiebt sich eine Gruppe, die besondere theoretische Bedeutung hat. Sie heisst die *Vierergruppe.* Sie ist durch drei Umklappungen characterisirt, deren Axen dieselbe Lage zu einander haben wie drei rechtwinklige Coordinatenaxen. Wir wollen sie (Fig. 10) durch u, v, w bezeichnen. Die Gruppe besteht aus den vier Operationen

Fig. 10.

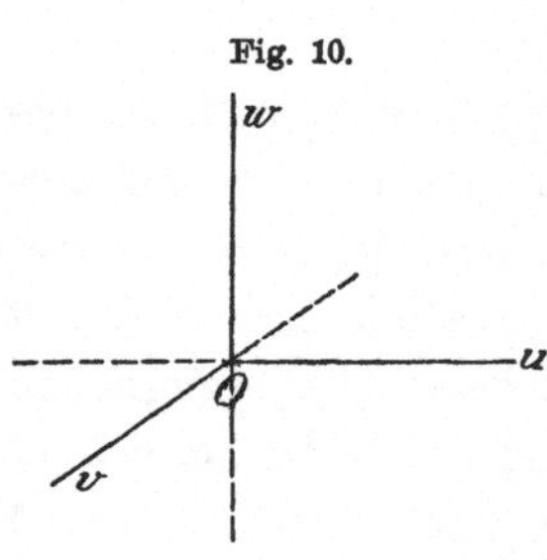

$$1,\ \mathfrak{U},\ \mathfrak{V},\ \mathfrak{W}.$$

Diese vier Operationen müssen also die bemerkenswerthe Eigenschaft besitzen, dass jedes aus ihnen gebildete Product wieder einer von ihnen äquivalent ist. Es ist von Interesse, dies in dem vorliegenden Fall wirklich nachzuweisen. Es ist leicht ersichtlich, dass (vgl. § 3, Gleichung 1)

$$\mathfrak{V}\mathfrak{W} = \mathfrak{U},\quad \mathfrak{W}\mathfrak{U} = \mathfrak{V},\quad \mathfrak{U}\mathfrak{V} = \mathfrak{W}$$

ist; aber ebenso ist auch

$$\mathfrak{W}\mathfrak{V} = \mathfrak{U},\quad \mathfrak{U}\mathfrak{W} = \mathfrak{V},\quad \mathfrak{V}\mathfrak{U} = \mathfrak{W}.$$

Der Vollständigkeit halber fügen wir hierzu noch die einfache Gleichung

$$\mathfrak{U}\mathfrak{V}\mathfrak{W} = 1,$$

welche sich z. B. aus der ersten Gleichung durch linksseitige Multiplication mit $\mathfrak{U}$ ergiebt.

Wir bezeichnen die Gruppe durch V und nennen sie *Vierergruppe.* Die zugehörigen Krystalle besitzen drei zu einander senkrechte, zweizählige Symmetrieaxen.

§ 6. **Die Krystallclassen mit mehr als einer n-zähligen Axe ($n > 2$). Ihre Beziehung zu den regelmässigen Körpern.** Die oben § 3 in Angriff genommene Aufgabe, die Krystallclassen mit mindestens zwei Symmetrieaxen zu finden, ist noch nicht vollständig erledigt. Wir haben bisher über die beiden Axen, von deren Existenz wir ausgingen, bestimmte Annahmen gemacht. Diese lassen wir jetzt fallen und suchen dementsprechend sofort alle Drehungsgruppen, die mit zwei beliebig angenommenen Drehungsaxen a und b gebildet werden können. Hierzu bedürfen wir des folgenden Hilfssatzes.

Lehrsatz V. *Sind a und b irgend zwei Symmetrieaxen, so ist auch diejenige Gerade b', in welche b durch die zu a gehörige Drehung übergeht, eine Symmetrieaxe und zwar ist, wenn b eine p-zählige Axe ist, b' ebenfalls p-zählig.*

Beweis. Es sei a eine n-zählige und b eine p-zählige Axe; ferner seien wieder $g, g_1, g_2 \cdots$ die N gleichwerthigen Geraden. Infolge der Drehung um a mögen sie in die Lage $g', g_1', g_2' \cdots$ gelangen; natürlich sind diese Geraden von $g, g_1, g_2 \cdots$ nur in der Bezeichnung verschieden. Durch dieselbe Drehung gehe b in die Lage b' über, so dass also b' zu den Geraden $g', g_1', g_2' \cdots$ ebenso liegt, wie b zu $g, g_1, g_2 \cdots$. Nun ist nach Annahme b eine Symmetrieaxe für die Geraden $g, g_1, g_2 \cdots$; es muss daher auch b' eine Symmetrieaxe für die Geraden $g', g_1', g_2' \cdots$ sein. Da aber, wie wir eben sahen, die Geraden $g', g_1', g_2' \cdots$ von den Geraden $g, g_1, g_2 \cdots$ nur in der Bezeichnung verschieden sind, so ist b' auch eine Symmetrieaxe für die N Geraden $g, g_1, g_2 \cdots$ und zwar, wie b, eine p-zählige; q. e. d.

Eine wiederholte Anwendung des Satzes V lehrt die Existenz von n Axen $b, b', b'' \cdots$, welche sich aus b ergeben, wenn die Drehung um a wiederholt ausgeführt wird. Ebenso ist evident, dass ausser a noch andere n-zählige Axen $a', a'' \cdots$ vorhanden sind, die sich aus a durch Drehung um b ergeben. Auf irgend zwei dieser Axen können wir ebenfalls den vorstehenden Satz anwenden und uns auf diese Weise scheinbar immer neue Symmetrieaxen ableiten.

Dies ist in der That der Fall, wenn a und b willkürlich angenommen werden. Aber jede wirkliche Krystallclasse besitzt nur eine endliche Anzahl von Symmetrieaxen. Es ist daher zu prüfen, welchen Bedingungen a und b zu genügen haben, damit bei dem eben skizzirten Verfahren sich nur eine endliche Anzahl von Axen ergiebt, d. h. die neu abgeleiteten Axen sich schliesslich einmal unter den bereits vorhandenen vorfinden.

§ 7. Es sei die n-zählige Axe a und die p-zählige Axe b so gewählt, dass wir nur zu einer endlichen Zahl von Axen gelangen. Aus der Gesammtheit aller Axen heben wir für einen Augenblick a heraus. Lassen wir nun um a eine Drehung um den Winkel $2\pi : n$ eintreten, so muss, wie unmittelbar folgt, jede andere Axe an eine Stelle gelangen, an der sich bereits eine Axe befindet; dies heisst aber weiter nichts anderes, als dass die Gesammtheit der Axen durch die zu a gehörige Drehung in sich übergeht. Da aber a vor den andern Axen keineswegs ausgezeichnet ist, so gilt dies von *jeder* n-zähligen resp. p-zähligen Axe, d. h.:

Lehrsatz VI. *Jede der Gruppe angehörige Drehung führt das Axensystem der Gruppe in sich über.*

Auf Grund dieser Bedingung lassen sich die Axen a und b leicht bestimmen. Wir bemerken zunächst, dass wir davon absehen können, dass eine der beiden Axen zweizählig ist. Ist z. B. b zweizählig, so existirt nach dem Vorstehenden jedenfalls noch eine von b verschiedene zweizählige Axe b', und wir kommen daher auf den schon erledigten Fall zurück, dass zwei zweizählige Axen vorhanden sind.

Es werde nun festgesetzt, dass unter allen n-zähligen resp. p-zähligen Axen a und b zwei solche sein sollen, dass keine andern zwei einen kleineren Winkel einschliessen, als a und b. Um den Schnittpunkt O aller Axen legen wir nun (Fig. 11)[1]) eine Kugel, und markiren alle Punkte, in denen dieselbe von den Axen durchschnitten wird; diese Punkte seien $A, A', A'' \ldots$ resp. $B, B', B'' \ldots$ Da a eine n-zählige Axe ist, so liegen n von den Punkten $B, B', B'' \ldots$, darunter auch B selbst, auf einem Kreis, dessen Mittelpunkt A ist, und es liegt keiner dieser Punkte innerhalb des Kreises, da es

Fig. 11.

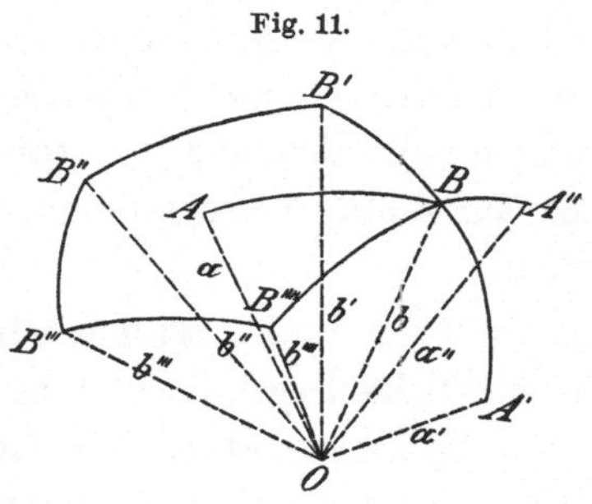

1) Die Figur entspricht den Werthen $n = 5$, $p = 3$.

sonst eine p-zählige Axe geben würde, die mit a einen kleineren Winkel einschliesst als b. Was aber für die Axe a resp. den Punkt A gilt, gilt, wie wir oben gesehen haben, für jede n-zählige Symmetrieaxe resp. für jeden der Punkte $A, A', A''\ldots$; d. h. jeder dieser Punkte ist der Mittelpunkt eines Kreises, welcher n der Punkte $B, B', B''\ldots$ enthält.

Jeder der Punkte $B, B', B''\ldots$ kommt in p solchen Kreisen vor. Um die p-zählige Symmetrieaxe b liegen nämlich, wie wieder aus dem obigen Satze folgt, p Axen $a, a', a''\ldots$, welche denselben Winkel mit b bilden, wie a; daher kann jeder der zugehörigen Punkte $A, A', A''\ldots$ Mittelpunkt eines Kreises werden, welchem der Punkt B angehört; durch B gehen daher wirklich p Kreise. Was für B gilt, gilt aber auch für jeden der Punkte $B, B', B''\ldots$ und damit ist die Behauptung erwiesen.

Die Vertheilung der Punkte $B, B', B''\ldots$ ist daher eine solche, dass je n derselben auf einem Kreise liegen, und dass jeder von ihnen p solchen Kreisen angehört. Denken wir uns nun in jedem dieser Kreise je zwei auf einander folgende Punkte durch eine Gerade verbunden, so entstehen lauter reguläre Polygone von n Seiten, und da keiner der Punkte $B, B', B''\ldots$ im Innern eines solchen Polygons liegt, so umschliessen alle diese Polygone einen einfachen Körper. Dieser Körper hat die Eigenschaft, dass jede seiner Flächen n Ecken hat, und in jeder Ecke p Flächen zusammenstossen; er ist daher einer der sogenannten einfachen regelmässigen Körper.

Was wir eben für die Punkte $B, B', B''\ldots$ abgeleitet haben, lässt sich in derselben Weise auch für die Punkte $A, A', A''\ldots$ beweisen. Auch sie bilden ein regelmässiges Polyeder, nämlich dasjenige, dessen Begrenzungsflächen p Ecken haben, während in jeder Ecke n Polygone zusammenstossen.

§ 8. Wir waren von der Aufgabe ausgegangen, die Bedingungen zu suchen, unter welchen sich mit zwei Axen a und b eine endliche Drehungsgruppe bilden lässt. *Als Resultat ergiebt sich die interessante Thatsache, dass die n-zählige Axe a und die p-zählige Axe b in einer innigen Beziehung zu den regelmässigen Körpern stehen; die Zahlen n und p können nur solche Werthe haben, welche bei den regelmässigen Körpern auftreten.* Dies sprechen wir folgendermassen als Lehrsatz aus.

Lehrsatz VII. *Bei Drehungsgruppen, die mehr als eine n-zählige Axe haben* ($n > 2$), *sind die Drehungsaxen in allen Fällen identisch mit den Symmetrieaxen eines regelmässigen Polyeders.*

Die regelmässigen Körper sind: das Tetraeder, das Octaeder und Hexaeder, das Ikosaeder und Dodekaeder. Dem Tetraeder entsprechen die Zahlen $n = 3$, $p = 3$, dem Octaeder und Hexaeder die Zahlen $n = 3$, $p = 4$ und umgekehrt, dem Ikosaeder und Dodekaeder die Zahlen $n = 3$, $p = 5$ und umgekehrt. Dies sind daher die einzigen Werthe von n und p, welche zu endlichen Drehungsgruppen führen können. Wir wollen zeigen, dass diese Gruppen aber auch wirklich existiren. Dazu schicken wir einige Hilfssätze voraus.

§ 9. Ableitung einiger Hilfssätze.

1. *Alle Drehungen, welche ein reguläres Polyeder in sich überführen, bilden eine Gruppe.* Dieser Satz folgt unmittelbar aus der Erwägung, dass die regulären Polyeder zu den symmetrischen Raumfiguren gehören.

2. *Ein regelmässiges Polyeder mit k Kanten kann auf $2k$ verschiedene Arten durch Bewegung mit sich zur Deckung gebracht werden.*

Beweis: Soll allgemein irgend ein Körper S in eine bestimmte Lage gebracht werden, so brauchen wir nur zu wissen, an welche Stelle irgend drei seiner Punkte kommen sollen[1]). Wenn diese die vorgeschriebene Stelle eingenommen haben, so ist damit auch der Körper S festgelegt. Dies wenden wir auf das Polyeder an. Bei jeder Deckbewegung kommt es in eine andere Lage. Nun bleibt bei allen Deckbewegungen des Polyeders sein Mittelpunkt O unveränderlich; daher wird die Endlage desselben bestimmt sein, sobald man die Endlage für irgend eine seiner Kanten — sie heisse AB — kennt.

---

1) Ist ein Punkt A eines Körpers S an eine Stelle A_1 gelangt, so kann sich S um A_1 noch beliebig bewegen. Sind zwei Punkte A und B von S mit zwei Punkten A_1 und B_1 zusammengefallen, so kann sich der Körper S noch um $A_1 B_1$ als Axe drehen. Sind endlich drei Punkte von S an vorgeschriebene Stellen gelangt, so liegt der Körper fest.

Die Kante AB fällt dabei natürlich stets wieder mit einer Polyederkante zusammen. Nun kann aber AB mit der Kante $A'B'$ noch auf zwei verschiedene Arten zur Deckung gebracht werden, nämlich entweder so dass A auf A' und B auf B' fällt, oder so dass A auf B' und B auf A' fällt; daher giebt es in der That $2k$ Lagen des Polyeders, also auch $2k$ verschiedene Deckbewegungen. Dabei ist natürlich, wie immer, die Identität ebenfalls als eine Deckbewegung gerechnet.

Dieser Satz gilt offenbar auch für andere symmetrische Polyeder, wenn man sich auf die gleichartigen Kanten beschränkt. Wir wollen ihn benutzen, um eine zweite Ableitung der Diedergruppen zu geben.

Giebt es ausser den Gruppen C_n noch andere Gruppen mit *einer* n-zähligen Axe, so müssen nach Satz V die andern Axen so liegen, dass die zugehörigen Bewegungen die Axe a in sich überführen; sie müssen daher zweizählige Axen sein, die auf a senkrecht stehen. Ist u eine derselben, so giebt es, wie aus den Gleichungen des § 4 folgt, n solcher Axen u. Es ist zu zeigen, dass diese Axen eine Gruppe bestimmen. Wir betrachten dazu irgend eine gerade Doppelpyramide, deren Grundfläche ein reguläres n-Eck ist. Dieselbe hat n gleiche horizontale Kanten; und diese gehen bei jeder Deckbewegung in einander über. Es giebt daher im Ganzen $2n$ Deckbewegungen für die Doppelpyramide, wobei natürlich die Identität mitgerechnet ist. Diese $2n$ Drehungen sind aber genau diejenigen, welche oben § 4 aufgeführt sind, nämlich die n Drehungen um die Axe a, und die n Umklappungen um $u_1 \dots u_n$; es folgt also auch hier, dass dieselben eine Gruppe bilden.

Fig. 12.

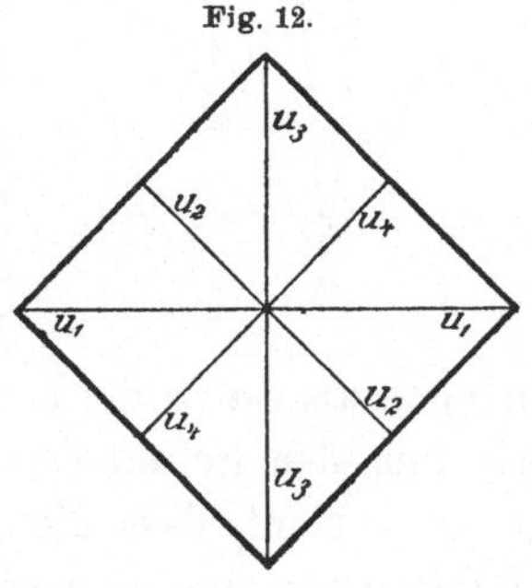

Ist z.B. $n = 4$, so sind (Fig. 12) dies erstens vier Drehungen um die Axe; dazu kommen die vier Umklappungen um diejenigen Geraden, welche entweder zwei gegenüberliegende Ecken, oder die Mitten zweier gegenüberliegender Kanten der Grundfläche verbinden; in der That führt jede

5*

dieser Umklappungen die Grundfläche, also auch die Doppelpyramide in sich über. Analoge Verhältnisse bestehen immer dann, wenn n eine gerade Zahl ist (vgl. Fig. 13). Ist jedoch n ungerade, so liegen die Umklappungsaxen etwas anders;

Fig. 13. Fig. 14.

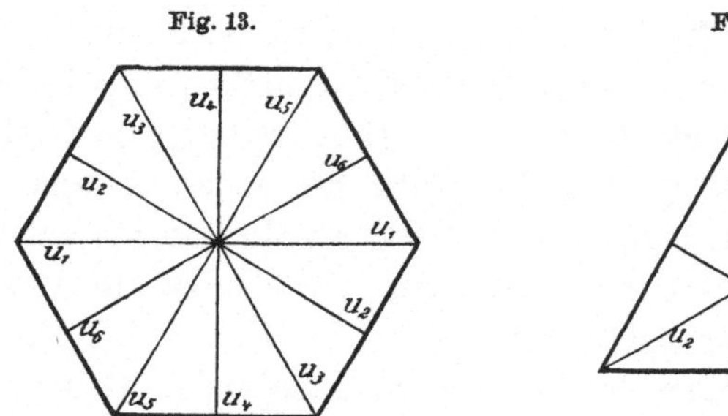

jede verbindet eine Polygonecke mit der Mitte der gegenüberliegenden Seite, wie z. B. für $n = 3$ die obenstehende Figur 14 zeigt.

3. Ein dritter Hilfssatz, dessen wir benöthigt sind, ist der folgende.

Welches auch die Werthe von n und p sein mögen, so ist das Product aus $\mathfrak{A}$ und $\mathfrak{B}$ stets einer Umklappung äquivalent.

Fig. 15.

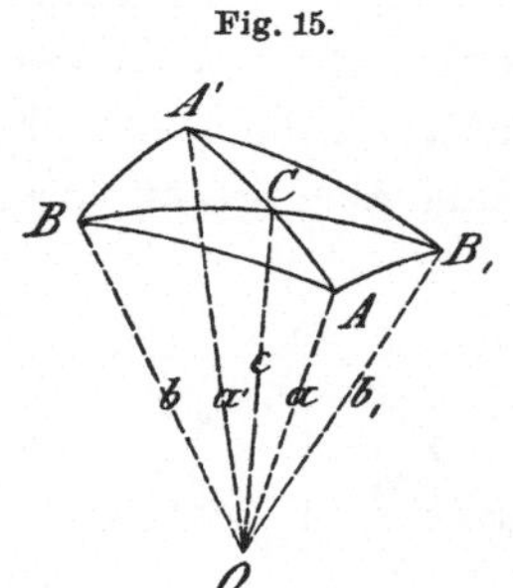

Während der Drehung um $\mathfrak{A}$ (Fig. 15) behält nämlich die Axe a ihren Platz und gelangt in Folge der Drehung um b in die Lage a'. Ferner wollen wir diejenige Gerade b_1 ins Auge fassen, welche durch die Drehung um a mit b zusammenfällt. Die erste Drehung bringt sie nach b; die zweite, die um b selbst stattfindet, ändert ihre Lage nicht. Die Drehungen $\mathfrak{A}$ und $\mathfrak{B}$ bringen also a in die Lage a' und b_1 in die Lage b. Bezeichnen wir nun den Schnittpunkt der Bogen AA' und B_1B durch C, so ist evident, dass die eben genannte Ortsveränderung durch Umklappung um c vermittelt werden kann. Damit ist der obige Satz bewiesen. Beachten wir noch, dass C die Bogen AA' und B_1B halbirt, so folgt:

Lehrsatz VIII. *Einer Drehungsgruppe, welche n-zählige Axen a und p-zählige Axen b enthält, gehören stets auch zweizählige Axen an, nämlich diejenigen, welche die von je einer n-zähligen resp. p-zähligen Axe gebildeten Winkel halbiren.*

Da die Werthe von n und p ohne Bedeutung für den Beweis des Satzes sind, so gilt er auch, wenn $n = p$ ist.

§ 10. **Aufstellung der Krystallclassen mit mehr als einer n-zähligen Axe** ($n > 2$). Ist $n = 3$ und $p = 3$, so sind (Fig. 16) die Punkte A, A' ... die Ecken eines Tetraeders, welches natürlich der oben genannten Kugel eingeschrieben ist. Es müssen daher vier dreizählige Axen a, a', a'', a''' existiren, nämlich die Verbindungslinien der Tetraederecken mit dem Mittelpunkt der Kugel. Die zweizähligen Axen halbiren die von a, a', a'', a''' gebildeten Winkel, also auch die Tetraederkanten.

Fig. 16.

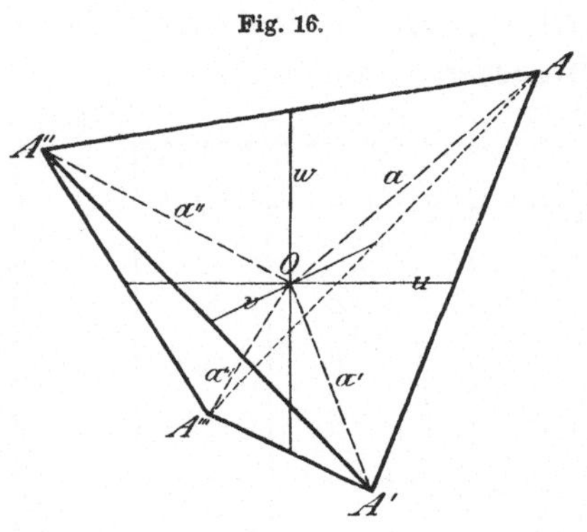

Solcher Axen giebt es drei; jede ist Verbindungslinie der Mitten von zwei gegenüberliegenden Kanten; sie steht überdies senkrecht auf ihnen. Diese Axen mögen u, v, w heissen; jede von ihnen ist senkrecht zu den beiden andern, sie haben daher dieselbe Lage zu einander, wie die Axen der Vierergruppe.

Die so definirten 12 Drehungen

$$\begin{matrix} 1, & \mathfrak{U}, & \mathfrak{V}, & \mathfrak{W}, \\ \mathfrak{A}, & \mathfrak{A}', & \mathfrak{A}'', & \mathfrak{A}''', \\ \mathfrak{A}^2, & \mathfrak{A}'^2, & \mathfrak{A}''^2, & \mathfrak{A}'''^2 \end{matrix}$$

bilden eine Gruppe. Jede von ihnen führt nämlich das Tetraeder in sich über; andrerseits hat ein Tetraeder sechs Kanten, und damit ist nach Hilfssatz 1 und 2 die Behauptung erwiesen.

Die vorstehende Gruppe soll die *Tetraedergruppe* heissen; wir bezeichnen dieselbe durch T. Die zugehörige Krystallclasse ist durch drei zweizählige und vier dreizählige Symmetrieaxen ausgezeichnet. Also folgt:

Lehrsatz IX. *Es giebt eine Krystallclasse, welche vier dreizählige und drei zweizählige Symmetrieaxen besitzt. Dieselben sind gerichtet wie die Diagonalen und die Höhen eines Würfels.*

Die Drehungen $1, \mathfrak{U}, \mathfrak{V}, \mathfrak{W}$ bilden die Vierergruppe; *die Tetraedergruppe enthält also alle Operationen der Vierergruppe.*

§ 11. Ist $n = 3$, $p = 4$, so bilden (Fig. 17) die Punkte $A, A' \ldots$ ein Hexaeder, und die Punkte $B, B' \ldots$ ein Octaeder. Die zugehörige Gruppe heisst *Octaedergruppe.* Für die Vorstellung ist es einfacher, dieselbe durch Betrachtung des Hexaeders abzuleiten.

Fig. 17.

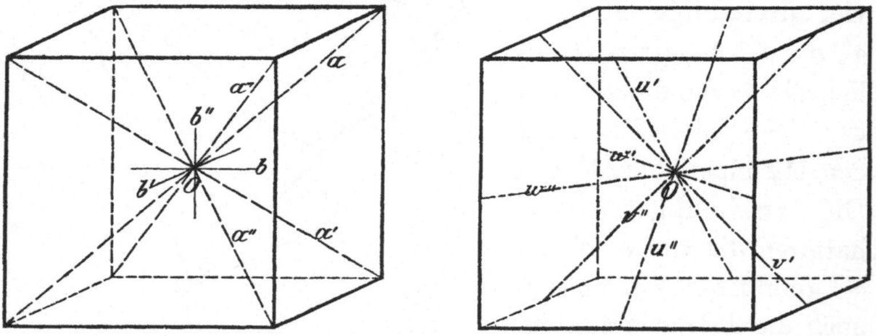

Die Geraden, welche zwei gegenüberliegende Ecken des Hexaeders verbinden, sind dreizählige Axen, und die Höhen sind vierzählige Axen. Es existiren daher im Ganzen vier dreizählige Axen a, a', a'', a''' und drei vierzählige Axen b, b', b''. Die zweizähligen Axen halbiren die von den Axen a, a', a'', a''' gebildeten Winkel, also auch die Kanten des Hexaeders. Solcher Axen giebt es sechs; jede verbindet die Mitten von zwei gegenüberliegenden Kanten und steht senkrecht auf denselben; wir bezeichnen sie durch $u', u'', v', v'', w', w''$.

Die den vorstehenden Axen entsprechenden 24 Drehungen — die besondere Reihenfolge, in welcher dieselben hier erscheinen, werden wir sofort begründen —

$$\begin{array}{llllllll} 1, & \mathfrak{B}^2, & \mathfrak{B}'^2, & \mathfrak{B}''^2, & \mathfrak{U}', & \mathfrak{U}'', & \mathfrak{B}, & \mathfrak{B}^3, \\ \mathfrak{A}, & \mathfrak{A}', & \mathfrak{A}'', & \mathfrak{A}''', & \mathfrak{V}', & \mathfrak{V}'', & \mathfrak{B}', & \mathfrak{B}'^3, \\ \mathfrak{A}^2, & \mathfrak{A}'^2, & \mathfrak{A}''^2, & \mathfrak{A}'''^2, & \mathfrak{W}', & \mathfrak{W}'', & \mathfrak{B}'', & \mathfrak{B}''^3 \end{array}$$

bilden eine Gruppe. Jede führt nämlich das Hexaeder in sich über, andrerseits hat das Hexaeder 12 Kanten, womit gemäss Satz 1 und 2 die Behauptung erwiesen ist.

Wir bezeichnen die Octaedergruppe durch O. Ihr entspricht eine Krystallclasse, die folgendermassen bestimmt ist:

Lehrsatz X. *Es giebt eine Krystallclasse, die drei vierzählige, vier dreizählige und sechs zweizählige Symmetrieaxen enthält. Die Axen sind gerichtet wie die drei Höhen, die vier Körperdiagonalen und die sechs Flächendiagonalen eines Würfels.*

Anmerkung. Die Axen b, b', b'' entsprechen der Lage nach genau den Axen u, v, w der Tetraedergruppe. Da b, b', b'' vierzählig sind, so ist überdies

$$\mathfrak{B}^2 = \mathfrak{U}, \qquad \mathfrak{B}'^2 = \mathfrak{V}, \qquad \mathfrak{B}''^2 = \mathfrak{W};$$

d. h. die in obigem Schema links stehenden 12 Drehungen sind genau die Drehungen der Tetraedergruppe; d. h.

Die Octaedergruppe enthält sämmtliche Operationen der Tetraedergruppe.

§ 12. Die Drehungsgruppe, welche den Zahlen $n = 3$, $p = 5$ entspricht, heisst *Ikosaedergruppe.* Sie enthält fünfzählige Symmetrieaxen, und hat daher keine krystallographische Bedeutung. Wir können daher eine ausführliche Ableitung der in ihr enthaltenen Drehungen unterlassen.[1])

§ 13. Mit den für n und p gefundenen Zahlenwerthen haben wir im vorstehenden *je eine* Drehungsgruppe abgeleitet. Wir wollen noch zeigen, dass dies wirklich die *einzigen* dieser Art sind. Betrachten wir z. B. den Fall $n = 3$, $p = 4$, so zeigt das Vorhergehende, dass jede zugehörige Drehungsgruppe dieselben drei vierzähligen und vier dreizähligen Axen ent-

---

1) Im Interesse der Vollständigkeit gebe ich hier noch eine kurze Characteristik der Ikosaedergruppe. Sie enthält, da das Ikosaeder 30 Kanten besitzt, 60 Drehungen. Nun existiren beim Ikosaeder 10 dreizählige, 6 fünfzählige und 15 zweizählige Axen; dies giebt bereits $20 + 24 + 15 = 59$ Drehungen, welche zusammen mit der Identität die 60 Drehungen der Ikosaedergruppe constituiren. Das genauere vgl. man z. B. bei F. Klein, Vorlesungen über das Ikosaeder. 1882.

halten muss. Dies gilt aber auch allgemein; denn die Lage und Zahl der Axen $a, a' \ldots$ resp. $b, b' \ldots$ ist ja mit den Werthen von n und p unmittelbar gegeben. Für jede Gruppe dieser Art gilt nun folgendes.

Es sei $\mathfrak{C}$ irgend eine Drehung der bezüglichen Gruppe, deren Axe von den Axen $a, a' \ldots$ und $b, b' \ldots$ verschieden ist. Nach dem oben bewiesenen Hilfssatz (§ 6) gehören nun auch diejenigen Axen der Gruppe an, in welche die Axen $a, a' \ldots$, $b, b' \ldots$ durch Drehung um c übergehen. Durch diese Drehung dürfen aber keine neuen Axen entstehen; d. h. auch die Drehung $\mathfrak{C}$ muss das System der Axen $a, a' \ldots$, $b, b' \ldots$, also auch das bezügliche regelmässige Polyeder, welches von den Punkten $A, A' \ldots$ resp. $B, B' \ldots$ gebildet ist, in sich überführen. Nur solche Drehungen $\mathfrak{C}$, welche diese Bedingung erfüllen, können daher einer durch a und b bestimmten Gruppe angehören. Die oben abgeleiteten Gruppen enthielten aber bereits *alle* derartigen Drehungen; sie sind daher die einzigen, welche überhaupt existiren können. Damit ist die Behauptung erwiesen.

§ 14. **Tabelle der Krystallclassen, die nur Symmetrieaxen besitzen.** Die vorstehend abgeleiteten Krystallclassen sind dadurch characterisirt, dass sie nur Symmetrieaxen besitzen. Zu ihnen fügen wir noch diejenige Classe hinzu, die gar keine Symmetrie besitzt. Für sie existirt daher nur eine uneigentliche Deckoperation, nämlich die Identität. Andrerseits kann man in gewissem Sinn auch die Identität als Gruppe betrachten; die Identität, wiederholt ausgeführt, wenn wir uns dieses Ausdrucks bedienen wollen, giebt immer wieder die Identität.

Im Ganzen haben wir demnach bereits elf theoretisch mögliche Krystallclassen gefunden, entsprechend den elf Gruppen erster Art, die nur Deckoperationen erster Art d. h. Deckbewegungen enthalten.

Wir lassen hier noch eine Tabelle derselben folgen. Zum Verständniss derselben schicke ich folgende Bemerkungen voraus.

Eine p-zählige Symmetrieaxe ist durch h_p, resp. l_p bezeichnet worden; und zwar soll h_p immer eine Hauptsymmetrieaxe bedeuten[1]).

Man pflegt ferner solche Symmetrieaxen, welche bei den Drehungen der Gruppe auf einander fallen, als *gleiche* oder *gleichberechtigte* Axen zu bezeichnen; dieselben repräsentiren nur einen besonderen Fall solcher Geraden, die wir in der Einleitung als gleichwerthige Richtungen eines Krystalles definirt haben. Zwei gleichberechtigte Axen l_p werden wir durch $2l_p$ bezeichnen, u. s. w. Wie die vorstehenden Entwickelungen unmittelbar zeigen, sind gleichzählige Symmetrieaxen im Allgemeinen auch gleichberechtigt; eine Ausnahme tritt nur für die zweizähligen Nebenaxen der Diedergruppen ein; diese sind (§ 9), wenn n ungerade ist, sämmtlich gleichberechtigt, wenn dagegen n gerade ist, so zerfallen sie in zwei Classen gleichberechtigter Axen (vgl. Fig. 7, S. 61).

Jede Symmetrieaxe besteht aus zwei Hälften von entgegengesetzter Richtung. Sind diese beiden Richtungen krystallographisch gleichwerthig, kommen sie also durch die Drehungen der Gruppe zur Deckung, so heisst die Axe *zweiseitig;* ist dies nicht der Fall, so heisst die Axe *einseitig,* ihre entgegengesetzten Richtungen sind dann nicht gleichwerthig. Einseitige Axen treten, wie unmittelbar ersichtlich, bei den cyclischen Gruppen auf; ferner sind auch die dreizähligen Axen der Tetraedergruppe, sowie die zweizähligen Axen der Diedergruppe für $n = 3$ einseitig.

Die besondere Hervorhebung dieser Verhältnisse bedeutet, wie bereits erwähnt, nichts anderes, als die Anwendung des Begriffes der gleichwerthigen Richtungen auf die Symmetrieaxen. Die Zweckmässigkeit davon beruht darauf, dass dieser Begriff in vielen Fällen gerade für die Symmetrieaxen besonders in Frage kommt.

---

1) In der Bezeichnung habe ich mich im Ganzen Bravais angeschlossen; nur mit dem Unterschied, dass ich, dem allgemeinen geometrischen Gebrauch folgend, zur Bezeichnung der Geraden kleine Buchstaben benutze.

Tabelle I.

Die Krystallclassen, die nur Symmetrieaxen enthalten.

No.	Drehungsgruppen	Zahl der Drehungen	Die einseitigen Symmetrieaxen	Die zweiseitigen Symmetrieaxen
1	Identität C_1	1	—	—
2	Cyclische Gruppe C_2	2	h_2	—
3	Cyclische Gruppe C_3	3	h_3	—
4	Cyclische Gruppe C_4	4	h_4	—
5	Cyclische Gruppe C_6	6	h_6	—
6	Vierergruppe V	4	—	l_2, l_2', l_2''
7	Diedergruppe D_3	6	$3l_2$	h_3
8	Diedergruppe D_4	8	—	$h_4, 2l_2, 2l_2'$
9	Diedergruppe D_6	12	—	$h_6, 3l_2, 3l_2'$
10	Tetraedergruppe T	12	$4l_3$	$3l_2$
11	Octaedergruppe O	24	—	$3l_4, 4l_3, 6l_2$

Fünftes Capitel.

Die Gruppen zweiter Art.

§ 1. **Gruppen mit einer Axe zweiter Art.** Wie im vorigen Capitel bewiesen, bilden die sämmtlichen nicht äquivalenten Potenzen einer Drehung $\mathfrak{A}$ eine Drehungsgruppe, und zwar repräsentirt dieselbe unter allen Drehungsgruppen den einfachsten Typus. In analoger Weise stellen die sämmtlichen nicht äquivalenten Potenzen einer symmetrischen Operation

$$\overline{\mathfrak{A}} = \overline{\mathfrak{A}}\left(\frac{2\pi}{n}\right)$$

eine Gruppe zweiter Art dar. Denken wir uns nämlich diese Potenzen

$$1, \overline{\mathfrak{A}}, \overline{\mathfrak{A}}^2 \ldots \text{etc.} \ldots$$

sämmtlich aufgestellt, so ist ja das Product von irgend zweien derselben stets wieder einer Potenz der vorstehenden Reihe äquivalent, und damit ist die Behauptung erwiesen. Die Anzahl der nicht äquivalenten Potenzen hängt davon ab, ob n gerade oder ungerade ist (Cap. III, 6). Daher gilt der Satz:

Lehrsatz I. *Die sämmtlichen nicht äquivalenten Potenzen einer Operation zweiter Art $\overline{\mathfrak{A}}$ bilden eine Gruppe zweiter Art. Ist der zugehörige Drehungswinkel $\alpha = 2\pi : n$, so enthält die Gruppe n oder $2n$ Operationen, je nachdem n gerade oder ungerade ist.*

Die Gruppe möge durch

$$\overline{C}_n = \left\{\overline{\mathfrak{A}}\left(\frac{2\pi}{n}\right)\right\}$$

bezeichnet werden. Ihr entspricht eine Krystallclasse, deren Symmetrie in der Existenz *einer n-zähligen Axe zweiter Art* besteht. Für manche Werthe von n kann übrigens, wie wir sehen werden, die Symmetrie der Krystallclasse noch anders definirt werden.

Die einfachsten Gruppen ergeben sich, wenn α den Werth 0 oder π hat. Die Operation $\overline{\mathfrak{A}}$ ist dann eine Spiegelung, resp. Inversion. Also folgt:

Ist $\mathfrak{S}$ irgend eine Spiegelung, so bilden die Operationen 1 und $\mathfrak{S}$ eine Gruppe; wir bezeichnen sie einfacher durch

$$S = \{\mathfrak{S}\}.$$

Ist $\mathfrak{J}$ eine Inversion, so bilden die Operationen 1 und $\mathfrak{J}$ eine Gruppe; das Zeichen für dieselbe sei

$$S_2 = \{\mathfrak{J}\}.$$

Jeder dieser beiden Gruppen entspricht eine mögliche Krystallclasse. Wir erhalten daher:

Lehrsatz II. *Es giebt eine Krystallclasse, deren Symmetrie in der Existenz einer einzigen Symmetrieebene besteht.*

Lehrsatz III. *Es giebt eine Krystallclasse, welche durch die Existenz eines blossen Symmetriecentrums definirt ist.*

Da der Werth $n = 2$ der Inversion entspricht, so sind nur noch die Zahlen $n = 3, 4, 6$ zu behandeln, also die Gruppen $\overline{C}_3$, $\overline{C}_4$, $\overline{C}_6$ resp. die zugehörigen Krystallclassen zu erörtern.

Ist zunächst $n = 3$, so sind die sechs Operationen der bezüglichen Gruppe resp. die Bewegungen

$$1,\ \mathfrak{A},\ \mathfrak{A}^2$$

und die Operationen zweiter Art

$$\mathfrak{S},\ \mathfrak{A}\mathfrak{S},\ \mathfrak{A}^2\mathfrak{S};$$

die Axe a ist daher eine dreizählige Symmetrieaxe der ersten Art. Alle sechs Operationen lassen sich aus der Drehung $\mathfrak{A}$ und der Spiegelung $\mathfrak{S}$ zusammensetzen; die entsprechende Krystallclasse kann daher durch eine dreizählige Symmetrieaxe erster Art und eine zu ihr senkrechte Symmetrieebene definirt werden, also folgt:

Lehrsatz IV. *Es giebt eine Krystallclasse, die eine dreizählige Axe erster Art und eine zu ihr senkrechte Symmetrieebene besitzt.*

Ist $n = 4$, so besteht die zugehörige Gruppe aus den Bewegungen

$$1, \quad \mathfrak{A}^2$$

und den Operationen zweiter Art

$$\overline{\mathfrak{A}} = \mathfrak{A}\mathfrak{S}, \quad \overline{\mathfrak{A}}^3 = \mathfrak{A}^3\mathfrak{S}.$$

Die Gerade a ist daher als Drehungsaxe nur zweizählig, als Symmetrieaxe der zweiten Art dagegen vierzählig, sie ist daher eine eigentliche Symmetrieaxe der zweiten Art. Dieser Gruppe entspricht daher eine Krystallclasse, welche durch eine einzige vierzählige Symmetrieaxe der zweiten Art definirt ist; d. h.

Lehrsatz V. *Es giebt eine Krystallclasse, welche eine einzige vierzählige Axe zweiter Art besitzt.*

Hat endlich n den Werth 6, ist also $\alpha = 60^0$, so enthält die zugehörige Gruppe sechs Operationen, nämlich die Bewegungen

$$1, \quad \mathfrak{A}^2, \quad \mathfrak{A}^4$$

und die Operationen zweiter Art

$$\overline{\mathfrak{A}}, \quad \overline{\mathfrak{A}}^3, \quad \overline{\mathfrak{A}}^5;$$

die Gerade a ist daher als Drehungsaxe nur dreizählig und ist mithin ebenfalls eine eigentliche Symmetrieaxe der zweiten Art. Die entsprechende Krystallclasse kann aber in diesem Fall noch auf andere Art definirt werden. Es ist nämlich nach Cap. II, IX

$$\overline{\mathfrak{A}}^3 = \mathfrak{A}^3\mathfrak{S}^3 = \mathfrak{A}^3\mathfrak{S};$$

nun ist $\mathfrak{A}^3$ eine Drehung um π, d. h. eine Umklappung, also ist gemäss Cap. II, VIII

$$\overline{\mathfrak{A}}^3 = \mathfrak{J},$$

die Krystallclasse besitzt daher ein Symmetriecentrum. Demnach folgt weiter

$$\overline{\mathfrak{A}}^5 = \overline{\mathfrak{A}}^3\overline{\mathfrak{A}}^2 = \mathfrak{J}\mathfrak{A}^2$$

und ebenso, da ja $\overline{\mathfrak{A}}^6 = 1$ ist,

$$\overline{\mathfrak{A}} = \overline{\mathfrak{A}}^7 = \overline{\mathfrak{A}}^3\mathfrak{A}^4 = \mathfrak{J}\mathfrak{A}^4;$$

die drei vorstehenden Operationen der Gruppe lassen sich daher in der Form

$$\mathfrak{J}, \quad \mathfrak{J}\mathfrak{A}^2, \quad \mathfrak{J}\mathfrak{A}^4$$

darstellen. Alle sechs Operationen lassen sich daher aus der Drehung $\mathfrak{A}^2$, d. h. einer Drehung um 120° und der Inversion zusammensetzen. Daher folgt:

Lehrsatz VI. *Es giebt eine Krystallclasse, die durch eine sechszählige Symmetrieaxe zweiter Art characterisirt ist. Dieselbe kann auch durch eine dreizählige Axe erster Art und ein Symmetriecentrum definirt werden.*

§ 2. Die dreizählige und sechszählige Symmetrieaxe zweiter Art können, wie das vorstehende zeigt, in einfachere Symmetrieeigenschaften aufgelöst werden. Nur für die vierzählige Axe zweiter Art ist dies nicht der Fall; sie ist daher die einzige krystallographisch mögliche Symmetrieaxe zweiter Art, welche nicht durch einfachere Symmetrieeigenschaften ersetzt werden kann.

Wenn eine sechszählige Symmetrieaxe zweiter Art dieselbe Symmetrie repräsentirt, wie eine dreizählige Axe erster Art und ein Symmetriecentrum, so ist auch umgekehrt evident, dass einer Krystallclasse, welche die beiden letztgenannten Symmetrieelemente enthält, auch eine sechszählige Axe zweiter Art zukommt. Es ist im Allgemeinen üblich, die Symmetrieaxen zweiter Art nur dann besonders zu erwähnen, wenn sie, wie oben die vierzählige Axe, nicht durch einfachere Symmetrieelemente ersetzbar sind. Wir werden jedoch, um eine vollständige Aufzählung aller Symmetrieeigenschaften zu erzielen, die Axen zweiter Art bei den bezüglichen Krystallclassen ebenfalls erwähnen. Ueberdies treten dadurch auch die Analogieen, wie sich später (Cap. VII) zeigen wird, deutlicher hervor.

Bemerkung. Die Gruppen $\overline{C}_4$ und $\overline{C}_6$ bezeichnen wir noch durch

$$S_4 \quad \text{resp.} \quad S_6 .$$

Es geschieht dies, weil ihnen (vgl. Cap. VI) diejenigen Unterabtheilungen der Krystallsysteme entsprechen, welche man als „sphenoidisch“ zu bezeichnen pflegt.

Die im Lehrsatz IV beschriebene Krystallclasse ist diejenige, welche in der Bravaisschen Abhandlung über die symmetrischen Polyeder nicht enthalten ist. Sie wird aber in den Études cristallographiques doch erwähnt. Dort geht Bravais von der Aufgabe aus, alle Unterabtheilungen der sieben Krystallsysteme zu ermitteln; hierbei ist ihm die bezügliche Polyederart nicht entgangen. Er sagt darüber folgendes: Un tel polyèdre obéirait à des lois de symétrie différentes de celles que je me suis borné à considérer dans mon Mémoire sur les polyèdres de forme symétrique. Ces polyèdres offriraient cette circonstance digne de remarque que deux faces inversement semblables pourraient être identiques quoique le polyèdre moléculaire ne possédât ni plans, ni centre de symétrie; rien de pareil n'a lieu pour les polyèdres moléculaires que nous nous sommes bornés à considérer jusqu'ici, ou que nous considérerons par la suite.

J'ai exclu les polyèdres qui offriraient ce singulier genre de symétrie de l'étude générale que j'ai faite des polyèdres symétriques, avec d'autant moins de scrupules qu'il ne paraît pas que ce cas singulier se rencontre dans la nature. (Études cristallographiques, Journ. de l'école polytechnique, Heft 34, S. 229.)

Uebrigens hat Bravais das bezügliche Polyeder in der Schlusstabelle doch aufgeführt; vgl. a. a. O. Tabelle IX, S. 275 nebst Anmerkung.

§ 3. Die soeben für $n = 2, 3, 4, 6$ besonders durchgeführte Untersuchung der Gruppen

$$\overline{C}_n = \left\{ \overline{\mathfrak{A}} \left(\frac{2\pi}{n} \right) \right\}$$

soll nun noch für beliebiges n durchgeführt werden. Wir gelangen dadurch zu einer einfachen Uebersicht über alle möglichen Fälle.

Die Frage ist, wann die Symmetrieaxen zweiter Art in einfachere Symmetrieelemente auflösbar sind, d. h. in Axen erster Art, Ebene, resp. Centrum der Symmetrie.

Ist zunächst n eine ungerade Zahl, so ergiebt sich aus Cap. III, 6 unmittelbar, dass die $2n$ Potenzen von $\overline{\mathfrak{A}}$ stets aus der Drehung $\mathfrak{A}$ und einer Spiegelung zusammengesetzt werden können. In diesem Fall ist die n-zählige Axe zweiter Art gleichzeitig n-zählige Axe erster Art.

Ist dagegen n gerade, und setzen wir $n = 2m$, so ist

gemäss Cap. III, 6 die Axe a als Drehungsaxe nur m-zählig. Ferner ist, da bereits

$$\bar{\mathfrak{A}}^n = 1$$

ist, unter den Potenzen von $\bar{\mathfrak{A}}$ eine reine Spiegelung nicht vorhanden. Es fragt sich also nur, ob unter ihnen eine Inversion vorkommt. Wir haben dazu diejenige Operation zu betrachten, deren Winkel π ist, nämlich $\bar{\mathfrak{A}}^m$. Nun ist

$$\bar{\mathfrak{A}}^m = \mathfrak{A}^m \mathfrak{S}^m = \mathfrak{A}(\pi)\mathfrak{S}^m;$$

wenn nun m ungerade ist, so ist

$$\bar{\mathfrak{A}}^m = \mathfrak{A}(\pi)\mathfrak{S} = \mathfrak{J},$$

wenn dagegen m selbst gerade ist, so wird

$$\bar{\mathfrak{A}}^m = \mathfrak{A}(\pi);$$

die Gruppe C_{2m} enthält daher stets und nur dann eine Inversion, wenn m ungerade ist.

Ist zunächst m gerade, d. h. ist n durch 4 theilbar, so giebt es unter den Potenzen von $\bar{\mathfrak{A}}$ weder eine Spiegelung noch eine Inversion, es lässt sich demnach die n-zählige Symmetrieaxe zweiter Art nicht in einfachere Symmetrieelemente auflösen. Der kleinste derartige Werth von n ist 4 selbst; er ist der einzige, der krystallographisch in Frage kommt.

Ist dagegen m ungerade, so kann die n-zählige Axe zweiter Art, wie in dem speciellen Fall $n = 6$, stets durch eine m-zählige Axe erster Art und ein Symmetriecentrum ersetzt werden. Für die Potenzen von $\bar{\mathfrak{A}}$ folgt nämlich, da ja n gerade, m ungerade, also $m - 1$ und $m + 1$ gerade sind,

$$\begin{aligned}
\bar{\mathfrak{A}}^{m-1} &= \mathfrak{A}^{m-1}\mathfrak{S}^{m-1} = \mathfrak{A}^{m-1}, \\
\bar{\mathfrak{A}}^{m} &= \mathfrak{A}^{m}\mathfrak{S}^{m} \quad\;\; = \mathfrak{A}^{m}\mathfrak{S}, \\
\bar{\mathfrak{A}}^{m+1} &= \mathfrak{A}^{m+1}\mathfrak{S}^{m+1} = \mathfrak{A}^{m+1}, \\
&\ldots\ldots\ldots\ldots \\
\bar{\mathfrak{A}}^{n-1} &= \mathfrak{A}^{n-1}\mathfrak{S}^{n-1} = \mathfrak{A}^{n-1}\mathfrak{S},
\end{aligned}$$

also lassen sich die $2m$ Potenzen folgendermassen schreiben

$$\begin{array}{llll}
1, & \mathfrak{A}\mathfrak{S}, & \mathfrak{A}^2, & \ldots \mathfrak{A}^{m-1}, \\
\mathfrak{A}^m\mathfrak{S}, & \mathfrak{A}^{m+1}, & \mathfrak{A}^{m+2}\mathfrak{S}, & \ldots \mathfrak{A}^{n-1}\mathfrak{S}.
\end{array}$$

Nun ist

$$\mathfrak{A}^m\mathfrak{S} = \mathfrak{J},$$

also

$$\mathfrak{A}^{m+2}\mathfrak{S} = \mathfrak{A}^2\mathfrak{J},$$

ferner

$$\mathfrak{A}\mathfrak{S} = \mathfrak{A}^{2m+1}\mathfrak{S} = \mathfrak{A}^{m+1}\mathfrak{J},$$
$$\mathfrak{A}^3\mathfrak{S} = \mathfrak{A}^{2m+3}\mathfrak{S} = \mathfrak{A}^{m+3}\mathfrak{J},$$

d. h. jede dieser Operationen ist dem Product aus $\mathfrak{J}$ und derjenigen Drehung äquivalent, welche in dem obigen Schema resp. über oder unter ihr steht. Die n Potenzen von $\overline{\mathfrak{A}}$ können daher, wie oben für $n = 6$, auch durch

$$1,\ \mathfrak{A}^2\ \cdots\ \mathfrak{A}^{n-2},$$
$$\mathfrak{J},\ \mathfrak{A}^2\mathfrak{J}\ \cdots\ \mathfrak{A}^{n-2}\mathfrak{J}$$

dargestellt werden. Also ergiebt sich insgesammt

Lehrsatz VII. *Eine n-zählige Symmetrieaxe zweiter Art ist, wenn n ungerade ist, gleichzeitig n-zählige Symmetrieaxe erster Art; sie bedingt überdies immer eine Symmetrieebene. Ist n gerade und $n = 2m$, so ist die Axe als Symmetrieaxe der ersten Art nur m-zählig. Ist nun m ungerade, so ist die n-zählige Axe zweiter Art einer m-zähligen Axe erster Art und einem Symmetriecentrum äquivalent, ist aber m selbst gerade, so kann sie nicht in einfachere Symmetrieelemente aufgelöst werden.*

§ 4. **Beziehung der Gruppen zweiter Art zu den Gruppen erster Art.** Die eben abgeleiteten Gruppen bilden das Analogon zu den cyclischen Drehungsgruppen des vorigen Capitels. Dies ist ein Specialfall eines allgemeineren Satzes. Es wird sich ergeben, dass alle Gruppen zweiter Art einer der Drehungsgruppen des vorigen Capitels in analoger Weise zur Seite stehen. Hierzu leiten wir zunächst einige Hilfssätze ab.

1. *Für jede Gruppe zweiter Art bilden die in ihr vorkommenden Drehungen eine Drehungsgruppe.*

B e w e i s. Da das Product von zwei Operationen zweiter Art einer Drehung äquivalent ist, so ist zunächst klar, dass jede Gruppe zweiter Art auch Drehungen enthält. Es sei $\overline{G}$ eine solche Gruppe und

$$1,\ \mathfrak{G}_1,\ \mathfrak{G}_2\ \cdots\ \mathfrak{G}_{\lambda-1}$$

die in ihr enthaltenen λ Drehungen. Das Product zweier von ihnen ist wieder eine Drehung und muss daher in $\overline{G}$, also auch in vorstehender Reihe enthalten sein, womit der Satz bewiesen ist.

Man wird den Inhalt dieses Satzes in den bisher behandelten Fällen leicht bestätigt finden. Die Drehungsgruppe wird immer von denjenigen Potenzen von $\overline{\mathfrak{A}}$ gebildet, welche selbst Drehungen sind. Ist z. B. n eine ungerade Zahl, so zerfallen die $2n$ Operationen, wie Cap. III, Satz VI lehrt, in die n Drehungen

$$1,\ \mathfrak{A},\ \mathfrak{A}^2 \cdots \mathfrak{A}^{n-1},$$

welche eine cyclische Gruppe C_n darstellen, und in die n Operationen zweiter Art

$$\mathfrak{S},\ \mathfrak{A}\mathfrak{S},\ \mathfrak{A}^2\mathfrak{S} \cdots \mathfrak{A}^{n-1}\mathfrak{S}.$$

Dies Beispiel zeigt noch, dass die Zahl der Drehungen der Zahl der Operationen zweiter Art gleich ist. Dies ist eine allgemeine Eigenschaft dieser Gruppen; es gilt nämlich der Satz:

2. Hauptsatz: *Jede Gruppe zweiter Art enthält ebenso viele Drehungen, wie Operationen zweiter Art.*

Es seien

1) $$1,\ \mathfrak{G}_1,\ \mathfrak{G}_2' \cdots \mathfrak{G}_{\lambda-1}$$

die Drehungen der Gruppe $\overline{G}$, und

2) $$\overline{\mathfrak{S}},\ \overline{\mathfrak{S}}_1,\ \overline{\mathfrak{S}}_2 \cdots \overline{\mathfrak{S}}_{\mu-1}$$

die Operationen zweiter Art. Wir beweisen zunächst, dass μ nicht grösser sein kann als λ. Nämlich jedes der Producte, welches durch Multiplication der letzten Reihe mit $\overline{\mathfrak{S}}$ entsteht, d. h.

$$\overline{\mathfrak{S}}^2,\ \overline{\mathfrak{S}}\,\overline{\mathfrak{S}}_1,\ \overline{\mathfrak{S}}\,\overline{\mathfrak{S}}_2 \cdots \overline{\mathfrak{S}}\,\overline{\mathfrak{S}}_{\mu-1}$$

muss der Gruppe $\overline{G}$ angehören. Sind nun alle Operationen der Reihe 2) verschieden, so müssen offenbar auch alle diese Producte verschieden sein, da ja in ihnen auf dieselbe Operation $\overline{\mathfrak{S}}$ lauter verschiedene andere Operationen folgen. Jedes dieser Producte ist aber eine Bewegung, und diese Bewegungen müssen unter den obigen λ Bewegungen enthalten sein; daher kann μ niemals grösser sein als λ.

Andrerseits kann λ auch nicht kleiner sein als μ. Nämlich die Operation, welche durch Multiplication der Reihe 1) mit irgend einer Operation zweiter Art, z. B. mit $\overline{\mathfrak{S}}$ entstehen, d. h.

$$\overline{\mathfrak{S}}, \quad \overline{\mathfrak{S}}\mathfrak{G}_1, \quad \overline{\mathfrak{S}}\mathfrak{G}_2 \cdots \overline{\mathfrak{S}}\mathfrak{G}_{\lambda-1},$$

gehören ebenfalls der Gruppe an. Dies sind nun aber lauter Operationen zweiter Art, überdies sind sie sämmtlich verschieden, da sie aus derselben Operation $\overline{\mathfrak{S}}$ und lauter verschiedenen Bewegungen bestehen; die Gruppe $\overline{G}$ enthält daher sicher λ Operationen zweiter Art. Damit ist der Satz bewiesen. Gleichzeitig zeigen die letzten Erörterungen, dass auch folgender Satz besteht:

3. *Enthält eine Gruppe zweiter Art $\overline{G}$ eine Operation zweiter Art $\overline{\mathfrak{S}}$, so ergeben sich alle ihre Operationen zweiter Art, wenn die Drehungen der in ihr enthaltenen Drehungsgruppe G mit $\overline{\mathfrak{S}}$ multiplicirt werden.*

Diese Gruppe ist also durch die Drehungen von G und die eine Operation $\overline{\mathfrak{S}}$ völlig bestimmt. Man sagt daher auch, dass die Gruppe zweiter Art $\overline{G}$ durch *Multiplication der Gruppe G mit* $\overline{\mathfrak{S}}$ entsteht. Von diesem Sprachgebrauch werden wir im Folgenden häufiger Anwendung machen.

4. *Jede einer Gruppe zweiter Art angehörige Operation zweiter Art führt die Symmetrieaxen der Gruppe in sich über.*

Beweis[1]). Wir denken uns wieder (vgl. S. 63) die N gleichwerthigen Geraden $g, g_1, g_2 \cdots$, deren Symmetriecharacter durch die Gruppe $\overline{G}$ repräsentirt wird, so dass also diese Geraden durch jede Operation von $\overline{G}$ unter sich zur Deckung gelangen.

Nun sei $\overline{\mathfrak{S}}$ irgend eine Operation zweiter Art von $\overline{G}$. In Folge derselben möge die Symmetrieaxe a in die Lage a' und die Geraden $g, g_1, g_2 \cdots$ resp. in $g', g_1', g_2' \cdots$ übergehen, wo natürlich $g', g_1', g_2' \cdots$ von $g, g_1, g_2 \cdots$ nur in der Bezeichnung verschieden sind. Wie evident, hat a' zu $g', g_1', g_2' \cdots$ dieselbe Lage, wie a zu $g, g_1, g_2 \cdots$. Nun ist a eine p-zählige Symmetrieaxe für $g, g_1, g_2 \cdots$, daher ist auch a' eine p-zählige Symmetrieaxe für $g', g_1', g_2' \cdots$; folglich, da die Geraden g_i'

1) Vgl. den analogen Beweis des Hilfssatzes in Cap. IV, 6.

dieselben Geraden sind wie die g_i, so ist a' auch p-zählige Symmetrieaxe für die Geraden $g, g_1, g_2 \cdots$ Die p-zählige Symmetrieaxe wird also durch die Operation $\overline{\mathfrak{S}}$ wieder in eine p-zählige Symmetrieaxe übergeführt und da dies für jede Symmetrieaxe von G gilt, so ist der Satz damit bewiesen.

5. *Ist $\overline{\mathfrak{S}}$ eine Operation zweiter Art, welche das Axensystem einer Drehungsgruppe G in sich überführt, so giebt es stets eine Gruppe zweiter Art, die durch die Gruppe G und die Operation $\overline{\mathfrak{S}}$ bestimmt ist, die also durch Multiplication von G mit $\overline{\mathfrak{S}}$ entsteht.*

Beweis. Es seien

$$1, \mathfrak{G}_1, \mathfrak{G}_2 \cdots \mathfrak{G}_{\lambda-1}$$

die Drehungen der Gruppe G; jede derselben führt das Axensystem von G in sich über. Dies gilt daher auch von den Operationen

$$\overline{\mathfrak{S}}, \overline{\mathfrak{S}}\mathfrak{G}_1 \cdots \overline{\mathfrak{S}}\mathfrak{G}_{\lambda-1},$$

da ja nach Voraussetzung $\overline{\mathfrak{S}}$ die Axen von G in sich überführt.

Gleichzeitig folgt aber, dass es andere Deckoperationen für diese Axen nicht geben kann. Denn wäre dies doch der Fall, so müssten nach Hilfssatz 2 darunter auch Drehungen sein, was aber unmöglich ist. Obige Deckoperationen bilden daher in der That zusammen eine Gruppe zweiter Art. Damit ist der Satz bewiesen.

Endlich bedürfen wir noch eines letzten Hilfssatzes. Nämlich, es seien aus G durch Multiplication mit $\overline{\mathfrak{S}}$ und $\overline{\mathfrak{S}}_1$ zwei Gruppen zweiter Art $\overline{G}$ resp. $\overline{G}_1$ abgeleitet, so ist noch die Frage zu erledigen, ob $\overline{G}$ und $\overline{G}_1$ immer verschiedene Gruppen sind, resp. wann dies nicht der Fall ist. Hierüber gilt folgender Satz:

6. *Ist jede der Operationen zweiter Art $\overline{\mathfrak{S}}$ resp. $\overline{\mathfrak{S}}_1$ eine Spiegelung oder Inversion und ist ihr Product einer Bewegung von G äquivalent, so sind die Gruppen zweiter Art, die aus G durch Multiplication mit $\overline{\mathfrak{S}}$ und $\overline{\mathfrak{S}}_1$ gebildet werden können, identisch*[1]).

---

1) Der Satz gilt auch, wenn $\overline{\mathfrak{S}}$ und $\overline{\mathfrak{S}}_1$ beliebige Operationen sind; wir bedürfen aber seiner nur in dem speciellen Fall.

Es seien $\overline{G}$ resp. $\overline{G_1}$ die Gruppen, die aus G durch Multiplication mit $\overline{\mathfrak{S}}$ resp. $\overline{\mathfrak{S}}_1$, entstehen. Ist nun

$$\overline{\mathfrak{S}}\,\overline{\mathfrak{S}}_1 = \mathfrak{G}_\varrho,$$

wo $\mathfrak{G}_\varrho$ irgend eine Drehung der Gruppe G bedeutet, so folgt durch Multiplication mit $\overline{\mathfrak{S}}$, da ja in den hier betrachteten Fällen $\overline{\mathfrak{S}}^2 = 1$ ist,

$$\overline{\mathfrak{S}}_1 = \overline{\mathfrak{S}}\,\mathfrak{G}_\varrho,$$

d. h., die Operation $\overline{\mathfrak{S}}_1$ gehört der Gruppe $\overline{G}$ an. Die Gruppe $\overline{G}$ kann daher gemäss Hilfssatz 3 auch durch Multiplication von G mit $\overline{\mathfrak{S}}_1$ erhalten werden; d. h. aber $\overline{G}$ und $\overline{G}_1$ sind identisch.

Andrerseits ist auch evident, dass wenn $\overline{G}$ und $\overline{G}_1$ dieselbe Gruppe zweiter Art vorstellen, $\overline{\mathfrak{S}}$ und $\overline{\mathfrak{S}}_1$ gleichzeitig dieser Gruppe angehören müssen; es muss daher $\overline{\mathfrak{S}}\,\overline{\mathfrak{S}}_1$ eine Bewegung von G sein.

§ 5. **Eintheilung der Gruppen zweiter Art.** Wir können nunmehr zu einer systematischen Ableitung der Gruppen zweiter Art, resp. der zugehörigen Krystallclassen übergehen. Wir haben von den im vorigen Capitel aufgestellten Drehungsgruppen auszugehen und alle Operationen zweiter Art auszuspüren, welche das Axensystem der Gruppe in sich überführen. Jede derselben erzeugt nach Hilfssatz 5 eine Gruppe zweiter Art.

Die Gruppen zweiter Art zerfallen also wieder in Gruppen mit einer Hauptaxe, in solche mit einer Hauptaxe und einer Schaar zu ihr senkrechter Nebenaxen und in diejenigen Gruppen, welche mit den regelmässigen Körpern gebildet sind. Haben wir dieselben sämmtlich aufgestellt, so ist an der Hand des letzten Hilfssatzes nur noch zu prüfen, ob alle so erhaltenen Gruppen auch wirklich verschieden sind oder nicht.

§ 6. **Gruppen zweiter Art mit einer Symmetrieaxe.** Für den Fall, dass die Symmetrieaxe a von der zweiten Art ist, haben wir die bezüglichen Gruppen schon oben aufgestellt.

Ist die Symmetrieaxe von der ersten Art, so ergeben sich die zugehörigen Gruppen zweiter Art im Anschluss an die vorstehenden Hilfssätze folgendermassen. Es sei die Symmetrieaxe a n-zählig, so dass die Drehungen der Gruppe erster Art G resp.

$$1, \quad \mathfrak{A}, \quad \mathfrak{A}^2 \ldots \mathfrak{A}^{n-1}$$

sind. Aus ihr ergiebt sich eine Gruppe $\overline{G}$ durch Multiplication dieser Potenzen mit einer Operation zweiter Art, welche die Axe a in sich überführt. Solcher Operationen kann es, wie wir sofort zeigen werden, im ganzen drei geben. Nämlich eine Drehspiegelung ist ausgeschlossen, da ja nur die eine Symmetrieaxe a existiren und eine Axe erster Art sein soll. Es können daher nur Spiegelung und Inversion, d. h. also Symmetrieebene und Symmetriecentrum in Frage kommen, und zwar ist die Symmetrieebene entweder senkrecht zur Axe, oder sie enthält dieselbe. Um die Begriffe zu fixiren, wollen wir uns die Symmetrieaxe a vertical vorstellen, alsdann ist die spiegelnde Ebene entweder vertical oder horizontal zu denken. Bezeichnen wir die Spiegelung, je nachdem die Ebene derselben vertical oder horizontal liegt, durch $\mathfrak{S}_v$, resp. $\mathfrak{S}_h$, so sind also

$$\mathfrak{J}, \quad \mathfrak{S}_v, \quad \mathfrak{S}_h$$

diejenigen drei Operationen zweiter Art, mit denen sich eine Gruppe zweiter Art bilden lässt, welche die Drehungen $1, \mathfrak{A}, \mathfrak{A}^2 \ldots \mathfrak{A}^{n-1}$ enthält.

Wir können daher aus jeder der cyclischen Gruppen auf drei verschiedene Arten eine Gruppe zweiter Art ableiten.

Es ist aber noch zu untersuchen, ob die so gebildeten Gruppen auch sämmtlich verschieden sind. Wir haben dazu nach Hilfssatz 6 die Producte

$$\mathfrak{J}\mathfrak{S}_h, \quad \mathfrak{J}\mathfrak{S}_v, \quad \mathfrak{S}_v\mathfrak{S}_h$$

zu betrachten. Die beiden letzten sind gemäss Cap. III, 7 Umklappungen um eine zu a senkrechte Axe; dieselbe ist von allen Potenzen von $\mathfrak{A}$ verschieden. Dagegen ist das erste Product eine Umklappung um die Symmetrieaxe a; und diese ist unter den Potenzen von $\mathfrak{A}$ enthalten oder nicht, je nachdem n gerade oder ungerade ist. Daraus folgt:

Lehrsatz VIII. *Ist n ungerade, so ergeben sich drei verschiedene Gruppen zweiter Art; ist n gerade, nur zwei.*

Da diese Gruppen durch die in ihnen enthaltene Drehungsgruppe C_n und die bezügliche Operation zweiter Art vollständig bestimmt sind, so bezeichnen wir sie, wie folgt:

$$C_n^i = \{C_n,\ \mathfrak{J}\},$$
$$C_n^v = \{C_n,\ \mathfrak{S}_v\},$$
$$C_n^h = \{C_n,\ \mathfrak{S}_h\},$$

wobei zu beachten, dass die letztere Gruppe nur dann besonders zu zählen ist, wenn n ungerade ist.

§ 7. Für $n = 3$ erhalten wir drei verschiedene Gruppen. Die erste derselben,

$$C_3^i = \{C_3,\ \mathfrak{J}\},$$

enthält die sechs Operationen

$$1,\quad \mathfrak{A},\quad \mathfrak{A}^2,$$
$$\mathfrak{J},\quad \mathfrak{J}\mathfrak{A},\quad \mathfrak{J}\mathfrak{A}^2,$$

sie ist daher mit der oben S. 76 erwähnten Gruppe identisch. Die dreizählige Hauptaxe ist daher gleichzeitig eine sechszählige Symmetrieaxe zweiter Art, wie es übrigens auch dem Lehrsatz VII entspricht.

Die zweite Gruppe ist

$$C_3^h = \{C_3,\ \mathfrak{S}_h\};$$

sie ist, da sie die Spiegelung $\mathfrak{S}_h$ enthält, ebenfalls mit einer schon oben erwähnten Gruppe identisch, nämlich mit der Gruppe des Lehrsatzes IV.

Die dritte Gruppe ist

$$C_3^v = \{C_3,\ \mathfrak{S}_v\}.$$

Sie enthält die Drehungen

$$1,\quad \mathfrak{A},\quad \mathfrak{A}^2$$

und die Operationen zweiter Art

$$\mathfrak{S}_v,\quad \mathfrak{A}\mathfrak{S}_v,\quad \mathfrak{A}^2\mathfrak{S}_v.$$

Jeder derselben entspricht gemäss Cap. II, 7 eine durch a gehende Symmetrieebene; dieselben schneiden sich unter einem Winkel von 60°. Zu dieser Gruppe sind wir noch nicht gelangt. Die zugehörige Krystallclasse enthält eine dreizählige Symmetrieaxe und drei durch sie gehende Symmetrieebenen, die sich unter gleichen Winkeln schneiden; d. h.

Lehrsatz IX. *Es giebt eine Krystallclasse, welche durch eine dreizählige Symmetrieaxe und drei durch sie gehende Symmetrieebenen definirt ist.*

§ 8. Ist n gerade, hat es also die Werthe 2, 4, 6, so giebt es nur je zwei Gruppen, nämlich

$$C_n^h = \{C_n, \mathfrak{S}_h\} = \{C_n, \mathfrak{J}\}$$

und

$$C_n^v = \{C_n, \mathfrak{S}_v\}.$$

Die erstere enthält die Bewegungen

$$1, \ \mathfrak{A}, \ \mathfrak{A}^2 \dots \mathfrak{A}^{n-1}$$

und die Operationen zweiter Art

$$\mathfrak{S}_h, \ \mathfrak{A}\mathfrak{S}_h, \ \mathfrak{A}^2\mathfrak{S}_h \dots \mathfrak{A}^{n-1}\mathfrak{S}_h.$$

Unter denselben ist natürlich auch die Inversion $\mathfrak{J}$ enthalten; in der That ist ja

$$\mathfrak{A}^{\frac{n}{2}}\mathfrak{S}_h = \mathfrak{A}(\pi)\mathfrak{S}_h = \mathfrak{J}.$$

Die übrigen Operationen der zweiten Zeile drücken aus, dass die Hauptaxe gleichzeitig als Symmetrieaxe zweiter Art aufgefasst werden kann, aber auch höchstens als n-zählige. Darin spricht sich keine neue Symmetrieeigenschaft aus. Die entsprechende Krystallclasse ist daher durch eine n-zählige Axe, eine zu ihr senkrechte Symmetrieebene und ein Symmetriecentrum ausgezeichnet; d. h.

Lehrsatz X. *Für gerades n, d. h. $n = 2, 4, 6$, giebt es je eine Krystallclasse, die eine n-zählige Symmetrieaxe, eine zu derselben senkrechte Symmetrieebene, sowie ein Symmetriecentrum besitzt.*

Die Gruppe C_n^v enthält ebenfalls die n Drehungen

$$1, \ \mathfrak{A}, \ \mathfrak{A}^2 \dots \mathfrak{A}^{n-1},$$

sowie die n Operationen zweiter Art

$$\mathfrak{S}_v, \ \mathfrak{A}\mathfrak{S}_v, \ \mathfrak{A}^2\mathfrak{S}_v \dots \mathfrak{A}^{n-1}\mathfrak{S}_v.$$

Aus der Existenz der durch die Axe a gehenden Symmetrieebene folgt nach Cap. III, VIII, dass im ganzen n solcher Ebenen vorhanden sind. Die obigen n Operationen zweiter Art repräsentiren genau die Spiegelungen an diesen n Ebenen. Also folgt:

Lehrsatz XI. *Für gerades n, d. h. $n = 2, 4, 6$, giebt es je eine Krystallclasse, welche eine n-zählige Symmetrieaxe, sowie n durch sie hindurchgehende Symmetrieebenen besitzt.*

§ 9. Die soeben für die Werthe $n = 2, 3, 4, 6$ im Einzelnen durchgeführte Untersuchung, welche von den Gruppen

$$C_n^i, \quad C_n^h, \quad C_n^v$$

sich schon unter den Gruppen mit einer einzigen Symmetrieaxe zweiter Art vorfinden, möge, um eine bessere Uebersicht über die Einzelresultate zu erzielen, wieder für beliebige Werthe n durchgeführt werden. Es ergeben sich unmittelbar die folgenden Resultate:

1) Die Gruppe C_n^i kommt gemäss Lehrsatz VIII überhaupt nur für ungerades n in Frage; sie ist aber stets mit der Gruppe $\overline{C}_{2n}$ identisch. In der That zeigt ja Lehrsatz VII, dass die Gruppe $\overline{C}_{2n}$ für ungerades n neben einer n-zähligen Axe erster Art immer ein Symmetriecentrum enthält.

2) Die Gruppe C_n^h ist für ungerades n mit der Gruppe $\overline{C}_n$ identisch; ist n gerade, so repräsentirt sie eine neue Gruppe. In der That folgt ja aus Cap. III, 6, dass für ungerades n unter den Operationen der Gruppe $\overline{C}_n$ die Spiegelung $\mathfrak{S}$ enthalten ist, für gerades n aber nicht.

Da die Gruppe $\overline{C}_n$ für ungerades n eine n-zählige Axe erster Art besitzt, so ziehen wir vor, sie für derartige Werthe von n durch C_n^h zu bezeichnen.

3) Die Gruppe C_n^v enthält verticale Symmetrieebenen, kann daher niemals mit einer Gruppe identisch sein, die nur eine Symmetrieaxe zweiter Art besitzt. Also folgt:

Es giebt im ganzen vier verschiedene Typen von Gruppen mit einer einzigen Symmetrieaxe, nämlich die Gruppen C_n, C_n^v und C_n^h für jedes n, und die Gruppen $\overline{C}_n$ für gerades n.

Es existiren demnach im ganzen vier verschiedene Gattungen von Krystallclassen, die eine einzige Symmetrieaxe besitzen. Bezeichnen wir wieder die Gruppen $\overline{C}_n$, für gerades n, wie oben in § 2 geschehen, durch S_n, so sind dies diejenigen, welche den Gruppen

$$C_n, \quad C_n^h, \quad C_n^v, \quad S_n$$

entsprechen. Die drei ersteren besitzen eine n-zählige Axe erster Art, die letzteren nur eine n-zählige Axe zweiter Art.

Bemerkung. Hiermit sind die Erörterungen über diejenigen Gruppen, für welche nur eine einzige Symmetrieaxe der ersten oder zweiten Art vorhanden ist, abgeschlossen. Wir fügen denselben noch eine Bemerkung hinzu. Sie betrifft den Umstand, dass wir im Vorstehenden niemals direct von einer zweizähligen Symmetrieaxe zweiter Art gesprochen haben. Dies erklärt sich folgendermassen. Diejenige Operation, welche für die zweizählige Symmetrieaxe zweiter Art characteristisch ist, ist die Inversion, die Axe stellt daher dieselbe Symmetrieeigenschaft dar, wie ein Centrum der Symmetrie. Für ein Symmetriecentrum giebt es aber keinerlei ausgezeichnete Richtung mehr, *jede* zweizählige Axe zweiter Art ist ihm äquivalent. Aus diesem Grunde ist es angezeigt, die Axen zweiter Art ganz aus dem Spiele zu lassen; es könnte sich sonst leicht die irrthümliche Auffassung bilden, dass auch für sie die durch die Axe repräsentirte Richtung eine besondere Bedeutung für die bezügliche Symmetrieeigenschaft hat.

§ 10. **Allgemeiner Satz über die Ableitung der Gruppen zweiter Art.** Die Aufstellung der übrigen Gruppen zweiter Art, resp. der entsprechenden Krystallclassen, wird durch eine einfache Ueberlegung, die wir vorausschicken wollen, beträchtlich erleichtert. Wir fassen zu diesem Zwecke wieder die Kugel ins Auge, deren Centrum der Schnittpunkt O aller Axen ist, und markiren ihre Durchschnittspunkte mit den Axen. Dadurch entsteht in jedem Fall ein reguläres Polyeder, und zwar entweder eine Doppelpyramide oder einer der regelmässigen Körper.

Sei nun G eine der entsprechenden Drehungsgruppen. Sie enthalte $2k$ Drehungen, so besitzt das bezügliche Polyeder (Cap. IV, 9) k Kanten, die sich bei diesen Drehungen auf alle mögliche Weise vertauschen; und zwar ist, wie wir sahen, jede Drehung bestimmt, wenn bekannt ist, mit welcher Polyederkante irgend eine derselben — sie heisse wieder AB — zusammenfällt. Nun sei wieder $\overline{G}$ eine Gruppe zweiter Art, welche G als Drehungsgruppe enthält. Ist $\overline{\mathfrak{S}}$ eine ihrer

Operationen zweiter Art, so führt sie die Axen von G, also auch das zugehörige Polyeder in sich über, und zwar natürlich ebenfalls so, dass die k Kanten sich unter einander vertauschen. Es wird daher durch die Operation $\overline{\mathfrak{S}}$ die Kante AB mit irgend einer Kante $A'B'$ zusammenfallen, so dass A mit A' und B mit B' coincidirt.

Es giebt aber auch unter den Drehungen der Gruppe G eine, welche die Kante AB mit der Kante $A'B'$ auf die angegebene Art zusammenfallen lässt; dieselbe sei $\mathfrak{G}_\varrho$. Denken wir uns nun erst die Operation $\overline{\mathfrak{S}}$ und dann eine Spiegelung $\mathfrak{S}$ gegen die Ebene $OA'B'$ ausgeführt, so sind diese beiden Operationen einer Bewegung äquivalent, und das ist, da die Spiegelung $\mathfrak{S}$ die Punkte $A'B'$ unverändert lässt, genau diejenige, welche die Polyederkante AB auf $A'B'$ fallen lässt, d. h. die Bewegung $\mathfrak{G}_\varrho$. Es besteht also die Gleichung

$$\overline{\mathfrak{S}}\mathfrak{S} = \mathfrak{G}_\varrho.$$

Ist nun $\overline{\mathfrak{S}}$ eine solche Operation zweiter Art, dass

$$\overline{\mathfrak{S}}^n = 1$$

ist, so folgt, wenn wir die erste Gleichung von links mit $\overline{\mathfrak{S}}^{n-1}$ multipliciren,

$$\mathfrak{S} = \overline{\mathfrak{S}}^{n-1}\mathfrak{G}_\varrho;$$

die Gruppe $\overline{G}$ enthält daher unter ihren Operationen auch die Spiegelung $\mathfrak{S}$. Nach Hilfssatz 3 kann demgemäss *die Gruppe zweiter Art* $\overline{G}$ *durch Multiplication der Drehungsgruppe* G *mit der Spiegelung* $\mathfrak{S}$ *gebildet werden.*

Da somit *jede* Gruppe zweiter Art durch Multiplication mit einer reinen Spiegelung gebildet werden kann, so haben wir, um aus der Drehungsgruppe G eine Gruppe zweiter Art $\overline{G}$ abzuleiten, als erzeugende Operationen nur einfache Spiegelungen ins Auge zu fassen.

Wir haben daher nur die Frage zu discutiren, ob es Spiegelungen giebt, welche das Axensystem einer Gruppe G in sich überführen. Jede hierzu geeignete Spiegelung $\mathfrak{S}$ führt nach Hilfssatz 5 zu einer Gruppe zweiter Art.

§ 11. **Die Diedergruppen zweiter Art.** Bei den Diedergruppen kann die Symmetrieebene sowohl horizontal als vertical laufen; im letzteren Fall muss sie entweder eine Nebenaxe enthalten, oder den Winkel zweier nächsten Nebenaxen halbiren. Wir bezeichnen die zugehörigen Spiegelungen wieder durch $\mathfrak{S}_h$, resp. $\mathfrak{S}_v$. Jede von ihnen führt zu einer Gruppe zweiter Art; es ist nur zu prüfen, ob beide verschieden sind.

Die mit der horizontalen Spiegelung $\mathfrak{S}_h$ gebildete Gruppe zweiter Art bezeichnen wir durch

$$D_n^h = \{D_n, \mathfrak{S}_h\}.$$

Das Product $\mathfrak{S}_h \mathfrak{S}_v$ ist (Cap. II, 7) einer Umklappung um die Schnittlinie der spiegelnden Ebenen äquivalent; daher kann gemäss Hilfssatz 6 die Operation $\mathfrak{S}_v$ nur dann zu einer von D_n^h verschiedenen Gruppe führen, und ist daher nur dann zu berücksichtigen, wenn die bezügliche Symmetrieebene den Winkel zweier Nebenaxen halbirt. Indem wir sie in dieser Lage als eine Diagonalebene auffassen, bezeichnen wir die zugehörige Spiegelung durch $\mathfrak{S}_d$ und die vermittelst $\mathfrak{S}_d$ gebildete Gruppe zweiter Art durch

$$D_n^d = \{D_n, \mathfrak{S}_d\},$$

Diese Gruppen, resp. die zugehörigen Krystallclassen sind nun wieder genauer zu erörtern. Von besonderem Interesse sind für uns die einfachen Symmetrieelemente, durch welche jede Gruppe, resp. jede Krystallclasse ausgezeichnet ist. Wir können sie wie bisher aus dem Schema, welches die Gesammtheit der Operationen bilden, durch Deutung dieser Operationen unmittelbar ablesen. Sie lassen sich aber auch ableiten, ohne dass es nöthig wäre, dieses Schema zu benutzen. Die Symmetrieelemente der Diedergruppen zweiter Art bestehen nämlich einerseits aus den Symmetrieaxen der Drehungsgruppe D_n, andrerseits natürlich aus denjenigen, welche durch die Symmetrieaxen und die Spiegelung $\mathfrak{S}_h$ resp. $\mathfrak{S}_d$ bestimmt werden. Um dieselben in jedem Fall zu ermitteln, bedürfen wir ausser den oben (§ 4) abgeleiteten Sätzen noch des folgenden Hilfssatzes:

Wird die Diedergruppe D_n mit der Spiegelung $\mathfrak{S}_d$ erweitert, so wird die n-zählige Hauptaxe dadurch eine $2n$-zählige Symmetrieaxe zweiter Art.

Wir nehmen die Symmetrieebene von $\mathfrak{S}_d$ so an, dass sie (vgl. Fig. 9, S. 61) den Winkel zwischen den Nebenaxen u und u_1 halbirt, merken an, dass

$$\sphericalangle(uu_1) = \frac{\pi}{n}$$

ist und betrachten das Product $\mathfrak{U}\mathfrak{S}_d$. Ist nun $\mathfrak{S}_h$ wieder eine horizontale Spiegelung, $\mathfrak{S}_v$ eine verticale, deren Ebene durch u geht, so ist gemäss Cap. II, 7

$$\mathfrak{U} = \mathfrak{S}_h \mathfrak{S}_v,$$

folglich ist

$$\mathfrak{U}\mathfrak{S}_d = \mathfrak{S}_h \mathfrak{S}_v \mathfrak{S}_d$$

und da die Ebenen von $\mathfrak{S}_v$ und $\mathfrak{S}_d$ den Winkel $\pi : 2n$ einschliessen, so folgt weiter (vgl. Cap. II, 7)

$$\mathfrak{U}\mathfrak{S}_d = \mathfrak{S}_h \mathfrak{A}\left(\frac{\pi}{n}\right).$$

Das Product $\mathfrak{U}\mathfrak{S}_d$ ist daher in der That einer solchen Drehspiegelung um die Axe a äquivalent, dass die Axe a dadurch eine $2n$-zählige Symmetrieaxe zweiter Art wird.

Hieraus ziehen wir sofort die wichtige Folgerung, *dass die vorstehenden Gruppen für $n = 4$ und $n = 6$ keine krystallographische Bedeutung mehr haben können; wirkliche Krystallclassen können ihnen nur für $n = 2$ und $n = 3$ entsprechen.*

§ 12. Für $n = 2$ ist D_n die Vierergruppe V; die ihr entsprechenden Krystallclassen sollen wieder besonders erörtert werden. Wir bezeichnen die bezüglichen Gruppen resp. durch

$$V^h = \{V, \mathfrak{S}_h\},$$
$$V^d = \{V, \mathfrak{S}_d\}.$$

Die Operationen der Gruppe V^h sind

$$1, \quad \mathfrak{U}, \quad \mathfrak{B}, \quad \mathfrak{W},$$
$$\mathfrak{S}_h, \quad \mathfrak{U}\mathfrak{S}_h, \quad \mathfrak{B}\mathfrak{S}_h, \quad \mathfrak{W}\mathfrak{S}_h.$$

Da die Symmetrieebene σ, welche der Spiegelung $\mathfrak{S}_h$ entspricht, die Axen u und v enthält, so existiren noch zwei andere zu σ senkrechte Symmetrieebenen (Cap. III, VIII). Sie entsprechen der zweiten und dritten unter den Operationen der zweiten Zeile. Die letzte dieser Operationen zeigt, dass (Cap. III, X) auch ein Symmetriecentrum vorhanden ist.

Dagegen sind die Operationen der Gruppe V^d

$$1, \quad \mathfrak{U}, \quad \mathfrak{V}, \quad \mathfrak{W},$$
$$\mathfrak{S}_d, \quad \mathfrak{U}\mathfrak{S}_d, \quad \mathfrak{V}\mathfrak{S}_d, \quad \mathfrak{W}\mathfrak{S}_d.$$

Die Ebene σ der Spiegelung $\mathfrak{S}_d$ geht durch die w-Axe, ohne eine der andern Axen zu enthalten. In diesem Falle giebt es daher nur noch eine zweite Symmetrieebene; sie geht ebenfalls durch w und steht senkrecht auf σ. Ihr entspricht die letzte unter den Operationen der zweiten Zeile. Die andern Operationen zeigen, dass gemäss dem obigen Hilfssatze die Hauptaxe gleichzeitig eine vierzählige Symmetrieaxe zweiter Art ist. Wir erhalten demnach folgende Sätze:

Lehrsatz XII. *Es giebt eine Krystallclasse, welche drei zweizählige Symmetrieaxen besitzt, drei zu einander senkrechte Symmetricebenen, welche je zwei dieser Axen enthalten, und ein Symmetriecentrum.*

Lehrsatz XIII. *Es giebt eine Krystallclasse, welche eine vierzählige Hauptaxe zweiter Art besitzt, zwei zu ihr und unter einander senkrechte zweizählige Symmetrieaxen sowie zwei Symmetrieebenen, welche durch die Hauptaxe gehen und die von den andern Axen gebildeten Winkel halbiren.*

§ 13. Die Fälle $n = 3, 4, 6$ wollen wir gemeinsam betrachten. Wir fassen zunächst die Gruppen

$$D_n{}^h = \{D_n, \mathfrak{S}_h\}$$

ins Auge. Die zugehörigen Operationen sind:

$$\begin{array}{llll} 1, & \mathfrak{A}, & \mathfrak{A}^2 & \cdots \mathfrak{A}^{n-1}, \\ \mathfrak{U}, & \mathfrak{U}_1, & \mathfrak{U}_2 & \cdots \mathfrak{U}_{n-1}, \\ \mathfrak{S}_h, & \mathfrak{A}\mathfrak{S}_h, & \mathfrak{A}^2\mathfrak{S}_h & \cdots \mathfrak{A}^{n-1}\mathfrak{S}_h, \\ \mathfrak{U}\mathfrak{S}_h, & \mathfrak{U}_1\mathfrak{S}_h, & \mathfrak{U}_2\mathfrak{S}_h & \cdots \mathfrak{U}_{n-1}\mathfrak{S}_h. \end{array}$$

Die horizontale Symmetrieebene, welche der Spiegelung $\mathfrak{S}_h$ entspricht, enthält n zweizählige Symmetrieaxen, daher existiren (Cap. III, VIII) noch n andere Symmetrieebenen, welche durch die n-zählige Hauptaxe gehen; sie entsprechen, wie leicht zu sehen, den n Operationen der vierten Zeile. Ist $n = 4$ oder 6, so ist unter den Drehungen, welche um die Hauptaxe stattfinden, auch eine Umklappung vorhanden; daher giebt es gemäss Cap. III, X in der bezüglichen Krystallclasse ein

Symmetriecentrum[1]). Für $n = 3$ kann dies jedoch nicht der Fall sein; also folgt:

Lehrsatz XIV. *Es giebt eine Krystallclasse, welche eine dreizählige Hauptaxe, drei zweizählige Nebenaxen und* $3 + 1$ *Symmetrieebenen besitzt; eine dieser Ebenen steht auf der Hauptaxe senkrecht, jede der andern enthält die Hauptaxe und je eine Nebenaxe.*

Lehrsatz XV. *Für* $n = 4$ *oder 6 giebt es je eine Krystallclasse, welche eine n-zählige Hauptaxe, n zu ihr senkrechte Nebenaxen, ein Symmetriecentrum und* $n + 1$ *Symmetrieebenen besitzt. Die eine Ebene steht auf der Hauptaxe senkrecht, die andern verbinden die Hauptaxe mit je einer Nebenaxe.*

§ 14. Die Gruppen D_n^d kommen gemäss § 11 nur für $n = 2$ und $n = 3$ in Frage. Dem Werth $n = 2$ entspricht die Vierergruppe V^d, die wir oben betrachtet haben. Es ist daher nur noch die Gruppe

$$D_3^d = \{D_3, \mathfrak{S}_d\}$$

zu erörtern. Ihre Operationen sind

$$\begin{array}{llllll} 1, & \mathfrak{A}, & \mathfrak{A}^2, & \mathfrak{S}_d, & \mathfrak{A}\mathfrak{S}_d, & \mathfrak{A}^2\mathfrak{S}_d, \\ \mathfrak{U}, & \mathfrak{U}_1, & \mathfrak{U}_2, & \mathfrak{U}\mathfrak{S}_d, & \mathfrak{U}_1\mathfrak{S}_d, & \mathfrak{U}_2\mathfrak{S}_d. \end{array}$$

Die Symmetrieebene, welche der Spiegelung $\mathfrak{S}_d$ entspricht, enthält die Hauptaxe a, es giebt daher drei solcher Symmetrieebenen. Sie entsprechen den drei Operationen der dritten Zeile[2]). Weil (vgl. Fig. 18)[3]) die Ebene σ_d auf einer der zweizähligen Nebenaxen senkrecht steht, so existirt auch ein Symmetriecentrum. Ueberdies ist die Hauptaxe als Symmetrieaxe zweiter Art sechszählig. Also folgt:

Fig. 18.

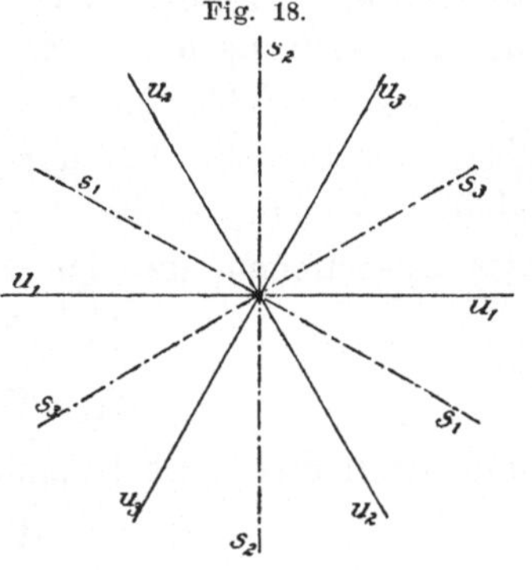

1) Es entspricht einer Operation der dritten Zeile. Alle diese Operationen bedeuten Drehspiegelungen um die Axe a (vgl. oben § 8).

2) Die Operationen der vierten Zeile bedeuten wieder Drehspiegelungen bezüglich der Axe a.

3) Die Geraden s_1, s_2, s_3 sind Schnittlinien der horizontalen und verticalen Symmetrieebenen.

Lehrsatz XVI. *Es giebt eine Krystallclasse, welche eine sechszählige Hauptaxe zweiter Art, drei zu ihr senkrechte dreizählige Nebenaxen, ein Symmetriecentrum und drei Symmetrieebenen besitzt, welche durch die Hauptaxe gehen und die von den zweizähligen Axen gebildeten Winkel halbiren.*

§ 15. Um den Zusammenhang der Diedergruppen mit den cyclischen Gruppen ins rechte Licht zu setzen, geben wir noch einen zweiten Weg an, auf welchem man zu den Diedergruppen zweiter Art gelangt. Wir knüpfen dazu an die Frage an, ob sich aus den Gruppen $\overline{C}_n$ mit einer Symmetrieaxe zweiter Art in ähnlicher Weise Diedergruppen ableiten lassen, wie aus den cyclischen Gruppen mit Symmetrieaxen erster Art.

Soll es eine Gruppe geben, welche eine n-zählige Axe a zweiter Art, ausser ihr aber noch andere Axen besitzt, so muss jede Operation der Gruppe nach Hilfssatz 4 die Axe a in sich überführen. Ausser der Axe a kann daher die bezügliche Gruppe nur noch zweizählige Axen enthalten und zwar enthält sie, wenn sie eine enthält, auch diejenigen, welche aus dieser durch die Operation $\overline{\mathfrak{A}}$ hervorgehen, d. h. n solcher Axen. Andrerseits gelangen wir aber auch wirklich, wenn wir die Gruppe $\overline{C}_n$ mit einer Umklappung multipliciren, zu einer der Diedergruppen zweiter Art.

Dies ergiebt sich wie folgt. Zunächst ist zu bemerken, dass nach Lehrsatz VII nur gerade Zahlen n zu berücksichtigen sind. Ist nun wieder $n = 2m$, so enthält die Gruppe $\overline{C}_n$ $2m$ Operationen, die sich wie folgt schreiben lassen:

$$1, \quad \mathfrak{A}^2 \cdots \mathfrak{A}^{n-2},$$
$$\overline{\mathfrak{A}}, \quad \overline{\mathfrak{A}}^3 \cdots \overline{\mathfrak{A}}^{n-1},$$

und wenn diese mit $\mathfrak{U}$ multiplicirt werden, so ergiebt sich

$$\mathfrak{U}, \quad \mathfrak{U}\mathfrak{A}^2 \cdots \mathfrak{U}\mathfrak{A}^{n-2},$$
$$\mathfrak{U}\overline{\mathfrak{A}}, \quad \mathfrak{U}\overline{\mathfrak{A}}^3 \cdots \mathfrak{U}\overline{\mathfrak{A}}^{n-1}.$$

Nun ist, wie aus Cap. IV, 4 folgt

$$\mathfrak{U}\mathfrak{A}^2 = \mathfrak{U}_1 \cdots,$$

d. h. die erste und dritte der vorstehenden Zeilen bilden die Diedergruppe D_m. Ferner ist, wenn wir die Spiegelung, deren Ebene durch a und u geht, wieder durch $\mathfrak{S}_v$ bezeichnen, gemäss den Cap. II, 7 entwickelten Hilfssätzen

$$\mathfrak{U}\overline{\mathfrak{A}} = \mathfrak{U}\mathfrak{S}\mathfrak{A} = \mathfrak{S}_v\mathfrak{A} = \mathfrak{S}_d,$$

$$\mathfrak{U}\overline{\mathfrak{A}}^3 = \mathfrak{U}\mathfrak{S}\mathfrak{A}^3 = \mathfrak{S}_v\mathfrak{A}^3 = \mathfrak{S}_d',$$

wo die zu $\mathfrak{S}_d$ resp. $\mathfrak{S}_d'$ gehörigen Symmetrieebenen resp. die von uu_1, $u_1u_2 \cdots$ gebildeten Winkel halbiren. Dies zeigt, dass die vorstehenden $2n$ Operationen genau die Gruppe $D_m{}^d$ bilden. *Diese Gruppen lassen sich also auch als Diedergruppen auffassen, die aus den Gruppen zweiter Art* $\overline{C}_n$ *genau so gebildet sind, wie die Diedergruppen* D_n *aus den Gruppen* C_n.

Wir hatten oben die Gruppen $\overline{C}_n$ — wegen ihrer Beziehung zu gewissen Krystallclassen — durch S_n bezeichnet. Analog dazu werden wir die aus S_n gebildeten Diedergruppen durch $S_n{}^u$ repräsentiren. Die zugehörigen Krystallclassen besitzen eine eigentliche n-zählige Symmetrieaxe zweiter Art. Wir können daher auch folgenden Satz aussprechen:

Lehrsatz XVII. *Für jedes gerade* n *(d. h.* $n = 4$ und 6) *giebt es zwei Krystallclassen, die eine* n*-zählige Hauptaxe zweiter Art besitzen. Sie entsprechen den Gruppen* S_n *und* $S_n{}^u$.

Im besondern ist noch

$$S_4 = \overline{C}_4; \quad S_4{}^u = V^d,$$

$$S_6 = \overline{C}_6; \quad S_6{}^u = D_3{}^d.$$

§ 16. **Die Tetraedergruppen zweiter Art und die zugehörigen Krystallclassen.** Es ist noch übrig, mit der Tetraedergruppe, resp. Octaedergruppe Gruppen zweiter Art zu bilden und die entsprechenden Krystallclassen zu characterisiren. Nach Cap. IV, 10 enthält die Tetraedergruppe auch die Axen u, v, w einer Vierergruppe. Soll daher eine Spiegelung sämmtliche Axen der Tetraedergruppe in sich überführen, so muss sie jedenfalls auch die Axen u, v, w in sich überführen. Es können daher höchstens die oben betrachteten Spiegelungen $\mathfrak{S}_h$ und $\mathfrak{S}_d$ die Eigenschaft haben, das gesammte Axensystem der Tetraedergruppe mit sich zur Deckung zu bringen. Dies ist aber auch wirklich der Fall. Die Ebene von $\mathfrak{S}_h$ ist nämlich eine Symmetrieebene dieses Axensystems, und ebenso die Ebene $\mathfrak{S}_d$.

Die mit $\mathfrak{S}_h$ resp. $\mathfrak{S}_d$ gebildeten Gruppen zweiter Art sind von einander verschieden. Das Product von $\mathfrak{S}_h$ und $\mathfrak{S}_d$ ist nämlich einer Umklappung um eine Gerade äquivalent, die den Winkel der Axen u und v halbirt, also der Tetraedergruppe nicht angehört, womit nach Hilfssatz 6 die Behauptung erwiesen ist. Wir bezeichnen die so definirten Gruppen durch

$$T^h = \{T, \mathfrak{S}_h\} \quad \text{und}$$
$$T^d = \{T, \mathfrak{S}_d\}.$$

Die Operationen von $\mathfrak{T}^h$ sind

$$\begin{array}{llllcllll} 1, & \mathfrak{U}, & \mathfrak{V}, & \mathfrak{W} & & \mathfrak{S}_h, & \mathfrak{U}\mathfrak{S}_h, & \mathfrak{V}\mathfrak{S}_h, & \mathfrak{W}\mathfrak{S}_h, \\ \mathfrak{A}, & \mathfrak{A}', & \mathfrak{A}'', & \mathfrak{A}''' & \text{und} & \mathfrak{A}\mathfrak{S}_h, & \mathfrak{A}'\mathfrak{S}_h, & \mathfrak{A}''\mathfrak{S}_h, & \mathfrak{A}'''\mathfrak{S}_h, \\ \mathfrak{A}^2, & \mathfrak{A}'^2, & \mathfrak{A}''^2, & \mathfrak{A}'''^2 & & \mathfrak{A}^2\mathfrak{S}_h, & \mathfrak{A}'^2\mathfrak{S}_h, & \mathfrak{A}''^2\mathfrak{S}_h, & \mathfrak{A}'''^2\mathfrak{S}_h. \end{array}$$

Wie bei der Vierergruppe ist jede der drei von u, v, w gebildeten Ebenen eine Symmetrieebene und ebenso existirt ein Symmetriecentrum. Diese Symmetrieelemente entsprechen wieder den Operationen der ersten Zeile rechts. Die andern Operationen zeigen, dass die vier dreizähligen Axen a, a', a'', a''' gleichzeitig als sechszählige Symmetrieaxen zweiter Art aufzufassen sind.

Dagegen sind die Operationen von T^d

$$\begin{array}{llllcllll} 1, & \mathfrak{U}, & \mathfrak{V}, & \mathfrak{W}, & & \mathfrak{S}_d, & \mathfrak{U}\mathfrak{S}_d, & \mathfrak{V}\mathfrak{S}_d, & \mathfrak{W}\mathfrak{S}_d, \\ \mathfrak{A}, & \mathfrak{A}', & \mathfrak{A}'', & \mathfrak{A}''' & \text{und} & \mathfrak{A}\mathfrak{S}_d, & \mathfrak{A}'\mathfrak{S}_d, & \mathfrak{A}''\mathfrak{S}_d, & \mathfrak{A}'''\mathfrak{S}_d, \\ \mathfrak{A}^2, & \mathfrak{A}'^2, & \mathfrak{A}''^2, & \mathfrak{A}'''^2 & & \mathfrak{A}^2\mathfrak{S}_d, & \mathfrak{A}'^2\mathfrak{S}_d, & \mathfrak{A}''^2\mathfrak{S}_d, & \mathfrak{A}'''^2\mathfrak{S}_d. \end{array}$$

Die vorstehende Gruppe enthält die sämmtlichen Operationen der Gruppe V^d; die erste Zeile enthält dieselben. Wie bei der Gruppe V^d schneiden sich daher zwei Symmetrieebenen in der w-Axe, also auch in der u- resp. v-Axe. Jede dieser Symmetrieebenen enthält überdies, wie aus den bekannten Eigenschaften der regelmässigen Körper folgt, zwei von den dreizähligen Axen.

Ferner ist, ebenfalls wie bei V^d, die Axe w gleichzeitig als vierzählige Symmetrieaxe zweiter Art zu betrachten; dasselbe gilt daher für die u- und v-Axe. Also folgt:

Lehrsatz XVIII. *Es giebt zwei verschiedene Krystallclassen, welche die der Tetraedergruppe entsprechenden Symmetrieaxen ent-*

halten. Die eine besitzt ausserdem drei auf einander senkrechte Symmetrieebenen und ein Symmetriecentrum, die andere sechs Symmetrieebenen, deren jede durch zwei dreizählige Axen hindurchgeht. Für die letztere sind die zweizähligen Axen gleichzeitig vierzählige Axen zweiter Art, und für die erstere sind die dreizähligen Axen sechszählige Axen zweiter Art.

§ 17. **Die Octaedergruppe zweiter Art und die zugehörige Krystallclasse.** Die Octaedergruppe enthält auch die Axen der Tetraedergruppe. Für sie können daher nur solche Spiegelungen in Frage kommen, welche die Tetraedergruppe in sich überführen, also ebenfalls $\mathfrak{S}_h$ und $\mathfrak{S}_d$. Jede derselben bringt in der That sämmtliche Axen der Octaedergruppe zur Deckung. Aber in diesem Fall ist das Product $\mathfrak{S}_h \mathfrak{S}_d$ einer in der Octaedergruppe enthaltenen Umklappung äquivalent; denn die Schnittlinie der horizontalen Symmetrieebene und einer Diagonalebene ist stets eine der Axen u', u'', v', v'', w', w''. Es giebt daher gemäss Hilfssatz 6 nur eine Gruppe zweiter Art, die sich mittelst der Octaedergruppe bilden lässt; wir bezeichnen sie durch

$$O^h = \{O, \mathfrak{S}_h\}.$$

Ihre 48 Operationen sind

I.				II.			
1	$\mathfrak{B}^2$	$\mathfrak{B}'^2$	$\mathfrak{B}''^2$	$\mathfrak{U}'$	$\mathfrak{U}''$	$\mathfrak{B}$	$\mathfrak{B}^3$
$\mathfrak{A}$	$\mathfrak{A}'$	$\mathfrak{A}''$	$\mathfrak{A}'''$	$\mathfrak{V}'$	$\mathfrak{V}''$	$\mathfrak{B}'$	$\mathfrak{B}'^3$
$\mathfrak{A}^2$	$\mathfrak{A}'^2$	$\mathfrak{A}''^2$	$\mathfrak{A}'''^2$	$\mathfrak{W}'$	$\mathfrak{W}''$	$\mathfrak{B}''$	$\mathfrak{B}''^3$

III.				IV.			
$\mathfrak{S}$	$\mathfrak{B}^2\mathfrak{S}$	$\mathfrak{B}'^2\mathfrak{S}$	$\mathfrak{B}''^2\mathfrak{S}$	$\mathfrak{U}'\mathfrak{S}$	$\mathfrak{U}''\mathfrak{S}$	$\mathfrak{B}\mathfrak{S}$	$\mathfrak{B}^3\mathfrak{S}$
$\mathfrak{A}\mathfrak{S}$	$\mathfrak{A}'\mathfrak{S}$	$\mathfrak{A}''\mathfrak{S}$	$\mathfrak{A}'''\mathfrak{S}$	$\mathfrak{V}'\mathfrak{S}$	$\mathfrak{V}''\mathfrak{S}$	$\mathfrak{B}'\mathfrak{S}$	$\mathfrak{B}'^3\mathfrak{S}$
$\mathfrak{A}^2\mathfrak{S}$	$\mathfrak{A}'^2\mathfrak{S}$	$\mathfrak{A}''^2\mathfrak{S}$	$\mathfrak{A}'''^2\mathfrak{S}$	$\mathfrak{W}'\mathfrak{S}$	$\mathfrak{W}''\mathfrak{S}$	$\mathfrak{B}''\mathfrak{S}$	$\mathfrak{B}''^3\mathfrak{S}$.

Da die Gruppe, wie wir eben sahen, sowohl die Spiegelung $\mathfrak{S}_h$ als $\mathfrak{S}_d$ enthält, so besitzt sie offenbar sämmtliche Symmetrieelemente, welche in T^h, resp. T^d vorkommen, d. h. die drei Symmetrieebenen, welche die vierzähligen Axen verbinden, und die sechs andern, in denen sich je zwei der zweizähligen Symmetrieaxen der Octaedergruppe schneiden. Ein Symmetriecentrum ist überdies auch vorhanden[1]), endlich ist jede der dreizähligen Axen gleichzeitig als sechszählige Symmetrieaxe zweiter Art zu betrachten; also folgt:

Lehrsatz XIX. *Es giebt eine Krystallclasse, die ausser den Symmetrieaxen der Octaedergruppe noch ein Symmetriecentrum besitzt, ferner drei Symmetrieebenen, welche je zwei vierzählige Axen verbinden, und je sechs, welche je zwei dreizählige Axen enthalten. Die letzteren sind gleichzeitig sechszählige Symmetrieaxen zweiter Art; je zwei von ihnen schneiden sich überdies in einer zweizähligen Symmetrieaxe.*

Die Thatsache, dass die Gruppe O^h alle Symmetrieeigenschaften enthält, welche den Gruppen T^h und T^d zugehören, muss sich auch in dem Verhältniss ausdrücken, in welchem die Operationen dieser Gruppen zu einander stehen. Beachten wir nun wieder, dass die Bewegungen

$$\mathfrak{B}^2, \quad \mathfrak{B}'^2, \quad \mathfrak{B}''^2$$

resp. mit den Umklappungen

$$\mathfrak{U}, \quad \mathfrak{V}, \quad \mathfrak{W}$$

identisch sind, so folgt unmittelbar, dass die mit I und III bezeichneten Operationen genau die Operationen der erweiterten Tetraedergruppe T^h darstellen; d. h.

Die Operationen der Tetraedergruppe T^h sind sämmtlich unter den Operationen der Octaedergruppe O^h enthalten.

In derselben Weise bilden die Operationen I und IV die Operationen der Gruppe T^d. Nämlich gemäss Cap. III, VIII ist ja

$$\mathfrak{U}'\mathfrak{S} = \mathfrak{S}_d,$$

also enthält die Gruppe O^h auch die Spiegelung $\mathfrak{S}_d$; daher auch alle diejenigen Operationen, welche sich durch Multiplication der Bewegungen I mit $\mathfrak{S}_d$ ergeben, d. h. eben die Operationen zweiter Art von T^d. Die eben erwähnten Operationen müssen überdies genau die Operationen IV sein, weil

---

1) Die Operationen, denen die bezüglichen Symmetrieelemente entsprechen, sind leicht anzugeben. So giebt $\mathfrak{B}'^2\mathfrak{S}$ eine der erstgenannten, $\mathfrak{U}'\mathfrak{S}$ und $\mathfrak{U}''\mathfrak{S}$ zwei der letztgenannten Symmetrieebenen u. s. w.

weil keine von ihnen unter III vorkommen darf. Damit ist die Behauptung erwiesen; d. h.

Die Operationen der Tetraedergruppe T^d sind sämmtlich unter den Operationen der Octaedergruppe O^h enthalten[1]).

§ 18. **Tabellen.** Die vorstehend abgeleiteten Krystallclassen werden wir wieder durch eine Tabelle veranschaulichen. Die Symmetrieaxen bezeichnen wir, wie in der Tabelle I (S. 74) durch l_p, resp. h_p. Ein Symmetriecentrum werde durch C repräsentirt; endlich sollen η und σ die Symmetrieebenen bedeuten, η immer diejenige, welche auf der Hauptaxe h senkrecht steht. Wie die Symmetrieaxen, so heissen auch die Symmetrieebenen *gleich*, resp. *gleichberechtigt*, wenn sie durch die Operationen der Gruppe auf einander fallen. Die Axen unterscheiden wir in dem oben S. 73 angegebenen Sinn wieder in einseitige und zweiseitige; dabei ist zu beachten, dass Axen, die für eine Drehungsgruppe einseitig sind, durch Hinzutreten von Symmetrieeigenschaften zweiter Art zweiseitig werden können[2]). Ausserdem sind hier die Symmetrieaxen zweiter Art noch besonders aufzuführen; sie sind der Definition gemäss immer als zweiseitige Axen aufzufassen. Es geschieht dies, um dadurch eine vollständige Angabe *aller* Symmetrieelemente zu erzielen; natürlich führen wir wie bisher eine Axe als n-zählige Axe zweiter Art nur dann auf, wenn sie nicht etwa schon eine n-zählige Axe erster Art ist.

---

1) Bezüglich der Ikosaedergruppen zweiter Art vgl. man die oben S. 71 genannte Schrift von F. Klein.

2) Abweichend vom obigen pflegt man eine Axe dann als einseitig zu bezeichnen, wenn ihre Hälften nicht durch Bewegung zur Drehung gelangen. Man unterscheidet demnach zwei Arten einseitiger Axen, je nachdem ihre Enden nur durch Operationen zweiter Art oder überhaupt nicht gleichwerthig werden. Die letzteren heissen auch *polar einseitige* oder *polare* Axen.

Tabelle II.

Die Krystallclassen, die auch Symmetrieeigenschaften zweiter Art enthalten.

No.	Gruppe zweiter Art	Zahl der Deck-operationen	Symmetrieaxen einseitige	Symmetrieaxen zweiseitige erster Art	Symmetrieaxen zweiseitige zweiter Art	Symmetrieebenen und Symmetriecentrum
1	$S = \{\mathfrak{S}\}$	2	—	—	—	η
2	$S_2 = \{\mathfrak{J}\}$	2	—	—	—	C
3	$S_4 = \left\{\overline{\mathfrak{A}}\left(\frac{\pi}{2}\right)\right\}$	4	—	h_2	h_4	—
4	$S_6 = \{C_3, \mathfrak{J}\}$	6	—	h_3	h_6	C
5	$C_2^h = \{C_2, \mathfrak{S}_h\}$	4	—	h_2	—	C, η
6	$C_2^v = \{C_2, \mathfrak{S}_v\}$	4	h_2	—	—	2σ
7	$C_3^h = \{C_3, \mathfrak{S}_h\}$	6	—	h_3	—	η
8	$C_3^v = \{C_3, \mathfrak{S}_v\}$	6	h_3	—	—	3σ
9	$C_4^h = \{C_4, \mathfrak{S}_h\}$	8	—	h_4	—	C, η
10	$C_4^v = \{C_4, \mathfrak{S}_v\}$	8	h_4	—	—	4σ
11	$C_6^h = \{C_6, \mathfrak{S}_h\}$	12	—	h_6	—	C, η
12	$C_6^v = \{C_6, \mathfrak{S}_v\}$	12	h_6	—	—	6σ
13	$V^h = \{V, \mathfrak{S}_h\}$	8	—	l_2, l_2', l_2''	—	C, η, η', η''
14	$D_3^h = \{D_3, \mathfrak{S}_h\}$	12	$3l_2$	h_3	—	$\eta, 3\sigma$
15	$S_4^u = \{V, \mathfrak{S}_d\}$	8	—	$h_2, 2l_2$	h_4	σ, σ'
16	$D_4^h = \{D_4, \mathfrak{S}_h\}$	16	—	$h_4, 2l_2, 2l_2'$	—	$C, \eta, 2\sigma, 2\sigma$
17	$S_6^u = \{D_3, \mathfrak{S}_d\}$	12	—	$h_3, 3l_2$	h_6	$C, 3\sigma$
18	$D_6^h = \{D_6, \mathfrak{S}_h\}$	24	—	$h_6, 3l_2, 3l_2'$	—	$C, \eta, 3\sigma, 3\sigma'$
19	$T^h = \{T, \mathfrak{S}_h\}$	24	—	$4l_3, 3l_2$	$4l_6$	$C, 3\sigma$
20	$T^d = \{T, \mathfrak{S}_d\}$	24	$4l_3$	$3l_2$	$3l_4$	6σ
21	$O^h = \{O, \mathfrak{S}_h\}$	48	—	$3l_4, 4l_3, 6l_2$	$4l_6$	$C, 3\sigma, 6\sigma'$

Endlich folgt hier eine Tabelle, aus der man entnehmen kann, wie die von den verschiedenen Autoren eingeführten Bezeichnungen einander entsprechen.

Für die Hesselsche Ausdrucksweise vgl. man die oben S. 17 erwähnte Festschrift der Universität Marburg, Tabelle I.

Die Bezeichnungen von Bravais finden sich in dem S. 17 genannten Mémoire sur les polyèdres de forme symétrique a. a. O. S. 179, sowie in den Études cristallographiques a. a. O. S. 271.

Die Bezeichnungen von Möbius sind der nachgelassenen Abhandlung „Theorie der symmetrischen Figuren" entnommen, Werke, herausgegeben von F. Klein, Bd. II, S. 567; man vgl. die §§ 22, 24, 65, sowie 76 ff. Die in der Tabelle enthaltenen Zahlen bedeuten die Paragraphen.

Möbius hat die Identität nicht besonders erwähnt. Ausserdem fehlen ihm aber auch die Gruppen D_n^h für gerades n. Dies Versehen ist dadurch verursacht, dass er glaubte, alle Symmetriegruppen, die eine n-zählige Hauptaxe enthalten, mit nur zwei verschiedenen Symmetrieeigenschaften erzeugen zu können (a. a. O. § 66 u. 69). Dies trifft aber für die Gruppen D_n^h (n gerade) nicht zu. Ferner ist die Classe D_x, da sie keine neuen Gruppen liefert, überflüssig.

Die Gadolinsche Classificirung aller Krystallclassen findet sich in der oben S. 8 citirten Abhandlung, Mémoire sur la déduction etc., S. 26—38.

Fedorows Tabelle findet sich in den oben erwähnten russisch geschriebenen „Elementen der Lehre von den Figuren" (НАЧАЛА УЧЕНІЯ О ФИГУРАХЪ) Petersburg 1885, S. 163, sowie § 38 bis 42. Die drei Gruppen von Krystallclassen, die dort aufgeführt sind, habe ich durch I, II, III bezeichnet.

Die Bezeichnungen von Curie sind der Tabelle entnommen, die er im Bull. de la soc. min. de France, S. 102 und 450 entworfen hat.

Endlich vgl. man bezüglich der Minnigerodeschen Bezeichnung seine „Untersuchungen über die Symmetrieverhältnisse der Krystalle" (Neues Jahrb. für Miner., Beilageb. 5, S. 157 ff.).

Tabelle III.

Hessel	Bravais	Möbius	Gadolin	Curie	Fedorow	Minnigerode	Schoenflies
1^1u^1	1	—	F. 2	IX. 1	III, 8	32	C_1
1^1g^1	2	24 (O) [1]	F. 1	IX. 3	III, 4	31	S_2
1^1G^1 [2]	3	24 (ε)	E. 2	IX. 2	III, 7	30	S
1^1u^2 [3]	4, $q=1$	22 a, $n=2$	E. 3	VI, 1, $q=2$	III, 6	29	C_2
1^1G^2 [4]	5, $q=1$	D, $n=2$ [5]	E. 1	VI, 2, $q=2$	III, 2	28	C_2^h
1^2u^2 [6]	7, $q=1$	A, $n=2$	D. 3	VI, 4, $q=2$	III, 5	26	C_2^v
1^1u^3	10, $q=1$	22 a, $n=3$	C. 12	VI, 1, $q=3$	I, 12	17	C_3
1^1G^3	12, $q=1$	22 c, $n=6$	C. 8	VI, 2, $q=3$	I, 10	12	C_3^h
1^2u^3	14, $q=1$	A, $n=3$	C. 11	VI, 4, $q=3$	I, 11	14	C_3^v
1^1u^4	4, $q=2$	22 a, $n=4$	B. 7	VI, 1, $q=4$	II, 7	22	C_4
1^1g^2	— [7]	22 b, $n=4$	B. 5	VI, 3, $q=2$	II, 5	24	$S_4=\overline{C}_4$
1^1G^4	5, $q=2$	D, $n=4$ [8]	B. 4	VI, 2, $q=4$	II, 4	21	C_4^h
1^2u^4	7, $q=2$	A, $n=4$	B. 6	VI, 4, $q=4$	II, 6	19	C_4^v
1^1u^6	4, $q=3$	22 a, $n=6$	C. 10	VI, 1, $q=6$	I, 7	10	C_6
1^1g^3	11, $q=1$	D, $n=3$ [9]	C. 6	VI, 3, $q=3$	I, 5	16	$S_6=C_3^i$
1^1G^6	5, $q=3$	D, $n=6$ [10]	C. 4	VI, 2, $q=6$	I, 4	9	C_6^h
1^2u^6	7, $q=3$	A, $n=6$	C. 9	VI, 4, $q=6$	I, 6	7	C_6^v
$1^1\varepsilon^2$	6, $q=1$	B, $n=2$	D. 2	V, 1, $q=2$	III, 3	27	V
1^2G^2	8, $q=1$	—	D. 1	V, 2, $q=2$	III, 1	25	V^h
$1^1\varepsilon^3$	13, $q=1$	B, $n=3$	C. 7	V, 1, $q=3$	I, 9	15	D_3
1^2G^3	16, $q=1$	C, $n=3$	C. 5	V, 2, $q=3$	I, 8	11	D_3^h
$1^1\varepsilon^4$	6, $q=2$	B, $n=4$	B. 2	V, 1, $q=4$	II, 3	20	D_4
1^2g^2	9, $q=1$	C, $n=4$	B. 3	V, 3, $q=2$	II, 2	23	$S_4^u=V^d$
1^2G^4	8, $q=2$	—	B. 1	V, 2, $q=4$	II, 1	18	D_4^h
$1^1\varepsilon^6$	6, $q=3$	B, $n=6$	C. 2	V, 1, $q=6$	I, 3	8	D_6
1^2g^3	15, $q=1$	C, $n=6$	C. 3	V, 3, $q=3$	I, 2	13	$S_6^u=D_3^d$
1^2G^6	8, $q=3$	—	C. 1	V, 2, $q=6$	I, 1	6	D_6^h
4^1u^3	17	76, T_1	A. 5	IV, 1	§ 42	5	T
4^1g^3	18	86, H_2	A. 4	IV, 2	§ 40	4	T^h
4^2u^3	19	78, T_2	A. 3	IV, 3	§ 39	2	T^d
$4^1\varepsilon^3$	20	84, H_1 [11]	A. 2	III, 1	§ 41	3	O
4^2g^3	21	92, O_2	A. 1	III, 2	§ 38	1	O^h

Anmerkungen zu nebenstehender Tabelle.

1) Auch D^x, $n = 2$.

2) Auch $1^2 u^1$.

3) Auch $1^1 \varepsilon^1$.

4) Auch $1^2 g^1$.

5) Auch C, $n = 2$.

6) Auch $1^2 G^1$.

7) Diese Klasse fehlt, wie oben S. 79 bemerkt, bei Bravais. In der S. 103 citirten Minnigerodeschen Abhandlung ist sie durch $4, q = 1$ bezeichnet worden. Allerdings besitzt sie, wie die bezügliche Bravaissche Klasse, eine zweizählige Axe erster Art, aber damit ist ihre Symmetrie noch nicht erschöpft.

8) Auch D^x, $n = 4$.

9) Auch D^x, $n = 6$.

10) Auch D^x, $n = 3$.

11) Auch O_1, § 89.

Sechstes Capitel.

Die Krystallsysteme.

§ 1. **Eintheilung der Krystallclassen in Systeme.** Die im Vorstehenden abgeleiteten 32 Krystallclassen pflegt man in verschiedene grössere Gruppen zu scheiden, welche man *Krystallsysteme* nennt. Als Eintheilungsgrund kommt in erster Linie die Analogie des symmetrischen Verhaltens in Betracht; daneben sind Speculationen über die Structur der Krystalle, sowie specielle physikalische und schliesslich auch practische Gesichtspunkte für die Ausgestaltung der üblichen Systematik massgebend gewesen. Was zunächst den letzten Punkt betrifft, so sind von den 32 möglichen Krystallclassen bisher keineswegs alle in der Natur aufgefunden worden, und es ist natürlich, dass sich die historisch entstandene Construction der Systeme ausschliesslich auf diejenigen Krystallclassen aufgebaut hat, von denen in der Natur Vertreter vorhanden waren. Es erklärt sich hieraus von selbst, dass dieselbe dem practischen Bedürfniss sehr gut entspricht; überdies wird sie aber auch, was hier ausdrücklich schon bemerkt werden möge und später ausführlich begründet werden wird[1]), durch die Ansichten über die Structur resp. die moleculare Beschaffenheit der Krystalle gestützt, resp. geradezu gefordert.

Wenn hier trotzdem zunächst eine andere Gruppirung der Krystallclassen in grössere Abtheilungen gegeben werden soll, so geschieht dies aus dem Grunde, weil wir damit gleichzeitig eine zweite Ableitung aller möglichen Krystallclassen verbinden

1) Vgl. im zweiten Abschnitt das Capitel über Raumgitter und ihren Zusammenhang mit der Krystallstructur.

wollen, und zu diesem Zweck die Bevorzugung der rein geometrischen Analogieen von grossem Vortheil ist. Ueberdies erweist sich diese Eintheilung aber auch für solche Fragen als zweckmässig, in denen es sich gerade um geometrische Analogiebeziehungen handelt, wie z. B. für diejenigen Probleme, welche wir im nächsten Capitel zu besprechen haben.

Wie in der Einleitung mehrfach erörtert worden ist, hängt die Frage nach den möglichen Krystallclassen mit der Frage nach den sämmtlichen symmetrischen Polyedern auf das engste zusammen, oder vielmehr die erste ist in der zweiten enthalten. Nun lassen sich die symmetrischen Polyeder, nach ihren Symmetrieaxen, in mehrere grosse Hauptclassen sondern. Die erste wird von denjenigen Polyedern gebildet, für welche es mehrere Symmetrieaxen giebt, die mehr als zweizählig sind. Die sämmtlichen Polyederclassen dieser Art haben wir oben Cap. IV abgeleitet; sie zerfallen in drei Gruppen, je nachdem ihre Symmetrie mit der des Tetraeders, Octaeders oder Ikosaeders übereinstimmt. Ihnen stehen alle andern symmetrischen Polyeder gegenüber, d. h. diejenigen, die höchstens *eine* mehr als zweizählige Axe besitzen. Sollen diese in engere Abtheilungen geschieden werden, so bietet sich als natürlicher Eintheilungsgrund die Zähligkeit der Hauptaxe dar; alle Polyeder, für welche diese Axe n-zählig ist, wird man naturgemäss in eine Hauptclasse rechnen; wobei wir noch hinzufügen, dass es hierbei als gleichgiltig gelten soll, ob die Hauptaxe von der ersten oder zweiten Art ist.

An der Hand dieser Erwägungen ist es nun nicht schwierig, die Frage nach der Gesammtheit *aller* symmetrischen Polyeder von neuem zu beantworten. Da wir bereits ein Eintheilungsprincip für die Hauptclassen gewonnen haben, und damit die letzteren sämmtlich kennen, so brauchen wir für jede von ihnen nur die Frage zu lösen, wieviele Polyederclassen ihr angehören können. Gerade diese Untersuchung gestaltet sich aber bei dem hier gewählten Eintheilungsprincip besonders einfach; es wird sich zeigen, dass sie für jede Hauptclasse auf die nämlichen Erwägungen, und dementsprechend auf die gleichartigen Resultate hinausläuft.

Ehe wir uns der hiermit angedeuteten Untersuchung zuwenden, werde daran erinnert, dass ihr Ergebniss natürlich mit demjenigen übereinstimmen muss, welches in den vorstehenden Capiteln gefunden wurde. Um dies leicht ersichtlich zu machen, ist es zweckmässig, zuvor diejenigen Polyederclassen, welche den einzelnen eben definirten Hauptclassen angehören, mit Hilfe der Sätze von Capitel IV und V aufzustellen; wir können uns alsdann unmittelbar überzeugen, dass die bezüglichen Resultate sich decken. Uebrigens ist es ausreichend, wenn wir uns hierfür, dem practischen Zweck dieser Schrift nachgebend, auf diejenigen Polyederclassen beschränken, welche auch krystallographische Bedeutung haben, d. h. auf diejenigen, welche den in den Tabellen I und II aufgeführten Krystallclassen entsprechen. Ausgeschlossen werden dadurch einerseits solche symmetrischen Polyeder, deren Symmetrie von der Natur der Ikosaedersymmetrie ist, andererseits diejenigen mit einer n-zähligen Hauptaxe, wenn n gleich 5, 7, 8... ist. Die Verhältnisse der letzteren sind aber genau analog zu denen, für welche n die krystallographisch zulässigen Werthe 2, 3, 4, 6 hat, so dass nur die Polyeder von der Ikosaedernatur unberücksichtigt bleiben.[1])

§ 2. Solcher Polyederclassen von krystallographischer Bedeutung, welche durch ihre Verwandtschaft mit den regelmässigen Körpern characterisirt sind, giebt es fünf, nämlich diejenigen, welche den Gruppen

$$O^h,\ O,\ T^d,\ T^h,\ T$$

entsprechen. Sie sind, was für keine andere Krystallclasse zutrifft, durch den Besitz von vier gleichwerthigen dreizähligen Symmetrieaxen ausgezeichnet. Diese bezeichnen wir als ihren Symmetriecharacter. Die Polyeder, resp. die Krystallclassen selbst, sollen diejenigen von *regulärem Typus* heissen. Sie bilden die erste Hauptclasse symmetrischer Polyeder.

In die zweite Hauptclasse rechnen wir diejenigen Polyeder, welche eine sechszählige Hauptaxe besitzen, und bezeichnen sie als die Polyeder von *hexagonalem Typus*. Wir rechnen

---

1) Hierüber vgl. man die mehrfach citirte Schrift von F Klein.

zu ihnen sowohl diejenigen, für welche die Axe von der ersten Art, als auch diejenigen, für welche sie von der zweiten Art ist; sie entsprechen den sieben Gruppen

$$D_6^h,\ D_6,\ C_6^h,\ C_6^v,\ C_6,\ S_6^u,\ S_6.$$

Rücksichtlich ihrer Symmetrie constituiren sie ebenfalls eine wohldefinirte geschlossene Abtheilung; wir sagen, dass der ihnen allen gemeinsame Symmetriecharacter in einer sechszähligen Axe besteht.

Die nächste Hauptclasse wird von denjenigen Polyedern gebildet, deren Symmetriecharacter durch eine vierzählige Hauptsymmetrieaxe gebildet wird. Wir nennen sie die Polyeder von *tetragonalem Typus.* Zu ihnen gehören diejenigen Polyederclassen, deren Symmetrie durch die Gruppen

$$D_4^h,\ D_4,\ C_4^h,\ C_4^v,\ C_4,\ S_4^u,\ S_4$$

bestimmt ist. Die Anzahl derselben ist ebenfalls sieben. Analog zu den Polyedern von hexagonalem Typus finden sich unter ihnen auch solche, für welche die Hauptaxe von der zweiten Art ist.

Diejenigen Polyeder, welche den Gruppen

$$D_3^h,\ D_3,\ C_3^h,\ C_3^v,\ C_3$$

entsprechen, bilden die Polyeder, deren Symmetriecharacter in einer dreizähligen Axe besteht; sie heissen die Polyeder von *trigonalem Typus.* Ihnen kommen sämmtlich dreizählige Hauptaxen erster Art zu; eine eigentliche dreizählige Axe zweiter Art existirt nach Cap. V, 3 nicht. Ihre Zahl beträgt daher nur fünf.

Ebenso rechnen wir die Polyeder, welche eine oder mehrere zweizählige Symmetrieaxen besitzen, zu einer Hauptclasse; sie stellen die Polyeder von *digonalem Typus* dar. Die zugehörigen Gruppen sind

$$V^h,\ V,\ C_2^h,\ C_2^v,\ C_2,\ S_2.$$

Die Gruppe S_2, deren Symmetrie in der Existenz eines Symmetriecentrums besteht, kennzeichnet diejenigen Polyeder, für welche die zweizählige Symmetrieaxe von der zweiten Art ist; wir haben ja oben Cap. V, 9 gesehen, dass das Symmetriecentrum dieselbe Symmetrie darstellt, wie eine Symmetrieaxe der zweiten Art. Da nur eine derartige Polyederclasse existirt, so ist die Zahl der Classen sechs.

Endlich bleiben noch die beiden Polyederclassen übrig, welche den Gruppen

$$S \text{ und } C_1$$

entsprechen. Sie haben den gemeinsamen Character, dass sie eine Symmetrieaxe überhaupt nicht mehr besitzen; es liegt daher ebenfalls nahe, sie als eine letzte Hauptclasse aufzufassen.

Man kann übrigens die Analogie zu den andern Classen symmetrischer Polyeder formal auch dadurch herstellen, dass man den beiden fraglichen Classen eine *einzählige* Symmetrieaxe beilegt. Als einzählige Symmetrieaxe eines Körpers haben wir eine solche zu betrachten, welche denselben erst bei einer vollen Umdrehung mit sich selbst zur Deckung bringt. Dies trifft natürlich für jeden Körper zu, und schliesst daher eine eigentliche Symmetrieeigenschaft nicht ein. Mit Rücksicht hierauf bezeichnen wir die beiden vorliegenden Polyederclassen als diejenigen von *monogonalem Typus.*[1])

Wir sind damit zu folgender Eintheilung gelangt:

I. Regulärer Typus.

Symmetriecharacter: Vier dreizählige Axen.

II. Hexagonaler Typus.

Symmetriecharacter: Eine sechszählige Axe.

---

1) Die obige Classificirung lässt sich allgemein auf Polyeder mit n-zähliger Hauptaxe ausdehnen. Es ist nur zu unterscheiden, ob n gerade oder ungerade ist. Ist n gerade, so sind die Verhältnisse denen des tetragonalen, resp. hexagonalen Typus analog; die bezüglichen Polyeder entsprechen den Gruppen

$$D_n^h,\ D_n,\ C_n^h,\ C_n^v,\ C_n,\ S_n^u,\ S_n.$$

Ist dagegen n ungerade, so giebt es wie für $n=3$ nur fünf Classen, nämlich diejenigen, deren Gruppen

$$D_n^h,\ D_n,\ C_n^h,\ C_n^v,\ C_n$$

sind. (Vgl. hierzu noch Cap. V, 9 und 11.)

III. Tetragonaler Typus.

Symmetriecharacter: Eine vierzählige Axe.

IV. Trigonaler Typus.

Symmetriecharacter: Eine dreizählige Axe.

V. Digonaler Typus.

Symmetriecharacter: Nur zweizählige Axen.

VI. Monogonaler Typus.

Symmetriecharacter: Keinerlei Symmetrieaxe. (Eine einzählige Axe.)

§ 3. Die eben gegebene Eintheilung der krystallographischen Polyeder repräsentirt gleichzeitig eine analoge Eintheilung der Krystallclassen, und da sie den specifischen Symmetriecharacter der Classen desselben Typus deutlich und einheitlich hervortreten lässt, so besitzt sie den Vorzug grosser Einfachheit und Natürlichkeit. Allein wenn sie auch theoretisch als die am meisten naheliegende erscheint, so deckt sie sich doch, wie oben bereits erwähnt wurde, nicht mit derjenigen, welche im Allgemeinen in Geltung ist. Wir werden auf die letztere später (§ 16 ff.) genauer eingehen, zuvor soll es unsere Aufgabe sein, Natur und Bedeutung der eben gegebenen Eintheilung genauer zu prüfen und zu zeigen, dass die der obigen Tabelle zu Grunde liegenden Gesichtspunkte für die Lösung der Frage nach allen symmetrischen Polyedern, resp. allen theoretisch möglichen Krystallclassen in der That mit besonderem Vortheil benutzt werden können.

Den Weg, den wir hierbei einschlagen werden, haben wir bereits oben mit einigen Worten angedeutet. *Wir werden uns die Aufgabe stellen, alle Polyederclassen, resp. alle Krystallclassen zu bestimmen, denen in dem oben definirten Sinn ein gewisser specifischer Symmetriecharacter zukommt; bei richtiger Ausführung müssen wir unbedingt zu allen Classen des bezüglichen Typus gelangen.* Die Ausführung bietet keinerlei Schwierigkeiten. Zunächst erinnere ich daran, dass wir jeden Typus, sowie den zugehörigen Symmetriecharacter bereits bestimmt, resp.

definirt haben. Handelt es sich nun z. B. um die Classen vom tetragonalen Typus, so haben wir alle Symmetrieelemente zu suchen, die sich mit einer vierzähligen Hauptaxe erster oder zweiter Art verbinden lassen, und die bezüglichen Polyederclassen, resp. Krystallclassen zu bilden. Das gleiche gilt für die Polyeder eines jeden andern Typus, da ja jeder durch einen bestimmten Symmetriecharacter gekennzeichnet ist.

§ 4. **Hauptabtheilung und Unterabtheilungen.** Den eben skizzirten Gedanken werden wir nun im Folgenden zur Ausführung bringen, übrigens in einer etwas modificirten Form, welche die Untersuchung wesentlich vereinfachen wird. Es ist zweckmässig, das Resultat, zu dem wir gelangen werden, im Voraus in Kürze zu skizziren. Fassen wir z. B. wieder den tetragonalen Typus in's Auge, so besteht in demselben eine bestimmte Krystallclasse, welche vor allen andern durch eine doppelte Eigenschaft hervorragt, und zwar diejenige, welche der Gruppe D_4^h entspricht. Sie enthält einerseits die grösste Zahl von Symmetrieeigenschaften, die sich mit der für den tetragonalen Typus specifischen Symmetrie, d. h. mit einer vierzähligen Hauptaxe verbinden lassen, andrerseits kommt ihr aber auch *jede* Symmetrieeigenschaft zu, welche in irgend einer der andern Krystallclassen auftritt. Sie spielt daher die Rolle einer Hauptabtheilung, welcher die andern als Unterabtheilungen gegenübergestellt werden können. Die gleichen Verhältnisse treffen, wie sich zeigen wird, in derselben Weise auch für die Polyeder eines jeden andern Typus zu.

Durch diesen Umstand wird die Aufgabe alle Unterabtheilungen eines gegebenen Typus zu finden, wesentlich erleichtert. Ist nämlich die Hauptabtheilung bekannt, so sind uns gemäss dem Vorstehenden bereits alle diejenigen Symmetrieelemente unmittelbar gegeben, welche in den Unterabtheilungen auftreten. Um daher die Unterabtheilungen zu finden, haben wir weiter nichts zu thun, als diese Symmetrieelemente auf jede mögliche Art mit der bezüglichen specifischen Symmetrie zu verbinden.

Wir werden nunmehr die vorstehenden Ueberlegungen im Einzelnen durchführen und zeigen, dass die eben geschilderten

Verhältnisse für die Polyeder resp. die Krystallclassen jedes einzelnen Typus wirklich zutreffen. Dazu schicken wir zunächst einige Hilfssätze voraus.

In den Lehrbüchern der Krystallographie ist es im Allgemeinen üblich, für jeden Typus von der Hauptabtheilung direct auszugehen, und ohne weiteres anzunehmen, dass diejenigen Symmetrieelemente, die sie enthält, die einzigen sind, welche mit der bezüglichen specifischen Symmetrie des Typus verbunden werden können. Dies ist jedoch, wenn man deductiv zu Werke gehen, und sich nur auf das Symmetriegesetz stützen will, ohne Beweis nicht gestattet. Es versteht sich durchaus nicht von selbst, dass alle Symmetrieelemente, die einzeln mit einer n-zähligen Hauptaxe verbunden vorkommen können, auch gleichzeitig zusammen mit ihr bestehen können, und wenn wir zum regulären Typus übergehen, so trifft diese Voraussetzung allgemein gar nicht mehr zu. Mit den vier dreizähligen Axen lassen sich nämlich sowohl die zweizähligen Axen, welche die Octaedergruppe liefern, als auch die fünfzähligen verbinden, welche zur Ikosaedergruppe führen[1]); wenn aber beide zusammen gleichzeitig mit den vierzähligen Axen vorkommen sollen, so stellt sich eine unendliche Zahl von Axen ein, und die Gruppe hört auf, endlich zu sein.

Da die Ikosaedersymmetrie krystallographisch nicht existirt, so führt allerdings das bezügliche Verfahren practisch ebenfalls zum richtigen Resultat. In dieser Schrift können wir jedoch keinen andern Standpunkt einnehmen, als dass wir die angezogene Thatsache für jeden Typus als richtig nachzuweisen haben.

§ 5. **Ableitung einiger Hilfssätze.** Die Hilfssätze, deren wir benötigt sind, sind die folgenden.

1. *In jeder Unterabtheilung treten gleichwerthige Symmetrieelemente stets vereinigt auf.* Dies folgt unmittelbar aus der Definition des Wortes gleichwerthig. Enthält z. B. eine Unterabtheilung des trigonalen Typus eine durch die Axe gehende Symmetrieebene, so enthält sie alle drei; denn die beiden andern sind durch die eine Ebene und die dreizählige Axe gemäss Cap. III, 8 von selbst bedingt.

Suchen wir daher die sämmtlichen Verbindungen, welche zwischen der specifischen Symmetrie und den andern Symmetrieelementen der Hauptabtheilung möglich sind, so brauchen wir von gleichwerthigen Symmetrieelementen immer nur je eines

1) Auf den Beweis soll hier nicht eingegangen werden.

ins Auge zu fassen. Ueberdies können wir dasselbe beliebig auswählen; wir werden die Wahl stets so zu treffen suchen, dass die Untersuchung dadurch möglichst einfach wird.

2. Der vorstehende Satz ist ein specieller Fall eines allgemeineren Theorems, welches aus Cap. III, 7 zu folgern ist und aussagt, dass *in jeder Unterabtheilung solche Symmetrieelemente, die sich gegenseitig bedingen, vereinigt vorkommen.* Dies kommt für uns besonders für die nicht gleichwerthigen zweizähligen Nebenaxen in Frage. Enthält z. B. eine Polyederclasse oder Krystallclasse des tetragonalen Typus ausser der Hauptaxe irgend eine der Nebenaxen, so kommen ihr alle Nebenaxen zu; denn diese sind ja, wie Cap. IV, 4 lehrt, durch die Existenz einer derselben nothwendig bedingt. Dasselbe gilt von den Nebenaxen der Classen des hexagonalen Typus u. s. w.

Um alle möglichen Unterabtheilungen einer Hauptabtheilung zu erhalten, genügt es daher wieder, die specifische Symmetrie mit irgend einer dieser zweizähligen Nebenaxen zu verbinden; wir werden dieselbe ebenfalls so auswählen, wie es für die Einfachheit der Entwickelungen am zweckmässigsten ist.

3. Einen speciellen Fall des vorstehenden Satzes wollen wir besonders erwähnen, weil wir sehr oft von ihm Gebrauch zu machen haben.

Ist l_2 eine zweizählige Symmetrieaxe, und sind η und σ zwei durch sie gehende zu einander senkrechte Symmetrieebenen, so kommt jeder Krystallclasse, welche zwei dieser Elemente enthält, auch das dritte zu. Dieser Satz ist bereits oben Cap. III, Lehrsatz IX bewiesen worden. Verschiedene Krystallclassen können sich daher nur dann ergeben, wenn die specifische Symmetrie des Typus mit je einem der obigen drei Symmetrieelemente oder mit allen dreien gleichzeitig verbunden wird.

4. *Wird eine n-zählige Axe zweiter Art mit einer zu ihr senkrechten Symmetrieebene verbunden, so wird die Axe dadurch eine solche erster Art.*

Der Beweis ergiebt sich unmittelbar aus der Definition der Axen zweiter Art. Eine n-zählige Axe zweiter Art ist nämlich durch die Operation

$$\overline{\mathfrak{A}} = \mathfrak{A}\left(\frac{2\pi}{n}\right)\mathfrak{S}$$

definirt. Tritt zu ihr die Symmetrieebene η hinzu, so befindet sich unter den Deckoperationen auch die Spiegelung $\mathfrak{S}$, also ist auch das Product beider, nämlich

$$\overline{\mathfrak{A}}\mathfrak{S} = \mathfrak{A}\left(\frac{2\pi}{n}\right)\mathfrak{S}^2 = \mathfrak{A}\left(\frac{2\pi}{n}\right)$$

eine Deckoperation; d. h. die Axe a ist n-zählige Symmetrieaxe der ersten Art.

5. *Tritt zu einer $2m$-zähligen Axe zweiter Art a eine durch sie gehende Symmetrieebene, so treten von selbst auch zweizählige Nebenaxen auf, und umgekehrt.*

Diesen Satz leiten wir aus der Endgleichung des Cap. V, 11 ab. Bilden l_2 und σ den Winkel $\pi : 2m$, so ist

$$\mathfrak{U}\mathfrak{S}_d = \mathfrak{S}_h\mathfrak{A}\left(\frac{\pi}{m}\right)$$

Setzen wir noch $n = 2m$, so geht diese Gleichung in

$$\mathfrak{U}\mathfrak{S}_d = \overline{\mathfrak{A}}\left(\frac{2\pi}{n}\right)$$

über. Durch Multiplication mit $\mathfrak{S}_d$ folgt

$$\mathfrak{U} = \overline{\mathfrak{A}}\mathfrak{S}_d$$

und durch Multiplication mit $\mathfrak{U}$

$$\mathfrak{S}_d = \mathfrak{U}\overline{\mathfrak{A}};$$

und dies ist die Behauptung. Zweizählige Nebenaxen und verticale Symmetrieebenen sind also immer zugleich mit der $2m$-zähligen Axe zweiter Art verbunden.

§ 6. **Der monogonale Typus.**[1]) Dem monogonalen Typus gehören die beiden Classen von Polyedern, resp. diejenigen Krystallclassen an, welche den Gruppen

$$S \text{ und } C_1$$

entsprechen. Die Gruppe S ist in dem oben definirten Sinne als Hauptgruppe zu betrachten. Um dies auch in formaler Hinsicht hervortreten zu lassen, bedienen wir uns der oben (§ 1) zu diesem Zweck eingeführten einzähligen Axen; als-

1) Vgl. hier und im Folgenden die Tabellen I u. II (S. 74 u. 102).

dann können wir sagen, dass jede der beiden Classen eine einzählige Axe besitzt, und die Gruppe S ausserdem eine Symmetrieebene. Die in § 2 behauptete Beziehung zwischen Hauptabtheilung und Unterabtheilung tritt dadurch auch hier deutlich an's Licht. Um dieses Verhältniss auch in formaler Hinsicht anschaulich zu characterisiren, bezeichnen wir die Gruppe S noch durch C_1^h; in der That stellt ja die Gruppe S den einfachsten Fall der Gruppe C_n^h dar. Alsdann ist der monogonale Typus durch die beiden Gruppen

$$C_1^h \text{ und } C_1$$

characterisirt.

Da eine einzelne Symmetrieebene das einzige Symmetrieelement ist, welches beim monogonalen Typus zulässig ist, so ist gleichzeitig klar, dass es andere Classen von Polyedern, resp. Krystallen mit einzähliger Axe nicht geben kann.

§ 7. **Der digonale Typus.** Dem digonalen Typus gehören diejenigen Classen von Polyedern, resp. diejenigen Krystallclassen an, welche den Gruppen

$$V^h, V, C_2^h, C_2^v, C_2, S_2$$

entsprechen. Ihre Symmetrieaxen sind sämmtlich zweizählig, für die Gruppe S_2 ist die Axe überdies von der zweiten Art (vgl. Cap. V, 9); die bezügliche Symmetrie läuft daher auf ein Symmetriecentrum hinaus.

Wir fassen zunächst die Gruppen mit Axen erster Art in's Auge. Als Hauptabtheilung haben wir die zur Gruppe V^h gehörige Classe zu wählen; ihre Symmetrieelemente sind, wenn wir für den Augenblick eine, und zwar beliebig welche, ihrer Axen mit h_2 und die zu ihr verticale Symmetrieebene mit η bezeichnen,

$$h_2, l_2, l_2', \eta, \sigma, \sigma', C.$$

Nun möge h_2 diejenige Axe sein, welche in allen Unterabtheilungen erhalten bleibt, die also die specifische Symmetrie darstellt. Um die Vorstellung zu fixiren, denken wir uns dieselbe vertical. Um alle möglichen Unterabtheilungen zu erhalten, haben wir sie mit den Symmetrieelementen

$$l_2, l'_2, \eta, \sigma, \sigma', C$$

zu verbinden. Aber gemäss Satz 2 des vorstehenden Paragraphen kommt von den Axen l_2 und den durch h_2 gehenden Ebenen σ nur je eine in Frage; es genügt daher zu prüfen, auf welche nur mögliche Art sich die Elemente

$$l_2, \eta, \sigma, C$$

mit der Axe h_2 verbinden lassen.

Die Untersuchung lässt sich aber noch weiter reduciren. Nämlich durch h_2 und η ist das Symmetriecentrum C von selbst bedingt; es braucht daher nach Hilfssatz 2 ebenfalls nicht besonders berücksichtigt zu werden, so dass zur Ableitung aller möglichen Unterabtheilungen mit Axen erster Art nur die Elemente

$$l_2, \eta, \sigma$$

zu berücksichtigen sind. Wir wählen dieselben — was ja zulässig ist — in solcher Lage, dass l_2 die Schnittlinie von η und σ ist.

Wir erhalten nunmehr folgende Unterabtheilungen:

Die erste Unterabtheilung ist diejenige, welche nur die zweizählige Axe h_2 selbst enthält. Ihr entspricht die Gruppe C_2.

Verbinden wir die Axe h_2 mit der zweizähligen Nebenaxe l_2, so ergiebt sich diejenige Unterabtheilung, welche der Vierergruppe V entspricht.

Wird zu der Axe h_2 die zu ihr senkrechte Symmetrieebene η gefügt, so entsteht diejenige Unterabtheilung, deren Symmetrie durch die Gruppe C_2^h dargestellt ist. Sie enthält auch ein Symmetriecentrum.

Endlich geht durch Verbindung der Axe h_2 mit der durch sie gehenden Symmetrieebene σ diejenige Unterabtheilung hervor, welche der Gruppe C_2^v entspricht.

Andere Unterabtheilungen, welche ausser h_2 eines der drei Symmetrieelemente l_2, η, σ enthalten, giebt es nicht. Jede weitere Abtheilung des digonalen Typus muss nämlich mindestens zwei dieser Elemente enthalten. Aber nach Hilfssatz 3 kommen sie stets vereinigt vor; eine Abtheilung, welche zwei von ihnen enthält, enthält sie daher sämmtlich und ist die Hauptabtheilung.

Es handelt sich jetzt noch um die Unterabtheilungen mit Axen zweiter Art. Die erste ist wieder diejenige, welche nur diese Axe, resp. nur ein Symmetriecentrum enthält. Weitere Unterabtheilungen dieser Art giebt es aber nicht; denn wird das Symmetriecentrum mit irgend einem der andern Symmetrieelemente, d. h. einer Axe oder Ebene der Symmetrie verbunden, so tritt stets eine zweizählige Axe erster Art auf, die bezügliche Abtheilung ist daher bereits unter den vorher betrachteten vorhanden.

Es treffen daher auch für den digonalen Typus die in § 3 behaupteten Verhältnisse vollständig zu, und dasselbe wird sich für jeden andern Typus heraus stellen.

§ 8. **Der trigonale Typus.** Die Classen symmetrischer Polyeder, resp. die Krystallclassen, welche eine dreizählige Hauptaxe besitzen, sind diejenigen, welche den Gruppen

$$D_3^h,\ D_3,\ C_3^h,\ C_3^v,\ C_3$$

entsprechen. Die Hauptaxe ist, wie es die ungerade Zahl drei mit sich bringt (Cap. V, 3), stets von der ersten Art. Als Hauptabtheilung kann nur die zur Gruppe D_3^h gehörige Classe in Frage kommen, sie enthält die Symmetrieelemente

$$h_3,\ 3l_2,\ \eta,\ 3\sigma.$$

Es ist zu zeigen, dass wir alle Unterabtheilungen erhalten, indem wir die Hauptaxe h_3 auf jede mögliche Weise mit den übrigen Symmetrieelementen verbinden.

Gemäss dem ersten Hilfssatz des vorstehenden Paragraphen 5 brauchen wir nur die Symmetrieelemente

$$h_3,\ l_2,\ \eta,\ \sigma$$

zu betrachten. Dieselben lassen sich wieder so wählen, dass l_2 die Schnittlinie von η und σ ist. Wir erhalten folgende Unterabtheilungen.

Die erste ist diejenige, welche nur die dreizählige Symmetrieaxe selbst enthält; sie entspricht der Gruppe C_3.

Verbinden wir die Axe h_3 mit der zweizähligen Nebenaxe l_2, so ergiebt sich diejenige Unterabtheilung, welche der Gruppe D_3 entspricht.

Durch Verbindung der Axe h_3 mit der zu ihr senkrechten Symmetrieebene η geht diejenige Unterabtheilung hervor, welche der Gruppe C_3^h entspricht.

Endlich entsteht durch Verbindung der Axe h_3 mit der durch sie gehenden Symmetrieebene σ diejenige Unterabtheilung, welche der Gruppe C_3^v entspricht.

Andere Unterabtheilungen giebt es nicht. Denn wegen der besonderen Lage der Elemente η, σ, l_2 muss nach Hilfssatz 2 jede Abtheilung, die zwei derselben enthält, auch das dritte enthalten, und ist daher die Hauptabtheilung.

§ 9. **Der tetragonale Typus.** Die Polyeder resp. die Krystallclassen vom tetragonalen Typus entsprechen den Gruppen

$$D_4^h,\ D_4,\ C_4^v,\ C_4^h,\ C_4,\ S_4^u,\ S_4.$$

Die ersten fünf besitzen eine vierzählige Axe erster Art, die beiden letzten eine solche zweiter Art. Als Hauptabtheilung kann wiederum nur diejenige Classe in Frage kommen, welche der Gruppe D_4^h entspricht. Sie enthält die Symmetrieelemente

$$h_4,\ 2l_2,\ 2l_2',\ C,\ \eta,\ 2\sigma,\ 2\sigma'.$$

Wir suchen zunächst die Unterabtheilungen mit einer Hauptsymmetrieaxe erster Art.

Gemäss den ersten beiden Hilfssätzen ist von den Nebenaxen und Symmetrieebenen nur je eine in's Auge zu fassen; d. h. es ist nur zu prüfen, wie sich die Symmetrieelemente

$$l_2,\ C,\ \eta,\ \sigma$$

mit der Hauptaxe h_4 verbinden lassen. Dabei dürfen wir die Ebenen η und σ wiederum so wählen, das l_2 ihre Schnittlinie ist.

Da aber h_4 eine geradzählige Axe ist, so müssen gemäss Cap. III, X auch die Ebene η und das Symmetriecentrum C stets gleichzeitig auftreten; es genügt also schliesslich, wenn wir zur Bildung der Unterabtheilungen die drei Symmetrieelemente

$$l_2,\ \eta,\ \sigma$$

verwenden. Es sind dies wieder dieselben drei Elemente, welche beim digonalen und trigonalen Typus auftraten.

Die erste Unterabtheilung ist wiederum diejenige, welche allein die vierzählige Symmetrieaxe h_4 enthält. Sie entspricht der Gruppe C_4.

Wird zu der Symmetrieaxe h_4 die Nebenaxe l_2 gefügt, so ergiebt sich diejenige Unterabtheilung, welche der Gruppe D_4 entspricht.

Fügen wir zur Symmetrieaxe h_4 die zu ihr senkrechte Symmetrieebene η, so erhalten wir diejenige Unterabtheilung, welche der Gruppe C_4^h entspricht. Sie besitzt, wie wir eben sahen, auch ein Symmetriecentrum.

Endlich führt die Verbindung der Axe h_4 mit der durch sie gehenden Symmetrieebene σ zu derjenigen Unterabtheilung, welche der Gruppe C_4^v entspricht.

Andere Unterabtheilungen, deren Symmetrieaxe von der ersten Art ist, giebt es nicht. Analog wie für den digonalen und trigonalen Typus folgt auch hier, dass die einzige noch mögliche Abtheilung, resp. Krystallclasse die drei obigen Symmetrieelemente gleichzeitig enthält, sie muss daher die Hauptabtheilung sein.

Ist die vierzählige Symmetrieaxe von der zweiten Art, so kann sie zunächst das alleinige Symmetrieelement darstellen. Dieser Fall liefert diejenige Unterabtheilung, welche der Gruppe S_4 entspricht.

Um die andern Unterabtheilungen dieser Art aufzustellen, haben wir die vierzählige Axe zweiter Art wieder mit den Symmetrieelementen

$$l_2, \ C, \ \eta, \ \sigma$$

zu verbinden. Durch Verbindung mit der Symmetrieebene η geht gemäss dem Hilfssatz 4 die Axe zweiter Art in eine Axe erster Art über. Dasselbe tritt ein, wenn die Axe zweiter Art mit dem Symmetriecentrum verbunden wird; in der That, da diese Axe zugleich zweizählige Axe erster Art ist, so muss nach Hilfssatz 2 die bezügliche Abtheilung auch eine zur Axe senkrechte Symmetrieebene besitzen. Es können daher als Symmetrieelemente, welche die Axe zweiter Art bestehen lassen, nur l_2 und σ in Frage kommen. Nun folgt aber aus dem fünften Hilfssatz des § 5, dass diese Symmetrieelemente stets gleichzeitig auftreten; es giebt daher nur eine Unterabtheilung dieser Art und zwar ist es diejenige, welche der Gruppe S_4^u entspricht.

§ 10. **Der hexagonale Typus.** Der hexagonale Typus umfasst diejenigen Classen von Polyedern, resp. diejenigen Krystallclassen, welche den Gruppen

$$D_6^h,\ D_6,\ C_6^h,\ C_6^v,\ C_6,\ S_6^u,\ S_6$$

entsprechen; von ihnen sind die ersten fünf mit einer Hauptaxe erster Art, die beiden letzten mit einer Hauptaxe zweiter Art begabt. Als Hauptabtheilung haben wir wiederum diejenige zu betrachten, welche zur Gruppe D_6^h gehört. Ihre Symmetrieelemente sind

$$h_6,\ 3l_2,\ 3l_2',\ C,\ \eta,\ 3\sigma,\ 3\sigma'.$$

Wir suchen zunächst wiederum die Classen mit einer Hauptaxe erster Art. Genau wie im vorstehenden Paragraphen lässt sich schliessen, dass zur Bildung derselben wieder nur die Symmetrieelemente

$$l_2,\ \eta,\ \sigma$$

zu verwenden sind. Wir wählen dieselben ebenfalls so, dass l_2 Schnittlinie von η und σ ist.

Die erste Unterabtheilung ist wiederum diejenige, welche nur eine sechszählige Symmetrieaxe enthält; sie entspricht der Gruppe C_6.

Wird die Symmetrieaxe h_6 mit der Nebenaxe l_2 verbunden, so ergiebt sich diejenige Unterabtheilung, welche durch die Gruppe D_6 characterisirt ist.

Wird zu der Symmetrieaxe h_6 die zu ihr senkrechte Symmetrieebene η gefügt, so enthält die zugehörige Unterabtheilung nach Hilfssatz 2 auch das Symmetriecentrum C; sie entspricht der Gruppe C_6^h.

Wird endlich die verticale Symmetrieebene σ mit der Symmetrieaxe h_6 verbunden, so ergiebt sich diejenige Unterabtheilung, für welche C_6^v die zugehörige Gruppe ist.

Andere Unterabtheilungen mit einer sechszähligen Axe erster Art kann es wiederum nicht geben; nach Hilfssatz 2 ist jede Abtheilung, die mehr als eines der obigen drei

Symmetrieelemente enthält, auch in diesem Fall mit der Hauptabtheilung identisch.

Es ist noch übrig, die Unterabtheilungen zu ermitteln, für welche die sechszählige Symmetrieaxe von der zweiten Art ist. Die erste derselben ist wieder diejenige, welche allein durch die sechszählige Axe characterisirt ist; sie entspricht der Gruppe S_6 resp. C_3^i. Wie oben Cap. V, VI bewiesen wurde, enthält sie auch ein Symmetriecentrum.

Die Symmetrieelemente, die wir in Bezug auf die Verbindungsfähigkeit mit der Axe zweiter Art zu prüfen haben, sind

$$l_2,\ C,\ \eta,\ \sigma.$$

Von ihnen ist aber, wie eben erwähnt wurde, das Symmetriecentrum C von selbst mit der Axe zweiter Art verbunden, so dass nur noch die Elemente

$$l_2,\ \eta,\ \sigma$$

in's Auge zu fassen sind.

Fügen wir nun zur Hauptaxe die zu ihr senkrechte Symmetrieebene η, so wird sie nach Hilfssatz 4 dadurch eine Symmetrieaxe der ersten Art, es kommen daher nur noch l_2 und σ in Frage. Diese beiden treten aber nach Hilfssatz 5 stets gleichzeitig auf, es ergiebt sich daher, wie oben für den tetragonalen Typus nur eine derartige Unterabtheilung. Es ist diejenige, welche der Gruppe S_6^u entspricht.

§ 11. **Der reguläre Typus.** Zum regulären Typus gehören diejenigen Classen symmetrischer Polyeder resp. alle diejenigen Krystallclassen, welche den Gruppen

$$O^h,\ O,\ T^h,\ T^d,\ T$$

entsprechen. Sie besitzen sämmtlich vier dreizählige Axen, die übrigens in manchen Fällen sogar sechszählige Axen zweiter Art werden können. Ausserdem existiren für alle Classen noch drei zweizählige Axen, die gemäss Cap. IV, 9 durch die dreizähligen Axen bedingt sind, und für einige von ihnen ebenfalls in Axen höherer Symmetrie übergehen. Die specifische Symmetrie des regulären Typus besteht daher in den vier dreizähligen und den drei zweizähligen Axen.

Die Hauptabtheilung kann nur diejenige sein, welche der

Octaedergruppe O^h entspricht. Sie besitzt folgende Symmetrieelemente:

$$4l_3,\ 3l_4,\ 6l_2,\ 4\bar{l}_6,\ C,\ 3\sigma,\ 6\sigma'.$$

Die sechszähligen Axen zweiter Art sind (Cap. V, 3) mit den specifischen dreizähligen Axen und die drei vierzähligen Symmetrieaxen mit den specifischen zweizähligen Axen identisch. Um die Unterabtheilungen zu erhalten, haben wir diese Axen auf alle mögliche Weise mit den Symmetrieelementen

$$l_4,\ l_2,\ C,\ \sigma,\ \sigma'$$

zu verbinden. Wie aus Cap. V, 17 folgt, dürfen wir dieselben in der Lage voraussetzen, dass σ und σ' durch l_2 gehen und auf einander senkrecht stehen. Im einzelnen ergiebt sich folgendes.

Die Unterabtheilung, welche nur die vier dreizähligen und die drei zu einander senkrechten zweizähligen Axen besitzt, ist diejenige, welche der Tetraedergruppe T entspricht.

Werden die zweizähligen Axen vierzählig, so stellen sich, wie aus Cap. IV, 11 folgt, die Axen l_2 ebenfalls ein; die bezüglichen Symmetrieeigenschaften bedingen daher einander. Die zugehörige Unterabtheilung entspricht der Octaedergruppe O.

Tritt zu den dreizähligen und zweizähligen Axen das Inversionscentrum C hinzu, so treten gemäss Cap. II, Lehrsatz VIII die zu den zweizähligen Axen senkrechten Symmetrieebenen σ von selber auf; zugleich gehen die dreizähligen Axen gemäss Cap. V, VI in sechszählige Axen zweiter Art über. Die bezügliche Unterabtheilung entspricht der Gruppe T^h.

Werden endlich die dreizähligen und zweizähligen Axen mit der Symmetrieebene σ' verbunden, so ergiebt sich diejenige Unterabtheilung, welche der Gruppe T^d entspricht. In diesem Fall gehen die drei zweizähligen Axen, wie Cap. V, § 16 erwähnt ist, in vierzählige Axen zweiter Art über.

Die drei letztgenannten Unterabtheilungen lassen sich daher auch hier in der Weise bilden, dass zu den specifischen Symmetrieeigenschaften des regulären Typus je eines der drei Symmetrieelemente

$$l_2,\ \sigma,\ \sigma'$$

hinzutritt. Die andern Symmetrieelemente sind in der That, wie wir eben sahen, durch die vorstehenden bedingt.

Sollen nun noch andere als die eben abgeleiteten Unterabtheilungen existiren, so müssen sie wieder mehr als eines der drei genannten Symmetrieelemente besitzen. Aber gemäss Hilfssatz 3 treten diese drei Symmetrieelemente stets gemeinsam auf; eine Abtheilung, welche mehr als eines derselben besitzt, besitzt sie daher alle drei und ist die Hauptabtheilung.

§ 12. **Allgemeiner Character der Eintheilung in Typen.** Durch die vorstehenden Entwickelungen finden sich die in § 3 ausgesprochenen Behauptungen in vollem Umfang bestätigt; die Polyederclassen, resp. die Krystallclassen lassen sich in der That derartig in Gruppen von bestimmtem Typus anordnen, dass

1) alle Classen desselben Typus, abgesehen von sonstigen Symmetrieverhältnissen, in einem bestimmten specifischen Symmetriecharacter übereinstimmen,

2) für jeden Typus eine Hauptabtheilung existirt, welche alle den verschiedenen Unterabtheilungen eigenthümlichen Symmetrieeigenschaften in sich enthält; und

3) die Unterabtheilungen sich so construiren lassen, dass der specifische Symmetriecharacter des Typus auf alle mögliche Art mit den Symmetrieelementen der Hauptabtheilung combinirt wird.

Gleichzeitig ist damit die Aufgabe, alle theoretisch möglichen Krystallclassen aufzufinden, in der That auf eine zweite Weise gelöst worden.[1]) Bei der Lösung haben wir allerdings die Eintheilung in Gruppen von bestimmtem Symmetriecharacter, resp. die Kenntniss der Hauptabtheilungen als bekannt vorausgesetzt.

Wenn wir daher die Eintheilung nach dem Symmetrie-

---

1) Die Aufstellung aller Polyeder mit beliebiger n-zähliger Axe läuft den Untersuchungen der § 8—10 genau parallel. Ist n gerade, so treten die Resultate von § 9, 10 in Kraft, und wenn n ungerade ist, diejenigen von § 8. Bezüglich der Polyeder mit Ikosaedersymmetrie vgl. S. 108.

character, resp. die Hauptabtheilung eines jeden Typus als gegeben betrachten, so lässt sich die eben dargestellte Ableitung mit besonderem Vortheil verwenden.

§ 13. **Die gewöhnlichen Krystallsysteme.** Wie schon oben erwähnt, deckt sich die vorstehend erörterte Eintheilung der Krystallclassen nicht ganz mit derjenigen, welche allgemein in Geltung ist. Die Differenzpunkte der Klassificirung betreffen einerseits die Abtheilungen des hexagonalen und trigonalen Typus, andrerseits diejenigen, welche wir dem digonalen und monogonalen Typus zugerechnet haben. Was zunächst die letzteren betrifft, so werden sie in drei verschiedene Systeme gesondert, und zwar nach folgenden Gesichtspunkten.

Alle Krystallclassen, die hier in Frage stehen, haben höchstens zweizählige Symmetrieaxen. Jede Symmetrieaxe, ebenso jede auf einer Symmetrieebene senkrechte Gerade, definirt eine ausgezeichnete Richtung des Krystalls. Nun giebt es zunächst zwei unter den obigen Krystallclassen, für welche derartige Richtungen gänzlich fehlen, nämlich diejenigen, welche den Gruppen

$$S_2 \text{ und } C_1$$

entsprechen, sie werden daher zu einem Krystallsystem gerechnet. Es heisst das *asymmetrische* oder *trikline System* und stellt das Krystallsystem von der niedrigsten Symmetrie dar.

Die übrigen hier besprochenen Krystallclassen unterscheiden sich von den beiden vorstehenden dadurch, dass für sie mindestens *eine* ausgezeichnete Richtung existirt, also mindestens eine Symmetrieebene oder Symmetrieaxe. Diejenigen unter ihnen, welche *nur eine* ausgezeichnete Richtung besitzen, werden wieder als eine engere Gruppe betrachtet, und bilden das *monokline Krystallsystem*[1]; die bezüglichen Gruppen sind

$$C_2^h,\ C_2,\ S.$$

Ebenso werden schliesslich die noch übrigen Krystallclassen zu einem Krystallsystem gerechnet, sie entsprechen den Gruppen

$$V^h,\ V,\ C_2^v.$$

Für jedes von ihnen giebt es drei ausgezeichnete Richtungen.

1) Auch monosymmetrisches System.

Sie lassen sich demnach dahin definiren, dass für sie nur zweizählige Axen existiren, aber mehr als eine solche Axe, oder doch mehr als eine Symmetrieebene. Das bezügliche Krystallsystem heisst *das rhombische System.*[1])

Die übrigen Krystallclassen werden im wesentlichen nach denselben Gesichtspunkten eingetheilt, die oben in § 1 massgebend waren. Zunächst constituiren die Krystallclassen von regulärem Typus das *reguläre* oder *cubische System.* Es bleiben also noch die Krystallclassen mit einer Hauptaxe, die entweder drei-, vier- oder sechszählig ist. Von ihnen bilden die Classen von tetragonalem Typus das *tetragonale* oder *quadratische System.*[2]) Dagegen deckt sich die Eintheilung derjenigen, denen eine dreizählige oder sechszählige Hauptaxe zukommt, nicht vollständig mit der oben gegebenen. Diejenigen von ihnen, deren Gruppen

$$D_6^h,\ D_6,\ C_6^h,\ C_6^v,\ C_6,\ D_3^h,\ C_3^h$$

sind, werden nämlich dem *hexagonalen System*[3]) zugerechnet, während das System mit dreizähliger Hauptaxe diejenigen Krystallclassen enthält, welche den Gruppen

$$S_6^u,\ S_6,\ D_3,\ C_3^v,\ C_3$$

entsprechen, und *rhomboedrisches Krystallsystem*[4]) genannt wird. Da wir die Gruppe S_6^u auch durch D_3^d und S_6 auch durch C_3^i characterisiren können, so ist ersichtlich, dass zwar die Classen des rhomboedrischen Systems sämmtlich eine dreizählige Axe erster Art haben, dass aber das hexagonale System auch solche Classen enthält, denen nur eine dreizählige Symmetrieaxe zukommt, und zwar diejenigen, welche ausserdem eine zur Hauptaxe senkrechte Symmetrieebene besitzen. Das rhomboedrische System umfasst daher die Krystallclassen mit dreizähliger Hauptaxe, aber ohne Hauptsymmetrieebene, und ist dadurch vollständig characterisirt.[5])

---

1) Auch système terbinaire.

2) Auch système quaternaire.

3) Auch système sénaire.

4) Auch système ternaire.

5) Vgl. hierüber auch Abschnitt II dieser Schrift.

§ 14. Für die vorstehend besprochene Systematik sind zwar auch noch die Symmetrieverhältnisse massgebend, aber einerseits kommen sie, im Gegensatz zu der oben vorangestellten rein theoretischen Eintheilung, im wesentlichen nur in ihrer geometrischen Bedeutung für die äussere Form der Krystalle in Frage, und andrerseits stellen sie überdies nicht das alleinige Eintheilungsprincip dar, vielmehr kommt noch ein zweiter Gesichtspunkt hinzu. Bekanntlich bezieht man bei der Berechnung und Bestimmung der geometrischen Elemente eines Krystalles die Flächen und Kanten desselben auf gewisse Coordinatenebenen und Coordinatenaxen, die sogenannten Krystallaxen. Sollen diese, wie es natürlich zweckmässig ist, möglichst einfach gewählt werden, so lässt man sie in geeigneter Weise mit den ausgezeichneten Geraden und Ebenen des Krystalles, d. h. also mit den Ebenen und Axen der Symmetrie zusammenfallen.

Das trikline System lässt sich hiernach dahin definiren, dass es ausgezeichnete Coordinatenaxen nicht besitzt, das monokline System besitzt eine ausgezeichnete Axe, und das trikline besitzt deren drei. Diese stehen senkrecht aufeinander, sind aber im übrigen, da sie krystallographisch ungleichwerthig sind, verschieden lang. Bei den Krystallen, welche den Gruppen V^h und V entsprechen, werden sie direct von den Symmetrieaxen geliefert, bei den Krystallen der Gruppe C_2^v treten dafür die Symmetrieaxe und die zu den Symmetrieebenen senkrechten Geraden ein.

Bei den Krystallsystemen mit einer Hauptaxe ist die Hauptaxe stets ausgezeichnete Coordinatenaxe. Die anderen Coordinatenaxen werden von den zweizähligen Symmetrieaxen geliefert resp. wenn dieselben fehlen, von andern geeigneten gleichwerthigen Richtungen, die zur Hauptaxe senkrecht sind. Beim quadratischen System hat man dazu zwei zu wählen, die aufeinander senkrecht stehen; beim rhomboedrischen und hexagonalen dagegen je drei, die gleiche Winkel einschliessen. Diese Axen sind in jedem Fall gleichwerthig, und müssen daher am Krystall selbst als gleich lange Hauptaxen kenntlich sein. Beim hexagonalen und quadratischen System sind überdies auch ihre entgegengesetzten Richtungen im Allgemeinen gleichwerthig, beim rhomboedrischen System dagegen ist dies meist nicht der Fall. Endlich werden für das reguläre System die drei zu einander senkrechten Symmetrieaxen als Coordinatenaxen gewählt; da sie sämmtlich gleichwerthig sind, so sind die bezüglichen drei Hauptaxen des Krystalles auch unter sich gleich lang.

Da die Krystallaxen des rhomboedrischen und hexagonalen Systems genau übereinstimmen, so werden die Classen des rhomboedrischen Systems von vielen Autoren, besonders von den deutschen, dem hexagonalen System zugerechnet.

§ 15. Die eben erörterte Systematik findet in folgender Tabelle ihren Ausdruck.

A. Das System mit mehreren mehr als zweizähligen Axen.

I. Das reguläre System.

Symmetriecharacter: Vier dreizählige Axen.

B. Die Systeme mit einer Hauptsymmetrieaxe (mehr als zweizählig).

II. Das hexagonale System.

Symmetriecharacter: Eine sechszählige resp. dreizählige Hauptaxe.

III. Das quadratische oder tetragonale System.

Symmetriecharacter: Eine vierzählige Hauptaxe.

C. Die Systeme mit höchstens zweizähligen Axen.

IV. Das rhombische System.

Symmetriecharacter: Mehrere Symmetrieaxen oder Symmetrieebenen.

V. Das monokline System.

Symmetriecharacter: Eine Symmetrieaxe resp. Symmetrieebene.

VI. Das trikline System.

Symmetriecharacter: Keinerlei Symmetrieaxe oder Symmetrieebene.

Die oben in § 12 für die Eintheilung des § 2 angeführten Eigenschaften und Gesetze treffen auch für die vorstehende Systematik ausnahmslos zu. Wie oben, ist auch hier die Existenz der Hauptabtheilung, welche die Symmetrieelemente aller Unterabtheilungen enthält, in allen sechs Systemen vorhanden, und ebenso können die Unterabtheilungen auf die oben ausführlich erörterte Weise aus der Hauptabtheilung abgeleitet werden.

Die Richtigkeit dieser Behauptung braucht nur für die letzten drei Systeme und das hexagonale dargethan zu werden. Was zunächst das letztere betrifft, so besteht die Abweichung von den oben ausgeführten Ueberlegungen im wesentlichen nur darin, dass jetzt die drei Fälle, dass die Hauptaxe sechszählig von der ersten Art, oder sechszählig von der zweiten Art, oder dreizählig ist, gleichzeitig zu betrachten sind, während dies oben an zwei getrennten Stellen durchgeführt wurde. Dagegen bedürfen die Verhältnisse der letzten drei Systeme einer ausführlicheren Erörterung.

§ 16. **Das trikline und monokline System.** Dem triklinen System gehören die beiden Krystallclassen an, welche den Gruppen

$$S_2 \quad \text{und} \quad C_1$$

entsprechen. Die erstere besitzt ein Symmetriecentrum und muss als Hauptabtheilung figuriren. In der That lassen sich beide Krystallclassen, wenn wir uns wieder der einzähligen Axen bedienen, auch so definiren, dass die Gruppe S_2 ausser einer einzähligen Axe noch ein Symmetriecentrum, die Gruppe C_1 dagegen nur eine einzählige Axe besitzt. Alsdann ist die Richtigkeit der in § 3 ausgesprochenen Behauptung auch hier deutlich erkennbar. Gleichzeitig ist wieder ersichtlich, dass es andere Krystallclassen von dem Character des triklinen Systems ausser den beiden genannten nicht geben kann.

Dem monoklinen System gehören diejenigen drei Krystallclassen an, welche den Gruppen

$$C_2^h, \; C_2, \; S$$

entsprechen. Die erste von ihnen kann als Hauptabtheilung figuriren; sie enthält eine Symmetrieebene η und eine zu ihr senkrechte zweizählige Symmetrieaxe h_2, während von den beiden übrigen Classen die eine nur die Symmetrieebene und die andere nur die Symmetrieaxe besitzt. Zu diesen drei Krystallclassen gelangen wir in Bestätigung der Behauptungen des § 3 auch so, dass wir diejenigen Krystallclassen suchen, die als Symmetrieelemente nur h_2, resp. η besitzen. In der That sind drei solcher Classen möglich; sie entsprechen den Fällen, dass entweder nur die Axe h_2, oder nur die Ebene η oder beide Symmetrieelemente zugleich auftreten.

§ 17. **Das rhombische System.** Die vorstehenden Erwägungen lassen sich ohne weiteres auf das rhombische System ausdehnen. Die Krystallclassen, welche ihm angehören, entsprechen den Gruppen

$$V^h,\ V,\ C_2^v.$$

Als Hauptabtheilung haben wir diejenige zu wählen, welche der Gruppe V^h entspricht; sie enthält drei zu einander senkrechte Symmetrieebenen η, η', η'', und drei einander senkrechte zweizählige Axen l_2, l_2', l_2'', die gleichzeitig die Schnittlinien der Ebenen η, η', η'' sind. Von den beiden andern Krystallclassen besitzt die eine, nämlich V, nur die drei Symmetrieaxen, während die andere, nämlich C_2^v, zwei einander senkrechte Symmetrieebenen, also auch eine Symmetrieaxe enthält, nämlich die Schnittlinie beider Ebenen.

Die genannten drei Krystallclassen sind wiederum die einzigen, welche innerhalb des rhombischen Systems möglich sind. Die specifische Symmetrie des rhombischen Systems ist nämlich dadurch characterisirt, dass drei ausgezeichnete Richtungen vorhanden sind, und neben Symmetrieebenen nur zweizählige Symmetrieaxen auftreten. Von den letzteren müssen, damit sich keine Axen andrer Art einstellen, gemäss Cap. IV, 4 je zwei senkrecht aufeinander stehen, und da, wie an derselben Stelle bewiesen wurde, zwei senkrechte Axen von selbst die dritte zu ihnen senkrechte bedingen, so treten stets entweder alle drei Axen gleichzeitig auf, oder es giebt nur eine solche Axe.

Sind drei Axen vorhanden, so sind damit bereits drei ausgezeichnete Richtungen gegeben; sollen daher auch Symmetrieebenen vorkommen, so stehen sie senkrecht auf den Axen. Gemäss Cap. III, 8 folgt aber aus der Existenz *einer* Symmetrieebene auch die Anwesenheit der beiden andern; diesem Fall entspricht daher die Hauptabtheilung des rhombischen Systems. Treten die Symmetrieaxen allein auf, so erhalten wir diejenige Krystallclasse, deren Symmetrie durch die Gruppe V gekennzeichnet ist. Ist dagegen nur eine Symmetrieaxe vorhanden, so müssen mindestens noch zwei Symmetrieebenen vorhanden sein, und da jede Schnittlinie zweier Symmetrieebenen eine Symmetrieaxe ist, so ist nur der Fall denkbar, dass die Ebenen durch die Axe gehen und senkrecht aufeinander stehen. Es giebt daher nur noch eine letzte Classe des rhombischen Systems, nämlich diejenige, welche der Gruppe C_2^v entspricht.

§ 18. **Hauptgruppen und Untergruppen.** Die geometrischen Beziehungen, welche die Krystallclassen desselben Typus, resp. desselben Krystallsystems mit einander verbinden, sind durch das Vorstehende hinreichend gekennzeichnet worden. Wir gehen nun zur Characteristik der gruppentheoretischen Verhältnisse über. Da diese, ebenso wie die in § 12 hervorgehobenen geometrischen Eigenthümlichkeiten sowohl für die Eintheilung des § 2, als auch für die Systematik des § 13 zutreffen, so wollen wir im Folgenden, um die Darstellung möglichst kurz und einfach zu halten, auch die in § 2 aufgeführten Gruppen als Krystallsysteme bezeichnen. Dies kann um so eher geschehen, als ja die Definition der Krystallsysteme an und für sich dem willkürlichen Ermessen nicht ganz entzogen ist, und überdies vom theoretischen Gesichtspunkt aus nicht allein nichts gegen eine derartige Begriffserweiterung spricht, sondern vielmehr, wie die vorstehenden Entwickelungen zur Genüge erkennen lassen, manche Ueberlegungen ihr sogar den theoretischen Vorzug vor der allgemein üblichen Systematik zuerkennen lassen.

Um die gruppentheoretischen Beziehungen aufzudecken, scheint es zweckmässig, die bezüglichen Verhältnisse zunächst an einem Beispiel zu veranschaulichen, für welches dieselben in dem vorhergehenden Capitel bereits gelegentlich gestreift worden sind.

Unter den fünf Gruppen von Operationen, welche dem regulären Typus entsprechen, nämlich

$$O^h, O, T^h, T^d, T$$

giebt es eine, nämlich die Octaedergruppe zweiter Art O^h, welche die in den vier andern Gruppen auftretenden Deckoperationen sammt und sonders enthält, sodass also — nach dem Sprachgebrauch des vorigen Capitels § 17 — die andern vier Gruppen sämmtlich in ihr enthalten sind. In der That bilden ja, in dem oben S. 99 stehenden Schema, wie bereits S. 71 resp. S. 100 erwähnt,

die Operationen I und II die Gruppe O
die Operationen I und III die Gruppe T^h
die Operationen I und IV die Gruppe T^d und
die Operationen I die Gruppe T.

Wir werden eine Gruppe, deren sämmtliche Operationen unter den Operationen einer andern Gruppe enthalten sind, eine *Untergruppe* der letzteren nennen, d. h. wir stellen folgende Definition auf:

Sind die Operationen einer Gruppe G sämmtlich unter den Operationen einer Gruppe H enthalten, so heisst G eine Untergruppe von H.

Gemäss dieser Definition sind die vier Gruppen O, T^h, T^d und T sämmtlich Untergruppen der Gruppe O^h. Nennen wir noch O^h die *Hauptgruppe*, so liefert die Hauptgruppe die Hauptabtheilung des Krystallsystems, während die vier Untergruppen den vier Unterabtheilungen desselben entsprechen.

Die vier Gruppen O, T^h, T^d, T sind keineswegs die einzigen Untergruppen von O^h, vielmehr enthält, wie leicht zu erhärten, O^h noch eine ganze Zahl anderer Untergruppen. Beispielsweise bilden die vier Drehungen, welche um eine der vierzähligen Axen von O^h stattfinden, resp. die drei Drehungen, welche einer der dreizähligen Axen entsprechen, je eine Untergruppe von O^h; die erstere ist C_4 und die letztere C_3, und auch ihnen entsprechen Krystallclassen. Ueberhaupt ist evident, dass jeder Untergruppe von O^h eine Krystallclasse entspricht, denn dies ist ja für *jede* Gruppe von Deckoperationen der Fall. Aber die bezüglichen Krystallclassen gehören dem regulären Krystallsystem nicht an; hierfür kommen entsprechend dem Symmetriecharacter desselben *nur diejenigen Untergruppen von* O^h *in Frage, welche durch vier dreizählige Axen gekennzeichnet sind.*

§ 19. **Gruppentheoretische Beziehung zwischen den Classen desselben Krystallsystems.** Analoge Verhältnisse lassen sich für die Krystallclassen eines jeden andern Krystallsystems aufzeigen. Bei der innigen Verbindung, in welcher die Symmetrieeigenschaften einer Krystallclasse und die Deckoperationen der zugehörigen Gruppe zu einander stehen, ist der Nachweis dafür leicht zu führen. Er folgt fast unmittelbar aus den vorstehend abgeleiteten Resultaten; wir brauchen die oben für die Symmetrieverhältnisse gewonnenen Sätze nur gruppentheoretisch zu übersetzen.

Um dies möglichst präcise auszuführen, schicken wir den folgenden Lehrsatz voraus.

Lehrsatz I. *Sind K und K_1 zwei Krystallclassen, von denen die letztere nur einen Theil der Symmetrieeigenschaften der ersteren besitzt, so stehen die zugehörigen Operationsgruppen G und G_1 in dem Verhältniss zu einander, dass G_1 eine Untergruppe von G ist, und umgekehrt.*

Der Beweis ist unmittelbar ersichtlich. Denn wenn die Krystallclasse K alle Symmetrieeigenschaften von K_1 enthält, so heisst dies eben nichts anderes, als dass auch alle Operationen von G_1 in G enthalten sind. Ebenso leuchtet das Umgekehrte ein; enthält die Gruppe G alle Operationen der Gruppe G_1, so besitzt auch die Krystallclasse K alle Symmetrieeigenschaften von K_1.

Diesen Satz wenden wir nun auf die Krystallclassen desselben Krystallsystems an. Da die Hauptabtheilung alle Symmetrieeigenschaften enthält, die in irgend einer der Unterabtheilungen vorkommen, so folgt unmittelbar, dass die zugehörigen Gruppen von Operationen in dem Verhältniss von Hauptgruppe und Untergruppe zu einander stehen; und da die Unterabtheilungen gleichzeitig *alle* Krystallclassen bilden, welche die specifische Symmetrie des bezüglichen Systems besitzen, so repräsentiren die zugehörigen Gruppen wirklich *alle* Untergruppen der Hauptgruppe, welchen die specifische Symmetrie des Krystallsystems zukommt. Also ergiebt sich:

Hauptsatz. *Für jedes Krystallsystem sind die zugehörigen Gruppen von Operationen so mit einander verbunden, dass eine, die Hauptgruppe, alle andern als Untergruppen enthält. Die erstere entspricht der Hauptabtheilung, die andern den Unterabtheilungen. Die letzteren bilden gleichzeitig alle Untergruppen, welchen der specifische Symmetriecharacter des Krystallsystems zukommt.*

Aus dem vorstehenden Satz lässt sich wiederum eine neue Methode herleiten, um die sämmtlichen Krystallclassen zu ermitteln. Dies kann nämlich so geschehen, dass man die Aufgabe in Angriff nimmt, alle Untergruppen zu finden, welche die specifische Symmetrie des Krystallsystems besitzen. Die Lösung dieser Aufgabe ist in den §§ 5—11 im wesentlichen bereits implicite enthalten; um dieselbe durchzuführen, würde es sich im Allgemeinen nur darum handeln, die gruppentheoretische Uebersetzung der in §§ 5—11 oben gegebenen Ableitung der Unterabtheilungen zu finden. Historisch ist zu bemerken, dass der hier angedeutete Weg sich im Ganzen mit demjenigen deckt, welcher von Minnigerode eingeschlagen worden ist. Die Minnigerode'sche Arbeit geht von der Aufstellung gewisser Hauptgruppen aus und bestimmt dann die sämmtlichen in ihnen enthaltenen Untergruppen.[1])

§ 20. **Ausgezeichnete Untergruppen und ihre Beziehung zum Krystallsystem.** Von den Gruppen, welche den sämmtlichen Unterabtheilungen eines Krystallsystems entsprechen, lässt sich noch eine wichtige Eigenschaft nachweisen; jede derselben stellt nämlich eine sogenannte *ausgezeichnete Untergruppe der Hauptgruppe* dar. Wir definiren eine ausgezeichnete Untergruppe folgendermassen:

---

1) Untersuchungen über die Symmetrieverhältnisse der Krystalle. Neues Jahrb. f. Miner. Beilagebd. 5. S. 154. Uebrigens läuft auch die Hessel'sche Darstellung im Ganzen auf den obigen Gedankengang hinaus. Vgl. Gehler's phys. Wörterbuch, Bd. 5, S. 1063 ff.

Eine Untergruppe soll eine ausgezeichnete Untergruppe der Hauptgruppe heissen, wenn die ihr zugehörigen Symmetrieelemente durch jede Operation der Hauptgruppe in sich selbst übergeführt werden.

Zum besseren Verständniss derselben mögen folgende Bemerkungen dienen.

Wir haben bewiesen, dass jede einer Gruppe angehörige Operation erster oder zweiter Art die Gesammtheit der Symmetrieaxen der Gruppe in sich überführt (vgl. Cap. IV, VI und Cap. V, 4). Hat die Gruppe ausser den Symmetrieaxen noch andere Symmetrieelemente, so müssen auch diese dabei in sich übergehen, da sie mit den Symmetrieaxen fest verbunden sind und eine ganz bestimmte symmetrische Lage zu ihnen haben. Heben wir nun aus der Gesammtheit der Symmetrieelemente einer Gruppe irgend einen beliebigen Theil heraus, so können zwei Fälle eintreten. Entweder nämlich vertauschen sich die herausgehobenen Symmetrieelemente bei jeder Deckoperation der Gruppe nur unter einander, oder es giebt Deckoperationen, welche aus ihnen andere Symmetrieelemente entstehen lassen. Betrachten wir z. B. die Gruppe D_4^h. Jede ihrer Operationen führt, wie unmittelbar evident ist, die Hauptaxe in sich über; es ist ja nur *eine* solche Axe vorhanden. Ferner enthält die Gruppe vier durch die Axe gehende Symmetrieebenen. Die Gesammtheit derselben geht ebenfalls bei allen Operationen der Gruppe in sich über, dagegen ist dies für jede einzelne der vier Ebenen nicht der Fall, vielmehr vertauschen sie sich durch die Operationen der Gruppe gegenseitig. Dasselbe gilt von den vier Nebenaxen, welche die Gruppe D_4^h enthält.

Ist nun u_1 eine dieser Nebenaxen, so seien

$$1 \quad \text{und} \quad \mathfrak{U}_1$$

die zugehörigen Deckoperationen. Dieselben bilden natürlich eine Gruppe und sind unter den Operationen von D_4^h enthalten, sie bestimmen daher eine Untergruppe von D_4^h. Dieselbe ist aber nicht ausgezeichnet; denn die Axe u_1 nimmt in Folge mancher Operationen die Lage u_2 an; sie geht daher nicht bei allen Operationen von D_4^h in sich selbst über. Das gleiche findet statt, wenn wir die zu einer Symmetrieebene gehörige Gruppe in's Auge fassen, die aus den Operationen 1 und $\mathfrak{S}$ besteht.

Dagegen bilden die sämmtlichen Operationen, welche der Hauptsymmetrieaxe entsprechen, d. h. also die Operationen

$$1,\ \mathfrak{A},\ \mathfrak{A}^2,\ \mathfrak{A}^3,$$

eine ausgezeichnete Untergruppe, denn erstens bilden sie eine wirkliche Gruppe, nämlich C_4, und zweitens geht die Hauptaxe stets in sich über. Dasselbe ist für die Gruppe D_4 der Fall, welche die Hauptaxe und die vier Nebenaxen als Symmetrieelemente enthält u. s. w.

Die vorstehenden Ueberlegungen gelten in ähnlicher Weise augenscheinlich auch für jede andere Gruppe und ihre ausgezeichneten Untergruppen. Sie führen daher zu folgendem Lehrsatz über die Eigenschaften einer ausgezeichneten Untergruppe:

Lehrsatz II. *Ist G_1 eine ausgezeichnete Untergruppe von G, so enthält G_1 von jeder Art gleichwerthiger Symmetrieelemente von G entweder alle oder keins.*

Es ist nicht schwierig, nunmehr zu beweisen, dass jeder Unterabtheilung eines Krystallsystems eine ausgezeichnete Untergruppe der Hauptgruppe entspricht. Es folgt aus der mehrfach erwähnten Thatsache, dass in allen diesen Unterabtheilungen die gleichwerthigen Symmetrieelemente der Hauptgruppe stets vereinigt auftreten. Was im besondern die Systeme des § 2 betrifft, so sind dort die Unterabtheilungen direct so gebildet, dass die specifische Symmetrie des Krystallsystems mit irgend welchen weiteren *gleichwerthigen* Symmetrieelementen verbunden wird. Dasselbe gilt, wie die Erörterungen von § 13 unmittelbar zeigen, für das trikline und monokline System. Auch für das rhombische System lässt sich die Richtigkeit des obigen Lehrsatzes leicht einsehen. Die Hauptgruppe desselben ist V^h, den Unterabtheilungen entsprechen die Gruppen V und C_2^v. Von ihnen bedarf nur die Gruppe C_2^v einer genaueren Betrachtung. Sie enthält eine Symmetrieaxe der Hauptgruppe und zwei durch sie gehende Symmetrieebenen. Wir brauchen uns aber nur zu erinnern, dass die Axen der Vierergruppe nicht gleichwerthig sind (S. 73), um zu erkennen, dass jede dieser Axen bei allen Operationen der Gruppe *nur in sich selbst* übergeht. Die Eigenschaften der ausgezeichneten Untergruppe kommen also auch C_2^v zu.

Es bedürfen daher nur noch die Verhältnisse des hexagonalen Systems des § 13 der Prüfung. Aber auch hier trifft der Satz zu, weil die Symmetrieaxen und Symmetrieebenen, die für die Hauptgruppe D_6^h gleichwerthig sind, auch für die Krystallclassen mit dreizähliger Hauptaxe gleichwerthig bleiben, so dass wirklich die irgend einer der bezüglichen Untergruppen angehörigen Symmetrieelemente immer nur in sich übergehen. Beispielsweise besitzt die Gruppe D_6^h sechs durch die Hauptaxe gehende Symmetrieebenen. Dieselben lassen sich in zwei Paare von je dreien zerfällen, welche zu einander dieselbe Lage haben, wie die Symmetrieebenen von C_3^v. Je drei solche Ebenen lassen sich daher mit der Axe zu einer Gruppe C_3^v verbinden, so dass sich zunächst noch zwei verschiedene derartige Gruppen bilden lassen. Aber keine Operation von D_6^h führt die Ebenen der einen Untergruppe in die der andern über, eine jede von ihnen ist daher eine ausgezeichnete Untergruppe von D_6^h. Das gleiche gilt für die andern Untergruppen.

Endlich ist zu bemerken, dass der eben erhärtete Satz auch dann noch in Kraft bleibt, wenn wir die rhomboedrische Unterabtheilung des hexagonalen Systems als besonderes Krystallsystem figuriren lassen. In diesem Fall ist D_3^d die Hauptgruppe, und es lässt sich ohne Weiteres erkennen, dass die Symmetrieelemente der Gruppen

$$D_3, \quad C_3^i, \quad C_3^v, \quad C_3$$

sämmtlich in D_3^d enthalten sind, und dass diese Gruppen ausgezeichnete Untergruppen der Hauptgruppe darstellen.

Wir gelangen somit zu folgendem für jedes der obigen Krystallsysteme giltigen Resultat:

Lehrsatz III. *Für jedes Krystallsystem sind die Gruppen von Operationen, welche den Unterabtheilungen desselben ent-*

sprechen, ausgezeichnete Untergruppen der bezüglichen Hauptgruppe.

Ich bemerke noch, dass der Begriff der ausgezeichneten Untergruppe gruppentheoretisch von grosser Bedeutung ist. Seine Wichtigkeit tritt allerdings hier noch wenig hervor; erst im zweiten Abschnitt werden wir eingehender mit demselben zu operiren haben.[1])

Das Vorstehende führt mit Nothwendigkeit zu der Folgerung, dass die Eintheilung der Krystalle in Systeme, wenn man, wie bisher ausschliesslich geschehen, nur die Analogieen des symmetrischen Verhaltens zum Gesichtspunkt der Classification wählt, und ferner von den Systemen nur die oben in § 12 angegebenen Eigenschaften verlangt, durchaus nichts Zwingendes besitzt. In der That erfüllt die eine Systematik ebenso vollständig die dort genannten Bedingungen wie die andere. Welche von beiden daher zu benutzen ist, wird ganz davon abhängig sein müssen, welchen Zweck man erreichen will.[2])

Empfiehlt es sich, für die practischen Zwecke an der allgemein üblichen Systematik festzuhalten, so ist doch die in § 2 enthaltene allemal dann vorzuziehen, wenn es sich um rein theoretische Fragen, wie z. B. um die Analogiebeziehungen des symmetrischen Verhaltens für die Gesammtheit der möglichen Krystallclassen handelt, überhaupt für alle Fragen, bei denen die natürliche Eintheilung nach der Symmetrie von Wichtigkeit ist. Sie drängt sich überdies bei der geometrischen Ableitung aller Krystallclassen mit Nothwendigkeit auf und findet sich daher gerade bei solchen Autoren, welche an diesem Problem gearbeitet haben. Hessel hat sie in ganz präciser, einheitlicher Form ausgestaltet[3]); von

---

1) Es liegt nahe, der Vermuthung Raum zu geben, dass auch umgekehrt jeder ausgezeichneten Untergruppe einer Hauptgruppe eine Unterabtheilung des durch die Hauptgruppe bestimmten Krystallsystems entspricht. Die Begriffe Unterabtheilung und ausgezeichnete Untergruppe würden sich in diesem Fall decken. Dies trifft jedoch nicht zu. Es genügt, darauf hinzuweisen, dass die meisten Hauptgruppen ein Symmetriecentrum enthalten, dass das Symmetriecentrum bei allen Operationen in sich übergeht, und dass ihm daher ebenfalls eine ausgezeichnete Untergruppe entspricht, bestehend aus den Operationen 1 und $\mathfrak{J}$. Die zugehörige Gruppe stellt aber nur für das digonale System eine Unterabtheilung dar.

2) Vgl. auch die Untersuchungen über die Beziehungen der Raumgitter zu den Krystallsystemen, Abschnitt II.

3) Vgl. Gehler's physikal. Wörterbuch, Bd. 5, S. 1078 ff. Hessel

ihm wird als characteristisches Merkmal der Eintheilung bereits ausschliesslich die Zähligkeit der Symmetrieaxe benutzt, und ebenso hat sich Fedorow in seinen neuesten Arbeiten über die Symmetrieverhältnisse von diesem Gesichtspunkt leiten lassen.[1])

§ 21. **Beziehung zwischen der Zahl der Deckoperationen der Hauptgruppen und der Untergruppen.** Wir kehren im Folgenden zu den allgemeinen Untersuchungen zurück, bemerken übrigens ausdrücklich, dass sich dieselben auf das Verhältniss jeder Hauptgruppe zu ihren Untergruppen beziehen, sowohl für die eine wie für die andere Systematik.

Jeder Gruppe kommt eine ganz bestimmte Zahl von Deckoperationen zu. Diese Zahlen stehen für die Gruppen desselben Krystallsystems in einem einfachen Verhältniss. Beispielsweise enthält die Hauptgruppe O^h des regulären Systems 48 Deckoperationen; die Untergruppen O, T^h, T^d enthalten je 24, also die Hälfte davon, und endlich besteht die Gruppe T nur aus 12 Deckoperationen, d. h. dem vierten Theil. Aehnliche Verhältnisse lassen sich auch für die andern Krystallsysteme nachweisen.

Wir schicken zu diesem Zweck zunächst folgende Bemerkungen voraus.

Es sei $\mathfrak{L}$ irgend eine Operation, und in der Reihe der Potenzen von $\mathfrak{L}$, nämlich in der Reihe

$$1, \ \mathfrak{L}, \ \mathfrak{L}^2, \ \mathfrak{L}^3 \ldots$$

die Potenz $\mathfrak{L}^p$ die erste, welche der Identität äquivalent ist, so besteht die Gleichung

$$\mathfrak{L}^p = 1.$$

In diesem Fall möge $\mathfrak{L}^{p-1}$ auch durch $\mathfrak{L}^{-1}$ bezeichnet werden.[2]) Alsdann ergeben sich unmittelbar die nachstehenden Folgerungen:

---

zieht die Krystalle mit sechs- und dreizähliger Axe, ebenso diejenigen mit zwei- und einzähliger Axe in je ein System zusammen.

1) Vgl. z. B. die S. 103 erwähnten Elemente der Lehre von den Figuren, S. 163. Die in § 1 angewandte Bezeichnung digonal ist auch von Fedorow gebraucht worden. Wie Hessel, führt auch Fedorow nur ein hexagonales, tetragonales und digonales System ein.

2) Die Bezeichnung $\mathfrak{L}^{-1}$ ist ganz analog zu derjenigen der Potenzen

1) Es ist

$$\mathfrak{L}^{-1} \, . \, \mathfrak{L} = \mathfrak{L} \, . \, \mathfrak{L}^{-1} = \mathfrak{L}^{p} = 1 .$$

Die Operationen $\mathfrak{L}$ und $\mathfrak{L}^{-1}$ sind daher *entgegengesetzte Operationen;* jede wird durch die andere aufgehoben. Kommt daher durch die Operation $\mathfrak{L}$ ein Körper S in die Lage S', so führt ihn die Operation $\mathfrak{L}^{-1}$ wieder aus der Lage S' nach S zurück.

2) Enthält eine Gruppe die Operation $\mathfrak{L}$, so enthält sie auch die entgegengesetzte Operation $\mathfrak{L}^{-1}$. In der That, wenn $\mathfrak{L}$ der Gruppe angehört, so auch $\mathfrak{L}^{p-1}$, d. h. eben $\mathfrak{L}^{-1}$.

Nunmehr gehen wir an den eigentlichen Beweis der obigen Behauptung. Derselbe gründet sich auf folgenden fundamentalen Satz:

Lehrsatz IV. *Ist G_1 eine Untergruppe von G, so ist die Anzahl der Operationen von G_1 ein aliquoter Theil der Zahl der Operationen von G.*

Beweis: Es seien

$$1) \qquad 1, \ \mathfrak{L}_1, \ \mathfrak{L}_2 \ldots \mathfrak{L}_{p-1}$$

die Operationen der Gruppe G_1, so giebt es mindestens eine von ihnen verschiedene Operation $\mathfrak{M}_1$ der Gruppe G. Wir bilden die Operationen

$$2) \qquad \mathfrak{M}_1, \ \mathfrak{L}_1 \mathfrak{M}_1, \ \mathfrak{L}_2 \mathfrak{M}_1 \ldots \mathfrak{L}_{p-1} \mathfrak{M}_1,$$

so ist jede von ihnen, wie aus dem Gruppenbegriff folgt, eine Operation von G. Ferner sind alle diese Operationen unter einander und von den Operationen der Reihe 1) verschieden. Wäre nämlich

$$\mathfrak{L}_\mu \mathfrak{M}_1 = \mathfrak{L}_\nu \mathfrak{M}_1,$$

so müsste, wenn wir rechts durch $\mathfrak{M}_1$ dividiren (vgl. S. 37),

$$\mathfrak{L}_\mu = \mathfrak{L}_\nu$$

mit negativem Exponenten gebildet. Da die Potenzen der Operation $\mathfrak{L}$ auch sonst dieselben Gesetze befolgen wie die wirklichen Potenzen, so ist klar, dass man für das Rechnen mit den Operationen ebenfalls ganz allgemein negative Potenzen einführen könnte. Es ist bisher nur darum nicht geschehen, weil das Rechnen mit blossen positiven Exponenten vorzuziehen ist, so lange dadurch keine Schwerfälligkeit bewirkt wird.

sein, was, wenn μ und ν verschiedene Indices sind, nicht der Fall ist.[1])

Ebenso lässt sich beweisen, dass die Operationen der Zeile 1) und 2) verschieden sind. Denn wäre

$$\mathfrak{L}_\mu = \mathfrak{L}_\nu \mathfrak{M}_1,$$

so müsste auch, wie durch Multiplication mit $\mathfrak{L}_\nu^{-1}$ folgt,

$$\mathfrak{L}_\nu^{-1} \mathfrak{L}_\mu = \mathfrak{M}_1$$

sein. Nun ist aber nach Folgerung 2) $\mathfrak{L}_\nu^{-1}$ eine Operation von G_1, also müsste auch das Product von $\mathfrak{L}_\mu$ und $\mathfrak{L}_\nu^{-1}$, d. h. $\mathfrak{M}_1$, eine Operation von G_1 sein, was aber ausdrücklich ausgeschlossen wurde.

Die obigen $2p$ Operationen sind daher wirklich von einander verschieden. Nun können zwei Fälle eintreten. Entweder diese $2p$ Operationen repräsentiren bereits die sämmtlichen Operationen von G, oder dies ist nicht der Fall. Tritt das letzte ein, so giebt es mindestens eine Operation $\mathfrak{M}_2$ von G, die von den Operationen 1) und 2) verschieden ist. Wir bilden nun die Operationen

$$3) \qquad \mathfrak{M}_2, \quad \mathfrak{L}_1 \mathfrak{M}_2, \quad \mathfrak{L}_2 \mathfrak{M}_2 \ldots \mathfrak{L}_{p-1} \mathfrak{M}_2,$$

so folgt genau wie oben: Erstens, diese Operationen gehören sämmtlich der Gruppe G an; zweitens, sie sind sämmtlich unter einander verschieden, und drittens, sie sind sämmtlich von den Operationen der Zeile 1) verschieden. Sie sind aber auch sämmtlich von den Operationen der Zeile 2) verschieden. Denn wäre

$$\mathfrak{L}_\varkappa \mathfrak{M}_2 = \mathfrak{L}_\lambda \mathfrak{M}_1,$$

so müsste, wie durch Multiplication mit $\mathfrak{L}_\varkappa^{-1}$ folgt,

$$\mathfrak{M}_2 = \mathfrak{L}_\varkappa^{-1} \mathfrak{L}_\lambda \mathfrak{M}_1$$

sein. Nun ist aber $\mathfrak{L}_\varkappa^{-1} \mathfrak{L}_\lambda$ jedenfalls eine Operation der Zeile 1), also würde $\mathfrak{M}_2$ mit einer Operation der Zeile 2) identisch sein müssen, was nicht der Fall ist.

Die Gruppe G enthält daher jedenfalls die $3p$ Operationen

1) Die Verschiedenheit beider Producte lässt sich auch an der Hand der Anschauung leicht erkennen.

der Zeilen 1), 2), 3). Sind damit noch nicht alle Operationen von G erschöpft, so sei $\mathfrak{M}_3$ eine von ihnen verschiedene. Wir bilden die Reihe

4) $$\mathfrak{M}_3,\quad \mathfrak{L}_1\mathfrak{M}_3 \ldots \mathfrak{L}_{p-1}\mathfrak{M}_3$$

und können wieder beweisen, dass alle diese Operationen der Gruppe G angehören, und dass sie unter einander und von den Operationen 1), 2), 3) verschieden sind; u. s. w. Jede neue in G enthaltene Operation führt daher stets zu p neuen Operationen. Da aber G nur eine endliche Anzahl von Operationen enthält, so muss das vorstehende Verfahren schliesslich einmal *alle* Operationen von G liefern; die Anzahl der Operationen ist daher ein ganzes Vielfaches von p. Q. e. d.[1])

Beispiele. Die Untergruppe G_1 sei die Gruppe C_n und die Gruppe G sei C_n^h. In diesem Fall enthält die erstere halb so viele Operationen als die letztere. Sind die Operationen von C_n resp.

$$1,\quad \mathfrak{A},\quad \mathfrak{A}^2 \ldots \mathfrak{A}^{n-1},$$

so haben die noch fehlenden Operationen von C_n^h die Form

$$\mathfrak{S},\quad \mathfrak{A}\mathfrak{S},\quad \mathfrak{A}^2\mathfrak{S} \ldots \mathfrak{A}^{n-1}\mathfrak{S},$$

wie es dem Satze entspricht.

Analog sind die Verhältnisse in jedem Fall, wenn die Untergruppe G_1 aus den sämmtlichen Drehungen einer Hauptgruppe besteht. Die im Satz mit $\mathfrak{M}_1$ bezeichnete Operation ist dann eine Spiegelung, der Zeile 1) entsprechen die sämmtlichen Drehungen der Hauptgruppe und der Zeile 2) ihre Operationen zweiter Art, wie dies ausführlich in Cap. VI, § 4 dargestellt worden.

Als letztes Beispiel betrachten wir das Verhältniss der Hauptgruppe D_n^h zur Untergruppe C_n. Die Operationen von C_n sind wieder

$$1,\quad \mathfrak{A},\quad \mathfrak{A}^2 \ldots \mathfrak{A}^{n-1}.$$

---

1) Der Beweis lässt sich auch so führen, dass die Reihen 2), 3), 4) durch linksseitige Multiplication mit resp. $\mathfrak{M}_1$, $\mathfrak{M}_2$, $\mathfrak{M}_3$ ... gebildet werden. Natürlich sind die so gebildeten Producte denen des Textes in irgend einer Weise äquivalent.

Aus ihnen ergiebt sich durch Multiplication mit der Drehung $\mathfrak{U}$

$$\mathfrak{U},\quad \mathfrak{A}\mathfrak{U},\quad \mathfrak{A}^2\mathfrak{U}\ldots\mathfrak{A}^{n-1}\mathfrak{U}.$$

Ferner erhalten wir hieraus durch Multiplication mit $\mathfrak{S}$ als dritte und vierte Zeile die Operationen

$$\mathfrak{S},\quad \mathfrak{A}\mathfrak{S},\quad \mathfrak{A}^2\mathfrak{S}\ldots\mathfrak{A}^{n-1}\mathfrak{S},$$

$$\mathfrak{U}\mathfrak{S},\quad \mathfrak{A}\mathfrak{U}\mathfrak{S},\quad \mathfrak{A}^2\mathfrak{U}\mathfrak{S}\ldots\mathfrak{A}^{n-1}\mathfrak{U}\mathfrak{S},$$

wo $\mathfrak{S}$ die Spiegelung an der zur Hauptaxe senkrechten Ebene ist. Dies sind die sämmtlichen Operationen der Hauptgruppe $D_n{}^h$; sie gehen unmittelbar in die auf S. 94 angegebenen Operationen über, wenn wir uns erinnern, dass dort die Producte

$$\mathfrak{A}\mathfrak{U},\quad \mathfrak{A}^2\mathfrak{U}\ldots$$

resp. durch

$$\mathfrak{U}_1,\quad \mathfrak{U}_2\ldots$$

bezeichnet wurden. Das Schema entspricht genau dem obigen Satz. Die Operationen $\mathfrak{M}_1$, $\mathfrak{M}_2$, $\mathfrak{M}_3$ sind resp. $\mathfrak{U}$, $\mathfrak{S}$ und $\mathfrak{U}\mathfrak{S} = \mathfrak{S}_1$, wo $\mathfrak{S}_1$ die Spiegelung an einer durch die Hauptaxe gehenden verticalen Ebene bedeutet.

Wenden wir nun den vorstehenden Satz auf die demselben Krystallsystem angehörigen Gruppen an, so folgt:

Lehrsatz V. *Für jedes Krystallsystem ist die Anzahl der Deckoperationen einer Unterabtheilung ein genauer Theil der Deckoperationen der Hauptabtheilung.*

§ 22. **Holoedrieen und Meroedrieen.** Mit Rücksicht auf den eben bewiesenen Satz werden die Hauptabtheilungen der Krystallsysteme als *Holoedrieen* bezeichnet; sie enthalten die Gesammtheit der bei dem Krystallsystem möglichen Deckoperationen. Die Unterabtheilungen dagegen heissen *Meroedrieen,* weil ihnen nur ein Theil dieser Deckoperationen zukommt. Im besonderen spricht man von einer *Hemiedrie,* wenn dieser Theil die Hälfte der Gesammtheit ist, von einer *Tetartoedrie,* wenn er ein Viertel davon beträgt, u. s. w.

In dem Verhältniss der Meroedrieen zu den Holoedrieen bestehen für die verschiedenen Krystallsysteme mancherlei Analogien. Am reinsten treten dieselben bei den Systemen des § 2 hervor. Wir wollen daher diese zunächst besonders characterisiren.

Erstens findet sich in jedem System eine Hemiedrie, welche dieselben Symmetrieaxen besitzt, wie die Holoedrie, aber kein weiteres Symmetrieelement. Die zugehörige Gruppe enthält von den Operationen der Hauptgruppe nur die Drehungen. Die bezüglichen Hemiedrieen sind diejenigen, welche resp. den Gruppen

$$O, \quad D_6, \quad D_4, \quad D_3, \quad V, \quad C_1$$

entsprechen; beim monogonalen System kann, wie ersichtlich, die Identität C_1 die bezügliche Gruppe repräsentiren. Wir werden diese Hemiedrie als *enantiomorphe Hemiedrie* bezeichnen.[1])

Eine zweite Unterabtheilung lässt sich folgendermassen characterisiren. Die specifischen Symmetrieaxen der einzelnen Krystallsysteme sind für die Holoedrie in allen Fällen zweiseitige Axen. Es giebt nun, wenn wir vom monogonalen System absehen, stets eine Hemiedrie, für welche die specifischen Symmetrieaxen nur einseitig sind; die bezüglichen Hemiedrieen entsprechen den Gruppen

$$T^d, \quad C_6^v, \quad C_4^v, \quad C_3^v, \quad C_2^v.$$

Für keine derselben giebt es eine Operation, welche die beiden Hälften der specifischen Axen in einander überführt. Alle diese Gruppen sind von den oben genannten verschieden. Wir bezeichnen die zugehörigen Krystallclassen als *hemimorphe* oder *antimorphe Hemiedrieen.*[2])

Endlich giebt es für die Systeme des § 2 — abgesehen natürlich vom monogonalen — noch eine dritte Hemiedrie, welche für alle Systeme durch die gleiche Beziehung zur Holoedrie gekennzeichnet ist. Sie entspricht den Gruppen

$$T^h, \quad C_6^h, \quad C_4^h, \quad C_3^h, \quad C_2^h$$

und ist dadurch definirt, dass für sie die Hauptsymmetrieebenen bestehen bleiben, welche zu den Hauptaxen der Krystalle senkrecht stehen. Für das reguläre System können als solche Hauptaxen nur die zu einander senkrechten zwei- resp.

---

1) Die französischen Autoren bezeichnen dieselbe als *hémiëdrie holoaxe.*

2) Von den französischen Autoren als *Antihémiëdrie* bezeichnet.

vierzähligen Axen in Frage kommen, da ja keine auf den dreizähligen Axen senkrechte Symmetrieebenen existiren. In der That entspricht die Gruppe T^h dieser Bedingung. Für das hexagonale, tetragonale, trigonale und digonale System ist die Hauptaxe vorgeschrieben und die zu ihnen senkrechte Symmetrieebene ist in den Gruppen C_6^h, C_4^h, C_3^h, C_2^h in der That enthalten. Wir bezeichnen diese Hemiedrie als *paramorphe Hemiedrie.*[1])

Die Gruppen T^h, C_6^h, C_4^h, C_2^h besitzen, da ihre Hauptaxe geradzählig ist, ein Symmetriecentrum. Für die Gruppe C_3^h existirt dasselbe nicht; das Fehlen desselben verstösst aber nicht gegen die Analogiebeziehung, und zwar deshalb, weil auch der Holoedrie des trigonalen Systems ein Symmetriecentrum mangelt.

Für das hexagonale und tetragonale System giebt es noch je eine weitere Hemiedrie. Sie entspricht resp. den Gruppen

$$S_6^u \text{ und } S_4^u$$

und ist in beiden Fällen dadurch definirt, dass die Hauptaxe eine Symmetrieaxe der zweiten Art wird. Beim digonalen System tritt sie nicht auf; die analog gebildete Gruppe S_2^u existirt zwar, ist aber, da sie ein Symmetriecentrum und eine zweizählige Axe enthält, von C_2^h nicht verschieden. Wir bezeichnen diese Hemiedrie als *Hemiedrie mit einer Axe zweiter Art.*

Ausser den Hemiedrieen kommen den meisten Krystallsystemen noch Tetartoedrieen zu; sie fehlen nur in dem monogonalen System. Für das reguläre und trigonale System giebt es nur eine Tetartoedrie, für das hexagonale, tetragonale und digonale dagegen je zwei. Die eine Tetartoedrie dieser drei Krystallsysteme ist dadurch characterisirt, dass die Hauptaxe eine Axe der zweiten Art wird; die zugehörigen Gruppen sind

$$S_6,\ S_4 \text{ und } S_2.$$

Die andern Tetartoedrieen entsprechen resp. den Gruppen

1) Von den französischen Autoren *Parahémiëdrie* genannt.

$$T, \ C_6, \ C_4, \ C_3, \ C_2;$$

sie besitzen ebenfalls gemeinsame Merkmale, und zwar insofern, als sie einerseits nur Symmetrieaxen besitzen und andrerseits durch den Verlust der Nebenaxen gekennzeichnet sind. Gleichzeitig sind die specifischen Symmetrieaxen für sie nur einseitig. Mit Benutzung der eben eingeführten Terminologie können sie als *enantiomorphe* oder auch als *hemimorphe Tetartoedrieen* bezeichnet werden. Da jedoch die Tetartoedrieen sich danach scheiden, ob ihnen eine Axe erster oder zweiter Art zugehört, so bedarf es eines unterscheidenden Beiwortes für sie nicht.

§ 23. **Tabellen der Krystallsysteme und ihrer Unterabtheilungen.** Wir geben zunächst eine Tabelle, welche sich an die Systematik des § 2 anschliesst und von den vorstehend eingeführten Bezeichnungen Gebrauch macht.

I. Reguläres System.

1. O^h. Holoedrie.
2. O. Enantiomorphe Hemiedrie.
3. T^d. Hemimorphe Hemiedrie.
4. T^h. Paramorphe Hemiedrie.
5. T. Tetartoedrie.

II. Hexagonales System.

A. Krystallclassen mit einer Axe erster Art.

1. D_6^h. Holoedrie.
2. D_6. Enantiomorphe Hemiedrie.
3. C_6^v. Hemimorphe Hemiedrie.
4. C_6^h. Paramorphe Hemiedrie.
5. C_6. Tetartoedrie.

B. Krystallclassen mit einer Axe zweiter Art.

6. S_6^u. Hemiedrie.
7. S_6. Tetartoedrie.

III. Tetragonales System.

A. Krystallclassen mit einer Axe erster Art.

1. D_4^h. Holoedrie.

2. D_4. Enantiomorphe Hemiedrie.
3. C_4^v. Hemimorphe Hemiedrie.
4. C_4^h. Paramorphe Hemiedrie.
5. C_4. Tetartoedrie.

B. Krystallclassen mit einer Axe zweiter Art.

6. S_4^u. Hemiedrie.
7. S_4. Tetartoedrie.

IV. Trigonales System.

1. D_3^h. Holoedrie.
2. D_3. Enantiomorphe Hemiedrie.
3. C_3^v. Hemimorphe Hemiedrie.
4. C_3^h. Paramorphe Hemiedrie.
5. C_3. Tetartoedrie.

V. Digonales System.

A. Krystallclassen mit einer Axe erster Art.

1. V^h. Holoedrie.
2. V. Enantiomorphe Hemiedrie.
3. C_2^v. Hemimorphe Hemiedrie.
4. C_2^h. Paramorphe Hemiedrie.
5. C_2. Tetartoedrie.

B. Krystallclasse mit einer Axe zweiter Art.

6. S_2. Tetartoedrie.

VI. Monogonales System.

1. C_1^h. Holoedrie.
2. C_1. Hemiedrie.

Die Tabelle lässt wiederum erkennen, dass die Systeme des § 2 durch ausnahmslose Analogiebeziehungen ausgezeichnet sind, sowohl in gruppentheoretischer Hinsicht, als auch mit Rücksicht auf die Natur der Symmetrieeigenschaften, welche das Verhältniss der Holoedrie zu den Unterabtheilungen characterisiren. Nur scheinbar tritt für die Systeme niederer Symmetrie eine Ausnahme insofern ein, als für sie gewisse Unterabtheilungen identisch werden, die bei den andern Systemen verschieden sind. Übrigens tritt die gruppentheoretische

Analogie beim digonalen System noch deutlicher in die Augen, wenn wir uns erinnern, dass die Gruppen V und V^h nur besondere Zeichen für D_2 und D_2^h sind.

§ 24. Es folgt die Tabelle, welche der gewöhnlichen Systematik entspricht. Die Namen der Unterabtheilungen sind die üblichen; ihre Bedeutung wird sich im nächsten Capitel genauer ergeben.

I. Reguläres System.

1. O^h. Holoedrie.
2. O. Plagiedrische (Gyroedrische) Hemiedrie.
3. T^d. Tetraedrische Hemiedrie.
4. T^h. Pentagonale (Dodekaedrische) Hemiedrie.
5. T. Tetartoedrie.

II. Hexagonales System.

Erste Abtheilung.

1. D_6^h. Holoedrie.
2. D_6. Trapezoedrische Hemiedrie.
3. C_6^h. Pyramidale Hemiedrie.
4. C_6^v. Holoedrische Hemimorphie.
5. C_6. Tetartoedrie oder Hemimorphie der Hemiedrieen.

Zweite (sphenoidische) Abtheilung.

6. D_3^h. Sphenoidische Hemiedrie.
7. C_3^h. Sphenoidische Tetartoedrie.

Dritte (rhomboedrische) Abtheilung.

8. D_3^d. Rhomboedrische Hemiedrie.
9. D_3. Trapezoedrische Tetartoedrie.
10. C_3^v. Rhomboedrische Hemimorphie.
11. C_3^i. Rhomboedrische Tetartoedrie.
12. C_3. Hemimorphie der Tetartoedrieen.

III. Tetragonales System.

Erste Abtheilung.

1. D_4^h. Holoedrie.
2. D_4. Trapezoedrische Hemiedrie.
3. C_4^h. Pyramidale Hemiedrie.

4. C_4^v. Holoedrische Hemimorphie.
5. C_4. Tetartoedrie oder Hemimorphie der Hemiedrieen.

Zweite (sphenoidische) Abtheilung.

6. S_4^u. Sphenoidische Hemiedrie.
7. S_4. Sphenoidische Tetartoedrie.

IV. Rhombisches System.

1. V^h. Holoedrie.
2. V. Hemiedrie.
3. C_2^v. Hemimorphie.

V. Monoklines System.

1. C_2^h. Holoedrie.
2. C_2. Hemimorphie.
3. S. Hemiedrie.

VI. Triklines System.

1. S_2. Holoedrie.
2. C_1. Hemiedrie.

Von den Analogiebeziehungen, deren durchgängige Giltigkeit das characteristische Merkmal der Systematik des § 2 war, sind, wie die Tabelle lehrt, einige auch hier noch in Kraft, andere dagegen treten überhaupt nicht mehr auf. Dies gilt besonders von der Classificirung innerhalb des hexagonalen Systems, dann aber auch von den sphenoidischen Abtheilungen und den Unterabtheilungen der letzten drei Systeme.

Manche Autoren haben den Versuch gemacht, die obigen Tabellen durch weitere Krystallclassen zu ergänzen. Dass dies, wenn die *Gesammtsymmetrie* der Krystalle zum Eintheilungsprincip gewählt wird, unmöglich ist, geht aus der von uns gegebenen Ableitung aller Krystallclassen zur Genüge hervor. Der Irrthum ist einerseits durch eine einseitige Berücksichtigung der rein geometrischen Verhältnisse der Krystallgestalten, andrerseits durch sehr äusserliche Analogiebetrachtungen hervorgerufen worden.

Betrachtet man z. B., wie oben, die Classen des rhomboedrischen Systems als Unterabtheilungen des hexagonalen, so kann man den Versuch machen, auch für das quadratische System analoge Unterabtheilungen aufzustellen, natürlich in dem Sinne, dass sie von bekannten Classen anderer Systeme verschieden sind. Derartige Classen hat man wirklich eingeführt; eine derselben ist die sogenannte *rhombotype Hemiedrie;* sie ist analog zu der enantiomorphen Hemiedrie des rhomboedrischen Systems gebildet, ihre Hauptaxe ist daher nur zweizählig. Rücksichtlich der Symmetrie würde ihr aber die Gruppe *V* zugehören; sie kann daher von der Hemiedrie des rhombischen Systems nicht verschieden sein und ist somit nicht dem quadratischen System zuzurechnen. Aehnliche Verhältnisse gelten auch für die übrigen sonst eingeführten Krystallclassen.[1])

Naumann hat sogar den Versuch gemacht, ein ganzes Krystallsystem neu zu creiren, nämlich das diclinoedrische; die Aufstellung desselben ist aber bereits allseitig als ein Irrthum erkannt worden.[2])

Die Definition des specifischen Symmetriecharacters der Krystallsysteme ist nicht von allen Autoren gleichmässig gefasst worden. Die Differenz ist darin begründet, dass man von vielen Seiten nicht die eigentliche specifische Symmetrie des Systems, sondern die Symmetrie der Hauptabtheilung als das definirende Merkmal betrachtet hat. So ist V. v. Lang davon ausgegangen, für die Characteristik der Symmetrieverhältnisse die Symmetrieebenen allein zu benutzen.[3]) Dies ist sehr wohl angängig, wenn der Character des Systems mit dem Character der Hauptabtheilung identificirt wird, für die allen Unterabtheilungen gemeinsamen Symmetrieverhältnisse ist es natürlich deshalb unmöglich, weil ja in jedem Krystallsystem Unterabtheilungen ohne alle Ebenensymmetrie existiren. Sohncke hat dagegen die Symmetrieaxen allein zu benutzen versucht.[4]) Durch sie kann, wie wir bereits mehrfach erwähnten, bei der in § 2 und 23 enthaltenen Systematik die specifische Symmetrie sehr wohl gekennzeichnet werden, diese Systematik beruht ja ausschliesslich auf den Symmetrieaxen. Für die im Allgemeinen benutzten Systeme trifft dies nicht mehr ausnahmslos zu; denn für das rhombische und monokline System reicht die Bestimmung nicht aus. Zur Sache selbst ist zu bemerken, dass die Angabe der specifischen Symmetrie natürlicher Weise nicht unserm Belieben unterliegen kann. Mit den Systemen ist auch der ihnen eigenthümliche Symmetriecharacter direct gegeben, und es kann deshalb nicht von unserm Ermessen abhängen, ob wir ihn durch Ebenen oder Axen der Symmetrie definiren wollen; eine Willkür kann zwar bei der Aufstellung der Systeme resp. bei der Festsetzung darüber, ob die Natur der Holoedrie oder der

---

1) und 2) Man findet Genaueres über diese Krystallclassen bei Gadolin, a. a. O. S. 26, 36, 39.

3) Vgl. Lehrbuch der Krystallographie, Wien 1866, §§ 24—26.

4) Entwickelung einer Theorie der Krystallstructur, S. 184.

eigentliche Symmetriecharacter zu definiren ist, aber wenn dies geschehen, höchstens in dem Wortlaut der Definitionen hervortreten.

Endlich möge noch eine Bemerkung Platz finden, welche sich auf die Stellung der sphenoidischen Krystallclassen im hexagonalen und tetragonalen System bezieht. Man würde irren, wenn man hier eine Analogiebeziehung zu finden glaubte. Die sphenoidischen Classen des hexagonalen Systems besitzen nämlich wie die Bezeichnungen D_3^h und C_3^h erkennen lassen, beide eine zur Hauptaxe senkrechte Symmetrieebene, während dieselbe bei den Classen des tetragonalen Systems nicht vorhanden ist; bei der besonderen Bedeutung gerade dieser Symmetrieebene kann daher von einem analogen Character für die genannten Krystallclassen nicht die Rede sein. Vielmehr liegt die Sache so, dass die sphenoidische Hemiedrie und Tetartoedrie des tetragonalen Systems bezüglich des Symmetriecharacters ihr Analogon in der rhomboedrischen Hemiedrie und Tetartoedrie des hexagonalen Systems besitzen, während Krystallclassen, die der sphenoidischen Abtheilung des hexagonalen Systems entsprechen, im tetragonalen System überhaupt nicht existiren können. Es ist dies darin begründet, dass die Systeme mit $2p$-zähliger Hauptaxe bezüglich ihrer Unterabtheilungen überhaupt ein verschiedenes Verhalten zeigen, je nachdem p eine gerade oder ungerade Zahl ist, wie dies aus den früher gegebenen allgemeinen Entwickelungen (vgl. besonders Cap. V, §§ 3, 9, 11—15) deutlich zu erkennen ist.

Dieser Thatsache ist nicht von allen Autoren gebührend Rechnung getragen worden. Hessel war sich hierüber bereits ganz klar und hat sich ausführlich darüber ausgesprochen.[1]) Dagegen hat sich Minnigerode in Folge der von ihm angewandten Bezeichnungen bestimmen lassen, gerade den umgekehrten Standpunkt einzunehmen. Seine Tabelle zeigt nämlich eine scheinbare Analogie zwischen den sphenoidischen Abtheilungen[2]), während eine Analogie zwischen der rhomboedrischen Hemiedrie des hexagonalen Systems und der sphenoidischen Hemiedrie des tetragonalen Systems in den Formeln nicht hervortritt und demgemäss auch bestritten wird.[3]) Es ist dies aber nur eine Folge davon, dass die Minnigerodeschen Bezeichnungen die Gesammtsymmetrie nicht unmittelbar erkennen lassen, während doch gerade der ge-

---

1) Gehler's physikalisches Wörterbuch, Bd. 5 Vgl. z. B. S. 1078 ff., sowie die Tabellen S. 1280—1283.

2) Untersuchungen über die Symmetrieverhältnisse der Krystalle, Neues Jahrb. f. Min. Beilagebd. 5, S. 159 und 162.

3) a. a. O. S. 146—147.

sammte Symmetriecharacter und nicht die zufällig gewählte Bezeichnung desselben für die Analogieverhältnisse entscheidend ist.

Diese Bemerkungen lassen es als wünschenswerth erscheinen, die Benennung „sphenoidisch" im hexagonalen System entweder ganz aufzugeben oder sie denjenigen Krystallclassen zuzutheilen, welche das eigentliche Analogon der sphenoidischen Abtheilung des tetragonalen Systems sind. Von den neueren Autoren hat sich Fedorow bereits auf diesen Standpunkt gestellt. Von ihm wird die der Gruppe D_3^h entsprechende Krystallclasse einfach als „Hemiedrie" bezeichnet, während für die Klassen, welche den Gruppen $S_6^u = D_3^d$ und S_4^u entsprechen, eine gemeinsame Bezeichnung und zwar „skalenoedrische Hemiedrie" angewandt wird.[1])

---

1) Vgl. die russisch geschriebene „Symmetrie der regelmässigen Systeme von Figuren". (СИММЕТРІЯ ПРАВИЛЬНЫХЪ СИСТЕМЪ ФИГУРЪ.) Petersburg 1890, S. 142. Die dort aufgestellte Tabelle enthält auch die deutsche Uebersetzung.

Siebentes Capitel.

Die Krystallformen.

§ 1. **Die N gleichwerthigen Geraden.** Für jede Krystallclasse existiren N von demselben Punkt ausgehende einseitig unbegrenzte Geraden

$$g,\ g_1,\ g_2 \cdots g_{N-1},$$

welche bei den sämmtlichen Deckoperationen der zugehörigen Gruppe auf die verschiedenste Weise in einander übergehen. Mittelst dieser Geraden ist die Krystallsymmetrie ursprünglich erklärt worden; (vgl. S. 7).

Von ihnen gilt eine Reihe besonderer Sätze, die wir im Folgenden ableiten.

Lehrsatz I. *Fällt eine der N gleichwerthigen Geraden in eine Symmetrieaxe oder Symmetrieebene, so gilt dies von allen.*

Dieser Satz ergiebt sich unmittelbar daraus, dass bei den Deckoperationen zugleich mit den N Geraden auch die Symmetrieaxen und Symmetrieebenen in sich übergehen. Ebenso trifft das Umgekehrte zu; d. h. wenn irgend eine der N Geraden weder mit einer Axe noch einer Ebene der Symmetrie zusammenfällt, so gilt dies für alle. Wir wollen die dem letzteren Fall entsprechende Lage der N Geraden die *allgemeine Lage* derselben nennen.

Lehrsatz II. *Bei jeder Deckoperation fällt im Allgemeinen jede der N gleichwerthigen Geraden mit irgend einer andern von ihnen zusammen.*

Bleibt nämlich bei der Operation $\mathfrak{L}$ die Gerade g unverändert, so kann zunächst $\mathfrak{L}$ die Identität sein; alsdann bleibt jede Gerade an ihrer Stelle. Ist dies nicht der Fall, so muss g selbst Symmetrieaxe sein oder in einer Symmetrieebene liegen, was im allgemeinen Fall nicht zutrifft. Damit ist der Satz für die Gerade g bewiesen. Was aber für g gilt, gilt aus denselben Gründen auch für jede andere dieser Geraden.

Lehrsatz III. *Jede der N gleichwerthigen Geraden kommt bei verschiedenen Deckoperationen auch in verschiedene Lagen.*

Wären nämlich $\mathfrak{L}$ und $\mathfrak{M}$ zwei verschiedene Deckoperationen, welche die Gerade g in dieselbe Lage g_1 bringen, so führt gemäss Cap. VI, 21 die Operation $\mathfrak{M}^{-1}$ die Gerade g_1 wieder nach g zurück. Das Product von $\mathfrak{L}$ und $\mathfrak{M}^{-1}$ bringt also g erst nach g_1 und dann wieder in die Lage g; es lässt daher die Lage der Geraden unverändert. Dieses Product ist daher der Identität äquivalent; d. h. es ist

$$\mathfrak{L}\mathfrak{M}^{-1} = 1.$$

Multipliciren wir nun beide Seiten von rechts mit $\mathfrak{M}$, so folgt

$$\mathfrak{L} = \mathfrak{M},$$

d. h. die Operationen $\mathfrak{L}$ und $\mathfrak{M}$ sind identisch. Was aber für g gilt, gilt für jede der N gleichwerthigen Geraden. Damit ist der Satz bewiesen.

Hieraus ziehen wir eine wichtige Folgerung:

Lehrsatz IV. *Für jede Krystallclasse ist die Zahl der gleichwerthigen Geraden gleich der Zahl der Operationen der zugehörigen Gruppe.*

In der That, ist G die Gruppe, welche der Krystallclasse K entspricht, und sind

$$1,\ \mathfrak{L}_1,\ \mathfrak{L}_2 \ldots$$

die Operationen von G, so bringt nach dem eben bewiesenen Lehrsatz jede derselben g in eine andere Lage. Weitere Lagen von g können überdies nicht existiren, und damit ist der Satz bewiesen.

Um daher die Figur der N gleichwerthigen Geraden zu construiren, nehmen wir eine derselben ganz beliebig an und unterwerfen dieselbe den sämmtlichen Operationen der zugehörigen Gruppe.

Aus diesen Sätzen folgt die schon in der Einleitung erwähnte Thatsache, dass die Zahl der gleichwerthigen Geraden von der Lage der Ausgangsgeraden g im Allgemeinen unabhängig ist. Die dort angedeutete Ausnahme kann, wie sich nun ergiebt, nur dann eintreten, wenn g eine Symmetrieaxe der Krystallclasse ist, oder in einer Symmetrieebene derselben liegt. Dabei haben wir die Symmetrieaxen zweiter Art nur insoweit zu berücksichtigen, als sie gleichzeitig Axen der ersten Art sind. Fällt nämlich g in eine Symmetrieaxe zweiter Art, so geht infolge der Drehspiegelung g in die entgegengesetzte Richtung über; nur die wirklichen Drehungen lassen g unverändert.

§ 2. **Besondere Lagen der N Geraden.** Wie sich in den Ausnahmefällen die bezüglichen Verhältnisse gestalten, ergiebt sich aus folgenden Sätzen:

Lehrsatz V. *Fällt die Gerade g in eine Symmetrieebene, ohne jedoch mit einer Symmetrieaxe identisch zu sein, so ist die Anzahl der gleichwerthigen Geraden die Hälfte von N.*

Wenn nämlich g in eine Symmetrieebene fällt, so gilt dies für alle gleichwerthigen Geraden. Jede derselben geht durch Spiegelung an der bezüglichen Ebene in sich über. In jeder von ihnen liegen daher in diesem speciellen Fall zwei Geraden vereinigt, die im Allgemeinen von einander verschieden sind, und durch die bezügliche Spiegelung aus einander hervorgehen. Die Gesammtheit der gleichwerthigen Geraden ist also die Hälfte von N.

Beispielsweise hat für die Gruppe C_6^h die Zahl N den Werth 12. Denken wir uns die Symmetrieebene η wieder horizontal, so liegen im allgemeinen Fall sechs von den gleichwerthigen Geraden auf der obern Seite der Symmetrieebene η und sechs auf der untern. Die letzteren sechs Geraden bilden das Spiegelbild der andern. Fällt aber g in die Symmetrieebene, so liegen alle Geraden in ihr; je eine obere und je eine untere Gerade fallen zusammen und werden identisch.

Lehrsatz VI. *Fällt die Gerade g in eine p-zählige Symmetrieaxe, aber nicht in eine Symmetrieebene, so beträgt die Zahl der gleichwerthigen Geraden nur den $p$ten Theil von N.*

Zunächst ist einleuchtend, dass jede der gleichwerthigen Geraden mit einer p-zähligen Axe zusammenfällt und bei den um diese Axe stattfindenden Drehungen in sich übergeht. In jeder von ihnen liegen daher in diesem Fall p Geraden vereinigt, die im Allgemeinen verschieden sind und durch Drehung um die bezügliche p-zählige Axe auseinander hervorgehen. Die Anzahl aller gleichwerthigen Geraden ist daher nur der $p$te Theil von N.

Fällt also in dem eben betrachteten Beispiel g in die sechszählige Axe, so giebt es nur noch eine ihr gleichwerthige Gerade, nämlich diejenige, die entgegengesetzt gerichtet ist.

Folgerung. Fällt g in eine p-zählige Symmetrieaxe, so ist die Zahl der gleichwerthigen Geraden entweder gleich der Zahl der gleichwerthigen p-zähligen Axen oder doppelt so gross. Das letztere tritt ein, wenn die Axen zweiseitig sind; denn alsdann ist zu jeder Geraden auch die entgegengesetzt gerichtete vorhanden, es fallen daher zwei verschieden gerichtete Geraden mit jeder Symmetrieaxe zusammen. Da nun in jeder p-zähligen Axe p im Allgemeinen verschiedene Geraden vereinigt liegen, so gelangen wir zu folgendem Satz:

Enthält eine Krystallclasse nur Axensymmetrie, und besitzt sie α gleichwerthige p-zählige Symmetrieaxen, so ist das Product aus α und p gleich oder halb so gross als die Zahl der Operationen der zugehörigen Gruppe. Das letztere tritt ein, wenn die Symmetrieaxen zweiseitig sind.

Enthält daher eine Krystallclasse α p-zählige Axen, α' p'-zählige . ., die sämmtlich einseitig sind, so besteht die Gleichung

$$\alpha p = \alpha' p' = N,$$

und wenn unter den zweiseitigen Axen β q-zählige, β' q'-zählige . . vorhanden sind, so ist

$$\beta q = \beta' q' = \frac{N}{2}\cdot$$

Bemerkung. Beide Gleichungen lassen sich dadurch vereinigen, dass wir jede zweiseitige Axe als aus zwei gleichwerthigen einseitigen Axen bestehend auffassen. Die q zweiseitigen Axen repräsentiren dann $2q$ einseitige gleichwerthige Axen, und es besteht bei dieser Zählung der Axen durchgängig die Gleichung

$$\alpha p = N.$$

Für die Tetraedergruppe T giebt es z. B. vier einseitige dreizählige und drei zweiseitige zweizählige Axen; demgemäss ist

$$4 \,.\, 3 = 12 \quad \text{und} \quad 3 \,.\, 2 = \frac{12}{2} = 6\,.$$

Für die Octaedergruppe O dagegen existiren drei vierzählige, vier dreizählige und sechs zweizählige Axen, die sämmtlich zweiseitig sind; und dementsprechend ist

$$3 \,.\, 4 = 4 \,.\, 3 = 6 \,.\, 2 = \frac{24}{2} = 12.$$

Tritt endlich der besondere Fall ein, dass die Gerade g zugleich in eine Symmetrieaxe und eine Symmetrieebene fällt, so treten die vorstehenden Sätze V und VI gleichzeitig in Kraft, und es folgt

Lehrsatz VII. *Fällt g gleichzeitig in eine p-zählige Symmetrieaxe und eine Symmetrieebene, so gilt dies für jede mit ihr gleichwerthige Gerade. Die Anzahl derselben ist der $2p$te Theil von N.*

Unter diesen Umständen fallen nämlich je $2p$ im Allgemeinen verschiedene Geraden in jeder der p-zähligen Axen zusammen, nämlich erstens p, die sonst durch Drehung um die Axe entstehen, und dann noch diejenigen, welche aus diesen durch Spiegelung an der Symmetrieebene hervorgehen.

Fällt z. B. g in eine vierzählige Axe der Octaedergruppe zweiter Art O^h, so gehen durch sie gleichzeitig Symmetrieebenen; also giebt es im Ganzen $48 : 8 = 6$ gleichwerthige Geraden. Es sind die Hälften der drei einander senkrechten vierzähligen Axen.

Analog der oben abgeleiteten Folgerung ergiebt sich hier, dass für gleichwerthige Symmetrieaxen, welche in Symmetrieebenen liegen, die Gleichungen

$$\alpha p = \frac{N}{2} \quad \text{und} \quad \beta q = \frac{N}{4}$$

bestehen, vorausgesetzt, dass die α p-zähligen Axen einseitig, dagegen die β q-zähligen Axen zweiseitig sind.

Beispielsweise ist für die Octaedergruppe O^h zweiter Art

$N = 48$; sie besitzt überdies lauter zweiseitige Axen, und dementsprechend ist

$$3 \,.\, 4 = 4 \,.\, 3 = 6 \,.\, 2 = \frac{48}{4} \cdot$$

Dagegen sind die dreizähligen Axen der Gruppe T^d einseitig, dementsprechend ist

$$4 \,.\, 3 = \frac{24}{2} \cdot$$

§ 3. **Die einfache Krystallform.** Wir denken uns um den Punkt O, von welchem die N gleichwerthigen Geraden $g, g_1 \ldots g_{N-1}$ ausgehen, als Mittelpunkt eine Kugel gelegt. Jede Gerade schneidet die Kugel in einem Punkt; die Schnittpunkte seien $E, E_1 \ldots E_{N-1}$. Nun construiren wir die Ebenen $\varepsilon, \varepsilon_1, \varepsilon_{N-1}$, welche in diesen Punkten auf den Geraden senkrecht stehen und die Kugel berühren; sie stellen, wie in der Einleitung erwähnt, N gleichwerthige Ebenen dar. Wie die N Geraden, so gehen auch die N Ebenen bei allen Deckoperationen der bezüglichen Gruppe in einander über; aus einer beliebigen von ihnen können die andern ebenfalls dadurch abgeleitet werden, dass wir, genau wie bei den N Geraden, die erstere der Reihe nach den sämmtlichen Operationen der Gruppe unterwerfen.

Die N gleichwerthigen die Kugel berührenden Ebenen bilden meistentheils einen geschlossenen Körper; in manchen Fällen begrenzen sie einen offenen Raumtheil, und wenn die bezügliche Krystallclasse von sehr niederer Symmetrie ist, so kann sich ihre Zahl auf zwei oder gar nur eine reduciren. *Diese Ebenen bilden die sogenannte allgemeine einfache Krystallform;* sie heisst *geschlossen* oder *offen*, je nachdem sie einen wirklichen Körper darstellt oder nicht. Die Krystallform geht durch dieselben Operationen in sich über, wie die N Geraden.

Von der Ebene ε gehört im Allgemeinen der Krystallform nur ein begrenztes Stück als Grenzfläche an, und dasselbe gilt für jede andere Ebene. Ist dieses Stück ein wirkliches Polygon, wie dies für die geschlossenen Krystallformen der Fall sein muss, so ist jede Kante des Polygons Schnittlinie von ε mit einer der benachbarten Ebenen. Das analoge gilt, wenn die Krystallform eine körperliche Ecke ist.

Die Geraden g fallen im Allgemeinen weder in die Symmetrieaxen, noch in die Symmetrieebenen, es sind daher auch die Flächen der Krystallform im Allgemeinen weder zu den Axen noch zu den Ebenen der Symmetrie senkrecht. Haben die Geraden specielle Lage, so gilt dies auch von den Flächen der Krystallform. Diesen Fall wollen wir wiederum zunächst ausschliessen.

§ 4. Für jedes Krystallsystem besteht gemäss Cap. VI, 21 die Gruppe irgend einer Meroedrie nur aus einem Bruchtheil derjenigen Operationen, welche die Gruppe der Holoedrie bilden. Denken wir uns daher die Krystallform der Meroedrie und der Holoedrie mit derselben Ausgangsebene ε gebildet, so stehen beide Formen in der Beziehung zu einander, dass jede Grenzfläche der meroedrischen Form unter den Grenzflächen der holoedrischen Form vorkommt, während ein gewisser Theil der letzteren sich nicht unter den Flächen der ersteren vorfindet. Sind nun ε, ε_1, $\varepsilon_2 \dots$ diejenigen Ebenen der holoedrischen Form, welche Ebenen der meroedrischen Form bleiben, und η, η_1, $\eta_2 \dots$ die andern Ebenen der holoedrischen Form, so können wir uns die Krystallform der Meroedrie auch so verschaffen, dass wir die Ebenen η, η_1, $\eta_2 \dots$ tilgen, dagegen jede der Ebenen ε, ε_1, $\varepsilon_2 \dots$ sich soweit ausdehnen lassen, bis dieselben zusammenstossen resp. wieder einen geschlossenen Körper bilden.

Auf diese Verhältnisse wollen wir noch etwas genauer eingehen. Ist zunächst die Meroedrie eine Hemiedrie, so ist die Zahl der Flächen ε, $\varepsilon_1 \dots$ die Hälfte der Gesammtzahl N, also auch gleich der Zahl der Fächen η, $\eta_1 \dots$ Die Grenzflächen ε, $\varepsilon_1 \dots$ gehen aus der Fläche ε durch die Operationen der hemiedrischen Gruppe hervor. Seien diese Operationen resp.

$$1, \mathfrak{L}_1, \mathfrak{L}_2 \dots \mathfrak{L}_{m-1}$$

wo $N = 2m$ ist, so bilden dieselben, wie oben Cap. VI, 21 bewiesen, eine in der holoedrischen Gruppe H enthaltene Untergruppe G. Alsdann enthält die Gruppe H in jedem Fall noch m weitere Operationen, welche sich, wenn $\mathfrak{M}_1$ irgend eine derselben ist, in der Form

$$\mathfrak{M}_1, \quad \mathfrak{L}_1\mathfrak{M}_1, \quad \mathfrak{L}_2\mathfrak{M}_1, \dots \mathfrak{L}_{m-1}\mathfrak{M}_1$$

darstellen lassen, und es sind offenbar die Flächen η, $\eta_1 \ldots$ mit denjenigen Grenzflächen identisch, in welche die Fläche ε durch die vorstehenden Operationen übergeht. Ist nun ε_i diejenige Fläche, welche sich aus ε mittelst der Operation $\mathfrak{L}_i$ ergiebt, und η_i diejenige, welche der Operation $\mathfrak{L}_i \mathfrak{M}_1$ entspricht, so geht η_i aus ε durch die nacheinander eintretenden Operationen $\mathfrak{L}_i$ und $\mathfrak{M}_1$ hervor; η_i entsteht demgemäss, wenn ε_i der Operation $\mathfrak{M}_1$ unterworfen wird. Das heisst aber nichts anderes, als dass η, $\eta_1 \ldots$ diejenigen Ebenen sind, in welche die Ebenen ε, $\varepsilon_1 \ldots$ durch die Operation $\mathfrak{M}_1$ übergehen; mit andern Worten, die Flächen η, $\eta_1 \ldots$ bilden diejenige Raumfigur, welche aus der von den ε, $\varepsilon_1 \ldots$ begrenzten Krystallform F_1 durch die Operation $\mathfrak{M}_1$ hervorgeht. Daraus folgt aber, dass auch die Ebenen η, $\eta_1 \ldots$ eine Krystallform F_2 der Hemiedrie bilden. In der That muss ja diese Krystallform dieselbe Symmetrie besitzen, wie die von den Flächen ε, $\varepsilon_1 \ldots$ begrenzte Form F_1, da die Symmetrieelemente der letzteren durch die Operation $\mathfrak{M}_1$ in ihrer Lage zu einander nicht geändert werden. Also folgt:

Lehrsatz VIII. *Die allgemeine einfache holoedrische Krystallform F kann stets in zwei hemiedrische Formen gespalten werden. Sie entstehen aus solchen zwei Ebenen ε und η als Ausgangsebenen, welche für die Hemiedrie ungleichwerthig sind.*

Enthält die hemiedrische Gruppe Symmetrieeigenschaften erster und zweiter Art, so ist die Krystallform F_1 sich selbst spiegelbildlich gleich. Die Operation $\mathfrak{M}_1$ ist in diesem Fall stets eine Drehung, die beiden Krystallformen F_1 und F_2 sind daher einander congruent.

Besteht dagegen die hemiedrische Gruppe aus lauter Drehungen, so besitzt die Krystallform F_1 nur Axensymmetrie. Die Operation $\mathfrak{M}_1$ ist in diesem Fall stets von der zweiten Art, im besondern sogar (vgl. Cap. V, 10) eine Spiegelung. Alsdann sind die beiden Krystallformen F_1 und F_2 einander spiegelbildlich gleich und nicht congruent; sie unterscheiden sich wie rechte und linke Gliedmassen. Für die hemiedrische Classe giebt es alsdann Krystallformen, bei denen, wie man sich ausdrückt, die Aufeinanderfolge der Grenzflächen in verschiedenem Sinn angeordnet ist. Solche Formen heissen *enantiomorphe Formen;* wir werden sie bei der Discussion der einzelnen Krystallsysteme genauer kennen lernen.

Analog sind die Beziehungen zwischen der holoedrischen und den tetartoedrischen Formen. Sie ergeben sich genau wie die vorstehenden Resultate. Die Entwickelungen des § 21 des vorigen Capitels lassen erkennen, dass sich die Operationen der holoedrischen Gruppen in der Form

$$
\begin{array}{l}
1,\ \mathfrak{L}_1,\ \mathfrak{L}_2 \ldots \mathfrak{L}_{m-1} \\
\mathfrak{M}_1,\ \mathfrak{L}_1\mathfrak{M}_1,\ \mathfrak{L}_2\mathfrak{M}_1 \ldots \mathfrak{L}_{m-1}\mathfrak{M}_1 \\
\mathfrak{M}_2,\ \mathfrak{L}_1\mathfrak{M}_2,\ \mathfrak{L}_2\mathfrak{M}_2 \ldots \mathfrak{L}_{m-1}\mathfrak{M}_2 \\
\mathfrak{M}_3,\ \mathfrak{L}_1\mathfrak{M}_3,\ \mathfrak{L}_2\mathfrak{M}_3 \ldots \mathfrak{L}_{m-1}\mathfrak{M}_3
\end{array}
$$

anordnen lassen, so dass die erste Zeile die tetartoedrische Gruppe bildet. Es können daher die Flächen der holoedrischen Form in vier verschiedene Gruppen zerlegt werden, welche für die Tetartoedrie ungleichwerthig sind, und jede derselben bildet eine tetartoedrische Krystallform. Aus einer derselben F_1 gehen die drei andern F_2, F_3, F_4 hervor, indem die Form F_1 den Operationen $\mathfrak{M}_1$, $\mathfrak{M}_2$, $\mathfrak{M}_3$ unterworfen wird. Auch hier können wieder die beiden Fälle eintreten, dass diese Formen nur Axensymmetrie, oder auch Symmetrieeigenschaften zweiter Art besitzen. Mechanisch kann man sie ebenfalls so erhalten, dass man die bleibenden Flächen ε, $\varepsilon_1 \ldots$ sich soweit ausdehnen lässt, bis sie zusammenstossen.

Endlich besteht auch zwischen den hemiedrischen und tetartoedrischen Formen ein ähnliches Verhältniss, denn die Tetartoedrie ist ja ihrerseits wieder eine Hemiedrie der Hemiedrie.

§ 5. **Beziehung der Krystallform zu den Symmetrieelementen.** Die besondere Gestalt der allgemeinen einfachen Krystallform ist einzig und allein durch die Symmetrieelemente der bezüglichen Krystallclasse bestimmt. Hierfür gelten folgende Sätze:

Lehrsatz IX. *Enthält eine Krystallclasse Symmetrieebenen, so schneidet jede Symmetrieebene die Krystallform in Geraden, welche sämmtlich Kanten derselben sind.*

Durch Spiegelung an der Symmetrieebene σ geht nämlich die Krystallform in sich über. Die Schnittlinie der Symmetrieebene σ mit der Krystallform kann daher nur dann in das Innere einer Grenzfläche ε fallen, wenn ε auf σ senkrecht steht, was im Allgemeinen nicht der Fall ist.

Lehrsatz X. *Eine p-zählige Symmetrieaxe der Krystallform ($p > 2$) trifft dieselbe nur in Eckpunkten. Die Ecke ist $2p$-seitig oder p-seitig, je nachdem durch die p-zählige Axe Symmetrieebenen hindurchgehen oder nicht.*

Der Beweis ist dem vorstehenden analog. Fällt nämlich der Schnittpunkt der Krystallform mit der p-zähligen Symmetrieaxe a in das Innere oder in eine Kante der Krystallform, so kann die Krystallform nur dann bei Drehung um die Axe a in sich übergehen, wenn a auf der Ebene ε senkrecht steht, was im Allgemeinen wieder nicht der Fall ist. Es sei nun A diejenige Ecke der Krystallform, welche von a getroffen wird. Durch Drehung um a gehen aus der Fläche ε $p-1$ andere Flächen hervor, die sämmtlich an der Ecke a liegen. Gehen durch a keine Symmetrieebenen, so sind dies die einzigen Flächen dieser Art; sie bilden daher eine p-seitige Ecke. Gehen durch a auch Symmetrieebenen, so giebt es noch weitere p-Operationen (vgl. Cap. V, 4), welche den Punkt A unverändert lassen und die Ebene ε in neue Lagen bringen, die Ecke ist alsdann $2p$-seitig.

Für den Fall $p = 2$ gilt ein besonderer Satz. Ist nämlich a eine zweizählige Axe, durch welche keine Symmetrieebenen gehen, so ist zunächst wieder klar, dass ihr Schnittpunkt A mit der Krystallform nicht in das Innere der Fläche ε fallen kann, denn sonst müsste wieder ε auf a senkrecht stehen. Der Schnittpunkt kann aber, da a zweizählige Axe ist, auch nicht eine Ecke sein. Die Axe trifft daher eine Kante, diese Kante geht bei der Umklappung um a in sich über und steht daher senkrecht auf a.

Gehen durch die zweizählige Axe a Symmetrieebenen, so erhalten wir im Ganzen vier Ebenen der Krystallform, welche durch A gehen; in diesem Fall bildet sich also in A eine wirkliche, und zwar vierseitige Ecke. D. h.

Lehrsatz XI. *Jede zweizählige Axe der Krystallform, durch welche keine Symmetrieebenen gehen, trifft die Kanten der Krystallform senkrecht. Liegt die zweizählige Axe in einer Symmetrieebene, so ist ihr Schnitt mit der Krystallform eine vierseitige Ecke derselben.*

Wir sahen eben, dass durch Umklappung um a die zu ihr senkrechte Kante k in sich selbst übergeht. Ist daher k eine begrenzte Kante, so ist A ihr Mittelpunkt. Ist die Krystallform ein geschlossener Körper, so steht demnach jede zweizählige Axe, durch welche keine Symmetrieebenen hindurchgehen, auf zwei gegenüberliegenden Kanten der Krystallform senkrecht.

Endlich beweisen wir noch folgenden

Lehrsatz XII. *Enthält eine Krystallclasse ein Centrum der Symmetrie, so existirt zu jeder Fläche der Krystallform eine parallele Fläche.*

Das Symmetriecentrum bedingt, dass die Krystallform durch Inversion in sich übergeht. Dabei muss sich in der That die Ebene ε in eine ihr parallele Fläche verwandeln. Nämlich die Inversion kann durch eine Spiegelung gegen eine zu ε parallele Ebene σ und eine Umklappung um eine zu derselben senkrechte Axe u ersetzt werden, und bei beiden Operationen bleibt ε mit sich parallel.

§ 6. Für specielle Lagen der Ausgangsebene ε ergeben sich wieder besondere Folgerungen. Dieselben fliessen unmittelbar aus denjenigen, die wir oben für die gleichwerthigen Geraden abgeleitet haben.

1) Ist ε senkrecht zu einer Symmetrieebene, so fallen zwei im Allgemeinen verschiedene Flächen der Krystallform in ε zusammen. Jede Ebene der Krystallform steht auf einer ihrer Symmetrieebenen senkrecht und ist daher doppelt zu rechnen, die Anzahl derselben ist die Hälfte von N.

2) Ist ε senkrecht zu einer p-zähligen Symmetrieaxe, welche nicht in einer Symmetrieebene liegt, so fallen p Flächen der Krystallform in ε zusammen. Jede Ebene der Krystallform steht auf einer Symmetrieaxe senkrecht; die Zahl der Ebenen ist der $p$te Theil von N.

3) Ist ε gleichzeitig zu einer Symmetrieebene und einer p-zähligen Symmetrieaxe senkrecht, so gilt dies von allen Ebenen der Krystallform; in jeder von ihnen fallen je $2p$ im Allgemeinen verschiedene Flächen zusammen. Die Zahl derselben ist der $2p$te Theil von N.

§ 7. **Zahl der Flächen und Kanten der Krystallform.** Die Zahl der Flächen, welche die allgemeine einfache Krystallform bilden, ist entsprechend den oben für die gleichwerthigen Geraden bewiesenen Sätzen gleich der Zahl der Deckoperationen der zugehörigen Gruppe.

Fassen wir zunächst eine Krystallclasse ins Auge, die nur Symmetrieaxen erster Art besitzt. Ist a eine p-zählige Axe, so enthält die Gruppe die $p-1$ Drehungen

$$\mathfrak{A}, \mathfrak{A}^2, \ldots \mathfrak{A}^{p-1}$$

und analog für jede andere p-zählige Axe. Andrerseits enthält die Gruppe — abgesehen von der Identität — keine andern Operationen, als die Drehungen um die verschiedenen Symmetrieaxen und ihre Potenzen. Daraus fliesst sofort der folgende

Lehrsatz XIII. *Enthält eine Krystallclasse, die nur Axensymmetrie besitzt, α p-zählige, β q-zählige Axen . . ., so ist die Anzahl N der Flächen der zugehörigen einfachen Krystallform durch die Gleichung*

$$N = 1 + \alpha(p-1) + \beta(q-1) + \cdots$$

gegeben.

Besitzt die Krystallclasse auch Symmetrieeigenschaften zweiter Art, so ist die Gesammtzahl ihrer Operationen, wie Cap. V, 4 bewiesen, doppelt so gross, als die Zahl ihrer Drehungen; dasselbe gilt daher auch von der Zahl der Flächen der zugehörigen Krystallform. Also folgt:

Lehrsatz XIV. *Enthält eine Krystallclasse ausser α p-zähligen, β q-zähligen . . . Symmetrieaxen* [1]) *auch Symmetrieeigenschaften*

---

1) Hier sind nur Symmetrieaxen erster Art gemeint.

zweiter Art, so ist die Anzahl N der Flächen der einfachen Krystallform durch die Gleichung

$$N = 2\{1 + \alpha(p-1) + \beta(q-1) + \cdots\}$$

bestimmt.

Bemerkung. Die Sätze, die soeben über den Durchschnitt der Krystallform mit den Symmetrieelementen abgeleitet worden sind, gelten natürlicherweise für jede Gerade und jeden Punkt, in welchem die Krystallform von einer Symmetrieebene oder Symmetrieaxe getroffen wird. Im besondern ist zu bemerken, dass sie für einseitige und zweiseitige Axen gleichmässig in Geltung bleiben; es ist klar, dass die obigen Erörterungen in gleicher Weise auf die beiden Punkte anwendbar sind, in denen die Krystallform von einer Symmetrieaxe geschnitten wird. Ist die Axe einseitig, so tritt nur der besondere Umstand ein, dass ihre beiden Endpunkte nicht gleichwerthig sind, und bei den Deckoperationen der Krystallform nicht auf einander fallen. Endlich ist klar, dass die Axen zweiter Art immer nur insoweit in Betracht zu ziehen sind, als sie gleichzeitig Axen erster Art darstellen, denn auf die Operation zweiter Art, d. h. die Drehspiegelung sind die obigen Erörterungen nicht anwendbar.[1])

§ 8. Ist die Krystallform ein geschlossener Körper, so ist jede ihrer Flächen ein Polygon; wir wollen allgemein untersuchen, wie gross die Zahl der Kanten desselben ist. Dazu beweisen wir zunächst folgenden Lehrsatz.

Lehrsatz XV. *Für jede beliebige Grenzfläche einer Krystallform giebt es in jeder Gattung gleichwerthiger Axenrichtungen genau eine, von welcher sie getroffen wird.*

Wir bemerken zunächst, dass in diesem Lehrsatz nur von den gleichwerthigen Richtungen der Symmetrieaxen die Rede ist. Bei einer zweiseitigen Axe sind beide Richtungen gleichwerthig; fassen wir für den Augenblick wie oben S. 156 eine zweiseitige Axe als aus zwei gleichwerthigen einseitigen Axen bestehend auf, so haben wir nur mehr mit einseitigen

1) Vgl. die Schlussbemerkung zu § 1 dieses Capitels.

Axen zu operiren, für welche (§ 2) allgemein die Gleichung

$$\alpha p = N$$

besteht, wenn α die Anzahl der gleichwerthigen Axen bedeutet.

Nun seien $a_1, a_2 \ldots$ irgend welche gleichwerthigen Axen; alle Grenzflächen haben übereinstimmende Lage zu ihnen. Daraus folgt zunächst, dass die Grenzfläche ε von mindestens einer dieser Axen getroffen werden muss; denn wäre dies nicht der Fall, so könnte überhaupt keine Grenzfläche von den Axen geschnitten werden. Es sei A der Punkt, in welchem a_1 die Grenzfläche ε durchsetzt. Ist nun a_1 eine p-zählige Axe, von der wir zunächst voraussetzen, dass sie nicht in einer Symmetrieebene liegt, so ist gemäss § 2

$$\alpha = \frac{N}{p}.$$

Andrerseits giebt es auch N Grenzflächen; wird jede von ihnen von λ Axen a getroffen, so folgt daraus, da im Punkte A p Grenzflächen zusammenstossen, dass solcher Axen

$$\alpha = \frac{\lambda N}{p}$$

existiren. Es muss daher $\lambda = 1$ sein. Das gleiche gilt, wenn die Axen a in Symmetrieebenen liegen; in diesem Fall haben wir, wenn N wieder die Zahl der Grenzflächen der Krystallform bedeutet, gemäss § 2 zunächst die Gleichung

$$\alpha = \frac{N}{2p}.$$

Am Punkt A liegen aber diesmal $2p$ Grenzflächen, und daraus folgt, dass die Zahl der Axen a den Werth

$$\alpha = \frac{\lambda N}{2p}$$

hat; es muss daher wieder $\lambda = 1$ sein.

Wir fassen nun in erster Linie eine Krystallclasse ins Auge, die nur Axensymmetrie besitzt. Die sämmtlichen in der Grenzfläche ε liegenden Kanten sind Schnittlinien von ε mit den benachbarten Flächen, und alle diese Flächen entstehen aus ε durch Drehung um diejenigen Symmetrieaxen, welche durch die Ecken resp. Kanten des in ε liegenden Polygons gehen. Nun sei wieder a eine p-zählige ($p > 2$) Symmetrieaxe, und die Ecke A ihr Schnittpunkt mit der Krystallform, so gehen von A im Ganzen p Kanten aus, und zwei derselben liegen in ε. Sie sind Schnittlinien von ε mit denjenigen Flächen, welche aus ε durch die Drehungen $\mathfrak{A}$ und $\mathfrak{A}^{-1}$ entstehen. Dies gilt für jede derartige Axe. Trifft also die Axe b die Krystallform in der auf ε liegenden Ecke B, so gehen auch von B zwei in ε liegende Kanten aus. *Diese Kanten sind von den von A ausgehenden Kanten verschieden*, denn sie sind die Schnittlinien von ε mit verschiedenen Nachbarflächen; nämlich mit denjenigen, welche aus ε durch die verschiedenen Drehungen $\mathfrak{A}$, $\mathfrak{A}^{-1}$, $\mathfrak{B}$, $\mathfrak{B}^{-1}$ hervorgehen.

Die vorstehende Ableitung bedarf nur in dem Fall einer Modification, dass die Axe zweizählig ist. Eine zweizählige Axe geht, wie wir oben sahen, nicht durch eine Ecke des in ε liegenden Polygons, sie trifft vielmehr eine Kante desselben und zwar senkrecht; mit andern Worten, sie liefert nur *eine* Kante für das in ε liegende Polygon, während eine mehrzählige Axe zwei Kanten bedingt.

Nun giebt es, wie die Tabelle I lehrt, für jede Krystallclasse, die nur Axensymmetrie besitzt, entweder nur eine einzige Axe, die überdies stets einseitig ist, oder es giebt drei Arten von gleichwerthigen Axen*richtungen*. Existirt nur eine Axe, so ist die Krystallform eine einfache räumliche Ecke; für die andern Krystallclassen dagegen ist die Krystallform ein geschlossenes Polyeder; unter den Axen derselben giebt es stets zweizählige, und damit gewinnen wir schliesslich folgenden Lehrsatz:

Lehrsatz XVI. *Die Grenzflächen der Krystallformen, die nur Axensymmetrie enthalten, sind Fünfecke, Vierecke oder Dreiecke. Das letztere tritt ein, wenn alle Axen zweizählig sind, das erstere, wenn nur eine Gattung gleichwerthiger zweizähliger Axen existirt.*

Der Fall, dass die Krystallclasse auch Ebenensymmetrie enthält, erledigt sich folgendermassen. Jede Symmetrieebene geht vom Mittelpunkt der Krystallform aus. Die Gesammtheit derselben zerlegt den Innenraum der Krystallform, resp.

der Hilfskugel in lauter körperliche Ecken, und mit den Ebenen gehen auch diese körperlichen Ecken bei den sämmtlichen Operationen der bezüglichen Gruppe in sich über, sind also sämmtlich congruent oder spiegelbildlich gleich. Gemäss Satz IX dieses Capitels laufen die Seitenflächen der körperlichen Ecken sämmtlich durch Kanten der Krystallform. Wenn nun auch umgekehrt *alle* Kanten der Krystallform in den Symmetrieebenen liegen, so ist jede Grenzfläche der Krystallform ein ebener Schnitt mit einer der oben genannten körperlichen Ecken. In diesem Fall kann es ausser den Symmetrieaxen, die in die Schnittlinien der Symmetrieebenen fallen, keine andern Axen geben, es kann also keine innerhalb der körperlichen Ecken verlaufen. Ebenso ist das umgekehrte richtig; denn giebt es eine Symmetrieaxe, welche im Innern einer körperlichen Ecke verläuft, so geht sie entweder durch eine Ecke der Krystallform, oder sie trifft doch wenigstens eine Kante derselben, es liegen also nicht alle Kanten in den Symmetrieebenen.

Die sämmtlichen Symmetrieebenen, resp. die körperlichen Ecken schneiden die Kugel in lauter gleichen sphärischen Polygonen. Die Ecken der Polygone sind Schnittpunkte der Kugel mit den Symmetrieaxen. Sind dies wieder die einzigen Symmetrieaxen, so berührt jede Grenzfläche der Krystallform die Kugel innerhalb eines andern Polygons. Wir erhalten also eine Grenzfläche, indem wir innerhalb eines sphärischen Polygons einen Punkt E auf der Kugel beliebig annehmen, in ihm die Berührungsebene an die Kugel legen und ihren Schnitt mit der bezüglichen körperlichen Ecke bestimmen. Dies giebt folgenden

Lehrsatz XVII. *Liegen alle Symmetrieaxen einer Krystallclasse in Symmetrieebenen, so ist die Grenzfläche der Krystallform ein ebener Schnitt derjenigen einfachsten körperlichen Ecke, welche von den Symmetrieebenen gebildet wird.*

Die Form der Grenzfläche kann durch die Wahl des Berührungspunktes E auf der Kugel mannigfach variirt werden.

Liegen Symmetrieaxen auch innerhalb der körperlichen

Ecken, so fallen innerhalb desselben sphärischen Polygons die Berührungspunkte mehrerer Grenzflächen der Krystallform. In diesem Fall bestimmt sich die Natur der Grenzfläche durch gleichzeitige Anwendung derjenigen Sätze, die wir im Vorstehenden über Symmetrieaxen und Symmetrieebenen abgeleitet haben. Das Genauere enthalten die nachstehenden Entwickelungen. Die Gestalt der Flächen ist wiederum von der Lage des Berührungspunktes E zu den Symmetrieelementen abhängig.

§ 9. **Das reguläre System.** Für die Holoedrie existiren ausser den Symmetrieaxen die sechs Symmetrieebenen σ' und die drei zu einander senkrechten Symmetrieebenen σ. Die letzteren zerlegen die Kugel in acht Octanten; einen derselben zeigt die nebenstehende Figur. Durch A resp. A' geht eine dreizählige, durch $B, B' B''$ je eine vierzählige und durch U, V, W je eine zweizählige Axe; endlich sind die Bogen BAU, $B'AV$, $B''AW$ Schnittlinien der Kugel mit den Symmetrieebenen σ'. Der Kugeloctant wird dadurch in sechs gleichwerthige Dreiecke zerlegt.

Fig. 19.

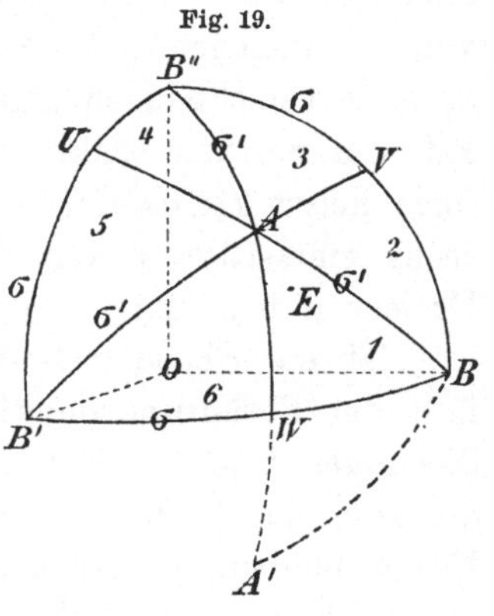

Da alle Symmetrieaxen in die Symmetrieebenen fallen, so ist das in ε liegende Polygon ein Dreieck, und zwar der Schnitt mit derjenigen körperlichen Ecke, innerhalb deren der Berührungspunkt E liegt. Das Dreieck ist im Allgemeinen weder gleichseitig noch gleichschenklig; 48 solcher Dreiecke bilden die Krystallform. Nach den vorstehenden Sätzen entsteht auf den Axen a resp. a' je eine sechsseitige Ecke; von den sechs Kanten sind zweimal je drei einander gleich, und solcher Ecken giebt es acht. Auf den Axen b, b', b'' bildet sich je eine achtseitige Ecke, von ihren Kanten sind zweimal je vier einander gleich, und solcher Ecken giebt es sechs. Endlich liegt auf u, v, w je eine vierseitige Ecke der Krystallform, solcher Ecken giebt es zwölf, und von den vier

Kanten sind immer zweimal zwei einander gleich. Die Krystallform heisst *Hexakisoctaeder.*

Wird die Ebene ε in besonderer Lage angenommen, so ergeben sich specielle Gestalten für die Krystallform. Ist zunächst ε senkrecht zu σ, so rückt der Punkt E in den Bogen BW, und die Fläche, welche das Dreieck 1 berührt, fällt daher mit derjenigen, die das im benachbarten Octanten liegende Dreieck 1′ berührt, zusammen. Das in ε liegende Polygon ist Schnitt mit der aus a, b und a' gebildeten dreiseitigen Ecke, also ein gleichschenkliges Dreieck. Auf b, b', b'' bilden sich vierseitige Ecken, deren Kanten sämmtlich gleich sind, die auf a resp. a' liegende Ecke bleibt sechsseitig und von der gleichen Art, wie im Hauptfall, und die Ecken auf u, v, w verschwinden gänzlich; dafür bilden sich Kanten, die auf diesen Axen senkrecht stehen. Die bezügliche Krystallform heisst *Tetrakishexaeder;* sie besitzt acht sechsseitige und sechs vierseitige Ecken und wird von 24 gleichschenkligen Dreiecken begrenzt.

Ist die Ebene ε senkrecht zu einer der Ebenen σ' und fällt der Berührungspunkt E in den Bogen AB, so werden diejenigen beiden Flächen der Krystallform identisch, welche die Dreiecke 1 und 2 berühren. Die auf u, v, w liegenden Ecken bleiben vierseitig und von der gleichen Art, wie im Hauptfall, aber die Ecken auf a resp. a' werden gleichkantig dreiseitig, und die auf b, b', b'' werden gleichkantig vierseitig. Wir erhalten daher einen Körper, der ausser acht dreiseitigen Ecken sechs vierseitige Ecken besitzt, die auf den vierzähligen Axen liegen, und zwölf vierseitige Ecken auf den zweizähligen Axen. Er wird von 24 Vierecken begrenzt. Das in der Ebene ε liegende Viereck ist der Schnitt mit der von a, b, v, w gebildeten körperlichen Ecke. Es besitzt zwei Paar gleicher anstossender Seiten. Der Körper heisst *Ikositetraeder.*

Ist die Ebene ε so auf σ' senkrecht, dass der Berührungspunkt E in den Bogen AW fällt, so fallen die in den Dreiecken 1 und 6 berührenden Flächen mit einander zusammen. Dadurch bildet sich auf a eine dreiseitige gleichkantige Ecke, während die auf b, b', b'' liegenden Ecken achtseitig und von derselben Art wie im Hauptfall bleiben. Die auf u, v, w liegenden Ecken verschwinden gänzlich, statt ihrer stellen sich Kanten ein, die auf diesen Axen senkrecht stehen. Die Krystallform besitzt daher sechs achtseitige und acht dreiseitige Ecken. Die in ε entstehende Grenzfläche ist Schnitt mit der von a, b, b' gebildeten Ecke, also ein gleichschenkliges Dreieck. Die von 24 gleichschenkligen Dreiecken begrenzte Krystallform heisst *Triakisoctaeder.*

Ist die Ebene ε senkrecht zu einer zweizähligen Axe, also auch zu den durch sie gehenden Symmetrieebenen, so wird die Krystallform ein Zwölfflächner. Der Berührungspunkt E mit der Kugel rückt in den Punkt W, die Flächen, welche in 1 und 6 berühren, fallen unter sich und mit denen des angrenzenden Octanten zusammen. Auf a resp. a' entsteht je eine gleichkantige dreiseitige, auf b, b', b'' je eine gleichkantige vierseitige Ecke, das in ε liegende Polygon ist Schnitt mit der von a, a', b, b' gebildeten Ecke, also ein Rhombus. Die Krystallform enthält sechs vierseitige und zwölf dreiseitige Ecken; sie wird von zwölf Rhomben begrenzt und ist ein *Rhombendodekaeder.*

Ist die Ebene ε senkrecht zu der dreizähligen Axe a, also auch zu den durch sie gehenden Symmetrieebenen, so fallen die Berührungspunkte der Dreiecke 1, 2, 3, 4, 5, 6 sämmtlich in den Punkt A. Als Eckpunkte bleiben nur diejenigen auf den vierzähligen Axen übrig; jeder dieser Punkte wird eine gleichkantige vierseitige Ecke. Die Krystallform enthält sechs vierseitige Ecken und ist von acht gleichseitigen Dreiecken begrenzt; sie ist daher ein *regelmässiges Octaeder.*

Ist endlich ε senkrecht zu einer vierzähligen Axe, so werden B, B', B'' Berührungspunkte mit der Kugel, während auf a und a' sich je eine gleichkantige vierseitige Ecke bildet. Die Krystallform wird von acht regulären Vierecken begrenzt und ist ein *reguläres Hexaeder.*

§ 10. *Die enantiomorphe Hemiedrie* ist durch den Mangel aller Symmetrieebenen characterisirt. Es bildet sich daher auf a resp. a' eine gleichseitige dreiseitige und auf b, b', b''

je eine gleichseitige vierseitige Ecke; solcher Ecken giebt es resp. acht und sechs. Auf den Axen u, v, w entstehen Mittelpunkte von Kanten, die senkrecht zu ihnen verlaufen, und solcher Kanten giebt es zwölf. Das in der Ebene ε liegende Polygon ist, da eine Symmetrieaxe zweizählig ist, gemäss Lehrsatz XVI ein Fünfeck; es besitzt zwei Paar gleicher anstossender Seiten. Die Krystallform wird von 24 solchen Fünfecken begrenzt und heisst *Pentagon-Ikositetraeder*.

Nach § 4 dieses Capitels kann diese Krystallform auch dadurch hergestellt werden, dass man von denjenigen Flächen der holoedrischen Form, welche resp. in den Dreiecken 1, 2, 3, 4, 5, 6 berühren, nur die in 1, 3, 5 berührenden beibehält. Ebenso lässt sich aber auch, wie wir in § 4 zeigten, mit den Flächen 2, 4, 6 und den gleichwerthigen ein Pentagon-Ikositetraeder bilden. Das erste besteht aus denjenigen Grenzflächen, die wir oben in § 4 als die Flächen ε bezeichneten, das andere aus den Flächen η.

Da die hier betrachtete Hemiedrie nur Axensymmetrie enthält, so sind, wie wir oben nachgewiesen haben, die beiden bezüglichen Krystallformen einander spiegelbildlich gleich, aber nicht congruent. Die Reihenfolge, in welcher analoge Kanten resp. Flächen aneinander stossen, ist in ihnen nach entgegengesetzten Richtungen gewendet. Solche Gestalten haben wir oben als *enantiomorph* bezeichnet; dies ist der Grund, weswegen wir der Hemiedrie den Namen „enantiomorphe Hemiedrie" beigelegt haben.

Die speciellen Formen, welche sich bei besonderer Lage von ε ergeben, stimmen mit den in § 9 erwähnten überein. Es kommen zunächst nur die Fälle in Frage, dass ε resp. auf einer zweizähligen, einer dreizähligen oder einer vierzähligen Axe senkrecht steht. Ihnen entspricht wieder resp. das Rhombendodekaeder, das Octaeder und das Hexaeder.

Eine besondere Gestalt der Krystallform stellt sich aber auch dann ein, wenn die Ebene ε, ohne auf einer der Symmetrieaxen senkrecht zu stehen, eine besondere Lage zu denselben hat. Liegt z. B. der Berührungspunkt auf dem Bogen BA, so fallen die von B ausgehenden Kanten in die Ebenen

(bv) und (bw), die entstehende Krystallform muss daher das oben betrachtete Ikositetraeder sein, welches sich bei der bezüglichen Lage von ε auch für die Holoedrie ergiebt.

Es lässt sich übrigens ganz allgemein zeigen, dass in den hier genannten Fällen sich immer nur solche Formen ergeben können, die auch bei der Holoedrie auftreten. *Dies tritt jedesmal dann ein, wenn wir die Ebene ε so specialisiren, dass die oben mit ε und η bezeichneten Grenzflächen der holoedrischen Form identisch werden;* d. h., wie wir es auch ausdrücken können, wenn die Ebene ε so liegt, dass sie durch das der Hemiedrie fehlende Symmetrieelement in sich selbst übergeht. In diesem Fall sind in der That die zu ε und η gehörigen hemiedrischen Krystallformen unter sich und mit der holoedrischen Form identisch.

Uebrigens ist zu bemerken, dass diese Uebereinstimmung nur eine geometrische sein kann. Physikalisch verhalten sich die Flächen für Hemiedrie und Holoedrie nicht gleichartig. Die holoedrische Grenzfläche zeigt ein Verhalten, das in sich symmetrisch ist, für die hemiedrische Fläche ist dies aber nicht der Fall, da ihr Inneres von keinerlei gleichwerthigen Richtungen getroffen wird.

§ 11. Die *hemimorphe Hemiedrie* ist durch den Mangel der zweizähligen Axen u, v, w und der Symmetrieebenen σ characterisirt; überdies sind die dreizähligen Axen nur einseitig, und b, b', b'' als Symmetrieaxen erster Art nur zweizählig. Die auf a und a' liegenden sechsseitigen Ecken sind von derselben Art, wie im Hauptfall; aber die beiden Ecken, in denen die Axe a die Krystallform trifft, sind, da die Axe einseitig ist, nicht mehr gleichwerthig, und das gleiche gilt daher von den Ecken, welche auf den in Fig. 19 enthaltenen Axen a und a' liegen. Auf den Axen b, b', b'' bildet sich je eine vierseitige Ecke mit abwechselnd gleichen Kanten. Jede Symmetrieaxe liegt in einer Symmetrieebene; alle diese Ebenen theilen die Kugel in 24 gleichwerthige sphärische Dreiecke; die Dreiecke 1 und 1' bilden zusammen eines davon. Das in ε liegende Polygon ist Schnitt mit der von a, b, a' gebildeten dreiseitigen Ecke, also ein Dreieck. Die Krystallform heisst *Hexakistetraeder*.

Die Krystallform entsteht aus der holoedrischen Form, indem von den acht an der Axe b liegenden Grenzflächen nur vier beibehalten werden, darunter 1 und 2, während die neben ihnen in den benachbarten Octanten berührenden Flächen verschwinden. Die letzteren und die ihnen gleichwerthigen bilden ebenfalls eine Krystallform der Hemiedrie. Beide Formen sind einander congruent, jede ist sich selbst spiegelbildlich gleich.

Das Hexakistetraeder ist, was Ecken und Begrenzungsflächen betrifft, der allgemeinste Typus desjenigen Körpers, den wir oben als Tetrakishexaeder bezeichnet haben. Der Unterschied zwischen beiden Körpern besteht darin, dass das Dreieck des Tetrakishexaeders gleichschenklig ist, das des Hexakistetraeders dagegen beliebig. Bezüglich der Entstehung beider Körper läuft die Differenz darauf hinaus, dass bei ersterem Körper der Berührungspunkt E der Grenzfläche ε ein Punkt des Bogens BW ist, während er bei letzterem beliebig innerhalb des aus 1 und 1′ bestehenden Dreiecks liegt.

Für specielle Lagen von ε ergeben sich hier ausser den schon oben abgeleiteten Formen noch zwei neue. Den Fall, dass ε senkrecht zur Ebene σ ist, haben wir bereits oben erledigt. Ist ε senkrecht zu einer Ebene σ', und liegt der Berührungspunkt E auf AW, so fallen je zwei sonst verschiedene Ebenen zusammen, die auf a liegende Ecke wird gleichkantig und dreiseitig und die in ε liegende Grenzfläche ist der Schnitt mit der durch a, b, b', a' bestimmten vierseitigen Ecke. Sie ist daher ein Viereck, welches zwei Paar gleicher anstossender Seiten besitzt. Die Krystallform wird von zwölf solchen Vierecken begrenzt und heisst *Deltoeder* oder *Deltoiddodekaeder;* sie ist der allgemeinste Typus derjenigen Figur, von welcher das Rhombendodekaeder einen speciellen Fall darstellt.

Ist ε in der Weise zu einer Ebene σ' senkrecht, dass der Berührungspunkt auf dem Bogen AB liegt, so entsteht ebenfalls eine neue Form. Auf der Axe a bildet sich wieder eine gleichkantige dreiseitige Ecke, während, was ausdrücklich zu bemerken ist, die auf a' liegende Ecke sechsseitig bleibt; die beiden Hälften der dreizähligen Axen sind in diesem Fall nicht gleichwerthig, und ebensowenig die Bogen BA und BA'. Die auf b, b', b'' liegenden Ecken gehen ganz verloren; diese Axen werden Normalen zu Kanten der Krystallform. Solcher Kanten giebt es im Ganzen sechs. Keine dieser Kanten geht durch die auf a liegende Ecke; dagegen treffen sie die auf a' liegende Ecke, und da es sechs Kanten und vier solche Ecken giebt, so sind diese sechs Kanten einander gleich und bilden ein regelmässiges Tetraeder; jede der vier Ecken wird von drei Kanten getroffen, und je zwei gegenüberliegende Kanten des Tetraeders stehen auf einer der Axen b, b', b'' senkrecht. Die in ε liegende Grenzfläche ist Schnitt mit derjenigen dreiseitigen Ecke, welche von den Ebenen OAV, OAW und OBA' gebildet wird. Die Krystallform ist daher ein Zwölfflächner, der vier dreiseitige und vier sechsseitige Ecken hat, und von 12 gleichschenkligen Dreiecken begrenzt wird. Er heisst *Triakistetraeder*, und kann dadurch hergestellt werden, dass man auf jede Fläche des regulären Tetraeders je eine gerade dreiseitige Pyramide aufsetzt.

Ist ε zu irgend einer der Symmetrieaxen senkrecht, so stimmen, wie evident, die bezüglichen Krystallformen mit den für die Holoedrie vorhandenen überein.

§ 12. Für die letzte Hemiedrie, die noch zu untersuchen ist, nämlich die *paramorphe*, sind die Axen b, b', b'' je zweizählig und die Axen a resp. a' dreizählig; ferner kommen ihr die Symmetrieebenen σ und ein Symmetriecentrum zu. Alle Axen sind zweiseitig. Es bildet sich daher auf a und a' je eine gleichkantige dreiseitige und auf b, b', b'' je eine vierseitige Ecke mit abwechselnd gleichen Kanten. Von den in der Grenzfläche ε liegenden Kanten gehen je zwei von der Axe a und je zwei von der Axe b aus, die letzteren liegen gleichzeitig in den Symmetrieebenen. Die Krystallform wird daher von 24 Vierecken begrenzt, und besitzt acht dreiseitige und sechs vierseitige Ecken. Sie heisst *Diploeder* oder *Dyakisdodekaeder*. Sie stimmt bezüglich der Begrenzungsverhältnisse mit dem Ikositetraeder überein, und bildet den allgemeinen Typus eines derartigen Körpers. Die Differenz läuft darauf hinauf, dass während hier der Berührungspunkt E der Fläche ε innerhalb des von den Dreiecken 1 und 2 gebildeten Vierecks beliebig bleibt, er beim Ikositetraeder in einen Punkt des Bogens AB fällt.

Die Krystallform kann gemäss § 4 auch dadurch hergestellt werden, dass von den acht um den Punkt B liegenden Flächen abwechselnd vier beibehalten und vier getilgt werden; überdies bestimmen auch die letzteren vier Ebenen und die ihnen gleichwerthigen eine Krystallform.

Von speciellen Formen kann neben dem Ikositetraeder auch das Triakisoctaeder auftreten; es entspricht derselben Lage von ε, wie bei der Holoedrie. Ist ε zur Symmetrieebene σ senkrecht, so ergiebt sich eine bisher noch nicht erwähnte Form. Auf a bleibt eine dreiseitige Ecke; die auf b, b', b'' liegenden Ecken dagegen gehen verloren; es bilden sich Kanten, die auf diesen Axen senkrecht stehen, und in den Symmetrieebenen σ liegen. Die in der Ebene ε liegende Grenzfläche wird von der Ebene OBV und den Axen a und a' getroffen; sie ist daher nach Satz XVI ein Fünfeck. Da die Axen a zweiseitig sind, so hat das Fünfeck vier gleiche Kanten; es liegt überdies symmetrisch zur Ebene σ; die fünfte Kante wird von σ senkrecht getroffen. Die Krystallform wird von zwölf solchen Fünfecken begrenzt und heisst *Pentagondodekaeder.*

Von andern speciellen Lagen kommen nur noch die Fälle in Frage, dass ε zu einer Symmetrieaxe senkrecht ist; sie führen daher nicht zu neuen Formen.

§ 13. Die *Tetartoedrie* enthält keinerlei Symmetrieebenen, überdies nur die zweizähligen Axen b, b', b'' und die einseitigen dreizähligen Axen. Auf a und a' entsteht je eine dreiseitige gleichkantige Ecke, solcher Ecken giebt es acht; aber wegen der Einseitigkeit der dreizähligen Axen sind sie nicht sämmtlich gleichwerthig, sondern zerfallen in zwei Paare von je vieren, die sich bei den Deckoperationen immer nur untereinander vertauschen. Auf jeder der zweizähligen Axen steht eine Kante der Krystallform senkrecht, und solcher

Kanten giebt es sechs. Die in der Ebene ε liegende Grenzfläche enthält von jeder der beiden Arten dreiseitiger Ecken je eine, überdies wird sie von einer zweizähligen Axe b getroffen; sie ist daher gemäss § 8 ein Fünfeck, das zwei Paar gleicher Seiten hat. Die Krystallform wird von zwölf solchen Fünfecken begrenzt und heisst das *tetraedrische Pentagondodekaeder*. In den geometrischen Begrenzungsverhältnissen stimmt sie mit demjenigen besondern Pentagondodekaeder überein, dem wir eben bei der paramorphen Hemiedrie begegnet sind; sie bildet den allgemeinsten Typus eines derartigen Körpers. Während aber der Berührungspunkt der Grenzfläche ε hier beliebig bleibt, fiel er oben in einen Punkt des Bogens AB.

Als specielle Lagen von ε kommen nur diejenigen in Betracht, dass ε zu einer Symmetrieaxe oder zur Symmetrieebene σ' senkrecht liegt. Der letztere Fall ist durch das Vorstehende erledigt, den beiden andern entspricht das reguläre Hexaeder, resp. das reguläre Tetraeder.

Die Tetartoedrie lässt sich in dem oben § 4 angegebenen Sinn selbst wieder als Hemiedrie jeder der drei vorstehenden Hemiedrieen betrachten; in der That haben die zugehörigen Gruppen das oben Cap. V, 17 und Cap. VI, 21 hierfür als characteristisch geschilderte Verhältniss. Einerseits enthält ja die Tetraedergruppe T die Hälfte der Operationen der Octaedergruppe O und andrerseits bilden auch die Drehungen der Gruppen T^h und T^d beidemal die Gruppe T. Wir können daher die Krystallform der Tetartoedrie aus den Krystallformen der Hemiedrieen in der oben § 4 genannten Weise entstehen lassen. Bei der Krystallform der enantiomorphen Hemiedrie haben wir am Punkt B diejenige Grenzfläche zu tilgen, welche durch Drehung der Fläche ε um 90^0 entsteht; bei der hemimorphen Hemiedrie fällt diejenige Fläche aus, welche durch Spiegelung gegen σ' aus ε hervorgeht, und endlich geht bei der paramorphen Hemiedrie diejenige Grenzfläche verloren, welche sich aus ε durch Spiegelung gegen σ ergiebt.

§ 14. **Die Krystallsysteme mit einer zwei-, drei-, vier- oder sechszähligen Hauptaxe.** Für diese Krystallsysteme sind die bezüglichen Krystallformen so einfache Körper resp. Raumfiguren, dass wir die Angabe der bezüglichen Verhältnisse nicht mehr so eingehend zu begründen brauchen, wie dies soeben für das reguläre Krystallsystem geschehen ist. Wir werden uns im wesentlichen auf die geometrischen Hauptsachen beschränken.

Für die Ableitung der bezüglichen Krystallformen wird am zweckmässigsten die Eintheilung VI, 23 zu Grunde gelegt. Die Krystallformen für die Systematik von VI, 24 sind damit von selbst bestimmt.

Wir legen für die folgenden Betrachtungen, um sie für alle Krystallsysteme gleichzeitig abzuleiten, eine n-zählige Hauptaxe zu Grunde. Sehen wir von den einfachen Verhältnissen des monogonalen Systems ab, so kann n die Werthe 2, 3, 4, 6 haben.

Für die *Holoedrie* existiren ausser der Hauptaxe und den n Nebenaxen die Symmetrieebene η und die n Symmetrieebenen σ resp. σ'. Die Ebene η denken wir uns, um die Vorstellung zu fixiren, als Aequatorialebene. Die Kugel wird, wie aus den allgemeinen Sätzen folgt, durch die Symmetrieebenen in $4n$ gleichwerthige Dreiecke zerlegt, und zwar liegt eine Ecke jedes Dreiecks auf der Hauptaxe, während die andern beiden Ecken Schnittpunkte der Kugel mit zwei benachbarten Nebenaxen sind; die Seiten des Dreiecks liegen in den Symmetrieebenen. Da jede Symmetrieaxe Schnittlinie von Symmetrieebenen ist, so ist die Grenzfläche der Krystallform ein Dreieck, das im Allgemeinen nicht gleichschenklig ist; $4n$ solche Dreiecke bilden die Krystallform. Auf der Hauptaxe liegt je eine $2n$-seitige Ecke, während jede Nebenaxe je eine vierseitige Ecke trifft; nur die abwechselnden Kanten aller Ecken sind einander gleich. Die Schnittfigur mit der Aequatorialebene ist ein $2n$-Eck; dasselbe ist im Allgemeinen nicht gleichseitig, vielmehr bilden die abwechselnden Ecken je ein reguläres n-Eck. Nur wenn die Ebene ε mit σ und σ' gleiche Winkel bildet, wird das $2n$-Eck regelmässig.

Ist im besondern $n = 2$, so ist die Figur ein Rhombus, und bei der eben genannten speciellen Lage von ε ein Quadrat.

Jenachdem $n = 6, 4, 3$ ist, heisst die Krystallform *dihexa-*

gonale, ditetragonale, ditrigonale Pyramide. Für $n = 2$ ist sie ein Octaeder, von dem jede Diagonalebene ein Rhombus ist. Sie heisst *rhombische Pyramide* und ist gleichzeitig die holoedrische Krystallform des rhombischen Systems.

Ist ε der Hauptaxe parallel, so geht die Pyramide in einen $2n$-seitigen prismatischen Körper über, dessen Seitenflächen sich ins unbegrenzte erstrecken. Ist ε zu einer Symmetrieebene σ oder σ' senkrecht, so entsteht im Allgemeinen eine reguläre n-seitige Doppelpyramide, für $n = 2$ dagegen ergiebt sich eine offene Krystallform von prismatischer Gestalt, deren Schnitt ein Rhombus ist. Wenn ε zu einer Nebenaxe senkrecht ist, so wird die Krystallform wieder prismatisch. Ist endlich ε zur Hauptaxe senkrecht, so entseht ein Ebenenpaar.[1])

Die *enantiomorphe Hemiedrie* ist durch den Mangel der Symmetrieebenen characterisirt. Auf der Hauptaxe bilden sich daher gleichkantige n-seitige Ecken, die Nebenaxen laufen senkrecht zu Kanten der Krystallform, und solcher Kanten giebt es $2n$; je n von ihnen sind gleichwerthig. Bei allgemeiner Lage von ε ist das von ihnen gebildete $2n$-Eck nicht mehr eben, sondern windschief. Die in ε liegende Grenzfläche wird von einer n-zähligen und zwei zweizähligen Axen getroffen, sie ist daher gemäss Lehrsatz XVI ein Viereck, das ein Paar gleicher anstossender Seiten enthält. Die von $2n$ solchen Vierecken eingeschlossene Krystallform heisst im Allgemeinen *Trapezoeder*, und zwar *hexagonales*, *tetragonales* oder *trigonales Trapezoeder*, je nachdem $n = 6, 4, 3$ ist. Für $n = 2$ ist die Krystallform ein analog gebildeter Vierflächner, d. h. ein Tetraeder; jede der zweizähligen Axen steht auf zwei gegenüberliegenden Kanten des Tetraeders senkrecht, überdies sind je zwei solcher Kanten einander gleich und kreuzen sich rechtwinklig. Dieses Tetraeder heisst, weil es bei der gewöhnlichen Systematik der Hemiedrie des rhombischen Systems entspricht, *rhombisches Sphenoid.*

---

1) Das Prisma selbst ist keine eigentliche einfache Krystallform, es ist vielmehr die Combination eines prismatischen Raumtheils mit einem Ebenenpaar. Vgl. § 16.

Aus der holoedrischen Form lässt sich die enantiomorphe Form bilden, wenn von den Grenzflächen der $2n$-seitigen Ecken nur die abwechselnden beibehalten worden. Je nach der Wahl dieser n Ebenen erhalten wir gemäss § 4 zwei verschiedene Krystallformen; die eine ist der andern spiegelbildlich gleich.

Für specielle Lagen von ε kann das Trapezoeder in eine n-seitige Doppelpyramide, einen prismatischen Körper u. s. w. übergehen.

Die *hemimorphe Hemiedrie* ist durch den Mangel der Nebenaxen characterisirt; mit ihnen fehlt auch die zur Hauptaxe senkrechte Symmetrieebene. Die Hauptaxe wird dadurch einseitig und die Krystallform reducirt sich auf eine *$2n$-seitige körperliche Ecke,* welche der einen (oberen oder unteren) Hälfte der holoedrischen Form entspricht. Von letzterer gehen die sämmtlichen Flächen verloren, welche an dem einen Ende der Hauptaxe liegen. Die speciellen Formen sind theils prismatischer Natur, theils wird die Ecke n-seitig u. s. w.

Die *paramorphe Hemiedrie* enthält eine n-zählige Hauptaxe a und die zu ihr senkrechte Symmetrieebene. Die Krystallform ist daher eine *reguläre gerade n-seitige Doppelpyramide,* die im besondern auch in eine prismatische Raumfigur übergehen kann. Für $n = 2$ hat die Krystallform bei beliebiger Lage von ε ein offene prismatische Gestalt mit rhombischem Querschnitt.

Die *hemimorphe Tetartoedrie* besitzt nur eine n-zählige Axe; durch Drehung um sie entsteht aus ε eine *n-seitige Ecke;* diese stellt daher die Krystallform dar. Sie kann ebenfalls prismatische Gestalt annehmen u. s. w.

§ 15. Die Meroedrieen der zweiten Abtheilung kommen nur für $n = 6, 4, 2$, resp. da wir den einfachen Fall $n = 2$, dem ein paralleles Flächenpaar entspricht, unberücksichtigt lassen können, nur für $n = 6$ und 4 in Frage. Setzen wir $n = 2m$, so ist die *Hemiedrie* durch m zweizählige Nebenaxen und m nicht durch sie gehende Symmetrieebenen characterisirt. Die in ε liegende Grenzfläche ist daher gemäss § 8 ein Dreieck, von dem eine Kante auf einer Nebenaxe senkrecht steht, während zwei andere Kanten von der Hauptaxe ausgehen und in den Symmetrieebenen liegen. Diese Kanten sind im Allgemeinen nicht gleich lang. Die auf den Nebenaxen senkrechten Kanten sind sämmtlich gleich lang und bilden ein windschiefes n-Eck, dessen Ecken in die Symmetrieebenen fallen. Die Krystallform wird von $2n$ solchen Dreiecken begrenzt und heisst *Skalenoeder*, und zwar *hexagonales* oder *tetragonales Skalenoeder*[1]), je nachdem $n = 6$ oder 4 ist.

Wenn ε auf einer Symmetrieebene senkrecht steht, so erscheinen specielle Formen. Ist zunächst $n = 6$, so ist die Krystallform ein *regelmässiges Rhomboeder*. Nämlich da der Hemiedrie mit einer Axe zweiter Art ein Symmetriecentrum zukommt, so folgt zunächst gemäss Cap. VI, § 22, dass ihre sechs Flächen ein Parallelepipedon bilden, und da überdies je drei von der Hauptaxe ausgehende Kanten gleich lang sind, so ist jede Grenzfläche ein Rhombus; dasselbe steht, wie ausdrücklich bemerkt werden möge, auf einer Symmetrieebene senkrecht.

Ist $n = 4$, so ist die Hauptaxe als Drehungsaxe nur zweizählig; es verschwinden daher für die besondere Lage von ε gemäss § 8 die auf der Hauptaxe liegenden Ecken, dafür treten Kanten auf, welche auf der Hauptaxe senkrecht stehen; sie sind überdies gleich lang und kreuzen sich rechtwinklig. Ausser ihnen bleiben nur noch diejenigen Kanten bestehen, die senkrecht zu den Nebenaxen laufen und das windschiefe Viereck bilden. Die vier Grenzdreiecke sind gleichschenklig. Die Krystallform ist daher ein Tetraeder von besonderer Art und heisst *tetragonales Sphenoid*.

Für die *Tetartoedrie* mit einer Axe zweiter Art existirt, wenn zunächst $n = 6$ angenommen wird, nur eine sechszählige Axe zweiter Art, und diese ist einer dreizähligen Axe erster Art und einem Symmetriecentrum äquivalent. An jedem Axenende bildet sich daher eine dreiseitige gleichkantige Ecke. Das Symmetriecentrum bedingt wieder, dass die sechs Grenzflächen ein Parallelepipedon bilden, und zwar, da die von der Axe ausgehenden Kanten gleich sind, wieder ein *Rhomboeder*.

1) Das tetragonale Skalenoeder wird auch tetragonales Disphenoid genannt.

Von dem regelmässigen Rhomboeder unterscheidet es sich dadurch, dass seine Diagonalebenen nicht mehr gleichzeitig Symmetrieebenen sind.

Die bezügliche Krystallform des tetragonalen Systems ist wieder ein Tetraeder besonderer Art. Da die Hauptaxe vierzählig von der zweiten Art ist, trifft sie zwei zu ihr senkrechte Kanten, die gleich lang sind und sich rechtwinklig kreuzen. Ebenso sind die Kanten, welche die Axe nicht treffen, gleichwerthig und gleich lang. Das Tetraeder heisst wie das obige ebenfalls *Sphenoid;* es bildet den allgemeinen Typus des obigen. Nämlich während bei diesem die Kanten des Vierecks die Hauptaxe rechtwinklig kreuzen, ist das bei dem hier betrachteten im Allgemeinen nicht der Fall.

§ 16. **Combinationen von Krystallformen.** Die in obiger Tabelle aufgeführten Krystallformen stellen, wie in der Einleitung hervorgehoben wurde, die einfachsten Polyeder dar, welche dieselbe Symmetrie besitzen, wie die bezüglichen Krystallclassen. Beispielsweise haben wir im Ganzen vier verschiedene Arten symmetrischer Tetraeder kennen gelernt, nämlich ausser dem regelmässigen diejenigen, welche bei den Gruppen S_4^u, S_4, D_4 als allgemeine resp. specielle Formen auftraten. Sie sind aber nicht die einzigen Polyeder dieser Art. Wie oben angegeben, wurden die Krystallformen dadurch erzeugt, dass wir eine beliebige Ausgangsebene ε den sämmtlichen Operationen einer gewissen Gruppe unterwarfen. Gehen wir statt von einer solchen Ebene von mehreren, unter sich nicht gleichwerthigen Ebenen aus, so erhalten wir ebenfalls ein Polyeder, dessen Symmetrie durch die genannte Gruppe characterisirt ist, und wenn wir Lage und Zahl der Ausgangsebenen in geeigneter Weise variiren, so werden wir auf diese Weise nach und nach immer neue Polyedertypen ableiten können.

Wir können uns ein derartiges Polyeder auch als Durchdringungsfigur verschiedener einfacher Polyeder vorstellen, und zwar derjenigen, welche sich mit den einzelnen Ausgangsebenen bilden lassen. Die Form eines allseitig gut entwickelten Krystalls muss daher, wenn wir noch hinzufügen, dass alle Grenzflächen desselben von einem Punkte gleich weit abstehen, stets mit einem derartigen Polyeder übereinstimmen. Mit Rücksicht darauf pflegt man ein solches Polyeder als *Combination von Krystallformen* zu bezeichnen.

Auf eine hieraus fliessende Folgerung sei besonders hingewiesen. Es folgt nämlich, dass die einfachen holoedrischen Krystallformen auch als Krystallformen der Meroedrieen auftreten können. Sie bilden allerdings nicht mehr die einfache Krystallform derselben, vielmehr sind sie so zu betrachten, als seien sie mit zwei resp. vier ungleichwerthigen Ausgangsebenen gebildet.

Schliesslich sei noch erwähnt, dass, wenn wir die vorstehenden Ueberlegungen auch auf diejenigen Gruppen von Operationen ausdehnen, welche eine krystallographische Bedeutung nicht haben, wir auf diese Weise sämmtliche symmetrischen Polyeder ableiten können.[1])

§ 17. **Die Benennungen der Unterabtheilungen.** Die folgenden Bemerkungen knüpfen sich in erster Linie an die Benennungen resp. an die Systematik von Cap. VI, § 23, sie gelten aber im Ganzen auch für die sonst übliche Systematik.

Gemäss Cap. IV giebt es elf Krystallclassen, deren Gruppen nur Drehungen enthalten. Es geht daher auch die zu irgend einer derselben gehörige Krystallform nur durch Drehungen in sich über, gleichgiltig, ob sie einfach oder zusammengesetzt ist. Eine solche Krystallform ist sich daher niemals selbst spiegelbildlich gleich. Denken wir uns irgend eine derselben, F, und construiren ihr Spiegelbild F', so sind beide Körper von einander verschieden; sie unterscheiden sich, wie wir oben § 4 bereits erwähnten, wie rechte und linke Gliedmassen, durch den Unterschied von rechts und links. Der Körper F' ist aber ebenfalls eine Krystallform der bezüglichen Krystallclasse. Er enthält nämlich diejenigen Symmetrieaxen, welche sich aus denen von F durch Spiegelung ergeben; und da das Axensystem von F sich in allen Fällen selbst spiegelbildlich gleich ist, so müssen die Symmetrieaxen von F und diejenigen

1) Das Genauere hierüber findet man in Hess' „Lehre von der Kugeltheilung“, worin die Bestimmung aller symmetrischen Polyeder vollständig und ausführlich durchgeführt ist.

von F' übereinstimmen. Für die elf hier betrachteten Krystallclassen giebt es daher Formen, bei denen die Reihenfolge, in welcher die Flächen aneinander stossen, in entgegengesetztem Sinn verläuft, und die deshalb, wie bereits oben erwähnt, *enantiomorphe Formen* heissen; mit Rücksicht hierauf sind alle bezüglichen Hemiedrieen und Tetartoedrieen oben als enantiomorph bezeichnet worden.[1])

Bei den andern Krystallclassen können enantiomorphe Formen nicht auftreten; die zugehörige Krystallform geht stets auch durch Operationen zweiter Art in sich über, ist sich daher stets *selbst* spiegelbildlich gleich.

Die *hemimorphen* Krystallclassen sind dadurch characterisirt, dass für sie die specifischen Symmetrieaxen einseitig werden. Bei den Krystallsystemen mit einer Hauptaxe bleibt demgemäss von der holoedrischen einfachen Krystallform d. h. von der Doppelpyramide nur die eine Hälfte, resp. Ecke als hemimorphe Krystallform übrig; die hemimorphe Gestalt ist die gehälftete holoedrische Gestalt und hat daher ihren Namen erhalten. Im regulären System ist die Beziehung der hemimorphen und holoedrischen Krystallform eine etwas andere. Eine Analogie zum Vorstehenden bleibt aber auch für das reguläre System bestehen. Nämlich, wenn die dreizähligen Hauptaxen einseitig werden, so sind die an ihnen liegenden Ecken nicht mehr gleichwerthig, sondern verschieden gestaltet, ebenso wie auch an den beiden Enden der Hauptaxe eines der andern Krystallsysteme verschiedene Ecken auftreten. Mit Rücksicht hierauf scheint es angemessen, die sämmtlichen Unterabtheilungen mit einseitigen Hauptaxen als hemimorphe zu bezeichnen.

Uebrigens sei bemerkt, dass diese Verhältnisse sich auch im rhomboedrischen, rhombischen und monoklinen System vorfinden.

Die Bezeichnung *paramorph* ist im Hinblick auf diejenigen Krystallclassen gewählt, welche ein Symmetriecentrum besitzen. Dasselbe kommt abgesehen vom trigonalen System

1) Pasteur hat dafür den Ausdruck hémiedrie non superposable eingeführt.

jeder paramorphen Hemiedrie zu. Wenn aber eine Krystallclasse mit einem Symmetriecentrum begabt ist, so giebt es nach Lehrsatz XII zu jeder Fläche der einfachen Krystallform eine parallele Fläche. Ausser den holoedrischen Krystallformen giebt es keine andern hemiedrischen Formen, welchen diese Eigenthümlichkeit zukommt; sie ist also für dieselben characteristisch. Die Ausnahme beim trigonalen System erklärt sich dadurch, dass auch die Krystallform der trigonalen Holoedrie parallele Flächen nicht besitzt. Wir können daher die Eigenart der paramorphen Hemiedrie dahin characterisiren, dass in ihr zu jeder Fläche eine parallele existirt, falls derartige Flächenpaare an der holoedrischen Krystallform überhaupt auftreten.

Der Character der paramorphen Hemiedrie findet sich im Allgemeinen auch bei der Systematik von VI, 24. Zunächst liegt im rhomboedrischen System die Sache diesmal so, dass jetzt sowohl die Hauptabtheilung S_6^u als auch die paramorphe Unterabtheilung S_6 ein Symmetriecentrum besitzen. Dagegen fehlt für das rhombische System eine Hemiedrie dieser Art gänzlich, und auch das monokline System zeigt eine Ausnahme; die Krystallform der Holoedrie besitzt parallele Flächen, während die Krystallform der bezüglichen Hemiedrie einzig eine Symmetrieebene besitzt und daher parallele Flächen nicht enthält.

§ 18. **Kaleidoscopische Erzeugung der Krystallformen.** Diejenigen Krystallformen, welche Symmetrieebenen besitzen, sind kaleidoscopische Figuren, ihre Bilder können mittelst einfacher Apparate hergestellt werden. Dies wollen wir im Folgenden beweisen. Wir schicken zunächst folgende vorbereitende Ueberlegungen voraus.

Wie die Tabelle I lehrt, giebt es für keine Drehungsgruppe mehr als drei verschiedene Arten gleichwerthiger Axen. Manche dieser Axen ist einzig in ihrer Art, wie z. B. die Hauptaxe der Gruppen C_n resp. D_n, von mancher Art giebt es mehrere gleichwerthige. Fassen wir nun von jeder Art eine ins Auge, so sind durch sie nach dem Symmetriegesetz alle andern Axen nothwendig bestimmt. Im Einzelnen ergiebt sich, dass bei den Diedergruppen D_n, wie Cap. IV, 4 lehrt, die Gesammtheit aller Axen bereits durch die Hauptaxe und *eine* Nebenaxe bestimmt ist. Für die Tetraedergruppe T und die Octaedergruppe O folgt aus Cap. IV, 7, dass alle nicht zweizähligen Axen a und b sämmtlich durch zwei von ihnen bedingt sind, und endlich zeigt der in demselben Capitel bewiesene Lehrsatz VIII, dass diese beiden Axen auch bereits die Existenz der zweizähligen Axen im Gefolge haben. Bei der Tetraedergruppe kann daher die Gesammtheit aller Axen aus zwei dreizähligen, bei der Octaedergruppe aus einer dreizähligen und einer vierzähligen Axe hergeleitet werden.

Uebersetzen wir die vorstehenden Erwägungen in die gruppentheoretische Sprache, so gelangen wir zu der Erkenntniss, dass die Gruppen D_n, T, O durch zwei ihrer Axen vollständig definirt sind. Das kann aber nichts anderes heissen, als dass sich die sämmtlichen Deckoperationen der bezüglichen Gruppe als Producte resp. Potenzen der zu diesen Axen gehörigen Bewegungen darstellen lassen; denn ob die Gleichung

$$\mathfrak{A}\mathfrak{B} = \mathfrak{U}$$

so interpretirt wird, dass die Axen a und b die zweizählige Axe u bedingen, oder dahin, dass die Deckoperation $\mathfrak{U}$ der Octaedergruppe O das Product von $\mathfrak{A}$ und $\mathfrak{B}$ ist, läuft nur auf einen Unterschied in der Ausdrucksweise hinaus. Ueberdies sei noch bemerkt, dass diese Eigenschaft bereits oben Cap. IV, 4 für die Diedergruppen entwickelt worden ist, in der That ist dorther ersichtlich, dass die sämmtlichen Deckoperationen dieser Gruppen aus zwei von ihnen, $\mathfrak{A}$ und $\mathfrak{U}$, abgeleitet werden können; d. h.

Lehrsatz XVIII. *Alle Deckoperationen der Gruppe D_n lassen sich durch Multiplication aus den Drehungen $\mathfrak{A}$ und $\mathfrak{U}$ darstellen.*

Für die Tetraedergruppe und die Octaedergruppe bedarf die Behauptung eines besonderen Nachweises. Wir schicken dazu folgenden Hilfssatz voraus:

Lehrsatz XIX. *Gelangt die n-zählige Axe a durch Drehung um die p-zählige Axe b in die Lage a', so wird die zu a' gehörige Drehung $\mathfrak{A}'$ durch das Product $\mathfrak{B}^{-1}\mathfrak{A}\mathfrak{B}$ dargestellt.*

Beweis. Wie in Cap. IV, 9 bewiesen, besteht, wenn c

eine der zweizähligen Axen ist (vgl. Fig. 15), für die im obigen Lehrsatz genannten Axen a und b stets die Gleichung

$$\mathfrak{A}\mathfrak{B} = \mathfrak{C}.$$

Es gilt aber auch, wie die Figur und der dazu gehörige Satz unmittelbar erkennen lassen, die analoge Gleichung

$$\mathfrak{B}\mathfrak{A}' = \mathfrak{C}.$$

Daher ist

$$\mathfrak{B}\mathfrak{A}' = \mathfrak{A}\mathfrak{B};$$

und hieraus folgt durch linksseitige Multiplication mit $\mathfrak{B}^{-1}$

$$\mathfrak{A}' = \mathfrak{B}^{-1}\mathfrak{A}\mathfrak{B}.$$

Es lässt sich übrigens auch direct zeigen, dass das Product $\mathfrak{B}^{-1}\mathfrak{A}\mathfrak{B}$ der Drehung $\mathfrak{A}'$ äquivalent ist. Betrachten wir zu diesem Zweck die Lagen, welche die Gerade a' nach Eintritt der Bewegungen $\mathfrak{B}^{-1}$, $\mathfrak{A}$, $\mathfrak{B}$ annimmt. Die Gerade a' ist so definirt, dass sie aus a in Folge der Drehung $\mathfrak{B}$ hervorgeht. Durch die Drehung $\mathfrak{B}^{-1}$ gelangt sie daher nach a, während der Drehung $\mathfrak{A}$ fällt sie mit a zusammen, bleibt also in Ruhe, und die Drehung $\mathfrak{B}$ bringt sie wieder nach a'; das Product $\mathfrak{B}^{-1}\mathfrak{A}\mathfrak{B}$ ist daher in der That einer Drehung um a' äquivalent. Uebrigens folgt noch

$$\begin{aligned}\mathfrak{A}'^2 &= \mathfrak{B}^{-1}\mathfrak{A}\mathfrak{B}\,.\,\mathfrak{B}^{-1}\mathfrak{A}\mathfrak{B} = \\ &= \mathfrak{B}^{-1}\mathfrak{A}^2\mathfrak{B}\\ \mathfrak{A}'^3 &= \mathfrak{B}^{-1}\mathfrak{A}^2\mathfrak{B}\,.\,\mathfrak{B}^{-1}\mathfrak{A}\mathfrak{B}\\ &= \mathfrak{B}^{-1}\mathfrak{A}^3\mathfrak{B}\end{aligned}$$

u. s. w. u. s. w.

Aus dem vorstehenden Lehrsatz lässt sich die obige Behauptung ohne Mühe folgern. Zunächst ist evident, dass was für die Axe a' gilt, für alle mit a gleichwerthigen Geraden gelten muss, und vertauschen wir $\mathfrak{A}$ mit $\mathfrak{B}$, so ergiebt sich, dass der Satz auch für die mit b gleichwerthigen Axen zutrifft. Endlich möge noch bemerkt werden, dass er auch dann in Geltung bleibt, wenn $n = p$ ist, also a und b gleichartige Axen sind, denn dies ist für den in Cap. IV, 9 bewiesenen Satz der Fall.

Nun enthält die Tetraedergruppe die Drehungen um die vier dreizähligen Axen a, a', a'', a''' und die Umklappungen um die zweizähligen Axen. Aus dem obigen Satz folgern wir zunächst, dass sich die Drehungen $\mathfrak{A}''$ und $\mathfrak{A}'''$ aus $\mathfrak{A}$ und $\mathfrak{A}'$ durch Multiplication zusammensetzen lassen; und damit folgt dasselbe auch für die Umklappungen $\mathfrak{U}$, $\mathfrak{V}$, $\mathfrak{W}$, denn sie sind ja selbst Producte von je zwei der Drehungen um die dreizähligen Axen. Damit ist der Satz für die Tetraedergruppe bewiesen; d. h.

Lehrsatz XX. *Alle Drehungen der Tetraedergruppe lassen sich durch Multiplication aus $\mathfrak{A}'$ und $\mathfrak{A}''$ zusammensetzen.*

Analog ist der Beweis für die Octaedergruppe. Nämlich aus $\mathfrak{A}$ und $\mathfrak{B}$ gehen durch Multiplication gemäss dem obigen Lehrsatz zunächst die Drehungen $\mathfrak{A}'$, $\mathfrak{A}''$, $\mathfrak{A}'''$, $\mathfrak{B}'$, $\mathfrak{B}''$ hervor, also auch ihre Potenzen, und die aus ihnen durch Multiplication gebildeten Umklappungen; also folgt:

Lehrsatz XXI. *Alle Drehungen der Octaedergruppe lassen sich durch Multiplication aus $\mathfrak{A}$ und $\mathfrak{B}$ zusammensetzen.*

§ 19. Es sei wieder $\overline{G}$ irgend eine Gruppe zweiter Art, welche aus einer der vorstehend genannten Drehungsgruppen D_n, T, O abgeleitet ist. Die bezügliche Drehungsgruppe bezeichnen wir wieder durch G. $\mathfrak{S}$ sei die Spiegelung, welche (Cap. V, 10) zur Bildung der Gruppe $\overline{G}$ benutzt worden ist; wie bewiesen, kann dazu jede der Gruppe angehörige Spiegelung benutzt werden. Wie in Cap. V, 4 bewiesen, erhalten wir alle Operationen zweiter Art der Gruppe $\overline{G}$, wenn wir die Operationen von G mit der Spiegelung $\mathfrak{S}$ multipliciren. Die Operationen von G lassen sich aber sämmtlich aus zwei Drehungen — sie mögen $\mathfrak{A}$ und $\mathfrak{B}$ genannt werden — zusammensetzen; und daraus folgt, dass die Operationen von $\overline{G}$ sämmtlich aus $\mathfrak{A}$, $\mathfrak{B}$ und $\mathfrak{S}$ durch Multiplication gebildet werden können.

Fassen wir nun eine solche Krystallclasse K ins Auge, für welche die Symmetrieaxen sämmtlich in die Symmetrieebenen fallen. Dies sind diejenigen, welche den Gruppen

$$O^h,\ T^d,\ D_6^h,\ D_4^h,\ D_3^h,\ V^h$$

entsprechen, also die sämmtlichen Holoedrieen der Systeme VI, 23, das monogonale ausgenommen und ausserdem die hemimorphe Hemiedrie des regulären Systems. Wir bezeichnen die zur Krystallclasse K zugehörige Gruppe wieder durch $\overline{G}$. Die Symmetrieebenen zerfällen den Raum in lauter dreiseitige Ecken. Eine dieser Ecken greifen wir heraus; ihre Ebenen seien σ, σ_1, σ_2, und a, b, c seien die Schnittlinien derselben. Diese drei Geraden sind in jedem Fall drei Symmetrieaxen, die nicht gleichberechtigt sind; es kommen unter ihnen demnach stets zwei solche Axen vor — sie seien a und b — dass sich alle Drehungen der Gruppe $\overline{G}$ aus den zugehörigen Drehungen, d. h. aus $\mathfrak{A}$ und $\mathfrak{B}$ zusammensetzen lassen. Aus $\mathfrak{A}$, $\mathfrak{B}$ und einer der drei Spiegelungen $\mathfrak{S}$, $\mathfrak{S}_1$, $\mathfrak{S}_2$ können daher sämmtliche Operationen von $\overline{G}$ durch Multiplication gebildet werden. Ist nun a Schnittlinie von σ und σ_1 und b Schnittlinie von σ und σ_2, so ist

$$\mathfrak{A} = \mathfrak{S}\mathfrak{S}_1 \quad \text{und} \quad \mathfrak{B} = \mathfrak{S}\mathfrak{S}_2 .$$

$\mathfrak{A}$ und $\mathfrak{B}$ lassen sich also selbst aus $\mathfrak{S}$, $\mathfrak{S}_1$, $\mathfrak{S}_2$ durch Multiplication darstellen, und daraus folgt schliesslich, dass *alle* Operationen von $\overline{G}$ aus $\mathfrak{S}$, $\mathfrak{S}_1$, $\mathfrak{S}_2$ durch Multiplication gebildet werden können. Also:

Hauptsatz. *Ist K eine Krystallclasse, deren Symmetrieaxen sämmtlich in den Symmetrieebenen liegen, so können alle Operationen der zugehörigen Gruppe durch Multiplication aus drei Spiegelungen gebildet werden. Als spiegelnde Ebenen können die Seitenflächen einer der dreiseitigen Ecken genommen werden, in welche die Gesammtheit der Symmetrieebenen den Raum zertheilt.*

Nun sei wieder F die Krystallform der Krystallclasse K, und ε diejenige ihrer Grenzflächen, welche innerhalb der aus σ, σ_1, σ_2 gebildeten dreiseitigen Ecke liegt. Aus ihr gehen alle andern Flächen hervor, wenn sie den sämmtlichen Operationen der Gruppe $\overline{G}$ unterworfen wird. Nun haben wir aber eben bewiesen, dass jede dieser Operationen durch Spiegelungen an den Ebenen σ, σ_1, σ_2 ersetzbar ist, und dass auch jedes Product derartiger Spiegelungen eine Operation von $\overline{G}$ liefert. Das heisst aber nichts anderes, als dass alle Bilder von ε, welche durch einmalige oder wiederholte Spiegelung an σ, σ_1, σ_2 entstehen können, genau die sämmtlichen N Grenzflächen der durch ε bestimmten Krystallform F darstellen.

Dabei ist nur noch die Bedingung zu erfüllen, dass die Ausgangslage von ε diese Bilder für uns wirklich sichtbar entstehen lässt, was im Allgemeinen der Fall ist. Also folgt:

Lehrsatz XXII. *Die Krystallformen, deren Symmetrieaxen sämmtlich in Symmetrieebenen liegen, also auch alle holoedrischen Krystallformen*[1]) *sind kaleidoscopische Figuren; sie entstehen aus einer Grenzfläche durch Spiegelung an den durch die Seiten dieser Grenzfläche gehenden Symmetrieebenen.*

Um sich das Bild der Krystallformen zu verschaffen, verfährt man daher zweckmässig so, dass man in die aus drei spiegelnden Flächen gebildete Ecke eine Flüssigkeit giesst. Durch Veränderung der Oberfläche kann man der Krystallform alle möglichen Gestalten geben, auch die besonderen, die oben § 9ff. erwähnt wurden; man hat nur dafür zu sorgen, dass die Oberfläche der Flüssigkeit die geeignete Lage erhält. Natürlich ist darauf zu achten, dass die Oberfläche mit den drei Seitenflächen keine spitzen Winkel bildet (von aussen gesehen), weil sonst der Berührungspunkt der Oberfläche mit der bezüglichen Kugel nicht in das Innere der dreiseitigen Ecke fiele.

Die vorstehenden Ueberlegungen treffen auch für diejenigen Krystallclassen zu, welche nur eine einzige n-zählige Symmetrieaxe und n durch sie gehende Symmetrieebenen besitzen. Diese Krystallclassen entsprechen den Gruppen

$$C_2^v,\ C_3^v,\ C_4^v,\ C_6^v$$

d. h. also den hemimorphen Hemiedrieen bei der Systematik VI, 23. Sind σ und σ_1 zwei Symmetrieebenen, deren Winkel den kleinsten möglichen Werth hat, also gleich $\pi : n$ ist, so besteht gemäss Cap. II, 7 die Gleichung

$$\mathfrak{S}\mathfrak{S}_1 = \mathfrak{A},$$

wenn $\mathfrak{S}$ und $\mathfrak{S}_1$ die Spiegelungen an σ und σ_1 bedeuten. Es können daher auch alle Potenzen von $\mathfrak{A}$ aus $\mathfrak{S}$ und $\mathfrak{S}_1$ durch Multiplication gebildet werden, und demnach auch alle Operationen der Gruppe C_n^v. Aus denselben Gründen, wie eben,

---

1) Hier wird die Systematik von Cap. VI, § 23 vorausgesetzt.

folgt also, dass die Krystallform eine kaleidoscopische Figur ist; sie entsteht, wenn man in den von σ und σ_1 gebildeten Winkelraum irgend einen geeigneten Winkelstreifen aus Papier oder sonstigem festen Material einfügt. Will man sich wieder, um die wechselnden Formen der gleichseitigen Ecke auf einmal zu erzeugen, der Flüssigkeiten bedienen, so hat man nur nöthig, den von σ und σ_1 gebildeten Ebenenwinkel an einer Seite durch eine — nicht spiegelnde — Wand abzuschliessen. Wir können demnach schliesslich folgendes zusammenfassende Resultat aussprechen:

Hauptsatz. *Die Krystallformen der Holoedrieen und hemimorphen Hemiedrieen aller Krystallsysteme sind kaleidoscopische Figuren, die sich mit einer beliebigen Ausgangsebene bilden lassen.*

§ 20. Endlich lassen sich die obigen Sätze in gewisser Weise auch auf diejenigen Krystallclassen ausdehnen, deren Symmetrieaxen nicht sämmtlich in den Symmetrieebenen liegen. Dies sind in erster Linie diejenigen, welche den Gruppen

$$T^h,\ S_6^u,\ S_4^u$$

entsprechen; dazu würden noch, wenn wir *alle* mit Ebenensymmetrie begabten Krystallclassen durchmustern, die zu den Gruppen

$$C_6^h,\ C_4^h,\ C_3^h,\ C_2^h,\ C_1^h = S$$

gehörigen kommen; bei den letzteren treten aber, da sie nur *eine* Symmetrieebene enthalten, so einfache Verhältnisse auf, dass sie von vorn herein aus dem Spiele bleiben können.

Die zur Gruppe T^h gehörige Krystallform besitzt (§ 2) drei Symmetrieebenen, die sich in den zweizähligen Axen schneiden; sie bilden daher acht dreiseitige Ecken um den Punkt O. Innerhalb jeder derselben liegen drei Grenzflächen der Krystallform. Auf den aus ihnen gebildeten Körper und die spiegelnden Wände der dreiseitigen Ecke lassen sich die obigen Betrachtungen ohne Mühe ausdehnen. In diesem Fall ist nämlich unmittelbar ersichtlich, dass die in den andern körperlichen dreiseitigen Ecken liegenden Grenzflächen aus den obigen durch wiederholte Spiegelung an den drei senkrechten Symmetrieebenen entstehen müssen. Bringt man daher in die dreiseitige Ecke einen Körper, welcher drei um eine dreizählige Axe liegende Grenzflächen der Krystallform repräsentirt, so geht aus ihm durch Spiegelung an den Wänden der Ecke das Bild der ganzen Krystallform hervor.

Das gleiche gilt für die Gruppen S_6^u und S_4^u. Die erstere enthält drei durch die Hauptaxe gehende Symmetrieebenen; diese zertheilen den Raum um die Axe in sechs Flächenwinkel, und innerhalb eines jeden verläuft eine zweizählige Axe. Innerhalb jedes Winkelraums liegen daher zwei Grenzflächen der Krystallform, und man erhält, wenn man einen Körper, der zwei derartige Grenzflächen darstellen kann, in einen der Winkelräume hineinbringt, durch Spiegelung an den Wänden das Bild der gesammten Krystallform. Dies folgt ebenso, wie der entsprechende Satz für die Gruppen C_n^v. Genau das analoge gilt für diejenige Krystallform, welche der Gruppe S_4^u entspricht.[1])

Die folgende Tabelle über die Winkel, welche die spiegelnden Seitenflächen mit einander bilden, ergiebt sich unmittelbar aus den oben § 18 über Natur und Character der Krystallform gemachten Bemerkungen.

A. Die Holoedrieen.

1. O^h. Reguläres System . . . . . $45^0, 60^0, 90^0$.
2. D_6^h. Hexagonales System . . . . $30^0, 90^0, 90^0$.
3. D_4^h. Tetragonales System . . . . $45^0, 90^0, 90^0$.
4. D_3^h. Trigonales System . . . . . $60^0, 90^0, 90^0$.
5. V^h. Digonales System . . . . . $90^0, 90^0, 90^0$.

B. Die hemimorphen Hemiedrieen.

1. T^d. Reguläres System . . . . . $60^0, 60^0, 90^0$.
2. C_6^v. Hexagonales System . . . . 30^0.
3. C_4^v. Tetragonales System . . . . 45^0.
4. C_3^v. Trigonales System . . . . . 60^0.
5. C_2^v. Digonales System . . . . . 90^0.

---

1) Vgl. über die kaleidoscopischen Figuren z. B. Hess, Neues Jahrb. f. Min. 1889, S. 54, sowie Fedorow, ebenda, 1890, S. 234.

Die Thatsache, dass die holoedrischen Krystallformen kaleidoscopische Figuren sind, ist bereits von Möbius ausgesprochen worden.[1]) Dagegen ist man erst in neuerer Zeit auf den Gedanken gekommen, die Gestalt der Krystallformen durch kaleidoscopische Apparate anschaulich zu machen. Solche Apparate sind zuerst von Hess angegeben worden.[2]) Das Hess'sche Verfahren muss im Princip natürlich mit dem oben im Text dargestellten übereinstimmen; es unterscheidet sich von demselben darin, dass Hess in die spiegelnde Ecke ein passendes festes Dreieck einfügt. Von diesem Dreieck wird überdies das Innere ausgeschnitten; dies hat den Erfolg, dass in dem von den Spiegeln erzeugten Bild auch das Innere der Krystallform sichtbar wird, so dass mit der Krystallform zugleich ihre Symmetrieebenen unmittelbar zur Wahrnehmung gelangen. Unabhängig von Hess haben auch G. Werner[3]) und E. C. Fedorow[4]) kaleidoscopische Apparate zur Demonstration von Krystallformen angefertigt.

Man verdankt Fedorow auch die Construction von Apparaten, welche zur Demonstration derjenigen Krystallformen dienen können, die keinerlei Symmetrieebenen enthalten.[5]) Die Apparate beruhen auf folgenden Erwägungen. Für jede Krystallform sind die Winkel der Begrenzungsflächen, also auch die Winkel des ihnen entsprechenden Polygons auf der Kugel bekannt. Ferner gehen in diesem Polygon die Halbirungslinien der Winkel sämmtlich durch denjenigen Punkt, in welchem die betrachtete Grenzfläche der Krystallform die Kugel berührt. Soll nun beispielsweise die Grenzfläche der einfachen Krystallform der enantiomorphen Hemiedrie des regulären Systems construirt werden, welche vierzählige, dreizählige und zweizählige Axen enthält, so verfährt man folgendermassen. Man verfertige sich Winkelstreifen aus festem Messingblech, wie sie die nebenstehende Figur darstellt, und zwar einen solchen von 90^0, einen von 120^0 und einen von 180^0. Die Winkel sind mit Halbirungslinien versehen, überdies sind senkrecht zu ihren Flächen in ihren Scheitelpunkten Stifte angebracht.

Fig. 20.

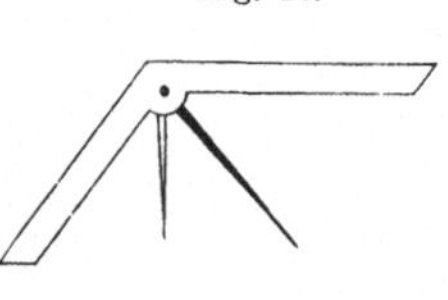

1) Ueber das Gesetz der Symmetrie der Krystalle, Werke, herausgegeben von F. Klein. Bd. II, S. 349.

2) Die Apparate sind im Jahr 1882 in der Marburger Gesellschaft zur Beförderung d. Naturw. demonstrirt worden.

3) Vgl. Progr. d. Realgymn. zu Stuttg., 1882, (Posthume Abhandl.)

4) Vgl. Verhandlg. d. Petersburger Miner. Gesellschaft, 1884, S. 181, sowie Neues Jahrb. f. Min. 1890, S. 234.

5) a. a. O. S. 245.

Ferner sei eine Holzkugel vorhanden, welche (vgl. Fig. 19, S. 169) in den Punkten *A*, *B*, *W* Vertiefungen enthält. In diese werden die Stifte eingelassen, so dass der Scheitel des Winkels von 90° auf *B* fällt, derjenige von 120° auf *A* und derjenige von 180° auf *W*. Nun biege man die Drähte und Metallstreifen noch so, dass sie sich möglichst der Oberfläche der Kugel anpassen, und richte die halbirenden Drähte so, dass sie sämmtlich durch den beliebig gewählten Berührungspunkt *E* der Kugel gehen, so bilden die von *A*, *B*, *W* ausgehenden Metallstreifen dasjenige Polygon auf der Kugel, welches der im Punkte *E* berührenden Krystallform entspricht. Analog hat man in den anderen Fällen zu verfahren, wenn die Krystallform nur Axensymmetrie besitzt. In den wenigen Fällen, dass auch Axen zweiter Art auftreten, bedarf es, wie a. a. O. angegeben ist,[1]) einer geringen Modification.

Vgl. S. 247.

Achtes Capitel.

Analytische Darstellung der Symmetrieverhältnisse.

§ 1. **Coordinatentransformationen und Substitutionen.** Für die mathematische Behandlung der auf der Krystallsymmetrie beruhenden Erscheinungen ist es nöthig, die verschiedenen Symmetrieeigenschaften analytisch im Bereich der Coordinatenrechnung auszudrücken. Dies soll nunmehr für jede Symmetrieeigenschaft und auf Grund davon für jede Krystallclasse durchgeführt werden.

Jede Symmetrieeigenschaft ist durch eine Operation $\mathfrak{L}$ erster oder zweiter Art charakterisirt. Denken wir uns jetzt ein rechtwinkliges Coordinatensystem mit dem Anfangspunkt O, dessen Axen X, Y, Z sind, und stellen wir uns vor, dass die Coordinatenaxen der Operation $\mathfrak{L}$ unterworfen werden, so gehen aus ihnen drei neue Axen X', Y', Z' hervor, welche denselben Anfangspunkt besitzen. Sie sind, was ihre gegenseitige Lage betrifft, mit den Axen X, Y, Z congruent oder spiegelbildlich gleich, je nachdem $\mathfrak{L}$ eine Operation der ersten oder zweiten Art ist. Sind nun die Winkel

$$1)\quad \begin{array}{lll} (X'X) = \alpha, & (X'Y) = \beta, & (X'Z) = \gamma, \\ (Y'X) = \alpha_1, & (Y'Y) = \beta_1, & (Y'Z) = \gamma_1, \\ (Z'X) = \alpha_2, & (Z'Y) = \beta_2, & (Z'Z) = \gamma_2, \end{array}$$

so gelten für die Coordinaten X, Y, Z, resp. X', Y', Z' *desselben* Punktes P in Bezug auf das erste und zweite Axensystem die Gleichungen

$$2)\quad \begin{aligned} X' &= X\cos\alpha + Y\cos\beta + Z\cos\gamma \\ Y' &= X\cos\alpha_1 + Y\cos\beta_1 + Z\cos\gamma_1 \\ Z' &= X\cos\alpha_2 + Y\cos\beta_2 + Z\cos\gamma_2 \end{aligned}$$

und

$$2^a)\qquad \begin{aligned} X &= X' \cos\alpha + Y' \cos\alpha_1 + Z' \cos\alpha_2 \\ Y &= X' \cos\beta + Y' \cos\beta_1 + Z' \cos\beta_2 \\ Z &= X' \cos\gamma + Y' \cos\gamma_1 + Z' \cos\gamma_2 . \end{aligned}$$

Ferner hat die Determinante

$$3)\qquad \Delta = \begin{vmatrix} \cos\alpha & \cos\beta & \cos\gamma \\ \cos\alpha_1 & \cos\beta_1 & \cos\gamma_1 \\ \cos\alpha_2 & \cos\beta_2 & \cos\gamma_2 \end{vmatrix}$$

den Werth $+1$ oder -1, je nachdem die Axen X', Y', Z' den Axen X, Y, Z congruent oder spiegelbildlich gleich sind.

§ 2. Da jeder Symmetrieeigenschaft eine Deckoperation $\mathfrak{L}$ entspricht, so entspricht ihr in dem vorstehenden Sinn auch immer eine bestimmte *Coordinatentransformation*, die durch die Gleichungen 2) resp. 2^a) und den Werth der Determinante Δ bestimmt ist. Wird das Axensystem X', Y', Z' einer neuen Coordinatentransformation unterworfen, welche zu den Axen X'', Y'', Z'' führt, so giebt es auch eine Coordinatentransformation, welche den Uebergang der Axen X, Y, Z in die Axen X'', Y'', Z'' vermittelt. Wie also zwei Operationen $\mathfrak{L}$ und $\mathfrak{M}$, die nach einander ausgeführt werden, einer bestimmten Operation $\mathfrak{N}$ aequivalent sind, so stellen auch zwei Coordinatentransformationen, die nach einander eintreten, immer wieder eine Coordinatentransformation dar. Dies legt den Gedanken nahe, *mit den Coordinatenformationen ebenso zu rechnen, wie mit den Operationen.* Wir bezeichnen zu diesem Zweck diejenige Coordinatentransformation, welche der Operation $\mathfrak{L}$ entspricht, durch L. Sind ebenso M, resp. N diejenigen Transformationen, welche den Operationen $\mathfrak{M}$ und $\mathfrak{N}$ entsprechen, und besteht zwischen $\mathfrak{L}$, $\mathfrak{M}$ und $\mathfrak{N}$ in dem bekannten Sinn die Gleichung

$$\mathfrak{L}\mathfrak{M} = \mathfrak{N},$$

so besteht in dem gleichen Sinn augenscheinlich auch die Gleichung

$$LM = N.$$

Wir können hinzufügen, dass jeder Formel, welche wir für

Operationen abgeleitet haben, eine analoge Formel für Coordinatentransformationen zur Seite steht, die aus der ersteren einfach dadurch hervorgeht, dass wir die deutschen Buchstaben durch die lateinischen ersetzen. Denn da wir in den Coordinatentransformationen nur den analytischen Ausdruck der geometrischen Operationen zu erblicken haben, so muss wirklich zu jedem Satz und jeder Formel, die von Operationen gilt, ein parallel laufender Satz, resp. eine parallel laufende Formel für Coordinatentransformationen existiren. Da die Gleichungen 2) diejenigen Werthe X', Y', Z' geben, welche bei der Transformation des Coordinatensystems an die Stelle von X, Y, Z zu setzen sind, so pflegt man zu sagen, dass sie eine *Substitution* darstellen. Es ist evident, dass auch die Substitutionen der Rechnung unterworfen werden können; wir können geradezu festsetzen, dass wir unter L neben der Coordinatentransformation die ihr entsprechende Substitution verstehen wollen.

Die vorstehenden Ausführungen lassen erkennen, dass man, wie dies von mancher Seite geschehen ist, die Ableitung der 32 Krystallclassen auch so durchführen kann, dass man nicht die Operationen $\mathfrak{L}$, sondern die Coordinatentransformationen, resp. die Substitutionen L als Object der Rechnung einführt.[1]) Man braucht in den Capiteln III bis V unter den dort benutzten Zeichen anstatt der Operationen nur die Substitutionen zu verstehen, und man hat die genannte Ableitung unmittelbar vor Augen. Dass hier vorgezogen worden ist, die Rechnungen an die Operationen selbst anzuknüpfen, dafür war im wesentlichen der Umstand bestimmend, dass Bewegungen, Spiegelungen u. s. w. der Anschauung leichter zugänglich sein dürften, als die durch die Formeln dargestellten Substitutionen, zumal wenn es sich um die Interpretation der zusammengesetzten Operationen, resp. Substitutionen handelt. Andrerseits lässt sich aber auch der Uebergang von einer Betrachtungsweise zur andern mit leichter Mühe bewerkstelligen.

Es seien, wie oben, X, Y, Z die ursprünglichen Coordi-

---

1) So z. B. bei Minnigerode, Neues Jahrb. f. Min. Beilagebd. 5, S. 145.

naten eines Punktes P, X', Y', Z' diejenigen, welche aus ihnen durch die Transformation L hervorgehen, endlich mögen aus diesen durch die Transformation M die Coordinaten X'', Y'', Z'' entstehen. Sie sind mit X', Y', Z' durch Gleichungen von der Form 2) verbunden. Werden die bezüglichen Werthe von X', Y', Z' in die oben stehenden Gleichungen 2) eingesetzt, so ergeben sich diejenigen Gleichungen, welche X, Y, Z durch X'', Y'', Z'' ausdrücken und die Coordinatentransformation N darstellen. Analytisch beruht daher die Möglichkeit, mit den Coordinatentransformationen zu rechnen, darin, dass *durch Verbindung linearer Gleichungen wieder lineare Gleichungen entstehen.*

§ 3. **Die Coordinaten der gleichwerthigen Punkte.** Man kann übrigens die Gleichungen 2) und 2^a) noch etwas anders interpretiren. Man denke sich den beliebig angenommenen Punkt P fest mit den Coordinatenaxen X, Y, Z verbunden, und bezeichne denjenigen Punkt, in welchen P durch die Operation $\mathfrak{L}$ der ersten oder zweiten Art übergeht, durch P', so hat P' zu den Axen X', Y', Z' dieselbe Lage, wie P zu den Axen X, Y, Z. Verstehen wir jetzt unter X', Y', Z' die Coordinaten des Punktes P' gegen die gestrichenen Axen, so geben die Gleichungen 2^a) in X, Y, Z die Coordinaten dieses selben Punktes P' gegen die ungestrichenen Axen. Andrerseits stimmen die Coordinaten des Punktes P' gegen die gestrichenen Axen mit den Coordinaten des Punktes P gegen die ungestrichenen Axen überein; d. h. in den obigen Gleichungen lassen sich X, Y, Z und X', Y', Z' als Coordinaten der beiden *verschiedenen Punkte* P' und P gegen *dasselbe Axensystem,* nämlich dasjenige der ungestrichenen Axen auffassen; und zwar stehen die Punkte P' und P in der Beziehung zu einander, dass $P'(X, Y, Z)$ aus $P(X', Y', Z')$ durch die Operation $\mathfrak{L}$ hervorgeht.

Um die Bezeichnung natürlicher zu gestalten, mögen jetzt x, y, z die Coordinaten eines Punktes P bezüglich der X, Y, Z-Axen bedeuten und x_1, y_1, z_1 die Coordinaten desjenigen Punktes P_1 bezüglich derselben Axen, welcher aus P durch die Operation $\mathfrak{L}$ hervorgeht. Alsdann bestehen gemäss dem Vorstehenden die Gleichungen

$$
4)\quad \begin{aligned}
x_1 &= x \cos \alpha + y \cos \alpha_1 + z \cos \alpha_2 \\
y_1 &= x \cos \beta + y \cos \beta_1 + z \cos \beta_2 \\
z_1 &= x \cos \gamma + y \cos \gamma_1 + z \cos \gamma_2 ,
\end{aligned}
$$

wenn die Operation $\mathfrak{L}$ die Axen X, Y, Z in Axen X_1, Y_1, Z_1 so überführt, dass

$$
5)\quad \begin{array}{lll}
(X_1 X) = \alpha, & (X_1 Y) = \beta, & (X_1 Z) = \gamma, \\
(Y_1 X) = \alpha_1, & (Y_1 Y) = \beta_1, & (Y_1 Z) = \gamma_1, \\
(Z_1 X) = \alpha_2, & (Z_1 Y) = \beta_2, & (Z_1 Z) = \gamma_2
\end{array}
$$

ist.

Die Beziehung, in welcher die analytischen Formeln zu der ihnen entsprechenden Operation $\mathfrak{L}$ stehen, gewinnt hierdurch in hohem Grade an Einfachheit. Wir sprechen sie in folgendem Satz aus:

Lehrsatz I. *Ist $\mathfrak{L}$ eine Operation, welche durch die Gleichungen* 5) *bestimmt ist, so geben die Gleichungen* 4) *die Coordinaten x_1, y_1, z_1 desjenigen Punktes P_1, welcher aus $P(x, y, z)$ durch die Operation $\mathfrak{L}$ hervorgeht, und zwar bezüglich derselben Coordinatenaxen X, Y, Z.*

Welcher Art die Operation $\mathfrak{L}$ ist, spielt bei dem Beweis des Satzes keine Rolle; derselbe gilt daher für Operationen erster und zweiter Art.

Für das Studium der Symmetrieeigenschaften eines Krystalles ist die Kenntniss der Coordinaten derjenigen Punkte P_1, $P_2 \ldots\ldots$, welche aus einem beliebig gewählten Ausgangspunkt P durch alle Operationen der zugehörigen Gruppe G hervorgehen, von grosser Wichtigkeit. Die bezüglichen Punkte sind sämmtlich unter einander gleichwerthig, ebenso also auch diejenigen Richtungen, welche die Punkte mit dem Anfangspunkt O der Coordinaten verbinden. Wenn nun eine Krystalleigenschaft für jeden Punkt, resp. jede Richtung durch einen Ausdruck in den Coordinaten dargestellt werden kann, so wird, wie unmittelbar klar ist, dieser Ausdruck für alle gleichwerthigen Punkte denselben Werth annehmen, *der Ausdruck darf sich daher nicht ändern, wenn für x, y, z die Coordinaten irgend eines andern mit x, y, z gleichwerthigen Punktes gesetzt werden.* Dies ist ein fundamentales Princip, welches für die theoretische Untersuchung der Krystalle eine hervorragende Rolle spielt, und von dem bei allen Problemen, in denen der Symmetriecharacter in Frage steht, Gebrauch zu machen ist.

Wir wollen nun im Folgenden die den verschiedenen Operationen entsprechenden Gleichungen 2[a]) herstellen, und auf Grund dessen für jede Krystallclasse die einander gleichwerthigen Punkte bestimmen. Um die Untersuchung möglichst zu vereinfachen, erscheint es als das zweckmässigste, die Axen und Ebenen der Symmetrie stets in einfachster Lage anzunehmen.

§ 4. **Das digonale und monogonale System.** Die für dasselbe in Frage kommenden Operationen sind die Spiegelung, die Inversion und die Umklappung. Wir setzen ausdrücklich fest, dass die Z-Axe stets Hauptsymmetrieaxe und die XY-Ebene die Hauptsymmetrieebene sein soll. Ferner bezeichnen wir die Coordinaten des Ausgangspunktes durch $x\,y\,z$, überdies soll für diese Untersuchung

$$\bar{x},\ \bar{y},\ \bar{z} \quad \text{statt} \quad -x,\ -y,\ -z$$

geschrieben werden.

Die Inversion ersetzt (Cap. II, 7) jeden Punkt durch denjenigen, welcher ihm in Bezug auf O diametral gegenüber liegt; daraus folgt unmittelbar, dass

$$x\ y\ z \quad \text{und} \quad \bar{x}\ \bar{y}\ \bar{z}$$

die beiden gleichwerthigen Punkte sind.

Ist die XY-Ebene die spiegelnde Ebene, so sind, wie ebenfalls unmittelbar ersichtlich ist,

$$x\ y\ z \quad \text{und} \quad x\ y\ \bar{z}$$

die beiden gleichwerthigen Punkte.

Für die Umklappung nehmen wir die Z-Axe als entsprechende zweizählige Symmetrieaxe. Die beiden gleichwerthigen Punkte seien P und P_1. Beachten wir, dass ihre Projectionen auf der XY-Ebene gegen den Anfangspunkt centrisch symmetrisch liegen, so folgt leicht, dass ihre Coordinaten

$$x\ y\ z \quad \text{und} \quad \bar{x}\ \bar{y}\ z$$

sind.

Die Inversion gegen O ist bekanntlich der Spiegelung gegen die XY-Ebene und der Umklappung um die Z-Axe aequivalent. Dies muss daher auch in den vorstehenden Resultaten zu Tage treten. In der That, denken wir uns aus $x\ y\ z$ zuerst durch die Umklappung den Punkt $\bar{x}\ \bar{y}\ z$ abgeleitet, und dann aus diesem sein Spiegelbild gegen die XY-Ebene bestimmt, indem wir gemäss dem Obigen das Vorzeichen der dritten Coordinate umkehren, so ergeben sich für dieses Spiegelbild die Coordinaten $\bar{x}\ \bar{y}\ \bar{z}$. Wir finden also hier in Wirklichkeit diejenigen Analogieen zwischen den Operationen und den Substitutionen der Coordinaten bestätigt, auf welche oben in § 2 hingewiesen wurde.

§ 5. Durch das Vorstehende sind die gleichwerthigen Punkte für die Krystallclassen des monogonalen Systems und die den Gruppen S_2 und C_2 entsprechenden Classen des digonalen Systems unmittelbar bestimmt. Auch für die Classen, welche den andern Gruppen des digonalen Systems entsprechen, können sie ohne Weiteres angegeben werden. Die Gruppen C_2^h und C_2^v enthalten gemäss Cap. V, 8 beide die Identität und die Drehung um die Z-Axe; dazu kommen für C_2^h die Spiegelung an der XY-Ebene und die Inversion, für C_2^v die Spiegelungen an der XZ- und YZ-Ebene. Daher sind die gleichwerthigen Punkte für C_2^h

$$x\ y\ z, \quad \bar{x}\ \bar{y}\ z, \quad x\ y\ \bar{z}, \quad \bar{x}\ \bar{y}\ \bar{z}$$

und für C_2^v

$$x\ y\ z, \quad \bar{x}\ \bar{y}\ z, \quad \bar{x}\ y\ z, \quad x\ \bar{y}\ z.$$

Die Vierergruppe V besteht gemäss Cap. IV, 5 aus den vier Operationen

$$1, \quad \mathfrak{U}, \quad \mathfrak{V}, \quad \mathfrak{W},$$

d. h. aus der Identität und den Umklappungen um die X, Y, Z-Axe; die bezüglichen gleichwerthigen Punkte sind daher

$$x\ y\ z, \quad x\ \bar{y}\ \bar{z}, \quad \bar{x}\ y\ \bar{z}, \quad \bar{x}\ \bar{y}\ z.$$

Um endlich für V^h die gleichwerthigen Punkte zu erhalten, haben wir zu den vier vorstehenden nach Cap. V, 12 noch diejenigen vier zu fügen, welche sich aus $x\ y\ z$ durch Spiegelung an den Coordinatenebenen und durch Inversion ergeben, d. h. die Punkte

$$\bar{x}\; y\; z, \quad x\; \bar{y}\; z, \quad x\; y\; \bar{z}, \quad \bar{x}\; \bar{y}\; \bar{z}.$$

Wir gelangen somit für die im Vorstehenden angenommene Lage der Symmetrieaxen und Symmetrieebenen zu folgendem Schema:

Monogonales System.

C_1. Hemiedrie. $x\; y\; z$.

C_1^h. Holoedrie. $x\; y\; z$ und $x\; y\; \bar{z}$.

Digonales System.

S_2. Zweite Tetartoedrie. $x\; y\; z$ und $\bar{x}\; \bar{y}\; \bar{z}$.

C_2. Erste Tetartoedrie. $x\; y\; z$ und $\bar{x}\; \bar{y}\; z$.

C_2^h. Paramorphe Hemiedrie.

$$x\; y\; z, \quad x\; y\; \bar{z}, \quad \bar{x}\; \bar{y}\; z, \quad \bar{x}\; \bar{y}\; \bar{z}.$$ [1])

C_2^v. Hemimorphe Hemiedrie.

$$x\; y\; z, \quad \bar{x}\; y\; z, \quad x\; \bar{y}\; z, \quad \bar{x}\; \bar{y}\; z.$$ [1])

V. Enantiomorphe Hemiedrie.

$$x\; y\; z, \quad x\; \bar{y}\; \bar{z}, \quad \bar{x}\; y\; \bar{z}, \quad \bar{x}\; \bar{y}\; z.$$

V^h. Holoedrie.

$$x\; y\; z, \quad x\; \bar{y}\; \bar{z}, \quad \bar{x}\; y\; \bar{z}, \quad \bar{x}\; \bar{y}\; z$$
$$\bar{x}\; \bar{y}\; \bar{z}, \quad \bar{x}\; y\; z, \quad x\; \bar{y}\; z, \quad x\; y\; \bar{z}.$$ [1])

In allen diesen Krystallclassen drücken sich die Coordinaten der gleichwerthigen Punkte durch dieselben Grössen aus; nur ihre Vorzeichen sind verschieden. Für die Gruppen V und V^h ändern sich die Vorzeichen in einer regelmässigen rücksichtlich der drei Coordinatenrichtungen symmetrischen Weise. Hierüber gelten folgende Sätze.

Lehrsatz II. *Die Holoedrie V^h ist durch die acht Vorzeichencombinationen*

---

1) Die Reihenfolge weicht von derjenigen der vorigen Seite etwas ab. Sie ist so gewählt, um das formale Gesetz, welches in den Ausdrücken der gleichwerthigen Punkte zu Tage tritt, möglichst leicht erkennbar zu machen.

$$+++,\quad +--,\quad -+-,\quad --+$$
$$---,\quad -++,\quad +-+,\quad ++-$$

characterisirt.

Andere Vorzeichencombinationen lassen sich, wie ausdrücklich bemerkt werden möge, überhaupt nicht aufstellen. Ferner folgt:

Lehrsatz III. *Die Hemiedrie V ist durch die vier Vorzeichencombinationen*

$$+++,\quad +--,\quad -+-,\quad --+$$

characterisirt.

Dagegen können die vier Zeichencombinationen, welche der zweiten Zeile von V^h entsprechen, für sich allein nicht die Substitutionen einer Gruppe darstellen.

§ 6. **Allgemeiner Satz über die Coordinaten der gleichwerthigen Punkte.** Wir haben die Coordinaten der gleichwerthigen Punkte bisher dadurch ermittelt, dass wir von den einzelnen Operationen jeder Krystallclasse ausgingen, und die ihnen entsprechenden Substitutionen bestimmten. Es ist evident, dass sich dieser Weg an der Hand der Resultate der Cap. IV und V auch für die andern Krystallclassen einschlagen lässt und immer zum Ziele führt. Er würde aber offenbar einen sehr grossen Aufwand von Rechnung erforderlich machen; wir ziehen daher vor, ihn durch ein mehr systematisches, und in Folge dessen einfacheres Verfahren zu ersetzen. Dasselbe beruht auf der Erwägung, dass, wie wir oben in § 2 auseinandergesetzt und für das Beispiel der Inversion in § 4 ausgeführt haben, die Zusammensetzung der Coordinatensubstitutionen der Zusammensetzung der entsprechenden Operationen parallel läuft. Betrachten wir z. B. die vorstehend schon behandelte Krystallclasse V^h, so sind ihre Operationen

$$1,\quad \mathfrak{U},\quad \mathfrak{V},\quad \mathfrak{W},$$
$$\mathfrak{S}_h,\quad \mathfrak{U}\mathfrak{S}_h,\quad \mathfrak{V}\mathfrak{S}_h,\quad \mathfrak{W}\mathfrak{S}_h,$$

und zwar sind die Operationen der zweiten Zeile diejenigen, welche sich ergeben, wenn man auf die Operationen der ersten Zeile die Spiegelung $\mathfrak{S}_h$ an der XY-Ebene folgen lässt. Nun sind, wie oben angegeben,

$$x\,y\,z,\quad x\,\bar{y}\,\bar{z},\quad \bar{x}\,y\,\bar{z},\quad \bar{x}\,\bar{y}\,z$$

die Punkte, welche den Operationen der ersten Zeile entsprechen; gemäss dem vorstehenden Schema erhalten wir daher die den Operationen der zweiten Zeile entsprechenden Coordinaten, indem wir die ersten vier Punkte an der XY-Ebene spiegeln, d. h. indem wir die Vorzeichen ihrer dritten Coordinaten umkehren. In der That gelangen wir dadurch zu den Coordinaten

$$x\,y\,\bar{z},\quad x\,\bar{y}\,z,\quad \bar{x}\,y\,z,\quad \bar{x}\,\bar{y}\,\bar{z},$$

welche wir auch oben gefunden haben.

Es liegt nahe, bei dieser Gelegenheit die Frage aufzuwerfen, welche Anordnung der Operationen von V^h dem in obiger Tabelle (S. 202) enthaltenen Schema

$$\begin{array}{cccc} x\,y\,z, & x\,\bar{y}\,\bar{z}, & \bar{x}\,y\,\bar{z}, & \bar{x}\,\bar{y}\,z \\ \bar{x}\,\bar{y}\,\bar{z}, & \bar{x}\,y\,z, & x\,\bar{y}\,z, & x\,y\,\bar{z} \end{array}$$

zu Grunde liegt. Die erste Reihe entspricht wieder den Operationen

$$1,\quad \mathfrak{U},\quad \mathfrak{V},\quad \mathfrak{W}.$$

Die zweite Reihe entsteht aus der ersten durch Vertauschung der Vorzeichen aller Coordinaten; jeder ihrer Punkte entsteht also aus dem darüber stehenden durch Inversion; die bezüglichen Operationen sind daher

$$\mathfrak{J},\quad \mathfrak{U}\mathfrak{J},\quad \mathfrak{V}\mathfrak{J},\quad \mathfrak{W}\mathfrak{J}.$$

Dem obigen Schema entspricht daher diejenige Erzeugungsart der Gruppe C_2^h, bei welcher sie aus der Gruppe C_2 durch Multiplication mit der Inversion $\mathfrak{J}$ hervorgeht.

Es ist evident, dass sich das an dem Beispiel der Gruppe V^h dargestellte Princip auf alle Gruppen übertragen lässt; d. h. es gilt folgender

Hauptsatz. *Ebenso wie sich die Deckoperationen jeder Krystallclasse aus einzelnen durch Multiplication bilden lassen, so können auch die Coordinaten aller gleichwerthigen Punkte erhalten werden, indem wir einzelne bestimmte Coordinatensubstitutionen in analoger Weise zusammensetzen.*

§ 7. **Erzeugende Operationen und Substitutionen.** Diejenigen Operationen, aus denen sich die sämmtlichen Operationen einer Gruppe durch beliebige Multiplication bilden lassen, wollen wir *erzeugende Operationen* nennen. Ebenso mögen die ihnen entsprechenden Coordinatensubstitutionen *erzeugende Substitutionen* heissen; sie sind diejenigen, aus welchen, wie eben gezeigt, alle andern Substitutionen hergestellt werden können. Solche Operationen für jede Gruppe zu kennen, ist daher von Wichtigkeit.

Für die meisten Gruppen können die erzeugenden Operationen mannigfach gewählt werden. Bei denjenigen Gruppen, welche nur aus den Potenzen einer und derselben Operation bestehen, kann offenbar diese Operation als die erzeugende betrachtet werden. Aber selbst in diesem Fall ist die bezügliche Operation nicht immer bestimmt. Z. B. kann, wie aus Cap. III, IV hervorgeht, die Gruppe C_6 auf zwei verschiedene Arten aus den Potenzen einer Drehung gebildet werden, nämlich aus

$$\mathfrak{A}\left(\frac{\pi}{3}\right) \quad \text{und} \quad \mathfrak{A}\left(\frac{5\pi}{3}\right),$$

jede von ihnen kann daher die erzeugende Operation darstellen. Es giebt übrigens noch eine dritte Erzeugungsweise der Gruppe C_6. Verstehen wir unter $\mathfrak{A}$ die Drehung um 60^0, so sind

$$1,\ \mathfrak{A},\ \mathfrak{A}^2,\ \mathfrak{A}^3,\ \mathfrak{A}^4,\ \mathfrak{A}^5$$

die Drehungen von C_6. Setzen wir nun

$$\mathfrak{A}_2 = \mathfrak{A}^2 = \mathfrak{A}\left(\frac{2\pi}{3}\right)$$

$$\mathfrak{A}_3 = \mathfrak{A}^3 = \mathfrak{A}\left(\frac{3\pi}{3}\right),$$

so dass $\mathfrak{A}_2$ und $\mathfrak{A}_3$ Drehungen um 120^0 und 180^0 sind, so stimmen die sechs Drehungen

$$\begin{array}{ccc} 1, & \mathfrak{A}_2, & \mathfrak{A}_2^2 \\ \mathfrak{A}_3, & \mathfrak{A}_2\mathfrak{A}_3, & \mathfrak{A}_2^2\mathfrak{A}_3 \end{array}$$

augenscheinlich mit den obigen sechs Drehungen überein; $\mathfrak{A}_2$ und $\mathfrak{A}_3$ können daher ebenfalls als erzeugende Operationen der Gruppe C_6 dienen. Es ist leicht ersichtlich, dass in dieser Erzeugungsart die Thatsache zum Ausdruck gelangt, dass eine

Axe, die gleichzeitig zweizählig und dreizählig ist, eine sechszählige Axe bildet.

Je höher die Symmetrie einer Gruppe wird, um so mannigfacher lässt sich die Auswahl der erzeugenden Operationen treffen. Von den Gruppen D_n haben wir in Cap. IV, 3 gezeigt, dass sie sowohl durch zwei Nebenaxen als auch durch eine Nebenaxe und die Hauptaxe bestimmbar sind, das gleiche gilt daher auch von den zugehörigen Drehungen. Ferner wurde von den Gruppen zweiter Art bewiesen, dass sie durch Multiplication einer Drehungsgruppe mit *irgend einer* ihrer Operationen zweiter Art gebildet werden können. Um endlich ein letztes besonders eigenartiges Beispiel zu geben, sei darauf hingewiesen, dass nach Cap. VII, 19 die holoedrischen Gruppen der höheren Systeme sämmtlich durch drei Spiegelungen bestimmt sind, so dass jede Operation aus ihnen durch Multiplication zusammengesetzt werden kann.

Bemerkung. Um Irrthümer zu vermeiden, möge an dieser Stelle ausdrücklich darauf hingewiesen werden, dass wir in dieser Schrift unter *Multiplication einer Gruppe G mit einer Operation* $\mathfrak{L}$ immer solche Multiplication verstanden haben, bei welcher $\mathfrak{L}$ an alle Operationen von G von derselben Seite als Factor herantritt. Solche Multiplication wird auch genauer als *einseitige Multiplication*, resp. als *linksseitige* oder *rechtsseitige* Multiplication bezeichnet. Alle speciellen Fälle der Multiplication von Gruppen, die wir bisher zu betrachten hatten, sind von dieser Art. Man vgl. z. B. Cap. IV, 4, Cap. V, 4ff., sowie Cap. VI, 21 u. s. w. Die einseitige Multiplication ist auch diejenige, welche theoretisch am häufigsten auftritt. Wenn dem gegenüber im Vorigen davon die Rede ist, dass sich alle Operationen einer holoedrischen Gruppe durch Multiplication aus drei Spiegelungen erzeugen lassen, so sind in diesem Fall Producte jeder Art in's Auge zu fassen, die sich aus den bezüglichen Spiegelungen bilden lassen, und ähnlich steht es, wenn es sich darum handelt, die Drehungen einer Gruppe D_n aus zwei Umklappungen $\mathfrak{U}$ und $\mathfrak{U}_1$ durch Multiplication darzustellen, sowie überhaupt bei den erzeugenden Operationen allgemeinster Art.

Im Folgenden wird jedoch, wie auch bisher, *unter der Multiplication einer Gruppe immer die einseitige Multiplication ihrer Operationen* verstanden werden.

§ 8. **Die Erzeugungsarten der einzelnen Gruppen.** Es würde zu weit führen, wollten wir für jede der 32 Gruppen G alle überhaupt möglichen Erzeugungsarten angeben; auch wird es keineswegs durch die Zwecke des vorliegenden Buches gefordert. Nur auf diejenigen Erzeugungsarten soll hingewiesen werden, von denen wir in diesem oder in einem der späteren Capitel Gebrauch zu machen haben; es sind zugleich diejenigen, welche von besonderem theoretischen Werth, sowie von typischer Bedeutung sind.

Wir beginnen mit den Drehungsgruppen. Für die Gruppen C_n werden wir, wie es naturgemäss ist, die einfache Drehung um die n-zählige Axe als erzeugende Operation betrachten. Auch für die Gruppen

$$V, \quad D_3, \quad D_4, \quad D_6$$

bedarf es besonderer Betrachtungen nicht; wir benutzen diejenige Erzeugung derselben, welche in der in Cap. IV, 4 gegebenen Ableitung hervortritt. Wir haben die Drehungen einer jeden Gruppe D_n dort durch

$$\begin{array}{llll} 1, & \mathfrak{A}, & \mathfrak{A}^2 \;.\;.\;.\;.\;. & \mathfrak{A}^{n-1} \\ \mathfrak{U}, & \mathfrak{U}\mathfrak{A}, & \mathfrak{U}\mathfrak{A}^2 & \mathfrak{U}\mathfrak{A}^{n-1} \end{array}$$

dargestellt; *für jede Diedergruppe bilden daher* $\mathfrak{A}$ *und* $\mathfrak{U}$ *ein Paar erzeugender Operationen.* Beachten wir noch, dass die Operationen der ersten Zeile die Gruppe C_n bilden, dass 1 und $\mathfrak{U}$ zusammen eine Gruppe C_2 bestimmen, deren Axe u ist, und dass alle Operationen der Gruppe D_n entstehen, wenn die Operationen der Gruppe C_n mit denen der Gruppe C_2 multiplicirt werden, so folgt noch:

Lehrsatz IV. *Die Gruppe D_n kann durch Multiplication der Gruppe C_n mit einer Gruppe C_2 erzeugt werden, deren Axe u auf der n-zähligen Axe a senkrecht steht.*

Die Erzeugung der Tetraedergruppe T basiren wir auf den in Cap. VI, 21 ausgesprochenen Lehrsatz. Wie in Cap. IV, 9 nachgewiesen, enthält die Tetraedergruppe die Vierergruppe V als Untergruppe. Die Drehungen von V bezeichnen wir, wie gewöhnlich, durch

$$1, \mathfrak{U}, \mathfrak{V}, \mathfrak{W}.$$

Nun muss es, dem angezogenen Satz zufolge, zwei Operationen $\mathfrak{M}_1$ und $\mathfrak{M}_2$ der Tetraedergruppe geben, so dass durch linksseitige oder rechtsseitige Multiplication vorstehender vier Drehungen die übrigen acht Operationen der Tetraedergruppe entstehen. Wir behaupten, dass $\mathfrak{A}$ und $\mathfrak{A}^2$ diese Operationen sind, wenn $\mathfrak{A}$ die einfache Drehung um die dreizählige Axe bedeutet. Da $\mathfrak{A}$ keine Operation der Vierergruppe ist, so sind, wie aus dem Beweis des angezogenen Satzes folgt, die Producte

$$\mathfrak{A}, \mathfrak{U}\mathfrak{A}, \mathfrak{V}\mathfrak{A}, \mathfrak{W}\mathfrak{A}$$

unter sich und von den Drehungen der ersten Zeile verschieden. Ferner ist kein Product der zweiten Zeile der Drehung $\mathfrak{A}^2$ äquivalent, da keines dieser Producte eine Drehung um die Axe a darstellen kann, folglich sind dem genannten Satze gemäss

$$\mathfrak{A}^2 \quad \mathfrak{U}\mathfrak{A}^2 \quad \mathfrak{V}\mathfrak{A}^2, \quad \mathfrak{W}\mathfrak{A}^2$$

die noch übrigen Drehungen der Tetraedergruppe. *Als erzeugende Operationen der Tetraedergruppe können daher diejenigen der Vierergruppe, sowie eine Drehung von 120^0 betrachtet werden, deren Axe symmetrisch zu den Axen der Vierergruppe liegt.*

Die vorstehenden Operationen

$$\begin{array}{cccc} 1, & \mathfrak{U}, & \mathfrak{V}, & \mathfrak{W} \\ \mathfrak{A}, & \mathfrak{U}\mathfrak{A}, & \mathfrak{V}\mathfrak{A}, & \mathfrak{W}\mathfrak{A} \\ \mathfrak{A}^2, & \mathfrak{U}\mathfrak{A}^2, & \mathfrak{V}\mathfrak{A}^2, & \mathfrak{W}\mathfrak{A}^2 \end{array}$$

ergeben sich, wenn die Operationen der ersten Zeile resp. mit

$$1, \mathfrak{A}, \mathfrak{A}^2$$

multiplicirt werden. Nun bilden aber diese drei Drehungen eine Gruppe C_3, also folgt:

Lehrsatz V. *Die Tetraedergruppe geht durch Multiplication der Vierergruppe mit einer Gruppe C_3 hervor, deren Axe symmetrisch zu den Axen der Vierergruppe liegt.*

Es ist evident, dass die obigen 12 Drehungen mit den S. 69 angeführten Drehungen identisch sind; im besondern sind daher die Producte der zweiten und dritten Zeile Drehungen um die dreizähligen Axen der Tetraedergruppe.

§ 9. Eine erste Erzeugung der Octaedergruppe O ist aus Cap. IV, 11 zu entnehmen. Wir haben dort gezeigt, dass sie sämmtliche Operationen der Tetraedergruppe enthält. Ist ferner $\mathfrak{U}'$ eine nicht in der Tetraedergruppe enthaltene Umklappung der Octaedergruppe, so sind nach Cap. VI, 21 alle Operationen, die aus der Tetraedergruppe durch Multiplication mit $\mathfrak{U}'$ hervorgehen, verschieden und müssen die 12 andern Operationen der Octaedergruppe darstellen. *Als erzeugende Operationen der Octaedergruppe können also diejenigen der Tetraedergruppe in Verbindung mit der Umklappung* $\mathfrak{U}'$ *betrachtet werden.* Beachten wir noch, dass die Axe u' auf einer der dreizähligen Axen von T senkrecht steht, so folgt:

Lehrsatz VI. *Die Octaedergruppe entsteht durch Multiplication der Tetraedergruppe T mit einer Gruppe C_2, deren Axe auf einer der dreizähligen Axen von T senkrecht steht.*

Wir bedürfen für spätere Zwecke einer zweiten Erzeugungsweise der Octaedergruppe, bei welcher sie durch einseitige Multiplication von zwei ihrer Untergruppen entsteht. Hierfür können offenbar nur solche Untergruppen in Frage kommen, für welche das Product der Zahl ihrer Operationen gleich 24 ist. Derartige Paare von Gruppen sind D_4 und C_3, D_3 und C_4 sowie D_3 und V. Jedes Paar bestimmt eine Erzeugungsweise der Octaedergruppe; wir beschränken uns darauf, diejenige abzuleiten, welche dem ersten Paar entspricht.

Wir stützen uns wieder auf die in Cap. VI, 21 enthaltenen Ausführungen. Bezeichnen wir, wie in Cap. IV, 4, die Nebenaxen der Gruppe D_4 durch u, u_1, u_2, u_3, nennen analog zu Cap. IV, 11 die zugehörige Hauptaxe b und die dreizählige Axe a, so sind

$$1, \ \mathfrak{B}, \ \mathfrak{B}^2, \ \mathfrak{B}^3, \ \mathfrak{U}, \ \mathfrak{U}_1, \ \mathfrak{U}_2, \ \mathfrak{U}_3$$

die Drehungen von D_4. Das Product der Gruppen D_4 und C_3 wird daher durch die Operationen

$$\begin{array}{cccccccc}
1, & \mathfrak{B}, & \mathfrak{B}^2, & \mathfrak{B}^3, & \mathfrak{U}, & \mathfrak{U}_1, & \mathfrak{U}_2, & \mathfrak{U}_3 \\
\mathfrak{A}, & \mathfrak{B}\mathfrak{A}, & \mathfrak{B}^2\mathfrak{A}, & \mathfrak{B}^3\mathfrak{A}, & \mathfrak{U}\mathfrak{A}, & \mathfrak{U}_1\mathfrak{A}, & \mathfrak{U}_2\mathfrak{A}, & \mathfrak{U}_3\mathfrak{A} \\
\mathfrak{A}^2, & \mathfrak{B}\mathfrak{A}^2, & \mathfrak{B}^2\mathfrak{A}^2, & \mathfrak{B}^3\mathfrak{A}^2, & \mathfrak{U}\mathfrak{A}^2, & \mathfrak{U}_1\mathfrak{A}^2, & \mathfrak{U}_2\mathfrak{A}^2, & \mathfrak{U}_3\mathfrak{A}^2
\end{array}$$

dargestellt. Sind diese Operationen sämmtlich verschieden, so bilden sie die Octaedergruppe. Hierzu ist gemäss Cap. VI, 21 nur zu zeigen, dass alle Operationen der ersten und zweiten Zeile von $\mathfrak{A}^2$ verschieden sind. Dies muss aber deshalb der Fall sein, weil keine Operation der ersten Zeile mit $\mathfrak{A}$ oder $\mathfrak{A}^2$ äquivalent ist. Demnach folgt:

Lehrsatz VII. *Die Octaedergruppe kann durch Multiplication einer Gruppe D_4 mit einer Gruppe C_3 gebildet werden, deren Axe symmetrisch zu drei einander senkrechten Axen von D_4 liegt.*

§ 10. Für die Gruppen zweiter Art lassen sich die einschlägigen Verhältnisse an der Hand der vorstehenden leicht klar stellen. Wie wir in Cap. V, 4 gesehen haben, enthält jede von ihnen eine der vorstehenden Drehungsgruppen als Untergruppe, und kann erzeugt werden, indem diese Drehungsgruppe mit irgend einer der Gruppe angehörigen Operation zweiter Art multiplicirt wird. Für die Gruppen mit einer einzigen Axe zweiter Art kann insofern eine Vereinfachung eintreten, als augenscheinlich *die Operation $\overline{\mathfrak{A}}$ allein eine erzeugende Operation darstellt.* Nothwendig wird die Berücksichtigung dieser Operation allerdings nur für die Gruppe S_4, für jede andere derartige Gruppe können gemäss Satz VII von Cap. V einfachere Operationen zweiter Art im Verein mit einer Drehung benutzt werden.

Für diese Gruppen zweiter Art bedienen wir uns der eben genannten Erzeugungsart. *Ihre erzeugenden Operationen bestehen daher aus denjenigen der bezüglichen Drehungsgruppe in Verbindung mit irgend einer Operation zweiter Art, welche das Axensystem der Drehungsgruppe in sich überführt.*

Welche dieser Operationen wir hierzu auswählen, ist theoretisch gleichgiltig, practisch zweckmässig ist es, eine der einfachsten zu nehmen. Hierzu kann gemäss Cap. V, 10 stets eine Spiegelung benutzt werden. Für unsere Zwecke empfiehlt es sich aber, *für diejenigen Gruppen, welche ein Symmetriecentrum besitzen, die Inversion als erzeugende Operation zu wählen.* Die Coordinatensubstitution, welche der Inversion entspricht, verwandelt jeden Punkt $x\ y\ z$ in $\bar{x}\ \bar{y}\ \bar{z}$; sie ist vom Coordinatensystem unabhängig und deshalb diejenige, mit welcher am besten operirt werden kann.

§ 11. **Das trigonale System.** Wir beginnen mit der Holoedrie, die der Gruppe D_3^h entspricht. *Als erzeugende Operationen wählen wir die Drehung* $\mathfrak{A}$, *die Umklappung* $\mathfrak{U}$ *und die Spiegelung* $\mathfrak{S}_h$. Sie führen, wenn wir wie in Cap. IV, 4 und V, 13 die Producte $\mathfrak{U}\mathfrak{A}$, $\mathfrak{U}\mathfrak{A}^2$ durch $\mathfrak{U}_1$, $\mathfrak{U}_2$ bezeichnen, zu folgendem Schema

$$\begin{array}{cccccc} 1, & \mathfrak{A}, & \mathfrak{A}^2, & \mathfrak{U}, & \mathfrak{U}_1, & \mathfrak{U}_2 \\ \mathfrak{S}_h, & \mathfrak{A}\mathfrak{S}_h, & \mathfrak{A}^2\mathfrak{S}_h, & \mathfrak{U}\mathfrak{S}_h, & \mathfrak{U}_1\mathfrak{S}_h, & \mathfrak{U}_2\mathfrak{S}_h . \end{array}$$

Wir lassen die dreizählige Symmetrieaxe wieder mit der Z-Axe zusammenfallen, und legen die Nebenaxe u in die X-Axe. Es handelt sich zunächst darum, diejenige Coordinatensubstitution zu finden, welche einer Drehung um die Z-Axe um den Winkel 120^0 entspricht. Hierzu benutzen wir die oben abgeleiteten Gleichungen 4) und 5). Die bezüglichen Axenwinkel erhalten die Werthe:

$$\begin{array}{lll} (X_1 X) = \frac{2\pi}{3}, & (X_1 Y) = \frac{\pi}{6}, & (X_1 Z) = \frac{\pi}{2} \\ (Y_1 X) = \frac{7\pi}{6}, & (Y_1 Y) = \frac{2\pi}{3}, & (Y_1 Z) = \frac{\pi}{2} \\ (Z_1 X) = \frac{\pi}{2}, & (Z_1 Y) = \frac{\pi}{2}, & (Z_1 Z) = 0; \end{array}$$

demgemäss nehmen die Gleichungen 4), wenn wir den in ihnen enthaltenen Grössen $\alpha_i\ \beta_i\ \gamma_i$ die entsprechenden Werthe ertheilen, folgende Form an:

$$\begin{aligned} x_1 &= -\frac{1}{2}x - \frac{1}{2}y\sqrt{3} \\ y_1 &= \frac{1}{2}x\sqrt{3} - \frac{1}{2}y \\ z_1 &= z . \end{aligned}$$

Analog ergeben sich die Coordinaten x_2, y_2, z_2 desjenigen Punktes, welcher aus P vermittelst Drehung um 240^0 entsteht, in der Form

$$x_2 = -\frac{1}{2}x + \frac{1}{2}y\sqrt{3}$$

$$y_2 = -\frac{1}{2}x\sqrt{3} - \frac{1}{2}y$$

$$z_2 = z.$$

Nachdem wir so die Coordinaten der Punkte P_1 und P_2 bestimmt haben, welche aus P durch die Drehungen $\mathfrak{A}$ und $\mathfrak{A}^2$ hervorgehen, können wir die zwölf gleichwerthigen Punkte, welche den obigen zwölf Operationen entsprechen, unmittelbar bilden. Wir haben dazu zunächst in den Coordinaten der Punkte P, P_1, P_2 der Umklappung um die X-Axe entsprechend die Zeichen der zweiten und dritten Coordinate umzukehren. Dadurch ergeben sich die Coordinaten der sechs Punkte der ersten Zeilen. Aus ihnen gehen die übrigen dadurch hervor, dass wir in ihnen das Vorzeichen der dritten Coordinate verändern. So ergeben sich folgende zwölf Coordinatentripel:

$$\begin{array}{llll} \text{I.} & x\ y\ z, & x_1\ y_1\ z_1, & x_2\ y_2\ z_2, \\ \text{II.} & x\ \bar{y}\ \bar{z}, & x_1\ \bar{y}_1\ \bar{z}_1, & x_2\ \bar{y}_2\ \bar{z}_2, \\ \text{III.} & x\ y\ \bar{z}, & x_1\ y_1\ \bar{z}_1, & x_2\ y_2\ \bar{z}_2, \\ \text{IV.} & x\ \bar{y}\ z, & x_1\ \bar{y}_1\ z_1, & x_2\ \bar{y}_2\ z_2, \end{array}$$

wo $z = z_1 = z_2$ ist.

Diese zwölf Punkte bilden die gleichwerthigen Punkte der Holoedrie des trigonalen Systems. *Damit sind gemäss Cap. VI, 12 die bezüglichen Punkte für die Hemiedrieen und die Tetartoedrie gleichzeitig ermittelt.* Nämlich die enantiomorphe Hemiedrie D_3 enthält (Cap. IV, 4) die Operationen der ersten und zweiten Zeile des oben stehenden Schemas, die hemimorphe Hemiedrie entspricht (Cap. V, 13) der Zeile I und IV, die paramorphe (Cap. V, 8) der Zeile I und III, und die Tetartoedrie der Zeile I allein. Also ergiebt sich:

Trigonales System.

D_3^h.	Holoedrie.	I, II, III, IV.
D_3.	Enantiomorphe Hemiedrie.	I, II.
C_3^v.	Hemimorphe Hemiedrie.	I, IV.
C_3^h.	Paramorphe Hemiedrie.	I, III.
C_3.	Tetartoedrie.	I.

Die Coordinaten von je vier unter einander stehenden Punkten sind dadurch characterisirt, dass für y und z alle überhaupt möglichen Zeichencombinationen auftreten.

§ 12. Es ist für einzelne Classen des trigonalen Systems oftmals zweckmässig, die Hauptaxe nicht in die Z-Axe zu legen, sondern sie symmetrisch gegen die drei Coordinatenaxen anzunehmen. Eine solche Gerade ist diejenige, welche im ersten Octanten verläuft und mit den drei Axen gleiche Winkel bildet. Wird eine Drehung um 120^0 ausgeführt, so geht dadurch, wie evident ist, die X-Axe in die Y-Axe, diese in die Z-Axe, und diese wieder in die X-Axe über. Bei dieser Wahl der Hauptsymmetrieaxe sind von den in den Gleichungen 5) auftretenden Winkeln alle gleich 90^0, bis auf

$$(X_1 Y), \quad (Y_1 Z), \quad (Z_1 X),$$

die den Werth Null haben; die Coordinaten der durch die Drehungen 1, $\mathfrak{A}$, $\mathfrak{A}^2$ entstehenden Punkte haben demgemäss die Werthe

$$x\,y\,z, \qquad z\,x\,y, \qquad y\,z\,x.$$

Die Nebenaxe u nimmt man am zweckmässigsten so an, dass sie in die XY-Ebene fällt; sie halbirt alsdann den Winkel der X- und Y-Axen, und verläuft im zweiten und vierten Quadranten. Die Gleichungen 5) lauten demnach in diesem Fall

$$\begin{array}{lll}
(X_1 X) = \frac{3\pi}{2}, & (X_1 Y) = \pi, & (X_1 Z) = \frac{3\pi}{2} \\
(Y_1 X) = \pi, & (Y_1 Y) = \frac{3\pi}{2}, & (Y_1 Z) = \frac{\pi}{2} \\
(Z_1 X) = \frac{3\pi}{2}, & (Z_1 Y) = \frac{\pi}{2}, & (Z_1 Z) = \pi
\end{array}$$

und die Gleichungen 4) ergeben, wie übrigens auch aus der Figur leicht zu entnehmen,

$$\begin{aligned}
x_1 &= -y \\
y_1 &= -x \\
z_1 &= -z.
\end{aligned}$$

Die Umklappung $\mathfrak{U}$ lässt daher aus den obigen drei Punkten resp. die Punkte

$$\bar{y}\,\bar{x}\,\bar{z}, \qquad \bar{x}\,\bar{z}\,\bar{y}, \qquad \bar{z}\,\bar{y}\,\bar{x}$$

entstehen.

Die dritte Operation, welche auf einfache Formeln führt, ist die Spiegelung gegen eine Ebene, welche durch die Z-Axe geht, und den Winkel zwischen der positiven X- und Y-Axe halbirt. Da sie die beiden Axen mit einander vertauscht, so ergiebt sich unmittelbar, dass

$$x\,y\,z \quad \text{und} \quad y\,x\,z$$

die Coordinaten der ihr entsprechenden gleichwerthigen Punkte sind.

Die Spiegelung an der Hauptsymmetrieebene führt nicht mehr auf einfache Formeln; die vorliegende Wahl des Coordinatensystems empfiehlt sich daher innerhalb des trigonalen Systems nur für die Gruppen C_3, C_3^v und D_3, und liefert folgendes Resultat:

C_3. Tetartoedrie.

$$x\,y\,z, \quad y\,z\,x, \quad z\,x\,y$$ [1]).

D_3. Enantiomorphe Hemiedrie.

$$x\,y\,z, \quad y\,z\,x, \quad z\,x\,y; \quad \bar{y}\,\bar{x}\,\bar{z}, \quad \bar{x}\,\bar{z}\,\bar{y}, \quad \bar{z}\,\bar{y}\,\bar{x}.$$

C_3^v. Hemimorphe Hemiedrie.

$$x\,y\,z, \quad y\,z\,x, \quad z\,x\,y; \quad x\,z\,y, \quad y\,x\,z, \quad z\,y\,x.$$

Der Anblick vorstehender Substitutionen führt unmittelbar zu folgendem

Lehrsatz VIII. *Wird die Hauptaxe des trigonalen Systems symmetrisch gegen die Coordinatenaxen angenommen, so ist die Tetartoedrie C_3 durch die cyclischen Vertauschungen der Coordinaten characterisirt, die Hemiedrie D_3 durch die cyclischen Vertauschungen und die inversen nebst Wechsel aller Vorzeichen und die Hemiedrie C_3^v durch alle Permutationen der Coordinaten.*

§ 13. Ausser den beiden eben erörterten Coordinatensystemen ist noch ein drittes im Gebrauch. Es ist mit einer überzähligen Coordinatenaxe gebildet, und zwar so, dass die Coordinatenaxen direct mit der Hauptaxe und den Nebenaxen der Holoedrie identisch sind. Je zwei positive Nebenaxen

---

1) Vgl. die Anmerkung auf S. 202.

schliessen daher einen Winkel von 120^0 ein. Wir bezeichnen die der Hauptaxe parallele Coordinate durch ζ, und durch $\xi_1\ \xi_2\ \xi_3$ die zu den Nebenaxen senkrechten Coordinaten; ξ_1 werde im ersten Winkelraum, ξ_2 im zweiten, und ξ_3 im dritten positiv gerechnet. Die nebenstehende Figur zeigt unmittelbar, dass

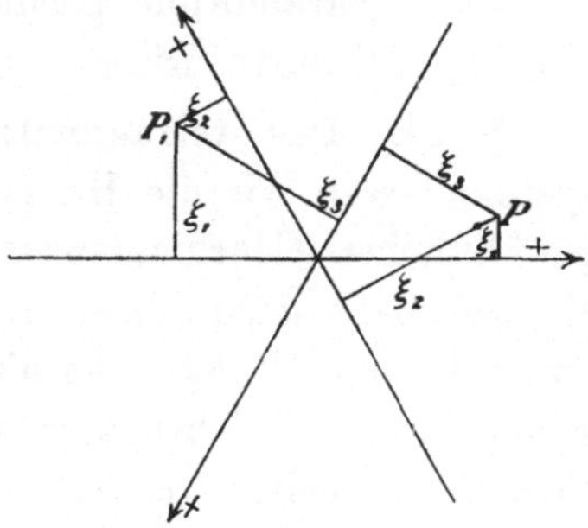

$$\xi_1\ \xi_2\ \xi_3\ \zeta, \quad \xi_2\ \xi_3\ \xi_1\ \zeta, \quad \xi_3\ \xi_1\ \xi_2\ \zeta$$

die Coordinaten der drei Punkte sind, welche durch Drehung um die ζ-Axe in einander übergehen.

Fig. 21.

Lassen wir die Umklappungsaxe u mit der Nebenaxe ξ_1 zusammenfallen, so geht dadurch ζ in $\bar{\zeta}$ über, während, wie die Figur erkennen lässt, $\xi_1\ \xi_2\ \xi_3$ sich in $\bar{\xi}_1\ \bar{\xi}_3\ \bar{\xi}_2$ verwandeln. Die Umklappung lässt daher aus den obigen drei Punkten resp.

$$\bar{\xi}_1\ \bar{\xi}_3\ \bar{\xi}_2\ \bar{\zeta}, \quad \bar{\xi}_2\ \bar{\xi}_1\ \bar{\xi}_3\ \bar{\zeta}, \quad \bar{\xi}_3\ \bar{\xi}_2\ \bar{\xi}_1\ \bar{\zeta}$$

hervorgehen.

Die Spiegelung gegen die Hauptsymmetrieebene führt ζ in $\bar{\zeta}$ über, und lässt $\xi_1\ \xi_2\ \xi_3$ unverändert; endlich bewirkt die Spiegelung gegen eine durch die ζ- und ξ_1-Axe gehende Ebene, dass ζ unverändert bleibt, während, wie die Figur lehrt, $\xi_1\ \xi_2\ \xi_3$ in $\bar{\xi}_1\ \bar{\xi}_3\ \bar{\xi}_2$ übergehen. Dies letztere kann man auch aus der Erwägung entnehmen, dass die zugehörige Spiegelung $\mathfrak{S}_v$ dem Product aus $\mathfrak{S}_h$ und $\mathfrak{U}$ äquivalent ist; die bezüglichen Punkte müssen sich daher ergeben, wenn in den durch $\mathfrak{U}$ entstandenen Coordinatenwerthen $\bar{\zeta}$ in ζ verwandelt wird.

Wir erhalten demnach für die Holoedrie des trigonalen Systems folgende zwölf Punkte

$$\begin{array}{llll}
\text{I.} & \xi_1\ \xi_2\ \xi_3\ \zeta, & \xi_2\ \xi_3\ \xi_1\ \zeta, & \xi_3\ \xi_1\ \xi_2\ \zeta \\
\text{II.} & \bar{\xi}_1\ \bar{\xi}_3\ \bar{\xi}_2\ \bar{\zeta}, & \bar{\xi}_2\ \bar{\xi}_1\ \bar{\xi}_3\ \bar{\zeta}, & \bar{\xi}_3\ \bar{\xi}_2\ \bar{\xi}_1\ \bar{\zeta} \\
\text{III.} & \xi_1\ \xi_2\ \xi_3\ \bar{\zeta}, & \xi_2\ \xi_3\ \xi_1\ \bar{\zeta}, & \xi_3\ \xi_1\ \xi_2\ \bar{\zeta} \\
\text{IV.} & \bar{\xi}_1\ \bar{\xi}_3\ \bar{\xi}_2\ \zeta, & \bar{\xi}_2\ \bar{\xi}_1\ \bar{\xi}_3\ \zeta, & \bar{\xi}_3\ \bar{\xi}_2\ \bar{\xi}_1\ \zeta
\end{array}$$

und es ergiebt sich, genau wie oben:

D_3^h.	Holoedrie.	I, II, III, IV.
D_3.	Enantiomorphe Hemiedrie.	I, II.
C_3^v.	Hemimorphe Hemiedrie.	I, IV.
C_3^h.	Paramorphe Hemiedrie.	I, III.
C_3.	Tetartoedrie.	I.

§ 14. **Das tetragonale System.** Für das tetragonale System lassen wir die Hauptaxe wieder mit der Z-Axe eines gewöhnlichen Coordinatensystems zusammenfallen, und legen die Nebenaxe u so, dass sie den Winkel zwischen den positiven X- und Y-Axen halbirt. Zur Erzeugung der holoedrischen Gruppe D_4^h benutzen wir, wie in § 10 angegeben, die Inversion, alsdann lassen sich die Operationen von D_4^h in folgendes Schema bringen:

$$\begin{array}{cccc} 1 & \mathfrak{A} & \mathfrak{A}^2 & \mathfrak{A}^3 \\ \mathfrak{U} & \mathfrak{U}_1 & \mathfrak{U}_2 & \mathfrak{U}_3 \\ \mathfrak{J} & \mathfrak{A}\mathfrak{J} & \mathfrak{A}^2\mathfrak{J} & \mathfrak{A}^3\mathfrak{J} \\ \mathfrak{U}\mathfrak{J} & \mathfrak{U}_1\mathfrak{J} & \mathfrak{U}_2\mathfrak{J} & \mathfrak{U}_3\mathfrak{J}. \end{array}$$

Die Operationen der letzten Zeile bedeuten, wie in Cap. V, 13, die Spiegelungen an den durch die Hauptaxe gehenden Symmetrieebenen.

Die Umklappung $\mathfrak{U}$ führt, wie leicht ersichtlich, den Punkt

$$x\ y\ z \quad \text{in} \quad y\ x\ \bar{z}$$

über. Ferner geht durch die Drehung $\mathfrak{A}$ aus $x\,y\,z$ der Punkt $\bar{y}\,x\,z$ hervor; die vier Punkte, welche den Drehungen 1, $\mathfrak{A}$, $\mathfrak{A}^2$, $\mathfrak{A}^3$ entsprechen, sind daher

$$x\ y\ z \qquad \bar{y}\ x\ z \qquad \bar{x}\ \bar{y}\ z \qquad y\ \bar{x}\ z.$$

Demgemäss ergeben sich die 16 gleichwerthigen Punkte der Holoedrie D_4^h in folgender Form[1]):

$$\begin{array}{cccc} x\ y\ z & \bar{y}\ x\ z & y\ \bar{x}\ z & \bar{x}\ \bar{y}\ z \\ y\ x\ \bar{z} & x\ \bar{y}\ \bar{z} & \bar{x}\ y\ \bar{z} & \bar{y}\ \bar{x}\ \bar{z} \\ \bar{x}\ \bar{y}\ \bar{z} & y\ \bar{x}\ \bar{z} & \bar{y}\ x\ \bar{z} & x\ y\ \bar{z} \\ \bar{y}\ \bar{x}\ z & \bar{x}\ y\ z & x\ \bar{y}\ z & y\ x\ z \end{array}$$

1) Vgl. die Anmerkung auf S. 202.

Wie bei dem trigonalen System sind gemäss Cap. VI, 12 auch hier die bezüglichen Punkte für alle Meroedrieen nunmehr ebenfalls bestimmt. Für diejenigen mit einer Hauptaxe erster Art ergiebt sich wieder folgende Tabelle:

Tetragonales System.

D_4^h.	Holoedrie.	I, II, III, IV.
D_4.	Enantiomorphe Hemiedrie.	I, II.
C_4^v.	Hemimorphe Hemiedrie.	I, IV.
C_4^h.	Paramorphe Hemiedrie.	I, III.
C_4.	Tetartoedrie.	I.

Das Bildungsgesetz für die Substitutionen der Holoedrie und der Meroedrieen drückt sich in folgenden Sätzen aus:

Lehrsatz IX. *Die Substitutionen der Holoedrie D_4^h sind durch die Vertauschung der beiden ersten Coordinaten in Verbindung mit den Zeichencombinationen*

$$+++,\quad +--,\quad -+-,\quad --+$$
$$---,\quad -++,\quad +-+,\quad ++-$$

characterisirt.

Die obige Tabelle zeigt nämlich, dass die dritte Coordinate stets z oder $\bar{z}$ ist. Andrerseits sind die vorstehenden acht Zeichencombinationen die einzig möglichen, sie lassen daher aus $x\,y\,z$ und $y\,x\,z$ je acht Punkte — sie selbst eingeschlossen — hervorgehen; diese 16 Punkte müssen mit den obigen 16 identisch sein.

Lehrsatz X. *Die Substitutionen der Hemiedrie D_4 sind durch die Zeichencombinationen*

$$+++,\quad +--,\quad -+-,\quad --+$$

und die Vertauschung der beiden ersten Coordinaten in Verbindung mit gleichzeitiger Zeichenänderung der dritten Coordinate characterisirt.

Um diesen Satz zu bestätigen, braucht man nur die Zeilen I und II anders zu ordnen. Er sagt aus, dass die Substitutionen von D_4 erhalten werden, indem man zu den Zeichencombinationen der Gruppe V diejenige Substitution fügt, welche $x\,y\,z$ durch $y\,x\,\bar{z}$ ersetzt, also der Umklappung um die Axe u

entspricht. Er zeigt überdies, dass die Gruppe D_4 sich auch durch Multiplication der Vierergruppe V mit einer Umklappung erzeugen lässt, deren Axe den Winkel zwischen zwei Axen der Vierergruppe halbirt.

Die Punkte der Hemiedrie C_4^v besitzen sämmtlich dieselbe dritte Coordinate z; die ersten beiden Coordinaten zeigen alle Werthepaare, die sich durch Permutation und Zeichenänderung ergeben können. Also folgt:

Lehrsatz XI. *Die Substitutionen der Hemiedrie C_4^v sind durch alle Permutationen der beiden ersten Coordinaten in Verbindung mit allen Zeichencombinationen*

$$++, \quad +-, \quad -+, \quad --$$

characterisirt.

Für die paramorphe Hemiedrie C_4^h und die Tetartoedrie C_4 lässt sich das Bildungsgesetz nicht so einfach ausdrücken. Um dasselbe anzugeben, geht man daher am besten auf die erzeugenden Substitutionen zurück.

§ 15. Für die Meroedrieen der zweiten Abtheilung ergeben sich die gleichwerthigen Punkte durch folgende Erwägung. Die Operationen der Classe S_4 sind nach Cap. V, 1

$$1, \quad \overline{\mathfrak{A}}, \quad \mathfrak{A}^2, \quad \overline{\mathfrak{A}}^3$$

und zwar ist $\overline{\mathfrak{A}} = \mathfrak{A}\mathfrak{S}$ und $\overline{\mathfrak{A}}^3 = \mathfrak{A}^3\mathfrak{S}$. Die entsprechenden Punkte sind daher

$$x\,y\,z, \quad y\,\bar{x}\,\bar{z}, \quad \bar{x}\,\bar{y}\,z, \quad \bar{y}\,x\,\bar{z}.$$

Werden die Operationen der Gruppe S_4 mit $\mathfrak{U}$ multiplicirt, so ergiebt sich (Cap. V, 15) die Gruppe S_4^u. Lassen wir die Axe u diesmal in die X-Axe fallen, so gehen die noch fehlenden Punkte aus den vorstehenden durch Vorzeichenwechsel der zweiten und dritten Coordinate hervor. So entstehen die acht Punkte

$$\text{I.} \quad x\,y\,z, \quad y\,\bar{x}\,\bar{z}, \quad \bar{x}\,\bar{y}\,z, \quad \bar{y}\,x\,\bar{z}.$$

$$\text{II.} \quad x\,\bar{y}\,\bar{z}, \quad y\,x\,z, \quad \bar{x}\,y\,\bar{z}, \quad \bar{y}\,\bar{x}\,z.$$

Für die Meroedrieen der zweiten Abtheilung folgt daher

S_4^u. Hemiedrie. I, II.

S_4. Tetartoedrie. I.

Die Substitutionen der Hemiedrie S_4^u lassen sich auch in folgende Tabelle

$$\begin{array}{cccc} x\,y\,z, & x\,\bar{y}\,\bar{z}, & \bar{x}\,y\,\bar{z}, & \bar{x}\,\bar{y}\,z \\ y\,x\,z, & y\,\bar{x}\,\bar{z}, & \bar{y}\,x\,\bar{z}, & \bar{y}\,\bar{x}\,z \end{array}$$

setzen, so dass das Bildungsgesetz folgendermassen ausgesprochen werden kann.

Lehrsatz XII. *Die Substitutionen der Hemiedrie S_4^u sind durch die Vertauschung der beiden ersten Coordinaten und die Zeichencombinationen*

$$+++,\quad +--,\quad -+-,\quad --+$$

characterisirt.

Um diese Substitutionen zu erhalten, hat man daher zu den Substitutionen der Vierergruppe V diejenigen zu fügen, welche aus ihnen durch Vertauschung der beiden ersten Coordinaten hervorgehen. Dies entspricht der Thatsache, dass sich die Gruppe S_4^u durch Multiplication von V mit einer Spiegelung bilden lässt (vgl. Cap. V, 12).

§ 16. **Das hexagonale System.** Wir denken uns die Holoedrie D_6^h für unsere Zwecke der Vorschrift des § 10 gemäss durch Multiplication von D_6 mit der Inversion $\mathfrak{J}$ erzeugt; alsdann sind ihre Operationen

$$\begin{array}{cccccc} 1 & \mathfrak{A} & \mathfrak{A}^2 & \mathfrak{A}^3 & \mathfrak{A}^4 & \mathfrak{A}^5 \\ \mathfrak{U} & \mathfrak{U}_1 & \mathfrak{U}_2 & \mathfrak{U}_3 & \mathfrak{U}_4 & \mathfrak{U}_5 \\ \mathfrak{J} & \mathfrak{A}\mathfrak{J} & \mathfrak{A}^2\mathfrak{J} & \mathfrak{A}^3\mathfrak{J} & \mathfrak{A}^4\mathfrak{J} & \mathfrak{A}^5\mathfrak{J} \\ \mathfrak{U}\mathfrak{J} & \mathfrak{U}_1\mathfrak{J} & \mathfrak{U}_2\mathfrak{J} & \mathfrak{U}_3\mathfrak{J} & \mathfrak{U}_4\mathfrak{J} & \mathfrak{U}_5\mathfrak{J}. \end{array}$$

Die Operationen der letzten Zeile entsprechen, wie in Cap. V, 13, den Spiegelungen an den durch die Hauptaxe gehenden Symmetrieebenen.

Wir lassen die Z-Axe mit der Hauptaxe zusammenfallen und legen die Nebenaxe u in die X-Axe. Anstatt die Punkte, welche den Drehungen der ersten Zeile entsprechen, mittelst der Gleichungen 4) und 5) abzuleiten, empfiehlt es sich, hierfür den Umstand zu benutzen, dass diese Drehungen, wie in § 7 erwähnt, durch Multiplication von 1, $\mathfrak{A}^2$, $\mathfrak{A}^4$ mit 1 und $\mathfrak{A}^3$ dargestellt werden können.

Diejenigen Punkte, welche den Drehungen $\mathfrak{A}^2$ und $\mathfrak{A}^4$ entsprechen, haben wir oben für das trigonale System bereits bestimmt; wie dort, bezeichnen wir sie durch

$$x\,y\,z \quad x_1\,y_1\,z_1 \quad x_2\,y_2\,z_2.$$

An ihnen haben wir nun diejenige Substitution auszuführen, welche der Umklappung um die Z-Axe entspricht. Die bezüglichen Punkte sind daher

$$x\,y\,z,\quad x_1\,y_1\,z_1,\quad x_2\,y_2\,z_2,\quad \bar{x}\,\bar{y}\,z,\quad \bar{x}_1\,\bar{y}_1\,z_1,\quad \bar{x}_2\,\bar{y}_2\,z_2.$$

Wenden wir hierauf diejenigen Substitutionen an, welche der Umklappung um die X-Axe und der Inversion entsprechen, so sind damit die 24 gleichwerthigen Punkte der Holoedrie D_6^h bestimmt. Ihre Coordinaten sind:

$$\begin{array}{rllllll}
\text{I.} & x\,y\,z, & x_1\,y_1\,z_1, & x_2\,y_2\,z_2, & \bar{x}\,\bar{y}\,z, & \bar{x}_1\,\bar{y}_1\,z_1, & \bar{x}_2\,\bar{y}_2\,z_2 \\
\text{II.} & x\,\bar{y}\,\bar{z}, & x_1\,\bar{y}_1\,\bar{z}_1, & x_2\,\bar{y}_2\,\bar{z}_2, & \bar{x}\,y\,\bar{z}, & \bar{x}_1\,y_1\,\bar{z}_1, & \bar{x}_2\,y_2\,\bar{z}_2 \\
\text{III.} & \bar{x}\,\bar{y}\,\bar{z}, & \bar{x}_1\,\bar{y}_1\,\bar{z}_1, & \bar{x}_2\,\bar{y}_2\,\bar{z}_2, & x\,y\,\bar{z}, & x_1\,y_1\,\bar{z}_1, & x_2\,y_2\,\bar{z}_2 \\
\text{IV.} & \bar{x}\,y\,z, & \bar{x}_1\,y_1\,z_1, & \bar{x}_2\,y_2\,z_2, & x\,\bar{y}\,z, & x_1\,\bar{y}_1\,z_1, & x_2\,\bar{y}_2\,z_2
\end{array}$$

und wir erhalten folgende Tabelle.

Hexagonales System.

D_4^h.	Holoedrie.	I, II, III, IV.
D_4.	Enantiomorphe Hemiedrie.	I, II.
C_4^v.	Hemimorphe Hemiedrie.	I, IV.
C_4^h.	Paramorphe Hemiedrie.	I, III.
C_4.	Tetartoedrie.	I.

§ 17. Für die Meroedrieen der zweiten Abtheilung existirt (vgl. S. 77) eine dreizählige Axe erster Art und ein Symmetriecentrum. Daraus folgt, dass die Punkte, welche den Operationen

$$1,\quad \bar{\mathfrak{A}},\quad \mathfrak{A}^2,\quad \bar{\mathfrak{A}}^3,\quad \mathfrak{A}^4,\quad \bar{\mathfrak{A}}^5$$

entsprechen, resp.

$$x\,y\,z,\quad x_1\,y_1\,z_1,\quad x_2\,y_2\,z_2,\quad \bar{x}\,\bar{y}\,\bar{z},\quad \bar{x}_1\,\bar{y}_1\,\bar{z}_1,\quad \bar{x}_2\,\bar{y}_2\,\bar{z}_2$$

sind. Aus ihnen gehen diejenigen, welche für die Hemiedrie S_6^u hinzutreten (Cap. V, 15), durch Multiplication mit $\mathfrak{U}$ hervor. Es entsteht dadurch folgendes Schema.

I. $x\,y\,z,\quad x_1\,y_1\,z_1,\quad x_2\,y_2\,z_2,\quad \bar{x}\,\bar{y}\,\bar{z},\quad \bar{x}_1\,\bar{y}_1\,\bar{z}_1,\quad \bar{x}_2\,\bar{y}_2\,\bar{z}_2$

II. $x\,\bar{y}\,\bar{z},\quad x_1\,\bar{y}_1\,\bar{z}_1,\quad x_2\,\bar{y}_2\,\bar{z}_2,\quad \bar{x}\,y\,z,\quad \bar{x}_1\,y_1\,z_1,\quad \bar{x}_2\,y_2\,z_2,$

so dass für

S_6^u. Hemiedrie. I, II.

S_6. Tetartoedrie. I.

die bezüglichen gleichwerthigen Punkte abgeben.

§ 18. Für die letzten beiden Krystallclassen lässt sich auch dasjenige Coordinatensystem mit Erfolg benutzen, bei welchem die Hauptaxe symmetrisch zu den drei positiven Coordinatenaxen angenommen wird. Beachten wir, dass die Operationen von S_6^u gemäss Cap. V, 14 durch Multiplication derjenigen von D_3 mit der Inversion $\mathfrak{J}$ entstehen, so ergiebt sich, dass für

$S_6 = C_3^i$, Tetartoedrie mit Axe zweiter Art

$$x\;y\;z,\quad y\;z\;x,\quad z\;x\;y\;^{1)}$$

$$\bar{x}\;\bar{y}\;\bar{z},\quad \bar{y}\;\bar{z}\;\bar{x},\quad \bar{z}\;\bar{x}\;\bar{y}$$

und für

$S_6^u = D_3^d$, Hemiedrie mit Axe zweiter Art

$$x\,y\,z,\quad y\,z\,x,\quad z\,x\,y;\quad y\,x\,z,\quad z\,y\,x,\quad x\,z\,y\;^{1)}$$

$$\bar{x}\,\bar{y}\,\bar{z},\quad \bar{y}\,\bar{z}\,\bar{x},\quad \bar{z}\,\bar{x}\,\bar{y};\quad \bar{y}\,\bar{x}\,\bar{z},\quad \bar{z}\,\bar{y}\,\bar{x},\quad \bar{x}\,\bar{z}\,\bar{y}$$

die Coordinaten der gleichwerthigen Punkte sind. Dies führt zu folgenden einfachen Bildungsgesetzen:

Lehrsatz XIII. *Die Hemiedrie S_6^u ist durch alle Permutationen von $x\,y\,z$ und Zeichenwechsel characterisirt.*

Lehrsatz XIV. *Die Tetartoedrie S_6 ist durch die cyclischen Vertauschungen, sowie Zeichenwechsel characterisirt.*

Für diejenigen Krystallclassen, welche eine sechszählige Hauptaxe erster Art enthalten, liefert das hier benutzte Coordinatensystem keine einfachen Formeln.

§ 19. Endlich soll auch für das hexagonale System ein Coordinatensystem zu Grunde gelegt werden, wie es oben in § 13 eingeführt wurde; es enthält die Hauptaxe ζ, sowie drei zu ihr senkrechte Axen $\xi_1\;\xi_2\;\xi_3$, die gleiche Winkel von je

---

1) Vgl. die Anmerkung auf S. 202.

120^0 mit einander bilden. Die Coordinaten $\xi_1\ \xi_2\ \xi_3$ sollen in derselben Weise positiv gerechnet werden, wie in § 11. Es handelt sich zunächst um diejenigen Substitutionen, welche den Drehungen

$$1,\ \mathfrak{A},\ \mathfrak{A}^2,\ \mathfrak{A}^3,\ \mathfrak{A}^4,\ \mathfrak{A}^5$$

entsprechen. Wir befolgen die in § 16 angewandte Methode. Wie in § 13 ausgeführt worden ist, haben die Punkte P_1 und P_2, die aus P durch die Drehungen $\mathfrak{A}^2$ und $\mathfrak{A}^4$ entstehen, die Coordinaten $\xi_3\ \xi_1\ \xi_2$, resp. $\xi_2\ \xi_3\ \xi_1$. Da nun die Umklappung um die ζ-Axe die Vorzeichen derselben sämmtlich ändert, so sind die sechs gesuchten Punkte durch die Coordinaten

$$\xi_1\,\xi_2\,\xi_3\,\zeta,\ \xi_2\,\xi_3\,\xi_1\,\zeta,\ \xi_3\,\xi_1\,\xi_2\,\zeta,\ \bar{\xi}_1\,\bar{\xi}_2\,\bar{\xi}_3\,\zeta,\ \bar{\xi}_2\,\bar{\xi}_3\,\bar{\xi}_1\,\zeta,\ \bar{\xi}_3\,\bar{\xi}_1\,\bar{\xi}_2\,\zeta$$

dargestellt. Lassen wir die Nebenaxe u mit der ξ_1-Axe zusammenfallen, so entspricht der Umklappung $\mathfrak{U}$, wie in § 13, diejenige Substitution, welche

$$\xi_1\,\xi_2\,\xi_3\,\zeta \quad \text{in} \quad \bar{\xi}_1\,\bar{\xi}_3\,\bar{\xi}_2\,\bar{\zeta}$$

überführt. Endlich verwandelt die Inversion auch hier jede Coordinate in ihren negativen Werth; wir erhalten demnach folgendes Schema für die 24 gleichwerthigen Punkte

I. $\xi_1\,\xi_2\,\xi_3\,\zeta,\ \xi_2\,\xi_3\,\xi_1\,\zeta,\ \xi_3\,\xi_1\,\xi_2\,\zeta,\ \bar{\xi}_1\,\bar{\xi}_2\,\bar{\xi}_3\,\zeta,\ \bar{\xi}_2\,\bar{\xi}_3\,\bar{\xi}_1\,\zeta,\ \bar{\xi}_3\,\bar{\xi}_1\,\bar{\xi}_2\,\zeta$

II. $\bar{\xi}_1\,\bar{\xi}_3\,\bar{\xi}_2\,\bar{\zeta},\ \bar{\xi}_2\,\bar{\xi}_1\,\bar{\xi}_3\,\bar{\zeta},\ \bar{\xi}_3\,\bar{\xi}_2\,\bar{\xi}_1\,\bar{\zeta},\ \xi_1\,\xi_3\,\xi_2\,\bar{\zeta},\ \xi_2\,\xi_1\,\xi_3\,\bar{\zeta},\ \xi_3\,\xi_2\,\xi_1\,\bar{\zeta}$

III. $\bar{\xi}_1\,\bar{\xi}_2\,\bar{\xi}_3\,\bar{\zeta},\ \bar{\xi}_2\,\bar{\xi}_3\,\bar{\xi}_1\,\bar{\zeta},\ \bar{\xi}_3\,\bar{\xi}_1\,\bar{\xi}_2\,\bar{\zeta},\ \xi_1\,\xi_2\,\xi_3\,\bar{\zeta},\ \xi_2\,\xi_3\,\xi_1\,\bar{\zeta},\ \xi_3\,\xi_1\,\xi_2\,\bar{\zeta}$

IV. $\xi_1\,\xi_3\,\xi_2\,\zeta,\ \xi_2\,\xi_1\,\xi_3\,\zeta,\ \xi_3\,\xi_2\,\xi_1\,\zeta,\ \bar{\xi}_1\,\bar{\xi}_3\,\bar{\xi}_2\,\zeta,\ \bar{\xi}_2\,\bar{\xi}_1\,\bar{\xi}_3\,\zeta,\ \bar{\xi}_3\,\bar{\xi}_2\,\bar{\xi}_1\,\zeta.$

Sie vertheilen sich auf die einzelnen Unterabtheilungen folgendermassen:

D_6^h.	Holoedrie.	I, II, III, IV.
D_6.	Enantiomorphe Hemiedrie.	I, II.
C_6^v.	Hemimorphe Hemiedrie.	I, IV.
C_6^h.	Paramorphe Hemiedrie.	I, III.
C_6.	Tetartoedrie.	I.

In Uebereinstimmung mit den Untersuchungen von § 17 sind diejenigen Punkte, welche für die Krystallclassen mit einer Axe zweiter Art beizubehalten sind,

$$
\begin{array}{llll}
\text{I.} & \xi_1\,\xi_2\,\xi_3\,\zeta, & \xi_2\,\xi_3\,\xi_1\,\zeta, & \xi_3\,\xi_1\,\xi_2\,\zeta \\
\text{II.} & \bar\xi_1\,\bar\xi_2\,\bar\xi_3\,\bar\zeta, & \bar\xi_2\,\bar\xi_3\,\bar\xi_1\,\bar\zeta, & \bar\xi_3\,\bar\xi_1\,\bar\xi_2\,\bar\zeta \\
\text{III.} & \bar\xi_1\,\bar\xi_3\,\bar\xi_2\,\bar\zeta, & \bar\xi_2\,\bar\xi_1\,\bar\xi_3\,\bar\zeta, & \bar\xi_3\,\bar\xi_2\,\bar\xi_1\,\bar\zeta \\
\text{IV.} & \xi_1\,\xi_3\,\xi_2\,\zeta, & \xi_2\,\xi_1\,\xi_3\,\zeta, & \xi_3\,\xi_2\,\xi_1\,\zeta
\end{array}
$$

und es entsprechen den Classen

S_6^u. Hemiedrie. I, II, III, IV.

S_6. Tetartoedrie. I, II.

§ 20. **Das reguläre System.** Für das reguläre System legen wir diejenigen Erzeugungsarten zu Grunde, die wir oben in § 8 bis 10 ausführlich erörtert haben. Wir bilden daher die Tetraedergruppe durch Multiplication der Vierergruppe mit der Drehung $\mathfrak{A}$, und die Octaedergruppe durch Multiplication der Tetraedergruppe mit der Umklappung $\mathfrak{U}'$. Endlich leiten wir aus der Octaedergruppe O die Gruppe O^h durch Multiplication mit der Inversion $\mathfrak{J}$ ab.

Das Coordinatensystem wählen wir so, dass die vierzähligen Hauptaxen mit den drei Coordinatenaxen zusammenfallen. Die dreizähligen Axen erhalten dadurch die oben in § 12 angegebene zu den Coordinatenaxen symmetrische Lage.

Die gleichwerthigen Punkte der Vierergruppe V sind, wie oben abgeleitet wurde,

$$x\,y\,z,\quad x\,\bar y\,\bar z,\quad \bar x\,y\,\bar z,\quad \bar x\,\bar y\,z.$$

Den Drehungen $\mathfrak{A}$ und $\mathfrak{A}^2$ entsprechen gemäss § 10 die cyclischen Vertauschungen der Coordinaten, d. h. diejenigen, welche aus $x\,y\,z$ resp. $y\,z\,x$ und $z\,x\,y$ entstehen lassen. Nehmen wir die zweizählige Nebenaxe, wie zulässig, so an, dass sie den Winkel zwischen der X- und Y-Axe halbirt, so führt die zugehörige Umklappung $x\,y\,z$ in $y\,x\,\bar z$ über; endlich verändert die Inversion die Vorzeichen der Coordinaten. Wir erhalten daher für die Holoedrie O^h des regulären Systems folgende 48 gleichwerthigen Punkte

$$
\begin{array}{ll}
 & x\,y\,z,\ x\,\bar y\,\bar z,\ \bar x\,y\,\bar z,\ \bar x\,\bar y\,z, \\
\text{I)} & y\,z\,x,\ \bar y\,\bar z\,x,\ y\,\bar z\,\bar x,\ \bar y\,z\,\bar x, \\
 & z\,x\,y,\ \bar z\,x\,\bar y,\ \bar z\,\bar x\,y,\ z\,\bar x\,\bar y,
\end{array}
\qquad
\begin{array}{ll}
 & y\,x\,\bar z,\ \bar y\,x\,z,\ y\,\bar x\,z,\ \bar y\,\bar x\,\bar z, \\
\text{II)} & z\,y\,\bar x,\ \bar z\,\bar y\,\bar x,\ \bar z\,y\,x,\ z\,\bar y\,x, \\
 & x\,z\,\bar y,\ x\,\bar z\,y,\ \bar x\,\bar z\,\bar y,\ \bar x\,z\,y,
\end{array}
$$

$$\text{III)}\quad\begin{matrix}\bar{x}\,\bar{y}\,z, & x\,y\,z, & x\,\bar{y}\,z, & x\,y\,\bar{z},\\ \bar{y}\,\bar{z}\,\bar{x}, & y\,z\,\bar{x}, & \bar{y}\,z\,x, & y\,\bar{z}\,x,\\ \bar{z}\,\bar{x}\,\bar{y}, & z\,\bar{x}\,y, & z\,x\,\bar{y}, & \bar{z}\,x\,y,\end{matrix}\qquad \text{IV)}\quad\begin{matrix}\bar{y}\,\bar{x}\,z, & y\,\bar{x}\,\bar{z}, & \bar{y}\,x\,\bar{z}, & y\,x\,z,\\ \bar{z}\,\bar{y}\,x, & z\,y\,x, & z\,\bar{y}\,\bar{x}, & \bar{z}\,y\,\bar{x},\\ \bar{x}\,\bar{z}\,y, & \bar{x}\,z\,\bar{y}, & x\,z\,y, & x\,\bar{z}\,\bar{y},\end{matrix}$$

und demgemäss ergiebt sich (vgl. Cap. VI, 18)

Reguläres System.

O^h.	Holoedrie.	I, II, III, IV.
O.	Enantiomorphe Hemiedrie.	I, II.
T^d.	Hemimorphe Hemiedrie.	I, IV.
T^h.	Paramorphe Hemiedrie.	I, III.
T.	Tetartoedrie.	I.

Für die Substitutionen, welche den Krystallclassen des regulären Systems entsprechen, lassen sich folgende Sätze aufstellen:

Lehrsatz XV. *Die Holoedrie des regulären Systems ist durch alle Permutationen von $x\ y\ z$, sowie durch alle möglichen Zeichencombinationen*

$$+++,\quad ++-,\quad +-+,\quad -++$$
$$---,\quad --+,\quad -+-,\quad +--$$

characterisirt.

Es giebt nämlich sechs Permutationen von $x\ y\ z$ und aus jeder lassen sich durch die acht Vorzeichencombinationen acht Coordinatentripel bilden, nämlich

$$x\,y\,z,\quad x\,y\,\bar{z},\quad x\,\bar{y}\,z,\quad \bar{x}\,y\,z,$$
$$\bar{x}\,\bar{y}\,\bar{z},\quad \bar{x}\,\bar{y}\,z,\quad \bar{x}\,y\,\bar{z},\quad x\,\bar{y}\,\bar{z}.$$

So entstehen im Ganzen 48 Coordinatentripel, die sämmtlich verschieden sind. Da nun jedem der 48 Punkte ein derartiges Coordinatentripel entspricht, so müssen sie mit den 48 Coordinatentripeln der Tabelle identisch sein.

Lehrsatz XVI. *Die Tetartoedrie des regulären Systems ist durch die cyclischen Vertauschungen von $x\ y\ z$ und die Zeichencombinationen*

$$+++,\quad +--,\quad -+-,\quad --+$$

characterisirt.

Die Zeichencombinationen entsprechen nämlich der Vierergruppe und die cyclischen Vertauschungen der Drehung $\mathfrak{A}$. Auch ist direct ersichtlich, dass die erste Zeile von I die genannten Zeichencombinationen und die erste Colonne die bezüglichen cyclischen Vertauschungen enthält.

Lehrsatz XVII. *Die paramorphe Hemiedrie ist durch die cyclischen Vertauschungen in Verbindung mit allen möglichen acht Zeichencombinationen characterisirt.*

Unter den 24 Coordinatentripeln von I und III treten nämlich drei mit lauter positiven Grössen auf, und zwar $x\,y\,z$, $y\,z\,x$, $z\,x\,y$; die andern entstehen aus ihnen durch blosse Vorzeichenvertauschung. Auf diese Weise müssen sich daher aus jeder von ihnen sieben neue bilden.

Lehrsatz XVIII. *Die hemimorphe Hemiedrie des regulären Systems ist durch alle Permutationen von $x\,y\,z$, sowie durch die vier Zeichencombinationen*

$$+++,\quad +--,\quad -+-,\quad --+$$

characterisirt.

In der That enthalten I und IV einerseits alle Permutationen von $x\,y\,z$, andrerseits, wie die erste Zeile von I zeigt, neben dem Punkt $x\,y\,z$ die Punkte $x\,\bar{y}\,\bar{z}$, $\bar{x}\,y\,\bar{z}$, $\bar{x}\,\bar{y}\,z$.

Lehrsatz XIX. *Die enantiomorphe Hemiedrie ist durch die cyclischen Vertauschungen, die Vorzeichencombinationen*

$$+++,\quad +--,\quad -+-,\quad --+$$

und diejenige Substitution characterisirt, welche die ersten beiden Coordinaten vertauscht und das Vorzeichen der dritten ändert.

Dieser Satz drückt nur nochmal aus, dass die Octaedergruppe aus der Tetraedergruppe durch Multiplication mit einer Umklappung entsteht, deren Axe den Winkel zwischen der X- und Y-Axe halbirt.

§ 19. **Die Normalen der Krystallformen.** Verbinden wir den Punkt $x\,y\,z$ mit dem Anfangspunkt, nennen den Abstand r, und $\lambda\,\mu\,\nu$ die Winkel, welche dieser Abstand mit den Coordinatenaxen bildet, so ist

$$x = r\cos\lambda,\quad y = r\cos\mu,\quad z = r\cos\nu,$$

und wenn $x_1\,y_1\,z_1$ irgend ein mit $x\,y\,z$ gleichwerthiger Punkt ist, dessen Verbindungslinie mit O die Winkel $\lambda_1\, \mu_1\, \nu_1$ mit den Axen einschliesst, so ist

$$x_1 = r \cos \lambda_1, \quad y_1 = r \cos \mu_1, \quad z_1 = r \cos \nu_1.$$

Bezeichnen wir nun die Cosinus der bezüglichen Winkel kurz durch $\alpha\, \beta\, \gamma$, $\alpha_1\, \beta_1\, \gamma_1$ und setzen den Abstand $r = 1$, so bestehen direct die Beziehungen

$$\begin{array}{lll} x = \alpha, & y = \beta, & z = \gamma, \\ x_1 = \alpha_1, & y_1 = \beta_1, & z_1 = \gamma_1, \\ \ldots\ldots & \ldots\ldots & \ldots\ldots \end{array}$$

Betrachten wir nun den Punkt $x\, y\, z$ als Punkt einer Kugel mit dem Radius 1, und legen in diesem Punkt die Berührungsebene an die Kugel, so ist der Radius der Kugel Normale dieser Ebene. Diese Ebene ist daher gleichzeitig Grenzfläche einer Krystallform, deren andere Grenzflächen die Kugel in $x_1\, y_1\, z_1 \ldots\ldots$ berühren; mit andern Worten $\alpha\, \beta\, \gamma$, $\alpha_1\, \beta_1\, \gamma_1 \ldots\ldots$ werden die Cosinus der Winkel, welche die sämmtlichen Normalen der Krystallform mit den Axen bilden. Dies giebt den Satz:

Lehrsatz XX. *Die Substitutionen, welche die Normalenrichtungen einer Krystallform unter einander verbinden, ergeben sich für jede Krystallfläche dadurch, dass man die Coordinaten der gleichwerthigen Punkte durch die Cosinus der Normalenwinkel ersetzt.*

Dieser Satz bedarf nur in dem Fall einer eingehenderen Prüfung, dass wir das Coordinatensystem mit einer überzähligen Axe zu Grunde legen. Bezeichnen wir in diesem Fall die Winkel, welche eine Gerade mit den Axen ξ_1, ξ_2, ξ_3, ζ bildet, resp. durch

$$\frac{\pi}{2} - \lambda_1, \quad \frac{\pi}{2} - \lambda_2, \quad \frac{\pi}{2} - \lambda_3, \quad \nu$$

so gelten auch in diesem Fall die Gleichungen

$$\xi_1 = r \cos \lambda_1, \quad \xi_2 = r \cos \lambda_2, \quad \xi_3 = r \cos \lambda_3$$
$$\zeta = r \cos \nu,$$

denn diese Gleichungen sprechen nur die bekannte Thatsache aus, dass für jede Strecke r und jede Gerade g die Projection von r auf g durch Multiplication von r mit dem Cosinus des Winkels beider Geraden erhalten wird.

Neuntes Capitel.

Physikalische Consequenzen.

§ 1. **Die Symmetrie der einzelnen physikalischen Erscheinungen.** Wir haben in der Einleitung den Symmetriecharacter eines Krystalls durch sein physikalisches Gesammtverhalten definirt, und haben im besonderen unter *N gleichwerthigen Geraden* solche von demselben Punkt ausgehende *N* Richtungen verstanden, längs deren der Krystall in jeder Beziehung die gleichen physikalischen Eigenschaften erkennen lässt. Gleichzeitig wurde bereits darauf hingewiesen, dass einzelnen physikalischen Vorgängen höhere Symmetrie zukommen kann, als der Symmetriecharacter angiebt, dass aber keine physikalische Eigenschaft des Krystalles geringere Symmetrie besitzt.

Welcher Art die Symmetrie der Krystalle für besondere physikalische Vorgänge ist, dafür kommen einerseits Erfahrungsthatsachen, andererseits theoretische Erwägungen in Betracht. Wir wollen an einigen Beispielen die Natur derselben klarstellen, um besonders die principiellen Gesichtspunkte zu beleuchten, welche in ihnen hervortreten.

Hier drängt sich sofort die Frage in den Vordergrund, ob und wie sich eine Symmetrieeintheilung der Krystalle für die einzelnen physikalischen Vorgänge deductiv aufstellen lässt; resp. wie der allgemeine Symmetriecharacter des Krystalls durch die besondere Eigenart des physikalischen Vorgangs modificirt wird. Diese Frage lässt sich, wie wir sofort erkennen werden, sehr leicht beantworten. Es beruht dies darauf, *dass die bezügliche physikalische Eigenart in allen in der Natur bekannten Fällen selbst durch Symmetrieeigenschaften characterisirt ist.* Ist daher Σ der allgemeine Symmetriecharacter eines Krystalles, und Σ_1 die characteristische Symmetrie der bezüglichen physikalischen Eigenschaft, so zeigt das physikalische Verhalten des Krystalles die Symmetrie Σ und Σ_1 gleichzeitig; nach der in Cap. III eingeführten Bezeichnung ist daher die Symmetrie das Product aus Σ und Σ_1. Also folgt:

Lehrsatz I. *Für jeden physikalischen Vorgang setzt sich die bezügliche Symmetrie aus der characteristischen Symmetrie Σ_1 dieses Vorgangs und dem allgemeinen Symmetriecharacter des Krystalles zusammen, d. h. die Gesammtsymmetrie ist das Product von Σ und Σ_1.*

§ 2. Es giebt nur wenige physikalische Erscheinungen, deren Symmetrie nicht höher ist, als der allgemeine Symmetriecharacter. Dies können offenbar nur solche sein, welche polarer Natur sind. In der That ist evident, dass für alle diejenigen Erscheinungen, welche nach entgegengesetzten Richtungen keinerlei Verschiedenheit aufweisen, wie die Elasticität, die mechanischen Deformationen, Wärmeleitung, Lichtfortpflanzung u. s. w. u. s. w., die zugehörige Gesammtsymmetrie ein Symmetriecentrum besitzt und daher zum Theil höher ist als der allgemeine Symmetriecharacter. Dies ist dagegen nicht der Fall für diejenigen Erscheinungen, bei denen sich in entgegengesetzten Richtungen entgegengesetzte physikalische Pole ausbilden, wie für die Erscheinungen der Pyro- und Piezoelectricität. Sie liefern uns in der That diejenigen Naturvorgänge, welche, soweit bekannt, neben den Wachsthumserscheinungen den reinen Symmetriecharacter des Krystalles erkennen lassen.

Man darf jedoch, wie eine einfache Ueberlegung zeigt, nicht etwa annehmen, dass für die genannten electrischen Erscheinungen sich wirklich 32 Classen von Krystallen beobachten lassen. Wenn nämlich ein Krystall ein Symmetriecentrum besitzt, so können polare elektrische Erscheinungen überhaupt nicht auftreten; denn ihr Auftreten würde dagegen verstossen, dass das Symmetriecentrum einen Theil des allgemeinen Symmetriecharacters ausmacht. Es leuchtet daher ein, dass sich die genannten Vorgänge höchstens bei solchen

Krystallen beobachten lassen, die ein Centrum der Symmetrie nicht besitzen.[1])

§ 3. **Eintheilung der Krystalle für Erscheinungen mit einem Symmetriecentrum.** Es wurde oben darauf hingewiesen, dass für diejenigen Erscheinungen, welche in entgegengesetzten Richtungen identisch verlaufen, die centrische Symmetrie immer die Rolle der Zusatzsymmetrie spielt. Für solche Erscheinungen besitzen demgemäss *alle* Krystallclassen ein Centrum der Symmetrie, und es fallen dadurch mehrere im Allgemeinen verschiedene Krystallclassen mit einander zusammen. Welche Krystallclassen dies sind, ergiebt sich unmittelbar, wenn wir die in Cap. III, 8 abgeleiteten Sätze in's Auge fassen. Beachten wir, dass eine geradzählige Symmetrieaxe und ein Symmetriecentrum eine zur Axe senkrechte Symmetrieebene bedingen, so sehen wir, dass für *das reguläre, hexagonale, tetragonale und digonale System* (Cap. VI, 23) *die enantiomorphe und hemimorphe Hemiedrie mit der Holoedrie identisch werden, und dasselbe gilt von der paramorphen Hemiedrie und der Tetartoedrie* (resp. der Tetartoedrie mit einer Axe erster Art). Bezüglich der Krystallclassen mit einer Axe zweiter Art ist zu bemerken, dass (Cap. V, 3) diejenigen des hexagonalen, resp. digonalen Systems ein Symmetriecentrum von selbst besitzen, also nicht modificirt werden. Dagegen kommt den bezüglichen Classen des tetragonalen Systems ein Symmetriecentrum nicht zu; sie erlangen daher durch Hinzutritt desselben höhere Symmetrie, und zwar wird die Hemiedrie S_4^u mit der Holoedrie D_4^h und die Tetartoedrie S_4 mit der Hemiedrie C_4^h identisch.[2]) Was endlich das trigonale System betrifft, so fehlt bekanntlich *allen* Classen desselben ein Symmetriecentrum; sie werden also sämmtlich durch das Auftreten desselben verändert. Die Holoedrie D_3^h geht, da sich auch

1) Die weiteren theoretischen Erwägungen hierüber findet man bei Mallard, traité de cristallographie, Paris, Bd. II, 1884, S. 561 u. 571, sowie bei Liebisch, Physikalische Krystallographie, 1891, S. 594.

2) Für diese Verhältnisse ist im Gegensatz zu den Bemerkungen auf S. 151 eine Analogie zwischen den Krystallclassen S_4^u, S_4 und S_6^u, S_6 nicht vorhanden. Dies beruht auf Cap. V, 4.

die zu den Nebenaxen senkrechten Symmetrieebenen einstellen, in die Holoedrie D_6^h des hexagonalen Systems über. Beachten wir endlich, dass gemäss Cap. V, VI eine dreizählige Axe und ein Symmetriecentrum einer sechszähligen Axe zweiter Art äquivalent sind, so ist ersichtlich, dass die Hemiedrieen D_3 und C_3^v in die Hemiedrie S_6^u des hexagonalen Systems übergehen, dass aus der Hemiedrie C_3^h durch Multiplication mit dem Symmetriecentrum die Hemiedrie C_6^h entsteht, und dass sich die Tetartoedrie C_3 in die Tetartoedrie S_6 verwandelt. Bezüglich derjenigen Naturvorgänge, für welche das Symmetriecentrum eine nothwendige Symmetrieeigenschaft repräsentirt, zerfallen demnach die Krystalle höchstens in folgende Classen:

I. Reguläres System.

O^h. Holoedrie.
T^h. Hemiedrie.

II. Hexagonales System.

D_6^h. Holoedrie.
C_6^h. Hemiedrie mit einer Axe erster Art.
S_6^u. Hemiedrie mit einer Axe zweiter Art.
S_6. Tetartoedrie.

III. Tetragonales System.

D_4^h. Holoedrie.
C_4^h. Hemiedrie.

IV. Digonales System.

V^h. Holoedrie.
C_2^h. Hemiedrie.
S_2. Tetartoedrie.

Um hieraus sofort diejenige Systematik zu erhalten, welche der oben Cap. VI, 24 aufgestellten Tabelle entspricht, braucht man nur die drei Classen des digonalen Systems als drei Krystallsysteme zu betrachten; es giebt V^h das rhombische System, C_2^h das monokline und S_2 das trikline.

Das vorstehende lässt die Art, in welcher die characteristische Zusatzsymmetrie die Eintheilung der Krystalle vereinfacht, deutlich erkennen. Wir wollen nun noch an einigen

Beispielen zeigen, welche Folgerungen der obige Lehrsatz I innerhalb der mathematischen Theorieen nach sich zieht.

§ 4. **Beispiele aus der mathematischen Physik.** Eine physikalische Eigenschaft lasse sich durch eine geometrische Strecke ausdrücken, und diese sei durch eine homogene lineare Function f der Coordinaten, resp. ihrer Differentialquotienten bestimmt. Ersetzt man die Coordinaten $x\ y\ z$ durch $\bar{x}\ \bar{y}\ \bar{z}$, so nimmt f den entgegengesetzten Werth an; in entgegengesetzten Richtungen hat daher f entgegengesetzte Werthe. Die physikalische Eigenschaft besitzt daher centrische Symmetrie. Umgekehrt ist evident, dass sich ein Vorgang, dem die Punktsymmetrie mangelt, nicht durch einen homogenen linearen Ausdruck dieser Art darstellen kann.

Unter dieses Beispiel fallen z. B. Ausdehnungen durch Wärme, ferner alle Erscheinungen, welche auf der Cohäsion beruhen, wie elastische und ähnliche Deformationen u. s. w. Für alle derartigen Vorgänge kann es daher höchstens die elf in § 3 aufgestellten verschiedenen Krystallclassen geben. Für jede dieser Classen gehorchen die Coefficienten der Function f bestimmten Gesetzen; dieselben ergeben sich, wenn wir ausdrücken, dass die Function bei den bezüglichen Coordinatensubstitutionen unverändert bleibt. Es ist nicht ausgeschlossen, dass sich für manche nach § 3 verschiedene Krystallclassen dasselbe Coefficientengesetz einstellt. Hierin darf jedoch kein Verstoss gegen § 3 erblickt werden. Die Ursache dieser Ausnahmeerscheinung ist vielmehr darin zu sehen, dass der wahre Ausdruck der durch Punktsymmetrie characterisirten physikalischen Eigenschaften durch eine nach ungeraden Potenzen der Variabeln fortschreitende Reihe gegeben ist, während die lineare Function f nur eine erste Annäherung darstellt; allerdings eine solche, die practisch und theoretisch ausreichend ist.

2. Die Natur eines physikalischen Vorganges sei durch die Radien einer centrischen Fläche zweiter Ordnung, im besondern durch ein Ellipsoid characterisirt, und zwar so, dass eventuelle Symmetrieaxen und Symmetrieebenen des Krystalles mit den Hauptaxen resp. Hauptebenen des Ellipsoids zusammenfallen. Hieraus folgt sofort, dass im regulären System die

drei Hauptaxen des Ellipsoids einander gleichwerthig, d. h. gleichlang sind; dasselbe wird also eine Kugel. Ebenso sieht man, dass für das hexagonale und tetragonale System (Cap. VI, 24) das Ellipsoid ein Rotationsellipsoid ist, dessen Hauptaxe mit der Hauptaxe des Krystalles zusammenfällt. Für die Krystallclassen des rhombischen Systems (Cap. VI, 24) fallen die drei ausgezeichneten Richtungen mit den ausgezeichneten Richtungen des Ellipsoids zusammen. Für die vorstehenden Krystallclassen ist daher, welches auch die wirkenden Kräfte seien, die Lage des Ellipsoids zum Krystall immer die gleiche. Für die übrigen Krystallclassen ist dies nicht mehr der Fall. Für diejenigen, welche das monokline System bilden, ist eine ausgezeichnete Richtung vorhanden, damit ist *eine* Axe des Ellipsoids von vornherein bestimmt, während die Lage der beiden andern im Krystall variabel ist und von den wirkenden Kräften abhängt. Endlich kommt für die Classen des triklinen Systems keiner der drei Hauptaxen des Ellipsoids eine im Krystall feste Richtung zu.

Für diejenigen Vorgänge, die durch die Radien eines derartigen Ellipsoids gekennzeichnet sind, zerfallen demnach die Krystalle in fünf Classen.

1. Kugel. Isotrope Krystalle.
Reguläres System.

2. Rotationsellipsoid. Eine Axe der Isotropie.
Hexagonales und tetragonales System.

3. Allgemeines Ellipsoid.

a. Rhombisches System. Bestimmte Axen.
b. Monoklines System. Eine Axe ist bestimmt.
c. Triklines System. Keine Axe ist bestimmt.

3. Wenn die physikalischen Vorgänge ihren Ausdruck in einer homogenen Function F zweiter Ordnung finden, sei es der Coordinaten oder der Differentialquotienten, so bestehen für jede Krystallclasse wieder bestimmte Coefficientengesetze, die sich ergeben, wenn wir die Bedingung dafür suchen, dass die Function F bei den bezüglichen Substitutionen in sich

übergeht. Diese Gesetze aufzustellen, ist in jedem Fall eine einfache Aufgabe. Die Anzahl der verschiedenen Functionen F beträgt übrigens stets weniger als 32; die Reduction beruht immer auf dem oben genannten Grunde. Hierher gehören die Ausdrücke für Potentialgrössen u. s. w.

Für das genauere hierüber wolle man die Lehrbücher über mathematische Physik, resp. physikalische Krystallographie vergleichen. Ein specielleres Eingehen geht über den Rahmen dieses Buches hinaus; es sollte sich nur darum handeln, die principiellen Fragen klarzustellen und an einigen Beispielen die Art und Weise darzulegen, in welcher die gefundenen Resultate anzuwenden sind.

ZWEITER ABSCHNITT.

THEORIE DER KRYSTALLSTRUCTUR.

Erstes Capitel.

Die fundamentalen Hypothesen.

§ 1. **Die Structur der homogenen Körper.** Wir nehmen an, dass die homogenen festen Körper, und nur von solchen wird hier die Rede sein, aus gleichartigen Individuen bestehen, welche als *Molekeln* bezeichnet werden sollen. Ob wir in ihnen die kleinsten Bausteine des Krystalles zu erblicken haben, oder ob sie selbst wieder in kleinere Einzelbestandtheile zerfallen, lassen wir vorläufig unbestimmt; ebenso soll ihre Form, ihre physikalische Qualität, ihre chemische Natur u. s. w. zunächst nicht in Frage kommen. Der atomistischen Denkweise entsprechend nehmen wir an, dass sie durch Zwischenräume von einander getrennt sind.

Es ist in der Einleitung darauf hingewiesen worden, dass die homogenen festen Körper in zwei scharf von einander getrennte Classen zerfallen, in *amorphe* und *krystallisirte* Körper. Als inneren Unterscheidungsgrund haben wir die *Structur* zu betrachten, d. h. *die räumliche Anordnung der constituirenden Molekeln.* Die Art, in welcher sich ein amorpher oder ein krystallisirter Körper aus den kleinsten substantiellen Individuen aufbaut, unterliegt den allgemeinen Naturgesetzen und ist daher bei jeder dieser Körperarten eine bestimmte, die nicht allein mit den Molekularkräften verträglich sein muss, sondern als eine nothwendige Consequenz derselben zu betrachten ist. Hat sich dieselbe auch bisher der empirischen Erkenntniss vollständig entzogen, so giebt es doch verschiedene Erscheinungen, welche gewisse Schlüsse auf die Art des Aufbaues der Körper nahe legen. Sie sind es, auf Grund deren sich unsere Vorstellungen über die Constitution der Materie ausgebildet haben.

Würde es möglich sein, die Molekularstructur eines amorphen Körpers der Beobachtung zugänglich zu machen, so würde im Allgemeinen, nach der Meinung, welche hierüber die herrschende ist, selbst ein geometrisch auf's Beste geschultes Auge doch ein formales Gesetz in der Lagerung der Molekeln nicht erkennen; dieselbe würde den Eindruck der Regellosigkeit, resp. von unserem subjectiven Standpunkt aus, der Willkür machen. Dies ist gemeint, wenn man die Structur der amorphen Körper als eine regellose bezeichnet. Ausnahmen hiervon kommen allerdings vor; einerseits können, wie man annimmt, unter dem Einfluss bestimmter Einwirkungen gesetzmässige Veränderungen in der Anordnung der Molekeln eintreten, welche die gegenseitige Lage derselben vereinfachen; andrerseits aber kann auch die Entstehung des Körpers seine Structur so beeinflussen, dass eine bestimmte einfache Vorstellung über dieselbe zulässig, resp. geboten ist. Derartige Fälle sind in letzter Zeit, besonders im Anschluss an Cohäsionsuntersuchungen, mehrfach bekannt geworden.[1])

§ 2. **Hypothese über die Structur der Krystallsubstanz.** Die Entstehung eines Krystalles beim Uebergang eines Körpers aus dem flüssigen in den festen Aggregatzustand ist ebenfalls als ein Vorgang zu betrachten, welcher eine einfache Anordnung der Molekeln bewirkt, und zwar als derjenige, für welchen das Gesetz der Anordnung die denkbar einfachste und damit zugleich eine typische Form annimmt. Von ihr wird vorausgesetzt, dass sie durch den *höchsten Grad der Regelmässigkeit* ausgezeichnet ist. Wir stellen nämlich die Hypothese auf, dass *jede Krystallmolekel von der Gesammtheit der Nachbarmolekeln auf gleiche Weise umgeben ist.* Ist μ irgend eine Molekel des Krystalls, so reicht es in praktischer Hinsicht aus, die Hypothese für alle diejenigen um μ herumliegenden Molekeln als erfüllt zu betrachten, welche innerhalb der Wirkungssphäre der Molekel μ liegen, die also für das physikalische Verhalten von μ allein in Frage kommen. Theo-

---

1) Vgl. z. B. die Untersuchungen von W. Voigt, Ber. d. Berl. Ak. 1883, S. 961 ff.

retisch lässt sich der Hypothese eine präcisere, mehr mathematische Form geben. Da nämlich für die Structur die Grösse der Körper ohne Bedeutung ist, so pflegt man für die Zwecke der Structurtheorieen die Krystallsubstanz als unendlich ausgedehnt zu betrachten. Diese Conception führt zu der mathematischen Vorstellung eines sogenannten regelmässigen Molekelhaufens, der sich folgendermassen definiren lässt:

Unter einem regelmässigen Molekelhaufen von unbegrenzter Ausdehnung verstehen wir einen solchen nach allen Richtungen unendlich ausgedehnten Molekelhaufen, der aus lauter gleichartigen Molekeln besteht und die Eigenschaft besitzt, dass jede Molekel auf die gleiche Art von der Gesammtheit aller Molekeln umgeben ist.

Beachten wir nun, dass sich die Structurtheorieen der Natur der Sache nach nur auf die inneren Punkte des Krystalles beziehen, so lässt sich die fundamentale Hypothese, welche allen modernen Structurtheorieen zu Grunde liegt, folgendermassen aussprechen:

Grundhypothese: *Um jeden in seinem Innern gelegenen Punkt zeigt ein homogener Krystall die Structur eines regelmässigen Molekelhaufens von unbegrenzter Ausdehnung.*

§ 3. Der eben aufgestellte Begriff der Regelmässigkeit bedarf genauerer Interpretation. Zu diesem Zweck fassen wir für den Augenblick nur die Schwerpunkte der Molekeln in's Auge. Sind P und P_1 irgend zwei davon, und $A, B, C \ldots$ die Schwerpunkte derjenigen Molekeln, welche P am nächsten liegen, so verlangt die Definition, dass sich um P_1 Molekeln mit den Schwerpunkten $A_1, B_1, C_1 \ldots$ so finden, dass die Entfernungen

$$PA = P_1A_1, \quad PB = P_1B_1, \quad PC = P_1C_1 \ldots$$

sind, und dass die Strecken $PA, PB, PC \ldots$ die gleichen Winkel mit einander einschliessen, wie die Strecken P_1A_1, P_1B_1, $P_1C_1 \ldots$ Dies ist aber bekanntlich noch auf zwei Arten möglich; die durch $PABC \ldots$ und $P_1A_1B_1C_1 \ldots$ bestimmten Körper können nämlich congruent oder spiegelbildlich gleich sein. Beide Möglichkeiten sind in's Auge zu fassen; im Gebiet der Krystallsymmetrie stehen ja überall die Begriffe *„congruent"* und *„spiegelbildlich gleich"* gleichberechtigt neben einander.

Erscheint auch der Hinweis auf die Gleichberechtigung beider Begriffe zunächst nur im Interesse einer allgemeinen geometrischen Fragestellung geboten zu sein, so werden wir später den Nachweis führen, dass hier ein Postulat jeder Structurtheorie vorliegt, welche mit der Hypothese des regelmässigen Aufbaues operirt.

§ 4. **Zweck der Structurtheorieen.** Der nächste Zweck einer jeden Structurtheorie ist die Erklärung der geometrischen Gesetzmässigkeit des physikalischen Verhaltens, d. h. der Homogenität und der Symmetrie der Krystalle. Die Symmetrie ist im ersten Abschnitt ausführlich erörtert worden. Das homogene Verhalten eines Krystalles spricht sich darin aus, dass alle seine Punkte und alle parallelen Geraden krystallographisch als gleichwerthig zu betrachten sind; der Krystall zeigt bezüglich aller Punkte und längs aller parallelen Geraden, die sein Inneres durchsetzen, resp. auf seiner Oberfläche enthalten sind, die nämlichen physikalischen Eigenschaften. Von jeder Structurtheorie, welche den Anspruch erhebt, eine hinreichende Erklärung der geometrischen Gesetzmässigkeit der Krystalle zu geben, ist daher zu verlangen, dass sie für alle bekannten, resp. alle theoretisch möglichen Krystallgestalten Molekelhaufen von unbegrenzter Ausdehnung anzugeben vermag, welche genau dieselbe homogene Beschaffenheit und dieselbe Symmetrie aufweisen, wie der bezügliche Krystall selbst. Nun zerfallen die Krystalle, wie wir im ersten Abschnitt gezeigt haben, bezüglich der Symmetrie in die bekannten 32 Classen; eine Structurtheorie wird daher der eben aufgestellten Forderung immer und nur dann genügen, wenn sie für jede der 32 Krystallclassen Molekelhaufen von analoger homogener Zusammensetzung und analogem Symmetriecharacter enthält.

§ 5. **Die Theorie von Bravais.** Ehe wir dazu übergehen, zu prüfen, wie wir die homogene Beschaffenheit und die Symmetrie derjenigen Molekelhaufen zu definiren haben, durch welche wir uns der Theorie nach einen Krystall repräsentirt denken, wollen wir die oben ausgesprochene Ausgangshypothese genauer erörtern, und im Besondern diejenigen beiden Hauptfälle derselben in's Auge fassen, welche den beiden augenblicklich in Geltung stehenden Theorieen zu Grunde liegen. Von ihnen ist die eine von Bravais aufgestellt, die andere knüpft an einen von Wiener und Sohncke ausgesprochenen Grundgedanken an und ist von verschiedenen Autoren ausgestaltet worden. Von jeder der beiden Theorieen wird, wie hier bereits bemerkt werden möge[1]), die aufgestellte Forderung ausnahmslos erfüllt.

Die Grundlage der Theorie von Bravais bilden seine Untersuchungen über die sogenannten *Raumgitter*[2]) und die *Symmetrie der Polyeder*[3]). Die Eigenschaften der letzteren, sowie ihre Eintheilung in Symmetrieclassen haben wir im ersten Abschnitt ausführlich dargestellt. Die Theorie der Raumgitter werden wir im nächsten Capitel behandeln. Hier genüge die Bemerkung, dass ein Raumgitter aus den Schnittpunkten von drei Zügen paralleler äquidistanter Ebenen besteht. Diese Ebenen zerlegen den Raum in lauter congruente Parallelepipeda, und es ist evident, dass jeder Gitterpunkt von der Gesammtheit aller übrigen Gitterpunkte auf gleiche Weise umgeben ist.

Bravais nimmt nun an, dass die krystallisirte Materie aus lauter congruenten Molekeln besteht, deren Mittelpunkte resp. Schwerpunkte ein Raumgitter bilden. Diese Molekeln stehen sämmtlich parallel zu einander. Ist μ eine von ihnen, so fällt sie in die Ecke irgend eines Parallelepipedons, welches dem Raumgitter angehört. Aus ihr gehen diejenigen, welche in die anderen Ecken dieses Parallelepipedons fallen, dadurch hervor, dass man diese Molekel μ um Strecken, gleich den Kanten des Parallepipedons, parallel mit sich fortbewegt. Man sagt, dass *alle Molekeln parallel orientirt sind.*

1) Der Nachweis ist in Cap. XIII enthalten.

2) Vgl. Journ. de l'École polyt. Bd. 19. Heft 33 S. 1 ff.

3) Vgl. die Anmerkung auf S. 17.

Wir werden später genauer zu betrachten haben, wie sich die besondere Art des Raumgitters und die Symmetrie der Molekel μ durch den Krystall bestimmt, welcher durch den bezüglichen Molekelhaufen vertreten wird. Dagegen können diejenigen Fragen, welche die homogene Beschaffenheit der Krystallmasse betreffen, bereits an dieser Stelle hinreichend erörtert werden. Die homogene Natur der Krystallsubstanz verlangt, dass der Molekelhaufen $\mathfrak{H}$, welcher den Krystall repräsentirt, bezüglich irgend zweier Punkte P und P_1, resp. längs irgend zweier parallelen Geraden g und g_1 das gleiche physikalische Verhalten erkennen lässt. *Nun hängt die physikalische Wirkungsweise des Molekelhaufens in Bezug auf einen Punkt P oder längs einer Geraden g augenscheinlich einzig und allein davon ab, wie sich die Molekeln um P resp. um die Gerade g gruppiren;* die sich in der Erfahrung documentirende homogene Natur der Krystalle nöthigt daher, die Forderung auszusprechen, dass die Gesammtheit aller Molekeln bezüglich *irgend* zweier Punkte P und P_1, ebenso bezüglich *irgend* zweier parallelen Geraden g und g_1 die nämliche Lage hat.

§ 6. Es springt in die Augen, dass dieser Forderung im strengen Sinne des Worts nicht genügt wird. Es giebt allerdings zahllose gleichwerthige Punkte und zahllose gleichwerthige parallele Geraden innerhalb des Molekelhaufens, aber die Gleichwerthigkeit kann bei weitem nicht von allen behauptet werden. So hat der Molekelhaufen in Bezug auf jeden Gitterpunkt die gleiche Lage, aber es ist andrerseits evident, dass dies für keinen andern Punkt zutrifft, z. B. für einen Punkt, der zwischen zwei Molekeln liegt. Ebenso sind alle parallelen Geraden gleichwerthig, welche Kanten der Parallelepipeda enthalten, aber jede andere mit ihnen parallele Gerade durchsetzt den Molekelhaufen in abweichender Art und kann daher nicht mit ihnen gleichwerthig sein. Der Mangel, der sich hierin documentirt, ist aber ohne sonderlichen Belang. Er haftet an jeder atomistischen Theorie, also auch an denjenigen, welche sich auf den Wiener-Sohncke'schen Gedanken aufbauen; überdies sind auch die Theorieen, welche eine stetige Raumerfüllung unter der Voraussetzung individueller körperlicher Molekeln annehmen, von ihm nicht frei. Er beruht demnach auf einer immanenten formalen Folgerung, die bei keiner Structurtheorie zu umgehen ist. Practisch ist er allerdings ohne jede Tragweite; denn die Abstände der nächsten Raumgitterpunkte haben wir als so klein anzunehmen, dass — wenigstens für uns — physikalische Verschiedenheiten längs paralleler Geraden gar nicht messbar sein können.

Es liegt übrigens nahe, und zwar gerade auf Grund der vorstehenden Ueberlegungen, umgekehrt den Standpunkt einzunehmen, dass in Wirklichkeit die Krystallsubstanz aus lauter getrennten Molekeln besteht und dass alle parallelen Richtungen, sowie alle Krystallpunkte uns nur deshalb physikalisch gleichwerthig erscheinen, weil in dem Resultat unserer Beobachtung stets das Verhalten sehr vieler äusserst naher Molekeln oder paralleler Molekelgeraden zu Tage tritt.[1]) Von diesem Gesichtspunkt aus würde auch in formaler Beziehung von einem Mangel nicht mehr die Rede sein, denn bei dieser Auffassung ist die Forderung der Gleichwerthigkeit aller Punkte und aller parallelen Geraden nur eine scheinbare Folgerung der Erfahrung, deren Grund in der mangelhaften Beschaffenheit der Instrumente, resp. in der mangelhaften Perceptionsfähigkeit unserer Sinne zu suchen ist.

§ 7. **Die an Wiener-Sohncke anschliessenden Theorieen.** Die Bravais'sche Theorie erfüllt die oben aufgestellte Bedingung der Regelmässigkeit vollständig; die Anschauung zeigt unmittelbar, dass den mittelst der Raumgitter gebildeten Molekelhaufen die typische Eigenschaft der Regelmässigkeit innewohnt. Die Bravais'schen Molekelgitter bilden aber nur den einfachsten Fall der regelmässigen Molekelhaufen. Der allgemeinste Typus derselben ergiebt sich, wenn wir die von Bravais eingeführte Annahme fallen lassen, dass alle Molekeln parallele Stellung im Raume haben. Hierauf haben, und zwar unabhängig von einander, Wiener[2]) und Sohncke[3]) auf-

1) Vgl. Sohncke, Theorie der Krystallstructur. § 36, S. 207 ff.

2) Grundzüge der Weltordnung. Zweite Ausgabe, 1869. S. 82 ff.

3) Theorie der Krystallstructur, S. 23.

merksam gemacht. „Warum sollte z. B.", heisst es bei Sohncke, „nicht eine derartige Anordnung der Molekelcentra in gewissen Krystallen möglich und sogar wahrscheinlich sein, bei der sie in einer Ebene die Ecken von lückenlos an einander liegenden regelmässigen Sechsecken, wie Bienenzellen bilden? Und doch ist eine solche Anordnung bei Annahme der Raumgitterstructur ausgeschlossen!" [1])

An diese Ueberlegungen haben sich die neueren Untersuchungen über die Theorie der Krystallstructur angeschlossen. Die Aufgabe, dieselben eingehend zu entwickeln, bildet den Gegenstand der folgenden Capitel. Als Resultat ist auszusprechen, dass es möglich ist, *in übereinstimmender Weise für jede der 32 Krystallclassen regelmässige Molekelhaufen allgemeinster Art aufzufinden, welche neben der homogenen Beschaffenheit, wie sie im vorigen Capitel definirt worden ist, auch die Symmetrie des physikalischen Verhaltens zum Ausdruck bringen.*

§ 8. **Die Symmetrie der Molekelhaufen.** Ehe wir uns der Aufgabe zuwenden, die vorstehende Behauptung zu verificiren, ist zunächst die Frage zu erledigen, welche geometrischen Eigenschaften ein Molekelhaufen aufweisen muss, damit wir ihm einen gewissen Symmetriecharacter beizulegen haben. Hierüber wollen wir uns bereits an dieser Stelle orientiren, um dadurch einen Ueberblick über diejenigen geometrischen Probleme zu gewinnen, welche die Theorie der Krystallstructur aufwirft. Erinnern wir uns zunächst daran, dass in dem in § 6 angegebenen Sinn alle parallelen Richtungen innerhalb eines Molekelhaufens als gleichwerthig zu betrachten sind. Jede Richtung kann daher durch irgend eine ihr angehörige Gerade repräsentirt werden. Nun spricht sich, wie wir in der Einleitung gezeigt haben, die Symmetrie des Krystalles in der physikalischen Gleichwerthigkeit der von demselben Punkt ausgehenden Richtungen $g, g_1, g_2 \ldots g_{N-1}$ aus; es folgt daher ohne Weiteres, dass dem Molekelhaufen $\mathfrak{H}$ dieselbe Symmetrie, wie dem Krystall, beizulegen ist, wenn es irgend welche Geraden $g', g'_1, g'_2 \ldots g'_{N-1}$ parallel zu

---

1) Theorie der Krystallstructur, S. 23.

$g, g_1, g_2 \ldots g_{N-1}$ innerhalb des Molekelhaufens $\mathfrak{H}$ giebt, in Bezug auf welche der Molekelhaufen resp. die Gesammtheit der Molekeln die nämliche Lage hat. Sind nun g' und g'_1 irgend zwei derartige Richtungen, so lässt sich der Molekelhaufen so in sich überführen, dass g' auf g'_1 fällt und jede Molekel wieder in eine Molekel übergeht; denn wäre dies nicht der Fall, so würden die Geraden g' und g'_1 auf keinen Fall die gleiche Lage zur Gesammtheit aller Molekeln von $\mathfrak{H}$ besitzen. Es giebt daher eine Deckoperation des Molekelhaufens, welche die Geraden g' und g'_1 zur Coincidenz bringt. Damit haben wir den Symmetriecharacter des Molekelhaufens auf analoge Weise erklärt, wie die Symmetrie des Krystalles. In der That ist ja die letztere durch die Deckoperationen characterisirt, welche die N gleichwerthigen Geraden $g, g_1, g_2 \ldots g_{N-1}$ in sich überführen, und ebenso sind für die Symmetrie des Molekelhaufens solche Deckoperationen als massgebend zu betrachten, welche irgend eine Ausgangsgerade g' mit den zu $g, g_1, g_2 \ldots g_{N-1}$ parallelen Geraden $g', g'_1, g'_2 \ldots g'_{N-1}$ zur Coincidenz bringen.

Die vorstehenden Erörterungen über die Symmetrie eines unbegrenzten Molekelhaufens gestatten, die Aufgaben, mit welchen sich die Structurtheorie zu befassen hat, einigermassen zu übersehen. Es wird sich darum handeln, die Existenz von Molekelhaufen jeglicher Symmetrieart nachzuweisen. Dies ist die einzige geometrische Aufgabe, welche aus den vorangehenden Betrachtungen resultirt. Wollen wir sie etwas genauer präcisiren, so ist zu zeigen, dass *sich für jede der 32 Krystallclassen Molekelhaufen angeben lassen, welche durch analoge Deckoperationen ausgezeichnet sind, wie die N gleichwerthigen Geraden der Krystallclasse.*

Hiermit ist das mathematische Problem, auf welches die Structurtheorieen hinauslaufen, genügend skizzirt. Nur eine Bemerkung möge noch eine Stelle finden. Wir haben im Vorstehenden zwei verschiedene Theorieen kurz skizzirt; die eine knüpft an Bravais an, die andere an die Namen Wiener und Sohncke. Es entsteht aber naturgemäss die Frage, ob noch andere Theorieen möglich sind, und wenn dies der Fall ist, in welchem Verhältniss dieselben zu den erstgenannten und zu einander stehen. Dabei wird im besondern die bisher noch nicht aufgeworfene Frage nach dem Einfluss der Molekel auf die Symmetrie des Molekelhaufens $\mathfrak{H}$ zu prüfen sein. Diese Frage bedarf einer genauen Erörterung; sie ist schon deshalb von grosser Wichtigkeit, weil augenscheinlich *die Symmetrie des regelmässigen Molekelhaufens* $\mathfrak{H}$ *ausser von der Structur nur von der Molekelqualität bestimmt werden kann.* Auf alle diese Fragen werden wir im vorletzten Capitel genauer eingehen.

§ 9. **Werth der Structurtheorieen.** Alle Autoren, welche versucht haben, sich über die Structur der Krystalle eine bestimmte Vorstellung zu bilden, gehen von der Voraussetzung aus, dass die Krystallelemente auf irgend eine Weise *„regelmässig"* im Raum vertheilt sind.[1]) Worin der Character der regelmässigen Anordnung zu erblicken sei, darüber gingen

1) Dies gilt nicht allein von den Krystallographen und Physikern, sondern auch von den Mathematikern, soweit sie sich überhaupt mit dem Gegenstand beschäftigt haben. Bezüglich der Literatur verweise ich in erster Linie auf die ausgezeichnete historische Einleitung in Sohncke's Theorie der Krystallstructur. Auf die später erschienenen neueren Arbeiten komme ich im vorletzten Capitel zurück. Hier beschränke ich mich, die wichtigsten mathematischen Untersuchungen zu nennen, welche die molekulare Hypothese zu Grunde legen. Mit regelmässigen Punktsystemen, welche der Gitterstructur entsprechen, hat bereits Cauchy operirt (Exerc. de math. Bd. 3. S. 198 u. Bd. 4. S. 129), allerdings ohne ihre Beziehung zu den Krystallen zu erwähnen. Hierüber scheint sich zuerst Poisson ausgesprochen zu haben; er nimmt ausdrücklich an, dass die Schwerpunkte der Krystallmolekeln ein Gitter bilden, vgl. Mémoire sur l'équilibre et le mouvement des corps cristallisés. Mém. de l'Acad. roy. de Paris. B. 18. S. 12. Dieselbe Annahme hat Voigt seinen Untersuchungen über die Elasticitätsverhältnisse der Krystalle zu Grunde gelegt. Vgl. Abhandl. d. Götting. Ges. d. Wiss. Bd. 34. Es heisst dort auf S. 5: „Die Anordnung der Moleküle sei in der Art regelmässig, dass ein *jedes* von ihnen in derselben Weise von Nachbarmolekülen umgeben ist," doch wird dies S. 13 im Anschluss an Poisson dahin präcisirt, dass im natürlichen Zustand alle Molekeln parallel orientirt sind. Man vgl. auch die S. 34 behandelten Beispiele. Endlich bemerke ich, dass auch Hessel mit den oben geschilderten Vorstellungen operirt; man vgl. z. B. die S. 17 genannte Marburger Universitätsschrift, § 35 ff.

allerdings die Meinungen ursprünglich auseinander; erst den Untersuchungen der letzten Jahrzehnte ist es geglückt, die hierauf bezüglichen Fragen endgiltig zu klären.

Wenn, wie sich zeigen wird, auf Grund der vorstehend geschilderten Anschauungen *alle* Erscheinungen, welche die Symmetrie der Krystalle betreffen, ohne jede Ausnahme ihre Erklärung finden, wenn sich im besondern das erfahrungsmässig gewonnene Gesetz der rationalen Indices als eine an der Spitze der Theorie stehende Consequenz von principieller Bedeutung ergiebt, wenn endlich auch diejenige Systematik der Krystalle, zu welcher eine langjährige Beobachtung hingeführt hat, als natürliche Folgerung der genannten Anschauung erscheint, so darf die auf ihr beruhende Hypothese mit Fug und Recht als das Fundament einer wohlbegründeten Theorie betrachtet werden. Ob der Aufbau der Krystalle aus ihren sogenannten kleinsten Theilen in Wirklichkeit denjenigen Character besitzt, welchen die Hypothese vorschreibt, ist allerdings eine andere Frage. Diese Frage wird, wie so viele andere, welche die Physik aufwirft, vielleicht niemals beantwortet werden können. Aber das Bedürfniss, eine Theorie der Krystallstructur auszubilden, ist einmal unabweislich vorhanden, und wie man auch über den Werth atomistischer oder anderer naturwissenschaftlicher Theorieen überhaupt denken mag, ob mehr oder weniger skeptisch, jedenfalls ist zuzugeben, dass bei dem heutigen Standpunkt der Wissenschaft eine Structurtheorie nur in dem oben skizzirten Sinne möglich ist. Es lässt sich in der That kein Princip aussinnen, das einfacher wäre, als die Annahme, dass die Molekeln mit Regelmässigkeit im Raume vertheilt sind; die in diesem Princip ausgesprochene Anschauung ist mit Rücksicht auf das molekulare Verhalten der Krystalle von geradezu zwingender Kraft.

Die so definirten Theorieen sind bisher ausschliesslich von dem Gesichtspunkt aus in Betracht gekommen, dass sie zur Erklärung der allgemeinen Symmetrieverhältnisse geeignet sind. Damit ist ihnen jedoch ein durchgängiger physikalischer Werth noch nicht gesichert. Ob sie einen solchen beanspruchen können, hängt von ihrer physikalischen Brauchbarkeit ab. Erst wenn sich herausstellt, dass sie sich auch zur Erklärung der physikalischen Erscheinungen mit Nutzen verwenden lassen, und dass sie an keiner wesentlichen Stelle versagen, werden sie den Rang einer physikalischen Theorie zu fordern berechtigt sein. Ein abschliessendes Urtheil hierüber dürfte für den Augenblick noch nicht möglich sein[1]); wie dem aber auch sei, so ist doch klar, dass für diese Entscheidung das letzte Wort den Physikern und Mineralogen überlassen bleiben muss. Für die mathematische Untersuchung kann es sich einzig und allein darum handeln, die nothwendigen Voraussetzungen der einzelnen Theorieen festzustellen und die innere Consequenz derselben zu prüfen. *Es ist vor allem zu untersuchen, welche speciellen Annahmen über Form und Qualität der Molekel ihnen zu Grunde liegen, und welche weiteren Folgerungen implicite mit diesen Annahmen verbunden sind.* Erst wenn darüber keine Ungewissheit besteht, wird man zu einem gegründeten Urtheil über den krystallographischen Werth der Theorieen gelangen können. Dem Mathematiker fällt daher, wie öfters im Bereich der Naturwissenschaften, nur die Rolle des unentbehrlichen Handlangers zu. *Er muss den Spielraum genau abgrenzen, welcher bei jeder Theorie für die weiteren Hypothesen über die Natur der Krystallbausteine überhaupt noch übrig bleibt, damit der Krystallograph nicht im Zweifel darüber ist, innerhalb welches Rahmens sich in jedem Fall die zulässigen Annahmen über die chemische oder physikalische Qualität der Molekel noch bewegen können.* Dies ist um so mehr geboten, als erfolgreiche Speculationen über die Beschaffenheit der Molekeln in letzter Zeit mehrfach angestellt worden sind.[2])

Dies sind die Gesichtspunkte, von denen sich der Verfasser bei der Abfassung des vorliegenden Lehrbuches hat leiten lassen. Es steht zu hoffen, dass es ihm gelungen ist, die geometrische Seite der Frage endgiltig zu erledigen. Auf diese Weise wird es möglich werden, auch in Bezug auf die

---

1) Vgl. Cap. XIII, § 29.

2) Es mag genügen, hierfür auf die Rede von Groth über „die Molekularbeschaffenheit der Krystalle“ hinzuweisen. München. 1888.

physikalische Bedeutung der Theorieen Einstimmigkeit zu erzielen. Jede Theorie, welche es auch sei, wird nur dann als physikalisch brauchbar zu betrachten sein, wenn die in ihr enthaltenen Voraussetzungen gestatten, zur Erklärung der Erfahrungsthatsachen allemal noch diejenigen weiteren Annahmen zu formuliren, welche durch die Natur der bezüglichen Erscheinungen unbedingt gefordert werden.

Zweites Capitel.

Raumgitter und Translationsgruppen.

§ 1. **Die regelmässigen Punktgebilde.** Erklärung I. Eine geradlinige Reihe von Punkten, von denen je zwei auf einander folgende gleichen Abstand besitzen, heisst eine *regelmässige Punktreihe.*

Erklärung II. Die Gesammtheit der Schnittpunkte zweier Schaaren von parallelen Geraden, von denen je zwei benachbarte gleichen Abstand von einander haben, heisst ein *regelmässiges ebenes Punktnetz,* oder kurz ein *Punktnetz.*

Erklärung III. Die Gesammtheit der Schnittpunkte von drei Schaaren (Zügen) von parallelen Ebenen, von denen je zwei benachbarte denselben Abstand von einander haben, heisst ein *regelmässiges Raumgitter,* oder kurz ein *Raumgitter.*

Fig. 22.

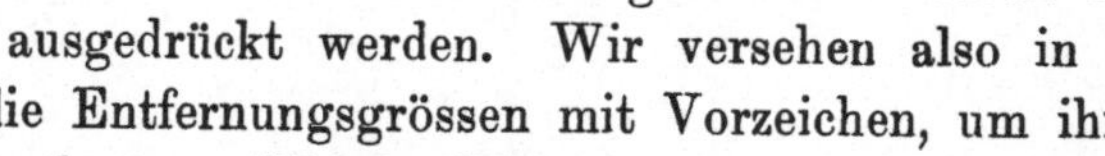

P'

A' O A A_1 A_2 P

Ist O irgend ein Punkt einer regelmässigen Punktreihe (Fig. 22) und sind A und A' die beiden zu O benachbarten Punkte, so sollen ihre Entfernungen von O durch 2τ, resp. -2τ[1]) ausgedrückt werden. Wir versehen also in üblicher Weise die Entfernungsgrössen mit Vorzeichen, um ihre Richtung anzudeuten. Welche Richtung als positiv gewählt wird, ist dem Belieben überlassen. Es folgt noch:

Lehrsatz I. *Die Entfernung jedes Punktes P einer regelmässigen Punktreihe von einem beliebigen derselben ist durch*

1) Der Factor 2 ist hinzugefügt, um bei den späteren Untersuchungen möglichst die Brüche zu vermeiden.

$2m\tau$ darstellbar, wo m irgend eine positive oder negative ganze Zahl ist.

Die Länge 2τ möge *primitive Strecke* genannt werden.

Die parallelen Geraden, welche das regelmässige Punktnetz bestimmen, theilen die Ebene in lauter congruente

Fig. 23.

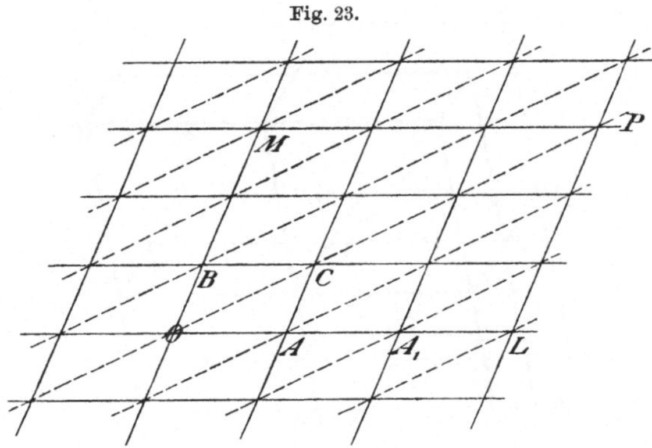

Parallelogramme. Wir greifen (Fig. 23) zwei dieser Geraden beliebig heraus; ihr Schnittpunkt sei O, A und B seien diejenigen Netzpunkte der Geraden, welche O am nächsten liegen. Wir setzen

$$OA = 2\tau_1 \quad \text{und} \quad OB = 2\tau_2.$$

Jede der parallelen Geraden ist Träger einer regelmässigen Punktreihe, für welche $2\tau_1$, resp. $2\tau_2$ die bezüglichen primitiven Strecken bilden. Betrachten wir die Ausgangsgeraden als Axen eines — im Allgemeinen schiefwinkligen — Coordinatensystems, so ergeben sich für die Coordinaten x, y aller Netzpunkte die Ausdrücke

$$x = 2m_1\tau_1, \quad y = 2m_2\tau_2,$$

wenn wir für m_1 und m_2 unabhängig von einander alle möglichen positiven, resp. negativen *ganzen* Zahlen setzen. Jedem Punkt entspricht ein bestimmtes Zahlenpaar und umgekehrt. Das Parallelogramm mit den Seiten $2\tau_1$, $2\tau_2$ heisst *primitives Parallelogramm.*

Analog zertheilen die Ebenenzüge, welche das Raumgitter liefern, den ganzen unendlichen Raum in congruente Parallelepipeda. Greifen wir aus einer Ebenenschaar eine Ebene beliebig heraus, so bilden die in ihr liegenden Gitterpunkte ein regelmässiges ebenes Punktnetz. Drei den verschiedenen Schaaren angehörige Ebenen lassen sich als Coordinatenebenen

Fig. 24.

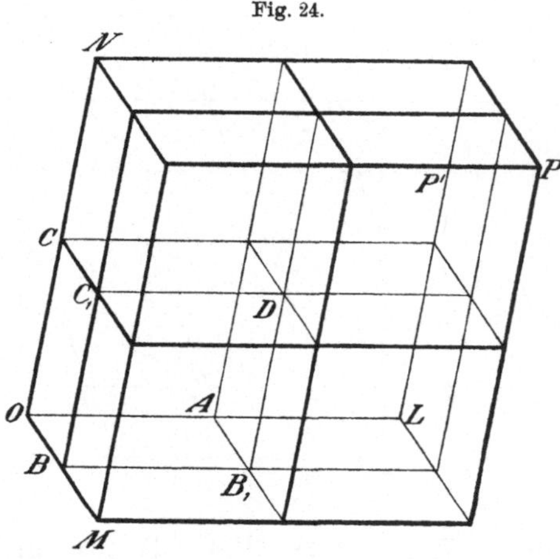

eines Coordinatensystems betrachten. Nennen wir (Fig. 24) die primitiven Strecken auf den drei Coordinatenaxen resp.

$$OA = 2\tau_1, \quad OB = 2\tau_2, \quad OC = 2\tau_3,$$

so sind die Coordinaten $x\ y\ z$ aller Punkte von der Form

$$x = 2m_1\tau_1, \quad y = 2m_2\tau_2, \quad z = 2m_3\tau_3;$$

sie ergeben sich, wenn für m_1, m_2, m_3 unabhängig von einander alle möglichen positiven und negativen *ganzen* Zahlen gesetzt werden. Das Parallelepipedon mit den Kanten $2\tau_1$, $2\tau_2$, $2\tau_3$ heisst *primitives Parallelepipedon.*

§ 2. **Die Zusammensetzung der Strecken und Translationen.** Für das genauere Studium der Raumgitter machen wir zweckmässig von denjenigen Definitionen und Sätzen Gebrauch, welche die sogenannte *Zusammensetzung der Strecken* characterisiren.

Sind (Fig. 23) OA und OB zwei von demselben Punkt O ausgehende Strecken von bestimmter Länge und Richtung, so versteht man unter der *geometrischen Summe* beider Strecken nach Grösse und Richtung die von O aus gerechnete Diagonale OC des durch OA und OB bestimmten Parallelogramms. Man drückt dies durch die Gleichung

1) $$OA + OB = OB + OA = OC$$

aus. Die Definition zeigt, dass Länge und Richtung der Strecke OC von der Reihenfolge der Strecken OA und OB unabhängig ist. Alle Strecken, die einander gleich und parallel sind, werden als *gleichwerthig* betrachtet und können für einander gesetzt werden. Es bestehen daher auch die Gleichungen

2) $$\begin{gathered} OA + AC = OC \\ OB + BC = OC. \end{gathered}$$

Endlich ist zu bemerken, dass gleiche und entgegengesetzt gerichtete Strecken, wenn sie in derselben Summe vorkommen, sich gegenseitig aufheben, d. h. es ist

3) $$AB + BA = 0.$$

Die Gleichungen 2) können also auch in die Form

$$\begin{gathered} OA + AC + CO = 0 \\ OB + BC + CO = 0 \end{gathered}$$

gesetzt werden; d. h. *die Summe der Strecken eines Dreiecks, wenn dasselbe in einem bestimmten Sinn durchlaufen wird, ist gleich Null.*

Das Gleiche gilt im Raume. Sind (Fig. 24) OA, OB, OC drei beliebige von O ausgehende Strecken, so versteht man wiederum unter der geometrischen Summe der drei Strecken nach Grösse und Richtung die von O ausgehende Diagonale OD des durch OA, OB, OC bestimmten Parallelepipeds. Demgemäss besteht die Gleichung

4) $$OA + OB + OC = OD.$$

Alle oben für die Ebene angeführten Regeln und Festsetzungen lassen sich analog auf den Raum übertragen; wir drücken sie aus durch den folgenden

Hauptsatz. *Wenn in einer Summe von Strecken beliebige derselben durch andere ihnen gleiche und gleich gerichtete Strecken ersetzt werden, oder wenn die Reihenfolge der Strecken beliebig geändert wird, so behält doch die Summe stets den gleichen Werth.*

Es bestehen daher neben Gl. 4) auch die Gleichungen

$$OA + OB + BC_1 = OD$$
$$OA + AB_1 + B_1D = OD$$
$$OA + AB_1 + B_1D + DO = 0 \quad \text{u. s. w.}$$

Betrachten wir ferner den Punkt P des Punktnetzes (Fig. 23) mit den Coordinaten OL und OM, so ist zunächst

5) $$OL + OM = OL + LP = OM + MP = OP.$$

Ausser diesen drei Ausdrücken für OP giebt es aber noch unzählige andere. Jede Summe von Strecken, welche in O beginnt, in P endigt, und im übrigen auf den Geraden des Punktnetzes verläuft, ist nach vorstehendem Satze gleich OP.

Endlich führen wir an letzter Stelle noch an, dass, wie sich aus den vorstehenden Resultaten leicht ersehen lässt, *die Summe der Strecken eines geschlossenen ebenen oder räumlichen Polygons immer den Werth Null hat.* Wie oben für das Dreieck ist auch hier die Richtung aller Strecken so zu definiren, wie sie dem Durchlaufen des Polygons in einem bestimmten Sinn entspricht.

§ 3. Führen wir die oben benutzte Coordinatenbestimmung wieder ein, und bezeichnen die Coordinaten OL, OM des Netzpunktes P durch $2m_1\tau_1$ und $2m_2\tau_2$, so geht die Gleichung 5) in

1) $$OP = 2m_1\tau_1 + 2m_2\tau_2$$

über. Sie ist ihrer Natur nach gleichbedeutend mit

2) $$x = 2m_1\tau_1, \quad y = 2m_2\tau_2,$$

sie repräsentirt also *zwei Gleichungen;* und es ist evident, dass in analoger Weise jede Gleichung von der Form 1) in zwei Gleichungen von der Form 2) zerfällt werden kann, die mit 1) gleichbedeutend sind.

Ist ebenso (Fig. 24) P ein Punkt eines Raumgitters mit den Coordinaten $OL = 2m_1\tau_1$, $OM = 2m_2\tau_2$, $ON = 2m_3\tau_3$, so ist gemäss Gleichung 4)

$$OP = 2m_1\tau_1 + 2m_2\tau_2 + 2m_3\tau_3,$$

und diese Gleichung ist ihrer Natur nach mit den *drei Gleichungen*

$$x = 2m_1\tau_1, \quad y = 2m_2\tau_2, \quad z = 2m_3\tau_3$$

gleichbedeutend. Es ist daher ersichtlich, dass in diesem Falle jede Gleichung der ersten Form in drei Gleichungen wie die vorstehenden zerfällbar ist.

Der Nutzen der Rechnung mit Strecken besteht also darin, dass *mehrere Gleichungen in eine einzige zusammengezogen werden können und umgekehrt.*

Im Anschluss an die vorstehenden Bemerkungen lassen sich noch folgende Sätze aussprechen.

Lehrsatz II. *Sind* $2\tau_1$ *und* $2\tau_2$ *die primitiven Strecken eines regelmässigen Punktnetzes, und ist* O *ein beliebiger Punkt desselben, so sind alle andern Netzpunkte* P *durch die von* O *aus gemessene Strecke* $2m_1\tau_1 + 2m_2\tau_2$ *gegeben, wenn* m_1 *und* m_2 *alle positiven und negativen ganzen Zahlen durchlaufen.*

Lehrsatz III. *Sind* $2\tau_1$, $2\tau_2$, $2\tau_3$ *die primitiven Strecken eines Raumgitters, und ist* O *ein beliebiger Punkt desselben, so sind alle andern Gitterpunkte* P *durch die von* O *aus gemessene Strecke* $2m_1\tau_1 + 2m_2\tau_2 + 2m_3\tau_3$ *gegeben, wenn* m_1, m_2, m_3 *alle positiven und negativen ganzen Zahlen durchlaufen.*

§ 4. **Die Translationsgruppen.** Diejenige Bewegung eines Körpers, bei welcher alle Punkte gleich lange und gleich gerichtete Wege zurücklegen, wird *Translation*, oder *Gleitung*, oder *Schiebung* genannt. Sie ist der Definition gemäss durch die Bahn *eines* beliebigen Punktes bestimmt, sie ist daher durch eine Strecke 2τ von bestimmter Länge und Richtung darstellbar. Jede mit 2τ gleiche und parallele Strecke stellt ebenfalls die Translation dar. Zwei Translationen $2\tau_1$ und $2\tau_2$, die nach einander eintreten, sind einer Translation 2τ gleichwerthig, welche die Diagonale eines mit $2\tau_1$ und $2\tau_2$ gebildeten Parallelogramms ist. Die Zusammensetzung der Translationen unterliegt also den Gesetzen der geometrischen Addition, und es ist in diesem Sinne

$$2\tau = 2\tau_1 + 2\tau_2$$

zu setzen. Wir sagen, dass die Translationen $2\tau_1$ und $2\tau_2$ zusammen der Translation 2τ *äquivalent* sind.

Auf die Translationen soll nun der Gruppenbegriff angewendet werden. Um die bezüglichen Verhältnisse deutlich und durchsichtig zu machen, benutzen wir mit Vortheil die vorstehend definirten regelmässigen Punktgebilde, die Punktreihe, das Punktnetz und das Raumgitter.

Folgender Gedanke bildet den Ausgangspunkt unserer Betrachtungen. Wir fassen diejenigen Translationen in's Auge, welche die genannten Punktgebilde Punkt für Punkt in sich überführen. Wir werden dieselben *Deckschiebungen* nennen. *Die Gesammtheit derselben besitzt den Gruppencharacter.* Erstens nämlich sind verschiedene nach einander eintretende Translationen immer wieder einer Translation äquivalent; und zweitens kommen die Punktgebilde nach Eintritt beliebig vieler Deckoperationen immer wieder mit sich selbst zur Deckung. Die verschiedenen Lagen, in welche die Punktgebilde durch die einzelnen Translationen gelangen, sind nämlich, solange wir den Punkten und Geraden nicht etwa Marken anhängen, *nur in der Idee* von einander verschieden. Ist daher jede einzelne der beiden Translationen $2\tau_1$ und $2\tau_2$ eine Deckschiebung, so auch diejenige, welche beiden zusammen äquivalent ist. Die *sämmtlichen* Translationen, welche die bezüglichen Punktgebilde mit sich zur Deckung bringen, erfüllen daher in der That die für eine Gruppe characteristische Eigenschaft, dass je zwei von ihnen, hinter einander ausgeführt, immer wieder eine in der Gesammtheit enthaltene Deckschiebung darstellen. Nur ein wesentlicher Unterschied gegen die im ersten Abschnitt, Cap. III aufgestellte Definition des Gruppenbegriffs springt sofort in die Augen. Die dort behandelten Gruppen enthielten sämmtlich eine endliche Anzahl von Operationen, während die Zahl der Translationen der hier eingeführten Gruppen unendlich gross ist. Es hindert aber nichts, den Gruppenbegriff auf diesen Fall auszudehnen. Demgemäss stellen wir folgende Definition auf:

Unter einer Gruppe von Translationen verstehen wir eine unendliche Reihe von Translationen von der Art, dass irgend zwei Translationen, hinter einander ausgeführt, einer in der Gruppe enthaltenen Translation äquivalent sind.

Nunmehr können wir sofort folgenden Lehrsatz aussprechen:

Lehrsatz IV. *Die Gesammtheit aller Translationen, welche eine reguläre Punktreihe oder ein ebenes Punktnetz oder ein Raumgitter in sich überführen, bildet eine Gruppe von Translationen.*

Wir fügen hinzu, dass jede einzelne Deckschiebung bestimmt ist, wenn angegeben wird, mit welchem Punkt P des regelmässigen Punktgebildes ein beliebiger Punkt A desselben zusammenfällt. *Es giebt nur eine Translation, welche Deckschiebung des Punktgebildes ist und A nach P führt.*

Von den Translationen, welche eines der uns beschäftigenden regulären Punktgebilde in sich überführen, kann keine unter eine gewisse Grösse sinken; die kleinste von ihnen ist gleich dem Abstand der beiden nächsten Punkte des Punktgebildes. Nicht alle Translationsgruppen sind von dieser Art; wir werden aber, da dies für unsere Zwecke genügt, im Folgenden stets voraussetzen, dass wir es mit Gruppen der angegebenen Beschaffenheit zu thun haben. Wir wollen sie als *Gruppen endlicher Translationen* bezeichnen. Ist 2τ irgend eine Translation einer derartigen Gruppe, so enthält sie auch die Translationen von der Grösse 4τ, $6\tau \ldots$, sowie alle Translationen $2m\tau$, für welche m irgend eine positive ganze Zahl sein kann. Kommt aber ein reguläres Punktgebilde durch eine Translation 2τ mit sich zur Deckung, so gilt dies auch von -2τ, -4τ, u. s. w. Also folgt:

Lehrsatz V. *Enthält eine Translationsgruppe, die aus lauter Deckschiebungen eines regulären Punktgebildes besteht, eine Translation 2τ, so enthält sie jede Translation $2m\tau$, wo m alle positiven und negativen ganzen Zahlen bedeuten kann.*

Da uns nur solche Translationsgruppen interessiren, welche mit den regulären Punktgebilden zusammenhängen, so treffen wir auf Grund des vorstehenden Satzes die ausdrückliche weitere Bestimmung, dass alle im Folgenden zu erwähnenden Translationsgruppen neben einer Translation 2τ gleichzeitig *die entgegengesetzte Translation* -2τ enthalten. Die aus 2τ und -2τ resultirende Translation ist die Identität; *alle hier in Frage kommenden Translationsgruppen enthalten daher die Identität.* Sie drückt diejenige evidente Decklage der Punktgebilde aus, welche dem Ruhezustand entspricht.

§ 5. **Die lineare Translationsgruppe.** Es sei A ein beliebiger Punkt einer regelmässigen Punktreihe und A_1, $A_2 \dots$ seien die in derselben Richtung auf ihn folgenden Punkte. Da je zwei benachbarte Punkte gleichen Abstand von einander haben, so führt die Translation 2τ die Punktreihe in sich über. Dasselbe gilt also, dem letzten Satze gemäss, von jeder Translation von der Grösse $2m\tau$.

Andere Translationen, welche die Punktreihe in sich überführen, existiren nicht. Jede derartige Translation ist nämlich durch die Verschiebung des *einen* Punktes A bestimmt, und jede solche Verschiebung bringt A mit einem Punkt A_m zur Coincidenz; die Grösse dieser Verschiebung hat daher wirklich den Werth $2m\tau$. Nennen wir die bezügliche Gruppe von Translationen eine *lineare* Gruppe, und 2τ ihre *primitive* Translation, so folgt:

Lehrsatz VI. *Alle Translationen, welche eine regelmässige Punktreihe in sich überführen, bilden eine lineare Gruppe von Translationen. Die primitive Strecke der Punktreihe giebt die primitive Translation.*

Umgekehrt ist aber auch jede lineare Gruppe endlicher Translationen von der angegebenen Beschaffenheit. Ist zunächst $2\tau = OA$ die *kleinste* Translation, so enthält die Gruppe sicher alle Translationen $2m\tau$. Trägt man jetzt von dem Punkt O aus die Translationen $2m\tau$ nach Länge und Richtung ab, so bilden ihre Endpunkte (Fig. 22) eine regelmässige Punktreihe. Gäbe es nun noch eine weitere Translation $2\tau'$ der Gruppe, deren Endpunkt P' zwischen zwei Punkte der Punktreihe fällt, so ist auch $2\tau' + 2m\tau$ für jedes m eine Translation der Gruppe. Es fiele daher zwischen je zwei Punkte der Punktreihe ein Punkt, welcher den Endpunkt einer von O ausgehenden Translation der Gruppe darstellt, also auch zwischen O und A, was unmöglich ist. Also folgt:

Lehrsatz VII. *Jede lineare Gruppe von Translationen wird von der Gesammtheit derjenigen Translationen gebildet, welche in dem Ausdruck $2m\tau$ für alle ganzen Zahlen m enthalten sind. Werden alle Translationen von demselben Punkt aus abgetragen, so bilden ihre Endpunkte eine regelmässige Punktreihe.*

Ausdrücklich werde bemerkt, dass statt 2τ auch -2τ als primitive Translation benutzt werden kann, wie überhaupt bei allen hier in Frage kommenden Untersuchungen das Vorzeichen der Translationen dem Belieben überlassen ist.

§ 6. **Die ebene Translationsgruppe.** Das regelmässige Punktnetz denken wir uns, wie oben, auf zwei seiner Geraden als Coordinatenaxen bezogen. Es sei wieder $OABC$ das primitive Parallelogramm, so dass $OA = 2\tau_1$ und $OB = 2\tau_2$ die beiden primitiven Strecken sind. Die Translation $2\tau_1$ führt jede Gerade der einen Schaar in sich über, und jede Gerade der andern Schaar in die benachbarte Gerade, also muss auch das gesammte Punktnetz durch diese Translation in sich übergehen. Das Gleiche gilt für die Translation $2\tau_2$, also auch für jede Translation $2m_1\tau_1$ und $2m_2\tau_2$, wo, wie immer, m_1 und m_2 irgend eine positive oder negative ganze Zahl ist. Dieselbe Eigenschaft muss daher jeder Translation

$$2\tau = 2m_1\tau_1 + 2m_2\tau_2$$

zukommen.

Die in dem Ausdruck $2m_1\tau_1 + 2m_2\tau_2$ enthaltenen Translationen sind wieder die einzigen, welche das Punktnetz mit sich zur Deckung bringen. Wie in § 4 erwähnt wurde, ist nämlich jede Deckschiebung bestimmt, wenn bekannt ist, auf welchen Punkt P der Punkt O gefallen ist. Hat nun der Punkt P die Coordinaten $2m_1\tau_1$, $2m_2\tau_2$, so ist

$$2\tau = 2m_1\tau_1 + 2m_2\tau_2$$

die zugehörige Translation; und damit ist die Behauptung erwiesen.

Die so bestimmten Translationen bilden daher die aus den Deckschiebungen des Netzes bestehende Gruppe. Es möge bemerkt werden, dass sich der Gruppencharacter algebraisch darin ausdrückt, dass zwei Translationen von der Form

$$2m_1\tau_1 + 2m_2\tau_2 \quad \text{und} \quad 2m'_1\tau_1 + 2m'_2\tau_2$$

als Summe wieder eine Translation dieser Form geben. Die Gruppe heisst eine *ebene* Gruppe von Translationen. Die Translationen $2\tau_1$ und $2\tau_2$ bilden ein *Paar primitiver Translationen* und es folgt:

Lehrsatz VIII. *Alle Translationen, welche ein regelmässiges Punktnetz in sich überführen, bilden eine ebene Gruppe von Translationen. Das primitive Parallelogramm des Netzes giebt das primitive Translationenpaar.*

Umgekehrt lässt sich auch zeigen, dass jede ebene Gruppe endlicher Translationen von der eben gefundenen Beschaffenheit ist. Es sei Γ_τ diese Gruppe und unter allen Translationen einer gewissen, übrigens beliebigen Richtung sei $2\tau_1$ die kleinste. Wir denken uns (Fig. 23) alle Translationen von O aus nach Länge und Richtung construirt, bezeichnen die Gerade OA durch a und setzen $OA = 2\tau_1$. Nun fassen wir diejenigen Translationen in's Auge, deren Endpunkte von der Geraden a den kürzesten Abstand haben; unter ihnen giebt es wiederum eine kleinste, sie sei $OB = 2\tau_2$. Giebt es mehrere, deren Länge einem Minimalwerth des Abstandes entspricht, so bezeichnen wir irgend eine von ihnen durch $2\tau_2$.

Da die Gruppe die Translationen $2\tau_1$ und $2\tau_2$ enthält, so enthält sie auch jede Translation

$$2\tau = 2m_1\tau_1 + 2m_2\tau_2.$$

Es ist zu zeigen, dass ihr andere Translationen nicht angehören können. Zu diesem Zweck construiren wir dasjenige Punktnetz, für welches das durch OA und OB bestimmte Parallelogramm $OACB$ das primitive Parallelogramm ist, so ist jeder Punkt desselben der Endpunkt einer von O ausgehenden Translation. Gäbe es nun noch eine hiervon verschiedene Translation $2\tau'$, deren Endpunkt P' in das Innere oder in den Umfang eines der Parallelogramme fiele, so wäre auch $2\tau' + 2m_1\tau_1 + 2m_2\tau_2$ eine Translation der Gruppe, und es fiele in *jedes* Parallelogramm ein analoger Translationsendpunkt, also auch in das Parallelogramm $OABC$. Im Innern desselben ist ein solcher Punkt unmöglich, da er kleineren Abstand von a hätte, als B, was gegen die Annahme ist. Ebenso würde es gegen die Festsetzungen über $2\tau_1$ und $2\tau_2$ verstossen, wenn er auf dem Umfang läge, also folgt:

Lehrsatz IX. *Jede ebene Gruppe endlicher Translationen ist so beschaffen, dass alle ihre Translationen in dem Ausdruck*

$2m_1\tau_1 + 2m_2\tau_2$ *enthalten sind, wo* m_1 *und* m_2 *alle positiven und negativen ganzen Zahlen bedeuten können. Die Translationen* $2\tau_1$ *und* $2\tau_2$ *bestimmen die Gruppe und bilden ein primitives Translationenpaar.*

Sind A_1 und A_2 irgend zwei Punkte eines ebenen regelmässigen Netzes, so existirt stets eine Translation $2\tau = A_1A_2$, welche das Netz in sich überführt. Es sei $2\tau'$ die kleinste Translation, welche dieselbe Richtung hat wie 2τ, und unter den Deckschiebungen des Netzes enthalten ist. Nun sind auch alle in $2m\tau'$ enthaltenen Translationen Deckschiebungen; die auf A_1A_2 liegenden Netzpunkte bilden daher diejenige regelmässige Punktreihe, welche der linearen Gruppe $2m\tau'$ entspricht; d. h.

Lehrsatz X. *Die Verbindungslinie zweier Netzpunkte ist stets Träger einer dem Netz angehörenden regelmässigen Punktreihe.*

Endlich ist folgender Satz anzumerken, der aus den obigen Ausführungen folgt:

Lehrsatz XI. *Trägt man von einem beliebigen Punkt alle Translationen einer ebenen Gruppe nach Länge und Richtung ab, so bilden ihre Endpunkte ein ebenes Punktnetz.*

§ 7. **Die räumlichen Translationsgruppen.** Sind $OA = 2\tau_1$, $OB = 2\tau_2$, $OC = 2\tau_3$ die primitiven Strecken eines Raumgitters, bezüglich die Seitenlängen des primitiven Parallelepipedons, so führt jede Translation $2\tau_i$ das Raumgitter in sich über; sie verschiebt nämlich zwei Ebenenschaaren in sich, während jede Ebene der dritten Ebenenschaar in die benachbarte Ebene hineinfällt. Es sind daher auch $2m_1\tau_1$, $2m_2\tau_2$, $2m_3\tau_3$ für alle ganzzahligen m_1, m_2, m_3 Deckschiebungen des Raumgitters, und das nämliche gilt daher auch für die Translation

$$2\tau = 2m_1\tau_1 + 2m_2\tau_2 + 2m_3\tau_3 .$$

Ferner muss aber auch jede Deckschiebung des Raumgitters in vorstehender Formel enthalten sein. Nach § 4 ist nämlich jede dieser Deckschiebungen bestimmt, wenn angegeben wird, auf welchen Punkt P des Raumgitters der Punkt O fällt. Sind nun die Coordinaten von P resp. $2m_1\tau_1$, $2m_2\tau_2$, $2m_3\tau_3$, so ist der Ausdruck 2τ die zugehörige Translation; dieselbe ist also immer von der genannten Form.

Die so bestimmte Gruppe heisst eine *räumliche* Gruppe von Translationen; $2\tau_1$, $2\tau_2$, $2\tau_3$ bilden ein *Tripel* resp. ein *System primitiver Translationen.* Also folgt:

Lehrsatz XII. *Alle Translationen, welche ein Raumgitter in sich überführen, bilden eine räumliche Gruppe von Translationen. Die Kanten des primitiven Parallelepipedons liefern das System primitiver Translationen.*

Algebraisch ist der Gruppencharacter aller Translationen auch hier darin begründet, dass die Summe zweier Ausdrücke der vorstehenden Art immer wieder von derselben Art ist.

Sind A und A' irgend zwei Punkte des Gitters und ist $AA' = 2\tau'$, so ist $2\tau'$ eine Translation der Gruppe. Daher ist auch jede Translation $2m\tau'$ in der Gruppe enthalten; das Gitter enthält daher die durch A und A' bestimmte regelmässige Punktreihe. Sind A, A', A'' irgend drei nicht in einer Geraden liegende Gitterpunkte, so sind wieder

$$AA' = 2\tau', \quad AA'' = 2\tau''$$

Deckschiebungen des Gitters. Man betrachte nun alle Translationen der Gruppe, welche der Ebene $AA'A''$ parallel sind. Durch Zusammensetzung von ihnen entstehen immer wieder derartige Translationen, andrerseits gehören sie der Gruppe an, sie constituiren daher eine ebene Gruppe von Translationen. Die Endpunkte aller dieser Translationen gehören dem Gitter an und bilden in ihm ein reguläres Punktnetz. Also folgt:

Lehrsatz XIII. *Jedes Raumgitter enthält unendlich viele regelmässige Punktreihen und Punktnetze. Jede Verbindungslinie zweier Gitterpunkte und jede durch drei Punkte gelegte Ebene ist Träger eines solchen Punktgebildes.*

Wie für die ebenen, so lässt sich auch für die räumlichen Translationsgruppen beweisen, dass jede derartige Gruppe von der vorstehenden Beschaffenheit ist. Wir denken uns wieder (Fig. 24) alle Translationen der Gruppe von einem Punkte O aus gezeichnet. Es seien $OA' = 2\tau'$ und $OB' = 2\tau''$ irgend zwei Translationen von verschiedener Richtung und ε die durch sie bestimmte Ebene. Alle in diese Ebene fallenden Translationen bilden eine ebene Gruppe, sie sind daher in der Formel $2m_1\tau_1 + 2m_2\tau_2$ enthalten, wenn $2\tau_1$ und $2\tau_2$ das primitive Translationenpaar darstellen. Wir bezeichnen $2\tau_1$ und $2\tau_2$ durch OA, resp. OB. Nun sei $2\tau''' = OC'$ eine Translation, für welche der Abstand des Endpunktes C' von der Ebene ε ein Minimum ist. Unter allen diesen Translationen giebt es im Allgemeinen eine Translation $2\tau_3 = OC$, welche einen Minimalwerth hat; so dass also keine existirt, die noch kleiner ist. Giebt es mehrere Translationen dieser Art, so wird irgend eine von ihnen durch $2\tau_3$ bezeichnet.

Von den so bestimmten Translationen $2\tau_1$, $2\tau_2$, $2\tau_3$ lässt sich zeigen, dass jede Translation 2τ der Gruppe in der Formel

$$2\tau = 2m_1\tau_1 + 2m_2\tau_2 + 2m_3\tau_3$$

enthalten ist. Zunächst ist klar, dass alle diese Translationen der Gruppe angehören. Denken wir uns ferner dasjenige Raumgitter, welches durch $2\tau_1$, $2\tau_2$, $2\tau_3$ bestimmt ist, so ist jeder Punkt desselben Endpunkt einer dieser Translationen. Gäbe es nun eine Translation $2t$, deren Endpunkt P' in das Innere oder in die Oberfläche eines der Parallelepipeda fiele, welche das Gitter bilden, so müsste, da auch

$$2t + 2m_1\tau_1 + 2m_2\tau_2 + 2m_3\tau_3$$

eine Translation der Gruppe wäre, in *jedes* Parallelepipedon ein analoger Translationsendpunkt fallen, also auch in das durch $OABC$ bestimmte. Dies widerstreitet aber in jedem Fall den über $2\tau_1$, $2\tau_2$, $2\tau_3$ getroffenen Festsetzungen, ausser wenn dieser Punkt ein Eckpunkt ist. Alsdann ist aber auch P' ein Gitterpunkt und es folgt:

Lehrsatz XIV. *Für jede räumliche Gruppe endlicher Translationen lassen sich alle Translationen in der Form* $2m_1\tau_1 + 2m_2\tau_2 + 2m_3\tau_3$ *darstellen, wenn* m_1, m_2, m_3 *irgend welche positiven oder negativen ganzen Zahlen bedeuten. Die Translationen* $2\tau_1$, $2\tau_2$, $2\tau_3$ *bilden ein primitives Tripel.*

Raumgitter und räumliche Translationsgruppen sind daher Gebilde, die unzertrennlich mit einander verbunden sind und sich wechselseitig bedingen. Die für beide ableitbaren Eigenschaften laufen einander in jeder Beziehung parallel und können sich nur in der Bezeichnung unterscheiden. Hiervon werden wir oft Nutzen ziehen. Wir sprechen dies noch in folgendem Satz aus:

Lehrsatz XV. *Trägt man von irgend einem Punkte aus alle Translationen einer räumlichen Translationsgruppe nach Länge und Richtung ab, so bilden die Endpunkte ein Raumgitter.*

§ 8. **Systeme primitiver Translationen.** Es sei wieder (Fig. 23)

$$2\tau_1 = OA \quad \text{und} \quad 2\tau_2 = OB$$

das primitive Translationenpaar eines Punktnetzes, so besteht das Punktnetz aus den Schnittpunkten der beiden durch $2\tau_1$ und $2\tau_2$ bestimmten Schaaren paralleler Geraden. Zieht man die Diagonale OC des Parallelogramms $OABC$, und setzt

$$2\tau' = 2\tau_1 + 2\tau_2 = OC,$$

so trifft die Diagonale nach Satz X unendlich viele Netzpunkte und zwar alle diejenigen, welche den Translationen $2m'\tau'$ entsprechen. Das gleiche gilt, da O durch jeden Netzpunkt ersetzbar ist, von denjenigen Geraden, welche parallel zu OC durch die Punkte A, A_1 ... gezogen werden. Diese parallelen Geraden lassen sich demnach im Verein mit den Geraden von der Richtung $2\tau_1$ augenscheinlich ebenfalls benutzen, um das Punktnetz zu erzeugen; durch jeden Punkt des Netzes geht eine Gerade der einen und eine Gerade der andern Art. Betrachtet man nun OA und OC als Axen eines Coordinatensystems, so ist ersichtlich, dass sich die Translationen insgesammt durch den Ausdruck

$$2m_1\tau_1 + 2m'\tau'$$

darstellen lassen, wo m_1 und m' ganze Zahlen sind, es können also auch $2\tau_1$ und $2\tau'$ als ein Paar primitiver Translationen dienen.

Es liegt nahe, zu fragen, ob es noch weitere Paare primitiver Translationen giebt. Eine einfache Ueberlegung zeigt, dass dies wirklich der Fall ist; wir brauchen uns nur zu erinnern, dass bei der Construction des primitiven Paares in § 6 die Richtung der Translation $2\tau_1$ beliebig fixirt wurde.

Die Beziehungen der primitiven Paare zu einander folgen einfachen Gesetzen, die von grosser Wichtigkeit sind und nun entwickelt werden sollen.

In jedem Punktnetz giebt es, gemäss Satz X, unendlich viele regelmässige Punktreihen; jede Verbindungslinie zweier Netzpunkte ist der Träger einer solchen Reihe. Jede Translation der Punktreihe ist eine Translation des Netzes. Unter ihnen giebt es eine kleinste oder primitive Translation 2τ; wir wollen sie eine *primitive Translation des Punktnetzes* nennen. Für jedes Punktnetz, resp. in jeder ebenen Translationsgruppe existiren demgemäss unendlich viele primitive Translationen; jede von ihnen kann die oben mit $2\tau_1$ bezeichnete Translation darstellen.

Durch die Translationen $2\tau_1$ und $2\tau_2$ sind alle Netzpunkte bestimmt, und zwar als Schnittpunkte der mit $2\tau_1$ und $2\tau_2$ gegebenen Schaaren paralleler Geraden. Sind nun allgemein $2\tau'_1$ und $2\tau'_2$ irgend zwei Translationen, welche dasselbe Punktnetz liefern, so sollen sie ebenfalls als *primitives Translationenpaar* bezeichnet werden. Hierzu ist nothwendig und hinreichend, dass von den beiden Schaaren paralleler Geraden, welche den Translationen $2\tau'_1$ und $2\tau'_2$ entsprechen, durch jeden Gitterpunkt je eine hindurchgeht; in der That ist dann, wie nöthig, jeder Netzpunkt ein Schnittpunkt zweier Geraden der bezüglichen Geradenschaaren. Dies sprechen wir folgendermassen aus:

Zwei Translationen $2\tau'_1$ *und* $2\tau'_2$ *eines Netzes heissen ein Paar primitiver Translationen, wenn von den ihnen entsprechenden Schaaren paralleler Geraden durch jeden Netzpunkt je eine hindurchgeht.*

Wir haben bereits oben die Einsicht erlangt, dass es unendlich viele Paare primitiver Translationen giebt. Jedem derselben entspricht eine Theilung des Netzes in Parallelogramme. Solcher Theilungen sind daher unzählige möglich; d. h. *jedes Punktnetz kann auf unendlich viele Weisen durch zwei Schaaren paralleler Geraden erzeugt werden.*

Die Besonderheit des primitiven Paares $2\tau_1$, $2\tau_2$ trat darin zu Tage, dass sich jede Translation 2τ der Gruppe ganzzahlig in der Form

$$2\tau = 2m_1\tau_1 + 2m_2\tau_2$$

darstellen lässt. Dies beruht darauf, dass wenn die durch $2\tau_1$ und $2\tau_2$ repräsentirten Geraden OA und OB zu Coordinatenaxen gewählt werden, m_1 und m_2 die Coordinaten des Endpunktes von 2τ sind; und da alle diese Punkte Netzpunkte sind, so müssen m_1 und m_2 ganze Zahlen sein. Aus denselben Gründen besteht aber diese Eigenthümlichkeit auch für die Translationen $2\tau'_1$ und $2\tau'_2$, resp. die mit ihnen gegebene Coordinatenbestimmung. Endlich muss auch das umgekehrte richtig sein; fallen für irgend zwei Geraden als Coordinatenaxen die Coordinaten aller Netzpunkte als ganzzahlige Vielfache der bezüglichen Translationen aus, so sind alle Netzpunkte Schnittpunkte der zugehörigen Geradenschaaren. Also folgt:

Lehrsatz XVI. *Durch die Translationen eines primitiven Paares ist jede Translation ganzzahlig ausdrückbar. Sind umgekehrt* $2\tau'_1$, $2\tau'_2$ *zwei Translationen, in denen sich alle Translationen ganzzahlig ausdrücken, so bilden* $2\tau'_1$ *und* $2\tau'_2$ *ein primitives Paar.*

§ 9. Es sei nun

$$2\tau = 2p_1\tau_1 + 2p_2\tau_2 = OP$$

irgend eine Translation der Gruppe. Liegen zwischen O und P keine andern Netzpunkte, so ist OP eine primitive Translation. Giebt es aber noch Netzpunkte zwischen O und P, so sei A' der nächste zu O; dann ist $OA' = 2\tau'$ die primitive Translation des Netzes in der Richtung OP und es ist 2τ ein Vielfaches von $2\tau'$. Wird $2\tau = 2\lambda\tau'$ gesetzt, so folgt für $2\tau'$ die Gleichung

$$2\tau' = 2\frac{p_1}{\lambda}\tau_1 + 2\frac{p_2}{\lambda}\tau_2,$$

und da $2\tau'$ eine Translation der Gruppe ist, müssen $p_1 : \lambda$ und $p_2 : \lambda$ ganze Zahlen sein; d. h. p_1 und p_2 haben einen gemeinsamen Theiler. Umgekehrt ist evident, dass wenn p_1 und p_2 keinen gemeinsamen Theiler haben, zwischen O und P kein Netzpunkt liegt. Also folgt:

Lehrsatz XVII. *Die Translation* $2p_1\tau_1 + 2p_2\tau_2$ *ist eine primitive Translation des Netzes, wenn* p_1 *und* p_2 *keinen gemeinsamen Theiler haben.*

Nun seien

$$1)\qquad \begin{aligned} 2\tau'_1 &= 2p_1\tau_1 + 2p_2\tau_2 \\ 2\tau'_2 &= 2q_1\tau_1 + 2q_2\tau_2 \end{aligned}$$

irgend zwei primitive Translationen. Zunächst ist klar, dass weder p_1 und p_2, noch q_1 und q_2 einen gemeinsamen Theiler haben. Lösen wir die Gleichungen nach τ_1 und τ_2 auf und setzen zur Abkürzung

$$2)\qquad p_1q_2 - p_2q_1 = l,$$

so folgt

$$3)\qquad \begin{aligned} \tau_1 &= \frac{q_2}{l}\tau'_1 - \frac{p_2}{l}\tau'_2 \\ \tau_2 &= -\frac{q_1}{l}\tau'_1 + \frac{p_1}{l}\tau'_2 . \end{aligned}$$

Ist nun $l = \pm 1$, so lassen sich $2\tau_1$ und $2\tau_2$ ganzzahlig durch $2\tau'_1$ und $2\tau'_2$ ausdrücken, d. h. $2\tau'_1$ und $2\tau'_2$ bilden ein Paar primitiver Translationen. Andrerseits ist auch ersichtlich, dass dies *nur* unter der Bedingung $l = \pm 1$ eintritt. Denn ist l von ± 1 verschieden, so können $2\tau_1$ und $2\tau_2$ nur dann ganze Vielfache von $2\tau'_1$ und $2\tau'_2$ sein, wenn p_1, p_2, q_1, q_2 gleichzeitig durch l theilbar sind. Dies ist aber mit der Annahme, dass $2\tau'_1$ und $2\tau'_2$ primitiv sind, nicht vereinbar, also folgt:

Lehrsatz XVIII. *Es giebt unendlich viele Paare primitiver Translationen; sie werden unter der Bedingung* $p_1q_2 - p_2q_1 = \pm 1$ *durch die Gleichungen* 1) *dargestellt.*

Ist die primitive Translation $2\tau'_1$ gegeben, so sind die Translationen $2\tau'_2$, welche mit $2\tau'_1$ ein primitives Translationenpaar bilden, durch Auflösung der diophantischen Gleichung 2) zu berechnen.

§ 10. Ein besonders wichtiger Specialfall des vorstehenden Satzes tritt ein, wenn

$$\begin{aligned} 2\tau'_1 &= 2\tau_1 \\ 2\tau'_2 &= 2m_1\tau_1 \pm 2\tau_2 \end{aligned}$$

ist, wo m_1, wie immer, eine beliebige ganze Zahl ist. Diese Gleichungen gestatten unmittelbar die Auflösung

$$2\tau_1 = 2\tau'_1$$
$$2\tau_2 = \pm 2\tau'_2 - 2m_1\tau'_1;$$

es bilden also $2\tau'_1$ und $2\tau'_2$ ein primitives Paar; d. h.

Lehrsatz XIX. *Sind $2\tau_1$ und $2\tau_2$ ein primitives Paar, so sind auch $2\tau_1$ und $2m_1\tau_1 \pm 2\tau_2$ ein solches Paar.*

Dieser Satz erfährt durch die Figur 23 eine unmittelbare Veranschaulichung. Die Translation $2\tau'_2$ ist diejenige oben bereits erwähnte Translation, welche O mit einem Netzpunkt der nächsten zu a parallelen Geraden verbindet. Man überzeugt sich daher auch an der Figur leicht, dass durch Zusammensetzung von $2\tau_1$ und $2\tau'_2$ diejenigen Deckschiebungen ausführbar sind, welche O nach A resp. B führen. Für den Punkt A ist dies evident. Lässt man andrerseits erst die Translation $2\tau'_2$ eintreten, welche O nach B_m führt, und dann die Translation $-2m_1\tau'_1$, so gelangt dadurch in der That O nach B, womit der Satz geometrisch verificirt ist.

Das aus den primitiven Translationen $2\tau_1$ und $2\tau_2$ gebildete Parallelogramm möge noch *primitives Parallelogramm* und das durch sie bestimmte Dreieck OAB *primitives Dreieck* heissen. Bezeichnen wir (Fig. 25) die dritte Seite AB desselben durch $2\tau_3$, so besteht die Gleichung

Fig. 25.

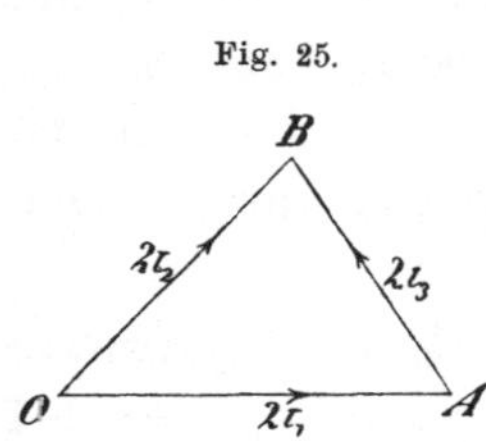

$$2\tau_1 + 2\tau_3 - 2\tau_2 = 0$$
$$2\tau_3 = 2\tau_2 - 2\tau_1.$$

Es kann daher gemäss dem vorstehenden Satz sowohl $2\tau_1$ und $2\tau_3$, als $2\tau_2$ und $2\tau_3$ ein primitives Translationenpaar bilden; d. h.

Lehrsatz XX. *Je zwei Seiten eines primitiven Dreiecks liefern ein Paar primitiver Translationen.*

§ 11. **Primitive Translationstripel der räumlichen Gruppen.** Jeder räumlichen Translationsgruppe entspricht ein Raumgitter, gebildet von den Endpunkten aller von einem

Punkte O aus construirten Translationen der Gruppe. Im Raumgitter giebt es unendlich viele regelmässige Punktreihen und Punktnetze. Die Translationen einer jeden Punktreihe sind Translationen des Gitters, die primitive unter ihnen soll eine *primitive Translation des Gitters* heissen. Ebenso ist auch jede Translation des Punktnetzes eine Translation des Gitters; das primitive Paar des Netzes bezeichnen wir als *primitives Translationspaar des Gitters.*

Wie die Translationen $2\tau_1$, $2\tau_2$, $2\tau_3$ alle Gitterpunkte bestimmen, so sollen irgend drei Translationen $2\tau'_1$, $2\tau'_2$, $2\tau'_3$ ein *primitives Tripel* heissen, wenn sie dasselbe Raumgitter bestimmen, wie $2\tau_1$, $2\tau_2$, $2\tau_3$. Hierzu ist nothwendig und hinreichend, dass durch jeden Gitterpunkt je eine der drei Schaaren paralleler Ebenen geht, welche den Flächen des von $2\tau'_1$, $2\tau'_2$, $2\tau'_3$ gebildeten Parallelepipedons entsprechen. Wir stellen daher folgende Definition auf:

Drei Translationen $2\tau'_1$, $2\tau'_2$, $2\tau'_3$ *bilden ein primitives Tripel des Gitters, wenn von den drei durch sie bestimmten Schaaren paralleler Ebenen durch jeden Gitterpunkt je eine geht.*

Für das Tripel $2\tau_1$, $2\tau_2$, $2\tau_3$ haben wir oben § 7 die Ebene, welche $2\tau_1$ und $2\tau_2$ enthält, beliebig angenommen. Daraus folgt bereits, dass es unendlich viele primitive Tripel des Raumgitters giebt. Jedem Tripel entsprechen drei Ebenenschaaren, *das Gitter kann daher auf unendlich viele Weisen durch drei Züge paralleler Ebenen erzeugt werden.*

Durch die Translationen $2\tau_1$, $2\tau_2$, $2\tau_3$ liess sich jede Translation 2τ der Gruppe in der Form

$$2\tau = 2m_1\tau_1 + 2m_2\tau_2 + 2m_3\tau_3$$

ganzzahlig ausdrücken. Dies beruhte darauf, dass, wenn die drei durch O gelegten Ebenen einer jeden Schaar als Coordinatenebenen gewählt werden, die Coordinaten jedes Gitterpunktes ganzzahlig ausfallen. Diese Eigenschaft kommt augenscheinlich allen Tripeln primitiver Translationen zu. Ebenso ist das umgekehrte richtig; ergeben sich die Coordinaten sämmtlich ganzzahlig, so sind alle Gitterpunkte Schnittpunkte von je drei Ebenen der bezüglichen drei Ebenenschaaren. Also folgt:

Lehrsatz XXI. *Durch die Translationen eines primitiven Tripels ist jede Translation ganzzahlig ausdrückbar. Umgekehrt, ist jede Translation durch $2\tau'_1$, $2\tau'_2$, $2\tau'_3$ ganzzahlig ausdrückbar, so bilden $2\tau'_1$, $2\tau'_2$, $2\tau'_3$ ein primitives Tripel.*

Es sei

$$2\tau = OP = 2p_1\tau_1 + 2p_2\tau_2 + 2p_3\tau_3$$

irgend eine Translation der Gruppe. Ist dieselbe nicht primitiv, so sei $2\tau'_1$ die primitive Translation in der Richtung von OP; alsdann ist $2\tau = 2\lambda\tau'_1$, wo λ eine ganze Zahl ist, und es folgt

$$2\tau'_1 = \frac{2\tau}{\lambda} = 2\frac{p_1}{\lambda}\tau_1 + 2\frac{p_2}{\lambda}\tau_2 + 2\frac{p_3}{\lambda}\tau_3.$$

Da aber $2\tau'_1$ durch $2\tau_1$, $2\tau_2$, $2\tau_3$ ganzzahlig ausdrückbar ist, so müssen p_1, p_2, p_3 den gemeinsamen Theiler λ haben. Ebenso folgt umgekehrt, dass wenn λ der grösste gemeinsame Theiler von p_1, p_2, p_3 ist, bereits der λte Theil von 2τ eine Translation der Gruppe ist. Also folgt:

Lehrsatz XXII. *Eine Translation $2p_1\tau_1 + 2p_2\tau_2 + 2p_3\tau_3$ ist primitiv, wenn p_1, p_2, p_3 keinen gemeinsamen Theiler haben.*

§ 12. Seien nun

$$1)\qquad \begin{aligned} 2\tau'_1 &= 2p_1\tau_1 + 2p_2\tau_2 + 2p_3\tau_3 \\ 2\tau'_2 &= 2q_1\tau_1 + 2q_2\tau_2 + 2q_3\tau_3 \\ 2\tau'_3 &= 2r_1\tau_1 + 2r_2\tau_2 + 2r_3\tau_3 \end{aligned}$$

irgend drei primitive Translationen. Wir setzen fest, dass sie nicht in einer und derselben Ebene liegen. Alsdann besteht zwischen $2\tau'_1$, $2\tau'_2$, $2\tau'_3$ keine lineare identische Gleichung, und die Gleichungen 1) lassen sich nach $2\tau_1$, $2\tau_2$, $2\tau_3$ auflösen. Setzen wir die Determinante

$$2)\qquad \begin{vmatrix} p_1, & p_2, & p_3 \\ q_1, & q_2, & q_3 \\ r_1, & r_2, & r_3 \end{vmatrix} = l$$

und bezeichnen die Unterdeterminanten

$$3)\qquad \begin{vmatrix} q_i & q_x \\ r_i & r_x \end{vmatrix} = p'_h, \qquad \begin{vmatrix} r_i & r_x \\ p_i & p_x \end{vmatrix} = q'_h, \qquad \begin{vmatrix} p_i & p_x \\ q_i & q_x \end{vmatrix} = r'_h,$$

wo h, i, k die Zahlen 1, 2, 3 in irgend einer cyclischen Folge darstellen, so ist

$$
4)\qquad
\begin{aligned}
2l\tau_1 &= 2p'_1\tau'_1 + 2q'_1\tau'_2 + 2r'_1\tau'_3 \\
2l\tau_2 &= 2p'_2\tau'_1 + 2q'_2\tau'_2 + 2r'_2\tau'_3 \\
2l\tau_3 &= 2p'_3\tau'_1 + 2q'_3\tau'_2 + 2r'_3\tau'_3 .
\end{aligned}
$$

Ist nun $l = \pm 1$, so lässt sich $2\tau_1$, $2\tau_2$, $2\tau_3$, also auch jede Translation

$$2\tau = 2m_1\tau_1 + 2m_2\tau_2 + 2m_3\tau_3$$

durch $2\tau'_1$, $2\tau'_2$, $2\tau'_3$ ganzzahlig ausdrücken, und $2\tau'_1$, $2\tau'_2$, $2\tau'_3$ bilden ein Tripel primitiver Translationen. Der Bedingung $l = \pm 1$ kann auf mannigfache Weise genügt werden, also folgt:

Lehrsatz XXIII. *Für jedes Raumgitter giebt es unendlich viele Tripel primitiver Translationen; sie werden durch die Gleichungen* 1) *dargestellt, wenn die Determinante derselben den Werth* ± 1 *hat.*

Ist im Besondern

$$
\begin{aligned}
2\tau'_1 &= 2\tau_1 \\
2\tau'_2 &= 2\tau_2 \\
2\tau'_3 &= 2\tau_3 + 2m_1\tau_1 + 2m_2\tau_2 ,
\end{aligned}
$$

so folgt als Auflösung direct

$$
\begin{aligned}
2\tau_1 &= 2\tau'_1 \\
2\tau_2 &= 2\tau'_2 \\
2\tau_3 &= 2\tau'_3 - 2m_1\tau'_1 - 2m_2\tau'_2 ,
\end{aligned}
$$

d. h. $2\tau_1$ und $2\tau_2$ bilden mit jeder Translation, deren Endpunkt in der nächsten, zu $2\tau_1$ und $2\tau_2$ parallelen Gitterebene liegt, ein primitives Tripel. Wie oben lässt sich auch hier geometrisch unmittelbar erkennen, dass die Translation $2\tau_3$ durch die Translation $2\tau'_3$ und $-(2m_1\tau_1 + 2m_2\tau_2)$ ersetzt werden kann.

Fig. 26.

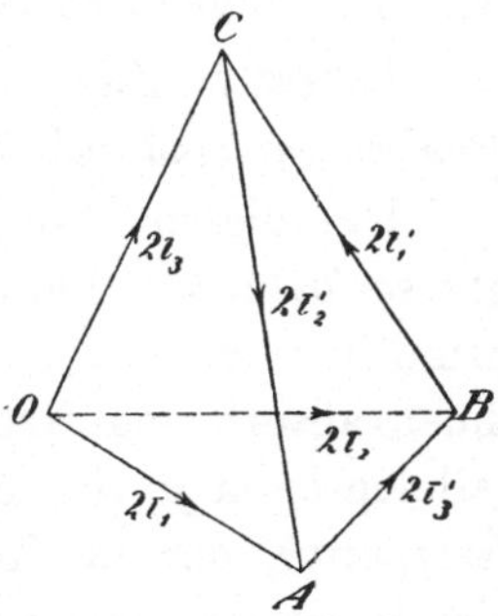

Wir bezeichnen noch das aus drei primitiven Translationen eines Tripels gebildete Parallelepipedon als *primitives Parallelepipedon* und das durch sie bestimmte Tetraeder als *primitives Tetraeder.* Ein solches ist z. B. das Tetraeder $OABC$. Bezeichnen wir (Fig. 26) die Seiten

$$BC = 2\tau'_1, \quad CA = 2\tau'_2, \quad AB = 2\tau'_3,$$

so bestehen die Gleichungen

$$\begin{aligned} 2\tau'_1 + 2\tau_2 - 2\tau_3 &= 0 \\ 2\tau'_2 + 2\tau_3 - 2\tau_1 &= 0 \\ 2\tau'_3 + 2\tau_1 - 2\tau_2 &= 0 \\ 2\tau'_1 + 2\tau'_2 + 2\tau'_3 &= 0 \end{aligned}$$

und hieraus folgt, dass irgend drei Kanten des Tetraeders, die nicht in derselben Ebene liegen, ein Tripel primitiver Translationen bestimmen; z. B.

$$2\tau_1, 2\tau_2, 2\tau'_1 \quad \text{und} \quad 2\tau_1, 2\tau'_2, 2\tau'_3,$$

d. h.

Lehrsatz XXIV. *Drei Kanten eines primitiven Tetraeders, die nicht in einer Ebene liegen, bilden ein Tripel primitiver Translationen.*

§ 13. **Invarianter Inhalt der primitiven Parallelogramme und Parallelepipeda.** Betrachten wir, gemäss dem letzten Satz von § 10, irgend zwei der drei Translationen $2\tau_1$, $2\tau_2$, $2\tau_3$ als primitives Paar, so erhalten wir drei verschiedene Parallelogrammtheilungen des Punktnetzes, deren primitive Parallelogramme augenscheinlich inhaltsgleich sind. Dasselbe gilt für das durch $2\tau'_1 = 2\tau_1$ und $2\tau'_2 = 2m_1\tau_1 \pm 2\tau_2$ bestimmte Parallelogramm. Hierin documentirt sich ein allgemeiner Satz, der sich folgendermassen aussprechen lässt:

Lehrsatz XXV. *Alle primitiven Parallelogramme eines Punktnetzes sind inhaltsgleich.*

Um diesen Satz zu beweisen, fassen wir eine möglichst grosse Zahl von Parallelogrammen p in's Auge, welche dem primitiven Paar $2\tau_1$, $2\tau_2$ entsprechen. Die Anzahl der von ihnen absorbirten Netzpunkte sei Z. Nun enthält jedes Parallelogramm p vier Netzpunkte, andrerseits stossen in jedem Netzpunkt, der im Innern des betrachteten Gebietes liegt, je vier Parallelogramme zusammen; die Anzahl Z_1 der Parallelogramme kommt daher der Zahl Z sehr nahe; die Correction ist nur darin begründet, dass an den Punkten, welche auf der Grenze des Gebietes liegen, nicht mehr alle vier um sie liegenden Parallelogramme p in die Zahl Z_1 einzurechnen sind. Wir denken uns, um die Begriffe zu fixiren, das bezügliche Gebiet kreisförmig und betrachten die im Innern liegenden Punkte desselben. Bezeichnen wir den Radius mit r, so ist die Anzahl der im Innern liegenden Parallelogramme mit r^2 proportional, dagegen die Zahl derjenigen, welche dem Umfang angehören, mit r selbst. Die Zahlen Z und Z_1 unterscheiden sich daher um eine Grösse, welche von der Ordnung r ist, während sie selbst von der Ordnung r^2 sind. Lassen wir nun r unbegrenzt wachsen, so muss in Folge dessen der Quotient $Z : Z_1$ der Einheit näher und näher kommen.

Diese Betrachtungen sind von der Wahl des primitiven Paares durchaus unabhängig. Ist daher Z'_1 die Zahl der im Innern des Kreises liegenden Parallelogramme p', welche irgend einem andern primitiven Paar entsprechen, so kommt auch der Quotient $Z : Z'_1$ mit wachsendem r der Einheit beliebig nahe. Das gleiche gilt demnach auch von dem Quotienten $Z_1 : Z'_1$. Bezeichnen wir nun die Flächen, welche von den Z_1 Parallelogrammen p bezüglich von den Z'_1 Parallelogrammen p' erfüllt werden, mit F und F', so unterscheiden sich auch F und F' von der gesammten Kreisfläche um Grössen von der Ordnung r, während sie selbst von der Ordnung r^2 sind. Demnach kommt wiederum der Quotient $F : F'$ mit wachsendem r der Einheit beliebig nahe und daraus folgt schliesslich das gleiche für die Quotienten $F : Z_1$ und $F' : Z'_1$. Der erste dieser Quotienten bedeutet aber den Inhalt des Parallelogramms p, der zweite denjenigen von p', und damit ist der obige Satz bewiesen.[1])

Die vorstehenden Ueberlegungen lassen sich ohne Weiteres auf die primitiven Parallelepipeda der Raumgitter übertragen. Der einzige Unterschied besteht darin, dass die Kreisfläche durch eine Kugel zu ersetzen ist. Das Innere der Kugel ist

1) Der hier befolgte Gedankengang entspricht dem von Dirichlet gegebenen Beweis. Vgl. Crelle's Journ. f. Math. Bd. 40, S. 216.

von der Ordnung r^3, die Oberfläche von der Ordnung r^2, das Verhältniss der letzteren zur ersteren daher wiederum umgekehrt proportional mit r u. s. w. u. s. w. Also folgt:

Lehrsatz XXVI. *Alle primitiven Parallelepipeda eines Raumgitters haben gleichen Flächeninhalt.*

Die Sätze XXV und XXVI gelten natürlich in analoger Form von den primitiven Dreiecken und primitiven Tetraedern. Ferner ist klar, dass auch ihre Umkehrung richtig ist. Wenn also drei Translationen $2\tau'_1$, $2\tau'_2$, $2\tau'_3$ ein Tetraeder bestimmen, welches dem aus $2\tau_1$, $2\tau_2$, $2\tau_3$ gebildeten Tetraeder inhaltsgleich ist, so bilden sie ebenfalls ein System primitiver Translationen.

Drittes Capitel.

Symmetrische Punktnetze und Raumgitter.

§ 1. **Der Symmetriecharacter der Punktnetze und Raumgitter.** Wir beschäftigen uns in diesem Capitel mit der Aufgabe, alle mit *Symmetrie* behafteten Punktnetze und Raumgitter zu finden. Da jede Symmetrieeigenschaft ihren Ausdruck in einer Deckoperation findet, so läuft die Aufgabe darauf hinaus, diejenigen Netze und Gitter zu ermitteln, welche ausser bei den Deckschiebungen noch in Folge anderer characteristischen Deckoperationen in sich übergehen.

Wie wir im vorigen Capitel erkannt haben, hängen Punktnetze und Raumgitter mit den Translationsgruppen auf das engste zusammen. Die Folge ist, dass die Symmetrie des Netzes oder Gitters auch die Symmetrie der bezüglichen Gruppe bedingt, und umgekehrt. Die fraglichen Symmetrieverhältnisse können daher durch die Untersuchung der Translationsgruppen ermittelt werden. Nun kann die Gesammtheit der Translationen nach Länge und Richtung von einem und demselben Punkte aus abgetragen werden. Ferner spricht sich jede Symmetrieeigenschaft der Translationsgruppen in einer Deckoperation aus, welche die Gesammtheit aller Translationen zur Deckung bringt; daher kommen zur Kennzeichnung ihres Symmetriecharacters nur solche Operationen in Frage, welche einen Punkt O unverändert lassen. Das gleiche muss daher auch für Punktnetze und Raumgitter gelten.

Dies kann auch folgendermassen direct bewiesen werden. Es sei $\mathfrak{L}$ irgend eine Operation erster oder zweiter Art, welche ein Punktnetz oder Raumgitter in sich überführt. Sie bringt den Punkt O jedenfalls mit einem andern Punkt des Netzes oder Gitters zur Coincidenz; dieser Punkt sei O_ι. Nun existirt gemäss § 4 des vorigen Capitels eine bestimmte Deckschiebung $2\tau_\iota$ des Netzes oder Gitters, welche O_ι nach O gelangen lässt. Wenn daher erst die Deckoperation $\mathfrak{L}$ und dann die Deckschiebung $2\tau_\iota$ eintritt, so sind sie zusammen einer solchen Deckoperation des Netzes oder Gitters äquivalent, welche den Punkt O unverändert lässt; also folgt, dem obigen Resultat entsprechend:

Lehrsatz I. *Geht ein Punktnetz oder Raumgitter durch irgend eine Operation in sich über, die keine Translation ist, so giebt es auch solche Deckoperationen des Netzes oder Gitters, welche einen seiner Punkte unverändert lassen.*

Da dieser Punkt beliebig gewählt werden kann, so leuchtet ein, dass ein Netz oder Gitter gegen alle seine Punkte die gleichen Symmetrieeigenschaften besitzt.[1])

Der vorstehende Satz zeigt, dass die Symmetrie der Punktnetze und Raumgitter durch eine der im ersten Abschnitt erörterten Gruppen von Symmetrieen gegen einen Punkt characterisirt werden kann.

Daraufhin werden wir nun die Netze und Gitter einzeln untersuchen. Zuvor machen wir jedoch nochmals darauf aufmerksam, dass die Untersuchung dieser Punktgebilde auch durch Untersuchung der Translationsgruppen ersetzt werden kann. Jede Operation, welche die sämmtlichen Translationen der bezüglichen Gruppe in einander überführt, ist auch eine Deckoperation des Netzes oder Gitters und umgekehrt.

§ 2. **Symmetrie der Punktnetze.** Wir leiten zunächst einige Sätze allgemeiner Natur über die Symmetrie der Punktnetze ab.

Lehrsatz II. *Jedes regelmässige Punktnetz geht durch Inversion gegen einen seiner Punkte in sich über.*

Die Inversion vertauscht nämlich jede der von O aus gezeichneten Translationen mit ihrer entgegengesetzten, womit der Beweis erbracht ist.

---

1) Vgl. hierzu auch Cap. VI, § 7.

Eine *Symmetricebene* kann dem Punktnetz nur in einer zur Netzebene senkrechten Lage zukommen. Ist N ein Netz dieser Art, so besitzt es, wie eben für jedes Netz bewiesen wurde, in O ein Symmetriecentrum, folglich ist das Netz gemäss Cap. III, X des ersten Abschnittes mit einer in der Netzebene liegenden und durch O gehenden zweizähligen Axe begabt. Wir brauchen daher, um die Symmetrieverhältnisse der Punktnetze zu studiren, nur *Axensymmetrie* in's Auge zu fassen. Daraus folgt, dass *die Netzsymmetrie stets durch eine Drehungsgruppe gekennzeichnet werden kann.*

Die Symmetrieaxen eines Netzes liegen entweder in ihm, oder sie stehen senkrecht zu ihm. Die ersteren sind, da sie die Netzebene in sich überführen müssen, immer zweizählig. Diese Axen repräsentiren, wie wir sehen werden, eine wirkliche Symmetrieeigenschaft eines Netzes, dagegen ist dies für die zur Netzebene senkrechten zweizähligen Axen nicht der Fall. Es besteht nämlich folgender

Lehrsatz III. *Jedes Netz gestattet eine Umklappung um eine durch O gehende, zur Netzebene senkrechte zweizählige Axe.*

Auch diese Umklappung führt nämlich jede Translation in die entgegengesetzte über, womit der Satz wiederum bewiesen ist. Ein zweiter Beweis folgt daraus, dass jedes Netz in O ein Symmetriecentrum und in seiner eigenen Ebene eine evidente Symmetrieebene besitzt; es kommt ihm daher auch die genannte zweizählige Symmetrieaxe zu.

Wir nehmen jetzt an, das Netz gehe durch Drehung um eine zur Netzebene senkrechte n-zählige Axe a, wo $n > 2$ ist, in sich über. Ferner sei $2\tau_1$ eine von O ausgehende Translation. Wird die Drehung um die Axe a ausgeführt, so fällt nothwendig $2\tau_1$ mit einer andern Translation des Netzes zusammen. Dasselbe gilt für wiederholte Drehung um a; von O gehen daher n gleich lange Translationen aus, welche gleiche Winkel mit einander einschliessen, deren Endpunkte also ein regelmässiges n-Eck bilden. Die Ecken dieses n-Ecks sind nun aber ebenfalls Netzpunkte; folglich besteht das Netz einerseits aus Parallelogrammen, andrerseits aus regulären Polygonen. Es giebt aber ausser dem regulären Dreieck, Viereck und

Sechseck kein anderes Polygon, welches Basis eines Netzes von Parallelogrammen sein kann; demnach kann n nur die Werthe 3, 4, 6 haben. Ist $n = 3$, so sind drei von O ausgehende gleiche Translationen vorhanden. Nun existirt aber zu jeder auch die entgegengesetzte; es kommen also zu den dreien, von denen wir ausgingen, noch drei hinzu, und die Axe ist in Wirklichkeit sechszählig, d. h.

Lehrsatz IV. *Symmetrieaxen eines Punktnetzes, welche auf der Netzebene senkrecht stehen, sind entweder zweizählig oder vierzählig oder sechszählig.*

§ 3. **Die symmetrischen Netze.** Ist die zur Netzebene senkrechte Axe a zweizählig, so kann das Netz besondere Symmetrie nur dadurch erwerben, dass es eine in der Netzebene liegende Symmetrieaxe u besitzt. Diese Axe bedingt in Gemeinschaft mit a die Existenz noch einer zweiten in der Netzebene liegenden Axe u_1, welche auf u senkrecht steht; die Axensymmetrie des Netzes ist daher durch die Vierergruppe V gekennzeichnet.

Soll nun ein Netz von Parallelogrammen, dessen Basis weder ein Quadrat noch ein reguläres Sechseck resp. Dreieck ist, durch Umklappung um eine Axe in sich übergehen, so muss das primitive Parallelogramm entweder ein *Rechteck* oder ein *Rhombus* sein. Im ersten Fall stehen die beiden primitiven Translationen $2\tau_1$ und $2\tau_2$ senkreckt auf einander, jede von ihnen hat daher die Richtung einer zweizähligen Symmetrieaxe. Das Netz besteht also (Fig. 27) aus lauter Rechtecken, deren Seiten das primitive Paar von Translationen darstellen. Wir bezeichnen es als *rechtwinkliges Netz.*

Fig. 27.

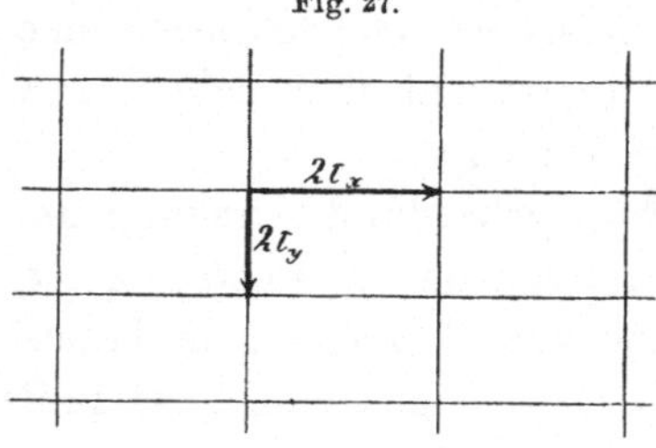

Das Netz, dessen primitives Parallelogramm ein Rhombus ist, soll *rhombisches Netz* heissen. Für dieses Netz haben (Fig. 28) die Symmetrieaxen die Richtung der Rhombendiagonalen. In jede von ihnen fällt eine Translation des

Netzes, aber diese beiden Translationen bilden kein primitives Paar. Bezeichnen wir für beide Arten von Netzen die in die Symmetrieaxen u und u_1 fallenden primitiven Translationen durch $2\tau_x$ und $2\tau_y$, während $2\tau_1$ und $2\tau_2$ wie bisher das primitive Paar vorstellen, so ist das rechtwinklige Netz durch die Translationen

Fig. 28.

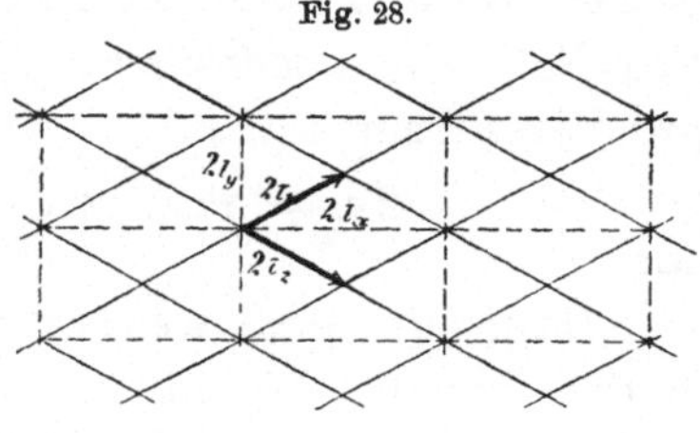

$$2\tau_1 = 2\tau_x, \quad 2\tau_2 = 2\tau_y$$

characterisirt, das rhombische dagegen durch

$$2\tau_1 = \tau_x + \tau_y, \quad 2\tau_2 = \tau_x - \tau_y.$$

Aus den letzten beiden Gleichungen folgt umgekehrt

$$2\tau_x = 2\tau_1 + 2\tau_2, \quad 2\tau_y = 2\tau_1 - 2\tau_2,$$

in einem rhombischen Netz ist daher die Translation längs einer Symmetrieaxe gleich der geometrischen Summe oder Differenz der in den Rhombenseiten liegenden primitiven Translationen.

Das primitive Paar des rhombischen Netzes kann, wie aus Lehrsatz XX des vorigen Capitels folgt, auch durch

$$2\tau_1' = 2\tau_x, \quad 2\tau_2' = \tau_x + \tau_y$$

oder durch

$$2\tau_1'' = 2\tau_y, \quad 2\tau_2'' = \tau_x + \tau_y$$

dargestellt werden.

Bemerkung. Die oben eingeführte Bezeichnung entspricht, wie ausdrücklich erwähnt werden möge, der Gestalt des *primitiven* Parallelogramms. Auch in andern Netzen können Rechtecke und Rhomben auftreten, sie bilden aber niemals ein primitives Parallelogramm.

Fig. 29.

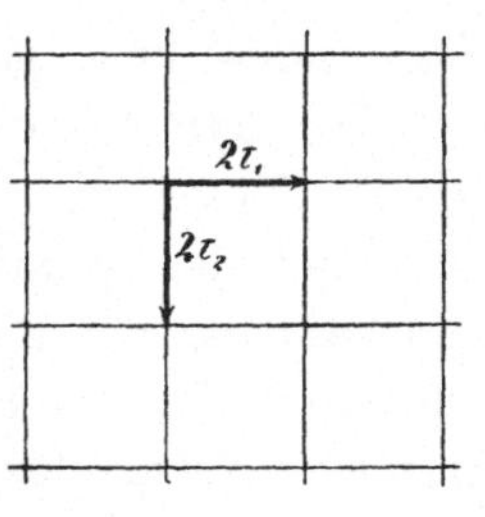

Das Netz, welches eine vierzählige Symmetrieaxe besitzt, besteht (Fig. 29) aus lauter Quadraten. Die beiden Translationen $2\tau_1$ und $2\tau_2$ werden gleich lang und stehen auf einander senkrecht. Das Netz besitzt von selbst zweizählige Symmetrieaxen in der Netzebene; zwei von ihnen fallen mit den Richtungen von

$2\tau_1$ und $2\tau_2$ zusammen, die andern beiden halbiren die von ihnen gebildeten Winkel. Die gesammte Axensymmetrie des Netzes ist daher durch die Drehungsgruppe D_4 gekennzeichnet. Das Netz soll *quadratisches* Netz heissen. Wir stellen sein primitives Paar durch

$$2\tau_1 = 2\tau_x, \quad 2\tau_2 = 2\tau_y, \quad \tau_x = \tau_y\ ^{1)}$$

dar.

Dasjenige Netz, welches eine sechszählige Symmetrieaxe besitzt, besteht (Fig. 30) aus lauter gleichseitigen Dreiecken, resp. regulären Sechsecken. Gehen aus $2\tau_1$ durch Drehung um 120^0 die Translationen $2\tau_2$ und $2\tau_3$ hervor, so ist

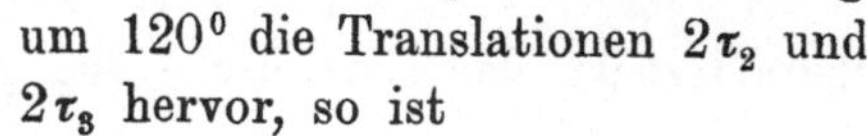

$$2\tau_1 + 2\tau_2 + 2\tau_3 = 0.$$

Fig. 30.

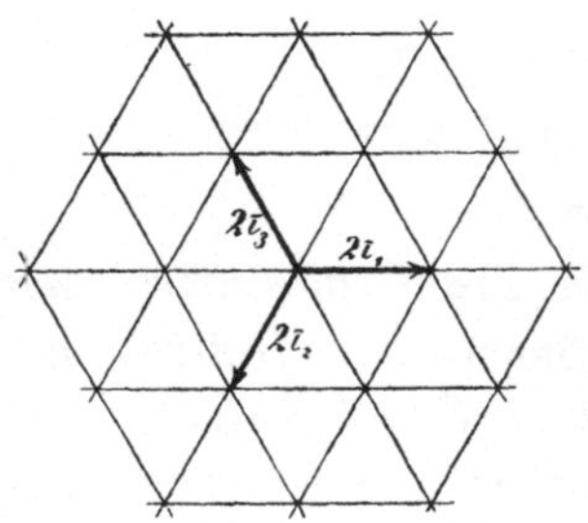

Irgend zwei dieser drei Translationen liefern ein primitives Translationenpaar. Das Netz besitzt ebenfalls zweizählige Symmetrieaxen in der Netzebene, die theils in die Translationsrichtungen fallen, theils die von ihnen gebildeten Winkel halbiren. Die gesammte Axensymmetrie des Netzes ist daher durch die Gruppe D_6 characterisirt. Das Netz soll *reguläres* oder *gleichseitiges* Netz genannt werden.

Dies führt zu folgendem

Lehrsatz V. *Es giebt im Ganzen vier verschiedene Typen von Punktnetzen mit besonderer Symmetrie; nämlich das rhombische Netz, das rechtwinklige Netz, das quadratische Netz und das reguläre resp. gleichseitige Netz.*

Die Symmetrie dieser Netze spricht sich übrigens auch in der Natur des primitiven Dreiecks characteristisch aus. Während das primitive Dreieck für allgemeine Netze nicht von besonderer Art ist, so ist es für rhombische Netze gleichschenklig, für das rechtwinklige Netz rechtwinklig, für quadratische Netze gleichschenklig und rechtwinklig, und endlich

1) Diese Gleichung bezieht sich natürlich nur auf die Länge von τ_x und τ_y.

für die regulären Netze gleichseitig; resp. unter den vielen primitiven Dreiecken finden sich immer solche der genannten Art. *Die vier Netzarten entsprechen also genau den vier besonderen Typen von Dreiecken.* Demnach lassen sich die vier Netze in einfachster Weise dadurch ableiten, dass für sie ein Dreieck besonderer Art als primitives Dreieck zu Grunde gelegt wird.

Bemerkung. Denken wir uns das Netz in irgend einer Weise durch zwei Schaaren paralleler Geraden erzeugt, so führt jede Deckschiebung das Netz so in sich über, dass jedes der dadurch bestimmten Parallelogramme wieder mit einem Parallelogramm zusammenfällt. Für die andern Deckoperationen ist dies *im Allgemeinen* auch der Fall; es giebt jedoch Ausnahmen. Dies lässt sich am einfachsten übersehen, wenn wir die vier um den Punkt O herumliegenden Parallelogramme P_1, P_2, P_3, P_4 in's Auge fassen. Vertauschen sich diese Parallelogramme bei irgend einer Deckoperation unter sich, so gilt es von allen Netzparallelogrammen. Hieraus ist ersichtlich, dass die einzige Ausnahme dem regulären Netz entspricht; die Drehung um 120^0 bringt nämlich keines der vier Parallelogramme mit einem von ihnen zur Deckung. Dagegen ist natürlich klar, dass die vier Punkte eines jeden Parallelogramms mit vier Punkten zusammenfallen, die ein congruentes Parallelogramm bestimmen.

Für die primitiven Dreiecke findet eine solche Ausnahme nicht statt.

§ 4. **Die Symmetrieverhältnisse der Raumgitter.** Für das Studium der Raumgittersymmetrie erinnern wir zunächst daran, dass nach § 1 wiederum nur solche Operationen in Frage kommen, welche einen Gitterpunkt unverändert lassen. Die Symmetrie des Gitters kann daher durch eine der im ersten Abschnitt abgeleiteten Symmetriegruppen characterisirt werden. Ebenso ist die Gittersymmetrie wiederum mit der Symmetrie der zugehörigen Translationsgruppe identisch. Nun ist die Translationsgruppe resp. die Gesammtheit der Translationen und Gitterpunkte durch irgend ein System primitiver Translationen bestimmt. Jede Operation $\mathfrak{L}$, welche eine Deckoperation der Translationsgruppe ist, führt daher ein primitives Tripel $2\tau_1$, $2\tau_2$, $2\tau_3$ entweder in sich selbst, oder in ein äquivalentes System über; ebenso ist umgekehrt eine Operation $\mathfrak{L}$, welche die drei Translationen $2\tau_1$, $2\tau_2$, $2\tau_3$ in sich oder in drei ihnen bezüglich gleiche Translationen überführt, eine Deckoperation des Gitters.

Bemerkung. Ist O ein beliebiger Punkt des Raumgitters, so stossen in ihm acht Parallelepipeda zusammen. Diese gehen bei den Deckoperationen gegen O im allgemeinen in einander über. Es tritt aber auch für die Gitter, gleichwie für die Netze, der Fall ein, dass die Vertauschung aller Gitterpunkte ohne Vertauschung der ganzen Parallelepipeda vor sich geht. Dies trifft augenscheinlich immer und nur dann zu, wenn das primitive Tripel in Translationen übergeht, die auf andern Geraden liegen.

Wir leiten zunächst wieder einige allgemeine Sätze über die Symmetrie der Gitter ab.

Lehrsatz VI. *Jedes Raumgitter geht durch Inversion gegen einen seiner Punkte in sich über.*

Die Inversion führt nämlich jede der drei Translationen $2\tau_1$, $2\tau_2$, $2\tau_3$ in die entgegengesetzte über.

Hieraus ziehen wir die wichtige Folgerung, dass *für die Definition der Gittersymmetrie nur gewöhnliche Symmetrieaxen nöthig sind.* Wenn nämlich ein Gitter R auch durch eine von der Inversion verschiedene Operation zweiter Art in sich übergeht, so wird durch sie und die Inversion gemäss Cap. I, VIII des ersten Abschnitts in allen Fällen eine Operation erster Art bedingt, womit die vorstehende Behauptung als richtig erwiesen ist. Hieraus folgt bereits, dass rücksichtlich der Symmetrie höchstens diejenigen 11 Typen von Raumgittern existiren können, die den 11 Drehungsgruppen entsprechen; ihre Zahl kann aber, wie die nachstehende Ableitung zeigt, noch weiter reducirt werden.

§ 5. Es sei a eine durch O gehende Symmetrieaxe des Gitters und Π ein solches zu den Translationen $2\tau_1$, $2\tau_2$, $2\tau_3$ gehöriges primitives Parallelepipedon, dass die Axe a nicht ganz ausserhalb Π liegt, also entweder in seinem Innern oder auf seinen Seitenflächen verläuft. Ein derartiges Parallelepipedon existirt immer. Die Drehung um a führt die Translationen $2\tau_1$, $2\tau_2$, $2\tau_3$ in sich oder in äquivalente Translationen über. Nun endigt keine Translation im Innern oder auf der Oberfläche des Parallelepipedons Π, abgesehen natürlich von denjenigen, deren Endpunkte in die Ecken desselben fallen. Daraus ist zu schliessen, dass Π bei der um a stattfindenden Drehung entweder in sich selbst, oder in ein neben ihm liegendes Parallelepipedon übergeht; allerdings braucht das letztere keines der acht um O liegenden Gitterparallelepipeda zu sein. Wie dem aber auch sei, so folgt jedenfalls, dass die Axe a mit einer Körperdiagonale, einer Flächendiagonale oder einer Kante des Parallelepipedons Π zusammenfallen muss. Was aber für Π gilt, gilt, da $2\tau_1$, $2\tau_2$, $2\tau_3$ ein *beliebiges* primitives Tripel bilden, für *jedes* primitive Parallelepipedon, also ergiebt sich:

Lehrsatz VII. *Jede durch den Punkt O des Raumgitters gehende Symmetrieaxe fällt für jedes den Punkt O enthaltende primitive Parallelepipedon in eine seiner Kanten, Flächendiagonalen oder Körperdiagonalen.*

Als Folgerung ergiebt sich, dass gemäss Satz XIII des vorigen Capitels jede Symmetrieaxe eines Raumgitters Träger einer dem Gitter angehörigen regelmässigen Punktreihe ist, d. h.

Lehrsatz VIII. *Jede Symmetrieaxe eines Raumgitters hat die Richtung einer dem Gitter zugehörigen Translation.*

Eine ähnliche Eigenschaft besteht für die Symmetrieebenen. Wir haben nämlich einerseits gesehen, dass (§ 2) jede Symmetrieebene Symmetrieaxen bedingt, die auf ihr senkrecht stehen. Andrerseits ist, wie in Satz XI bewiesen wird, jede auf der Symmetrieaxe senkrechte Ebene eine Netzebene des Gitters, also folgt:

Lehrsatz IX. *Jede Symmetrieebene eines Gitters hat die Richtung einer Netzebene desselben.*

Es ist nun weiter zu untersuchen, was für Symmetrieaxen einem Gitter überhaupt eigen sein können.

Nehmen wir zu diesem Zweck die durch O gehende Axe a als n-zählig an und betrachten (Fig. 31) irgend eine von

O ausgehende Translation $2\tau_1 = OA_1$, die nicht in a fällt. Durch wiederholte Drehung um a mögen aus $2\tau_1$ die Translationen $2\tau_2$, $2\tau_3 \ldots 2\tau_n$ hervorgehen. Da die Drehung um a die Gesammtheit der Translationen in sich überführt, so sind $2\tau_2$, $2\tau_3 \ldots$ Translationen des Gitters, ihre Endpunkte A_2, $A_3 \ldots A_n$ sind daher Gitterpunkte. Sie bestimmen, wenn $n > 2$ ist, eine Ebene ε, und gehören dem in der Ebene ε liegenden Punktnetz an. Es giebt also, wenn $n > 2$ ist, eine zur Axe a senkrechte Netzebene. Ist $n = 2$, so gilt dasselbe; denn da die vorstehenden Schlüsse für jede von O ausgehende Translation gelten, so giebt es unzählige zur Axe a senkrechte Translationen. Nun bilden die Punkte A_1, $A_2 \ldots A_n$ ein reguläres n-Eck; folglich kann nach dem in § 2 bewiesenen Satz IV n nur die Werthe

Fig. 31.

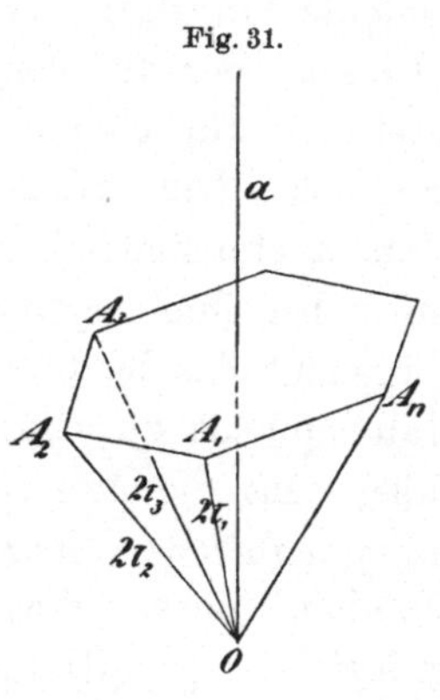

$$2, \quad 3, \quad 4, \quad 6$$

haben. Wir erhalten demnach folgendes Resultat:

Lehrsatz X. *Symmetrieaxen eines Raumgitters sind nur zweizählig, dreizählig, vierzählig oder sechszählig.*

Lehrsatz XI. *Für jede Symmetrieaxe eines Raumgitters giebt es Netzebenen, die zur Axe senkrecht liegen.*

§ 6. **Die Systeme primitiver Translationen der symmetrischen Gitter.** Für die Characteristik der symmetrischen Raumgitter benutzen wir mit Vortheil die Systeme primitiver Translationen, resp. die zugehörigen primitiven Tetraeder und Parallelepipeda. Sie können für jedes symmetrische Gitter mehr oder minder regelmässig gewählt werden.

Wie aus § 7 des vorigen Capitels hervorgeht, ist die Richtung der einen der drei Translationen, welche zusammen ein primitives Tripel bilden können, ganz beliebig. Die einfachste Bestimmung, die wir treffen können, ist die, dass wir die bezügliche Translationsrichtung mit der Richtung einer Hauptsymmetrieaxe des Gitters zusammenfallen lassen. Diese

Translation möge von jetzt an durch $2\tau_z$ bezeichnet werden. Die beiden andern Translationen $2\tau_1$ und $2\tau_2$, welche mit ihr ein primitives Tripel bilden können, bestimmen mit $2\tau_z$ je eine Netzebene, und für die eine derselben — sie heisse ε_1 — ist $2\tau_z$ und $2\tau_1$ ein primitives Paar, für die andere — sie heisse ε_2 — $2\tau_z$ und $2\tau_2$. Die Translationen $2\tau_1$ und $2\tau_2$ können noch mannigfach variirt werden und unterliegen nur der im § 11 des vorigen Capitels angegebenen Beschränkung.

Ist nun a eine geradzählige Symmetrieaxe, so geht sowohl das in der Ebene ε_1, als auch das in der Ebene ε_2 befindliche Netz durch Umklappung um a in sich über. Nach § 3 ist daher jedes dieser Netze entweder rechtwinklig oder rhombisch. Im ersten Fall bildet $2\tau_z$ mit einer zu ihr senkrechten Translation ein primitives Paar des bezüglichen Netzes; es kann daher $2\tau_1$ senkrecht zu $2\tau_z$ angenommen werden. Dagegen bestimmt für ein rhombisches Netz die zu $2\tau_z$ senkrechte Translation $2\tau'$ des Netzes mit $2\tau_z$ kein primitives Paar, vielmehr ist, wie § 3 besagt,

$$2\tau_1 = \tau_z + \tau'$$

die einfachste Translation, welche mit $2\tau_z$ zusammen ein primitives Paar des Netzes darstellt.

Wir haben daher, je nach der Natur der in ε_1 und ε_2 liegenden Netze, drei verschiedene Fälle zu unterscheiden. Wir bezeichnen zu diesem Zweck die in den Ebenen ε_1 und ε_2 liegenden, auf $2\tau_z$ senkrechten primitiven Translationen durch $2\tau_e$ und $2\tau_f$; dieselben stehen im Allgemeinen nicht senkrecht auf einander. Sind nun beide Netze rechtwinklig, so bilden

$$1) \qquad 2\tau_1 = 2\tau_e, \quad 2\tau_2 = 2\tau_f, \quad 2\tau_3 = 2\tau_z$$

ein System primitiver Translationen. Ist das Netz in der einen Ebene rechtwinklig, in der andern rhombisch, so stellen

$$2) \qquad 2\tau_1 = 2\tau_e, \quad 2\tau_2 = \tau_f + \tau_z, \quad 2\tau_3 = 2\tau_z$$

ein primitives System dar, und wenn endlich beide Netze rhombisch sind, so wird das primitive Tripel von den Translationen

3) $2\tau_1 = \tau_e + \tau_z,\quad 2\tau_2 = \tau_f + \tau_z,\quad 2\tau_3 = 2\tau_z$
gebildet.

Die den beiden letzten Fällen entsprechenden Raumgitter sind nur scheinbar von verschiedenem Typus. Um dies zu zeigen, betrachten wir das dem dritten Fall entsprechende primitive Tetraeder.

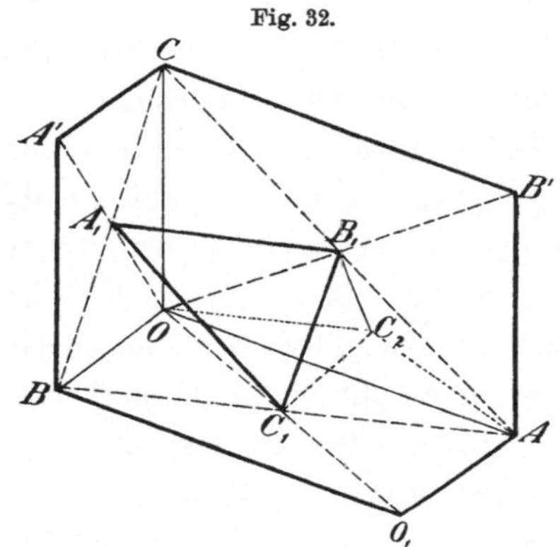

Fig. 32.

Wir zeichnen es, indem wir (Fig. 32) von demjenigen geraden Parallelepipedon ausgehen, dessen Kanten resp.

$$OA = 2\tau_e,\quad OB = 2\tau_f,\quad OC = 2\tau_z$$

sind. Werden die Mittelpunkte der Geraden BC, CA, AB resp. A_1, B_1, C_1 genannt, so ist

$$OA_1 = \tau_f + \tau_z,\quad OB_1 = \tau_z + \tau_e,\quad OC_1 = \tau_e + \tau_f;$$

daher ist OA_1B_1C das gesuchte Tetraeder. Gemäss Satz XXIV des vorigen Capitels stellen drei nicht in einer Ebene liegende Kanten dieses Tetraeders ein primitives Tripel dar, dies gilt also auch von

$$2\tau_1' = A_1B_1,\quad 2\tau_2' = OA_1,\quad 2\tau_3' = OC.$$

Da nun A_1B_1 senkrecht zu OC ist, so sind diese drei Translationen von derselben Art, wie die unter 2) genannten; die beiden zu 2) und 3) gehörigen Raumgitter sind daher in der That von dem gleichen Typus.

Man kann, wie in § 12 des letzten Capitels gezeigt wurde, das System primitiver Translationen auf mannigfache Weise wählen. Zwei solche Tripel haben wir eben kennen gelernt; zu ihnen fügen wir einige andere, die von Wichtigkeit sind. Wir bestimmen sie, indem wir uns gemäss Satz XXVI des letzten Capitels solche Tetraeder suchen, die mit dem eben betrachteten inhaltsgleich sind.

Wir gehen zunächst von den Translationen 2) aus. Für sie ist OAA_1C das primitive Tetraeder. Beachten wir, dass die Ebene ε_2 ein rhombisches Netz enthält, so folgt, dass $A_1 B$ eine Translation des Gitters und $OABA_1$ ein primitives Tetrader ist. Daher bilden OA_1, A_1B, OA ein primitives Tripel; die Werthe desselben sind

4) $$2\tau_1' = \tau_f + \tau_z, \quad 2\tau_2' = \tau_f - \tau_z, \quad 2\tau_3' = 2\tau_e.$$

Aus den Translationen 3) lassen sich verschiedene andere bemerkenswerthe Tripel ableiten. Zunächst ergiebt sich, dass

$$2\tau_1 + 2\tau_2 - 2\tau_3 = \tau_e + \tau_f = OC_1$$

eine Translation des Gitters ist. Das primitive Tetraeder ist, wie oben erwähnt, OA_1B_1C. Der Inhalt desselben beträgt den vierundzwanzigsten Theil des Parallelepipedons Π, dessen Kanten OA, OB, OC sind, folglich ist jedes aus Translationen gebildete Tetraeder, dessen Inhalt der vierundzwanzigste Theil von Π ist, primitiv. Ein derartiges Tetraeder ist erstens $OA_1B_1C_1$; daher stellen die Translationen OA_1, OB_1, OC_1 ein primitives Tripel dar. Sie sind die halben Flächendiagonalen des geraden Parallelepipedons Π; ihre Werthe sind:

5) $$2\tau_d = \tau_f + \tau_z, \quad 2\tau_d' = \tau_z + \tau_e, \quad 2\tau_d'' = \tau_e + \tau_f.$$

Ist C_2 derjenige Punkt, für welchen $OC_2 = \tau_e - \tau_f$ ist, so ist auch $OB_1C_1C_2$ ein primitives Tetraeder. Daher liefern OB_1, OC_1, OC_2 ein primitives Tripel. Setzen wir nun

$$OC_1 = 2\tau_e', \quad OC_2 = 2\tau_f',$$

so ist

$$OB_1 = \tau_e' + \tau_f' + \tau_z.$$

Es kann demnach das primitive Translationenpaar der Hauptebene so gewählt werden, dass — wir unterdrücken jetzt die Accente — die Translationen

6) $$2\tau_e, \quad 2\tau_f, \quad \tau_e + \tau_f + \tau_z$$

ein primitives System vorstellen. Wir bezeichnen die letztgenannte Translation noch mit $2\tau_r$. Wegen ihrer symmetrischen Bildungsweise lässt sich die Eigenart des Gitters auch dahin characterisiren, dass irgend zwei der Translationen

$$2\tau_e, \quad 2\tau_f, \quad 2\tau_z$$

in Verbindung mit

$$2\tau_r = \tau_e + \tau_f + \tau_z$$

das primitive Tripel bestimmen. Es ist nicht schwer, in jedem Fall das bezügliche Tetraeder anzugeben.

Es ist schliesslich auch $AB_1C_1C_2$ ein primitives Tetraeder, also können auch AB_1, B_1C_1 und B_1C_2 als primitives Tripel gewählt werden. Behalten wir die eben eingeführte Bedeutung von $2\tau_e$ und $2\tau_f$ bei, so wird

$$
\begin{aligned}
& C_1B_1 = 2\tau_r' = \tau_f + \tau_z - \tau_e \\
7)\qquad & C_2B_1 = 2\tau_r'' = \tau_z + \tau_e - \tau_f \\
& B_1A = 2\tau_r''' = \tau_e + \tau_f - \tau_z,
\end{aligned}
$$

so dass

$$2\tau_r' + 2\tau_r'' + 2\tau_r''' = \tau_e + \tau_f + \tau_z = 2\tau_r$$

ist. Die drei Translationen 7) lassen sich auch folgendermassen durch τ_e, τ_f, τ_z und $2\tau_r$ ausdrücken; es ist

$$
\begin{aligned}
& 2\tau_r' = 2\tau_f + 2\tau_z - 2\tau_r \\
8)\qquad & 2\tau_r'' = 2\tau_z + 2\tau_e - 2\tau_r \\
& 2\tau_r''' = 2\tau_e + 2\tau_f - 2\tau_r,
\end{aligned}
$$

woraus noch folgt, dass irgend drei der vier Translationen

$$2\tau_r,\quad 2\tau_r',\quad 2\tau_r'',\quad 2\tau_r'''$$

ein primitives Tripel darstellen. Sie sind nach Länge und Richtung den vier halben Körperdiagonalen des Parallelepipedons Π gleich. Man erhält also auch dadurch ein primitives Tetraeder, dass man irgend drei der vier von O ausgehenden halben Diagonalen der in O zusammenstossenden Parallelepipeda zu den drei Bestimmungskanten wählt.

§ 7. Ist a eine dreizählige Symmetrieaxe des Gitters, so haben wir die primitiven Systeme wieder danach zu scheiden, ob die in den Ebenen ε_1 und ε_2 liegenden Translationen $2\tau_1$ und $2\tau_2$ auf $2\tau_z$ senkrecht stehen oder nicht. Steht $2\tau_z$ auf $2\tau_1$ und $2\tau_2$ zugleich senkrecht, so ist das bezügliche Netz in beiden Ebenen ε_1 und ε_2 rechtwinklig. Ferner stellen $2\tau_1$ und $2\tau_2$ ein primitives Paar für das in der Hauptebene ε liegende Netz dar, und da a eine dreizählige Symmetrieaxe ist, so ist dieses Netz gleichseitig. Es bildet daher $2\tau_z$ mit irgend zweien der gleich langen Translationen $2\tau_1$, $2\tau_2$, $2\tau_3$, für welche (Fig. 30) im geometrischen Sinn

$$2\tau_1 + 2\tau_2 + 2\tau_3 = 0$$

ist, ein primitives Tripel. Gemäss § 3 erhält das betrachtete Raumgitter hierdurch die Eigenschaft, in der Axe a eine *sechszählige* Axe zu besitzen.

Wenn $2\tau_z$ nicht zugleich auf $2\tau_1$ und $2\tau_2$ senkrecht steht, so giebt es mindestens eine Translation des primitiven Tripels, welche mit a einen spitzen Winkel bildet; ferner ist evident, dass ihre Projection auf a kleiner als $2\tau_z$ ist. Um sie zu bestimmen, fassen wir diejenige Translation dieser Art in's Auge, *deren Projection auf a den kleinsten Werth hat, und die überdies mit a den kleinsten Winkel bildet.* Sie heisse $2\tau_\iota$; die durch Drehung um a aus ihr hervorgehenden Translationen seien $2\tau_m$ und $2\tau_n$. Bilden wir nun (Fig. 33) dasjenige Parallelepipedon, dessen Kanten $2\tau_\iota$, $2\tau_m$, $2\tau_n$ sind, so ist es ein Rhomboeder, für welches a eine körperliche Diagonale ist, und es ist in geometrischem Sinn

Fig. 33.

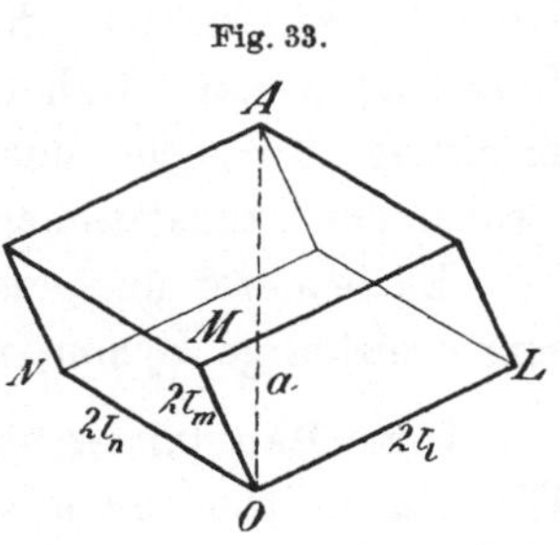

$$2\tau_\iota + 2\tau_m + 2\tau_n = 2\tau_r,$$

wenn $2\tau_r$ die Länge der Diagonale ist. Da nun $2\tau_z$ die primitive Translation längs dieser Diagonale ist, so muss

$$2\tau_r = 2m\tau_z$$

sein. Nun sind die Projectionen von $2\tau_\iota$, $2\tau_m$, $2\tau_n$ auf a einander gleich, jede beträgt daher den dritten Theil von $2m\tau_z$, und es kann mithin m nur die Werthe 1 oder 2 haben. Es ist aber schliesslich auch der Werth $m = 2$ auszuschliessen; denn sonst würde in dem aus $2\tau_z$ und $2\tau_\iota$ bestimmten Dreieck OAL die dritte Seite

$$LA = 2\tau_\iota' = 2\tau_r - 2\tau_\iota$$

eine Translation sein, deren Projection auf a kleiner ist als diejenige von $2\tau_\iota$, was gegen die obige Annahme über $2\tau_\iota$ verstösst. Es ist also $m = 1$ und es besteht die Gleichung

$$2\tau_\iota + 2\tau_m + 2\tau_n = 2\tau_z.$$

Die drei so bestimmten Translationen

$$2\tau_l, \quad 2\tau_m, \quad 2\tau_n$$

bilden ein primitives Tripel; denn nach der über $2\tau_l$ getroffenen Festsetzung kann der Endpunkt keiner von O ausgehenden Translation innerhalb oder auf der Oberfläche des von ihnen gebildeten Tetraeders liegen. Das durch $2\tau_l$, $2\tau_m$, $2\tau_n$ bestimmte *regelmässige Rhomboeder* ist daher ein primitives Parallelepipedon. Daher sind $OAMN$, $OANL$ und $OALM$ primitive Tetraeder und es bestimmt auch $2\tau_z$ mit irgend zweien der Translationen $2\tau_l$, $2\tau_m$, $2\tau_n$ ein primitives Tripel.

Es leuchtet übrigens ein, dass die Axe a in diesem Fall nur dreizählige Symmetrieaxe ist.

§ 8. **Raumgitter vom triklinen und monoklinen Typus.** Die Raumgitter ohne Symmetrieaxen heissen *asymmetrische Gitter.* Von Symmetrieelementen kommt ihnen nur ein Symmetriecentrum zu; jeder Gitterpunkt ist ein solches Centrum. Die ihnen entsprechende Symmetriegruppe ist die Gruppe S_2, die *der Holoedrie des triklinen Systems* zugehört. Kein primitives Parallelepipedon ist von symmetrischer Natur.

Wir bezeichnen die Raumgitter als solche vom *triklinen Typus.* Characterisiren wir sie, wie bisher, durch ihre Systeme primitiver Translationen, so sind sie durch

$$2\tau_1, \quad 2\tau_2, \quad 2\tau_3$$

gekennzeichnet, wo diese Translationen ganz beliebig sind.

Hat das Raumgitter eine durch O gehende zweizählige Hauptaxe a, so kann die Axensymmetrie des Gitters entweder durch die Gruppe C_2 oder aber durch die Vierergruppe V ausgedrückt sein. Diese beiden Fälle unterscheiden sich folgendermassen. Nach Satz XI giebt es eine durch O gehende, auf a senkrechte Netzebene des Gitters. Ist das in ihr liegende Netz frei von Symmetrieeigenschaften, so kann es eine zu a senkrechte Symmetrieaxe nicht geben, und a ist die einzige Axe dieser Art. Umgekehrt, wenn ausser a noch zwei zu a senkrechte Symmetrieaxen vorhanden sein sollen, so muss das betrachtete Netz gemäss § 3 rhombisch oder rechtwinklig sein. Damit sind die beiden Fälle von einander geschieden.

Da der Punkt O ein Symmetriecentrum des Raumgitters ist, so existirt zu jeder durch O gehenden zweizähligen Axe eine zu ihr senkrechte Symmetrieebene, die gleichfalls durch O geht. Für diejenigen Raumgitter, die nur *eine* zweizählige Axe durch O besitzen, ist daher die bezügliche Symmetriegruppe die Gruppe C_2^h; sie entspricht *der Holoedrie des monoklinen Systems.* Wir nennen diese Raumgitter diejenigen vom *monoklinen Typus.*

Nach den Untersuchungen von § 6 giebt es zwei verschiedene Arten solcher Raumgitter. Das eine ist durch

$$2\tau_1 = 2\tau_e, \quad 2\tau_2 = 2\tau_f, \quad 2\tau_3 = 2\tau_z$$

characterisirt, während das primitive Tripel der zweiten Gitterart in irgend einer der oben unter 2) bis 6) genannten Formen dargestellt werden kann. Also:

Lehrsatz XII. *Es giebt zwei verschiedene Raumgitterarten vom monoklinen Typus.*

Das primitive Tetraeder der ersten Raumgitterart ist so specialisirt, dass zwei seiner Grenzdreiecke rechtwinklig sind. Das primitive Parallelepipedon ist daher *eine gerade rhomboidische Säule,* d. h. eine solche, deren Grundfläche ein beliebiges Parallelogramm ist. Für die zweite Gattung von Raumgittern kann das primitive Tetraeder und Parallelepipedon in verschiedener Sonderart angenommen werden. Die einfachsten Fälle lassen wir hier folgen. Da die Translationen OA und OC, resp. OB und OC senkrecht auf einander stehen, so bestimmen sie (Fig. 32) je ein Rechteck, folglich ist

$$1) \quad \begin{aligned} OA_1 &= BA_1 = CA_1 = B_1C_1 \\ OB_1 &= CB_1 = AB_1 = C_1A_1 . \end{aligned}$$

Jedes der drei primitiven Tetraeder

$$OA_1B_1C, \quad OABA_1, \quad OACA_1$$

ist daher durch den Besitz von gleichschenkligen Dreiecken ausgezeichnet; das erste enthält deren zwei, die beiden andern nur je eines. Eine Fläche des zugehörigen Parallelepipedons ist daher ein Rhombus. Zur Characterisirung dieses Falles benutzen wir am besten die Translationen 4), nämlich

$$2\tau_1 = 2\tau_e, \quad 2\tau_2 = \tau_f + \tau_z, \quad 2\tau_3 = \tau_f - \tau_z,$$

und betrachten den aus $2\tau_2$ und $2\tau_3$ gebildeten Rhombus als Grundfläche von Π. Die dritte Kante $2\tau_1$ liegt schief gegen die Grundfläche, Π heisst deshalb *klinorhombische Säule*. Wie die Figur erkennen lässt, gehören ausser den Ecken der vorstehend genannten geraden rhomboidischen Säule auch die Mitten zweier parallelen Seitenflächen derselben dem Gitter an, es lässt sich daher so beschreiben, dass es *aus geraden rhomboidischen Säulen besteht, in denen ein Paar gegenüberliegender Seitenflächen centrirt ist.*

Die Translationen 5) zeigen, dass das Raumgitter auch so aufgefasst werden kann, dass es aus *geraden rhomboidischen Säulen mit centrirten Flächen* aufgebaut ist. Wie die obigen Gleichungen 1) zeigen, ist das primitive Tetraeder $OA_1B_1C_1$ dadurch ausgezeichnet, dass es zwei Paar gleicher Gegenkanten hat. Wird das primitive Parallelepipedon (Fig. 34) durch

Fig. 34.

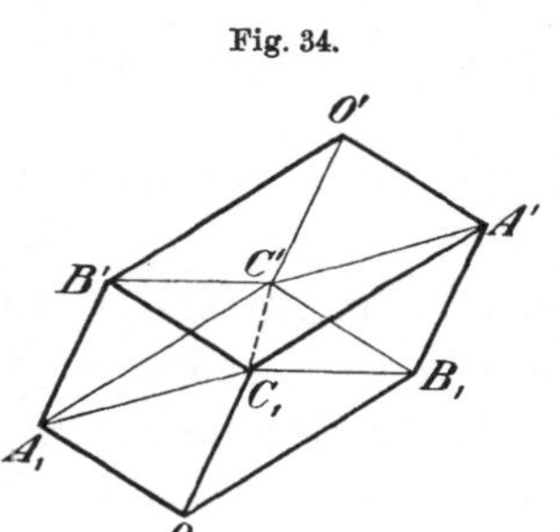

$$OA_1B_1C_1O'A'B'C'$$

bezeichnet, so ist

$$B_1C_1 = OA_1 = C_1B', \quad C_1A_1 = OB_1 = A_1C',$$

seine Eigenart tritt demnach darin hervor, dass die beiden Diagonalflächen, welche durch A_1C_1 und B_1C_1 gehen, Rhomben sind.

Bestimmen wir endlich das Gitter durch die Translationen 6) oder 7), so folgt, dass es auch in lauter *centrirte rhomboidische Säulen* zerlegt werden kann.

§ 9. **Die Raumgitter vom rhombischen Typus.** Die Raumgitter, deren Axensymmetrie durch die Vierergruppe V bestimmt ist, sind specielle Fälle der Gitter vom monoklinen Typus. Es wird sich herausstellen, dass wir vier verschiedene Gattungen von Gittern antreffen, und zwar diejenigen, welche den in § 6 abgeleiteten primitiven Tripeln 1), 4), 5), 6) resp. 7) entsprechen.

Für die Raumgitter dieser Art ist auch dasjenige Netz, welches in der zur Axe a senkrechten Ebene liegt, rechtwinklig oder rhombisch. Ferner existirt in dem Gitter zu jeder der drei zweizähligen Axen eine senkrechte Symmetrieebene. Die Gruppe des Raumgitters ist daher V^h; sie entspricht der *Holoedrie des rhombischen Systems.* Die bezüglichen Gitter heissen *Raumgitter vom rhombischen Typus.*

Wir bezeichnen die Translationen, welche in die drei zu einander senkrechten Symmetrieaxen fallen, resp. durch

$$2\tau_x, \quad 2\tau_y, \quad 2\tau_z,$$

so können zunächst diese drei Translationen selbst ein primitives Tripel repräsentiren. Das zugehörige Gitter ist in diesem Fall durch

$$1) \qquad 2\tau_1 = 2\tau_x, \quad 2\tau_2 = 2\tau_y, \quad 2\tau_3 = 2\tau_z$$

characterisirt.

Die andern Gitter vom rhombischen Typus lassen sich in folgender Weise ableiten. Nach § 3 ist *jedes* durch eine der drei Symmetrieaxen gehende Netz rhombisch oder rechtwinklig. Wir fassen irgend eines derselben in's Auge, z. B. ein solches, welches durch die z-Axe geht, und nennen $2\tau'$ diejenige Translation dieses Netzes, welche mit $2\tau_z$ zusammen das primitive Paar bestimmt. Alsdann muss $2\tau'$ gemäss § 3 entweder auf $2\tau_z$ senkrecht stehen — das Netz ist in diesem Fall rechtwinklig — oder $2\tau'$ enthält τ_z als Componente. Hieraus folgt, dass in jeder primitiven Translation der vorliegenden Gitter, die sich nicht ganzzahlig aus $2\tau_x$, $2\tau_y$, $2\tau_z$ zusammensetzt, τ_x resp. τ_y resp. τ_z als Componenten vorkommen. Dies lässt sich in folgende einfache geometrische Form kleiden, dass *innerhalb des aus* $2\tau_x$, $2\tau_y$, $2\tau_z$ *gebildeten Parallelepipedons* Π *nur die Flächenmitten und die Mitte von* Π *selbst Endpunkte von Translationen sein können.*

Jede in der Mitte einer Fläche von Π endigende Translation bedingt in der bezüglichen Ebene ein rhombisches Netz. Demnach können wir, um die gesuchten Gitter abzuleiten, folgendermassen argumentiren.

Ist *eines* der drei Hauptnetze rhombisch, so sei es das in der xy-Ebene liegende; alsdann bilden gemäss § 3

2) $2\tau_1 = \tau_x + \tau_y, \quad 2\tau_2 = \tau_x - \tau_y, \quad 2\tau_3 = 2\tau_z$

das primitive Tripel.

Sind *zwei* Hauptnetze, z. B. die in den xz- und yz-Ebenen liegenden, von rhombischem Typus, so muss, wie aus den bezüglichen Untersuchungen von § 6 folgt, auch das dritte Netz rhombisch sein; diesem Fall entsprechen die dort aufgestellten Translationen 5), nämlich

3) $2\tau_d = \tau_y + \tau_z, \quad 2\tau_d' = \tau_z + \tau_x, \quad 2\tau_d'' = \tau_x + \tau_y,$

sie bilden die drei halben Flächendiagonalen des rechtwinkligen Parallelepipedons Π.

Endlich ist noch der Fall zu erledigen, dass zwar alle Hauptnetze rechtwinklig sind, dass aber $2\tau_x$, $2\tau_y$, $2\tau_z$ doch kein primitives Tripel des Gitters vorstellen. Alsdann existirt die in der Mitte von Π endigende Translation

4) $$2\tau_r = \tau_x + \tau_y + \tau_z$$

und das Gitter entspricht den in § 3 unter 6) und 7) behandelten Translationen. Es bildet daher $2\tau_r$ mit irgend zwei der Translationen

$$2\tau_x, \quad 2\tau_y, \quad 2\tau_z$$

ein primitives Tripel. Zur Kennzeichnung des Gitters können in mehr symmetrischer Weise auch die drei Translationen

5) $$\begin{aligned} 2\tau_r' &= \tau_y + \tau_z - \tau_x \\ 2\tau_r'' &= \tau_z + \tau_x - \tau_y \\ 2\tau_r''' &= \tau_x + \tau_y - \tau_z \end{aligned}$$

benutzt werden. Die rhombischen Netze liegen in den Diagonalebenen des Parallelepipedons Π. Wir erhalten also:

Lehrsatz XIII. *Es giebt vier verschiedene Arten von Raumgittern des rhombischen Typus.*

Wie oben behauptet wurde, entsprechen die vier Gitterarten wirklich den vier Tripeln primitiver Translationen, deren Existenz wir für die Gitter des monoklinen Typus nachgewiesen haben. Es muss aber auffallen, dass sich hier vier *verschiedene* Gitterarten einstellen, während wir für die Gitter des monoklinen Typus in dreien der primitiven Tripel nur andere Darstellungen *einer und derselben* Translationsgruppe zu erblicken haben. Dies entspricht dem Umstand, dass bei den Raumgittern, die nur *eine* zweizählige Axe haben, alle primitiven Translationspaare der Hauptebene gleichberechtigt sind, während dies für die Gitter vom rhombischen Typus nicht mehr der Fall ist. Für sie giebt es in jeder Hauptebene zwei Translationen, die ihrer Richtung nach vor den andern ausgezeichnet sind.

§ 10. Die primitiven Tetraeder und Parallelepipeda sind specielle Fälle derjenigen, welche bei den monoklinen Gittern vorkommen. Ihre Besonderheit beruht darauf, dass bei den rhombischen Gittern die Translationen $2\tau_x$ und $2\tau_y$ senkrecht auf einander stehen.

Das primitive Tetraeder des ersten Raumgitters ist durch drei auf einander senkrechte Kanten gekennzeichnet, das primitive Parallelepipedon ist ein *rechtwinkliges Parallelepipedon.* Wir bezeichnen es wie bisher durch Π.

Das primitive Parallelepipedon des zweiten Gitters ist eine *gerade rhombische Säule.* Das Gitter kann, wie in § 8, auch so beschrieben werden, dass es aus *rechtwinkligen Parallelepipeden mit centrirten Grundflächen* besteht.

Das dritte Gitter hat die Besonderheit, dass sein primitives Tetraeder drei Paar gleicher Gegenkanten hat; jede Kante ist eine halbe Flächendiagonale von Π. Lassen wir nämlich für den Augenblick die Figur 32 ein rechtwinkliges Parallelepipedon bedeuten, so ist an demselben

$$OA_1 = B_1C_1, \quad OB_1 = C_1A_1, \quad OC_1 = A_1B_1.$$

Ferner ist das gemeinsame Loth je zweier Gegenkanten eine zweizählige Symmetrieaxe des Tetraeders. Hieraus folgt, dass *es dasjenige als rhombisches Sphenoid bezeichnete Tetraeder* (S. 179) *ist, welches die einfache Krystallform der rhombischen Hemiedrie darstellt.* Das durch Figur 34 dargestellte primitive Parallelepipedon erhält die besondere Eigenschaft, dass *jede Diagonalfläche ein Rhombus* ist. Das Gitter kann analog zu § 8 auch dahin beschrieben werden, dass es *aus rechtwinkligen Parallelepipeden mit centrirten Flächen* besteht.

Für das letzte Gitter legen wir am zweckmässigsten die Translationen 5) des § 9 zu Grunde; es sind also $2\tau_r'$, $2\tau_r''$, $2\tau_r'''$ diejenigen Translationen, welche die Kanten des Parallelepipedons liefern. Bezeichnen wir sie mit OA', OB', OC', so ist

$$OA' = OB' = OC',$$

da jede dieser Geraden eine halbe Körperdiagonale von Π ist. Das primitive Tetraeder ist daher durch den Besitz von drei gleichschenkligen Dreiecken ausgezeichnet. Alle Seitenflächen des primitiven Parallelepipedons sind demnach Rhomben. Nun ist

$$2\tau_r'' + 2\tau_r''' = 2\tau_x$$
$$2\tau_r''' + 2\tau_r' = 2\tau_y$$
$$2\tau_r' + 2\tau_r'' = 2\tau_z,$$

mithin sind $2\tau_x$, $2\tau_y$, $2\tau_z$ die von O ausgehenden Diagonalen dieser Rhomben. Hierdurch ist die besondere Art des *Rhomboeders*, welches das primitive Parallelepipedon darstellt, gekennzeichnet.

Analog zu den Formulirungen von § 8 kann das bezügliche Gitter auch dahin characterisirt werden, dass es aus *centrirten rechtwinkligen Parallelepipeden* aufgebaut ist.

§ 11. **Die Raumgitter vom rhomboedrischen Typus.** Gemäss § 7 existirt nur eine Art von Raumgittern mit dreizähliger Hauptaxe. Das primitive Tripel ist (Fig. 33)

$$2\tau_1 = 2\tau_l, \quad 2\tau_2 = 2\tau_m, \quad 2\tau_3 = 2\tau_n.$$

Jede Ebene, welche durch die Hauptaxe und eine dieser drei Translationen geht, ist eine Symmetrieebene des Gitters; in der That führt die zugehörige Spiegelung die in der Ebene liegende Translation in sich über, während sie die andern beiden mit einander vertauscht. Gemäss § 4 dieses Capitels kommen dem Raumgitter daher auch die drei zu den Symmetrieebenen senkrechten zweizähligen Axen zu. Die Axensymmetrie des Gitters wird daher durch die Gruppe D_3 dargestellt, die Gesammtsymmetrie durch $D_3^d = S_6^u$. Sie entspricht der *Holoedrie des rhomboedrischen Systems*, resp. der *Hauptclasse der rhomboedrischen Abtheilung des hexagonalen Systems.* Wir bezeichnen das Gitter als ein solches vom *rhomboedrischen Typus* und erhalten:

Lehrsatz XIV. *Es giebt nur eine Art Raumgitter vom rhomboedrischen Typus.*

Da $2\tau_l$, $2\tau_m$, $2\tau_n$ gleich lang sind, so ist das primitive Parallelepipedon ein Rhomboeder. Jede durch die Axe a gehende Diagonalebene ist eine Symmetrieebene des Rhomboeders; hierdurch unterscheidet es sich von demjenigen Rhomboeder, dem wir im vorigen Paragraphen begegnet sind. Wir bezeichnen es als *regelmässiges Rhomboeder.* Das primitive Tetraeder einfachster Art ist eine gerade reguläre dreiseitige Pyramide.

§ 12. **Die Gitter vom tetragonalen Typus.** Die Gitter mit vierzähliger Hauptaxe haben gemäss § 5 die Eigenschaft, dass jede zur Axe senkrechte Hauptebene ein quadratisches Netz enthält. Wir bezeichnen das primitive Translationenpaar des Netzes durch $2\tau_x$ und $2\tau_y$; beide Translationen stehen auf einander senkrecht und sind gleich lang. Es existiren daher die drei Translationen

$$2\tau_x, \quad 2\tau_y, \quad 2\tau_z,$$

die gesuchten Gitter sind daher Specialfälle der rhombischen Gitter.

Da ein Quadrat gleichzeitig Rechteck und Rhombus ist, so ist zu erwarten, dass die Sonderung nach rhombischen, resp. rechtwinkligen Netzen, welche für die rhombischen Gitter verschiedene Typen ergab, hier — wenigstens theilweise — zu gleichen Gittern führt. Dies ist in der That der Fall. Wenn nämlich in einem quadratischen Netz auch jedes Quadratcentrum dem Netz zugefügt wird, so bilden die so definirten Punkte selbst wieder ein quadratisches Netz. Die Seiten und Diagonalen dieses Netzes sind daher gleichwerthig. Dies bewirkt, dass die beiden ersten rhombischen Gitter auf dasselbe Gitter der hier betrachteten Art führen; die oben mit $\tau_x + \tau_y$ und $\tau_x - \tau_y$ bezeichneten Translationen werden nämlich ebenfalls zwei Translationen, die wie $2\tau_x$ und $2\tau_y$ einander gleich sind und auf einander senkrecht stehen.

Das Analoge gilt für das dritte und vierte rhombische Gitter. Dies lässt sich einfach aus der Art entnehmen, in welcher wir die Translationen des vierten Gitters in § 6 eingeführt haben. Um es direct zu beweisen, gehen wir vom vierten Gitter aus und zeichnen diejenige quadratische Säule (Fig. 35), welche das Gitter kenntlich macht. Es sei

Fig. 35.

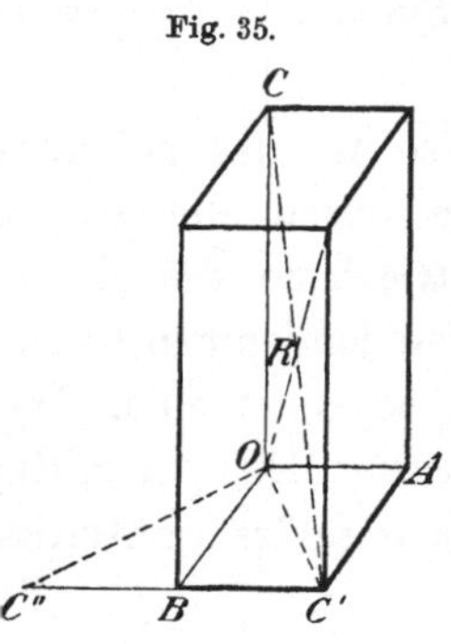

$$OA = 2\tau_x,\quad OB = 2\tau_y,\quad OC = 2\tau_z,$$
$$OR = \tau_x + \tau_y + \tau_z.$$

Setzen wir nun die Diagonalen der beiden in OB an einander stossenden Quadrate

$$OC' = 2\tau_x',\quad OC'' = 2\tau_y',$$

so wird

$$OB = \tau_x' + \tau_y',\quad OR = \tau_x' + \tau_z,$$

die Existenz dieser beiden Translationen zeigt aber, dass sich das Gitter in der That auch als specielles rhombisches Gitter dritter Art betrachten lässt.

Wir characterisiren die beiden Gitter am zweckmässigsten durch

$$2\tau_1 = 2\tau_x,\quad 2\tau_2 = 2\tau_y,\quad 2\tau_3 = 2\tau_z$$

resp.

$$2\tau_1 = 2\tau_x,\quad 2\tau_2 = 2\tau_y,\quad 2\tau_3 = \tau_x + \tau_y + \tau_z.$$

Da die vorliegenden Gitter Specialfälle der rhombischen Gitter sind, so besitzen sie jedenfalls zwei auf der Hauptaxe senkrechte zweizählige Nebenaxen. Hieraus folgt, dass die gesammte Axensymmetrie des Gitters diejenige der Gruppe D_4 ist. Die Existenz des Symmetriecentrums bedingt, dass die Gesammtsymmetrie durch die Gruppe D_4^h bestimmt wird; sie entspricht der *Holoedrie des tetragonalen Systems.* Bezeichnen wir die Raumgitter als solche vom *tetragonalen Typus,* so folgt:

Lehrsatz XV. *Es giebt zwei Arten von Raumgittern vom tetragonalen Typus.*

Das primitive Parallelepipedon ist für das erste Gitter eine *gerade quadratische Säule.* Betrachten wir das zweite Gitter als einen Specialfall des dritten rhombischen Gitters, so erhält das primitive Tetraeder $OA_1B_1C_1$ (vgl. Fig. 32) ausser den in § 10 genannten Besonderheiten noch die weitere Eigenschaft, dass die Kanten OA_1 und OB_1 einander gleich werden, und dass OC_1 und A_1B_1 sich rechtwinklig kreuzen. Es ist also

$$OA_1 = A_1C_1 = C_1B_1 = B_1O,$$

$OA_1C_1B_1$ ist daher ein gleichseitiges windschiefes Viereck, und es sind alle vier Grenzdreiecke des Tetraeders gleichschenklig. Das Tetraeder ist daher dasjenige, welches oben als *tetragonales Sphenoid* bezeichnet wurde. *Es stellt die einfache Krystallform der sphenoidischen Hemiedrie des tetragonalen Systems dar.* Das primitive Parallelepipedon ist wieder dadurch ausgezeichnet, dass drei seiner Diagonalflächen Rhomben sind; zwei von ihnen werden sogar congruent.

Betrachten wir das Gitter als Specialfall des vierten rhombischen, so ist das primitive Parallelepipedon wieder ein *Rhomboeder*; zwei seiner Rhomben sind einander congruent. Das primitive Tetraeder ist ebenfalls durch den Besitz von vier gleichschenkligen Dreiecken ausgezeichnet, doch hat es nicht die Symmetrieaxen des oben betrachteten.

Nach § 10 kann das Raumgitter auch dahin definirt werden, dass es aus *centrirten quadratischen Säulen* aufgebaut ist.

§ 13. **Die Raumgitter vom hexagonalen Typus.** Die Gitter mit sechszähliger Axe besitzen ein primitives Tripel, welches ausser $2\tau_z$ irgend zwei der gleichlangen Translationen $2\tau_1$, $2\tau_2$, $2\tau_3$ enthält, welche ein gleichseitiges Dreieck bestimmen und der Gleichung

$$2\tau_1 + 2\tau_2 + 2\tau_3 = 0$$

genügen. Jede Gerade, welche in eine dieser Translationen fällt oder den Winkel von zweien halbirt, ist eine Symmetrieaxe des Gitters. Die Axensymmetrie ist daher durch die Gruppe D_6 gekennzeichnet, die Gesammtsymmetrie durch D_6^h. Ihr entspricht die *Holoedrie des hexagonalen Systems.* Wir bezeichnen die Gitter als solche *vom hexagonalen Typus* und erhalten:

Lehrsatz XVI. *Es giebt nur eine Art Raumgitter vom hexagonalen Typus.*

Das primitive Parallelepipedon besteht aus zwei geraden dreiseitigen Prismen, deren Grundfläche ein reguläres Dreieck ist. Aus lauter solchen geraden regulären dreiseitigen Prismen ist das Gitter zusammengesetzt; man sagt daher, dass es aus *geraden regulären dreiseitigen Säulen* aufgebaut ist. Das primitive Tetraeder ist eine dreiseitige Pyramide mit regulärer Basis, deren eine Seitenkante auf der Basis senkrecht steht.

§ 14. **Die Gitter vom regulären Typus.** Die Axensymmetrie der Raumgitter, welche mehr als eine n-zählige Hauptaxe enthalten, kann durch die Gruppen T oder O characterisirt sein. Beachten wir aber, dass gemäss den Untersuchungen von § 11 die Existenz einer dreizähligen Axe a auch die Existenz von Nebenaxen senkrecht auf a bedingt, so folgt, dass die Gruppe, welche die Axensymmetrie kennzeichnet, nur die Octaedergruppe O sein kann. Die Gesammtsymmetrie des Gitters ist daher durch die Gruppe O^h gegeben; sie entspricht der *Holoedrie des regulären Systems.* Die Gitter heissen solche vom *regulären Typus.*

Da die Vierergruppe (vgl. S. 70) eine Untergruppe der Tetraedergruppe und Octaedergruppe ist, so muss jedes reguläre Gitter auch alle diejenigen Eigenschaften haben, welche den Gittern des § 9 vom Symmetriecharacter V^h eigenthümlich sind. Mit anderen Worten, die Gitter des § 9 gehen in besonderen Fällen in reguläre Gitter über, nämlich dann, wenn ihnen ausser den drei zweizähligen Axen parallel τ_x, τ_y, τ_z noch eine die Tetraedergruppe characterisirende Axe zukommt, welche τ_x, τ_y, τ_z in einander überführt; d. h. wenn der Länge nach

$$\tau_x = \tau_y = \tau_z$$

ist. Dies zeigt, dass wir im Ganzen drei verschiedene Typen von regulären Gittern haben. Das erste ist durch die Translationen

$$2\tau_1 = 2\tau_x, \quad 2\tau_2 = 2\tau_y, \quad 2\tau_3 = 2\tau_z$$

definirt; sein primitives Parallelepipedon ist ein *Würfel*, das primitive Tetraeder also eine gerade dreiseitige Pyramide mit regulärer Basis und einer rechtwinkligen Ecke an der Spitze.

Das zweite Raumgitter hat als System primitiver Translationen

$$2\tau_d = \tau_y + \tau_z, \quad 2\tau'_d = \tau_z + \tau_x, \quad 2\tau''_d = \tau_x + \tau_y.$$

Das primitive Parallelepipedon ist ein *Rhomboeder*, dessen Kanten die Flächendiagonalen eines Würfels sind, dessen eine Ecke also dieselbe Natur besitzt, wie die Ecke eines regulären Tetraeders. Das primitive Tetraeder ist ein *reguläres Tetraeder*. Das Gitter kann auch so beschrieben werden, dass es aus *Würfeln mit centrirten Seitenflächen* besteht. Endlich ist das dritte Raumgitter durch die Translationen

$$2\tau_x, \; 2\tau_y, \; 2\tau_z, \; 2\tau_r = \tau_x + \tau_y + \tau_z$$

resp. durch das Tripel

$$2\tau'_r = \tau_y + \tau_z - \tau_x$$
$$2\tau''_r = \tau_z + \tau_x - \tau_y$$
$$2\tau'''_r = \tau_x + \tau_y - \tau_z$$

characterisirt. Das primitive Tetraeder ist eine gerade dreiseitige Pyramide mit regulärer Basis, deren Spitze die Natur der dreiseitigen Ecke eines Rhombendodekaeders hat. Das primitive Parallelepipedon ist daher das specielle hierzu gehörige *Rhomboeder*. Das Gitter kann gemäss § 10 auch dahin definirt werden, dass es aus *centrirten Würfeln* besteht. Es folgt noch:

Lehrsatz XVII. *Es giebt drei verschiedene Arten Raumgitter vom regulären Typus.*

§ 15. **Tabelle der Raumgitter.** Bezeichnen wir von nun an eine beliebige Translationsgruppe durch Γ_τ und repräsentiren die besonderen symmetrischen Translationsgruppen durch

$$\Gamma_m, \; \Gamma_v, \; \Gamma_{rh}, \; \Gamma_q, \; \Gamma_h, \; \Gamma_c,$$

so dass dieselben der Reihe nach den Gittern des monoklinen, rhombischen, rhomboedrischen, tetragonalen, hexagonalen und regulären Typus entsprechen, so lassen sich die sämmtlichen Raumgitter folgendermassen characterisiren.[1])

1) Die Bedeutung der Translationen ist die in § 6 ff. angegebene.

I. Gitter vom triklinen Typus.

Symmetriegruppe: S_2.

Eine Gitterart.

Gruppe Γ_τ; $2\tau_1$, $2\tau_2$, $2\tau_3$ beliebig. Aufbau nach beliebigen Parallelepipeden.

II. Gitter vom monoklinen Typus.

Symmetriegruppe: C_2^h.

Zwei Arten von Gittern.

1) Gruppe Γ_m; $2\tau_e$, $2\tau_f$, $2\tau_z$; Aufbau nach rhomboidischen Säulen.

2) Gruppe Γ_m'; $2\tau_e$, $\tau_f + \tau_z$, $\tau_f - \tau_z$, oder $2\tau_d$, $2\tau_d'$, $2\tau_d''$, oder auch $2\tau_r'$, $2\tau_r''$, $2\tau_r'''$. Aufbau nach klinorhombischen Säulen, resp. nach centrirten rhomboidischen Säulen, oder auch nach rhomboidischen Säulen mit centrirten Flächen.

III. Gitter vom rhombischen Typus.

Symmetriegruppe: V^h.

Vier Arten von Gittern.

1) Gruppe Γ_v: $2\tau_x$, $2\tau_y$, $2\tau_z$. Aufbau nach rechtwinkligen Parallelepipeden.

2) Gruppe Γ_v': $\tau_x + \tau_y$, $\tau_x - \tau_y$, $2\tau_z$. Aufbau nach geraden rhombischen Säulen.

3) Gruppe Γ_v'': $2\tau_d$, $2\tau_d'$, $2_d''$. Aufbau nach Parallelepipeden mit rhombischen Diagonalflächen, resp. nach rechtwinkligen Parallelepipeden mit centrirten Flächen.

4) Gruppe Γ_v''': $2\tau_r'$, $2\tau_r''$, $2\tau_r'''$. Aufbau nach Rhomboedern, resp. nach centrirten rechtwinkligen Parallelepipeden.

IV. Gitter vom rhomboedrischen Typus.

Symmetriegruppe: D_3^d.

Eine Gitterart.

Gruppe Γ_{rh}: $2\tau_l$, $2\tau_m$, $2\tau_n$. Aufbau nach regelmässigen Rhomboedern.

V. Gitter vom tetragonalen Typus.

Symmetriegruppe: D_4^h.

Zwei Arten von Gittern.

1) Gruppe Γ_q: $2\tau_x$, $2\tau_y$, $2\tau_z$. Aufbau nach quadratischen Säulen.

2) Gruppe Γ_q': $2\tau_x$, $2\tau_y$, $2\tau_r$, resp. $2\tau_d$, $2\tau_d'$, $2\tau_d''$, oder auch $2\tau_r'$, $2\tau_r''$, $2\tau_r'''$. Aufbau nach centrirten quadratischen Säulen oder nach Rhomboedern mit zwei gleichen Diagonalflächen.

VI. Gitter vom hexagonalen Typus.

Symmetriegruppe: D_6^h.

Eine Art von Gittern.

Gruppe Γ_h; $2\tau_1$, $2\tau_2$, $2\tau_3$, $2\tau_z$. Aufbau nach regulären dreiseitigen Säulen.

VII. Gitter vom regulären Typus.

Symmetriegruppe: O^h.

Drei Arten von Gittern.

1) Gruppe Γ_c; $2\tau_x$, $2\tau_y$, $2\tau_z$. Aufbau nach Würfeln.

2) Gruppe Γ_c'; $2\tau_d$, $2\tau_d'$, $2\tau_d''$. Aufbau nach Rhomboedern vom Typus der regulären Tetraeder, resp. nach Würfeln mit centrirten Flächen.

3) Gruppe Γ_c''; $2\tau_x$, $2\tau_y$, $2\tau_z$, $2\tau_r$, resp. $2\tau_r'$, $2\tau_r''$, $2\tau_r'''$. Aufbau nach regelmässigen Rhomboedern vom Typus der Rhombendodekaederecken, resp. nach centrirten Würfeln.

Die erste Untersuchung über die Symmetrieverhältnisse der Raumgitter stammt von Frankenheim.[1] Sie leidet jedoch an einem Versehen; Frankenheim hatte nicht erkannt, dass die in § 6 aufgestellten Gitter 2) und 3) des monoklinen Typus als identisch zu betrachten sind. Die erste fehlerfreie Ableitung aller symmetrischen Raumgitter ist von Bravais in ebenso eleganter

1) Die Lehre von der Cohäsion, Breslau 1835, S. 311 und 312, sowie System der Crystalle, Nova Acta Acad. Leopold. 1842, Bd. 29, S. 483.

wie einfacher Darstellung gegeben worden.[1]) Später hat Sohncke dasselbe in mehr krystallographischer Richtung durchgeführt; den Ausgangspunkt seiner Darstellung bildet die regelmässige Anordnung der Gitterpunkte.[2]) Endlich sind einige zahlentheoretische Arbeiten zu nennen, welche sich mit der Symmetrie der Raumgitter beschäftigen, nämlich die Untersuchungen von Dirichlet[3]) und Selling[4]) über ternäre quadratische Formen. Die Verbindung der Theorie der Formen mit der Theorie der Gitter führt auf einen zuerst von Gaufs ausgesprochenen Gedanken zurück.[5])

---

1) Mémoire sur les systèmes formés par des points etc. Journ. de l'école polyt. Bd. 19. Heft 33. Paris 1850. S. 1.

2) Die Gruppirung der Molecüle in den Krystallen, Pogg. Ann. d. Phys. Bd. 132. S. 75. 1867.

3) Ueber die Reduction der positiven quadratischen Formen, Journ. f. d. Math. von Crelle, Bd. 40. S. 209.

4) Des formes binaires et ternaires, Journ. de math. v. Liouv. Serie III, Bd. 3. S. 21. 1877.

5) Derselbe wurde von Gaufs in der Recension eines Buches von Seeber ausgesprochen. Vgl. Journ. f. Math. v. Crelle, Bd. 20. S. 318.

Viertes Capitel.

Die Bravais'sche Theorie.

§ 1. **Die Molekelgitter.** Wie das vorstehende Capitel zeigt, zerfallen die Raumgitter rücksichtlich der Symmetrie in sieben Abtheilungen, welche den sieben an der Hand der Erfahrung aufgestellten Krystallsystemen entsprechen, und zwar so, dass die Symmetrie des Gitters mit der Symmetrie der Holoedrie des bezüglichen Krystallsystems identisch ist. Dies ist diejenige Thatsache, an welche die Bravais'sche Theorie anknüpft. Von ihr ausgehend gelangt man leicht zur Conception der bereits S. 241 erwähnten Hypothese, dass *ein Krystall aus lauter congruenten und gleichartigen Molekeln besteht, welche gitterartig im Raume vertheilt sind.* Mit ihr und ihren Consequenzen werden wir uns in diesem Capitel beschäftigen; im besondern wird die Frage zu erledigen sein, ob resp. wie sich auf Grund dieser Hypothese für die Krystalle der sämmtlichen 32 Classen ein Molekelhaufen angeben lässt, welcher, kurz gesprochen, dieselbe Symmetrie aufweist, wie der Krystall selbst.

Zu diesem Zweck geben wir zunächst eine genauere Bestimmung der Natur resp. der Entstehung eines Bravais'schen Molekelhaufens. Wie im zweiten Capitel § 7 dieses Abschnittes erörtert worden ist, entspricht jedem Raumgitter eine bestimmte Translationsgruppe, und zwar kann das Raumgitter gemäss Satz XV des genannten Capitels dadurch gebildet werden, dass man die sämmtlichen Translationen der bezüglichen Gruppe von einem und demselben Punkt O nach Länge und Richtung abträgt, oder, anders gesprochen, dass man den Punkt O den sämmtlichen Translationen der Gruppe unterwirft. Im Anschluss hieran stellen wir nun folgende Definition auf:

Erklärung: *Unter einem Molekelgitter verstehen wir denjenigen unbegrenzten Molekelhaufen, welcher entsteht, wenn eine beliebige Molekel den sämmtlichen Translationen einer Translationsgruppe unterworfen wird.*

Ausdrücklich sei bemerkt, dass wir über Form und Qualität der Molekel zunächst keinerlei Annahme machen; nur setzen wir sie, wie sich von selbst versteht, so klein voraus, dass zwei benachbarte Molekeln sich nicht gegenseitig durchdringen. Im Gegensatz zu den Molekelhaufen werden wir von nun an ein Gitter, welches aus einem *Punkt* mittelst aller Translationen einer Gruppe abgeleitet ist, meist ein *Punktgitter* nennen, und zwar immer dann, wenn es auf den Gegensatz gegenüber dem Molekelgitter ankommt.

Aus der obigen Definition fliessen unmittelbar nachstehende Folgerungen:

Lehrsatz I. *Alle Molekeln eines Molekelgitters befinden sich in paralleler Lage.* Man sagt auch, dass sie *parallel orientirt* sind.

Lehrsatz II. *Ein Molekelgitter geht durch jede Translation der zugehörigen Translationsgruppe in sich über.*

§ 2. **Homogene Natur der Molekelgitter.** Es sei μ die Ausgangsmolekel, mit welcher das Gitter gebildet ist. Wir fixiren in ihr einen beliebigen Punkt P und denken uns in den andern Molekeln μ', μ'', μ''' ... die analogen Punkte P', P'', P''' ..., so ist evident, dass, welches auch der Punkt P sein mag, alle Punkte P, P', P'', P''' ... in ihrer Lage zum gesammten Molekelgitter geometrisch, also auch physikalisch gleichwerthig sind. Ist ferner g eine beliebige unbegrenzt zu denkende Gerade, welche das Molekelgitter in irgend einer Weise durchsetzt, also beispielsweise durch den Punkt P geht, und ist g' eine zweite Gerade, welche aus g durch irgend eine Translation 2τ der Gruppe Γ_τ hervorgeht, so hat das Molekelgitter zu g dieselbe Lage, wie zu g', denn die Translation führt, wenn g in g' übergeht, das Molekelgitter in sich selbst über. Dies gilt für alle Geraden, in welche g vermittelst der Translationen der Gruppe übergeht. Es sind daher für die Punkte P, P', P'' ... und die Geraden g, g', g'' ... diejenigen allgemeinen Bedingungen erfüllt, welche gemäss Cap. I, 6 in erster Linie nothwendig sind, damit ein Molekelhaufen einen homogenen Krystall zu repräsentiren vermag.

§ 3. **Symmetriecharacter der Molekelgitter.** Zur Herstellung eines Molekelgitters wird nur die Ausgangsmolekel μ und die Translationsgruppe Γ_τ benutzt; die Symmetrie des Gitters kann daher nur von der Symmetrie der Gruppe und der Symmetrie der Molekel abhängen. Wie wir in Cap. I, 8 dieses Abschnittes erörtert haben, tritt sie in den Deckoperationen zu Tage, welche das Molekelgitter in sich überführen. Dies wollen wir nunmehr genauer untersuchen.

Die Molekeln, mit denen wir im Folgenden zu operiren haben, sind für alle mit wirklicher Symmetrie begabten Molekelgitter selbst symmetrischer Art, sie haben daher die Natur eines symmetrischen Polyeders. Ein symmetrisches Polyeder hat stets einen Mittelpunkt, durch welchen alle Axen und Ebenen der Symmetrie hindurchgehen. Diesen Punkt der Molekel μ bezeichnen wir durch M und stellen uns vor, dass die Erzeugung des Molekelgitters in der Weise vor sich geht, dass der Punkt M der Ausgangsmolekel mit dem Punkt O coincidirt, von welchem alle Translationen ausgehen. Alsdann können wir uns ein Molekelgitter auch dadurch entstanden denken, dass wir an jeden Punkt eines Punktgitters dieselbe Molekel μ einsetzen, und zwar so, dass der Mittelpunkt M der Molekel in den Gitterpunkt fällt und alle Molekeln parallele Lage haben. Nun hatten wir (Cap. III, 1) gesehen, dass ein Raumgitter gegen alle seine Punkte dieselbe Symmetrie besitzt. Das Analoge gilt daher auch für das Molekelgitter, und es folgt:

Lehrsatz III. *Die Symmetrie eines Molekelgitters ist durch sein geometrisches Verhalten gegen eine beliebige Molekel, resp. ihren Mittelpunkt bestimmt.*

Wir haben demnach nur solche Deckoperationen resp. Symmetrieverhältnisse des Gitters in's Auge zu fassen, welche eine Molekel in sich selbst überführen. Hierüber leiten wir zunächst einige Hilfssätze ab.

Lehrsatz IV. *Die Symmetrie eines Molekelgitters ist niemals höher als die Symmetrie des zugehörigen Raumgitters.*

Um diesen Satz zu erhärten, beweisen wir seine Richtigkeit für diejenigen Molekelgitter, welche mit den Molekeln höchster Symmetrie gebildet sind. Eine solche Molekel ist eine homogene Kugel; sie ist ein nach allen Richtungen isotroper Körper. Andrerseits *hat aber der geometrische Punkt ebenfalls die Symmetrie einer homogenen Kugel*, es hat daher das Kugelgitter dieselbe Symmetrie, wie das entsprechende Punktgitter; und damit ist die Richtigkeit des obigen Satzes nachgewiesen.

§ 4. Dagegen kann die Symmetrie eines Molekelgitters sehr wohl niedriger sein als die Symmetrie des zugehörigen Punktgitters. Die hierauf bezügliche Frage erledigt sich ganz allgemein in folgender Weise.

Es sei G_p diejenige Gruppe von Operationen, welche die Symmetrie des Punktgitters gegen den Punkt M kennzeichnet. Sie ist eine der sieben Gruppen, welche den Holoedrieen der sieben Krystallsysteme entsprechen. Ferner sei G_μ die analoge Gruppe für die Molekel μ. Jeder Symmetrieeigenschaft des Molekelgitters in Bezug auf den Punkt M entspricht eine gewisse Deckoperation desselben. Ist $\mathfrak{L}$ eine solche Deckoperation, so muss sie sowohl das Raumgitter, als die Molekel M in sich überführen; und daraus folgt zunächst, dass die Symmetrieeigenschaften des Molekelgitters gegen den Punkt M keine andern sein können, als diejenigen, welche den Gruppen G_p und G_μ gemeinsam sind.

Wir haben bisher über die Lage der Molekel μ zum Raumgitter keinerlei Voraussetzungen gemacht. Diese Lage ist jedoch nicht beliebig. Wenn nämlich eine durch den Gitterpunkt O gehende n-zählige Symmetrieaxe a eines Raumgitters auch n-zählige Symmetrieaxe für das mit der Molekel μ daraus gebildete Molekelgitter bleiben soll, so muss, wie aus dem Vorstehenden folgt, die Molekel μ nicht allein eine n-zählige Symmetrieaxe besitzen, sondern *diese Symmetrieaxe muss auch mit der Axe a zusammenfallen.* Diese Bedingung ist *nothwendig und hinreichend.* Das Analoge gilt für Symmetrieebenen.

Von gemeinsamen Symmetrieeigenschaften der Gruppen G_p und G_μ, welche die Symmetrie des Molekelhaufens bestimmen, kann also nur dann die Rede sein, wenn die bezüglichen Axen- resp. Ebenenrichtungen sich decken. Wir setzen ausdrücklich fest, dass wir diese Bedingung für das Folgende immer als erfüllt betrachten, so dass wir unter den gemeinsamen Symmetrieeigenschaften von G_p und G_μ nur die eben genannten verstehen. Nun bildet die Gesammtheit dieser Symmetrieeigenschaften natürlich eine Gruppe; andrerseits ist diese Gruppe sicher eine Untergruppe von G_p und G_μ, wenn, wie üblich[1]), unter der höchsten in irgend einer Gruppe G enthaltenen Untergruppe die Gruppe selbst verstanden wird; also folgt schliesslich:

Lehrsatz V. *Ist G_p die Symmetriegruppe eines Punktgitters, G_μ diejenige der Molekel μ, so wird die Symmetrie des Molekelgitters durch die grösste gemeinsame Untergruppe von G_p und G_μ repräsentirt.*

Hierin liegt gleichzeitig ein neuer Beweis des vorhergehenden Satzes; denn da die Symmetrie des Molekelgitters stets Untergruppe von G_p ist, so kann sie höchstens G_p selbst sein. Ebenso folgt nun, dass die Symmetrie des Molekelgitters nicht höher sein kann, als die Symmetrie der Gruppe G_μ; d. h.

Lehrsatz VI. *Die Symmetrie eines Molekelgitters ist niemals höher, als die Symmetrie der Molekel.*

Bilden wir beispielsweise ein Molekelgitter dadurch, dass wir an jeden Punkt eines aus Würfeln bestehenden Gitters eine unsymmetrische Molekel μ einfügen, so hat dieser Molekelhaufen keinerlei geometrische Symmetrie, obwohl das Gitter dem regulären Typus angehört. Dies lässt sich auch in der Weise leicht in Evidenz setzen, dass wir den Molekelhaufen selbst in's Auge fassen und die von demselben Punkt O ausgehenden gleichwerthigen Richtungen zu bestimmen suchen. Sind nun g und g_1 irgend zwei von O ausgehende Richtungen,

1) Dass dies zulässig ist, ist evident.

zu welchen das *Punktgitter* die gleiche Lage hat, so sind sie doch im *Molekelhaufen* nicht als gleichwerthig zu betrachten. Denn da die Molekel unsymmetrisch ist, so durchsetzen g und g_1 die Molekel μ in verschiedener Weise; sie haben daher zu jeder Molekel, also auch zu dem von ihnen gebildeten Molekelhaufen verschiedene Lage. Demnach wird der Molekelhaufen längs g und g_1 verschiedenes physikalisches Verhalten zeigen und kann daher nur einen symmetrielosen Krystall, d. h. einen des triklinen Systems repräsentiren. (Vgl. Cap. XIII, 21 ff.)

Wir werden von nun an die Symmetriegruppe des Molekelgitters, da sie die Symmetrie des bezüglichen Krystalles repräsentirt, durch G_k bezeichnen.

§ 5. **Darstellung der Bravais'schen Gittertheorie.** Hiermit sind die vorbereitenden Betrachtungen erledigt. Um aus ihnen die Bravais'sche Theorie zu folgern, stellen wir diejenigen früher bewiesenen Hauptsätze, welche für diesen Zweck in Frage kommen, erst kurz zusammen. Erstens ist zu beachten, dass die sieben Typen von Raumgittern rücksichtlich ihrer Symmetrie genau den Holoedrieen der erfahrungsgemäss aufgestellten sieben Krystallsysteme entsprechen. Zweitens werde daran erinnert, dass (vgl. Cap. VI des ersten Abschnitts) für jedes Krystallsystem die Symmetrie einer Unterabtheilung durch eine Untergruppe derjenigen Hauptgruppe bestimmt ist, welche der Holoedrie zugehört. Drittens giebt es für jede Krystallclasse unendlich viele Polyeder, welche denselben Symmetriecharacter besitzen, wie die Krystallclasse selbst. Um nun ein Molekelgitter zu construiren, dessen Symmetrie mit derjenigen einer bestimmten Krystallclasse K aus dem Krystallsystem S übereinstimmt, verfährt man folgendermassen: Man denkt sich ein Raumgitter, dessen Symmetrie dem Krystallsystem S entspricht, und fügt die Molekeln μ, deren Symmetrie mit derjenigen der Krystallclasse K identisch ist, so in das Gitter ein, dass für jeden Gitterpunkt alle Symmetrieaxen und Symmetrieebenen der Molekel μ mit den gleichartigen Symmetrieelementen des Raumgitters coincidiren; alsdann hat nach dem oben bewiesenen Lehrsatz V das Molekelgitter, wie erforderlich und hinreichend ist, gegen jedes

Molekelcentrum genau diejenige Symmetrie, welche der Krystallclasse K entspricht. Denn da in diesem Fall die Gruppe G_p die Gruppe der Holoedrie des Krystallsystems S und G_μ die Gruppe der bezüglichen Meroedrie ist, so ist die grösste gemeinsame Untergruppe von G_p und G_μ in der That G_μ selbst.

Dies gilt für jede der 32 Krystallclassen. Also erhalten wir folgenden Satz, welcher die Bravais'sche Theorie enthält.

Hauptsatz. *Für jede der 32 Krystallclassen lassen sich Molekelgitter construiren, deren Symmetrie genau der Symmetrie der Krystallclasse gleich ist. Dies kann für jede Unterabtheilung der sieben gewöhnlichen Krystallsysteme übereinstimmend in der Weise geschehen, dass das Gitter die Symmetrie des Krystallsystems, und die Molekel die Symmetrie der bezüglichen Unterabtheilung besitzt.*

Einige Beispiele mögen zur Erläuterung dieses Satzes dienen. Handelt es sich um die Tetartoedrie des regulären Systems, so benutzt man eines der drei Raumgitter von regulärem Typus; als Molekel μ nimmt man ein Polyeder, das die Symmetrie der Gruppe T hat. Hierzu eignet sich an erster Stelle immer die bezügliche einfache Krystallform, in diesem Fall also ein tetraedrisches Pentagondodekaeder, und dies ist so in das Gitter einzufügen, dass seine dreizähligen und zweizähligen Axen mit den dreizähligen resp. zweizähligen Axen des Gitters coincidiren.

Handelt es sich zweitens um die Holoedrie des hexagonalen Systems, so hat man das aus lauter regulären dreiseitigen Säulen aufgebaute Gitter zu benutzen und in jeden Gitterpunkt ein Polyeder der Classe D_6^h, also z. B. eine dihexagonale Pyramide so einzufügen, dass ihre Axen mit den Symmetrieaxen des Gitters zusammenfallen.

Soll man endlich einen Molekelhaufen construiren, welcher die sphenoidische Tetartoedrie des tetragonalen Systems darzustellen vermag, so wählt man eines der beiden Gitter mit quadratischem Typus und fügt in jeden Gitterpunkt eine Molekel ein, deren Symmetrie der Gruppe S_4 entspricht, also z. B. dasjenige Tetraeder, dessen Gegenkanten gleich lang sind und von dem sich überdies ein Paar rechtwinklig kreuzt. Die gemeinsame Normale dieser beiden Kanten ist die Symmetrieaxe des Tetraeders; sie muss mit der vierzähligen Axe des Gitters zusammenfallen.

§ 6. Mit dem vorstehenden Hauptsatz ist bewiesen, dass für jede Krystallclasse Molekelgitter der bezüglichen Symmetrie gebildet werden können. Es ist aber auch umgekehrt zu sagen, dass jedes Molekelgitter, das sich ergiebt, wenn wir ein Punktgitter mit einer Molekel μ *von beliebiger Form und Qualität*, d. i. von beliebiger Symmetrie combiniren, stets die Symmetrie einer der 32 Krystallclassen zeigen muss. Nämlich, welches auch immer die Symmetriegruppe G_μ der Molekel μ sein möge, so ist die Symmetriegruppe G_k des Molekelgitters in allen Fällen eine Untergruppe von G_p, wenn G_p wieder die Symmetriegruppe des Raumgitters ist. Nun entspricht die Gruppe G_p stets der Holoedrie eines der sieben Krystallsysteme; andrerseits enthalten alle diese Krystallsysteme nur zweizählige, dreizählige, vierzählige und sechszählige Symmetrieaxen, also können in den sämmtlichen Untergruppen derselben ebenfalls nur derartige Axen auftreten. Jede dieser Untergruppen ist daher mit der Gruppe einer der 32 Krystallclassen identisch. Welche Molekel wir also auch zur Construction eines Molekelgitters benutzen mögen, so hat das Molekelgitter niemals eine andere Symmetrie als eine solche, die krystallographisch möglich ist. Diese Folgerung hat einen Inhalt, der den des obigen Satzes bedeutend übertrifft.

Die vorstehende Auseinandersetzung war deshalb nöthig, weil wir bei der Ableitung der 32 Krystallclassen in Cap. VI, 19 des ersten Abschnittes nur gewisse Untergruppen eines jeden Krystallsystems berücksichtigt haben, während hier ihre sämmtlichen Untergruppen in Frage stehen.[1]) Sie zeigt, dass sich eine Grenze für den Symmetriecharacter der Molekel μ bei der vorstehenden Betrachtung nicht herausstellt; es würde also theoretisch nichts hindern, der Molekel μ auch solche Symmetrie aufzuprägen, welche krystallographisch nicht existirt,

1) Vgl. übrigens auch die Schlussbemerkung von Cap. VI, 18.

also n-zählige Axen, wenn n einen andern Werth hat als 2, 3, 4, 6. Ob solche Molekelgitter für die Erklärung der Naturerscheinungen benutzbar oder gar nöthig sind, ist eine andere Frage, auf die wir nachher noch kurz zu sprechen kommen; hier schien es aber wichtig, auf die geometrische Möglichkeit derselben hinzuweisen. Wir erhalten demgemäss folgenden

Lehrsatz VII. *Rücksichtlich der Symmetrie zerfallen die sämmtlichen Molekelgitter, welches auch die Symmetriegruppen G_p und G_μ des Gitters resp. der Molekel sein mögen, in diejenigen 32 Classen, welche den 32 Krystallclassen entsprechen.*

Hiermit ist gezeigt, dass die Bravais'sche Structurtheorie, einzig und allein auf die Hypothese über den gitterartigen Aufbau der Krystallmasse gestützt, den deductiven Nachweis gestattet, dass jede Krystallsymmetrie einer der genannten 32 Classen entspricht. *Im besondern ergiebt sich der ursprünglich aus der Erfahrung stammende Satz von den rationalen Indices, d. h. der Satz, dass Symmetrieaxen nur zwei-, drei-, vier- oder sechszählig sein können, als eine nothwendige Folgerung der ursprünglichen Hypothese,* er ist eine unmittelbare Consequenz des Satzes, dass den Raumgittern nur die eben genannten Symmetrieaxen eigenthümlich sind.

Die Bravais'sche Gittertheorie ist aus denjenigen Vorstellungen erwachsen, welche von Hauy über die Structur der Krystalle ausgesprochen worden sind.[1]) Die fundamentale Anschauung, von der Hauy ausging, besteht darin, den Krystall in Elementartheilchen zu zerlegen, welche sich, wenn möglich, lückenlos aneinanderschliessen und die individuelle Einheit des Aufbaues darstellen. Die Art, in welcher dies stattfinden sollte, kommt von unserm heutigen Standpunkte aus gesprochen darauf hinaus, die Schwerpunkte der Elementartheilchen raumgitterartig anzunehmen. Er nannte dieselben *molécules intégrantes* oder *molécules soustractives,* je nachdem es ihm zweckmässig schien, ihnen diejenige Form zu geben, welche dem Fundamentalparallelepiped des Gitters entspricht

1) Vgl. z. B. Essai d'une théorie sur la structure des Cristaux. Paris 1784. Die erste Publication stammt aus 1781.

oder nicht. Die Grenzflächen der molécules intégrantes sind identisch mit den Ebenen des Raumgitters.

Die Thatsache, dass die Hauy'sche Theorie die gitterartige Anordnung der Krystallbausteine voraussetzt, wurde in präciser Form zuerst von Delafosse ausgesprochen. Er gelangte zu ihr in Verfolg von Speculationen, welche bezweckten, die auf Grund von mehr geometrischen Conceptionen eingeführten Elementartheilchen Hauy's durch die eigentlichen physicalischen Molekeln zu ersetzen.[1]) In Delafosse haben wir daher den eigentlichen Begründer der Gittertheorie zu erblicken. Nichts desto weniger ist es recht und billig, dass die Theorie den Namen von Bravais trägt; denn Bravais ist derjenige, welcher zum ersten Mal den Nachweis geführt hat, dass die Raumgitterstructuren gerade durch diejenigen Symmetrieverhältnisse ausgezeichnet sind, welche sich bei den Krystallen vorfinden. Erst hierdurch gewinnt die Delafosse'sche Anschauung die Bedeutung einer wohlbegründeten Theorie.[2])

Man findet die Bravais'sche Theorie vielfach so dargestellt, dass nur bei denjenigen Molekelhaufen, welche die hemiedrischen und tetartoedrischen Krystalle vorstellen sollen, die Molekelform in Frage kommt.[3]) Diese Ausdrucksweise ist jedoch nicht correct; aus den vorstehenden Erörterungen geht zur Genüge hervor, dass die Molekel sowohl für die Holoedrieen als auch für die Meroedrieen bestimmten Symmetriebedingungen genügen muss. Für die Holoedrieen ist diejenige Symmetrie erforderlich, welche dem Gitter selbst eigen ist, daher ist es zulässig, die holoedrische Molekel durch den Gitterpunkt selbst zu repräsentiren. Der Molekel der Meroedrieen dagegen kommt nur ein Theil der Gittersymmetrie zu,

---

1) Recherches sur la Cristallisation, Mémoires présentés par divers savants à l'acad. roy. Paris 1843. Bd. 8. S. 649 ff.

2) Mémoire sur les systèmes formés par des points etc. Journ. de l'école polyt. Bd. 19. Heft 33. S. 1 ff. Paris 1850.

3) Vgl. z. B. Sohncke, Theorie der Krystallstructur, S. 22, sowie die Abhandlung: Die Gruppirung der Molecüle in den Krystallen, Poggend. Ann. d. Phys. Bd. 132. S. 75.

für sie ist daher eine punctuelle Darstellung der Molekel nicht zulässig. Der Punkt hat nämlich als geometrisches Gebilde die höchste Symmetrie, die es giebt; er verhält sich, wie wir oben erwähnten, wie eine isotrope Kugel, er erfüllt daher stets die Bedingung, die Symmetrie der holoedrischen Molekel zu besitzen.

Diese Thatsache ist die Veranlassung zu mancherlei Missverständnissen und schiefen Ausdrucksweisen gewesen. Indem man nämlich vielfach, um die geometrischen Betrachtungen zu vereinfachen, die Molekel durch ihren Schwerpunkt ersetzte, wurde damit stillschweigend die Symmetrie der Molekel in bestimmter Weise beeinflusst. Dies Verfahren ist nicht immer ohne fehlerhafte Consequenzen geblieben. Einerseits hat es dazu geführt, die Erkenntniss der Einheitlichkeit der Bravais'schen Theorie zu verhindern, andrerseits haben sich aber dadurch auch irrige Vorstellungen über die krystallographische Interpretation derjenigen geometrischen Punktgebilde ausgebildet, welche zur Veranschaulichung der Krystallsymmetrie construirt worden sind. Wir kommen hierauf in Cap. XIII noch einmal zurück.

§ 7. **Die variabeln Parameter der Molekelgitter.** Das Molekelgitter, welches die Masse eines dem System S angehörigen Krystalles K von der Symmetrie G_k repräsentiren soll, ist so construirt worden, dass wir ein Raumgitter vom Typus des Krystallsystems mit einer Molekel μ combinirten, deren Symmetrie derjenigen Unterabtheilung des Systems S entspricht, welcher der Krystall K angehört. Variabel, resp. von unserm Ermessen abhängig ist in manchen Fällen einerseits die Wahl des Raumgitters, in allen Fällen aber die Wahl der Molekel; denn symmetrische Polyeder der Gruppe G_k giebt es unzählig viele. Wir können aber, wie aus dem vorstehenden Paragraphen folgt, den für den Krystall K characteristischen Molekelhaufen auch so modificiren, dass wir entweder die Symmetrie G_p des Gitters oder die Symmetrie G_μ der Molekel erhöhen, selbstverständlich unter der Bedingung, dass nicht etwa die gemeinsame Symmetrie G_k gleichzeitig eine Erhöhung erfährt. Wir können beispielsweise, um einen Molekelhaufen vom Character eines triklinen Krystalls herzustellen, ein symmetrisches Raumgitter mit einer unsymmetrischen, resp. nur mit centrischer Symmetrie behafteten Molekel verbinden (vgl. das oben S. 309 erörterte Beispiel), und ebenso können wir, um einen Krystall des rhombischen Systems zu bilden, ein Gitter des quadratischen oder regulären Typus benutzen, wenn nur die Symmetrie G_μ der Molekel einer Classe des rhombischen Systems entspricht. Endlich können wir aber auch einen Molekelhaufen, dessen Structur mit der Krystallstructur des triklinen Systems übereinstimmt, dadurch erzeugen, dass wir in ein triklines Gitter eine Molekel hoher Symmetrie, oder gar eine kugelförmige isotrope Molekel setzen, u. s. w. u. s. w.

Diese Auseinandersetzungen haben zunächst nur geometrischen Werth; ob ihnen auch in physikalischer Beziehung eine practische Bedeutung beizumessen ist, ist eine andere Frage. In Bezug hierauf erinnern wir daran, dass die Structurtheorieen allerdings in erster Linie nur die Symmetrie der Krystalle erklären sollen, dass sie aber auch, sofern sie den Anspruch einer wissenschaftlichen Theorie erheben, für die Erkenntniss *aller* Naturvorgänge mit Erfolg benutzbar sein müssen. Hierzu wird es im Allgemeinen weiterer besonderer Annahmen über die Molekelqualität bedürfen. Gemäss demjenigen, was wir S. 248 auseinandergesetzt haben, ist es daher nöthig, dass wir den Spielraum kennen lehren, innerhalb dessen sich alle überhaupt zulässigen Hypothesen zu bewegen haben.

Wir haben zu diesem Behuf auf die Frage einzugehen, welches die Variabilität ist, die uns bezüglich Molekel und Gitter zur Verfügung steht. Für die Molekel kommen Form und Qualität in Frage. Die Form der Molekel unterliegt nur dem Symmetriegesetz, im übrigen kann sie mannigfach variirt werden. Jedes Polyeder, jeder Körper, jeder Atomcomplex, welcher die der Molekel eigenthümliche Symmetrie besitzt, kann zum Aufbau des Molekelhaufens benutzt werden; unter den oben genannten Bedingungen ist sogar die Symmetrie selbst der Veränderung resp. der Steigerung fähig. Die eigentliche physikalische und chemische Qualität bleibt gänzlich unbestimmt; sie unterliegt nur der einen Beschränkung, dass auch sie das der Molekel eigenthümliche Symmetriegesetz zu befolgen hat.

Wie in § 4 ausführlich erörtert worden ist, steht auch für die Wahl des Gitters ein gewisser Spielraum zur Verfügung. Die Eigenart des Gitters wird sich der Natur der Sache nach in den geometrischen Eigenschaften der Krystallsubstanz documentiren, wie z. B. in der Bevorzugung von gewissen Grenzebenen bei der Ausbildung des Krystalles, in den Spaltungsflächen, bei den Aetzfiguren und ähnlichen Erscheinungen.[1]) Nun zeigen bekanntlich einige Krystalle von niederer Symmetrie Flächenbildungen, die sie scheinbar in ein Krystallsystem höherer Symmetrie zu verweisen scheinen; es liegt daher nahe, von solchen Krystallgestalten, den sogenannten *Grenzformen*, anzunehmen, dass für sie die oben in § 6 gemachten theoretischen Auseinandersetzungen wirklich eine practische Bedeutung haben, so dass für ihren Aufbau ein Gitter höherer Symmetrie mit einer Molekel niederer Symmetrie zur Verwendung gelangt.[2])

§ 8. **Die Bravais'sche Grenzbedingung.** Endlich soll noch auf eine letzte theoretische Frage hingewiesen werden, die sich im Bereich der Structurtheorie erhebt. Nämlich, es bedarf augenscheinlich noch der Untersuchung, ob die Molekelgitter, wie wir sie im Vorstehenden auseinandergesetzt haben, auch wirklich mechanisch möglich sind, d. h. ob sie ein im mechanischen Gleichgewicht befindliches System von Molekeln repräsentiren. Diese Frage dürfte für einen Molekelhaufen von unbegrenzter Ausdehnung, also auch für das Innere eines Krystalles unbedingt zu bejahen sein. Sie specialisirt sich aber weiter dahin, welches der Einfluss ist, den die Molekelqualität bei der Entstehung der Krystallsubstanz auf die Art des Gitters ausübt.

Dass die Anordnung der Molekeln durch die Molekelnatur bestimmt wird, so dass die Anordnung eine nothwendige

---

1) Vgl. z. B. die Sohncke'sche Abhandlung „über Spaltungsflächen und natürliche Krystallflächen“, Zeitsch. f. Kryst. Bd. 13. S. 214 ff.

2) Vgl. Sohncke, Theorie der Krystallstructur, S. 194 ff.

Folge der Molekelqualität ist, ist selbstverständlich. Eine offene Frage aber ist es, ob Molekeln von gewisser Symmetrie etwa immer oder doch unter gewissen Bedingungen auch ein Gitter von der gleichen, resp. ähnlichen Symmetrie nach sich ziehen, u. s. w. u. s. w. Es liegt nicht in der Absicht dieser Schrift, diese Fragen einer genaueren theoretischen Betrachtung zu unterwerfen. Dagegen scheint es geboten, auf einige mit ihnen zusammenhängende Punkte hinzuweisen, die in der letzten Zeit Gegenstand der Controversen gewesen sind. Dies empfiehlt sich um so mehr, als auf diesem Gebiet theilweise eine Differenz der Meinungen, ja sogar vielfach eine Unklarheit der Begriffe hervorgetreten ist, welche in einer exacten Wissenschaft nicht Platz greifen sollte.

Bravais hat in derjenigen Schrift, welche seine Structurtheorie enthält, sich auf den Standpunkt gestellt, dass die Symmetrie der Molekel im Allgemeinen die Symmetrie des Gitters mechanisch bedingt.[1]) Hierzu scheint ihn in erster Linie die Thatsache bewogen zu haben, dass diese Anschauung im Allgemeinen den natürlichen Verhältnissen entspricht. Es giebt in der That in der Natur nur wenige Ausnahmefälle, in welchen ein Krystall von niederer Symmetrie die Winkel und Flächen der Krystalle höherer Symmetrie darbietet. Er wies nun geometrisch nach, dass die Symmetrie des Molekelhaufens niemals höher ist, als die Symmetrie der Molekel selbst, und fragte sich, wie die eben genannte Thatsache aus der Molekelqualität erklärt werden könne. Indem er, der üblichen Vorstellungsart entsprechend, die Unterabtheilungen der Krystallsysteme dadurch definirte, dass er der holoedrischen Form gewisse Symmetrieelemente entzog, gelangte er dazu, eine Grenze zu statuiren, unter welche die Symmetrie einer Molekel im Allgemeinen nicht sinkt, wenn mit ihr ein Krystall eines bestimmten Systems zu bilden ist. Man pflegt demgemäss von der *Bravais'schen Grenzbedingung* zu sprechen. In wie fern die Frage der Grenzformen hiermit in Zusammenhang

1) Études cristallographiques. Journ. de l'école polyt. Bd. 20. Heft 34. Paris 1851. S. 201 ff.

gebracht werden kann, haben wir im vorstehenden Paragraphen bereits gesehen.[1])

In neuerer Zeit ist — jedoch keineswegs im Sinne von Bravais — der Versuch gemacht worden, die genannte Grenzbedingung für die *Systematik der Krystalle* zu verwerthen. Hierzu scheint im besondern das auch von Bravais befolgte, den Mineralogen geläufige Verfahren Veranlassung gegeben zu haben, die Unterabtheilungen durch Reduction der holoedrischen Symmetrie zu gewinnen. Welches Verfahren man aber auch befolgen mag, das Resultat muss immer dasselbe sein, es kann unmöglich von der Methode abhängen. Führt eine Methode zu andern als den 32 Krystallclassen, so kann das Versehen entweder in der Ableitung oder im Ausgangspunkt begründet sein; im letzteren Fall, und dieser trifft hier zu, kann das abweichende Resultat nur durch eine abweichende Deutung derjenigen Begriffe zu erklären sein, welche der Systematik zu Grunde liegen. Hierauf soll noch etwas genauer eingegangen werden.

Soll die Berechtigung, resp. die Anwendbarkeit einer Theorie nachgewiesen werden, so ist, wie oben in § 5 geschehen, zu zeigen, dass sie auch ihrerseits zu der deductiv gewonnenen Eintheilung der Krystalle nach der Symmetrie führt. Dem gegenüber haben sich die genannten Autoren auf den Standpunkt gestellt, umgekehrt von der Bravais'schen Structurhypothese aus eine Systematik der Krystalle zu gewinnen. Allerdings sollte die so gewonnene Systematik sich mit der im ersten Abschnitt aufgestellten decken. Man ist jedoch zu Consequenzen gelangt, die hiervon abweichen.[2])

Die oben genannten Autoren halten nämlich Krystallclassen für möglich, welche sich unter den 32 Classen, die wir im ersten Abschnitt abgeleitet haben, nicht vorfinden. Beispielsweise ist von einer Tetartoedrie im rhombischen und

1) Ist die Bravais'sche Ansicht richtig, so würde den Ausführungen von § 6 eine wesentliche Bedeutung nicht mehr zukommen.

2) Vgl. z. B. die Arbeiten von Wulff in der Zeitschr. f. Kryst., Bd. 13 ff., sowie Blasius, Ueber die Beziehungen zwischen den Theorieen der Krystallstructur, Ber. d. Akad. München, 1889. S. 47.

monoklinen System die Rede; die letztere ist durch Fehlen aller Symmetrieeigenschaften characterisirt; ihr wird der Zucker zugerechnet. So lange man aber den Worten ihren üblichen Werth belässt, muss man einen Krystall, der keinerlei Symmetrieeigenschaften mehr besitzt, dem triklinen System zurechnen; eine Krystallclasse, der alle Symmetrieelemente fehlen, kann *rücksichtlich ihres Symmetriecharacters* von der triklinen Hemiedrie nicht verschieden sein.

Es fragt sich, wie die Ansicht von Blasius und Wulff[1]) zu erklären ist. Wir haben im Vorstehenden die Krystalle ausschliesslich nach den Symmetrieeigenschaften classificirt. Dies entspricht dem bisher allgemein adoptirten Verfahren, es ist überdies in dem physikalischen Verhalten der Krystallsubstanz wohlbegründet. Ebenso evident ist es aber, dass man die Krystalle auch nach andern Gesichtspunkten sondern resp. zusammenfassen kann. *Dies ist es, was von Wulff und Blasius geschehen ist.*[2]) Ihre Ansicht läuft darauf hinaus, dass für das System, dem ein Krystall angehört, einzig und allein das Raumgitter massgebend sein soll, nach welchem die Krystallmolekeln im Raum angeordnet sind.[3]) Beispielsweise wird demgemäss der in § 4 erwähnte Molekelhaufen, welcher mittelst einer symmetrielosen Molekel und eines regulären Raumgitters gebildet ist, dem regulären System zugerechnet. Giebt man dem hier zu Tage tretenden Gedanken Raum, so lassen sich innerhalb des regulären Systems noch so viele verschiedene Unterabtheilungen annehmen, als es Krystallclassen im tetragonalen, rhombischen, monoklinen und triklinen System giebt. Jede der zugehörigen Symmetriegruppen ist nämlich in der holoedrischen Gruppe des regulären Systems enthalten, es lassen sich daher mit einem regulären Gitter und den bezüglichen Molekeln alle diejenigen Molekelhaufen bilden, welche den bezüglichen Unterabtheilungen entsprechen. *Die Eintheilung nach der Symmetrie ist aber damit verlassen.* Der Symmetriecharacter der vorstehend skizzirten Molekelgitter bestimmt sich

1) Vgl. Wulff, a. a. O. Bd. 14. S. 552. Blasius, a. a. O. S. 58 ff.
2) Vgl. auch die Anmerkung zu Cap. XIII dieses Abschnitts.
3) Blasius, a. a. O. S. 60.

nämlich in allen Fällen nach Lehrsatz V, wir würden daher innerhalb des regulären Systems, was die Symmetrieverhältnisse angeht, auch solche Unterabtheilungen antreffen, welche den Krystallclassen des tetragonalen, rhombischen, monoklinen und triklinen Systems entsprechen. Werden daher, was bisher von keiner Seite aufgegeben worden ist, die *Symmetrieverhältnisse* für die Systematik zu Grunde gelegt, so muss man sich auf die 32 Classen ohne alle Uebergänge beschränken; jeder andere Standpunkt bedeutet einen Bruch mit dem bisher allgemein und ausschliesslich adoptirten Eintheilungsprincip. Ob sich dies empfiehlt, ob also die Eintheilung nach der Raumgitterstructur den Vorzug verdient, ist eine andere Frage, deren Entscheidung dem Ermessen des Krystallographen überlassen bleiben muss. Nur eine Bemerkung hierüber lassen wir folgen. Wird die Raumgitterstructur für die Eintheilung zu Grunde gelegt, so kehrt man damit — wenn auch von einem tiefer liegenden Ausgangspunkt — zu der einseitigen Bevorzugung der geometrischen Verhältnisse der Krystallgestalten zurück, die früher — wenigstens bei den deutschen Autoren[1]) — vielfach anzutreffen war. Um so mehr entfernt man sich also von der physikalischen Denkweise; ein solcher Schritt würde daher einen Fortschritt nicht bedeuten können. Umgekehrt wird man vielmehr nicht fehl gehen, in der eben erörterten Bevorzugung der Raumgitter eine letzte Wirkung der geometrischen Auffassungen und Formulirungen zu erblicken, welche früher die Systematik beherrschten, aber wegen der stärkeren Betonung der physikalischen Gesichtspunkte in letzter Zeit mehr und mehr verlassen worden sind.[2])

§ 9. **Zusammenhang zwischen der Bravais'schen Gittertheorie und den andern Structurtheorieen.** Unter den vielen Bestimmungsmöglichkeiten der Molekelnatur ist diejenige von besonderem Interesse, welche die Molekel μ in ein Aggregat

1) Die französischen Autoren haben sich schon früh auf den rein physikalischen Standpunkt gestellt, wesentlich in Folge des Eingehens auf die moleculare Structur der Krystallmasse. Man vgl. z. B. die Ausführungen von Delafosse, a. a. O. S. 658 ff.

2) Vgl. die Einleitung, S. 5.

kleinerer, von einander getrennter Bestandtheile zerlegt.[1]) Wir wollen diese Bestandtheile Theilmolekeln nennen und sie zum Unterschied von der Molekel μ durch

$$m, m_1, m_2 \ldots m_{\lambda-1}$$

bezeichnen. Ihre Lagerung gehorcht dem für die Molekel characteristischen Symmetriegesetz. Ist daher G_μ wieder die bezügliche Molekelgruppe, so führt jede Operation von G_μ die Theilmolekeln in einander über, ihre Anzahl stimmt überdies gemäss den Entwickelungen von Cap. VII, IV des ersten Abschnittes (S. 154) mit der Zahl der Operationen von G_μ überein. Das Molekelgitter erscheint bei dieser Auffassung so gebildet, dass um jeden Punkt des bezüglichen Punktgitters der nämliche Complex von kleineren Theilmolekeln gleicher Art in symmetrischer Weise gelagert ist. Jede Deckoperation führt das Molekelgitter so in sich über, dass jeder dieser Molekelcomplexe mit einem andern von ihnen zur Deckung gelangt.

Die hiermit geschilderte Auffassung des Molekelgitters, welche getreu der bisherigen Anschauungsweise entspricht, ist nicht die einzige, welche möglich ist. Im Gegentheil, wir werden sofort den Nachweis erbringen, dass noch eine zweite Auffassung des aus den Theilmolekeln gebildeten Molekelhaufens zulässig erscheint; gerade sie ist es, welche auf natür-

---

1) Dies entspricht vollständig den Ansichten Bravais'. Man vergleiche besonders folgende Stelle der Études cristallographiques, S. 204. A la vérité, on peut objecter, que la difficulté d'expliquer l'état symétrique des Assemblages cristallins est simplement reculée, et qu'il reste à faire voir pourquoi le polyèdre moléculaire est symétrique. La théorie atomique fournit une réponse toute prête à cette dernière demande, en nous montrant chaque molécule d'un corps comme composée d'un nombre fini d'atomes de différentes espèces. Déjà par des considérations d'un tout autre ordre, Ampère était arrivé, en 1814, à ce résultat que le polyedre moléculaire devait être formé d'atomes disposées symétriquement autour de son centre de gravité . . .

Ferner a. a. O. S. 194: Nous abordons maintenant une question plus délicate, celle de la *structure moléculaire* et par là nous entendons la disposition géométrique des éléments qui constituent la molécule autour de son centre de gravité.

lichem Wege zu derjenigen Conception hinleitet, welche den Grundgedanken der an Wiener und Sohncke anschliessenden Theorieen bildet.

Hierzu bedarf es nur des einfachen Gedankens, die Theilmolekeln als die eigentlichen Bausteine der Krystallsubstanz zu betrachten. Dadurch erhalten wir einen Molekelhaufen, welcher aus lauter gleichartigen Elementen m besteht. Untersuchen wir, wie sich von dieser Idee aus die Structur des Molekelhaufens beschreiben lässt. Fassen wir zu diesem Zweck zwei verschiedene Hauptmolekeln μ und μ' in's Auge, deren Mittelpunkte die Gitterpunkte P und P' sind. Die Molekeln μ und μ' bestehen resp. aus den Bestandtheilen

$$m, m_1, m_2, \ldots m_{\lambda-1}$$

und

$$m', m_1', m_2', \ldots m_{\lambda-1}'.$$

Die Symmetrie des Molekelhaufens bedingt, dass er Deckoperationen besitzt, welche m mit allen in der ersten Reihe aufgeführten Theilmolekeln zusammenfallen lassen. Ferner giebt es eine Deckschiebung des Molekelhaufens, welche μ mit μ' zur Coincidenz bringt. Wir dürfen festsetzen, dass die Bezeichnung der Theilmolekeln so gewählt ist, dass dabei m auf m' fällt. Nun hat aber der Molekelhaufen gegen P' die gleiche Symmetrie wie gegen P; es giebt daher auch solche Deckoperationen desselben, welche die Theilmolekel m' der Reihe nach mit den sämmtlichen Bestandtheilen zur Coincidenz führen, aus denen μ' besteht. Durch Verbindung der obigen Deckschiebung mit den eben genannten Deckoperationen ist es daher möglich, die Theilmolekel m der Reihe nach mit *allen* Theilmolekeln von μ' zusammenfallen zu lassen. Nun sind μ und μ' ganz beliebige Theilmolekeln, folglich kann der Molekelhaufen so in sich übergeführt werden, dass die beliebig herausgegriffene Theilmolekel m in irgend eine andere Theilmolekel übergeht. Dies heisst aber nichts anderes, als dass auch die sämmtlichen Theilmolekeln m ein System regelmässig vertheilter Körperelemente bilden, dessen Regelmässigkeit ebenfalls darin besteht, dass jedes von der Gesammtheit aller übrigen auf gleiche Weise umgeben ist.

Die Differenz dieser Auffassung gegen diejenige von Bravais liegt darin, dass, wenn die Theilmolekel m als letzte Einheit des Aufbaues betrachtet wird, nicht mehr alle Individuen parallel orientirt sind, und dass die Theilmolekel m nach Form und Qualität keinerlei Beschränkungen mehr unterliegt. Die Bravais'sche Theorie verlangt nämlich nur, dass der Körpercomplex, welcher die Molekel μ bildet, die Symmetrie G_μ besitzt, von der wir ausgegangen sind. Diese Symmetrie beruht aber ausschliesslich auf der *Anordnung* seiner Elemente; es besteht daher in der That für die Natur der Theilmolekel m keinerlei Bedingung. Ferner entstehen die sämmtlichen Theilmolekeln, welche die Molekel μ repräsentiren, wenn eine von ihnen, also z. B. m, den Operationen der Gruppe G_μ unterworfen wird. Alle diese Operationen sind aber Drehungen, Spiegelungen u. s. w., sie müssen daher im Allgemeinen, und bei beliebiger Form der Theilmolekel m sogar immer, ihre Orientirung verändern; parallele Orientirung stellt sich nur dann ein, wenn die Ortsveränderung eine Translation ist. Damit ist die obige Behauptung erwiesen.

Hiermit sind wir auf einfachem Wege zu einer zweiten allgemeineren Art regelmässiger Molekelhaufen hingeleitet worden. Die so gewonnene Kenntniss legt es nahe, zu prüfen, ob sie etwa die einzigen regelmässigen Molekelhaufen sind, bei welchen eine parallele Orientirung der einzelnen Bausteine nicht mehr vorhanden ist, oder ob es noch andere giebt. Mit andern Worten, es entsteht die Aufgabe, *alle regelmässigen Molekelhaufen der genannten Art zu ermitteln und zu untersuchen, ob sie sich gleichfalls für eine Structurtheorie verwenden lassen, welche für alle 32 Krystallarten ein übereinstimmendes Gesetz des Aufbaues ergiebt.*

Dieser Frage werden wir nun näher treten. Wir schicken das Resultat der Betrachtung voraus. Es sagt aus, dass die aus den Bravais'schen Molekelgittern abgeleiteten Molekelhaufen nur den speciellsten Fall der allgemeinsten Molekelhaufen darstellen, und dass die auf letztere gegründete Structurtheorie vom geometrischen Standpunkt aus eine ebenso vollständige und befriedigende Darstellung der Krystallsubstanz giebt, wie die Bravais'sche.

Bemerkung. Mit derjenigen Auffassung der Bravais'schen Theorie, welche die Molekeln durch Atomgruppen ersetzt, stimmt diejenige Theorie im Princip überein, welche in der letzten Zeit von L. Wulff in der Zeitschrift für Krystallographie dargestellt worden ist.[1]) Den Ausgangspunkt der Wulff'schen Betrachtungen bildet die Frage, welche *um* ein begrenztes regelmässiges Punktsystem gelegten Ebenen als Krystallflächen auftreten können; wie man sieht, steht also die Bevorzugung der geometrischen Eigenschaften der Krystallsubstanz im Vordergrund. Werden auch die Erörterungen an die eben definirten Molekelhaufen allgemeinster Art angeschlossen, so läuft doch das Ergebniss der Wulff'schen Untersuchungen darauf hinaus, nur denjenigen Molekelhaufen die Fähigkeit zuzusprechen, die Krystalle zu repräsentiren, welche in dem oben dargelegten Sinn auch als Bravais'sche Molekelgitter aufgefasst werden können. Die Atomgruppen, welche von Wulff zum Aufbau der Krystalle verwendet werden, sind mit den Bravais'schen Punktgruppen resp. Atomcomplexen völlig identisch; die Differenz liegt im wesentlichen in der Bezeichnungsweise.[2])

---

1) Vgl. besonders: Ueber die regelmässigen Punktsysteme, a. a. O. Bd. 13. S. 503 ff.

2) Vgl. hierzu Sohncke's Bemerkungen zu Herrn Wulff's Theorie der Krystallstructur, Zeitschr. f. Kryst. Bd. 14. S. 417.

Fünftes Capitel.

Die Zusammensetzung beliebiger räumlicher Operationen.

§ 1. **Aequivalenz und Zusammensetzung von Bewegungen.** Um eine Darstellung derjenigen Structurtheorieen zu geben, welche sich auf den Wiener-Sohncke'schen Grundgedanken aufbauen, bedarf es einiger vorbereitenden Sätze über beliebige räumliche Operationen und ihre Zusammensetzung. Wir beginnen mit der Betrachtung der Bewegungen.

Es seien S_1 und S_2 irgend zwei verschiedene Lagen eines Körpers S. Der Uebergang des Körpers aus der Lage S_1 in die Lage S_2 kann auf mannigfache Art durch Bewegung vermittelt werden. Alle diese Bewegungen bezeichnen wir als äquivalent, d. h. wir definiren, analog zu S. 21:

Bewegungen heissen äquivalent, wenn sie ein Raumgebilde aus einer Lage S_1 in die nämliche Lage S_2 überführen.

Die Bewegungen kommen für das Folgende im Wesentlichen nur als Deckoperationen eines Raumgebildes resp. als Zeichen für die Symmetrieeigenschaften des Gebildes in Frage. In dieser Hinsicht hat der Weg, welcher bei der Bewegung durchlaufen wird, keinerlei Bedeutung. Wir dürfen ihn so einfach wie möglich annehmen.

Um die einfachsten räumlichen Bewegungsarten abzuleiten, ist es zweckmässig, sofort den Begriff der zusammengesetzten Bewegung einzuführen. Gelangt der Körper S aus der ersten Lage S_1 in eine zweite Lage S_2, und dann in Folge einer neuen Bewegung in eine Lage S_3, so giebt es auch Bewegungen, welche den Körper direct von S_1 nach S_3 überführen. Eine solche Bewegung heisst zusammengesetzte oder resultirende Bewegung; bie beiden ersten Bewegungen heissen ihre

Componenten. Dasselbe gilt augenscheinlich für beliebig viele auf einander folgende Bewegungen; d. h. es besteht der

Lehrsatz I. *Beliebig viele auf einander folgende Bewegungen sind stets einer einzigen Bewegung äquivalent. Die letztere heisst zusammengesetzte oder resultirende Bewegung, die einzelnen Bewegungen heissen ihre Componenten.*

Es kann vorkommen, dass die Endlage S_3 des Körpers S mit der ersten Lage S_1 identisch ist, und das gleiche kann bei der Zusammensetzung beliebig vieler Bewegungen eintreten. Eine resultirende Ortsveränderung des Körpers ist dann nicht mehr vorhanden; wir sprechen aber auch in diesem Fall von einer resultirenden Bewegung und sagen, dass sie die Grösse Null hat (vgl. S. 22).

Die evidente Thatsache, welche der vorstehende Satz enthält, haben wir deshalb besonders ausgesprochen, weil wir an sie die Einführung derjenigen Rechnungssymbolik anknüpfen wollen, welche wir im ersten Abschnitt für Drehungen um einen Punkt mit Vortheil benutzt haben. In der Schlussbemerkung von Cap. II (S. 42) ist darauf hingewiesen worden, welches die nothwendige und hinreichende Bedingung dafür ist, dass sich die Uebertragung des Productbegriffes auf die Zusammensetzung irgend welcher Operationen ausführen lässt. Als solche ergab sich einzig und allein der Umstand, dass die Folge von zwei Operationen einer Operation derselben Art äquivalent ist, wie z. B. die Folge von zwei Drehungen um einen Punkt immer wieder eine Drehung um diesen Punkt giebt. Da nun die Folge von zwei beliebigen räumlichen Bewegungen stets eine räumliche Bewegung ist, so leuchtet ein, dass auch auf sie der Productbegriff, resp. die zugehörige Rechnungssymbolik ausgedehnt werden kann. Wir definiren also:

Unter dem Product zweier nach einander eintretenden räumlichen Bewegungen $\mathfrak{A}$ und $\mathfrak{B}$ verstehen wir jede Bewegung $\mathfrak{C}$, welche den Bewegungen $\mathfrak{A}$ und $\mathfrak{B}$ zusammen äquivalent ist.

Da die in Cap. II des ersten Abschnittes aufgestellten allgemeinen Sätze ausschliesslich auf dem Productbegriff beruhen, so bleiben sie sämmtlich für das Rechnen mit beliebigen Bewegungen in Kraft.

§ 2. **Vertauschbare Bewegungen.** Tritt erst die Bewegung $\mathfrak{A}$ und dann $\mathfrak{B}$ ein, so drücken wir dies durch die Gleichung

$$\mathfrak{A}\mathfrak{B} = \mathfrak{C}$$

aus; wenn dagegen erst die Bewegung $\mathfrak{B}$ und dann $\mathfrak{A}$ erfolgt, so schreiben wir, indem wir die resultirende Bewegung $\mathfrak{C}_1$ nennen,

$$\mathfrak{B}\mathfrak{A} = \mathfrak{C}_1 .$$

Die Bewegungen $\mathfrak{C}$ und $\mathfrak{C}_1$ sind im Allgemeinen nicht äquivalent.

Tritt der besondere Fall ein, dass $\mathfrak{C}$ und $\mathfrak{C}_1$ äquivalente Bewegungen vorstellen, so sollen $\mathfrak{A}$ und $\mathfrak{B}$ *vertauschbare Bewegungen* heissen. Für sie stellen sich, wie der S. 41 abgeleitete Lehrsatz IX zeigt, gewisse Vereinfachungen der Rechnungsregeln ein. Ihre Kenntniss ist daher von Wichtigkeit; aus diesem Grunde führen wir diejenigen von ihnen, mit denen wir im Folgenden öfters zu thun haben, hier an.

Lehrsatz II. *Translationen sind vertauschbare Operationen.*

Die in diesem Satz ausgesprochene Thatsache ist bereits in Cap. II, § 2 und 3 ausführlich erörtert worden.

Wir werden für das Folgende die Translationsbewegungen, wenn wir sie der Rechnung unterwerfen, durch $\mathfrak{T}$ bezeichnen. Dies entspricht dem Umstand, dass wir für alle räumlichen Operationen bisher grosse deutsche Buchstaben benutzt haben. Von der Translation als Bewegung ist diejenige geometrische Strecke zu unterscheiden, welche nach Grösse und Richtung die Translationsbewegung darstellt; sie soll nach wie vor durch τ oder t bezeichnet werden. Demgemäss stehen sich $\mathfrak{T}$ und τ resp. t als *Translationsbewegung* und als *Translationsstrecke* gegenüber, jedoch so, dass die eine durch die andere vollständig bestimmt ist. Der Sprachgebrauch pflegt beide inhaltlich verschiedenen Begriffe meist kurz mit demselben Wort „Translation“ zu bezeichnen. Hiervon ist in dieser Schrift bereits vielfach Anwendung gemacht worden. Dies soll auch fernerhin geschehen und ist um so mehr zulässig, als irrige Folgerungen wegen der innigen Beziehung der Grössen $\mathfrak{T}$ und τ zu einander völlig ausgeschlossen sind. In der That, alles was sich über Zusammensetzung der Translationsbewegungen aussagen lässt, gilt analog auch von den zugehörigen Translationsstrecken und umgekehrt.

Allerdings scheint sich sofort der Einwand aufzudrängen, dass wir für das Rechnen mit den Translationsbewegungen $\mathfrak{T}$ die *Multiplication* benutzen, während gemäss dem Inhalt von Cap. II dieses Abschnittes die Rechnung mit den Translationsstrecken τ der geometrischen *Addition* unterliegt. Dies bildet jedoch nur scheinbar eine Differenz. Von den Rechnungsregeln, welche die Multiplication betreffen, kommen nämlich für die Zusammensetzung der Bewegungen nur diejenigen Sätze in Betracht, welche analog auch für die Addition bestehen, oder vielmehr einzig und allein der Satz, welcher im Cap. II des ersten Abschnittes unter Lehrsatz II (S. 36) aufgeführt ist und das associative Gesetz genannt wird. Es würde daher auch zulässig gewesen sein, sich für die Zusammensetzung der Bewegungen sowie aller räumlichen Operationen der Addition zu bedienen. Dies scheint sogar dem natürlichen Denken näher zu liegen, als die Verwendung der Multiplication. Wenn es dennoch vorgezogen wird, eine solche Rechnungssymbolik einzuführen, welche der Multiplication entspricht, so liegt der Grund in formalen Gesichtspunkten, besonders darin, dass sich, wie der Inhalt des ersten Abschnittes zur Genüge beweisen dürfte, dadurch eine grössere Einfachheit der Formeln und der Rechnung erzielen lässt. Andrerseits bietet aber für die Zusammensetzung der geometrischen Strecken der Additionsbegriff eine grössere Durchsichtigkeit und ist daher für das Rechnen mit Translationsstrecken oben beibehalten worden. Wir sind hierauf etwas ausführlicher eingegangen, weil es geboten schien, die bezüglichen Verhältnisse von allen Unklarheiten und scheinbaren Differenzpunkten zu befreien.

Mit Anwendung der Bezeichnung $\mathfrak{T}$ besteht nun, wenn $\mathfrak{T}_1$ und $\mathfrak{T}_2$ irgend zwei Translationen sind, die Gleichung

$$\mathfrak{T}_1\mathfrak{T}_2 = \mathfrak{T}_2\mathfrak{T}_1,$$

während die entsprechende Gleichung für die Translationsstrecken

$$\tau_1 + \tau_2 = \tau_2 + \tau_1$$

ist.

Lehrsatz III. *Eine Drehung* $\mathfrak{A}(\alpha)$ *um eine Axe* a, *und eine Translation* $\mathfrak{T}_a$ *längs dieser Axe sind vertauschbare Operationen;* d. h. es ist

$$\mathfrak{A}\mathfrak{T}_a = \mathfrak{T}_a\mathfrak{A}.$$

Beweis. Es sei (Fig. 36) A_1 die Anfangslage eines Punktes, A_2 seine Lage nach der Drehung um die Axe a, und A_3 der Ort, an welchen er von A_2 aus durch die Translation $\mathfrak{T}_a$ gelangt. Construirt man die Geraden $A_1A_2' \parallel A_2A_3$, und $A_2'A_3 \parallel A_1A_2$, so legt der Punkt A_1 bei der Translation $\mathfrak{T}_a$ den Weg A_1A_2' zurück und gelangt vermöge der dann folgenden Drehung um die Axe a nach A_3. Dies gilt für jeden Punkt, und damit ist der Satz bewiesen.

Fig. 36.

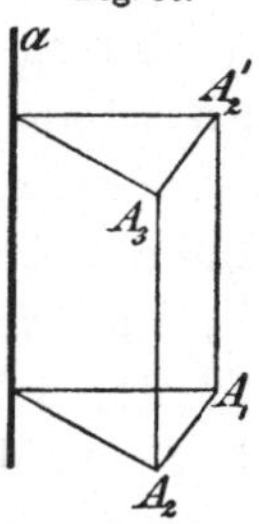

§ 3. **Einfachste Fälle der Zusammensetzung von Bewegungen.** Wir schicken diesen Untersuchungen die Bemerkung voraus, dass, wie in der Anmerkung von S. 66 bewiesen worden ist, *jede räumliche Bewegung durch die Bewegung von drei Punkten resp. einer Ebene bestimmt ist.*

Es seien nun a und b zwei parallele Axen, um welche nach einander Drehungen stattfinden; der Drehungswinkel für beide Axen sei ω, aber die Drehungen um a und b sollen im entgegengesetzten Sinn erfolgen, und zwar sei $-\omega$ der Drehungswinkel für die Axe a. Man denke sich eine zu a und b senkrechte Ebene ε, welche (Fig. 37) die Axen a und b in A resp. B schneidet; diese Ebene bewegt sich während beider Drehungen in sich selbst, durch ihre Bewegung ist daher die resultirende räumliche Bewegung bestimmt. Nun bleibt der Punkt A bei der Drehung um a an seiner Stelle und gelangt durch Drehung um b in eine Lage A_1, so dass

Fig. 37.

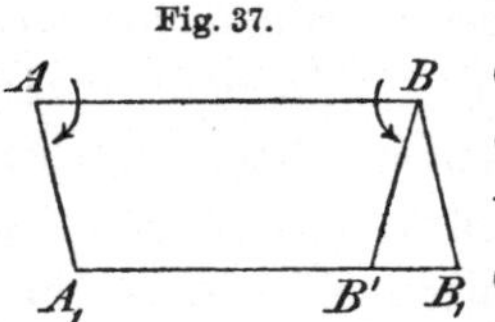

$$BA = BA_1 \quad \text{und} \quad ABA_1 = \omega$$

ist. Kommt B durch Drehung um a in einen Punkt B' und dann durch Drehung um b in den Punkt B_1, so ist

$$BA = B'A; \quad B'B = B_1B^{1)}$$
$$\measuredangle BAB' = B'BB_1 = \omega.$$

Demnach ist auch

$$AA_1 = BB' = BB_1,$$

d. h. die von A und B bei der resultirenden Bewegung durchlaufenen Wege sind gleich und parallel. Die Bewegung der Ebene ε ist daher eine Translation, welche nach Länge und Richtung durch AA_1 resp. BB_1 dargestellt ist. Dasselbe gilt mithin von der räumlichen Bewegung selbst; also folgt:

Lehrsatz IV. *Zwei Drehungen um parallele Axen von gleichem, aber entgegengesetztem Drehungswinkel sind einer zu den Axen senkrechten Translation äquivalent.*

Die Grösse und Richtung der Translation wird durch die Gleichung

$$AA_1 = 2AB \sin\frac{\omega}{2}$$

dargestellt. Bezeichnen wir die um die Axen a und b stattfindenden Drehungen resp. durch $\mathfrak{A}(-\omega)$ und $\mathfrak{B}(\omega)$ und die zu ihnen senkrechte Translation durch $\mathfrak{T}$, so besteht dem Satze gemäss die Gleichung

1) $$\mathfrak{A}(-\omega)\cdot\mathfrak{B}(\omega) = \mathfrak{T}.$$

Multipliciren wir diese Gleichung auf beiden Seiten links mit $\mathfrak{A}(\omega)$, so folgt, da sich die Drehungen $\mathfrak{A}(\omega)$ und $\mathfrak{A}(-\omega)$ aufheben,

2) $$\mathfrak{B}(\omega) = \mathfrak{A}(\omega)\cdot\mathfrak{T}.$$

Ebenso folgt durch rechtsseitige Multiplication mit $\mathfrak{B}(-\omega)$

3) $$\mathfrak{A}(-\omega) = \mathfrak{T}\mathfrak{B}(-\omega),$$

es ist also auch

3a) $$\mathfrak{A}(\omega) = \mathfrak{T}'\mathfrak{B}(\omega).$$

Diese Gleichungen führen zu folgendem

Lehrsatz V. *Jede Rotation kann durch eine Rotation vom gleichen Winkel um eine beliebige parallele Axe, und eine zur Axe senkrechte Translation ersetzt werden, und umgekehrt. Die*

---

1) In der Figur fehlen die Geraden AB' und BA_1.

Translation kann sowohl nach als vor der Rotation vorgenommen werden.

Es bedarf kaum des Hinweises, dass die Lage der Axe sowie die Translation sich ändern, je nachdem erst die Rotation oder erst die Translation eintritt. Für solche Rotationen, deren Drehungswinkel einen der vier Werthe

$$\pi, \quad \frac{2\pi}{3}, \quad \frac{\pi}{2}, \quad \frac{\pi}{3}$$

hat, lassen wir die Bestimmung der dem Satz IV entsprechenden Translation τ hier folgen.

Ist $\omega = \pi$, so ist

$$AA_1 = 2AB;$$

und zwar liegt der Punkt A_1 (Fig. 38) auf der Geraden AB; es fällt also τ in die Verbindungsebene von a und b.

Fig. 38.

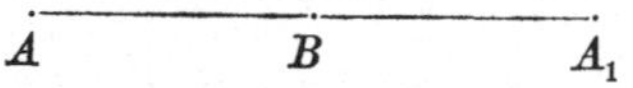

$A \qquad B \qquad A_1$

Ist $\omega = 120^0$, so wird (Fig. 39) [1])

$$AA_1 = 2AB \sin\frac{\pi}{3} = AB\sqrt{3}.$$

Das Dreieck AA_1B ist daher der dritte Theil eines gleichseitigen Dreiecks, welches AA_1 zur Seite und B als Mittelpunkt hat.

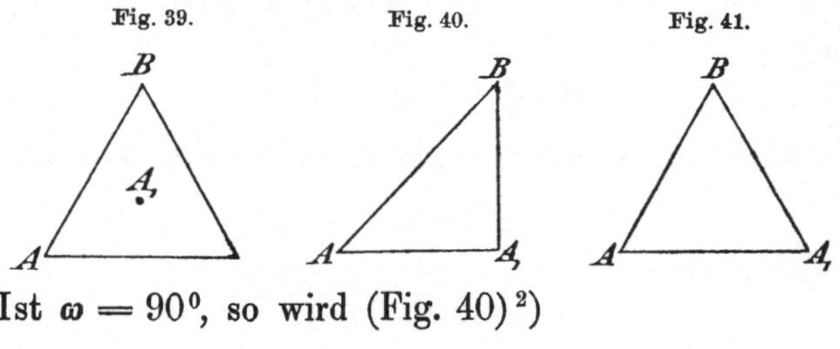

Fig. 39. Fig. 40. Fig. 41.

Ist $\omega = 90^0$, so wird (Fig. 40) [2])

$$AA_1 = 2AB \sin\frac{\pi}{4} = AB\sqrt{2},$$

d. h. AA_1B ist ein gleichschenkliges und rechtwinkliges Dreieck.

---

1) In der Figur sind die Punkte A_1 und B zu vertauchen.

2) Vgl. die vorstehende Anmerkung.

Endlich wenn $\omega = 60^0$ ist, so ist (Fig. 41)

$$AA_1 = 2AB \sin\frac{\pi}{6} = AB,$$

d. h. AA_1B bildet ein gleichseitiges Dreieck.

Hiermit ist, wie die Gleichung 2) erkennen lässt, zugleich *die umgekehrte Aufgabe gelöst, die Axe b der Drehung $\mathfrak{B}$ zu finden, welche mit der Drehung $\mathfrak{A}$ und der Translation $\mathfrak{T}$ äquivalent ist.* Diese Aufgabe ist, wie wir später sehen werden, von bedeutender theoretischer Wichtigkeit.

§ 4. **Die Schraubenbewegung.** Der im vorigen Paragraph enthaltene Satz V führt zu wichtigen Folgerungen allgemeineren Characters. Wir denken uns jetzt ein Product, das ausser beliebigen Translationen eine Drehung $\mathfrak{A}(\alpha)$ um eine Axe a enthält; es wird die Form haben

$$\mathfrak{T}_1\mathfrak{T}_2\ldots\mathfrak{T}_n\mathfrak{A}\mathfrak{T}_1'\mathfrak{T}_2'\ldots\mathfrak{T}_m'.$$

Wir bezeichnen die resultirende Bewegung durch $\mathfrak{R}$. Nun ist das Product der ersten n Translationen stets einer einzigen Translation äquivalent, und ebenso das Product der letzten m Translationen. Bezeichnen wir dieselben durch $\mathfrak{T}$, resp. $\mathfrak{T}'$, so folgt

$$\mathfrak{R} = \mathfrak{T}\mathfrak{A}\mathfrak{T}'.$$

Gemäss Cap. II, 2 dieses Abschnittes lässt sich $\mathfrak{T}$ in zwei Translationen $\mathfrak{T}_a$ und $\mathfrak{T}_n$ zerlegen, die resp. parallel und senkrecht zur Axe a sind, und ebenso $\mathfrak{T}'$; die Reihenfolge dieser Translationen ist überdies beliebig, also folgt

$$\mathfrak{R} = \mathfrak{T}_a\mathfrak{T}_n\mathfrak{A}\mathfrak{T}_n'\mathfrak{T}_a'.$$

Nach dem vorstehenden Satz ist aber das Product der mittleren drei Bewegungen durch eine Drehung $\mathfrak{A}_1(\alpha)$ um eine zu a parallele Axe a_1 ersetzbar, folglich erhalten wir

$$\mathfrak{R} = \mathfrak{T}_a\mathfrak{A}_1\mathfrak{T}_a'.$$

Da nun nach Satz III $\mathfrak{T}_a$ und $\mathfrak{A}_1$ vertauschbar sind, so ergiebt sich schliesslich

$$\begin{aligned}\mathfrak{R} &= \mathfrak{A}_1\mathfrak{T}_a\mathfrak{T}_a'\\ &= \mathfrak{A}_1\mathfrak{T}_a'' = \mathfrak{T}_a''\mathfrak{A}_1,\end{aligned}$$

wo $\mathfrak{T}_a''$ eine mit a_1 parallele Translation ist. Also folgt:

Lehrsatz VI. *Jedes Product aus einer Drehung* $\mathfrak{A}(\alpha)$ *um eine Axe a und beliebig vielen Translationen ist dem Product aus einer Drehung um eine parallele Axe vom gleichen Winkel und einer zur Drehungsaxe parallelen Translation äquivalent.*

Lehrsatz VII. *Durch Multiplication einer Drehung mit beliebigen Translationen wird die Axenrichtung und der Drehungswinkel nicht geändert.*

Der vorstehende Satz bildet dasjenige Hilfsmittel, welches uns in den Stand setzt, eine einfache Form für jede räumliche Bewegung zu ermitteln.

Es seien S_1 und S_2 irgend zwei Lagen eines Körpers S, und A_1 resp. A_2 die zwei entsprechenden Lagen eines Punktes A von S. Man lasse zunächst eine Translation $\mathfrak{T}$ eintreten, welche nach Grösse und Richtung durch die Strecke A_1A_2 bestimmt ist; sie führt den Körper S in eine solche Lage, dass der Punkt A_1 auf A_2 fällt, also in seine Endlage gelangt. Um daher den Körper S selbst in die Endlage S_2 zu bringen, bedarf es nur noch einer Drehung $\mathfrak{A}$ desselben um eine durch A_2 gehende Axe a. Nun können wir die Translation $\mathfrak{T}$ wieder in zwei andere zerlegen, von denen die eine parallel zur Axe a läuft, die andere senkrecht zu ihr gerichtet ist. Nennen wir sie $\mathfrak{T}_n$ und $\mathfrak{T}_a$, so besteht die Gleichung

$$\mathfrak{T}\mathfrak{A} = \mathfrak{T}_a\mathfrak{T}_n\mathfrak{A}.$$

Aber nach Satz V ist $\mathfrak{T}_n\mathfrak{A}$ einer Drehung um eine zu a parallele Axe a_1 äquivalent; folglich ergiebt sich schliesslich

$$\mathfrak{T}\mathfrak{A} = \mathfrak{T}_a\mathfrak{A}_1,$$

d. h.

Lehrsatz VIII. *Jede Ortsveränderung allgemeinster Art kann durch eine Translation und eine Drehung um eine zur Translation parallele Axe vermittelt werden.*

Der Herleitung nach hat zuerst die Translation und dann die Drehung einzutreten. Die Aufeinanderfolge beider Bewegungen ist aber, wie in Satz II bewiesen, vertauschbar. Es ist daher auch gestattet, beide Bewegungen gleichzeitig eintreten zu lassen. Gehen dieselben überdies gleichförmig vor sich, und zwar so, dass sie gleichzeitig beginnen und endigen, so verschmelzen sie zu einer *Schraubenbewegung* um die Axe a. Die Translation bestimmt die *Ganghöhe* der Schraubenbewegung, d. h. den Abstand zweier Schraubenwindungen von einander; die zugehörige Strecke werden wir die *Translationscomponente* nennen. Wir gelangen damit zu folgendem

Hauptsatz I. *Jede Ortsveränderung allgemeinster Art eines Körpers S kann dadurch vermittelt werden, dass derselbe gezwungen wird, eine bestimmte Schraubenbewegung um eine gewisse Gerade des Raumes als Axe auszuführen.*

Die Schraubenbewegung, deren Axe a, deren Drehungswinkel ω resp. α ist, und deren Translationscomponente durch die geometrische Strecke t dargestellt wird, bezeichnen wir von nun an durch

$$\mathfrak{A}(\omega, t) \quad \text{resp.} \quad \mathfrak{A}(\alpha, t).$$

Die Art der Schraubenbewegung sowie der zugehörigen Schraube ist durch die Länge derjenigen Translation bestimmt, welche einer Drehung um 2π entspricht, d. h. durch die Ganghöhe der bezüglichen Schraube. Bezeichnen wir sie durch p, so besteht die Proportion

$$p : 2\pi = t : \omega.$$

Uebrigens kommt die Grösse p für unsere Zwecke kaum in Frage.

Bemerkung 1. Der vorstehende Satz ist folgendermassen zu verstehen. Sind S_1 und S_2 zwei verschiedene Lagen des Körpers S, so ist durch sie eine Axe a, ein Winkel ω, eine Strecke t, und damit auch der Parameter p vollständig bestimmt.[1]) Man wähle sich nun eine Schraubenmutter nebst Schraubenspindel so aus, dass ihre Ganghöhe, d. h. der Abstand zweier Schraubenwindungen von einander die Länge p hat, und bringe dieselbe in eine solche Lage, dass die Schraubenaxe mit der Geraden a_1 des Raumes zusammenfällt. Wird nun der Körper S_1 mit der Schraubenspindel fest verbunden, wird

---

1) Für die Construction dieser Grössen verweise ich, da sie für uns keine Bedeutung hat, auf die Lehrbücher über Kinematik resp. Mechanik.

sodann die Schraubenmutter im Raum festgehalten, dagegen die Schraubenspindel um die letztere herumbewegt, so geht dabei der mit der Schraubenspindel verbundene Körper S_1 nach der Drehung um den Winkel ω in den Körper S_2 über.

Bemerkung 2. Es giebt bekanntlich zwei verschiedene Arten von Schraubenbewegungen, *links gewundene* und *rechts gewundene*. Um sie zu definiren, denken wir uns in einer Axe a die beiden Enden als positiv und negativ unterschieden und den positiven Drehungssinn in irgend einer Weise festgelegt; um die Begriffe zu fixiren, nehmen wir an, dass für einen Beobachter die positive Drehung der Bewegung des Uhrzeigers entspricht, während die positive Axenrichtung mit der Richtung von dem Kopf nach den Füssen übereinstimmt. Ist nun der Winkel α und die Translationscomponente t gleichzeitig positiv, so verlaufen die Schraubenwindungen von links oben nach rechts unten; und wenn α und t beide negativ sind, so stellt sich dieselbe Lage der Schraubenwindungen ein. Wenn dagegen α und t verschiedene Vorzeichen haben, so verlaufen die Schraubenwindungen von rechts oben nach links unten. Im ersteren Fall nennen wir die Schraube *rechts gewunden*, im letzteren *links gewunden*.[1]) Die Schrauben stimmen *bis auf den Windungssinn* in allen geometrischen Eigenschaften überein, sie verhalten sich zu einander, wie ein Körper und sein Spiegelbild, resp. *wie zwei enantiomorphe Krystalle*. Sie können daher durch Bewegung nicht zur Deckung gebracht werden. Durch

$$\mathfrak{A}(\alpha, t) \quad \text{und} \quad \mathfrak{A}(-\alpha, -t)$$

resp. durch

$$\mathfrak{A}(\alpha, -t) \quad \text{und} \quad \mathfrak{A}(-\alpha, t)$$

werden die beiden Schraubenbewegungen dargestellt.

Da die Schraubenbewegung sich als allgemeinster Typus räumlicher Ortsveränderungen herausgestellt hat, so muss sie die speciellen Bewegungen, nämlich Translation und Rotation, unter sich enthalten. In der That geht sie in die erstere resp. letztere über, je nachdem der Drehungswinkel ω oder die Translationscomponente t den Werth Null hat.

---

1) Dies stimmt mit dem gewöhnlichen Sprachgebrauch überein.

Der Satz über die Schraubenbewegung ist auf Giulio Mozzi (1765) zurückzuführen. Vgl. darüber Giorgini, Memorie di mat. della soc. ital. delle scienze, Modena, 1836, S. 47. Er scheint aber sehr bald in Vergessenheit gerathen zu sein und wurde erst im Jahre 1830 von Chasles neu entdeckt. Vgl. Bull. des sciences math. de Férussac, Bd. 14, S. 324. Für unendlich kleine Bewegungen hatte ihn drei Jahre zuvor Cauchy abgeleitet; vgl. Exercises de math., Bd. 2, S. 87 (1827).

§ 5. **Zusammensetzung von Schraubenbewegungen.** Die in den vorstehenden Paragraphen über Drehungen abgeleiteten Sätze gelten in analoger Form auch von den Schraubenbewegungen. Um dies einzusehen, braucht man sich nur zu vergegenwärtigen, dass einerseits die Schraubenbewegung in eine Drehung und eine Translation auflösbar ist, und dass andrerseits gemäss Satz VII die Translation für die Richtung der Axe und die Grösse des Drehungswinkels nicht in Frage kommt. Im besondern lässt sich daher dem Satz VII der folgende analoge Satz zur Seite stellen:

Lehrsatz IX. *Durch Multiplication einer Schraubenbewegung mit beliebigen Translationen wird die Axenrichtung und der Drehungswinkel nicht geändert.*

Eine Aenderung kann daher nur die Translationscomponente und die Lage der Axe erleiden. Um dies zu prüfen gehen wir auf die Entwickelungen von § 4 zurück. Ist $\mathfrak{A}(\alpha,t)$ eine beliebige Schraubenbewegung, und $\mathfrak{T}_1$ eine beliebige Translation, so setzen wir

$$\mathfrak{A}(\alpha,t) = \mathfrak{A}\mathfrak{T}$$

und zerlegen $\mathfrak{T}_1$, wie in § 4, parallel und senkrecht zu a in $\mathfrak{T}_a$ und $\mathfrak{T}_n$, alsdann folgt

$$\begin{aligned}\mathfrak{A}(\alpha,t)\mathfrak{T}_1 &= \mathfrak{A}\mathfrak{T}\mathfrak{T}_a\mathfrak{T}_n\\ &= \mathfrak{A}\mathfrak{T}_n\mathfrak{T}\mathfrak{T}_a,\end{aligned}$$

und daraus ergiebt sich gemäss Lehrsatz V

$$\mathfrak{A}\mathfrak{T}_1 = \mathfrak{A}_1\mathfrak{T}\mathfrak{T}_a.$$

Das rechts stehende Product ist eine Schraubenbewegung um die Axe a_1, deren Translationscomponente $t + t_a$ ist. Beachten wir nun, dass die Lage der Axe a_1 nur von $\mathfrak{T}_n$ abhängt, so dass sich dieselbe Axe a_1 einstellen würde, wenn $\mathfrak{T}$ und $\mathfrak{T}_a$ nicht vorhanden wären, so folgt:

Lehrsatz X. *Bei der Multiplication einer Schraubenbewegung um a als Axe mit einer Translation von der Länge t_1 ändert sich die Translationscomponente der Schraubenbewegung um die Projection von t_1 auf a. Die Lage der resultirenden Axe a_1 ist von der Translationscomponente der Schraubenbewegung unabhängig.*

Dieser Satz gilt selbstverständlich auch, wenn a eine Drehungsaxe ist. Es stellt sich also dieselbe Axe a_1 ein, gleichviel ob a eine Drehungsaxe oder eine Schraubenaxe ist. Die in § 3 angestellten Rechnungen, welche die Lage der Axe a_1 zu bestimmen gestatten, wenn die Axe a und die zur Axe senkrechte Translation $\mathfrak{T}$ bekannt sind, gelten also ohne jede Aenderung auch für die Lage der Schraubenaxen.

Wir fassen jetzt irgend zwei beliebige Schraubenbewegungen

$$\mathfrak{A}(\alpha, t_a) \quad \text{und} \quad \mathfrak{B}(\beta, t_b)$$

in's Auge, deren Axen die Geraden a resp. b sind. Werden sie hinter einander ausgeführt, so ist die resultirende Ortsveränderung ebenfalls einer Schraubenbewegung äquivalent; dieselbe finde um eine Axe c statt und werde durch

$$\mathfrak{C}(\gamma, t_c)$$

bezeichnet, so dass die Gleichung

$$\mathfrak{A}\mathfrak{B} = \mathfrak{C}$$

besteht. Für die Lage der Axe c und den Drehungswinkel γ gilt ein wichtiger Satz, den wir jetzt ableiten wollen. Bezeichnen wir zu diesem Zweck die um die Axen a resp. b stattfindenden Drehungen durch $\mathfrak{A}'$ und $\mathfrak{B}'$, so dass

$$\mathfrak{A}(\alpha, t_a) = \mathfrak{A}'\mathfrak{T}_a = \mathfrak{T}_a\mathfrak{A}'$$

$$\mathfrak{B}(\beta, t_b) = \mathfrak{B}'\mathfrak{T}_b = \mathfrak{T}_b\mathfrak{B}'$$

gesetzt werden kann, so ergiebt sich

$$\mathfrak{C} = \mathfrak{T}_a\mathfrak{A}'\mathfrak{B}'\mathfrak{T}_b.$$

Ist nun O ein beliebiger Punkt des Raumes und sind a_1, b_1 zwei durch ihn gehende Axen, die zu a resp. b parallel sind, so kann nach Satz V jede der Drehungen $\mathfrak{A}'$ und $\mathfrak{B}'$ durch eine Drehung $\mathfrak{A}_1'$ resp. $\mathfrak{B}_1'$ um a_1 und b_1 und je eine Translation ersetzt werden, und zwar so, dass die Drehungswinkel für die Axen a_1 und b_1 wiederum α und β sind. Wir dürfen daher

$$\mathfrak{A}' = \mathfrak{T}_1 \mathfrak{A}_1', \quad \mathfrak{B}' = \mathfrak{B}_1' \mathfrak{T}_2$$

setzen und erhalten

$$\mathfrak{C} = \mathfrak{T}_a \mathfrak{T}_1 \mathfrak{A}_1' \mathfrak{B}_1' \mathfrak{T}_2 \mathfrak{T}_b.$$

Nun sei $\mathfrak{C}_1'$ diejenige Drehung, welche nach Cap. I, Satz II des ersten Abschnitts dem Product der Drehungen $\mathfrak{A}_1'$ und $\mathfrak{B}_1'$ äquivalent ist, deren Axe c_1 also durch den Punkt O geht, so folgt

$$\mathfrak{C} = \mathfrak{T}_a \mathfrak{T}_1 \mathfrak{C}_1' \mathfrak{T}_2 \mathfrak{T}_b,$$

und nunmehr ergiebt sich gemäss Satz VII, dass die Axe c der Schraubenbewegung zur Axe c_1 parallel und ihr Drehungswinkel γ mit dem Winkel der Drehung $\mathfrak{C}_1'$ identisch ist. Damit gelangen wir zu folgendem

Hauptsatz II. *Die Axenrichtung und der Drehungswinkel der resultirenden Schraubenbewegung hängen nur von den Axenrichtungen und den Drehungswinkeln der componirenden Schraubenbewegungen ab. Sie bestimmen sich nach dem Satz über die Zusammensetzung von Drehungen, sind also von den Translationscomponenten und von der besonderen Lage der Axen im Raume unabhängig.*

Dieser Satz gilt natürlich auch dann, wenn eine oder beide Bewegungen Drehungen sind. Er ist einer der wichtigsten Sätze aus der Lehre von der Zusammensetzung der Bewegungen. Er zeigt, dass, wenn es bei der Zusammensetzung von Drehungen oder Schraubenbewegungen nur auf die Axenrichtung und den Drehungswinkel der resultirenden Bewegung ankommt, hierfür einzig und allein die Sätze über die Zusammensetzung einfacher Drehungen massgebend sind, deren Axen sämmtlich durch einen Punkt gehen.

Wir werden von nun an alle Bewegungen, die in der Axenrichtung und im Drehungswinkel übereinstimmen, *isomorphe Bewegungen* nennen und bezeichnen dementsprechend das sich im obigen Hauptsatz ausdrückende Gesetz als das *Gesetz des Isomorphismus für die Zusammensetzung von Bewegungen.* Endlich sollen die Axen der isomorphen Bewegungen als *isomorphe Axen* bezeichnet werden.

Um ein Beispiel zu dem vorstehenden Satze zu geben, wollen wir zwei Schraubenbewegungen von paralleler Axe und gleichem Drehungswinkel

$$\mathfrak{A}(\omega, t) \quad \text{und} \quad \mathfrak{B}(\omega, t_1)$$

in's Auge fassen und das Product

$$\mathfrak{B}\mathfrak{A}^{-1}$$

zu bestimmen suchen. Die zu $\mathfrak{B}$ und $\mathfrak{A}^{-1}$ isomorphen Drehungen sind zwei Drehungen um dieselbe Axe, aber von verschiedenem Drehungssinn; ihr Product ist daher die Identität. Das Product $\mathfrak{B}\mathfrak{A}^{-1}$ kann daher nur eine Translation sein; bezeichnen wir sie durch $\mathfrak{T}$, so ist

$$\mathfrak{B}\mathfrak{A}^{-1} = \mathfrak{T}$$
$$\mathfrak{B} = \mathfrak{A}\mathfrak{T}.$$

Die Translation $\mathfrak{T}$ kann jeden beliebigen Winkel mit den Schraubenaxen bilden, sie hängt nur von der Lage der Axen und der Differenz der Translationscomponenten t und t_1 ab.

Die vorstehenden Gleichungen bilden das genaue Analogon zu denen, welche wir in § 3 für Rotationen abgeleitet haben; sie stehen überdies in Uebereinstimmung mit den im Eingang dieses Paragraphen ausgesprochenen Sätzen.

Weitere Beispiele sind in § 10 enthalten.

§ 6. **Zusammensetzung beliebiger räumlicher Operationen.** Zwei Raumgebilde S und S_1', welche einander spiegelbildlich gleich sind, können folgendermassen in einander verwandelt werden. Man construire bezüglich einer beliebigen Ebene ε das Spiegelbild S' von S; dasselbe ist mit S_1' congruent und kann daher durch Bewegung in die Lage S_1' übergeführt werden. Zur Herstellung der Coincidenz bedarf es also einer Spiegelung in Verbindung mit einer Bewegung. Wir bezeichnen diese Operation als eine *allgemeine räumliche Operation zweiter Art;* im Gegensatz hierzu sollen die Bewegungen *allgemeine räumliche Operationen erster Art* heissen. Endlich werden die Operationen erster und zweiter Art mit gemeinsamem Namen *räumliche Operationen* oder kurz Operationen genannt werden. Auch die Zusammensetzung beliebiger räumlicher Operationen gehorcht den Rechnungsregeln, welche auf der Einführung des Productbegriffes beruhen. Jede Folge räumlicher Operationen führt nämlich den Ausgangskörper S immer in einen ihm congruenten oder spiegelbildlich gleichen Körper über, und ist daher in allen Fällen einer einzigen Operation erster oder zweiter Art äquivalent. Damit ist aber die fundamentale Thatsache, welche die Anwendbarkeit des Productbegriffes gestattet, nachgewiesen; wir dürfen daher folgende Definition aufstellen:

Unter einem Product von beliebigen räumlichen Operationen $\mathfrak{L}$ *und* $\mathfrak{M}$ *verstehen wir diejenige Operation* $\mathfrak{N}$, *welche eintritt, wenn erst die Operation* $\mathfrak{L}$ *und dann die Operation* $\mathfrak{M}$ *ausgeführt wird.*

Wir bezeichnen dies wieder durch die Gleichung

$$\mathfrak{L}\mathfrak{M} = \mathfrak{N}.$$

Sind $\mathfrak{L}$ und $\mathfrak{M}$ Operationen zweiter Art, so ist ihr Product eine Operation erster Art. Denn verwandelt $\mathfrak{L}$ den Körper S in den ihm spiegelbildlichen gleichen Körper S', so führt $\mathfrak{M}$ den Körper S' in einen mit S congruenten Körper S_1 über; d. h.

Lehrsatz XI. *Das Product von zwei Operationen zweiter Art ist stets eine Operation erster Art, d. h. eine Bewegung.*

§ 7. Diese Bewegung soll für die einfachsten Fälle, soweit dies nicht schon im Cap. III des ersten Abschnittes geschehen ist, hier bestimmt werden.

Es seien die beiden Operationen zweiter Art zwei einfache Spiegelungen $\mathfrak{S}$ und $\mathfrak{S}_1$ an den parallelen Ebenen σ und σ_1. Der Abstand beider Ebenen sei e. Um die resultirende Bewegung, welche gleich dem Product von $\mathfrak{S}$ und $\mathfrak{S}_1$ ist, zu bestimmen, genügt es, die Bewegung der Ebene σ zu ermitteln. Nun bleiben alle Punkte von σ bei der Spiegelung $\mathfrak{S}$ in Ruhe; in Folge der Spiegelung $\mathfrak{S}_1$ entsteht aus jedem ihrer Punkte A sein Spiegelbild A_1 bezüglich σ_1, und zwar steht AA_1 auf σ resp. σ_1 senkrecht. Ferner ist nach Grösse und Richtung

$$AA_1 = 2e.$$

Die resultirende Bewegung ist daher eine Translation von der Grösse $2e$. Findet erst die Spiegelung gegen σ_1 statt, so hat die resultirende Translation entgegengesetzte Richtung. Wir bezeichnen die Translation AA_1 durch $\mathfrak{T}$, so gilt die Gleichung

1) $$\mathfrak{S}\mathfrak{S}_1 = \mathfrak{T}.$$

Multipliciren wir dieselbe noch mit $\mathfrak{S}$ resp. $\mathfrak{S}_1$, so folgt, da $\mathfrak{S}^2 = 1$ und $\mathfrak{S}_1^2 = 1$ ist,

2) $$\mathfrak{S}_1 = \mathfrak{S}\mathfrak{T} \quad \text{und}$$

3) $$\mathfrak{S} = \mathfrak{T}\mathfrak{S}_1,$$

und dies führt zu folgendem

Lehrsatz XII. *Zwei Spiegelungen $\mathfrak{S}$ und $\mathfrak{S}_1$ an den parallelen Ebenen σ und σ_1 und eine Translation $\mathfrak{T}$, welche gleich dem doppelten Abstand von σ und σ_1 ist, sind drei Operationen von der Art, dass das Product von zweien derselben der dritten äquivalent ist.*

Damit der Satz für jede Reihenfolge der Operationen richtig bleibt, haben wir der Translation eventuell die entgegengesetzte Richtung zu ertheilen.

Es sei $\mathfrak{U}$ eine Umklappung um eine zur Ebene σ senkrechte Axe, welche die Ebenen σ und σ_1 in A und A_1 schneidet, so ist $\mathfrak{U}^2 = 1$, also folgt, wenn wir die Gleichung 1) links mit $\mathfrak{U}^2$ multipliciren,

4) $$\mathfrak{U}\mathfrak{U}\mathfrak{S}\mathfrak{S}_1 = \mathfrak{T}.$$

Aber $\mathfrak{U}$ und $\mathfrak{S}$ sind nach Cap. I, VII des ersten Abschnitts vertauschbare Operationen, also geht diese Gleichung in

5) $$\mathfrak{U}\mathfrak{S}\mathfrak{U}\mathfrak{S}_1 = \mathfrak{T}$$

über. Beachten wir nun, dass $\mathfrak{U}\mathfrak{S}$ und $\mathfrak{U}\mathfrak{S}_1$ gemäss Cap. II, VIII des ersten Abschnitts die Inversionen $\mathfrak{J}$ resp. $\mathfrak{J}_1$ gegen A und A_1 sind, so folgt

$$\mathfrak{J}\mathfrak{J}_1 = \mathfrak{T},$$

und hieraus ergiebt sich

$$\mathfrak{J} = \mathfrak{T}\mathfrak{J}_1, \quad \mathfrak{J}_1 = \mathfrak{J}\mathfrak{T};$$

demnach erhalten wir:

Lehrsatz XIII. *Das Product von zwei Inversionen ist eine Translation, die gleich dem doppelten Abstand beider Inversionscentra ist. Das Product aus einer Inversion und einer Translation ist eine Inversion; der Abstand beider Inversionscentra ist gleich der Hälfte der Translation.*

Aus Gleichung 2) ergiebt sich, da wieder $\mathfrak{U}^2 = 1$ ist,

$$\mathfrak{S}_1 = \mathfrak{S}\mathfrak{U}\mathfrak{U}\mathfrak{T},$$

oder, da $\mathfrak{U}\mathfrak{S} = \mathfrak{J}$ ist,

$$\mathfrak{S}_1 = \mathfrak{J}\mathfrak{U}\mathfrak{T}.$$

Nun ist $\mathfrak{U}\mathfrak{T}$ eine Schraubenbewegung vom Winkel π, deren Axe UU_1 und deren Translationscomponente $2e$ ist; bezeichnen wir sie durch $\mathfrak{A}$, so folgt

$$\mathfrak{S}_1 = \mathfrak{J}\mathfrak{A}.$$

Multipliciren wir diese Gleichungen linksseitig mit $\mathfrak{J}$, so ergiebt sich

$$\mathfrak{J}\mathfrak{S}_1 = \mathfrak{A},$$

und hieraus endlich folgt durch Multiplication mit $\mathfrak{S}_1$

$$\mathfrak{J} = \mathfrak{A}\mathfrak{S}_1.$$

Dies führt zu folgendem

Lehrsatz XIV. *Eine Spiegelung $\mathfrak{S}$ gegen σ, eine Inversion $\mathfrak{J}$, deren Centrum den Abstand e von σ hat, und diejenige Schraubenbewegung vom Winkel π, deren Axe in e fällt, und deren Translationscomponente $2e$ ist, sind drei Operationen von der Art, dass das Product von zweien derselben der dritten äquivalent ist.*

Fig. 42.

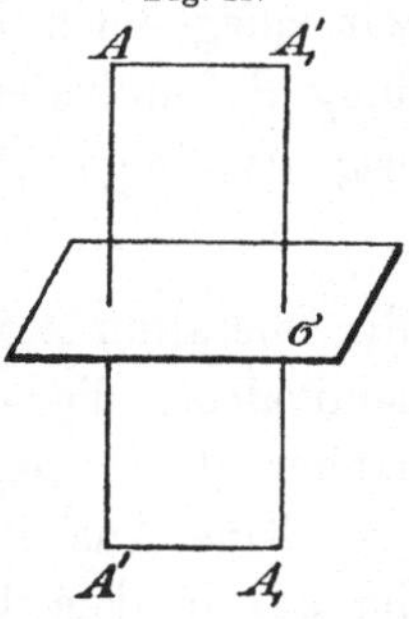

Endlich beweisen wir den folgenden

Lehrsatz XV. *Eine Spiegelung und eine zur spiegelnden Ebene parallele Translation sind vertauschbare Operationen.*

Denn gelangt der Punkt A (Fig. 42) durch Spiegelung an der Ebene σ nach A' und von da durch die Translation $\mathfrak{T}$ nach A_1 und construirt man das Rechteck $AA_1'A_1A'$, so ist ersichtlich, dass die Translation mit nachfolgender Spiegelung den Punkt A über A_1' ebenfalls nach A_1 führt.

§ 8. **Die typischen Formen der räumlichen Operationen zweiter Art.** Wir wollen noch die Aufgabe lösen, die einfachsten Typen der allgemeinen Operationen zweiter Art zu finden. Bringt die Operation $\mathfrak{L}$ den Körper S mit dem ihm spiegelbildlich gleichen Körper S' zur Coincidenz, so seien A und A' irgend zwei entsprechende Punkte beider Körper. Man ertheile nun dem Körper S zunächst die Translation $AA' = \mathfrak{T}$; sie führt A nach A' über, und es bedarf, um S mit S' zur Deckung zu bringen, nur noch einer solchen Operation zweiter Art, welche den Punkt A' unverändert lässt. Diese Operation zweiter Art ist im Allgemeinen einer Spiegelung $\mathfrak{S}$ in Verbindung mit einer Drehung $\mathfrak{A}$ äquivalent, deren Axe auf der spiegelnden Ebene senkrecht steht. Es besteht daher im Allgemeinen die Gleichung

$$\mathfrak{L} = \mathfrak{T}\mathfrak{A}\mathfrak{S}.$$

Nun lässt sich aber das Product $\mathfrak{T}\mathfrak{A}$ gemäss Lehrsatz VIII durch eine Drehung um eine mit a parallele Axe a_1 und eine ihr parallele Translation ersetzen, folglich ergiebt sich für $\mathfrak{L}$ ein Ausdruck von der Form

$$\mathfrak{L} = \mathfrak{A}_1\mathfrak{T}_1\mathfrak{S}.$$

Aber nach Satz XII ist das Product $\mathfrak{T}_1\mathfrak{S}$, da die Translation zur spiegelnden Ebene senkrecht liegt, einer einzigen Spiegelung $\mathfrak{S}_1$ äquivalent, deren Ebene σ_1 ebenfalls senkrecht zu a_1 ist; also folgt schliesslich

$$\mathfrak{L} = \mathfrak{A}_1\mathfrak{S}_1,$$

die Operation $\mathfrak{L}$ ist daher einer solchen Operation zweiter Art äquivalent, die einen Punkt unverändert lässt und die wir früher als Drehspiegelung bezeichnet haben. (Vgl. S. 29.)

Eine Ausnahme in den vorstehenden Schlussfolgerungen ist nur in dem besonderen Fall möglich, dass die Operation zweiter Art, welche den Punkt A' unverändert lässt, eine reine Spiegelung $\mathfrak{S}$ ist. Alsdann hat $\mathfrak{L}$ den Werth

$$\mathfrak{L} = \mathfrak{T}\mathfrak{S}.$$

Ersetzen wir nun $\mathfrak{T}$ durch zwei andere Translationen $\mathfrak{T}_1$ und $\mathfrak{T}_2$, die resp. parallel und senkrecht zur spiegelnden Ebene σ gerichtet sind, so folgt

$$\mathfrak{L} = \mathfrak{T}_1 \mathfrak{T}_2 \mathfrak{S},$$

und da $\mathfrak{T}_2 \mathfrak{S}$ nach Satz XII der Spiegelung $\mathfrak{S}_1$ an einer zu σ parallelen Ebene σ_1 äquivalent ist, so ergiebt sich schliesslich

$$\mathfrak{L} = \mathfrak{T}_1 \mathfrak{S}_1,$$

wo die Translation $\mathfrak{T}_1$ der spiegelnden Ebene σ_1 parallel läuft. Beachten wir noch, dass $\mathfrak{T}_1$ und $\mathfrak{S}_1$ gemäss Satz XV vertauschbare Operationen sind, so erhalten wir folgendes Resultat:

Lehrsatz XVI. *Es giebt zwei verschiedene Typen von räumlichen Operationen zweiter Art. Entweder sind sie solche Operationen zweiter Art, die einen Punkt unverändert lassen, oder sie sind einer Spiegelung in Verbindung mit einer zur spiegelnden Ebene parallelen Translation äquivalent. Die Reihenfolge der Spiegelung und der Bewegung ist für beide Arten von Operationen beliebig.*

Diese beiden Arten von Operationen zweiter Art sollen durch

$$\mathfrak{S}(\omega) \quad \text{resp.} \quad \mathfrak{S}(t)$$

bezeichnet werden, wo ω der Drehungswinkel für die Operationen vom ersten Typus und t die Translationscomponente für diejenigen vom zweiten Typus ist. Die Operation $\mathfrak{S}(\omega)$ ist, wie bereits erwähnt, im ersten Abschnitt (S. 29) *Drehspiegelung* genannt worden; analog dazu soll die Operation $\mathfrak{S}(t)$ eine *Gleitspiegelung* heissen. Die einfachsten Operationen $\mathfrak{S}(\omega)$ sind die Inversion und die Spiegelung; sie entsprechen den Winkeln $\omega = \pi$ und $\omega = 0$. Die Spiegelung kann auch als specieller Fall der Operation $\mathfrak{S}(t)$ betrachtet werden, nämlich als derjenige, welcher dem Werth $t = 0$ entspricht.

Bemerkung. Die typischen Formen der räumlichen Operationen zweiter Art stehen denjenigen, welche wir für die allgemeinsten Bewegungen ermittelt haben, parallel zur Seite. Die bezüglichen Resultate entsprechen sich durchgehends. Beide Arten von Operationen theilen sich in zwei grosse Classen, in solche, die — mindestens — einen Raumpunkt unverändert lassen, und solche, für welche dies nicht der Fall ist. Für die Bewegungen wird die erste Classe aus den Drehungen, die zweite aus den Schraubenbewegungen gebildet; für die Operationen zweiter Art gehört in die erste Classe die Spiegelung und die Drehspiegelung $\mathfrak{S}(\omega)$, in die zweite Classe die Gleitspiegelung $\mathfrak{S}(t)$. In beiden Fällen bestehen die Operationen der zweiten Classe aus einer einfachsten Operation der ersten Classe in Verbindung mit einer Translation; und wie bei der Schraubenbewegung die Translationscomponente der Drehungsaxe parallel ist, so ist die Translationscomponente der Gleitspiegelung der spiegelnden Ebene parallel. Endlich ist die allgemeinste Operation der zweiten Classe in beiden Fällen dadurch ausgezeichnet, dass ihre Componenten vertauschbare Operationen sind. Dies trifft sowohl für die Schraubenbewegung wie für die Gleitspiegelung zu, wie es überhaupt ein Kennzeichen aller typischen Operationen ist, die sich aus zwei unverschmelzbaren Bestandtheilen zusammensetzen.

§ 9. **Gesetz des Isomorphismus für beliebige Operationen.** Wir beweisen schliesslich noch einige Sätze über beliebige Operationen, welche den in § 4 und 5 über Bewegungen abgeleiteten Sätzen analog sind.

Es sei $\mathfrak{L}$ zunächst eine Operation zweiter Art von der Form $\mathfrak{S}(t)$. Wir multipliciren sie mit beliebigen Translationen, betrachten also das Product

$$\mathfrak{R} = \mathfrak{T}_1 \mathfrak{T}_2 \ldots \mathfrak{T}_n \mathfrak{L} \mathfrak{T}_1' \mathfrak{T}_2' \ldots \mathfrak{T}_m'.$$

Nun sei wieder $\mathfrak{T}$ das Product der ersten n Translationen, und $\mathfrak{T}'$ diejenige Translation, welche den m letzten Translationen äquivalent ist. Wir ersetzen $\mathfrak{L}$ durch $\mathfrak{T}_s \mathfrak{S}$, wo $\mathfrak{T}_s$ die Translation von der Länge t bedeutet, und zerlegen $\mathfrak{T}$ resp. $\mathfrak{T}'$ in die Componenten $\mathfrak{T}_n$, $\mathfrak{T}_p$, $\mathfrak{T}_n'$, $\mathfrak{T}_p'$ senkrecht und parallel zur Ebene σ, so folgt

$$\begin{aligned} \mathfrak{R} &= \mathfrak{T}_p \mathfrak{T}_n \mathfrak{T}_s \mathfrak{S} \mathfrak{T}_n' \mathfrak{T}_p' \\ &= \mathfrak{T}_p \mathfrak{T}_s \mathfrak{T}_n \mathfrak{S} \mathfrak{T}_n' \mathfrak{T}_p'. \end{aligned}$$

Nun ist aber nach Satz XII das Product $\mathfrak{T}_n \mathfrak{S} \mathfrak{T}_n'$ der Spiegelung $\mathfrak{S}_1$ an einer zu σ parallelen Ebene σ_1 äquivalent, also folgt

$$\mathfrak{R} = \mathfrak{T}_p \mathfrak{T}_s \mathfrak{S}_1 \mathfrak{T}_p'.$$

Vertauschen wir endlich $\mathfrak{T}_p'$ und $\mathfrak{S}_1$, so folgt schliesslich

$$\begin{aligned}\mathfrak{R} &= \mathfrak{T}_p \mathfrak{T}_s \mathfrak{T}_p' \mathfrak{S}_1 \\ &= \mathfrak{T}'' \mathfrak{S}_1 = \mathfrak{S}_1 \mathfrak{T}'',\end{aligned}$$

wo $\mathfrak{T}''$ eine zur spiegelnden Ebene parallele Translation ist.

Ist zweitens $\mathfrak{L}$ eine Operation $\mathfrak{S}(\omega)$, also von der Form $\mathfrak{S}\mathfrak{A}$, so ergiebt sich ein analoges Resultat. Wir gelangen zunächst wieder zu der Gleichung

$$\mathfrak{R} = \mathfrak{T}_n \mathfrak{T}_p \mathfrak{S} \mathfrak{A} \mathfrak{T}_p' \mathfrak{T}_n'.$$

Nun ist den vorstehenden Rechnungen gemäss das Product der ersten drei Operationen jedenfalls von der Form $\mathfrak{S}_1 \mathfrak{T}_p''$ und das Product der letzten drei nach Satz VI von der Form $\mathfrak{T}_n'' \mathfrak{A}_1$, also folgt

$$\mathfrak{R} = \mathfrak{S}_1 \mathfrak{T}_p'' \mathfrak{T}_n'' \mathfrak{A}_1.$$

Vertauschen wir nun noch $\mathfrak{T}_p''$ mit $\mathfrak{T}_n''$ und ersetzen dann gemäss Satz XII resp. V $\mathfrak{S}_1 \mathfrak{T}_n''$ durch $\mathfrak{S}_2$ und $\mathfrak{T}_p'' \mathfrak{A}_1$ durch $\mathfrak{A}_2$, so ergiebt sich schliesslich

$$\mathfrak{R} = \mathfrak{S}_2 \mathfrak{A}_2.$$

Die Axe a_2 ist zu a parallel, die Drehungswinkel für $\mathfrak{A}$ und $\mathfrak{A}_2$ sind gleich, und die spiegelnden Ebenen von $\mathfrak{S}$ und $\mathfrak{S}_2$ sind ebenfalls parallel. Also folgt:

Lehrsatz XVII. *Wird eine Operation zweiter Art beliebig mit Translationen multiplicirt, so wird dadurch die spiegelnde Ebene resp. die Drehungsaxe im Allgemeinen verlegt, aber die Richtung von Axe und Ebene sowie der Drehungswinkel bleiben ungeändert.*

Dieser Satz steht dem in § 5 abgeleïteten Lehrsatz IX parallel zur Seite. Es empfiehlt sich daher, auch für Operationen zweiter Art den Begriff des Isomorphismus einzuführen. Wie wir zu einer Drehung $\mathfrak{A}(\alpha)$ jede Schraubenbewegung $\mathfrak{A}_1(\alpha, t_a)$ als isomorph betrachten, wenn die Axen a und a_1 parallel sind, so soll auch die Operation $\mathfrak{S}_1(t)$ der Spiegelung $\mathfrak{S}$

isomorph heissen, wenn die Ebenen σ und σ_1 parallel sind u. s. w. Wir stellen daher folgende allgemeine Definition auf:

Zwei Operationen heissen isomorph, wenn sie in der Richtung der Axe und spiegelnden Ebene, sowie in der Grösse des Drehungswinkels übereinstimmen.

Unter allen isomorphen Operationen sind stets diejenigen die einfachsten, die einen Punkt unverändert lassen; ausserdem ist klar, dass zu jeder Operation $\mathfrak{L}$ erster oder zweiter Art solche isomorphe Operationen existiren. Wir werden die letzteren von nun an als *Punktoperationen* bezeichnen. Ferner sollen wie oben in § 5 die bezüglichen Axen und Ebenen der isomorphen Operationen *isomorphe Axen* resp. *isomorphe Ebenen* genannt werden. Endlich ist im besondern zu bemerken, dass gemäss dem vorstehenden Satz *jede mit einer Inversion isomorphe Operation selbst eine Inversion ist,* und dass *alle Translationen unter einander und jede mit der Identität isomorph ist.* Für die Translation fehlt nämlich sowohl Axe, als Ebene, als Drehungswinkel; eine analoge Punktoperation ist aber nur die Identität.

Seien jetzt $\mathfrak{L}$ und $\mathfrak{M}$ irgend zwei beliebige räumliche Operationen erster oder zweiter Art. Welcher Art auch die Operation $\mathfrak{M}$ sei, sie besteht, wie § 8 lehrt, aus zwei Theilen, deren einer eine Translation $\mathfrak{T}_1$ ist, während der andere $\mathfrak{M}'$ eine Punktoperation ist. Es sei O der feste Punkt der Operation $\mathfrak{M}'$. Nun sei O' derjenige Punkt, welcher in Folge der Operation $\mathfrak{L}$ nach O gelangt, so lässt sich, wie wir in § 3 resp. § 8 gezeigt haben, die Operation $\mathfrak{L}$ in allen Fällen durch die Translation $\mathfrak{T}$ ersetzen, welche O' nach O überführt, und durch eine zu $\mathfrak{L}$ isomorphe Punktoperation $\mathfrak{L}'$ gegen den Punkt O. Also besteht die Gleichung

$$\mathfrak{L}\mathfrak{M} = \mathfrak{T}\mathfrak{L}'\mathfrak{M}'\mathfrak{T}_1.$$

Nun sei

$$\mathfrak{L}'\mathfrak{M}' = \mathfrak{N}',$$

so dass $\mathfrak{N}'$ ebenfalls eine Punktoperation gegen O als festen Punkt ist. Wird nun

$$\mathfrak{L}\mathfrak{M} = \mathfrak{N}$$

gesetzt, so ist

$$\mathfrak{N} = \mathfrak{T}\mathfrak{N}'\mathfrak{T}_1,$$

also sind $\mathfrak{N}$ und $\mathfrak{N}'$ isomorphe Operationen. Die Axenrichtung, die Ebenenrichtung und der Drehungswinkel der resultirenden Operation $\mathfrak{N}$ hängen daher nur von den analogen Elementen der Operationen $\mathfrak{L}$ und $\mathfrak{M}$ ab. Dasselbe gilt augenscheinlich für beliebig viele Operationen; also folgt:

Hauptsatz III. *Bei der Zusammensetzung beliebiger Operationen bestimmt sich die Richtung der resultirenden Axe und Ebene, sowie der resultirende Drehungswinkel nach denselben Gesetzen, welche die Zusammensetzung der Operationen an einem festen Punkt regeln.*

Dies lässt sich auch dahin aussprechen, dass bei der Zusammensetzung beliebiger Operationen die Art der resultirenden Operation von allen Translationen unabhängig ist. Die letzteren kommen nur für die Lage der resultirenden Axe oder Ebene, sowie für die Grösse der bezüglichen Translationscomponente in Frage.

Das im Hauptsatz formulirte Gesetz wollen wir das *Gesetz des Isomorphismus für die Zusammensetzung beliebiger Operationen* nennen.

§ 10. **Beispiele.** Nachdem das Gesetz des Isomorphismus in seiner allgemeinsten Form abgeleitet worden ist, kann die resultirende Operation in jedem besonderen Fall leicht ermittelt werden. Um die dem Product der Operationen $\mathfrak{L}$ und $\mathfrak{M}$ äquivalente Operation $\mathfrak{N}$ zu finden, verfährt man in den meisten Fällen am zweckmässigsten so, dass man zunächst auf Grund von Cap. III des ersten Abschnittes die Art der resultirenden Operation, also die Richtung ihrer Axe und Ebene, sowie den Drehungswinkel bestimmt, und dann durch Betrachtung einiger ausgezeichneten Punkte die noch unbekannte Lage der resultirenden Axe und Ebene sowie die bezüglichen Translationscomponenten zu ermitteln sucht. Im Allgemeinen führt dieser Weg unmittelbar zum Ziel. Einige Beispiele mögen die Anwendbarkeit der vorstehenden Erwägungen veranschaulichen.

Es seien u und u_1 zwei sich unter dem Winkel α kreuzende zweizählige Symmetrieaxen; die zugehörigen Bewegungen $\mathfrak{U}$ und $\mathfrak{U}_1$ sind daher Drehungen um den Winkel π. Die isomorphen Operationen sind Umklappungen um zwei Axen u' und u_1', die sich unter dem Winkel α schneiden. Nach Cap. IV, 4 des ersten Abschnittes ist daher die aus $\mathfrak{U}$ und $\mathfrak{U}_1$ resultirende Bewegung einer Drehung isomorph, deren Axe a zu u und u_1 senkrecht liegt und deren Winkel 2α ist. Es ist leicht zu zeigen, dass die Axe a das gemeinsame Loth von u und u_1 ist. Sind nämlich (Fig. 43) A und A_1 die Schnittpunkte von a mit u und u_1, so sind die Endlagen beider Punkte nach Eintritt der Umklappungen $\mathfrak{U}$ und $\mathfrak{U}_1$ auf der Geraden a enthalten; die Gerade a ändert daher ihren Ort nicht und ist die Schraubenaxe. Da ferner A während der Umklappung $\mathfrak{U}$ seinen Ort nicht ändert und durch die Umklappung $\mathfrak{U}_1$ in einen Punkt A_2 fällt, so dass $AA_2 = 2AA_1$ ist, so ist

Fig. 43.

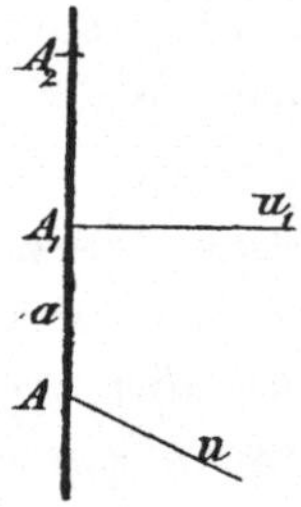

$$AA_2 = 2AA_1 = t$$

die Translationscomponente der Schraubenbewegung; d. h.

Lehrsatz XVIII. *Das Product von zwei Umklappungen, deren Axen u und u_1 sich unter einem Winkel α kreuzen, ist eine Schraubenbewegung vom Winkel 2α, deren Axe in das gemeinsame Loth von u und u_1 fällt und deren Translationscomponente das doppelte dieses Lothes ist.*

Ein zweites Beispiel sei das folgende. Wie im ersten Abschnitt, Cap. II, 7, bewiesen wurde, besteht die Gleichung

$$\mathfrak{S}\mathfrak{S}_1 = \mathfrak{A}(2\alpha),$$

wenn $\mathfrak{S}$ und $\mathfrak{S}_1$ zwei Spiegelungen sind, deren Ebenen σ und σ_1 sich unter dem Winkel α in der Geraden a schneiden. Setzen wir jetzt $\mathfrak{S}_1$ als Gleitspiegelung $\mathfrak{S}(t)$ voraus, deren Translation t zu a parallel ist, so ist das Product $\mathfrak{S}\mathfrak{S}_1$ jedenfalls der Drehung $\mathfrak{A}$ isomorph. Nun ändert die Schnittlinie a von σ und σ_1 bei keiner der Operationen $\mathfrak{S}$ und $\mathfrak{S}_1$ ihren Platz, sie ist daher die Axe der resultirenden Bewegung.

Endlich ist klar, dass t die bezügliche Translationscomponente ist. Hieraus ergeben sich leicht die folgenden Sätze:

Lehrsatz XIX. *Das Product von zwei Operationen* $\mathfrak{S}$ *und* $\mathfrak{S}(t)$, *deren Ebenen sich unter dem Winkel* α *schneiden, ist eine Schraubenbewegung* $\mathfrak{A}(2\alpha, t)$ *um die Schnittlinie der Ebenen als Axe.*

Das Product aus einer Schraubenbewegung $\mathfrak{A}(2\alpha, t)$ *und einer Spiegelung, deren Ebene* σ *durch die Axe* a *geht, ist eine Gleitspiegelung* $\mathfrak{S}_1(t)$, *deren Ebene* σ_1 *mit* σ *den Winkel* α *bildet.*

Das Product aus der Drehung $\mathfrak{A}(2\alpha)$ *und der Gleitspiegelung* $\mathfrak{S}(t)$ *an der durch* a *gehenden Ebene* σ *ist einer Gleitspiegelung* $\mathfrak{S}_1(t)$ *äquivalent, deren Ebene* σ_1 *durch* a *geht und mit* σ *den Winkel* α *bildet.*

§ 11. **Die transformirten Operationen.** Sind $\mathfrak{A}(\alpha)$ und $\mathfrak{B}(\beta)$ Drehungen, deren Axen a' und b' sich in einem Punkt O schneiden, so ist (vgl. S. 186) das Product

$$\mathfrak{A}'^{-1}\mathfrak{B}'\mathfrak{A}' = \mathfrak{B}_1'(\beta),$$

wenn b_1' diejenige Axe ist, in welche die Axe b' durch die Drehung um a' gelangt. Sind nun

$$\mathfrak{B}(\alpha, t_a) \quad \text{und} \quad \mathfrak{B}(\beta, t_b)$$

irgend zwei Schraubenbewegungen, deren Axen a und b mit a' und b' parallel sind, so folgt zunächst, dass diejenige Bewegung, welche durch das analoge Product

$$\mathfrak{A}^{-1}\mathfrak{B}\mathfrak{A}$$

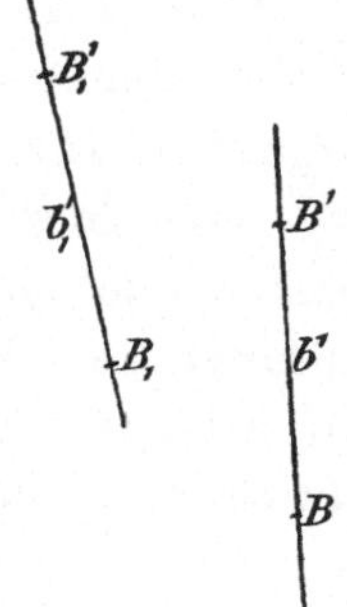

Fig. 44.

dargestellt wird, der Drehung $\mathfrak{B}_1'$ isomorph ist, so dass ihre Axenrichtung und ihr Drehungswinkel mit der Axenrichtung und dem Drehungswinkel von $\mathfrak{B}_1'$ übereinstimmen. Nun (Fig. 44) sei b_1 diejenige Gerade, in welche b durch die Bewegung $\mathfrak{A}$ übergeht, so fällt umgekehrt die Gerade b_1 durch die Bewegung $\mathfrak{A}^{-1}$ mit b zusammen. Die dann folgende Bewegung $\mathfrak{B}$ verschiebt die Axe b in sich selbst, und wenn nun die Bewegung $\mathfrak{A}$ eintritt, so gelangt die Gerade b_1, von der wir ausgingen, wieder in ihre ursprüngliche Lage zurück.

Ist jetzt B_1 irgend ein beliebiger Punkt von b_1, ist ferner B derjenige Punkt von b, in welchen B_1 durch die Bewegung $\mathfrak{A}^{-1}$ übergeführt wird, und sind endlich B' und B_1' diejenigen Punkte von b resp. b_1, für welche der Länge nach

$$BB' = B_1B_1' = t_b$$

ist, so fällt, da es sich stets um Decklagen handelt, der Punkt B_1 in Folge der Bewegungen $\mathfrak{A}^{-1}$, $\mathfrak{B}$ und $\mathfrak{A}$ augenscheinlich mit B_1' zusammen. Das Product $\mathfrak{A}^{-1}\mathfrak{B}\mathfrak{A}$ hat daher die nämliche Bedeutung, wie für Drehungen um einen festen Punkt, und es folgt:

Lehrsatz XX. *Das Product $\mathfrak{A}^{-1}\mathfrak{B}\mathfrak{A}$ bedeutet eine Schraubenbewegung um diejenige Axe b_1, in welche die Axe b in Folge der Bewegung $\mathfrak{A}$ übergeht. Drehungswinkel und Translationscomponente haben die gleiche Grösse, wie für die Bewegung $\mathfrak{B}$ selbst.*

Wir nennen die Bewegung $\mathfrak{B}_1$ *die mit $\mathfrak{A}$ transformirte Bewegung* $\mathfrak{B}$, oder auch diejenige, *welche aus $\mathfrak{B}$ durch Transformation mit $\mathfrak{A}$ hervorgeht.* Zu beachten ist, dass auch die Translationscomponente von $\mathfrak{B}_1$ diejenige geometrische Strecke ist, in welche t_b durch die Bewegung $\mathfrak{A}$ übergeführt wird. Sie stimmt daher mit t_b im Allgemeinen nur in der Länge überein.

§ 12. Ein gleichlautender Satz gilt für beliebige Operationen $\mathfrak{L}$ und $\mathfrak{M}$. Wir beweisen ihn zunächst, was bisher noch nicht geschehen ist, für Operationen in Bezug auf einen festen Punkt O. Die Punktoperationen $\mathfrak{L}'$ und $\mathfrak{M}'$ sind an irgend welche durch O gehende Axen oder Ebenen gebunden; wir bezeichnen sie durch l' resp. m'. Nun sei wieder m_1' diejenige Axe oder Ebene, in welche m' durch die Operation $\mathfrak{L}'$ gelangt, so folgt, dass m_1' in Folge der Operation $\mathfrak{L}'^{-1}$ nach m' gelangt, während der Operation $\mathfrak{M}'$ sich nicht ändert und durch $\mathfrak{L}'$ wieder nach m_1' zurückgeführt wird; daher ist

$$1)\qquad \mathfrak{L}'^{-1}\mathfrak{M}'\mathfrak{L}' = \mathfrak{M}_1',$$

wenn $\mathfrak{M}_1'$ eine Operation ist, welche an die Axe oder Ebene m_1' gebunden ist. Es ist nun noch zu zeigen, dass zu $\mathfrak{M}_1'$

derselbe Drehungswinkel gehört, wie zu $\mathfrak{M}'$. Nun sei p die niedrigste Potenz von $\mathfrak{M}'$, für welche

$$\mathfrak{M}'^p = 1$$

ist, so folgt, dass auch

$$2)\qquad \mathfrak{M}_1'^p = \mathfrak{L}'^{-1}\mathfrak{M}'\mathfrak{L}' \,.\, \mathfrak{L}'^{-1}\mathfrak{M}'\mathfrak{L}' \ldots \mathfrak{L}'^{-1}\mathfrak{M}'\mathfrak{L}'$$
$$= \mathfrak{L}'^{-1}\mathfrak{M}'^p\mathfrak{L}' = \mathfrak{L}'^{-1}\mathfrak{L}' = 1$$

ist. Der Drehungswinkel von $\mathfrak{M}_1'$ ist daher entweder gleich demjenigen von $\mathfrak{M}'$, oder er ist ein Vielfaches desselben. Andrerseits geht die obige Gleichung 1) durch linksseitige resp. rechtsseitige Multiplication mit $\mathfrak{L}'$ und $\mathfrak{L}'^{-1}$ in

$$3)\qquad \mathfrak{M}' = \mathfrak{L}'\mathfrak{M}_1'\mathfrak{L}'^{-1}$$

über, und hieraus kann auf die nämliche Art geschlossen werden, dass der Drehungswinkel von $\mathfrak{M}'$ gleich demjenigen von $\mathfrak{M}_1'$ ist oder ein Vielfaches von ihm. Dies lässt sich aber nur dann vereinigen, wenn beide Drehungswinkel einander gleich sind, also folgt:

Sind $\mathfrak{L}'$ und $\mathfrak{M}'$ zwei beliebige Operationen, welche einen Punkt O unverändert lassen, so ist das Product $\mathfrak{L}'^{-1}\mathfrak{M}'\mathfrak{L}'$ derjenigen Operation äquivalent, deren Axe oder Ebene aus derjenigen von $\mathfrak{M}'$ durch die Operation $\mathfrak{L}'$ hervorgeht, und deren Drehungswinkel mit demjenigen von $\mathfrak{M}'$ übereinstimmt.

Ist die Operation $\mathfrak{L}'$ eine solche der zweiten Art, so verwandelt sie jeden Gegenstand in sein Spiegelbild. Es erhebt sich daher die Frage, ob auch für diejenigen Operationen, welche durch Transformation mit $\mathfrak{L}'$ hervorgehen, etwas ähnliches statt hat, oder genauer gesprochen, ob für die transformirte Operation $\mathfrak{M}_1'$ der Drehungswinkel den umgekehrten Sinn haben kann, wie für die Operation $\mathfrak{M}'$. Diese Frage ist im vorstehenden noch nicht geprüft worden; wir haben bisher nur die *Grösse* des bezüglichen Winkels der Betrachtung unterworfen.

Fassen wir zunächst den einfachsten Fall in's Auge, der sich denken lässt. Wir setzen zu diesem Zweck $\mathfrak{L}'$ als Spiegelung $\mathfrak{S}$ und $\mathfrak{M}'$ als Drehung $\mathfrak{A}$ um eine zur spiegelnden Ebene senkrechte Axe voraus. In diesem Fall ergiebt sich unmittelbar, dass der Punkt A durch die Operationen $\mathfrak{S}^{-1}$, $\mathfrak{A}$, $\mathfrak{S}$ in dieselbe Lage A_1 gelangt, in welche ihn die Drehung $\mathfrak{A}$ überführt. Nun liegt (vgl. § 4) der Definition des positiven Drehungswinkels stets die Bevorzugung einer bestimmten Axenrichtung zu Grunde; wir setzen fest, dass *das positive Axenende der transformirten Drehung dasjenige sein soll, in welches das positive Ende der ursprünglichen Axe durch die Transformation übergeht.* Dem entsprechend müssen wir schliessen, dass für die Operationen $\mathfrak{A}$ und $\mathfrak{S}^{-1}\mathfrak{A}\mathfrak{S}$ der positive Drehungssinn verschieden ist. Also folgt, dass durch Transformation mit $\mathfrak{S}$ der Drehungssinn von $\mathfrak{A}$ umgekehrt wird. Dasselbe ist augenscheinlich der Fall, wenn statt der Drehung $\mathfrak{A}$ eine um a als Axe vor sich gehende Operation zweiter Art, d. h. eine Drehspiegelung vorliegt.

Hieraus lässt sich in einfacher Weise entnehmen, dass das gleiche für jede beliebige Operation zweiter Art $\mathfrak{L}'$ gilt. Hat $\mathfrak{S}$ dieselbe Bedeutung wie bisher, und wird das Product

$$\mathfrak{S}\mathfrak{L}' = \mathfrak{R}$$

gesetzt, so ist $\mathfrak{R}$ eine ganz bestimmte Bewegung, und da $\mathfrak{S}^2 = 1$ ist, so folgt weiter

$$\mathfrak{L}' = \mathfrak{S}\mathfrak{R}.$$

Die Transformation mit $\mathfrak{L}'$ ist also durch die nach einander erfolgenden Transformationen mit $\mathfrak{S}$ und $\mathfrak{R}$ ersetzbar. Die erstere ändert, wie wir eben sahen, den Drehungssinn, die zweite ist eine Bewegung und lässt ihn daher unverändert, also folgt:

Lehrsatz XXI. *Wird die Operation $\mathfrak{M}'$ durch die Operation zweiter Art $\mathfrak{L}'$ transformirt, so haben $\mathfrak{M}'$ und die transformirte Operation verschiedenen Drehungssinn.*

§ 13. Wir betrachten nunmehr zwei beliebige Operationen $\mathfrak{L}$ und $\mathfrak{M}$, welche mit $\mathfrak{L}'$ und $\mathfrak{M}'$ isomorph sind, so folgt zunächst wieder, dass das Product

$$\mathfrak{L}^{-1}\mathfrak{M}\mathfrak{L}$$

jedenfalls einer zu $\mathfrak{M}_1'$ isomorphen Operation äquivalent ist. Sind ferner l und m die den Operationen $\mathfrak{L}$ resp. $\mathfrak{M}$ entsprechenden Axen oder Ebenen, und geht aus m durch die Operation $\mathfrak{L}$ die Axe resp. Ebene m_1 hervor, so folgt, genau wie beim Beweise des Hülfssatzes, dass das Product

$$\mathfrak{L}^{-1}\mathfrak{M}\mathfrak{L} = \mathfrak{M}_1$$

zu setzen ist, wo $\mathfrak{M}_1$ eine mit $\mathfrak{M}$ isomorphe Operation ist, die an m_1 gebunden ist. Es ist daher nur noch zu zeigen, dass auch die Translationscomponenten von $\mathfrak{M}$ und $\mathfrak{M}_1$ in derjenigen Beziehung stehen, welche der oben behauptete Satz verlangt. Ist nun (vgl. hierzu die Fig. 44) M_1 derjenige Punkt von m_1, welcher in Folge der Operation $\mathfrak{L}^{-1}$ in den Punkt M von m gelangt, ist ferner

$$MM' = t_m$$

die Translationscomponente von $\mathfrak{M}$, und ist endlich M_1' derjenige Punkt von m_1, mit welchem M' durch die Operation $\mathfrak{L}$ zusammenfällt, so muss, da es sich auch hier immer um Decklagen handelt, M_1' die Endlage des Punktes M_1 sein; es wird daher die Translationscomponente t_{m_1} der Operation $\mathfrak{M}_1$ durch die Gleichung

$$M_1 M_1' = t_{m_1}$$

dargestellt. Damit ist die Behauptung erwiesen. Also folgt:

Lehrsatz XXII. *Das Product $\mathfrak{L}^{-1}\mathfrak{M}\mathfrak{L}$ ist derjenigen Operation $\mathfrak{M}_1$ äquivalent, deren Axe oder Ebene aus der Axe oder Ebene von $\mathfrak{M}$ durch die Operation $\mathfrak{L}$ hervorgeht, und deren Drehungswinkel und Translationscomponente die gleiche Grösse haben, wie für die Operation $\mathfrak{M}$ selbst.*

Diese Operation heisst *die mit $\mathfrak{L}$ transformirte Operation $\mathfrak{M}$.* Auch hier ist zu beachten, dass die Translationscomponenten nur der Länge nach übereinstimmen; die Richtung ist im Allgemeinen eine andere, da t_{m_1} diejenige Strecke ist, in welche t_m durch die Operation $\mathfrak{L}$ gelangt.

Nach der Festsetzung, die wir über den positiven Drehungssinn getroffen haben, ist leicht zu ersehen, dass der Satz XXI für beliebige Operationen gilt. Er kommt für uns wesentlich dann in Frage, wenn die Operation $\mathfrak{M}$ eine Schraubenbewegung $\mathfrak{A}(\alpha, t)$ und $\mathfrak{L}$ eine Operation zweiter Art ist. Für diesen Fall wollen wir den Beweis, dass die transformirte

Bewegung $\mathfrak{M}_1$ den entgegengesetzten Windungssinn hat wie $\mathfrak{M}$, wirklich führen. Wir fassen zu diesem Zweck zunächst wieder den einfachsten Fall in's Auge, d. h. wir setzen die Operation $\mathfrak{L}$ als Spiegelung voraus, deren Ebene σ auf der Axe a senkrecht steht. Wie oben bewiesen wurde, ändert bei der durch $\mathfrak{L}$ erfolgenden Transformation der Drehungswinkel α seinen Richtungssinn um. Die Translationscomponente t ändert zwar auch ihren Richtungssinn, aber diese Aenderung ist die nämliche, von welcher die positive Axenrichtung betroffen wird; in der Lage der Translation zur positiven Axenrichtung der transformirten Bewegung tritt daher eine Aenderung nicht ein. Beiden Bewegungen kommt daher gemäss § 4 verschiedener Windungssinn zu. Man sieht übrigens auch direct, dass, wenn der Punkt A der Ebene σ durch die Bewegung $\mathfrak{A}$ nach A_1 gelangt, er in Folge der Operation $\mathfrak{S}^{-1}$, $\mathfrak{A}$, $\mathfrak{S}$ in die Lage A_1' gelangt, welche das Spiegelbild von A_1 gegen σ ist.

Ist nun $\mathfrak{L}$ wieder eine beliebige Operation zweiter Art, und $\mathfrak{R}$ diejenige Bewegung, so dass

$$\mathfrak{S}\mathfrak{L} = \mathfrak{R}$$

ist, so folgt, wegen $\mathfrak{S}^2 = 1$ wieder, dass

$$\mathfrak{L} = \mathfrak{S}\mathfrak{R}.$$

Die Transformation mit $\mathfrak{L}$ ist daher durch die Transformationen mit $\mathfrak{S}$ und $\mathfrak{R}$ ersetzbar. Die erste ändert den Windungssinn von $\mathfrak{A}$, die zweite nicht, also folgt:

Lehrsatz XXIII. *Wird die Schraubenbewegung $\mathfrak{A}(\alpha, t)$ mit einer Operation zweiter Art transformirt, so ergiebt sich eine Schraubenbewegung $\mathfrak{A}_1(\alpha, -t)$ von entgegengesetztem Windungssinn.*

§ 14. Da eine Translation $\mathfrak{T}$ als eine specielle Schraubenbewegung aufgefasst werden kann, nämlich als eine solche, deren Drehungswinkel gleich Null ist, so gilt der Satz XXII auch, wenn $\mathfrak{L}$ oder $\mathfrak{M}$ Translationen sind. Der Beweis ergiebt sich aber auch einfach auf folgende Weise. Ist zunächst $\mathfrak{L}$ eine Translation $\mathfrak{T}$, so steht das Product

$$\mathfrak{T}^{-1}\mathfrak{M}\mathfrak{T}$$

in Frage. Nach dem Hauptsatz des § 9 folgt sofort, dass dieses Product eine zu $\mathfrak{M}$ isomorphe Operation $\mathfrak{M}_1$ darstellt.

Ist nun m_1 wieder diejenige Axe resp. Ebene, in elche m durch die Translation $\mathfrak{T}$ übergeht, so lässt sich in derselben Weise, wie bisher, zeigen, dass $\mathfrak{M}_1$ die verlangten Eigenschaften besitzt. Ist zweitens die Operation $\mathfrak{M}$ eine Translation $\mathfrak{T}$, so ist nach demselben Satz das Product

$$\mathfrak{L}^{-1}\mathfrak{T}\mathfrak{L}$$

der Identität isomorph und ist daher selbst eine Translation. Stellt man die Translation $\mathfrak{T}$ (Fig. 45) durch die Strecken $AB = BC$ dar und nennt $A_1B_1 = B_1C_1$ diejenigen Strecken, welche aus AB resp. BC bei der Operation $\mathfrak{L}$ hervorgehen, so ist A_1B_1 resp. B_1C_1 die transformirte Translation; denn die Operationen $\mathfrak{L}^{-1}$, $\mathfrak{T}$, $\mathfrak{L}$ bringen A_1B_1 der Reihe nach in die Lagen AB, BC, B_1C_1, und damit ist die Behauptung erwiesen.

Fig. 45.

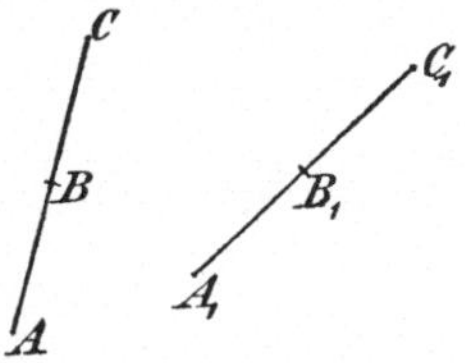

Sind endlich beide Operationen $\mathfrak{L}$ und $\mathfrak{M}$ Translationen $\mathfrak{T}$ resp. $\mathfrak{T}_1$, so ist das Product

$$\mathfrak{T}^{-1}\mathfrak{T}_1\mathfrak{T}$$

jedenfalls eine Translation. Da aber die Reihenfolge der Translationen vertauschbar ist, so folgt

$$\mathfrak{T}^{-1}\mathfrak{T}_1\mathfrak{T} = \mathfrak{T}_1\mathfrak{T}^{-1}\mathfrak{T} = \mathfrak{T}_1,$$

d. h.

Lehrsatz XXIV. *Jede Translation wird durch jede andere Translation in sich selbst transformirt.*

Hieraus ziehen wir noch eine letzte Folgerung. Es sei $\mathfrak{L}$ irgend eine Operation erster oder zweiter Art, welche keine Translationscomponente enthält; ferner sei $\mathfrak{T}'$ diejenige Translation, welche aus $\mathfrak{T}$ durch Transformation mit $\mathfrak{L}$ hervorgeht, so besteht die Gleichung

$$\mathfrak{L}^{-1}\mathfrak{T}\mathfrak{L} = \mathfrak{T}'.$$

Nun sei $\mathfrak{L}_1$ eine Operation, die aus $\mathfrak{L}$ durch Zusatz der Translation $\mathfrak{T}_1$ entsteht, so sind gemäss § 8 auf jeden Fall $\mathfrak{L}$ und $\mathfrak{T}_1$ vertauschbare Operationen; d. h. es ist

$$\mathfrak{L}_1 = \mathfrak{L}\mathfrak{T}_1 = \mathfrak{T}_1\mathfrak{L}.$$

Wir bilden

$$\mathfrak{L}_1^{-1}\mathfrak{T}\mathfrak{L}_1 = \mathfrak{L}^{-1}\mathfrak{T}_1^{-1}\mathfrak{T}\mathfrak{T}_1\mathfrak{L}$$

und erhalten gemäss dem vorstehenden Satze XXIV

$$\mathfrak{L}_1^{-1}\mathfrak{T}\mathfrak{L}_1 = \mathfrak{L}^{-1}\mathfrak{T}\mathfrak{L} = \mathfrak{T}',$$

also folgt:

Lehrsatz XXV. *Die aus der Translation $\mathfrak{T}$ durch $\mathfrak{L}$ transformirte Translation $\mathfrak{T}'$ ist von der in $\mathfrak{L}$ steckenden Translationscomponente unabhängig.*

Es führen also beispielsweise alle Bewegungen von gleichem Drehungswinkel, die um dieselbe Axe stattfinden, eine Translation $\mathfrak{T}$ in die nämliche Translation $\mathfrak{T}'$ über.

Sechstes Capitel.

Gruppentheoretische Hilfssätze.

§ 1. **Definition der Raumgruppen.** Die Gruppen von Operationen, deren Eigenschaften und deren Bildungsgesetze wir in den folgenden Entwickelungen der Betrachtung zu unterwerfen haben, enthalten, wie die Translationsgruppen, eine unendliche Zahl von Operationen. Sie dienen zur Characteristik der S. 324 erwähnten regelmässigen Molekelhaufen allgemeinster Art und bestehen aus den sämmtlichen Deckoperationen derselben. Indem wir ihre Beziehungen zu den Molekelhaufen vorläufig bei Seite lassen, wollen wir in diesem Capitel diejenigen formalen Gesetze entwickeln, welche ihre Natur und Zusammensetzung kennzeichnen. Wir haben bereits darauf hingewiesen, dass sie aus unendlich vielen räumlichen Operationen bestehen und in dieser Hinsicht einen Gegensatz zu den im ersten Abschnitt betrachteten Gruppen bilden, die nur je eine endliche Zahl von Operationen enthalten. Wir bezeichnen von nun an die letzteren als *Punktgruppen*, die ersteren dagegen als *Raumgruppen*, d. h. wir stellen folgende Definition auf:

Erklärung. *Unter einer Raumgruppe von Operationen verstehen wir eine unendliche Schaar von räumlichen Operationen von der Art, dass das Product von irgend zweien dieser Operationen einer der genannten Schaar angehörigen Operation äquivalent ist.*

Wir gelangen auf Grund der vorstehenden Definition sofort zu zwei wichtigen Folgerungen.

Es sei $\mathfrak{L}$ irgend eine Operation einer Raumgruppe Γ der hier betrachteten Art. Da $\mathfrak{L}$ Deckoperation eines Molekelhaufens ist, so führt auch die umgekehrte Operation $\mathfrak{L}^{-1}$ den Molekelhaufen in sich über und gehört daher der Gruppe Γ an. Daraus folgt weiter, dass Γ auch die Identität enthält; denn sie enthält die Operationen $\mathfrak{L}$ und $\mathfrak{L}^{-1}$. Demnach ergiebt sich:

Lehrsatz I. *Eine Raumgruppe Γ enthält zu jeder Operation $\mathfrak{L}$ die inverse Operation, sowie die Identität.*

Da ferner jedes aus irgend zwei Operationen $\mathfrak{L}$ und $\mathfrak{M}$ der Raumgruppe Γ gebildete Product der Gruppe angehört, so folgt:

Lehrsatz II. *Enthält eine Raumgruppe Γ zwei Operationen $\mathfrak{L}$ und $\mathfrak{M}$, so enthält sie auch die Operation $\mathfrak{L}^{-1}\mathfrak{M}\mathfrak{L}$, welche aus $\mathfrak{M}$ durch Transformation mit $\mathfrak{L}$ hervorgeht.*

Für die Theorie der Krystallstructur kommen nur solche Raumgruppen in Frage, die aus Operationen von endlicher Grösse bestehen. In der That, da der Molekelhaufen aus lauter discreten Molekeln besteht, und da jede Deckoperation die Molekeln in einander überführt, so kann es keine Deckoperation geben, welche eine Ortsveränderung von beliebiger Kleinheit repräsentirt. Alle Translationscomponenten und alle Drehungswinkel, welche in die Operationen der bezüglichen Raumgruppen eingehen, sind daher von endlicher Grösse.

Die eben genannte Eigenschaft führt zu einer wichtigen Consequenz; aus ihr ist nämlich zu folgern, dass *jede derartige Raumgruppe Γ unter ihren Operationen auch Translationen besitzt, und dass die Gesammtheit dieser Translationen eine räumliche Translationsgruppe Γ_t bildet.* Den Beweis dieses Satzes müssen wir allerdings an dieser Stelle schuldig bleiben; wir schieben ihn zunächst auf und ziehen vor, die wirkliche Ableitung aller Raumgruppen, die für die Krystallstructur in Betracht kommen, vorauszuschicken. Wir erlangen dadurch den Vortheil, den Beweisgrund und die innere Nothwendigkeit des fraglichen Satzes dem Verständniss näher zu bringen. Der Beweis ist im letzten Capitel enthalten und findet sich in § 6 desselben.

Ausdrücklich sei noch bemerkt, dass sich sämmtliche nachfolgenden Entwickelungen auf Raumgruppen der eben characterisirten Art beziehen.

§ 2. **Die Axenarten der Raumgruppen.** Nach Satz II existiren in der Gruppe Γ neben einer Operation $\mathfrak{L}$ auch alle aus ihr durch Transformation erzeugten Operationen. Was von den Operationen gilt, gilt auch von den Axen und Ebenen, an welche sie gebunden sind. Ist daher a irgend eine Axe der Gruppe Γ, so finden sich in ihr auch alle diejenigen Axen a_1, a_2 ... vor, in welche a durch die Operationen von Γ übergeführt wird. Jede Bewegung, welche um a gestattet ist, existirt in analoger Form auch für die Axen a_1, a_2 ... und umgekehrt. Ist a n-zählig, so sind auch a_1, a_2 ... n-zählige Axen, ist a eine Drehungsaxe, so gilt es auch für a_1, a_2 ..., und wenn a eine Schraubenaxe ist und $\mathfrak{A}(\alpha, t)$ eine zugehörige Bewegung, so ist diese resp. eine analoge Bewegung auch unter denen vorhanden, welche um a_1, a_2 ... ausgeführt werden können.[1]) Wir nennen a, a_1, a_2 ... *gleichwerthige* Axen. Das Entsprechende gilt für alle diejenigen Ebenen σ, σ_1, σ_2 ..., welche aus der Ebene σ durch die Operationen von Γ hervorgehen. Alle diese Ebenen sind gleichzeitig reine Symmetrieebenen oder Ebenen mit Translationssymmetrie, und wenn $\mathfrak{S}(t)$ eine der Operationen ist, welche zu σ gehören, so findet sich unter denjenigen Operationen, die zu σ_1, σ_2 ... gehören, stets die analoge Operation. Wir nennen auch diese Ebenen *gleichwerthig*, d. h. wir definiren:

Alle Axen und Ebenen einer Gruppe Γ, welche durch die Operationen von Γ unter sich zur Deckung gelangen können, heissen gleichwerthige Axen oder Ebenen.

Ist im Besondern die Operation $\mathfrak{L}$ des obigen Satzes eine Translation, so wird durch sie jede Axe und Ebene von Γ in eine parallele Lage übergeführt. Dies gilt für jede Translation von Γ, d. h. für jede Translation der Gruppe Γ_τ. Zu jeder Axenrichtung a giebt es daher eine unendliche Schaar

---

1) Statt $\mathfrak{A}(\alpha, t)$ kann die Bewegung von umgekehrtem Windungssinn auftreten; vgl. S. 356.

mit ihr paralleler gleichwerthiger Axen, und das Nämliche gilt für jede Ebene σ von Γ; sie entstehen, wenn die Axe a resp. die Ebene σ den sämmtlichen Translationen der in Γ enthaltenen Gruppe Γ_τ unterworfen wird.

Sind a und b zwei Axen, welche nicht gleichwerthig sind, aber doch in der Beziehung stehen, dass *jede* Bewegung, die um a möglich ist, auch um b ausgeführt werden kann, so nennen wir a und b *gleichartige* Axen. Dieselbe Bezeichnung führen wir für zwei derartige Ebenen σ und σ_1 ein. Wir stellen demnach folgende Definition auf:

Zwei Axen einer Gruppe heissen gleichartig, wenn um beide die gleichen Bewegungen ausführbar sind. Ebenso heissen zwei Ebenen gleichartig, wenn zu beiden die gleichen Operationen gehören.

Alle gleichartigen Axen sind auch *gleichzählige* Axen; aber die Umkehrung trifft augenscheinlich nicht immer zu. Eine n-zählige Drehungsaxe und eine n-zählige Schraubenaxe sind nicht gleichartig. Die gleichzähligen Axen einer und derselben Gruppe können daher in verschiedene Schaaren gleichartiger Axen zerfallen, und jede dieser Axenschaaren kann ihrerseits wieder aus mehreren Schaaren gleichwerthiger Axen bestehen.

§ 3. **Die in den Raumgruppen Γ enthaltenen Translationsgruppen.** Ist die Operation $\mathfrak{M}$ des Satzes II von § 1 eine Translation $\mathfrak{T}$, so ist, wie am Ende des letzten Capitels bewiesen wurde, die mit $\mathfrak{L}$ transformirte Operation $\mathfrak{L}^{-1}\mathfrak{T}\mathfrak{L}$ ebenfalls eine Translation. Dieselbe ist im Allgemeinen von der Translation $\mathfrak{T}$ verschieden. Jede Translation der Gruppe Γ_τ wird daher durch die Operation $\mathfrak{L}$ wieder in eine Translation übergeführt. Die letztere gehört aber dem Gruppenbegriff gemäss stets der Gruppe Γ an, also folgt:

Lehrsatz III. *Die Translationsgruppe Γ_τ einer Raumgruppe Γ wird durch jede Operation von Γ in sich selbst transformirt.*

Wir wollen diesen Satz folgendermassen durch eine Gleichung ausdrücken:

$$\mathfrak{L}^{-1}\Gamma_\tau\mathfrak{L} = \Gamma_\tau, \quad \text{resp.} \quad \Gamma_\tau\mathfrak{L} = \mathfrak{L}\Gamma_\tau.$$

Ihre Bedeutung ist leicht verständlich; sie vertritt die unendlich vielen Gleichungen, die sich für die einzelnen Translationen von Γ_τ aufstellen lassen.

In Uebereinstimmung mit Cap. VI, 20 des ersten Abschnittes bezeichnen wir eine Untergruppe von Γ als ausgezeichnete Untergruppe, wenn die Gesammtheit ihrer Axen und Ebenen, oder, was dasselbe besagt, wenn die Gesammtheit ihrer Operationen durch *jede* Operation von Γ in sich selbst übergeführt wird. Wenden wir diese Bezeichnung hier an, so folgt:

Lehrsatz IV. *Die Translationsgruppe Γ_τ ist eine ausgezeichnete Untergruppe der Raumgruppe Γ.*

Hieraus ziehen wir eine wichtige Folgerung. Zunächst folgt, dass eine Gruppe Γ nur solche Operationen enthält, welche die Translationsgruppe Γ_τ in sich überführen. Nun hat sich am Schluss des vorigen Capitels ergeben, dass eine Translation $\mathfrak{T}$ durch die Schraubenbewegung $\mathfrak{A}(\alpha, t)$ oder durch die Gleitspiegelung $\mathfrak{S}(t)$ in die nämliche Translation $\mathfrak{T}_1$ übergeführt wird, wie durch die Drehung $\mathfrak{A}(\alpha)$ resp. durch die Spiegelung $\mathfrak{S}$. Jede Translationsgruppe Γ_τ, welche geeignet ist, in einer Raumgruppe Γ als Untergruppe zu figuriren, muss daher durch Drehungen oder Spiegelungen in sich übergehen. Die Translationsgruppen können demnach keine andern sein, als die in Cap. III betrachteten Gruppen, welche den symmetrischen Raumgittern entsprechen, und jede Operation der Gruppe Γ muss, abgesehen von einer Translationscomponente, mit einer derjenigen Drehungen oder Spiegelungen identisch sein, welche als Deckoperationen der symmetrischen Raumgitter auftreten. Also folgt:

Hauptsatz I. *In den Raumgruppen von krystallographischer Bedeutung treten nur zweizählige, dreizählige, vierzählige oder sechszählige Axen auf.*

§ 4. **Isomorphismus zwischen Raumgruppen und Punktgruppen.** Sind $\mathfrak{L}$ und $\mathfrak{M}$ irgend zwei Operationen der Raumgruppe Γ, so ist gemäss dem Gruppenbegriff auch die Operation

$\mathfrak{L}\mathfrak{M} = \mathfrak{N}$ eine Operation von Γ. Sind nun $\mathfrak{L}'$ und $\mathfrak{M}'$ zwei zu $\mathfrak{L}$ resp. $\mathfrak{M}$ isomorphe Operationen, welche den Punkt O unverändert lassen, und ist G eine Punktgruppe von Operationen, welcher $\mathfrak{L}'$ und $\mathfrak{M}'$ angehören, so enthält diese Gruppe auch die zu $\mathfrak{N}$ isomorphe Operation

$$\mathfrak{N}' = \mathfrak{L}'\mathfrak{M}',$$

und daraus folgt sofort, dass die Gruppen Γ und G in der Beziehung zu einander stehen, dass *jede* Operation einer Gruppe Γ einer Operation einer gewissen Punktgruppe G isomorph ist. Wir werden diese Gruppen selbst als *isomorph* bezeichnen, d. h. wir definiren:

Eine Raumgruppe Γ und eine Punktgruppe G heissen isomorph, wenn jede Operation von Γ einer Operation von G isomorph ist.

Ferner ergiebt sich nun unmittelbar, dass es für jede Gruppe Γ eine isomorphe Punktgruppe G geben muss; denn wenn die Operationen $\mathfrak{L}$, $\mathfrak{M}$, $\mathfrak{N}$ ... gleichzeitig in derselben Gruppe existiren sollen, so müssen sich auch die zu ihnen isomorphen Operationen $\mathfrak{L}'$, $\mathfrak{M}'$, $\mathfrak{N}'$ in einer und derselben Punktgruppe vorfinden. Es giebt daher in der That keine andern Raumgruppen, als solche, die einer Punktgruppe isomorph sind. Beachten wir nun, dass die hier in Frage kommenden Gruppen Γ dem Hauptsatz I gehorchen, so folgt:

Hauptsatz II. *Jede Raumgruppe Γ von krystallographischer Bedeutung ist einer der 32 Punktgruppen G isomorph, welche den 32 Krystallclassen entsprechen.*

Um die Beziehung zwischen den Gruppen Γ und G genauer zu studiren, gehen wir auf die im Hauptsatz III des vorigen Capitels ausgesprochene fundamentale Thatsache zurück, dass bei der Zusammensetzung isomorpher Operationen beider Gruppen immer wieder isomorphe Operationen entstehen. Wir fassen nun irgend eine bestimmte Punktgruppe G in's Auge und bezeichnen eine ihrer Operationen durch $\mathfrak{L}'$. Es sei Γ eine ihr isomorphe Raumgruppe, und es seien

1) $$\mathfrak{L},\ \mathfrak{L}_1,\ \mathfrak{L}_2 \ldots$$

diejenigen Operationen von Γ, die mit $\mathfrak{L}'$ isomorph sind. Es fragt sich, welches Gesetz dieselben verbindet. Die Antwort lautet, dass sich alle diese Operationen ergeben, wenn eine derselben, z. B. $\mathfrak{L}$, mit den sämmtlichen Translationen $\mathfrak{T}$ der Gruppe Γ multiplicirt wird.

Der Beweis ist einfach zu führen. Einerseits gehört nämlich das Product $\mathfrak{L}\mathfrak{T}$ der Gruppe an und ist eine zu $\mathfrak{L}$ isomorphe Operation. Ist andererseits $\mathfrak{L}_i$ eine beliebige Operation der Reihe 1) und ist $\mathfrak{M}$ eine Operation von der Art, dass

$$\mathfrak{L}\mathfrak{M} = \mathfrak{L}_i$$

ist, so muss für die Punktgruppe die entsprechende Gleichung

$$\mathfrak{L}'\mathfrak{M}' = \mathfrak{L}'$$

bestehen; und diese wird nur befriedigt, wenn $\mathfrak{M}'$ die Identität ist. Aber zur Identität von G sind nur die Translationen von Γ isomorph, und damit ist die Behauptung erwiesen. Es giebt daher sicher eine Translation $\mathfrak{T}_i$ der Gruppe, so dass

$$\mathfrak{L}\mathfrak{T}_i = \mathfrak{L}_i$$

ist. Beachten wir, dass $\mathfrak{L}$ eine beliebige zu $\mathfrak{L}'$ isomorphe Operation ist, so folgt:

Lehrsatz V. *Alle unter einander isomorphen Operationen einer Raumgruppe Γ ergeben sich, wenn eine derselben mit den in Γ enthaltenen Translationen multiplicirt wird. Sie sind durch die Translationsgruppe Γ_τ und eine beliebige von ihnen bestimmt.*

Es ist gleichgiltig, ob wir, um alle Operationen $\mathfrak{L}_i$ zu gewinnen, die Multiplication mit den Translationen von links oder von rechts vornehmen. In beiden Fällen müssen sich die nämlichen Operationen ergeben, wie übrigens auch aus der oben S. 363 abgeleiteten definirenden Gleichung folgt.

Ist im besondern die Operation $\mathfrak{L}'$ eine Drehung $\mathfrak{A}'$ vom Winkel α um die Axe a', so sind die isomorphen Bewegungen von Γ sämmtlich von der Form

2) $$\mathfrak{A}(\alpha, t),\quad \mathfrak{A}_1(\alpha, t_1),\quad \mathfrak{A}_2(\alpha, t_2) \ldots,$$

so dass alle Axen a, a_1, $a_2 \ldots$ unter einander und mit a' parallel sind. Ihre Vertheilung im Raum ist natürlicherweise eine ganz bestimmte, ebenso die Grösse der Translationscomponenten $t, t_1, t_2 \ldots$ Sie regelt sich nach den im vorigen Capitel § 3 und 5 abgeleiteten Sätzen. Die eingehendere Untersuchung dieser Verhältnisse wird bei der Aufstellung der einzelnen Gruppen selbst durchgeführt werden.

Ist zweitens die Operation $\mathfrak{L}'$ eine Inversion $\mathfrak{J}$, so sind die isomorphen Operationen von Γ gemäss Satz XIII des letzten Capitels sämmtlich Inversionen

3) $$\mathfrak{J},\quad \mathfrak{J}_1,\quad \mathfrak{J}_2 \ldots,$$

deren Centra von den Translationen der Gruppe abhängen. Wir sprechen dies als besonderen Satz aus, nämlich:

Lehrsatz VI. *Jede zu einer Inversion isomorphe Operation ist selbst eine Inversion.*

Ist drittens die Operation $\mathfrak{L}'$ eine Spiegelung $\mathfrak{S}'$ an der Ebene σ', so sind die isomorphen Operationen von Γ in der Reihe

4) $$\mathfrak{S}(t),\quad \mathfrak{S}_1(t_1),\quad \mathfrak{S}_2(t_2) \ldots$$

enthalten, und zwar sind alle Ebenen $\sigma, \sigma_1, \sigma_2 \ldots$ unter einander und mit σ' parallel. Für die Lage derselben, sowie für die Grösse der Translationscomponenten treten die im vorigen Capitel aufgestellten Sätze in Kraft. Auf die genauere Bestimmung kommen wir in Cap. VII, § 4 zurück.

Ist endlich die Operation $\mathfrak{L}'$ eine Drehspiegelung $\overline{\mathfrak{A}}'$, aus einer Spiegelung gegen die Ebene σ' und einer Drehung vom Winkel α um die Axe a' bestehend, so sind alle isomorphen Operationen von Γ ebenfalls derartige Operationen; denn die Operation $\overline{\mathfrak{A}}'$ mit einer Translation beliebig multiplicirt giebt nach Satz XVII des vorigen Capitels stets wieder eine derartige Operation. Dies giebt den

Lehrsatz VII. *Jede zu einer Drehspiegelung isomorphe Operation ist selbst eine Drehspiegelung.*

Wir bezeichnen die Reihe der bezüglichen Operationen von Γ durch

5) $$\overline{\mathfrak{A}}(\alpha),\quad \overline{\mathfrak{A}_1}(\alpha),\quad \overline{\mathfrak{A}_2}(\alpha) \ldots,$$

und zwar sind alle Axen $a, a_1, a_2 \ldots$ zu a' parallel, und alle Ebenen $\sigma, \sigma_1, \sigma_2 \ldots$ zu σ'.

§ 5. **Reducirte Bewegungen.** Da die Operation $\mathfrak{L}$, welche mit den Translationen von Γ multiplicirt die Reihe 1) liefert, eine beliebige Operation dieser Reihe ist, so ist es zweckmässig, sie immer so einfach wie möglich zu wählen. Es fragt sich, in welcher Weise dies zu geschehen hat.

Wie wir in § 3 ausgeführt haben, gehören den Operationen einer Gruppe Γ nur solche Axen oder Ebenen an, welche Symmetrieaxen resp. Symmetrieebenen der in Γ enthaltenen Translationsgruppe Γ_τ sein können. Nun haben wir in Cap. III, Satz VIII und IX bewiesen, dass jede Symmetrieaxe einer Translationsgruppe Γ_τ die Richtung einer Translation der Gruppe hat, und dass jede Symmetrieebene einer der Gruppe angehörigen Netzebene parallel ist. Ist daher a irgend eine Bewegungsaxe von Γ, so enthält die Gruppe Γ_τ stets eine ihr parallele primitive Translation 2τ, und ist σ irgend eine Symmetrieebene oder eine Ebene mit Translationssymmetrie, so existiren immer zwei Translationen $2\tau_1$ und $2\tau_2$ von Γ_τ, welche ein primitives Paar für die zu σ parallele Netzebene bilden.

Zur Axe a gehöre die Schraubenbewegung $\mathfrak{A}(\alpha, t)$ der Gruppe, und zwar sei α der kleinste Drehungswinkel für diese Axe, alsdann gehören auch alle diejenigen Bewegungen der Gruppe an, welche durch Multiplication von $\mathfrak{A}$ mit einer zur Axe parallelen Translation entstehen. Die Grösse dieser Translation ist $2m\tau$, wo m wie gewöhnlich irgend eine ganze Zahl ist. Alle so definirten Bewegungen haben dieselbe Axe und denselben Drehungswinkel, sie unterscheiden sich nur in den Translationscomponenten, deren Werthe resp.

$$\ldots t - 4\tau, \quad t - 2\tau, \quad t, \quad t + 2\tau, \quad t + 4\tau \ldots$$

sind. Es ist aber evident, dass für die Bestimmung der Gruppe Γ resp. für die Lage und die Art der Axe a nicht alle vorstehenden Bewegungen, sondern nur eine von ihnen in Frage kommt. Hierzu wählen wir natürlich die einfachste; und zwar erblicken wir das Kennzeichen der Einfachheit darin, dass ihre Translationscomponente t' positiv und kleiner als 2τ ist, so dass die Relation

$$0 \leqq t' < 2\tau$$

besteht. Es ist klar, dass in der obigen Reihe, wenn t einen bestimmten, im übrigen aber beliebigen Werth hat, immer eine und nur eine derartige Bewegung vorhanden ist. Diese Bewegung wollen wir die der Axe a entsprechende *reducirte Bewegung* nennen. Wir stellen also folgende Definition auf:

Für jede Axe giebt es eine Bewegung, die durch den kleinsten Drehungswinkel und die kleinste positive Translationscomponente definirt ist. Diese Bewegung heisst die der Axe entsprechende reducirte Bewegung.

Ist die Axe a eine Drehungsaxe, so ist die zu ihr gehörige Drehung $\mathfrak{A}(\alpha)$ die für sie characteristische reducirte Bewegung. Ist dagegen a eine wirkliche Schraubenbewegung, so ist auch die reducirte Bewegung eine Schraubenbewegung. Wir nennen ihre Translationscomponente wieder t und nehmen an, dass a eine n-zählige Axe ist, so dass genauer

$$\mathfrak{A}(\alpha, t) = \mathfrak{A}\left(\frac{2\pi}{n}, t\right)$$

zu setzen ist. Bilden wir nun die Reihe

$$\mathfrak{A},\quad \mathfrak{A}^2 \ldots \mathfrak{A}^n,\quad \mathfrak{A}^{n+1} \ldots,$$

wo

$$\mathfrak{A}^h = \mathfrak{A}\left(\frac{2h\pi}{n}, ht\right)$$

ist, so ist $\mathfrak{A}^n$ die erste Operation der Reihe, deren Drehungswinkel sich auf Null reducirt, sie ist daher eine Translation parallel zur Axe a von der Länge nt. Diese Translation muss ein Vielfaches der zu a parallelen primitiven Translation 2τ sein, also folgt

$$nt = 2m\tau, \quad t = \frac{2m\tau}{n}.$$

Da aber $t < 2\tau$ ist, so muss auch $m < n$ sein; die sämmtlichen möglichen Werthe von t sind daher in der Formel

$$t = \frac{2m\tau}{n}, \quad m = 0, 1, 2 \ldots n-1$$

enthalten. Also folgt:

Lehrsatz VIII. *Ist a eine n-zählige Axe, so kann die Translationscomponente der reducirten Bewegung einen der n verschiedenen Werthe*

$$0, \quad \frac{2\tau}{n}, \quad \frac{4\tau}{n} \dots \frac{2(n-1)\tau}{n}$$

annehmen.

Die sämmtlichen Bewegungen der obigen Reihe sind übrigens von einander verschieden; sie haben nämlich sämmtlich verschiedene Translationscomponenten. Bezeichnen wir noch die Translation von der Länge nt durch $\mathfrak{T}$, so ist

$$\mathfrak{A}^{n+\alpha} = \mathfrak{T}\mathfrak{A}^{\alpha} = \mathfrak{A}^{\alpha}\mathfrak{T}.$$

Endlich bedarf es des Beweises, dass für jede Axe nur *eine* reducirte Bewegung vom Winkel α existirt. Wenn nämlich in derselben Gruppe gleichzeitig verschiedene Bewegungen

$$\mathfrak{A}(\alpha, t) \quad \text{und} \quad \mathfrak{A}_1(\alpha, t_1)$$

um a als Axe auftreten, wo selbstverständlich t und t_1 beide einen der obigen Werthe haben, so gehört auch das Product $\mathfrak{A}\mathfrak{A}_1^{-1}$ der Gruppe an. Dasselbe ist aber eine Translation parallel zu a von der Grösse $t - t_1$, es kann daher nur dann eine Operation der Gruppe darstellen, wenn $t - t_1$ Null oder ein Vielfaches von 2τ ist. Das letztere ist aber für die bezüglichen Werthe von t und t_1 ausgeschlossen, also muss $t = t_1$ sein. Demnach folgt:

Lehrsatz IX. *Für jede Axe a einer Gruppe Γ existirt nur eine reducirte Bewegung. Alle zu a gehörigen Bewegungen vom kleinsten Drehungswinkel entstehen durch Multiplication der reducirten Bewegung mit den zu a parallelen Translationen der Gruppe Γ.*

§ 6. Mittelst des Begriffs der reducirten Bewegung lässt sich die oben in § 2 gegebene Definition gleichartiger Axen einfach dahin präcisiren, dass *Axen a und b gleichartig sind, wenn zu ihnen die gleiche reducirte Bewegung gehört.* Wir wollen hiervon eine Anwendung machen, indem wir jetzt die Frage untersuchen, ob resp. wann alle gleichzähligen parallelen Axen einer Gruppe Γ gleichartig sind oder nicht.

Es seien a und b die beiden gleichzähligen Axen und

$$\mathfrak{A}\left(\frac{2\pi}{n}, t_a\right) \quad \text{und} \quad \mathfrak{B}\left(\frac{2\pi}{n}, t_b\right)$$

die zugehörigen reducirten Bewegungen. Nach § 5 des vorigen Capitels ist das Product

$$\mathfrak{B}\mathfrak{A}^{-1} = \mathfrak{T},$$

wo $\mathfrak{T}$ eine Translation der Gruppe Γ ist. Es ist also auch

$$\mathfrak{B} = \mathfrak{A}\mathfrak{T};$$

je zwei gleichzählige parallele Axen a und b stehen also in der Beziehung zu einander, dass die Bewegung $\mathfrak{B}$ durch Multiplication von $\mathfrak{A}$ mit einer Translation der Gruppe Γ hervorgeht.

Nun sei umgekehrt $\mathfrak{T}$ irgend eine Translation der Gruppe von der Länge $2t$. Wie bewiesen, ist die Richtung der Axe a stets einer Translation der Gruppe Γ parallel; wir bezeichnen diese Translation, wie oben, durch 2τ. Ferner bezeichnen wir, wie eben, die sich durch Multiplication von $\mathfrak{A}$ und $\mathfrak{T}$ ergebende Bewegung durch $\mathfrak{B}$, so dass

$$\mathfrak{A}\left(\frac{2\pi}{n}, t_a\right)\mathfrak{T} = \mathfrak{B}\left(\frac{2\pi}{n}, t_b\right)$$

ist. Um die Bewegung $\mathfrak{B}$ zu bestimmen, denken wir uns die Translation $2t$ parallel und senkrecht zu a in die Componenten τ_a und τ_n zerlegt, so dass im geometrischen Sinn

$$2t = \tau_a + \tau_n$$

ist. Aus Satz X des vorigen Capitels folgt, dass die Translation τ_n nur die Lage der Axe b, nicht aber die Art der Schraubenbewegung bestimmt; die Translationscomponente t_b hängt nur von t_a und τ_a ab, und zwar ist

$$t_b = t_a + \tau_a.$$

Ist nun τ_a ein Vielfaches von 2τ, so sind die reducirten Bewegungen für die Axen a und b einander gleich, beide Axen sind daher gleichartig. Ist dagegen τ_a kein Vielfaches von 2τ, so sind a und b keine gleichartigen Axen. Dies tritt daher stets und nur dann ein, wenn eine primitive Translation existirt, deren Componente parallel zu a kleiner als 2τ ist, mithin folgt:

Lehrsatz X. *In jeder Raumgruppe Γ sind die gleichzähligen parallelen Axen nur dann ungleichartig, wenn eine Translation existirt, deren Componente parallel der Axe kleiner ist, als die der Axe parallele primitive Translation.*

Wir knüpfen hieran die weitere Frage, wieviele Arten ungleichwerthiger Axen es unter den sämmtlichen parallelen und gleichzähligen Axen einer Gruppe geben kann.

Man fasse, um dies zu untersuchen, ein Tripel primitiver Translationen in's Auge und nehme an, dass unter ihnen die den Axen parallele Translation 2τ enthalten ist. Die beiden andern Translationen seien $2\tau_1$ und $2\tau_2$. Die Translation 2τ verschiebt jede Axe a nur in sich selbst. Wenn wir daher die Axe a den sämmtlichen Translationen

$$2m_1\tau_1 + 2m_2\tau_2$$

unterwerfen, so erhalten wir alle diejenigen mit a gleichwerthigen Axen, welche aus a durch die Translationen der Gruppe Γ_τ hervorgehen. Diese Axen denken wir uns nun durch irgend eine zu ihnen senkrechte Ebene geschnitten, so bilden die Schnittpunkte mit den Axen ein Netz von Parallelogrammen; eines derselben bezeichnen wir durch $AA_1A_2A_3$. Die so definirten Axen sind sämmtlich gleichwerthig, doch werden sie im Allgemeinen nicht die sämmtlichen gleichartigen oder gar gleichzähligen Axen repräsentiren. Wie dem aber auch immer sei, so leuchtet ein, dass, wenn irgend eine dieser Axen das Innere oder den Umfang eines der genannten Parallelogramme trifft, eine zu ihr gleichwerthige Axe vorhanden ist, welche die gleiche Lage zum Parallelogramm $AA_1A_2A_3$ hat. Also folgt:

Lehrsatz XI. *Um alle gleichzähligen, aber nicht gleichwerthigen Axenarten einer Gruppe Γ zu ermitteln, genügt es, diejenigen zu bestimmen, welche das Innere oder den Umfang des Parallelogramms $AA_1A_2A_3$ treffen.*

§ 7. **Die Symmetrieaxen der Raumgitter und Molekelgitter.** Um eine Anwendung der vorstehenden Sätze zu geben, wollen wir die Aufgabe discutiren, wie sich am besten für die symmetrischen Raumgitter und Molekelhaufen die Gesammtheit der ihnen eigenthümlichen Symmetrieaxen bestimmen lässt, mögen dieselben Drehungsaxen oder Schraubenaxen sein. Wir haben die Symmetrie der Gitter durch die Drehungsaxen definirt, welche durch einen Gitterpunkt laufen. Wir stützen uns dafür (vgl. S. 276) auf die Ueberlegung, dass, wenn $\mathfrak{A}$ irgend eine Deckoperation des Gitters ist, die den Punkt O nach O_ι führt, auch das Product $\mathfrak{A}\mathfrak{T}_\iota$, wo $\mathfrak{T}_\iota$ die Deckschiebung bedeutet, welche O_ι nach O bringt, eine Deckoperation $\mathfrak{A}'$ des Gitters ist, und zwar eine solche, die den Punkt O unverändert lässt. Es besteht also die Gleichung

$$\mathfrak{A}\mathfrak{T}_\iota = \mathfrak{A}'.$$

Nun sind aber die Bewegungen $\mathfrak{A}$ und $\mathfrak{A}'$ isomorphe Bewegungen; für jede Deckbewegung $\mathfrak{A}$ eines Gitters giebt es daher eine zu ihr isomorphe Drehung $\mathfrak{A}'$, welche den Punkt O unverändert lässt, und zwar zeigt die vorstehende Gleichung, dass die Bewegung $\mathfrak{A}$ das Product aus der Drehung $\mathfrak{A}'$ und einer Deckschiebung des Gitters ist. Dies gilt sowohl für Punktgitter, als für Molekelgitter. Daraus folgt, dass wir alle zu $\mathfrak{A}'$ isomorphen Deckbewegungen des Gitters erhalten, wenn wir $\mathfrak{A}'$ mit der Gesammtheit seiner Deckschiebungen multipliciren; also ergiebt sich:

Lehrsatz XII. *Alle gleichzähligen und parallelen Symmetrieaxen eines Punktgitters oder Molekelgitters ergeben sich durch Multiplication der Translationsgruppe mit einer solchen Deckbewegung des Gitters, deren Axe durch einen Gitterpunkt geht.*

Es ist zu bemerken, dass dieser Satz nichts anderes ist, als der auf Raumgitter angewandte Lehrsatz V.

Hieraus folgt nun, dass wir die sämmtlichen Axen, welche der für das Gitter characteristischen Symmetriegruppe entsprechen, mit der bezüglichen Translationsgruppe zu combiniren haben, um zu sämmtlichen Deckaxen des Gitters zu gelangen. Es genügt natürlich, in jedem Fall diejenigen zu ermitteln, welche das primitive Parallelepipedon resp. das primitive Parallelogramm der zu ihnen senkrechten Hauptebene treffen. Die Bestimmung selbst darf hier unterbleiben, weil wir später von andern Gesichtspunkten aus auf die fraglichen Axenschaaren zurückkommen werden.

§ 8. **Reducirte Operationen zweiter Art.** Sei $\mathfrak{S}(t)$ irgend eine zur Ebene σ gehörige Operation, und es seien, wie oben, $2\tau_1$ und $2\tau_2$ das primitive Paar für die zu σ parallele Netzebene von Γ_τ. Nun gehört jede Operation, welche aus $\mathfrak{S}(t)$ durch Multiplication mit irgend einer zu σ parallelen Translation hervorgeht, der Gruppe Γ an. Jede derartige Translation ist in der Formel

$$2m_1\tau_1 + 2m_2\tau_2$$

enthalten. Nun ist aber auch $\mathfrak{S}^2(t)$ eine der Gruppe angehörige Operation. Dieselbe ist augenscheinlich eine Translation von der Länge $2t$, es muss daher jedenfalls

$$2t = 2p_1\tau_1 + 2p_2\tau_2$$

$$t = p_1\tau_1 + p_2\tau_2$$

sein. Für jede an der Ebene σ mögliche Gleitspiegelung $\mathfrak{S}(t_1)$ ist daher die Translationscomponente in dem Ausdruck

$$t_1 = (p_1 + 2m_1)\tau_1 + (p_2 + 2m_2)\tau_2$$

enthalten, wo m_1 und m_2 jede ganze Zahl bedeuten können. Die kleinsten positiven Werthe, welche t_1 annimmt, sind offenbar

$$0, \quad \tau_1, \quad \tau_2, \quad \tau_1 + \tau_2,$$

die zugehörigen Operationen sollen wieder *reducirte Operationen* genannt werden, d. h. wir definiren:

Bilden $2\tau_1$ und $2\tau_2$ das primitive Translationenpaar parallel zu einer Ebene σ, zu welcher Operationen $\mathfrak{S}(t)$ der Gruppe Γ gehören, so heissen diejenigen Operationen $\mathfrak{S}(t)$, für welche t einen der Werthe 0, τ_1, τ_2, $\tau_1 + \tau_2$ hat, reducirte Operationen für die Ebene σ.

Ist σ eine reine Symmetrieebene, so ist die Spiegelung selbst die reducirte Operation.

Ausdrücklich möge bemerkt werden, dass die zu σ gehörigen reducirten Operationen von der Wahl des primitiven

Translationenpaares parallel zu σ abhängig sind. Sie sind demnach nicht vollständig bestimmt; sie werden es erst, wenn ein bestimmtes Translationenpaar unter den unendlich vielen, die zur Verfügung stehen, ausgewählt wird. In den Anwendungen, welche wir später zu machen haben, ist dies natürlich immer der Fall.

Wie für die Bewegungen, lässt sich auch hier beweisen, dass innerhalb derselben Gruppe zu jeder Ebene σ nur *eine* reducirte Operation gehört. Gehörten nämlich die Operationen

$$\mathfrak{S}(t) \quad \text{und} \quad \mathfrak{S}(t_1),$$

wo t und t_1 einen der vier Werthe $0, \tau_1, \tau_2, \tau_1 + \tau_2$ haben, gleichzeitig der Gruppe Γ an, so müsste auch ihr Product eine Operation der Gruppe sein. Dies Product ist aber eine Translation von der Grösse $t + t_1$; andrerseits kann diese Summe nur dann eine Translation der Gruppe Γ_τ sein, wenn $t = t_1$ ist, d. h. wenn $\mathfrak{S}(t)$ und $\mathfrak{S}(t_1)$ identisch sind. Also folgt:

Lehrsatz XIII. *Zu einer Ebene σ der Gruppe Γ gehört nur eine einzige reducirte Operation zweiter Art, nämlich entweder die Spiegelung $\mathfrak{S}$ oder die Gleitspiegelung $\mathfrak{S}(t)$, wo t einen der drei Werthe $\tau_1, \tau_2, \tau_1 + \tau_2$ hat.*

Die Einführung der reducirten Operationen ist zu dem Zwecke geschehen, um die Gesammtheit der in den Reihen 2), 3), 4), 5) von § 4 enthaltenen isomorphen Operationen besser zu überschauen. Da alle Operationen der Reihen 3) und 5), wie oben gesehen, gleichartig sind und keine von ihnen eine Translationscomponente enthält, so kommt für sie der Begriff der reducirten Operationen nicht in Frage.

§ 9. **Beziehungen zwischen den Punktgruppen und den ihnen isomorphen Raumgruppen.** Die isomorphen Operationen der Gruppe Γ, welche durch die Reihe 1) in § 4 dargestellt sind, sind durch Multiplication einer beliebigen von ihnen, $\mathfrak{L}$, mit den Translationen von Γ_τ erhalten worden. Wir werden von nun an stets annehmen, dass $\mathfrak{L}$ eine reducirte Operation ist. Solcher Operationen giebt es in der Reihe 1) unendlich viele; zu jeder Axe resp. Ebene gehört eine von ihnen. Irgend eine dieser Operationen bezeichnen wir mit $\mathfrak{L}$; welche wir hierzu auswählen, ist ohne Belang. Unter Anwendung einer wiederholt benutzten Bezeichnung stellen wir von nun an die sämmtlichen isomorphen Operationen der Reihe 1) durch

$$\{\mathfrak{L},\ \Gamma_\tau\}$$

dar; im besondern sind dann die Reihen 2), 3), 4), 5) resp. durch

$$\{\mathfrak{A},\ \Gamma_\tau\},\quad \{\mathfrak{J},\ \Gamma_\tau\}\quad \{\mathfrak{S},\ \Gamma_\tau\}\quad \{\overline{\mathfrak{A}},\ \Gamma_\tau\}$$

zu repräsentiren. Sind nun

$$1,\ \mathfrak{L}',\ \mathfrak{M}',\ \mathfrak{N}' \ldots$$

die sämmtlichen Operationen der Punktgruppe G, so ist nach den obigen Auseinandersetzungen klar, dass die sämmtlichen Operationen der Gruppe Γ durch

$$\Gamma_\tau,\quad \{\mathfrak{L},\ \Gamma_\tau\},\quad \{\mathfrak{M},\ \Gamma_\tau\},\quad \{\mathfrak{N},\ \Gamma_\tau\},\ \ldots$$

gegeben sind; d. h.

Lehrsatz XIV. *Die Operationen einer Raumgruppe Γ gehen den Operationen der isomorphen Punktgruppe G in der Weise parallel, dass jeder Operation $\mathfrak{L}'$ von G in der Raumgruppe Γ das Product aus der Translationsgruppe und einer zu $\mathfrak{L}'$ homologen Operation $\mathfrak{L}$ entspricht. Für $\mathfrak{L}$ wählt man zweckmässig eine reducirte Operation ihrer Art.*

Zur Veranschaulichung der vorstehenden Sätze lassen wir einige Beispiele folgen.

1. Enthält eine Punktgruppe G zwei zweizählige Axen u und u_1, die sich unter dem Winkel α schneiden, so enthält sie (S. 59) auch eine zu beiden senkrechte Symmetrieaxe a, deren Winkel 2α ist; ebenso wird durch a und u die Axe u_1 bedingt. Für jede zu G isomorphe Raumgruppe Γ gelten daher analoge Gesetze. In der That folgt aus Satz XVIII des vorigen Capitels, dass zwei sich unter dem Winkel α kreuzende zweizählige Symmetrieaxen u und u_1 eine Schraubenbewegung $\mathfrak{A}(2\alpha, t)$ bedingen, deren Axe in das gemeinsame Loth a von u und u_1 fällt, und deren Translationscomponente $t = 2AA_1$ ist. Ebenso wird umgekehrt durch die Schraubenbewegung

und die eine Axe u die andere Axe bedingt. Wenden wir diesen Satz öfter an, so folgt:

Lehrsatz XV. *Wenn eine Raumgruppe eine zweizählige Symmetrieaxe enthält, welche die Axe a einer Schraubenbewegung* $\mathfrak{A}(2\alpha, t)$ *schneidet, so wird die Axe a von unendlich vielen solchen Axen geschnitten; je zwei folgende haben einen Abstand gleich der Hälfte von t und kreuzen sich unter dem Winkel* α.

Ist a im besondern eine n-zählige Axe, so bilden die sie schneidenden zweizähligen Axen lauter Winkel, die gleich dem $n$ten Theil von π sind. Hiervon werden wir später, wenn es sich um die Bestimmung der Axenlage für die einzelnen Gruppen handelt, vielfach Gebrauch zu machen haben.

Wir geben einige weitere Beispiele, welche sich an bestimmte Raumgruppen anlehnen, und wählen dazu erstens die Vierergruppe. Die Punktgruppe V enthält die vier Operationen

$$1, \quad \mathfrak{U}', \quad \mathfrak{B}', \quad \mathfrak{W}',$$

wenn u', v', w' die drei auf einander senkrechten zweizähligen Axen sind. Die Operationen jeder mit V isomorphen Raumgruppe Γ sind in dem Schema

$$\Gamma_\tau, \quad \{\mathfrak{U}\Gamma_\tau\}, \quad \{\mathfrak{B}\Gamma_\tau\}, \quad \{\mathfrak{W}\Gamma_\tau\}$$

enthalten. Hier ist wieder Γ_τ die bezügliche Translationsgruppe, ferner ist

$$\begin{aligned} \mathfrak{U} &= \mathfrak{U}(\pi) \quad \text{oder} \quad \mathfrak{U}(\pi, t) \\ \mathfrak{B} &= \mathfrak{B}(\pi) \quad \text{oder} \quad \mathfrak{B}(\pi, t_1) \\ \mathfrak{W} &= \mathfrak{W}(\pi) \quad \text{oder} \quad \mathfrak{W}(\pi, t_2), \end{aligned}$$

wo t, t_1, t_2 halbe primitive Translationen parallel u', v', w' sind. Endlich bedeuten der obigen Festsetzung gemäss $\{\mathfrak{U}, \Gamma_\tau\}$ die sämmtlichen Drehungen resp. Schraubenbewegungen um die zu u' parallelen Axen, und das analoge gilt für $\{\mathfrak{B}, \Gamma_\tau\}$ und $\{\mathfrak{W}, \Gamma_\tau\}$. Hieraus ist ersichtlich und wird später ausführlich bestätigt werden, dass der Raumgruppe Γ drei zu einander senkrechte Schaaren zweizähliger Axen eigen sind; jede dieser Schaaren kann entweder aus lauter Drehungsaxen, oder aus lauter Schraubenaxen oder aus Drehungsaxen und Schraubenaxen bestehen.

Ein zweites Beispiel sei die Punktgruppe C_3^v. Sie besteht aus folgenden sechs Operationen:

$$1 \quad \mathfrak{A}', \quad \mathfrak{A}'^2,$$
$$\mathfrak{S}_v', \quad \mathfrak{A}'\mathfrak{S}_v', \quad \mathfrak{A}'^2\mathfrak{S}_v';$$

von ihnen bedingen die drei letzten je eine durch die Hauptaxe gehende Symmetrieebene, so dass je zwei Ebenen einen Winkel von 60^0 mit einander bilden. Die sechs Operationen können daher auch in die Form

$$1, \quad \mathfrak{A}', \quad \mathfrak{A}'^2$$
$$\mathfrak{S}', \quad \mathfrak{S}_1', \quad \mathfrak{S}_2'$$

gebracht werden, wenn σ', σ_1', σ_2' die genannten drei Symmetrieebenen sind. Jede ihr isomorphe Raumgruppe Γ, deren Translationsgruppe wieder Γ_τ ist, enthält daher Operationen, welche durch

$$\Gamma_\tau, \quad \{\mathfrak{A}\Gamma_\tau\}, \quad \{\mathfrak{A}^2\Gamma_\tau\},$$
$$\{\mathfrak{S}\Gamma_\tau\}, \quad \{\mathfrak{S}_1\Gamma_\tau\}, \quad \{\mathfrak{S}_2\Gamma_\tau\}$$

dargestellt werden können; und zwar bedeutet $\mathfrak{A}$ gemäss § 5 eine der drei reducirten Bewegungen

$$\mathfrak{A}\left(\frac{2\pi}{3}\right), \quad \mathfrak{A}\left(\frac{2\pi}{3}, \frac{2\tau}{3}\right), \quad \mathfrak{A}\left(\frac{2\pi}{3}, \frac{4\tau}{3}\right),$$

deren Axe mit a' parallel läuft, während jede der Operationen $\mathfrak{S}$, $\mathfrak{S}_1$, $\mathfrak{S}_2$ entweder eine reine Spiegelung ist oder eine der Operationen

$$\mathfrak{S}(t), \quad \mathfrak{S}_1(t_1), \quad \mathfrak{S}_2(t_2).$$

Die zugehörigen Symmetrieebenen resp. die Ebenen der gleitenden Symmetrie sind zu σ', σ_1', σ_2' parallel, und t, t_1, t_2 stellen irgend eine diesen Ebenen parallele halbe primitive Translation dar. Jeder Raumgruppe Γ, die mit C_3^v isomorph ist, kommt demgemäss — wir werden dies gleichfalls später ausführlich erörtern — eine Schaar paralleler dreizähliger Axen zu, die entweder aus lauter Drehungsaxen, oder lauter Schraubenaxen, oder endlich theils aus Drehungsaxen, theils aus Schraubenaxen besteht. Ferner gehören der Gruppe drei Schaaren paralleler Ebenen an, die entweder Symmetrieebenen oder Ebenen gleitender Symmetrie sind, und von denen sich je zwei nicht parallele unter einem Winkel von 60° schneiden, u. s. w. u. s. w.

Aus dem Parallelismus, welchen der Satz XIV zum Ausdruck bringt, ziehen wir nun einige weitere Folgerungen. Besteht für die Operationen $\mathfrak{L}'$, $\mathfrak{M}'$, $\mathfrak{N}'$ der Punktgruppe G die Beziehung, dass

1) $$\mathfrak{L}'\mathfrak{M}' = \mathfrak{N}'$$

ist, und sind $\mathfrak{L}$ und $\mathfrak{M}$ wieder irgend welche zu $\mathfrak{L}'$, $\mathfrak{M}'$ isomorphe Operationen von Γ, so giebt es, wie wir wissen, eine zu $\mathfrak{N}'$ isomorphe Operation $\mathfrak{N}$ von Γ, so dass

2) $$\mathfrak{L}\mathfrak{M} = \mathfrak{N}$$

ist. Solcher Gleichungen giebt es für die Gruppe Γ so viele, als es Paare von Operationen $\mathfrak{L}$, $\mathfrak{M}$ giebt. Wir können alle diese Gleichungen in eine zusammenfassen, indem wir die Gleichung

3) $$\{\mathfrak{L}, \Gamma_\tau\} \cdot \{\mathfrak{M}, \Gamma_\tau\} = \{\mathfrak{N}, \Gamma_\tau\}$$

aufstellen. In der That ist diese Gleichung geeignet, einen Ersatz für jede Gleichung von der Form 2) darzustellen; andrerseits soll nun ausdrücklich festgesetzt werden, *dass diese Gleichung dahin zu verstehen ist, dass irgend zwei Operationen aus den links stehenden Klammern einer Operation aus der rechts stehenden Klammer äquivalent sind.*

Durch die vorstehende Gleichung kommt der Parallelismus, welcher die Zusammensetzung isomorpher Operationen von Γ und G kennzeichnet, zu seinem einfachsten Ausdruck.

§ 10. **Erzeugung der Raumgruppen.** Wir beweisen nun einige Sätze, welche geeignet sind, die Analogie der Bildungsgesetze für isomorphe Gruppen Γ und G kenntlich zu machen.

Es sei G_1 irgend eine Untergruppe der Punktgruppe G, so genügen die Operationen von G_1 für sich dem Gruppencharacter, d. h. das Product je zweier von ihnen liefert stets eine dieser Operationen. Auf Grund der Gleichung 3) des letzten Paragraphen folgt daher unmittelbar, dass auch diejenigen Operationen von Γ, welche den Operationen von G_1 isomorph sind, eine in Γ enthaltene Untergruppe Γ_1 bilden. Dies gilt für jede derartige Untergruppe, d. h.

Lehrsatz XVI. *Ist die Raumgruppe Γ zur Punktgruppe G isomorph, so entspricht jeder Untergruppe G_1 von G eine Untergruppe Γ_1 von Γ, deren Operationen denen von G_1 isomorph sind.*

Wir wenden uns zum Beweise eines allgemeinen Satzes, der uns dasjenige Verfahren an die Hand geben wird, welches wir bei der allmählichen Herleitung der Raumgruppen Γ befolgen werden. Um die Natur und Bedeutung desselben in's Licht zu setzen, schicken wir folgende Bemerkungen voraus.

Wir haben im ersten Abschnitt die Gruppen zweiter Art dadurch abgeleitet, dass wir je eine Gruppe G_1 erster Art, d. h. eine Drehungsgruppe mit irgend einer Deckoperation zweiter Art des Axensystems multiplicirten. Dies ist auf S. 84 ausführlich auseinandergesetzt worden. Sind

$$1,\ \mathfrak{G}_1',\ \mathfrak{G}_2' \ldots \mathfrak{G}_{\lambda-1}'$$

die Drehungen der Gruppe G_1, und ist $\mathfrak{S}'$ irgend eine Operation zweiter Art, welche die Axen von G_1 in sich überführt, so bilden diese Drehungen, wie dort gezeigt, zusammen mit den Operationen

$$\mathfrak{S}',\ \mathfrak{S}'\mathfrak{G}_1',\ \mathfrak{S}'\mathfrak{G}_2' \ldots \mathfrak{S}'\mathfrak{G}_{\lambda-1}'$$

eine Gruppe zweiter Art.

Dieser Satz gilt aber auch, wenn G_1 eine *beliebige* Punktgruppe ist, und $\mathfrak{S}'$ durch irgend eine analoge Operation $\mathfrak{L}'$ erster oder zweiter Art ersetzt wird. Dies wollen wir zunächst beweisen. Wir bezeichnen die Operation der Gruppe G_1 wieder durch

$$1,\ \mathfrak{G}_1',\ \mathfrak{G}_2' \ldots \mathfrak{G}_{\lambda-1}'$$

und setzen voraus, dass $\mathfrak{L}'$ eine Operation ist, welche die gesammten Symmetrieelemente von G_1, also Axen und Ebenen in sich überführt. Nach der am Ende des vorigen Capitels gegebenen Definition ist diese geometrische Eigenschaft gruppentheoretisch dahin zu übersetzen, dass jede mit $\mathfrak{L}'$ transformirte Operation $\mathfrak{G}_\alpha'$ von G_1 selbst eine Operation von G_1 ist, die im Allgemeinen allerdings von $\mathfrak{G}_\alpha'$ verschieden sein wird. Bezeichnen wir sie durch $\mathfrak{G}_{\alpha_1}'$, so ist in Gleichungsform zu setzen

1) $$\mathfrak{L}'^{-1}\mathfrak{G}_\alpha'\mathfrak{L}' = \mathfrak{G}_{\alpha_1}'; \quad \mathfrak{G}_\alpha'\mathfrak{L}' = \mathfrak{L}'\mathfrak{G}_{\alpha_1}'.$$

Ist aber $\mathfrak{L}'$ eine Deckoperation der Symmetrieelemente, so gilt dies auch für $\mathfrak{L}'^2$, $\mathfrak{L}'^3\ldots$, es bestehen daher auch die Gleichungen

$$2)\quad \begin{array}{ll} \mathfrak{L}'^{-2}\mathfrak{G}'_\beta\mathfrak{L}'^2 = \mathfrak{G}'_{\beta_1}; & \mathfrak{G}'_\beta\mathfrak{L}'^2 = \mathfrak{L}'^2\mathfrak{G}'_{\beta_1} \\ \mathfrak{L}'^{-3}\mathfrak{G}'_\gamma\mathfrak{L}'^3 = \mathfrak{G}'_{\gamma_1}; & \mathfrak{G}'_\gamma\mathfrak{L}'^3 = \mathfrak{L}'^3\mathfrak{G}'_{\gamma_1}, \end{array}$$

u. s. w.

Mit ihrer Hilfe kann der Beweis unseres Satzes leicht geführt werden. Nehmen wir noch an, dass $\mathfrak{L}'^m$ die erste Potenz von $\mathfrak{L}'$ ist, welche der Identität äquivalent ist, so sagt er aus, dass die Operationen

$$3)\quad \begin{array}{llll} 1, & \mathfrak{G}_1', & \mathfrak{G}_2', & \ldots\mathfrak{G}'_{\lambda-1} \\ \mathfrak{L}', & \mathfrak{G}_1'\mathfrak{L}', & \mathfrak{G}_2'\mathfrak{L}', & \ldots\mathfrak{G}'_{\lambda-1}\mathfrak{L}' \\ \mathfrak{L}'^2, & \mathfrak{G}_1'\mathfrak{L}'^2, & \mathfrak{G}_2'\mathfrak{L}'^2, & \ldots\mathfrak{G}'_{\lambda-1}\mathfrak{L}'^2 \\ \cdot\;\cdot\;\cdot & \cdot\;\cdot\;\cdot & \cdot\;\cdot\;\cdot & \cdot\;\cdot\;\cdot \\ \mathfrak{L}'^{m-1}, & \mathfrak{G}_1'\mathfrak{L}'^{m-1}, & \mathfrak{G}_2'\mathfrak{L}'^{m-1}, & \ldots\mathfrak{G}'_{\lambda-1}\mathfrak{L}'^{m-1} \end{array}$$

eine Gruppe von Operationen bilden. Dazu ist zu beweisen, dass das Product $\mathfrak{N}'$ von irgend zwei Operationen

$$\mathfrak{L}'^\mu\mathfrak{G}'_m \quad \text{und} \quad \mathfrak{L}'^\nu\mathfrak{G}'_n$$

einer der vorstehenden Operationen äquivalent ist. Nun ist nach den Gleichungen 2)

$$\mathfrak{N}' = \mathfrak{L}'^\mu\mathfrak{G}'_m\mathfrak{L}'^\nu\mathfrak{G}'_n = \mathfrak{L}'^\mu\mathfrak{G}'_m\mathfrak{G}'_{n_1}\mathfrak{L}'^\nu.$$

Da $\mathfrak{G}'_m\mathfrak{G}'_{n_1}$ eine Operation $\mathfrak{G}'_p$ von G ist, so folgt

$$\mathfrak{N}' = \mathfrak{L}'^\mu\mathfrak{G}'_p\mathfrak{L}'^\nu,$$

und hieraus ergiebt sich auf Grund der Gleichungen 2)

$$\mathfrak{N}' = \mathfrak{G}'_{p_1}\mathfrak{L}'^\mu\mathfrak{L}'^\nu = \mathfrak{G}'_{p_1}\mathfrak{L}'^{\mu+\nu}.$$

Dieses Product ist aber in der That einer Operation des Schemas 3) äquivalent, also folgt:

Lehrsatz XVII. *Ist $\mathfrak{L}'$ eine Operation, welche das Axensystem einer Punktgruppe G_1 in sich überführt, so entsteht durch Multiplication von G_1 mit $\mathfrak{L}'$ eine neue Gruppe.*

Es ist zu bemerken, dass das obige Schema auch durch ein solches ersetzt werden kann, welches durch linksseitige Multiplication aller Operationen von G mit $\mathfrak{L}'$, $\mathfrak{L}'^2\ldots$ entsteht.

Beispiel 1. Die Axen der Vierergruppe V gehen durch Drehung um die dreizählige Axe a der Tetraedergruppe in sich über. Multiplicirt man nun die Drehungen

$$1, \quad \mathfrak{U}', \quad \mathfrak{B}', \quad \mathfrak{W}'$$

der Vierergruppe mit der bezüglichen Drehung $\mathfrak{A}'$, d. h. bildet man

$$\begin{array}{llll} \mathfrak{A}', & \mathfrak{U}'\mathfrak{A}', & \mathfrak{B}'\mathfrak{A}', & \mathfrak{W}'\mathfrak{A}' \\ \mathfrak{A}'^2, & \mathfrak{U}'\mathfrak{A}'^2, & \mathfrak{B}'\mathfrak{A}'^2, & \mathfrak{W}'\mathfrak{A}'^2, \end{array}$$

so bestimmen diese 12 Drehungen eine Gruppe, nämlich die Tetraedergruppe, wie dies bereits S. 208 gezeigt worden ist.

Beispiel 2. Die Symmetrieelemente der Gruppe V^h werden ebenfalls durch Drehung um die dreizählige Axe in sich übergeführt. Es bilden daher auch die Operationen

$$\begin{array}{llllllll} 1, & \mathfrak{U}', & \mathfrak{B}', & \mathfrak{W}', & \mathfrak{S}', & \mathfrak{U}'\mathfrak{S}', & \mathfrak{B}'\mathfrak{S}', & \mathfrak{W}'\mathfrak{S}' \\ \mathfrak{A}', & \mathfrak{A}'\mathfrak{U}', & \mathfrak{A}'\mathfrak{B}', & \mathfrak{A}'\mathfrak{W}', & \mathfrak{A}'\mathfrak{S}', & \mathfrak{A}'\mathfrak{U}'\mathfrak{S}', & \mathfrak{A}'\mathfrak{B}'\mathfrak{S}', & \mathfrak{A}'\mathfrak{W}'\mathfrak{S}' \\ \mathfrak{A}'^2, & \mathfrak{A}'^2\mathfrak{U}', & \mathfrak{A}'^2\mathfrak{B}', & \mathfrak{A}'^2\mathfrak{W}', & \mathfrak{A}'^2\mathfrak{S}', & \mathfrak{A}'^2\mathfrak{U}'\mathfrak{S}', & \mathfrak{A}'^2\mathfrak{B}'\mathfrak{S}', & \mathfrak{A}'^2\mathfrak{W}'\mathfrak{S}' \end{array}$$

eine Gruppe. Diese Gruppe ist, wie das bezügliche Schema auf S. 98 erkennen lässt, die dort betrachtete Gruppe T^h.

§ 11. Die vorstehenden Betrachtungen sollen nun auf Raumgruppen ausgedehnt werden. Zu diesem Zweck fassen wir eine beliebige Raumgruppe Γ_1 in's Auge, von der wir annehmen, dass sie mit G_1 isomorph ist. Ihre Operationen seien in der bekannten Art durch

$$\Gamma_\tau, \quad \{\mathfrak{G}_1\Gamma_\tau\}, \quad \{\mathfrak{G}_2\Gamma_\tau\} \ldots \{\mathfrak{G}_{\lambda-1}\Gamma_\tau\}$$

dargestellt. Nun sei $\mathfrak{L}$ wieder irgend eine zu $\mathfrak{L}'$ isomorphe Operation, welche die Axen und Ebenen der Gruppe Γ_1 in sich überführt, also jede Operation von Γ_1 wieder in eine Operation der Gruppe transformirt, so wird die Gleichung

$$1) \qquad \mathfrak{L}^{-1}\mathfrak{G}_\alpha\mathfrak{L} = \mathfrak{G}_{\alpha_1}, \quad \mathfrak{G}_\alpha\mathfrak{L} = \mathfrak{L}\mathfrak{G}_{\alpha_1}$$

bestehen, wo $\mathfrak{G}_\alpha$ und $\mathfrak{G}_{\alpha_1}$ irgend zwei Operationen von Γ_1 sind. Ebenso bestehen wieder die Gleichungen

$$2) \qquad \mathfrak{L}^{-2}\mathfrak{G}_\beta\mathfrak{L}^2 = \mathfrak{G}_{\beta_1}, \quad \mathfrak{G}_\beta\mathfrak{L}^2 = \mathfrak{L}^2\mathfrak{G}_{\beta_1}$$

u. s. w.

Nun kann die Operation $\mathfrak{L}$ eine Translationscomponente t enthalten; alsdann wird $\mathfrak{L}^m$ nicht der Identität äquivalent sein, vielmehr eine Translation von der Länge mt darstellen. Von dieser Translation setzen wir jetzt ausdrücklich fest, dass sie eine Translation der Gruppe Γ_τ sei. Unter dieser Voraussetzung lässt sich beweisen, dass *sich durch Multiplication von* Γ_1 *mit* $\mathfrak{L}$ *eine zur Gruppe* G *isomorphe Raumgruppe* Γ *ergiebt.*

Um dies zu beweisen, ist genau wie oben zu zeigen, dass die nachfolgenden Operationen

$$3)\quad \begin{array}{llll} \Gamma_\tau, & \{\mathfrak{G}_1\Gamma_\tau\}, & \{\mathfrak{G}_2\Gamma_\tau\} & \ldots\{\mathfrak{G}_{\lambda-1}\Gamma_\tau\} \\ \{\mathfrak{L}\Gamma_\tau\}, & \{\mathfrak{L}\mathfrak{G}_1\Gamma_\tau\}, & \{\mathfrak{L}\mathfrak{G}_2\Gamma_\tau\} & \ldots\{\mathfrak{L}\mathfrak{G}_{\lambda-1}\Gamma_\tau\} \\ \{\mathfrak{L}^2\Gamma_\tau\}, & \{\mathfrak{L}^2\mathfrak{G}_1\Gamma_\tau\}, & \{\mathfrak{L}^2\mathfrak{G}_2\Gamma_\tau\} & \ldots\{\mathfrak{L}^2\mathfrak{G}_{\lambda-1}\Gamma_\tau\} \\ \cdot & \cdot & \cdot & \cdot \end{array}$$

die Eigenschaft haben, dass das Product von je zweien immer unter ihnen enthalten ist. Wir betrachten wieder das Product $\mathfrak{R}$ irgend zweier Operationen und bezeichnen es durch

$$\mathfrak{R} = \mathfrak{L}^\mu \mathfrak{G}_m \mathfrak{L}^\nu \mathfrak{G}_n,$$

so wird in Folge der Gleichungen 2)

$$\mathfrak{R} = \mathfrak{L}^\mu \mathfrak{G}_m \mathfrak{G}_{n_1} \mathfrak{L}^\nu;$$

ferner ist nun wieder $\mathfrak{G}_m \mathfrak{G}_{n_1}$ einer Operation $\mathfrak{G}_p$ äquivalent, und es folgt

$$\begin{aligned} \mathfrak{R} &= \mathfrak{L}^\mu \mathfrak{G}_p \mathfrak{L}^\nu \\ &= \mathfrak{G}_{p_1} \mathfrak{L}^\mu \mathfrak{L}^\nu = \mathfrak{G}_{p_1} \mathfrak{L}^{\mu+\nu}. \end{aligned}$$

Nach der Annahme, die wir über die Operation $\mathfrak{L}$ machten, ist $\mathfrak{L}^{\mu+\nu}$ dem Product aus einer der ersten m Potenzen von $\mathfrak{L}$ und einer der Gruppe Γ_τ angehörenden Translation äquivalent; d. h. es ist

$$\mathfrak{R} = \mathfrak{G}_{p_1} \mathfrak{L}^\varrho \mathfrak{T} = \mathfrak{L}^\varrho \mathfrak{G}_{p_2} \mathfrak{T},$$

wo $\varrho < m$ ist. Demnach ist $\mathfrak{R}$ eine der Operationen des obigen Schemas. Andrerseits ist auch einleuchtend, dass dieser Schluss nur unter der für $\mathfrak{L}$ gemachten Voraussetzung zutrifft; denn ohne sie würde das Product aus $\mathfrak{G}_{p_2}$ und $\mathfrak{T}$ nicht der Gruppe Γ_1, also auch nicht der Gruppe Γ angehören können. Demnach ergiebt sich:

Lehrsatz XVIII. *Ist $\mathfrak{L}$ eine Deckoperation des Axensystems einer Gruppe Γ, und zwar so, dass die Potenzen von $\mathfrak{L}$ nur solche Translationen liefern, welche der in Γ_1 enthaltenen Gruppe Γ_τ angehören, so entsteht durch Multiplication von Γ_1 mit $\mathfrak{L}$ eine neue Gruppe Γ, deren Translationsgruppe Γ_τ ist.*

Umgekehrt ist aber auch ersichtlich, dass sich jede Gruppe Γ, die zu G isomorph ist, dem vorstehenden Satz gemäss erzeugen lässt. Denn aus den Eigenschaften der isomorphen Gruppen ist direct zu schliessen, dass, wenn die Operation $\mathfrak{L}'$ der Gruppe G eine Deckoperation für die Axen der Untergruppe G_1 ist, die Gruppe Γ_1 die Eigenschaft hat, dass das Axensystem von Γ_1 durch die Operation $\mathfrak{L}$, resp. alle in der Formel $\{\mathfrak{L}\Gamma_\tau\}$ enthaltenen homologen Operationen in sich übergeht. Nämlich jeder Gleichung der Gruppe G von der Form

$$\mathfrak{L}'^{-1}\mathfrak{G}'_\alpha\mathfrak{L}' = \mathfrak{G}'_{\alpha_1}$$

muss für die Gruppe Γ eine analoge Gleichung

$$\mathfrak{L}^{-1}\mathfrak{G}_\alpha\mathfrak{L} = \mathfrak{G}_{\alpha_1}$$

zur Seite stehen, wo freilich $\mathfrak{G}_{\alpha_1}$ unbestimmt bleibt, aber doch stets eine zu $\mathfrak{G}'_{\alpha_1}$ homologe Operation der Gruppe Γ_1 ist. Demnach erhalten wir folgenden

Hauptsatz. *Lässt sich die Punktgruppe G durch Multiplication einer Gruppe G_1 mit einer Operation $\mathfrak{L}'$ erzeugen, welche das Axensystem von G_1 in sich überführt, so kann jede zu G isomorphe Raumgruppe durch Multiplication einer zu G_1 isomorphen Gruppe Γ_1 mit einer zu $\mathfrak{L}'$ isomorphen Operation $\mathfrak{L}$ erzeugt werden, vorausgesetzt, dass $\mathfrak{L}$ eine Deckoperation für die Axen von Γ_1 ist.*

Diesen Satz wollen wir als das *Fundamentaltheorem für die Erzeugung der Raumgruppen* bezeichnen. Dasselbe eröffnet einen bestimmten Weg, den wir bei der Erzeugung aller Raumgruppen einschlagen werden. Für die Punktgruppen ist nämlich die in ihm genannte Erzeugungsweise an den verschiedenen Stellen dieser Schrift bereits nachgewiesen worden; es muss sich daher *jede überhaupt existirende* Raumgruppe auf analoge Art erzeugen lassen.

§ 12. Wir beweisen noch einige besondere Sätze, welche die Erzeugung der Gruppen Γ betreffen, und schicken zu diesem Zweck folgenden Hilfssatz voraus:

Hilfssatz. *Führt die Operation $\mathfrak{L}$ zwei Operationen $\mathfrak{M}$ und $\mathfrak{N}$ bezüglich in $\mathfrak{M}_1$ und $\mathfrak{N}_1$ über, so führt sie das Product $\mathfrak{M}\mathfrak{N}$ in $\mathfrak{M}_1\mathfrak{N}_1$ über.*

Nach Annahme bestehen nämlich die Gleichungen

$$\mathfrak{L}^{-1}\mathfrak{M}\mathfrak{L} = \mathfrak{M}_1 \quad \text{und}$$
$$\mathfrak{L}^{-1}\mathfrak{N}\mathfrak{L} = \mathfrak{N}_1;$$

hieraus folgt durch Multiplication

$$\mathfrak{L}^{-1}\mathfrak{M}\mathfrak{L}\mathfrak{L}^{-1}\mathfrak{N}\mathfrak{L} = \mathfrak{M}_1\mathfrak{N}_1, \quad \text{resp.}$$
$$\mathfrak{L}^{-1}\mathfrak{M}\mathfrak{N}\mathfrak{L} = \mathfrak{M}_1\mathfrak{N}_1,$$

und dies ist die Behauptung.

Nun sei Γ eine Raumgruppe, und es seien Γ_1 und Γ_2 zwei solche Untergruppen von Γ, dass aus ihnen die Gruppe Γ durch Multiplication hervorgeht. Dies ist gemäss den allgemeinen Eigenschaften der isomorphen Gruppen immer der Fall, wenn die zu Γ isomorphe Punktgruppe G zwei analoge Untergruppen G_1 und G_2 besitzt. Derartige Paare von Untergruppen haben wir oben S. 205 ff. vielfach kennen gelernt.

Nun sei $\mathfrak{L}$ eine Operation, welche sowohl das Axensystem der Gruppe Γ_1, als auch dasjenige der Gruppe Γ_2 in sich überführt, so ist zu schliessen, dass sie eine Deckoperation der gesammten Axen und Ebenen von Γ darstellt. Ist nämlich $\mathfrak{M}$ irgend eine Operation der Gruppe Γ_1 und $\mathfrak{N}$ irgend eine Operation von Γ_2, so ist der Voraussetzung gemäss *jede* Operation von Γ von der Form $\mathfrak{M}\mathfrak{N}$; ferner enthält die Gruppe neben den Operationen $\mathfrak{M}_1$ und $\mathfrak{N}_1$ auch die Operation $\mathfrak{M}_1\mathfrak{N}_1$; folglich führt nach dem obigen Hilfssatz die Operation $\mathfrak{L}$ in der That alle Operationen von Γ in einander über, also auch die zugehörigen Axen und Ebenen. Demnach folgt:

Lehrsatz XIX. *Sind Γ_1 und Γ_2 zwei Gruppen, aus denen sich die Gruppe Γ durch Multiplication erzeugen lässt, so ist jede Deckoperation der Axen und Ebenen von Γ_1 und Γ_2 zu-*

gleich eine Deckoperation für die gesammten Axen und Ebenen der Gruppe Γ.

Es sei, wie immer, G diejenige Punktgruppe, welche der Raumgruppe Γ isomorph ist. Ferner sei jetzt G' irgend eine in Γ enthaltene Punktgruppe, so enthält auch G die Gruppe G' als Untergruppe. Ihre Operationen seien

1) $$1,\ \mathfrak{L}_1',\ \mathfrak{L}_2' \ldots \mathfrak{L}_{p-1}'.$$

Alsdann giebt es, wie wir im ersten Abschnitt S. 140 bewiesen haben, in allen Fällen eine Reihe von Operationen

2) $$1,\ \mathfrak{M}_1',\ \mathfrak{M}_2' \ldots \mathfrak{M}_{q-1}'$$

von der Art, dass *alle* Operationen der Gruppe G in der Tabelle

3) $$\begin{array}{llll} 1, & \mathfrak{L}_1', & \mathfrak{L}_2' & \ldots \mathfrak{L}_{p-1}' \\ \mathfrak{M}_1', & \mathfrak{L}_1'\mathfrak{M}_1', & \mathfrak{L}_2'\mathfrak{M}_1' & \ldots \mathfrak{L}_{p-1}'\mathfrak{M}_1' \\ \mathfrak{M}_2', & \mathfrak{L}_1'\mathfrak{M}_2', & \mathfrak{L}_2'\mathfrak{M}_2' & \ldots \mathfrak{L}_{p-1}'\mathfrak{M}_2' \\ \cdots & \cdots & \cdots & \cdots \\ \mathfrak{M}_{q-1}', & \mathfrak{L}_1'\mathfrak{M}_{q-1}', & \mathfrak{L}_2'\mathfrak{M}_{q-1}' & \ldots \mathfrak{L}_{p-1}'\mathfrak{M}_{q-1}' \end{array}$$

enthalten sind, sich also durch *einseitige* Multiplication der Reihe 1) mit den Operationen der Reihe 2) ergeben. Die Operationen der Reihe 2) bilden übrigens, wie aus den Untersuchungen von Cap. VI, 21 und Cap. VIII, 4 des ersten Abschnitts hervorgeht, in den meisten Fällen ebenfalls eine in G enthaltene Untergruppe.

Nun seien

4) $$1,\ \mathfrak{M}_1,\ \mathfrak{M}_2 \ldots \mathfrak{M}_{q-1}$$

irgend welche Operationen von Γ, die den Operationen der Zeile 2) isomorph sind, und wie üblich sei Γ_τ die Translationsgruppe von Γ. Alsdann sind gemäss § 9 *alle* Operationen von Γ, welche den Operationen der Reihe 2) isomorph sind, in den Ausdrücken

5) $$\Gamma_\tau,\ \{\mathfrak{M}_1\Gamma_\tau\},\ \{\mathfrak{M}_2\Gamma_\tau\} \ldots \{\mathfrak{M}_{q-1}\Gamma_\tau\}$$

enthalten. Beachten wir nun, dass die Operationen der Zeile 1) der Voraussetzung zufolge Operationen von Γ sind, so folgt, dass der Ausdruck

$$\{\mathfrak{L}_i'\mathfrak{M}_k\Gamma_\tau\}$$

alle diejenigen Operationen von Γ enthalten muss, welche dem Product $\mathfrak{L}_i'\mathfrak{M}_k'$ der Gruppe G isomorph sind. Jedem Product der Tabelle 3) steht ein analoger Ausdruck zur Seite, also ergiebt sich:

Lehrsatz XX. *Ist Γ eine Raumgruppe, welche eine Punktgruppe G' als Untergruppe enthält, so lassen sich die sämmtlichen Operationen von Γ dadurch bilden, dass die Operationen von G' mit einer unendlichen Reihe Γ' von Operationen einseitig multiplicirt werden.*

Die Reihe Γ' ist die Reihe 5). Sie bildet im Allgemeinen ebenfalls eine in Γ enthaltene Untergruppe; es kommen nur wenige Ausnahmen vor.

Ueber die Natur der Gruppe G' ist im Beweis keinerlei Voraussetzung gemacht worden. Die einfachsten Gruppen G', die wir annehmen können, sind die Identität und die Gruppe G selbst. Im ersteren Fall enthält der Satz ein illusorisches Resultat, es wird nämlich Γ' mit Γ identisch. Wenn dagegen G' die Gruppe G selbst ist, so reducirt sich die Reihe 2) auf die Identität, demnach geht Γ' in die Translationsgruppe Γ_τ über. Also folgt:

Lehrsatz XXI. *Enthält die zur Punktgruppe G isomorphe Raumgruppe Γ die Gruppe G als Untergruppe, so kann sie durch Multiplication der Gruppe G mit der Translationsgruppe Γ_τ erzeugt werden.*

Der letzte Satz stellt die einfachste Erzeugungsart einer Raumgruppe Γ dar. Mit ihm sind wir auf einem neuen Wege zu dem Lehrsatz XII über die Symmetrieelemente der Raumgitter gelangt. Er ist insofern vollständiger als der Satz XII, als er auch die Symmetrieebenen derselben angiebt.

§ 13. **Besondere Bedingungen für die Erzeugung von Raumgruppen zweiter Art.** Um aus einer Gruppe Γ_1 dem vorstehenden Satze gemäss Gruppen höherer Symmetrie abzuleiten, kommen in allen Fällen nur solche Operationen $\mathfrak{L}$ in Frage, welche das Axensystem der Gruppe Γ_1 in sich überführen, und zwar muss, wenn a und b irgend zwei Axen sind, welche durch $\mathfrak{L}$ zur Deckung gelangen, jede für die Axe a

zulässige Bewegung in eine für b mögliche Bewegung übergehen, d. h. in eine solche, welche ebenfalls der Gruppe Γ_1 angehört. Es leuchtet daher ein, dass n-zählige Axen nur mit n-zähligen Axen zusammenfallen können. Nun sind irgend zwei n-zählige Axen entweder gleichartig oder verschiedenartig. Ist die Operation $\mathfrak{L}$ eine Bewegung, so können durch sie augenscheinlich nur gleichartige Axen zur Deckung gelangen. Ist dagegen $\mathfrak{L}$ eine Operation zweiter Art, so verwandelt sie jede Schraubenbewegung in eine solche von entgegengesetztem Windungssinn, die Axen, welche durch sie zur Deckung gelangen, sind daher entweder Drehungsaxen oder solche Schraubenaxen, welche sich durch den Windungssinn unterscheiden. Beachten wir nun, dass sich eine Schraubenaxe, deren Translationscomponente eine halbe Translation ist, sowohl als rechtsgewunden, wie als linksgewunden auffassen lässt, so folgt:

Lehrsatz XXII. *Ist $\mathfrak{L}$ eine Operation zweiter Art, welche das Axensystem einer Raumgruppe Γ_1 in sich überführt, so sind die Axen von Γ_1 entweder Drehungsaxen und Schraubenaxen, deren Translationscomponente einer halben Translation gleich ist, oder es existirt zu jeder Schraubenbewegung die gleiche Schraubenbewegung von entgegengesetztem Windungssinn.*

Ist die Operation $\mathfrak{L}$, welche benutzt wird, um aus der Gruppe Γ_1 eine Gruppe höherer Symmetrie Γ abzuleiten, von der zweiten Art, so besteht noch eine zweite Bedingung allgemeiner Art, der sie zu genügen hat; es muss nämlich $\mathfrak{L}^2$ eine der Gruppe Γ_1 angehörige Bewegung sein. Nun hat $\mathfrak{L}$, wie wir oben sahen, eine der drei Formen

$$\mathfrak{S},\ \mathfrak{J},\ \mathfrak{S}(t),\quad \mathfrak{S}(\omega),$$

und es ist

$$\mathfrak{S}^2 = 1,\quad \mathfrak{J}^2 = 1,\quad \mathfrak{S}^2(t) = 2t,\quad \mathfrak{S}^2(\omega) = \mathfrak{A}(2\omega).$$

Wenn daher $\mathfrak{S}(t)$ zur Erzeugung einer Gruppe Γ benutzt werden soll, so muss t eine halbe Translation der Gruppe Γ_1 sein, und wenn $\mathfrak{S}(\omega)$ als erzeugende Operation zulässig sein soll, so muss die zugehörige $2n$-zählige Axe zweiter Art gleichzeitig eine n-zählige Axe erster Art der Gruppe Γ_1 sein. Also folgt:

Lehrsatz XXIII. *Die Operation* $\mathfrak{S}(t)$ *kann nur dann zur Erzeugung einer Raumgruppe verwendet werden, wenn* t *eine halbe Translation der Gruppe ist.*

Lehrsatz XXIV. *Die Operation* $\mathfrak{S}(\omega)$ *ist für die Gruppe* Γ_1 *nur dann als erzeugende Operation zulässig, wenn ihre* $2n$*-zählige Axe zweiter Art in eine* n*-zählige Drehungsaxe der Gruppe* Γ_1 *fällt.*

Die letztere Folgerung stimmt mit derjenigen überein, die sich analog im ersten Abschnitt Cap. V, § 11 für die Bildungsgesetze der Gruppen zweiter Art ergeben hat. Wir bedürfen ihrer für die Construction derjenigen Gruppen Γ, welche vierzählige Axen zweiter Art enthalten.

§ 14. **Kriterien für die Identität verschiedenartig erzeugter Gruppen.** Zwei Raumgruppen sind identisch, wenn sie dieselben Operationen enthalten; sie sind verschieden, wenn dies nicht der Fall ist.

Es seien nun $\mathfrak{L}$ und $\mathfrak{M}$ zwei Operationen, mit denen sich aus Γ_1 die gleiche Gruppe Γ erzeugen lässt, so kommen in dieser Gruppe die Operationen $\mathfrak{L}$ und $\mathfrak{M}$ gleichzeitig vor. Ebenso ist aber das umgekehrte wahr. Sind Γ und Γ' zwei Gruppen, welche sich aus Γ_1 mittelst der Operationen $\mathfrak{L}$ und $\mathfrak{M}$ erzeugen lassen, und enthält die mit $\mathfrak{L}$ abgeleitete Gruppe Γ bereits die Operation $\mathfrak{M}$, so sind Γ und Γ' identisch. Denn da es nur *eine* Gruppe Γ' giebt, welche durch Multiplication von Γ_1 mit $\mathfrak{M}$ entsteht, so ist jede Gruppe, die ausser Γ_1 die Operation $\mathfrak{M}$ enthält, die Gruppe Γ'. Also folgt:

Lehrsatz XXV. *Enthält die aus* Γ_1 *durch die Operation* $\mathfrak{L}$ *ableitbare Gruppe eine* Γ_1 *nicht angehörige Operation* $\mathfrak{M}$, *so lässt sie sich auch durch Multiplication von* Γ_1 *mit* $\mathfrak{M}$ *erzeugen.*

Es ist einleuchtend, dass die eben genannten Operationen $\mathfrak{L}$ und $\mathfrak{M}$ das Axensystem von Γ_1 auf die gleiche Art in sich überführen. Dies legt die Frage nahe, ob auch die Umkehrung richtig ist, d. h. ob zwei *verschiedene* Operationen $\mathfrak{L}$ und $\mathfrak{M}$ auch dann die gleiche Gruppe aus Γ_1 erzeugen, wenn sie nur die Eigenschaft haben, die Axen von Γ_1 auf gleiche Weise in sich überzuführen. Um hierüber Gewissheit zu erhalten, betrachten wir das Product $\mathfrak{L}\mathfrak{M}^{-1}$. Wie aus der Eigenschaft von $\mathfrak{L}$ und $\mathfrak{M}$ unmittelbar folgt, kann dies Product jede Axe von Γ_1 nur in sich selbst verschieben. Dies kann aber augenscheinlich nur in dem einen einzigen Fall eintreten, dass alle Axen parallel sind, und die Operationen $\mathfrak{L}$ und $\mathfrak{M}$ sich um eine den Axen parallele Translation unterscheiden, die jede Axe in sich selbst gleiten lässt. Beachten wir nun, dass es sich nur um reducirte Operationen $\mathfrak{L}$ und $\mathfrak{M}$ handelt, so folgt:

Lehrsatz XXVI. *Sind $\mathfrak{L}$ und $\mathfrak{M}$ zwei Operationen, die das Axensystem einer Gruppe Γ_1 auf gleiche Weise in sich überführen, so entsteht durch Multiplication von $\mathfrak{L}$ und $\mathfrak{M}$ mit Γ_1 im Allgemeinen die gleiche Gruppe Γ. Eine Ausnahme kann nur dann eintreten, wenn alle Axen von Γ_1 parallel sind, und wenn sich $\mathfrak{L}$ und $\mathfrak{M}$ um eine zu den Axen parallele Translationscomponente unterscheiden.*

Es wird sich später herausstellen, dass dieser Satz in dem Fall practische Wichtigkeit erlangt, dass $\mathfrak{L}$ eine den Axen parallele Spiegelung $\mathfrak{S}$ ist. Die Operation $\mathfrak{M}$ ist dann die Gleitspiegelung $\mathfrak{S}(t)$, wo t gemäss Satz XXIII die halbe den Axen parallele primitive Translation ist.

Stimmen zwei Gruppen Γ und Γ' in der Lage ihrer Axen und Ebenen nicht überein, so können sie trotzdem noch die nämliche Raumgruppe repräsentiren, und zwar dann, wenn die sämmtlichen Axen und Ebenen beider Gruppen, ohne identisch zu sein, doch die gleiche Anordnung im Raume zeigen. Wenn z. B. aus einer Gruppe Γ_1, die lauter parallele Axen enthält, durch Spiegelung an einer zu den Axen senkrechten Ebene eine Gruppe Γ abgeleitet werden kann, so ist die Lage dieser Ebene beliebig, und zwei mit verschiedenen Ebenen erzeugte Gruppen werden auch verschiedene Schaaren von Symmetrieebenen enthalten; aber alle so entstehenden Gruppen sind augenscheinlich als identisch zu betrachten. Liegt ferner die § 9 betrachtete Gruppe vor, welche der Vierergruppe V isomorph ist, so besitzt sie, wie wir oben sahen, Axenschaaren nach drei zu einander senkrechten Richtungen. Wir wollen annehmen, dass die Vertheilung der Axen nach zwei Richtungen die gleiche ist. Lässt sich aus dieser Gruppe Γ_1 eine Gruppe Γ ableiten, für welche die erzeugende Operation durch die eine dieser beiden Axenschaaren bestimmt ist, so führt diejenige Operation $\mathfrak{L}$, welche dieselbe Beziehung zu der andern Axenschaar besitzt, zu einer Gruppe Γ'; beide Gruppen unterscheiden sich aber offenbar nur in der Bezeichnung von einander und sind als identisch zu betrachten. Auf solche Fälle werden wir unser Augenmerk besonders zu richten haben.

Durch die vorstehenden Sätze ist uns Gang und Methode für die Ableitung aller überhaupt existirenden Raumgruppen vorgeschrieben. Wir gehen von den Gruppen niederster Symmetrie aus und suchen aus ihnen durch Hinzufügung geeigneter neuer Symmetrieelemente resp. durch Multiplication mit *einer* Operation $\mathfrak{L}$ Gruppen höherer Symmetrie zu gewinnen. Hierbei dient im Allgemeinen das Fundamentaltheorem des § 11 als Richtschnur. Welche Operationen $\mathfrak{L}$ einzig und allein nöthig sind, um alle zu einer Punktgruppe G isomorphen Raumgruppen Γ zu finden, ist auf Grund dieses Satzes leicht zu entscheiden. Entsteht nämlich die Gruppe G durch Multiplication von G_1 und $\mathfrak{L}'$, so entsteht Γ durch Multiplication der Gruppe Γ_1 mit einer zu $\mathfrak{L}'$ isomorphen Operation $\mathfrak{L}$. Es handelt sich daher nur noch darum, *alle* derartigen Operationen $\mathfrak{L}$ zu finden, welche *verschiedene* Gruppen Γ liefern. Um das letztere zu entscheiden, kommen natürlich die oben abgeleiteten Sätze in Frage; wir werden uns überdies für jede Classe von Raumgruppen weitere einfache Kriterien verschaffen, nach welchen die Frage nach der Identität und Verschiedenheit der gewonnenen Gruppen leicht entschieden werden kann.

§ 15. **Analytische Darstellung der Raumgruppen.** Wir haben im Cap. VIII des ersten Abschnittes die Punktgruppen analytisch dadurch zu characterisiren gesucht, dass wir die Coordinaten aller Punkte angaben, die sich aus den Coordinaten xyz eines beliebigen Punktes durch die Operationen der Gruppe ergeben. In ähnlicher Weise wollen wir versuchen, auch für die Raumgruppen Γ alle diejenigen Punkte zu bestimmen, welche sich aus einem beliebigen Ausgangspunkt xyz durch die Operationen der Gruppe Γ ableiten lassen. Diese Punkte sollen *gleichwerthige Punkte* von Γ genannt werden. Die Voruntersuchung, welche wir zu diesem Zweck anzustellen haben, betrifft die Frage, wie sich analytisch die Coordinaten derjenigen Punkte ausdrücken, welche den sämmtlichen isomorphen Operationen einer Gruppe Γ entsprechen. Ist diese Frage beantwortet, so macht die Bestimmung aller bezüglichen Punkte keine Schwierigkeiten mehr.

Ist $\mathfrak{L}$ eine beliebige Operation von Γ, so entstehen gemäss § 4 die ihr isomorphen Operationen

1) $$\mathfrak{L},\ \mathfrak{L}_1,\ \mathfrak{L}_2 \ldots,$$

indem $\mathfrak{L}$ mit den sämmtlichen Translationen der Gruppe Γ_τ multiplicirt wird. Es sei $\mathfrak{T}$ diejenige Translation, so dass

$$\mathfrak{L}_1 = \mathfrak{L}\mathfrak{T}$$

ist. Ferner seien $x_\iota y_\iota z_\iota$ die Coordinaten desjenigen Punktes, in welchen der Punkt xyz durch die Operation $\mathfrak{L}$ übergeht. Nun ist die Operation $\mathfrak{L}_1$ den beiden auf einander folgenden Operationen $\mathfrak{L}$ und $\mathfrak{T}$ äquivalent. Daher ist der durch die Operation $\mathfrak{L}_1$ aus xyz entstehende Punkt derselbe, welcher aus $x_\iota y_\iota z_\iota$ in Folge der Translation $\mathfrak{T}$ entsteht. Sind also τ_x', τ_y', τ_z' die Componenten von $\mathfrak{T}$ längs den Coordinatenaxen, so sind

$$x_\iota + \tau_x',\quad y_\iota + \tau_y',\quad z_\iota + \tau_z'$$

die Coordinaten des gesuchten Punktes. Mittelst einer leicht verständlichen Abkürzung wollen wir dieselben durch

$$x_\iota y_\iota z_\iota + 2\tau'$$

bezeichnen, wo $2\tau'$ die Länge der Translation $\mathfrak{T}$ nach Grösse und Richtung darstellt. *Die Gesammtheit aller Punkte, welche aus dem Ausgangspunkt xyz durch die isomorphen Operationen der Reihe* 1) *entstehen, ist daher in dem geometrisch zu interpretirenden Ausdruck*

$$x_\iota y_\iota z_\iota + 2m_1\tau_1 + 2m_2\tau_2 + 2m_3\tau_3$$

enthalten, wo wie gewöhnlich m_1, m_2, m_3 alle positiven und negativen ganzen Zahlen bedeuten. Wie aus der Bedeutung der eben eingeführten Bezeichnung folgt, ergeben sich aus ihm die drei Coordinaten eines jeden Punktes, indem x_ι, y_ι, z_ι durch die Projectionen der bezüglichen Translation nach den Coordinatenaxen vermehrt werden.

Die oben benutzte Operation $\mathfrak{L}$, welche den Punkt xyz in $x_\iota y_\iota z_\iota$ überführt, war eine beliebige Operation der Reihe 1). Wir wählen dieselbe, wenn möglich, ohne Translationscomponente. Ist dies ausgeschlossen, hat also $\mathfrak{L}$ eine Translationscomponente, so können wir sicher

$$\mathfrak{L} = \mathfrak{L}'\mathfrak{T}'$$

setzen, wo $\mathfrak{T}'$ die in $\mathfrak{L}$ steckende Translation ist. Wir erhalten daher nach dem vorstehenden die Coordinaten $x_\iota y_\iota z_\iota$ immer so, dass wir den Punkt xyz zunächst der Operation $\mathfrak{L}'$ unterwerfen und dann die Translationscomponente resp. ihre Projectionen auf den Coordinatenaxen einfach addiren. Enthalten nun die Coordinaten $x\,y\,z$, welche der Operation $\mathfrak{L}$ unterworfen werden, bereits Translationscomponenten τ, so ist darauf Rücksicht zu nehmen, dass die der Operation $\mathfrak{L}$ entsprechende Substitution auch die Richtung dieser Translationscomponenten τ verändern kann. Ist $\mathfrak{L}$ selbst eine Operation, die mit einer Translation t behaftet ist, so wird nach den Schlusssätzen des vorstehenden Capitels durch Ausführung der Translation t die Richtung von τ nicht geändert; diese Aenderung ist daher die gleiche, welche durch die von Translationen freie, zu $\mathfrak{L}$ isomorphe Operation $\mathfrak{L}'$ hervorgebracht werden mag. Ist endlich $\mathfrak{L}$ eine Bewegung $\mathfrak{A}(\alpha, t)$, so ist zu beachten, dass die Bewegung $\mathfrak{A}^2$ die Translationscomponente $2t$ besitzt u. s. w.

Hiernach ist klar, dass sich die Coordinaten sämmtlicher gleichwerthigen Punkte einer Gruppe Γ von denjenigen, welche der zu Γ isomorphen Punktgruppe G entsprechen, *nur durch Translationscomponenten unterscheiden*. Sind ferner $x\,y\,z$ die Coordinaten irgend eines beliebigen dieser Punkte, so sind damit, wie oben angegeben, auch die Coordinaten aller derjenigen Punkte bekannt, in welche xyz durch die Translationen $2m_1\tau_1 + 2m_2\tau_2 + 2m_3\tau_3$ der Gruppe übergeht. Es ist daher nur nöthig, einen dieser Punkte auszudrücken. Für jeden der n gleichwerthigen Punkte der Gruppe G brauchen wir daher nur einen analogen Punkt der Gruppe Γ zu kennen; wir wählen ihn natürlich so einfach wie möglich. Die so bestimmten n Punkte von Γ wollen wir als ein *Fundamentalsystem gleichwerthiger Punkte* bezeichnen. Um dieses System für jede Gruppe anzugeben, genügt es nach dem Vorstehenden, für die Coordinaten jedes Punktes die einfachsten Translationscomponenten zu ermitteln, um welche er sich von den Coordinaten des analogen Punktes von G unterscheidet. *Für diesen Zweck steht es uns frei, zu den Coordinaten primitive Translationen beliebig zu addiren oder zu subtrahiren.*

§ 16. **Classificirung der Raumgruppen.** Unter den in diesem Capitel enthaltenen gruppentheoretischen Sätzen sind zwei von principieller Wichtigkeit. Das — bisher noch unbewiesene — Theorem, dass jede krystallographisch verwendbare Raumgruppe eine der 14 Translationsgruppen Γ_τ als Untergruppe besitzt, haben wir als den inhaltlich principiellen Hauptsatz zu betrachten, während dem in § 4 ausgesprochenen Satz über den Isomorphismus der Punktgruppen und Raumgruppen die Bedeutung eines formalen Fundamentalsatzes innewohnt.

Um dies in's rechte Licht zu setzen, erinnern wir daran, dass das erste der beiden genannten Theoreme in § 3 unmittelbar zu dem Ergebniss führte, dass in jeder Gruppe Γ nur zweizählige, dreizählige, vierzählige oder sechszählige Axen auftreten. Es repräsentirt daher, wie sich im Hinblick auf die Ausführungen von Cap. IV, § 6 erkennen lässt, das Grundgesetz der Symmetrie; *dieses Gesetz erscheint daher auch für die auf dem Wiener-Sohncke'schen Grundgedanken aufgebauten Theorieen als Ausfluss der Ausgangshypothese.* Nunmehr führt der zweite der eben angezogenen Hauptsätze unmittelbar zu der Folgerung, dass die Raumgruppen in die nämlichen 32 Classen zerfallen, wie die ihnen isomorphen krystallographisch in Betracht kommenden Punktgruppen; zugleich giebt er, wie § 10 zeigt, das Mittel an die Hand, die Gesammtheit derselben systematisch abzuleiten.

Die vorstehenden Entwickelungen legen es nahe, die Raumgruppen Γ nach den ihnen isomorphen Punktgruppen einzutheilen. Die Gesammtheit aller dieser Raumgruppen zerfällt demnach in die gleichen 32 Classen, in welche sich auch die Krystalle sondern lassen. Andrerseits vertheilen sich die 32 Krystallclassen auf die in Cap. VI ausführlich erörterte Art in sieben Krystallsysteme. Jedes dieser Krystallsysteme ist durch einen gewissen specifischen Symmetriecharacter ausgezeichnet, der allen seinen Unterabtheilungen gleichzeitig innewohnt. Beispielsweise kommt allen sieben Classen des quadratischen Systems eine vierzählige Hauptaxe zu. Die ihnen isomorphen Raumgruppen haben daher gleichfalls vierzählige Axen irgend welcher Art, die in ihnen enthaltene Translationsgruppe Γ_τ muss daher, da sie bei jeder Operation der Raumgruppen in sich übergeht, vierzählige Symmetrieaxen besitzen und ist somit eine Translationsgruppe vom tetragonalen Typus. Analoge Betrachtungen lassen sich für jedes andere Krystallsystem anstellen. Sie zeigen, dass allen Raumgruppen, welche den Unterabtheilungen eines und desselben Krystallsystems entsprechen, diejenige Translationsgruppe zukommt, deren Symmetrie mit derjenigen des Krystallsystems identisch ist.

Dem eben skizzirten Gedanken werden wir für die Eintheilung resp. für die Herstellung und Anordnung der Raumgruppen Folge geben. Wir gewinnen dadurch sieben Hauptclassen von Raumgruppen, welche den sieben erfahrungsgemäss aufgestellten Krystallsystemen entsprechen, und finden innerhalb jeder Klasse alle diejenigen Raumgruppen wieder, welche einer Unterabtheilung des bezüglichen Krystallsystems angehören. Wir werden daher die Raumgruppen mit demselben krystallographischen Namen belegen, wie die ihnen isomorphen Punktgruppen. Dieser Bezeichnung kommt allerdings zunächst nur eine äusserliche Bedeutung zu. Wir werden aber nachweisen, dass die durch die Bezeichnung ausgedrückte

Symmetrie und die Symmetrie der Raumgruppe Γ sich wirklich decken; d. h. genauer gesprochen, dass *diejenigen Molekelhaufen, welche der Gruppe Γ entsprechen, bei beliebig gelassener Molekel einen Krystall von derjenigen Symmetrie zu repräsentiren geeignet sind, welche durch die zu Γ isomorphe Punktgruppe bestimmt wird und demgemäss in der Bezeichnung hervortritt.* Wir kommen hierauf in Cap. XIII ausführlicher zurück, wenn wir die Frage nach dem Symmetriecharacter eines Molekelhaufens allgemeiner in's Auge fassen.

Siebentes Capitel.

Die Gruppen des triklinen und monoklinen Systems.

§ 1. **Bezeichnungen.** Ehe wir dazu übergehen, die Raumgruppen der Reihe nach aufzustellen, schicken wir einige Bemerkungen allgemeiner Natur voraus. Die erste betrifft die in den folgenden Capiteln durchgeführte Bezeichnungsart. Dieselbe ist möglichst einheitlich gewählt worden, schliesst sich den im ersten Abschnitt enthaltenen Bezeichnungen der isomorphen 32 Punktgruppen enge an, und ist überdies bestimmt, die Bildungsart, sowie den Symmetriecharakter einer jeden Gruppe, so weit es angängig ist, erkennen zu lassen. Hierzu dient erstens, wie S. 87 ff., die Darstellung der Gruppe durch die erzeugenden Operationen u. s. w. *Ferner sind für die allgemeinen Gruppen, welche irgend einer Punktgruppe entsprechen, dieselben Zeichen benutzt worden wie für die Punktgruppe, mit der Massgabe, dass der lateinische Buchstabe durch einen deutschen ersetzt ist, und der eventuelle obere Index in einen unteren zweiten Index verwandelt ist.* Die statt der oberen Indices bei den folgenden Bezeichnungen auftretenden Zahlen haben mit der Symmetrie der Gruppe nichts zu thun; sie geben nur die Nummer der Gruppe an, wenn es mehrere Gruppen giebt, welche derselben Punktgruppe isomorph sind. So entsprechen den Punktgruppen

$$C_2, \; C_4^v, \; D_6^h \dots$$

die Raumgruppen

$$\mathfrak{C}_2^m, \; \mathfrak{C}_{4,v}^m, \; \mathfrak{D}_{6,h}^m \dots$$

wo m die Nummer der Raumgruppen einer jeden Gattung bedeutet, also der Reihe nach die Werte 1, 2, 3 . . . erhält.

Um eine möglichst anschauliche Vorstellung von den Symmetrieverhältnissen dieser Gruppen, resp. von der Symmetrie der später aus ihnen abzuleitenden Molekelhaufen zu erreichen, werden wir die Symmetrieelemente einer jeden Gruppe im Allgemeinen ausführlich angeben. Sie lassen sich an der Hand der Translationsgruppen Γ_τ leicht ableiten. Wie in Cap. III geschehen, werden wir auch hier die Translationsgruppen durch das für sie characteristische Tripel primitiver Translationen kennzeichnen.

§ 2. **Die Hemiedrie des triklinen Systems.** Das trikline System enthält die zwei Krystallclassen, deren Punktgruppen

$$C_1 \text{ und } S_2$$

sind. Die letztere enthält ein Symmetriecentrum, während die erstere ein Symmetrieelement überhaupt nicht besitzt. Ihnen entsprechen zwei verschiedene Classen von Raumgruppen, die wir als *Raumgruppen vom triklinen Typus* bezeichnen.

Die Translationsgruppe unterliegt gemäss Cap. III keiner Beschränkung; jede Gruppe Γ_τ kann in einer Raumgruppe des triklinen Systems auftreten. Doch ist nicht ausgeschlossen, dass in eine dieser Raumgruppen eine solche Translationsgruppe eingeht, welche einem symmetrischen Gitter entspricht. Für diesen Fall ist ja bereits oben Cap. IV, 4 der Beweis geliefert worden, dass die bezüglichen Molekelhaufen bei beliebig gelassener Molekel keinerlei Symmetrie besitzen, und daher dem triklinen System zuzurechnen sind.

Dem im vorigen Capitel skizzirten Plan zufolge beginnen wir mit den Gruppen, deren Symmetrie der Hemiedrie entspricht. Die isomorphe Punktgruppe ist die Identität; die bezüglichen Gruppen enthalten daher ausser der Translationsgruppe keine weitere Operation, d. h.

Lehrsatz I. *Der Hemiedrie des triklinen Systems entspricht eine Classe von Raumgruppen, nämlich diejenige, welche von den Translationsgruppen gebildet wird.*

Wir bezeichnen die bezüglichen Gruppen durch

$$\mathfrak{C}_1 = \Gamma_\tau.$$

Die gleichwertigen Punkte im Sinne von Cap. VI, § 15 werden augenscheinlich durch $x\,y\,z$ allein repräsentirt; alle andern entstehen aus ihm durch Zusatz von Translationen.

§ 3. **Die Holoedrie des triklinen Systems.** Für diejenigen Gruppen, welche der Holoedrie des triklinen Systems entsprechen, ist S_2 die isomorphe Punktgruppe. Sie enthält nur die Operationen 1 und $\mathfrak{J}$, kann also durch Multiplication der Identität mit der Inversion erzeugt werden.

Die Raumgruppen dieser Art bezeichnen wir durch $\mathfrak{C}_i$. Sie entstehen dem S. 383 genannten Fundamentaltheorem zufolge durch Multiplication einer Translationsgruppe mit einer Operation, welche der Inversion isomorph ist. Aber jede der Inversion isomorphe Operation ist nach Satz VI des vorigen Capitels selbst eine Inversion; die Raumgruppen $\mathfrak{C}_i$ können daher durch Multiplication einer Gruppe Γ_τ mit der Inversion $\mathfrak{J}$ erzeugt werden. Da *jede* Translationsgruppe nach Cap. III, 4 die Eigenschaft besitzt durch Inversion in sich überzugehen, so folgt auch auf diese Weise, dass, wie schon oben erwähnt, jede Translationsgruppe Γ_τ zur Erzeugung einer Gruppe $\mathfrak{C}_i$ benutzt werden kann. Das erzeugende Symmetriecentrum kann in die Ecke eines Raumgitters gelegt werden.

Wir stellen die bezüglichen Gruppen durch

$$\mathfrak{C}_i = \{\Gamma_\tau, \mathfrak{J}\}$$

dar und erhalten:

Lehrsatz II. *Der Holoedrie des triklinen Systems entspricht eine Classe von Raumgruppen; sie besteht aus den mit der Inversion multiplicirten Translationsgruppen.*

Ausser der Inversion $\mathfrak{J}$ gegen den Punkt O enthält die Gruppe $\mathfrak{C}_i$ auch alle diejenigen Operationen, welche sich durch Multiplication von $\mathfrak{J}$ mit einer Translation von Γ_τ ergeben. Nach Cap. V Satz XIII sind diese Operationen ebenfalls lauter Inversionen; ihre Centra fallen entweder in die andern Gitterecken, oder in die Mitten der Seiten und Diagonalen der Parallepipeda, aus welchen das Gitter besteht. Dies giebt den

Lehrsatz III. *Durch Multiplication einer Translationsgruppe Γ_τ mit einer Inversion ergeben sich unendlich viele Symmetriecentra; sie fallen in die Ecken und die Halbirungspunkte aller Kanten und Diagonalen des zu Γ_τ gehörigen Gitters.*

Bemerkung. Da *jede* Translationsgruppe eine Inversion gestattet, so könnte es scheinen, als ob ein Widerspruch vorläge, wenn die Gruppe Γ_t selbst der Hemiedrie des triklinen Systems entsprechen soll, die mit der Inversion multiplicirte Translationsgruppe dagegen der Holoedrie. Dass dies nicht der Fall ist, dass vielmehr diejenigen Molekelhaufen, welche vermittelst der beiden genannten Arten von Gruppen construirt werden können, wirklich verschiedene Structur aufweisen, wird sich in der That im Cap. XIII herausstellen. Vorläufig sei nochmals angemerkt, dass es uns zunächst nur um die Aufstellung der verschiedenen Raumgruppen selbst zu thun ist, und die Frage nach ihrer Symmetrie, resp. nach der Symmetrie der zugehörigen Molekelhaufen zunächst verschoben wird. Dass aber die in beiden Gruppen enthaltenen Operationen wirklich verschieden sind, ist unmittelbar evident. Denn die Operationen der einen bestehen ausschliesslich aus Translationen, die andere dagegen enthält ausserdem noch die Inversion $\mathfrak{J}$ gegen die sämmtlichen oben genannten Punkte, stellt also wirklich einen neuen Gruppentypus dar.

Die gleichwerthigen Punkte der Gruppen $\mathfrak{C}_i$ ergeben sich, wenn wir gemäss Cap. VI, 15 den beiden Coordinatentripeln xyz und $\bar{x}\bar{y}\bar{z}$ alle Translationen von Γ_t hinzufügen; das Fundamentalsystem wird daher durch

$$xyz, \quad \bar{x}\bar{y}\bar{z}$$

dargestellt. Es folgt noch, dass die Gruppe $\mathfrak{C}_i$ *die Gesammtheit der Deckoperationen des triklinen Raumgitters enthält.*

§ 4. **Die Hemiedrie des monoklinen Systems.** Dem monoklinen System gehören diejenigen Krystallclassen an, welche den Punktgruppen

$$C_2^h, \quad C_2, \quad S$$

entsprechen.

Sie sind durch den Besitz *einer* ausgezeichneten Axe resp. Symmetrieebene gekennzeichnet. Den ihnen isomorphen Raumgruppen kommt daher ebenfalls *eine* ausgezeichnete Richtung zu; sie ist der Axenrichtung parallel, und steht auf der Ebenenrichtung senkrecht. Wie oben in Cap. III bezeichnen wir die dieser Richtung parallele Translation durch $2\tau_z$.

Die Translationsgruppen, welche in den Raumgruppen des monoklinen Systems enthalten sind, sind diejenigen vom monoklinen Typus, nämlich Γ_m und Γ_m'.

Wir beginnen mit der Aufstellung derjenigen Raumgruppen, welche der Hemiedrie entsprechen, deren isomorphe Punktgruppe also die Gruppe S ist. Diese Gruppe enthält die Operationen 1 und $\mathfrak{S}$; die ihr isomorphen Raumgruppen entstehen dem Fundamentaltheorem gemäss durch Multiplication der Translationsgruppe mit einer Spiegelung $\mathfrak{S}$ oder mit einer Operation $\mathfrak{S}(t)$, wo t eine halbe primitive Translation der Gruppe ist. Jeder dieser Gruppen kommen daher unendlich viele Symmetrieebenen oder Ebenen mit Translationssymmetrie zu. Sie entsprechen den sämmtlichen mit $\mathfrak{S}$ resp. $\mathfrak{S}(t)$ isomorphen Operationen, welche in Cap. VI, 4 durch Reihe 4) dargestellt worden sind. Ueber die Lage und Natur dieser Ebenen schicken wir einige Untersuchungen voraus. Wir bemerken zu diesem Zweck, dass die Ebene σ der Operation $\mathfrak{S}$ resp. $\mathfrak{S}(t)$, mit welcher die Translationsgruppe multiplicirt wird, senkrecht zur Translation $2\tau_z$ und parallel zu $2\tau_e$ und $2\tau_f$ liegt.[1])

Die Operation $\mathfrak{S}(t)$ ist natürlich in reducirter Form anzunehmen; wie aus Cap. VI, § 8 hervorgeht, haben wir t einen der drei Werthe

$$\tau_e, \quad \tau_f, \quad \tau_e + \tau_f$$

zu geben. Setzen wir nun

$$t = \alpha_1 \tau_e + \alpha_2 \tau_f, \qquad \alpha_1 = 0, 1 \qquad \alpha_2 = 0, 1,$$

so giebt dieser Ausdruck ausser den eben genannten Werthen auch den Werth $t = 0$, er umfasst also neben den drei Operationen $\mathfrak{S}(t)$ auch die Spiegelung $\mathfrak{S}$. Wir werden daher, um alle Fälle gleichzeitig zu erörtern, mit dem so bestimmten Werth t operieren.

Ist die Translationsgruppe zunächst Γ_m, so bilden

$$2\tau_e, \quad 2\tau_f, \quad 2\tau_z$$

das primitive Tripel; jede Translation ist daher von der Form

1) Die Bezeichnung der Translationen stimmt mit der in Cap. III eingeführten überein.

$$2m_1\tau_e + 2m_2\tau_f + 2m_3\tau_z.$$

Wir multipliciren sie mit $\mathfrak{S}(t)$ und bestimmen diejenige reducirte Operation, welche dem Produkt äquivalent ist. Nun sind alle ganzen Vielfachen von $2\tau_e$ und $2\tau_f$ nach Cap. VI, § 8 auf die reducirte Operation ohne Einfluss, es genügt daher diejenige Operation zu suchen, welche sich durch Multiplication der Operation $\mathfrak{S}(t)$ mit der Translation von der Länge $2m_3\tau_z$ ergiebt. Ferner ist nach Satz XII von Cap. V zu schliessen, dass sich durch Multiplication von $\mathfrak{S}(t)$ mit $2\tau_z$ die gleiche Operation an einer Ebene σ_1 ergiebt, welche zu σ parallel ist und den Abstand τ_z von σ hat, also folgt:

Lehrsatz IV. *Die Translationsgruppe Γ_m vom monoklinen Typus und eine zu ihren zweizähligen Axen senkrechte Symmetrieebene bedingen unendlich viele parallele Symmetrieebenen. Der Abstand je zweier von ihnen ist gleich der Hälfte der den Axen parallelen Translation. Das Analoge gilt für Ebenen mit Translationssymmetrie.*

Die einander parallelen gleichartigen Ebenen mögen mit

$$\sigma, \sigma', \sigma'' \ldots$$

bezeichnet werden. Sie zerfallen in zwei verschiedene Schaaren gleichwerthiger Ebenen, welche aus je einer von ihnen durch die Translationen von Γ_m hervorgehen.

Das primitive Tripel der Gruppe Γ_m' kann durch

$$2\tau_e, \; 2\tau_f, \; \tau_e + \tau_f + \tau_z$$

dargestellt werden. Jede ihrer Translationen ist daher in

$$2m_1\tau_e + 2m_2\tau_f + m_3(\tau_e + \tau_f + \tau_z)$$

enthalten. Wir nehmen die Operation $\mathfrak{S}(t)$ wieder in der eben betrachteten Form an, und bestimmen die reducirten Operationen, welche dem Produkt aus $\mathfrak{S}(t)$ und den vorstehenden Translationen äquivalent sind. Hier haben wir zu unterscheiden, ob m_3 eine gerade oder ungerade Zahl ist.

Es sei zunächst $m_3 = 2p$ eine gerade Zahl. Beachten wir nun, dass die ganzen Vielfachen von $2\tau_e$ und $2\tau_f$ unberücksichtigt bleiben, so folgt, dass es sich wieder nur um diejenigen Operationen handelt, die durch Multiplication von $\mathfrak{S}(t)$

mit $2p\tau_z$ entstehen; wir erhalten daher dieselben, die wir eben abgeleitet haben, von den zugehörigen Ebenen sind je zwei folgende um τ_z von einander entfernt.

Diejenigen Operationen, welche sich für ungerades m_3 ergeben, bedürfen einer genaueren Betrachtung.

Es sei $m_3 = 2p + 1$, so haben wir zur Ermittelung der reducirten Operationen die Operation $\mathfrak{S}(t)$ mit

$$\tau_e + \tau_f + (2p + 1)\tau_z$$

zu multipliciren. Ist nun $\mathfrak{S}_1(t_1)$ diejenige Operation, welche dem Product äquivalent ist, so ist nach Cap. V Satz XII wieder zu schliessen, dass $\tau_e + \tau_f$ in die Translationscomponente t_1 eingeht, während die zu σ parallele Ebene σ_1 nur von $(2p + 1)\tau_z$ abhängt und zwar ist ihr Abstand von σ die Hälfte von $(2p + 1)\tau_z$. Diejenige, welche sich für $p = 0$ ergiebt, liegt daher in der Mitte zwischen σ und der nächsten mit σ gleichartigen Ebene. Für t_1 ergiebt sich

$$t_1 = \alpha_1\tau_e + \alpha_2\tau_f + \tau_e + \tau_f$$

und zwar entsprechen den vier Werthepaaren

$$0{,}0, \quad 0{,}1, \quad 1{,}0, \quad 1{,}1$$

von α_1 und α_2 die Werthe

$$t_1 = \tau_e + \tau_f, \; t_1 = \tau_e + 2\tau_f, \; t_1 = 2\tau_e + \tau_f, \; t_1 = 2\tau_e + 2\tau_f,$$

die zugehörigen reducirten Operationen sind daher

$$\mathfrak{S}_1(\tau_e + \tau_f), \quad \mathfrak{S}_1(\tau_e), \quad \mathfrak{S}_1(\tau_f), \quad \mathfrak{S}_1.$$

Wie das vorstehende lehrt, stellen sie sich ein, wenn die oben genannte Translation resp. mit

$$\mathfrak{S}, \quad \mathfrak{S}(\tau_f), \quad \mathfrak{S}(\tau_e), \quad \mathfrak{S}(\tau_e + \tau_f)$$

multiplicirt wird. Wird also die Gruppe Γ'_m mit einer Operation der ersten Reihe multiplicirt, so treten auch die Operationen der zweiten Reihe auf. *Es giebt daher nur zwei verschiedene Gruppen dieser Art, die eine enthält gleichzeitig* $\mathfrak{S}$ *und* $\mathfrak{S}_1(\tau_e + \tau_f)$, *die andere* $\mathfrak{S}(\tau_e)$ *und* $\mathfrak{S}_1(\tau_f)$ *und umgekehrt.*

Wir sprechen das Gesammtergebnis der Untersuchung in folgenden Sätzen aus:

Lehrsatz V. *Die Translationsgruppe Γ'_m vom monoklinen Typus und eine zu $2\tau_z$ senkrechte Symmetrieebene bedingen unendlich viele parallele Symmetrieebenen und unendlich viele Ebenen mit Translationssymmetrie, die in gleichen Abständen auf einander folgen. Der Abstand zweier gleichartiger Ebenen ist gleich τ_z. Die gleichartigen Ebenen zerfallen in je zwei Schaaren gleichwerthiger Ebenen, deren Entfernung $2\tau_z$ beträgt.*

Bezeichnen wir die sämmtlichen so bestimmten Ebenen, wie oben, der Reihe nach durch

$$\sigma, \sigma', \sigma'', \sigma''' \ldots,$$

so ist ersichtlich, dass die Ebenen σ und σ'' einerseits, σ' und σ''' andrerseits gleichartige Ebenen sind. Ihr Abstand beträgt je die Hälfte von τ_z.

Der zweite Satz, welcher aus dem Vorstehenden folgt, lässt sich folgendermassen aussprechen:

Lehrsatz VI. *Die monokline Translationsgruppe Γ'_m und die Operation $\mathfrak{S}(\tau_e)$ resp. $\mathfrak{S}(\tau_f)$ bedingen unendlich viele Ebenen gleitender Symmetrie. Dieselben zerfallen in zwei verschiedene Arten, deren Translationscomponenten resp. τ_e und τ_f sind. Je zwei Ebenen derselben Art haben den Abstand τ_z, die Entfernung je zweier auf einander folgender ungleichartiger Ebenen ist die Hälfte von τ_z. Endlich haben je zwei gleichwerthige Ebenen die Entfernung $2\tau_z$.*

§ 5. Bezeichnen wir für die wirkliche Ableitung der Gruppen $\mathfrak{G}_s$ die zu $2\tau_z$ senkrechte Ebene von nun an durch σ_h und die zugehörige Spiegelung durch $\mathfrak{S}_h$, so ergiebt sich Folgendes.

Ist die Translationsgruppe die Gruppe Γ_m, so entsteht eine erste Raumgruppe dieser Art durch Multiplication von Γ_m mit der Spiegelung $\mathfrak{S}_h$ an einer zu τ_z senkrechten Ebene σ_h. Gemäss Satz IV sind alle Operationen zweiter Art reine Spiegelungen; die spiegelnden Ebenen sind sämmtlich parallel und folgen im Abstand τ_z aufeinander. Die zugehörige Gruppe möge durch

$$\mathfrak{G}_s^1 = \{\Gamma_m, \mathfrak{S}_h\}$$

bezeichnet werden.

Wird dieselbe Operationsgruppe mit der Operation $\mathfrak{S}_h(\tau)$ multiplicirt, wo τ irgend eine halbe primitive Translation des auf τ_z senkrechten Netzes sein kann, so sind *alle* Operationen zweiter Art von der Form $\mathfrak{S}_h(\tau)$. Die Translationscomponente τ hat für alle den gleichen Werth, die spiegelnden Ebenen sind wieder sämmtlich parallel, und der Abstand je zweier auf einander folgenden ist wieder gleich τ_z. Die bezügliche Gruppe möge durch

$$\mathfrak{C}_s^2 = \{\Gamma_m, \mathfrak{S}_h(\tau)\}$$

bezeichnet werden, wo unter τ irgend eine halbe primitive Translation senkrecht zu τ_z zu verstehen ist. Da unter den zu τ_z senkrechten Translationen keine eine ausgezeichnete Richtung hat, so sind die Gruppen, welche mit andern Translationen gebildet werden können, von der vorstehenden nicht verschieden.

Wird die Translationsgruppe Γ'_m mit der Spiegelung $\mathfrak{S}_h$ multiplicirt, so sind die Operationen zweiter Art nur theilweise reine Spiegelungen, vielmehr wechseln die reinen Symmetrieebenen mit Ebenen gleitender Symmetrie, für welche $\mathfrak{S}_h(\tau_e + \tau_f)$ die zugehörige Operation ist. Die Lage derselben ist durch Satz V geregelt. Wir bezeichnen die bezügliche Gruppe durch

$$\mathfrak{C}_s^3 = \{\Gamma'_m, \mathfrak{S}_h\}.$$

Eine neue Gruppe ergiebt sich, wie § 4 lehrt, nur dann, wenn als erzeugende Operation $\mathfrak{S}_h(\tau_e)$ oder $\mathfrak{S}_h(\tau_f)$ benutzt wird. Jede dieser Operationen führt zu derselben Gruppe. Wir bezeichnen sie durch

$$\mathfrak{C}_s^4 = \{\Gamma'_m, \mathfrak{S}_h(\tau)\}.$$

Keine der Ebenen σ ist eine reine Symmetrieebene; im übrigen ist ihre Lage und Natur durch Satz VI betimmt.

Da $2\tau_e$ und $2\tau_f$ kein bestimmtes primitives Paar parallel den zu τ_z senkrechten Ebenen bilden, so lassen sich wieder unzählige derartige Gruppen aufstellen; aber auch hier ist ersichtlich, dass sie gruppentheoretisch nicht als verschieden zu betrachten sind. Wir erhalten schliesslich:

Lehrsatz VII. *Es giebt vier verschiedene Arten von Raumgruppen, welche die Symmetrie der monoklinen Hemiedrie besitzen. Zwei von ihnen enthalten Γ_m, die beiden andern Γ_m' als Translationsgruppe.*

Die vier vorstehenden Gruppen können, was die in ihnen auftretenden Operationen zweiter Art betrifft, folgendermassen gekennzeichnet werden. Die Gruppe $\mathfrak{C}_s^1$ enthält lauter reine Symmetrieebenen. Die Gruppe $\mathfrak{C}_s^3$ enthält Symmetrieebenen und ausserdem Ebenen mit Translationssymmetrie, und zwar so, dass für alle diese Ebenen die Translationscomponente denselben Werth hat. Die Gruppen $\mathfrak{C}_s^2$ und $\mathfrak{C}_s^4$ besitzen keine reine Symmetrieebene; für die erste von ihnen ist die Translationscomponente für alle Ebenen constant, während für die vierte Gruppe zwei Arten von Operationen $\mathfrak{S}(t)$ vorhanden sind, deren Translationscomponente nicht denselben Werth hat.

Um die analytischen Ausdrücke des Fundamentalsystems abzuleiten, haben wir gemäss der im vorigen Capitel gegebenen Darstellung für jede Gruppe eine Operation zu suchen, welche der Spiegelung $\mathfrak{S}$ der Punktgruppe S isomorph ist. Hierfür wird in allen vier Fällen am zweckmässigten diejenige Operation $\mathfrak{S}(t)$ gewählt, mit welcher die bezügliche Gruppe erzeugt wurde. Ferner lassen wir, wie für die Punktgruppe S, die Z-Axe mit der Richtung der Translation τ_z zusammenfallen. Die X- und Y-Axe fallen in die Ebene σ, bleiben aber im übrigen unbestimmt. Nun sind für die Gruppe S die Coordinaten der beiden ihr zugehörigen Punkte durch $x\,y\,z$ und $x\,y\,\bar{z}$ dargestellt; wir erhalten daher für die gesuchten Fundamentalsysteme, welche den obigen vier Raumgruppen entsprechen, folgende Ausdrücke:

$$\mathfrak{C}_s^1\colon x\,y\,z,\ x\,y\,\bar{z} \qquad \mathfrak{C}_s^2\colon x\,y\,z,\ x\,y\,\bar{z}+\tau$$
$$\mathfrak{C}_s^3\colon x\,y\,z,\ x\,y\,\bar{z} \qquad \mathfrak{C}_s^4\colon x\,y\,z,\ x\,y\,\bar{z}+\tau$$

Die Gruppen $\mathfrak{C}_s^1$ und $\mathfrak{C}_s^3$ sind diejenigen, welche durch Multiplication der Punktgruppe S mit Γ_m resp. Γ_m' entstehen. Die Verschiedenheit dieser Gruppen, sowie der Gruppen $\mathfrak{C}_s^2$ und $\mathfrak{C}_s^4$ tritt in dieser Tabelle deshalb nicht hervor, weil sie allein auf den Translationsgruppen beruht.

§ 6. **Die Hemimorphie des monoklinen Systems.** Die Hemimorphie des monoklinen Systems ist durch die Punktgruppe C_2 gekennzeichnet, sie enthält die Operationen 1 und $\mathfrak{A}$, entsteht also durch Multiplication der Identität mit einer Umklappung.

Um die ihr isomorphen allgemeinen Gruppen abzuleiten, haben wir eine der beiden Translationsgruppen Γ_m und Γ'_m mit

$$\mathfrak{A}(\pi), \quad \text{resp.} \quad \mathfrak{A}(\pi, t)$$

zu multipliciren, wo t eine halbe primitive Translation parallel zu Axe a ist. Jede dieser Gruppen enthält unendlich viele zweizählige Axen, welche Drehungsaxen oder Schraubenaxen sein können und sämmtlich zu einander parallel sind.

Die bezüglichen Gruppen unterscheiden sich nach den Operationen, die sie abgesehen von den Translationen noch enthalten. Eine vorläufige Ueberlegung zeigt, dass drei verschiedene Arten solcher Gruppen existiren können. Entweder nämlich sind alle Axen Drehungsaxen, oder alle Axen sind Schraubenaxen, oder endlich giebt es beide Gattungen von Axen. Diese drei Typen von Gruppen existiren in der That.

Ehe wir zur Aufstellung dieser Gruppen übergehen, untersuchen wir, in wie viele verschiedene Schaaren gleichwerthiger Axen die sämmtlichen Axen einer jeden Gruppe zerfallen. Wie aus Satz X von Cap. V folgt, ist die Vertheilung der Axen von den zu ihnen parallelen Translationscomponenten unabhängig, sie ist also im besondern dieselbe, ob die erzeugende Axe a eine Drehungsaxe oder Schraubenaxe ist. Gemäss Cap. VI § 6 haben wir diejenigen Axen in's Auge zu fassen, welche das Innere oder den Umfang des dort mit $AA_1A_2A_3$ bezeichneten Parallelogramms treffen. Dieses Parallelogramm wird ausser durch a durch diejenigen Axen a_1, a_2, a_3 bestimmt, welche aus a in Folge der primitiven Translationen entstehen.

Fig. 46.

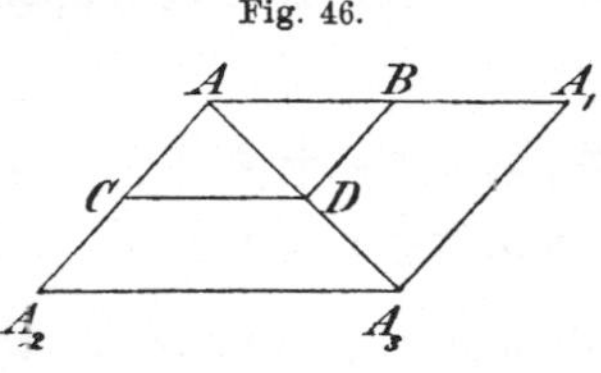

Wir fassen zunächst die Gruppe Γ_m in's Auge. Für sie ist (Fig. 46)

$$AA_1 = 2\tau_e, \quad AA_2 = 2\tau_f, \quad AA_3 = 2\tau_e + 2\tau_f.$$

Gemäss § 3 und 5 von Cap. V wird daher das Parallelogramm $AA_1A_2A_3$ nur in den Mitten B, C, D der Seiten AA_1, AA_2, AA_3 von Axen b, c, d getroffen, und zwar sind alle Axen a, b, c, d gleichartig aber nicht gleichwerthig. Sie sind daher entweder sämmtlich Drehungsaxen oder sämmtlich Schraubenaxen.

Für die Gruppe Γ_m' betrachten wir für die vorliegende Untersuchung am zweckmässigsten

$$2\tau_1 = \tau_f + \tau_z, \quad 2\tau_2 = \tau_z + \tau_e, \quad 2\tau_3 = \tau_e + \tau_f$$

als primitives Tripel. In diesem Falle sind AA_1 und AA_2 nur die Projectionen von $2\tau_1$ und $2\tau_2$ auf der zu den Axen senkrechten Ebene; $AA_1A_2A_3$ ist daher nicht mehr primitives Parallelogramm für die der Netzebene entsprechende Gruppe, vielmehr ist

$$AA_1 = \tau_e, \quad AA_2 = \tau_f, \quad AA_3 = \tau_e + \tau_f.$$

Im übrigen bleibt die Axenvertheilung, da sie nach Satz X des fünften Capitels von der Componente τ_z unabhängig ist, die nämliche wie oben; auch hier werden nur die Mitten B, C, D der Seiten AA_1, AA_2, AA_3 von Axen b, c, d getroffen. Ist a eine Drehungsaxe, so sind dem eben genannten Satz zufolge b und c Schraubenaxen, während d wieder eine Drehungsaxe ist. Der Abstand zweier nächsten gleichartigen Axen ist daher die Hälfte einer zu den Axen senkrechten Translation. Alle vier Axen sind wiederum ungleichwerthig, also folgt:

Lehrsatz VIII. *In jeder Raumgruppe, welche der Hemimorphie des monoklinen Systems entspricht, giebt es vier verschiedene Schaaren gleichwerthiger zweizähliger Axen.*

§ 7. Nunmehr ist es leicht, die Gruppen selbst aufzustellen. Zunächst ergeben sich zwei verschiedene Gruppen durch Multiplication von Γ_m mit $\mathfrak{A}(\pi)$, resp. $\mathfrak{A}(\pi, \tau_z)$; wir bezeichnen sie durch

$$\mathfrak{C}_2^1 = \{\Gamma_m, \mathfrak{A}(\pi)\} \text{ und } \mathfrak{C}_2^2 = \{\Gamma_m, \mathfrak{A}(\pi, \tau_z)\}.$$

Die erste von ihnen enthält, wie das Vorstehende zeigt, lauter Drehungsaxen, die letztere dagegen lauter Schraubenaxen.

Wird die Translationsgruppe Γ_m mit einer Umklappung $\mathfrak{A}$ multiplicirt, so werden, wie wir eben sahen, die Axen b und c, welche die Seitenmitten des Parallelogramms treffen, die Schraubenaxen, während die durch D gehende Axe d eine Drehungsaxe ist. Es wird daher das eine Paar gegenüberliegender Ecken von den Drehungsaxen, das andere von den Schraubenaxen getroffen.

Es ist jedoch zu bemerken, dass die vorstehende Characteristik der Axenlage sich an das beliebig gewählte Netzparallelogramm $AA_1A_2A_3$ anschliesst, und deshalb bei anderer Wahl des primitiven Translationensystems nicht erfüllt zu sein braucht. Dies ist in der That der Fall. Wir können nämlich (Cap. III, § 6) Γ_m' auch durch die Translationen

$$\tau_f + \tau_z, \quad \tau_z - \tau_e, \quad \tau_e + \tau_f$$

definiren. In diesem Fall treten statt der Parallelogramme $AA_1A_2A_3$, resp. $ABCD$ (Fig. 47) die Parallelogramme $AA'A_2A_3$, resp. AB_1CD auf und es sind die Punkte A und D, durch welche die Drehungsaxen hindurchgehen, sowie die Punkte B_1 und C, welche von den Schraubenaxen getroffen werden, anliegende Ecken. Wir bezeichnen die bezügliche Gruppe durch

Fig. 47.

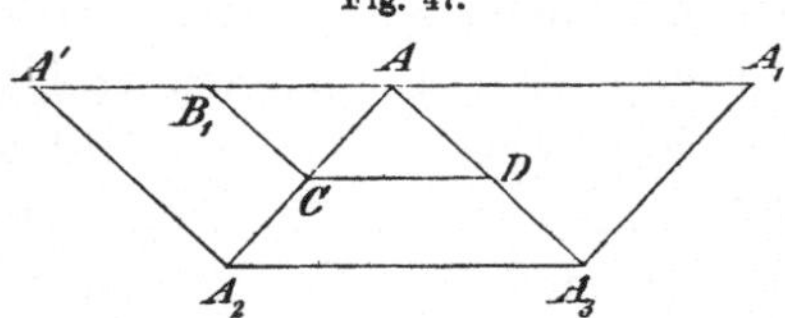

$$\mathfrak{C}_2^3 = \{\Gamma_m', \mathfrak{A}\}.$$

Da die Gruppe unter ihren Bewegungen auch eigentliche Schraubenbewegungen $\mathfrak{A}(\pi, \tau_z)$ enthält, so führt die Multiplication der Translationsgruppe $\Gamma_m{}^1$ mit $\mathfrak{A}(\pi, \tau_z)$ gemäss Satz XXV des vorigen Capitels nicht zu einer neuen Gruppe. Demnach erhalten wir folgendes Resultat:

Lehrsatz XI. *Es giebt drei verschiedene Typen von Raumgruppen, welche der Hemimorphie des monoklinen Systems entsprechen. Zwei von ihnen enthalten Γ_m, eine Γ_m' als Translationsgruppe.*

Für die analytische Darstellung der gleichwerthigen Punkte nehmen wir das Coordinatensystem so an, dass die

Axe a mit der Z-Axe identisch wird. Nun sind die beiden Coordinatentripel der Punktgruppe C_2 durch $x\,y\,z$ und $\bar{x}\,\bar{y}\,z$ dargestellt; folglich erhalten wir folgende Werthe für die einer jeden Gruppe entsprechenden Coordinaten des Fundamentalsystems:

$$\mathfrak{C}_2^1\colon\ xyz \text{ und } \bar{x}\,\bar{y}\,z,\quad \mathfrak{C}_2^2\colon\ x\,y\,z \text{ und } \bar{x}\,\bar{y}\,z+\tau_z,$$
$$\mathfrak{C}_2^3\colon\ x\,y\,z \text{ und } \bar{x}\,\bar{y}\,z.$$

Die Gruppen $\mathfrak{C}_2^1$ und $\mathfrak{C}_2^3$ sind daher diejenigen Gruppen, für welche sich alle gleichwerthigen Punkte dadurch ergeben, dass zu den gleichwerthigen Coordinatentripeln der isomorphen Punktgruppe die Translationen der bezüglichen Translationsgruppe hinzugefügt werden. Sie können durch Multiplication der Punktgruppe C_2 mit Γ_m, resp. Γ'_m gebildet werden.

§ 8. **Die Holoedrie des monoklinen Systems.** Die Symmetrie der monoklinen Holoedrie wird durch die Punktgruppe C_2^h dargestellt, deren Operationen

$$1,\ \mathfrak{A},\ \mathfrak{S},\ \mathfrak{A}\mathfrak{S}$$

sind. Die Symmetrieebene σ steht auf der Axe a senkrecht; die Operation $\mathfrak{A}\mathfrak{S}$ ist daher einer Inversion $\mathfrak{J}$ äquivalent. Die Gruppe C_2^h kann mithin durch Multiplication der Gruppe C_2 mit $\mathfrak{S}$ oder mit $\mathfrak{J}$ erzeugt werden. Für die zu C_2^h isomorphen Raumgruppen $\mathfrak{C}_{2,h}$ bieten sich daher gleichfalls zwei verschiedene Entstehungsarten dar, je nachdem wir die erzeugende Operation isomorph zu $\mathfrak{S}$ oder $\mathfrak{J}$ annehmen. Nun sind alle zu $\mathfrak{J}$ isomorphen Operationen selbst Inversionen, folglich kann jede Gruppe $\mathfrak{C}_{2,h}$ durch Multiplication einer Gruppe $\mathfrak{C}_2$ mit einer Inversion gebildet werden. Wir ziehen jedoch vor, diese Erzeugungsart nicht zu wählen, sondern hierzu eine mit $\mathfrak{S}$ isomorphe Operation zu verwenden, d. h. eine Spiegelung $\mathfrak{S}$ oder eine Gleitspiegelung $\mathfrak{S}(\tau)$, deren Ebene σ auf den Axen senkrecht steht. Wie in § 5 bezeichnen wir sie wieder durch $\mathfrak{S}_h$ resp. $\mathfrak{S}_h(\tau)$ und nennen die zugehörige Ebene σ_h. Jede derartige Operation, welche das Axensystem einer Gruppe $\mathfrak{C}_2$ so in sich überführt, dass die in § 13 des letzten Capitels erörterten allgemeinen Bedingungen erfüllt sind, führt zu einer Gruppe $\mathfrak{C}_{2,h}$. Um auch die Erzeugung dieser Gruppen durch Inversion deutlich zu machen, werden wir für jede von ihnen die Lage der Symmetriecentra ebenfalls angeben. Ist die Lage eines Symmetriecentrums bekannt, so folgen die andern aus dem in § 3 enthaltenen Lehrsatz III.

Die angezogene Bedingung von Cap. VI, 13 ist, da die Translationscomponente der Schraubenbewegungen den Werth τ_z hat, für jede der drei Gruppen $\mathfrak{C}_2$ erfüllt. Die erzeugende Operation darf nur gleichartige Axen in sich überführen. Da die Spiegelung $\mathfrak{S}_h$ jede Axe in sich selbst überführt, so liefert sie für jede der drei Gruppen $\mathfrak{C}_2^1$, $\mathfrak{C}_2^2$, $\mathfrak{C}_2^3$ eine Gruppe $\mathfrak{C}_{2,h}$. Ihre Operationen werden einerseits von den Bewegungen der genannten drei Gruppen gebildet, andrerseits von denjenigen Operationen zweiter Art, welche die Existenz der Operation $\mathfrak{S}_h$ resp. $\mathfrak{S}_h(\tau)$ zur Folge hat. Hierüber ergiebt sich im Einzelnen Folgendes.

Für diejenige Gruppe, welche sich aus $\mathfrak{C}_2^1$ ableiten lässt, sind gemäss Satz IV alle zu σ_h parallelen Ebenen reine Symmetrieebenen; je zwei derselben haben den Abstand τ_z von einander. Die Symmetriecentra sind so vertheilt, dass in jeden Schnittpunkt einer Drehungsaxe mit einer Symmetrieebene ein solches Centrum fällt. Wir bezeichnen die bezügliche Gruppe durch

$$\mathfrak{C}_{2,h}^1 = \{\mathfrak{C}_2^1, \mathfrak{S}_h\} = \{\mathfrak{C}_2^1, \mathfrak{J}\}.$$

Die Gruppe, welche sich aus $\mathfrak{C}_2^2$ durch Multiplication mit $\mathfrak{S}_h$ ableiten lässt, enthält gemäss Satz IV ebenfalls unendlich viele Symmetrieebenen, die in Abständen von τ_z auf einander folgen. Nach dem Satz XIV von Cap. V fallen die Symmetriecentra für diese Gruppe ebenfalls sämmtlich in die Axen, aber in die Mitte zwischen je zwei auf einander folgende Ebenen. Wir bezeichnen die Gruppe durch

$$\mathfrak{C}_{2,h}^2 = \{\mathfrak{C}_2^2, \mathfrak{S}_h\} = \{\mathfrak{C}_2^2, \mathfrak{J}_m\}.$$

Die aus $\mathfrak{C}_2^3$ mit $\mathfrak{S}_h$ ableitbare Gruppe bezeichnen wir durch

$$\mathfrak{C}_{2,h}^3 = \{\mathfrak{C}_2^3, \mathfrak{S}_h\} = \{\mathfrak{C}_2^3, \mathfrak{J}\}.$$

Die Operationen, welche der Spiegelung $\mathfrak{S}$ der Punktgruppe zur Seite stehen, ergeben sich in diesem Fall durch Multiplication von $\mathfrak{S}_h$ mit der Translationsgruppe Γ_m^1; sie sind daher gemäss Satz V theils reine Spiegelungen, theils Operationen $\mathfrak{S}_h(\tau_e + \tau_f)$, und zwar folgen die zugehörigen Ebenen abwechselnd in einem Abstand gleich der Hälfte von τ_z auf einander. Die Symmetriecentra liegen auf den Drehungsaxen in den Schnittpunkten mit den Symmetrieebenen, auf den Schraubenaxen dagegen fallen sie in die Schnittpunkte mit den Ebenen gleitender Symmetrie.

Durch Multiplication der Gruppen $\mathfrak{C}_2^1$, $\mathfrak{C}_2^2$, $\mathfrak{C}_2^3$ mit der Operation $\mathfrak{S}_h(\tau)$, wo τ eine halbe Translation parallel der spiegelnden Ebene ist, ergiebt sich ebenfalls je eine neue Gruppe $\mathfrak{C}_{2,h}$. Was nämlich zunächst die Gruppen $\mathfrak{C}_2^1$ und $\mathfrak{C}_2^2$ betrifft, so sind ihre verschiedenen Axenarten sämmtlich gleichartig, und der Abstand je zweier der vier Axen a, b, c, d ist eine halbe Translation τ; die Operation $\mathfrak{S}_h(\tau)$ bringt daher die Axen unter einander zur Deckung. Für die Gruppe $\mathfrak{C}_2^3$ sind die Axen theils Drehungsaxen, theils Schraubenaxen, und zwar so, dass, wie oben S. 407 erwähnt wurde, der Abstand je zweier nächster Drehungsaxen, resp. je zweier nächster Schraubenaxen, eine halbe zu den Axen senkrechte Translation ist. Es führt also auch für die Gruppe $\mathfrak{C}_2^3$ die Operation $\mathfrak{S}_h(\tau)$ für jede zu den Axen senkrechte Translation 2τ die Axen so in sich über, dass nur die gleichartigen auf einander fallen. Da keiner dieser Translationen eine ausgezeichnete Bedeutung für die Gruppe Γ_m^1 zukommt, so ist es gleichgiltig, welche von ihnen in die erzeugende Operation eingeht.

Wir bezeichnen die drei bezüglichen Gruppen resp. durch

$$\mathfrak{C}_{2,h}^4 = \{\mathfrak{C}_2^1, \mathfrak{S}_h(\tau)\} = \{\mathfrak{C}_2^1, \mathfrak{J}_1\}$$
$$\mathfrak{C}_{2,h}^5 = \{\mathfrak{C}_2^2, \mathfrak{S}_h(\tau)\} = \{\mathfrak{C}_2^2, \mathfrak{J}_1\}$$
$$\mathfrak{C}_{2,h}^6 = \{\mathfrak{C}_2^3, \mathfrak{S}_h(\tau)\} = \{\mathfrak{C}_2^3, \mathfrak{J}_1\}.$$

Diejenigen Operationen, welche der Spiegelung $\mathfrak{S}$ der Punktgruppe isomorph sind, sind wieder die nämlichen, die wir in § 4 für die Gruppen $\mathfrak{C}_s^3$ und $\mathfrak{C}_s^4$ kennen gelernt haben, also für $\mathfrak{C}_{2,h}^4$ und $\mathfrak{C}_{2,h}^5$ lauter Operationen $\mathfrak{S}_h(\tau)$ an parallelen

Ebenen im Abstand τ_s, für die Gruppe $\mathfrak{C}_{2,h}^6$ dagegen wechseln je zwei Ebenen mit einander ab, für welche $\mathfrak{S}_h(\tau_e)$ und $\mathfrak{S}_h(\tau_f)$ die zugehörigen Operationen sind.

Was die Inversionen der drei Gruppen betrifft, so fällt diesmal keines der zugehörigen Symmetriecentra in eine Axe, da sonst, wie Satz XIV von Cap. V zeigt, die bezüglichen Gruppen von den drei ersten Gruppen dieser Art nicht verschieden wären. Die Symmetriecentra liegen daher in den Mitten zwischen je zwei gleichartigen Axen, so dass, wie es Satz III verlangt, die Entfernung je zweier von ihnen gleich einer halben Translation ist. In der That ist auch unmittelbar ersichtlich, dass für jede der drei Gruppen die bezügliche Inversion das gesammte Axensystem in sich überführt.

Wir erhalten daher schliesslich folgendes Resultat:

Lehrsatz X. *Es giebt sechs verschiedene Typen von Raumgruppen, welche der Holoedrie des monoklinen Systems entsprechen. Vier von ihnen enthalten Γ_m als Untergruppe, die beiden andern Γ_m'.*

Bemerkung. Wir können die sechs Gruppen auch danach unterscheiden, in welcher Weise sie die Axen der Gruppen $\mathfrak{C}_2$ zur Deckung bringen. Es ist ersichtlich, dass die ersten drei Gruppen jede Axe in sich selbst überführen, während die letzten je zwei der vier Axenschaaren unter einander vertauschen.

Für die Darstellung der Coordinaten des Fundamentalsystems nehmen wir das Coordinatensystem in gleicher Lage an, wie für die Hemiedrie und Hemimorphie; die Axe a wird also Z-Axe, und die Ebene σ der erzeugenden Operation wird XY-Ebene. Gemäss S. 201 sind die Coordinatentripel der Punktgruppe C_2^h resp.

$$xyz,\quad \bar{x}\bar{y}z,\quad xy\bar{z},\quad \bar{x}\bar{y}\bar{z},$$

sie entsprechen der Reihe nach den Operationen

$$1,\quad \mathfrak{A},\quad \mathfrak{S},\quad \mathfrak{A}\mathfrak{S}.$$

Wir erhalten daher, wie unmittelbar ersichtlich, folgende Coordinaten für die vier gleichwerthigen Punkte einer jeden der sechs Gruppen:

$$
\begin{array}{lllll}
\mathfrak{C}_{2,h}^{1}: & xyz, & xyz, & xy\bar{z}, & \bar{x}\bar{y}\bar{z} \\
\mathfrak{C}_{2,h}^{2}: & xyz, & \bar{x}\bar{y}z, & xyz, & \bar{x}\bar{y}\bar{z} \\
 & & +\tau_z & & +\tau_z \\
\mathfrak{C}_{2,h}^{3}: & xyz, & \bar{x}\bar{y}z, & xy\bar{z}, & \bar{x}\bar{y}\bar{z} \\
\mathfrak{C}_{2,h}^{4}: & xyz, & \bar{x}\bar{y}z, & xy\bar{z}, & \bar{x}\bar{y}\bar{z} \\
 & & & +\tau & +\tau \\
\mathfrak{C}_{2,h}^{5}: & xyz, & \bar{x}\bar{y}z, & xy\bar{z}, & \bar{x}\bar{y}\bar{z} \\
 & & +\tau_z & +\tau & +\tau+\tau_z \\
\mathfrak{C}_{2,h}^{6}: & xyz, & \bar{x}\bar{y}z, & xy\bar{z}, & \bar{x}\bar{y}\bar{z}. \\
 & & & +\tau & +\tau
\end{array}
$$

Die Gruppen $\mathfrak{C}_{2,h}^1$ und $\mathfrak{C}_{2,h}^3$ sind diejenigen Gruppen, für welche sich die Coordinaten aller gleichwerthigen Punkte dadurch ergeben, dass die bezüglichen Coordinatentripel der isomorphen Punktgruppe um alle Translationen der bezüglichen Translationsgruppe vermehrt werden, die also durch Multiplication von C_2^h mit Γ_m resp. Γ_m^1 erzeugt werden können. *Diese Gruppen sind gleichzeitig diejenigen, welche die Gesammtsymmetrie der beiden monoklinen Raumgitter characterisiren.*

Achtes Capitel.

Die Gruppen des rhombischen Systems.

§ 1. **Vorbemerkungen.** Das rhombische System enthält diejenigen Krystallclassen, welche den Punktgruppen

$$V^h, \quad V, \quad C_2^v$$

entsprechen. Die ihnen isomorphen Raumgruppen sind daher durch eine oder durch drei einander senkrechte Schaaren zweizähliger Axen ausgezeichnet. Die Punktnetze, welche von jeder Axenschaar in den zu ihr senkrechten Ebenen erzeugt werden, sollen *Axennetze* genannt werden. Sie sind von den in diese Ebenen fallenden Translationennetzen wohl zu unterscheiden

Die in den Raumgruppen enthaltenen Translationsgruppen sind gemäss Cap. III von viererlei Typus. Das Tripel primitiver Translationen hat eine der vier folgenden Formen:

$$\begin{array}{lll} 2\tau_x, & 2\tau_y, & 2\tau_z, \\ \tau_x + \tau_y, & \tau_x - \tau_y, & 2\tau_z, \\ \tau_y + \tau_z, & \tau_z + \tau_x, & \tau_x + \tau_y, \\ \tau_y + \tau_z - \tau_x, & \tau_z + \tau_x - \tau_y, & \tau_x + \tau_y - \tau_z. \end{array}$$

Die zugehörigen Translationsgruppen bezeichnen wir, wie oben, durch

$$\Gamma_v, \quad \Gamma_v', \quad \Gamma_v'', \quad \Gamma_v'''.$$

Wir bemerken noch, dass, im Gegensatz zu den bisher benutzten Translationsgruppen, τ_x, τ_y, τ_z sämmtlich bestimmte Richtung haben, also auch bestimmte Translationen bedeuten.

Jedes Axennetz besteht, dem Character der vorstehenden Translationsgruppen entsprechend, aus Rechtecken oder Rhomben.

§ 2. **Allgemeine Eigenschaften der hemimorphen Gruppen.** Wir beginnen mit der Hemimorphie des Systems, deren Punktgruppe C_2^v ist. Dieselbe entsteht (vgl. Cap. V, 8 des ersten Abschnitts) durch Multiplication der Gruppe C_2 mit der Spiegelung $\mathfrak{S}_v$, deren Ebene durch die Drehungsaxe der Gruppe geht, und enthält die vier Operationen

$$1, \mathfrak{A}, \mathfrak{S}_v, \mathfrak{A}\mathfrak{S}_v.$$

Die zu C_2^v isomorphen Raumgruppen sind dem Fundamentaltheorem gemäss durch Multiplication einer Gruppe $\mathfrak{C}_2$ mit einer Operation $\mathfrak{S}_v$ resp. $\mathfrak{S}_v(\tau)$ zu bilden; diese Operation muss die Eigenschaft haben, das Axensystem der Gruppe $\mathfrak{C}_2$ so in sich überzuführen, dass die Bedingung des Satzes XXII von Cap. VI erfüllt ist. Dies ist, da jede Translationscomponente τ_z selbst ist, stets der Fall. Jede Operation $\mathfrak{S}_v$ resp. $\mathfrak{S}_v(\tau)$, welche die gleichartigen Axen zur Deckung gelangen lässt, führt daher zu einer Raumgruppe, welche der Hemimorphie des rhombischen Systems entspricht.

Wir bezeichnen die Gruppen dieser Art durch $\mathfrak{C}_{2,v}$. Ueber die Operationen, die sie enthalten, lässt sich im Allgemeinen Folgendes aussagen. Zunächst ist zu bemerken, dass die Bewegungen einer jeden von ihnen mit denjenigen der Gruppe $\mathfrak{C}_2$ identisch sind, aus denen sie entsteht. Die Operationen zweiter Art stehen den Operationen $\mathfrak{S}_v$ und $\mathfrak{A}\mathfrak{S}_v$ der Punktgruppe zur Seite. Diese Operationen sind Spiegelungen, deren Ebenen senkrecht auf einander stehen und durch die Drehungsaxe gehen. Jede Gruppe $\mathfrak{C}_{2,v}$ enthält daher zwei zu einander senkrechte, den Axen parallele Ebenenschaaren, die entweder Symmetrieebenen oder Ebenen mit Translationssymmetrie sind. Jede dieser Ebenenschaaren ist bezüglich ihrer Lage, sowie bezüglich der ihr entsprechenden Operationen *durch eine von ihnen und die Translationsgruppe* bestimmt; ihre Natur und Vertheilung unterliegt denselben Gesetzen, die wir in Cap. VII, § 4 für die Gruppen $\mathfrak{C}_s$ des monoklinen Systems abgeleitet haben.

Um die sämmtlichen Gruppen dieser Art zu erhalten, haben wir zu prüfen, wie sich für jede der drei Gruppen

$$\mathfrak{C}_2^1,\quad \mathfrak{C}_2^2,\quad \mathfrak{C}_2^3$$

eine Ebene σ_v parallel den Axen legen lässt, so dass die Operation $\mathfrak{S}_v$ oder die Operation $\mathfrak{S}_v(\tau)$ eine Deckoperation des gesammten Axensystems dieser Gruppe ist. Diese Gruppen sind sicher verschieden, wenn sie das Axensystem der Gruppe $\mathfrak{C}_2$ auf verschiedene Art in sich überführen. Das Umgekehrte ist jedoch nicht immer richtig; vielmehr ist zu bemerken, dass hier derjenige Fall Platz greift, auf den im Anschluss an den Satz XXVI von Cap. VI hingewiesen wurde. Wenn nämlich das Axensystem einer Gruppe $\mathfrak{C}_2$ durch eine Operation $\mathfrak{S}_v$ oder $\mathfrak{S}_v(\tau)$ in sich übergeht, so ist dies auch für die Operationen $\mathfrak{S}_v(\tau_z)$ resp. $\mathfrak{S}_v(\tau+\tau_z)$ der Fall; diese Operationen sind daher gleichfalls zur Erzeugung von Gruppen $\mathfrak{C}_{2v}$ zu verwenden. Allerdings können die so definirten Gruppen identisch werden; dies ist in jedem Fall besonders zu untersuchen.

Um die Natur der durch die Operationen $\mathfrak{S}_v$ und $\mathfrak{S}_v(\tau)$ bewirkten Decklagen des Axensystems zu kennzeichnen, verfahren wir folgendermassen. Jede dieser Operationen führt die vier Schaaren gleichwerthiger Axen der Gruppe $\mathfrak{C}_2$ in einander über. Die Art, in der dies geschieht, ist hinreichend definirt, wenn bekannt ist, auf welche Weise sich die vier Axen a, b, c, d, welche die Axenschaaren vertreten, unter einander vertauschen. Die Permutation, welche diese Vertauschung ausdrückt, soll jedesmal angegeben werden, wir bezeichnen sie so, dass wir die bezüglichen Axen in Klammern einschliessen. Beispielsweise bedeutet (ab) die gegenseitige Vertauschung von a und b, während (c) ausdrückt, dass die Axe c in sich selbst übergeht,[1]) u. s. w.

Die Permutationen, welche hier einzig und allein in Frage kommen, sind solche, welche eine der vier Axen a, b, c, d entweder in sich selbst übergehen lassen, oder zwei von ihnen unter einander vertauschen. Da nämlich diese Vertauschungen der Operation $\mathfrak{S}$ resp. $\mathfrak{S}(\tau)$ entsprechen, so ist die zweimalige Ausführung derselben einer der bezüglichen Gruppe $\mathfrak{C}_2$ angehörigen Bewegung äquivalent, sie muss daher

1) Vgl. die Bemerkung auf S. 412.

jede Axe wieder in eine mit ihr gleichwerthige Axe zurückführen.

Jeder Gruppe $\mathfrak{C}_{2,v}$ entspricht *eine* derartige Permutation; derselben Permutation dagegen werden, wie oben bemerkt, im Allgemeinen *zwei verschiedene* Gruppen $\mathfrak{C}_{2,v}$ zugehören. Dieselben sind gemäss Cap. VI, § 14 immer verschieden, ausgenommen den im Satz XXV dieses Capitels vorgesehenen Fall, dass die mit $\mathfrak{S}_v$ resp. $\mathfrak{S}_v(\tau)$ erzeugte Gruppe bereits die Operation $\mathfrak{S}_v(\tau_z)$ resp. $\mathfrak{S}_v(\tau + \tau_z)$ von selbst enthält.

Fig. 48.

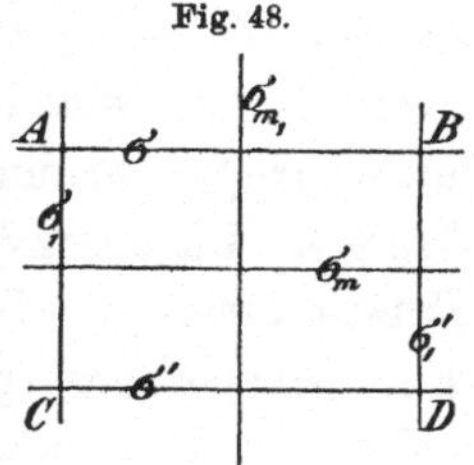

Für die den Symmetrieebenen der Gruppe $\mathfrak{C}_2^v$ isomorphen Ebenen σ_v der Gruppen $\mathfrak{C}_{2,v}$ führen wir nachstehende *einheitliche Bezeichnung* ein. Wir sahen bereits, dass das Axennetz, welches von den Axen a, b, c, d der Gruppen $\mathfrak{C}_2$ bestimmt wird, entweder rechtwinklig oder rhombisch ist. Im ersten Fall verstehen wir (Fig. 48) unter

$$\sigma, \quad \sigma_1, \quad \sigma_m, \quad \sigma_{m_1}$$

die Ebenen durch AB, AC und die zu AB und AC parallelen Mittellinien. Im zweiten sollen (Fig. 49, S. 423)

$$\sigma_d \quad \text{und} \quad \sigma_{d_1}$$

diejenigen sein, welche durch die Rhombendiagonale AD und die zu ihr senkrechte Diagonale laufen. Endlich werden wir für jede Ebenenart die einander parallelen Ebenen, wie im vorigen Capitel, durch

$$\sigma, \sigma', \sigma'', \ldots \sigma_1, \sigma_1', \sigma_1'', \ldots \sigma_d, \sigma_d' \sigma_d'', \ldots$$

bezeichnen.

§ 3. **Die hemimorphen Gruppen mit der Translationsgruppe Γ_v.** Für die Translationsgruppe Γ_v bilden

$$2\tau_x, \quad 2\tau_y, \quad 2\tau_z$$

das primitive Tripel. Nur die Gruppen $\mathfrak{C}_2^1$ und $\mathfrak{C}_2^2$ können so specialisirt werden, dass ihre Translationsgruppe Γ_v wird; zu diesem Zweck setzen wir

$$2\tau_e = 2\tau_x, \quad 2\tau_f = 2\tau_y,$$

das Parallelogramm $ABCD$ des Axennetzes geht daher in ein Rechteck über, und es wird

$$AB = \tau_x, \quad AC = \tau_y, \quad AD = \tau_x + \tau_y.$$

Alle Axen sind gleichartig. Jede Ebene σ_v, welcher eine Deckoperation des Netzes entspricht, geht daher entweder durch eine Rechteckseite oder sie schneidet das Rechteck in einer den Seiten parallelen Mittellinie. Die Gesammtheit aller derartigen Ebenen jeder Raumgruppe $\mathfrak{C}_{2,v}$ resp. aller derjenigen Operationen, welche durch eine von ihnen und die Translationsgruppe bedingt sind, regelt sich nach § 4 des vorigen Capitels. Im besondern folgt *für diejenigen Gruppen* $\mathfrak{C}_{2,v}$, *deren Translationsgruppe* Γ_v *ist, dass alle zu einander parallelen Ebenen einer jeden Schaar gleichartig sind, und dass je zwei auf einander folgende von ihnen den Abstand* τ_x *resp.* τ_y *haben.*

Da die Gruppen $\mathfrak{C}_2^1$ und $\mathfrak{C}_2^2$ lauter gleichartige Axen enthalten, die auf gleiche Weise angeordnet sind, so lassen sie die nämlichen erzeugenden Operationen zu; in der That ist hierfür nur die Axenvertheilung von Einfluss. Wir beginnen mit der Gruppe $\mathfrak{C}_2^1$, deren Axen sämmtlich Drehungsaxen sind. Zunächst kann σ_v die Symmetrieebene σ sein, welche in die Rechteckseite AB fällt; alsdann geht auch durch AC sowie durch jede Gerade des in der Hauptebene ε liegenden rechtwinkligen Axennetzes eine Symmetrieebene. Damit sind gemäss § 4 des vorigen Capitels alle Ebenen σ_v erschöpft. Wir bezeichnen die bezügliche Gruppe durch

$$\mathfrak{C}_{2,v}^1 = \{\mathfrak{C}_2^1, \mathfrak{S}\} = \{\mathfrak{C}_2^1, \mathfrak{S}_1\}.$$

Die ihr entsprechende Axenpermutation ist durch

$$(a), \quad (b), \quad (c), \quad (d)$$

dargestellt.

Wird die Gruppe $\mathfrak{C}_2^2$ mit einer Spiegelung an der durch AB gehenden Ebene σ multiplicirt, so ist die Axenpermutation ebenfalls durch

$$(a), \quad (b), \quad (c), \quad (d)$$

repräsentirt. Zu der durch AC gehenden Ebene σ_1 gehört jetzt gemäss Cap. V Satz XIX eine Operation $\mathfrak{S}_1(\tau_z)$; das gleiche gilt für die durch BD gehende Ebene σ_1', während die Ebene σ', welche CD enthält, reine Symmetrieebene ist. Die eine Ebenenschaar besteht daher aus Symmetrieebenen, die andere aus Ebenen mit Translationssymmetrie. Die bezügliche Gruppe bezeichnen wir durch

$$\mathfrak{C}_{2,v}^2 = \{\mathfrak{C}_2^2, \mathfrak{S}\} = \{\mathfrak{C}_2^2, \mathfrak{S}_1(\tau_z)\}.$$

Wählen wir nicht $\mathfrak{S}$, sondern $\mathfrak{S}(\tau)$ als erzeugende Operation für die Gruppen $\mathfrak{C}_2^1$ und $\mathfrak{C}_2^2$, so kann τ zunächst gleich τ_z sein. Die Axenpermutation ändert sich dadurch nicht. Die sich aus $\mathfrak{C}_2^1$ ergebende Gruppe sei

$$\mathfrak{C}_{2,v}^3 = \{\mathfrak{C}_2^1, \mathfrak{S}(\tau_z)\} = \{\mathfrak{C}_2^1, \mathfrak{S}_1(\tau_z)\},$$

sie steht der Gruppe $\mathfrak{C}_{2,v}^1$ parallel zur Seite; statt der Symmetrieebenen dieser Gruppe erscheinen jedoch bei der hier vorliegenden Gruppe lauter Operationen $\mathfrak{S}(\tau_z)$ an denselben Ebenen. Dagegen führt die Multiplication von $\mathfrak{C}_2^2$ mit $\mathfrak{S}(\tau_z)$ nicht zu einer neuen Gruppe; die Gruppe $\mathfrak{C}_{2,v}^2$ enthält nämlich bereits die Operation $\mathfrak{S}_1(\tau_z)$ an der durch AC gehenden Ebene σ_1, und beide Rechteckseiten haben die gleiche Lage zur Gesammtheit der Axen.

Statt τ_z kann auch τ_x resp. $\tau_x + \tau_z$ die bezügliche Translationscomponente der erzeugenden Operation sein. Die Axenpermutation ist, da die Translation τ_z jede Axe in sich selbst verschiebt, in beiden Fällen die gleiche; sie wird durch

$$(ab), \quad (cd)$$

dargestellt.

Wir betrachten zunächst diejenigen Gruppen, die sich durch Multiplication von $\mathfrak{C}_2^1$ und $\mathfrak{C}_2^2$ mit $\mathfrak{S}(\tau_x)$ ergeben. Für beide Gruppen gehört zu allen mit σ parallelen Ebenen $\sigma, \sigma', \sigma'' \ldots$ die Operation $\mathfrak{S}(\tau_x)$. Um die Natur derjenigen Operation zu ermitteln, welche durch Multiplication von $\mathfrak{S}$ mit $\mathfrak{A}$ entsteht, beachten wir, dass sie zur Operation $\mathfrak{A}\mathfrak{S}_v$ von C_2^v isomorph ist; ihre Ebene steht also auf σ senkrecht. Andrerseits muss sie die oben genannte Permutation des Axensystems bewirken; eine Operation dieser Art ist entweder die Spiegelung $\mathfrak{S}_{m_1}$ oder die Gleitspiegelung

$$\mathfrak{S}_{m_1}(\tau_z),$$

deren Ebene σ_{m_1} das Rechteck $ABCD$ in der zu AC und BD parallelen Mittellinie trifft. Da sich aber die Translationscomponente τ_z nach Cap. V, Satz XIX nur dann einstellen kann, wenn sie in der Operation $\mathfrak{A}$ enthalten ist, so folgt, dass in der aus $\mathfrak{C}_2^1$ abgeleiteten Gruppe die Spiegelung $\mathfrak{S}_{m_1}$ auftritt[1]), in der aus $\mathfrak{C}_2^2$ abgeleiteten die Gleitspiegelung $\mathfrak{S}_{m_1}(\tau_z)$. Wir bezeichnen die erste dieser Gruppen durch

$$\mathfrak{C}_{2,v}^4 = \{\mathfrak{C}_2^1, \mathfrak{S}(\tau_x)\} = \{\mathfrak{C}_2^1, \mathfrak{S}_{m_1}\},$$

für sie sind die zur Translation τ_y parallelen Ebenen σ_{m_1}, σ_{m_1}', σ_{m_1}'' ... sämmtlich Symmetrieebenen. Für die zweite Gruppe, die durch

$$\mathfrak{C}_{2,v}^5 = \{\mathfrak{C}_2^2, \mathfrak{S}(\tau_x)\} = \{\mathfrak{C}_2^2, \mathfrak{S}_{m_1}(\tau_z)\}$$

bezeichnet werden soll, ist unter den genannten Ebenen keinerlei Symmetrieebene; sie sind sämmtlich Ebenen mit Translationssymmetrie.

Endlich haben wir als erzeugende Operation die Gleitspiegelung $\mathfrak{S}(\tau_x + \tau_z)$ zu verwenden. Wie im Vorstehenden ergiebt sich, dass für beide aus $\mathfrak{C}_2^1$ und $\mathfrak{C}_2^2$ hierdurch ableitbaren Gruppen alle zur Operation $\mathfrak{S}_v$ von C_2^v isomorphen Operationen von derselben Art sind. Für die mit $\mathfrak{A}\mathfrak{S}_v$ isomorphen Operationen bleiben, da sie ebenfalls die Axenpermutation $(ab)(cd)$ bewirken, die obigen Schlüsse unverändert bestehen; eine von ihnen ist daher entweder $\mathfrak{S}_{m_1}$ oder $\mathfrak{S}_{m_1}(\tau_z)$. In diesem Fall enthält aber die erzeugende Operation $\mathfrak{S}(\tau_x + \tau_z)$ die Translationscomponente τ_z, demnach muss diesmal in der aus $\mathfrak{C}_2^1$ ableitbaren Gruppe die Gleitspiegelung $\mathfrak{S}_{m_1}(\tau_z)$ auftreten, in der aus $\mathfrak{C}_2^2$ entstehenden dagegen die Spiegelung $\mathfrak{S}_{m_1}$. Die Natur der Ebenen σ_{m_1}, σ_{m_1}', σ_{m_1}'' ..., die zu τ_y parallel sind, ist daher die umgekehrte, wie für die Gruppen $\mathfrak{C}_{2,v}^4$ und $\mathfrak{C}_{2,5}^5$. Wir bezeichnen die so definirten Gruppen resp. durch

$$\mathfrak{C}_{2,v}^6 = \{\mathfrak{C}_2^1, \mathfrak{S}(\tau_x + \tau_z)\} = \{\mathfrak{C}_2^1, \mathfrak{S}_{m_1}(\tau_z)\}$$
$$\mathfrak{C}_{2,v}^7 = \{\mathfrak{C}_2^2, \mathfrak{S}(\tau_x + \tau_z)\} = \{\mathfrak{C}_2^2, \mathfrak{S}_{m_1}\}.$$

---

1) Dies Resultat lässt sich auch durch Rechnung ableiten. Es ist

$$\mathfrak{A}\mathfrak{S}\mathfrak{T}_x = \mathfrak{S}_1\mathfrak{T}_x = \mathfrak{S}_{m_1},$$

wo $\mathfrak{S}_1$ die Spiegelung gegen eine durch AC gehende Ebene ist.

Ausser den beiden vorstehenden Axenpermutationen kann an und für sich noch diejenige auftreten, welche durch

$$(ad), \quad (bc)$$

dargestellt ist. Sie bringt je zwei Axen zur Vertauschung, die durch die Gegenecken von $ABCD$ gehen. Gruppen dieser Art existiren wirklich. Als Ebene σ_v der erzeugenden Operation kann die Ebene σ_m gewählt werden, welche durch diejenige Mittellinie des Rechtecks geht, die den Seiten AB und CD parallel ist; die zugehörige Operation ist die Gleitspiegelung $\mathfrak{S}_m(\tau_x)$ oder $\mathfrak{S}_m(\tau_x + \tau_z)$. Wir fassen zunächst die durch die erste erzeugten Gruppen in's Auge. Auch für sie sind, da dies einzig und allein von der Art der Translationsgruppe abhängt, alle zu σ_m parallelen Ebenen von derselben Art. Um eine Operation zu finden, welche der Spiegelung $\mathfrak{A}\mathfrak{S}_v$ der Punktgruppe C_2^v isomorph ist, suchen wir wieder eine solche Operation, deren Ebene zu σ_m senkrecht ist, und die ausserdem die obenstehende Axenpermutation bewirkt. Hierfür kommen wieder zwei verschiedene Operationen in Frage, nämlich

$$\mathfrak{S}_{m_1}(\tau_y) \quad \text{und} \quad \mathfrak{S}_{m_1}(\tau_y + \tau_z),$$

wenn die zugehörige Ebene σ_{m_1} die zu AC und BD parallele Mittellinie des Rechtecks enthält. Wie oben folgt nun, dass die erstere der aus $\mathfrak{C}_2^1$ abgeleiteten Gruppe angehört, die letztere der aus $\mathfrak{C}_2^2$ ableitbaren. Diese Gruppen sind daher

$$\mathfrak{C}_{2,v}^8 = \{\mathfrak{C}_2^1, \mathfrak{S}_m(\tau_x)\} = \{\mathfrak{C}_2^1, \mathfrak{S}_{m_1}(\tau_y)\}$$
$$\mathfrak{C}_{2,v}^9 = \{\mathfrak{C}_2^2, \mathfrak{S}_m(\tau_x)\} = \{\mathfrak{C}_2^2, \mathfrak{C}_{m_1}(\tau_y + \tau_z)\}.$$

Wird endlich $\mathfrak{S}_m(\tau_x + \tau_z)$ als erzeugende Operation gewählt, so bleiben alle vorstehenden Resultate in Kraft, mit dem einzigen Unterschied, dass analog zu den oben angestellten Ueberlegungen diesmal die Operation $\mathfrak{S}_{m_1}(\tau_y + \tau_z)$ der aus $\mathfrak{C}_2^1$ abgeleiteten Gruppe angehört, und $\mathfrak{S}_{m_1}(\tau_y)$ derjenigen, die sich aus $\mathfrak{C}_2^2$ ergiebt. Die sich auf diese Weise aus $\mathfrak{C}_2^2$ ergebende Gruppe ist aber mit $\mathfrak{C}_{2,v}^9$ identisch; denn da die letztere die Operation $\mathfrak{S}_m(\tau_y + \tau_z)$ enthält, so unterscheiden sie sich nur in der Bezeichnung von einander. Wir erhalten daher nur eine neue Gruppe, nämlich

$$\mathfrak{C}_{2,v}^{10} = \{\mathfrak{C}_2^1, \mathfrak{S}_m(\tau_x + \tau_z)\} = \{\mathfrak{C}_2^1, \mathfrak{S}_{m_1}(\tau_y + \tau_z)\}.$$

Es folgt:

Lehrsatz I. *Es giebt zehn Raumgruppen von der Symmetrie der rhombischen Hemimorphie, deren Translationsgruppe Γ_v ist.*

Um die Coordinaten des Fundamentalsystems gleichwerthiger Punkte aufzustellen, welche den vorstehenden Gruppen entsprechen, setzen wir voraus, dass die Coordinatenaxen die Richtung der Translationen τ_x, τ_y, τ_z haben. Die Axe a nehmen wir, wie bisher, als Z-Axe. Nun fanden wir (S. 201) für die Punktgruppe C_2^v folgende vier gleichwerthige Punkte:

$$x y z, \quad \bar{x} \bar{y} z, \quad x \bar{y} z, \quad \bar{x} y z,$$

die resp. den Operationen

$$1, \quad \mathfrak{A}, \quad \mathfrak{S}_v, \quad \mathfrak{A}\mathfrak{S}_v$$

entsprechen; von ihnen weichen die Coordinaten des Fundamentalsystems, wie S. 392 bewiesen, nur durch Translationscomponenten ab. *Wir beschränken uns von nun an darauf, diese Translationen anzugeben;* damit ist das Fundamentalsystem hinreichend characterisirt. Einer besonderen Untersuchung bedürfen die Coordinatenwerthe nur für diejenigen Gruppen, bei denen die erzeugende Ebene nicht eine Coordinatenebene ist, d. h. für die Gruppen $\mathfrak{C}_{2,v}^8$, $\mathfrak{C}_{2,v}^9$ und $\mathfrak{C}_{2,v}^{10}$. Für sie ist σ_m die spiegelnde Ebene. Aber die Spiegelung $\mathfrak{S}_m$ ist der Spiegelung $\mathfrak{S}$ in Verbindung mit der durch τ_y dargestellten Translation äquivalent, daher führt $\mathfrak{S}_m$ den Punkt

$$x y z \quad \text{in} \quad x \bar{y} z + \tau_y$$

über. Demnach ergiebt sich folgende Tabelle der zusätzlichen Translationscomponenten:

$$\begin{array}{lllll}
\mathfrak{C}_{2,v}^1: & 0, & 0, & 0, & 0; \\
\mathfrak{C}_{2,v}^2: & 0, & \tau_z, & 0, & \tau_z; \\
\mathfrak{C}_{2,v}^3: & 0, & 0, & \tau_z, & \tau_z; \\
\mathfrak{C}_{2,v}^4: & 0, & 0, & \tau_x, & \tau_x; \\
\mathfrak{C}_{2,v}^5: & 0, & \tau_z, & \tau_x, & \tau_x + \tau_z; \\
\mathfrak{C}_{2,v}^6: & 0, & 0, & \tau_x + \tau_z, & \tau_x + \tau_z;
\end{array}$$

$$\begin{array}{lllll} \mathfrak{C}_{2,v}^7: & 0, & \tau_z, & \tau_x + \tau_z, & \tau_x; \\ \mathfrak{C}_{2,v}^8: & 0, & 0, & \tau_x + \tau_y, & \tau_x + \tau_y; \\ \mathfrak{C}_{2,v}^9: & 0, & \tau_z, & \tau_x + \tau_y, & \tau_x + \tau_y + \tau_z, \\ \mathfrak{C}_{2,v}^{10}: & 0, & 0, & \tau_x + \tau_y + \tau_z, & \tau_x + \tau_y + \tau_z. \end{array}$$

Die Tabelle zeigt, dass nur $\mathfrak{C}_{2,v}^1$ durch Multiplication der Punktgruppe C_2^v mit Γ_v erzeugbar ist.

§ 4. **Die hemimorphen Gruppen mit der Translationsgruppe Γ_v'.** Die Translationsgruppe Γ_v' ist diejenige der vier Translationsgruppen vom rhombischen Typus, die sich nach den drei zu einander senkrechten Richtungen verschieden verhält. Eine dieser Richtungen, nämlich τ_z, steht den beiden andern gegenüber. Nun kann aber jede dieser Richtungen mit der Axenrichtung der Gruppen $\mathfrak{C}_2$ zusammenfallen; wir haben daher die beiden Fälle zu unterscheiden, dass die Axe mit der z-Richtung oder mit einer der beiden andern Richtungen zusammenfällt. Wir beginnen mit dem ersten Fall, nehmen also die Axe a als z-Axe. Alsdann bilden

$$2\tau_z, \quad \tau_x + \tau_y, \quad \tau_x - \tau_y$$

ein primitives Tripel. Die Gruppe ist ein specieller Fall der Gruppe Γ_m, es können daher derartige Raumgruppen $\mathfrak{C}_{2,v}$ nur aus $\mathfrak{C}_2^1$ und $\mathfrak{C}_2^2$ entstehen. Wir haben zu diesem Zweck die in Γ_m auftretenden Translationen

$$2\tau_e = \tau_x + \tau_y, \quad 2\tau_f = \tau_x - \tau_y$$

zu setzen. Das Parallelogramm $ABCD$ des Axennetzes geht dadurch (Fig. 49) in einen Rhombus über, dessen Diagonalen AD und BC resp. die Länge τ_x und τ_y haben. Als spiegelnde Ebenen können nur solche auftreten, welche den Diagonalen des Rhombus parallel sind. Für beide Gruppen $\mathfrak{C}_2^1$ und $\mathfrak{C}_2^2$ ist die Axenvertheilung die gleiche, also sind für sie die gleichen erzeugenden Operationen zulässig. Wie aus § 4 von Cap. VII folgt, sind aber in diesem

Fig. 49.

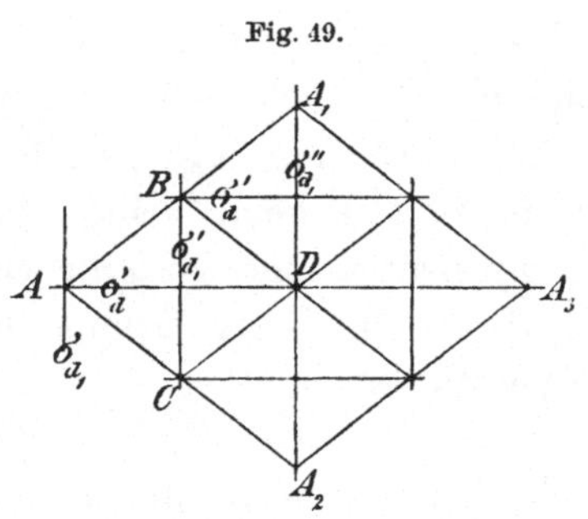

Fall nicht alle zu einander parallelen Ebenen gleichartig; vielmehr *zerfallen für jede Gruppe* $\mathfrak{C}_{2,v}$, *deren Translationsgruppe* Γ_v' *ist, alle parallelen Ebenen einer jeden Schaar in zwei verschiedene Arten, die abwechselnd auf einander folgen.* Je zwei gleichartige haben die Entfernung τ_x resp. τ_y von einander, und die zugehörigen Operationen unterscheiden sich durch die Translationscomponente τ_y resp. τ_x von einander.

Zunächst gestattet das Axensystem beider Gruppen eine Spiegelung $\mathfrak{S}_d$ gegen die durch AD gehende Ebene σ_d. Für die Gruppe $\mathfrak{C}_2^1$ sind alle Axen Drehungsaxen; daher existirt auch eine zu σ_d senkrechte Symmetrieebene σ_{d_1}, welche durch a geht. Dagegen ist, dem Vorstehenden gemäss, die durch BC gehende Ebene σ_{d_1}' eine Ebene mit Translationssymmetrie. Durch $A_1 A_2$ geht dann wieder eine reine Symmetrieebene u. s. w. Daraus folgt, dass durch *jede Diagonale des in den Hauptebenen liegenden Translationennetzes je eine reine Symmetrieebene geht,* während die Rhomben des *Axennetzes* die Eigenschaft haben, dass durch eine ihrer Diagonalen eine Symmetrieebene geht, durch die andere dagegen eine Ebene mit Translationssymmetrie; die bezüglichen Gleitspiegelungen sind $\mathfrak{S}_d(\tau_x)$ resp. $\mathfrak{S}_{d_1}(\tau_y)$. Die zugehörige Gruppe sei

$$\mathfrak{C}_{2,v}^{11} = \{\mathfrak{C}_2^1, \mathfrak{S}_d\} = \{\mathfrak{C}_2^1, \mathfrak{S}_{d_1}\}.$$

Für diejenige Gruppe, welche aus $\mathfrak{C}_2^2$ entsteht, tritt die Modification ein, dass die durch a gehende zu σ_d senkrechte Ebene σ_{d_1} nicht mehr reine Symmetrieebene ist; vielmehr entspricht ihr nach Satz XIX von Cap. V die Operation $\mathfrak{S}(\tau_z)$. Unter den mit σ_{d_1} parallelen Ebenen ist daher gemäss Cap. VII, 4 keine reine Symmetrieebene; die Translationscomponenten der bezüglichen Gleitspiegelungen sind τ_z und $\tau_y + \tau_z$. In dieser Gruppe finden sich also gleichzeitig die Operationen

$$\mathfrak{S}, \quad \mathfrak{S}(\tau_x), \quad \mathfrak{S}(\tau_z), \quad \mathfrak{S}(\tau_y + \tau_z).$$

Wir bezeichnen sie durch

$$\mathfrak{C}_{2,v}^{12} = \{\mathfrak{C}_2^2, \mathfrak{S}_d\} = \{\mathfrak{C}_2^2, \mathfrak{S}_{d_1}(\tau_z)\}.$$

Für jede der beiden vorstehenden Gruppen ist die Permutation der Axen durch

$$(a), \quad (c), \quad (bd)$$

darzustellen.

Statt der Spiegelung $\mathfrak{S}_d$ dürfen wir, wie oben bei rechtwinkligem Netz, auch die Operationen

$$\mathfrak{S}_d(\tau_z), \quad \mathfrak{S}_d(\tau_x), \quad \mathfrak{S}_d(\tau_x + \tau_z)$$

zur Erzeugung von Gruppen $\mathfrak{C}_{2,v}$ verwenden. Wir beginnen mit $\mathfrak{S}_d(\tau_z)$. Die zugehörige Axenpermutation ist, da die Translation τ_z jede Axe in sich verschiebt, mit der vorstehenden identisch. Zunächst ergiebt sich aus $\mathfrak{C}_2^1$ die Gruppe

$$\mathfrak{C}_{2,v}^{13} = \{\mathfrak{C}_2^1, \mathfrak{S}_d(\tau_z)\},$$

sie unterscheidet sich augenscheinlich von der Gruppe $\mathfrak{C}_{2,v}^{11}$ nur dadurch, dass für jede Ebene σ noch die Translationscomponente τ_z auftritt; sie enthält daher im besondern auch die Gleitspiegelungen

$$\mathfrak{S}_d(\tau_x + \tau_z) \quad \text{und} \quad \mathfrak{S}_{d_1}(\tau_y + \tau_z).$$

Aus der Gruppe $\mathfrak{C}_2^2$ dagegen kann sich eine neue Gruppe nicht ergeben; die Gruppe $\mathfrak{C}_{2,v}^{12}$ enthält nämlich bereits die Operation $\mathfrak{S}_{d_1}(\tau_z)$, deren Ebene durch a und eine Rhombendiagonale geht.

Da in den Gruppen $\mathfrak{C}_{2,v}^{11}$ und $\mathfrak{C}_{2,v}^{12}$ bereits eine Operation $\mathfrak{S}_d(\tau_x)$ vorkommt, deren Ebene eine Diagonale von $ABCD$ enthält, so ergeben sich mit ihr neue Gruppen nicht. Dasselbe gilt für die Operation $\mathfrak{S}_d(\tau_x + \tau_z)$. Einerseits enthält nämlich die Gruppe $\mathfrak{C}_{2,v}^{12}$ die der vorstehenden äquivalente Operation $\mathfrak{S}_{d_1}(\tau_y + \tau_z)$, andrerseits kommt in der Gruppe $\mathfrak{C}_{2,v}^{13}$ die Operation $\mathfrak{S}_d(\tau_x + \tau_z)$ selbst vor.

Damit sind die sämmtlichen Gruppen $\mathfrak{C}_{2,v}$ der betrachteten Art abgeleitet.

Für die Darstellung der Coordinatenausdrücke bedarf es besonderer Vorbemerkungen nicht. Legen wir die Coordinatenaxen, wie oben S. 422, so ergeben sich für das Fundamentalsystem gleichwerthiger Punkte augenscheinlich folgende Translationscomponenten:

$$\mathfrak{C}_{2,v}^{11}: \ 0, \ 0, \ 0, \ 0; \qquad \mathfrak{C}_{2,v}^{12}: \ 0, \ \tau_z, \ 0, \ \tau_z;$$

$$\mathfrak{C}_{2,v}^{13}: \ 0, \ 0, \ \tau_z, \ \tau_z.$$

Die Gruppe $\mathfrak{C}_{2,v}^{11}$ kann daher durch Multiplication der Gruppe C_2^v mit Γ_v' gebildet werden.

§ 5. Wir haben nun den Fall zu prüfen, dass die Drehungsaxe nicht mit der ausgezeichneten Richtung der Gruppe Γ_v' übereinstimmt. Um die Bezeichnung der bisher gebrauchten anzupassen, denken wir uns die Axenrichtung nach wie vor als z-Axe, alsdann ist das System primitiver Translationen der Gruppe Γ_v' durch

$$2\tau_x,\ 2\tau_y,\ 2\tau_z,\ \tau_y + \tau_z \quad \text{resp.} \quad 2\tau_x,\ \tau_y + \tau_z,\ \tau_y - \tau_z$$

zu characterisiren. Raumgruppen $\mathfrak{C}_{2,v}$, welche diese Translationsgruppe enthalten, können daher nur aus $\mathfrak{C}_2^3$ hervorgehen.

Das primitive Tripel entspricht derjenigen Wahl, die wir in § 7 des vorigen Capitels getroffen haben. Setzen wir nämlich (vgl. Fig. 47, S. 408)

$$AA_3 = \tau_e + \tau_f = 2\tau_x, \quad AA' = \tau_y, \quad AD = \tau_x, \quad AB_1 = \tfrac{1}{2}\tau_y,$$

so ist $AA'A_2A_3$ dasjenige Rechteck, in welches das a. a. O. betrachtete Parallelogramm $AA_1'A_2A_3$ für den vorliegenden Fall übergeht. Die Drehungsaxen gehen nämlich durch A und D und die Schraubenaxen durch C und B_1. Das Reckteck AB_1CD entspricht also wirklich dem Parallelogramm AB_1CD.

Die Ebene σ der erzeugenden Operation ist jedenfalls den Reckteckseiten parallel. Wie das primitive Tripel der Gruppe Γ_v' erkennen lässt, *zerfallen die Ebenen* $\sigma, \sigma', \sigma'' \ldots$, *welche der Seite* AB *parallel sind, in zwei verschiedene Schaaren gleichartiger Ebenen, während die andere Ebenenschaar aus lauter gleichartigen Ebenen besteht.* Der Abstand zweier Ebenen der zweiten Schaar ist τ_x, der Abstand zweier Ebenen der ersten Schaar ist die Hälfte von τ_y, die zugehörigen Translationscomponenten unterscheiden sich um τ_z.

Wird als erzeugende Operation die Spiegelung $\mathfrak{S}$ an der durch AB gehenden Ebene σ benutzt, so geht auch durch AC eine Symmetrieebene σ_1. Alle Ebenen beider parallelen Schaaren gehen durch die Rechteckseiten; von den zu σ parallelen Ebenen gehen die Symmetrieebenen durch die Drehungsaxen, die Ebenen mit Translationssymmetrie durch die

Schraubenaxen. Die bezügliche Axenvertauschung entspricht der Permutation

$$(a),\ (b),\ (c),\ (d).$$

Wir bezeichnen die so definirte Gruppe durch

$$\mathfrak{C}_{2,v}^{14} = \{\mathfrak{C}_2^3, \mathfrak{S}\} = \{\mathfrak{C}_2^3, \mathfrak{S}_1\}.$$

Dieselbe Permutation wird auch durch die Operation $\mathfrak{S}(\tau_z)$ an der durch AB gehenden Ebene σ erreicht. Eine solche Operation ist in der vorstehenden Gruppe nicht vorhanden, also führt $\mathfrak{S}(\tau_z)$ zu einer neuen Gruppe. Zu den sämmtlichen Ebenen $\sigma_1, \sigma'_1, \sigma''_1 \ldots$ gehört die Gleitspiegelung $\mathfrak{S}_1(\tau_z)$, von den zu σ parallelen Ebenen enthalten die Symmetrieebenen die Schraubenaxen. Die Gruppe sei

$$\mathfrak{C}_{2,v}^{15} = \{\mathfrak{C}_2^3, \mathfrak{S}(\tau_z)\} = \{\mathfrak{C}_2^3, \mathfrak{S}_1(\tau_z)\}.$$

Wir haben nunmehr wiederum zu prüfen, ob sich auch mit den Gleitspiegelungen

$$\mathfrak{S}(\tau_x) \quad \text{und} \quad \mathfrak{S}(\tau_x + \tau_z)$$

neue Gruppen $\mathfrak{C}_{2,v}$ aus $\mathfrak{C}_2^3$ ableiten lassen. Die durch sie eintretende Axenvertauschung entspricht in beiden Fällen der Permutation

$$(ab),\ (cd)$$

und ist daher zulässig. Um die Lage und Natur der zu AC parallelen Ebenen zu ermitteln, beachten wir wieder, dass auch die Spiegelung an der zu AC parallelen Mittelebene σ_{m_1} die genannte Permutation bewirkt, und ebenso die Operation $\mathfrak{S}_{m_1}(\tau_z)$ an dieser Ebene. Nun kann durch Multiplication der Drehung $\mathfrak{A}$ mit $\mathfrak{S}(\tau_x)$ eine Translationscomponente τ_z nicht entstehen, demnach gehört die Spiegelung $\mathfrak{S}_{m_1}$ der mit $\mathfrak{S}(\tau_x)$ erzeugten Gruppe an, und die Operation $\mathfrak{S}_{m_1}(\tau_z)$ derjenigen, die durch Multiplication mit $\mathfrak{S}(\tau_x + \tau_z)$ entsteht. Die bezüglichen Gruppen sind

$$\mathfrak{C}_{2,v}^{16} = \{\mathfrak{C}_2^3, \mathfrak{S}(\tau_x)\} = \{\mathfrak{C}_2^3, \mathfrak{S}_{m_1}\}$$

$$\mathfrak{C}_{2,v}^{17} = \{\mathfrak{C}_2^3, \mathfrak{S}(\tau_x + \tau_z)\} = \{\mathfrak{C}_2^3, \mathfrak{S}_{m_1}(\tau_z)\}.$$

Für die erste Gruppe sind alle zu AC parallelen Ebenen reine Symmetrieebenen. Die zweite Gruppe enthält dagegen keine eigentliche Symmetrieebene.

Für die analytische Darstellung der Coordinatenwerthe der vorstehenden vier Gruppen nehmen wir das Coordinatensystem wieder in der üblichen Weise an. Da jede der vier Gruppen mit einer Operation erzeugt wird, deren Ebene die XZ-Ebene ist, so ergeben sich für das Fundamentalsystem gleichwerthiger Punkte die folgenden Translationscomponenten:

$\mathfrak{C}_{2,v}^{14}$: 0, 0, 0, 0; $\mathfrak{C}_{2,v}^{15}$: 0, 0, τ_z τ_z

$\mathfrak{C}_{2,v}^{16}$: 0, 0, τ_x, τ_x; $\mathfrak{C}_{2,v}^{17}$: 0, 0, $\tau_x + \tau_z$ $\tau_x + \tau_z$

Die Gruppe $\mathfrak{C}_{2,v}^{14}$ ist diejenige, welche durch Multiplication der Gruppe C_2^v mit Γ_v' entsteht. Endlich können wir noch foldenden Satz aussprechen:

Lehrsatz II. *Es giebt sieben Raumgruppen von der Symmetrie der rhombischen Hemimorphie, deren Translationsgruppe Γ_v' ist.*

§ 6. **Die hemimorphen Gruppen mit der Translationsgruppe Γ_v''.** Das primitive System der Translationsgruppe Γ_v'' besteht aus den Translationen

$$\tau_y + \tau_z, \quad \tau_z + \tau_x, \quad \tau_x + \tau_y,$$

die Gruppe Γ_v'' ist daher von dem gleichen Typus wie die Gruppe Γ_m'. Demnach können Raumgruppen $\mathfrak{C}_{2,v}$, welche Γ_v'' als Translationsgruppe enthalten, nur aus $\mathfrak{C}_2^3$ entstehen.

Setzen wir (Fig. 46, S. 406)

$$AA_1 = \tau_x, \quad AA_2 = \tau_y, \quad AA_3 = \tau_x + \tau_y,$$
$$AB = \tfrac{1}{2}\tau_x, \quad AC = \tfrac{1}{2}\tau_y, \quad AD = \tfrac{1}{2}(\tau_x + \tau_y),$$

so ist $AA_1A_2A_3$ dasjenige Rechteck, in welches sich das oben Cap. VII, § 6 betrachtete Parallelogramm $AA_1A_2A_3$ specialisirt, ebenso entspricht das Rechteck $ABCD$ dem von den Axen der Gruppe $\mathfrak{C}_2^3$ bestimmten Parallelogramm $ABCD$. Die Drehungsaxen gehen durch A und D, die Schraubenaxen durch B und C. Da die Axen verschiedenartig sind, so sind an und für sich nur solche Vertauschungen der Axenschaaren möglich, welche gleichartige Axen zur Deckung bringen.

Die erzeugende Ebene σ_v ist auf alle Fälle den Rechtecksenten parallel. Wie die Natur der Gruppe Γ_v'' zeigt, *zerfällt jede der beiden parallelen Ebenenschaaren in je zwei verschiedene Schaaren gleichartiger Ebenen, die abwechselnd auf einander folgen; der Abstand je zweier gleichartiger Ebenen ist die Hälfte von* τ_x *resp.* τ_y. Ist zunächst σ_v die Symmetrieebene σ, welche durch AB geht, so geht die nächste Ebene durch CD; die ihr entsprechende Operation kann mit

$$\mathfrak{S}(\tau_z) \text{ oder } \mathfrak{S}(\tau_x)$$

bezeichnet werden. Jede dieser Operationen ist vorhanden und kann, da $\tau_z + \tau_x$ eine primitive Translation ist, als reducirte Form der zugehörigen Gleitspiegelungen angesehen werden. Da a Drehungsaxe ist, so geht durch AC eine Symmetrieebene σ_1; für die mit ihr parallele Ebenenschaar existiren die Operationen $\mathfrak{S}_1$, $\mathfrak{S}_1(\tau_y)$, $\mathfrak{S}_1(\tau_z)$. Die zugehörige Axenpermutation ist

$$(a)\ (b)\ (c)\ (d).$$

Wir bezeichnen die bezügliche Gruppe durch

$$\mathfrak{C}_{2,v}^{18} = \{\mathfrak{C}_2^3, \mathfrak{S}\} = \{\mathfrak{C}_2^3, \mathfrak{S}_1\}.$$

Die Gruppe besitzt nach den x- und y-Richtungen die gleichen Operationen. Da sie, wie oben gezeigt, auch Operationen $\mathfrak{S}(\tau_x)$ und $\mathfrak{S}(\tau_z)$ enthält, deren Ebene durch eine Rechteckseite geht, so führen diese Operationen nicht zu neuen Gruppen. Endlich ist auch diejenige Gleitspiegelung gegen σ als erzeugende Operation ausgeschlossen, deren Translationscomponente die Hälfte von $\tau_z + \tau_x$ ist; denn sie würde die ungleichartigen Axen a und b vertauschen.

Es ist zweitens zu untersuchen, ob die erzeugende Ebene auch durch eine Mittellinie des Rechtecks $ABCD$ gehen kann, resp. was auf dasselbe hinauskommt, ob es Operationen giebt, welche die durch

$$(a\,d)\ (b\,c)$$

dargestellte Axenpermutation bewirken. Dies ist in der That der Fall; es genügt die Gleitspiegelung $\mathfrak{S}_m(\tau)$, deren Ebene σ_m die zu AB parallele Mittellinie enthält, wenn τ die halbe Translation

$$\tau = \tfrac{1}{2}(\tau_x + \tau_z)$$

ist. Die Grösse τ ist die einzige halbe Translation, welche die genannte Axenpermutation hervorbringt. Dieselbe Permutation wird auch durch die analog gebildete Operation $\mathfrak{S}_{m_1}(\tau_1)$ herbeigeführt, deren Ebene die zu AC parallele Mittellinie enthält, und deren Translationscomponente den Werth

$$\tau_1 = \tfrac{1}{2}(\tau_y + \tau_z)$$

hat. Diese Operation gehört daher gemäss Satz XXV von Cap. VI der vorliegenden Gruppe an. Die Gruppe enthält wieder nach der x- und y-Axe die analogen Operationen; keine von ihnen ist eine reine Spiegelung, ihre Translationscomponenten unterscheiden sich in der in Cap. VII, § 4 angegebenen Weise. Wir bezeichnen die Gruppe durch

$$\mathfrak{C}_{2,v}^{19} = \{\mathfrak{C}_2^3, \mathfrak{S}_m(\tau)\} = \{\mathfrak{C}_2^3, \mathfrak{S}_{m_1}(\tau_1)\}.$$

Für die analytische Bestimmung der Coordinatenwerthe haben wir zu beachten, dass sich, wie oben erwähnt, die Spiegelung $\mathfrak{S}_m$ durch die Spiegelung gegen die XZ-Ebene und eine Translation, die gleich der Hälfte von τ_y ist, ersetzen lässt. Demgemäss ergeben sich für das Fundamentalsystem der gleichwerthigen Punkte die Zusatztranslationen in folgender Form

$$\mathfrak{C}_{2,v}^{18}\colon\ 0 \quad 0 \quad 0 \quad 0;$$

$$\mathfrak{C}_{2,v}^{19} \quad 0 \quad 0 \quad \tfrac{1}{2}(\tau_x + \tau_y + \tau_z) \quad \tfrac{1}{2}(\tau_x + \tau_y + \tau_z)$$

Die Gruppe $\mathfrak{C}_{2,v}^{18}$ kann daher durch Multiplication von C_2^v mit der Translationsgruppe Γ_v'' erhalten werden. Wir erhalten noch den

Lehrsatz III. *Es giebt zwei Gruppen von der Symmetrie der rhombischen Hemimorphie, deren Translationsgruppe Γ_v'' ist.*

§ 7. **Die hemimorphen Gruppen mit der Translationsgruppe Γ_v'''.** Es sind endlich noch diejenigen Gruppen $\mathfrak{C}_{2,v}$ zu ermitteln, deren Translationsgruppe Γ_v''' ist. Als primitives Tripel dieser Gruppe wählen wir zu diesem Zweck am besten die Translationen

$$2\tau_z, \quad \tau_x + \tau_y + \tau_z, \quad \tau_x - \tau_y + \tau_z.$$

Dieselben entsprechen der Gruppe Γ_m'; es können daher nur aus der Gruppe $\mathfrak{C}_2^3$ Gruppen $\mathfrak{C}_{2,v}$ entstehen, welche Γ_v''' als Translationsgruppe enthalten.

Wir setzen (vgl. Fig. 49)

$$AA_1 = \tau_x - \tau_y, \quad AA_2 = \tau_x + \tau_y, \quad AA_3 = 2\tau_x,$$

$$AB = \tfrac{1}{2}(\tau_x - \tau_y), \quad AC = \tfrac{1}{2}(\tau_x + \tau_y), \quad AD = \tau_x,$$

so sind die beiden Rhomben $AA_1A_2A_3$ und $ABCD$ diejenigen

Figuren, in welche die Cap. VII, 6 betrachteten Parallelogramme $A A_1 A_2 A_3$ und $ABCD$ in diesem Fall übergehen. Die Drehungsaxen gehen durch A und D, die Schraubenaxen durch B und C.

Die erzeugende Ebene σ_v hat in allen Fällen die Richtung einer Rhombendiagonale. *Jede der beiden parallelen Ebenenschaaren besteht aus zwei verschiedenen Ebenenarten, die abwechselnd auf einander folgen; der Abstand zweier gleichartigen Ebenen ist resp.* τ_x *und* τ_y. *Die Translationscomponenten unterscheiden sich für jede der beiden Schaaren resp. um* $\tau_x + \tau_z$ *und* $\tau_y + \tau_z$.

Wird als erzeugende Operation die Spiegelung $\mathfrak{S}_d$ an der durch AD gehenden Ebene σ_d gewählt, so geht, da a Drehungsaxe ist, durch a noch eine zweite zu σ_d senkrechte Symmetrieebene σ_{d_1}. Die Ebenenlage stimmt daher mit der oben für die Gruppe $\mathfrak{C}_{2,v}^{11}$ geschilderten überein. Im Rhombus $A A_1 A_2 A_3$ geht durch jede Diagonale eine reine Symmetrieebene; dagegen ist von den Ebenen, welche die Diagonalen der von den Axen gebildeten Rhomben enthalten, nur eine eine reine Symmetrieebene, nämlich diejenige, welche die Drehungsaxen enthält. Für die anderen sind $\mathfrak{S}_d(\tau_x + \tau_z)$ resp. $\mathfrak{S}_{d_1}(\tau_y + \tau_z)$ die bezüglichen Operationen. Wir bezeichnen die Gruppe durch

$$\mathfrak{C}_{2,v}^{20} = \{\mathfrak{C}_2^3, \mathfrak{S}_d\} = \{\mathfrak{C}_2^3, \mathfrak{S}_{d_1}\}.$$

Wie das vorstehende zeigt, kommt in dieser Gruppe eine Gleitspiegelung $\mathfrak{S}_d(\tau_z)$ nicht vor. Wir erhalten daher, wenn wir sie als erzeugende Operation benutzen, eine neue Gruppe. Statt der beiden Symmetrieebenen σ_d und σ_{d_1} treten die Operationen $\mathfrak{S}_d(\tau_z)$ und $\mathfrak{S}_{d_1}(\tau_z)$ auf; die andern Operationen dieser Art werden daher $\mathfrak{S}_d(\tau_x)$ resp. $\mathfrak{S}_{d_1}(\tau_y)$. Wir bezeichnen die Gruppe durch

$$\mathfrak{C}_{2,v}^{21} = \{\mathfrak{C}_2^3, \mathfrak{S}_d(\tau_z)\} = \{\mathfrak{C}_2^3, \mathfrak{S}_{d_1}(\tau_z)\}.$$

Die den beiden Gruppen entsprechende Axenpermutation hat die Gestalt

$$(a), \quad (d), \quad (bc).$$

Ausser den vorstehend betrachteten Operationen $\mathfrak{S}$ und $\mathfrak{S}(\tau_z)$ sind nun noch die Operationen

$$\mathfrak{S}_d(\tau_x) \quad \text{und} \quad \mathfrak{S}_d(\tau_x + \tau_z)$$

bezüglich derselben durch AD gehenden Ebene σ_d zu untersuchen. Dieselben entsprechen der Axenpermutation

$$(ad), \quad (b), \quad (c)$$

und führen daher zu neuen Gruppen. Wir beginnen mit derjenigen, die sich durch Multiplication mit $\mathfrak{S}_d(\tau_z)$ ableiten lässt. Wie wieder aus Cap. VII, § 4 folgt, ist unter den zu σ parallelen Ebenen keine Symmetrieebene, die bezüglichen Operationen sind

$$\mathfrak{S}(\tau_x) \quad \text{und} \quad \mathfrak{S}(\tau_z).$$

Was die zweite Ebenenschaar betrifft, so ist zu beachten, dass die vorstehende Axenpermutation durch Spiegelung an einer durch BC gehenden Ebene σ_{d_1}' eintritt, und ebenso durch die Operation $\mathfrak{S}(\tau_z)$ gegen diese Ebene. Von ihnen kann aber nur die Spiegelung der Gruppe angehören; denn sie bedingt gemäss Cap. V, Satz XIX mit der Axe b zusammen die in der Gruppe enthaltene Operation $\mathfrak{S}_d(\tau_z)$ gegen die Ebene σ_d', welche durch B geht. Weiter folgt nun, dass für die Ebene σ_{d_1} $\mathfrak{S}(\tau_y + \tau_z)$ die zugehörige Operation ist. Wir bezeichnen die so bestimmte Gruppe durch

$$\mathfrak{C}_{2,v}^{22} = \{\mathfrak{C}_2^3, \mathfrak{S}_d(\tau_x)\} = \{\mathfrak{C}_2^3, \mathfrak{S}_{d_1}'\}.$$

Es wäre schliesslich noch die Operation $\mathfrak{S}(\tau_x + \tau_z)$ an der durch AB gehenden Ebene σ_d zur Erzeugung einer neuen Gruppe zu benutzen. Die so entstehende Gruppe ist aber von der vorhergehenden nicht verschieden, da derselben, wie eben gezeigt, bereits die analoge Operation $\mathfrak{S}(\tau_y + \tau_z)$ an einer nur Drehungsaxen enthaltenden Ebene angehört.

Da die beiden vorstehenden Axenpermutationen die einzigen sind, die bei rhombischem Axennetz auftreten können, so kann es andere Gruppen dieser Art nicht geben; also folgt:

Lehrsatz IV. *Es giebt drei Raumgruppen von der Symmetrie der rhombischen Hemimorphie, deren Translationsgruppe Γ_v''' ist.*

Die analytische Darstellung des Fundamentalsystems gleichwerthiger Punkte macht, da die erzeugenden Operationen sich sämmtlich auf die durch AD gehende Ebene σ_d beziehen, eine besondere Voruntersuchung nicht nöthig. Vielmehr ergiebt sich unmittelbar folgendes Schema der Translationscomponenten:

$$\mathfrak{C}_{2,v}^{20}: 0, 0, 0, 0; \quad \mathfrak{C}_{2,v}^{21}: 0, 0, \tau_z, \tau_z; \quad \mathfrak{C}_{2,v}^{22}: 0, 0, \tau_x, \tau_x.$$

Die Gruppe $\mathfrak{C}_{2,v}^{20}$ ist diejenige, welche sich durch Multiplication der Punktgruppe C_2^v mit der Translationsgruppe Γ_v''' erzeugen lässt.

Endlich sprechen wir noch folgenden Satz aus:

Lehrsatz V. *Es giebt 22 verschiedene Raumgruppen, welche die Symmetrie der rhombischen Hemimorphie besitzen.*

§ 8. **Allgemeine Bemerkungen über die hemiedrischen Gruppen.** Der Hemiedrie des rhombischen Systems entspricht die Vierergruppe V mit den Operationen

$$1, \mathfrak{U}, \mathfrak{V}, \mathfrak{W}.$$

Die Vierergruppe V kann durch Multiplication der Gruppe C_2 mit einer Umklappung erzeugt werden; analog können daher die zu V isomorphen Raumgruppen $\mathfrak{V}$ gebildet werden. Wir ziehen jedoch vor, einen Weg einzuschlagen, welcher dem symmetrischen Verhalten der Vierergruppe nach den drei zu einander senkrechten Richtungen entspricht. Die Operationen

$$1, \mathfrak{U}, \quad 1, \mathfrak{V}, \quad 1, \mathfrak{W}$$

bilden nämlich je eine in ihr enthaltene Untergruppe; das Analoge trifft daher gemäss Cap. VI, Lehrsatz XVI für die isomorphen Raumgruppen $\mathfrak{V}$ zu. Jede Gruppe $\mathfrak{V}$ besitzt also drei Untergruppen $\mathfrak{C}_2$, deren Axen resp. zu u, v, w parallel laufen; um alle diese Gruppen zu finden, haben wir demgemäss alle möglichen Combinationen von drei Gruppen $\mathfrak{C}_2$ zu suchen.

Wir theilen die Gruppen $\mathfrak{V}$ wieder nach den in ihnen enthaltenen Translationsgruppen ein, unterscheiden also die vier Classen, welche resp. den Gruppen Γ_v, Γ_v', Γ_v'', Γ_v''' entsprechen. Die einer jeden Axenrichtung entsprechende Gruppe $\mathfrak{C}_2$ ist durch die Art der Translationsgruppe unmittelbar bestimmt. Die Translationsgruppe bedingt eine Gruppe $\mathfrak{C}_2^1$ oder $\mathfrak{C}_2^2$, wenn keine Translation existirt, die eine Componente τ_x, τ_y, τ_z hat.

Existirt dagegen eine derartige Translation, so erfordert die Translationsgruppe eine Gruppe $\mathfrak{C}_2^3$.

Hieraus folgt, dass für diejenigen Raumgruppen $\mathfrak{V}$, deren Translationsgruppe Γ_v ist, die Axen nach jeder der drei Richtungen einer Gruppe $\mathfrak{C}_2^1$ oder $\mathfrak{C}_2^2$ angehören. Es sind daher bezüglich der Natur der Axen die vier Möglichkeiten denkbar, dass die Axen parallel u, v, w resp. eine Gruppe

$$\mathfrak{C}_2^1, \mathfrak{C}_2^1, \mathfrak{C}_2^1; \quad \mathfrak{C}_2^1, \mathfrak{C}_2^1, \mathfrak{C}_2^2; \quad \mathfrak{C}_2^1, \mathfrak{C}_2^2, \mathfrak{C}_2^2; \quad \mathfrak{C}_2^2, \mathfrak{C}_2^2, \mathfrak{C}_2^2$$

Fig. 50.

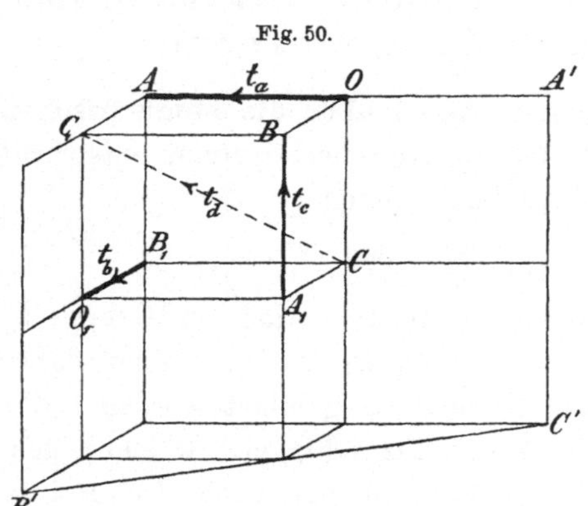

bilden. Wir werden zeigen, *dass jeder dieser Möglichkeiten eine und genau eine Raumgruppe vom Symmetriecharacter der Vierergruppen entspricht.*

Hierzu bedürfen wir einiger Hilfssätze, die zunächst abgeleitet werden sollen.

Wir denken uns ein rechtwinkliges Parallelepipedon (Fig. 50), dessen Kanten nach Länge und Richtung

$$OA = t_a, \quad OB = t_b, \quad CO = t_c$$

sind. Ferner seien

$$\mathfrak{A}(\pi, 2t_a), \quad \mathfrak{B}(\pi, 2t_b) \quad \text{und} \quad \mathfrak{C}(\pi, 2t_c)$$

Schraubenbewegungen, deren Axen a, b und c in die Seiten OA, B_1O_1 und A_1B fallen, also einander nicht schneiden. Wir betrachten das Product dieser drei Bewegungen. Denken wir uns durch irgend einen Punkt drei zu a, b, c parallele Axen, so ist das Product der zu $\mathfrak{A}$, $\mathfrak{B}$, $\mathfrak{C}$ isomorphen Umklappungen, wie im ersten Abschnitt (S. 62) bewiesen, der Identität äquivalent. Nach Cap. V § 9 folgt daher, dass das Product von $\mathfrak{A}$, $\mathfrak{B}$, $\mathfrak{C}$ jedenfalls eine Translation ist.

Um dieselbe zu finden, suchen wir den Ort, an welchen ein beliebiger Raumpunkt nach Ausführung der drei Bewegungen gelangt. Wir wählen dazu den Punkt A', für welchen nach Länge und Richtung $A'A = 2t_a$ ist. Dieser Punkt kommt in Folge der Bewegung $\mathfrak{A}$ nach A. Von hier bringt ihn die Bewegung $\mathfrak{B}$ nach B', und von dort kommt er durch Umklappung um die Axe c nach C' und schliesslich durch die dann eintretende Translation der Bewegung $\mathfrak{C}$ wieder nach A'. Die resultirende Translation hat also die Grösse Null; d. h. es ist

1) $$\mathfrak{A}\mathfrak{B}\mathfrak{C} = 1.$$

Es ist zu bemerken, dass die Lage der Axen und die Richtung der zugehörigen Translationscomponenten nicht beliebig innerhalb des Parallelepipedons ist. Die Axen sind drei zu einander senkrechte Kanten, die sich nicht schneiden: und die Translationscomponenten $2t_a$, $2t_b$, $2t_c$ sind so gerichtet, dass

2) $$2t_a + 2t_b + 2t_c = 2t_d$$

ist, wenn $2t_d$ die Länge derjenigen körperlichen Diagonale CC_1 ist, welche von keiner der drei Axen getroffen wird.

Aus der obigen Gleichung werden wir nun verschiedene Folgerungen ziehen. Wir multipliciren sie mit $\mathfrak{C}^{-1}$, so geht sie in

$$\mathfrak{A}\mathfrak{B} = \mathfrak{C}^{-1}$$

über. Setzen wir nun zunächst $t_a = 0$, $t_b = 0$, so werden $\mathfrak{A}$ und $\mathfrak{B}$ Drehungen und die Axe c wird das gemeinsame Loth für a und b, also folgt:

1. *Zwei Umklappungen, deren Axen a und b sich rechtwinklig kreuzen, bedingen eine Schraubenbewegung vom Winkel π, deren Axe c das gemeinsame Loth von a und b ist und deren Translationscomponente gleich der doppelten Entfernung dieser Axen ist.*

Bemerkung. Es ist natürlich nicht ausgeschlossen, dass in einer Gruppe, welche die Axen a und b enthält, die Axe c eine Drehungsaxe ist. Der Satz giebt nur diejenige Bewegung an, welche nothwendig durch $\mathfrak{A}$ und $\mathfrak{B}$ bedingt wird. Ist daher c eine Drehungsaxe, so folgt nunmehr, entsprechend den Sätzen von Cap. V, § 4, dass in Richtung von c eine

Translation existirt, die gleich dem doppelten Abstand von a und b ist.

Setzen wir dagegen $t_c = 0$, so fallen die Axen a und b in dieselbe Ebene, während die Axe c ihren Platz nicht ändert. Also folgt:

2. *Zwei Schraubenbewegungen vom Winkel π, deren Axen sich schneiden, bedingen eine Umklappung um eine zu ihnen senkrechte Axe, die nicht durch ihren Schnittpunkt geht.*

Setzen wir drittens $t_a = 0$, $t_c = 0$, so werden a und c Drehungsaxen; gleichzeitig fällt b in die Gerade OB und es folgt:

3. *Eine Umklappung und eine Schraubenbewegung vom Winkel π, deren Axen sich schneiden, bedingen zusammen eine neue Umklappung, deren Axe senkrecht zu ihnen liegt und die Axe der Schraubenbewegung schneidet.*[1])

Diese Hilfssätze genügen, um die zur Vierergruppe isomorphen Raumgruppen $\mathfrak{B}$ abzuleiten. Die Vierergruppe ist dadurch characterisirt, dass ihre Operationen jede ihrer drei Axen einzeln in sich überführen. Gemäss unserm Fundamentaltheorem bilden daher die drei Gruppen $\mathfrak{C}_2$, deren Axen resp. parallel zu u, v, w sind, immer und nur dann eine Raumgruppe $\mathfrak{B}$, wenn jede dieser Gruppen die beiden andern in sich überführt und sich ausserdem eine Translationsgruppe einstellt, welche das vorgeschriebene Tripel primitiver Translationen besitzt.

Ferner ist unmittelbar ersichtlich, dass, wenn $\mathfrak{A}$ irgend eine zweizählige Deckbewegung für die Axen einer Gruppe $\mathfrak{C}_2$ ist, die Gerade a die Axen von $\mathfrak{C}_2$ entweder schneidet oder in der Mitte zwischen je zweien von ihnen verläuft. Die in einer Gruppe $\mathfrak{B}$ vorkommenden Axen verschiedener Richtung schneiden sich daher, oder sie durchsetzen einander in mittleren Abständen.

§ 9. **Die hemiedrischen Gruppen mit der Translationsgruppe Γ_v.** Für die Combination

$$\mathfrak{C}_2^1, \quad \mathfrak{C}_2^1, \quad \mathfrak{C}_2^1$$

1) Dieser Satz ist ein specieller Fall des Satzes XV in Cap. VI.

sind alle Axen Drehungsaxen, folglich ist gemäss der Bemerkung zum ersten Hilfssatz jedes gemeinsame Loth zweier Axen eine Drehungsaxe; die Axen bilden daher (Fig. 51)[1]) die

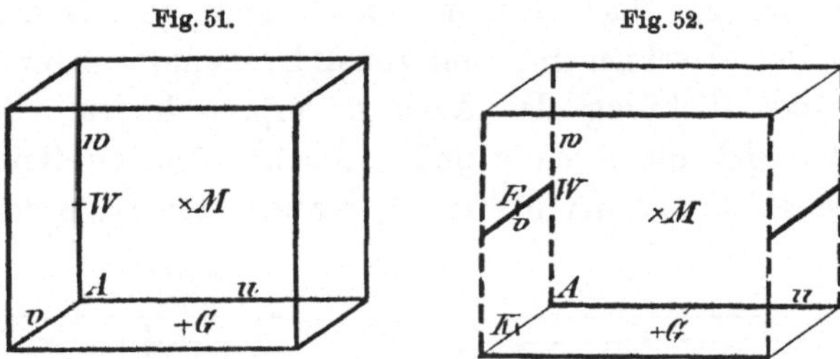

sämmtlichen Kanten eines rechtwinkligen Raumgitters. Andrerseits ist unmittelbar evident, dass jede Operation einer der drei Gruppen $\mathfrak{C}_2^1$ Deckoperation für die Gesammtheit der Axen ist und dass als primitive Translationen sich wirklich $2\tau_x$, $2\tau_y$, $2\tau_z$ ergeben, wenn τ_x, τ_y, τ_z die Kanten des vorstehenden aus den nächsten Axen der drei Gruppen $\mathfrak{C}_2^1$ gebildeten Parallelepipedons sind. Wir bezeichnen dieses Parallelepipedon durch p und die zugehörige Gruppe durch

$$\mathfrak{B}^1 = \{\mathfrak{C}_2^1, \mathfrak{C}_2^1, \mathfrak{C}_2^1\}.$$

Für die Combination

$$\mathfrak{C}_2^1, \quad \mathfrak{C}_2^1, \quad \mathfrak{C}_2^2$$

sind die Axen u und v Drehungsaxen, dagegen die Axen w Schraubenaxen. Daraus folgt mit Rücksicht auf Cap. IV, 4 des ersten Abschnitts zunächst, dass eine Axe u und eine Axe v sich nicht schneiden; sie laufen daher in mittleren Abständen durch einander durch. Ferner zeigt der erste Hilfssatz, dass die Axe w die Axen u und v schneidet. Dies giebt die obenstehende Vertheilung der Axen (Fig. 52), welche allen Bedingungen genügt. Die so bestimmte Gruppe bezeichnen wir durch

$$\mathfrak{B}^2 = \{\mathfrak{C}_2^1, \mathfrak{C}_2^1, \mathfrak{C}_2^2\}.$$

1) In den Fig. 51 bis 59 sind die Drehungsaxen durch starke ausgezogene Linien, die Schraubenaxen durch gestrichelte Linien dargestellt.

Bei der Combination

$$\mathfrak{C}_2^2, \quad \mathfrak{C}_2^2, \quad \mathfrak{C}_2^1$$

sind die Axen w Drehungsaxen, die Axen u und v dagegen Schraubenaxen. Nach dem dritten Hilfssatz darf w keine der Axen u und v schneiden, weil sonst Drehungsaxen entstehen, welche die Richtung der Axen u resp. v haben. Dagegen schneiden sich die Axen u und v gemäss dem zweiten Hilfssatz. Dies führt zu der in Fig. 53 gezeichneten Lage der Axen.

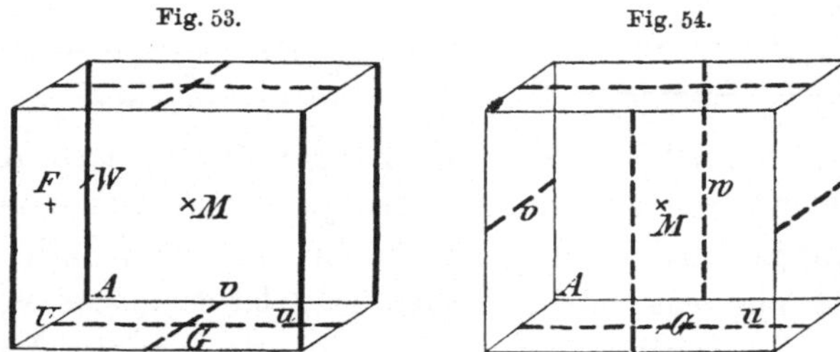

Dieselbe genügt andrerseits den allgemeinen Bedingungen und führt demnach zu einer Gruppe mit den Translationen $2\tau_x$, $2\tau_y$, $2\tau_z$. Wir bezeichnen sie durch

$$\mathfrak{B}^3 = \{\mathfrak{C}_2^2, \mathfrak{C}_2^2, \mathfrak{C}_2^1\}.$$

Für die vierte Combination

$$\mathfrak{C}_2^2, \quad \mathfrak{C}_2^2, \quad \mathfrak{C}_2^2$$

sind alle Axen Schraubenaxen. In Folge des zweiten Hilfssatzes dürfen sich keine zwei von ihnen schneiden; sie laufen daher sämmtlich windschief durch einander durch. Dem entspricht nur (Fig. 54) die obenstehende Lage der Axen. Die allgemeinen Bedingungen sind für sie gleichfalls erfüllt, also gehört zu ihnen eine Gruppe, die wir durch

$$\mathfrak{B}^4 = \{\mathfrak{C}_2^2, \mathfrak{C}_2^2, \mathfrak{C}_2^2\}$$

bezeichnen. Es folgt noch:

Lehrsatz VI. *Es giebt vier Raumgruppen von der Symmetrie der rhombischen Hemiedrie, deren Translationsgruppe Γ_o ist.*

Für die Bestimmung der Fundamentalwerthe der gleichwerthigen Punkte legen wir das Coordinatensystem so einfach wie möglich. Es lässt sich aber nicht erreichen, dass die

Coordinatenaxen immer mit den Axen der Gruppen $\mathfrak{V}$ zusammenfallen. Um nun diejenigen Coordinaten zu bestimmen, welche aus dem Ausgangspunkt $x\,y\,z$ durch Bewegung um eine nicht durch den Anfangspunkt gehende Axe entstehen, ersetzen wir letztere gemäss Satz V von Cap. V durch eine Translation und die analoge Bewegung um die durch den Anfangspunkt gehende Axe. Auf diese Weise lassen sich alle Coordinatenwerthe ohne Mühe bestimmen.

Den Anfangspunkt des Coordinatensystems legen wir für alle vier Gruppen in die Ecke A des Parallelepipedons p, so ergeben sich neben den Ausdrücken

$$x\,y\,z,\quad x\,\bar{y}\,\bar{z},\quad \bar{x}\,y\,\bar{z},\quad \bar{x}\,\bar{y}\,z,$$

welche den Drehungen

$$1,\ \mathfrak{U},\ \mathfrak{B},\ \mathfrak{W}$$

der Punktgruppe V entsprechen, für $\mathfrak{V}^1$, $\mathfrak{V}^2$, $\mathfrak{V}^3$, $\mathfrak{V}^4$ noch folgende Translationscomponenten:

$$\begin{array}{lllll}
\mathfrak{V}^1: & 0, & 0, & 0, & 0 \\
\mathfrak{V}^2: & 0, & 0, & \tau_z, & \tau_z \\
\mathfrak{V}^3: & 0, & \tau_x+\tau_y, & \tau_x+\tau_y, & 0 \\
\mathfrak{V}^4: & 0, & \tau_x+\tau_y, & \tau_y+\tau_z, & \tau_z+\tau_x.
\end{array}$$

Die Gruppe $\mathfrak{V}^1$ ist diejenige, welche durch Multiplication der Gruppe V mit der Translationsgruppe Γ_v erzeugt werden kann.

§ 10. **Die hemiedrischen Gruppen mit der Translationsgruppe Γ_v'.** Für die Translationsgruppe Γ_v', welche durch

$$\tau_x+\tau_y,\quad \tau_x-\tau_y,\quad 2\tau_z$$

characterisirt ist, existirt keine Translation, deren Componente τ_z ist. Dagegen kommen die Componenten τ_x und τ_y in den primitiven Translationen vor. Daraus folgt, dass die Axen u und v je eine Gruppe $\mathfrak{C}_2^3$ bilden, die Axen w dagegen eine Gruppe $\mathfrak{C}_2^1$ oder $\mathfrak{C}_2^2$. *Es ergeben sich daher in diesem Fall noch zwei mögliche Combinationen der Gruppen* $\mathfrak{C}_2$, nämlich

$$\mathfrak{C}_2^3,\ \mathfrak{C}_2^3,\ \mathfrak{C}_2^1 \quad \text{und} \quad \mathfrak{C}_2^3,\ \mathfrak{C}_2^3,\ \mathfrak{C}_2^2.$$

Die Lage der Axen muss einerseits denselben allgemeinen Bedingungen genügen, wie in den bisher betrachteten Fällen. Andrerseits sind hierfür noch einige besondere Erwägungen massgebend. Die Axen w treffen nämlich jede zu ihnen senkrechte Ebene in einem rhombischen Netz; und daraus folgt unmittelbar, dass jede der Drehungsaxen u und v *eine der Diagonalen dieses Netzes ist* (vgl. Fig. 49, S. 423).

Wir betrachten zunächst die zweite Combination. Für sie sind die Axen w sämmtlich Schraubenaxen, daher dürfen sich zwei Drehungsaxen u und v nicht schneiden. Andrerseits folgt aus dem ersten Hilfssatz, dass jede Axe w eine Drehungsaxe u und eine Drehungsaxe v trifft. Daher liegen in jeder zu w senkrechten Ebene Axen nur einer Richtung, und zwar so, dass sie in die Diagonalen des rhombischen Netzes fallen, welches in dieser Ebene von den Axen w gebildet wird. Dies führt nothwendig zu der nachstehenden Vertheilung der Axen

Fig. 55. Fig. 56.

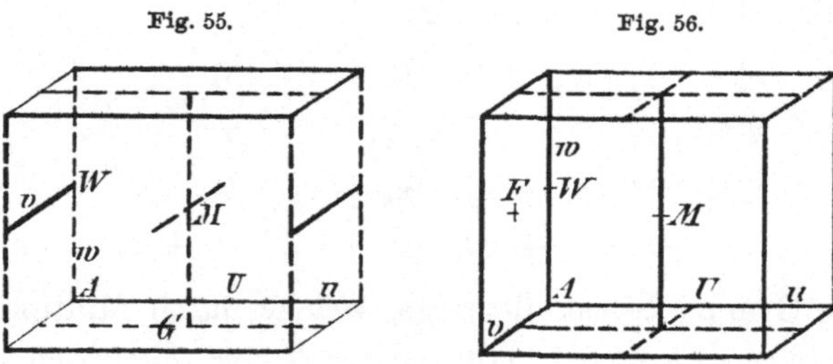

(Fig. 55). Die allgemeinen Bedingungen sind für dieselbe erfüllt, also giebt es eine so definirte Raumgruppe $\mathfrak{B}$. Wir bezeichnen sie durch

$$\mathfrak{B}^5 = \{\mathfrak{C}_2^3, \mathfrak{C}_2^3, \mathfrak{C}_2^2\}.$$

Für die erste der beiden obigen Combinationen sind alle Axen w Drehungsaxen. Im Hinblick auf die vorstehenden Erörterungen ergiebt sich, dass in diesem Fall je zwei Drehungsaxen u und v sich schneiden. Dasselbe kann übrigens auch aus dem Zusatz des ersten Hilfssatzes gefolgert werden. Jede zu w senkrechte Ebene, welche Axen u enthält, enthält also auch Axen v; dieselben fallen wieder in die Diagonalen des in dieser Ebene von den Axen w gebildeten rhombischen

Netzes. Dies führt mit Nothwendigkeit zu derjenigen Vertheilung der Axen, welche durch die vorstehende Figur 56 veranschaulicht wird. Die bezügliche Gruppe entspricht den allgemeinen Bedingungen; wir bezeichnen sie durch

$$\mathfrak{V}^6 = \{\mathfrak{C}_2^{\,3},\ \mathfrak{C}_2^{\,3},\ \mathfrak{C}_2^{\,1}\}$$

und erhalten:

Lehrsatz VII. *Es giebt zwei Raumgruppen von der Symmetrie der rhombischen Hemiedrie, deren Translationsgruppe Γ_v' ist.*

Um die Coordinaten des Fundamentalsystems gleichwerthiger Punkte zu ermitteln, legen wir den Anfangspunkt wieder in die Ecke A des Parallelepipedons p. Alsdann ergiebt sich, mit Rücksicht auf die Bemerkungen des vorigen Paragraphen, dass die Coordinatenwerthe ausser den Ausdrücken

$$xyz,\quad x\bar{y}\bar{z},\quad \bar{x}y\bar{z},\quad \bar{x}\bar{y}z$$

noch folgende Translationscomponenten enthalten:

$$\mathfrak{V}^5\colon\ 0,\ 0,\ \tau_z,\ \tau_z; \qquad \mathfrak{V}^6\colon\ 0,\ 0,\ 0,\ 0.$$

Die Gruppe $\mathfrak{V}^6$ ist diejenige, welche durch Multiplication der Punktgruppe V mit der Translationsgruppe Γ_v' entsteht.

§ 11. **Die hemimorphen Gruppen mit der Translationsgruppe Γ_v''.** Das primitive Tripel ist durch

$$\tau_y + \tau_z,\quad \tau_z + \tau_x,\quad \tau_x + \tau_y$$

darstellbar; die Gruppen $\mathfrak{C}_2$ sind daher sämmtlich vom Character der Gruppen $\mathfrak{C}_2^{\,3}$. Es giebt in Folge dessen nur eine mögliche Combination, nämlich

$$\mathfrak{C}_2^{\,3},\ \mathfrak{C}_2^{\,3},\ \mathfrak{C}_2^{\,3}.$$

Wie wir in § 6 gesehen haben, schneidet jede Axenschaar die zu ihr senkrechten Ebenen in einem rechtwinkligen Netz. Wir betrachten wieder (vgl. Fig. 48) dasjenige, welches die Axen w bestimmen. Da die Drehungsaxen die Gegenecken des Rechtecks treffen, so muss die erzeugende Axe u, damit sie das Netz in zulässiger Weise in sich überführt, nothwendig in eine Rechteckseite fallen. In welche Seite sie gelegt wird, ist ohne Belang, da alle Seiten zur Gesammtheit der Axen die gleiche Lage haben. Wir legen sie in AB.

Alsdann fällt die erzeugende Drehungsaxe v in die Gerade AC; dagegen muss nun mit BD und CD je eine Schraubenaxe zusammenfallen, weil sonst die durch B resp. C gehenden Axen Drehungsaxen werden müssen. Die Vertheilung der Axen ist also nur auf eine Weise möglich, und zwar so, wie die nebenstehende Figur 57 es zeigt. Die Drehungsaxen gehen sämmtlich durch zwei Gegenecken des Parallelepipedons p, während die übrigen sechs Kanten desselben Schraubenaxen sind. Die so bestimmte Gruppe bezeichnen wir durch

Fig. 57.

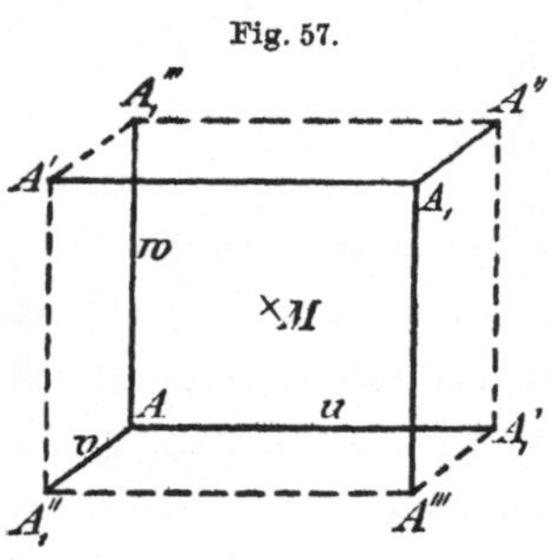

$$\mathfrak{B}^7 = \{\mathfrak{C}_2^3, \mathfrak{C}_2^3, \mathfrak{C}_2^3\}$$

und erhalten:

Lehrsatz VIII. *Es giebt nur eine Raumgruppe von der Symmetrie der rhombischen Hemiedrie, deren Translationsgruppe Γ_v'' ist.*

Es möge noch besonders bemerkt werden, dass die Länge der Kanten des Parallelepipedons p in diesem Fall nur die Hälfte von τ_x, τ_y, τ_z ist, in den übrigen Fällen aber τ_x, τ_y, τ_z selbst.

Das Parallelepipedon p enthält drei durch den Eckpunkt A gehende Drehungsaxen. Legen wir in diese Ecke den Coordinatenanfangspunkt, so ist das Fundamentalsystem gleichwerthiger Punkte augenscheinlich von Translationscomponenten frei; die Gesammtheit aller gleichwerthigen Punkte entsteht durch Addition der Translationen zu den gleichwerthigen Punkten der Punktgruppe V. Die Gruppe kann daher durch Multiplication der Vierergruppe V mit der Translationsgruppe Γ_v'' erzeugt werden.

§ 12. **Die hemimorphen Gruppen mit der Translationsgruppe Γ_v'''.** Characterisiren wir die Translationsgruppe Γ_v''' durch die Translationen

$$2\tau_x, \quad 2\tau_y, \quad 2\tau_z, \quad \tau_x + \tau_y + \tau_z,$$

so wird ersichtlich, dass auch sie lauter Gruppen $\mathfrak{C}_2^3$ bedingt.

Es giebt daher ebenfalls nur eine mögliche Combination, nämlich

$$\mathfrak{C}_2^3,\ \mathfrak{C}_2^3,\ \mathfrak{C}_2^3.$$

Jede Axenschaar bestimmt in den zu ihr senkrechten Ebenen gemäss § 7 ein rhombisches Netz. Um die Begriffe zu fixiren, betrachten wir die Axen w. Wie im vorstehenden, folgt auch hier, dass die Drehungsaxen u und v nur die Richtung der Diagonalen dieses Netzes haben können, damit das Netz durch Umklappung um diese Axen in sich übergeht. Ist nun ε die Netzebene, ist (vgl. Fig. 49) $ABCD$ ein Rhombus des Axennetzes und gehen durch A und D die Drehungsaxen, durch B und C die Schraubenaxen, so kann die erzeugende Axe u sowohl in die Diagonale AD, als auch in die Diagonale BC fallen. Dem entsprechen zwei verschiedene Gruppen.

Fällt eine Drehungsaxe u in die Diagonale AD, so geht durch den Schnittpunkt A der Drehungsaxen u und w auch eine Drehungsaxe v. Die Drehungsaxen u und v liegen also in derselben Ebene. Da aber das Axennetz in jeder zu den Axen senkrechten Ebene rhombisch ist, so folgt, dass in der Ebene ε *nur* Drehungsaxen liegen, und ebenso in den andern Ebenen, und dass dieselben je ein rechtwinkliges Netz bestimmen, das aus den Diagonalen des rhombischen Netzes besteht. Damit ist auch die Lage der Schraubenaxen festgelegt; für sie gilt dasselbe in denjenigen Hauptebenen, die im mittleren Abstand zwischen den eben genannten Hauptebenen verlaufen.

Fig. 58.

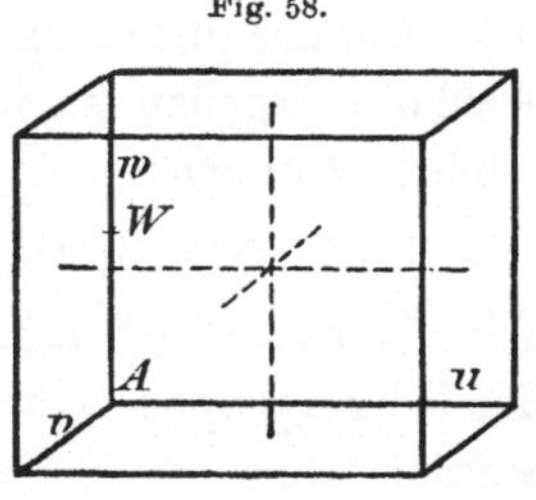

Dem entspricht die vorstehende Axenvertheilung von Fig. 58. Die allgemeinen Bedingungen sind für sie erfüllt. Die zugehörige Gruppe bezeichnen wir durch

$$\mathfrak{V}^8 = \{\mathfrak{C}_2^3,\ \mathfrak{C}_2^3,\ \mathfrak{C}_2^3\}.$$

Fällt die Drehungsaxe u in die Diagonale BC, so kann die erzeugende Axe v nicht ebenfalls in die Ebene ε fallen;

denn sonst schnitten sich in B zwei Drehungsaxen, und w müsste ebenfalls Drehungsaxe sein. Die Drehungsaxen u und v liegen also in verschiedenen Ebenen; dieselbe Ebene enthält daher Drehungsaxen der einen und Schraubenaxen der andern Richtung. Dies gilt für jede der drei Ebenen, für jede Ebene ist damit die Lage der Axen eine bestimmte. Es ergiebt sich daher mit Nothwendigkeit die Fig. 59 gezeichnete Vertheilung der Axen. Die allgemeinen Bedingungen sind für sie erfüllt; die zugehörige Gruppe bezeichnen wir durch

Fig. 59.

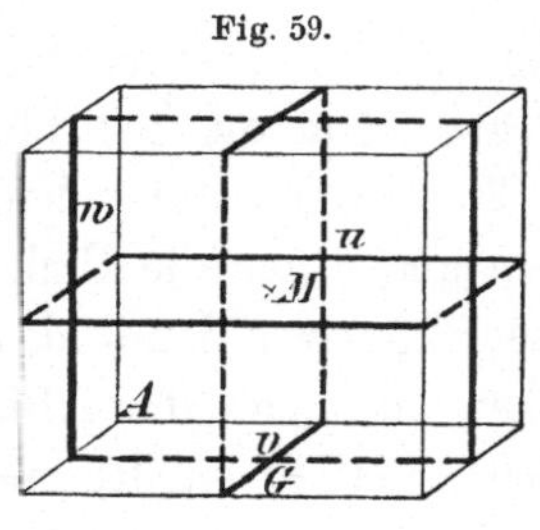

$$\mathfrak{B}^9 = \{\mathfrak{C}_2^3, \mathfrak{C}_2^3, \mathfrak{C}_2^3\}.$$

Demnach ergiebt sich:

Lehrsatz IX. *Es giebt zwei Raumgruppen von der Symmetrie der rhombischen Hemiedrie, deren Translationsgruppe Γ_v''' ist.*

Um die Coordinatenwerthe für das Fundamentalsystem gleichwerthiger Punkte zu geben, legen wir in beiden Fällen den Anfangspunkt in die Ecke A des Parallelepipedons p Alsdann ergeben sich folgende Translationscomponenten der beiden Gruppen:

$$\mathfrak{B}^8: \; 0, 0, 0, 0; \quad \mathfrak{B}^9: \; 0, \tau_z, \tau_x, \tau_y.$$

Die Gruppe $\mathfrak{B}^8$ ist daher diejenige, welche durch Multiplication der Vierergruppe V mit der Translationsgruppe Γ_v''' erzeugt werden kann.

Hiermit sind die zur Vierergruppe V isomorphen Raumgruppen sämmtlich abgeleitet. Das Ergebniss führt zu dem folgenden

Lehrsatz X. *Es giebt neun Raumgruppen von der Symmetrie der rhombischen Hemiedrie.*

Unter diesen Gruppen sollen noch diejenigen besonders angemerkt werden, deren Axen nach allen drei Richtungen symmetrisch verlaufen. Es sind diejenigen, welche nur eine Art von Untergruppen $\mathfrak{C}_2$ enthalten, nämlich die Gruppen

$$\mathfrak{B}^1 = \{\mathfrak{C}_2^1, \mathfrak{C}_2^1, \mathfrak{C}_2^1\} \quad \mathfrak{B}^4 = \{\mathfrak{C}_2^2, \mathfrak{C}_2^2, \mathfrak{C}_2^2\}$$
$$\mathfrak{B}^7 = \{\mathfrak{C}_2^3, \mathfrak{C}_2^3, \mathfrak{C}_2^3\} \quad \mathfrak{B}^8 = \{\mathfrak{C}_2^3, \mathfrak{C}_2^3, \mathfrak{C}_2^3\}$$
$$\mathfrak{B}^9 = \{\mathfrak{C}_2^3, \mathfrak{C}_2^3, \mathfrak{C}_2^3\}.$$

§ 13. **Allgemeine Bemerkungen über die holoedrischen Gruppen.** Diejenigen Raumgruppen, welche der Holoedrie des rhombischen Systems entsprechen, besitzen als isomorphe Punktgruppe die Gruppe V_h. Dieselbe enthält die Operationen

$$1,\ \mathfrak{U},\ \mathfrak{B},\ \mathfrak{W},\quad \mathfrak{S},\ \mathfrak{U}\mathfrak{S},\ \mathfrak{B}\mathfrak{S},\ \mathfrak{W}\mathfrak{S}$$

und entsteht durch Multiplication der Vierergruppe mit einer Spiegelung $\mathfrak{S}$, deren Ebene auf einer Axe der Vierergruppe senkrecht steht. Welche Axe hierzu gewählt wird ist gleichgiltig. Die zu V^h isomorphen Raumgruppen können daher durch Multiplication einer Gruppe $\mathfrak{B}$ mit einer zu $\mathfrak{S}$ isomorphen Operation erzeugt werden. Wir bezeichnen sie durch $\mathfrak{B}_h$.

Die Gruppe V^h enthält auch eine Inversion $\mathfrak{J}$; demgemäss kann jede zu V^h isomorphe Gruppe $\mathfrak{B}_h$ durch Multiplication einer Gruppe $\mathfrak{B}$ mit einer zu $\mathfrak{J}$ isomorphen Operation, d. h. also mit einer Inversion erzeugt worden. Jeder Punkt, welcher Symmetriecentrum der Axenschaaren einer Gruppe $\mathfrak{B}$ ist, führt zu einer Gruppe $\mathfrak{B}_h$. Wegen der einfachen Natur des Symmetriecentrums ziehen wir vor, die Gruppen $\mathfrak{B}_h$ durch Multiplication mit Inversionen abzuleiten. Dabei ist nur zu beachten, dass gemäss Cap. V, Satz XIII das Product von zwei Inversionen eine Translation ist, deren Länge die doppelte Entfernung der Symmetriecentra ist. Es sind daher nach Cap. VI, § 14 *zwei mittelst einer Inversion gebildete Gruppen nur dann identisch, wenn die Entfernung beider Symmetriecentra eine halbe Translation der Gruppe ist, oder wenn sie übereinstimmende Lage zum gesammten Axensystem haben.*

Jede der drei Gruppen $\mathfrak{C}_2$, welche in einer Gruppe $\mathfrak{B}$ enthalten ist, bestimmt mit der erzeugenden Inversion eine Gruppe $\mathfrak{C}_{2,h}$. Welche dies ist, geht aus der Lage des Symmetriecentrums hervor, und ist in § 8 des letzten Capitels angegeben worden. Aus den bezüglichen Untersuchungen folgt noch, dass *eine Gruppe $\mathfrak{B}_h$ reine Symmetrieebenen nur dann* *enthält, wenn das Symmetriecentrum in eine Axe fällt;* ist dies nicht der Fall, so sind alle Ebenen solche mit Translationssymmetrie. Die Art und Lage derselben kann in allen Fällen aus den obigen Untersuchungen direct entnommen werden. Zu ihrer Characteristik genügt es, die bezüglichen Untergruppen $\mathfrak{C}_{2,h}$ von $\mathfrak{B}_h$ jedesmal anzugeben.

Symmetriecentra für irgend eine der vorstehend abgeleiteten Gruppen $\mathfrak{B}$ können nur solche Punkte sein, welche in eine Axe, oder in die Mitte zwischen je zwei Axen fallen. Es können daher nur die Ecken, die Mitten der Kanten und Seitenflächen, sowie der Mittelpunkt der in den vorigen Paragraphen construirten Parallepipeda p Symmetriecentra abgeben. Wir wollen für dieselben eine einheitliche Bezeichnung einführen und zwar sollen

$$\mathfrak{J}, \quad \mathfrak{J}_g, \quad \mathfrak{J}_f, \quad \mathfrak{J}_m$$

die Inverionen gegen eine Ecke, gegen die Mitte der Grundfläche und Seitenfläche, sowie gegen die Mitte von p bedeuten, während

$$\mathfrak{J}_k, \quad \text{resp.} \quad \mathfrak{J}_u, \quad \mathfrak{J}_v, \quad \mathfrak{J}_w$$

die Inversion gegen eine Kantenmitte, resp. wenn diese Kante eine Axe ist, gegen die Mitte einer u-Axe, v-Axe oder w-Axe darstellen. Ferner sollen durch

$$A, \quad G, \quad F, \quad M, \quad K, \quad U, \quad V, \quad W$$

die zugehörigen Punkte bezeichnet werden. (Vgl. die vorstehenden Figuren.)

§ 14. **Die holoedrischen Gruppen mit der Translationsgruppe Γ_v.** Da die Translationen

$$2\tau_x, \quad 2\tau_y, \quad 2\tau_z$$

das primitive System bilden, so führen die Symmetriecentra, deren Abstand τ_x, τ_y, τ_z ist, zu derselben Gruppe $\mathfrak{B}_h$. Für die Gruppe $\mathfrak{B}^1$ kann jeder der im vorstehenden Paragraphen genannten Punkte ein Symmetriecentrum abgeben; da aber alle Richtungen gleichwerthig sind, so liefern nur vier dieser Symmetriecentra verschiedene Gruppen $\mathfrak{B}_h$, z. B. diejenigen, welche resp. in die Ecke A, in die Mitte M von p, in die Mitte W der Kante w, oder in die Mitte G der Grundfläche fallen. Jede der drei Untergruppen $\mathfrak{C}_{2,h}$ ist eine Gruppe $\mathfrak{C}_{2,h}^1$ oder $\mathfrak{C}_{2,h}^4$, je nachdem das Symmetriecentrum in eine Axe fällt oder nicht. Von den zugehörigen Gruppen $\mathfrak{B}_h$ enthält daher die erste drei Schaaren paralleler Symmetrieebenen, also drei Untergruppen $\mathfrak{C}_{2,h}^1$; jede Seitenfläche von p ist eine Symmetrieebene. Für die zweite Gruppe existirt keine Symmetrieebene, ihre Untergruppen sind vielmehr sämmtlich von der Form $\mathfrak{C}_{2,h}^4$. Für die dritte Gruppe ist diejenige Untergruppe, welche die w-Axen enthält, eine Gruppe $\mathfrak{C}_{2,h}^1$; alle ihre Ebenen sind daher Symmetrieebenen und zwar geht eine von ihnen durch die Mitte von p. Jede der beiden andern Gruppen ist dagegen eine Gruppe $\mathfrak{C}_{2,h}^4$. Endlich sind wieder alle Untergruppen der vierten Gruppe von der Form $\mathfrak{C}_{2,h}^4$ Wir bezeichnen die zugehörigen Gruppen durch

$$\mathfrak{B}_h^1 = \{\mathfrak{B}^1, \mathfrak{J}\} = \{\mathfrak{B}^1, \mathfrak{S}\} \quad \mathfrak{B}_h^2 = \{\mathfrak{B}^1, \mathfrak{J}_m\}$$

$$\mathfrak{B}_h^3 = \{\mathfrak{B}^1, \mathfrak{J}_w\} = \{\mathfrak{B}^1, \mathfrak{S}_m\} \quad \mathfrak{B}_h^4 = \{\mathfrak{B}^1, \mathfrak{J}_g\}$$

Für die Gruppen $\mathfrak{B}^2$ und $\mathfrak{B}^3$ sind nur die beiden Richtungen u und v gleichwerthig, nach der dritten Richtung w zeigen sie abweichendes Verhalten. Die in die Grundfläche und eine der Seitenflächen von p fallenden Symmetriecentren führen daher im Allgemeinen zu verschiedenen Gruppen, doch werden einige von ihnen gemäss Cap. VI, § 14 dadurch identisch, dass die betreffenden Symmetriecentra gleiche Lage zur Gesammtheit aller Axen erhalten.

Durch Inversion gegen die Ecke A von p entsteht aus $\mathfrak{B}^2$ dieselbe Gruppe, wie durch Inversion gegen die Mitte einer Seitenkante w, da die beiden Punkte A und W analoge Lage zu den Axen u und v haben. Nehmen wir als erzeugendes Symmetriecentrum die Ecke A, so bildet sich aus den Axen u eine Gruppe $\mathfrak{C}_{2,h}^1$, aus den Axen v eine Gruppe $\mathfrak{C}_{2,h}^4$, während die Axen w eine Gruppe $\mathfrak{C}_{2,h}^2$ liefern. Als Symmetrieebenen treten daher diejenigen Seitenflächen von p auf, welche die Axen v enthalten, sowie die zur Grundfläche parallele Mittelebene σ_m. Wir bezeichnen die Gruppe demgemäss durch

$$\mathfrak{B}_h^5 = \{\mathfrak{B}^2, \mathfrak{J}\} = \{\mathfrak{B}^2, \mathfrak{S}_m\}.$$

Zweitens betrachten wir diejenige Gruppe, welche durch Inversion gegen die Mitte M von p hervorgeht. Sie ist mit derjenigen identisch, welche durch Inversion gegen die Mitte G der Grundfläche entsteht; M liegt ebenso zu den Axen v, wie G zu den Axen u. Die Gruppe enthält keinerlei Symmetrieebene, die bezüglichen Untergruppen sind daher resp. $\mathfrak{C}_{2,h}{}^4$, $\mathfrak{C}_{2,h}{}^4$, $\mathfrak{C}_{2,h}{}^5$. Wir bezeichnen sie durch

$$\mathfrak{V}_h{}^6 = \{\mathfrak{V}^2, \mathfrak{J}_m\} = \{\mathfrak{V}^2, \mathfrak{J}_g\}.$$

Von denjenigen Symmetriecentren, die in die Kantenmitten fallen, haben wir noch die in der Grundfläche liegenden zu berücksichtigen. Da die Kanten verschiedenartig sind, so führen die zugehörigen Inversionen zu verschiedenen Gruppen. Fällt das Symmetriecentrum in die Mitte U einer Axe u, so entsteht eine Gruppe, deren Untergruppen nach den drei Richtungen resp. $\mathfrak{C}_{2,h}{}^1$, $\mathfrak{C}_{2,h}{}^4$, $\mathfrak{C}_{2,h}{}^5$ sind. Als einzige Symmetrieebene innerhalb p tritt daher die der uv-Ebene parallele Mittelebene σ_{m_1} auf. Die Gruppe ist im Sinne von Cap. VI, 14 mit derjenigen identisch, für welche das erzeugende Symmetriecentrum in die Mitte V einer Axe v, also zugleich in die Mitte F einer Seitenfläche fällt. Wir bezeichnen sie durch

$$\mathfrak{V}_h{}^7 = \{\mathfrak{V}^2, \mathfrak{J}_u\} = \{\mathfrak{V}^2, \mathfrak{S}_{m_1}\}$$

Wenn dagegen das Symmetriecentrum in diejenige Kante der Grundfläche fällt, welche keine Axe enthält, so ergiebt sich keinerlei reine Symmetrieebene; die bezüglichen Untergruppen sind resp. $\mathfrak{C}_{2,h}{}^4$, $\mathfrak{C}_{2,h}{}^4$, $\mathfrak{C}_{2,h}{}^5$. Die Gruppe bezeichnen wir mit

$$\mathfrak{V}_h{}^8 = \{\mathfrak{V}^2, \mathfrak{J}_k\}.$$

Die Gruppe $\mathfrak{V}^3$ liefert im Ganzen sechs verschiedene Gruppen $\mathfrak{V}_h$. Wir legen das Symmetriecentrum zunächst in die Ecke A von p, so wird die Grundfläche eine Symmetrieebene. Die Untergruppen sind resp. $\mathfrak{C}_{2,h}{}^5$, $\mathfrak{C}_{2,h}{}^5$, $\mathfrak{C}_{2,h}{}^1$; nur die Grundflächen von p sind daher Symmetrieebenen. Die bezügliche Gruppe bezeichnen wir durch

$$\mathfrak{V}_h{}^9 = \{\mathfrak{V}^3, \mathfrak{J}\} = \{\mathfrak{V}^3, \mathfrak{S}\}$$

Für diejenige Gruppe, welche durch Inversion gegen die Mitte M von p entsteht, existirt keine reine Symmetrieebene.

Ihre Untergruppen sind daher $\mathfrak{C}_{2,h}^5$, $\mathfrak{C}_{2,h}^5$, $\mathfrak{C}_{2,h}^4$. Wir bezeichnen sie durch

$$\mathfrak{V}_h^{10} = \{\mathfrak{V}^3, \mathfrak{J}_m\}.$$

Die Symmetriecentren, welche in die Seitenkanten fallen, sind von zweierlei Art und liefern daher zwei verschiedene Gruppen. Die Inversionen gegen die Mitten der Grundflächenkanten erzeugen im Sinne von Cap. VI, 14 die gleiche Gruppe; die zweite Gruppe ergiebt sich durch Inversion gegen die Mitte einer Axe w. Wird für die erstere das Symmetriecentrum in eine u-Axe gelegt, so sind $\mathfrak{C}_{2,h}^2$, $\mathfrak{C}_{2,h}^5$, $\mathfrak{C}_{2,h}^4$ die bezüglichen Untergruppen, die durch die v-Axen gehende Mittelebene σ_{m_1} von p ist eine Symmetrieebene. Für die zweite der genannten Gruppen ist die zur Grundfläche parallele Mittelebene σ_m von p eine Symmetrieebene; die Untergruppen sind $\mathfrak{C}_{2,h}^5$, $\mathfrak{C}_{2,h}^5$, $\mathfrak{C}_{2,h}^1$. Wir bezeichnen beide Gruppen durch

$$\mathfrak{V}_h^{11} = \{\mathfrak{V}^3, \mathfrak{J}_u\} = \{\mathfrak{V}^3, \mathfrak{S}_{m_1}\}$$
$$\mathfrak{V}_h^{12} = \{\mathfrak{V}^3, \mathfrak{J}_w\} = \{\mathfrak{V}^3, \mathfrak{S}_m\}.$$

Endlich lassen sich neue Gruppen durch Inversion gegen die Flächenmitten bilden. Fällt das Symmetriecentrum in die Mitte G der Grundfläche, so wird gemäss Cap. V, Satz XIV, jede Seitenfläche σ_1 von p eine Symmetrieebene, die Untergruppen sind daher $\mathfrak{C}_{2,h}^2$, $\mathfrak{C}_{2,h}^2$, $\mathfrak{C}_{2,h}^4$. Wenn dagegen die Inversion gegen die Mitte F einer Seitenfläche erfolgt, so existirt keinerlei Symmetrieebene; die Untergruppen sind bezüglich $\mathfrak{C}_{2,h}^5$, $\mathfrak{C}_{2,h}^5$, $\mathfrak{C}_{2,h}^4$. Die so definirten Gruppen sind

$$\mathfrak{V}_h^{13} = \{\mathfrak{V}^3, \mathfrak{J}_g\} = \{\mathfrak{V}^3, \mathfrak{S}_1\}, \quad \mathfrak{V}_h^{14} = \{\mathfrak{V}^3, \mathfrak{J}_f\}$$

Endlich ist die Gruppe $\mathfrak{V}^4$ zur Erzeugung neuer Gruppen zu verwenden. Aus ihr entstehen nur zwei Gruppen $\mathfrak{V}_h$. Erstens ist nämlich das Axensystem nach allen drei Richtungen gleichartig angeordnet, zweitens ist aber zu beachten, dass die Axen auch gegen die Ecken und die Mitte von p, sowie gegen die Kantenmitten und die Flächenmitten die gleiche Lage haben. Wir erhalten daher die bezüglichen Gruppen, wenn wir das Symmetriecentrum in eine Ecke A und in die Mitte G der Grundfläche legen.

Die Gruppe, welche durch Inversion gegen einen Eckpunkt von p entsteht, hat keinerlei Symmetrieebene; ihre Untergruppen sind $\mathfrak{C}_{2,h}^5$, $\mathfrak{C}_{2,h}^5$, $\mathfrak{C}_{2,h}^5$. Dagegen sind für diejenige Gruppe, welche mit der Inversion $\mathfrak{J}_g$ gebildet wird, die zur u-Axe senkrechten Seitenflächen σ_1 reine Symmetrieebenen. Die bezüglichen Untergruppen sind $\mathfrak{C}_{2,h}^2$, $\mathfrak{C}_{2,h}^5$, $\mathfrak{C}_{2,h}^5$. Die Gruppen selbst bezeichnen wir durch

$$\mathfrak{B}_h^{15} = \{\mathfrak{B}^4, \mathfrak{J}\}, \qquad \mathfrak{B}_h^{16} = \{\mathfrak{B}^4, \mathfrak{J}_g\} = \{\mathfrak{B}^4, \mathfrak{S}_1\}.$$

Demnach ergiebt sich:

Lehrsatz XI. *Es giebt 16 Raumgruppen von der Symmetrie der rhombischen Holoedrie, deren Translationsgruppe Γ_v ist.*

§ 15. Um die Translationscomponenten zu bestimmen, welche in das Fundamentalsystem gleichwerthiger Punkte eingehen, haben wir zu beachten, dass, nach Satz XIII von Cap. V, jede Inversion gegen einen beliebigen Punkt O durch eine Inversion gegen einen ebenfalls beliebigen Punkt O_1 und diejenige Translation ersetzbar ist, welche gleich $2OO_1$ ist. Ferner verwandelt die Inversion jede Translation in die entgegengesetzte; da aber immer nur halbe Translationen τ_x, τ_y, τ_z auftreten, und die Addition von $2\tau_x$, $2\tau_y$, $2\tau_z$ zu den Coordinaten gestattet ist, so können wir den Einfluss der Inversion auf die Translationscomponenten unberücksichtigt lassen. Endlich ist zu bemerken, dass die Inversion gegen den Anfangspunkt des Coordinatensystems aus dem Punkt xyz den Punkt $\bar{x}\bar{y}\bar{z}$ hervorbringt; damit sind die Vorbereitungen, welche zur Herstellung des Fundamentalsystems nöthig sind, erledigt.

Zunächst sind die gleichwerthigen Punkte der Gruppe V^h, wenn die Inversion als erzeugende Operation gewählt wird, in der Tabelle

$$xyz \quad x\bar{y}\bar{z} \quad \bar{x}y\bar{z} \quad \bar{x}\bar{y}z \qquad \bar{x}\bar{y}\bar{z} \quad \bar{x}yz \quad x\bar{y}z \quad xy\bar{z}$$

enthalten; sie entsprechen der Reihe nach den Operationen

$$1, \ \mathfrak{U}, \ \mathfrak{B}, \ \mathfrak{W}, \ \mathfrak{J}, \ \mathfrak{U}\mathfrak{J}, \ \mathfrak{B}\mathfrak{J}, \ \mathfrak{W}\mathfrak{J},$$

von denen die letzten die Spiegelungen gegen die drei zu den Axen senkrechten Symmetrieebenen darstellen.

Legen wir nun wieder für die Gruppen $\mathfrak{B}^1$, $\mathfrak{B}^2$, $\mathfrak{B}^3$, $\mathfrak{B}^4$ den Anfangspunkt des Coordinatensystems in die Ecke O von p, so ergeben sich für die aus $\mathfrak{B}^1$ abgeleiteten Gruppen folgende zusätzliche Translationscomponenten:

$\mathfrak{B}_h^1$:	0,	0,	0,	0
	0,	0,	0,	0
$\mathfrak{B}_h^2$:	0,	0,	0,	0
	$\tau_x + \tau_y + \tau_z$,	$\tau_x + \tau_y + \tau_z$,	$\tau_x + \tau_y + \tau_z$,	$\tau_x + \tau_y + \tau_z$
$\mathfrak{B}_h^3$:	0,	0,	0,	0
	τ_z,	τ_z,	τ_z,	τ_z
$\mathfrak{B}_h^4$:	0,	0,	0,	0
	$\tau_x + \tau_y$,	$\tau_x + \tau_y$,	$\tau_x + \tau_y$,	$\tau_x + \tau_y$

Denken wir uns die Gruppen $\mathfrak{B}_h^5$, $\mathfrak{B}_h^6$, $\mathfrak{B}_h^7$, $\mathfrak{B}_h^8$ bezüglich durch die Inversionen $\mathfrak{J}$, $\mathfrak{J}_g$, $\mathfrak{J}_u$, $\mathfrak{J}_k$ erzeugt, so ergeben sich für diese Gruppen folgende Translationen:

$\mathfrak{B}_h^5$:	0,	0,	τ_z,	τ_z
	0,	0,	τ_z,	τ_z
$\mathfrak{B}_h^6$:	0,	0,	τ_z,	τ_z
	$\tau_x + \tau_y$,	$\tau_x + \tau_y$,	$\tau_x + \tau_y + \tau_z$,	$\tau_x + \tau_y + \tau_z$
$\mathfrak{B}_h^7$:	0,	0,	τ_z,	τ_z
	τ_x,	τ_x,	$\tau_x + \tau_z$,	$\tau_x + \tau_z$
$\mathfrak{B}_h^8$:	0,	0,	τ_z,	τ_z
	τ_y,	τ_y,	$\tau_y + \tau_z$,	$\tau_y + \tau_z$

Für die aus $\mathfrak{B}^3$ abgeleiteten Gruppen ergeben sich folgende zusätzliche Translationscomponenten:

$\mathfrak{B}_h^9$:	0,	$\tau_x + \tau_y$,	$\tau_x + \tau_y$,	0
	0,	$\tau_x + \tau_y$,	$\tau_x + \tau_y$,	0
$\mathfrak{B}_h^{10}$:	0,	$\tau_x + \tau_y$,	$\tau_x + \tau_y$,	0
	$\tau_x + \tau_y + \tau_z$,	τ_z,	τ_z,	$\tau_x + \tau_y + \tau_z$
$\mathfrak{B}_h^{11}$:	0,	$\tau_x + \tau_y$,	$\tau_x + \tau_y$,	0
	τ_y,	τ_x,	τ_x,	τ_y

$\mathfrak{B}_h^{12}$: 0,	$\tau_x + \tau_y$,	$\tau_x + \tau_y$	0
τ_z,	$\tau_x + \tau_y + \tau_z$,	$\tau_x + \tau_y + \tau_z$,	τ_z
$\mathfrak{B}_h^{13}$: 0,	$\tau_x + \tau_y$,	$\tau_x + \tau_y$,	0
$\tau_x + \tau_y$,	0,	0,	$\tau_x + \tau_y$
$\mathfrak{B}_h^{14}$: 0,	$\tau_x + \tau_y$,	$\tau_x + \tau_y$.	0
$\tau_x + \tau_z$,	$\tau_y + \tau_z$,	$\tau_y + \tau_z$,	$\tau_x + \tau_z$

Denken wir uns endlich die Gruppen $\mathfrak{B}_h^{15}$ und $\mathfrak{B}_h^{16}$, wie oben, durch die Inversionen $\mathfrak{J}$ und $\mathfrak{J}_g$ erzeugt, so ergeben sich folgende Werthe der Tranlationscomponenten

$\mathfrak{B}_h^{15}$: 0,	$\tau_x + \tau_y$,	$\tau_y + \tau_z$,	$\tau_z + \tau_x$
0,	$\tau_x + \tau_y$,	$\tau_y + \tau_z$,	$\tau_z + \tau_x$
$\mathfrak{B}_h^{16}$: 0,	$\tau_x + \tau_y$,	$\tau_y + \tau_z$,	$\tau_z + \tau_x$
$\tau_x + \tau_y$,	0,	$\tau_x + \tau_z$,	$\tau_y + \tau_z$

Unter den sämmtlichen vorstehenden Gruppen ist $\mathfrak{B}_h^1$ die einzige, für welche sich alle Translationscomponenten auf Null reduciren, die also durch Multiplication der Gruppe V^h mit der Translationsgruppe Γ_v erzeugbar ist. *Sie stellt daher die Gruppe des durch Γ_v charakterisirten Raumgitters dar.*

§ 16. **Die holoedrischen Gruppen mit der Translationsgruppe Γ_v'.** Die Gruppen, deren Translationsgruppe Γ_v' ist, entstehen aus $\mathfrak{B}^5$ und $\mathfrak{B}^6$. Für beide sind die Axen u und v gleichartig angeordnet, die Axen w haben eine besondere Vertheilung. Das primitive Tripel der Gruppe Γ_v' bedingt, dass diejenigen Symmetriecentra dieselbe Gruppe liefern, deren Entfernung resp.

$$\tau_x, \quad \tau_y, \quad \tau_z, \quad \tfrac{1}{2}(\tau_x + \tau_y), \quad \tfrac{1}{2}(\tau_x - \tau_y)$$

ist. Im besondern erzeugt also das Symmetriecentrum G dieselbe Gruppe wie A, und das Symmetriecentrum M dieselbe Gruppe, wie W. Eine Gruppe, welche das eine der genannten Symmetriecentra enthält, enthält auch das andere. Dasselbe gilt schliesslich auch für diejenigen Symmetriecentra, die in den Mitten der Grundflächenkanten, resp. in den Mitten der Seitenflächen liegen.

Aus der Gruppe $\mathfrak{B}^5$ ergeben sich nur zwei Gruppen $\mathfrak{B}_h$. Wird das Symmetriecentrum in die Ecke A gelegt, so fällt es gleichzeitig in eine Axe u und eine Axe w; die bezüglichen Untergruppen sind daher $\mathfrak{C}_{2,h}^3$, $\mathfrak{C}_{2,h}^6$, $\mathfrak{C}_{2,h}^2$. Diejenige Seitenfläche, welche die Axen v und w enthält, sowie die zur Grundfläche parallele Mittelebene sind Symmetrieebenen. Die Gruppe stimmt im Sinne von Cap. VI, 14 mit derjenigen überein, für welche das erzeugende Symmetriecentrum in die Mitte W einer Axe w fällt; es entsteht daher auch durch Inversion gegen die Mitte M von p keine neue Gruppe. Wir bezeichnen die Gruppe durch

$$\mathfrak{B}_h^{17} = \{\mathfrak{B}^5, \mathfrak{J}\} = \{\mathfrak{B}^5, \mathfrak{S}_m\}.$$

Von den Symmetriecentren, welche in die Kantenmitten fallen, sind nur noch diejenigen zu benutzen, welche in der Grundfläche liegen. Beide Centra geben, wie oben geschehen, zu derselben Gruppe Veranlassung; die entstehende Gruppe enthält sie gleichzeitig. Wir legen das erzeugende Symmetriecentrum in eine Axe u; demnach sind die zugehörigen Untergruppen $\mathfrak{C}_{2,h}^3$, $\mathfrak{C}_{2,h}^6$, $\mathfrak{C}_{2,h}^5$. Die zu den Axen v und w parallele Mittelebene σ_{m_1} ist die Symmetrieebene. Die Gruppe ist im Sinn von Cap. VI, 14 mit derjenigen identisch, für welche die erzeugenden Symmetriecentra in die Mitten der Seitenflächen fallen. Wir bezeichnen sie durch

$$\mathfrak{B}_h^{18} = \{\mathfrak{B}^5, \mathfrak{J}_u\} = \{\mathfrak{B}^5, \mathfrak{S}_{m_1}\}.$$

Da alle möglichen Lagen des Symmetriecentrums erledigt sind, so sind dies die beiden einzigen aus $\mathfrak{B}^5$ ableitbaren Gruppen.

Mit $\mathfrak{B}^6$ lassen sich vier Gruppen $\mathfrak{B}_h$ erzeugen. Wir legen das erzeugende Symmetriecentrum zunächst in eine Ecke A von p, so fällt es gleichzeitig in eine Axe u, v, w; alle Seitenflächen von p sind daher Symmetrieebenen. Die bezüglichen Untergruppen sind $\mathfrak{C}_{2,h}^3$, $\mathfrak{C}_{2,h}^3$, $\mathfrak{C}_{2,h}^1$. Wir bezeichnen die Gruppe durch

$$\mathfrak{B}_h^{19} = \{\mathfrak{B}^6, \mathfrak{J}\} = \{\mathfrak{B}^6, \mathfrak{S}\}.$$

Durch Inversion gegen die Mitte M von p entsteht eine neue Gruppe; für sie ist die zur Grundfläche parallele Mittelebene σ_m eine Symmetrieebene; die bezüglichen Untergruppen sind daher $\mathfrak{C}_{2,h}^6$, $\mathfrak{C}_{2,h}^6$, $\mathfrak{C}_{2,h}^1$. Die Gruppe sei

$$\mathfrak{B}_h^{20} = \{\mathfrak{B}^6, \mathfrak{J}_m\} = \{\mathfrak{B}^6, \mathfrak{S}_m\}.$$

Die vorstehende Gruppe enthält auch diejenigen Symmetriecentra, welche in die Seitenkanten w fallen. Die Inversion gegen die Kantenmitten führt daher nur dann zu einer neuen Gruppe, wenn das Centrum in die Mitte einer Grundflächenkante fällt. Alle vier Symmetriecentra dieser Art kommen gleichzeitig in der Gruppe vor. Sie bedingen zwei einander senkrechte Symmetrieebenen σ_{m_1}, welche durch die Mittelhöhe von p verlaufen. Die bezüglichen Untergruppen sind daher $\mathfrak{C}_{2,h}^3$, $\mathfrak{C}_{2,h}^3$, $\mathfrak{C}_{2,h}^4$. Wir bezeichnen die Gruppe durch

$$\mathfrak{B}_h^{21} = \{\mathfrak{B}^6, \mathfrak{J}_u\} = \{\mathfrak{B}^6, \mathfrak{S}_{m_1}\}.$$

Von den Symmetriecentren, welche in die Flächenmitten fallen, liefern nur diejenigen eine neue Gruppe, welche in den Seitenflächen liegen. Die bezügliche Gruppe enthält die vier Symmetriecentra gleichzeitig. Keine Ebene ist reine Symmeebene, die Untergruppen sind $\mathfrak{C}_{2,h}^6$, $\mathfrak{C}_{2,h}^6$, $\mathfrak{C}_{2,h}^4$. Die Gruppe bezeichnen wir durch

$$\mathfrak{B}_h^{22} = \{\mathfrak{B}^6, \mathfrak{J}_f\}.$$

Also folgt:

Lehrsatz XII. *Es giebt sechs Raumgruppen von der Symmetrie der rhombischen Holoedrie, deren Translationsgruppe* Γ_v' *ist.*

Um die Coordinaten des Fundamentalsystems gleichwerthiger Punkte zu erhalten, denken wir uns wie zulässig die Gruppe $\mathfrak{B}_h^{17}$ durch die Inversion $\mathfrak{J}$ gegen die Ecke A und $\mathfrak{B}_h^{18}$, wie oben angegeben, durch die Inversion $\mathfrak{J}_u$ erzeugt, deren Centrum in die Drehungsaxe u fällt. Das Coordinatensystem nehmen wir wie oben so an, dass der Anfangspunkt in die Ecke A fällt, alsdann ergeben sich folgende Werthe für die Zusatztranslationen:

$\mathfrak{B}_h^{17}$:	$0,$	$0,$	$\tau_z,$	τ_z
	$0,$	$0,$	$\tau_z,$	τ_z
$\mathfrak{B}_h^{18}$:	$0,$	$0,$	$\tau_z,$	τ_z
	$\tau_x,$	$\tau_x,$	$\tau_x + \tau_z$	$\tau_x + \tau_z$

Denken wir uns $\mathfrak{B}_h^{20}$ durch Inversion gegen die Mitte einer Seitenaxe w erzeugt, legen das Symmetriecentrum für $\mathfrak{B}_h^{21}$ in eine Axe u und für $\mathfrak{B}_h^{22}$ in die uw-Ebene, so erhalten wir:

$$
\begin{array}{lllll}
\mathfrak{B}_h^{19}: & 0, & 0, & 0, & 0 \\
 & 0, & 0, & 0, & 0 \\
\mathfrak{B}_h^{20}: & 0, & 0, & 0, & 0 \\
 & \tau_z, & \tau_z, & \tau_z, & \tau_z \\
\mathfrak{B}_h^{21}: & 0, & 0, & 0, & 0 \\
 & \tau_x, & \tau_x, & \tau_x, & \tau_x \\
\mathfrak{B}_h^{22}: & 0, & 0, & 0, & 0 \\
 & \tau_x + \tau_z, & \tau_x + \tau_z, & \tau_x + \tau_z, & \tau_x + \tau_z
\end{array}
$$

Die Tabelle zeigt, dass die Gruppe $\mathfrak{B}_h^{19}$ diejenige ist, welche durch Multiplication der Gruppe V^h mit der Translationsgruppe Γ_v' entsteht. *Sie ist daher die Gruppe des durch Γ_v' bestimmten Raumgitters.*

§ 17. **Die holoedrischen Gruppen mit der Translationsgruppe Γ_v''.** Die Translationsgruppe Γ_v'' kommt nur in der Gruppe $\mathfrak{B}^7$ vor; für sie sind alle drei Axenarten wieder gleichartig angeordnet. Aus ihr lassen sich nur zwei Gruppen $\mathfrak{B}_h$ erzeugen, da nur die Mitte M und die Ecken von p Symmetriecentra des Axensystems sind. Da das primitive Translationssystem

$$\tau_y + \tau_z, \quad \tau_z + \tau_x, \quad \tau_x + \tau_y$$

ist, so enthält eine aus $\mathfrak{B}^7$ abgeleitete Raumgruppe $\mathfrak{B}_h$, für welche eine dieser Ecken ein Symmetriecentrum ist, nur noch drei andere Ecken als Symmetriecentra; also z. B. ausser A die Ecken A', A'', A'''. Wird A_1 als erzeugendes Symmetriecentrum benutzt, so sind A_1', A_1'', A_1''' die drei andern Centra; beide so erzeugbaren Gruppen sind aber nach Cap. VI, § 14 identisch. Von den Flächen von p sind nur die drei in A zusammenstossenden die Symmetrieebenen der bezüglichen Gruppe; wir bezeichnen sie durch

$$\mathfrak{B}_h^{23} = \{\mathfrak{B}_h^7, \mathfrak{J}\} = \{\mathfrak{B}_h^7, \mathfrak{S}\}.$$

Die bezüglichen Untergruppen $\mathfrak{C}_{2,h}$ sind sämmtlich vom Typus $\mathfrak{C}_{2,h}^3$.

Für das Fundamentalsystem gleichwerthiger Punkte treten daher Translationscomponenten nicht auf; die Gruppe ist auch durch Multiplication der Gruppe V^h mit der Translationsgruppe Γ_v'' erzeugbar, *und stellt die Symmetrie des der Gruppe Γ_v'' entsprechenden Raumgitters dar.*

Für diejenige Gruppe $\mathfrak{B}_h$, welche sich aus $\mathfrak{B}^7$ durch Multiplication mit der Inversion $\mathfrak{J}_m$ gegen die Mitte M von p erzeugen lässt, existirt eine Symmetrieebene nicht. Alle drei Untergruppen sind vom Typus $\mathfrak{C}_{2,h}{}^6$. Sie werde durch

$$\mathfrak{B}_h{}^{24} = \{\mathfrak{B}_h{}^7, \mathfrak{J}_m\}$$

bezeichnet. Aus den obigen Ausführungen folgt, dass nicht jedes Parallelepipedon p in seiner Mitte ein Symmetriecentrum enthält; dies trifft nur für je zwei solche Parallelepipeda zu, die eine Kante gemein haben.

Die Translationscomponenten des Fundamentalsystems haben für beide Gruppen wie ersichtlich die Werthe:

$\mathfrak{B}_h{}^{23}$:	0,	0,	0,	0
	0,	0,	0,	0
$\mathfrak{B}_h{}^{24}$:	0,	0,	0,	0
	$\frac{1}{2}(\tau_x+\tau_y+\tau_z)$,	$\frac{1}{2}(\tau_x+\tau_y+\tau_z)$,	$\frac{1}{2}(\tau_x+\tau_y+\tau_z)$,	$\frac{1}{2}(\tau_x+\tau_y+\tau_z)$

Wir erhalten schliesslich:

Lehrsatz XIII. *Es giebt zwei Raumgruppen von der Symmetrie der rhombischen Holoedrie, deren Translationsgruppe Γ_v'' ist.*

§ 18. **Die holoedrischen Gruppen mit der Translationsgruppe Γ_v'''.** Es ist endlich noch übrig, die Gruppen $\mathfrak{B}^8$ und $\mathfrak{B}^9$, deren Translationsgruppe Γ_v''' ist, zur Erzeugung von Gruppen $\mathfrak{B}_h$ zu benutzen. In beiden sind die Axen nach den drei Richtungen gleichartig angeordnet. Die Translation

$$\tau_x + \tau_y + \tau_z$$

zeigt, dass die Inversion gegen eine Ecke, sowie gegen die Mitte von p dieselbe Gruppe $\mathfrak{B}_h$ liefert; eine Raumgruppe, welche einen dieser Punkte als Symmetriecentrum enthält, enthält auch die andern. Ebenso enthält diejenige Gruppe, welche durch Inversion gegen die Mitte einer Seitenfläche entsteht, auch die Mitten zweier Grundflächenkanten als Symmetriecentra.

Fällt für $\mathfrak{B}^8$ das Symmetriecentrum in eine Ecke von p, so sind alle Seitenflächen von p Symmetrieebenen. Jede der drei Untergruppen ist von der Form $\mathfrak{C}_{2,h}^3$. Wir bezeichnen die Gruppe durch

$$\mathfrak{B}_h^{25} = \{\mathfrak{B}^8, \mathfrak{J}\} = \{\mathfrak{B}^8, \mathfrak{S}\}.$$

Das in eine Seitenkante fallende Symmetriecentrum erzeugt eine Gruppe $\mathfrak{B}_h$, für die nur eine Schaar von Symmetrieebenen existirt. Wir legen das Symmetriecentrum in eine Axe w, alsdann treten $\mathfrak{C}_{2,h}^6$, $\mathfrak{C}_{2,h}^6$, $\mathfrak{C}_{2,h}^3$ als Untergruppen auf. Die Gruppe werde durch

$$\mathfrak{B}_h^{26} = \{\mathfrak{B}^8, \mathfrak{J}_w\} = \{\mathfrak{B}^8, \mathfrak{S}_m\}$$

bezeichnet. Die Symmetrieebene ist die Mittelebene σ_m, die zur Grundfläche parallel ist. Damit sind die bezüglichen Gruppen, die aus $\mathfrak{B}^8$ entstehen, erledigt.

Aus $\mathfrak{B}^9$ lassen sich ebenfalls zwei Gruppen $\mathfrak{B}_h$ ableiten; sie ergeben sich für die gleiche Lage des Symmetriecentrums. Diejenige, welche durch Inversion gegen die Ecke A von p entsteht, enthält keinerlei Symmetrieebene, ihre drei Untergruppen sind sämmtlich vom Typus $\mathfrak{C}_{2,h}^6$. Wir bezeichnen sie durch

$$\mathfrak{B}_h^{27} = \{\mathfrak{B}^9, \mathfrak{J}\}.$$

Die zweite bilden wir durch Inversion gegen die Mitte der Grundfläche. Das in G fallende Symmetriecentrum bedingt zwei Schaaren von Symmetrieebenen; die zu den Axen v senkrechten Mittelebenen, sowie die diesen Axen parallelen Seitenflächen σ_1 gehören ihnen an. Die Untergruppen sind bezüglich $\mathfrak{C}_{2,h}^3$, $\mathfrak{C}_{2,h}^6$, $\mathfrak{C}_{2,h}^3$. Wir bezeichnen die Gruppe durch

$$\mathfrak{B}_h^{28} = \{\mathfrak{B}^9, \mathfrak{J}_g\} = \{\mathfrak{B}^9, \mathfrak{S}_1\}.$$

Demnach folgt:

Lehrsatz XIV. *Es giebt vier Raumgruppen von der Symmetrie der rhombischen Holoedrie, deren Translationsgruppe Γ_v''' ist.*

Die Translationscomponenten des Fundamentalsystems ergeben sich bei der vorstehend angenommenen Erzeugung der vier Gruppen ohne Schwierigkeit wie folgt:

$\mathfrak{B}_h^{25}$:	$0,$	$0,$	$0,$	0
	$0,$	$0,$	$0,$	0
$\mathfrak{B}_h^{26}$:	$0,$	$0,$	$0,$	0
	$\tau_z,$	$\tau_z,$	$\tau_z,$	τ_z
$\mathfrak{B}_h^{27}$:	$0,$	$\tau_z,$	$\tau_x,$	τ_y
	$0,$	$\tau_z,$	$\tau_x,$	τ_y
$\mathfrak{B}_h^{28}$:	$0,$	$\tau_z,$	$\tau_x,$	τ_y
	$\tau_x + \tau_y,$	$0,$	$\tau_y,$	τ_x.

Die Gruppe $\mathfrak{B}_h^{25}$ ist diejenige, welche durch Multiplication der Gruppe V^h mit der Translationsgruppe Γ_v''' erzeugbar ist; *sie stellt daher die Symmetrie des durch Γ_v''' bestimmten Raumgitters dar.*

Endlich können wir das Gesammtresultat folgendermassen aussprechen:

Lehrsatz XV. *Es giebt 28 Raumgruppen, deren Symmetrie diejenige der rhombischen Holoedrie ist.*

Neuntes Capitel.

Die Gruppen des rhomboedrischen Systems.

§ 1. **Vorbemerkungen.** Das rhomboedrische System umfasst diejenigen Symmetrieclassen, welche den Punktgruppen

$$D_3^d, \quad D_3, \quad C_3^v, \quad C_3^i, \quad C_3$$

entsprechen. Der specifische Symmetriecharacter desselben besteht in einer dreizähligen Hauptaxe. Jede zu einer der vorstehenden Gruppen isomorphe Raumgruppe enthält daher eine Schaar paralleler dreizähliger Axen; dieselben können Drehungsaxen oder Schraubenaxen sein. Wir bezeichnen sie als *Hauptaxen* und nennen die zu ihnen senkrechten Ebenen *Hauptebenen*. Die Gesammtheit der Schnittpunkte, welche von den Hauptaxen in einer Hauptebene bestimmt wird, soll wieder *Axennetz* heissen.

Die Translationsgruppe, welche durch die dreizähligen Axen bedingt wird, kann, wie aus den Betrachtungen von Cap. III folgt, an und für sich sowohl diejenige des rhomboedrischen Systems, als diejenige des hexagonalen sein, also eine der beiden Gruppen Γ_{rh} und Γ_h, die durch die primitiven Translationen

$$2\tau_l, \; 2\tau_m, \; 2\tau_n$$

$$2\tau_1, \; 2\tau_2, \; 2\tau_3, \; 2\tau_z; \; \tau_1 + \tau_2 + \tau_3 = 0$$

characterisirt sind. Bezüglich der Raumgitter ergab sich, dass ein *Gitter*, dessen Gruppe Γ_h ist, von selbst sechszählige Symmetrieaxen besitzt. Diese Eigenschaft braucht jedoch für die mit dreizähligen Axen behafteten allgemeinen *Molekelhaufen*, resp. die zugehörigen *Raumgruppen* nicht erfüllt zu sein. Wir haben daher zu versuchen, Raumgruppen von der Symmetrie des rhomboedrischen Systems auch mittelst der Translationsgruppe Γ_h aufzustellen. Wie das Folgende zeigt, existiren derartige Gruppen mit nur dreizähligen Axen in Wirklichkeit; der Beweis, dass ihre Symmetrie dem rhomboedrischen System entspricht, wird, wie oben in Aussicht gestellt, erst im Cap. XIII geliefert werden können.

Die Translationsgruppe Γ_h besitzt keine Translation, deren Projection auf den Hauptaxen ein Bruchtheil von $2\tau_z$ ist. Dagegen sind die Translationen $2\tau_l$, $2\tau_m$, $2\tau_n$ der Gruppe Γ_{rh} sämmtlich von dieser Art, ihre Componente parallel zu den dreizähligen Axen ist der dritte Theil von $2\tau_z$. Wir bemerken übrigens, dass auch für die Gruppe Γ_{rh} Translationen $2\tau_1'$, $2\tau_2'$, $2\tau_3'$ senkrecht zu den Hauptaxen existiren, für welche

$$\tau_1' + \tau_2' + \tau_3' = 0$$

ist; sie bestimmen aber mit $2\tau_z$ keine primitiven Tripel.

Die Gruppe Γ_h ist hiernach die einfachere; wir werden daher die ihr entsprechenden Raumgruppen zuerst ableiten. Zuvor schicken wir folgende Bemerkungen allgemeineren Characters voraus.

Für diejenigen Raumgruppen, deren Translationsgruppe Γ_h ist, stimmen gemäss Cap. VI, Satz X die Translationscomponenten der reducirten Bewegungen für alle dreizähligen Axen überein. Gemäss Satz VIII desselben Capitels kann die Translationscomponente t die drei Werthe

$$0, \quad \frac{2}{3}\tau_z, \quad \frac{4}{3}\tau_z$$

haben; ihnen entsprechen drei verschiedene Arten von Raumgruppen.

Wenn dagegen eine Raumgruppe als Translationsgruppe die Gruppe Γ_{rh} enthält, so müssen die vorstehenden drei Translationscomponenten gleichzeitig in ihr auftreten. Ist nämlich a irgend eine dreizählige Axe und $\mathfrak{A}(\alpha, t)$ die zugehörige Bewegung, so gehen, wie a. a. O. erörtert, durch Multiplication von $\mathfrak{A}$ mit den Translationen $2\tau_l$ und $4\tau_l$ Bewegungen hervor, deren Translationscomponenten resp.

$$t, \quad t + \frac{2\tau_z}{3}, \quad t + \frac{4\tau_z}{3}$$

sind; und da t selbst einen der obigen drei Werthe hat, so sind diese Werthe in jedem Fall den obigen äquivalent.

§ 2. **Die Tetartoedrie.** Die Raumgruppen, welche der rhomboedrischen Tetartoedrie entsprechen, besitzen als isomorphe Punktgruppe die Gruppe C_3, mit den Drehungen

$$1, \quad \mathfrak{A}, \quad \mathfrak{A}^2$$

um die Axe a. Die Gruppe lässt sich durch Multiplication der Identität mit der Drehung $\mathfrak{A}$ erzeugen. Jede zu C_3 isomorphe Raumgruppe $\mathfrak{C}_3$ entsteht daher, dem Fundamentaltheorem gemäss, durch Multiplication der Translationsgruppe mit einer der Bewegungen

$$\mathfrak{A}\left(\frac{2\pi}{3}\right), \quad \mathfrak{A}\left(\frac{2\pi}{3}, \frac{2\tau_z}{3}\right), \quad \mathfrak{A}\left(\frac{2\pi}{3}, \frac{4\tau_z}{3}\right).$$

Ist die Translationsgruppe zunächst die Gruppe Γ_h, so sind alle Axen, wie wir eben sahen, gleichartig. Setzen wir (Fig. 60)

$$2\tau_1 = AA_1, \quad 2\tau_2 = AA_2, \quad 2\tau_3 = AA_3,$$

so ist jede Ecke des Sechsecks $A_1A_4A_2A_5A_3A_6$ ein Punkt des Translationennetzes; durch jeden dieser Punkte geht eine mit a gleichwerthige Axe. Damit sind die Axen aber nicht erschöpft. Vielmehr gehen, wie aus Cap. V, § 3 und 5 folgt, auch durch die Mitten aller gleichseitigen Dreiecke, in welche das Translationennetz zerfällt, dreizählige Hauptaxen. Diejenigen, welche innerhalb AA_1A_4, resp. AA_4A_2 liegen, bezeichnen wir durch b und c.

Fig. 60.

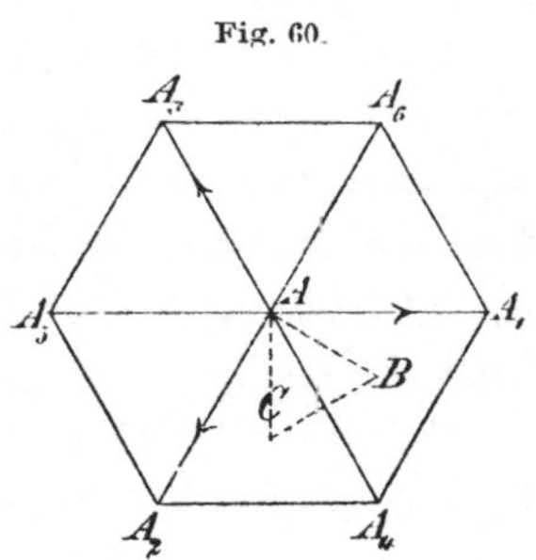

Das Parallelogramm $AA_1A_2A_4$ ist ein primitives Parallelogramm des Translationennetzes; daher müssen, wie Cap. VI, § 6 erwiesen, alle Hauptaxen einer Gruppe $\mathfrak{C}_3$ mit einer der Axen a, b, c gleichwerthig sein. Dagegen sind a, b, c selbst augenscheinlich sämmtlich ungleichwerthig; *das Axensystem zerfällt daher in drei verschiedene Schaaren gleichwerthiger Axen; je drei solcher Axen bilden ein gleichseitiges Dreieck.* Dies gilt, von welcher Art auch die zur Axe a gehörige Bewegung ist.

Es giebt drei Gruppen $\mathfrak{C}_3$ der vorstehend erörterten Art. Wir bezeichnen diejenige, welche durch Multiplication der Gruppe Γ_h mit einer Drehung $\mathfrak{A}$ entsteht, durch

$$\mathfrak{C}_3^1 = \left\{\mathfrak{A}\left(\frac{2\pi}{3}\right), \Gamma_h\right\}.$$

Die beiden anderen ergeben sich durch Multiplication mit den Schraubenbewegungen

$$\mathfrak{A}\left(\frac{2\pi}{3}, \frac{2\tau_z}{3}\right) \quad \text{und} \quad \mathfrak{A}\left(\frac{2\pi}{3}, \frac{4\tau_z}{3}\right);$$

wir bezeichnen sie durch

$$\mathfrak{C}_3^2 = \left\{\mathfrak{A}\left(\frac{2\pi}{3}, \frac{2\tau_z}{3}\right), \Gamma_h\right\}; \quad \mathfrak{C}_3^3 = \left\{\mathfrak{A}\left(\frac{2\pi}{3}, \frac{4\tau_z}{3}\right), \Gamma_h\right\}.$$

Multiplicirt man für die zweite von ihnen die erzeugende Bewegung $\mathfrak{A}$ mit $-2\tau_z$, so entsteht eine Bewegung

$$\mathfrak{A}\left(\frac{2\pi}{3}, -\frac{2\tau_z}{3}\right);$$

sie unterscheidet sich von der erzeugenden Bewegung der Gruppe $\mathfrak{C}_3^2$ nur durch die Richtung der Translationscomponente. Solche Schraubenbewegungen besitzen, wie wir S. 336 sahen, *verschiedenen Windungssinn;* die eine ist eine *linksgewundene,* die andere eine *rechtsgewundene* Schraubenbewegung. Die Differenz stimmt mit derjenigen überein, die bei den Krystallformen als *Enantiomorphie* auftrat. Es ist daher klar, dass die bezüglichen Raumgruppen resp. *die ihnen entsprechenden Molekelhaufen zur Darstellung enantiomorpher Krystalle benutzt werden können.* Es folgt noch:

Lehrsatz I. *Es giebt drei Raumgruppen von der Symmetrie der rhomboedrischen Tetartoedrie, deren Translationsgruppe Γ_h ist.*

§ 3. Die Bestimmung der Coordinaten für das Fundamentalsystem gleichwerthiger Punkte bedarf keiner weiteren Voruntersuchung. Wir legen die Z-Axe in die Gerade a und nehmen die andern Axen so an, dass die X-Axe mit der Translationsrichtung $2\tau_1$ zusammenfällt. Dies entspricht dem im Cap. VIII, § 11 des ersten Abschnitts eingeführten Coordinatensystem. Für die Punktgruppe C_3 ergaben sich a. a. O. folgende Coordinatentripel

$$x\,y\,z, \quad x_1\,y_1\,z_1, \quad x_2\,y_2\,z_2,$$

wo $x_1 y_1 z_1$, $x_2 y_2 z_2$ die a. a. O. bestimmten Werthe haben. Beachten wir noch, dass die Bewegung $\mathfrak{A}^2$ die doppelte Translationscomponente besitzt, wie die Bewegung $\mathfrak{A}$, so folgt, dass sich für $\mathfrak{C}_3{}^1$, $\mathfrak{C}_3{}^2$, $\mathfrak{C}_3{}^3$ folgende Zusatztranslationen einstellen:

$$\mathfrak{C}_3{}^1\colon\ 0,\ 0,\ 0; \qquad \mathfrak{C}_3{}^2\colon\ 0,\ \frac{2\tau_z}{3},\ \frac{4\tau_z}{3}; \qquad \mathfrak{C}_3{}^3\colon\ 0,\ \frac{4\tau_z}{3},\ \frac{2\tau_z}{3}.$$

Ferner wollen wir zweitens das in § 12 des genannten Capitels benutzte Coordinatensystem zu Grunde legen, und zwar wählen wir die Axen so, dass ihre Projectionen auf der zu a senkrechten Hauptebene resp. mit $2\tau_1$, $2\tau_2$, $2\tau_3$ zusammenfallen. Die Coordinatentripel der Gruppe C_3 sind diesmal

$$xyz, \quad zxy, \quad yzx.$$

Da nun die Axe a durch den Anfangspunkt des Coordinatensystems geht, so ist einleuchtend, dass die zusätzlichen Translationen ebenfalls die vorstehenden Werthe haben. Nur ist zu beachten, dass in diesem Fall die mit $2\tau_z$ bezeichnete Translation nicht in die z-Axe fällt.

Es folgt noch, dass die Gruppe $\mathfrak{C}_3{}^1$ diejenige ist, welche durch Multiplication der Punktgruppe C_3 mit Γ_h entsteht.

§ 4. Ist die Translationsgruppe die Gruppe Γ_{rh}, so seien (Fig. 61)

$$2\tau_l = OA_l, \quad 2\tau_m = OA_m, \quad 2\tau_n = OA_n$$

die primitiven Translationen. In der zu den Axen senkrechten Ebene haben in diesem Fall die Translationen $2\tau_1$, $2\tau_2$, $2\tau_3$ resp. die Werthe

$$2\tau_1 = A_m A_n, \quad 2\tau_2 = A_n A_l,$$
$$2\tau_3 = A_l A_m.$$

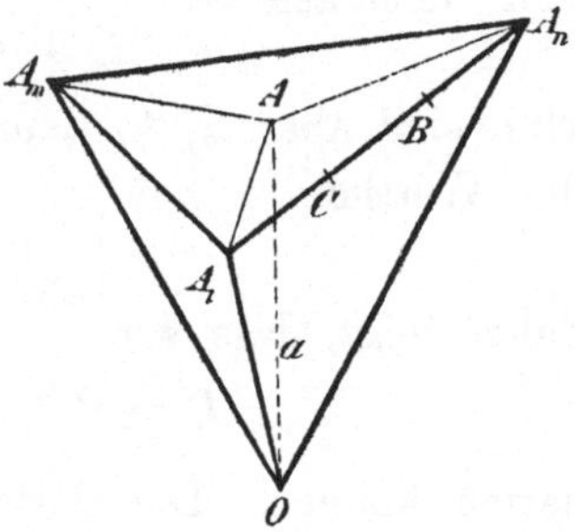

Dagegen sind AA_l, AA_m, AA_n, wo A die Mitte des Dreiecks $A_l A_m A_n$ ist, keine Translationen der Gruppe. Durch A, A_l, A_m, A_n gehen diejenigen mit a gleichwerthigen Axen,

Fig. 61.

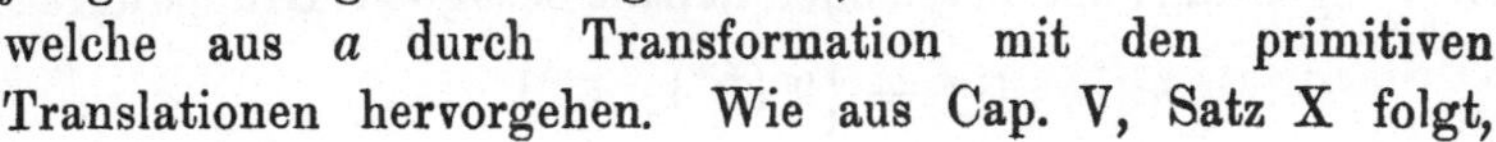

welche aus a durch Transformation mit den primitiven Translationen hervorgehen. Wie aus Cap. V, Satz X folgt, existiren auch in diesem Fall zwei Axen b und c, welche zu den vier genannten Punkten die gleiche Lage haben, wie die entsprechenden Axen b und c der Gruppen $\mathfrak{C}_3^1$, $\mathfrak{C}_3^2$, $\mathfrak{C}_3^3$ zu den Punkten A, A_1, A_2, A_3. *Die Gesammtheit aller Axen zerfällt also wieder in drei verschiedene Schaaren gleichwerthiger Axen.*

Wir haben schon oben gesehen, dass zu den Axen a, b, c verschiedene Translationscomponenten gehören; dies folgt aber auch daraus, dass, wenn zwei Componenten einander gleich wären, eine der Geraden AA_l, AA_m, AA_n nach Cap. V, § 3 eine Translation der Gruppe sein müsste. Endlich stellen wir hierüber noch folgende Rechnung an. Betrachten wir das Product $\mathfrak{A}\mathfrak{B}\mathfrak{C}$, wenn zunächst $\mathfrak{A}$, $\mathfrak{B}$, $\mathfrak{C}$ Drehungen sind. Jede dieser Drehungen ist einer um dieselbe Axe stattfindenden Drehung $\mathfrak{A}'$ vom gleichen Winkel isomorph. Aber da das Product

$$\mathfrak{A}'\left(\frac{2\pi}{3}\right)\mathfrak{A}'\left(\frac{2\pi}{3}\right)\mathfrak{A}'\left(\frac{2\pi}{3}\right) = 1$$

ist, so muss $\mathfrak{A}\mathfrak{B}\mathfrak{C}$ jedenfalls eine Translation sein. Nun gelangt nach Ausführung der Drehungen $\mathfrak{A}$, $\mathfrak{B}$, $\mathfrak{C}$ der Punkt A wieder an seine Stelle, folglich ist

$$\mathfrak{A}\mathfrak{B}\mathfrak{C} = 1 .$$

Sind jetzt $\mathfrak{A}$, $\mathfrak{B}$, $\mathfrak{C}$ allgemeine Bewegungen

$$\mathfrak{A}\left(\frac{2\pi}{3}, t_a\right), \quad \mathfrak{B}\left(\frac{2\pi}{3}, t_b\right), \quad \mathfrak{C}\left(\frac{2\pi}{3}, t_c\right),$$

die wir natürlich in reducirter Form annehmen, so muss die resultirende Bewegung eine den Axen parallele Translation $\mathfrak{T}$ sein; demnach ist

$$t_a + t_b + t_c = 2m\tau_z .$$

Nun sind aber t_a, t_b, t_c ungleich, andrerseits haben sie einen der Werthe

$$0, \quad \frac{2\tau_z}{3}, \quad \frac{4\tau_z}{3},$$

daher folgt, dass wir

$$t_a = 0, \quad t_b = \frac{2\tau_z}{3}, \quad t_c = \frac{4\tau_z}{3}$$

setzen können. Die Bewegung $\mathfrak{A}$ setzen wir demgemäss als Drehung voraus und bezeichnen nun die bezügliche Gruppe durch

$$\mathfrak{C}_3^4 = \left\{\mathfrak{A}\left(\frac{2\pi}{3}\right), \; \Gamma_{rh}\right\}.$$

Wir erhalten also folgendes Resultat:

Lehrsatz II. *Es giebt eine Raumgruppe von der Symmetrie der Tetartoedrie des rhomboedrischen Systems, deren Translationsgruppe Γ_{rh} ist.*

Da die erzeugende Operation eine Drehung ist, so ergeben sich für das Fundamentalsystem der gleichwerthigen Punkte, welches der beiden obigen Coordinatensysteme wir auch zu Grunde legen, keine zusätzlichen Translationscomponenten. Die Gruppe kann daher durch Multiplication der Punktgruppe C_3 mit der Translationsgruppe Γ_{rh} erzeugt werden.

§ 5. **Die paramorphe Hemiedrie.** Die Raumgruppen, welche in diese Classe gehören, sind der Punktgruppe C_3^i resp. S_6 isomorph. Diese enthält die Operationen (vgl. S. 71)

$$1, \mathfrak{A}, \mathfrak{A}^2; \quad \mathfrak{J}, \mathfrak{A}\mathfrak{J}, \mathfrak{A}^2\mathfrak{J}.$$

Da alle zu einer Inversion isomorphen Operationen selbst Inversionen sind, so lässt sich jede zu C_3^i isomorphe Raumgruppe $\mathfrak{C}_{3,i}$ durch Multiplication einer Gruppe $\mathfrak{C}_3$ mit einer Inversion erzeugen. Da aber die Gruppen $\mathfrak{C}_3^2$ und $\mathfrak{C}_3^3$ nur Axen von einerlei Windungssinn enthalten, so sind nur für die Gruppen $\mathfrak{C}_3^1$ und $\mathfrak{C}_3^4$ die allgemeinen Bedingungen des Satzes XXII von Cap. VI erfüllt. Das erzeugende Symmetriecentrum muss entweder in eine Axe oder in die Mitte zwischen zwei Axen fallen. Es ist aber leicht zu sehen, dass jede Gruppe $\mathfrak{C}_{3,i}$ Symmetriecentra von beiderlei Art enthält. Um die Begriffe zu fixiren, legen wir es in die Axe a, so ist die zugehörige Axenpermutation durch

$$(a), \quad (bc)$$

gekennzeichnet, in die Axen b und c fallen daher keine Symmetriecentra. Nun sind für $\mathfrak{C}_3^1$ alle Axen gleichartig; es giebt daher nur eine derartige aus $\mathfrak{C}_3^1$ ableitbare Gruppe; wir bezeichnen sie durch

$$\mathfrak{C}_{3,i}^1 = \{\mathfrak{C}_3^1, \mathfrak{J}\}.$$

Jede Hauptebene enthält Symmetriecentra beiderlei Art; je drei bilden ein gleichseitiges Dreieck.

Für $\mathfrak{C}_3^4$ sind die Axen ungleichartig, aber in diesem Fall folgt aus dem oben angezogenen Satz XXII von Cap. VI, dass eine andere Permutation als die vorstehende ausgeschlossen ist. Es giebt daher gleichfalls nur eine Gruppe dieser Art, wir bezeichnen sie durch

$$\mathfrak{C}_{3,i}^{2} = \{\mathfrak{C}_3^4, \mathfrak{J}\}.$$

Da das Product von zwei Inversionen eine Translation der Gruppe ist, so liegen die zwischen b und c fallenden Symmetriecentra mit denjenigen, die in die Axen fallen, nicht in derselben Hauptebene. Es folgt noch:

Lehrsatz III. *Es giebt zwei Raumgruppen, welche die Symmetrie der paramorphen Hemiedrie des rhomboedrischen Systems besitzen. Die eine enthält die Translationsgruppe Γ_h, die andere die Translationsgruppe Γ_{rh}.*

Jede dieser beiden Gruppen kann durch Multiplication der Punktgruppe C_3^i mit der bezüglichen Translationsgruppe gebildet werden. Da nämlich das erzeugende Symmetriecentrum in eine Axe a, also auch in den Coordinatenanfangspunkt gelegt werden kann, so treten zusätzliche Translationscomponenten nicht auf.

§ 6. **Die hemimorphe Hemiedrie.** Diejenige Punktgruppe, welche der Hemimorphie des rhomboedrischen Systems isomorph ist, ist die Gruppe C_3^v, deren Operationen

$$1, \mathfrak{A}, \mathfrak{A}^2; \quad \mathfrak{S}_v, \mathfrak{A}\mathfrak{S}_v, \mathfrak{A}^2\mathfrak{S}_v$$

sind. Sie enthält ausser der Drehungsaxe a drei durch dieselbe gehende Symmetrieebenen σ_v, σ_v', σ_v'', welche Winkel von 60^0 mit einander bilden. Für die isomorphen Raumgruppen existiren daher ausser den parallelen dreizähligen Axen drei Schaaren paralleler Ebenen, die entweder Symmetrieebenen oder Ebenen mit Translationssymmetrie sind.

Als erzeugende Operation kann entweder die Spiegelung $\mathfrak{S}$ oder die Operation $\mathfrak{S}(\tau)$ auftreten, wenn τ irgend eine zu σ parallele halbe primitive Translation ist. Sie kann augenscheinlich nur dann eine Deckoperation des Axensystems sein, wenn die ihr zugehörige Ebene σ einer Seite oder einer Höhe des Dreiecks ABC parallel läuft. Aus Satz V von Cap. VII folgt daher, dass, welches auch die Translationsgruppe sein mag, die einander parallelen Ebenen σ, σ', σ'' ... für jede der drei Richtungen in *je zwei verschiedene Schaaren gleichartiger Ebenen* zerfallen.

Die im Satz XXII von Cap. VI aufgestellte allgemeine Bedingung für die Existenz von Raumgruppen der vorliegenden Art ist wiederum nur für die Gruppen $\mathfrak{C}_3^1$ und $\mathfrak{C}_3^4$ erfüllt. Aus der ersteren ergeben sich vier, aus der letzteren zwei Gruppen des fraglichen Typus.

Wir beginnen mit der Gruppe $\mathfrak{C}_3^1$; für sie kann die erzeugende Symmetrieebene sowohl durch eine Seite als durch eine Höhe des Dreiecks ABC gehen; in jeder Lage führt sie das Axensystem in sich über. In welche Seite oder Höhe sie fällt, ist bei der Gleichartigkeit aller Axen ohne Belang. Um die Begriffe zu fixiren, legen wir sie durch a; da a eine Drehungsaxe ist, so existiren in beiden Fällen drei Schaaren paralleler Symmetrieebenen. Bezeichnen wir die Symmetrieebene, je nachdem sie die Seite AB oder die Höhe AA_4 des Dreiecks ABC enthält, durch σ_s resp. σ_a, so können die bezüglichen Gruppen durch

$$\mathfrak{C}_{3,v}^1 = \{\mathfrak{C}_3^1, \mathfrak{S}_s\}, \quad \mathfrak{C}_{3,v}^2 = \{\mathfrak{C}_3^1, \mathfrak{S}_a\}$$

bezeichnet werden.

Die beiden Axenpermutationen, welche den vorstehenden Gruppen entsprechen, sind resp. durch

$$(a), (b), (c) \quad \text{und} \quad (a), (bc)$$

dargestellt.

Ist die Operation $\mathfrak{S}(\tau)$ die erzeugende Operation, so kann, wie leicht zu sehen, τ nur den Werth τ_z haben. Die Vertheilung der Ebenen σ, σ', σ'' ist von der Translationscomponente τ_z unabhängig; sie ist daher für jede der drei bezüglichen Richtungen dieselbe, wie für die vorstehenden Gruppen. Eine eigentliche Symmetrieebene tritt jedoch in den mit $\mathfrak{S}(\tau_z)$ abgeleiteten Gruppen nicht auf, alle Ebenen sind Ebenen mit Translationssymmetrie. Die Axenpermutationen sind die nämlichen, wie oben angegeben. Wir bezeichnen die beiden so definirten Gruppen durch

$$\mathfrak{C}_{3,v}^3 = \{\mathfrak{C}_3^1, \mathfrak{S}_s(\tau_z)\} \quad \text{und} \quad \mathfrak{C}_{3,v}^4 = \{\mathfrak{C}_3^1, \mathfrak{S}_a(\tau_z)\}.$$

Für die Gruppe $\mathfrak{C}_3^4$ müssen sich, den Bedingungen des Satzes XXII von Cap. VI entsprechend, die Axen b und c unter einander vertauschen, so dass

$$(a), \quad (bc)$$

die zugehörige Axenpermutation darstellt. Die spiegelnde Ebene geht daher durch die Axe a und fällt in eine Höhe des Dreiecks ABC. Andrerseits ist klar, dass sie in dieser Lage wirklich eine zulässige Deckoperation des Axensystems bewirkt. Da a eine Drehungsaxe ist, so giebt es drei Schaaren paralleler Symmetrieebenen. Die so definirte Gruppe bezeichnen wir durch

$$\mathfrak{C}_{3,v}^5 = \{\mathfrak{C}_3^4, \mathfrak{S}_a\}.$$

Neben der Spiegelung $\mathfrak{S}_a$ kann auch $\mathfrak{S}_a(\tau_z)$ wieder als erzeugende Operation benutzt werden; die drei Schaaren paralleler Ebenen $\sigma, \sigma', \sigma'' \ldots$ sind wiederum sämmtlich Ebenen gleitender Symmetrie. Die zugehörige Gruppe möge durch

$$\mathfrak{C}_{3,v}^6 = \{\mathfrak{C}_3^4, \mathfrak{S}_a(\tau_z)\}$$

bezeichnet werden.

Hiermit sind alle Raumgruppen $\mathfrak{C}_{3,v}$, welche der Punktgruppe C_3^v isomorph sind, abgeleitet. Das Ergebniss drückt sich folgendermassen aus:

Lehrsatz IV. *Es giebt sechs Raumgruppen, deren Symmetrie der hemimorphen Hemiedrie des rhomboedrischen Systems entspricht. Vier von ihnen enthalten Γ_h als Translationsgruppe, die zwei anderen Γ_{rh}.*

Um die Bestimmung des Fundamentalsystems gleichwerthiger Punkte zu geben, lassen wir die erzeugende Symmetrieebene mit der XZ-Ebene zusammenfallen, analog zu den bezüglichen Festsetzungen für die Gruppe C_3^v. Die Translation $2\tau_1$ fällt dann allerdings nicht für jede der vorstehenden Gruppen in die X-Axe. Dies hat jedoch auf das Fundamentalsystem keinen Einfluss; nur die aus demselben mittelst der Translationsgruppe abzuleitenden Punkte resp. deren Coordinaten werden dadurch modificirt. Die Ausdrücke des Fundamentalsystems, welche sich für $\mathfrak{C}_{3,v}^1$ und $\mathfrak{C}_{3,v}^3$ ergeben, stimmen daher mit denjenigen überein, welche den Gruppen $\mathfrak{C}_{3,v}^2$

und $\mathfrak{C}_{3,v}^4$ entsprechen; doch fallen für die letzteren die primitiven Translationen $2\tau_1$, $2\tau_2$, $2\tau_3$ mit den Symmetrieebenen zusammen, während sie für die ersteren die Winkel dieser Ebenen halbiren.

Legen wir zunächst das gewöhnlich benutzte Coordinatensystem zu Grunde, so sind die der Punktgruppe C_3^v entsprechenden Punkte

$$x\,y\,z,\ x_1\,y_1\,z_1,\ x_2\,y_2\,z_2;\quad x\,\bar{y}\,z,\ x_1\,\bar{y}_1\,z_1,\ x_2\,\bar{y}_2\,z_2.$$

Als zusätzliche Translationscomponenten stellen sich folgende ein:

$$\begin{array}{ll} \mathfrak{C}_{3,v}^1 \text{ und } \mathfrak{C}_{3,v}^2: & 0,\ 0,\ 0,\ 0,\ 0,\ 0 \\ \mathfrak{C}_{3,v}^3 \text{ und } \mathfrak{C}_{3,v}^4: & \tau_z,\ \tau_z,\ \tau_z,\ \tau_z,\ \tau_z,\ \tau_z \\ \mathfrak{C}_{3,v}^5: & 0,\ 0,\ 0,\ 0,\ 0,\ 0 \\ \mathfrak{C}_{3,v}^6: & \tau_z,\ \tau_z,\ \tau_z,\ \tau_z,\ \tau_z,\ \tau_z. \end{array}$$

Dieselben Componenten treten auch für das andere Coordinatensystem auf.[1]) Es folgt noch, dass die Gruppen $\mathfrak{C}_{3,v}^1$, $\mathfrak{C}_{3,v}^2$, $\mathfrak{C}_{3,v}^5$ durch Multiplication der Punktgruppe C_3^v mit der Translationsgruppe erzeugbar sind.

§ 7. **Die enantiomorphe Hemiedrie.** Dieser Classe entsprechen solche Raumgruppen, deren isomorphe Punktgruppe die Gruppe D_3 ist. Ihre Operationen sind die Drehungen

$$1,\ \mathfrak{A},\ \mathfrak{A}^2;\ \mathfrak{U},\ \mathfrak{A}\mathfrak{U},\ \mathfrak{A}^2\mathfrak{U},$$

von denen die letzteren Umklappungen um die drei zur Hauptaxe senkrechten Nebenaxen u, u_1, u_2 bedeuten. Die isomorphen Raumgruppen $\mathfrak{D}_3$ enthalten daher ausser den dreizähligen Hauptaxen einer Gruppe $\mathfrak{C}_3$ noch drei zu den Hauptaxen normale Schaaren zweizähliger Axen, deren jede eine Gruppe $\mathfrak{C}_2$ bestimmt. Jeder dieser zweizähligen Axen entspricht eine Deckbewegung der Gruppe $\mathfrak{C}_3$ resp. ihrer dreizähligen Axen; daraus folgt, dass sie nothwendig einer Seite oder Höhe des Dreiecks ABC parallel laufen. Nun haben in Bezug auf jede dieser Axenrichtungen, wie unmittelbar ersichtlich, die primitiven Translationen eine solche Lage, wie sie nur bei der

1) Wegen der Richtung von τ_z vgl. S. 463.

Gruppe $\mathfrak{E}_2^3$ auftritt; die drei zweizähligen Axenschaaren bilden daher je eine Gruppe $\mathfrak{E}_2^3$. Es befinden sich daher unter ihnen stets Drehungsaxen. Hieraus folgt nun schliesslich, dass zur Erzeugung der Gruppen $\mathfrak{D}_3$ stets eine reine Umklappung gewählt werden kann. *Alle Raumgruppen der hier gesuchten Art lassen sich daher durch Multiplication einer Gruppe $\mathfrak{E}_3$ mit einer Umklappung erzeugen, deren Axe in eine Seite oder Höhe des Dreiecks ABC fällt.*

Wir fassen zunächst die drei Gruppen $\mathfrak{E}_3^1$, $\mathfrak{E}_3^2$, $\mathfrak{E}_3^3$ in's Auge und lassen einige Bemerkungen folgen, welche die Vertheilung der zweizähligen Axen im Raum betreffen. Dieselbe bestimmt sich für jede der drei Gruppen $\mathfrak{E}_2^3$ nach dem, was darüber in Cap. VII, § 6 abgeleitet wurde. Wie eben bewiesen, schneidet die erzeugende Umklappungsaxe u eine dreizählige Axe. Wir betrachten zunächst Axen *derselben Richtung* und zwar im besondern diejenigen von ihnen, die in einer zu den dreizähligen Axen parallelen Ebene ε liegen. Nun existirt für die Gruppen $\mathfrak{E}_3^1$, $\mathfrak{E}_3^2$, $\mathfrak{E}_3^3$ keine Translation, deren Componente parallel den dreizähligen Axen kleiner als $2\tau_z$ ist, also liegen gemäss Cap. VI, Satz X für diese Gruppen in jeder Ebene ε Axen nur einer Art, welche im Abstand τ_z auf einander folgen. Die Lage der zweizähligen Axen *verschiedener* Richtung gehorcht dem in Cap. VI hierüber abgeleiteten Satz XV; mit Hilfe desselben lässt sie sich für jede Gruppe $\mathfrak{D}_3$ leicht angeben.

§ 8. Aus der Gruppe $\mathfrak{E}_3^1$ lassen sich zwei Raumgruppen der Gattung $\mathfrak{D}_3$ ableiten, je nachdem die erzeugende zweizählige Drehungsaxe u in die Seite AB oder in die Höhe AA_4 des Dreiecks ABC fällt. Wir bezeichnen sie, resp. die zugehörigen Umklappungen, dementsprechend durch

$$u_s,\ u_a \quad \text{und} \quad \mathfrak{U}_s,\ \mathfrak{U}_a .$$

Da a eine Drehungsaxe ist, so gehen in jedem Fall durch den Punkt A gleichzeitig drei zweizählige Axen u, u_1, u_2. Die sämmtlichen Axen vertheilen sich daher auf Hauptebenen, die im Abstand τ_z auf einander folgen. Die bezüglichen Gruppen bezeichnen wir durch

$$\mathfrak{D}_3^1 = \{\mathfrak{C}_3^1, \mathfrak{U}_s\}, \quad \mathfrak{D}_3^2 = \{\mathfrak{C}_3^1, \mathfrak{U}_a\}.$$

Für die erste ist u_s die erzeugende Axe, sie trifft also gleichzeitig Axen a, b, c. Für die zweite Gruppe ist u_a die erzeugende Axe. Sie trifft nur Axen a; die Axen b und c werden von den zweizähligen Axen nicht getroffen. Der ersten Gruppe entspricht daher die Permutation

$$(a), \ (b), \ (c),$$

während die zweite durch

$$(a), \ (bc)$$

gekennzeichnet ist.

Aus den Gruppen $\mathfrak{C}_3^2$ und $\mathfrak{C}_3^3$ lassen sich ebenfalls je zwei Gruppen $\mathfrak{D}_3$ ableiten. Da sich die Axenschaaren beider Gruppen nur in Bezug auf den Windungssinn der zugehörigen Schraubenbewegung unterscheiden, so genügt es, die aus $\mathfrak{C}_3^2$ ableitbare Gruppe $\mathfrak{D}_3$ genauer zu untersuchen; die Resultate sind mit denen, welche die Gruppe $\mathfrak{C}_3^3$ betreffen, bis auf den Windungssinn identisch.

Die erzeugende zweizählige Axe u fällt wiederum in die Seite AB oder in die Höhe AA_4 des Dreiecks ABC; doch geht in diesem Fall, da a eine Schraubenaxe ist, durch den Punkt A keine weitere zweizählige Axe, vielmehr schneiden nach dem oben angezogenen Satz die Axen u_1 und u_2 die Axe a in Punkten, deren Abstand je der dritte Theil von τ_z ist. Da die Axen u, u_1, u_2 zu den homologen Axen der isomorphen Punktgruppe, also auch zu denen der vorstehenden Gruppen $\mathfrak{D}_3^1$ und $\mathfrak{D}_3^2$ parallel sind, so werden wiederum, wenn die Axe u die Gerade u_s ist, alle Axen a, b, c von den zweizähligen Axen getroffen, wenn dagegen u_a die erzeugende Axe ist, so gehen nur durch die Axe a zweizählige Axen. Die Axenpermutationen sind daher mit den oben angegebenen identisch. Die so bestimmten Gruppen bezeichnen wir durch

$$\mathfrak{D}_3^3 = \{\mathfrak{C}_3^2, \mathfrak{U}_s\} \quad \text{und} \quad \mathfrak{D}_3^4 = \{\mathfrak{C}_3^2, \mathfrak{U}_a\}.$$

Ihnen fügen sich die analogen Gruppen an, die durch Multiplication von $\mathfrak{C}_3^3$ mit $\mathfrak{U}_s$ resp. $\mathfrak{U}_a$ entstehen, nämlich

$$\mathfrak{D}_3^5 = \{\mathfrak{C}_3^3, \mathfrak{U}_s\} \quad \text{und} \quad \mathfrak{D}_3^6 = \{\mathfrak{C}_3^3, \mathfrak{U}_a\}.$$

Es steht noch aus, die Gruppe $\mathfrak{C}_3^4$ in analoger Weise zu behandeln. *Für sie darf die erzeugende zweizählige Symmetrieaxe nur in eine von A ausgehende Dreieckseite fallen;* denn da die drei Axenschaaren a, b, c nicht gleichwerthig sind, so muss jede derselben in sich selbst übergehen. Andrerseits entspricht dieser Lage der Axe u auch wirklich eine Deckoperation des Axensystems. Da sie a schneidet, so gehen durch A gleichzeitig drei verschiedene zweizählige Symmetrieaxen, die sämmtlich mit den Seiten des in dieser Ebene liegenden Dreiecksnetzes coincidiren. Je zwei Punkte von a, die von Drehungsaxen getroffen werden, haben den Abstand τ_z. Durch die Punkte B und C der Schraubenaxen b und c hingegen geht nur je eine Axe; für sie folgen dem oben genannten Satz gemäss die Axen u, u_1, u_2 in der Weise auf einander, wie bei den Gruppen $\mathfrak{D}_3^3$, also in Abständen gleich dem dritten Theil von τ_z. Die so bestimmte Gruppe bezeichnen wir mit

$$\mathfrak{D}_3^7 = \{\mathfrak{C}_3^4, \mathfrak{U}_s\}.$$

Hiermit sind alle Gruppen $\mathfrak{D}_3$ abgeleitet, also folgt:

Lehrsatz V. *Es giebt sieben Raumgruppen, deren Symmetrie der enantiomorphen Hemiedrie des rhomboedrischen Systems entspricht. Sechs von ihnen besitzen die Gruppe Γ_h als Translationsgruppe, dagegen nur eine die Gruppe Γ_{rh}.*

Um das Fundamentalsystem der gleichwerthigen Punkte am zweckmässigsten zu bestimmen, lassen wir den Coordinatenanfangspunkt stets in den Schnittpunkt der Axen a und u fallen und geben im übrigen der Axe u diejenige Lage zu den Coordinatenaxen, die wir im ersten Abschnitt für die Gruppen D_3 angenommen haben. Dadurch wird unmittelbar bewirkt, dass aus jedem Punkt $\xi\eta\zeta$ einer Gruppe $\mathfrak{C}_3$ mittelst der Umklappung $\mathfrak{U}$ der nämliche Punkt entsteht, in welchen der Punkt $\xi\eta\zeta$ der Punktgruppe C_3 in Folge derselben Umklappung resp. der zugehörigen Coordinatentransformation übergeht; *es können daher für die durch $\mathfrak{U}$ abzuleitenden Coordinaten neue zusätzliche Translationscomponenten nicht auftreten;* nur diejenigen stellen sich ein, welche der Gruppe $\mathfrak{C}_3$ entsprechen, resp. aus ihnen durch die Umklappung $\mathfrak{U}$ hervorgehen. Dies regelt sich durch die Erwägung, dass die Umklappung $\mathfrak{U}$ jede zu ihr senkrechte Translationscomponente τ in $-\tau$ verwandelt.

Nun sind die Coordinaten der gleichwerthigen Punkte der Gruppe D_3 resp.

$$x\,y\,z,\; x_1\,y_1\,z_1,\; x_2\,y_2\,z_2;\quad x\,\bar{y}\,\bar{z},\; x_1\,\bar{y}_1\,\bar{z}_1,\; x_2\,\bar{y}_2\,\bar{z}_2.$$

Zu ihnen kommen für die einzelnen Gruppen folgende Translationscomponenten:

$\mathfrak{D}_3^1$ und $\mathfrak{D}_3^2$:	0,	0,	0,	0,	0,	0
$\mathfrak{D}_3^3$ und $\mathfrak{D}_3^4$:	0,	$\frac{2\tau_z}{3}$,	$\frac{4\tau_z}{3}$,	0,	$\frac{4\tau_z}{3}$,	$\frac{2\tau_z}{3}$
$\mathfrak{D}_3^5$ und $\mathfrak{D}_3^6$:	0,	$\frac{4\tau_z}{3}$,	$\frac{2\tau_z}{3}$,	0,	$\frac{2\tau_z}{3}$,	$\frac{4\tau_z}{3}$
$\mathfrak{D}_3^7$:	0,	0,	0,	0,	0,	0.

Die Gruppen $\mathfrak{D}_3^1$, $\mathfrak{D}_3^2$, $\mathfrak{D}_3^7$ sind diejenigen, welche sich durch Multiplication der Punktgruppe D_3 mit den Translationsgruppen Γ_h resp. Γ_{rh} erzeugen lassen. Die ersten beiden unterscheiden sich in der Lage der primitiven Translationen zu den zweizähligen Axen; für D_3^2 fällt die X-Axe mit der Translation $2\tau_1$ zusammen, während für $\mathfrak{D}_3^1$ die X-Axe den Winkel zweier primitiver Translationen halbirt. Das gleiche gilt auch für $\mathfrak{D}_3^3$ und $\mathfrak{D}_3^4$ sowie für $\mathfrak{D}_3^5$ und $\mathfrak{D}_3^6$.

Das nämliche gilt, wenn man das zweite der in diesem Capitel benutzten Coordinatensysteme zu Grunde legt; denn auch bei dieser Lage der Axen verwandelt die Umklappung u die in der Axe a liegende Translationscomponente in die entgegengesetzt gleiche.

§ 9. **Die Holoedrie.** Die Punktgruppe, welche die rhomboedrische Holoedrie characterisirt, ist die Gruppe D_3^d; ihre Operationen lassen sich (S. 95) in der Form

$$1,\; \mathfrak{A},\; \mathfrak{A}^2;\quad \mathfrak{U},\; \mathfrak{U}_1,\; \mathfrak{U}_2$$
$$\mathfrak{S}_d,\; \mathfrak{A}\mathfrak{S}_d,\; \mathfrak{A}^2\mathfrak{S}_d;\quad \mathfrak{U}\mathfrak{S}_d,\; \mathfrak{U}_1\mathfrak{S}_d,\; \mathfrak{U}_2\mathfrak{S}_d$$

darstellen. Sie ergiebt sich durch Multiplication von D_3 mit $\mathfrak{S}_d$.

Unter ihren Operationen zweiter Art befindet sich aber auch (vgl. S. 95) eine Inversion; sie ist demjenigen der letzten drei Producte der zweiten Zeile äquivalent, für welches die Symmetrieaxe auf der Symmetrieebene σ_d senkrecht steht. Sie kann daher auch durch Multiplication von D_3 mit der Inversion $\mathfrak{J}$ erzeugt werden.

Nach dem Fundamentaltheorem über die Erzeugung isomorpher Raumgruppen und Punktgruppen ist daher jede Gruppe $\mathfrak{D}_{3,d}$ mittelst einer zu $\mathfrak{S}_d$ oder $\mathfrak{J}$ isomorphen Operation zu bilden, und zwar ist die nothwendige und hinreichende Bedingung die, dass dieselbe eine Deckoperation des Axensystems von D_3 ist und dass die Bedingung des Satzes XXII von Cap. VI erfüllt ist. *Solche Operationen direct zu finden, wird um so schwieriger, je complicirter und mannigfacher das Axensystem einer Raumgruppe ist;* es wird im Allgemeinen nur gelingen, wenn dies Axensystem durch genaue Figuren der Anschauung zugänglich gemacht wird. Schon für einzelne Gruppen $\mathfrak{D}_3$ machte sich dieser Umstand geltend. Aus diesem Grunde empfiehlt es sich, nach Methoden zu suchen, welche ohne Kenntnis der Figur entscheiden lassen, welche Operationen für jede Gruppe in Frage kommen um sie als erzeugende Operationen zur Bildung von Gruppen höherer Symmetrie zu benutzen. Hierfür dürfte sich am besten das nachstehende Verfahren eignen, das wir im Folgenden fast ausschliesslich benutzen werden, und dessen Grundgedanken wir für die Construction der Gruppen $\mathfrak{D}_{3,d}$ ausführlicher erörtern wollen.

Wir greifen zu diesem Zweck zunächst auf die Punktgruppen D_3 resp. $D_3{}^d$ zurück. Die Operation $\mathfrak{S}_d$ resp. $\mathfrak{J}$, mit welcher D_3 multiplicirt wird, um $D_3{}^d$ zu erhalten, führt die dreizählige Axe a in sich selbst über; ferner giebt es unter den zweizähligen Axen u, u_1, u_2 mindestens eine, welche in Folge dieser Operationen gleichfalls in sich übergeht, nämlich diejenige, welche auf der Symmetrieebene σ_d senkrecht steht. Aus den Sätzen über die Beziehungen zwischen isomorphen Raumgruppen und Punktgruppen folgt daher, dass auch diejenige zu $\mathfrak{S}_d$ resp. $\mathfrak{J}$ isomorphe erzeugende Operation, mit welcher sich aus $\mathfrak{D}_3$ eine Gruppe $\mathfrak{D}_{3,d}$ bilden lässt, die dreizähligen Axen, d. h. das Axensystem von $\mathfrak{C}_3$, sowie die zweizähligen Axen mindestens einer Gruppe $\mathfrak{C}_2$ in sich überführt. Umgekehrt folgt nun aber aus Satz XIX von Cap. VI, dass auch jede derartige Operation $\mathfrak{L}$, welche für die Axen einer Gruppe $\mathfrak{C}_2$, sowie für die Axen der Gruppe $\mathfrak{C}_3$ *gleichzeitig* eine Deckoperation ist, es auch für die Axen von D_3 ist, mithin zur Erzeugung einer Gruppe $\mathfrak{D}_{3,d}$ geeignet ist. Nun ist aber die Operation $\mathfrak{L}$ entweder zu $\mathfrak{S}_d$ oder $\mathfrak{J}$ isomorph; sie bestimmt daher mit $\mathfrak{C}_2$ stets eine Gruppe $\mathfrak{C}_{2,h}$ und mit $\mathfrak{C}_3$ eine Gruppe $\mathfrak{C}_{3,v}$ oder $\mathfrak{C}_{3,i}$. Demnach ist zu folgern, *dass die bezügliche Operation $\mathfrak{L}$ die nothwendige und hinreichende Bedingung erfüllen muss, dass sie gleichzeitig aus der Gruppe $\mathfrak{C}_2$ eine Gruppe $\mathfrak{C}_{2,h}$, und aus der Gruppe $\mathfrak{C}_3$ eine Gruppe $\mathfrak{C}_{3,v}$ resp. $\mathfrak{C}_{3,i}$ entstehen lässt.* Jede Operation $\mathfrak{L}$ dieser Art liefert eine Gruppe $\mathfrak{D}_{3,d}$.

Der Kunstgriff, von dem hier Gebrauch gemacht ist, beruht also auf dem einfachen Gedanken, statt für das complicirtere Axensystem einer Gruppe D_3 Deckoperationen zu suchen, solche Operationen zu finden, welche gleichzeitig Deckoperationen für die leicht zu übersehenden Axenschaaren der Gruppen $\mathfrak{C}_3$ und $\mathfrak{C}_2$ sind. Diesem Gedanken wollen wir hier zum ersten Male nachgehen. Um die Begriffe zu fixiren, werden wir als Gruppe $\mathfrak{C}_2$ immer diejenige wählen, welcher die erzeugende Axe u angehört.

§ 10. Zunächst ist zu bemerken, dass nach Cap. VI Satz XXII nur die Gruppen $\mathfrak{D}_3^1$, $\mathfrak{D}_3^2$, $\mathfrak{D}_3^7$ zur Erzeugung von Gruppen $\mathfrak{D}_{3,d}$ geeignet sind. Wir beginnen mit der Gruppe $\mathfrak{D}_3^1$.

Aus jeder Gruppe $\mathfrak{C}_2$ lassen sich gemäss Cap. VII, 8 zwei verschiedene Gruppen $\mathfrak{C}_{2,h}$ ableiten; als erzeugendes Symmetrieelement dient einerseits eine zu den Axen senkrechte Symmetrieebene, andrerseits ein Symmetriecentrum, das zwischen zwei nächsten Axen gelegen ist. Für die Gruppe $\mathfrak{D}_3^1$ kommt daher als erzeugende Operation erstens eine Spiegelung in Frage, deren Ebene auf der Symmetrieaxe u, senkrecht steht. Dieselbe bildet mit der Gruppe $\mathfrak{C}_3^1$ die Gruppe $\mathfrak{C}_{3,v}^2$; sie genügt demnach der durch Cap. VI, Satz XIX vorgeschriebenen allgemeinen Bedingung und führt mithin zu einer Gruppe $\mathfrak{D}_{3,d}$.

Wählen wir die Bezeichnungen der Symmetrieebenen, resp. der zugehörigen Operationen, wie in § 6, so lässt sich die so bestimmte Gruppe durch

$$\mathfrak{D}_{3,d}^{1} = \{\mathfrak{D}_3^1, \mathfrak{S}_a\}$$

darstellen. Da a eine Drehungsaxe ist, so schneiden sich in ihr drei Symmetrieebenen. Keine derselben enthält, wie dies auch der Lage der Symmetrieelemente von D_3^d entspricht, eine zweizählige Symmetrieaxe. Die Vertheilung aller Symmetrieebenen ist dieselbe, wie für die Gruppe $\mathfrak{C}_{3,v}^2$.

Das Symmetriecentrum, welches mit $\mathfrak{C}_2$ zusammen eine Gruppe $\mathfrak{C}_{2,h}$ bestimmt, liegt in der Mitte zwischen zwei nächsten Axen u. Soll es zu einer Gruppe $\mathfrak{D}_{3,d}$ führen, so muss es gleichzeitig aus $\mathfrak{C}_3^1$ eine Gruppe $\mathfrak{C}_{3,i}$ erzeugen. Dem wird genügt, wenn es in einen Punkt der Axe a fällt, welcher in der Mitte zwischen zwei um τ_z entfernten Axen u liegt. Auf jeder dreizähligen Axe liegen dem Character der Gruppe $\mathfrak{C}_{3,i}^1$ entsprechend in den analogen Punkten ebenfalls Symmetriecentra. Der Gruppe kommt keine eigentliche Symmetrieebene zu. Wir bezeichnen sie durch

$$\mathfrak{D}_{3,d}^{2} = \{\mathfrak{D}_3^1, \mathfrak{J}\}.$$

Aus der Gruppe $\mathfrak{D}_3^2$ lassen sich die analogen zwei Gruppen $\mathfrak{D}_{3,d}$ ableiten. Die erzeugenden Operationen, welche durch die Gruppe $\mathfrak{C}_2$ vorgeschrieben sind, können sich nicht ändern; und ebenso liefern sie wiederum eine Gruppe $\mathfrak{C}_{3,v}$ resp. $\mathfrak{C}_{i,3}^1$, vorausgesetzt, dass das Symmetriecentrum wieder in die Axe a und zwar in die Mitte zwischen zwei nächste Axen u fällt. Die Gruppe $\mathfrak{C}_{3,v}$ ist übrigens in diesem Fall die Gruppe $\mathfrak{C}_{3,v}^1$, da die bezügliche Symmetrieebene durch eine Seite von ABC geht. Wir bezeichnen die Gruppen durch

$$\mathfrak{D}_{3,d}^{3} = \{\mathfrak{D}_3^2, \mathfrak{S}_s\} \quad \text{und} \quad \mathfrak{D}_{3,d}^{4} = \{\mathfrak{D}_3^2, \mathfrak{J}\}.$$

Die letztere hat keine eigentliche Symmetrieebene; für die erstere dagegen giebt es drei Schaaren paralleler Symmetrieebenen.

Es steht noch aus, die Gruppe $\mathfrak{D}_3^7$ zu discutiren. Ihre dreizähligen Axen bilden die Gruppe $\mathfrak{C}_3^4$. Sie liefert ebenfalls zwei Gruppen $\mathfrak{D}_{3,d}$. Symmetrieebene und Symmetriecentrum müssen die analoge Lage haben, wie bisher. Die durch a gehende Symmetrieebene bestimmt mit den dreizähligen Axen die Gruppe $\mathfrak{C}_{3,v}^5$, ist also als erzeugende Operation zulässig. Sie ist zu u_s senkrecht und enthält daher lauter Axen a, und da a eine Drehungsaxe ist, so giebt es drei Schaaren solcher Ebenen. Wir bezeichnen die bezügliche Gruppe durch

$$\mathfrak{D}_{3,d}^5 = \{\mathfrak{D}_3^7, \mathfrak{S}_a\}.$$

Das Symmetriecentrum, in dem gleichen Punkt der Axe a liegend, wie bisher, erzeugt mit $\mathfrak{C}_3^4$ die Gruppe $\mathfrak{C}_{3,i}^2$, stellt also gleichfalls eine erzeugende Operation für die Gruppe $\mathfrak{D}_3^7$ dar. In jede dreizählige Axe fallen Symmetriecentra, ihre Lage ist die oben in § 5 angegebene; Symmetrieebenen besitzt die Gruppe nicht. Wir bezeichnen sie durch.

$$\mathfrak{D}_{3,d}^6 = \{\mathfrak{D}_3^7, \mathfrak{J}\}.$$

Für diese Gruppe ist die Vertheilung aller Axen bereits eine ziemlich complicirte, da in je zwei Hauptebenen, die um den dritten Theil von τ_z entfernt sind, Axen verschiedener Richtung fallen. Dagegen führen die vorstehenden Ueberlegungen leicht und einfach zum Ziel. Wir sprechen das Ergebniss noch in folgendem Satz aus:

Lehrsatz VI. *Es giebt sechs Raumgruppen, deren Symmetrie der Holoedrie des rhomboedrischen Systems entspricht. Vier von ihnen besitzen die Gruppe Γ_h als Translationsgruppe, die beiden andern die Gruppe Γ_{rh}.*

Das Fundamentalsystem gleichwerthiger Punkte lässt sich für die mit der Spiegelung $\mathfrak{S}_a$ erzeugten Gruppen $\mathfrak{D}_{3,d}^1$, $\mathfrak{D}_{3,d}^3$, $\mathfrak{D}_{3,d}^5$ leicht angeben. Legen wir für diese Gruppen den Coordinatenanfangspunkt in den Schnittpunkt der Axen u und a, und geben diesen Axen, sowie der Symmetrieebene, dieselbe Lage zum Coordinatensystem, die im ersten Abschnitt für die Punktgruppe D_3^d angenommen wurde, so ist ersichtlich, dass für jede der drei obigen Gruppen die nämlichen Symmetrieelemente existiren, wie für die Gruppe D_3^d. Es können daher zusätzliche Translationscomponenten bei den Coordinaten des Fundamentalsystems nicht auftreten. Jede dieser drei Gruppen lässt sich durch Multiplication der Punktgruppe D_3^d mit der bezüglichen Translationsgruppe erzeugen. Dass die Gruppe Γ_h zwei Gruppen $\mathfrak{D}_{3,d}$ liefert, liegt wiederum daran, dass das Axensystem von D_3^d zweierlei Lage zu ihr haben kann. Für die Gruppe $\mathfrak{D}_{3,d}^1$ fallen nämlich die primitiven Translationen $2\tau_1$, $2\tau_2$, $2\tau_3$ in die Symmetrieebenen für $\mathfrak{D}_{3,d}^3$ dagegen in die zweizähligen Nebenaxen. Hierdurch werden, wie oben erwähnt, die Coordinaten der mit dem Fundamentalsystem gleichwerthigen Punkte beeinflusst.

Für die Gruppen $\mathfrak{D}_{3,d}^2$, $\mathfrak{D}_{3,d}^4$, $\mathfrak{D}_{3,d}^6$ benutzen wir dieselben Coordinatenaxen. Dann entspricht der Inversion, welche aus $\mathfrak{D}_3$ die Gruppen $\mathfrak{D}_{3,d}$ erzeugt, in allen drei Fällen diejenige Coordinatentransformation, welche einen Punkt

$$\xi\,\eta\,\zeta \quad \text{in} \quad \bar{\xi}\,\bar{\eta}\,\bar{\zeta}+\tau_z$$

verwandelt. Wird diese Substitution für alle sechs Coordinatentripel von $\mathfrak{D}_3^1$, $\mathfrak{D}_3^2$, $\mathfrak{D}_3^7$ durchgeführt, so ergeben sich die Coordinatenwerthe für $\mathfrak{D}_{3,d}^2$, $\mathfrak{D}_{3,d}^4$, $\mathfrak{D}_{3,d}^6$. Beachten wir nun, dass die Coordinatenwerthe der drei genannten Gruppen $\mathfrak{D}_3$ von allen Translationscomponenten frei sind, so folgt, dass, während für die Gruppen

$$\mathfrak{D}_{3,d}^1, \quad \mathfrak{D}_{3,d}^3, \quad \mathfrak{D}_{3,d}^5$$

das Fundamentalsystem durch

$$\begin{matrix} 0, & 0, & 0, & 0, & 0, & 0 \\ 0, & 0, & 0, & 0, & 0, & 0 \end{matrix}$$

characterisirt ist, es für die Gruppen

$$\mathfrak{D}_{3,d}^2, \quad \mathfrak{D}_{3,d}^4, \quad \mathfrak{D}_{3,d}^6$$

die Form

$$\begin{matrix} 0, & 0, & 0, & 0, & 0, & 0 \\ \tau_z, & \tau_z, & \tau_z, & \tau_z, & \tau_z, & \tau_z \end{matrix}$$

hat.

Endlich sei bemerkt, dass *die Gruppe $\mathfrak{D}_{3,d}^5$ die Gesammtsymmetrie des der Gruppe Γ_{rh} entsprechenden rhomboedrischen Raumgitters darstellt.*

Zehntes Capitel.

Das tetragonale System.

§ 1. **Vorbemerkungen.** Dem tetragonalen System gehören die Punktgruppen

$$D_4^h,\ D_4,\ V^d,\ C_4^h,\ C_4^v,\ C_4,\ S_4$$

an. Sie besitzen sämmtlich eine vierzählige Hauptaxe. Die ihnen isomorphen Raumgruppen sind daher durch eine Schaar paralleler vierzähliger *Hauptaxen* ausgezeichnet, wobei zu bemerken ist, das diese Axen für S_4 und V^d in dem S. 49 angegebenen Sinn als Axen zweiter Art zu bezeichnen sind. Die Translationscomponenten können für diese Axen gemäss Satz VIII von Cap. VI die vier Werthe

$$0,\ \frac{\tau_z}{2},\ \tau_z,\ \frac{3\tau_z}{2}$$

haben, wenn, wie immer, $2\tau_z$ die den Axen parallele primitive Translation ist. Die Schraubenbewegungen, welche dem zweiten und vierten dieser Werthe entsprechen, unterscheiden sich nur durch den Windungssinn.

Die Translationsgruppen des tetragonalen Systems sind von zweierlei Typus; die eine von beiden, nämlich Γ_q, hat die Translationen

$$2\tau_x,\quad 2\tau_y,\quad 2\tau_z,\quad \tau_x = \tau_y$$

als primitives System. Die Translationen der andern, Γ_q', lassen sich durch

$$2\tau_x,\quad 2\tau_y,\quad 2\tau_z,\quad \tau_x + \tau_y + \tau_z,\quad \tau_x = \tau_y$$

characterisiren. Für die Gruppe Γ_q giebt es keine Translation, deren Componente parallel zu den Axen kleiner als $2\tau_z$ ist; daher stimmen nach Satz X von Cap. VI für jede zugehörige

Raumgruppe die Translationscomponenten aller vierzähligen Axen überein, d. h. alle diese Axen sind gleichartig. Dagegen bedingt die Translation $\tau_x + \tau_y + \tau_z$, dass jede Raumgruppe, welche Γ_q' als Translationsgruppe enthält, zweierlei vierzählige Axen besitzt. Ihre Translationscomponenten unterscheiden sich um τ_z; dieselben haben daher entweder die Werthe

$$0, \quad \tau_z \quad \text{oder} \quad \frac{\tau_z}{2}, \quad \frac{3\tau_z}{2}.$$

Wie im vorigen Capitel bezeichnen wir die zu den Hauptaxen senkrechten Ebenen als *Hauptebenen* und das in ihnen von den Hauptaxen gebildete Netz als *Axennetz*.

§ 2. **Die sphenoidische Tetartoedrie.** Diese Tetartoedrie ist durch eine vierzählige Axe zweiter Art characterisirt. Die ihr entsprechende Punktgruppe S_4 enthält die Operationen

$$1, \quad \mathfrak{A}^2, \quad \overline{\mathfrak{A}}, \quad \overline{\mathfrak{A}}^3,$$

wo (vgl. S. 77)

$$\overline{\mathfrak{A}} = \mathfrak{A}\mathfrak{S}, \quad \overline{\mathfrak{A}}^3 = \mathfrak{A}^3\mathfrak{S}$$

ist. Die Gruppe kann daher, wie übrigens auch aus Hilfssatz 5, S. 84, hervorgeht, durch Multiplication der Punktgruppe C_2 mit der Operation $\overline{\mathfrak{A}}$ erzeugt werden. Die zu S_4 isomorphen Raumgruppen $\mathfrak{S}_4$ werden daher erhalten, wenn eine der Gruppen $\mathfrak{C}_2$ mit einer zu $\overline{\mathfrak{A}}$ isomorphen Operation multiplicirt wird, welche die Axen von $\mathfrak{C}_2$ in sich überführt. Aber jede zu $\overline{\mathfrak{A}}$ isomorphe Operation ist, wie Cap. VI, § 4 bewiesen worden, selbst von der Form $\overline{\mathfrak{A}}$; *es muss daher jede erzeugende Operation von der Form* $\overline{\mathfrak{A}}$ *sein.*

Nach dem Satz XXIV von Cap. VI sind die vierzähligen Axen zweiter Art gleichzeitig zweizählige Drehungsaxen erster Art; die Axe der erzeugenden Operation $\overline{\mathfrak{A}}$ fällt daher nothwendig in eine Drehungsaxe einer Gruppe $\mathfrak{C}_2$. Andrerseits ist jede Drehungsaxe hierzu geeignet, falls $\overline{\mathfrak{A}}$ eine Deckoperation für die gesammte Axenschaar repräsentirt. Es fällt demnach die Gruppe $\mathfrak{C}_2^2$, welche nur Schraubenaxen enthält, für die Erzeugung von Gruppen $\mathfrak{S}_4$ aus.

Dagegen lässt sich sowohl aus $\mathfrak{C}_2^1$, als $\mathfrak{C}_2^3$ je eine Gruppe $\mathfrak{S}_4$ ableiten; natürlich vorausgesetzt, dass die Translationsgruppe den besonderen Character der Gruppe Γ_q resp. Γ_q' annimmt. Für $\mathfrak{C}_2^1$ sind alle Axen gleichartig; jede Axe kann daher als Axe von $\overline{\mathfrak{A}}$ gewählt werden. Für $\mathfrak{C}_2^3$ sind die beiden Drehungsaxen *a* und *c* ebenfalls gleichartig; jede von ihnen kann wieder Axe der Operation $\overline{\mathfrak{A}}$ sein. Wir bezeichnen die so bestimmten Gruppen durch

$$\mathfrak{S}_4^1 = \{\mathfrak{C}_2^1, \overline{\mathfrak{A}}\} = \{\overline{\mathfrak{A}}, \Gamma_q\}, \quad \mathfrak{S}_4^2 = \{\mathfrak{C}_2^3, \overline{\mathfrak{A}}\} = \{\overline{\mathfrak{A}}, \Gamma_q'\}.$$

Da neue Axen in Folge der Operation $\overline{\mathfrak{A}}$ nicht auftreten, so ist das Axensystem mit demjenigen der Gruppen $\mathfrak{C}_2^1$ und $\mathfrak{C}_2^3$ identisch; das von ihnen bestimmte Axennetz ist aber quadratisch. Je zwei Gegenecken eines Quadrates werden, wie wir auf den nächsten Seiten beweisen, von vierzähligen Axen getroffen, das andere Gegeneckenpaar von zweizähligen. Es folgt:

Lehrsatz I. *Es giebt zwei Raumgruppen, deren Symmetrie der sphenoidischen Tetartoedrie des tetragonalen Systems entspricht. Die eine enthält die Gruppe Γ_q als Translationsgruppe, die andere die Gruppe Γ_q'.*

Denken wir uns, um das Fundamentalsystem der gleichwerthigen Punkte zu bestimmen, die Z-Axe in die Axe *a* gelegt, und lassen den Anfangspunkt mit dem Mittelpunkt der Operation $\overline{\mathfrak{A}}$ zusammenfallen, so hat das Coordinatensystem für die Gruppen $\mathfrak{S}_4^1$ und $\mathfrak{S}_4^2$ dieselbe Lage, wie für die Gruppe S_4. Demnach haben die Coordinaten der gleichwerthigen Punkte für alle drei Gruppen die nämliche Form; Translationscomponenten erscheinen nicht. Jede der beiden vorstehenden Gruppen kann daher durch Multiplication der Punktgruppe S_4 mit der bezüglichen Translationsgruppe erzeugt werden.

§ 3. **Die Tetartoedrie erster Art.** Diese Tetartoedrie ist durch die Punktgruppe C_4 characterisirt, deren Operationen die Drehungen

$$1, \quad \mathfrak{A}, \quad \mathfrak{A}^2, \quad \mathfrak{A}^3$$

sind. Die Existenz der Bewegung $\mathfrak{A}^2$ bewirkt, dass in den mit C_4 isomorphen Raumgruppen $\mathfrak{C}_4$ ausser den vierzähligen auch zweizählige Axen vorkommen können. Dies ist in der That der Fall.

Wir betrachten zunächst die Gruppen $\mathfrak{C}_4$, deren Translationsgruppe die Gruppe Γ_q ist, deren vierzählige Axen also sämmtlich gleichartig sind. Es sei (Fig. 62)

$$AA_1 = 2\tau_x, \quad AA_2 = 2\tau_y,$$

ferner sei B der Mittelpunkt des Quadrates $AA_1A_2A_3$, so gehört nach Cap. V, 3 die Axe b als vierzählige Axe der Gruppe $\mathfrak{C}_4$ an. Gleichzeitig folgt, dass andere vierzählige Axen innerhalb des Quadrates $AA_1A_2A_3$ nicht existiren. Nun lässt sich aber a auch als zweizählige Axe auffassen, entsprechend dem ihr zugehörigen Drehungswinkel π; daher werden auch die Mitten von AA_1 und AA_2 von zweizähligen Axen getroffen; wir bezeichnen sie durch c_1 und c_2.

Fig. 62.

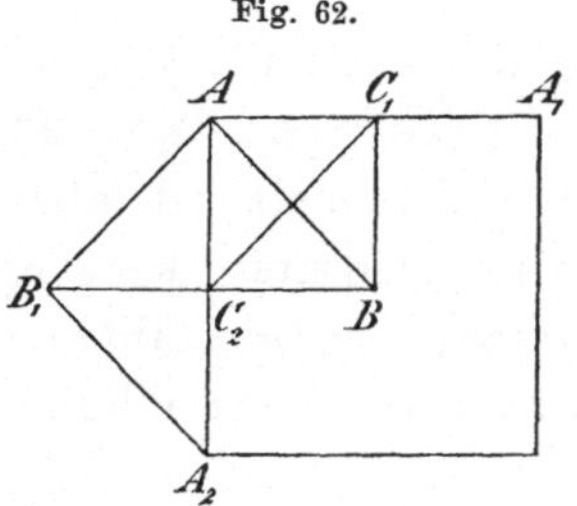

Denken wir uns a, b, c als Drehungsaxen, so besteht für die zugehörigen Drehungen die bemerkenswerthe Relation, dass

$$\mathfrak{A}\mathfrak{B}\mathfrak{C} = 1$$

ist. Nämlich einerseits muss dies Product, da die Summe der Drehungswinkel 2π ist, einer Translation äquivalent sein, andrerseits gelangt der Punkt A nach Ausführung aller drei Bewegungen wieder an seine ursprüngliche Stelle; folglich ist das Product die Identität. Die Gleichung ist derjenigen analog, die wir S. 464 für die Gruppen $\mathfrak{C}_3$ abgeleitet haben.

Entsprechend den oben genannten vier Werthen der Translationscomponente ergeben sich vier verschiedene Gruppen $\mathfrak{C}_4$; wir bezeichnen sie durch

$$\mathfrak{C}_4^1 = \{\mathfrak{A}\left(\frac{\pi}{2}\right), \Gamma_q\} \qquad \mathfrak{C}_4^2 = \{\mathfrak{A}\left(\frac{\pi}{2}, \frac{\tau_z}{2}\right), \Gamma_q\}$$

$$\mathfrak{C}_4^3 = \{\mathfrak{A}\left(\frac{\pi}{2}, \tau_z\right), \Gamma_q\} \qquad \mathfrak{C}_4^4 = \{\mathfrak{A}\left(\frac{\pi}{2}, \frac{3\tau_z}{2}\right), \Gamma_q\}.$$

Die zweite und vierte Gruppe unterscheiden sich nur durch den Windungssinn der bezüglichen Schraubenbewegungen. Für jede Gruppe giebt es drei verschiedene Arten von gleichwerthigen Axen, nämlich

$$a, \quad b, \quad c;$$

von ihnen sind a und b mit einander gleichartig. Die Axen c sind für $\mathfrak{C}_4^1$ und $\mathfrak{C}_4^3$ Drehungsaxen, für die beiden andern Gruppen Schraubenaxen. Es folgt daher:

Lehrsatz II. *Es giebt vier Raumgruppen, welche die Symmetrie der quadratischen Tetartoedrie erster Art besitzen, und die Gruppe Γ_q als Translationsgruppe enthalten.*

Um die Bestimmung des Fundamentalsystems gleichwerthiger Punkte zu geben, lassen wir die Axe a mit der Z-Axe zusammenfallen. Die Coordinatentripel für die Punktgruppe C_4 waren (S. 216) resp.

$$x y z, \quad \bar{y} x z, \quad \bar{x} \bar{y} z, \quad y \bar{x} z$$

Beachten wir nun, dass die Bewegung $\mathfrak{A}^2$ die doppelte Translationscomponente besitzt, wie $\mathfrak{A}$, u. s. w., so ergeben sich die bezüglichen Translationscomponenten in folgender Form:

$$\mathfrak{C}_4^1\colon\ 0,\ 0,\ 0,\ 0 \qquad \mathfrak{C}_4^2\colon\ 0,\ \frac{\tau_z}{2},\ \frac{2\tau_z}{2},\ \frac{3\tau_z}{2}$$

$$\mathfrak{C}_4^3\colon\ 0,\ \tau_z,\ 0,\ \tau_z \qquad \mathfrak{C}_4^4\colon\ 0,\ \frac{3\tau_z}{2},\ \frac{2\tau_z}{2},\ \frac{\tau_z}{2}.$$

Die Gruppe $\mathfrak{C}_4^1$ ist diejenige, welche durch Multiplication der Punktgruppe C_4 mit der Translationsgruppe Γ_q erhalten werden kann.

§ 4. Ist die Translationsgruppe die Gruppe Γ_q', so sind die vierzähligen Axen, wie bereits oben erwähnt, nicht sämmtlich gleichartig. Wie in Cap. V, Satz X bewiesen wurde, wird aber die Axenvertheilung hierdurch nicht beeinflusst. Das Axennetz stimmt daher mit dem vorstehend betrachteten überein.

Die Axen c_1 und c_2 können Drehungsaxen oder Schraubenaxen sein. Nun bilden die sämmtlichen Bewegungen vom Winkel π eine Gruppe $\mathfrak{C}_2^3$. Sind daher c_1 und c_2 Schraubenaxen, so müssen a und b zweizählige Drehungsaxen repräsentiren; daher entsprechen ihnen (vgl. S. 480) die Translationscomponenten 0 und τ_z. Sind dagegen c_1 und c_2 zweizählige Drehungsaxen, so stellen a und b auch als zweizählige Axen

Schraubenaxen dar, ihre Translationscomponenten sind daher (vgl. oben S. 480)

$$\frac{\tau_z}{2} \text{ und } \frac{3\tau_z}{2},$$

sie bestimmen in diesem Fall vierzählige Axen von verschiedenem Windungssinn. Wir bezeichnen die beiden Gruppen dieser Art durch

$$\mathfrak{C}_4^5 = \{\mathfrak{A}\left(\frac{\pi}{2}\right), \Gamma_q'\} \text{ und } \mathfrak{C}_4^6 = \{\mathfrak{A}\left(\frac{\pi}{2}, \frac{\tau_z}{2}\right), \Gamma_q'\}.$$

Für jede von ihnen zerfallen die Axen in drei verschiedene Schaaren gleichwerthiger, die durch

$$a, \quad b, \quad c$$

repräsentirt sind. Es folgt noch:

Lehrsatz III. *Es giebt zwei Raumgruppen, deren Symmetrie der ersten Tetartoedrie des tetragonalen Systems entspricht, und deren Translationsgruppe Γ_q' ist.*

Wir haben in Cap. III, § 12 gesehen, dass das primitive Tripel der Translationsgruppe Γ_q' in zwei verschiedenen Formen auftrat; es soll daher noch untersucht werden, welche Lage die Axen für beide Gruppen zu den primitiven Translationen haben.

Für die Gruppe $\mathfrak{C}_4^5$ sind c_1 und c_2 Schraubenaxen, daher sind AA_1 und AA_2 keine Translationen der Gruppe; dagegen ist, weil a und b zweizählige Drehungsaxen repräsentiren, AA_3 eine Translation. Setzen wir nun in Uebereinstimmung mit den bisherigen Bezeichnungen

$$AC_1 = \tfrac{1}{2}\tau_x, \quad AC_2 = \tfrac{1}{2}\tau_y, \quad AB = \tfrac{1}{2}(\tau_x + \tau_y),$$

so kann das primitive Tripel durch

$$\tau_y + \tau_z, \quad \tau_z + \tau_x, \quad \tau_x + \tau_y$$

dargestellt werden; ferner bilden jetzt

$$\tau_x + \tau_y \text{ und } \tau_x - \tau_y$$

das primitive Translationenpaar parallel den Hauptebenen.

Wenn dagegen dieses primitive Paar durch $2\tau_x$ und $2\tau_y$ bezeichnet werden soll, so ist

$$AB = \tau_x, \quad AB_1 = \tau_y, \quad AA_2 = \tau_x + \tau_y$$

zu setzen. In diesem Fall wird durch die Axen a und c_2, wenn wir a als zweizählige Axe betrachten, bedingt, dass auch

$$\tau_x + \tau_y + \tau_z$$

eine Translation der Gruppe ist. Wir können daher zu beiden Formen des primitiven Tripels gelangen und zwar dadurch, dass wir die Richtung von τ_x und τ_y in geeigneter Weise wählen.

Für die Gruppe $\mathfrak{C}_4^6$ gilt das Nämliche. Jetzt ist nämlich, wenn

$$AC_1 = \tfrac{1}{2}\tau_x, \quad AC_2 = \tfrac{1}{2}\tau_y, \quad AB = \tfrac{1}{2}(\tau_x + \tau_y)$$

gesetzt wird, a als zweizählige Axe eine Schraubenaxe, während c_1 Drehungsaxe ist. Es ist also weder AA_1 noch AA_2 eine Translation der Gruppe, es ergeben sich aber wieder

$$\tau_y + \tau_z, \quad \tau_z + \tau_x, \quad \tau_x + \tau_y$$

als primitive Translationen, und als primitives Paar parallel den Hauptebenen

$$\tau_x + \tau_y \quad \text{und} \quad \tau_x - \tau_y.$$

Ebenso bleiben die weiteren Schlüsse in Kraft. Also folgt:

Lehrsatz IV. *Wird bei den Gruppen $\mathfrak{C}_4^5$ und $\mathfrak{C}_4^6$ der Abstand zweier nächsten Axen als Richtung der Translationen τ_x und τ_y gewählt, so bilden*

$$\tau_y + \tau_z, \quad \tau_z + \tau_x, \quad \tau_x + \tau_y$$

das primitive Tripel; wenn dagegen zwei nächste vierzählige Axen die Richtung von τ_x und τ_y bestimmen, so ist die Translationsgruppe durch

$$2\tau_x, \quad 2\tau_y, \quad 2\tau_z, \quad \tau_x + \tau_y + \tau_z$$

gekennzeichnet.

Um die Ausdrücke für das Fundamentalsystem der gleichwerthigen Punkte zu geben, legen wir die Z-Axe wieder in die Axe a. Für die Gruppe $\mathfrak{C}_4^5$ können, da a Drehungsaxe ist, Translationscomponenten nicht auftreten; für $\mathfrak{C}_4^6$ erscheint $\frac{\tau_z}{2}$, also ergeben sich folgende Zusatzwerthe

$$\mathfrak{C}_4^5\colon\ 0,\ 0,\ 0,\ 0; \qquad \mathfrak{C}_4^6\colon\ 0,\ \frac{\tau_z}{2},\ \tau_z,\ \frac{3\tau_z}{2}.$$

Die Gruppe $\mathfrak{C}_4^5$ ist daher diejenige, welche sich durch Multiplication der Gruppe C_4 mit der Translationsgruppe Γ_q' bilden lässt. Wir sprechen noch folgenden Satz aus:

Lehrsatz V. *Es giebt sechs Raumgruppen von der Symmetrie der tetragonalen Tetartoedrie erster Art.*

§ 5. **Allgemeine Bemerkungen zur Hemimorphie des tetragonalen Systems.** Die Symmetrie dieser Klasse von Krystallen ist durch die Punktgruppe C_4^v gegeben, deren Operationen

$$1, \mathfrak{A}, \mathfrak{A}^2, \mathfrak{A}^3; \quad \mathfrak{S}_v, \mathfrak{A}\mathfrak{S}_v, \mathfrak{A}^2\mathfrak{S}_v, \mathfrak{A}^3\mathfrak{S}_v$$

sind. Sie enthält vier durch die Axe gehende Symmetrieebenen und entsteht durch Multiplication der Gruppe C_4 mit der Spiegelung $\mathfrak{S}_v$. Die zu ihr isomorphen Raumgruppen $\mathfrak{C}_{4,v}$ lassen sich daher durch Multiplication der Gruppen $\mathfrak{C}_4$ mit einer zu $\mathfrak{S}_v$ homologen Operation $\mathfrak{S}_v$ oder $\mathfrak{S}_v(t)$ erzeugen, vorausgesetzt, dass dieselbe das Axensystem der Gruppen $\mathfrak{C}_4$ in zulässiger Weise in sich überführt. Für jede Gruppe $\mathfrak{C}_4$ giebt es vier Schaaren spiegelnder Ebenen, die jedoch nur in manchen Fällen gleichzeitig Symmetrieebenen sind. Natur und Vertheilung derselben ist durch die Translationsgruppe bedingt, sie unterliegt den allgemeinen Gesetzen von Cap. VII, § 4 und kann dorther ohne Mühe bestimmt werden.

Da die allgemeine Bedingung des Satzes XXII von Cap. VI für die Gruppen $\mathfrak{C}_4^2$ und $\mathfrak{C}_4^4$ nicht erfüllt ist, so können nur $\mathfrak{C}_4^1$, $\mathfrak{C}_4^3$, $\mathfrak{C}_4^5$, $\mathfrak{C}_4^6$ zur Construction von Gruppen $\mathfrak{C}_{4,v}$ benutzt werden.

Wir unterscheiden die Gruppen wieder nach der Permutation der Axen. Die beiden Permutationen, die allein zulässig sind, sind

$$(ab), c \text{ und } (a), (b), (c);$$

jeder von ihnen können wieder zwei verschiedene Gruppen $\mathfrak{C}_{4,v}$ entsprechen, je nachdem $\mathfrak{S}$ oder $\mathfrak{S}(\tau_z)$ als erzeugende Operation benutzt wird.

Soll eine Symmetrieebene σ eine Deckoperation des Axensystems liefern, so muss sie mit einer Seite oder Diagonale des Quadrates AC_1BC_2 zusammenfallen. Wir bezeichnen diese Ebenen durch

$$\sigma_s, \quad \sigma_a, \quad \sigma_b, \quad \sigma_c$$

je nachdem sie AB, AA_1, BB_1, C_1C_2 enthalten; die zugehörigen Spiegelungen sind $\mathfrak{S}_s$, $\mathfrak{S}_a$, $\mathfrak{S}_b$, $\mathfrak{S}_c$.

Die Permutation (a), (b), (c) kann durch Spiegelung $\mathfrak{S}_s$ gegen die Ebene σ_s bewirkt werden. Da a und b vierzählige Axen sind, so gehen durch sie je vier spiegelnde Ebenen, es geht daher auch durch jede Seite des Quadrates AC_1BC_2 eine derartige Ebene. Dagegen kommt die Permutation $(ab)(c)$ durch die Spiegelung gegen die Ebene σ_c zu Stande. In diesem Fall gehen je zwei Ebenen durch die zweizähligen Axen c_1 und c_2, es geht aber keine spiegelnde Ebene durch eine vierzählige Axe. Dies gilt sowohl für diejenigen Gruppen, die sich mit $\mathfrak{S}$ erzeugen lassen, als auch für die mit $\mathfrak{S}(\tau_z)$ abgeleiteten.

§ 6. **Die hemimorphen Gruppen mit der Translationsgruppe Γ_q.** Für die Gruppen $\mathfrak{C}_4^1$ und $\mathfrak{C}_4^3$ sind, da alle Axen gleichartig sind, beide Axenpermutationen zulässig. Benutzen wir zunächst die Spiegelungen $\mathfrak{S}_s$ und $\mathfrak{S}_c$ als erzeugende Operationen, so entstehen die Gruppen

$$\mathfrak{C}_{4,v}^1 = \{\mathfrak{C}_4^1, \mathfrak{S}_s\} = \{\mathfrak{C}_4^1, \mathfrak{S}_a\}; \quad \mathfrak{C}_{4,v}^2 = \{\mathfrak{C}_4^1, \mathfrak{S}_c\}.$$

Die erste Gruppe besitzt vier Schaaren reiner Symmetrieebenen, die Gruppe $\mathfrak{C}_{4,v}^2$ jedoch nur zwei; die letzteren enthalten, wie wir eben sahen, lauter Axen c.

Die aus $\mathfrak{C}_4^3$ analog ableitbaren Gruppen bezeichnen wir durch

$$\mathfrak{C}_{4,v}^3 = \{\mathfrak{C}_4^3, \mathfrak{S}_s\} = \{\mathfrak{C}_4^3, \mathfrak{S}_a(\tau_z)\}; \quad \mathfrak{C}_{4,v}^4 = \{\mathfrak{C}_4^3, \mathfrak{S}_c\}.$$

Da in diesem Falle a nur zweizählige Drehungsaxe ist, so besitzt die erste Gruppe nur zwei durch a gehende reine Symmetrieebenen. Sie laufen durch AB und AB_1, während zu den durch AC_1 und AC_2 gehenden Ebenen gemäss Cap. V, Satz XIX die Gleitspiegelung $\mathfrak{S}(\tau_z)$ gehört.

Die zweite Gruppe enthält ebenfalls zwei zu einander senkrechte Schaaren von Symmetrieebenen; sie gehen wiederum sämmtlich durch Axen c.

Diejenigen Gruppen, welche sich durch die Operation $\mathfrak{S}(\tau_z)$ erzeugen lassen, sind von den bisher gefundenen verschieden. Für $\mathfrak{C}_4^1$ ist dies, da a Drehungsaxe ist, evident; für $\mathfrak{C}_4^3$ ist es aber auch der Fall. Im Gegensatz zur Gruppe $\mathfrak{C}_{4,v}^3$ gehen nämlich bei der mit $\mathfrak{S}_s(\tau_z)$ erzeugten Gruppe die

Symmetrieebenen durch AC_1 und AC_2, während die Ebenen gleitender Symmetrie durch AB und AB_1 gehen. Ausser der eben erwähnten Gruppe können die andern drei mit $\mathfrak{S}(\tau_z)$ ableitbaren Gruppen reine Symmetrieebenen nicht besitzen, alle ihre Ebenen sind solche mit Translationssymmetrie. Wir bezeichnen sie durch

$$\mathfrak{C}_{4,v}^5 = \{\mathfrak{C}_4^1, \mathfrak{S}_s(\tau_z)\} = \{\mathfrak{C}_4^1, \mathfrak{S}_a(\tau_z)\}$$

$$\mathfrak{C}_{4,v}^6 = \{\mathfrak{C}_4^1, \mathfrak{S}_c(\tau_z)\}$$

$$\mathfrak{C}_{4,v}^7 = \{\mathfrak{C}_4^3, \mathfrak{S}_s(\tau_z)\} = \{\mathfrak{C}_4^3, \mathfrak{S}_a\}$$

$$\mathfrak{C}_{4,v}^8 = \{\mathfrak{C}_4^3, \mathfrak{S}_c(\tau_z)\}$$

und erhalten:

Lehrsatz VI. *Es giebt acht Raumgruppen von der Symmetrie der tetragonalen Hemimorphie, deren Translationsgruppe* Γ_q *ist.*

Das Fundamentalsystem der gleichwerthigen Punkte wollen wir zunächst für diejenigen Gruppen ableiten, für welche σ_s die erzeugende spiegelnde Ebene ist. Lassen wir die X- und Y-Axe wieder mit $2\tau_x$ und $2\tau_y$ zusammenfallen, so hat die Ebene σ_s dieselbe Lage zum Coordinatensystem, wie für die Punktgruppe C_4^v. Zu den Coordinatentripeln von C_4^v, die durch

$$x\,y\,z,\ \bar{y}\,x\,z,\ \bar{x}\,\bar{y}\,z,\ y\,\bar{x}\,z;\quad y\,x\,z,\ x\,\bar{y}\,z,\ \bar{y}\,\bar{x}\,z,\ \bar{x}\,y\,z$$

darzustellen sind, kommen daher zunächst diejenigen zusätzlichen Translationscomponenten, welche von den Gruppen $\mathfrak{C}_4$ selbst herstammen und in § 3 enthalten sind. Beachten wir nun, dass in ihnen nur die Translation τ_z auftritt, und dass τ_z durch die bezügliche Spiegelung in sich selbst übergeht, so folgt, dass neue Translationscomponenten nur für die mit $\mathfrak{S}(\tau_z)$ gebildeten Gruppen auftreten, und zwar ist τ_z selbst diese Translation.

Für die übrigen Gruppen geht die erzeugende Symmetrieebene nicht mehr durch die Z-Axe des Coordinatensystems, sondern durch C_1C_2. Wir haben es aber in der Hand, für die Bestimmung der Coordinaten der Fundamentalpunkte auch eine andere geeignete Operation zur Erzeugung der bezüglichen Gruppen zu verwenden. Wir wählen diejenige Ebene, welche durch C_1 geht und auf σ_c senkrecht steht. Diese können wir nun durch eine Spiegelung $\mathfrak{S}$ resp. eine Operation $\mathfrak{S}(\tau_z)$ gegen die durch AB gehende Ebene σ_s in Verbindung mit einer Translation von der Länge $C_2C_1 = \tau_x - \tau_y$ ersetzen. Beachten wir nun, dass für das Fundamentalsystem der gleichwerthigen Punkte $\tau_x + \tau_y$ statt $\tau_x - \tau_y$ gesetzt werden kann, so erhalten wir schliesslich die folgende Tabelle:

$\mathfrak{C}_{4,v}^1$:	0,	0,	0,	0
	0,	0,	0,	0
$\mathfrak{C}_{4,v}^2$:	0,	0,	0,	0
	$\tau_x + \tau_y$,	$\tau_x + \tau_y$,	$\tau_x + \tau_y$,	$\tau_x + \tau_y$
$\mathfrak{C}_{4,v}^3$:	0,	τ_z,	0,	τ_z
	0,	τ_z,	0,	τ_z
$\mathfrak{C}_{4,v}^4$:	0,	τ_z,	0,	τ_z
	$\tau_x + \tau_y$,	$\tau_x + \tau_y + \tau_z$,	$\tau_x + \tau_y$,	$\tau_x + \tau_y + \tau_z$
$\mathfrak{C}_{4,v}^5$:	0,	0,	0,	0
	τ_z,	τ_z,	τ_z,	τ_z
$\mathfrak{C}_{4,v}^6$:	0,	0,	0,	0
	$\tau_x + \tau_y + \tau_z$,	$\tau_x + \tau_y + \tau_z$,	$\tau_x + \tau_y + \tau_z$,	$\tau_x + \tau_y + \tau_z$
$\mathfrak{C}_{4,v}^7$:	0,	τ_z,	0,	τ_z
	τ_z,	0,	τ_z,	0
$\mathfrak{C}_{4,v}^8$:	0,	τ_z,	0,	τ_z
	$\tau_x + \tau_y + \tau_z$,	$\tau_x + \tau_y$,	$\tau_x + \tau_y + \tau_z$,	$\tau_x + \tau_y$.

Die Gruppe $\mathfrak{C}_{4,v}^1$ ist diejenige, welche sich durch Multiplication der Punktgruppe C_4^v mit Γ_q erzeugen lässt.

§ 7. **Die hemimorphen Gruppen mit der Translationsgruppe Γ_q'.** Für die Gruppe $\mathfrak{C}_4^5$ ist wegen der Ungleichartigkeit der Axen a und b nur die Permutation (a), (b), (c) zulässig. Eine Symmetrieebene, welche aus $\mathfrak{C}_4^5$ eine Gruppe $\mathfrak{C}_{4,v}$ erzeugt, kann durch AB gelegt werden. Andrerseits entsteht so wirklich eine neue Gruppe; wir bezeichnen sie durch

$$\mathfrak{C}_{4,v}^{9} = \{\mathfrak{C}_4^5, \mathfrak{S}_s\} = \{\mathfrak{C}_4^5, \mathfrak{S}_a\}.$$

Da nämlich a eine Drehungsaxe ist, so gehen durch a vier Symmetrieebenen, so dass auch σ_a Symmetrieebene ist. Dagegen sind, weil b die Translationscomponente τ_z enthält, unter den Ebenen durch b nur zwei Symmetrieebenen vorhanden; die durch BC_1 und BC_2 gehenden Ebenen sind mit Translationssymmetrie behaftet.

Die Operation $\mathfrak{S}(\tau_z)$ an der durch AB gehenden Ebene σ_s führt wieder zu einer neuen Gruppe, da die vorstehende, weil a Drehungsaxe ist, eine derartige Operation nicht enthält. In diesem Fall sind alle Ebenen durch a Ebenen mit Translationssymmetrie, dagegen gehen durch BC_1 und BC_2 eigentliche Symmetrieebenen. Wir bezeichnen die zugehörige Gruppe durch

$$\mathfrak{C}_{4,v}^{10} = \{\mathfrak{C}_4^5, \mathfrak{S}_s(\tau_z)\} = \{\mathfrak{C}_4^5, \mathfrak{S}_b\}.$$

Für die Gruppe $\mathfrak{C}_4^6$ können dem Satz XXII von Cap. VI gemäss nur solche erzeugenden Operationen in Frage kommen, welche die links- und rechtsgewundenen Axen a und b in einander überführen, also der Permutation (ab), (c) entsprechen. Die erzeugende Symmetrieebene ist daher durch die Axen c_1 und c_2 zu legen. Da diese Axen Drehungsaxen sind, so giebt es zwei Schaaren von Symmetrieebenen. Wir bezeichnen die bezügliche Gruppe durch

$$\mathfrak{C}_{4,v}^{11} = \{\mathfrak{C}_4^6, \mathfrak{S}_c\}.$$

Da c Drehungsaxe ist, so ist die Operation $\mathfrak{S}_c(\tau_z)$ in der vorstehenden Gruppe nicht enthalten; diese Operation führt daher zu einer neuen Gruppe. Diese Gruppe enthält nur Ebenen gleitender Symmetrie. Wir bezeichnen sie durch

$$\mathfrak{C}_{4,v}^{12} = \{\mathfrak{C}_4^6, \mathfrak{S}_c(\tau_z)\}.$$

Damit sind alle Gruppen dieser Art abgeleitet. Es folgt noch:

Lehrsatz VII. *Es giebt vier Raumgruppen von der Symmetrie der tetragonalen Hemimorphie, deren Translationsgruppe* Γ_q' *ist.*

Legen wir das Coordinatensystem so, wie für die Gruppen des § 6, so müssen sich für das Fundamentalsystem der gleichwerthigen Punkte die gleichen bezüglichen Zusatztranslationen ergeben. Denn die erzeugenden Operationen sind mit den oben benutzten identisch. Wir erhalten daher mit Rücksicht auf die den Gruppen $\mathfrak{C}_4^5$ und $\mathfrak{C}_4^6$ entsprechenden Translationen folgende Translationscomponenten:

$\mathfrak{C}_{4,v}^9$:	$0,$	$0,$	$0,$	0
	$0,$	$0,$	$0,$	0
$\mathfrak{C}_{4,v}^{10}$:	$0,$	$0,$	$0,$	0
	τ_z	$\tau_z,$	$\tau_z,$	τ_z
$\mathfrak{C}_{4,v}^{11}$:	$0,$	$\frac{\tau_z}{2},$	$\tau_z,$	$\frac{3\tau_z}{2}$
	$\tau_x + \tau_y,$	$\tau_x + \tau_y + \frac{\tau_z}{2},$	$\tau_x + \tau_y + \tau_z,$	$\tau_x + \tau_y + \frac{3\tau_z}{2}$
$\mathfrak{C}_{4,v}^{12}$:	$0,$	$\frac{\tau_z}{2},$	$\tau_z,$	$\frac{3\tau_z}{2}$
	$\tau_x + \tau_y + \tau_z,$	$\tau_x + \tau_y + \frac{3\tau_z}{2},$	$\tau_x + \tau_y,$	$\tau_x + \tau_y + \frac{\tau_z}{2}.$

Die Gruppe $\mathfrak{C}_{4,v}^9$ ist diejenige, welche sich durch Multiplication der Gruppe C_4^v mit der Translationsgruppe Γ_q' ergiebt.

§ 8. **Die paramorphe Hemiedrie.** Die Operationen der entsprechenden Punktgruppe sind

$$1,\ \mathfrak{A},\ \mathfrak{A}^2,\ \mathfrak{A}^3;\quad \mathfrak{S}_h,\ \mathfrak{A}\mathfrak{S}_h,\ \mathfrak{A}^2\mathfrak{S}_h,\ \mathfrak{A}^3\mathfrak{S}_h.$$

Die Gruppe entsteht durch Multiplication der Gruppe C_4 mit der Spiegelung $\mathfrak{S}_h$. Da das Product $\mathfrak{A}^2\mathfrak{S}_h$ einer Inversion $\mathfrak{J}$ äquivalent ist, so kann sie auch durch Multiplication von C_4 mit $\mathfrak{J}$ gebildet werden. Die ihr isomorphen Raumgruppen $\mathfrak{C}_{4,h}$ lassen sich daher durch Multiplication einer Gruppe $\mathfrak{C}_4$ mit einer der Operationen $\mathfrak{S}_h$, $\mathfrak{S}_h(t)$ und $\mathfrak{J}$ erzeugen, wenn dieselben Deckoperationen des Axensystems der Gruppe $\mathfrak{C}_4$ sind. Gemäss Cap. VI, § 13 sind wieder die Gruppen $\mathfrak{C}_4^2$ und $\mathfrak{C}_4^4$ von der Betrachtung auszuschliessen.

Die einer Gruppe $\mathfrak{C}_4$ angehörigen Bewegungen vom Winkel π bilden die in $\mathfrak{C}_4$ enthaltene Untergruppe $\mathfrak{C}_2$. Es können daher für die Gruppen $\mathfrak{C}_4$ nur solche erzeugenden Operationen zulässig sein, die bei den Gruppen $\mathfrak{C}_2$ auftreten. Nun haben wir in Cap. VII, 8 aus jeder Gruppe $\mathfrak{C}_2$ zwei verschiedene Gruppen $\mathfrak{C}_{2,h}$ abgeleitet, die eine mittelst einer Symmetrieebene oder eines in eine Axe fallenden Symmetriecentrums, die andere durch Multiplication mit der Operation $\mathfrak{S}(\tau)$ resp. mit einer Inversion, deren Centrum in die Mitte zwischen zwei nächste Axen fällt. Die analogen Gruppen treten auch hier auf. Für die erste wird die Axenpermutation durch

$$(a),\quad (b),\quad (c)$$

dargestellt, für die zweite durch

$$(ab),\quad (c).$$

Die Vertheilung der Symmetriecentra und der Ebenen σ stimmt, da sie nur von der Translationsgruppe abhängt, mit der für die Gruppen $\mathfrak{C}_{2,h}$ angegebenen überein.

Wir beginnen mit den Gruppen $\mathfrak{C}_4^1$ und $\mathfrak{C}_4^3$, deren Translationsgruppe Γ_q ist. Für sie sind beide Axenpermutationen gestattet. Wir benutzen als erzeugende Operation zunächst eine zu den Axen senkrechte Symmetrieebene σ_h; es giebt unendlich viele solche Ebenen, die im Abstand τ_z auf einander folgen, jeder Schnitt mit einer Axe ist ein Symmetriecentrum. Die bezüglichen Gruppen bezeichnen wir durch

$$\mathfrak{C}_{4,h}^1 = \{\mathfrak{C}_4^1, \mathfrak{S}_h\} = \{\mathfrak{C}_4^1, \mathfrak{J}\};\quad \mathfrak{C}_{4,h}^2 = \{\mathfrak{C}_4^3, \mathfrak{S}_h\} = \mathfrak{C}_4^3, \mathfrak{J}\}.$$

Die erzeugende Operation, welche der zweiten Permutation entspricht, ist entweder $\mathfrak{S}_h(\tau_x + \tau_y)$, oder die Inversion gegen die Mitte von AB. Die zu σ_h parallelen Ebenen sind sämmtlich Ebenen mit Translationssymmetrie, kein Symmetriecentrum fällt daher in eine Axe. Wir bezeichnen dem entsprechend die zugehörigen Gruppen durch

$$\mathfrak{C}_{4,h}^3 = \{\mathfrak{C}_4^1, \mathfrak{J}_1\} = \{\mathfrak{C}_4^1, \mathfrak{S}_h(\tau_x + \tau_y)\}$$
$$\mathfrak{C}_{4,h}^4 = \{\mathfrak{C}_4^3, \mathfrak{J}_1\} = \{\mathfrak{C}_4^3, \mathfrak{S}_h(\tau_x + \tau_y)\}.$$

Für die Gruppe $\mathfrak{C}_4^5$ sind nur solche Operationen möglich, welche jede Axe in sich überführen. Dies geschieht durch die Spiegelung $\mathfrak{S}_h$. Es giebt unendlich viele parallele

Symmetrieebenen; zwischen je zweien läuft gemäss Cap. VII, 4 eine Ebene gleitender Symmetrie. Wir bezeichnen die zugehörige Gruppe durch

$$\mathfrak{C}_{4,h}^{5} = \{\mathfrak{C}_4^{5}, \mathfrak{S}_h\} = \{\mathfrak{C}_4^{5}, \mathfrak{J}\}.$$

Für die Gruppe $\mathfrak{C}_4^{6}$ endlich muss nach Satz XXII von Cap. VI die erzeugende Operation die Axen a und b vertauschen. Wir benutzen dazu die Inversion gegen die Mitte von AB. Symmetrieebenen treten nicht auf; die bezügliche Gruppe bezeichnen wir durch

$$\mathfrak{C}_{4,h}^{6} = \{\mathfrak{C}_4^{6}, \mathfrak{J}_1\}.$$

Andere Gruppen $\mathfrak{C}_{4,h}$ kann es nicht geben, also folgt:

Lehrsatz VIII. *Es giebt sechs Raumgruppen, deren Symmetrie der paramorphen Hemiedrie des tetragonalen Systems entspricht; vier von ihnen enthalten Γ_q als Translationsgruppe, die beiden andern Γ_q'.*

Die Ermittelung des Fundamentalsystems gleichwerthiger Punkte bedarf nur für die Gruppe $\mathfrak{C}_{4,h}^{6}$ einer besonderen Erörterung. Wir legen das Coordinatensystem so, dass die erzeugende Ebene σ_h die XY-Ebene wird, im übrigen übereinstimmend mit den Angaben von § 3. Nun haben wir oben (S. 485) gesehen, dass wir der Translationsgruppe Γ_q' zwei verschiedene Lagen zum Coordinatensystem ertheilen können, wir nehmen sie so an, dass τ_x und τ_y mit AA_1 und AA_2 zusammenfallen; alsdann ist, wie dort gezeigt, $2AB = \tau_x + \tau_y$, daher ist die Inversion gegen die Mitte von AB durch die Inversion gegen den Anfangspunkt des Coordinatensystems und eine Translation gleich der Hälfte von $\tau_x + \tau_y$ ersetzbar.

Nun sind die gleichwerthigen Punkte der Gruppe C_4^h, wenn wir die Inversion als erzeugende Operation wählen,

$$x\,y\,z,\ \bar{y}\,x\,z,\ \bar{x}\,\bar{y}\,z,\ y\,\bar{x}\,z;\quad \bar{x}\,\bar{y}\,\bar{z},\ y\,\bar{x}\,\bar{z},\ x\,y\,\bar{z},\ \bar{y}\,x\,\bar{z}.$$

Um aus ihnen die bezüglichen Punkte für die Gruppen $\mathfrak{C}_{4,h}$ zu erhalten, haben wir zur ersten Zeile die oben in § 3 angegebenen Translationscomponenten zu fügen. Beachten wir nun, dass die Inversion das Vorzeichen von τ_z umkehrt, so ergeben sich die sämmtlichen Zusatzcomponenten in folgender Form:

$\mathfrak{C}_{4,h}^1$:	$0,$	$0,$	$0,$	0
	$0,$	$0,$	$0,$	0
$\mathfrak{C}_{4,h}^2$:	$0,$	$\tau_z,$	$0,$	τ_z
	$0,$	$\tau_z,$	$0,$	τ_z
$\mathfrak{C}_{4,h}^3$:	$0,$	$0,$	$0,$	0
	$\tau_x+\tau_y,$	$\tau_x+\tau_y,$	$\tau_x+\tau_y,$	$\tau_x+\tau_y$
$\mathfrak{C}_{4,h}^4$:	$0,$	$\tau_z,$	$0,$	τ_z
	$\tau_x+\tau_y,$	$\tau_x+\tau_y+\tau_z,$	$\tau_x+\tau_y,$	$\tau_x+\tau_y+\tau_z$
$\mathfrak{C}_{4,h}^5$:	$0,$	$0,$	$0,$	0
	$0,$	$0,$	$0,$	0
$\mathfrak{C}_{4,h}^6$:	$0,$	$\frac{\tau_z}{2},$	$\tau_z,$	$\frac{3\tau_z}{2}$
	$\frac{\tau_x+\tau_y}{2},$	$\frac{\tau_x+\tau_y+3\tau_z}{2},$	$\frac{\tau_x+\tau_y+2\tau_z}{2},$	$\frac{\tau_x+\tau_y+\tau_z}{2}.$

Die Gruppen $\mathfrak{C}_{4,h}^1$ und $\mathfrak{C}_{4,h}^5$ können durch Multiplication der Gruppe C_4^h mit Γ_q resp. Γ_q' erzeugt werden.

§ 9. **Allgemeine Bemerkungen über die sphenoidische Hemiedrie.** Diese Krystallclasse ist durch die Punktgruppe $V^d = S_4^u$ mit den Operationen

$$1,\ \mathfrak{U},\ \mathfrak{B},\ \mathfrak{W};\quad \mathfrak{S}_d,\ \mathfrak{U}\mathfrak{S}_d,\ \mathfrak{B}\mathfrak{S}_d,\ \mathfrak{W}\mathfrak{S}_d$$

characterisirt. Sie kann durch Multiplication der Vierergruppe V mit der Spiegelung $\mathfrak{S}_d$ erzeugt werden; und zwar halbirt die Ebene σ_d den Winkel zwischen den Axen u und v. Die mit ihr isomorphen Raumgruppen $\mathfrak{B}_d$ ergeben sich also, wenn eine Gruppe $\mathfrak{B}$ mit einer der zu $\mathfrak{S}_d$ isomorphen Operationen $\mathfrak{S}_d$ oder $\mathfrak{S}_d(t)$ multiplicirt wird, welche das Axensystem der Gruppe $\mathfrak{B}$ in erlaubter Weise in sich überführt. Natürlich ist dabei vorauszusetzen, dass die Translationsgruppe von $\mathfrak{B}$ den Character des tetragonalen Systems aufweist. Ferner ist ersichtlich, dass die Bedingung des Satzes XXII von Cap. VI, da die Gruppen $\mathfrak{B}$ nur zweizählige Axen enthalten, immer erfüllt ist.

Da die Ebene σ_d den Winkel zweier Axenrichtungen halbirt, so ist sie in allen Fällen einer Diagonalebene des für die Gruppen $\mathfrak{B}$ characteristischen Parallelepipedons p parallel. Ueberdies kann sie stets parallel zu den Axen w gewählt werden. Für diejenigen Gruppen $\mathfrak{B}$, deren drei Axenschaaren symmetrische Lage zu einander haben, ist dies evident; für die andern Gruppen ist es dadurch geboten, dass bei ihnen nur die Axen u und v gleichartig angeordnet sind. Das Parallelepipedon p ist daher als quadratische Säule zu betrachten.

Die Frage nach der Identität oder Verschiedenheit der so erzeugten Gruppen entscheidet sich durch folgende Ueberlegung. Die Punktgruppe V enthält als Untergruppe *eine* Gruppe C_2^v, gebildet von den Operationen

$$1, \quad \mathfrak{W}, \quad \mathfrak{S}_d, \quad \mathfrak{W}\mathfrak{S}_d;$$

es enthält daher gemäss Satz XVI von Cap. VI jede Gruppe $\mathfrak{B}_d$ eine Untergruppe $\mathfrak{C}_{2,v}$, deren Axen die Axen w sind. Sie wird durch diese Axen und die erzeugende Operation $\mathfrak{S}_d$ resp. $\mathfrak{S}_d(t)$ bestimmt. Es ist demnach offenbar, dass *zwei Gruppen* $\mathfrak{B}_d$, *die aus derselben Gruppe* $\mathfrak{B}$ *mit verschiedenen Operationen* $\mathfrak{S}_d$ *resp.* $\mathfrak{S}_d(t)$ *erzeugt werden, identisch oder verschieden sind, je nachdem diese Operationen dieselbe oder verschiedene Untergruppen* $\mathfrak{C}_{2,v}$ *liefern.* Für die Gruppen $\mathfrak{C}_{2,v}$ sind aber die bezüglichen Fragen in Cap. VIII, 3 bis 7 ausführlich erledigt worden; die dortigen Ergebnisse gestatten daher, die Identität von Gruppen, die auf verschiedene Art erzeugt sind, unmittelbar zu erkennen. Was schliesslich die Anordnung und Natur der Ebenen σ betrifft, so ist sie durch die Gruppe $\mathfrak{C}_{2,v}$ unmittelbar bestimmt.

Diejenige Axe der Punktgruppe V^d, durch welche die Symmetrieebenen σ_v gehen, ist bekanntlich eine vierzählige Axe zweiter Art. Es müssen daher auch unter den Axen w einer jeden Gruppe $\mathfrak{B}_d$ vierzählige Axen zweiter Art auftreten. Es fragt sich, welche dies sind. Zunächst sei daran erinnert, dass es gemäss Cap. VI, Satz XXIV nur Drehungsaxen sein können. Ferner drückt sich, wie wir S. 93 bewiesen haben, die Vierzähligkeit der Hauptaxe durch die Gleichung

$$\mathfrak{U}\mathfrak{S}_d = \mathfrak{A}\left(\frac{\pi}{2}\right)\mathfrak{S}_h = \overline{\mathfrak{A}}$$

aus; ist nun $\mathfrak{T}$ eine Translation von der Länge t parallel zu den Axen w, so folgt

$$\mathfrak{U}\mathfrak{S}_d(t) = \mathfrak{A}\mathfrak{S}_h\mathfrak{T} = \mathfrak{A}\mathfrak{S}_1,$$

wo der Abstand der Symmetrieebene σ_1 von der Ebene σ_h die Hälfte von t ist. Dieser Satz genügt, um die vierzähligen Axen und die Lage der zugehörigen spiegelnden Ebenen zu bestimmen.

Da die Gruppen $\mathfrak{V}^2$, $\mathfrak{V}^4$, $\mathfrak{V}^5$ Drehungsaxen w nicht enthalten, so können sich aus ihnen Gruppen $\mathfrak{V}_d$ nicht ableiten lassen.

Für die übrigen Gruppen bedarf die in ihnen enthaltene Translationsgruppe noch einer Bemerkung allgemeiner Art. Die Translationsgruppe von $\mathfrak{V}^1$ und $\mathfrak{V}^3$ ist Γ_v; dieselbe geht für die aus ihnen ableitbaren Gruppen $\mathfrak{V}_d$ in die Gruppe Γ_q über. Das gleiche gilt aber auch für die Gruppe $\mathfrak{V}^6$; ihre Translationsgruppe Γ_v' kann sich ebenfalls nur zu Γ_q specialisiren. Dies entspricht auch dem oben erwähnten Umstand, dass die Translationsgruppe Γ_q zwei verschiedene Lagen zum Coordinatensystem haben kann. Analog leuchtet ein, dass die rhombischen Translationsgruppen Γ_v'' und Γ_v''' für die tetragonalen Gruppen $\mathfrak{V}_d$ beide in Γ_q' übergehen; die Art, in der es geschieht, ist oben in § 4 ausführlich erörtert worden.

Das vorstehende ist auf die in den Gruppen $\mathfrak{V}_d$ auftretenden Untergruppen $\mathfrak{C}_{2,v}$ von Einfluss. Um diese Gruppen zu ermitteln, fassen wir (vgl. die Figuren des Cap. VIII) das von den Axen w in den Hauptebenen gebildete Axennetz in's Auge. Dieses Netz ist in allen Fällen quadratisch. Je nachdem nun σ_d durch eine Seite oder Diagonale eines Quadrates geht, treten diejenigen Gruppen $\mathfrak{C}_{2,v}$ auf, welchen ein rechtwinkliges oder ein rhombisches Netz eigenthümlich ist.

§ 10. **Die Gruppen der sphenoidischen Hemiedrie mit der Translationsgruppe Γ_q.** Für die Gruppe $\mathfrak{V}^1$ bilden die

Axen w eine Gruppe $\mathfrak{C}_2^1$. Die Ebene σ_d hat die Richtung der Diagonale des Quadrates, also haben wir die bezüglichen Gruppen $\mathfrak{C}_{2,v}$ für rhombisches Netz zu betrachten. Es giebt zwei verschiedene Gruppen $\mathfrak{C}_{2,v}$ dieser Art, die erste ist $\mathfrak{C}_{2,v}^{11}$, die zweite $\mathfrak{C}_{2,v}^{13}$; für $\mathfrak{C}_{2,v}^{11}$ ist $\mathfrak{S}_d$ die erzeugende Operation, für $\mathfrak{C}_{2,v}^{13}$ ist es $\mathfrak{S}_d(\tau_z)$. Es giebt daher auch zwei zugehörige Gruppen $\mathfrak{V}_d$; wir bezeichnen sie durch

$$\mathfrak{V}_d^1 = \{\mathfrak{V}^1, \mathfrak{S}_d\} \quad \text{und} \quad \mathfrak{V}_d^2 = \{\mathfrak{V}^1, \mathfrak{S}_d(\tau_z)\}.$$

Aus den obenstehenden Angaben folgt, dass die vierzähligen Axen zweiter Art in die Gegenkanten von p fallen; die zugehörige Ebene σ ist für die erste Gruppe die Grundfläche von p, für die zweite Gruppe die Mittelebene.

Für $\mathfrak{V}^3$ bilden die Axen w wiederum eine Gruppe $\mathfrak{C}_2^1$. Die Ebene σ_d hat wieder die Richtung der Diagonale des Quadrates und jede der beiden Operationen $\mathfrak{S}_d$ und $\mathfrak{S}_d(\tau_z)$ ist Deckoperation für das Axensystem von $\mathfrak{V}^3$. Die bezüglichen Verhältnisse sind daher den vorstehenden völlig analog; wir bezeichnen die so entstehenden Gruppen durch

$$\mathfrak{V}_d^3 = \{\mathfrak{V}^3, \mathfrak{S}_d\}; \quad \mathfrak{V}_d^4 = \{\mathfrak{V}^3, \mathfrak{S}_d(\tau_z)\}.$$

Die vierzähligen Axen zweiter Art sind diesmal von denjenigen, durch welche die Ebene σ_d geht, verschieden; denn sonst müssten die letzteren von Drehungsaxen u und v geschnitten werden.

Für die Gruppe $\mathfrak{V}^6$ fällt die Ebene σ_d in eine *Seite* des Axennetzes. Es ist daher die Gruppe $\mathfrak{C}_2^1$ mit rechtwinkligem Netz in's Auge zu fassen. Aus ihr lassen sich vier verschiedene Gruppen $\mathfrak{C}_{2,v}$ ableiten, nämlich

$$\mathfrak{C}_{2,v}^1, \ \mathfrak{C}_{2,v}^3, \ \mathfrak{C}_{2,v}^4 \ \text{und} \ \mathfrak{C}_{2,v}^6.$$

Die erzeugenden Operationen sind

$$\mathfrak{S}_d, \quad \mathfrak{S}_d(\tau_z), \quad \mathfrak{S}_d(\tau_d), \quad \mathfrak{S}_d(\tau_d + \tau_z),$$

wenn σ_d in allen vier Fällen die Diagonalfläche von p ist und

$$\tau_d = \tfrac{1}{2}(\tau_x + \tau_y).$$

Jede dieser Operationen ist nun eine Deckoperation für die Axen von $\mathfrak{V}^6$; demnach entsprechen ihnen vier verschiedene Gruppen $\mathfrak{V}_d$, nämlich

$$\mathfrak{V}_d^5 = \{\mathfrak{V}^6, \mathfrak{S}_d\}, \quad \mathfrak{V}_d^6 = \{\mathfrak{V}^6, \mathfrak{S}_d(\tau_z)\},$$
$$\mathfrak{V}_d^7 = \{\mathfrak{V}^6, \mathfrak{S}_d(\tau_d)\}, \quad \mathfrak{V}_d^8 = \{\mathfrak{V}_6, \mathfrak{S}_d(\tau_d + \tau_z)\}.$$

Für die erste und zweite Gruppe sind alle Seitenkanten von p vierzählige Axen, für die dritte und vierte Gruppe muss daher die vierzählige Axe in die Mittelhöhe w fallen. Es folgt noch:

Lehrsatz IX. *Es giebt acht Raumgruppen mit der Translationsgruppe Γ_q, deren Symmetrie der sphenoidalen Hemiedrie des tetragonalen Systems entspricht.*

Legen wir für alle Gruppen dasselbe Coordinatensystem wie in Cap. VIII zu Grunde, so lässt sich das Fundamentalsystem der gleichwerthigen Punkte ohne Weiteres angeben. Die erzeugende Ebene σ_d hat nämlich für alle acht Gruppen dieselbe Lage zu den Coordinatenaxen wie die Symmetrieebene der Gruppe V^d; die aus der erzeugenden Operation stammenden Translationscomponenten sind daher diejenigen, welche in der bezüglichen Operation $\mathfrak{S}$ resp. $\mathfrak{S}(t)$ direct enthalten sind. Die Coordinaten für V^d sind resp. (S. 219)

$$x\,y\,z, \quad x\,\bar{y}\,\bar{z}, \quad \bar{x}\,y\,\bar{z}, \quad \bar{x}\,\bar{y}\,z$$
$$y\,x\,z, \quad \bar{y}\,x\,\bar{z}, \quad y\,\bar{x}\,\bar{z}, \quad \bar{y}\,\bar{x}\,z.$$

Zur ersten Zeile treten für jede Gruppe $\mathfrak{V}^d$ die in Cap. VIII angegebenen Translationscomponenten; die sich für die zweite Zeile einstellenden haben wir eben angegeben, also erhalten wir die folgende Tabelle:

$\mathfrak{V}_d^1$:	0,	0,	0,	0
	0,	0,	0,	0
$\mathfrak{V}_d^2$:	0,	0,	0,	0
	τ_z,	τ_z,	τ_z,	τ_z
$\mathfrak{V}_d^3$:	0,	$\tau_x + \tau_y$,	$\tau_x + \tau_y$,	0
	0,	$\tau_x + \tau_y$,	$\tau_x + \tau_y$,	0
$\mathfrak{V}_d^4$:	0,	$\tau_x + \tau_y$,	$\tau_x + \tau_y$,	0
	τ_z,	$\tau_x + \tau_y + \tau_z$,	$\tau_x + \tau_y + \tau_z$,	τ_z
$\mathfrak{V}_d^5$:	0,	0,	0,	0
	0,	0,	0,	0

$\mathfrak{B}_d^6$:	0,	0,	0,	0
	τ_z,	τ_z,	τ_z,	τ_z
$\mathfrak{B}_d^7$:	0,	0,	0,	0
	τ_d,	τ_d,	τ_d,	τ_d
$\mathfrak{B}_d^8$:	0,	0,	0,	0
	$\tau_d + \tau_z$,	$\tau_d + \tau_z$,	$\tau_d + \tau_z$,	$\tau_d + \tau_z$.

Die Gruppen $\mathfrak{B}_d^1$ und $\mathfrak{B}_d^5$ sind diejenigen, welche sich durch Multiplication der Gruppe V^d mit der Translationsgruppe Γ_q erzeugen lassen. Die beiden Gruppen entsprechen einer verschiedenen Lage der Gruppe Γ_q zum Coordinatensystem, dem Umstand entsprechend, dass sie specielle Fälle der Gruppen Γ_v resp. Γ_v' sind. Für $\mathfrak{B}_d^5$ fallen die Symmetrieebenen mit τ_x und τ_y zusammen, für $\mathfrak{B}_d^1$ halbiren sie die Winkel von τ_x und τ_y.

§ 11. **Die Gruppen der sphenoidischen Hemiedrie mit der Translationsgruppe** Γ_q'. Diese Gruppen entstehen aus $\mathfrak{B}^7$, $\mathfrak{B}^8$, $\mathfrak{B}^9$. In jeder dieser Gruppen bilden die Axen w eine Gruppe $\mathfrak{C}_2^3$.

Für die Gruppe $\mathfrak{B}^7$ fällt in die Ebene σ_d eine Diagonale des Quadrates, welches die Grundfläche von p bildet, also enthält die bezügliche Untergruppe $\mathfrak{C}_{2,v}$ ein rhombisches Axennetz. Solcher aus $\mathfrak{C}_2^3$ ableitbaren Gruppen giebt es drei, nämlich

$$\mathfrak{C}_{2,v}^{20},\quad \mathfrak{C}_{2,v}^{21},\quad \mathfrak{C}_{2,v}^{22}.$$

Die erzeugenden Operationen dieser Gruppen sind resp. mit

$$\mathfrak{S}_d,\quad \mathfrak{S}_d(\tau_z),\quad \mathfrak{S}_d(\tau_x)$$

zu bezeichnen, wenn τ_d die Diagonale der Grundfläche von p ist. Die letztere Operation ist aber keine Deckoperation für $\mathfrak{B}^7$, daher ergeben sich aus $\mathfrak{B}^7$ nur zwei Gruppen $\mathfrak{B}_d$, nämlich

$$\mathfrak{B}_d^9 = \{\mathfrak{B}^7, \mathfrak{S}_d\} \quad \text{und} \quad \mathfrak{B}_d^{10} = \{\mathfrak{B}^7, \mathfrak{S}_d(\tau_z)\}.$$

Für die zweite dieser Gruppen kann auch $\mathfrak{S}(\tau_x + \tau_y + \tau_z)$ als erzeugende Operation benutzt werden; beide Translationscomponenten führen auf dieselbe reducirte Operation. Jede Drehungsaxe w ist eine vierzählige Axe zweiter Art. Die

Gruppen unterscheiden sich dadurch, dass die Ebenen, welche mit den Axen zweiter Art verbunden sind, bei der ersten solche Punkte der Axe w treffen, durch welche Drehungsaxen gehen, während bei der zweiten Gruppe durch die genannten Punkte Schraubenaxen laufen.

Bei den Gruppen $\mathfrak{V}^8$ und $\mathfrak{V}^9$ treten wieder Gruppen $\mathfrak{C}_{2,v}$ mit rechtwinkligem Netz auf; und zwar ist das Netz für beide Gruppen von der Art, dass die Gegenecken des Quadrates von gleichartigen Axen getroffen werden. Derartiger Gruppen $\mathfrak{C}_{2,v}$ haben wir aus $\mathfrak{C}_2{}^3$ zwei verschiedene abgeleitet, nämlich

$$\mathfrak{C}_{2,v}{}^{18} \quad \text{und} \quad \mathfrak{C}_{2,v}{}^{19};$$

ihre erzeugenden Operationen sind, wie aus den Betrachtungen von Cap. VIII, § 6 folgt, mit

$$\mathfrak{S}_d \quad \text{und} \quad \mathfrak{S}_d(\tau_r)$$

zu bezeichnen, wo wie auf S. 294

$$\tau_r = \tfrac{1}{2}(\tau_x + \tau_y + \tau_z)$$

zu setzen ist. Von ihnen ist $\mathfrak{S}_d$ eine Deckoperation nur für das Axensystem von $\mathfrak{V}^8$, während $\mathfrak{S}_d(\tau_r)$ augenscheinlich nur das Axensystem von $\mathfrak{V}^9$ in sich überführt. Wir erhalten daher folgende zwei Gruppen:

$$\mathfrak{V}_d{}^{11} = \{\mathfrak{V}^8, \mathfrak{S}_d\}$$
$$\mathfrak{V}_d{}^{12} = \{\mathfrak{V}^9, \mathfrak{S}_d(\tau_r)\}; \quad \tau_r = \tfrac{1}{2}(\tau_x + \tau_y + \tau_z).$$

Jede Drehungsaxe w geht in eine vierzählige Axe zweiter Art über; die zugehörige Ebene σ fällt für $\mathfrak{V}_d{}^{11}$ in die Grundfläche, bei $\mathfrak{V}_d{}^{12}$ ist sie von der Grundfläche um den vierten Theil von τ_z entfernt. Die Ebenen σ, welche je zwei nächsten Axen w entsprechen, haben den Abstand τ_z. Es folgt noch:

Lehrsatz X. *Es giebt vier Raumgruppen mit der Translationsgruppe Γ_q', deren Symmetrie der sphenoidalen Hemiedrie des tetragonalen Systems entspricht.*

Die Bestimmung des Fundamentalsystems gleichwerthiger Punkte bedarf auch hier keiner besonderen Erörterungen, wenn wir, wie evident, der Ebene σ_d dieselbe Lage geben, wie für die Gruppe V^d. Beachten wir, dass sie τ_x mit τ_y vertauscht, so ergeben sich die Translationscomponenten für die Coordinatentripel in folgender Form:

$\mathfrak{B}_d^9$ und $\mathfrak{B}_d^{11}$:	0,	0,	0,	0
	0,	0,	0,	0
$\mathfrak{B}_d^{10}$:	0,	0,	0,	0
	τ_z,	τ_z,	τ_z,	τ_z
$\mathfrak{B}_d^{12}$:	0,	τ_z,	τ_x,	τ_y
	$\frac{1}{2}\tau_r$,	$\frac{1}{2}\tau_r'''$,	$\frac{1}{2}\tau_r''$,	$\frac{1}{2}\tau_r'$,

wenn τ_r, τ_r', τ_r'', τ_r''' die auf S. 294 angegebenen Werthe haben. Diejenigen Gruppen $\mathfrak{B}_d$, welche durch Multiplication der Gruppe V^d mit der Translationsgruppe Γ_q' entstehen, sind $\mathfrak{B}_d^9$ und $\mathfrak{B}_d^{11}$. Für die erste ist Γ_q ein Specialfall von Γ_v'', für die zweite eine specielle Form von Γ_v'''.

Wir gelangen demnach schliesslich zu folgendem Resultat:

Lehrsatz XI. *Es giebt im Ganzen 12 Raumgruppen, deren Symmetrie der sphenoidischen Hemiedrie des tetragonalen Systems entspricht.*

§ 12. **Allgemeine Bemerkungen über die enantiomorphe Hemiedrie.** Diese Hemiedrie ist durch die Punktgruppe D_4 mit den Drehungen

$$1,\ \mathfrak{A},\ \mathfrak{A}^2,\ \mathfrak{A}^3;\ \mathfrak{U},\ \mathfrak{A}\mathfrak{U},\ \mathfrak{A}^2\mathfrak{U},\ \mathfrak{A}^3\mathfrak{U}$$

characterisirt; sie entsteht durch Multiplication von C_4 mit einer Umklappung. Die isomorphen Gruppen $\mathfrak{D}_4$ sind daher durch Multiplication einer Gruppe $\mathfrak{C}_4$ mit einer zu $\mathfrak{U}$ isomorphen Bewegung zu bilden. Die Axe dieser Bewegung läuft, da sie das in den Hauptebenen liegende quadratische Axennetz in sich überführen soll, den Seiten oder Diagonalen dieses Netzes parallel. Den vier zweizähligen Nebenaxen von D_4 entsprechen vier Schaaren zweizähliger Axen für $\mathfrak{D}_4$, jede derselben bildet eine Gruppe $\mathfrak{C}_2$; zwei Axenrichtungen stimmen mit den primitiven Netztranslationen überein, die beiden andern halbiren die Winkel zwischen ihnen. Die letzteren bilden daher in jedem Fall Gruppen $\mathfrak{C}_2^3$. Unter ihren Axen existiren nun immer Drehungsaxen; *als erzeugende Operation kann daher stets eine Umklappung gewählt werden.*

Für jede Gruppe $\mathfrak{C}_4$ giebt es zwei verschiedene vierzählige Axen a und b; die Gruppen $\mathfrak{D}_4$ können daher durch eine der beiden Permutationen

$$(a),\ (b) \text{ und } (ab)$$

characterisirt werden.

Je zwei zu einander senkrechte Nebenaxen der Punktgruppe D_4 bestimmen mit der Hauptaxe die drei Axen einer Vierergruppe V; das gleiche gilt also für die isomorphen Gruppen $\mathfrak{D}_4$. Jede von ihnen enthält daher zwei Untergruppen $\mathfrak{V}$. Diese Vierergruppen sollen für jede Gruppe $\mathfrak{D}_4$ angegeben werden; einerseits bedürfen wir ihrer, um die Gruppen des regulären Systems in möglichst einfacher Weise zu construiren, andrerseits ist durch Angabe der Vierergruppen auch die Lage aller Axên im Raume gekennzeichnet. Für die Axenvertheilung ist auch der in Cap. VI abgeleitete Satz XV zu beachten. Ihm entsprechend gehen durch den Schnittpunkt einer zweizähligen und einer vierzähligen *Drehungsaxe* je *vier* zweizählige Axen, so dass die Hauptebenen im Abstand τ_z auf einander folgen. Ferner wird eine vierzählige *Schraubenaxe, deren Translationscomponente τ_z ist,* in demselben Punkt von *zwei* zweizähligen Drehungsaxen getroffen, und es folgen die Hauptebenen in einem *Abstand gleich der Hälfte von τ_z.* Endlich geht durch jeden Punkt einer vierzähligen *Schraubenaxe, deren Translationscomponente die Hälfte von τ_z ist,* nur je *eine* zweizählige Axe; je zwei auf einander folgende bilden einen Winkel von 45^0 mit einander und *ihr Abstand ist der vierte Theil von τ_z.* Das gleiche gilt daher für die bezüglichen Hauptebenen.

Wir bezeichnen die erzeugende zweizählige Axe, je nachdem sie in (S. 482) AB, AA_1 oder C_1C_2 fällt, durch

$$u_s,\ u_a \text{ resp. } u_c,$$

und die zugehörigen Umklappungen durch

$$\mathfrak{U}_s,\ \mathfrak{U}_a,\ \mathfrak{U}_c.$$

Wie das vorstehende lehrt, kommen in jeder Gruppe $\mathfrak{D}_4$ die

Operationen $\mathfrak{U}_s$ und $\mathfrak{U}_a$ zugleich vor. Sie entsprechen beide der Permutation

$$(a),\ (b),\ (c),$$

während die Umklappung $\mathfrak{U}_c$ die Permutation

$$(ab),\ (c)$$

bewirkt. Die beiden in $\mathfrak{D}_4$ enthaltenen Vierergruppen sollen durch

$$\mathfrak{V}_a \text{ und } \mathfrak{V}_c$$

dargestellt werden; die erstere ist diejenige, deren Axen zu AA_1 und AA_2 parallel laufen, während die Axen von $\mathfrak{V}_c$ die Richtung AB und C_1C_2 besitzen.

§ 13. **Die enantiomorphen Gruppen mit der Translationsgruppe Γ_q.** Für die Gruppen

$$\mathfrak{C}_4^1,\ \mathfrak{C}_4^2,\ \mathfrak{C}_4^3,\ \mathfrak{C}_4^4$$

ist Γ_q die Translationsgruppe; ihr primitives Tripel ist

1) $$2\tau_x = AA_1,\quad 2\tau_y = AA_2,\quad 2\tau_z.$$

Für die Vierergruppe $\mathfrak{V}_a$ sind daher

2) $$2\tau_1 = 2\tau_x,\quad 2\tau_2 = 2\tau_y,\quad 2\tau_3 = 2\tau_z$$

ein Tripel primitiver Translationen. Für die Gruppe $\mathfrak{V}_c$ dagegen fällt die eine Axenrichtung mit der Diagonale AB zusammen, folglich ist für sie als System primitiver Translationen resp.

3) $$2\tau_1 = \tau_x + \tau_y,\quad 2\tau_2 = \tau_x - \tau_y,\quad 2\tau_3 = 2\tau_z$$

zu betrachten. Auf Grund dieser Bemerkungen lassen sich die bezüglichen Gruppen $\mathfrak{V}_a$ und $\mathfrak{V}_c$ jedesmal leicht bestimmen.

Alle vierzähligen Axen sind für die obigen vier Gruppen gleichartig; es sind daher beide vorstehend genannten Permutationen gestattet. Die erzeugende zweizählige Axe, welche die Permutation (a), (b) bewirkt, ist in die Seite AA_1 oder in die Diagonale AB zu legen, diejenige, welche (ab) entspricht, in die Diagonale C_1C_2.

Wir beginnen mit der Gruppe $\mathfrak{C}_4^1$. Im ersten Fall gehen, da a eine Drehungsaxe ist, vier zweizählige Axen durch A. Wir bezeichnen die bezügliche Gruppe durch

$$\mathfrak{D}_4^1 = \{\mathfrak{C}_4^1, \mathfrak{U}_s\} = \{\mathfrak{C}_4^1, \mathfrak{U}_a\}.$$

Die Gruppe $\mathfrak{B}_a$ ist augenscheinlich die Gruppe $\mathfrak{B}^1$; die Gruppe $\mathfrak{B}_c$, den ihr zugehörigen Translationen 2) entsprechend, die Gruppe $\mathfrak{B}^6$.

Fällt die zweizählige Axe in die Diagonale C_1C_2, so gehen durch C_1 und C_2 je zwei zweizählige Drehungsaxen. Durch A und B kann eine solche Axe nicht laufen. Beachten wir nun, dass alle vierzähligen Axen Drehungsaxen sind, so folgt, dass die Gruppe $\mathfrak{B}_a$ nur die Gruppe $\mathfrak{B}^3$ sein kann, während die Gruppe $\mathfrak{B}_c$ wieder die Gruppe $\mathfrak{B}^6$ sein muss. Die Natur der Gruppe $\mathfrak{B}^3$ bewirkt, dass keine Axe der Richtung u_a von a, b, c getroffen wird. Wir bezeichnen die Gruppe durch

$$\mathfrak{D}_4^2 = \{\mathfrak{C}_4^1, \mathfrak{U}_c\}.$$

Für die Gruppe $\mathfrak{C}_2^4$ sind die vierzähligen Axen Schraubenaxen, und zwar so, dass sie auch als zweizählige Axen Schraubenaxen bleiben; sie bestimmen daher eine Gruppe $\mathfrak{C}_2^2$. Fällt die erzeugende Symmetrieaxe in die Seite AA_1, so ist demgemäss die Gruppe $\mathfrak{B}_a$ eine Gruppe $\mathfrak{B}^2$, dagegen ist $\mathfrak{B}_c$ eine Gruppe $\mathfrak{B}^5$. Der Abstand zweier Hauptebenen beträgt den vierten Theil von τ_z; durch keinen Punkt einer Hauptaxe gehen mehrere Nebenaxen. Wir bezeichnen die zugehörige Gruppe durch

$$\mathfrak{D}_4^3 = \{\mathfrak{C}_4^2, \mathfrak{U}_a\} = \{\mathfrak{C}_4^2, \mathfrak{U}_s\}.$$

Fällt dagegen die erzeugende zweizählige Axe in die Gerade C_1C_2, so ist die Gruppe $\mathfrak{B}_c$ die Gruppe $\mathfrak{B}^5$, weil eine andere Gruppe $\mathfrak{B}$ dieser Art nicht existirt. Dagegen kann $\mathfrak{B}_a$ nur die Gruppe $\mathfrak{B}^4$ sein. Wäre sie nämlich $\mathfrak{B}^2$, so würde diese Gruppe $\mathfrak{D}_4$ mit der vorstehenden identisch sein, was mit Rücksicht auf die verschiedene Axenpermutation unmöglich ist. Die Gruppe soll durch

$$\mathfrak{D}_4^4 = \{\mathfrak{C}_4^2, \mathfrak{U}_c\}$$

bezeichnet werden.

Für $\mathfrak{C}_3^4$ sind die Hauptaxen a und b zweizählige Drehungsaxen, sie bilden also wieder eine Gruppe $\mathfrak{C}_2^1$. Wird zunächst u_a als erzeugende Symmetrieaxe gewählt, so sind die Gruppen $\mathfrak{B}_a$ und $\mathfrak{B}_c$ wie für $\mathfrak{D}_4^1$ resp. die Gruppen $\mathfrak{B}^1$ und $\mathfrak{B}^6$.

Durch denselben Punkt A der Axe a gehen aber in diesem Fall nur zwei zu einander senkrechte Axen. Der Abstand zweier Hauptebenen beträgt die Hälfte von τ_z. Wir bezeichnen die bezügliche Gruppe durch

$$\mathfrak{D}_4^5 = \{\mathfrak{C}_4^3, \mathfrak{U}_a\} = \{\mathfrak{C}_4^3, \mathfrak{U}_s\}.$$

Ist u_c die erzeugende Symmetrieaxe, so ist, wie für $\mathfrak{D}_4^2$, die Gruppe $\mathfrak{V}_c$ die Gruppe $\mathfrak{V}^6$ und $\mathfrak{V}_a$ die Gruppe $\mathfrak{V}^3$. Wie bei der Gruppe $\mathfrak{D}_4^2$ werden die Hauptaxen a und b von den Nebenaxen der Richtung u_a nicht getroffen; dagegen giebt es auf jeder Axe c Punkte, durch welche zwei zu einander senkrechte Axen hindurchgehen. Der Abstand je zweier Hauptebenen ist die Hälfte von τ_z. Wir bezeichnen die Gruppe durch

$$\mathfrak{D}_4^6 = \{\mathfrak{C}_4^3, \mathfrak{U}_c\}.$$

Die Gruppe $\mathfrak{C}_4^4$ unterscheidet sich von $\mathfrak{C}_4^2$ nur durch den Windungssinn der vierzähligen Axen; es müssen sich daher aus ihr die gleichen Gruppen $\mathfrak{D}_4$ ableiten lassen, wie aus $\mathfrak{C}_4^2$, natürlich mit anderem Windungssinn. Diese Gruppen sind

$$\mathfrak{D}_4^7 = \{\mathfrak{C}_4^4, \mathfrak{U}_a\} = \{\mathfrak{C}_4^4, \mathfrak{U}_s\}; \quad \mathfrak{D}_4^8 = \{\mathfrak{C}_4^4, \mathfrak{U}_c\}.$$

Die vorstehenden Gruppen besitzen sämmtlich die Translationsgruppe Γ_q, also folgt:

Lehrsatz XII. *Es giebt acht Raumgruppen mit der Translationsgruppe Γ_q, deren Symmetrie der enantiomorphen Hemiedrie des tetragonalen Systems entspricht.*

Um das Fundamentalsystem der gleichwerthigen Punkte zu bestimmen, legen wir das Coordinatensystem in allen Fällen so, dass die Geraden AA_1 und AA_2 die X- und Y-Axen darstellen. Die Coordinatentripel für die Punktgruppe D_4 sind (S. 216)

$$x\,y\,z,\ \bar{y}\,x\,z,\ \bar{x}\,\bar{y}\,z,\ y\,\bar{x}\,z;\quad y\,x\,\bar{z},\ \bar{x}\,y\,\bar{z},\ \bar{y}\,\bar{x}\,\bar{z},\ \bar{x}\,\bar{y}\,\bar{z};$$

sie entsprechen der Reihe nach den Operationen

$$1,\ \mathfrak{A},\ \mathfrak{A}^2,\ \mathfrak{A}^3;\quad \mathfrak{U},\ \mathfrak{A}\mathfrak{U},\ \mathfrak{A}^2\mathfrak{U},\ \mathfrak{A}^3\mathfrak{U},$$

und zwar unter der Voraussetzung, dass die erzeugende Axe u den Winkel zwischen der positiven X- und Y-Axe halbirt. Zu der ersten Reihe kommen die oben in § 3 angegebenen

Translationscomponenten, es handelt sich wieder nur um diejenigen, welche zur zweiten Zeile hinzuzufügen sind.

Für die Gruppen $\mathfrak{D}_4^1$, $\mathfrak{D}_4^3$, $\mathfrak{D}_4^5$ und $\mathfrak{D}_4^7$ ist direct $\mathfrak{U}_s$ die erzeugende Operation; durch sie werden daher neue Translationscomponenten nicht bedingt. Sie verwandelt τ_z in $-\tau_z$ und vertauscht τ_x mit τ_y; demnach erhalten wir folgende Translationscomponenten für die bezüglichen Gruppen:

$$\mathfrak{D}_4^1\colon\; 0,\; 0,\; 0,\; 0;\qquad 0,\; 0,\; 0,\; 0$$

$$\mathfrak{D}_4^3\colon\; 0,\; \frac{\tau_z}{2},\; \frac{2\tau_z}{2},\; \frac{3\tau_z}{2};\qquad 0,\; \frac{3\tau_z}{2},\; \frac{2\tau_z}{2},\; \frac{\tau_z}{2}$$

$$\mathfrak{D}_4^5\colon\; 0,\; \tau_z,\; 0,\; \tau_z;\qquad 0,\; \tau_z,\; 0,\; \tau_z$$

$$\mathfrak{D}_4^7\colon\; 0,\; \frac{3\tau_z}{2},\; \frac{2\tau_z}{2},\; \frac{\tau_z}{2};\qquad 0,\; \frac{\tau_z}{2},\; \frac{2\tau_z}{2};\; \frac{3\tau_z}{2}.$$

Für die mit $\mathfrak{U}_c$ abgeleiteten Gruppen ersetzen wir die erzeugende Operation für den vorliegenden Zweck durch eine Umklappung, deren Axe auf u_c senkrecht steht und c_1 trifft. Eine derartige Umklappung existirt immer. Die Hauptebene, in welche sie fällt, nehmen wir zur XY-Ebene. Diese Umklappung lässt sich durch die Umklappung um AB und eine Translation von der Länge C_1C_2 ersetzen, deren Ausdruck daher $\tau_x - \tau_y$ ist; für die Coordinatendarstellung kann dafür $\tau_x + \tau_y$ geschrieben werden. Demnach ergeben sich folgende Translationscomponenten:

$$\mathfrak{D}_4^2\colon\; 0,\quad 0,\quad 0,\quad 0$$
$$\tau_x+\tau_y,\quad \tau_x+\tau_y,\quad \tau_x+\tau_y,\quad \tau_x+\tau_y$$

$$\mathfrak{D}_4^4\colon\; 0,\quad \frac{\tau_z}{2},\quad \frac{2\tau_z}{2},\quad \frac{3\tau_z}{2}$$
$$\tau_x+\tau_y,\quad \tau_x+\tau_y+\frac{3\tau_z}{2},\quad \tau_x+\tau_y+\frac{2\tau_z}{2},\quad \tau_x+\tau_y+\frac{\tau_z}{2}$$

$$\mathfrak{D}_4^6\colon\; 0,\quad \tau_z,\quad 0,\quad \tau_z$$
$$\tau_x+\tau_y,\quad \tau_x+\tau_y+\tau_z,\quad \tau_x+\tau_y,\quad \tau_x+\tau_y+\tau_z$$

$$\mathfrak{D}_4^8\colon\; 0,\quad \frac{3\tau_z}{2},\quad \frac{2\tau_z}{2},\quad \frac{\tau_z}{2}$$
$$\tau_x+\tau_y,\quad \tau_x+\tau_y+\frac{\tau_z}{2},\quad \tau_x+\tau_y+\frac{2\tau_z}{2},\quad \tau_x+\tau_y+\frac{3\tau_z}{2}.$$

Die Gruppe $\mathfrak{D}_4^1$ ist diejenige, welche sich durch Multiplication von D_4 mit Γ_q erzeugen lässt.

§ 14. **Die Gruppen mit der Translationsgruppe Γ_q'.** Für die Gruppen $\mathfrak{C}_4^5$ und $\mathfrak{C}_4^6$ sind die vierzähligen Axen a und b ungleichartig; daher sind als erzeugende Deckoperationen nur solche zulässig, welche jede Axenart in sich überführen, also der Permutation (a), (b) entsprechen. Dies leistet in beiden Fällen die Umklappung $\mathfrak{U}_a$ oder $\mathfrak{U}_s$.

Wie in § 4 ausgeführt worden ist, haben wir für die Gruppe $\mathfrak{B}_a$ die Translationen

$$\tau_y + \tau_z, \quad \tau_z + \tau_x, \quad \tau_x + \tau_y,$$

und für die Gruppe $\mathfrak{B}_c$ die Translationen

$$2\tau_x, \; 2\tau_y, \; 2\tau_z, \; \tau_x + \tau_y + \tau_z$$

als primitive zu betrachten. Die Gruppe $\mathfrak{B}_a$ muss daher in beiden Fällen die Gruppe $\mathfrak{B}^7$ sein, während $\mathfrak{B}_c$ entweder $\mathfrak{B}^8$ oder $\mathfrak{B}^9$ sein kann. Dies hängt davon ab, ob drei sich in einem Punkt schneidende Axen auftreten oder nicht.

Für $\mathfrak{C}_4^5$ sind die Hauptaxen a und b zweizählige Drehungsaxen, sie bestimmen daher mit der Schraubenaxe c eine Gruppe $\mathfrak{C}_2^3$. Da a selbst Drehungsaxe ist, so gehen durch A vier Nebenaxen, also sowohl Axen u_a als Axen u_s. Demnach ist die Gruppe $\mathfrak{B}_c$ eine Gruppe $\mathfrak{B}^8$. Die Axen b bewirken, dass der Abstand zweier Hauptebenen die Hälfte von τ_z ist. Die Gruppe werde durch

$$\mathfrak{D}_4^9 = \{\mathfrak{C}_4^5, \mathfrak{U}_a\} = \{\mathfrak{C}_4^5, \mathfrak{U}_s\}$$

bezeichnet.

Für $\mathfrak{C}_4^6$ repräsentiren die Hauptaxen gleichfalls eine Gruppe $\mathfrak{C}_2^3$; die Drehungsaxen sind die Axen c. Durch die Punkte C_1 und C_2 gehen zwei zu einander senkrechte Axen, durch A und B geht nur eine derartige Axe. Die Gruppe $\mathfrak{B}_c$ ist daher die Gruppe $\mathfrak{B}^9$, während $\mathfrak{B}_a$ wieder die Gruppe $\mathfrak{B}^7$ ist. Der Abstand zweier Hauptebenen ist in diesem Fall der vierte Theil von τ_z. Wir bezeichnen die Gruppe durch

$$\mathfrak{D}_4^{10} = \{\mathfrak{C}_4^6, \mathfrak{U}_a\} = \{\mathfrak{C}_4^6, \mathfrak{U}_s\}$$

Hiermit sind alle Gruppen $\mathfrak{D}_4$ abgeleitet. Es folgt also:

Lehrsatz XIII. *Es giebt zwei Raumgruppen, deren Symmetrie der enantiomorphen Hemiedrie des tetragonalen Systems entspricht und deren Translationsgruppe Γ_q' ist.*

Da für beide Gruppen die erzeugende Operation eine Umklappung $\mathfrak{U}_z$ ist, so ergeben sich, wenn wir die Coordinatenaxen in derselben Weise annehmen, wie bisher, für das Fundamentalsystem der bezüglichen gleichwerthigen Punkte folgende Translationscomponenten:

$$\mathfrak{D}_4^9:\quad 0,\ 0,\ 0,\ 0,\qquad 0,\ 0,\ 0,\ 0$$

$$\mathfrak{D}_4^{10}:\quad 0,\ \frac{\tau_z}{2},\ \frac{2\tau_z}{2},\ \frac{3\tau_z}{2};\qquad 0,\ \frac{3\tau_z}{2},\ \frac{2\tau_z}{2},\ \frac{\tau_z}{2}.$$

Die Gruppe $\mathfrak{D}_4^9$ ist diejenige, welche durch Multiplication von D_4 mit Γ_q' entsteht.

§ 15. **Allgemeine Bemerkungen über die holoedrischen Gruppen.** Für die tetragonale Holoedrie ist die Punktgruppe D_4^h mit den Operationen (S. 94)

$$1,\ \mathfrak{A},\ \mathfrak{A}^2,\ \mathfrak{A}^3,\ \mathfrak{U},\ \mathfrak{U}_1,\ \mathfrak{U}_2,\ \mathfrak{U}_3$$

$$\mathfrak{S}_h,\ \mathfrak{A}\mathfrak{S}_h,\ \mathfrak{A}^2\mathfrak{S}_h,\ \mathfrak{A}^3\mathfrak{S}_h,\ \mathfrak{U}\mathfrak{S}_h,\ \mathfrak{U}_1\mathfrak{S}_h,\ \mathfrak{U}_2\mathfrak{S}_h,\ \mathfrak{U}_3\mathfrak{S}_h$$

characteristisch. Sie entsteht aus D_4 durch Multiplication mit der Spiegelung $\mathfrak{S}_h$; da sie ein Symmetriecentrum enthält, so kann sie auch durch Multiplication der Gruppe D_4 mit der Inversion $\mathfrak{J}$ erzeugt werden. Ausser der Symmetrieebene σ_h kommen ihr noch vier durch die Hauptaxe und je eine Nebenaxe gehende Symmetrieebenen σ, σ', σ'', σ''' zu. Je zwei von ihnen, die auf einander senkrecht stehen, bestimmen mit der Hauptaxe je eine in D_4^h enthaltene Untergruppe V^h.

Jede zu D_4^h isomorphe Raumgruppe $\mathfrak{D}_{4,h}$ kann daher durch Multiplication einer Gruppe $\mathfrak{D}_4$ mit einer Inversion oder mit einer zu $\mathfrak{S}_h$ isomorphen Operation abgeleitet werden, vorausgesetzt, dass dieselbe eine zulässige Deckoperation des gesammten Axensystems der Gruppe D_4 ist.

Wir wählen die Inversion als erzeugende Operation und stützen uns für die Ableitung aller Gruppen $\mathfrak{D}_{4,h}$ auf den Satz XIX des Cap. VI. Nun entsteht (vgl. S. 207) die Punktgruppe D_4 durch Multiplication der Gruppe C_4 mit einer Gruppe C_2, deren Axe u auf der vierzähligen Axe senkrecht steht; demnach hat dem genannten Satz zufolge *die erzeugende Inversion die nothwendige und hinreichende Bedingung zu erfüllen, dass sie für die Gruppe* $\mathfrak{C}_4$, *d. h. also für die Hauptaxen der Gruppe* $\mathfrak{D}_4$ *und zugleich für eine Schaar paralleler zweizähliger Nebenaxen eine Deckoperation darstellt.* Diese Bedingung lässt sich auf folgende Art in eine bequemere Form bringen.

Das erzeugende Symmetriecentrum bestimmt mit der Gruppe $\mathfrak{C}_4$ stets eine Gruppe $\mathfrak{C}_{4,h}$. Es fällt daher gemäss § 8 entweder in eine vierzählige Axe a oder in die Mitte zwischen zwei nächste vierzählige Axen a und b. Um seine Lage genauer zu bestimmen, benutzen wir den Umstand, dass die Gruppe $\mathfrak{D}_4$ zwei Untergruppen $\mathfrak{B}_a$ resp. $\mathfrak{B}_c$ enthält. Mit jeder von ihnen erzeugt das Symmetriecentrum eine Gruppe $\mathfrak{B}_h$; wobei zu bemerken ist, dass die Axen a und b mit den Axen w der Gruppe $\mathfrak{B}$ zusammenfallen. Wie der Satz XIX von Cap. VI schliessen lässt, braucht aber das Symmetriecentrum nur der Bedingung zu genügen, für *eine* der beiden Gruppen eine erzeugende Operation darzustellen. Wir wählen hierzu am zweckmässigsten die Gruppe $\mathfrak{B}_a$; demnach folgt, dass *ein Symmetriecentrum stets und nur dann eine Deckoperation für die Gruppe* $\mathfrak{D}_4$ *abgiebt, wenn dies für die in* $\mathfrak{D}_4$ *enthaltenen Gruppen* $\mathfrak{C}_4$ *und* $\mathfrak{B}_a$ *zugleich der Fall ist.* Nun haben wir eben gesehen, dass das Symmetriecentrum entweder in die Axe a selbst oder in die Mitte zwischen a und b fallen muss, um eine Gruppe $\mathfrak{C}_{4,h}$ zu liefern. Der ersten Lage wird genügt, wenn es in die Ecke oder in die Mitte einer derjenigen Kanten des zu $\mathfrak{B}_a$ gehörigen Parallelepipedons p fällt, welche vierzählige Axe von $\mathfrak{D}_4$ ist; um der zweiten Lage zu entsprechen, ist es in die Mitte der Grundfläche oder in den Mittelpunkt dieses Parallepipedons zu legen.

Um die Natur und Vertheilung der in den einzelnen Gruppen $\mathfrak{D}_{4,h}$ auftretenden Symmetrieelemente zu kennzeichnen, genügt es gewisse in ihnen enthaltene Untergruppen anzugeben. Aus jeder der Gruppen $\mathfrak{B}_a$ und $\mathfrak{B}_c$ entsteht zunächst eine Gruppe $\mathfrak{B}_h$; jede von ihnen werden wir bestimmen. Dies bedarf aber einer besonderen Vorbemerkung. Wir wollen die Axenvertheilung der Gruppen $\mathfrak{B}$ wieder durch die Parallepipeda p veranschaulichen; es mögen für die folgenden Betrachtungen p_a und p_c diejenigen sein, welche den Gruppen $\mathfrak{B}_a$ und $\mathfrak{B}_c$ entsprechen. Die Grundflächen dieser Körper bilden die Hauptebenen der Gruppe $\mathfrak{D}_4$. Enthält nun eine Hauptebene Nebenaxen aller vier Richtungen, so haben p_a und p_c die gleiche Grundfläche; wenn dagegen keine Hauptebene von $\mathfrak{D}_4$ Axen von mehr als zwei Richtungen in sich trägt, so sind die Grundflächen von p_a und p_c verschieden. Ist ferner u_c die Symmetrieaxe, mit welcher die Gruppe $\mathfrak{D}_4$ gebildet ist, so ist $C_1 C_2$ diejenige Gerade der Hauptebene, mit der u_c zusammenfällt; daher *sind in diesem Fall* (vgl. Fig. 62) *die Kanten von p_c die zweizähligen Axen, während die vierzählige Axe die Mittelhöhe von p_c ist.* Endlich ist, um die Lage des Symmetriecentrums gegen das Axensystem von $\mathfrak{B}_a$ und $\mathfrak{B}_c$ richtig anzugeben, noch zu beachten, dass die Diagonalflächen von p_a die Seitenflächen von p_c bilden und umgekehrt.

Die vier Symmetrieebenen σ_v, σ_v', σ_v'', σ_v''' der Punktgruppe D_4^h bestimmen zusammen mit der vierzähligen Hauptaxe eine in D_4^h enthaltene Untergruppe C_4^v. Es besitzt daher auch jede Raumgruppe $\mathfrak{D}_{4,h}$ eine Untergruppe $\mathfrak{C}_{4,v}$. Ist sie bekannt, so sind dadurch auch diejenigen Operationen vollständig bestimmt, welche den Spiegelungen an σ_v, σ_v', σ_v'', σ_v''' isomorph sind. Es soll daher auch die Untergruppe $\mathfrak{C}_{4,v}$ für jede Gruppe $\mathfrak{D}_{4,h}$ angegeben werden.

Da für die Gruppen

$$\mathfrak{D}_4^3,\quad \mathfrak{D}_4^4,\quad \mathfrak{D}_4^7,\quad \mathfrak{D}_4^8$$

die Bedingung des Satzes XXII von Cap. VI nicht erfüllt ist, so kommen zur Erzeugung von Gruppen $\mathfrak{D}_{4,h}$ nur

$$\mathfrak{D}_4^1,\quad \mathfrak{D}_4^2,\quad \mathfrak{D}_4^5,\quad \mathfrak{D}_4^6,\quad \mathfrak{D}_4^9,\quad \mathfrak{D}_4^{10}$$

in Frage.

§ 16. **Die holoedrischen Gruppen mit der Translationsgruppe Γ_q.** Für die Gruppe $\mathfrak{D}_4^1$ bilden die Hauptaxen eine Gruppe $\mathfrak{C}_4^1$, ihre Untergruppen $\mathfrak{B}_a$ und $\mathfrak{B}_c$ sind resp. $\mathfrak{B}^1$ und $\mathfrak{B}^6$, und es fallen die Grundflächen von p_a und p_c in dieselbe Hauptebene. Das erzeugende Symmetriecentrum kann sowohl (vgl. die Figuren des Cap. VIII) in die Ecke A von p_a als auch in die Mitte W der Kante w gelegt werden. In beiden Fällen stellt sich $\mathfrak{C}_{4,h}^1$ als Untergruppe ein. Aus $\mathfrak{B}^1$ und $\mathfrak{B}^6$ entstehen im ersten Fall die Untergruppen $\mathfrak{B}_h^1$ und $\mathfrak{B}_h^{19}$, im zweiten Fall die Gruppen $\mathfrak{B}_h^3$ und $\mathfrak{B}_h^{20}$. Die bezüglichen Gruppen bezeichnen wir durch

$$\mathfrak{D}_{4,h}^1 = \{\mathfrak{D}_4^1, \mathfrak{J}\} = \{\mathfrak{D}_4^1, \mathfrak{S}_h\}$$
$$\mathfrak{D}_{4,h}^2 = \{\mathfrak{D}_4^1, \mathfrak{J}_w\} = \{\mathfrak{D}_4^1, \mathfrak{S}_m\}.$$

Die erstere enthält nämlich im Punkt A alle Symmetrieebenen, welche der Punktgruppe D_4^h eigen sind, die zweite besitzt die zur Grundfläche parallele Mittelebene von p_a und p_c als Symmetrieebene. Als Untergruppen $\mathfrak{C}_{4,v}$ treten daher resp. $\mathfrak{C}_{4,v}^1$ und $\mathfrak{C}_{4,v}^5$ auf.

Wird das Symmetriecentrum in die Mitte G der Grundfläche oder in die Mitte M von p_a gelegt, so bildet sich die Gruppe $\mathfrak{C}_{4,h}^3$, ferner sind $\mathfrak{B}_h^4$ und $\mathfrak{B}_h^2$ die aus $\mathfrak{B}_a$ entstehenden Gruppen. Aus $\mathfrak{B}_c$ dagegen gehen, da das Symmetriecentrum den obigen Bemerkungen gemäss in die Mitte einer Seitenkante resp. Seitenfläche fällt, die Gruppen $\mathfrak{B}_h^{21}$ und $\mathfrak{B}_h^{22}$ hervor. Wir bezeichnen die so definirten Gruppen durch

$$\mathfrak{D}_{4,h}^3 = \{\mathfrak{D}_4^1, \mathfrak{J}_g\} = \{\mathfrak{D}_4^1, \mathfrak{S}_c\}$$
$$\mathfrak{D}_{4,h}^4 = \{\mathfrak{D}_4^1, \mathfrak{J}_m\}.$$

Der Gruppe $\mathfrak{D}_{4,h}^3$ gehört nämlich, wie aus Cap. VIII, § 16 folgt, auch die oben mit σ_c bezeichnete Symmetrieebene an, welche durch $C_1 C_2$ geht. Die Gruppe $\mathfrak{D}_{4,h}^4$ enthält dagegen keinerlei Symmetrieebene. Hieraus folgt, dass diesmal $\mathfrak{C}_{4,v}^2$ und $\mathfrak{C}_{4,v}^6$ die bezüglichen Untergruppen sind.

Für die Gruppe $\mathfrak{D}_4^2$ bilden die Hauptaxen wieder eine Gruppe $\mathfrak{C}_4^1$, aus ihr gehen daher, je nach der Lage des Symmetriecentrums, wieder die Gruppen $\mathfrak{C}_{4,h}^1$ und $\mathfrak{C}_{4,h}^3$ hervor. Die Gruppe $\mathfrak{B}_c$ ist wiederum $\mathfrak{B}^6$, dagegen ist $\mathfrak{B}_a$ die Gruppe $\mathfrak{B}^3$. Die Grundflächen von p_a und p_c fallen wieder in dieselbe Hauptebene.

Fällt das Symmetriecentrum in die Ecke A von p_a oder in die Mitte W einer Seitenkante w, so stellt sich auch die zu den Kanten w senkrechte Symmetrieebene ein, im ersten Fall die Grundfläche σ_h, im zweiten die Mittelebene σ_m. Die aus $\mathfrak{B}_a$ dadurch entstehenden Gruppen sind $\mathfrak{B}_h^9$ und $\mathfrak{B}_h^{12}$. Wir bezeichnen die zugehörigen Gruppen $\mathfrak{D}_{4,h}$ durch

$$\mathfrak{D}_{4,h}^5 = \{\mathfrak{D}_4^2, \mathfrak{J}\} = \{\mathfrak{D}_4^2, \mathfrak{S}_h\}$$
$$\mathfrak{D}_{4,h}^6 = \{\mathfrak{D}_4^2, \mathfrak{J}_w\} = \{\mathfrak{D}_4^2, \mathfrak{S}_m\}.$$

Da die Gruppe $\mathfrak{D}_4^2$ mit u_c gebildet ist, so ist, den obigen Erörterungen gemäss, diesmal die Mittelhöhe von p_c die vierzählige Axe, also sind für $\mathfrak{B}_c$ die Punkte G und M die bezüglichen Symmetriecentra. Sie liefern dieselben Gruppen, wie oben, nämlich $\mathfrak{B}_h^{19}$ und $\mathfrak{B}_h^{20}$. Für $\mathfrak{D}_{4,h}^5$ treffen sich in jeder Ecke von p_c drei einander senkrechte Symmetrieebenen; sie gehen aber sämmtlich durch zweizählige Axen. Daher sind $\mathfrak{C}_{4,v}^2$ und $\mathfrak{C}_{4,v}^6$ die zugehörigen Untergruppen.

Wenn das Symmetriecentrum in die Grundflächenmitte G oder in den Mittelpunkt M von p_a fällt, so sind $\mathfrak{B}_h^{13}$ und $\mathfrak{B}_h^{10}$ die aus $\mathfrak{B}_a$ entstehenden Gruppen. Für $\mathfrak{B}_c$ sind diese Punkte als U resp. F zu bezeichnen; aus $\mathfrak{B}_c$ müssen daher wieder $\mathfrak{B}_h^{21}$ und $\mathfrak{B}_h^{22}$ hervorgehen. Wir bezeichnen die so definirten Gruppen durch

$$\mathfrak{D}_{4,h}^7 = \{\mathfrak{D}_4^2, \mathfrak{J}_g\} = \{\mathfrak{D}_4^2, \mathfrak{S}_s\}$$
$$\mathfrak{D}_{4,h}^8 = \{\mathfrak{D}_4^2, \mathfrak{J}_m\}.$$

Die Gruppe $\mathfrak{D}_{4,h}^7$ enthält nämlich die auf C_1C_2 senkrechte Ebene σ_s als Symmetrieebene, während $\mathfrak{D}_{4,h}^8$ keinerlei reine Symmetrieebene besitzt. Demgemäss sind $\mathfrak{C}_{4,v}^1$ und $\mathfrak{C}_{4,v}^5$ die bezüglichen Untergruppen.

Für die Gruppe $\mathfrak{D}_4^5$ bilden die Hauptaxen eine Gruppe $\mathfrak{C}_4^3$; aus ihr entsteht, je nach der Lage des Symmetriecentrums, eine Gruppe $\mathfrak{C}_{4,h}^2$ oder $\mathfrak{C}_{4,h}^4$. Die Untergruppen $\mathfrak{B}_a$ und $\mathfrak{B}_c$ sind wieder $\mathfrak{B}^1$ und $\mathfrak{B}^6$; aber die Grundflächen der Parallelepipeda p_a und p_c sind nicht identisch, die Grundfläche des einen fällt mit der Mittelebene des andern zusammen. Endlich ist zu beachten, dass die vierzähligen Axen als Drehungsaxen nur zweizählig sind.

Wird das Symmetriecentrum in die Ecke A von p_a gelegt, so fällt es demgemäss in die Mitte W der Kante w von p_c und umgekehrt. Dadurch entstehen die Gruppen

$$\mathfrak{D}_{4,h}^{9} = \{\mathfrak{D}_4^5,\ \mathfrak{J}\} = \{\mathfrak{D}_4^5,\ \mathfrak{S}_h\}$$
$$\mathfrak{D}_{4,h}^{10} = \{\mathfrak{D}_4^5,\ \mathfrak{J}_w\} = \{\mathfrak{D}_4^5,\ \mathfrak{S}_m\}.$$

Die Gruppe $\mathfrak{D}_{4,h}^9$ enthält $\mathfrak{B}_h^1$ und $\mathfrak{B}_h^{20}$ als Untergruppen, die Gruppe $\mathfrak{D}_{4,h}^{10}$ dagegen $\mathfrak{B}_h^3$ und $\mathfrak{B}_h^{19}$. Für die erstere treten daher an der Ecke A von p_a drei zu einander senkrechte Symmetrieebenen auf, für die letztere in den Ecken von p_c; sie bilden für p_a die Mittelebene σ_m sowie zwei zu ihr senkrechte Diagonalebenen. Die Untergruppe $\mathfrak{C}_{4,v}$ ist daher in diesen Fällen $\mathfrak{C}_{4,v}^7$, resp. $\mathfrak{C}_{4,v}^3$.

Wenn das Symmetriecentrum in die Mitte G der Grundfläche oder in den Mittelpunkt M von p_a fällt, so sind wieder $\mathfrak{B}_h^4$ und $\mathfrak{B}_h^2$ die aus $\mathfrak{B}_a$ entstehenden Gruppen; aus $\mathfrak{B}_c$ ergeben sich, wie aus dem obigen ersichtlich, $\mathfrak{B}_h^{22}$ und $\mathfrak{B}_h^{21}$. Wir bezeichnen die zugehörigen Gruppen $\mathfrak{D}_{4,h}$ durch

$$\mathfrak{D}_{4,h}^{11} = \{\mathfrak{D}_4^5,\ \mathfrak{J}_g\}$$
$$\mathfrak{D}_{4,h}^{12} = \{\mathfrak{D}_4^5,\ \mathfrak{J}_m\} = \{\mathfrak{D}_4^5,\ \mathfrak{S}_c\}.$$

Die letztere enthält nämlich wieder die auf AB senkrechte Symmetrieebene σ_c, deren Lage die einer Diagonalebene von p_a ist. Die erstere Gruppe enthält keinerlei Symmetrieebene. Ihnen kommen resp. $\mathfrak{C}_{4,v}^8$ und $\mathfrak{C}_{4,v}^4$ als Untergruppen zu.

Die Gruppe $\mathfrak{D}_4^6$ enthält $\mathfrak{C}_4^3$, sowie $\mathfrak{B}^3 = \mathfrak{B}_a$ und $\mathfrak{B}^6 = \mathfrak{B}_c$ als Untergruppen. Die Parallelepipeda p_a und p_c haben, wie für $\mathfrak{D}_4^5$, verschiedene Grundfläche, und da $\mathfrak{D}_4^6$ mit der Umklappung u_c erzeugt ist, so ist, wie für $\mathfrak{D}_4^2$, die vierzählige Axe die Mittelhöhe von p_c. Daraus lassen sich die bezüglichen Verhältnisse leicht entnehmen. Wir gelangen zunächst wieder zu zwei Gruppen:

$$\mathfrak{D}_{4,h}^{13} = \{\mathfrak{D}_4^6,\ \mathfrak{J}\} = \{\mathfrak{D}_4^6,\ \mathfrak{S}_h\}$$
$$\mathfrak{D}_{4,h}^{14} = \{\mathfrak{D}_4^6,\ \mathfrak{J}_w\} = \{\mathfrak{D}_4^6,\ \mathfrak{S}_m\}.$$

Die erstere enthält $\mathfrak{B}_h^9$ und $\mathfrak{B}_h^{2)}$ als Untergruppen, die letztere $\mathfrak{B}_h^{12}$ und $\mathfrak{B}_h^{19}$. Für diese stellen sich in den Ecken von $\mathfrak{B}_c$ drei einander senkrechte Symmetrieebenen ein, während für jene nur die Grundflächen von $\mathfrak{B}_a$, resp. die Mittelebenen von p_c Symmetrieebenen sind. Sie besitzen resp. $\mathfrak{C}_{4,v}^8$ und $\mathfrak{C}_{4,v}^4$ als Untergruppen.

Die andern beiden aus $\mathfrak{D}_4^6$ ableitbaren Gruppen, für welche das erzeugende Symmetriecentrum in die Mitte G der Grundfläche von p_a oder in den Mittelpunkt M fällt, sind

$$\mathfrak{D}_{4,h}^{15} = \{\mathfrak{D}_4^6,\ \mathfrak{J}_g\} = \{\mathfrak{D}_4^6,\ \mathfrak{S}_a\}$$
$$\mathfrak{D}_{4,h}^{16} = \{\mathfrak{D}_4^6,\ \mathfrak{J}_m\} = \{\mathfrak{D}_4^6,\ \mathfrak{S}_s\}.$$

Für p_c fällt das erzeugende Symmetriecentrum, wie oben, in die Mitte einer Seitenfläche oder Seitenkante. Die Gruppe $\mathfrak{D}_{4,h}^{15}$ enthält $\mathfrak{B}_h^{13}$ und $\mathfrak{B}_h^{22}$ als Untergruppen, jede Seitenfläche σ_a von p_a ist daher Symmetrieebene, also auch, was dasselbe ist, jede durch die Mittelhöhe gehende Diagonalebene von p_c. Dagegen sind für $\mathfrak{D}_{4,h}^{16}$ die Gruppen $\mathfrak{B}_h^{10}$ und $\mathfrak{B}_h^{21}$ die bezüglichen Untergruppen; demnach stellt sich diejenige auf C_1C_2 senkrechte Symmetrieebene σ_s ein, welche Diagonalebene von p_a ist, und durch die Mittelhöhe von p_c geht. Die bezüglichen Untergruppen $\mathfrak{C}_{4,v}$ sind demgemäss $\mathfrak{C}_{4,v}^7$ resp. $\mathfrak{C}_{4,v}^3$.

Wir erhalten schliesslich:

Lehrsatz XIV. *Es giebt 16 Raumgruppen, welche die Translationsgruppe Γ_q enthalten und die Symmetrie der tetragonalen Holoedrie besitzen.*

Um die Coordinaten des Fundamentalsystems zu bestimmen, legen wir wieder das in § 13 benutzte Coordinatensystem zu Grunde. Es genügt, wenn wir uns darauf beschränken, diejenigen Translationscomponenten anzugeben, welche in den Coordinaten von Zeile III und IV der für D_4^h oben S. 216 aufgestellten Tabelle erscheinen. In Verbindung mit den in § 13 enthaltenen Zusatztranslationen bilden sie die Gesammtheit aller Translationen für das Fundamentalsystem.

Da die Inversion jede Translation in die entgegengesetzte verwandelt, und im übrigen in bekannter Weise (vgl. Satz XIII von Cap. V) durch eine Inversion gegen den Anfangspunkt und eine Translation ersetzbar ist, so erhalten wir ohne Mühe folgende Tabelle der bezüglichen Zusatztranslationen:

$\mathfrak{D}_{4,h}^1$:	0,	0,	0,	0
	0,	0,	0,	0

$\mathfrak{D}_{4,h}^{2}$:	τ_z,	τ_z,	τ_z,	τ_z,
	τ_z,	τ_z,	τ_z,	τ_z,
$\mathfrak{D}_{4,h}^{3}$:	$\tau_x + \tau_y$,	$\tau_x + \tau_y$,	$\tau_x + \tau_y$,	$\tau_x + \tau_y$,
	$\tau_x + \tau_y$,	$\tau_x + \tau_y$,	$\tau_x + \tau_y$,	$\tau_x + \tau_y$
$\mathfrak{D}_{4,h}^{4}$:	$\tau_x + \tau_y + \tau_z$,	$\tau_x + \tau_y + \tau_z$,	$\tau_x + \tau_y + \tau_z$,	$\tau_x + \tau_y + \tau_z$
	$\tau_x + \tau_y + \tau_z$,	$\tau_x + \tau_y + \tau_z$,	$\tau_x + \tau_y + \tau_z$,	$\tau_x + \tau_y + \tau_z$
$\mathfrak{D}_{4,h}^{5}$:	0,	0,	0,	0,
	$\tau_x + \tau_y$,	$\tau_x + \tau_y$,	$\tau_x + \tau_y$,	$\tau_x + \tau_y$
$\mathfrak{D}_{4,h}^{6}$:	τ_z,	τ_z,	τ_z,	τ_z
	$\tau_x + \tau_y + \tau_z$,	$\tau_x + \tau_y + \tau_z$,	$\tau_x + \tau_y + \tau_z$,	$\tau_x + \tau_y + \tau_z$
$\mathfrak{D}_{4,h}^{7}$:	$\tau_x + \tau_y$,	$\tau_x + \tau_y$,	$\tau_x + \tau_y$,	$\tau_x + \tau_y$
	0,	0,	0,	0
$\mathfrak{D}_{4,h}^{8}$:	$\tau_x + \tau_y + \tau_z$,	$\tau_x + \tau_y + \tau_z$,	$\tau_x + \tau_y + \tau_z$,	$\tau_x + \tau_y + \tau_z$
	τ_z,	τ_z,	τ_z,	τ_z
$\mathfrak{D}_{4,h}^{9}$:	0,	τ_z,	0,	τ_z
	0,	τ_z,	0,	τ_z
$\mathfrak{D}_{4,h}^{10}$:	τ_z,	0,	τ_z,	0
	τ_z,	0,	τ_z,	0
$\mathfrak{D}_{4,h}^{11}$:	$\tau_x + \tau_y$,	$\tau_x + \tau_y + \tau_z$,	$\tau_x + \tau_y$,	$\tau_x + \tau_y + \tau_z$
	$\tau_x + \tau_y$,	$\tau_x + \tau_y + \tau_z$,	$\tau_x + \tau_y$,	$\tau_x + \tau_y + \tau_z$
$\mathfrak{D}_{4,h}^{12}$:	$\tau_x + \tau_y + \tau_z$,	$\tau_x + \tau_y$,	$\tau_x + \tau_y + \tau_z$,	$\tau_x + \tau_y$
	$\tau_x + \tau_y + \tau_z$,	$\tau_x + \tau_y$,	$\tau_x + \tau_y + \tau_z$,	$\tau_x + \tau_y$
$\mathfrak{D}_{4,h}^{13}$:	0,	τ_z,	0,	τ_z
	$\tau_x + \tau_y$,	$\tau_x + \tau_y + \tau_z$,	$\tau_x + \tau_y$,	$\tau_x + \tau_y + \tau_z$
$\mathfrak{D}_{4,h}^{14}$:	τ_z,	0,	τ_z,	0
	$\tau_x + \tau_y + \tau_z$,	$\tau_x + \tau_y$,	$\tau_x + \tau_y + \tau_z$,	$\tau_x + \tau_y$
$\mathfrak{D}_{4,h}^{15}$:	$\tau_x + \tau_y$,	$\tau_x + \tau_y + \tau_z$,	$\tau_x + \tau_y$,	$\tau_x + \tau_y + \tau_z$
	0,	τ_z,	0,	τ_z
$\mathfrak{D}_{4,h}^{16}$:	$\tau_x + \tau_y + \tau_z$,	$\tau_x + \tau_y$,	$\tau_x + \tau_y + \tau_z$,	$\tau_x + \tau_y$
	τ_z,	0,	τ_z,	0

Die Gruppe $\mathfrak{D}_{4,h}^1$ ist diejenige, welche durch Multiplication der Punktgruppe D_4^h mit der Gruppe Γ_q gebildet werden kann. *Sie stellt die Gruppe des durch Γ_q repräsentirten Raumgitters dar.*

§ 17. **Die holoedrischen Gruppen mit der Translationsgruppe Γ_q'.** Für die Gruppe $\mathfrak{D}_4^9$ bilden die Hauptaxen eine Gruppe $\mathfrak{C}_4^5$. Sie lässt nur solche Deckoperationen zu, welche die vierzähligen Axen a und b gesondert in sich überführen; das erzeugende Symmetriecentrum fällt daher in die Axe a selbst. Die Gruppe $\mathfrak{B}_a$ ist die Gruppe $\mathfrak{B}^7$, dagegen ist $\mathfrak{B}_c$ die Gruppe $\mathfrak{B}^8$. Die Grundflächen von p_a und p_c fallen zusammen. Wird die Ecke A von p_a als erzeugendes Symmetriecentrum gewählt, also die durch sie laufende Gerade w als vierzählige *Drehungsaxe* a vorausgesetzt, so gehen durch sie alle Symmetrieebenen der Punktgruppe D_4^h. Die zweite mögliche Lage des Symmetriecentrums ist die Mitte W der Kante w von p_c; es bedingt die zu w senkrechte Symmetrieebene σ_m. Da die Höhe von p_a nur die Hälfte derjenigen von p_c ist, so ist auch Punkt A_1 der oberen Grundfläche von p_a, resp. der vierzähligen *Schraubenaxe* b ein Symmetriecentrum. Durch dieses Symmetriecentrum werden nach Cap. VIII, § 17 drei zu einander senkrechte Symmetrieebenen bedingt, die sich in A_1 schneiden. Es entstehen daher im ersten Fall aus $\mathfrak{B}^7$ und $\mathfrak{B}^8$ die Untergruppen $\mathfrak{B}_h^{23}$ und $\mathfrak{B}_h^{25}$, im zweiten Fall $\mathfrak{B}_h^{23}$ und $\mathfrak{B}_h^{26}$. Wir bezeichnen die zugehörigen Gruppen durch

$$\mathfrak{D}_{4,h}^{17} = \{\mathfrak{D}_4^9,\ \mathfrak{J}\} = \{\mathfrak{D}_4^9,\ \mathfrak{S}_h\}$$

$$\mathfrak{D}_{4,h}^{18} = \{\mathfrak{D}_4^9,\ \mathfrak{J}_w\} = \{\mathfrak{D}_4^9,\ \mathfrak{S}_m\}.$$

Die bezüglichen Untergruppen $\mathfrak{C}_{4,v}$ sind augenscheinlich $\mathfrak{C}_{4,v}^9$ und $\mathfrak{C}_{4,v}^{10}$.

Endlich ergeben sich auch aus $\mathfrak{D}_4^{10}$ je zwei Gruppen $\mathfrak{D}_{4,h}$. Die Hauptaxen bilden die Gruppe $\mathfrak{C}_4^6$; sie gestattet nur solche Deckoperationen, welche a und b vertauschen, das erzeugende Symmetriecentrum fällt daher zwischen a und b. Die Gruppe $\mathfrak{B}_a$ ist wieder $\mathfrak{B}^7$, dagegen ist $\mathfrak{B}_c$ diesmal $\mathfrak{B}^9$. Die Grundflächen von p_a und p_c haben einen Abstand, der gleich dem vierten Theil von τ_z ist. Für $\mathfrak{B}^7$ lässt sich das Symmetriecentrum, da es nicht in eine Axe fallen darf, nur in die Mitte M legen; es bestimmt mit $\mathfrak{B}^7$ die Gruppe $\mathfrak{B}_h^{24}$, doch ist zu beachten, dass gemäss Cap. VIII, § 17 eine verschiedene Anordnung der Symmetriecentra auftritt, wenn wir das erzeugende Symmetriecentrum in zwei benachbarte Parallelepipeda p_a legen. Dadurch wird bewirkt, dass es für das der Gruppe $\mathfrak{B}^9$ entsprechende Parallepipedon p_c entweder in die Mitte der Grundfläche oder in den Mittelpunkt fällt. Dem entsprechen zwei verschiedene Gruppen $\mathfrak{D}_{4,h}$; die aus $\mathfrak{B}_c$ entstehenden Gruppen $\mathfrak{B}_h$ sind für die erstere von ihnen $\mathfrak{B}_h^{28}$, für die letztere dagegen $\mathfrak{B}_h^{27}$. Wir bezeichnen die zugehörigen Gruppen durch

$$\mathfrak{D}_{4,h}^{19} = \{\mathfrak{D}_4^{10}, \mathfrak{J}_g\} = \{\mathfrak{D}_4^{10}, \mathfrak{S}_c\}$$
$$\mathfrak{D}_{4,h}^{20} = \{\mathfrak{D}_4^{10}, \mathfrak{J}_m\} = \{\mathfrak{D}_4^{10}, \mathfrak{J}\}.$$

Nach Cap. VIII, § 18 enthält nämlich die erstere zwei Seitenflächen von p_c als Symmetrieebenen; die letztere enthält keine eigentliche Symmetrieebene, aber jede Ecke von p_c ist ebenfalls ein Symmetriecentrum. Die Gruppe $\mathfrak{D}_{4,h}^{19}$ enthält offenbar $\mathfrak{C}_{4,v}^{11}$ als Untergruppe, $\mathfrak{D}_{4,h}^{20}$ dagegen die Gruppe $\mathfrak{C}_{4,v}^{12}$. Es folgt noch:

Lehrsatz XV. *Es giebt vier Raumgruppen, welche die Symmetrie der tetragonalen Holoedrie besitzen und Γ_q' als Translationsgruppe enthalten.*

Behalten wir das in § 14 benutzte Coordinatensystem bei, betrachten also AC_1 und AC_2 als X- und Y-Axe, so ist (S. 485)

$$AC_1 = \tfrac{1}{2}\tau_x, \quad AC_2 = \tfrac{1}{2}\tau_y, \quad AB = \tfrac{1}{2}(\tau_x + \tau_y),$$

daher ergeben sich für die den Zeilen III und IV entsprechenden Coordinaten folgende Zusatztranslationen:

$$\mathfrak{D}_{4,h}^{17}: \quad 0, \qquad 0, \qquad 0, \qquad 0$$
$$0, \qquad 0, \qquad 0, \qquad 0$$

$$\mathfrak{D}_{4,h}^{18}: \quad \tau_z, \qquad \tau_z, \qquad \tau_z, \qquad \tau_z$$
$$\tau_z, \qquad \tau_z, \qquad \tau_z, \qquad \tau_z$$

$$\mathfrak{D}_{4,h}^{19}: \quad \frac{\tau_x+\tau_y}{2}, \qquad \frac{\tau_x+\tau_y}{2}+\frac{\tau_z}{2}, \qquad \frac{\tau_x+\tau_y}{2}+\tau_z, \qquad \frac{\tau_x+\tau_y}{2}+\frac{3\tau_z}{2}$$
$$\frac{\tau_x+\tau_y}{2}, \qquad \frac{\tau_x+\tau_y}{2}+\frac{3\tau_z}{2}, \qquad \frac{\tau_x+\tau_y}{2}+\tau_z, \qquad \frac{\tau_x+\tau_y}{2}+\frac{\tau_z}{2}$$

$\mathfrak{D}_{4,h}^{20}$: $\frac{\tau_x+\tau_y}{2}+\tau_z$, $\frac{\tau_x+\tau_y}{2}+\frac{3\tau_z}{2}$, $\frac{\tau_x+\tau_y}{2}$, $\frac{\tau_x+\tau_y}{2}+\frac{\tau_z}{2}$

$\frac{\tau_x+\tau_y}{2}+\tau_z$, $\frac{\tau_x+\tau_y}{2}+\frac{\tau_z}{2}$, $\frac{\tau_x+\tau_y}{2}$, $\frac{\tau_x+\tau_y}{2}+\frac{3\tau_z}{2}$.

Die Gruppe $\mathfrak{D}_{4,h}^{17}$ ist diejenige, welche sich durch Multiplication von D_4^h mit Γ_q' erzeugen lässt. *Sie giebt die Gesammtsymmetrie des durch Γ_q' repräsentirten Raumgitters an.*

Hiermit sind die zu D_4^h isomorphen Raumgruppen insgesammt abgeleitet. Es folgt daher:

Lehrsatz XVI. *Es giebt 20 Raumgruppen, deren Symmetrie mit derjenigen der Holoedrie des tetragonalen Systems übereinstimmt.*

Elftes Capitel.

Das hexagonale System.

§ 1. **Vorbemerkungen.** Dem hexagonalen System gehören die Punktgruppen

$$D_6^h,\ D_6,\ C_6^h,\ C_6^v,\ C_6,\ D_3^h,\ C_3^h$$

an. Den ersten fünf kommt eine sechszählige Hauptaxe, den letzten zwei eine dreizählige Hauptaxe, ausserdem aber eine zu ihr senkrechte Symmetrieebene zu. Von den isomorphen Raumgruppen besitzen die ersten fünf eine Schaar paralleler sechszähliger, die letzten beiden eine Schaar dreizähliger Axen. Wir nennen sie wieder *Hauptaxen*, bezeichnen die zu ihnen senkrechten Ebenen als *Hauptebenen* und das von den Axen in den Hauptebenen gebildete Netz als *Axennetz*. Wir behandeln die letzten beiden Classen zunächst (Fig. 60, S. 461).

Wie das dritte Capitel in § 7 zeigt, sind mit einer dreizähligen Hauptaxe zwei verschiedene Translationsgruppen vereinbar, nämlich Γ_{rh} und Γ_h. Da aber die hier in Betracht kommenden Gruppen C_3^h und D_3^h eine zur Axenrichtung senkrechte Symmetrieebene besitzen, so ist die Translationsgruppe Γ_{rh}, deren primitives Tripel durch

$$2\tau_l,\ 2\tau_m,\ 2\tau_n,\quad \tau_l + \tau_m + \tau_n = \tau_z$$

dargestellt ist, auszuschliessen, denn ihr kommt diese Symmetrieebene nicht zu.

§ 2. **Die Tetartoedrie mit dreizähliger Hauptaxe.** Die Gruppe C_3^h enthält die Operationen

$$1,\ \mathfrak{A},\ \mathfrak{A}^2,\ \mathfrak{S}_h,\ \mathfrak{A}\mathfrak{S}_h,\ \mathfrak{A}^2\mathfrak{S}_h$$

und entsteht durch Multiplication von C_3 mit der Spiegelung $\mathfrak{S}_h$. Eine Inversion enthält die Gruppe nicht. Die isomorphen Raumgruppen $\mathfrak{C}_{3,h}$ ergeben sich daher nur durch Multiplication einer Gruppe $\mathfrak{C}_3$ mit einer zu $\mathfrak{S}_h$ isomorphen Operation, vorausgesetzt, dass dieselbe die Axen von $\mathfrak{C}_3$ in zulässiger Weise in sich überführt. Nach Cap. VI, Satz XXII ist dies nur für die Gruppen $\mathfrak{C}_3^1$ und $\mathfrak{C}_3^4$ möglich; die letztere enthält aber Γ_{rh} als Translationsgruppe und ist daher gleichfalls auszuschliessen. Die erzeugende Operation ist entweder von der Form $\mathfrak{S}_h$ oder von der Form $\mathfrak{S}_h(\tau)$, wo τ eine halbe primitive Translation ist. Die Spiegelung $\mathfrak{S}_h$ führt jede Axe in sich über; sie erzeugt daher aus $\mathfrak{C}_3^1$ eine Gruppe $\mathfrak{C}_{3,h}$. Nun beträgt der Abstand zweier dreizähligen Axen niemals eine halbe Translation, folglich ist $\mathfrak{S}_h(\tau)$ keine mögliche Deckoperation des Axensystems, also auch nicht erzeugende Operation für eine Gruppe $\mathfrak{C}_{3,h}$. Daraus folgt, dass es nur *eine einzige* Raumgruppe dieser Art giebt, nämlich

$$\mathfrak{C}_{3,h}^1 = \{\mathfrak{C}_3^1, \mathfrak{S}_h\}.$$

Die Axenpermutation ist durch

$$(a), \quad (b), \quad (c)$$

gegeben. Die von den Ebenen σ, σ' ... gebildete Ebenenschaar enthält, wie die Natur der Gruppe Γ_h mit sich bringt, lauter Symmetrieebenen. Wir erhalten folgenden Satz:

Lehrsatz I. *Es giebt eine einzige Raumgruppe, deren Symmetrie der Tetartoedrie zweiter Art im hexagonalen System entspricht. Ihre Translationsgruppe ist Γ_h.*

Legen wir den Coordinatenanfangspunkt in den Schnitt der dreizähligen Axe und der Symmetrieebene, so gehen durch ihn die gleichen Symmetrieelemente, wie bei der Punktgruppe C_3^h. Im Fundamentalsystem gleichwerthiger Punkte treten daher keinerlei Translationscomponenten auf. Die Gruppe ergiebt sich durch Multiplication der Punktgruppe C_3^h mit der Translationsgruppe Γ_h.

§ 3. **Die Hemiedrie mit dreizähliger Axe.** Sie ist durch die Punktgruppe D_3^h mit den Operationen

$$1, \quad \mathfrak{A}, \quad \mathfrak{A}^2, \quad \mathfrak{U}, \quad \mathfrak{U}_1, \quad \mathfrak{U}_2$$
$$\mathfrak{S}_h, \quad \mathfrak{A}\mathfrak{S}_h, \quad \mathfrak{A}^2\mathfrak{S}_h, \quad \mathfrak{U}\mathfrak{S}_h, \quad \mathfrak{U}_1\mathfrak{S}_h, \quad \mathfrak{U}_2\mathfrak{S}_h$$

gekennzeichnet. Dieselbe entsteht durch Multiplication der Gruppe D_3 mit der Spiegelung $\mathfrak{S}_h$. Sie besitzt ausser der Symmetrieebene σ_h noch drei andere Symmetrieebenen σ_v, σ_v', σ_v'', welche durch die Hauptaxe und je eine Nebenaxe gehen und mit der Hauptaxe eine Gruppe C_3^v bestimmen. Ferner ist zu beachten, dass die Ebene σ_h mit der dreizähligen Hauptaxe die Gruppe C_3^h bildet.

Die isomorphen Raumgruppen $\mathfrak{D}_{3,h}$ sind durch Multiplication einer Gruppe $\mathfrak{D}_3$ mit einer zu $\mathfrak{S}_h$ isomorphen Operation zu bilden. Die letztere erzeugt nach Satz XVI von Cap. VI mit den dreizähligen Axen von $\mathfrak{D}_3$ eine Gruppe $\mathfrak{C}_{3,h}$. Wie wir eben gesehen haben, giebt es aber nur eine einzige derartige Gruppe, nämlich $\mathfrak{C}_{3,h}^1$, aus $\mathfrak{C}_3^1$ entstehend; es können sich daher auch nur aus denjenigen Gruppen $\mathfrak{D}_3$ Gruppen $\mathfrak{D}_{3,h}$ ableiten lassen, deren Hauptaxen eine Gruppe $\mathfrak{C}_3^1$ bilden. Diese Gruppen sind $\mathfrak{D}_3^1$ und $\mathfrak{D}_3^2$. Ueberdies muss, gemäss den Ergebnissen des vorigen Paragraphen, die erzeugende Operation stets von der Form $\mathfrak{S}_h$ sein.

In allen Hauptebenen der Gruppen $\mathfrak{D}_3^1$ und $\mathfrak{D}_3^2$ haben die Nebenaxen die gleiche Lage zu dem in ihnen enthaltenen Axennetz. Die Symmetrieebene giebt daher stets und nur dann eine Deckoperation, wenn sie entweder in eine Hauptebene σ_h oder in die Mitte zwischen zwei Hauptebenen fällt. In der ersten Lage enthält sie Nebenaxen u, u_1, u_2, also sind die Untergruppen $\mathfrak{C}_{3,v}$ resp. $\mathfrak{C}_{3,v}^1$ und $\mathfrak{C}_{3,v}^2$. Für die zweite Lage enthält sie keine Nebenaxe; es muss sich demgemäss $\mathfrak{C}_{3,v}^3$ resp. $\mathfrak{C}_{3,v}^4$ als Untergruppe einstellen. Wir bezeichnen die Symmetrieebene in dieser Lage durch σ_m und erhalten somit aus $\mathfrak{D}_3^1$ die Gruppen

$$\mathfrak{D}_{3,h}^1 = \{\mathfrak{D}_3^1, \mathfrak{S}_h\} \quad \text{und} \quad \mathfrak{D}_{3,h}^2 = \{\mathfrak{D}_3^1, \mathfrak{S}_m\},$$

ebenso aus $\mathfrak{D}_3^2$ die analogen Gruppen

$$\mathfrak{D}_{3,h}^3 = \{\mathfrak{D}_3^2, \mathfrak{S}_h\} \quad \text{und} \quad \mathfrak{D}_{3,h}^4 = \{\mathfrak{D}_3^2, \mathfrak{S}_m\}.$$

Also folgt:

Lehrsatz II. *Es giebt vier Raumgruppen* $\mathfrak{D}_{3,h}$, *deren Symmetrie derjenigen der hexagonalen Hemiedrie mit dreizähliger Axe entspricht. Ihre Translationsgruppe ist* Γ_h.

Um das Fundamentalsystem gleichwerthiger Punkte zu ermitteln, legen wir das in Cap. IX, § 6 benutzte Coordinatensystem zu Grunde. Die erzeugende Symmetrieebene fällt somit für $\mathfrak{D}_{3,h}^1$ und $\mathfrak{D}_{3,h}^3$ in die XY-Ebene, für $\mathfrak{D}_{3,h}^2$ und $\mathfrak{D}_{3,h}^4$ dagegen verläuft sie parallel zu derselben, und zwar in einer Entfernung, welche gleich der Hälfte von τ_z ist. Daraus folgt sofort, dass Zusatztranslationen, welche von $\mathfrak{S}_h$ resp. $\mathfrak{S}_m$ herrühren, nur für die letzteren Gruppen auftreten, und zwar ist τ_z diese Translation.

Von den Coordinatenwerthen der auf S. 212 enthaltenen Tabelle werden nur die beiden letzten Zeilen durch $\mathfrak{S}$ beeinflusst. Zu den beiden ersten gehören, wie Cap. IX, § 8 zeigt, Zusatztranslationen nicht; folglich erhalten wir folgende Tabelle:

$\mathfrak{D}_{3,h}^1$ und $\mathfrak{D}_{3,h}^3$:	0,	0,	0,	0,	0,	0
	0,	0,	0,	0,	0,	0
$\mathfrak{D}_{3,h}^2$ und $\mathfrak{D}_{3,h}^4$:	0,	0,	0,	0,	0,	0
	τ_z,	τ_z,	τ_z,	τ_z,	τ_z,	τ_z.

Dies zeigt, dass die Gruppen $\mathfrak{D}_{3,h}^1$ und $\mathfrak{D}_{3,h}^3$ durch Multiplication der Punktgruppe D_3^h mit der Translationsgruppe Γ_h gebildet werden können. Sie unterscheiden sich durch die verschiedene Lage der Translationsgruppe zu den Axen, und zwar in derselben Weise, wie es für die in Cap. IX behandelten Gruppen mit dreizähliger Axe (vgl. S. 473) der Fall ist.

§ 4. **Die Tetartoedrie mit sechszähliger Hauptaxe.** Für alle Gruppen mit sechszähliger Hauptaxe ist Γ_h die zugehörige Translationsgruppe. Sie entspricht dem Raumgitter vom hexagonalen Typus; ihr primitives System wird daher in allen Fällen durch

$$2\tau_1,\ 2\tau_2,\ 2\tau_3,\ 2\tau_z;\quad \tau_1 + \tau_2 + \tau_3 = 0$$

bestimmt. Da keine Translation existirt, deren Componente parallel den Axen kleiner als $2\tau_z$ ist, so sind alle Axen gleichartig. Wie aus Cap. V, 3 folgt, sind sie in diesem Fall sogar sämmtlich gleichwerthig. Es giebt also nur eine Schaar von gleichwerthigen Hauptaxen. Die Translationscomponenten können gemäss Cap. VI, Lehrsatz VIII für die Hauptaxen einen der sechs Werthe

$$0, \quad \frac{\tau_z}{3}, \quad \frac{2\tau_z}{3}, \quad \tau_z, \quad \frac{4\tau_z}{3}, \quad \frac{5\tau_z}{3}$$

haben. Die Schraubenaxen, welche dem zweiten und sechsten resp. dem dritten und fünften dieser Werthe entsprechen, unterscheiden sich nur durch den Windungssinn.

Der Tetartoedrie mit sechszähliger Hauptaxe entspricht die Punktgruppe C_6, deren Operationen die Drehungen

$$1, \mathfrak{A}, \mathfrak{A}^2, \mathfrak{A}^3, \mathfrak{A}^4, \mathfrak{A}^5$$

sind. Die Drehungen $\mathfrak{A}^2$ und $\mathfrak{A}^3$ bewirken, dass in den isomorphen Raumgruppen $\mathfrak{C}_6$ parallel zu den sechszähligen Hauptaxen auch zweizählige und dreizählige Axen auftreten. Ihre Vertheilung muss mit der Axenvertheilung derjenigen Gruppen $\mathfrak{C}_2$ resp. $\mathfrak{C}_3$ übereinstimmen, deren Translationsgruppe von der besonderen Art ist, wie die Gruppe des hexagonalen Systems. Die sechszähligen und dreizähligen Axen haben also (vgl. Fig. 63) dieselbe Lage, wie die Axen *a*, *b*, *c* im Cap. IX, § 2, während die zweizähligen Axen *d* die Seiten des in der Hauptebene liegenden Hauptaxennetzes halbiren.

Fig. 63.

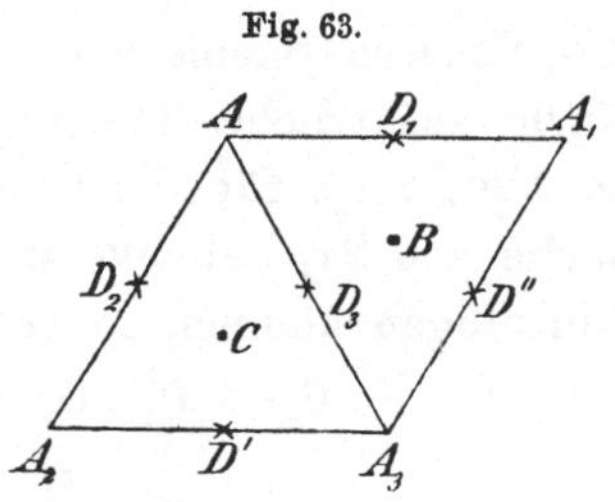

Entsprechend den oben genannten Werthen der Translationscomponenten giebt es sechs verschiedene Gruppen $\mathfrak{C}_6$. Die erste, nämlich

$$\mathfrak{C}_6^1 = \left\{\mathfrak{A}\left(\frac{\pi}{3}\right), \Gamma_h\right\},$$

enthält lauter Drehungsaxen. Die beiden Gruppen

$$\mathfrak{C}_6^2 = \left\{\mathfrak{A}\left(\frac{\pi}{3}, \frac{\tau_z}{3}\right), \Gamma_h\right\}, \quad \mathfrak{C}_6^3 = \left\{\mathfrak{A}\left(\frac{\pi}{3}, \frac{5\tau_z}{3}\right), \Gamma_h\right\}$$

enthalten lauter Schraubenaxen; sie unterscheiden sich von einander nur durch den Windungssinn. Das letztere gilt auch von den Gruppen

$$\mathfrak{C}_6^4 = \left\{\mathfrak{A}\left(\frac{\pi}{3}, \frac{2\tau_z}{3}\right), \Gamma_h\right\}, \quad \mathfrak{C}_6^5 = \left\{\mathfrak{A}\left(\frac{\pi}{3}, \frac{4\tau_z}{3}\right), \Gamma_h\right\}.$$

Ihre sechszähligen und dreizähligen Axen sind Schraubenaxen, die zweizähligen sind Drehungsaxen. Endlich sind für die Gruppe

$$\mathfrak{C}_6^6 = \left\{\mathfrak{A}\left(\frac{\pi}{3}, \tau_z\right), \Gamma_h\right\}$$

die sechszähligen und zweizähligen Axen Schraubenaxen, die dreizähligen dagegen Drehungsaxen. Wir erhalten noch:

Lehrsatz III. *Es giebt sechs verschiedene Raumgruppen, deren Symmetrie der Tetartoedrie erster Art des hexagonalen Systems entspricht. Ihre Translationsgruppe ist* Γ_h.

Die Coordinatenwerthe der Fundamentalsysteme lassen sich unmittelbar angeben. Wir legen die Z-Axe in die Axe a. Welches der in Cap. VIII des ersten Abschnittes angewandten Coordinatensysteme wir nun auch zu Grunde legen, so können doch zusätzliche Translationscomponenten nur parallel der Z-Axe, resp. für die Coordinaten z auftreten. Da wir Vielfache von $2\tau_z$ beliebig zu den sich einstellenden Translationen hinzufügen können, so erhalten wir folgende Tabelle:

$$\begin{array}{lllllll}
\mathfrak{C}_6^1\colon & 0, & 0, & 0, & 0, & 0, & 0 \\
\mathfrak{C}_6^2\colon & 0, & \frac{\tau_z}{3}, & \frac{2\tau_z}{3}, & \frac{3\tau_z}{3}, & \frac{4\tau_z}{3}, & \frac{5\tau_z}{3} \\
\mathfrak{C}_6^3\colon & 0, & \frac{5\tau_z}{3}, & \frac{4\tau_z}{3}, & \frac{3\tau_z}{3}, & \frac{2\tau_z}{3}, & \frac{\tau_z}{3} \\
\mathfrak{C}_6^4\colon & 0, & \frac{2\tau_z}{3}, & \frac{4\tau_z}{3}, & 0, & \frac{2\tau_z}{3}, & \frac{4\tau_z}{3} \\
\mathfrak{C}_6^5\colon & 0, & \frac{4\tau_z}{3}, & \frac{2\tau_z}{3}, & 0, & \frac{4\tau_z}{3}, & \frac{2\tau_z}{3} \\
\mathfrak{C}_6^6\colon & 0, & \tau_z, & 0, & \tau_z, & 0, & \tau_z
\end{array}$$

§ 5. **Die hemimorphe Hemiedrie.** Der hexagonalen Hemimorphie entspricht die Punktgruppe C_6^v mit den Operationen

$$\begin{array}{llllll}
1, & \mathfrak{A}, & \mathfrak{A}^2, & \mathfrak{A}^3, & \mathfrak{A}^4, & \mathfrak{A}^5 \\
\mathfrak{S}_v, & \mathfrak{A}\mathfrak{S}_v, & \mathfrak{A}^2\mathfrak{S}_v, & \mathfrak{A}^3\mathfrak{S}_v, & \mathfrak{A}^4\mathfrak{S}_v, & \mathfrak{A}^5\mathfrak{S}_v.
\end{array}$$

Sie entsteht durch Multiplication der Gruppe C_6 mit $\mathfrak{S}_v$ und enthält sechs durch die Hauptaxe gehende Symmetrieebenen σ, σ', σ'', σ''', σ^{IV}, σ^{V}.

Die isomorphen Raumgruppen $\mathfrak{C}_{6,v}$ lassen sich daher durch Multiplication einer Gruppe $\mathfrak{C}_6$ mit einer Operation $\mathfrak{S}_v$ oder $\mathfrak{S}_v(\tau_z)$ erzeugen, welche eine Deckoperation des Axensystems von $\mathfrak{C}_6$ ist. Da aber für jede Gruppe $\mathfrak{C}_6$ alle sechszähligen Axen gleichwerthig sind, so ist einzig die Permutation (a) möglich; daher können aus jeder Gruppe gemäss Cap. VI, § 14 nur zwei verschiedene Gruppen $\mathfrak{C}_{6,v}$ abgeleitet werden; entsteht die eine durch Multiplication mit $\mathfrak{S}_v$, so ist die erzeugende Operation der andern $\mathfrak{S}_v(\tau_z)$. Nach dem Theorem XXII von Cap. VI kommen überdies nur die Gruppen $\mathfrak{C}_6^1$ und $\mathfrak{C}_6^6$ in Frage.

Jede dieser Gruppen lässt diejenige Symmetrieebene σ_a zu, welche zwei nächste Axen a verbindet. Aus der Gruppe $\mathfrak{C}_6^1$ entsteht dadurch die Gruppe

$$\mathfrak{C}_{6,v}^1 = \{\mathfrak{C}_6^1, \mathfrak{S}_a\}.$$

Da a eine Drehungsaxe ist, so gehen durch a sechs Symmetrieebenen. Die Lage der übrigen ist durch die Translationsgruppe vorgeschrieben; jede Schaar paralleler Ebenen zerfällt in zwei verschiedene Schaaren von gleichartigen Ebenen. Da die Gruppe die Operation $\mathfrak{S}_a(\tau_z)$ gegen σ_a nicht enthält, so führt die Multiplication mit $\mathfrak{S}_a(\tau_z)$ zu einer neuen Gruppe, nämlich zu

$$\mathfrak{C}_{6,v}^2 = \{\mathfrak{C}_6^1, \mathfrak{S}_a(\tau_z)\}.$$

Alle spiegelnden Ebenen sind in diesem Fall Ebenen mit Translationssymmetrie.

Aus der Gruppe $\mathfrak{C}_6^6$ ergeben sich ebenfalls zwei Gruppen $\mathfrak{C}_{6,v}$. Wir benutzen als erzeugende Operation zunächst wieder die Spiegelung $\mathfrak{S}_a$, deren Ebene σ_a durch AA_1 geht. Sie führt zu der Gruppe

$$\mathfrak{C}_{6,v}^3 = \{\mathfrak{C}_6^6, \mathfrak{S}_a\}.$$

Drei der durch a gehenden Ebenen sind Symmetrieebenen, den drei andern entspricht die Operation $\mathfrak{S}(\tau_z)$; diese Ebenen halbiren die Winkel der primitiven Translationen $2\tau_1$, $2\tau_2$, $2\tau_3$.

Wird dagegen die Gruppe mit $\mathfrak{S}_a(\tau_z)$ multiplicirt, so entsteht die Gruppe

$$\mathfrak{C}_{6,v}^4 = \{\mathfrak{C}_6^6, \mathfrak{S}_a(\tau_z)\} = \{\mathfrak{C}_6^6, \mathfrak{S}_d\},$$

bei welcher die Ebene σ_d von $\mathfrak{S}_d$ den Winkel zwischen AA_1 und AA_3 halbirt. Die Symmetrieebenen und die Ebenen gleitender Symmetrie haben daher die umgekehrte Lage, wie bei der vorigen. Beide Gruppen sind also verschieden. Wir erhalten daher:

Lehrsatz IV. *Es giebt vier Gruppen, deren Symmetrie der Hemimorphie des hexagonalen Systems entspricht. Die Translationsgruppe ist Γ_h.*

Zur Bestimmung der Coordinaten des Fundamentalsystems lassen wir, übereinstimmend mit den Festsetzungen von Cap. VIII des ersten Abschnittes, die spiegelnde Ebene die XZ-Ebene darstellen. Alsdann ergeben sich Translationscomponenten, welche von der zu $\mathfrak{S}_v$ isomorphen Operation herrühren, nur für die mit $\mathfrak{S}_a(\tau_z)$ erzeugten Gruppen $\mathfrak{C}_{6,v}^2$ und $\mathfrak{C}_{6,v}^4$, und zwar ist τ_z diese Componente. Sie beeinflusst nur die in Zeile IV der Tabelle (S. 219) stehenden Coordinatenwerthe. Wir erhalten daher folgende Tabelle für die Componenten:

$\mathfrak{C}_{6,v}^1$:	0,	0,	0,	0,	0,	0
	0,	0,	0,	0,	0,	0
$\mathfrak{C}_{6,v}^2$:	0,	0,	0,	0,	0,	0
	τ_z,	τ_z,	τ_z,	τ_z,	τ_z,	τ_z
$\mathfrak{C}_{6,v}^3$:	0,	τ_z,	0,	τ_z,	0,	τ_z
	0,	τ_z,	0,	τ_z,	0,	τ_z
$\mathfrak{C}_{6,v}^4$:	0,	τ_z,	0,	τ_z,	0,	τ_z
	τ_z,	0,	τ_z,	0,	τ_z,	0.

Die Gruppe $\mathfrak{C}_{6,v}^1$ ist diejenige, welche durch Multiplication der Punktgruppe C_6^v mit der Translationsgruppe Γ_h gebildet werden kann.

§ 6. **Die paramorphe Hemiedrie.** Die zugehörige Punktgruppe C_6^h enthält die Operationen

$$1,\ \mathfrak{A},\quad \mathfrak{A}^2,\quad \mathfrak{A}^3,\quad \mathfrak{A}^4,\quad \mathfrak{A}^5$$
$$\mathfrak{S}_h,\ \mathfrak{A}\mathfrak{S}_h,\ \mathfrak{A}^2\mathfrak{S}_h,\ \mathfrak{A}^3\mathfrak{S}_h,\ \mathfrak{A}^4\mathfrak{S}_h,\ \mathfrak{A}^5\mathfrak{S}_h,$$

sie entsteht durch Multiplication der Gruppe C_6 mit $\mathfrak{S}_h$; übrigens enthält sie auch ein Symmetriecentrum. Die ihr isomorphen Raumgruppen $\mathfrak{C}_{6,h}$ sind daher durch Multiplication der Gruppen $\mathfrak{C}_6$ mit einer Inversion oder mit einer Operation $\mathfrak{S}_h$ resp. $\mathfrak{S}_h(\tau)$ zu erzeugen; und zwar kommen, wie im vorigen Paragraphen, wieder nur die Gruppen $\mathfrak{C}_6^1$ und $\mathfrak{C}_6^6$ in Frage. Die Spiegelung $\mathfrak{S}_h$ führt jede Axe in sich selbst über und ist daher für beide Gruppen als erzeugende Operation zu verwenden. Dagegen ist eine Operation $\mathfrak{S}_h(\tau)$ nicht zulässig, da zwei sechszählige Axen, deren Abstand eine halbe Translation ist, nicht existiren. Wir erhalten daher nur die beiden Gruppen

$$\mathfrak{C}_{6,h}^1 = \{\mathfrak{C}_6^1, \mathfrak{S}_h\} = \{\mathfrak{C}_6^1, \mathfrak{J}\},$$
$$\mathfrak{C}_{6,h}^2 = \{\mathfrak{C}_6^6, \mathfrak{S}_h\} = \{\mathfrak{C}_6^6, \mathfrak{J}_m\}.$$

Für beide Gruppen folgen die Symmetrieebenen im Abstand τ_z auf einander. Die Symmetriecentra fallen für $\mathfrak{C}_{6,h}^1$ in die Symmetrieebenen, für $\mathfrak{C}_{6,h}^2$ in die Mitten zwischen denselben. Somit ergiebt sich:

Lehrsatz V. *Es giebt zwei Raumgruppen $\mathfrak{C}_{6,h}$, deren Symmetrie der paramorphen Hemiedrie des hexagonalen Systems entspricht. Ihre Translationsgruppe ist Γ_h.*

Um die Coordinaten des Fundamentalsystems zu ermitteln, denken wir uns analog zu S. 219 die vorstehenden Gruppen durch Multiplication mit $\mathfrak{J}$ erzeugt. Das Symmetriecentrum fällt, wie wir eben sahen, stets in eine Axe a. Betrachten wir es als Coordinatenanfangspunkt, so können durch die Inversion $\mathfrak{J}$ zusätzliche Translationen nicht auftreten. Es stellen sich daher nur diejenigen ein, die von den Coordinaten der Zeile I der Tabelle auf S. 219 herrühren. Demnach ergiebt sich:

$$\mathfrak{C}_{6,h}^1:\quad \begin{array}{cccccc} 0, & 0, & 0, & 0, & 0, & 0 \\ 0, & 0, & 0, & 0, & 0, & 0 \end{array}$$

$$\mathfrak{C}_{6,h}^2:\quad \begin{array}{cccccc} 0, & \tau_z, & 0, & \tau_z, & 0, & \tau_z \\ 0, & \tau_z, & 0, & \tau_z, & 0, & \tau_z. \end{array}$$

Die Gruppe $\mathfrak{C}_{6,h}^1$ ist diejenige, welche durch Multiplication von C_6^h mit Γ_h entsteht.

§ 7. **Die enantiomorphe Hemiedrie.** Dieser Hemiedrie entspricht die Gruppe D_6, deren Operationen die Drehungen

$$1,\ \mathfrak{A},\ \mathfrak{A}^2,\ \mathfrak{A}^3,\ \mathfrak{A}^4,\ \mathfrak{A}^5$$
$$\mathfrak{U},\ \mathfrak{U}_1,\ \mathfrak{U}_2,\ \mathfrak{U}_3,\ \mathfrak{U}_4,\ \mathfrak{U}_5$$

sind. Sie ergiebt sich durch Multiplication der Gruppe C_6 mit einer Umklappung $\mathfrak{U}$. Die isomorphen Raumgruppen $\mathfrak{D}_6$ sind daher durch Multiplication der Gruppen $\mathfrak{C}_6$ mit einer zu $\mathfrak{U}$ isomorphen Bewegung zu bilden. Jede zu $\mathfrak{U}$ isomorphe Bewegung, welche die Axen einer Gruppe $\mathfrak{C}_6$ in sich überführt, kann als erzeugende Operation benutzt werden. Nun haben die Axen für alle sechs Gruppen $\mathfrak{C}_6$ dieselbe Lage zu einander, es können daher für alle Gruppen $\mathfrak{C}_6$ die gleichen Operationen zur Erzeugung der Raumgruppen $\mathfrak{D}_6$ gewählt werden.

Für die Punktgruppe $\mathfrak{D}_6$ existiren sechs verschiedene zweizählige Axen $u, u_1 \dots u_5$. Es giebt daher auch für jede Gruppe $\mathfrak{D}_6$ sechs verschiedene Schaaren paralleler Nebenaxen; jede Schaar bildet eine Gruppe $\mathfrak{C}_2$, und zwar, wie aus der Natur der Translationsgruppe Γ_h folgt, insbesondere eine Gruppe $\mathfrak{C}_2^3$. Die Gruppen $\mathfrak{D}_6$ enthalten daher sämmtlich Drehungsaxen; *jede von ihnen kann somit durch Multiplication einer Gruppe* $\mathfrak{C}_6$ *mit einer Umklappung erzeugt werden.* Die Axe u derselben fällt nothwendig in eine Seite oder Höhe des Dreiecks AA_1A_3. Nun kommen aber die den bezüglichen Richtungen entsprechenden Axen u in jeder Gruppe $\mathfrak{D}_6$ gleichzeitig vor; *es ergiebt sich daher aus jeder Gruppe* $\mathfrak{C}_6$ *nur je eine Gruppe* $\mathfrak{D}_6$. Wir legen die erzeugende Axe u stets in die Gerade AA_1 und bezeichnen sie durch u_a; $\mathfrak{U}_a$ sei die zugehörige Umklappung. Die Lage der Hauptebenen, welche die zweizähligen Nebenaxen enthalten, regelt sich nach Satz XV von Cap. VI.

Für die aus $\mathfrak{C}_6^1$ sich ergebende Gruppe

$$\mathfrak{D}_6^1 = \{\mathfrak{C}_6^1, \mathfrak{U}_a\}$$

ist a eine Drehungsaxe; es gehen daher durch A sechs verschiedene Nebenaxen. Je zwei Hauptebenen folgen daher im

Abstand τ_z auf einander. In allen diesen Ebenen ist die Lage der Axen die gleiche.

Für diejenige Gruppe, welche sich aus $\mathfrak{C}_6^2$ ableiten lässt, ist a eine Schraubenaxe; es geht daher durch A nur eine Axe u. Die Hauptebenen folgen in einer Entfernung, welche der sechste Theil von τ_z ist. Jede Ebene enthält Axen von nur einer Richtung. Die so bestimmte Gruppe sei

$$\mathfrak{D}_6^2 = \{\mathfrak{C}_6^2, \mathfrak{U}_a\}.$$

Die aus $\mathfrak{C}_6^3$ ableitbare Gruppe unterscheidet sich von der vorstehenden nur durch den Windungssinn der Schraubenaxen; sie ist

$$\mathfrak{D}_6^3 = \{\mathfrak{C}_6^3, \mathfrak{U}_a\}.$$

Die aus $\mathfrak{C}_6^4$ und $\mathfrak{C}_6^5$ ableitbaren Gruppen

$$\mathfrak{D}_6^3 = \{\mathfrak{C}_6^4, \mathfrak{U}_a\} \text{ und } \mathfrak{D}_6^4 = \{\mathfrak{C}_6^5, \mathfrak{U}_a\}$$

unterscheiden sich ebenfalls nur durch den Windungssinn der Schraubenaxen. Der Abstand zweier Hauptebenen beträgt für sie den dritten Theil von τ_z. Die Axe a ist zweizählige Drehungsaxe, daher gehen durch A zwei Axen u, und jede Hauptebene enthält Axen von zwei zu einander senkrechten Richtungen.

Für die Gruppe $\mathfrak{C}_6^6$ ist die Axe a eine dreizählige Drehungsaxe; durch A gehen daher Drehungsaxen u von dreierlei Richtung. Die Hauptebenen folgen in einem Abstand, der gleich der Hälfte von τ_z ist, auf einander; in jeder dieser Ebenen gehen durch den Schnitt mit a drei Drehungsaxen u, und in je zwei dieser Ebenen, deren Entfernung τ_z beträgt, ist die Lage der Nebenaxen die gleiche. Die bezügliche Gruppe bezeichnen wir durch

$$\mathfrak{D}_6^4 = \{\mathfrak{C}_6^6, \mathfrak{U}_a\}.$$

Wir erhalten also schliesslich folgenden Satz:

Lehrsatz VI. *Es giebt sechs Raumgruppen, welche die Symmetrie der enantiomorphen Hemiedrie des hexagonalen Systems besitzen. Ihre Translationsgruppe ist Γ_h.*

Um das Fundamentalsystem gleichwerthiger Punkte zu bestimmen, nehmen wir, entsprechend den Festsetzungen von Cap. VIII des ersten Abschnittes, die Axe u stets als X-Axe an.

Für die Coordinaten der Zeile II von S. 220 treten daher neue Translationscomponenten nicht auf; es stellen sich nur diejenigen ein, die durch die Coordinaten der Zeile I veranlasst sind. Da nun die Umklappung $\mathfrak{U}$ die Translation τ_z in $-\tau_z$ verwandelt, so ergiebt sich die folgende Tabelle:

$$\mathfrak{D}_6^1:\quad \begin{matrix} 0, & 0, & 0, & 0, & 0, & 0 \\ 0, & 0, & 0, & 0, & 0, & 0 \end{matrix}$$

$$\mathfrak{D}_6^2:\quad \begin{matrix} 0, & \frac{\tau_z}{3}, & \frac{2\tau_z}{3}, & \frac{3\tau_z}{3}, & \frac{4\tau_z}{3}, & \frac{5\tau_z}{3} \\ 0, & \frac{5\tau_z}{3}, & \frac{4\tau_z}{3}, & \frac{3\tau_z}{3}, & \frac{2\tau_z}{3}, & \frac{\tau_z}{3} \end{matrix}$$

$$\mathfrak{D}_6^3:\quad \begin{matrix} 0, & \frac{5\tau_z}{3}, & \frac{4\tau_z}{3}, & \frac{3\tau_z}{3}, & \frac{2\tau_z}{3}, & \frac{\tau_z}{3} \\ 0, & \frac{\tau_z}{3}, & \frac{2\tau_z}{3}, & \frac{3\tau_z}{3}, & \frac{4\tau_z}{3}, & \frac{5\tau_z}{3} \end{matrix}$$

$$\mathfrak{D}_6^4:\quad \begin{matrix} 0, & \frac{2\tau_z}{3}, & \frac{4\tau_z}{3}, & 0, & \frac{2\tau_z}{3}, & \frac{4\tau_z}{3} \\ 0, & \frac{4\tau_z}{3}, & \frac{2\tau_z}{3}, & 0, & \frac{4\tau_z}{3}, & \frac{2\tau_z}{3} \end{matrix}$$

$$\mathfrak{D}_6^5:\quad \begin{matrix} 0, & \frac{4\tau_z}{3}, & \frac{2\tau_z}{3}, & 0, & \frac{4\tau_z}{3}, & \frac{2\tau_z}{3} \\ 0, & \frac{2\tau_z}{3}, & \frac{4\tau_z}{3}, & 0, & \frac{2\tau_z}{3}, & \frac{4\tau_z}{3} \end{matrix}$$

$$\mathfrak{D}_6^6:\quad \begin{matrix} 0, & \tau_z, & 0, & \tau_z, & 0, & \tau_z \\ 0, & \tau_z, & 0, & \tau_z, & 0, & \tau_z \end{matrix}$$

Diejenige Gruppe, die durch Multiplication von D_6 und Γ_h gebildet werden kann, ist $\mathfrak{D}_6^1$.

§ 8. **Die Holoedrie.** Die Punktgruppe der hexagonalen Holoedrie ist D_6^h; ihre Operationen sind (S. 94)

$$\begin{matrix} 1, & \mathfrak{A}, & \mathfrak{A}^2, & \mathfrak{A}^3, & \mathfrak{A}^4, & \mathfrak{A}^5 \\ \mathfrak{U}, & \mathfrak{U}_1, & \mathfrak{U}_2, & \mathfrak{U}_3, & \mathfrak{U}_4, & \mathfrak{U}_5 \\ \mathfrak{S}_h, & \mathfrak{A}\mathfrak{S}_h, & \mathfrak{A}^2\mathfrak{S}_h, & \mathfrak{A}^3\mathfrak{S}_h, & \mathfrak{A}^4\mathfrak{S}_h, & \mathfrak{A}^5\mathfrak{S}_h \\ \mathfrak{U}\mathfrak{S}_h, & \mathfrak{U}_1\mathfrak{S}_h, & \mathfrak{U}_2\mathfrak{S}_h, & \mathfrak{U}_3\mathfrak{S}_h, & \mathfrak{U}_4\mathfrak{S}_h, & \mathfrak{U}_5\mathfrak{S}_h. \end{matrix}$$

Sie ergiebt sich durch Multiplication von D_6 mit $\mathfrak{S}_h$. Da sie ein Symmetriecentrum enthält, so kann auch $\mathfrak{J}$ als erzeugende Operation benutzt werden. Mit der sechszähligen Axe bestimmt die Symmetrieebene σ_h eine Gruppe C_6^h. Ausser der Ebene σ_h treten noch sechs andere durch die Hauptaxe gehende Symmetrieebenen auf, welche mit dieser eine Gruppe C_6^v bilden.

Die isomorphen Raumgruppen $\mathfrak{D}_{6,h}$ können gemäss dem Fundamentaltheorem durch Multiplication einer Gruppe $\mathfrak{D}_6$ mit einer Inversion oder mit einer zu $\mathfrak{S}_h$ isomorphen Operation erzeugt werden. Mit den sechszähligen Axen muss dieselbe eine Gruppe $\mathfrak{C}_{6,h}$ liefern. Nun sind aber Gruppen $\mathfrak{C}_{6,h}$ nur aus $\mathfrak{C}_6^1$ und $\mathfrak{C}_6^4$ ableitbar, also haben wir auch nur die Gruppen $\mathfrak{D}_6^1$ und $\mathfrak{D}_6^6$ in Betracht zu ziehen.

Da die Gruppe D_6 (S. 207) durch Multiplication der Gruppe C_6 mit einer Gruppe C_2 erzeugt werden kann, die einer Nebenaxe entspricht, so hat die erzeugende Operation gemäss Satz XIX von Cap. VI die Bedingung zu erfüllen, dass sie einerseits die sechszähligen Hauptaxen, andrerseits die Nebenaxen *einer* Richtung in sich überführt. Daraus folgt, dass aus jeder der Gruppen $\mathfrak{D}_6^1$ und $\mathfrak{D}_6^6$ zwei Gruppen $\mathfrak{D}_{6,h}$ ableitbar sind. Wird nämlich das Symmetriecentrum als erzeugendes Symmetrieelement gewählt, so ist es jedenfalls in die Axe a zu legen, und zwar entweder in den Schnittpunkt mit u_a oder in die Mitte zwischen zwei nächste Axen u_a. Hieraus ergiebt sich noch, dass diese Gruppen auch durch Spiegelungen erzeugt werden können, deren Ebenen die in Cap. V, Satz XIV genannte Lage haben.

Für die Gruppe $\mathfrak{D}_6^1$ ist die eine dieser Ebenen eine Hauptebene, die andere liegt in der Mitte zwischen zwei Hauptebenen. Bezeichnen wir die bezüglichen Inversionen durch $\mathfrak{J}$ und $\mathfrak{J}_m$, die Spiegelungen durch $\mathfrak{S}_h$ und $\mathfrak{S}_m$, so ergeben sich die beiden Gruppen

$$\mathfrak{D}_{6,h}^1 = \{\mathfrak{D}_6^1, \mathfrak{S}_h\} = \{\mathfrak{D}_6^1, \mathfrak{J}\},$$
$$\mathfrak{D}_{6,h}^2 = \{\mathfrak{D}_6^1, \mathfrak{S}_m\} = \{\mathfrak{D}_6^1, \mathfrak{J}_m\}.$$

Die Ebene σ_h enthält sechs Nebenaxen u; diese bedingen sechs durch a gehende Symmetrieebenen, welche mit den Hauptaxen die Gruppe $\mathfrak{C}_{6,v}^1$ bestimmen. Für die zweite Gruppe enthält die Ebene σ_m keine Nebenaxe, es kann daher auch keine durch a gehende Symmetrieebene existiren; alle diese Ebenen besitzen Translationssymmetrie und bilden daher mit den Hauptaxen die Gruppe $\mathfrak{C}_{6,v}^2$.

Für die Gruppe $\mathfrak{D}_6^6$ fällt jedes der beiden Symmetriecentra in eine Hauptebene. Man sieht auch hier direct, dass die Ebenen, welche gleiche Axen enthalten, in gleichem Abstand mit einander abwechseln, so dass jede von ihnen eine Symmetrieebene der gesammten Axenschaaren ist. Wir bezeichnen die ihnen entsprechenden Spiegelungen wieder mit $\mathfrak{S}_h$ und $\mathfrak{S}_m$. Da a zweizählige Schraubenaxe ist, so fallen die Symmetriecentra nicht in die Symmetrieebenen, also ergeben sich die beiden Gruppen

$$\mathfrak{D}_{6,h}^3 = \{\mathfrak{D}_6^4, \mathfrak{S}_h\} = \{\mathfrak{D}_6^4, \mathfrak{J}_m\}$$
$$\mathfrak{D}_{6,h}^4 = \{\mathfrak{D}_6^4, \mathfrak{S}_m\} = \{\mathfrak{D}_6^4, \mathfrak{J}\}.$$

Die Ebene σ_h enthält drei Nebenaxen u, unter ihnen diejenige, welche in AA_1 fällt. Da a dreizählige Drehungsaxe ist, so giebt es drei durch a gehende Symmetrieebenen, die Gruppe, die sie mit den Hauptaxen bilden, ist daher $\mathfrak{C}_{6,v}^3$. Ebenso giebt es für $\mathfrak{D}_{6,h}^4$ drei durch a gehende Symmetrieebenen, die zugehörige Gruppe ist aber diesmal $\mathfrak{C}_{6,v}^4$.

Durch die Kenntniss dieser Untergruppen ist die Lage aller Symmetrieelemente für jede der vorstehenden Gruppen bestimmt und in jedem gegebenen Fall leicht zu ermitteln. Wir schliessen mit folgendem

Lehrsatz VII. *Es giebt vier Raumgruppen von der Symmetrie der hexagonalen Holoedrie; ihre Translationsgruppe ist Γ_h.*

Für die Bestimmung des Fundamentalsystems legen wir wieder das bisher benutzte Coordinatensystem zu Grunde. Alsdann fällt die Ebene σ_h mit der XY-Ebene zusammen. Neue Translationscomponenten erscheinen daher nur, wenn das erzeugende Symmetriecentrum nicht in den Anfangspunkt fällt, d. h. für die beiden Gruppen $\mathfrak{D}_{6,h}^2$ und $\mathfrak{D}_{6,h}^3$; der Werth dieser Zusatztranslation ist stets τ_z. Beschränken wir uns auf Angabe derjenigen Translationen, welche den Zeilen III und IV der auf S. 220 angegebenen Tabelle der Gruppe D_h entsprechen, so ergiebt sich:

$\mathfrak{D}_{6,h}^1$:	$0,$	$0,$	$0,$	$0,$	$0,$	0
	$0,$	$0,$	$0,$	$0,$	$0,$	0
$\mathfrak{D}_{6,h}^2$:	$0,$	$0,$	$0,$	$0,$	$0,$	0
	$\tau_z,$	$\tau_z,$	$\tau_z,$	$\tau_z,$	$\tau_z,$	τ_z
$\mathfrak{D}_{6,h}^3$:	$0,$	$\tau_z,$	$0,$	$\tau_z,$	$0,$	τ_z
	$\tau_z,$	$0,$	$\tau_z,$	$0,$	$\tau_z,$	$0.$
$\mathfrak{D}_{6,h}^4$:	$0,$	$\tau_z,$	$0,$	$\tau_z,$	$0,$	τ_z
	$0,$	$\tau_z,$	$0,$	$\tau_z,$	$0,$	τ_z

Diese Translationswerthe bilden mit den im vorigen Paragraphen angeführten die sämmtlichen Zusatztranslationen.

Die Gruppe $\mathfrak{D}_{6,h}^1$ ist durch Multiplication der Punktgruppe D_6^h mit Γ_h erzeugbar. *Sie ist diejenige Gruppe, welche die Gesammtsymmetrie des durch Γ_h characterisirten Raumgitters angiebt.*

Zwölftes Capitel.

Das reguläre System.

§ 1. **Vorbemerkung.** Die Krystallclassen des regulären Systems sind durch die Punktgruppen

$$O^h, \quad O, \quad T^d, \quad T^h, \quad T$$

characterisirt. Sie besitzen sämmtlich vier dreizählige Axen und drei zu einander senkrechte, bald zweizählige, bald vierzählige Axen. Die letzteren sollen *Hauptaxen* genannt werden. Sie sind überdies gleichwerthige Axen und kommen durch die Operationen der bezüglichen Gruppen unter einander zur Deckung. Dasselbe muss daher für die ihnen parallelen Axenschaaren der isomorphen Raumgruppen der Fall sein.

Die Translationsgruppen des regulären Systems sind von dreierlei Typus; es sind die Gruppen Γ_c, Γ_c', Γ_c''. Ihre primitiven Tripel lassen sich in der Form

$$2\tau_x, \quad 2\tau_y, \quad 2\tau_z$$

$$\tau_y + \tau_z, \quad \tau_z + \tau_x, \quad \tau_x + \tau_y,$$

$$2\tau_r' = \tau_y + \tau_z - \tau_x, \quad 2\tau_r'' = \tau_z + \tau_x - \tau_y,$$

$$2\tau_r''' = \tau_x + \tau_y - \tau_z$$

darstellen, wo immer der Länge nach

$$\tau_x = \tau_y = \tau_z$$

ist, und $2\tau_x$, $2\tau_y$, $2\tau_z$ die primitiven Translationen in Richtung der Hauptaxen sind.

§ 2. **Die Tetartoedrie.** Die zugehörige Gruppe ist die Tetraedergruppe T, deren Operationen (vgl. S. 69) die Drehungen

$$1, \mathfrak{U}, \mathfrak{B}, \mathfrak{W}; \quad \mathfrak{A}, \mathfrak{A}', \mathfrak{A}'', \mathfrak{A}'''; \quad \mathfrak{A}^2, \mathfrak{A}'^2, \mathfrak{A}''^2, \mathfrak{A}'''^2$$

sind. Die Operationen der ersten Zeile bilden die Vierergruppe V, während die zweite und dritte Zeile die Drehungen um die dreizähligen Axen darstellen. Die Tetraedergruppe kann durch Multiplication der Vierergruppe mit der Drehung $\mathfrak{A}$ erzeugt werden; bei der zugehörigen Deckbewegung gehen die Axen der Vierergruppe V cyclisch in einander über. Das gleiche gilt von der Drehung $\mathfrak{A}^2$.

Die zu T isomorphen Raumgruppen $\mathfrak{T}$ können daher durch Multiplication einer Gruppe $\mathfrak{V}$ mit einer solchen zu $\mathfrak{A}$ isomorphen Operation erzeugt werden, welche die drei zu einander senkrechten Axenschaaren cyclisch in einander überführt. Da diese Axenschaaren deckbar gleich sein sollen, so müssen die von ihnen bestimmten Gruppen $\mathfrak{C}_2$ identisch sein. Es können also nur die Gruppen

$$\mathfrak{V}^1, \quad \mathfrak{V}^4, \quad \mathfrak{V}^7, \quad \mathfrak{V}^8, \quad \mathfrak{V}^9$$

zur Bildung von Raumgruppen $\mathfrak{T}$ benutzt werden. Entsprechend den vier dreizähligen Axen der Punktgruppe V giebt es für jede Gruppe $\mathfrak{T}$ vier in ihr enthaltene Untergruppen $\mathfrak{C}_3$, aus lauter dreizähligen Axen bestehend. Die Lage dieser Axen zur Translationsgruppe zeigt, dass die Axen in allen Fällen je eine Gruppe $\mathfrak{C}_3^4$ bilden. Unter ihnen giebt es daher stets Drehungsaxen; *als erzeugende Operation der Gruppen* $\mathfrak{T}$ *kann daher stets eine Drehung* $\mathfrak{A}$ *benutzt werden.* Umgekehrt folgt aus dem Fundamentaltheorem, dass jede Drehung $\mathfrak{A}$, welche eine Deckoperation für die Axen der obigen fünf Gruppen ist, eine Raumgruppe $\mathfrak{T}$ liefert.

Die für die Gruppen $\mathfrak{V}$ characteristischen Parallelepipeda p[1]) gehen für alle Raumgruppen des regulären Systems in Würfel über. Jede Diagonale eines solchen Würfels kann im Allgemeinen eine dreizählige Axe werden, mit Ausnahme der Gruppe $\mathfrak{V}^7$, für welche die Diagonale nothwendig durch diejenigen Gegenecken gehen muss, in denen sich je drei Drehungsaxen schneiden. Es ist aber zu bemerken, dass auch jede der andern Gruppen $\mathfrak{T}$ nicht gleichzeitig mehrere dieser Diagonalen als dreizählige Symmetrieaxen enthalten kann.

1) Vgl. die Figuren des Cap. VIII, § 8 ff.

Zwei sich schneidende dreizählige Symmetrieaxen bedingen nämlich stets zweizählige Axen, die durch ihren Schnittpunkt gehen. Diese Axen sind aber in den bezüglichen Gruppen $\mathfrak{B}$ nicht enthalten; sie können daher bei der Multiplication der Gruppe $\mathfrak{B}$ mit der Drehung $\mathfrak{A}$ nicht auftreten.

Aus den oben genannten fünf Gruppen $\mathfrak{B}$ entstehen auf die so bestimmte Weise die Gruppen

$$\mathfrak{T}^1 = \{\mathfrak{B}^1, \mathfrak{A}\}, \quad \mathfrak{T}^2 = \{\mathfrak{B}^7, \mathfrak{A}\}, \quad \mathfrak{T}^3 = \{\mathfrak{B}^8, \mathfrak{A}\},$$
$$\mathfrak{T}^4 = \{\mathfrak{B}^4, \mathfrak{A}\}, \quad \mathfrak{T}^5 = \{\mathfrak{B}^9, \mathfrak{A}\}.$$

Lehrsatz I. *Es giebt fünf Raumgruppen von der Symmetric der Tetartoedrie des regulären Systems. Zwei von ihnen enthalten die Translationsgruppe Γ_c, zwei andere Γ_c'', die letzte endlich Γ_c'.*

Bei den ersten drei Gruppen trifft die dreizählige Axe in beiden Würfelecken je drei zu einander senkrechte Drehungsaxen; in Folge dessen gehen durch jeden dieser Punkte vier dreizählige Axen, nämlich alle Axen einer Punktgruppe T. In jeden der acht Würfel, die in A zusammenstossen, tritt (Fig. 64) eine solche Axe. Beachtet man noch, dass jede Schaar paralleler dreizähliger Axen eine Gruppe $\mathfrak{C}_3{}^4$ bildet, deren Translationsgruppe resp. Γ_c, Γ_c', Γ_c'' ist, so ist damit die Vertheilung dieser Axen durch den Raum hinreichend gekennzeichnet.

Fig. 64.

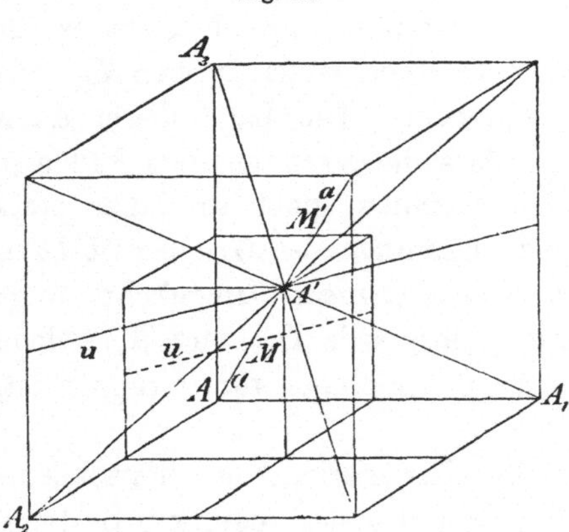

Keine zwei dreizähligen Axen der Gruppen $\mathfrak{T}^4$ oder $\mathfrak{T}^5$ können einander schneiden. Zwei sich schneidende dreizählige Axen bedingen nämlich nothwendig drei durch ihren Schnittpunkt gehende zweizählige Axen, und diese sind für $\mathfrak{T}^4$ oder $\mathfrak{T}^5$

nicht vorhanden. Je zwei dreizählige Axen verschiedener Richtung dieser Gruppen liegen also windschief zu einander. Ihre Lage in acht nebeneinander liegenden Würfeln ist aus beistehender Figur zu entnehmen, deren Richtigkeit sich leicht bestätigen lässt. Man construirt sie am einfachsten, indem man zunächst die Hauptdiagonale zieht, und dann die Diagonalen der Theilwürfel der Reihe nach so anbringt, dass keine die bereits vorhandenen schneidet. Jede Axenschaar bildet wieder eine Gruppe $\mathfrak{C}_3^4$; die Translationsgruppen sind Γ_c resp. Γ_c''.

Fig. 65.

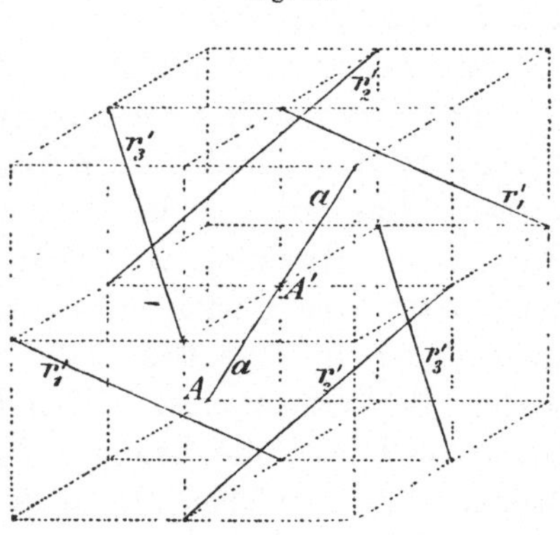

Der Natur der Gruppe $\mathfrak{C}_3^4$ entsprechend enthält übrigens jede Gruppe $\mathfrak{T}$ auch dreizählige Schraubenaxen.

§ 3. **Die paramorphe Hemiedrie.** Die Punktgruppe T^h, welche dieser Hemiedrie entspricht, enthält die Operationen (vgl. S. 98)

$$1,\ \mathfrak{U},\ \mathfrak{V},\ \mathfrak{W};\quad \mathfrak{S}_h,\ \mathfrak{U}\mathfrak{S}_h,\ \mathfrak{V}\mathfrak{S}_h,\ \mathfrak{W}\mathfrak{S}_h;$$
$$\mathfrak{A},\ \mathfrak{A}',\ \mathfrak{A}'',\ \mathfrak{A}''';\quad \mathfrak{A}\mathfrak{S}_h,\ \mathfrak{A}'\mathfrak{S}_h,\ \mathfrak{A}''\mathfrak{S}_h,\ \mathfrak{A}'''\mathfrak{S}_h;$$
$$\mathfrak{A}^2,\ \mathfrak{A}'^2,\ \mathfrak{A}''^2,\ \mathfrak{A}'''^2;\quad \mathfrak{A}^2\mathfrak{S}_h,\ \mathfrak{A}'^2\mathfrak{S}_h,\ \mathfrak{A}''^2\mathfrak{S}_h,\ \mathfrak{A}'''^2\mathfrak{S}_h.$$

Sie ist durch Multiplication der Gruppe T mit der Spiegelung $\mathfrak{S}_h$ gebildet worden. Die erste Zeile repräsentirt die Gruppe V^h; demnach kommen der Gruppe T^h drei zu einander senkrechte Symmetrieebenen, sowie ein Symmetriecentrum zu. Sie lässt sich in Folge dessen auch durch Multiplication der Gruppe T mit der Inversion $\mathfrak{J}$ erzeugen. Die Inversion führt jede dreizählige Axe der Gruppe T in sich über und bildet mit ihr eine Untergruppe C_3^i.

Die zu T^h isomorphen Raumgruppen können daher durch Multiplication einer Gruppe $\mathfrak{T}$ mit einer zu $\mathfrak{J}$ isomorphen Operation abgeleitet werden. Jede derartige Operation ist aber selbst eine Inversion. Soll sie eine erzeugende Operation für eine Gruppe $\mathfrak{T}_h$ sein, so genügt es nach Satz XIX von Cap. VI, *wenn sie gleichzeitig Deckoperation für die Gruppe* $\mathfrak{B}$, *sowie für eine der vier dreizähligen Axenschaaren ist.* Jede Inversion, welche beiden Bedingungen zugleich genügt, erzeugt mit $\mathfrak{T}$ eine Gruppe $\mathfrak{T}_h$.

Die Inversion $\mathfrak{J}$ bildet mit der Gruppe $\mathfrak{C}_3^4$ eine Gruppe $\mathfrak{C}_{3,i}$, und zwar ist dies stets die Gruppe $\mathfrak{C}_{3,i}^2$; andere Gruppen dieser Art sind nämlich nach Cap. IX, § 5 aus $\mathfrak{C}_3^4$ nicht ableitbar. Das erzeugende Symmetriecentrum dieser Gruppe fällt in eine Drehungsaxe. Nun soll das Symmetriecentrum gleichzeitig eine Deckoperation für die Gruppe $\mathfrak{B}$ liefern, es muss daher in eine Ecke oder in die Mitte des Würfels p fallen. Bestimmen diese beiden Lagen verschiedene Gruppen $\mathfrak{B}_h$, so sind auch die Gruppen $\mathfrak{T}_h$ verschieden, sind aber die Gruppen $\mathfrak{B}_h$ identisch, so trifft das Gleiche auch für die Gruppen $\mathfrak{T}_h$ zu.

Die Gruppen $\mathfrak{B}_h$ sollen für jede Gruppe $\mathfrak{T}_h$ angegeben werden. Mit ihnen sind auch die zu den drei Symmetrieebenen σ, σ', σ'' von $\mathfrak{B}^h$ isomorphen Symmetrieebenen unmittelbar bestimmt.

Für die Gruppe $\mathfrak{B}^1$ sind die beiden bezüglichen Gruppen $\mathfrak{B}_h$ verschieden; die erstere ist $\mathfrak{B}_h^1$, die zweite ist $\mathfrak{B}_h^2$. Es giebt daher zwei zugehörige Gruppen $\mathfrak{T}_h$. Die erste besitzt drei durch A gehende senkrechte Symmetrieebenen, die zweite besitzt keinerlei reine Symmetrieebene. Die Gruppen mögen durch

$$\mathfrak{T}_h^1 = \{\mathfrak{T}^1, \mathfrak{J}\} = \{\mathfrak{T}^1, \mathfrak{S}\} \text{ und}$$
$$\mathfrak{T}_h^2 = \{\mathfrak{T}^1, \mathfrak{J}_m\}$$

bezeichnet werden. Für die erstere ist jede Ecke eines Würfels p ein Symmetriecentrum, für die letztere fallen die Centra in die Mittelpunkte der Würfel p.

Aus der Gruppe $\mathfrak{T}^2$ lassen sich ebenfalls zwei verschiedene Gruppen $\mathfrak{T}_h$ ableiten, da aus $\mathfrak{B}^7$ durch Inversion gegen die Ecke und die Mitte von p verschiedene Gruppen entstehen, nämlich $\mathfrak{B}_h^{23}$ und $\mathfrak{B}_h^{24}$. Die Translationsgruppe ist Γ_c'. Sie bewirkt, wie auf S. 455 gezeigt wurde, dass für

$\mathfrak{B}_h^{23}$ nur die eine der beiden von der dreizähligen Axe getroffenen Ecken ein Symmetriecentrum enthält, und dass für $\mathfrak{B}_h^{24}$ nur in solche zwei Würfel p, die eine Kante gemein haben, Symmetriecentra fallen. Die Gruppe $\mathfrak{B}_h^{23}$ enthält auch drei zu einander senkrechte Symmetrieebenen. Wir bezeichnen die Gruppen durch

$$\mathfrak{T}_h^3 = \{\mathfrak{T}^2, \mathfrak{J}\} = \{\mathfrak{T}^2, \mathfrak{S}\}$$
$$\mathfrak{T}_h^4 = \{\mathfrak{T}^2, \mathfrak{J}_m\}.$$

Für die Gruppen $\mathfrak{B}^4$, $\mathfrak{B}^8$ und $\mathfrak{B}^9$ sind die mit den beiden Inversionen abgeleiteten Gruppen identisch; die bezüglichen Gruppen sind resp. $\mathfrak{B}_h^{15}$, $\mathfrak{B}_h^{25}$ und $\mathfrak{B}_h^{27}$. Aus $\mathfrak{T}^3$, $\mathfrak{T}^4$ und $\mathfrak{T}^5$ entsteht daher nur je eine Gruppe $\mathfrak{T}_h$. Wir legen das erzeugende Symmetriecentrum in eine Ecke von p und bezeichen die bezüglichen Gruppen durch

$$\mathfrak{T}_h^5 = \{\mathfrak{T}^3, \mathfrak{J}\} = \{\mathfrak{T}^3, \mathfrak{S}\}$$
$$\mathfrak{T}_h^6 = \{\mathfrak{T}^4, \mathfrak{J}\}, \quad \mathfrak{T}_h^7 = \{\mathfrak{T}^5, \mathfrak{J}\}.$$

Die Gruppe $\mathfrak{T}^4$ enthält die Translationsgruppe Γ_c, daher ist jede Ecke eines Würfels p ein Symmetriecentrum. Für $\mathfrak{T}^3$ und $\mathfrak{T}^5$ ist Γ_c'' die Translationsgruppe, demnach fallen die Symmetriecentra in die Ecken und in die Mitten der Würfel p. Endlich folgt, dass für $\mathfrak{T}_h^5$ jede Seitenfläche von p eine Symmetrieebene ist, während für $\mathfrak{T}_h^6$ und $\mathfrak{T}_h^7$ eigentliche Symmetrieebenen nicht existiren. Also erhalten wir:

Lehrsatz II. *Es giebt sieben Raumgruppen von der Symmetrie der paramorphen Hemiedrie des regulären Systems. Drei von ihnen enthalten Γ_c als Translationsgruppe, je zwei Γ_c' resp. Γ_c''.*

§ 4. **Die hemimorphe Hemiedrie.** Dieser Hemiedrie entspricht die Punktgruppe T^d mit den Operationen (vgl. S. 98)

$$1, \mathfrak{U}, \mathfrak{B}, \mathfrak{W}, \mathfrak{S}_d, \mathfrak{U}\mathfrak{S}_d, \mathfrak{B}\mathfrak{S}_d, \mathfrak{W}\mathfrak{S}_d,$$
$$\mathfrak{A}, \mathfrak{A}', \mathfrak{A}'', \mathfrak{A}''', \mathfrak{A}\mathfrak{S}_d, \mathfrak{A}'\mathfrak{S}_d, \mathfrak{A}''\mathfrak{S}_d, \mathfrak{A}'''\mathfrak{S}_d,$$
$$\mathfrak{A}^2, \mathfrak{A}'^2, \mathfrak{A}''^2, \mathfrak{A}'''^2, \mathfrak{A}^2\mathfrak{S}_d, \mathfrak{A}'^2\mathfrak{S}_d, \mathfrak{A}''^2\mathfrak{S}_d, \mathfrak{A}'''^2\mathfrak{S}_d.$$

Sie entsteht durch Multiplication der Tetraedergruppe T mit der Spiegelung $\mathfrak{S}_d$, deren Ebene zwei dreizählige Axen enthält. Solcher Ebenen giebt es sechs; durch jede dreizählige Axe gehen drei, die mit ihr eine Gruppe C_3^v bestimmen. Mit der in T enthaltenen Vierergruppe V bestimmen die Ebenen σ_d je eine Gruppe V^d.

Die zu T^d isomorphen Raumgruppen $\mathfrak{T}_d$ können demgemäss durch Multiplication der Gruppen $\mathfrak{T}$ mit einer zu $\mathfrak{S}_d$ isomorphen Operation gebildet werden. Hat diese Operation die Eigenschaft, einerseits die Axen der in $\mathfrak{T}$ enthaltenen Gruppe $\mathfrak{V}$, andrerseits die dreizähligen Axen *einer* Gruppe $\mathfrak{C}_3^4$ in sich überzuführen, so ist sie, gemäss Satz XIX von Cap. VI, eine Deckoperation für das gesammte Axensystem von $\mathfrak{T}$, und erzeugt mit $\mathfrak{T}$ eine Gruppe $\mathfrak{T}_d$. Die nothwendige und hinreichende Bedingung, dass irgend eine mit $\mathfrak{S}_d$ isomorphe Operation zur Erzeugung einer Gruppe $\mathfrak{T}_d$ benutzbar ist, besteht also darin, *dass sich mit ihr gleichzeitig eine Gruppe* $\mathfrak{V}_d$, *sowie eine Gruppe* $\mathfrak{C}_{3,v}$ *bilden lässt.* Durch die Besonderart der Gruppen $\mathfrak{V}_d$ und $\mathfrak{C}_{3,v}$ ist zugleich die Lage aller Symmetrieelemente vollständig fixirt.

Aus $\mathfrak{C}_3^4$ haben wir in Cap. IX, 6 mittelst der Operation $\mathfrak{S}_d$ die Gruppe $\mathfrak{C}_{3,v}^5$ abgeleitet, ferner mittelst der Operation $\mathfrak{S}_d(\tau)$ die Gruppe $\mathfrak{C}_{3,v}^6$. Die spiegelnde Ebene geht in beiden Fällen durch die Drehungsaxen. Andrerseits gestatten, wie Cap. X, § 10 und 11 erörtert worden, von den in den Gruppen $\mathfrak{T}$ enthaltenen Untergruppen $\mathfrak{V}$ nur folgende vier

$$\mathfrak{V}^1,\quad \mathfrak{V}^7,\quad \mathfrak{V}^8,\quad \mathfrak{V}^9$$

die Ableitung einer Gruppe $\mathfrak{V}_d$; es können daher auch nur für

$$\mathfrak{T}^1,\quad \mathfrak{T}^2,\quad \mathfrak{T}^3,\quad \mathfrak{T}^5$$

Gruppen $\mathfrak{T}_d$ existiren.

Benutzen wir zunächst die Spiegelung $\mathfrak{S}_d$ als erzeugende Operation, so ist $\mathfrak{C}_{3,v}^5$ die bezügliche Untergruppe. Durch die dreizählige Axe a gehen drei verschiedene Symmetrieebenen; sie nehmen im Würfel p die Lage der drei Diagonalebenen an. Jede von ihnen kann die erzeugende Symmetrieebene darstellen; um die Begriffe zu fixiren, wählen wir dazu diejenige, welche auf der Grundfläche des Würfels p senkrecht steht. Das analoge gilt für die Gruppe $\mathfrak{C}_{3,v}^6$ und die zugehörigen Ebenen gleitender Symmetrie.

Solche Gruppen $\mathfrak{V}_d$, die sich durch Multiplication mit der Spiegelung $\mathfrak{S}_d$ gegen die genannte Diagonalebene ergeben, sind nur für die in $\mathfrak{T}^1$, $\mathfrak{T}^2$, $\mathfrak{T}^3$ enthaltenen Untergruppen $\mathfrak{V}^1$, $\mathfrak{V}^7$, $\mathfrak{V}^8$ zulässig. Die bezüglichen Gruppen sind $\mathfrak{V}_d^1$, $\mathfrak{V}_d^9$, $\mathfrak{V}_d^{11}$. Mittelst der Spiegelung $\mathfrak{S}_d$ lassen sich daher Gruppen $\mathfrak{T}_d$ nur aus $\mathfrak{T}^1$, $\mathfrak{T}^2$, $\mathfrak{T}^3$ ableiten; wir bezeichnen sie durch

$$\mathfrak{T}_d^1 = \{\mathfrak{T}^1, \mathfrak{S}_d\}, \quad \mathfrak{T}_d^2 = \{\mathfrak{T}^2, \mathfrak{S}_d\}, \quad \mathfrak{T}_d^3 = \{\mathfrak{T}^3, \mathfrak{S}_d\}.$$

Um diejenigen Gruppen zu bilden, für welche $\mathfrak{S}_d(\tau)$ die erzeugende Operation ist, haben wir zu beachten, dass *sich τ als halbe primitive Translation parallel der dreizähligen Axe a deuten lässt.* Die halbe primitive Translation parallel dieser Axe ist bei den Gruppen $\mathfrak{V}^1$ gleich der Diagonale von p, bei $\mathfrak{V}^7$ ist sie die doppelte Diagonale, bei $\mathfrak{V}^8$ und $\mathfrak{V}^9$ dagegen die halbe Diagonale. Wie die Figuren der Würfel p lehren, ist in Folge dessen die bezügliche Operation $\mathfrak{S}_d(\tau)$ für $\mathfrak{T}^1$, $\mathfrak{T}^2$ und $\mathfrak{T}^5$ eine zulässige Deckoperation des Axensystems, für $\mathfrak{T}^3$ jedoch nicht. Die zugehörigen Gruppen $\mathfrak{V}_d$ sind resp. $\mathfrak{V}_d^2$, $\mathfrak{V}_d^{10}$ und $\mathfrak{V}_d^{12}$. Es ergeben sich demnach mittelst der Operation $\mathfrak{S}_d(\tau)$ noch drei neue Gruppen $\mathfrak{T}_d$, sie mögen durch

$$\mathfrak{T}_d^4 = \{\mathfrak{T}^1, \mathfrak{S}_d(\tau)\}, \quad \mathfrak{T}_d^5 = \{\mathfrak{T}^2, \mathfrak{S}_d(\tau)\}, \quad \mathfrak{T}_d^6 = \{\mathfrak{T}^5, \mathfrak{S}_d(\tau)\}$$

bezeichnet werden. Für keine von ihnen existirt eine eigentliche Symmetrieebene. Die Hauptaxen werden, wie S. 496 gezeigt ist, zum Theil vierzählige Axen zweiter Art. Wir erhalten also den Satz:

Lehrsatz III. *Es giebt sechs Raumgruppen von der Symmetrie der hemimorphen Hemiedrie des regulären Systems. Zwei derselben enthalten Γ_c als Translationsgruppe, zwei andere Γ_c' und die beiden übrigen Γ_c''.*

§ 5. **Die enantiomorphe Hemiedrie.** Die Punktgruppe, welche die Symmetrie dieser Hemiedrie characterisirt, ist die Octaedergruppe O mit den Drehungen (vgl. S. 70)

$$\begin{array}{llllllll} 1, & \mathfrak{B}^2, & \mathfrak{B}'^2, & \mathfrak{B}''^2, & \mathfrak{U}', & \mathfrak{U}'', & \mathfrak{B}, & \mathfrak{B}^3 \\ \mathfrak{A}, & \mathfrak{A}', & \mathfrak{A}'', & \mathfrak{A}''', & \mathfrak{B}', & \mathfrak{B}'', & \mathfrak{B}', & \mathfrak{B}'^3 \\ \mathfrak{A}^2, & \mathfrak{A}'^2, & \mathfrak{A}''^3, & \mathfrak{A}'''^2, & \mathfrak{W}', & \mathfrak{W}'', & \mathfrak{B}'', & \mathfrak{B}''^3. \end{array}$$

Sie kann, wie S. 209 bewiesen wurde, durch Multiplication der Tetraedergruppe T mit der Umklappung $\mathfrak{U}'$ gebildet werden. Die Axe u' halbirt den Winkel zweier zweizähligen Axen der Tetraedergruppe T und steht auf der dritten zweizähligen Axe sowie auf zweien von den dreizähligen Axen senkrecht. Mit den letzteren bestimmt sie je eine Gruppe D_3, mit der Vierergruppe V dagegen eine Gruppe D_4.

Die zu O isomorphen Raumgruppen können durch Multiplication einer Tetraedergruppe $\mathfrak{T}$ mit einer zu $\mathfrak{U}'$ isomorphen Operation $\mathfrak{U}$ gebildet werden. Nach Cap. VI, Satz XIX muss dieselbe einerseits für die Axen der in $\mathfrak{T}$ enthaltenen Untergruppe $\mathfrak{V}$, andrerseits für *eine* der vier Schaaren paralleler dreizähliger Axen eine Deckoperation sein. Jede Schaar paralleler dreizähliger Axen bildet, wie wir oben sahen, eine Gruppe $\mathfrak{C}_3^4$; mit ihr bestimmt daher die erzeugende Operation $\mathfrak{U}$ in allen Fällen eine Gruppe $\mathfrak{D}_3^7$. Eine andere Gruppe $\mathfrak{D}_3$, welche $\mathfrak{C}_3^4$ als Untergruppe enthält, existirt nämlich nicht.

Um die Begriffe zu fixiren, fassen wir (Fig. 64, S. 536) diejenige Axenschaar in's Auge, welcher die Körperdiagonale a des Würfels p angehört. Aus ihr ergiebt sich die bezügliche Gruppe $\mathfrak{D}_3^7$ mittelst einer Umklappung, deren Axe u auf a senkrecht steht. Da diese Axe gleichzeitig parallel zur Axe u' der Punktgruppe liegt, so hat sie die Richtung derjenigen Flächendiagonale des Würfels p, welche der Grundfläche von p parallel läuft. *Um daher alle Raumgruppen $\mathfrak{O}$ zu construiren, haben wir alle Axen u der genannten Richtung zu suchen, welche Symmetrieaxen für das Axensystem der in den Gruppen $\mathfrak{T}$ enthaltenen Gruppen $\mathfrak{V}$ sind.*[1]) Jede von ihnen liefert eine erzeugende Operation für eine Gruppe $\mathfrak{O}$, wobei natürlich die Identität oder Verschiedenheit der Gruppen nach Cap. VI, § 14 zu entscheiden ist. Ein Kriterium hierfür besteht auch darin, ob die Gruppe $\mathfrak{D}_3^7$ beide erzeugenden Axen u gleichzeitig enthält, oder nicht.

Die Lage der Axen ist von der Natur der bezüglichen Gruppe $\mathfrak{D}_4$, welche $\mathfrak{U}$ mit der Untergruppe $\mathfrak{V}$ bestimmt, ab-

1) Fig. 64 enthält zwei verschiedene derartige Axen.

hängig. Da die Axen der Gruppen $\mathfrak{D}_4$ oben angegeben sind, so ist damit auch die Axenvertheilung der bezüglichen Gruppe $\mathfrak{O}$ hinreichend gekennzeichnet.

Die auf a senkrechte Axe u entspricht stets und nur dann einer Deckoperation des Würfels p resp. der Gruppe $\mathfrak{T}$, wenn sie durch die Mitte M oder durch die Ecke A des Würfels p geht. Es ist nur zu prüfen, ob die bezüglichen Gruppen identisch sind oder nicht. Dies hängt davon ab, ob die Würfeldiagonale, in welche die Axe a fällt, nach Länge und Richtung eine Translation der Gruppe ist. Ist dies der Fall, so ist das Product beider Umklappungen eine Translation der Gruppe, die Gruppen sind also identisch; wenn nicht, so sind die Gruppen verschieden.

Für die Gruppe $\mathfrak{T}^1$ ist die Diagonale keine Translation, da die Translationsgruppe Γ_c ist. Wir erhalten daher zwei Gruppen, die wir durch

$$\mathfrak{O}^1 = \{\mathfrak{T}^1, \mathfrak{U}\} \quad \text{und} \quad \mathfrak{O}^2 = \{\mathfrak{T}^1, \mathfrak{U}_m\}$$

bezeichnen. Die Gruppe $\mathfrak{D}_4$ ist für die erstere die Gruppe $\mathfrak{D}_4^1$, für die letztere die Gruppe $\mathfrak{D}_4^5$. Dies ist daher ersichtlich, dass bei der Gruppe $\mathfrak{O}^1$ die Axe u mit den Axen der Vierergruppe $\mathfrak{V}^1$ in derselben Ebene liegt, bei der Gruppe $\mathfrak{O}^2$ aber nicht. Für $\mathfrak{O}^1$ sind daher alle vierzähligen Axen Drehungsaxen, für $\mathfrak{O}^2$ dagegen Schraubenaxen mit der Translationscomponente τ_z.

Für $\mathfrak{T}^2$ ist Γ_c' die Translationsgruppe, also ist erst die vierfache Diagonale von p eine Translation. Es ergeben sich demnach auch aus $\mathfrak{T}^2$ zwei verschiedene Gruppen, nämlich

$$\mathfrak{O}^3 = \{\mathfrak{T}^2, \mathfrak{U}\} \quad \text{und} \quad \mathfrak{O}^4 = \{\mathfrak{T}^2, \mathfrak{U}_m\}.$$

Im Punkt A des Würfels p schneiden sich drei einander senkrechte zweizählige Axen, welche für $\mathfrak{O}_3$ von der Axe u getroffen werden. Die Gruppe $\mathfrak{O}^3$ enthält daher $\mathfrak{D}_4^9$ als Untergruppe; ihre vierzähligen Axen sind theils Drehungsaxen, theils Schraubenaxen mit der Translationscomponente τ_z. Die ersteren gehen durch A, die letzteren dagegen durch A'. Die Gruppe $\mathfrak{O}^4$ enthält demgemäss $\mathfrak{D}_4^{10}$ als Untergruppe, in ihr kommen daher vierzählige Schraubenaxen von zweierlei

Windungssinn vor, vierzählige Drehungsaxen jedoch überhaupt nicht.

Für die Gruppe $\mathfrak{T}^3$ ist Γ_c'' die Translationsgruppe. Die Diagonale ist daher eine primitive Translation, somit lässt sich aus ihr nur *eine* Gruppe $\mathfrak{O}$ ableiten. Wir legen die erzeugende Axe u durch die Ecke A des Würfels p, sie fällt also mit den Axen der Gruppe $\mathfrak{V}^8$ in dieselbe Ebene. Die Gruppe $\mathfrak{D}_4$ kann der Translationsgruppe entsprechend nur die Gruppe $\mathfrak{D}_4^9$ sein. Die vierzähligen Axen sind daher theils Drehungsaxen, theils Schraubenaxen mit der Tranlationscomponente τ_z. Wir bezeichnen die Gruppe durch

$$\mathfrak{O}^5 = \{\mathfrak{T}^3, \mathfrak{U}\}.$$

Für die Gruppen $\mathfrak{T}^4$ und $\mathfrak{T}^5$ kann die erzeugende Symmetrieaxe u weder durch die Ecke A noch durch die Mitte M von p gehen. Was zunächst die Gruppe $\mathfrak{T}^4$ betrifft, welche $\mathfrak{V}^4$ als Untergruppe und Γ_c als Translationsgruppe besitzt, so enthält (Fig. 66) jede Seitenfläche des Würfels p, resp. jede der zugehörigen Hauptebenen nur Axen von einerlei Richtung, die erzeugende Symmetrieaxe kann daher nicht in eine dieser Ebenen fallen, und dasselbe gilt von den Ebenen, welche parallel zu den Seitenflächen durch die Mitte von p gehen. Eine Deckbewegung des Axensystems liefert die zur Diagonale a senkrechte und zur Grundfläche parallele Axe u nur dann, wenn ihr Abstand von der unteren resp. oberen Grundfläche den vierten Theil von τ_z beträgt; in der That führt die zugehörige Umklappung die Axe w in sich über, während die Axen u (wo u Axe von $\mathfrak{V}^4$ ist) und v sich unter einander vertauschen.

Fig. 66.

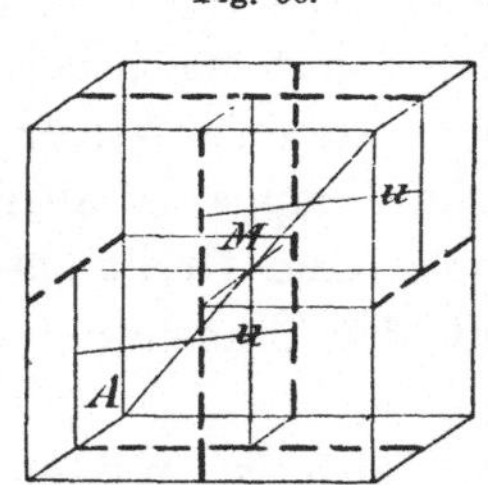

Da die Axen der Gruppe $\mathfrak{V}^4$ sämmtlich windschief zu einander liegen, so kann die Gruppe $\mathfrak{D}_4$ nur eine der beiden Gruppen $\mathfrak{D}_4^4$ oder $\mathfrak{D}_4^8$ sein. Diese beiden Gruppen unterscheiden sich aber nur durch den Windungssinn der bezüglichen Schraubenaxen; wenn also eine Gruppe $\mathfrak{O}$ existirt, die eine von ihnen als Untergruppe enthält, so existirt auch die andere; und zwar ergeben sich diese beiden Gruppen, je nachdem die erzeugende Axe u näher der unteren oder oberen Grundfläche von p angenommen wird. Alle vierzähligen Axen sind gleichartig; ihre Translationscomponenten betragen die Hälfte von τ_z. Die zugehörigen Gruppen sollen durch

$$\mathfrak{O}^6 = \{\mathfrak{T}^4, \mathfrak{U}\}_l \quad \text{und} \quad \mathfrak{O}^7 = \{\mathfrak{T}^4, \mathfrak{U}\}_r$$

bezeichnet werden.

Die Gruppe $\mathfrak{T}^5$ enthält $\mathfrak{B}^9$ als Untergruppe, ihre Translationsgruppe ist Γ_c''. Jede Hauptebene von $\mathfrak{B}^9$ enthält zwar Axen von zweierlei Richtung, aber die Axen der einen Richtung sind Drehungsaxen, die der andern Richtung Schraubenaxen; eine Hauptebene kann daher eine zweizählige Symmetrieaxe von der Richtung u nicht enthalten. Die erzeugende Symmetrieaxe kann daher nur diejenige Lage haben, welche ihr für $\mathfrak{B}^4$ resp. $\mathfrak{T}^4$ zukommt. Jede derartige Umklappungsaxe entspricht wirklich einer Deckbewegung des Axensystems von $\mathfrak{T}^5$; da aber die Diagonale von p eine Translation der Gruppe $\mathfrak{T}^5$ ist, so ergiebt sich auf diese Weise nur eine Gruppe $\mathfrak{O}$; wir bezeichnen sie durch

$$\mathfrak{O}^8 = \{\mathfrak{T}^5, \mathfrak{U}\}.$$

Sie enthält die beiden vorstehend betrachteten zweizähligen Axen gleichzeitig, sie muss daher auch Schraubenaxen von entgegengesetztem Windungssinn besitzen. Dies findet darin seine Bestätigung, dass in ihr die Gruppe $\mathfrak{D}_4^{10}$ als Untergruppe vorkommt. Wir erhalten schliesslich den Satz:

Lehrsatz IV. *Es giebt acht Raumgruppen von der Symmetrie der enantiomorphen Hemiedrie des regulären Systems. Vier von ihnen besitzen Γ_c als Translationsgruppe und je zwei die Gruppen Γ_c' resp. Γ_c''.*

§ 6. **Die Holoedrie.** Die für die Holoedrie characteristische Punktgruppe ist die Gruppe O^h mit den Operationen (vgl. S. 99)

$$1,\quad \mathfrak{B}^2,\quad \mathfrak{B}'^2,\quad \mathfrak{B}''^2,\quad \mathfrak{U}',\quad \mathfrak{U}'',\quad \mathfrak{B},\quad \mathfrak{B}^3$$
$$\mathfrak{A},\quad \mathfrak{A}',\quad \mathfrak{A}'',\quad \mathfrak{A}''',\quad \mathfrak{B}',\quad \mathfrak{B}'',\quad \mathfrak{B}',\quad \mathfrak{B}'^3$$

$\mathfrak{A}^2$, $\mathfrak{A}'^2$, $\mathfrak{A}''^2$, $\mathfrak{A}'''^2$, $\mathfrak{W}'$ $\mathfrak{W}''$, $\mathfrak{B}''$, $\mathfrak{B}''^3$
$\mathfrak{S}$, $\mathfrak{B}^2\mathfrak{S}$, $\mathfrak{B}'^2\mathfrak{S}$, $\mathfrak{B}''^2\mathfrak{S}$, $\mathfrak{U}'\mathfrak{S}$, $\mathfrak{U}''\mathfrak{S}$, $\mathfrak{B}\mathfrak{S}$, $\mathfrak{B}^3\mathfrak{S}$
$\mathfrak{A}\mathfrak{S}$, $\mathfrak{A}'\mathfrak{S}$, $\mathfrak{A}''\mathfrak{S}$, $\mathfrak{A}'''\mathfrak{S}$, $\mathfrak{B}'\mathfrak{S}$, $\mathfrak{B}''\mathfrak{S}$, $\mathfrak{B}'\mathfrak{S}$, $\mathfrak{B}'^3\mathfrak{S}$
$\mathfrak{A}^2\mathfrak{S}$, $\mathfrak{A}'^2\mathfrak{S}$, $\mathfrak{A}''^2\mathfrak{S}$, $\mathfrak{A}'''^z\mathfrak{S}$, $\mathfrak{W}'\mathfrak{S}$, $\mathfrak{W}''\mathfrak{S}$, $\mathfrak{B}''\mathfrak{S}$, $\mathfrak{B}''^3\mathfrak{S}$.

Sie ist durch Multiplication der Gruppe O mit der Spiegelung $\mathfrak{S}$ gebildet. Sie besitzt drei einander senkrechte durch die vierzähligen Hauptaxen gehende Symmetrieebenen, sowie sechs andere Symmetrieebenen, welche je zwei dreizählige Axen enthalten. Ueberdies besitzt sie ein Symmetriecentrum, und kann demnach auch durch Multiplication der Gruppe O mit einer Inversion erzeugt werden.

Die zu O^h isomorphen Raumgruppen $\mathfrak{O}_h$ lassen sich, dem Fundamentaltheorem gemäss, durch Multiplication einer Gruppe $\mathfrak{O}$ mit einer Inversion $\mathfrak{J}$ aufstellen, vorausgesetzt, dass dieselbe eine Deckoperation des gesammten Axensystems der Gruppe $\mathfrak{O}$ ist. Nun lässt sich jede Gruppe $\mathfrak{O}$ durch Multiplication einer Gruppe $\mathfrak{T}$ mit einer zweizähligen Drehungsaxe u erzeugen; nach Satz XIX von Cap. VI hat demgemäss *das erzeugende Symmetriecentrum die nothwendige und hinreichende Bedingung zu erfüllen, dass es mit $\mathfrak{T}$ eine Gruppe $\mathfrak{T}_h$ bildet und gleichzeitig eine Deckoperation für die zu u parallelen Axen abgiebt.* Der ersten Bedingung zufolge muss das Symmetriecentrum in der Ecke A oder in der Mitte M von p liegen; der zweiten Bedingung wird genügt, wenn es entweder in eine Axe u oder in die Mitte zwischen zwei parallele Drehungsaxen u fällt.

Für die Punktgruppe O^h bildet das Symmetriecentrum mit jeder in O enthaltenen Gruppe D_4 eine Gruppe $D_4{}^h$. Für die Raumgruppen $\mathfrak{O}_h$ bestimmt es daher mit den in ihnen enthaltenen Gruppen $\mathfrak{D}_4$ je eine Gruppe $\mathfrak{D}_{4,h}$. Diese Gruppe soll zur Kennzeichnung aller Symmetrieelemente von $\mathfrak{O}_h$ jedesmal angegeben werden.

Die Gruppe $\mathfrak{O}^1$ enthält die Gruppen $\mathfrak{T}^1$ resp. $\mathfrak{D}_4{}^1$. Die Gruppe $\mathfrak{T}^1$ lässt sowohl die Ecke A als die Mitte M von p als Symmetriecentrum zu, und beide zugehörigen Gruppen $\mathfrak{T}_h$ sind verschieden. Dasselbe gilt von den Gruppen $\mathfrak{D}_{4,h}$. Die bezüglichen Untergruppen sind im ersten Fall $\mathfrak{T}_h^1$ und $\mathfrak{D}_{4,h}^1$. An den Ecken A und A' des Würfels p treten alle diejenigen Symmetrieebenen auf, welche auch der Punktgruppe O^h eigenthümlich sind. Dem entspricht eine Gruppe, die wir durch

$$\mathfrak{O}_h^1 = \{\mathfrak{O}^1, \mathfrak{J}\} = \{\mathfrak{O}^1, \mathfrak{S}_h\}$$

bezeichnen wollen.

Fällt das Symmetriecentrum in die Mitte M von p, so entstehen die Gruppen $\mathfrak{T}_h^2$ und $\mathfrak{D}_{4,h}^4$. In die Mitte *jedes* Würfels p fällt ein Symmetriecentrum, dagegen tritt eine eigentliche Symmetrieebene gemäss den Eigenschaften dieser Gruppen nicht auf. Die zugehörige Gruppe sei

$$\mathfrak{O}_h^2 = \{\mathfrak{O}^1, \mathfrak{J}_m\}.$$

Die Gruppe $\mathfrak{O}^2$ enthält als Untergruppen die Gruppen $\mathfrak{T}^1$ und $\mathfrak{D}_4^5$, es lassen sich daher aus $\mathfrak{O}^2$ ebenfalls zwei Gruppen $\mathfrak{O}_h$ ableiten. Die zugehörigen Untergruppen sind $\mathfrak{T}_h^1$ und $\mathfrak{T}_h^2$ resp. $\mathfrak{D}_{4,h}^9$ und $\mathfrak{D}_{4,h}^{12}$. Fällt das Symmetriecentrum in die Ecke A von p, so treten in den Ecken A und A', wie die Gruppe $\mathfrak{T}_h^1$ zeigt, drei einander senkrechte Symmetrieebenen auf, wenn dagegen die Mitte M von p das Symmetriecentrum abgiebt, so ist, wie die Gruppe $\mathfrak{D}_{4,h}^{12}$ erkennen lässt, jede Diagonalebene von p eine Symmetrieebene. Die bezüglichen Gruppen bezeichnen wir demgemäss durch

$$\mathfrak{O}_h^3 = \{\mathfrak{O}^2, \mathfrak{J}\} = \{\mathfrak{O}^2, \mathfrak{S}_h\} \quad \text{und}$$
$$\mathfrak{O}_h^4 = \{\mathfrak{O}^2, \mathfrak{J}_m\} = \{\mathfrak{O}^2, \mathfrak{S}_d\}.$$

Für die Gruppe $\mathfrak{O}^3$ sind $\mathfrak{T}^2$ und $\mathfrak{D}_4^9$ die bezüglichen Untergruppen. Aus der Gruppe $\mathfrak{T}^2$ entstehen durch Multiplication mit dem Symmetriecentrum die Gruppen $\mathfrak{T}_h^3$ und $\mathfrak{T}_h^4$, und zwar fällt das erzeugende Symmetriecentrum für $\mathfrak{T}_h^3$ in die Ecke A, für $\mathfrak{T}_h^4$ dagegen in die Mitte M von p. Nun bildet aber die Diagonale a des Würfels p (Fig. 57, S. 442) in diesem Fall nur den vierten Theil einer Translation der Gruppe; daher geht nur durch A eine zweizählige Axe u durch A' dagegen nicht. Für $\mathfrak{O}^3$ entsprechen daher nur die in A resp. A' fallenden Symmetriecentra einer Deckoperation des genannten Axensystems. Nun sind aber die durch A

und A' gehenden Axen der Gruppe $\mathfrak{O}^3$ verschiedenartig, denn durch A gehen (vgl. S. 516 und 543) vierzählige Drehungsaxen, durch A' dagegen Schraubenaxen mit der Componente τ_z. Es ergeben sich daher auch verschiedene Gruppen $\mathfrak{O}_h$, je nachdem das Symmetriecentrum in A oder A' fällt. Dieselben haben $\mathfrak{D}_{4,h}^{17}$ und $\mathfrak{D}_{4,h}^{18}$ zu Untergruppen. Für die erstere sind in A alle diejenigen Symmetrieelemente vorhanden, welche der Punktgruppe O^h angehören, für die zweite gehen durch A' drei zu einander senkrechte Symmetrieebenen. Wir bezeichnen die Gruppen durch

$$\mathfrak{O}_h^5 = \{\mathfrak{O}^3, \mathfrak{J}\} = \{\mathfrak{O}^3, \mathfrak{S}_h\}$$
$$\mathfrak{O}_h^6 = \{\mathfrak{O}^3, \mathfrak{J}'\} = \{\mathfrak{O}^3, \mathfrak{S}_m\}.$$

Die Gruppe $\mathfrak{O}^4$ enthält neben $\mathfrak{T}^2$ die Gruppe $\mathfrak{D}_4^{10}$ als Untergruppe. Die Diagonale a wird nur in den Mitten der Würfel p von zweizähligen Axen u geschnitten, und zwar ist der Abstand zweier Schnittpunkte $\tau_x + \tau_y + \tau_z = 2\,A\,A'$; daher fällt nicht in jeden Würfel p eine zu u parallele Axe. Ist (Fig. 64) M ein Punkt, durch den eine Axe u hindurchgeht, so geht durch M' keine Axe. Es geben daher die Punkte M und M' Symmetriecentra des gesammten Axensystems ab, die Ecken von p jedoch nicht. Da M und M' verschiedene Lage zum Axensystem haben und überdies *nicht zugleich* in den bezüglichen Gruppen $\mathfrak{O}_h$ als Symmetriecentra vorkommen, so entstehen auf diese Weise zwei Gruppen $\mathfrak{O}_h$; sie enthalten $\mathfrak{D}_{4,h}^{19}$ und $\mathfrak{D}_{4,h}^{20}$ als Untergruppen. Wir bezeichnen sie durch

$$\mathfrak{O}_h^7 = \{\mathfrak{O}^4, \mathfrak{J}_{m'}\} = \{\mathfrak{O}^4, \mathfrak{S}_d\}$$
$$\mathfrak{O}_h^8 = \{\mathfrak{O}^4, \mathfrak{J}_{m_1}\}.$$

Die erstere enthält die drei durch die Diagonale a gehenden Ebenen σ_d als Symmetrieebenen.

Die Gruppe $\mathfrak{O}^5$ enthält die Untergruppen $\mathfrak{T}^3$ und $\mathfrak{D}_4^9$. Jede von ihnen lässt zwar beide Lagen des Symmetriecentrums zu, es ergiebt sich aber dadurch nur je eine Gruppe, nämlich $\mathfrak{T}_h^3$ und $\mathfrak{D}_{4,h}^{17}$. Da das erzeugende Symmetriecentrum in die Ecke von p fallen kann, so treten in jeder von der Axe a

getroffenen Ecke alle Symmetrieebenen der Punktgruppe O^h auf. Wir bezeichnen die zugehörige Raumgruppe durch

$$\mathfrak{O}_h^9 = \{\mathfrak{O}^5, \mathfrak{J}\} = \{\mathfrak{O}^5, \mathfrak{S}_h\}.$$

Die letzte Gruppe, welche eine Gruppe $\mathfrak{O}_h$ liefert, ist $\mathfrak{O}^8$. Sie enthält die Gruppen $\mathfrak{T}^5$ und $\mathfrak{D}_4^{10}$ als Untergruppen. Aus der Gruppe $\mathfrak{T}^5$ ergiebt sich nur eine Gruppe $\mathfrak{T}_h$, nämlich $\mathfrak{T}_h^7$; sie enthält gleichzeitig beide Symmetriecentra. Beide Lagen des Symmetriecentrums führen daher auf dieselbe Gruppe. Die Untergruppe $\mathfrak{D}_{4,h}$ ist die Gruppe $\mathfrak{D}_{4,h}^{20}$. Eigentliche Symmetrieebenen können nicht auftreten, da sie weder in $\mathfrak{T}_h^7$ noch in $\mathfrak{D}_{4,h}^{20}$ vorkommen. Wir bezeichnen die so definirte Gruppe durch

$$\mathfrak{O}_h^{10} = \{\mathfrak{O}^8, \mathfrak{J}\}.$$

Hiermit sind sämmtliche Gruppen $\mathfrak{O}_h$ abgeleitet. Aus den Gruppen $\mathfrak{O}^6$ und $\mathfrak{O}^7$ lassen sich nämlich derartige Gruppen nicht erzeugen, da jede von ihnen nur Schraubenaxen von einerlei Windungssinn besitzt, und dies gegen die im Satz XXII von Cap. VI ausgesprochene Bedingung verstösst. Wir erhalten daher schliesslich:

Lehrsatz V. *Es giebt zehn Raumgruppen, welche die Symmetrie der Holoedrie des regulären Systems besitzen. Vier von ihnen enthalten die Translationsgruppe Γ_c, vier die Gruppe Γ_c' und zwei die Gruppe Γ_c''.*

§ 7. **Die Coordinaten der gleichwerthigen Punkte.** Um das Fundamentalsystem der gleichwerthigen Punkte zu ermitteln, legen wir dasselbe Coordinatensystem zu Grunde, welches wir für die Vierergruppen benutzt haben; der Anfangspunkt fällt in die Ecke A des Würfels p. Es stimmt mit dem im ersten Abschnitt S. 223 benutzten Coordinatensystem überein. Die dort für die Holoedrie des regulären Systems gefundenen Coordinatenwerthe ordnen wir folgendermassen an:

$$\text{I)}\quad \begin{array}{llll} xyz, & x\bar{y}\bar{z}, & \bar{x}y\bar{z}, & \bar{x}\bar{y}z \\ zxy, & \bar{z}x\bar{y}, & \bar{z}\bar{x}y, & z\bar{x}\bar{y} \\ yzx, & \bar{y}\bar{z}x, & y\bar{z}\bar{x}, & \bar{y}z\bar{x} \end{array} \qquad \text{II)}\quad \begin{array}{llll} \bar{y}\bar{x}\bar{z}, & y\bar{x}z, & \bar{y}xz, & yx\bar{z} \\ \bar{x}\bar{z}\bar{y}, & \bar{x}zy, & xz\bar{y}, & x\bar{z}y \\ \bar{z}\bar{y}\bar{x}, & zy\bar{x}, & z\bar{y}x, & \bar{z}yx \end{array}$$

$$\begin{array}{llll} \text{III)} & \bar{x}\bar{y}\bar{z},\ \bar{x}yz,\ x\bar{y}z,\ xy\bar{z} & \text{IV)} & yxz,\ \bar{y}x\bar{z},\ y\bar{x}\bar{z},\ \bar{y}\bar{x}z \\ & \bar{z}\bar{x}\bar{y},\ z\bar{x}y,\ zx\bar{y},\ \bar{z}xy & & xzy,\ x\bar{z}\bar{y},\ \bar{x}\bar{z}y,\ \bar{x}z\bar{y} \\ & \bar{y}\bar{z}\bar{x},\ yz\bar{x},\ \bar{y}zx,\ y\bar{z}x & & zyx,\ \bar{z}\bar{y}x,\ \bar{z}y\bar{x},\ z\bar{y}\bar{x} \end{array}$$

und zwar giebt I allein die Coordinaten der Tetartoedrie, I und II diejenigen der enantiomorphen Hemiedrie, I und III diejenigen der paramorphen Hemiedrie, endlich I und IV die der hemimorphen Hemiedrie. Die erste Zeile von I liefert diejenigen Punkte, welche aus xyz durch die Operationen der Gruppe V entstehen; aus ihnen gehen die Punkte der zweiten und dritten Zeile (S. 213) durch die Drehungen $\mathfrak{A}$ und $\mathfrak{A}^2$ hervor. Die Punkte von II entstehen aus I durch die Umklappung $\mathfrak{U}$, welche die Richtung der erzeugenden Axe der Gruppen $\mathfrak{D}$ besitzt, also (S. 213) xyz in $\bar{y}\bar{x}\bar{z}$ überführt. Endlich entsteht III und IV aus I und II durch die Inversion $\mathfrak{J}$.

Jede Gruppe $\mathfrak{T}$ entsteht durch Multiplication einer Gruppe $\mathfrak{B}$ mit der Drehung $\mathfrak{A}$, welche dieselbe Lage zum Coordinatensystem hat, wie für die Punktgruppe T; daher können durch sie *neue* Translationscomponenten nicht verursacht werden. Um diejenigen zu bestimmen, welche aus den Punkten der ersten Zeile stammen, ist zu beachten, dass die Drehung $\mathfrak{A}$ die Translationen τ_x, τ_y, τ_z cyclisch in einander überführt.

Da für die Gruppen $\mathfrak{B}^1$, $\mathfrak{B}^7$, $\mathfrak{B}^8$ die Coordinatenwerthe des Fundamentalsystems mit denen der Punktgruppe V übereinstimmen, so folgt, dass dies auch für die Gruppen $\mathfrak{T}^1, \mathfrak{T}^2, \mathfrak{T}^3$ der Fall ist. Diese Gruppen entstehen also aus T durch Multiplication mit den Translationsgruppen Γ_c, Γ_c', Γ_c''.

Wir brauchen daher die Translationscomponenten nur für $\mathfrak{T}^4$ und $\mathfrak{T}^5$ anzugeben. Gemäss dem vorstehenden erhalten wir

$$\begin{array}{lllll} \mathfrak{T}^4: & 0, & \tau_x + \tau_y, & \tau_y + \tau_z, & \tau_z + \tau_x \\ & 0, & \tau_y + \tau_z, & \tau_z + \tau_x, & \tau_x + \tau_y \\ & 0, & \tau_z + \tau_x, & \tau_x + \tau_y, & \tau_y + \tau_z \\ \mathfrak{T}^5: & 0, & \tau_z, & \tau_x, & \tau_y \\ & 0, & \tau_x, & \tau_y, & \tau_z \\ & 0, & \tau_y, & \tau_z, & \tau_x \end{array}$$

Die Coordinatenwerthe der Gruppe T^h werden durch I) und III) der Tabelle dargestellt. Fällt das erzeugende Symmetriecentrum der Gruppe $\mathfrak{T}_h$ in die Ecke A des Würfels p, so treten neue Translationscomponenten nicht auf. Dies geschieht nur, wenn es in der Mitte von p liegt; die Zusatztranslation ist immer die Würfeldiagonale a von p, deren Länge für $\mathfrak{T}^1$

$$2\tau_r = \tau_x + \tau_y + \tau_z,$$ [1])

für $\mathfrak{T}^2$ dagegen

$$\tau_r = \tfrac{1}{2}(\tau_x + \tau_y + \tau_z)$$

ist. Im übrigen führt die Inversion jede der drei Translationen in die entgegengesetzte über; da nun in den Tabellen für $\mathfrak{T}^4$ und $\mathfrak{T}^5$ nur halbe Translationen auftreten, so sind die bezüglichen reducirten Werthe mit den ursprünglichen identisch.

Die Gruppen $\mathfrak{T}_h^1$, $\mathfrak{T}_h^3$, $\mathfrak{T}_h^5$ sind diejenigen, deren Fundamentalsystem von allen Translationscomponenten frei ist; sie entstehen durch Multiplication der Gruppe T^h mit Γ_c, Γ_c', Γ_c''.

Für die Gruppen $\mathfrak{T}_h^2$, $\mathfrak{T}_h^4$, $\mathfrak{T}_h^6$ und $\mathfrak{T}_h^7$ erhalten die Translationscomponenten der oben in II auftretenden Coordinaten folgende Werthe:

$\mathfrak{T}_h^2$:	$2\tau_r$,	$2\tau_r$,	$2\tau_r$,	$2\tau_r$
	$2\tau_r$,	$2\tau_r$,	$2\tau_r$,	$2\tau_r$
	$2\tau_r$,	$2\tau_r$,	$2\tau_r$,	$2\tau_r$
$\mathfrak{T}_h^4$:	τ_r,	τ_r,	τ_r,	τ_r
	τ_r,	τ_r,	τ_r,	τ_r
	τ_r,	τ_r,	τ_r,	τ_r
$\mathfrak{T}_h^6$:	0,	$\tau_x + \tau_y$,	$\tau_y + \tau_z$,	$\tau_z + \tau_x$
	0,	$\tau_y + \tau_z$,	$\tau_z + \tau_x$,	$\tau_x + \tau_y$
	0,	$\tau_z + \tau_x$,	$\tau_x + \tau_y$,	$\tau_y + \tau_z$
$\mathfrak{T}_h^7$:	0,	τ_z,	τ_x,	τ_y
	0,	τ_x,	τ_y,	τ_z
	0,	τ_y,	τ_z,	τ_x

Da die Gruppen $\mathfrak{T}_d^1$, $\mathfrak{T}_d^2$, $\mathfrak{T}_d^3$ im Anfangspunkt A dieselben Symmetrieelemente aufweisen, wie die Gruppe T^d, so

1) Die Bezeichnung stimmt mit der auf S. 294 eingeführten überein. Uebrigens ist $2\tau_r$ keine Translation der Gruppe $\mathfrak{T}^1$ oder $\mathfrak{T}^2$.

ist das Fundamentalsystem ihrer gleichwerthigen Punkte von allen Translationscomponenten frei; diese Gruppen ergeben sich daher durch Multiplication der Punktgruppe T^d mit den Translationsgruppen Γ_c, Γ_c', Γ_c''. Dagegen treten für die mit $\mathfrak{S}_d(\tau)$ abgeleiteten Gruppen neue Translationscomponenten auf, nämlich für $\mathfrak{T}_d^4$ und $\mathfrak{T}_d^5$ die Translation (S. 541)

$$2\tau_r = \tau_x + \tau_y + \tau_z$$

für $\mathfrak{T}_d^6$ dagegen die Translation

$$\tau_r = \tfrac{1}{2}(\tau_x + \tau_y + \tau_z).$$

Beachten wir schliesslich, dass die erzeugende Spiegelung $\mathfrak{S}_d$ die in den Coordinatenwerthen der Tabelle I auftretenden Translationen τ_x und τ_y vertauscht und τ_z unverändert lässt, so ergeben sich zu den Coordinatenwerthen der Tabelle IV folgende Translationscomponenten:

$\mathfrak{T}_d^4$ und $\mathfrak{T}_d^5$:	$2\tau_r$,	$2\tau_r$,	$2\tau_r$,	$2\tau_r$
	$2\tau_r$,	$2\tau_r$,	$2\tau_r$,	$2\tau_r$
	$2\tau_r$,	$2\tau_r$,	$2\tau_r$,	$2\tau_r$
$\mathfrak{T}_d^6$:	τ_r,	τ_r''',	τ_r'',	τ_r'
	τ_r,	τ_r'',	τ_r',	τ_r''',
	τ_r,	τ_r',	τ_r''',	τ_r'',

wo τ_r', τ_r'', τ_r''' die auf S. 294 angegebenen Werthe haben.

Geht die erzeugende Axe u der Gruppen $\mathfrak{O}$ durch die Ecke A von $\mathfrak{p}$, d. h. durch den Anfangspunkt des Coordinatensystems, so werden durch sie neue Translationscomponenten nicht verursacht. Daraus folgt bereits, dass die Fundamentalsysteme der Gruppen $\mathfrak{O}^1$, $\mathfrak{O}^3$, $\mathfrak{O}^5$ keinerlei Translationscomponente enthalten. Diese Gruppen können daher durch Multiplication der Punktgruppe O mit den Translationsgruppen Γ_c, Γ_c', Γ_c'' gebildet werden. Geht dagegen die Axe u nicht durch A, so ist sie durch eine Axe u, welche durch A geht, und eine Translation gleich der ganzen oder halben Würfeldiagonale zu ersetzen; dieselbe ist für $\mathfrak{O}^2$ gleich $2\tau_r$, für $\mathfrak{O}^4$, $\mathfrak{O}^6$ und $\mathfrak{O}^8$ gleich τ_r, endlich für $\mathfrak{O}^7$ gleich $3\tau_r$. Ferner ist zu bemerken, dass die Umklappung u die in der Tabelle I enthaltenen Translationen τ_x und τ_y mit einander vertauscht und τ_z umkehrt. Das letztere hat aber denselben Effect, als ob τ_z ungeändert bleibt, folglich erhalten wir folgende Werthe der Translationscomponenten für die Coordinatentripel der Gruppen $\mathfrak{D}$.

$\mathfrak{D}^2$:	0,	0,	0,	0,	$2\tau_r$,	$2\tau_r$,	$2\tau_r$,	$2\tau_r$
	0,	0,	0,	0,	$2\tau_r$,	$2\tau_r$,	$2\tau_r$,	$2\tau_r$
	0,	0,	0,	0,	$2\tau_r$,	$2\tau_r$,	$2\tau_r$,	$2\tau_r$
$\mathfrak{D}^4$:	0,	0,	0,	0,	τ_r,	τ_r,	τ_r,	τ_r
	0,	0,	0,	0,	τ_r,	τ_r,	τ_r,	τ_r
	0,	0,	0,	0,	τ_r,	τ_r,	τ_r,	τ_r
$\mathfrak{D}^6$:	0,	$\tau_x + \tau_y$,	$\tau_y + \tau_z$,	$\tau_z + \tau_x$,	τ_r,	$3\tau_r'''$,	$3\tau_r''$,	$3\tau_r'$
	0,	$\tau_y + \tau_z$,	$\tau_z + \tau_x$,	$\tau_x + \tau_y$,	τ_r,	$3\tau_r''$,	$3\tau_r'$,	$3\tau_r'''$
	0,	$\tau_z + \tau_x$,	$\tau_x + \tau_y$,	$\tau_y + \tau_z$,	τ_r,	$3\tau_r'$,	$3\tau_r'''$	$3\tau_r''$
$\mathfrak{D}^7$:	0,	$\tau_x + \tau_y$,	$\tau_y + \tau_z$,	$\tau_z + \tau_x$,	$3\tau_r$,	τ_r''',	τ_r'',	τ_r'
	0,	$\tau_y + \tau_z$,	$\tau_z + \tau_x$,	$\tau_x + \tau_y$,	$3\tau_r$,	τ_r'',	τ_r',	τ_r'''
	0,	$\tau_z + \tau_x$,	$\tau_x + \tau_y$,	$\tau_y + \tau_z$,	$3\tau_r$,	τ_r',	τ_r''',	τ_r''
$\mathfrak{D}^8$:	0,	τ_z,	τ_x,	τ_y,	τ_r,	τ_r''',	τ_r'',	τ_r'
	0,	τ_x,	τ_y,	τ_z,	τ_r,	τ_r'',	τ_r',	τ_r'''
	0,	τ_y,	τ_z,	τ_x,	τ_r,	τ_r',	τ_r''',	τ_r''.

Auch diese Coordinatenwerthe lassen erkennen, dass sich $\mathfrak{D}^6$ und $\mathfrak{D}^7$ nur durch den Windungssinn der Schraubenaxen unterscheiden.

Die zu den Gruppen $\mathfrak{D}_h^1$, $\mathfrak{D}_h^5$ und $\mathfrak{D}_h^9$ gehörigen Fundamentalsysteme enthalten keinerlei Translationscomponente, und können daher durch Multiplication der Punktgruppe O^h mit Γ_c, Γ_c', Γ_c'' erzeugt werden. Für die übrigen Gruppen sind diejenigen Translationscomponenten, welche den Coordinatenwerthen von I und II der Tabelle entsprechen, eben abgeleitet worden; es brauchen daher nur noch diejenigen angegeben zu werden, welche zu den Coordinaten von III und IV gehören. Neue Translationscomponenten treten nur auf, wenn das erzeugende Symmetriecentrum nicht im Anfangspunkt des Coordinatensystems liegt, d. h. für die Gruppen $\mathfrak{D}_h^2$, $\mathfrak{D}_h^4$, $\mathfrak{D}_h^6$, $\mathfrak{D}_h^7$

und $\mathfrak{D}_h^8$. Für die ersten drei Gruppen lässt sich die bezügliche Inversion durch Inversion gegen den Anfangspunkt A und die Translation $2\tau_r$ ersetzen; für $\mathfrak{D}_7^h$ ist die bezügliche Translationscomponente τ_r, für $\mathfrak{D}_h^8$ endlich $3\tau_r$. Die Inversion ändert das Vorzeichen von τ_r, τ_r', τ_r'', τ_r'''. Wir erhalten

$\mathfrak{D}_h^2$:	$2\tau_r$,	$2\tau_r$,	$2\tau_r$,	$2\tau_r$;	$2\tau_r$,	$2\tau_r$,	$2\tau_r$,	$2\tau_r$
	$2\tau_r$,	$2\tau_r$,	$2\tau_r$,	$2\tau_r$;	$2\tau_r$,	$2\tau_r$,	$2\tau_r$,	$2\tau_r$
	$2\tau_r$,	$2\tau_r$,	$2\tau_r$,	$2\tau_r$;	$2\tau_r$,	$2\tau_r$,	$2\tau_r$,	$2\tau_r$
$\mathfrak{D}_h^3$:	0,	0,	0,	0;	$2\tau_r$,	$2\tau_r$,	$2\tau_r$,	$2\tau_r$
	0,	0,	0,	0;	$2\tau_r$,	$2\tau_r$,	$2\tau_r$,	$2\tau_r$
	0,	0,	0,	0;	$2\tau_r$,	$2\tau_r$,	$2\tau_r$,	$2\tau_r$
$\mathfrak{D}_h^4$:	$2\tau_r$,	$2\tau_r$,	$2\tau_r$,	$2\tau_r$;	0,	0,	0,	0
	$2\tau_r$,	$2\tau_r$,	$2\tau_r$,	$2\tau_r$;	0,	0,	0,	0
	$2\tau_r$,	$2\tau_r$,	$2\tau_r$,	$2\tau_r$;	0,	0,	0,	0
$\mathfrak{D}_h^6$:	$2\tau_r$,	$2\tau_r$,	$2\tau_r$,	$2\tau_r$;	$2\tau_r$,	$2\tau_r$,	$2\tau_r$,	$2\tau_r$
	$2\tau_r$,	$2\tau_r$,	$2\tau_r$,	$2\tau_r$;	$2\tau_r$,	$2\tau_r$,	$2\tau_r$,	$2\tau_r$
	$2\tau_r$,	$2\tau_r$,	$2\tau_r$,	$2\tau_r$;	$2\tau_r$,	$2\tau_r$,	$2\tau_r$,	$2\tau_r$
$\mathfrak{D}_h^7$:	τ_r,	τ_r,	τ_r,	τ_r;	0,	0,	0,	0
	τ_r,	τ_r,	τ_r,	τ_r;	0,	0,	0,	0
	τ_r,	τ_r,	τ_r,	τ_r;	0,	0,	0,	0
$\mathfrak{D}_h^8$:	$3\tau_r$,	$3\tau_r$,	$3\tau_r$,	$3\tau_r$;	$2\tau_r$,	$2\tau_r$,	$2\tau_r$,	$2\tau_r$
	$3\tau_r$,	$3\tau_r$,	$3\tau_r$,	$3\tau_r$;	$2\tau_r$,	$2\tau_r$,	$2\tau_r$,	$2\tau_r$
	$3\tau_r$,	$3\tau_r$,	$3\tau_r$,	$3\tau_r$;	$2\tau_r$,	$2\tau_r$,	$2\tau_r$,	$2\tau_r$
$\mathfrak{D}_h^{10}$:	0,	τ_z,	τ_x,	τ_y;	τ_r,	τ_r''',	τ_r'',	τ_r'
	0,	τ_x,	τ_y,	τ_z;	τ_r,	τ_r'',	τ_r',	τ_r'''
	0,	τ_y,	τ_z,	τ_x;	τ_r,	τ_r',	τ_r''',	τ_r''.

Die Gruppen $\mathfrak{D}_h^1$, $\mathfrak{D}_h^5$ und $\mathfrak{D}_h^9$ sind diejenigen, welche die Gesammtsymmetrie der durch Γ_c, Γ_c', Γ_c'' bestimmten Raumgitter characterisiren.

§ 8. **Tabelle aller Raumgruppen.** Die folgende Tabelle giebt die Zahl der einer jeden Krystallclasse entsprechenden Raumgruppen nebst der zugehörigen Translationsgruppe an. Wir ordnen die Gruppen nach den Krystallsystemen.

	Triklines System.	Γ_t.
S_2.	Holoedrie.	1
C_1.	Hemiedrie.	1

	Monoklines System.	Γ_m,	Γ_m'.
C_2^h.	Holoedrie.	4	2
S.	Hemiedrie.	2	2
C_2.	Hemimorphie.	2	1

	Rhombisches System.	Γ_v,	Γ_v',	Γ_v'',	Γ_v'''.
V^h.	Holoedrie.	16	6	2	4
V.	Hemiedrie.	4	2	1	2
C_2^v.	Hemimorphie.	10	7	2	3

	Rhomboedrisches System.	Γ_{rh},	Γ_h.
D_3^d.	Holoedrie.	2	4
D_3.	Enantiomorphe Hemiedrie.	1	6
C_3^v.	Hemimorphe Hemiedrie.	2	4
C_3^i.	Paramorphe Hemiedrie.	1	1
C_3.	Tetartoedrie.	1	3

	Tetragonales System.	Γ_q,	Γ_q'.
D_4^h.	Holoedrie.	16	4
D_4.	Enantiomorphe Hemiedrie.	8	2
C_4^v.	Hemimorphe Hemiedrie.	8	4
C_4^h.	Paramorphe Hemiedrie.	4	2
C_4.	Tetartoedrie.	4	2
S_4^u.	Hemiedrie mit Axe zweiter Art.	8	4
S_4.	Tetartoedrie mit Axe zweiter Art.	1	1

	Hexagonales System.	Γ_h.
D_6^h.	Holoedrie.	4
D_6.	Enantiomorphe Hemiedrie.	6
C_6^v.	Hemimorphe Hemiedrie.	4
C_6^h.	Paramorphe Hemiedrie.	2
C_6.	Tetartoedrie.	6
D_3^h.	Hemiedrie mit dreizähliger Axe.	4
C_3^h.	Tetartoedrie mit dreizähliger Axe.	1

	Reguläres System.	Γ_c,	Γ_c',	Γ_c''.
O^h.	Holoedrie.	4	4	2
O.	Enantiomorphe Hemiedrie.	4	2	2
T^d.	Hemimorphe Hemiedrie.	2	2	2
T^h.	Paramorphe Hemiedrie.	3	2	2
T.	Tetartoedrie.	2	1	2

Wir schliessen mit folgendem

Hauptsatz. *Es giebt im Ganzen 230 krystallographisch verwendbare Raumgruppen.*

Die Systematik der Tabelle schliesst sich in natürlicher Weise an die Symmetrieverhältnisse der Raumgitter an. Für die einzelnen Systeme treten im Allgemeinen diejenigen Translationsgruppen als characteristisch auf, welche die Symmetrie der holoedrischen Abtheilung besitzen. Nur die Krystallclassen mit dreizähliger und sechszähliger Hauptaxe zeigen wiederum eine Ausnahme. Ihnen kommen zwei Translationsgruppen von verschiedenem Symmetriecharacter zu, nämlich Γ_h und Γ_{rh}. Die letztere Gruppe erscheint der Natur der Sache nach allerdings nur bei solchen Krystallclassen, welche eine dreizählige Hauptaxe besitzen, dagegen kann die Gruppe Γ_h sowohl bei dreizähliger als bei sechszähliger Hauptaxe auftreten. Eine Scheidung aller Classen des rhomboedrischen und hexagonalen Systems in der Weise, dass für jedes System eine Translationsgruppe bestimmter Symmetrie auftritt, ist daher ausgeschlossen.

Dieser Umstand beweist von neuem die im ersten Abschnitt S. 138 ausgesprochene Thatsache, dass sich die Systematik aller Krystalle in wechselnder Gestalt aufstellen lässt. Keine Eintheilung hat einen absolut zwingenden Character; doch zeigt die vorstehende Tabelle, dass sich vom Standpunkt der Structurtheorie aus diejenige Systematik am meisten empfiehlt, welche sich practisch an der Hand der Erfahrung ausgebildet hat; es ist diejenige, die in Cap. VI, 24 des ersten Abschnittes enthalten ist. Ob man das rhomboedrische System, wie a. a. O. geschehen, als Unterabtheilung des hexagonalen betrachten will, ist dabei ziemlich unerheblich.

Bei dieser Gelegenheit möge noch auf die mehrfach erwähnte Thatsache hingewiesen werden, dass innerhalb des rhomboedrischen Krystallsystems die Translationsgruppe Γ_h zwei verschiedene Lagen zu den zweizähligen Axen haben kann. Augenscheinlich entspricht dieser Umstand den zwei verschiedenen Arten von Flächenausbildungen, die bei den bezüglichen Krystallformen auftreten und theoretisch als *Prismen und Pyramiden erster resp. zweiter Stellung* unterschieden werden[1]). Diese und ähnliche Differenzen in der Lage der Translationsrichtungen zu den Axenrichtungen hat L. Wulff benutzt, um darauf die Aufstellung verschiedener Hemiedrieen gleicher Symmetrie zu basiren[2]). Sollte es sich übrigens empfehlen, neben der Eintheilung nach der Symmetrie für jede Krystallclasse soweit möglich noch weitere Unterabtheilungen allgemeinerer Art aufzustellen, so würde sich hierzu allerdings die Sonderung der Raumgruppen nach der in ihnen enthaltenen Translationsgruppe am besten eignen.

---

1) Analoge Verhältnisse treten auch im tetragonalen System auf, vgl. S. 499 und 501.

2) Ueber die Hemiedrieen und Tetartoedrieen der Krystallsysteme, Zeitschr. f. Krystallogr. Bd. 13, S. 474 ff.

Dreizehntes Capitel.

Die regelmässigen Molekelhaufen.

§ 1. **Die reguläre Raumtheilung.** Um die Eigenschaften der regelmässigen Molekelhaufen möglichst einfach zu überblicken, ist es zweckmässig, einen neuen geometrischen Begriff einzuführen, nämlich denjenigen der regulären Raumtheilung. Um die Bedeutung desselben darzulegen, wollen wir von irgend einem Raumgitter ausgehen. Das Raumgitter zerlegt den ganzen unendlichen Raum in lauter congruente Parallelepipeda. Diese Parallelepipeda haben eine ganz eigenartige Lage zu einander; jedes von ihnen ist nämlich von der Gesammtheit aller übrigen auf die gleiche Weise umgeben. In der That, in welches Parallelepipedon wir auch eintreten, wir erhalten von ihrer Lage und Anordnung im Raum stets das gleiche Bild.

Die Raumgitter repräsentiren den einfachsten Fall einer solchen Zerlegung des gesammten unendlichen Raumes in lauter gleiche Bereiche, bei welcher jeder Bereich von der Gesammtheit der übrigen auf gleiche Art umgeben ist. Eine derartige Zerlegung des Raumes heisst eine *reguläre Raumtheilung.* Ihr geometrischer Character entspricht genau demjenigen, durch welchen die regelmässigen Punktsysteme und die regelmässigen Molekelhaufen ausgezeichnet sind; der Zusammenhang dieser geometrischen Gebilde, sowie die Nützlichkeit der Einführung der regulären Raumtheilung ist hieraus leicht zu erkennen.

Bei der Erörterung der regelmässigen Punktsysteme und Molekelhaufen haben wir von vornherein angenommen, dass die Gleichartigkeit der Anordnung sowohl die Eigenthümlichkeit congruenter, als auch spiegelbildlich gleicher Gegenstände zeigen kann. Denselben Standpunkt nehmen wir in Folge dessen auch in Bezug auf reguläre Raumtheilungen ein. Wir setzen also voraus, dass die Bereiche nicht sämmtlich congruent zu sein brauchen, sondern dass ausser den congruenten auch solche auftreten, die ihnen spiegelbildlich gleich sind, und dass ebenso die verschiedenen Anordnungen *aller* Bereiche um jeden einzelnen sowohl congruente Bilder liefern können, als auch solche, die sich wie Körper und Spiegelbild verhalten, wobei natürlich die Frage, ob derartige Raumtheilungen der einen und der andern Art überhaupt existiren, zunächst offen bleiben muss. Der Nachweis ihrer Existenz wird in § 8 geführt werden.

Wir sprechen den Inhalt der vorstehenden Bemerkungen folgendermassen aus:

Unter einer regulären Raumtheilung verstehen wir eine solche Zerlegung des Raumes in lauter gleiche Bereiche, bei welcher jeder Bereich von der Gesammtheit aller übrigen auf gleiche Art umgeben ist.

Man pflegt die einzelnen Bereiche auch *Fundamentalbereiche* zu nennen, wir bezeichnen sie durch φ, φ_1, φ_2, ...

§ 2. Es liegt nahe, die Frage in's Auge zu fassen, ob resp. wie die reguläre Raumtheilung mit den Raumgruppen zusammenhängt. In dem Fall des Raumgitters liegt die Antwort auf der Hand. Das Raumgitter geht nämlich durch unendlich viele Translationen in sich über, die eine Raumgruppe bilden. Ist nun 2τ eine von ihnen, so muss sie mit dem Raumgitter auch die sämmtlichen Parallelepipeda zur Deckung bringen, und umgekehrt.

Analog sind die Beziehungen in jedem andern Fall. Es bedarf nur weniger Ueberlegungen, um zu demjenigen Hauptsatz zu gelangen, welcher diese Behauptung rechtfertigt. Sind nämlich S_i und S_k irgend zwei congruente Bereiche der Raumtheilung, so giebt es sicher eine Bewegung, welche S_i auf S_k fallen lässt; ebenso giebt es, wenn die Bereiche S_i und S_k spiegelbildlich gleich sind, eine Operation zweiter Art, welche S_i in S_k überführt. Wenn wir nun die in der Definition vorausgesetzte Gleichheit der Anordnung um S_i und S_k in bestimmterer Weise dahin präcisiren, dass die Anordnungen den Character der Congruenz besitzen, wenn S_i und S_k selbst congruent sind, dass sie hingegen, wenn S_i und S_k spiegelbildlich gleich sind, ebenfalls in dem Verhältniss stehen, wie spiegelbildlich gleiche Figuren, so leuchtet ein, dass sowohl die Bewegung, als auch die Operation zweiter Art, welche S_i mit S_k zur Coincidenz führt, zugleich eine Deckoperation der gesammten Bereiche ist; sie führt jeden einzelnen Bereich wieder in einen die Raumtheilung constituirenden Bereich über. Ferner sind zwei Deckoperationen der Raumtheilung, wenn sie hinter einander ausgeführt werden, aus den S. 256 angegebenen Gründen stets wieder einer Deckoperation äquivalent; die Gesammtheit derselben bildet also eine Raumgruppe. Also lassen sich folgende Sätze aufstellen:

Lehrsatz I. *Alle Deckoperationen einer regulären Raumtheilung bilden eine räumliche Gruppe von Operationen.*

Lehrsatz II. *Jede reguläre Raumtheilung geht durch unendlich viele Deckoperationen in sich über, welche eine Raumgruppe bilden. Es giebt stets Deckoperationen, welche zwei beliebig gewählte Bereiche zur Coincidenz bringen.*

Gehört so zu jeder regulären Raumtheilung eine Raumgruppe, so fragt sich, ob auch das umgekehrte der Fall ist. Wir werden zeigen, dass diese Frage zu bejahen ist und dass in den Sätzen über Raumtheilung und Raumgruppen nur verschiedene Seiten einer und derselben geometrischen Wahrheit zu Tage treten. Was daher von dem Symmetriecharacter der Raumgruppen gilt, gilt in analoger Form auch von den zugehörigen Raumtheilungen und ihren Fundamentalbereichen, und umgekehrt. Da nun die Raumtheilungen der Anschauung zugänglicher sind, als die Raumgruppen, so empfiehlt es sich, die Entwickelungen über die Symmetrieverhältnisse der Raumgruppen und Molekelhaufen möglichst an die Raumtheilungen anzuschliessen.

§ 3. **Reguläre Raumtheilung und regelmässige Punktsysteme.** Ehe wir zur theoretischen Erörterung der Eigenschaften der regulären Raumtheilungen übergehen, sollen ihre Beziehungen zu den regelmässigen Punktsystemen kurz skizzirt werden. Wir knüpfen zu diesem Zweck wieder an das einfachste Beispiel des Raumgitters an. In diesem Fall tritt die fragliche Beziehung unmittelbar an's Licht, sie kann aber durch folgende Ueberlegungen noch durchsichtiger gemacht werden. Wir bezeichnen die congruenten Parallelepipeda, von einem derselben beginnend, in irgend einer Reihenfolge durch

$$\Pi, \quad \Pi_1, \quad \Pi_2 \ldots,$$

nehmen in Π einen beliebigen Punkt P an und fixiren in jedem Parallelepipedon den homolog gelegenen Punkt. *Die so bestimmten Punkte*

$$P, \quad P_1, \quad P_2 \ldots$$

bilden ein reguläres Punktsystem, und zwar ein Punktsystem derselben Art, wie es die Ecken des Raumgitters bilden. Ist nämlich O eine Ecke von Π, so geht augenscheinlich, wenn man dem Raumgitter die Translation OP ertheilt, in jedem Parallelepipedon Π_i der zu O analoge Eckpunkt O_i in den Punkt P_i über. Nehmen wir daher die durch das ursprüngliche Raumgitter bestimmte parallelepipedische Raumtheilung als gegeben an, so können wir ein regelmässiges Punktsystem von der Natur der Gitter dadurch gewinnen, dass in jedem Parallelepipedon, resp. in jedem Fundamentalbereich ein homologer Punkt fixirt wird. Der Ausgangspunkt P ist beliebig; durch ihn sind alle andern Punkte bestimmt.

Analoge Verhältnisse bestehen für jede reguläre Raumtheilung. Es seien in irgend einer Reihenfolge

$$\varphi, \quad \varphi_1, \quad \varphi_2 \ldots$$

die Fundamentalbereiche der Raumtheilung; wie in § 1 bewiesen, giebt es unter ihren Deckoperationen stets eine solche, welche den Bereich φ in einen beliebigen Bereich φ_i überführt. Nehmen wir nun den Punkt P in dem Bereich φ beliebig an und fixiren in $\varphi_1, \varphi_2 \ldots$ die homolog gelegenen Punkte $P_1, P_2 \ldots$, so erhalten wir unendlich viele Punkte

$$P, \quad P_1, \quad P_2 \ldots,$$

welche ein reguläres Punktsystem bilden. Der Beweis ist unmittelbar aus der Definition zu entnehmen. Jede Deckoperation der Raumtheilung führt nämlich nothwendigerweise mit den Bereichen auch die homologen Punkte der Bereiche in sich über, also auch die Punkte $P, P_1, P_2 \ldots$ Fällt ferner bei irgend einer Deckoperation der Bereich φ mit dem Bereich φ_i zusammen, so fällt der Punkt P in den Punkt P_i, und da P_i ein beliebiger Punkt ist, so genügen die Punkte $P, P_1, P_2 \ldots$ der Bedingung der Regelmässigkeit. Also folgt:

Lehrsatz III. *Für jede reguläre Raumtheilung bilden die homologen Punkte der Fundamentalbereiche ein regelmässiges Punktsystem.*

Ersetzen wir den beliebig gewählten Punkt P durch irgend einen andern Punkt des Fundamentalbereichs, so erzeugt er ebenfalls ein regelmässiges Punktsystem. Beide Punktsysteme besitzen dieselben Deckoperationen, nämlich diejenigen, welche auch der Raumtheilung eigenthümlich sind. Beide sind daher auch mit derselben Symmetrie behaftet.

Der Vortheil der vorstehenden Auffassung besteht darin, dass wir aus einer als fest angenommenen Raumtheilung gleichzeitig unendlich viele reguläre Punktsysteme ableiten können; und zwar ist jedes von ihnen durch Annahme eines einzigen Punktes vollständig characterisirt. Bei der parallelepipedischen Raumtheilung sind alle Punktsysteme, die sich mit verschiedenen Ausgangspunkten $P, Q, R \ldots$ bilden lassen, augenscheinlich einander gleichartig; bei den andern regulären Raumtheilungen ist dies jedoch nicht mehr der Fall; sind die Ausgangspunkte $P, Q, R \ldots$ verschieden, so sind auch die ihnen entsprechenden regelmässigen Punktsysteme im Allgemeinen verschieden, sie gestatten aber sämmtlich die nämlichen Deckoperationen. Die regulären Raumtheilungen kommen daher der Anschauung dadurch wesentlich zu Hilfe, dass sie gestatten, viele Punktsysteme desselben Symmetriecharacters auf einmal vorzustellen, und demgemäss erkennen lassen, wie durch die Lage des Ausgangspunktes die Gesammtvertheilung aller Punkte auf das mannigfachste verändert werden kann.

§ 4. Ueber die Construction der regelmässigen Punktsysteme leiten wir noch einen zweiten Satz ab, den wir direct aus ihrer Definition entnehmen. Er wird uns später wichtige Dienste leisten, um die Beziehungen der Raumtheilung zu den Punktsystemen zu kennzeichnen.

Sind, wie bisher,

1) $$P, \ P_1, \ P_2 \ldots$$

die Punkte eines regulären Punktsystems, so giebt es stets eine Deckoperation, welche P in den beliebig herausgegriffenen Punkt P_i überführt; ebenso muss umgekehrt jede zulässige Deckoperation des Punktsystems den Punkt P mit einem Punkt P_k des Systems zur Coincidenz führen. Die Deckoperationen des Punktsystems lassen sich daher so anordnen, dass sie den Punkt P der Reihe nach mit den in 1) genannten Punkten zusammenfallen lassen. Diese Operationen bilden eine Raumgruppe Γ, wir bezeichnen sie der genannten Reihenfolge entsprechend durch

$$1, \ \mathfrak{R}_1, \ \mathfrak{R}_2 \ldots$$

Dies lässt sich nun auch so aussprechen, dass alle Lagen, in welche der Punkt P durch die Operationen der Gruppe Γ übergeht, das reguläre Punktsystem bilden.

Gehen wir umgekehrt von einer beliebigen Raumgruppe Γ aus, deren Operationen

$$1, \ \mathfrak{R}_1, \ \mathfrak{R}_2 \ldots$$

sind, und leiten wir aus einem beliebig angenommenen Punkt P mittelst derselben der Reihe nach die Punkte

$$P, \ P_1, \ P_2 \ldots$$

ab, so folgt ebenfalls, dass diese Punkte ein reguläres Punktsystem bilden. Ist nämlich $\mathfrak{R}_i$ diejenige Operation, welche den Punkt P nach P_i führt, so muss auch jeder andere Punkt P' des Punktsystems in Folge der Operation $\mathfrak{R}_i$ mit einem Systempunkt zusammenfallen. Um dies zu beweisen, fassen wir die Operation $\mathfrak{R}'$ der Gruppe Γ in's Auge, welche P nach P' gelangen lässt. Nun sei $\mathfrak{R}''$ diejenige Operation von Γ, für welche

$$\mathfrak{R}'' = \mathfrak{R}' \mathfrak{R}_i$$

ist, und P'' der Punkt, in welchen P vermittelst der Operation $\mathfrak{R}''$ gelangt, so ist P'' gleichzeitig derjenige Punkt, in welchen P' durch die Operation $\mathfrak{R}_i$ übergeht. In der That zeigt die vorstehende Gleichung, dass der Uebergang von P nach P'' so bewerkstelligt werden kann, dass man zunächst P mittelst der Operation $\mathfrak{R}'$ nach P' führt und von hier nach P'', und zwar mittelst der Operation $\mathfrak{R}_i$.

Damit ist gezeigt, dass jeder Punkt P' bei jeder Deckoperation wieder in einen Systempunkt übergeht, also folgt:

Lehrsatz IV. *Alle Lagen, in welche ein beliebiger Punkt P in Folge aller Operationen einer Raumgruppe Γ übergeht, bilden ein regelmässiges Punktsystem, für welches die Operationen von Γ Deckoperationen sind.*

§ 5. Mit Hilfe des vorstehenden Satzes ist es leicht, sich eine Vorstellung von der Structur eines regelmässigen Punktsystems zu verschaffen. Besitzt das Punktsystem eine Symmetrieebene, so liegen je zwei Punkte symmetrisch zu ihr; dies bedarf einer besonderen Erörterung nicht. Ist a eine n-zählige Axe des Punktsystems und P irgend ein Punkt desselben, so sind auch diejenigen Punkte vorhanden, welche aus a durch Drehung um die n-zählige Axe entstehen. Diese n Punkte bilden ein regelmässiges n-Eck, dessen Mittelpunkt auf a liegt; die Gesammtheit aller Punkte ordnet sich daher in lauter regelmässige n-Ecke, deren Ebenen auf der Axe a senkrecht stehen und deren Mittelpunkte auf a liegen. Ist b eine m-zählige Schraubenaxe, deren Translationscomponente t ist, so sind neben P alle diejenigen Punkte vorhanden, welche aus P durch die bezügliche Schraubenbewegung um b hervorgehen. Sie liegen auf einem Rotationscylinder um b als Axe und bilden eine Schraubenlinie, so dass, wenn die Axe b m-zählig ist, immer m Punkte einem Schraubengang von der Höhe mt angehören. Die Projection dieser m Punkte auf eine zu b senkrechte Ebene bildet ebenfalls ein reguläres m-Eck, dessen Mittelpunkt auf b liegt. Die Gesammtheit aller Systempunkte gruppirt sich zu lauter solchen Schraubenlinien, die sämmtlich auf bestimmten Rotationscylindern um b als Axe liegen und sämmtlich die Ganghöhe mt besitzen. Je näher ein Systempunkt der Axe b liegt, um so steiler ist daher die Schraubenlinie, welcher er angehört.

Mit diesen Bemerkungen ist aber die Schilderung der Structur des Systems keineswegs erschöpft. Vielmehr besteht seine Eigenart darin, dass alles, was wir für die Axen a und b abgeleitet haben, für *jede* Drehungsaxe und *jede* Schraubenaxe zutrifft, welche der dem Punktsystem zugehörigen Raumgruppe Γ angehört. Für jede Drehungsaxe ordnen sich daher die sämmtlichen Systempunkte in reguläre Polygone, und für jede Schraubenaxe stellen sich analoge Schraubenlinien ein wie oben, und zwar so, dass für jede Drehungsaxe oder Schraubenaxe andere Punkte des Systems die Polygone resp. die Schraubenlinien bilden. Bedenkt man, dass die Zahl der Axen eines regelmässigen Punktsystems in allen Fällen unendlich gross ist, und dass überdies die Punktanordnung um gleichwerthige Axen die nämliche ist, so erhält man einen Begriff von dem hohen Grad von Regelmässigkeit, welcher das Punktsystem auszeichnet.

Endlich fügen wir hierzu noch folgende Bemerkung. Ist a eine n-zählige Drehungsaxe, welche von einer zweizähligen Drehungsaxe u geschnitten wird, so ist neben jedem regulären n-Eck, dessen Mittelpunkt auf a liegt, auch dasjenige vorhanden, welches aus dem ersteren durch Umklappung um u entsteht. Die Projection beider n-Ecke auf eine zu a senkrechte Ebene zeigt die nebenstehende Figur. Analog ist ersichtlich, dass, wenn die m-zählige Schraubenaxe b von einer zweizähligen Drehungsaxe u geschnitten wird, auf jedem Rotationscylinder um b zwei verschiedene Schraubenlinien verlaufen, nämlich ausser der oben betrachteten auch diejenige, welche durch Umklappung um u aus ihr entsteht. Die Projectionen beider Schraubenlinien auf Ebenen senkrecht zu b bilden wieder zwei gegen einander gedrehte reguläre m-Ecke, wie sie die Figur 67 kenntlich macht.

Fig. 67.

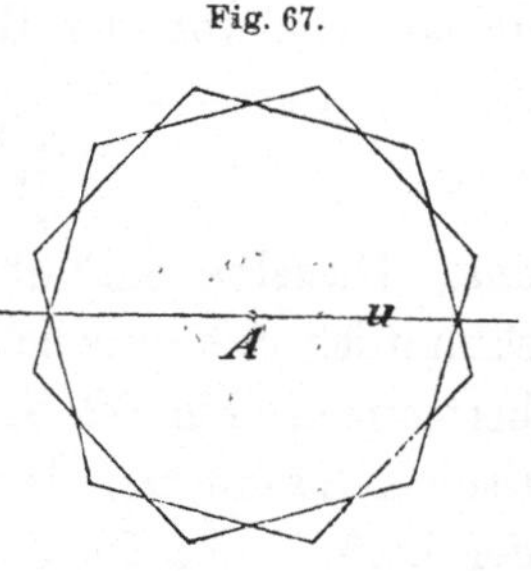

§ 6. **Beziehungen zwischen Raumtheilung und Raumgruppen.** Die in § 1 aufgedeckten Beziehungen der Raumtheilung zu den Raumgruppen bedürfen einer eingehenderen Untersuchung. Wir haben den Nachweis zu erbringen, dass jeder Raumgruppe Raumtheilungen entsprechen, deren Bereiche durch die Operationen der Gruppe in einander übergehen. Genauer soll die Aufgabe, die zunächst zu erledigen ist, folgendermassen präcisirt werden. Es sei Γ irgend eine Raumgruppe, und $\mathfrak{L}$ irgend eine ihrer Operationen, die nicht die Identität ist, so ist die Existenz einer Raumtheilung Σ zu erweisen, welche bei allen diesen Operationen $\mathfrak{L}$ so in sich übergeht, dass jeder Bereich von Σ mit einem andern Bereich zusammenfällt. Die Bedingung verlangt also, dass, abgesehen von der Identität, keine Deckoperation von Γ existirt, welche einen Bereich in sich selbst überführt. *Von einer Raumtheilung Σ und einer Raumgruppe Γ, die in dem genannten Verhältniss zu einander stehen, sagen wir, sie gehören zu einander*; wir nennen sie im besonderen eine *einfache* Raumtheilung und bezeichnen ihren Bereich als *einfachen* Fundamentalbereich der Gruppe Γ.

Im Interesse der Anschaulichkeit wollen wir uns zunächst ein Beispiel einer solchen Raumtheilung verschaffen. Wir gehen dazu von der Gruppe

$$\mathfrak{C}_4^2 = \left\{\mathfrak{A}\left(\frac{\pi}{2}, \frac{\tau_z}{2}\right) \Gamma_q\right\}$$

aus. Dieselbe enthält zweizählige und vierzählige Axen, die sämmtlich Schraubenaxen sind. Die vierzähligen Axen a und b bestimmen (Fig. 62, S. 482) in einer Hauptebene je ein quadratisches Axennetz; die zweizähligen Axen c treffen die Mitten der bezüglichen Quadrate. Die zugehörigen Bewegungen sind

$$\mathfrak{A}\left(\frac{\pi}{2}, \frac{\tau_z}{2}\right), \quad \mathfrak{B}\left(\frac{\pi}{2}, \frac{\tau_z}{2}\right), \quad \mathfrak{C}(\pi, \tau_z),$$

wo, wie gewöhnlich, $2\tau_z$ die den Axen parallele Translation ist.

Man zeichne nun (Fig. 68) dasjenige quadratische Netz der Hauptebene, für welches AC_1 und AC_2 die Seitenlängen sind, und errichte über demjenigen Quadrat, dessen Seiten AC_1 und AC_2 sind, eine Säule von der Höhe $2\tau_z$, so bildet diese Säule den Fundamentalbereich φ einer zur Gruppe $\mathfrak{C}_4^2$ gehörenden regulären Raumtheilung. Die andern Bereiche ergeben sich folgendermassen. Ueber jedes Quadrat der Hauptebene stelle man eine zu φ congruente Säule, so dass ihre untere Grundfläche die in der Figur angegebene Entfernung von der Zeichnungsebene hat. Die so entstandene Säulenschicht wird nun der Translation $2\tau_z$ unterworfen; dadurch entsteht eine zweite Schicht über der ersten, und wird die Translation $2\tau_z$ in positiver und negativer Richtung wiederholt ausgeführt, so wird allmählich der ganze Raum mit congruenten quadratischen Säulen erfüllt, welche eine zur Gruppe $\mathfrak{C}_4^2$ gehörige reguläre Raumtheilung repräsentiren.

Fig. 68.

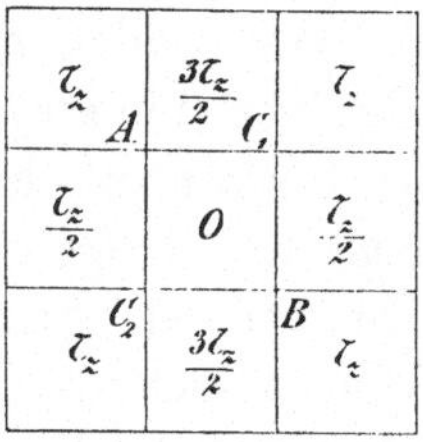

Um das letztere nachzuweisen, haben wir zweierlei zu erhärten, erstens, dass jede Operation von $\mathfrak{C}_4^2$ die sämmtlichen Säulen zur Deckung bringt, und zweitens, dass es unter ihnen, abgesehen von der Identität, keine giebt, die eine Säule in sich überführt, und dazu Deckoperation der Raumtheilung ist. Dies ist leicht auszuführen. Zunächst ist klar, dass jede der primitiven Translationen der Gruppe $\mathfrak{C}_4^2$ die sämmtlichen Säulen in sich überführt. Für die Translation $2\tau_z$ folgt dies aus der Construction der Säulen, und für die Translationen $2\tau_1 = 2AC_1$ und $2\tau_2 = 2AC_2$ ist es aus der Figur direct ersichtlich. Da nun die Raumgruppe $\mathfrak{C}_4^2$ gemäss Cap. X, § 3 durch Multiplication der Gruppe Γ_q mit der Bewegung $\mathfrak{A}$ entsteht, so haben wir die Richtigkeit obiger Behauptung nur noch für eine einzige Schraubenbewegung nachzuweisen. Für die vier um den Punkt A liegenden Säulen ist unmittelbar ersichtlich, dass sie durch die Bewegung $\mathfrak{A}$ zur Deckung gelangen; ferner liegen je vier Säulen um jeden Punkt A gleichartig herum, und dasselbe gilt von je vier Säulen um die Punkte B. Da nun die Bewegung $\mathfrak{A}$ alle Axen a, b, c unter einander zur Deckung bringt, so muss dies auch von den

Säulen gelten. Andrerseits ist aber auch evident, dass es keine Operation von $\mathfrak{C}_4^2$ giebt, welche eine Säule in sich selbst überführt; die quadratischen Säulen bilden daher in der That eine zur Gruppe $\mathfrak{C}_4^2$ gehörige Raumtheilung.

Wir wollen dies Beispiel nicht verlassen, ohne die zugehörigen Punktsysteme in's Auge zu fassen. Wir nehmen der Einfachheit halber den Ausgangspunkt P in der Netzebene an. Liegt er in der Nähe von A, so liegen alle Punkte nahe bei den Axen a, und um jede einzelne Axe a herum befinden sich die sämmtlichen Punkte, welche aus P durch die bezügliche Schraubenbewegung $\mathfrak{A}$ hervorgehen, auf einer Schraubenlinie; dieselbe liegt auf einem Cylinder, dessen Radius AP ist. Die Punkte des Punktsystems gruppiren sich aber auch zu Schraubenlinien um die Axen b; für diese Schraubenlinien ist der Radius des zugehörigen Cylinders BP; übrigens haben alle Schraubenlinien denselben Windungssinn. Endlich ist nun leicht ersichtlich, wie sich mit der Lage des Ausgangspunktes P die Natur der Schraubenlinien, also auch die Ansicht des Punktsystems ändert, u. s. w.

§ 7. Um ein zweites, noch anschaulicheres Beispiel zu geben, gehen wir von einem Bravais'schen Würfelgitter aus. In jedem dieser Würfel W denken wir uns die vier körperlichen Diagonalen; zu ihnen fügen wir die drei Ebenen, welche den Seitenflächen parallel durch die Mitte des Würfels gehen. Sie theilen den Würfel W in acht kleinere Würfel w, deren jeder von einer der vier Würfeldiagonalen durchsetzt wird. Die so bestimmten Geraden bilden das Axensystem der Raumgruppe $\mathfrak{T}^1$, wie die auf S. 536 befindliche Figur 64 erkennen lässt. Die primitiven Translationen sind nach Länge und Richtung gleich den Kanten des Würfels W; die wiederholte Ausführung dieser Translationen bringt den Würfel W mit allen andern Würfeln zur Deckung. Die acht Theilwürfel w gehen durch Umklappung um die durch das Centrum gehenden zweizähligen Axen und durch Spiegelung an den von ihnen bestimmten Ebenen in einander über. Wir legen nun in einen dieser Theilwürfel durch die ihn durchsetzende Diagonale irgend drei Ebenen, die sich unter dem Winkel von

120^0 schneiden und den Würfel w in drei congruente Stücke theilen, so wird jedes dieser Stücke der Fundamentalbereich φ einer Raumtheilung, die zur Gruppe $\mathfrak{T}_h^1$ gehört. Um die Raumtheilung zu erhalten, haben wir die andern Theilwürfel auf analoge Weise zu zerlegen. Zu diesem Zweck denken wir uns den Würfel w durch die genannten Drehungen und Spiegelungen mit den andern Theilwürfeln zur Coincidenz gebracht und fügen in diese Würfel diejenigen drei Ebenen ein, in welche die in dem Ausgangswürfel w enthaltenen Ebenen bei den genannten Operationen übergehen. Dasselbe führen wir für jeden der Hauptwürfel aus. Da der Ausgangswürfel W in diese Würfel durch die Translationen der Gruppe $\mathfrak{T}_h^1$ übergeht, so bringen wir die bezüglichen Diagonalebenen in jedem Würfel in derjenigen Lage an, welche sich bei Ausführung der zugehörigen Translation einstellt.

Es ist nun zu beweisen, dass die auf diese Weise construirte Raumtheilung zur Gruppe $\mathfrak{T}_h^1$ gehört. In der That lässt die eben ausgeführte Construction unmittelbar erkennen, dass erstens alle Hauptwürfel W durch die Translationen der Gruppe in einander übergehen, und dass zweitens die Operationen der Punktgruppe T^h die 24 Bereiche, in welche der Ausgangswürfel W zerfällt, und damit auch die Gesammtheit aller Würfel, resp. aller Bereiche in einander überführen. Da nun die Gruppe $\mathfrak{T}_h^1$ das Product aus der Translationsgruppe Γ_c und der Punktgruppe T^h ist (S. 551), so ist damit die Behauptung erwiesen.

Was endlich die Punktsysteme betrifft, welche dieser Raumtheilung entsprechen, so erkennen wir in ihnen leicht diejenigen wieder, welche wir oben im Anschluss an die Theorie der Bravais'schen Molekelgitter betrachtet haben (S. 323).

Wir lassen diesen Beispielen jetzt die allgemeine Erörterung der bezüglichen Verhältnisse folgen.

§ 8. Es sei Γ eine Raumgruppe, und

$$1, \; \mathfrak{R}_1, \; \mathfrak{R}_2, \; \mathfrak{R}_3 \ldots$$

seien in irgend einer Reihenfolge ihre Operationen. Wir stellen uns die Aufgabe, einen Bereich zu construiren, welcher den

Fundamentalbereich der zu Γ gehörigen Raumtheilung darzustellen geeignet ist. Wird ein beliebiger Punkt P des Raumes den Operationen von Γ unterworfen, so bilden, wie oben bewiesen, die dadurch entstehenden Punkte

$$P, \; P_1, \; P_2, \; P_3 \ldots$$

ein regelmässiges Punktsystem, welches zur Gruppe Γ gehört und bei allen Operationen von Γ in sich übergeht. Wir wollen alle diese Punkte als *gleichwerthige* Punkte des Raumes bezeichnen (S. 391). Wird P durch andere Punkte Q, $R \ldots$ ersetzt, so bilden auch die Punkte

$$Q, \; Q_1, \; Q_2, \; Q_3 \ldots$$
$$R, \; R_1, \; R_2, \; R_3 \ldots$$
$$\ldots\ldots\ldots$$

je ein regelmässiges Punktsystem.

Ist P ein beliebig gewählter Punkt, so haben je zwei Punkte P_i und P_k einen endlichen Abstand von einander. Eine Ausnahme kann, da alle Operationen von Γ von *endlicher* Grösse sind, nur dann eintreten, wenn P bei gewissen Operationen von Γ seinen Platz nicht ändert, d. h. wenn P auf einer Drehungsaxe oder einer Symmetrieebene der Gruppe Γ liegt. Diesen Fall schliessen wir zunächst ausdrücklich aus, setzen also den Ausgangspunkt P in *allgemeiner Lage* voraus. Ist dies der Fall, so kann offenbar auch kein anderer Punkt P_i in eine Axe oder Ebene der Symmetrie fallen.

Nun sei P_1 derjenige Punkt, welcher P am nächsten liegt, und es sei

$$PP_1 = e,$$

so hat für jeden Punkt P_i der ihm zunächst gelegene Punkt den Abstand e. Wir denken uns nun um P eine kleine Kugel, deren Radius kleiner als die Hälfte von e ist, und legen um P_1, P_2, $P_3 \ldots$ Kugeln mit demselben Radius, so liegen alle diese Kugeln ausserhalb von einander. Daraus lässt sich schliessen, dass *keine dieser Kugeln zwei gleichwerthige Punkte enthält.* Denn wenn sich in einer von ihnen zwei derartige Punkte Q und Q_1 fänden, so müsste es eine Operation von Γ geben, welche Q mit Q_1 zur Deckung bringt. Da nun die

Operationen von Γ die Punkte P, P_1, P_2 ... in einander überführen, so gehen durch sie auch die Kugeln so in sich über, dass jede mit einer andern zur Deckung gelangt; eine Operation der eben genannten Art existirt daher nicht.

Die vorstehenden Schlüsse bleiben bestehen, wenn wir die Kugeln sich ausdehnen lassen, bis sie sich berühren. Für den Berührungspunkt kann dabei der Ausnahmefall eintreten, dass er ein Punkt ist, der sich selbst entspricht; dagegen haben die Kugeln immer noch die Eigenschaft, in ihrem Innern lauter ungleichwerthige Punkte zu enthalten. Nun lasse man die um P construirte Kugel sich nach allen Richtungen weiter ausdehnen und setze dieser Erweiterung in jeder Richtung erst dann eine Grenze, wenn sich bei fortgesetzter Ausdehnung gleichwerthige innere Punkte einstellen würden, so ist der so definirte geschlossene Bereich φ der Fundamentalbereich der zur Gruppe Γ gehörigen Raumtheilung.

Dies lässt sich folgendermassen beweisen. Wir unterwerfen den Bereich φ den sämmtlichen Operationen

$$1, \quad \mathfrak{R}_1, \quad \mathfrak{R}_2, \quad \mathfrak{R}_3 \ldots$$

der Gruppe Γ, so entstehen dadurch die Bereiche

$$\varphi, \quad \varphi_1, \quad \varphi_2, \quad \varphi_3 \ldots,$$

welche die Punkte P_1, P_2, P_3 ... auf dieselbe Weise umgeben, wie der Bereich φ den Punkt P; natürlich darf auch hier nicht ausser Acht gelassen werden, dass, wenn Γ eine Bewegungsgruppe ist, alle Bereiche congruent sind, dass jedoch, wenn Γ eine Gruppe zweiter Art ist, congruente Bereiche mit solchen, die den ersteren spiegelbildlich gleich sind, abwechseln. Die vorstehenden Bereiche gehen bei jeder Operation von Γ in einander über, da dies für die Gesammtheit der Punkte gilt, welche die Bereiche constituiren. Zu jedem inneren Punkt Q von φ giebt es daher in φ_1 einen und nur einen gleichwerthigen inneren Punkt Q_1 und umgekehrt; keiner der Bereiche enthält demnach zwei gleichwerthige Punkte, ebenso wenig kann in Folge dessen ein Punkt zugleich im Innern von zwei verschiedenen Bereichen liegen. Andrerseits muss aber auch jeder Punkt des Raumes dem Innern oder der

Oberfläche eines Bereiches angehören. Zunächst ist ersichtlich, dass dies für diejenigen Punkte zutrifft, welche den Bereich φ umgeben. Existirten nämlich in der Nähe des Bereiches φ Punkte, die weder φ noch einem Nachbarbereich angehörten, so würde eine Lücke zwischen φ und einem Nachbarbereich vorhanden sein, der Bereich φ wäre daher nicht richtig bestimmt und liesse sich in der oben angegebenen Weise erweitern. Daraus folgt bereits, dass der Bereich φ von seinen Nachbarbereichen lückenlos umschlossen wird. Das analoge gilt daher auch für die andern Bereiche. Denn da der Bereich φ so mit jedem Bereich φ_i zur Coincidenz gebracht werden kann, dass alle Bereiche zur Deckung gelangen, so müssen sich alle Bereiche hierin gleichartig verhalten.

Beachten wir nun noch, dass jeder Bereich lauter ungleichwerthige Punkte enthält, also bei keiner Operation der Gruppe Γ in sich übergeht, so ergiebt sich:

Lehrsatz V. *Der Fundamentalbereich einer einfachen Raumtheilung, welche zu einer Raumgruppe Γ gehört, ist so zu construiren, dass sein Inneres und seine Oberfläche von jeder Art ungleichwerthiger Punkte mindestens einen enthält, und dass im Innern keine zwei gleichwerthigen Punkte liegen. Zu jeder Gruppe Γ gehören reguläre Raumtheilungen dieser Art.*

Den so definirten Bereich bezeichnen wir auch als den *einfachen Fundamentalbereich* der Gruppe Γ und erhalten:

Lehrsatz VI. *Wird der einfache Fundamentalbereich einer Raumgruppe Γ den sämmtlichen Operationen von Γ unterworfen, so bilden die aus ihm hervorgehenden Bereiche eine einfache reguläre Raumtheilung, die zur Gruppe Γ gehört.*

§ 9. **Die Form des Fundamentalbereiches.** Die vorstehende Deduction lässt die Form des Bereiches φ völlig unbestimmt. Diese wollen wir nun der Untersuchung unterwerfen.

Fig. 69.

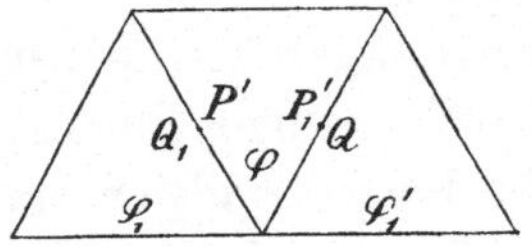

Es sei (Fig. 69)[1]) P' ein Punkt der Oberfläche von φ. Jeder Theil der Oberfläche von φ gehört gleich-

1) Die Figur ist nur schematisch aufzufassen.

zeitig einem gewissen Nachbarbereich an; wir nehmen an, dies sei der Bereich φ_1. Nun sei $\mathfrak{R}$ diejenige Operation von Γ, welche den Bereich φ_1 in φ überführt, während φ durch sie in φ_1' übergehen mag. Im Allgemeinen werden die Bereiche φ_1' und φ_1 verschieden sein. Wir bezeichnen den Punkt P', insofern wir ihn als Punkt von φ_1 betrachten, durch Q_1. Derjenige Punkt, welcher aus ihm durch die Operation $\mathfrak{R}$ hervorgeht, liegt auf der gemeinsamen Grenze von φ und φ_1' und ist als solcher durch Q resp. P_1' zu bezeichnen. Der Bereich φ enthält also auf seiner Oberfläche die zwei gleichwerthigen Punkte $P'(Q_1)$ und $P_1'(Q)$; also ergiebt sich:

Lehrsatz VII. *Die auf der Oberfläche eines Fundamentalbereichs gelegenen Punkte paaren sich in der Weise, dass zu jedem von ihnen ein zweiter mit ihm gleichwerthiger existirt.*

Es kann im besondern der Fall eintreten, dass der Punkt P' bei der Operation $\mathfrak{R}$ ungeändert bleibt. In diesem Fall liegen in P' zwei im Allgemeinen verschiedene Punkte vereinigt. Dies ist natürlich nur dann möglich, wenn $\mathfrak{R}$ eine Drehung um eine Axe oder eine Spiegelung an einer Ebene ist, und wenn überdies der Punkt P' zugleich auf der Oberfläche von φ und auf der bezüglichen Symmetrieaxe oder Symmetrieebene liegt. Diese Punkte sind aber nicht etwa die Schnittpunkte des Fundamentalbereichs mit der Axe oder Ebene der Symmetrie, vielmehr gilt hierüber folgender Satz:

Lehrsatz VIII. *Keine Drehungsaxe oder Symmetrieebene dringt in das Innere eines einfachen Fundamentalbereichs ein; vielmehr gehören alle diese Axen und Ebenen den Oberflächen der Fundamentalbereiche an.*

Wenn nämlich eine Drehungsaxe a von Γ in das Innere von φ eintritt, so möge ε irgend eine zu a senkrechte Ebene sein, welche das Innere von φ durchsetzt und die Axe a in A schneidet. Ferner sei ϱ der kleinste Abstand eines auf ε liegenden Punktes der Oberfläche des Bereiches φ von a. Ist nun P ein Punkt auf ε, dessen Entfernung von A kleiner ist als ϱ, so würden die aus P durch die Drehung $\mathfrak{A}$ hervorgehenden Punkte ebenfalls innerhalb des Bereiches φ liegen;

dies ist jedoch ausgeschlossen, da innerhalb φ keine zwei gleichwerthigen Punkte liegen. Ganz entsprechend wird die obige Behauptung für die Symmetrieebenen dargethan.

§ 10. Andere Bedingungen als die des letzten Satzes existiren für die Gestalt des Fundamentalbereiches nicht; seine Form ist in hohem Grade unbestimmt, und kann auf das mannigfachste variirt werden. Dies lässt sich am einfachsten an dem Fundamentalbereich Π der parallelepipedischen Raumtheilung ersehen. Man denke sich zu diesem Zweck von Π ein beliebiges Stück p abgeschnitten und bezeichne den Rest von Π durch Π', so dass $\Pi = \Pi' + p$ ist. Dasselbe thue man für jedes andere Parallelepipedon, so dass jedes von ihnen in die analogen Theile Π_i' und p_i zerfällt, und zwar ist p_i immer derjenige Bestandtheil von Π_i, in welchen p übergeht, wenn Π in Π_i übergeht. Ist nun Π_1 dasjenige Parallelepipedon, welches an p angrenzt, so bildet auch $\Pi_1' + p$ einen einfachen Raumtheil, welcher die Rolle des Fundamentalbereichs zu übernehmen geeignet ist. Wenn nämlich die ganzen Parallelepipeda in einander übergehen, so geschieht dies so, dass alle Körper Π' und p_i gesondert zur Deckung gelangen; und damit ist die Richtigkeit der Behauptung dargethan. Dies kann durch die Anschauung unmittelbar bestätigt werden. Denkt man sich in allen Π_i die angegebene Theilung wirklich ausgeführt, so gelingt es ohne grosse Mühe, je zwei anstossende Bereiche Π' und p zu einem Gesammtbereich zu verschmelzen und diesen als Fundamentalbereich einer Raumtheilung aufzufassen.

Diese Ueberlegungen lassen sich, wie man leicht sieht, auf alle andern Raumtheilungen unmittelbar ausdehnen. Denn für jede von ihnen kann man ebenso alle Bereiche in zwei ungleichwerthige Theile zerlegen, und da auch in diesem Fall die bezüglichen Theile gesondert zur Deckung gelangen, so können zwei derartige, aus verschiedenen Bereichen genommene Theile zusammen einen Fundamentalbereich der nämlichen Raumgruppe repräsentiren. Dabei ist es überdies ohne Belang, ob diese beiden Theilgebiete getrennt von einander liegen, oder zusammenhängen. Endlich sieht man auch, dass, anstatt den

Bereich φ in zwei Theile zu zerlegen, auch eine Zerlegung in beliebig viele Theile

$$p, \; p', \; p'', \; p''' \ldots$$

gestattet ist; und wenn nun je ein derartiger Theilbereich aus verschiedenen Bereichen

$$\varphi_i, \; \varphi_i', \; \varphi_i'' \ldots$$

beliebig ausgewählt wird, so bildet die Summe

$$p_i + p'_{i1} + p''_{i2} + \ldots$$

stets einen Fundamentalbereich der zur Gruppe Γ gehörigen Raumtheilung.

Dies möge genügen, um die bezüglichen Verhältnisse zu beleuchten. Die Willkür bei der Wahl des Fundamentalbereichs tritt durch die vorstehenden Bemerkungen hinlänglich hervor, andrerseits aber auch die Zweckmässigkeit, denselben so einfach wie möglich zu wählen, so wie es in den oben behandelten Beispielen geschehen ist.

§ 11. **Raumtheilungen allgemeinster Art.** Die bisher betrachteten Raumtheilungen waren so characterisirt, dass ausser der Identität keine Operation der Gruppe Γ existirt, welche einen Fundamentalbereich φ in sich selbst überführt. Den zugehörigen Bereich φ haben wir als den einfachen Fundamentalbereich der Gruppe Γ bezeichnet. Diese Raumtheilungen sind aber nicht die einzigen, deren Bereiche bei allen Operationen der Gruppe unter einander zur Coincidenz gelangen. Nun ist klar, dass nicht ein Theil von φ geeignet sein kann als Fundamentalbereich zu dienen, dagegen können sehr wohl mehrere Bereiche φ zusammen den Fundamentalbereich Φ einer Raumtheilung repräsentiren, für welche alle Operationen von Γ Deckoperationen sind. Dies führt uns zu denjenigen Raumtheilungen, die wir zunächst ausgeschlossen hatten; sie sind, wie sich zeigen wird, dadurch ausgezeichnet, dass der Bereich Φ bei gewissen Operationen von Γ in sich selbst übergeht. Derartiger Raumtheilungen bedürfen wir für spätere Entwickelungen, wir müssen ihnen deshalb einige Aufmerksamkeit zuwenden. Es scheint angemessen, die einschlägigen Verhältnisse zunächst wieder an einigen Beispielen zu illustriren.

Wir gehen hierzu zu der oben betrachteten Raumtheilung zurück, welche zur Gruppe $\mathfrak{T}_h^1$ gehört; sie liefert in den Würfeln w unmittelbar eine Raumtheilung der fraglichen Art, und zwar ist w der Fundamentalbereich Φ, während die Gruppe Γ nach wie vor die Gruppe $\mathfrak{T}_h^1$ ist. In der That ist jede Operation von Γ eine Deckoperation der aus den Würfeln w bestehenden Raumtheilung; andrerseits ist auch ersichtlich, dass der Würfel w die für Φ characteristische Eigenschaft hat, denn er geht bei den Drehungen um die ihn durchsetzende dreizählige Axe in sich selbst über. Wir können diese Raumtheilung noch auf eine zweite Weise als Beispiel verwerthen. Nämlich es hat auch die Gesammtheit der Würfel W selbst die Eigenschaft, dass jede Operation von Γ eine Deckoperation für sie ist, so dass in Folge dieser Operationen jeder Würfel W entweder in sich selbst oder in einen andern Würfel W übergeht. Der Würfel W entspricht wieder einem Bereich Φ; aber während im vorigen Beispiel drei Bereiche φ den Bereich Φ bildeten, sind es jetzt vierundzwanzig solcher Bereiche. Dementsprechend giebt es jetzt vierundzwanzig Operationen von Γ, welche den Würfel W in sich überführen; sie bilden, wie evident ist, eine Tetraedergruppe T^h, deren Axen die durch die Mitte von W gehenden Mittellinien und Diagonalen sind.

§ 12. Wir wollen nun im Anschluss an diese Beispiele der Frage näher treten, welches die allgemeinste Form einer Raumtheilung ist, für welche alle Operationen von Γ Deckoperationen sind. Hierüber beweisen wir folgende Sätze.

Lehrsatz IX. *Die m Fundamentalbereiche $\varphi, \varphi_1 \ldots \varphi_{m-1}$ der Gruppe Γ constituiren immer und nur dann den Fundamentalbereich Φ einer ebenfalls zur Gruppe Γ gehörigen Raumtheilung, wenn es Operationen von Γ giebt, welche die m Bereiche in sich überführen.*

Wir beweisen zunächst, dass die im Satz enthaltene Bedingung eine nothwendige ist. Wir nehmen also an, die m Bereiche

$$\varphi, \quad \varphi_1, \quad \varphi_2 \ldots \varphi_{m-1}$$

seien so gewählt, dass sie zusammen den Bereich Φ einer zur Gruppe Γ gehörigen Raumtheilung bilden. Es sei φ_ι irgend einer dieser Bereiche und $\mathfrak{L}$ diejenige Operation von Γ, welche den Bereich φ mit φ_ι zur Deckung bringt. Da nach Annahme $\mathfrak{L}$ eine Deckoperation der aus den Bereichen Φ bestehenden Raumtheilung ist, so gehen durch sie die Bereiche Φ ganz in einander über; und daraus folgt nun sofort, dass Φ durch die Operation $\mathfrak{L}$ in sich selbst übergeht. Die Gruppe Γ enthält daher Operationen, die Φ in sich überführen. *Die Gesammtheit derselben bildet eine Gruppe, und zwar wie evident, eine Punktgruppe.* Wir bezeichnen sie durch G'. Diese Gruppe kennzeichnet die Symmetrie des Bereiches Φ, also folgt noch, dass *der Bereich Φ stets die Natur eines symmetrischen Polyeders hat.*

Wir haben nun zu zeigen, dass die Bedingung des Satzes auch eine hinreichende ist. Wir denken uns also, dass es einen aus m Bereichen

$$\varphi, \quad \varphi_1 \ldots \varphi_{m-1}$$

von Γ bestehenden Bereich Φ giebt, der bei allen Operationen einer Gruppe G' in sich übergeht. Die Operationen von G' seien

1) $$1, \quad \mathfrak{L}_1', \quad \mathfrak{L}'_2 \ldots \mathfrak{L}'_{p-1}$$

Nun giebt es nach dem Satz XX von Cap. VI eine unendliche Reihe von Operationen (Reihe 5) auf S. 385)

2) $$1, \quad \mathfrak{M}_1, \quad \mathfrak{M}_2 \ldots$$

so dass durch einseitige Multiplication dieser Reihe mit den Operationen von G' *alle* Operationen von Γ hervorgehen. *Jede* Operation von Γ ist daher in einem der Ausdrücke

3) $$\mathfrak{M}_i, \quad \mathfrak{L}_1'\mathfrak{M}_i, \quad \mathfrak{L}_2'\mathfrak{M}_i \ldots \mathfrak{L}'_{p-1}\mathfrak{M}_i$$

enthalten; gemäss Satz VI entsteht mithin die gesammte aus den Bereichen φ gebildete Raumtheilung, wenn der Bereich φ den sämmtlichen Operationen unterworfen wird, welche durch diese Reihe dargestellt werden. Es sei Φ_k der Bereich, in welchen Φ durch die Operation $\mathfrak{M}_k$ übergeht. Nun führt jede der Operationen $\mathfrak{L}_i'$ die m Bereiche von Φ in sich über, also folgt, dass die Operationen

4) $$\mathfrak{M}_k,\quad \mathfrak{L}_1'\mathfrak{M}_k,\quad \mathfrak{L}_2'\mathfrak{M}_k \ldots \mathfrak{L}'_{p-1}\mathfrak{M}_k$$

sämmtlich den Bereich Φ in die Lage Φ_k bringen. Sind ferner

5) $$\mathfrak{M}_\iota,\quad \mathfrak{L}_1'\mathfrak{M}_\iota,\quad \mathfrak{L}_2'\mathfrak{M}_\iota \ldots \mathfrak{L}'_{p-1}\mathfrak{M}_\iota$$

diejenigen Operationen, welche Φ in Φ_ι überführen, so ist nun zu zeigen, dass zwei Bereiche Φ_k und Φ_ι keinen Bereich φ gemein haben. Wir nehmen an, es gäbe einen derartigen Bereich φ_c; er ist, welche Lage er auch sonst haben mag, dadurch definirt, dass er aus je einem Bereich von Φ durch $\mathfrak{M}_k$ resp. $\mathfrak{M}_\iota$ hervorgeht. Wir bezeichnen diese Bereiche noch durch φ_k und φ_ι. Nun führt die Operation $\mathfrak{M}_\iota^{-1}$ den Bereich Φ_ι nach Φ zurück, also auch den Bereich φ_c nach φ_ι. Das Product

$$\mathfrak{M}_k \mathfrak{M}_\iota^{-1}$$

bringt daher den Bereich φ_k nach φ_c und von da nach φ_ι; es ist somit eine Operation, welche zwei Bereiche von Φ in einander überführt. Jede derartige Operation ist aber eine Operation der Zeile 1), also muss

$$\mathfrak{M}_k \mathfrak{M}_\iota^{-1} = \mathfrak{L}_i' \quad \text{und} \quad \mathfrak{M}_k = \mathfrak{L}_i' \mathfrak{M}_\iota$$

sein. $\mathfrak{M}_k$ müsste also einer Operation der Zeile 5) äquivalent sein, was nur dann der Fall ist, wenn die Bereiche Φ_k und Φ_ι identisch sind.

Hiermit ist bewiesen, dass erstens die Bereiche Φ den Raum lückenlos erfüllen, und dass zweitens keine zwei von ihnen einen Raumtheil gemein haben; sie bilden daher eine wirkliche Raumtheilung.

Der vorstehend bewiesene Satz IX zeigt, dass nicht jede Gruppe Γ Raumtheilungen mit Fundamentalbereichen Φ liefert. Es enthält nämlich nicht jede Gruppe Γ eigentliche Punktgruppen G' als Untergruppen. Dies ist augenscheinlich nur für solche Gruppen Γ der Fall, in denen Drehungen, Spiegelungen oder Inversionen auftreten. Es giebt aber eine ganze Reihe von Gruppen Γ, deren Bewegungen — abgesehen von den Translationen — sämmtlich Schraubenbewegungen sind, und deren Operationen zweiter Art sämmtlich aus Gleitspiegelungen bestehen; für keine derartige Gruppe existiren Bereiche Φ[1]).

§ 13. **Die Fundamentalbereiche der Raumtheilungen allgemeinster Art.** Ist Γ eine Raumgruppe, welche eine Raumtheilung in Bereiche Φ gestattet, so hängt es in letzter Linie nur von unserem persönlichen Ermessen ab, ob wir als Fundamentalbereich den Bereich φ oder Φ wählen. Zunächst werde daran erinnert, dass jeder Bereich Φ aus lauter Bereichen φ besteht; wenn wir daher in Gedanken jeden Bereich Φ in seine einzelnen Bestandtheile φ zerlegen, so ist damit der Uebergang von der einen Raumtheilung zur andern bereits vollzogen. Ebenso leuchtet aber das umgekehrte ein. Gehen wir von den Bereichen φ aus, so wird es bei hinreichender Uebung gelingen müssen, sich durch Zusammenfassung von je m Bereichen φ zu einem Bereich Φ dasjenige Bild zu verschaffen, welches der Raumtheilung mit dem Bereich Φ entspricht; zu diesem Zweck sind immer diejenigen m Bereiche zu vereinigen, welche an solchen Punkten zusammenstossen, die Mittelpunkte der Symmetrieelemente der Gruppe G' sind.

Für jede Raumgruppe, welche Untergruppen G' besitzt, sind daher verschiedene Auffassungen der zugehörigen einfachen Raumtheilung zulässig. Je grösser die Zahl dieser Untergruppen ist, um so mannigfacher sind die bezüglichen Raumtheilungen. Zu jeder Art von Punktgruppen G', die in Γ enthalten sind, gehört eine bestimmte Anordnung der zu Γ gehörigen einfachen Raumtheilung in grössere Bereiche Φ, welche aus mehreren Bereichen φ bestehen und die Symmetrie der Gruppe G' besitzen.

Das einfachste Beispiel von Gruppen Γ, welche Raumtheilungen mit Bereichen Φ gestatten, bilden diejenigen Raumgruppen, welche sich durch Multiplication einer Punktgruppe mit einer Translationsgruppe erzeugen lassen. Für sie re-

1) Die meisten dieser Gruppen finden sich unter denjenigen, die nur eine Schaar paralleler Axen enthalten.

ducirt sich, wie wir in Cap. VI, § 12 gesehen haben, die Reihe 1) auf die Translationsgruppe Γ_τ, während der Bereich Φ in ein Polyeder von der durch G' bestimmten Symmetrie übergeht. Aus ihm entsteht die ganze Raumtheilung durch Ausführung aller Translationen der Gruppe Γ_τ; der Bereich Φ ist daher nichts anderes als das primitive Parallelepipedon des zur Gruppe Γ_τ gehörenden Raumgitters, resp. der bezüglichen Gittertheilung.

Die einer Untergruppe G' entsprechende Raumtheilung braucht nicht in allen Fällen eine Raumtheilung von der Art zu sein, wie sie für unsere Zwecke ausschliesslich in Frage kommt. Wir haben im Eingang dieses Capitels festgesetzt, dass der Bereich φ in sich zusammenhängend sein soll. Dies braucht aber für den aus m Bereichen φ gebildeten Complex Φ nicht immer der Fall zu sein; nirgends in den Entwickelungen der vorstehenden Paragraphen ist davon die Rede. Dass es der Fall sein kann, zeigen die oben behandelten Beispiele; es giebt aber auch Gruppen G', für welche der zugehörige Bereich Φ auf keine Art als geschlossener Bereich construirbar ist. Wir werden diese Verhältnisse an einem Beispiel ausführlich klar legen, sprechen aber zuvor das Ergebniss der vorstehenden Untersuchungen in folgendem Satz aus:

Lehrsatz X. *Jeder Punktgruppe G', welche Untergruppe einer Raumgruppe Γ ist, entspricht eine bestimmte Anordnung der zu Γ gehörigen einfachen Raumtheilung in grössere Bereiche Φ. Der Bereich Φ besitzt die Symmetrie der Gruppe G', er braucht aber nicht immer ein einfaches geschlossenes Polyeder zu sein.*

§ 14. Das Beispiel, welches wir discutiren wollen, ist die Gruppe $\mathfrak{D}_{3,d}^5$ des rhomboedrischen Systems, welche durch Multiplication der Punktgruppe D_3^d mit der Translationsgruppe Γ_{rh} erzeugbar ist. Die Punktgruppen G', welche an und für sich Untergruppen einer Gruppe $\mathfrak{D}_{3,d}$ sein können, stimmen mit den Untergruppen der zu $\mathfrak{D}_{3,d}^5$ isomorphen Gruppe D_3^d überein; in dem vorliegenden Fall sind sie überdies wirklich Untergruppen von $\mathfrak{D}_{3,d}^5$.

Die Gruppe D_3^d enthält folgende Untergruppen

$$D_3^d,\ D_3,\ C_3^i,\ C_3^v,\ C_3,\ C_2^h,\ C_2,\ S_2,\ S,\ C_1.$$

Die ersten fünf entsprechen den Unterabtheilungen des rhomboedrischen Krystallsystems; die Gruppe C_2^h enthält irgend eine der zweizähligen Axen und die zu ihr senkrechte Symmetrieebene, S_2 liefert die Inversion, C_2 gehört zu einer der zweizähligen Nebenaxen allein, S entspricht einer der Symmetrieebenen und C_1 ist die Identität.

Lassen wir zunächst G' die Gruppe D_3^d selbst bedeuten, so erhalten wir diejenige Zusammenfassung der Bereiche φ, welche auf die Gittertheilung hinauskommt. Der Bereich Φ ist ein einfacher geschlossener Bereich; er ist das primitive Rhomboeder des bezüglichen Raumgitters und zerfällt in zwölf Bereiche φ, die abwechselnd congruent und spiegelbildlich gleich sind.

Die Form des Bereiches φ ist nicht vollständig bestimmt, sie unterliegt nur den in § 9 abgeleiteten Bedingungen. Aus ihnen folgt, dass erstens die dreizählige Axe a eine gemeinsame Kante für alle Bereiche ist, dass zweitens jede Symmetrieebene

Fig. 70.

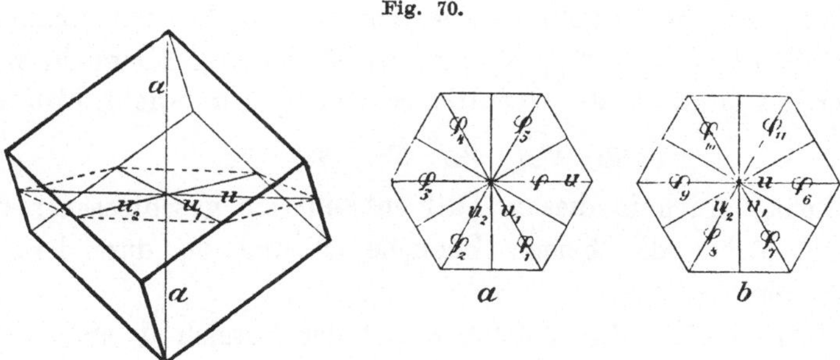

ein Stück Oberfläche der einzelnen Bereiche abgiebt und dass drittens auch jede zweizählige Axe der Oberfläche eines Bereiches angehört. Eine Kante braucht diese Axe jedoch nicht darzustellen. Der Einfachheit wegen haben wir (Figur 70)[1]) die Bereiche so angenommen, dass jeder von ihnen ganz oberhalb

1) Die Figuren 70a und 70b geben die über, resp. unter der Mittelebene des Rhomboeders liegenden Bereiche an.

oder ganz unterhalb der von den Nebenaxen gebildeten Hauptebene liegt. Welche Gestalt dem Bereich φ aber auch gegeben werden mag, so ist klar, dass sich ein geschlossener grösserer Bereich Φ für eine Gruppe G' dann nicht einstellt, wenn eine der Symmetrieebenen σ_v ihn durchschneidet, ohne der Gruppe G' anzugehören. Denn in diesem Fall entsteht durch Spiegelung gegen σ_v stets ein von Φ verschiedener Bereich Φ_1; jeder dieser Bereiche liegt nun theils diesseits, theils jenseits der Symmetrieebene, überdies enthält er die in σ_v liegende Hauptaxe a als Kante, er kann daher ein geschlossener Bereich nicht sein. Dies wird sich in jedem einzelnen Fall leicht bestätigen lassen.

Wird $G' = D_3$ gesetzt, so haben wir diejenigen sechs Bereiche in's Auge zu fassen, die aus einem Bereich φ mittelst aller Operationen von D_3 hervorgehen. Dies sind die Bereiche

$$\varphi,\ \varphi_2,\ \varphi_4,\ \varphi_6,\ \varphi_8,\ \varphi_{10}.$$

Dieselben bilden, wie die Figur zeigt, keinen einfach zusammenhängenden Bereich Φ. Die andern sechs Bereiche φ bilden den Bereich Φ_1, welcher aus Φ durch irgend eine Operation zweiter Art hervorgeht. Beide Bereiche durchsetzen einander.

Wird $G' = C_3^i$ gesetzt, so ist Φ derjenige Bereich, welcher aus φ durch alle Operationen von C_3^i hervorgeht, also aus

$$\varphi,\ \varphi_2,\ \varphi_4,\ \varphi_7,\ \varphi_9,\ \varphi_{11}$$

besteht. Auch in diesem Fall entsteht ein geschlossener Bereich nicht; die beiden Bereiche Φ und Φ_1 durchdringen einander.

Wird $G' = C_3^v$ gesetzt, so ist der Bereich Φ aus

$$\varphi,\ \varphi_1,\ \varphi_2,\ \varphi_3,\ \varphi_4,\ \varphi_5$$

zusammengesetzt. In diesem Fall ist also Φ ein geschlossener einfacher Bereich; die Gruppe C_3^v bedingt daher eine eigentliche Raumtheilung, deren Fundamentalbereich Φ ist. Durch Umklappung um irgend eine der drei Nebenaxen geht Φ in Φ_1 über.

Dagegen liefern die Gruppen $G' = C_3$ und $G' = C_2^h$ eine eigentliche Raumtheilung nicht, wie wir auch den Fundamentalbereich φ annehmen mögen. Der durch die Drehungen von C_3 aus φ entstehende Bereich Φ setzt sich nämlich aus

$$\varphi, \quad \varphi_2, \quad \varphi_4$$

zusammen und bildet daher keinen geschlossenen Körper; ebensowenig können die den Fundamentalbereich von C_2^h constituirenden Bereiche

$$\varphi, \quad \varphi_3, \quad \varphi_6, \quad \varphi_9$$

einen geschlossenen Körper darstellen.

Wird $G' = C_2$ gesetzt, so besteht Φ aus den Bereichen φ und φ_6; in diesem Fall ergiebt sich daher ein einfacher Körper. Dasselbe findet statt, wenn G' die Gruppe S ist, alsdann sind φ und φ_1 die zugehörigen Bereiche. Den Gruppen C_2 und S entspricht daher eine eigentliche Raumtheilung.

Ist G' die Gruppe S_2, so sind φ und φ_9 die bezüglichen Bereiche. Wie aber auch φ angenommen werden mag, so bilden sie, wie ihre Lage gegen die Symmetrieebenen σ_v beweist, niemals einen einfachen Bereich φ.

Ist endlich G' die Identität C_1, so stellt sich, wie wir oben ausgeführt haben, die Raumtheilung mit den Bereichen φ selbst ein.

§ 15. Wir schliessen die Betrachtungen über die Raumtheilungen allgemeinster Art mit einem Satz, welcher erkennen lehrt, welchen Gruppen G' jedenfalls ein geschlossener Bereich Φ entspricht. Da die Gruppe G' eine Punktgruppe ist, so gehen die ihr angehörigen Symmetrieelemente der Gruppe Γ sämmtlich durch einen und denselben Punkt O des Raumes. Er ist im allgemeinen ein bestimmter Punkt; sollte G' nur eine einzige Symmetrieaxe oder Symmetrieebene enthalten, so kann jeder ihrer Punkte dafür eintreten. Bezeichnen wir nun durch G_m die Punktgruppe höchster Symmetrie, welche von den durch O gehenden Symmetrieelementen der Gruppe Γ gebildet wird, so ist G_m eine Gruppe, welcher ein geschlossener Bereich Φ entspricht. In diesem Fall bilden nämlich, wie unmittelbar einleuchtet, die sämmtlichen Bereiche φ, welche durch die Operationen von G_m in einander übergehen, ein geschlossenes symmetrisches Polyeder, dessen Mittelpunkt O

ist. Dieses Polyeder ist der Bereich Φ; er wird von allen Symmetrieaxen und Symmetrieebenen der Gruppe G' durchsetzt. Die Verhältnisse sind also denen analog, welche in dem vorstehenden Beispiel die Gruppe $D_3{}^d$ selbst characterisiren.

Solcher Punkte, die mit O gleichwerthig sind, giebt es in dem System der Axen und Ebenen von Γ unendlich viele. Jeder geht aus O durch irgend eine Operation der oben mit 1) bezeichneten Reihe hervor, und jeder dieser Punkte ist Mittelpunkt eines Bereiches Φ. Wir sprechen das Ergebniss unserer Betrachtungen folgendermassen aus:

Lehrsatz XI. *Ist die Punktgruppe G_m eine solche Untergruppe von Γ, welche alle durch einen gewissen Punkt O gehenden Symmetrieelemente von Γ enthält, so entspricht ihr eine reguläre Raumtheilung in lauter geschlossene Bereiche von der Symmetrie G_m.*

§ 16. **Die regelmässigen Molekelhaufen mit beliebiger Molekel.** Es sei Γ irgend eine Raumgruppe, und

$$\varphi, \quad \varphi_1, \quad \varphi_2 \ldots$$

seien, wie oben, die Bereiche einer zu ihr gehörenden einfachen Raumtheilung. Wird innerhalb jedes Bereiches je ein homologer Punkt angenommen, so bilden diese Punkte

$$P, \quad P_1, \quad P_2 \ldots$$

nach Satz III ein reguläres Punktsystem, welches durch jede Operation von Γ in sich übergeht. Wir denken uns jetzt in dem Fundamentalbereich φ eine ganze Zahl von Punkten P, Q, R..., die wir sehr nahe bei einander annehmen, so entspricht jedem von ihnen ein regelmässiges Punktsystem. Stellen wir uns vor, dass die innerhalb φ angenommenen Punkte zu einer Molekel verschmelzen, so gilt das gleiche von den analogen Punkten der andern Fundamentalbereiche; es entsteht ein unbegrenzter Molekelhaufen, welcher bei allen Operationen der Gruppe Γ in sich übergeht. Wie das vorstehende zeigt, kann die Ausgangsmolekel μ jede beliebige Form annehmen, wir setzen sie daher als Molekel allgemeinster Qualität voraus. Es seien

$$\mu, \quad \mu_1, \quad \mu_2 \ldots$$

die Molekeln, welche den Molekelhaufen constituiren. Ist nun $\mathfrak{L}$ eine Bewegung von Γ, welche μ mit μ_l zusammenfallen lässt, so sind μ und μ_l congruente Molekeln; wenn dagegen $\mathfrak{M}$ eine in Γ enthaltene Operation zweiter Art ist, und μ_m die Molekel, mit welcher μ in Folge von $\mathfrak{M}$ zusammenfällt, so sind μ und μ_m augenscheinlich spiegelbildlich gleich. Dies gilt sowohl von der Form und Zusammensetzung, als auch von der Qualität der Molekeln. Also folgt:

Lehrsatz XII. *Werden in die sämmtlichen Fundamentalbereiche einer zur Gruppe Γ gehörigen einfachen Raumtheilung homologe Molekeln in homologer Lage eingefügt, so bilden dieselben einen regulären Molekelhaufen, welcher bei allen Operationen von Γ in sich übergeht.*

Aus den Eigenschaften der *einfachen* Raumtheilung folgt, dass es keine Operation von Γ giebt, welche eine Molekel in sich überführt. Auch die Bestimmung, die wir über die Qualität der Molekel getroffen haben, schliesst derartige Operationen aus. Wir nennen den Molekelhaufen deshalb einen *einfachen regelmässigen Molekelhaufen.*

Enthält die Raumgruppe Γ ausschliesslich Bewegungen, so sind alle Molekeln, wie das vorstehende zeigt, einander congruent. Wenn dagegen in Γ auch Operationen zweiter Art auftreten, so besteht der Molekelhaufen aus Molekeln von zweierlei Typus; die einen sind den andern spiegelbildlich gleich. Damit ist die auf S. 240 behauptete Nothwendigkeit, derartige Molekelhaufen in's Auge zu fassen, dargelegt. Wir werden nach wie vor die *sämmtlichen* Molekeln eines jeden Molekelhaufens als *gleichartige Molekeln* bezeichnen. Dies ist um so mehr erlaubt, als sie sich nur durch den Gegensatz von rechts und links unterscheiden.

§ 17. Wir beweisen nun, dass auch umgekehrt jeder einfache regelmässige Molekelhaufen auf die angegebene Art erzeugt werden kann. Es sei $\mathfrak{H}$ irgend ein derartiger Molekelhaufen, so giebt es der Definition gemäss unzählige Deckoperationen desselben. Sind $\mathfrak{L}$ und $\mathfrak{M}$ irgend zwei dieser

Operationen, so ist, nach einem mehrfach angewandten Schlussverfahren, auch $\mathfrak{L}\mathfrak{M}$ eine Deckoperation. Die Gesammtheit dieser Deckoperationen bildet daher eine Gruppe von Operationen. Lässt die Operation $\mathfrak{L}$ die Molekel μ auf μ_l fallen, so gehört auch die Operation $\mathfrak{L}^{-1}$, welche μ_l wieder in die Anfangslage μ zurückführt, der Gruppe an; also folgt:

Lehrsatz XIII. *Die Gesammtheit aller Deckoperationen eines einfachen regelmässigen Molekelhaufens $\mathfrak{H}$ bildet eine Raumgruppe Γ von Operationen, welche zu jeder Operation die inverse enthält.*

Da die Gruppe Γ die Operationen $\mathfrak{L}$ und $\mathfrak{L}^{-1}$ zugleich enthält, so gehört ihr auch die *Identität* an.

Mit diesem Hilfssatz lässt sich der genannte Beweis leicht führen. Es seien wieder

$$\mu, \quad \mu_1, \quad \mu_2 \ldots,$$

die Molekeln des Haufens $\mathfrak{H}$. Der Definition gemäss giebt es Deckoperationen des Haufens, welche die Molekel μ der Reihe nach mit den andern Molekeln zur Coincidenz bringen; wir bezeichnen sie durch

$$1, \quad \mathfrak{L}_1, \quad \mathfrak{L}_2 \ldots;$$

jede dieser Operationen gehört daher sicher der Gruppe Γ an. Gelangt die Molekel μ in Folge der Operation $\mathfrak{L}_i$ nach μ_i, so kann es eine zweite Operation dieser Art in der Gruppe Γ nicht geben. Wäre nämlich $\mathfrak{L}_k$ eine von $\mathfrak{L}$ verschiedene Operation dieser Art, so gehörte dem obigen Satze gemäss auch $\mathfrak{L}_k^{-1}$ der Gruppe Γ an, also auch das Product $\mathfrak{L}_i\mathfrak{L}_k^{-1}$. Dieses Product stellt aber eine Deckoperation dar, welche die Molekel μ unverändert lässt. Eine der Gruppe Γ angehörige eigentliche Deckoperation dieser Art existirt nun nicht, also muss obiges Product der Identität äquivalent sein, d. h. es ist $\mathfrak{L}_i = \mathfrak{L}_k$. Demnach folgt:

Lehrsatz XIV. *Jeder einfache regelmässige Molekelhaufen kann dadurch erzeugt werden, dass eine beliebige Molekel μ den sämmtlichen Operationen derjenigen Raumgruppe Γ unterworfen wird, welche alle Deckoperationen des Molekelhaufens enthält. Jede Molekel entsteht dadurch genau einmal.*

Wir geben dem vorstehenden Satz noch eine etwas andere Form, welche die Umkehrung des Satzes XII enthält und aussagt, dass jeder regelmässige Molekelhaufen auf die dort genannte Art erzeugbar ist. Wir gehen dazu von einer einfachen regulären Raumtheilung aus, welche der Gruppe Γ entspricht. Der Fundamentalbereich φ derselben lässt sich stets so wählen, dass μ ganz innerhalb desselben liegt. Unterwerfen wir nun den Bereich φ nebst der in ihm enthaltenen Molekel μ allen Operationen von Γ, so entsteht aus φ die Raumtheilung und aus μ der Molekelhaufen; also folgt:

Lehrsatz XV. *Jeder einfache regelmässige Molekelhaufen kann so erzeugt werden, dass in alle Fundamentalbereiche einer einfachen Raumtheilung gleichartige Molekeln in homologer Lage eingefügt werden.*

§ 18. Der Satz XV ist eine Verallgemeinerung der in Cap. IV abgeleiteten Sätze, welche das Verhältniss der Molekelgitter zu den Translationsgruppen betreffen. Er lehrt, dass sich die für die Molekelgitter nachgewiesene Erzeugungsart auch auf die allgemeinen Molekelhaufen erstreckt. Während aber die Translationen einer Translationsgruppe Γ_τ für alle Molekeln eines Molekelgitters parallele Lage und Orientirung bedingen, ist dies für die Molekeln der allgemeinen Molekelhaufen nicht mehr der Fall. Es ist aber zu beachten, dass unter den Operationen einer jeden Raumgruppe Γ auch Translationen enthalten sind; es existiren daher für jede Molekel μ eines allgemeinen Molekelhaufens alle diejenigen Molekeln, welche mit μ ein Molekelgitter bestimmen, dessen Translationsgruppe die in Γ enthaltene Gruppe Γ_τ ist.

Diese Verhältnisse lassen sich noch etwas genauer erörtern, wenn wir auf die Entwickelungen des Cap. VI über die Beziehungen der Raumgruppe Γ zu der ihr isomorphen Punktgruppe G zurückgehen. Bezeichnen wir zu diesem Zweck, wie S. 375 geschehen, die Operationen der Punktgruppe G durch

$$1,\ \mathfrak{L}',\ \mathfrak{M}',\ \mathfrak{N}' \ldots$$

so steht gemäss Cap. VI, § 9 der Operation $\mathfrak{L}'$ ein Ausdruck

$$\{\mathfrak{L},\ \Gamma_\tau\}$$

der Raumgruppe Γ zur Seite, und zwar enthält derselbe alle diejenigen zu einander und zu $\mathfrak{L}'$ isomorphen Operationen

1) $$\mathfrak{L},\ \mathfrak{L}_1,\ \mathfrak{L}_2 \ldots$$

der Gruppe Γ, welche sich ergeben, wenn eine von ihnen mit den sämmtlichen Translationen von Γ_τ multiplicirt wird. Jede Operation $\mathfrak{L}_i$ ist daher dem Product aus der Operation $\mathfrak{L}$ und einer Translation $\mathfrak{T}_i$ äquivalent. Ist nun μ_l diejenige Molekel, in welche die Ausgangsmolekel μ durch die Operation $\mathfrak{L}$ übergeht, so ist die durch $\mathfrak{L}_i$ entstehende Molekel genau diejenige, welche sich bei Ausführung der Translation $\mathfrak{T}_i$ aus μ_l ergiebt. Diejenigen Molekeln, welche den Operationen der oben stehenden Reihe entsprechen, gehen also dadurch aus μ_l hervor, dass μ_l den sämmtlichen Translationen der in Γ enthaltenen Translationsgruppe unterworfen wird; sie bilden das durch μ_l und Γ_τ bestimmte Molekelgitter.

Nun seien

$$1,\ \mathfrak{L},\ \mathfrak{M},\ \mathfrak{N} \ldots$$

irgend welche den Operationen von G isomorphe Operationen von Γ, und

$$\mu,\ \mu_l,\ \mu_m,\ \mu_n \ldots$$

diejenigen Molekeln, welche sich aus μ bei Ausführung der vorstehenden Operationen ergeben. Es ist klar, dass sich keine zwei dieser Molekeln in paralleler Orientirung befinden. Wird jetzt aus jeder dieser Molekeln das durch Γ_τ bestimmte Molekelgitter abgeleitet, so ist die Gesammtheit der so erhaltenen Molekelgitter mit dem zu Γ gehörigen regelmässigen Molekelhaufen identisch. Bezeichnen wir noch die Zahl der Operationen von G durch p, so folgt:

Lehrsatz XVI. *Jeder zu einer Raumgruppe Γ gehörige einfache regelmässige Molekelhaufen kann in eine endliche Anzahl p gleicher Molekelgitter aufgelöst werden. Keine zwei Molekeln, die verschiedenen Gittern angehören, haben parallele Orientirung. Die Zahl p giebt die Anzahl der Operationen der zu Γ isomorphen Punktgruppe G an.*

Wie wir S. 375 gesehen haben, ist es gleichgiltig, welche Operation der Reihe 1) wir durch $\mathfrak{L}$ bezeichnen. Das einfachste ist es, diejenige zu wählen, die wir auch bei der Bestimmung des Fundamentalsystems gleichwerthiger Punkte benutzt haben. Wenn wir dies für jede Art isomorpher Operationen von Γ ausführen, so haben die zugehörigen Molekeln eine solche Lage, dass ihre Schwerpunkte mit den gleichwerthigen Punkten des Fundamentalsystems identisch sind, und die mit diesen p Molekeln erzeugbaren p Molekelgitter bilden die sämmtlichen Molekeln des regelmässigen Molekelhaufens.

Um die Vorstellung von der inneren Structur der regelmässigen Molekelhaufen in's Einzelne auszugestalten, brauchen wir nur die Auseinandersetzungen von § 5 durchzulesen. Sie lassen sich ohne Weiteres auf die Molekelhaufen übertragen; mit ihnen gewinnen wir daher ein hinreichend anschauliches Bild von der Anordnung der Molekeln. Eine Beschreibung derselben für die einzelnen Raumgruppen zu geben, kann daher unterbleiben, und dies um so mehr, als wir in den früheren Capiteln die Lage aller Axen und Ebenen jeder Raumgruppe ausführlich angegeben haben. An der Hand derselben lässt sich die jeder Raumgruppe entsprechende Structur ohne Mühe bestimmen. Nur nach einer Richtung wollen wir die vorstehenden Erörterungen noch weiter ausdehnen. Wir fassen zu diesem Zweck zwei Raumgruppen in's Auge, die sich nur durch den Windungssinn der Schraubenaxen unterscheiden, beispielsweise die Gruppen $\mathfrak{D}_3^3$ und $\mathfrak{D}_3^5$. Jede von ihnen enthält dreizählige Schraubenaxen und zweizählige zu ersteren senkrechte Nebenaxen. Nun sei μ eine beliebige Molekel; wir unterwerfen sie allen Bewegungen der Gruppe $\mathfrak{D}_3^3$ und erhalten einen aus lauter congruenten Molekeln bestehenden Molekelhaufen $\mathfrak{H}$. Jetzt sei μ' eine Molekel, die der Molekel μ spiegelbildlich gleich ist. Geben wir ihr die analoge Lage zu den Axen von $\mathfrak{D}_3^5$, welche μ zu den Axen von $\mathfrak{D}_3^3$ hatte, so geht aus μ' ein Molekelhaufen hervor, welcher das Spiegelbild des Haufens $\mathfrak{H}$ darstellen kann. *Die beiden Molekelhaufen $\mathfrak{H}$ und $\mathfrak{H}'$ stehen daher in demselben Verhältniss zu einander, wie zwei enantiomorphe Krystalle*, sie können daher zur Repräsentation enantiomorpher Krystallsubstanzen benutzt werden.

Schliesslich möge noch die Bemerkung eine Stelle finden, dass die vorstehenden Eigenschaften der regelmässigen Molekelhaufen in analoger Weise von den Bereichen der Raumtheilung gelten. Dies geht einfach daraus hervor, dass die Molekel μ, wenn wir sie wachsen lassen, bis sie den Bereich φ ausfüllt, direct in den Bereich φ übergeht.

§ 19. **Die regelmässigen Molekelhaufen mit symmetrischer Molekel.** Wir lassen jetzt die bisher festgehaltene Voraussetzung fallen, dass keine der Deckoperationen eines regulären Molekelhaufens $\mathfrak{H}$ die Molekel μ in sich selbst überführt. Wir bezeichnen die Gesammtheit aller Molekeln wieder durch

$$\mu,\quad \mu_1,\quad \mu_2 \ldots$$

Zunächst ist klar, dass die Deckoperationen des Molekelhaufens auch in diesem Fall die characteristische Gruppeneigenschaft besitzen. Es sei wieder Γ die bezügliche Raumgruppe, und

$$1,\quad \mathfrak{L},\quad \mathfrak{L}_1, \ldots \mathfrak{M},\ \mathfrak{M}_1, \ldots$$

seien ihre Operationen; jede von ihnen führt den Molekelhaufen in sich über. Unter diesen Operationen giebt es der Annahme nach in diesem Fall eine Zahl von Operationen, welche die Molekel μ in sich überführen; dieselben bilden ebenfalls eine Gruppe und zwar augenscheinlich eine der 32 Punktgruppen. Wir bezeichnen sie durch G'. Die Molekel ist demgemäss symmetrischer Natur; und zwar ist ihre Symmetrie mindestens diejenige, welche durch die Punktgruppe G' gekennzeichnet ist. Ihre Symmetrie kann zwar auch höher sein, als die Gruppe G' angiebt, aber für die Symmetrie des gesammten Molekelhaufens $\mathfrak{H}$ kommen offenbar nur diejenigen Deckoperationen der Molekel μ in Frage, welche zugleich Deckoperationen des Molekelhaufens selbst sind. Diese sind stets durch G' bestimmt; wir nennen die durch G' definirte Symmetrie der Molekel μ ihre *characteristische Symmetrie.* Ihre eventuellen sonstigen Symmetrieeigenschaften haben keinerlei Bedeutung; es ist gleichgiltig, ob sie vorhanden sind oder nicht.

Da die Raumgruppe Γ die Punktgruppe G' als Untergruppe enthält, so gehören auch die Symmetrieaxen und Symmetrieebenen von G' den Symmetrieelementen von Γ an; sie gehen überdies durch das Centrum von μ.

Nun giebt es stets eine reguläre Raumtheilung, deren Fundamentalbereich aus solchen m einfachen Bereichen

$$\varphi, \quad \varphi_1, \quad \varphi_2 \ldots \varphi_{m-1}$$

der Gruppe Γ gebildet ist, welche bei den Operationen der Gruppe G' in einander übergehen. Es seien

$$\Phi, \quad \Phi_1, \quad \Phi_2 \ldots$$

die Bereiche dieser Raumtheilung. Wir fügen in jeden Bereich je eine gleichartige Molekel μ von der Symmetrie G' so ein, dass sie bei allen Operationen der Gruppe G' in sich übergeht und dass alle Molekeln homologe Lage innerhalb der Bereiche haben, so ist der so gebildete Molekelhaufen mit dem eben betrachteten identisch. Dies ist leicht zu beweisen. Erstens ist jede Operation der Gruppe Γ eine Deckoperation für die Bereiche der Raumtheilung und damit auch für die in ihnen befindlichen Molekeln; zweitens ist aber auch umgekehrt jede Deckoperation des Molekelhaufens aus analogen Gründen eine Deckoperation für die Fundamentalbereiche der Raumtheilung. Also folgt:

Lehrsatz XVII. *Lässt sich für die Raumgruppe Γ eine Raumtheilung construiren, deren Bereiche die Symmetrie G' besitzen, und fügt man in jeden Bereich eine Molekel μ, deren Symmetrie mindestens G' ist, so ein, dass die Axen von μ mit den Axen von Φ übereinstimmen, so entsteht ein Molekelhaufen, dessen Deckoperationen durch die Gruppe Γ bestimmt werden.*

§ 20. Ebenso ist aber auch das umgekehrte richtig. Es sei nämlich wieder μ die Ausgangsmolekel, Γ die Gruppe des Molekelhaufens, und G' wie oben diejenige Untergruppe von Γ, deren Operationen μ in sich überführen. Wir fassen zunächst die sämmtlichen Operationen

$$1, \quad \mathfrak{L}, \quad \mathfrak{L}_1, \ldots \mathfrak{M}, \quad \mathfrak{M}_1, \ldots$$

von Γ in's Auge. Jede führt den Molekelhaufen in sich über; sie lassen daher wieder die Molekel μ resp. mit

$$\mu, \quad \mu_1, \quad \mu_2 \ldots$$

zusammenfallen; allerdings giebt es in diesem Fall mehrere Operationen, welche μ in irgend eine Lage μ_i führen. Wir denken uns nun wieder den obigen Bereich Φ, welcher aus den m einfachen Bereichen

$$\varphi, \quad \varphi_1, \quad \varphi_2 \ldots \varphi_{m-1}$$

besteht, die bei den Operationen von G' in einander übergehen. Unterwerfen wir ihn den Operationen von Γ, so gehen dadurch die Bereiche

$$\Phi, \quad \Phi_1, \quad \Phi_2 \ldots$$

hervor; auch hier giebt es mehrere Operationen, welche Φ in Φ_i überführen. Welche dies aber auch sind, so ist evident, dass jede Operation, die Φ nach Φ_i bringt, auch μ nach μ_i bringt, und dass immer die Molekeln und die Bereiche gleichzeitig in einander übergehen. Damit ist die obige Behauptung erwiesen; also folgt:

Lehrsatz XVIII. *Jeder aus symmetrischen Molekeln μ aufgebaute regelmässige Molekelhaufen kann so erzeugt werden, dass man in die Bereiche einer Raumtheilung mit symmetrischem Fundamentalbereich je eine gleichartige Molekel μ in homologer Lage einfügt.*

Es ist zweckmässig, das vorstehende Resultat noch in anderer Form auszusprechen. Hierzu beachten wir die Sätze allgemeiner Art, welche oben über die aus den Bereichen Φ bestehenden Raumtheilungen abgeleitet worden sind. Wir haben gesehen, dass die Gruppe Γ eine solche Zerlegung in eine Punktgruppe G' und eine unendliche Reihe von Operationen Γ' zulässt, dass alle Bereiche Φ, Φ_1, $\Phi_2 \ldots$ aus Φ durch die Operationen der Reihe Γ' hervorgehen. Also folgt:

Lehrsatz XIX. *Jeder zur Gruppe Γ gehörige regelmässige Molekelhaufen, dessen Molekel μ bei den Operationen der in Γ enthaltenen Gruppe G' in sich übergeht, kann dadurch erzeugt werden, dass man die Molekel μ einer gewissen Reihe Γ' von Operationen unterwirft. Diese ist so bestimmt, dass Γ durch Multiplication von G' und Γ' entsteht.*

Bemerkung. Wir sind in § 14 zu der Erkenntniss gelangt, dass der Bereich Φ nicht in allen Fällen einfach zusammenhängend ist. Eine Raumtheilung, deren Fundamentalbereiche sich gegenseitig durchdringen, würde auf Molekelhaufen führen, deren Molekeln sich gleichfalls theilweise durchdringen. Derartige Gebilde sind selbstverständlich ohne jede krystallographische Bedeutung und können daher unberücksichtigt bleiben. Aus diesem Grunde sind die vorstehenden Sätze meist so abgefasst worden, dass sie an die Molekelhaufen und nicht an die Raumtheilung anknüpfen.

§ 21. **Beispiele von Molekelhaufen mit symmetrischen Molekeln. Die Theorieen von Sohncke und Wulff.** Die einfachsten Beispiele von Molekelhaufen mit symmetrischer Molekel sind die Bravais'schen Molekelgitter. Wir haben dieselben an den verschiedenen Stellen dieser Schrift so ausführlich erörtert, dass wir einer nochmaligen Discussion derselben enthoben sind.

Auch die Wulff'sche Theorie[1]) operirt, wie bereits am Ende von Cap. IV erwähnt worden ist, mit symmetrischen Molekeln, resp. mit symmetrischen Atomcomplexen, welche die individuelle Einheit des Krystallaufbaues darstellen. Aus Gründen, von denen hier abgesehen werden kann, behält Wulff von allen regelmässigen Molekelhaufen nur diejenigen bei, in welchen eine „*natürliche*" Zusammenfassung der Molekeln zu symmetrischen Complexen möglich ist.[2]) Dies heisst aber, in die hier gebräuchliche Ausdrucksweise übersetzt, nichts anderes, als dass nur diejenigen Molekelhaufen, resp. nur diejenigen Raumgruppen Γ benutzt werden, für welche

---

1) Vgl. Ueber die regelmässigen Punktsysteme, Zeitschr. f. Krystall. Bd. 13, S. 503 ff. Der Werth dieser Arbeit besteht darin, dass Wulff zum ersten Mal für jedes der Sohncke'schen Punktsysteme (vgl. S. 594) nachwies, welche besondere Symmetrie ihm zukommt. Dies war von Sohncke selbst nicht in so detaillirter Weise geschehen. Vgl. auch die Bemerkungen auf S. 617 ff. Bezüglich der grossen Zahl von Unterabtheilungen, welche in dieser Arbeit für jedes Krystallsystem postulirt werden, verweise ich auf S. 557.

2) a. a. O. S. 507 ff.

ein symmetrischer Bereich Φ existirt, dessen Symmetrie genau mit der Symmetrie der zu Γ isomorphen Punktgruppe G übereinstimmt. Hierauf läuft die von Wulff aufgestellte Forderung einer *natürlichen* Zusammenfassung der Molekeln in letzter Linie hinaus. Alle andern Raumgruppen werden daher von Wulff als krystallographisch untauglich betrachtet und deshalb verworfen, im besondern alle diejenigen, welche eigentliche Schraubenstructur aufweisen.[1]) Die Bravais'schen Molekelgitter und die Wulff'schen Punktsysteme sind, wenn man die Bravais'sche Molekel in ihre Atome auflöst, identisch; die Differenz reducirt sich auf einen blossen Unterschied in der Bezeichnung.

Die Sohncke'sche Theorie benutzt zur Erzeugung der regelmässigen Molekelhaufen nur Bewegungsgruppen. Dies gilt sowohl von derjenigen Form derselben, in welcher sie zuerst zur Darstellung gelangte, als auch von der ihr später gegebenen Erweiterung. Die Folge hiervon ist, dass auch bei dieser Theorie die Symmetrie der Molekelhaufen nicht in allen Fällen ausschliesslich in der Structur begründet ist. Dies ist vielmehr nur für diejenigen der Fall, welche ausschliesslich mit Axensymmetrie behaftet sind. Um diese Behauptung zu erhärten, erinnern wir daran, dass ein Molekelhaufen, der mit beliebiger Ausgangsmolekel μ aus einer Bewegungsgruppe Γ abgeleitet wird, gemäss § 16 nur diejenige Axensymmetrie besitzt, welche der zu Γ isomorphen Punktgruppe G eigenthümlich ist. Um nun Molekelhaufen zu construiren, welche auch Ebenensymmetrie enthalten, wird der Schwerpunkt der Molekel μ in eine besondere Lage gebracht, nämlich in diejenige Ebene, welche Symmetrieebene werden soll. Soll z. B. ein Molekelhaufen hergestellt werden, welcher der Holoedrie des rhomboedrischen Systems entspricht, so hat man von irgend einer Gruppe $\mathfrak{D}_3$, z. B. von $\mathfrak{D}_3^1$, auszugehen und den erzeugenden Constructionspunkt M in die Ebene σ_a zu legen, welche (vgl. Fig. 60, S. 461) gemäss Cap. IX, § 10 eine Symmetrieebene des Axensystems der Gruppe $\mathfrak{D}_3^1$ ist.

1) a. a. O. S. 509 ff.

Der regelmässige Molekelhaufen, dessen Schwerpunkte das aus einem *beliebigen* Punkt M entstehende Punktsystem bilden, hat nämlich, wie eben erwähnt, im Allgemeinen nur die Axensymmetrie der Gruppe $\mathfrak{D}_3^1$. Nun bestimmt die Ebene σ_a mit der Gruppe $\mathfrak{D}_3^1$, wie wir a. a. O. gesehen haben, die Gruppe $\mathfrak{D}_{3,d}^1$, andrerseits geht der in σ_a liegende erzeugende Punkt M durch Spiegelung gegen σ_a in sich selbst über; es entsteht daher, wenn *dieser* Punkt M den sämmtlichen Operationen der Gruppe $\mathfrak{D}_{3,d}^1$ unterworfen wird, dasselbe Punktsystem, das sich auch bei Ausführung der Bewegungen der Gruppe $\mathfrak{D}_3^1$ einstellt. Es folgt daher, dass das aus $\mathfrak{D}_3^1$ abgeleitete Punktsystem in diesem Fall wirklich die Symmetrie der Gruppe $\mathfrak{D}_{3,d}^1$ besitzt.

Nun ist aber der Punkt M nur der Vertreter einer Molekel μ; geht daher der Punkt M bei einer Deckoperation in sich selbst über, so gilt dies auch von der Molekel, welche durch ihn dargestellt wird. Demnach folgt, dass die Molekel μ eine Symmetrieebene besitzt, nämlich die Ebene σ_a. Wir können hinzufügen, dass der Molekelhaufen derjenigen Raumtheilung mit symmetrischem Fundamentalbereich Φ entspricht, die wir oben als vorletztes Beispiel auf S. 583 erörtert haben.

In dieser Weise ist immer zu verfahren, wenn die Sohncke'sche Theorie Molekelhaufen liefern soll, die auch Symmetrieeigenschaften zweiter Art aufweisen. Eine Gruppe Γ, welche derartige Molekelhaufen zu erzeugen im Stande ist, hat stets die Eigenschaft, dass sich aus ihr durch Multiplication mit einer Symmetrieebene oder einem Symmetriecentrum eine Gruppe Γ_1 höherer Symmetrie ableiten lässt. Wird nun der erzeugende Constructionspunkt in das bezügliche Symmetrieelement verlegt, so kommt allerdings dem aus der Gruppe Γ abgeleiteten Punktsystem die höhere Symmetrie der Gruppe Γ_1 zu; gleichzeitig wird aber dadurch der erzeugenden Molekel eine Symmetrieeigenschaft aufgeprägt. Es ist klar, dass *jede Ortsbeschränkung des Constructionspunktes auf eine Specialisirung der Molekel hinausläuft.*

Die letztere Thatsache ist lange übersehen worden, und zwar deswegen, weil man allgemein statt mit den Molekelhaufen mit den von ihren Schwerpunkten gebildeten Punktsystemen operirte. Der Punkt besitzt aber die Symmetrie einer homogenen Kugel; wenn man daher bloss mit Punktsystemen operirt, so bedeutet dies nicht mehr und nicht weniger, als dass man den Molekeln stillschweigend die höchste Symmetrie beilegt, die es giebt. Natürlich können die für Punktsysteme abgeleiteten Resultate auch für beliebige Molekeln giltig bleiben; es kann aber auch umgekehrt, wie in dem vorliegenden Fall, die Einführung der Punkte von Einfluss auf die Qualität der Molekel sein, welche durch den Punkt repräsentirt wird.

Als letztes specielles Beispiel behandeln wir die von Mallard construirte Structur des Quarzes.[1]) Der Quarz gehört dem rhomboedrischen Krystallsystem an, und zwar der enantiomorphen Hemiedrie desselben, deren Symmetrie durch die Gruppe D_3 dargestellt wird. Im Hinblick auf die dem Quarz eigenthümliche Circularpolarisation des Lichts hat man schon seit längerer Zeit versucht, für die Molekularstructur eine Form zu finden, welche die Rechtsdrehung resp. Linksdrehung unmittelbar verständlich macht. Einen Anhalt hierfür bietet die Entdeckung von Reusch, dass, wenn man eine Zahl Glimmerblättchen von möglichst gleicher Dicke so über einander legt, dass die optischen Axenebenen je zweier auf einander folgenden Blättchen in demselben Sinn einen Winkel von 120^0 bilden, diese Glimmercombination ebenfalls Circularpolarisation zeigt, und zwar Rechtsdrehung oder Linksdrehung, je nachdem der Drehungssinn des bezüglichen Winkels der Uhrzeigerbewegung oder der umgekehrten Bewegung entspricht.[2])

Dementsprechend hat Mallard folgende Structur des Quarzes angegeben. Man denke sich ein gleichseitiges Punktnetz (vgl. Fig. 60, S. 461) und stelle in jeden Netzpunkt eine Molekel, die eine zweizählige Symmetrieaxe besitzt, und zwar so, dass die Symmetrieaxe in eine Seite oder in eine Höhe des primitiven gleichseitigen Dreiecks fällt. Ferner ertheile

1) Vgl. traité de cristallogr. Bd. 2, S. 313.

2) Ueber Glimmercombinationen. Poggend. Annalen, Bd. 138, S. 628.

man allen Molekeln des Netzes parallele Orientirung. Schichtet man nun solche Ebenen so über einander, dass in je zwei auf einander folgenden Ebenen die Molekeln resp. deren Axen um 120^0 gedreht sind, so entsteht der von Mallard für den Quarz construirte Molekelhaufen. Die Lage der Molekeln resp. ihrer Axen in zwei folgenden Ebenen ist durch nebenstehende Figur dargestellt.[1])

Fig. 71.

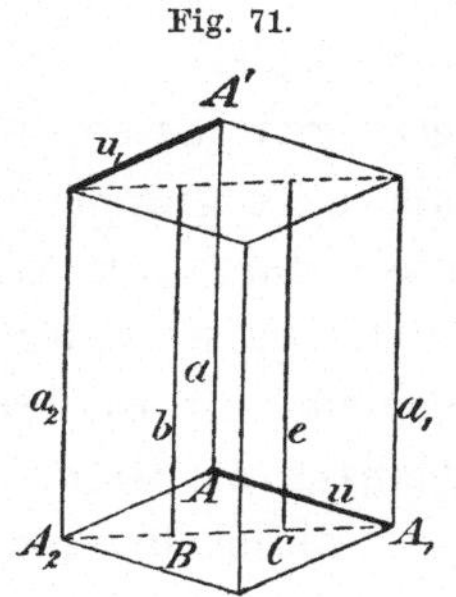

Der so beschriebene Molekelhaufen kann aus einer der Gruppen $\mathfrak{D}_3^3$ resp. $\mathfrak{D}_3^4$ erzeugt werden. Beispielsweise benutzen wir hierzu die Gruppe $\mathfrak{D}_3^4$. Sie enthält lauter dreizählige parallele Schraubenaxen, welche resp. durch A, B, C, A_1, A_2 ... und die entsprechenden Netzpunkte hindurchgehen. Ausserdem enthält sie zweizählige Nebenaxen, welche in Ebenen gleichen Abstandes auf einander folgen. Jede Ebene enthält nur Axen einer Richtung; die durch A und A' gehenden Axen u und u_1 zeigt die vorstehende Figur. Wird nun die Ausgangsmolekel μ so angenommen, dass sie die Gerade u als Symmetrieaxe besitzt und den Punkt A enthält, so geht aus μ durch die Bewegungen der Gruppe $\mathfrak{D}_3$ oder auch durch diejenigen von $\mathfrak{C}_3^2$ genau der Mallard'sche Molekelhaufen hervor.[2]) In die Axe a fallen nämlich wegen der zu a gehörigen Schraubenbewegung lauter um je 120^0 gedrehte Molekeln, und dasselbe gilt daher für die mit a gleichwerthigen Axen a_1, a_2 u. s. w. In die Axen b und c dagegen fällt, da sie mit a nicht gleichwerthig sind, keine Molekel. Dies zeigt, dass in der That hier ein mit symmetrischer Molekel gebildeter Molekelhaufen allgemeiner Structur vorliegt; die Symmetrie der Molekel ist durch die Gruppe C_2 bestimmt, nebenbei bemerkt, die einzige in $\mathfrak{D}_3^4$ enthaltene Punktgruppe wirklicher Symmetrie.

Wir fügen schliesslich noch eine Bemerkung darüber an,

---

1) Die Axe der Molekel ist in der Figur in eine Höhe des Dreiecks ABC gelegt worden.

2) Vgl. Sohncke, Ueber Spaltungsflächen u. s. w. Zeitschrift f. Krystall. Bd. 13, S. 234.

zu welchen Structuren man bei der Bravais'schen Gittertheorie, bei der Sohncke'schen Theorie und bei der reinen Structurtheorie im engeren Sinn überhaupt gelangt.

Von der Bravais'schen Theorie haben wir gesehen, dass ihre Molekelhaufen sich nur mittelst solcher Raumgruppen Γ erzeugen lassen, welche die zu Γ isomorphe Punktgruppe G als Untergruppe enthalten. Die Symmetrie der Molekel ist stets durch die Gruppe G gekennzeichnet. Ihre Anzahl ist nicht gross; jeder Krystallclasse entsprechen im Allgemeinen soviele, als es Translationsgruppen für dieselbe giebt[1]); im Ganzen existiren 73 solcher Gruppen.

Molekelhaufen, welche der Sohncke'schen Theorie entsprechen, lassen sich erstens aus allen Bewegungsgruppen ableiten, zweitens aber auch aus denjenigen Raumgruppen, die aus einer Bewegungsgruppe durch Multiplication mit einer Spiegelung oder Inversion hervorgehen. Die Symmetrie der Molekel ist durch S resp. S_2 gegeben. Dagegen gelangt man von der ursprünglichen Sohncke'schen Theorie aus nicht zu denjenigen Molekelhaufen, deren Raumgruppe unter ihren Operationen zweiter Art eine reine Spiegelung oder eine Inversion nicht enthält. Solcher Raumgruppen giebt es 39, so dass die Sohncke'sche Theorie im Ganzen 191 verschiedene Gattungen von Molekelhaufen herstellen kann.

Endlich ist zu sagen, dass, wenn die Bravais'schen Molekeln und die symmetrischen Sohncke'schen Molekeln in Atomcomplexe aufgelöst werden, aus den Molekelhaufen mit symmetrischer Molekel diejenigen einfachen Molekelhaufen entstehen, welche den Raumtheilungen mit dem Bereich φ entsprechen. Für diese Molekelhaufen läuft daher bei der Auflösung der Molekeln in gleichwerthige Atomcomplexe der Unterschied der Theorieen auf eine Differenz der Bezeichnungsweise hinaus.

Handelt es sich z. B. um einen Molekelhaufen, welcher sich mit beliebiger Ausgangsmolekel durch die Operationen

1) Unbeschadet derjenigen, bei denen das Gitter überflüssige Symmetrie besitzt, vgl. S. 315.

der Gruppe $\mathfrak{C}_{4,h}^1$ ergiebt, so können wir ihn folgendermassen construiren. Da die Gruppe $\mathfrak{C}_{4,h}^1$ das Product der Punktgruppe C_4^h mit der Translationsgruppe Γ_q ist, so unterwerfen wir zunächst die Molekel μ allen Operationen von C_4^h; dadurch ergeben sich acht Molekeln 1, 2, 3, 4, resp. 1′, 2′, 3′, 4′, und zwar sind 1, 2, 3, 4 congruent, die übrigen jedoch mit μ spiegelbildlich gleich. Sie liegen um die Axe a, wie Figur 72 zeigt, und symmetrisch gegen die Zeichnungsebene, so dass die Projectionen von 1, 1′, 2, 2′, 3, 3′, 4, 4′ auf dieser Ebene zusammenfallen. Diesen Molekelcomplex unterwerfen wir nun den sämmtlichen Translationen von Γ_q, so entsteht dadurch der zu $\mathfrak{C}_{4,h}^1$ gehörige Molekelhaufen; um jeden Punkt des in der Zeichnungsebene entstehenden quadratischen Netzes liegt je ein Complex von acht Molekeln. Fassen wir nun in diesem Molekelhaufen jedes Paar 1 1′, 2 2′, 3 3′, 4 4′ zu je einer einheitlichen Molekel μ' zusammen, so erhalten wir den der Sohncke'schen Theorie entsprechenden Molekelhaufen, und wenn wir endlich jeden Molekelcomplex zu einer körperlichen oder ideellen Einheit verbinden, so ergiebt sich die Structur des bezüglichen Bravais'schen Molekelgitters.

Fig. 72.

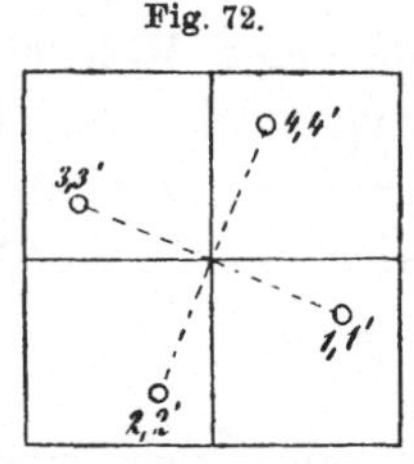

§ 22. **Symmetrie der regelmässigen Molekelhaufen.** Wir haben die Symmetrie eines Molekelhaufens durch die Deckoperationen definirt, welche ihn in sich überführen. Bilden diese Deckoperationen die Gruppe Γ, so ist Γ diejenige Gruppe, welche die Symmetrie bestimmt. Nun ist aber jede Raumgruppe Γ einer der 32 Punktgruppen G isomorph, und zwar besteht der Isomorphismus der Gruppen G und Γ darin, dass jeder n-zähligen Axe von G eine Schaar paralleler n-zähliger Axen von Γ und jeder Symmetrieebene von G eine Schaar paralleler Ebenen von Γ entspricht, die entweder Symmetrieebenen oder Ebenen gleitender Symmetrie sind. Die Symmetrieelemente von Γ unterscheiden sich also von denen der Gruppe G nur durch Translationen. Diese kommen aber für die Symmetrie nicht in Betracht; die Symmetrie eines Molekelhaufens, dessen sämmtliche Deckoperationen die Gruppe Γ bilden, wird daher durch die Gruppe G gekennzeichnet.

Um ein Beispiel anzuführen, betrachten wir einen Molekelhaufen, welcher sich mittelst einer zur Tetraedergruppe T isomorphen Raumgruppe $\mathfrak{T}$ erzeugen lässt. Wir gehen zu diesem Zweck auf die allgemeinen Anforderungen zurück, die an einen Molekelhaufen zu stellen sind, damit man ihm die Symmetrie der Gruppe T beilegen kann. Die Tetraedergruppe T besitzt drei zu einander senkrechte zweizählige und vier dreizählige Axen; ihre gleichwerthigen Geraden

$$g', \quad g_1', \quad g_2' \ldots g_{N-1}'$$

ergeben sich, wenn g' allen den bezüglichen Drehungen unterworfen wird. Ein Molekelhaufen, der die Krystallsymmetrie T besitzt, muss daher die Eigenschaft haben, dass die zu g', g_1', $g_2' \ldots g_{N-1}'$ parallelen Geraden, welche ihn durchsetzen, physikalisch gleichwerthig sind, d. h. gleiche Lage zur Gesammtheit der Molekeln haben. Diese Forderung zerfällt in zwei Theile. Was die parallelen Geraden betrifft, so haben wir bereits Cap. I, § 6 (S. 242) gesehen, dass die Forderung nicht für alle parallelen Geraden erfüllt ist und erfüllt zu sein braucht; nur diejenigen parallelen Geraden haben gleiche Lage zur Gesammtheit der Molekeln, welche aus einer durch die Deckschiebungen des Molekelhaufens hervorgehen. Der zweite Theil der obigen Forderung beschränkt sich daher darauf, dass es im Molekelhaufen für eine beliebige Gerade g, die zu g' parallel ist, irgend eine zu g_i' parallele Gerade g_i giebt, welche die nämliche Lage zur Gesammtheit der Molekeln hat, wie g. Geht nun g_i' aus g' durch die Drehung $\mathfrak{R}'$ hervor, so giebt es in jeder Gruppe $\mathfrak{T}$ Bewegungen $\mathfrak{R}$, die zu $\mathfrak{R}'$ isomorph und gleichzeitig Deckoperationen des Molekelhaufens sind. Da nun isomorphe Bewegungen in der Axenrichtung und im Winkel übereinstimmen, so giebt es wirklich eine Gerade g_i parallel zu g_i', welche die gleiche Lage zu den Molekeln hat, wie g.

Uebrigens ist zu bemerken, dass es auch für jedes Bravais'sche Molekelgitter N gleichwerthige Geraden

$$g,\quad g_1,\quad g_2 \ldots g_{N-1}$$

giebt, die sich in demselben Punkte schneiden. Jeder Gitterpunkt hat diese Eigenschaft. Für die andern Molekelhaufen existiren derartige Punkte nicht.

Das vorstehende ist davon unabhängig, ob die Molekeln μ symmetrisch sind oder nicht. Für die obigen Schlüsse kommen nämlich immer nur die Deckoperationen der Gruppe Γ selbst in Frage, während es ganz ohne Belang ist, worin die Möglichkeit der Deckoperationen begründet ist. Also folgt:

Lehrsatz XX. *Die aus gleichartigen Molekeln μ gebildeten regelmässigen Molekelhaufen zerfallen rücksichtlich ihrer Symmetrie in dieselben 32 Classen, wie die Krystalle, welches auch die Qualität der constituirenden Molekeln μ sein mag.*

Damit ist der in Cap. I (S. 244) in Aussicht gestellte Nachweis geliefert; gleichzeitig ist damit von neuem die Nothwendigkeit in's Licht gesetzt, mit Molekeln von zweierlei Typus, congruenten und spiegelbildlich gleichen, zu operiren.

Bezüglich der Art, in welcher die Symmetrie des Molekelhaufens von der Structur und der Molekelqualität abhängt, besteht dagegen eine wesentliche Differenz zwischen denjenigen Molekelhaufen, die mit beliebigen, und denjenigen, die mit symmetrischen Molekeln aufgebaut sind. Für die letzteren existiren Deckoperationen, welche die einzelnen Molekeln in sich überführen. Die Deckoperationen der Gruppe Γ sind daher theilweise durch die Symmetrie der Molekel bedingt. Es ist klar, dass, wenn wir der Molekel μ ihre Symmetrie nehmen, *nicht mehr alle Deckoperationen der Gruppe Γ zulässig bleiben.* In diesem Fall beruht demnach die Symmetrie des Molekelhaufens zum Theil auf der Symmetrie der Molekel, und nur zum Theil auf der Anordnung der Molekeln, d. h. auf der Structur.

Ebenso ist das Umgekehrte richtig. Es sei $\mathfrak{H}$ ein Molekelhaufen, welcher aus gleichartigen Molekeln besteht. Wir nehmen an, dass G_μ die Gesammtsymmetrie der Molekel darstelle, und nennen wie immer Γ die Gruppe der für den Molekelhaufen characteristischen Deckoperationen. Nun sind zwei Fälle möglich. Entweder giebt es unter den Operationen von Γ — abgesehen von der Identität — keine, welche die Molekel μ in sich überführt, oder es giebt solche Operationen. Findet das erste statt, so ist die vorausgesetzte Symmetrie der Molekel auf die Symmetrie des Molekelhaufens ohne Einfluss, der Molekelhaufen entspringt aus einer einfachen Raumtheilung in Bereiche φ, und seine Symmetrie ist ausschliesslich von der Structur abhängig. Trifft dagegen der zweite der obigen Fälle zu, so ist die Symmetrie des Molekelhaufens auch von der Molekelsymmetrie abhängig. Ist jetzt, wie oben, G' diejenige grösste Untergruppe von Γ, deren Operationen die Molekel μ in sich überführen, so ist in dem auf S. 590 angegebenen Sinn G' die für die Molekel characteristische Symmetrie; der Molekelhaufen entspringt daher aus einer Raumtheilung in Bereiche Φ, welche der Gruppe G' entspricht. Alle Molekeln gehen aus einer von ihnen durch die in Satz XIX genannte Reihe Γ' von Operationen hervor und diese Reihe bestimmt die Anordnung der Molekeln und damit die Structur des Haufens $\mathfrak{H}$. Also folgt:

Lehrsatz XXI. *Bilden die Deckoperationen eines Molekelhaufens die Gruppe Γ, so beruht seine Symmetrie ausschliesslich auf der Structur, wenn er mittelst der zu Γ gehörenden einfachen Bereiche φ gebildet ist. Wenn dagegen der Molekelhaufen mittelst der Bereiche Φ von der Symmetrie G' entsteht, so beruht seine Symmetrie theils auf der Structur, theils auf der Symmetrie der Molekeln. Die characteristische Molekelsymmetrie ist mit der Symmetrie G' des Bereiches Φ identisch.*

§ 23. **Die überhaupt möglichen Structurtheorien, welche mit regelmässigen Molekelhaufen operiren.** Es sei K ein Krystall, dessen Symmetrie durch die Gruppe G gekennzeichnet ist. Es fragt sich, auf wie vielerlei Art derselbe durch einen Molekelhaufen dargestellt werden kann, dessen Symmetrie mit derjenigen der Gruppe G übereinstimmt. Ist Γ eine zu G isomorphe Raumgruppe, so ist zunächst klar, dass jede derartige Gruppe Γ benutzt werden kann, um einen Molekelhaufen von der Symmetrie G zu construiren. Besitzt nun Γ keinerlei Untergruppe G', so ist dies allein so möglich, dass eine beliebige Molekel μ sämmtlichen Operationen von Γ unterworfen wird. Die Form und Qualität der Ausgangsmolekel bleiben ganz unbestimmt. Wenn dagegen die Gruppe Γ Punktgruppen G' als Untergruppen enthält, so sind im Allgemeinen mehrere Methoden vorhanden, um einen Molekelhaufen $\mathfrak{H}$ zu erzeugen, dessen Deckoperationen die Gruppe Γ bilden. Wenn nämlich die Gruppe G zu einer Raumtheilung mit einfachen geschlossenen Fundamentalbereichen Φ gehört, so lässt sich ein zur Gruppe Γ gehöriger Molekelhaufen auch mittelst symmetrischer Molekeln erzeugen; die Symmetrie der Molekel muss in diesem Fall mindestens diejenige der Gruppe G' sein, im übrigen aber ist die Molekel nach Form und Qualität beliebig. Jeder Gruppe G' der betrachteten Art entspricht dem Satz XXI zufolge eine andere Structur des Molekelhaufens. Wir erhalten daher so viele Möglichkeiten, Molekelhaufen von der Symmetrie G und der Gruppe Γ zu bilden, als in Γ Untergruppen G' der betrachteten Art existiren. Beachten wir, dass, wie aus dem genannten Satz folgt, für jeden solchen Molekelhaufen die Structur durch die Operationen Γ', die Molekelqualität durch die Gruppe G' bestimmt ist, so ergiebt sich:

Lehrsatz XXII. *Molekelhaufen, deren Symmetrie G, und deren Raumgruppe Γ ist, lassen sich auf so viele Arten bilden, als es in Γ Untergruppen G' giebt, denen eine Raumtheilung in geschlossene Bereiche entspricht. Die Gruppe G' bestimmt die Molekelqualität, die Operationen Γ', aus denen die Gruppe Γ durch Multiplication mit G' entsteht, stellen die Structur dar.*

Der vorstehende Satz ist von ausserordentlicher Wichtigkeit; gegen ihn darf bei der Construction der Molekularstructur eines Krystalles nicht verstossen werden.

Jede hypothetische Structur eines Krystalles muss daher mit ihm in Uebereinstimmung befindlich sein, wenn sie nicht allein eine einzelne Erscheinung erklären, sondern auch die Symmetrie des Krystalles zur Anschauung bringen soll. *Diese Thatsache ist bei der Angabe der Molekelanordnungen, welche einen Krystall darzustellen bestimmt sind, nicht immer beachtet worden.* Dies trifft unter anderm auch diejenigen Molekelhaufen, durch welche **Mallard** die mit Circularpolarisation behafteten Krystalle des tetragonalen resp. regulären Systems erklären will.[1]) Diese Molekelhaufen sind mit einem Gitter des tetragonalen Systems, aber mit asymmetrischer Molekel aufgebaut, ihre Symmetrie kann daher unmöglich durch eine dem tetragonalen System zugehörige Gruppe charactérisirt sein.

§ 24. Wir haben oben bei der Discussion der Raumtheilungen darauf hingewiesen, dass es schliesslich von unserer Auffassung abhängt, ob wir die Bereiche φ oder die grösseren Complexe Φ als die Fundamentalbereiche betrachten. Es ist möglich für die eben erörterten Molekelhaufen ähnliche Ueberlegungen *geometrischer* Art anzustellen. Sie sind denen analog, die wir oben bei der Untersuchung der Bravais'schen Molekelgitter angetroffen haben. Wir haben dort angenommen, dass die in jedem Gitterpunkt vorhandene Molekel aus mehreren getrennten Körperelementen besteht, die aus einem beliebigen durch die Deckoperationen der Molekel hervorgehen. Es liegt nahe, diesem Gedanken auch für die vorstehenden Molekelhaufen nachzugehen, und jede symmetrische Molekel μ in ihre einzelnen Elementarbestandtheile μ', μ'' . . . aufzulösen. Ist G' wieder die Gruppe von μ, resp. von Φ, so hat dies so zu geschehen, dass sich aus einem dieser Bestandtheile μ' alle übrigen durch die Operationen von G' ergeben. In jeden der Bereiche φ, aus denen der Bereich Φ zusammengesetzt ist, tritt dabei je einer dieser Bestandtheile; die Gesammtheit derselben bildet daher denjenigen Molekelhaufen, welcher sich mittelst der Deckoperationen von Γ aus dem beliebigen Elementartheilchen μ' erzeugen lässt.

Umgekehrt ist aber auch ersichtlich, dass ein mittelst der vorstehenden Gruppe Γ aus einer beliebigen Ausgangsmolekel abgeleiteter Molekelhaufen diejenige Auffassung zulässt, von der wir ursprüglich ausgingen. Wie wir nämlich je m Bereiche φ einer einfachen, zu Γ gehörigen Raumtheilung in Gedanken zu einem Bereich Φ zusammenfassen können, so

1) Traité de cristallographie, Bd. 2, S. 320 ff.

lassen sich auch die m Molekeln μ, welche in diesen Bereichen φ liegen, zusammen als eine höhere körperliche Einheit betrachten. Wenn wir dieser Vorstellung Raum geben, so erscheint sofort der Molekelhaufen aus lauter Molekelcomplexen aufgebaut, von denen jeder die Symmetrie der Gruppe G' besitzt. Wir erhalten also den Molekelhaufen, von dem wir oben ausgingen. Wenn wir daher bei den hier betrachteten Molekelhaufen die symmetrischen Molekeln in der angegebenen Weise in Einzelatome auflösen, so ist *eine geometrische Differenz zwischen den Molekelhaufen, die mit beliebiger oder mit symmetrischer Molekel gebildet sind, überhaupt nicht mehr vorhanden.* Die Vorstellung, die wir uns von ihnen bilden, ist wechselnder Natur, sie hängt davon ab, worin wir die letzte individuelle Einheit des Krystallaufbaues erblicken wollen. Hierin haben wir vollständige Freiheit.

Ausdrücklich möge bemerkt werden, dass die Symmetrie des Molekelhaufens dadurch in keiner Weise beeinflusst wird. In der That leuchtet ein, dass die Symmetrie eine geometrische Eigenschaft ist, die unmöglich von der subjectiven Festsetzung darüber abhängig sein kann, worin wir die letzten individuellen Bestandtheile der Molekelhaufen erblicken wollen.

Wenn wir daher mittelst einer Gruppe Γ Molekelhaufen construiren wollen, welche einem Krystall von der Gruppe G entsprechen, so haben wir uns zunächst darüber zu entscheiden, wie wir den Krystallbaustein annehmen wollen, symmetrisch oder nicht. Wie wir eben bewiesen haben, ist dies für den Fall, dass die Gruppe Γ Untergruppen G' besitzt, auf verschiedene Weise möglich; jede Wahl entspricht einer dieser Untergruppen G'. Ist aber diese Wahl einmal erfolgt, so ist damit auch die die Krystallsubstanz bildende letzte Körpereinheit bestimmt; für den mit ihr gebildeten Molekelhaufen unterliegt daher die Einheit des Krystallaufbaues nicht mehr dem Wechsel. Den oben erwähnten geometrischen Zerlegungen und Zusammenfassungen ist daher ein unmittelbarer krystallographischer Sinn für einen aus bestimmten Individuen aufgebauten Molekelhaufen nicht mehr beizulegen. Die Willkür der Auffassung, die sich in ihnen ausspricht, tritt vielmehr krystallographisch darin zu Tage, dass bei der Construction des Molekelhaufens, welcher den Krystall repräsentiren soll, die Wahl der Ausgangsmolekel in gewisser Beziehung unserm Ermessen anheimgestellt bleibt. Uebrigens wird man im Interesse der Anschaulichkeit die Molekeln so weit als möglich zu symmetrischen Bausteinen zusammenfassen. Es folgt:

Lehrsatz XXIII. *Durch jede Untergruppe G' einer Raumgruppe Γ, die zu einer aus geschlossenen Bereichen Φ bestehenden Raumtheilung führt, wird eine andere Auffassung über den Aufbau der Krystallmasse ermöglicht. Sie ist dadurch gekennzeichnet, dass die Structur immer durch die Operationen Γ' repräsentirt wird, welche durch Multiplication mit G' die Gruppe Γ erzeugen, während die Gruppe G' den Krystallbausteinen die durch sie bestimmte Symmetrie aufprägt.*

§ 25. An und für sich lässt sich keine der hiermit angedeuteten molekularen Erzeugungsarten des Krystalles abweisen; man kann daher die Symmetrie eines Molekelhaufens, welcher einen gegebenen Krystall darzustellen geeignet ist, in mannigfacher Weise begründen. Historisch liegt allerdings die Sache so, dass im Wesentlichen nur zwei der bezüglichen Auffassungen zur consequenten Ausgestaltung von Structurtheorien benutzt worden sind. Für die eine ist die Untergruppe G' direct die zu Γ isomorphe Punktgruppe, für die andere ist sie die Identität.

Die erstere Auffassung entspricht der Bravais'schen Gittertheorie. Sie setzt voraus, dass die Molekeln μ, welche den Krystall aufbauen, genau die Symmetrie des Krystalles besitzen. Ist dies nicht der Fall, so verlieren die Molekelhaufen — wenigstens theilweise — ihre Symmetrieeigenschaften; die Bravais'sche Theorie erklärt daher die Symmetrie der Molekelhaufen nur zum Theil aus der Structur. Da sie verlangt, dass die Raumgruppe Γ, welche zur Construction des Molekelhaufens zu benutzen ist, die zu Γ isomorphe Punktgruppe als Untergruppe enthält, so *beschränkt sie sich auf den Gebrauch derjenigen Raumgruppen, welche sich durch Multipli-*

cation der Punktgruppe G mit einer geeigneten Translationsgruppe bilden lassen. Für jede der 32 Krystallclassen sind derartige Raumgruppen vorhanden; wie wir in den vorstehenden Capiteln abgeleitet haben, giebt es für jede Krystallclasse im Allgemeinen so viele, als die Zahl der Translationsgruppen beträgt, welche für das bezügliche Krystallsystem vorhanden sind. Eine Ausnahme tritt nur für das rhomboedrische, tetragonale und hexagonale System ein; für sie giebt es in manchen Fällen mehrere Raumgruppen, welche durch Multiplication der bezüglichen Punktgruppe mit derselben Translationsgruppe entstehen.[1])

Die Auffassung, welche G' als die Identität voraussetzt, ist diejenige, welche sich, wenn man von den allgemeinsten Raumgruppen ausgeht, zunächst darbietet. Für sie repräsentiren die Operationen der Reihe Γ' die Raumgruppe Γ selbst; *jede Raumgruppe Γ kann daher zur Construction solcher Molekelhaufen benutzt werden.* Die Ausgangsmolekel, aus welcher der Molekelhaufen in Folge der Operationen von Γ entsteht, ist beliebig; ihre Form und Zusammensetzung, sowie ihre Wirkungsweise unterliegt keinerlei Bedingungen.[2]) Die Symmetrie dieser Molekelhaufen beruht somit ausschliesslich auf der Structur.

---

1) Vgl. S. 557.

2) Die Molekel kann im Allgemeinen auch symmetrisch angenommen werden, ohne dass sich der Symmetriecharacter des Molekelhaufens dadurch ändert. Es kann jedoch Ausnahmefälle geben. Bisweilen bedingt nämlich eine mit gewisser Symmetrie behaftete Molekel neue Deckoperationen des Molekelhaufens. Man vergleiche z. B. die Erörterungen von § 21. Dies wird bei einem zur Gruppe Γ gehörigen Molekelhaufen immer und nur dann der Fall sein, wenn sich aus Γ eine Gruppe höherer Symmetrie Γ_1 ableiten lässt, und die Molekel eine solche Lage hat, *dass sie durch die erzeugende Operation in sich übergeht.* In diesem Fall hat der Molekelhaufen die Symmetrie der Gruppe Γ_1; er ist von der Art derjenigen, welche wir oben betrachtet haben. Soll daher der Molekelhaufen die Symmetrie Γ erhalten, so haben wir zu vermeiden, dass μ die angegebene Eigenschaft besitzt. Eine eigentliche Beschränkung liegt jedoch hierin nicht vor. Theoretisch nämlich ist die Thatsache, dass höhere Eigenschaften, als diejenigen, welche die Theorie nothwendig vorschreibt, zu höherer Symmetrie führen, selbstverständlich,

Die einzige wirkliche Besonderheit, welche die Theorie der Molekel auferlegt, besteht darin, dass sie für alle Krystalle, welche Symmetrieeigenschaften zweiter Art besitzen, zweier Arten von Molekeln bedarf; die einen sind den andern nach Form und Qualität spiegelbildlich gleich. Dass hierin eine Beschränkung nicht zu erblicken ist, dass vielmehr nur eine natürliche Consequenz der krystallographischen Gleichwerthigkeit der Symmetrieeigenschaften erster und zweiter Art vorliegt, haben wir bereits oben ausgeführt. Hier sei auf eine andere Folgerung hingewiesen. Jeder Molekelhaufen, welcher einen Krystall darstellen soll, der nur Axensymmetrie besitzt, ist aus lauter congruenten Molekeln aufgebaut. Die Krystalle dieser Art haben bekanntlich die Eigenthümlichkeit, in enantiomorphen Formen auftreten zu können. Die Molekelhaufen, welche zwei derartige Krystalle darzustellen geeignet sind, müssen daher einander spiegelbildlich gleich sein; für ihren Aufbau sind also gleichfalls spiegelbildlich gleiche Molekeln zu verwenden, natürlich so, dass jeder einzelne Molekelhaufen sich aus lauter congruenten Individuen zusammensetzt. Dass auch der Windungssinn der Schraubenaxen für beide Molekelhaufen der umgekehrte ist, haben wir oben S. 589 ausgeführt.

Die Gruppen G und die Identität sind die einzigen, welche in jeder der 32 Punktgruppen G als Untergruppen auftreten. Dies hat zur Folge, dass jede der beiden eben geschilderten Theorieen die Symmetrie für jeden Krystall auf die gleiche Weise zu begründen vermag. Dies ist eine Eigenschaft, welche sehr zur Empfehlung derselben beiträgt. Sie erfüllt eine Bedingung formaler Natur, welcher eine einheitliche Theorie zu genügen hat, und befriedigt daher diejenigen Ansprüche, welche wir in erkenntnisstheoretischer Hinsicht jeder Theorie von vornherein stellen müssen. Für jede andere

---

und practisch liegt ja gerade der Schwerpunkt der obigen Theorie darin, dass sie mit symmetrielosen Molekeln operirt. Uebrigens sind derartige selbstverständliche Beschränkungen der Molekelqualität auch der *Bravais*'schen Theorie eigen.

Vorstellung, welche wir für den Aufbau der Krystallsubstanz zu Grunde legen können, trifft dies nicht mehr zu; es giebt keine andere Gruppe G', welche in allen Punktgruppen G als Untergruppe enthalten ist. Damit ist eine andere Möglichkeit, für alle Kystalle eine gleichartige Erklärung der Symmetrie zu geben, ausgeschlossen. In der That operiren diejenigen Auffassungen der Molecularstructur, welche ausser den oben genannten bisher zur Darstellung gelangt sind, bald mit qualitätlosen Molekeln, bald aber mit Molekeln, die mit Symmetrie begabt sind. [1])

§ 26. **Die variablen Grössen der reinen Structurtheorie.** Wir haben in Cap. IV, § 7 ausführlich dargestellt, dass für die *Bravais*'sche Gittertheorie einerseits die Form der Molekel, andrerseits in den meisten Fällen auch das Raumgitter mehrfach ausgewählt werden kann. Damit sind die *variablen Parameter* der Gittertheorie genügend gekennzeichnet. Es fragt sich, welche Variabilität der Molekelhaufen mit derjenigen Theorie vereinbar ist, bei welcher die Symmetrie ausschliesslich auf der Structur beruht und die wir daher als *reine Structurtheorie*, resp. im Gegensatz zur *Gittertheorie* auch als *Structurtheorie im engeren Sinne* bezeichnen können. Hier ist zu bemerken, dass einerseits für jeden Krystall so viele Gruppen Γ zur Verfügung stehen, als der Krystallclasse entsprechen, welcher er angehört, und dass andrerseits *die Molekel in Form und Qualität ganz unbestimmt bleibt.* In der That haben wir ja gesehen, dass die Molekel weder in ihrer Form noch in ihrer Wirkungsweise irgend einer wirklichen Beschränkung unterliegt; die Variabilität derselben ist daher die höchste, die überhaupt möglich ist. Zweitens möge darauf hingewiesen werden, dass die Lage der Ausgangsmolekel μ zum Axensystem der Gruppe Γ, resp. was dasselbe ist, ihre Lage im Fundamentalbereich beliebig angenommen werden kann; je nach dem Platz, welchen μ im Fundamentalbereich einnimmt, ergeben sich Molekelhaufen von anderem Aussehen, und es wäre nicht undenkbar, dass die bezügliche Lagendifferenz gewisse physikalische Eigen-

1) Vgl. S. 593 und 617 ff.

schaften des Krystalls, wie z. B. die Ausbildung der Flächen beeinflusst.[1])

Endlich treffen aber hier auch diejenigen Bemerkungen zu, welche oben bei Gelegenheit der Gittertheorie Platz gefunden haben; wie dort lässt sich, wenn nöthig, die Translationsgruppe so specialisiren, dass ausser der Symmetrie gewisse geometrische Besonderheiten der Krystallgestalten eine Erklärung finden. Es ist nicht nöthig, die dort angestellten Ueberlegungen hier zu wiederholen. Um die Gleichartigkeit dieser Verhältnisse für beide Theorieen in's Licht zu setzen, genügt es, auf die Erörterungen von S. 315 hinzuweisen; sie zeigen, dass für die geometrischen Eigenthümlichkeiten, die in dem bevorzugten Auftreten gewisser Krystallflächen, in der Ausbildung der Grenzformen u. s. w. zu Tage treten, beide Theorieen übereinstimmende Erklärungen liefern.

§ 27. **Unmöglichkeit anderer Structurtheorieen, welche mit regelmässigen Molekelhaufen operiren.** Diejenigen Structurtheorieen, welche mit lauter gleichartigen Molekeln operiren, sei es dass sie congruent oder auch spiegelbildlich gleich sind, haben wir im vorstehenden eingehend dargestellt. Es erübrigt, den Versuch zu machen, ob wir dadurch zu neuen Theorieen gelangen, dass wir Molekelhaufen zu Grunde legen, die sich aus mehreren verschiedenen Molekelarten aufbauen. Ein solcher Versuch schlägt fehl.

Wir definiren, wie nothwendig, den Symmetriecharacter eines Molekelhaufens wiederum durch die Deckoperationen, die ihn in sich überführen, resp. durch die von ihnen gebildete Gruppe Γ. Merken wir zunächst an, dass wir im Besitz aller dieser Gruppen sind; jede von ihnen findet sich unter denjenigen, die wir abgeleitet haben. Die Deckoperationen des Molekel-

---

1) Die drei Tetartoedrien, welche Wulff innerhalb des regulären Systems aufgestellt hat, unterscheiden sich nur nach der Lage des Constructionspunktes im Fundamentalbereich. Vgl. Ueber die Existenz verschiedener Tetartoedrien im regulären System, Zeitschr. für Krystall. Bd. 13, S. 276. Ueber das Verhältniss derartiger Begriffsbestimmungen zu den gewöhnlichen Principien der Systematik vgl. S. 319 und S. 557 dieser Schrift.

haufens sind so zu verstehen, dass jede Molekel nur in gleichartige Molekeln, d. h. congruente resp. spiegelbildlich gleiche übergeht. Es seien

$$\alpha,\ \beta,\ \gamma\ \ldots$$

die verschiedenen Molekeln, oder genauer gesprochen solche, die nicht mit einander zur Deckung gelangen. Wir fassen wieder die zur Gruppe Γ gehörige Raumtheilung, resp. ihren Fundamentalbereich φ ins Auge. Derselbe ist dadurch definirt, dass er von allen verschiedenwerthigen Punkten des Raumes in seinem Innern je einen enthält; es muss daher auch von jeder Molekelart je eine in ihm liegen, wir können diese Molekeln geradezu durch

$$\alpha,\ \beta,\ \gamma\ \ldots$$

bezeichnen. Daraus folgt, auf Grund der Untersuchungen von § 17 ff., dass der ganze Molekelhaufen auf die Art erzeugt werden kann, dass diese Molekeln den sämmtlichen Deckoperationen der Gruppe Γ unterworfen werden.

Ist k der Complex, welcher von den Molekeln α, β, $\gamma\ldots$ gebildet wird, so setzt sich der gesammte Molekelhaufen aus lauter solchen gleichartigen Complexen k zusammen. Nun haben wir oben gesehen, dass für die allgemeinen regelmässigen Molekelhaufen, die sich aus der Molekel μ durch die Operationen von Γ ergeben, die Molekelqualität gänzlich unbestimmt bleibt; es hindert also nichts, anzunehmen, dass μ aus einzelnen Bestandtheilen verschiedener Art besteht. Diese Annahme dürfte sich in den allermeisten Fällen geradezu als eine Nothwendigkeit herausstellen. Mit andern Worten, wir dürfen festsetzen, dass wir unter der Molekel μ die Gesammtheit aller Körperelemente verstehen wollen, welche sich innerhalb des Fundamentalbereichs befinden. Von diesem Gesichtspunkt aus bedeutet es aber nur eine Differenz im Ausdruck, ob wir annehmen, der Molekelhaufen sei aus einem einzigen oder aus mehreren verschiedenen Bausteinen aufgebaut; durch Einführung mehrerer Constructionselemente verschiedener Art können daher Molekelhaufen von neuer, sonst nicht vorhandener Structur nicht auftreten. Damit ist die oben ausgesprochene Behauptung in ihrem ganzen Umfange erwiesen.[1])

§ 28. **Vergleich der Gittertheorie und der reinen Structurtheorie.** Handelt es sich darum zu prüfen, welcher Theorie der Vorzug zu ertheilen ist, so können verschiedene Gesichtspunkte in Frage kommen. Was zunächst die Grundgedanken betrifft, so läuft der Kunstgriff, den Bravais benutzte, darauf hinaus, den Molekeln dieselbe Symmetrie beizulegen, welche der Krystall besitzt. Er stattet die kleinsten Theilchen genau mit denjenigen Eigenschaften aus, deren Vorkommen erklärt werden soll; ein Verfahren, das häufig angewendet zu werden pflegt, um die physikalischen Erscheinungen unserm Verständniss näher zu bringen und oftmals den ersten Versuch in dieser Richtung darstellt. Dem gegenüber bedeutet der Wiener-Sohncke'sche Grundgedanke, indem er zur Erklärung der Symmetrie die Structur allein in's Auge fasst, und die *Forderung* stellt, hierfür ganz auf die Qualität der Molekel zu verzichten, einen bedeutenden erkenntnisstheoretischen Fortschritt. Die an diesen Gedanken anschliessende Auffassung ist daher durch eine grössere Vertiefung des Problems und ein geringeres Maass von Vorassetzungen

---

1) Solche Systeme sind von *Barlow* zum Zweck der Erklärung der Krystallsymmetrie angegeben worden; vgl. Probable nature of the internal symmetry of crystals, Nature Bd. 29, S. 106 und 205, sowie A theory of the connection between the crystal form and the atom composition of chemical compounds, Chem. News, Bd. 53, S. 3 und 16. Eine Verallgemeinerung dieser Structuren bildet die *Sohncke*'sche Erweiterung seiner Theorie, Zeitschr. f. Krystall., Bd. 14, S. 426 ff. Dieselbe lautet: „Ein Krystall (unendlich ausgedehnt gedacht) besteht aus einer endlichen Anzahl in einander gestellter regelmässiger Punktsysteme, welche sämmtlich gleich grosse und gleich gerichtete Deckschiebungen besitzen." Ueber die Tragweite dieser Formulirung vgl. ausser dem obigen Text noch § 31 dieses Capitels. Der Mangel derselben beruht darin, dass nicht die geometrisch concipirten Punktsysteme das eigentliche Substrat der krystallographischen Untersuchungen bilden, sndern die wirklichen Molekelhaufen, und zwar macht sich dieser Mangel besonders dann geltend, wenn man, wie vielfach geschehen, die krystallographische Beziehung der Punktsysteme zu den Molekeln mehr oder weniger aus den Augen verliert.

ausgezeichnet. Sie besitzt überdies noch einen weiteren Vorzug vor der Gittertheorie, der darin besteht, dass sie zu *sämmtlichen* regelmässigen Structuren und Molekelhaufen führt, während die Gittertheorie, wie wir auf S. 598 erörtert haben, nur die einfachsten Arten zu Rathe zieht. Auch dürfen wir für sie das von Sohncke ausgesprochene Argument anführen, dass es willkürlich ist, bei allen Krystallen ohne Ausnahme die Structur als raumgitterartig vorauszusetzen, und dies um so mehr, als andere regelmässige Structuren in der Natur wirklich vertreten sind. „Warum sollte z. B. nicht diejenige Structur möglich und sogar wahrscheinlich sein, bei der die Molekelcentra ein Netz von regelmässigen Sechsecken bilden, wie die Bienenzellen; und doch ist eine solche Anordnung bei Annahme der Raumgitterstructur ausgeschlossen."

Diesen Thatsachen gegenüber, welche zu Gunsten der reinen Structurtheorie zu sprechen scheinen, wollen wir aber nicht verfehlen, darauf hinzuweisen, dass die Bravais'sche Gittertheorie ihrerseits den Vorzug theoretischer Einfachheit und Anschaulichkeit besitzt. Vielleicht wird sich im Allgemeinen der Krystallograph zur letzteren, der Mathematiker zur ersteren hingezogen fühlen. Das letzte Wort kann allerdings nur an der Hand krystallographischer Erfahrungen gesprochen werden. Es genügt nämlich nicht, wenn der Molekelhaufen, welcher den Krystall darzustellen bestimmt ist, die Symmetrie des Krystalles wiederspiegelt; es müssen sich vielmehr auch die sämmtlichen physikalischen resp. chemischen Eigenschaften aus seiner Eigenart erklären lassen. Dies wird einerseits von der Structur des Haufens, andrerseits von der besonderen Natur der Molekel abhängen; Structur und Molekelqualität müssen daher, soll die Theorie wirklich brauchbar sein, zweckentsprechend angenommen werden können. Eine Theorie wird demnach nur dann eigentlichen krystallographischen Werth beanspruchen dürfen, wenn es im Rahmen derselben in allen Fällen möglich ist, die Structur so auszuwählen, und Form und Qualität der Molekeln so zu specialisiren, wie es durch die Natur der physikalischen resp. chemischen Erscheinungen unbedingt gefordert wird.

§ 29. Dass den Molekeln, welche die Bildner der Krystallsubstanz sind, in jedem Fall bestimmte Qualitäten zukommen, und dass in ihnen die eigentliche Ursache für das Zusammentreten zu dieser oder jener Structurform zu erblicken ist, ist evident. Die mathematischen Erörterungen der Structurtheorie haben bisher davon abgesehen, das hierin eingeschlossene mechanische Problem zu lösen und auf Grund der Ausgangshypothese die Entstehung der Krystallmasse physikalisch zu erklären. Sind die hiermit aufgeworfenen Fragen augenscheinlich auch diejenigen, deren Untersuchung der Theorie erst einen physikalischen Werth zu sichern im Stande ist, so ist doch einleuchtend, dass der Natur der Sache nach zuerst genau festgestellt werden muss, welche speciellen Annahmen über die Molekelqualität jede einzelne Theorie implicite enthält, ehe man versuchen mag, das weitere Ziel, nämlich die mechanische Begründung der Structur zu erreichen. Dies ist einer der Gesichtspunkte, von welchen aus die Darstellung des vorliegenden Werkes Anordnung und Gestalt erhalten hat. Die Absicht war, die vorstehend präcisirte mathematische Seite der Theorie abschliessend zu bearbeiten. Zu diesem Zweck haben die einschlägigen Verhältnisse diejenige eingehende Prüfung erfahren, welche nothwendig schien, um alle hiermit zusammenhängenden Fragen unzweideutig zu beantworten. Allerdings bedurfte es hierfür ziemlich umfangreicher mathematischer Voruntersuchungen, im besondern derjenigen, welche den Isomorphismus der Punktgruppen und Raumgruppen betreffen; sie sind es eigentlich, welche die gewünschte Antwort auf alle den Symmetriecharacter der Molekelhaufen betreffenden Fragen ermöglichen. Es genügt nicht, sich durch Construction gewisser Punktsysteme oder Molekelhaufen ein *geometrisches Abbild* der molekularen Beschaffenheit der Krystalle zu verschaffen; erst eine zwingende Darstellung der Symmetrieverhältnisse in exacter mathematischer Form kann der Theorie denjenigen Abschluss geben, welcher erforderlich ist, um über ihre Zulänglichkeit resp. ihren Werth endgiltig zu urtheilen.

Von physikalischen Fragen sind eingehender besonders diejenigen an der Hand der Structurtheorie behandelt worden, welche sich auf die Lage der Spaltungsebenen und der Krystallflächen beziehen. Für sie wird das bereits von Bravais ausgesprochene Princip zu Grunde gelegt, dass jede Ebene, welche unendlich viele Punkte des bezüglichen Punktsystems enthält, die Richtung einer möglichen Krystallfläche, resp. Spaltungsebene darstellen kann (vgl. Études cristallographiques, S. 167). Ueber die besonderen Bedingungen, unter denen sich diese Ebenen am leichtesten ausbilden, sind von Bravais und Sohncke verschiedene Annahmen gemacht worden; vgl. Sohncke, Ueber Spaltungsflächen und natürliche Krystallflächen (Zeitschr. f. Kryst. Bd. 13, S. 214). Vgl. über diese Fragen auch Mallard, traité de cristallographie, Bd. I, S. 302 ff., sowie die folgenden Abhandlungen: Haag, Die regulären Krystallkörper (Programm des Gymnasiums zu Rottweil, 1887) und Anordnung der Massenpunkte in den Flächen regulärer Krystalle (Zeitschr. f. Krystall., Bd. 15, S. 585), endlich L. Wulff, Beiträge zur Krystallstructurtheorie (Zeitschr. f. Krystall., Bd. 15, S. 366).

Man hat auch bereits angefangen, für gewisse Substanzen diejenigen Punktsysteme resp. Molekelhaufen anzugeben, deren Structur sich zur Erklärung ihres physikalischen Verhaltens am meisten eignet. Das Verdienst, hierin vorangegangen zu sein, gebührt Sohncke; in der eben genannten Abhandlung (S. 230) wird dem Quarz die Structur desjenigens Molekelhaufens zugewiesen, welcher der Gruppe $\mathfrak{D}_3^4$ entspricht. Wegen der Circularpolarisation des Quarzes liegt es nämlich nahe, sich vorzustellen, dass er Schraubenstructur aufweist; Raumgruppen mit Schraubenstructur von der für den Quarz characteristischen Symmetrie der Gruppe D_3 giebt es aber nur je zwei verschiedene Typen, nämlich $\mathfrak{D}_3^3$ und $\mathfrak{D}_3^5$ einerseits, und $\mathfrak{D}_3^4$ und $\mathfrak{D}_3^6$ andrerseits; von ihnen haben beide Gruppen desselben Typus verschiedenen Windungssinn, was dem entspricht, dass sie rechtsdrehende und linksdrehende Quarze darstellen würden. Nun sind nach Sohncke die Gruppen $\mathfrak{D}_3^3$ und $\mathfrak{D}_3^5$ zu verwerfen, also bleiben nur die andern als zulässige Gruppen übrig. Dass nur die hier genannten Gruppen für den Quarz in Frage kommen können, war schon in der Theorie der Krystallstructur S. 244 erwähnt worden.

In neuester Zeit hat sich auch Fedorow mit der Zuweisung von gewissen Raumgruppen an bestimmte Krystalle beschäftigt, und zwar in erster Linie zu dem Zweck, die viel erörterten anomalen optischen Erscheinungen zu erklären. (Vgl. hierüber einen in den Verhandlungen der Petersburger mineralogischen Gesellsch. December 1890 in russischer Sprache erschienenen Aufsatz.) Danach werden dem *Leucit*, *Boracit*, *Perowskit* bei hoher Temperatur die Raumgruppen $\mathfrak{O}_h^2$, $\mathfrak{T}_d^4$, $\mathfrak{T}_h^2$ des regulären Systems zugetheilt, während sie bei gewöhnlicher Temperatur durch die Gruppen $\mathfrak{D}_{4,h}^4$

und $\mathfrak{B}_d^1$ des tetragonalen Systems, resp. durch die Gruppe $\mathfrak{B}_h^2$ des rhombischen Systems darzustellen sind.

Schliesslich möge für die krystallographische Erörterung der molekularen Structurtheorieen noch auf die Groth'sche Rede über die Molekularbeschaffenheit der Krystalle hingewiesen werden (München, 1888).

§ 30. Die vorstehenden Erörterungen legen es nahe, zum Schluss eine kurze Skizze der beiden Theorieen folgen zu lassen, die im besondern auch die Beschaffenheit der constituirenden Molekeln in's Auge fasst. Bemerken wir zunächst, dass für die Molekel in letzter Linie nur ihre physikalische Wirkungsweise, resp. das sie regelnde Gesetz in Frage kommt, so dass, wenn von der Symmetrie der Molekeln die Rede ist, darunter die symmetrische Art ihres physikalischen Verhaltens zu verstehen ist, so erhalten wir folgende Darstellungen:

I. Die Gittertheorie. Sie setzt voraus, dass für jeden Krystall die Molekeln raumgitterartig angeordnet sind. Alle Molekeln, aus denen der Krystall sich aufbaut, sind einander congruent. Jede Molekel ist mit Symmetrie begabt, im übrigen aber beliebig; und zwar entspricht ihre Symmetrie genau der Symmetrie des Krystalls. Die Symmetrie des Molekelhaufens beruht nur zum Theil auf der Structur, zum andern Theil auf der Symmetrie der Molekel. Dies gilt für jede mögliche Krystallclasse.

II. Die Structurtheorie. Sie bedarf keinerlei Annahmen über die Qualität der Molekeln, die physikalische Wirkungsweise derselben unterliegt keinerlei wesentlicher Beschränkung.[1]) Dagegen nimmt sie an, dass die Molekeln in zwei verschiedene Arten zerfallen, so dass die der einen Art denen der andern Art spiegelbildlich gleich sind. Aus ihnen sind die Krystalle zu gleichen Theilen aufgebaut, mit Ausnahme derjenigen, welche nur Symmetrieaxen besitzen, die also in enantiomorphen Gestalten auftreten können. Diese bestehen aus lauter unter sich congruenten Molekeln. Von zwei enantiomorphen Krystallen wird der eine allein von Molekeln der einen Art, der andere von Molekeln der andern

---

1) Vgl. die Anmerkung zu S. 607.

Art gebildet. Die Symmetrie des Molekelhaufens beruht für alle Krystallclassen *allein* auf der Structur.[1])

Uebrigens ist zu bemerken, dass die Gittertheorie zum Aufbau zweier enantiomorphen Krystalle in derselben Weise Molekeln von zweierlei Typus verwenden muss, wie die eigentliche Structurtheorie.

Wir können uns daher, was die oben (S. 612) aufgestellte Forderung anlangt, schliesslich folgendermassen aussprechen. Da bei der eigentlichen Structurtheorie die Symmetrie ihre Erklärung einzig und allein in der Structur findet, während im Gegensatz hierzu für jede specielle physikalische oder chemische Eigenschaft des Krystalles die Qualität der Molekel vollständig zur Disposition steht, so ist die bezügliche Forderung für diese Theorie augenscheinlich stets erfüllt. Für die Gittertheorie braucht dies jedoch an und für sich nicht immer der Fall zu sein. Ob allerdings bereits physikalische Thatsachen vorliegen, welche sich nicht mehr auf Grund der Bravais'schen Hypothese erklären lassen und daher mit Nothwendigkeit zwingen, die reine Structurtheorie zu acceptiren, darüber dürfte zur Zeit ein abschliessendes Urtheil noch nicht möglich sein.

§ 31. **Sohncke's erweiterte Theorie.** Wir haben bereits in § 21 gesehen, dass bei der ursprünglichen Sohncke'schen Theorie die Symmetrie nicht für alle Krystalle ausschliesslich auf der Structur beruht, dass vielmehr zur Erzeugung der Molekelhaufen, welche auch Symmetrieeigenschaften zweiter Art besitzen, symmetrische Molekeln benutzt werden. Die Symmetrie der Molekel besteht entweder in der Existenz einer Symmetrieebene, oder eines Symmetriecentrums; der erzeugende Constructionspunkt M wird nämlich immer in diejenige Symmetrieebene, resp. in dasjenige Symmetriecentrum gelegt, durch welches aus der Bewegungsgruppe Γ in der in

1) Die von Baumhauer ausgesprochene Ansicht, dass jeder holoedrische Krystall als eine Art von Zwilling zu betrachten sei, stimmt im Princip mit den Anschauungen der reinen Structurtheorie überein. Vgl. Zeitschr. f. Kryst., Bd. 17.

den früheren Capiteln angegebenen Weise die Gruppe höherer Symmetrie Γ_1 erzeugt wird.

Gegen diese Methode ist von L. Wulff der Einwand erhoben worden, dass sie uns im Fall der paramorphen Hemiedrie des rhomboedrischen Systems (resp. der rhomboedrischen Tetartoedrie des hexagonalen Systems) im Stiche lässt. Dies ist jedoch nur scheinbar ein berechtigter Einwand.[1]) Diese Hemiedrie entspricht nämlich der Gruppe C_3^i, welche durch Multiplication der Gruppe C_3 mit der Inversion $\mathfrak{J}$ entsteht. Die ihr isomorphen Raumgruppen sind die Gruppen $\mathfrak{C}_{3,i}^1$ und $\mathfrak{C}_{3,i}^2$; jede derselben ergiebt sich durch Multiplication einer Gruppe $\mathfrak{C}_3$ mit einem Symmetriecentrum, die eine aus $\mathfrak{C}_3^1$, die andere aus $\mathfrak{C}_3^4$. Um die Begriffe zu fixiren, fassen wir die Gruppe $\mathfrak{C}_3^1$ in's Auge. Das Symmetriecentrum kann (vgl. Fig. 60 auf S. 461), wie Cap. IX, § 5 nachgewiesen, in die dreizählige Axe a gelegt werden; wir haben aber a. a. O. gezeigt, dass auch zwischen zwei Axen b und c je ein Symmetriecentrum fällt. Legt man daher den erzeugenden Constructionspunkt M in die Mitte zwischen B und C und unterwirft den Punkt M den Operationen der Gruppe $\mathfrak{C}_3^1$, so ergiebt sich ein Punktsystem, für welches nicht allein die Operationen der Gruppe $\mathfrak{C}_3^1$, sondern vielmehr diejenigen der Gruppe $\mathfrak{C}_{3,i}^1$ die zugehörigen Deckoperationen sind. Keiner der Punkte des Systems fällt in eine Drehungsaxe, die durch den Punkt M repräsentirte Molekel μ unterliegt daher nur der Bedingung, centrische Symmetrie anzunehmen, entsprechend den andern Sohncke'schen Punktsystemen mit Symmetrieeigenschaften zweiter Art.

In Folge des Wulff'schen Einwandes hat Sohncke seine Theorie in der Richtung erweitert, statt eines erzeugenden Constructionspunktes n verschiedene krystallographisch nicht gleichwerthige Ausgangspunkte anzunehmen. Wenn wir die Erweiterung dahin präcisiren, *zwei* Constructionspunkte, resp. zwei geeignete Ausgangsmolekeln in geeigneter Lage anzunehmen, so lässt sich zeigen, dass man mit der so er-

1) Vgl. S. 621.

weiterten Theorie wirklich zu allen überhaupt möglichen Structuren gelangen muss. Es ist leicht, die Richtigkeit dieser Behauptung zu bestätigen. Beachten wir, dass die Raumgruppen, mit welchen die Sohncke'sche Theorie operirt, nur die Bewegungsgruppen sind, und fassen zunächst die oben betrachteten Molekelhaufen in's Auge, die aus einer Bewegungsgruppe Γ mittelst des in besonderer Lage befindlichen Punktes M abgeleitet sind. Werden statt des Punktes M zwei verschiedene Punkte M' und M'' benutzt, die symmetrisch zu demjenigen Symmetrieelement liegen, mit welchem M zusammenfällt, so zerfällt dadurch die durch M vertretene symmetrische Molekel μ in zwei Molekeln μ' und μ'', die einander spiegelbildlich gleich sind; der zugehörige Molekelhaufen kann daher auch aus einer der beiden Molekeln durch alle Operationen derjenigen Gruppe Γ_1 erzeugt werden, welche aus der Bewegungsgruppe Γ durch Multiplication mit dem bezüglichen Symmetrieelement hervorgeht. Beispielsweise sind in dem oben betrachteten Fall der Gruppe $\mathfrak{C}_3{}^1$ die beiden Molekeln μ' und μ'' so zu legen, dass ihre Verbindungslinie durch die Mitte von BC geht und in diesem Punkt halbirt wird; alsdann entsteht der bezügliche Molekelhaufen sowohl aus der einen Molekel μ' mittelst der Operationen von $\mathfrak{C}_{3,i}{}^1$, als auch aus μ' und μ'' mittelst der Operationen von $\mathfrak{C}_3{}^1$. Jeder Punkt, in welchen der Mittelpunkt M des Molekelpaares μ' und μ'' gelangt, ist ein Symmetriecentrum des gesammten Molekelhaufens.

Aehnliche Verhältnisse greifen bei denjenigen Molekelhaufen Platz, für welche die erzeugende Gruppe keine einfache Operation zweiter Art enthält, d. h. weder eine Spiegelung, noch eine Inversion. Es ist das zweckmässigste, die bezügliche Betrachtung an ein Beispiel anzuknüpfen. Liegt z. B. die Gruppe $\mathfrak{C}_{3,v}{}^3$ vor, welche aus $\mathfrak{C}_3{}^1$ durch Multiplication mit der Operation $\mathfrak{S}_s(\tau)$ entsteht, und ist μ' die Constructionsmolekel und μ'' diejenige, welche aus μ' durch die Operation $\mathfrak{S}_s(\tau)$ entsteht, so ergeben sich alle mit μ' congruenten Molekeln, wenn μ' den Bewegungen von $\mathfrak{C}_3{}^1$ unterworfen wird, und auf dieselbe Weise entstehen die mit μ'' congruenten Molekeln. Der von den Molekeln μ' und μ'' gebildete Molekelhaufen kann daher wiederum auf zwei verschiedene Arten erzeugt werden, entweder aus der Molekel μ' mittelst der Gruppe $\mathfrak{C}_{3,v}^{3}$, oder aber aus den beiden Molekeln μ' und μ'' mit Hilfe der Gruppe $\mathfrak{C}_{3}^{1}$. Welche Erzeugung resp. welche Auffassung des Molekelhaufens aber auch zu Grunde gelegt wird, so kann doch, wie nochmals ausdrücklich bemerkt werden möge, die Symmetrie desselben dadurch nicht modificirt werden.

Den vorstehenden Betrachtungen ist Sohncke bei der Construction des Molekelhaufens für die oben genannte Krystallclasse ebenfalls gefolgt. Doch hat er nicht erkannt, dass es ausreicht, die erweiterte Theorie auf diejenigen Fälle zu beschränken, die wir im vorstehenden besprochen haben, und dass es sich in allen diesen Fällen darum handelt, zwei spiegelbildlich gleiche Molekeln in geeigneter Lage zur Construction zu verwenden.[1]) Es ist dies darin begründet, dass die oben (S. 599) als nothwendig erkannte Untersuchung des Symmetriecharacters der bezüglichen Molekelhaufen von ihm nicht für alle Fälle principiell erledigt wurde. Andrerseits hat aber auch eine irrthümliche Auffassung der Bedeutung des n-Punktners für die Symmetrie des Molekelhaufens hierzu beigetragen.

Die Verwendung der n-Punktner hat nämlich in den meisten Fällen gar nicht den Zweck, die Symmetrie des Molekelhaufens positiv zu beeinflussen, sie dient vielmehr dazu, Molekeln anzudeuten, die gewisse Eigenschaften *nicht* besitzen.[2]) Dies findet z. B. bei solchen Punktsystemen statt, welche nur Drehungsaxen einer einzigen Richtung besitzen, deren Gruppen Γ also durch Multiplication einer Gruppe C_n mit einer geeigneten Translationsgruppe entstehen. Eine solche Gruppe ist z. B. die Gruppe $\mathfrak{C}_{4}^{1}$, welche nur vierzählige und zweizählige Drehungsaxen enthält. Für die aus ihr abgeleiteten *Punktsysteme*

---

1) Welche Lagen hierfür nothwendig und hinreichend sind, wird eben durch die Aufstellung aller überhaupt möglichen Raumgruppen angegeben. Vgl. noch S. 625.

2) Vgl. Erweiterung der Theorie der Krystallstructur. Zeitschr. f. Krystall., Bd. 14, S. 435 ff.

giebt es Symmetrieebenen senkrecht zur Axenrichtung, was daraus ersichtlich ist, dass sowohl die Gruppe C_4, wie auch die Translationsgruppe und der Punkt durch Spiegelung an diesen Ebenen in sich übergeht.[1]) Jede Netzebene ist eine solche Symmetrieebene, aber natürlich nur so lange, als wir mit wirklichen Punkten operiren; der *Molekelhaufen*, der mit beliebigen Molekeln gebildet ist, besitzt diese Symmetrieebenen im Allgemeinen nicht. Um nun ein Punktsystem zu erhalten, welches ebenfalls von der genannten Symmetrie frei wird, verwendet Sohncke einen Zweipunktner als Element des Aufbaues[2]), und zwar einen solchen, der nicht symmetrisch zu einer Hauptebene liegt. Es ist aber evident, dass der Zweipunktner der Molekel, die er vertritt, keine positive Qualität auferlegt; er soll vielmehr nur ausdrücken, dass ihr eine gewisse Qualität nicht zukommen darf. Die hierdurch skizzirte Benutzung von n-Punktnern ist daher, sobald man festhält, dass der Punkt eine beliebige Molekel andeuten soll, überflüssig; sie konnte nur deshalb als nothwendig erscheinen, weil man nicht beachtete, dass, wenn die den Punktsystemen zugehörige Symmetrie stillschweigend auch den Molekelhaufen beigelegt wird, die Molekel dadurch aufhört, ein von Symmetrieeigenschaften freier Körper zu sein.

Hiernach wird es nun deutlich, wie der Wulff'sche Einwand entstanden ist. Es ist nämlich klar, dass das *Punktsystem*, welches aus der oben angenommenen Molekel M durch die Gruppe $\mathfrak{C}_3^1$ hervorgeht, in der Netzebene, welche M enthält, eine Symmetrieebene besitzt, so dass die Symmetrie des Punktsystems nicht durch die Gruppe $\mathfrak{C}_{3,i}^1$, sondern, wie leicht ersichtlich, durch die Gruppe $\mathfrak{C}_{6,h}^1$ dargestellt wird. Für den-

1) Hierauf, sowie auf die Schwierigkeit, die daraus beim Operiren mit Punktsystemen erwächst, hat Sohncke bereits in der Theorie der Krystallstructur mehrfach hingewiesen; vgl. z. B. das Capitel über hemimorphe Krystalle, S. 199 ff.

2) Vgl. a. a. O. S. 435 ff. Es ist klar, dass die mit Zweipunktnern gebildeten Punktsysteme als geometrische Gebilde wirklich die Symmetrie besitzen, die den bezüglichen hemimorphen Krystallclassen entspricht.

jenigen aus $\mathfrak{C}_3^1$ entstehenden *Molekelhaufen* dagegen, dessen Ausgangsmolekel μ nur Punktsymmetrie besitzt, ist dies nicht der Fall; bei beliebiger Lage von μ können ihm die Deckoperationen der Gruppe $\mathfrak{C}_{6,h}^1$ nicht zukommen.

Der erste Versuch, eine consequente Theorie auszugestalten, welche die Symmetrie der Structur ausschliesslich durch die Structur begründet, ist in der vielfach genannten Schrift von Sohncke, Theorie der Krystallstructur, 1879, enthalten. Auf die zur Construction derselben benutzten regelmässigen Punktsysteme hatte schon vorher Chr. Wiener in dem Werke: Grundzüge der Weltordnung, 1868, Bd. 1, S. 82 ff. hingewiesen. Die Nothwendigkeit, die Sohncke'sche Theorie so auszubilden, wie es durch die reine Structurtheorie im engeren Sinn geschieht, wurde wohl zuerst von C. E. Fedorow betont. Dem Verfasser dieser Schrift gegenüber wurde der bezügliche Gedanke gesprächsweise von F. Klein erörtert. Eine dem entsprechende Darstellung der einschlägigen Fragen ist in den Göttinger Nachrichten enthalten, vgl. Beitrag zur Theorie der Krystallstructur, 1888, S. 483, sowie Ueber das gegenseitige Verhältniss der Theorieen über die Structur der Krystalle, 1890. Vgl. ferner eine Arbeit von Blasius, Ueber die Beziehungen zwischen den Theorieen der Krystallstructur, Ber. d. phys. math. Classe der Münch. Ak., 1889, Bd. 19, S. 47, die jedoch nicht frei von Mängeln ist.

Für die mathematischen Untersuchungen vgl. man C. Jordan, Sur les groupes de mouvements, Ann. di mat., Serie 2, Bd. 2 (1869), sowie die in Bd. 28, 29, 34 der math. Ann. erschienenen Arbeiten des Verfassers. In der letzteren fehlen, wie Fedorow bemerkt hat, die Gruppen $\mathfrak{C}_s^2$, $\mathfrak{C}_s^4$ und $\mathfrak{T}_d^6$, während die Gruppe $\mathfrak{V}_d^4$ doppelt gezählt ist.

Eine Schrift von Fedorow, welche eine vollständige Ableitung aller Raumgruppen und ihre Beziehung zur Krystallsymmetrie enthält, ist 1890 unter dem Titel: „Symmetrie der regelmässigen Systeme von Figuren" in russischer Sprache erschienen.

§ 32. **Die Mallard'schen Structurformen.** Zum Schluss gehen wir auf diejenigen Anschauungen etwas näher ein, welche Mallard zur Erklärung der optischen Anomalieen und des bei vielen krystallisirenden Substanzen auftretenden Dimorphismus resp. Polymorphismus aufgestellt hat.[1]) Wir

1) Explication des phénomènes optiques anomaux. Annales des Mines, Bd. 10, S. 60 ff. (1876), sowie: Sur les propriétés optiques des mélanges cristallins de substances isomorphes. Ebd. Bd. 19, S. 256 ff. 1881.

behandeln sie nur aus dem Grunde erst an dieser Stelle, *weil die Mallard'sche Hypothese die Forderung der regelmässigen Anordnung fallen lässt;* manche der Mallard'schen Structuren stimmen allerdings doch wiederum mit regelmässigen Molekelhaufen allgemeinster Art überein.

Die Mallard'schen Vorstellungen knüpfen an die Bravais'sche Theorie an. Von denjenigen Krystallen, denen man eine Grenzform zuschreibt, nimmt man bekanntlich an (S. 317), dass für ihren Aufbau ein Gitter höherer Symmetrie mit einer Molekel niederer Symmetrie zur Verwendung gelangt. Diese Grenzformen sind es, welche den Ausgangspunkt der Mallard'schen Untersuchungen ausmachen.

Um die Begriffe zu fixiren, denken wir uns einen „pseudoregulären" Krystall, d. h. einen solchen, dessen geometrischer Character auf das reguläre System hinweist, während seine physikalische Symmetrie seine Zuweisung zu einem niederen System, beispielsweise zum triklinen verlangt, allerdings mit der Massgabe, dass auch das physikalische Verhalten nur wenig von dem Character des regulären Systems abweicht. Zum Aufbau dieses Krystalles benutzt Mallard[1]) ein Gitter des regulären Systems und eine Molekel, die zwar unsymmetrisch ist, aber in ihrer Qualität doch einem regulären Polyeder sehr nahe kommt, und die wir uns zweckmässig als ein deformirtes reguläres Polyeder (Würfel, Octaeder u. s. w.) vorstellen können. Diese Molekel wird bei der Drehung um die Symmetrieaxen des Gitters nicht mehr mit sich zur Deckung gelangen; doch lässt sich behaupten, dass sich ihre so erhaltenen Lagen nur wenig von einander unterscheiden, und dasselbe ist der Fall, wenn eine Spiegelung gegen eine Symmetrieebene des Gitters eintritt. Wir erhalten auf diese Weise im Ganzen 48 *verschieden orientirte* Molekeln[2]), und alle diese Molekeln können, wie Mallard annimmt, in einem und demselben Molekelhaufen als Krystallbausteine auftreten. Das

---

1) a. a. O. Bd. 10, S. 162 ff.

2) Mallard operirt allerdings nur mit denjenigen 12 verschieden orientirten Molekeln, welche sich durch die Drehungen der Tetraedergruppe ergeben.

Gesetz ihrer Vertheilung kann die mannigfachsten Formen annehmen. Es kann einerseits vorkommen, dass übereinstimmend mit der Anschauung der Bravais'schen Theorie jede dieser 48 Molekeln einen besonderen Krystall bildet; es kann aber auch vorkommen, dass ein einheitlicher Krystall ein mehr oder weniger inniges Gemisch obiger 48 verschiedenen Krystalle darstellt und dadurch entsteht, dass sich die letzteren mehr oder weniger regelmässig in kleineren oder grösseren Bestandtheilen neben einander lagern.[1])

Es versteht sich von selbst, dass hier von einem regelmässigen Aufbau der Krystallmasse nicht mehr die Rede sein kann. Andrerseits ist aber klar, dass die so construirte Krystallsubstanz dasjenige dem regulären System nahekommende physikalische Verhalten zeigen wird, welches dem bezüglichen Krystall eigen ist; denn dies trifft augenscheinlich für jede der kleinen Partikeln zu, aus denen sich der Krystall zusammensetzt.

Für die Art, in welcher die 48 Individuen einander durchdringen, lässt Mallard die verschiedensten Möglichkeiten und graduellen Unterschiede zu. Da erhebt sich sofort die theoretische Frage, in welchen Fällen sich regelmässige Gruppirungen einstellen, resp. wann ein *regelmässiger Molekelhaufen allgemeiner Structur* entstehen kann. Diese Frage hat um so mehr Interesse, als Mallard selbst derartige Molekelhaufen zur Erklärung gewisser optischer Erscheinungen benutzt hat, und dies auch für den Fall, dass die Molekel von beliebiger Qualität vorausgesetzt wird. Es ergiebt sich zunächst, dass alle Bausteine von derselben Orientirung für sich ein Gitter bilden müssen; andrerseits folgt aber auch aus Satz XVI unmittelbar, dass der bezügliche Molekelhaufen unter dieser Bedingung stets den Character der Regelmässigkeit besitzt. Nun können noch zwei verschiedene Fälle eintreten. Im allgemeinen, d. h. bei beliebiger Lage der Gitter zu einander,

---

1) . . . les douze cristaux s'emboîtant ensuite l'un dans l'autre, plus ou moins régulièrement de manière à figurer extérieurement un cristal unique (S. 163).

wird der Molekelhaufen unter diejenigen fallen, die wir oben betrachtet haben; alsdann liegen in jedem primitiven Parallelepipedon des bezüglichen Raumgitters die gleichen 48 Molekeln und stellen geradezu die Gesammtmolekel eines Molekelgitters vor.[1]) Zweitens aber können, wie Satz XVI zeigt, die 48 Molekeln gerade eine solche Lage haben, dass sie wirklich einen regelmässigen Molekelhaufen allgemeiner Art bilden. Dies wird natürlich nur unter ganz besonderen Bedingungen eintreten. Es ist aber von Interesse, dass Mallard auch mit derartigen Gitterdurchdringungen operirt, bei welchen diese Bedingung erfüllt ist. Sie werden zur Erklärung der Circularpolarisation eingeführt. Im einzelnen wird der bezügliche Molekelhaufen so construirt, dass man p identische Gitter, welche eine Hauptaxe (p-zählig) gemein haben, so in einander stellt, dass die zur Axe senkrechten Netzebenen gleichen Abstand von einander haben und zwei analoge durch die Hauptaxe gehende Ebenen einen Winkel von $2\pi : p$ einschliessen.[2]) Es leuchtet aber sofort ein, dass der so erhaltene Molekelhaufen aus einem Baustein μ durch eine der Gruppen $\mathfrak{C}_p$ construirt werden kann, welche eine p-zählige Schraubenaxe besitzt.[3]) Die Mallard'schen Conceptionen führen daher in diesem besonderen Fall zu derjenigen Structurauffassung, welche sich auf regelmässige Molekelhaufen allgemeinster Art gründet.

Ob man vorzieht, diesen Molekelhaufen als aus p in einander gestellten Gittern zu betrachten, ist natürlich unwesentlich. Es ist aber zu bemerken, dass, wenn man von *p beliebig* in einander gestellten Gittern ausgeht, der Molekelcomplex im allgemeinen keine Symmetrie besitzen wird; *um diejenige Lage der Gitter gegen einander zu ermitteln, welche einzig und allein ein symmetrisches Verhalten verbürgt, bedarf es*

1) Diese Auffassung stimmt mit der Mallard'schen überein; vgl. die Art, wie die krystallinische Structur eines homogenen Gemenges verschiedener isomorpher Körper dargestellt wird, Bd. 19, S. 275. Man vgl. auch die Structurangaben über Boracit und andere Körper, Bd. 10, S. 99 ff.

2) a. a. O. Bd. 10, S. 181, und Bd. 19, S. 273.

3) Vgl. auch S. 596 ff. dieser Schrift.

gerade der allgemeinen Theorie resp. der regelmässigen Molekelhaufen allgemeiner Art. In der That ist auch die Art, wie Mallard seinen aus unsymmetrischen Molekeln gebildeten Structuren Symmetrieeigenschaften beilegt, mit derjenigen, welche die allgemeine Theorie fordert, identisch, so dass die Differenz auch hier nur in der Bezeichnung hervortritt.[1]) Der Kunstgriff, mittelst dessen, wie Mallard es ausdrückt, die Natur die Aufgabe löst, einen Molekelhaufen aufzubauen, dessen Symmetrie höher ist, als die der Bausteine, aus denen er sich zusammensetzt, ist damit aufgedeckt.[2])

---

1) Vgl. besonders a. a. O. Bd. 19, S. 280. Si mes idées sur le dimorphisme sont exactes, la molécule de la première forme (symétrique) peut être regardée comme formée par le groupement, autour de certains axes de symétrie, de molécules identiques à celles de la seconde forme (dissymétrique); sowie das auf S. 281 behandelte Beispiel des Feldspaths.

2) a. a. O. Bd. 10, S. 161. ... l'artifice au moyen duquel la nature résout le problème de construire ... un édifice plus symétrique que les matériaux qui le composent.

Vierzehntes Capitel.

Das Gesetz der rationalen Indices.

§ 1. **Formulirung der Aufgabe.** Der für die Krystallographie grundlegende *Satz von den rationalen Indices* zerfällt inhaltlich in zwei ihrer Natur nach verschiedene Gesetze. Der eine Bestandtheil kommt darauf hinaus, dass als Symmetrieaxen eines Krystalles nur zwei-, drei-, vier- und sechszählige Axen auftreten, er bezieht sich demgemäss auf die durch das Symmetriegesetz verbundenen Flächen eines Krystalles; der andere zeigt den Zusammenhang, welcher beliebige gleichsam unabhängige Krystallflächen mit einander verbindet. Der erste Satz muss sich daher als eine unmittelbare Folgerung der Structurhypothese erkennen lassen[1]), während die Ableitung des zweiten noch eine Angabe darüber erforderlich macht, welche im Molekelhaufen verlaufenden Ebenenrichtungen wir als mögliche Krystallflächen annehmen wollen. Wir beschäftigen uns zunächst mit dem ersten Theil, d. h. mit der Darlegung des Symmetriegesetzes.

Es handelt sich also zunächst darum, den Beweis zu erbringen, dass die molekulare Structurhypothese nur solche Molekelhaufen zulässt, deren Axen die genannte Eigenschaft haben. Bemerken wir zuvor, dass wenn sich dieser Beweis ohne weitere empirische Annahmen führen lässt, die an unsere Hypothese anschliessende Auffassung damit den *Werth einer wissenschaftlichen Theorie* erlangt.

Wir legen dem Beweis folgende Erwägungen zu Grunde. Die Molekelhaufen von unbegrenzter Ausdehnung, die für die

---

1) Vgl. auch die bezüglichen Ausführungen auf S. 284, 360, 393.

40*

Krystallstructur Bedeutung haben, sind dadurch characterisirt, dass je zwei Molekeln einen angebbaren endlichen Abstand haben. Dieser Abstand ist zwar sehr klein, wir brauchen aber nur die Einheit des Längenmasses den molekularen Verhältnissen entsprechend zu wählen, so erscheinen die bezüglichen Entfernungsgrössen in gewöhnlicher endlicher Form. Jede Bewegung, welche einen derartigen Molekelhaufen in sich überführt, muss daher ebenfalls von endlicher Grösse sein. Nun entsteht (S. 586) jeder Molekelhaufen dadurch, dass eine Molekel μ allen Operationen einer gewissen Raumgruppe Γ unterworfen wird. Können wir daher von einer Raumgruppe Γ nachweisen, dass sich unter ihren Bewegungen solche angeben lassen, deren Drehungswinkel und deren Gleitungscomponente kleiner gemacht werden können, als jede noch so kleine Grösse, so kann eine solche Gruppe Γ nicht Molekelhaufen liefern, welche die Substanz eines Krystalles repräsentiren. Wir wollen die genannten Bewegungen kurz *unendlich kleine Bewegungen* nennen.

Jede Raumgruppe Γ von Bewegungen, — augenscheinlich reicht es aus, wenn wir uns auf sie beschränken — ist nach Cap. VI, Hauptsatz II einer Punktgruppe isomorph. Dieser Satz ist a. a. O. zwar nur für die krystallographisch verwendbaren Gruppen bewiesen worden, es ist aber klar, dass er ganz allgemeine Geltung hat. Nun sind alle krystallographisch verwendbaren Punktgruppen dadurch ausgezeichnet, dass ihre Drehungswinkel in einem rationalen Verhältnis zu 2π stehen. Dies wird daher das erste sein müssen, was von denjenigen Raumgruppen nachzuweisen ist, aus denen sich regelmässige Molekelhaufen der von uns betrachteten Art ableiten lassen. Mit andern Worten, wir wollen untersuchen, ob einer Raumgruppe, welche mindestens *eine* Bewegung von irrationalem Winkel enthält, nothwendig auch unendlich kleine Bewegungen angehören.

Zu diesem Zweck schicken wir zunächst einige Hilfssätze voraus.

§ 2. **Beweis einiger Hilfssätze.** 1. Es seien (vgl. Fig. 4, S. 23) a und b zwei Axen, die sich im Punkte O schneiden, und deren positive Richtungen den Winkel $\pi - \varphi$ mit einander bilden. Um sie sollen nach einander Rotationen von der Grösse ε ausgeführt werden. Dieselben sind, wie S. 24 bewiesen wurde, einer einzigen Rotation von der Grösse ε_1 um eine Axe c äquivalent, die mit a und b ein gleichschenkliges Dreikant bestimmt, so dass

$$\sphericalangle\, cab = \sphericalangle\, abc = \tfrac{1}{2}\varepsilon$$

und

$$\sphericalangle\, bca = \pi - \tfrac{1}{2}\varepsilon_1$$

ist. Beschreiben wir um O mit dem Radius 1 eine Kugel, so bilden die Punkte A, B, C, in denen sie von a, b, c getroffen wird, ein sphärisches Dreieck. In demselben fällen wir von C das Lot CD auf AB, so ergiebt sich aus dem rechtwinkligen Dreieck ACD die Relation

$$\cos \tfrac{1}{2}(\pi - \tfrac{1}{2}\varepsilon_1) = \cos \tfrac{1}{2}(\pi - \varphi) \sin \tfrac{1}{2}\varepsilon.$$

Wir nehmen nun an, dass φ und ε, also auch ε_1 kleine Werthe haben, und wollen in der vorstehenden Gleichung die trigonometrischen Grössen in Potenzreihen entwickeln. Es ist

$$\cos \tfrac{1}{2}\left(\pi - \frac{\varepsilon_1}{2}\right) = \sin \frac{\varepsilon_1}{4}$$

$$= \frac{\varepsilon_1}{4} - \left(\frac{\varepsilon_1}{4}\right)^3 + \left(\frac{\varepsilon_1}{4}\right)^5 \ldots$$

$$\cos \tfrac{1}{2}(\pi - \varphi) = \sin \frac{\varphi}{2}$$

$$= \frac{\varphi}{2} - \left(\frac{\varphi}{2}\right)^3 + \left(\frac{\varphi}{2}\right)^5 \ldots$$

$$\sin \frac{\varepsilon}{2} = \frac{\varepsilon}{2} - \left(\frac{\varepsilon}{2}\right)^3 + \left(\frac{\varepsilon}{2}\right)^5 \ldots$$

folglich geht die obige Gleichung in

$$\varepsilon_1 (1 + \mathfrak{P}(\varepsilon_1^2)) = \varepsilon\varphi (1 + \mathfrak{P}_1(\varphi^2))\,(1 + \mathfrak{P}_2(\varepsilon^2))$$

über, wo $\mathfrak{P}(\varepsilon_1^2)$, $\mathfrak{P}_1(\varphi^2)$, $\mathfrak{P}_2(\varepsilon^2)$ die bezüglichen nach ganzen Potenzen fortschreitenden Potenzreihen bedeuten. Wir ziehen hieraus die Consequenz, dass bis auf Glieder höherer Ordnung ε_1 und $\varepsilon\varphi$ einander gleich sind, so dass in der Gleichung

1) $$\varepsilon_1 = \varepsilon\varphi + \ldots$$

nur Grössen höherer Ordnung weggelassen sind.

2. Es sei a die Axe einer Schraubenbewegung, deren Drehungswinkel ε, und deren Gleitungscomponente τ ist. Die Lagen einer beliebigen Geraden vor und nach Ausführung der Schraubenbewegung seien a_1 und a_2; ferner sei φ der Winkel, den a_1, also auch a_2, mit a bildet. Denken wir uns nun durch irgend einen Punkt O des Raumes die Geraden a' parallel zu a und a_1' parallel zu a_1 construirt, und nennen a_2' diejenige Gerade, in welche a_1' in Folge der Drehung $\mathfrak{A}(\varepsilon)$ um die Axe a' gelangt, so ist a_2' parallel zu a_2, daher bilden a_1 uud a_2 denselben Winkel mit einander, wie a_1' und a_2'. Bezeichnen wir diesen Winkel durch ω, und beachten, dass der Winkel, welchen a_1' resp. a_2' mit a' bilden, φ ist, so folgt aus dem von a', a_1', a_2' bestimmten sphärischen Dreieck[1]) die Gleichung

$$2)\qquad \sin \tfrac{1}{2}\omega = \sin \tfrac{1}{2}\varepsilon \cdot \sin \varphi .$$

Anstatt die Schraubewegung auszuführen, können wir erst die Rotation um a und dann die Translation τ eintreten lassen. Durch die erstere gelange (Fig. 73) die Gerade a_1 nach a_1'', durch die letztere a_1'' nach a_2. Nun sei A_1 ein beliebiger Punkt von a_1. Durch ihn legen wir eine Ebene η senkrecht zu a, welche a, a_1'', a_2 in B, A_1', A_2' schneiden möge, so ist A_1' derjenige Punkt, in welchen A_1 durch Drehung um a übergeht. Ziehen wir nun durch A_1' eine Gerade, welche nach Länge und Richtung gleich τ ist, so trifft dieselbe augenscheinlich die Gerade a_2 in demjenigen Punkt A_2, welcher durch die Schraubenbewegung aus A_1 entsteht. Diese Gerade bildet daher mit a_2 den Winkel φ.

Fig. 73.

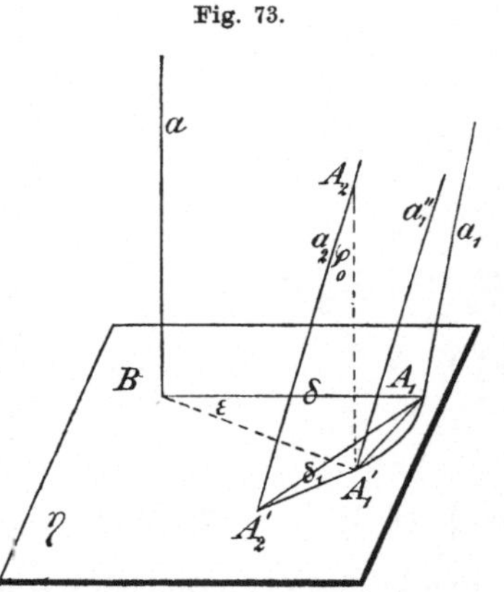

1) Vgl. Fig. 15 (S. 68), wenn die Geraden c, a, b dieser Figur durch a', a_1', a_2' ersetzt werden.

Bezeichnen wir nun BA_1 durch δ und A_1A_2' durch δ_1, so ergiebt sich

$$\delta_1 < A_1A_1' + A_1'A_2'.$$

Es ist aber

$$A_1A_1' = 2\delta \sin\frac{\varepsilon}{2}$$

$$A_1'A_2' = \tau \operatorname{tg}\varphi,$$

also folgt:

$$\delta_1 < 2\delta \sin\frac{\varepsilon}{2} + \tau \operatorname{tg}\varphi. \tag{3}$$

§ 3. **Auftreten unendlich kleiner Bewegungen.** Nunmehr wenden wir uns der oben angedeuteten Untersuchung zu.

Wir nehmen zu diesem Zweck an, dass in einer Bewegungsgruppe Γ irgend zwei Bewegungen

$$\mathfrak{A}(\alpha, t_a) \quad \text{und} \quad \mathfrak{B}(\beta, t_b)$$

enthalten sind, von denen mindestens eine, nämlich $\mathfrak{A}$, einen irrationalen Drehungswinkel besitzt. Der Gruppe Γ gehört, wie in Cap. VI, § 1 bewiesen, auch die Bewegung $\mathfrak{A}_1$ an, welche aus $\mathfrak{A}$ durch Transformation mit $\mathfrak{B}$ entsteht, deren Axe also diejenige Gerade a_1 ist, welche aus a bei der um b stattfindenden Bewegung hervorgeht.

Die Axe a_1 wird im Allgemeinen von der Axe a verschieden sein, den einen einzigen Fall ausgenommen, dass a und b sich rechtwinklig schneiden, und $\mathfrak{B}$ eine Umklappung $\mathfrak{B}(\pi)$ ist. *In diesem Fall erzeugen $\mathfrak{A}$ und $\mathfrak{B}$ eine aus lauter endlichen Bewegungen bestehende Gruppe.* Aus dem Satz XV von Cap. VI folgt nämlich, dass $\mathfrak{A}$ und $\mathfrak{B}$ unendlich viele zweizählige Drehungsaxen $b, b_1, b_2 \ldots$ bedingen, die sämmtlich $\mathfrak{A}$ schneiden. Der Winkel je zweier aufeinander folgenden ist die Hälfte von α, während sie um die Hälfte von t_a von einander entfernt sind. Aus demselben Satz folgt auch, dass die Gesammtheit der vorstehenden Bewegungen den Gruppencharacter hat, womit die Behauptung erwiesen ist.

Die Axenvertheilung dieser Gruppe stimmt überein mit derjenigen, welche wir (S. 376) für eine Hauptaxe einer Gruppe $\mathfrak{D}_n$ und alle sie schneidenden zweizähligen Nebenaxen kennen gelernt haben. Der Molekelcomplex, welcher sich mittelst dieser Gruppe aus einer Molekel μ erzeugen lässt, bildet daher, wie S. 564 ausgeführt worden, zwei auf demselben Rotationscylinder verlaufende Schraubenlinien. Nun müssen aber die krystallographisch verwendbaren Molekelhaufen nach allen Dimensionen unbegrenzt ausgedehnt sein; in Folge dessen kommt die bezügliche Gruppe für die Structurtheorie nicht in Frage.

Wenn dagegen $\mathfrak{B}$ keine blosse Umklappung ist, so fällt die Axe a_1 nicht mit a zusammen. Wenn wir nun die Bewegung $\mathfrak{A}$ um a hinreichend oft wiederholen, so können wir, da das Verhältniss $\alpha : 2\pi$ irrational ist, stets bewirken, dass der Drehungswinkel der resultirenden Bewegung beliebig klein wird. Dabei wird sich allerdings die Translation in demselben Sinne vergrössern, aber wir können aus solchen Bewegungen andere ableiten, bei denen auch die Translation beliebig klein wird.

Wir wollen annehmen, die endliche Zahl n sei so beschaffen, dass sich $n\alpha$ von einem Vielfachen von 2π beliebig wenig unterscheidet; wir setzen

$$n\alpha = 2m\pi + \varepsilon,$$

so ist ε eine bestimmte endliche, aber kleine Grösse. Führen wir nun die Bewegung $\mathfrak{A}$ n mal aus, so wird der Drehungswinkel der resultirenden Bewegung gleich ε, während die zugehörige Translation $nt_a = \tau$ jedenfalls einen endlichen Werth hat. Wir bezeichnen diese Bewegung durch

$$\mathfrak{A}'(\varepsilon, \tau).$$

In derselben Weise leiten wir aus $\mathfrak{A}_1$ die Bewegung

$$\mathfrak{A}_1'(\varepsilon, \tau)$$

um die Axe a_1 ab.

Jetzt werde $\mathfrak{A}_1'$ mit $\mathfrak{A}'$ transformirt. Ist a_2 diejenige Axe, in welche a_1 durch die Bewegung um a übergeht, so erhalten wir dadurch eine Bewegung

$$\mathfrak{A}_2(\varepsilon, \tau)$$

um die Axe a_2. Durch einen beliebigen Punkt A_1 von a_1 legen wir nun, wie oben, die Ebene η senkrecht zu a; sie schneide a in B und a_2 in A_2'. Wir bezeichnen nun den

Winkel $(a_1 a_2)$ durch φ_1 und den Winkel $(a a_1) = (a a_2)$ durch φ, und wenden im übrigen dieselben Bezeichnungen an, wie oben S. 630, so folgt aus den Gleichungen 2) und 3)

$$\sin \tfrac{1}{2}\varphi_1 = \sin \tfrac{1}{2}\varepsilon \sin \varphi$$

$$\delta_1 < 2\delta \sin \frac{\varepsilon}{2} + \tau \operatorname{tg} \varphi.$$

Nun ist aber

$$\sin \tfrac{1}{2}\varepsilon < \tfrac{1}{2}\varepsilon,$$

wenn wie gewöhnlich ε in Theilen von 2π gemessen wird, also folgt schliesslich

$$4)\quad \begin{aligned} \sin \tfrac{1}{2}\varphi_1 &< \tfrac{1}{2}\varepsilon \sin \varphi \\ \delta_1 &< \varepsilon\delta + \tau \operatorname{tg} \varphi. \end{aligned}$$

Wir transformiren jetzt $\mathfrak{A}_2$ mit $\mathfrak{A}_1'$ und erhalten so eine Bewegung $\mathfrak{A}_3$ um die Axe a_3. Ist φ_2 der von a_2 und a_3 gebildete Winkel, so folgt, wie eben,

$$\sin \tfrac{1}{2}\varphi_2 < \tfrac{1}{2}\varepsilon \sin \varphi_1.$$

Nun legen wir durch A_2' eine Ebene η_1 senkrecht zu a_1, nennen ihre Schnittpunkte mit a_1 und a_3 resp. B_1 und A_3', und bezeichnen $A_2'A_3'$ durch δ_2. Da die Strecke $B_1 A_2'$ auf a_1 senkrecht steht, so ist sie sicher kleiner als δ_1, also ist gemäss 3) um so mehr

$$\delta_2 < \varepsilon\delta_1 + \tau \operatorname{tg} \varphi_1.$$

In derselben Weise fahren wir fort. Für je zwei Bewegungen $\mathfrak{A}_k$ und $\mathfrak{A}_{k+1}$, zu denen wir auf diese Weise gelangen, bestehen die Relationen

$$\sin \tfrac{1}{2}\varphi_k < \tfrac{1}{2}\varepsilon \sin \varphi_{k-1}$$

$$\delta_k < \varepsilon\delta_{k-1} + \tau \operatorname{tg} \varphi_{k-1},$$

wo φ_{k-1}, φ_k, δ_{k-1}, δ_k analoge Bedeutung haben, wie bisher. Diese Relationen zeigen, dass wir φ_k und δ_k beliebig klein machen können.

§ 4. Um hiervon eine präcise Vorstellung zu gewinnen, wollen wir das Mass der Kleinheit dieser Grössen genauer bestimmen, und zwar so, dass wir sie sämmtlich mit ε oder mit Potenzen von ε vergleichen.

Aus der Definition von ε folgt, dass n, also auch τ eine Grösse ist, die von derselben Ordnung ist, wie ε^{-1}. Die Grösse φ ist eine endliche Grösse; daher ist φ_1 von der Ordnung ε, φ_2 bereits von der Ordnung ε^2, also allgemein φ_k von der Ordnung ε^k.

Die Ausgangsgrösse δ ist wiederum endlich, dagegen wird δ_1 eine Grösse von der Ordnung ε^{-1}.[1]) Für δ_2 folgt aber bereits wieder, dass δ_2 von der Ordnung ε^0 ist, δ_3 ist demgemäss von der Ordnung ε, mithin ist allgemein δ_k von der Ordnung ε^{k-2}.

Wir gelangen daher, indem wir die Bewegungen in der angegebenen Weise transformiren, zu einer unbegrenzten Reihe von Axen, deren Drehungswinkel und Translationscomponente ε resp. τ ist, die sich überdies in ihrer Richtung und Entfernung immer mehr annähern. Es liegt daher nahe zu schliessen, dass sie auch sämmtlich in einem endlichen Abstand von der Geraden a selbst bleiben. Dieser Schluss ist jedoch ohne Weiteres nicht gestattet, vielmehr ist erst zu beweisen, dass die Strecke BA'_{k+1} bei unbegrenzt wachsendem k immer endlich bleibt. Nun ist

$$BA'_{k+1} < BA_1 + A_1A_2' + A_2'A_3' + \dots + A'_kA'_{k+1},$$

das heisst

$$BA'_{k+1} < \delta + \delta_1 + \delta_2 + \dots + \delta_{k+1}.$$

Nun nähert sich aber, wie die obigen Betrachtungen zeigen, der Quotient zweier aufeinander folgenden Grössen δ_h und δ_{h+1} dem Werthe ε, folglich ist die rechts stehende Reihe, in's Unendliche fortgesetzt, convergent, und zwar convergirt sie überdies sehr stark. *Der Punkt A'_{k+1} bleibt daher für jedes beliebige k in endlichem Abstand von B, resp. von der Axe a.*

§ 5. Auf Grund dieses Resultates lässt sich nunmehr die Existenz einer unendlich kleinen Bewegung in der Gruppe Γ leicht nachweisen. Eine solche Bewegung wird durch das Product

---

1) Hier wird vorausgesetzt, dass φ kein rechter Winkel ist. Sollte dies der Fall sein, so würde man statt der Reihe der Geraden $a, a_1, a_2 \dots$ die Reihe $a_1, a_2 \dots$ betrachten.

$$\mathfrak{R} = \mathfrak{A}_k \mathfrak{A}_{k+1}^{-1}$$

dargestellt. Um dies zu zeigen, resp. um die Bewegung $\mathfrak{R}$ zu bestimmen, verlegen wir die Axe a_k parallel mit sich selbst an den Punkt A'_{k+1}, d. h. wir ersetzen gemäss Cap. V, § 3 die Bewegung $\mathfrak{A}_k$ durch die analoge Bewegung um die durch A'_{k+1} gehende Axe a'_k und durch eine Translation τ_1, deren Werth gemäss S. 331

$$\tau_1 = 2\delta_k \, . \sin\frac{\varepsilon}{2}$$

ist. Bezeichnen wir nun den Drehungswinkel von $\mathfrak{R}$ durch ϱ, so folgt aus Gl. 1), dass

$$\varrho = \varepsilon\varphi_k + \ldots$$

ist. Es ist daher nur noch die Translationscomponente t_ϱ der Bewegung $\mathfrak{R}$ zu bestimmen. Sie setzt sich aus

$$\tau, \quad -\tau \quad \text{und} \quad \tau_1$$

zusammen. Nun sind die Richtungen τ und $-\tau$ zu a_k und a_{k+1} parallel, sie bilden daher mit einander den Winkel φ_k und es ergiebt sich als Resultante von τ und $-\tau$ die Translation

$$\begin{aligned} \tau_2 &= 2\tau \sin\frac{\varphi_k}{2} \\ &= \tau\varphi_k + \ldots \end{aligned}$$

Die resultirende Translation t ist daher die geometrische Summe von τ_1 und τ_2, d. h. es ist

$$t = \varepsilon\delta_k + \tau\varphi_k + \ldots$$

Diese haben wir nun parallel und senkrecht zur Axe r der Bewegung $\mathfrak{R}$ in die Componenten t_ϱ und t_n zu zerlegen; jede dieser Componenten ist höchstens gleich t. Die Componente t_ϱ bestimmt die Gleitungscomponente der Bewegung $\mathfrak{R}$, die Componente t_n dagegen bestimmt den Abstand ihrer Axe r vom Punkt A'_{k+1}. Bezeichnen wir den Abstand durch δ_r, so folgt

$$t_n = 2\delta_r \sin\frac{\varrho}{2} = \delta_r \, . \, \varepsilon\varphi_k + \ldots,$$

so dass der Maximalwerth von δ_r durch

$$\frac{\varepsilon\delta_k + \tau\varphi_k + \ldots}{\varepsilon\varphi_k + \ldots}$$

dargestellt wird. Nun haben wir aber oben gesehen, dass δ_k eine kleine Grösse der Ordnung $k-2$, $\tau\varphi_k$ eine kleine Grösse von der Ordnung $k-1$ und $\varepsilon\varphi_k$ eine kleine Grösse von der Ordnung $k+1$ ist, folglich ist der vorstehende Quotient eine Grösse von der Ordnung ε^{-2}. Er hat daher einen von k unabhängigen Werth. Die Axe r bleibt demgemäss für *jedes* k in einem angebbaren Abstand vom Punkt A_k'. Hiermit ist der Satz bewiesen, also folgt:

Lehrsatz I. *Sind $\mathfrak{A}$ und $\mathfrak{B}$ zwei Bewegungen, von denen die eine, $\mathfrak{A}$, einen irrationalen Drehungswinkel besitzt, so giebt es in der durch $\mathfrak{A}$ und $\mathfrak{B}$ bestimmten Gruppe stets unendlich kleine Bewegungen, den einen Fall ausgenommen, dass $\mathfrak{B}$ eine Umklappung ist, deren Axe b die Axe von a senkrecht schneidet.*

§ 6. **Nachweis der Gruppen endlicher Translationen.** Aus dem vorstehenden Satz folgt, dass eine Raumgruppe Γ nur dann krystallographisch brauchbare Molekelhaufen liefern kann, wenn alle ihre Drehungswinkel rational sind. Die ihr isomorphe Punktgruppe ist daher eine derjenigen, die wir in Cap. IV des ersten Abschnittes abgeleitet haben. Die Zahl der Drehungsaxen und Drehungswinkel einer solchen Gruppe G ist stets endlich; es ist daher auch die Zahl der Richtungen, nach denen die Axen der zu G isomorphen Raumgruppe Γ verlaufen, eine endliche. Andrerseits existiren, da in der Nähe jeder Molekel μ analoge Axen liegen, unendlich viele Axen; es treten daher parallele Axenrichtungen mit gleichem Drehungswinkel auf. Nun giebt es in jeder Raumgruppe, die einem unserer Molekelhaufen zugehört, neben der Deckbewegung $\mathfrak{A}$ auch die entgegengesetzte Bewegung; gemäss Cap. V, § 3 bedingen demgemäss die parallelen Axen eine Translation von endlicher Grösse. Hieraus lässt sich nun schliessen, dass jede Raumgruppe von krystallographischer Bedeutung eine endliche Translationsgruppe enthält; also folgt:

Lehrsatz II. *Jeder regelmässige Molekelhaufen geht durch Translationen in sich über, die eine endliche Gruppe von Translationen bilden.*

Die Translationsgruppen haben wir in Cap. III in drei Gattungen getheilt, in lineare, ebene und räumliche Translationsgruppen. Ist nun G irgend eine Punktgruppe und Γ eine ihr isomorphe Raumgruppe, welche eine räumliche Translationsgruppe Γ_τ besitzt, so ergeben sich die zu G isomorphen Raumgruppen mit ebener oder linearer Translationsgruppe, wenn von den Translationen eines primitiven Tripels von Γ_τ eine oder zwei gleich Null gesetzt werden. Alle diese Gruppen sind daher in den in Cap. VII bis XII aufgestellten Raumgruppen implicite enthalten. Von den Gruppen mit linearer resp. ebener Translationsgruppe ist aber augenscheinlich dasselbe zu sagen, wie von der auf S. 631 betrachteten Gruppe, sie liefern keine Molekelhaufen, die sich nach *allen* Richtungen in's Unbegrenzte erstrecken. Ihnen kommt daher eine krystallographische Bedeutung nicht zu. Molekelhaufen von krystallographischer Verwendbarkeit können demnach einzig und allein aus den 230 in dieser Schrift aufgestellten Raumgruppen gewonnen werden; d. h.

Lehrsatz III. *Es giebt keine andern unbegrenzten regelmässigen Molekelhaufen von krystallographischer Bedeutung, als diejenigen, deren Gruppe Γ einer der 32 krystallographischen Punktgruppen isomorph ist.*

Hierdurch ist der in Cap. VI, § 1 zu Grunde gelegte Satz bewiesen. Das Symmetriegesetz ist damit als eine nothwendige Folgerung der Ausgangshypothese erkannt, und die Kette unserer Entwickelungen, soweit sie bestimmt sind, den Symmetriecharacter der Krystalle unmittelbar aus der Structurhypothese abzuleiten, ist mithin geschlossen.

§ 7. **Das Gesetz der rationalen Indices.** Es erübrigt noch, einige weitere Bemerkungen zu machen, welche das Gesetz der rationalen Indices in seiner allgemeinsten Form betreffen. Dasselbe lässt sich bekanntlich folgendermassen aussprechen:

Wählt man aus dem Flächencomplex eines Krystalles irgend drei Flächen zu Coordinatenebenen und sind ε und ε_1 irgend zwei andere dieser Flächen, welche auf den Coordinatenaxen die von

Null verschiedenen Abschnitte a, b, c, a_1, b_1, c_1 *bestimmen, so sind die Verhältnisse* $a : a_1$, $b : b_1$, $c : c_1$ *stets rationale Zahlen.*[1])

Um dieses Gesetz aus der Theorie abzuleiten, bedarf es, wie wir in § 1 erwähnten, noch einer Hypothese darüber, welche innerhalb der regulären Molekelhaufen verlaufenden Ebenen die Richtung von Grenzflächen haben sollen. Hierüber ist, wie bereits S. 615 erwähnt wurde, eine Hypothese zuerst von Bravais ausgesprochen worden. Seine Annahme, welche augenscheinlich die am nächsten liegende ist, lautet, dass *jede Netzebene des dem Molekelhaufen zugehörigen Raumgitters die Richtung einer möglichen Krystallfläche darstellen kann.* Es ist evident, dass das Gesetz der rationalen Indices aus dieser Hypothese unmittelbar als Folgerung hervorgeht. Denken wir uns nämlich die drei Translationen eines primitiven Tripels als Coordinatenaxen angenommen, so fallen die Coordinaten aller Netzpunkte ganzzahlig aus, also auch die Coefficienten der Gleichungen aller Ebenen, welche durch irgend drei dieser Punkte gehen. Das fragliche Gesetz *ist daher in seinem vollen Umfang bewiesen;* es erscheint, wie wir S. 247 behaupteten, in der That als die an der Spitze der Theorie stehende Folgerung von principieller Bedeutung.

---

1) In Wirklichkeit liegt die Sache übrigens so, dass diese Verhältnisse einfache, in kleinen Zahlen angebbare Werthe haben.

Berichtigungen.

S. 15, Z. 3 v. u. lies „Buches“ statt „Abschnittes“.

S. 24, Z. 4 v. u. lies „$\pi - \frac{1}{2}\gamma$“ statt „$\frac{1}{2}(\pi - \gamma)$“.

S. 43, Z. 3 v. u. lies „gerenstellig“ statt „gegenstellig“.

S. 46, Z. 1 v. u. lies „Buches“ statt „Abschnittes“.

S. 149, Z. 23 ist einzuschalten: Uebrigens treten die Analogiebeziehungen wieder schärfer hervor, wenn man die rhomboedrische Abtheilung als besonderes Krystallsystem auffasst; vgl. die Tabelle auf S. 555.

S. 179, Z. 7 v. u. lies „kreuzen sich aber im Allgemeinen nicht“ statt „und kreuzen sich“.

S. 220, Z. 19 ff. ist der Index 4 durch 6 zu ersetzen.

S. 224, Z. 1 lies „$\bar{x}\, y\, z$“ statt „$x\, y\, z$“.

S. 313, Z. 16 ist vor „d. h.“ einzuschalten: „der an einer einfachen Krystallform auftretenden Flächen“.

S. 408, Z. 6 v. u. lies „IX“ statt „XI“.

S. 441, Z. 20 lies „hemiedrischen“ statt „hemimorphen“.

S. 442, Z. 5 v. u. lies „hemiedrischen“ statt „hemimorphen“.

S. 501, Z. 8 ist der Bruch $\frac{1}{2}$ zu tilgen.